JN056652

自由自在 小学高学年 算数

From Basic to Advanced

受験研究社

はじめに

高学年自由自在で算数の勉強をはじめたみなさん，ようこそ算数の世界へ！

算数は，問題文や図形を手がかりに，情報を整理し解き方を考えて答えを求めていく学問です。もちろん答えの正誤も大切なのですが，実は答えにたどり着くまでの過程がもっと大切なのです。

みなさんも何か目標ができたとき，それを成しとげるためには何をすればよいのかを考えて行動しますよね。例えば，登山をするときのことをイメージしてみましょう。まず，その山についての情報を集め，必要な装備を整えます。山頂までのルートは一つとは限りません。季節や天候に応じてルートを検討します。出発した後も，一歩一歩進みながら変化する環境に応じて，さまざまな対策を講じて山頂を目指します。山頂に到達したときの喜びは，一歩一歩の積み重ねの成果ですね。

この一歩一歩の積み重ねが算数では解き方にあたります。登山のルートと同じように解き方も一つとは限りません。高い山になればルートが複雑になるように，算数でも応用問題，入試問題になれば，解き方も複雑になっていきます。多くの情報を整理して，自分で解き方を考える力をつけなくてはいけません。

本書では，みなさんが一歩一歩進むための力をつけるために，図や表を多く使ってわかりやすい解き方を紹介しています。さらに，多くの別解も紹介しているので，一つの問題に対していろいろな解き方があることが理解できるでしょう。大切なことは，ただ解き方を読んで学習するのではなく，問題文の情報を整理して，自分で図や表を書いてみることです。そのほうが解き方の理解が深まるからです。そうやって習得した解き方を上手く活用できるようになれば，自分の力でさまざまな問題が解けるようになるはずです。

算数を通じて，目標を達成するためには過程が大切であること，そして過程は人それぞれちがってもいいことを学んで欲しいと思います。さらには，発想力・創造力ものばし，自分の力で人生の目標を達成できるような人に成長してくれることを願っています。

執筆者代表　さくら総合徳育システム代表　大場 康弘

特長と使い方

下の流れで学習し，着実に力をつけていこう！

しん
明るく元気な男の子。
ゆい
しんの幼なじみ。しっかり者。
先生
何でも教えてくれる先生。
タロ
ゆいの飼い犬お調子者。

1 ここからスタート！

編のはじめで，右のキャラたちが楽しくおしゃべりしながら，学習内容を紹介しています。

2 学習のポイント

章を細かく節に分け，節のはじめ（文章題は章のはじめ）に覚えておくべき重要事項を簡単にまとめています。覚えたら，見出しの右に示した例題へと進みましょう。

3 例題と練習問題

テーマに沿った典型的な問題とその解き方です。右ページでくわしく説明しています。

4 力をのばす問題・力をためす問題

例題と練習問題がきちんと理解できているかを確認する問題です。のばすよりもためすの方がむずかしくなっています。つまずいたときに確認できる例題番号も示しています。少しむずかしい ちょいムズ にも挑戦してみましょう。

5 思考力強化編

知識だけではなかなか解けない，思考力を必要とする問題ばかりをのせています。着眼点や解き方の糸口なども紹介しています。

6  中学入試対策編

各編の上級問題です。今までに身につけた力を試してみましょう。

ちょっとブレイク

各編の内容でさらに興味を深めるおもしろい話を紹介しています。

要点のまとめ

各編の重要事項を簡単にまとめています。テスト前の確認に使いましょう。

さくいん

学習のポイント の重要な用語と例題にもどれるようになっています。

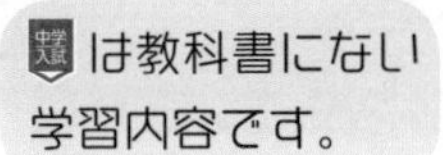

つまずいたときにもどる ◎学習のポイント のページと番号を示しています。

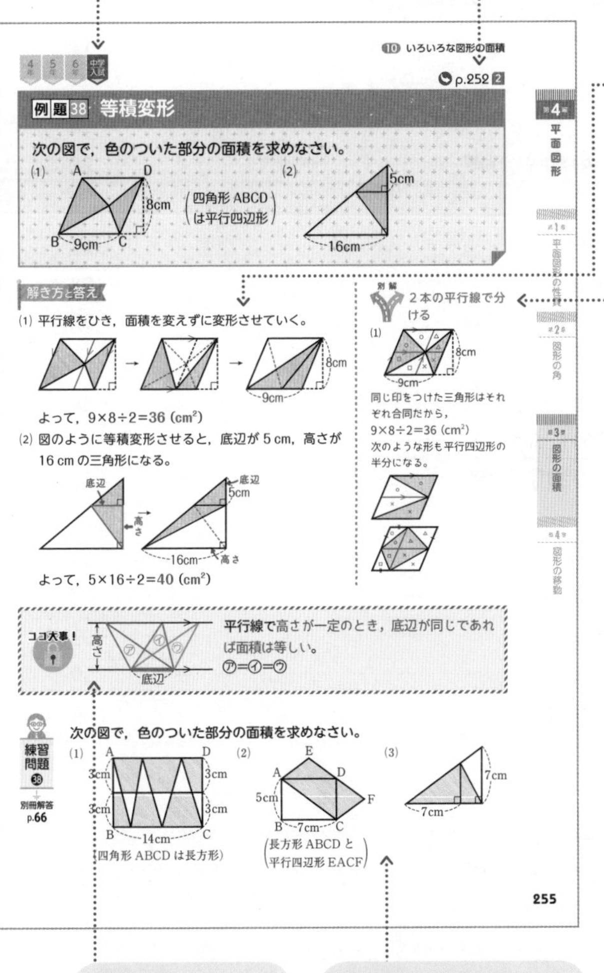
⑩ いろいろな図形の面積

p.252 2

4年 5年 6年 中学入試

例題38 等積変形

次の図で，色のついた部分の面積を求めなさい。

(1) A D 8cm B 9cm C （四角形 ABCD は平行四辺形）　(2) 5cm 16cm

解き方と答え

(1) 平行線をひき，面積を変えずに変形させていく。

8cm 9cm

よって，9×8÷2=36 (cm²)

(2) 図のように等積変形させると，底辺が 5 cm，高さが 16 cm の三角形になる。

底辺 高さ 底辺 5cm 16cm 高さ

よって，5×16÷2=40 (cm²)

別解 2本の平行線で分ける

(1) 8cm 9cm

同じ印をつけた三角形はそれぞれ合同だから，

9×8÷2=36 (cm²)

次のような形も平行四辺形の半分になる。

ココ大事！ 平行線で高さが一定のとき，底辺が同じであれば面積は等しい。

㋐=㋑=㋒

高さ 底辺

練習問題38 次の図で，色のついた部分の面積を求めなさい。

(1) A D B C 3cm 3cm 3cm 3cm 14cm（四角形 ABCD は長方形）

(2) E A D F B C 5cm 7cm（長方形 ABCD と平行四辺形 EACF）

(3) 7cm 7cm

別冊解答 p.66

第4章 平面図形　第1節 平面図形の性質　第2節 図形の角　第3節 図形の面積　第4節 図形の移動

255

図や表をたくさん用いて，わかりやすく解説しています。赤文字が答えです。

サイドでは，いろいろなマークで解き方を補足（ほそく）しています。一部を紹介します。

別解

いろいろな解き方を覚えておきましょう。

リターン

すでに学習したところにもどります。

ステップアップ

その単元がどこへつながっていくのかを示しています。

裏技

入試で役立つ高度な公式やテクニックを紹介しています。

なぜ

なぜ，そのことがらが成り立つのかを解説しています。

例題のポイントとなるところです。必ず覚えておきましょう。

練習問題は例題よりも少しむずかしくなっています。例題の内容が理解できたか確認しましょう。

もくじ

第1編 数と計算

ここからスタート！ …… 12

第1章 整数の計算

1 整数の計算 …… 14

力をのばす問題・力をためす問題 …… 20

第2章 約数と倍数

2 約数と倍数 …… 22

3 公約数と公倍数の利用 …… 28

力をのばす問題・力をためす問題 …… 32

第3章 小数の計算

4 小数のしくみとかけ算 …… 34

5 小数のわり算，計算のくふう …… 37

力をのばす問題・力をためす問題 …… 42

第4章 分数の計算

6 分数のしくみ …… 44

7 分数のたし算・ひき算 …… 49

8 分数のかけ算・わり算 …… 53

9 分数のいろいろな計算 …… 59

力をのばす問題・力をためす問題 …… 64

第5章 いろいろな計算

10 いろいろな計算 …… 66

11 いろいろな数の四捨五入 …… 72

力をのばす問題・力をためす問題 …… 76

第6章 数と規則性

12 数と規則性 …… 78

力をのばす問題・力をためす問題 …… 84

第2編 変化と関係

ここからスタート！ …… 88

第1章 割合

1 割合の基本 …… 90

2 いろいろな割合 …… 98
力をのばす問題・力をためす問題 …… 104

第2章 比

3 比の性質 …… 106
4 比の利用 …… 112
力をのばす問題・力をためす問題 …… 116

第3章 文字と式

5 文字と式 …… 118
力をのばす問題 …… 121

第4章 2つの数量の関係

6 比　例 …… 122
7 反比例 …… 126
8 いろいろな関係のグラフ …… 131
力をのばす問題・力をためす問題 …… 136

第5章 単位と量

9 平　均 …… 138
10 単位量あたりの大きさ …… 142
11 いろいろな単位 …… 146
力をのばす問題・力をためす問題 …… 150

第6章 速　さ

12 速さの基本 …… 152
13 速さのグラフ …… 158
14 速さと比 …… 162
力をのばす問題・力をためす問題 …… 168

第3編 データの活用

ここからスタート！ …… 172

第1章 グラフと資料

1 割合とグラフ …… 174
2 資料の調べ方 …… 177
力をのばす問題・力をためす問題 …… 182

第2章 場合の数

3 並べ方と組み合わせ方 …… 184
4 いろいろな場合の数 …… 189
力をのばす問題・力をためす問題 …… 198

第4編 平面図形

ここからスタート！ …… 202

第1章 平面図形の性質

1 三角形・四角形の性質 …… 204
2 対称な図形 …… 208
3 合同な図形 …… 212
4 相似な図形 …… 216
力をのばす問題・力をためす問題 …… 222

第2章 図形の角

5 平行線と角 …… 224
6 三角形の角 …… 228
7 多角形の角 …… 233
8 いろいろな図形の角度 …… 238
力をのばす問題・力をためす問題 …… 244

第3章 図形の面積

9 面積の公式 …… 246
10 いろいろな図形の面積 …… 252
11 円とおうぎ形のまわりの長さ …… 258
12 円とおうぎ形の面積 …… 263
13 面積の求め方のくふう …… 269
14 三角形の面積比 …… 274
15 四角形の面積比 …… 283
力をのばす問題・力をためす問題 …… 288

第4章 図形の移動

16 点の移動 …… 290
17 平行移動と回転移動 …… 294
18 直線上を転がる移動 …… 299
19 図形のまわりを転がる移動 …… 303
力をのばす問題・力をためす問題 …… 308

第5編 立体図形

ここからスタート！ …… 312

第1章 立体の体積と表面積

1 直方体と立方体 …… 314
2 角柱と円柱 …… 319

3 角すいと円すい …… 323
4 いろいろな立体の表し方 …… 329
5 立体の切断 …… 335
6 立方体についての問題 …… 341
力をのばす問題・力をためす問題 …… 346

第2章 容積とグラフ

7 容器に入った水の量 …… 348
8 水量の変化とグラフ …… 355
力をのばす問題・力をためす問題 …… 360

第6編 文章題

ここからスタート! …… 364
第1章 規則性や条件についての問題 …… 366
1 植木算 …… 368
2 周期算 …… 372
3 集合算 …… 379
4 推理の問題 …… 382
力をのばす問題・力をためす問題 …… 384
第2章 和と差についての問題 …… 386
5 和差算・差分け算 …… 388
6 つるかめ算 …… 392
7 差集め算・過不足算 …… 396
8 平均算 …… 403
9 消去算 …… 406
10 年れい算 …… 410
力をのばす問題・力をためす問題 …… 414
第3章 割合や比についての問題 …… 416
11 分配算 …… 418
12 倍数算 …… 423
13 相当算 …… 429
14 損益算 …… 434
15 濃度算 …… 439
16 仕事算・のべ算 …… 445
17 ニュートン算 …… 451
力をのばす問題・力をためす問題 …… 454

第4章 速さについての問題 …… 456
18 旅人算 …… 458
19 流水算 …… 468
20 通過算 …… 472
21 時計算 …… 476
力をのばす問題・力をためす問題 …… 480

第7編 思考力強化編

中学入試を突破するために …… 484

中学入試対策編 …… 502

要点のまとめ …… 514

さくいん …… 520

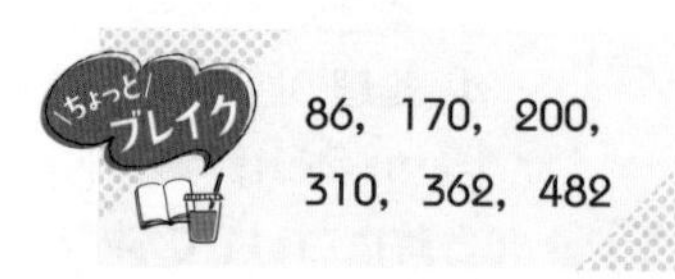

アルファベットの読み方

A *a*	B *b*	C *c*	D *d*	E *e*	F *f*	G *g*	H *h*	I *i*
エー	ビー	シー	ディー	イー	エフ	ジー	エイチ	アイ
J *j*	K *k*	L *l*	M *m*	N *n*	O *o*	P *p*	Q *q*	R *r*
ジェー	ケー	エル	エム	エヌ	オー	ピー	キュー	アール
S *s*	T *t*	U *u*	V *v*	W *w*	X *x*	Y *y*	Z *z*	
エス	ティー	ユー	ブイ	ダブリュー	エックス	ワイ	ゼット	

※これらは算数でよく読まれている読み方です。実際(じっさい)の英語の読み方とはちがいます。

本書に関する最新情報は、小社ホームページにある**本書の「サポート情報」**をご覧ください。(開設していない場合もございます。)
なお、この本の内容についての責任は小社にあり、内容に関するご質問は直接小社におよせください。

第1編

数と計算

第1章 整数の計算 …… 14

第2章 約数と倍数 …… 22

第3章 小数の計算 …… 34

第4章 分数の計算 …… 44

第5章 いろいろな計算 …… 66

第6章 数と規則性 …… 78

ここからスタート！

第1編

数と計算

▶最小公倍数 ～しんとゆいの好きな食べ物～

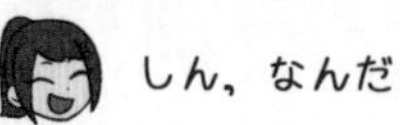

しん，なんだかうれしそうね。

うん，今日のばんご飯はぼくの大好きなお好み焼きなんだ！お母さんにお願いして，15 日に 1 回はお好み焼きにしてもらっているんだ！

それは楽しみね！たまたま，わたしも今日のばんご飯は大好きなカレーなの！わたしの家では 1 週間に 1 回はカレーなのよ。

2 人の大好物がそろうなんてすごい偶然ね！

そんなにすごいんですか？

じゃあ，しんくん，次に 2 人の大好物がそろう日はいつかわかる？

うーん…，ぼくの家ではお好み焼きがだいたい月に 2 回で，ゆいの家ではカレーが月に 4 回くらいでしょ。来月には今日みたいな日がくると思うな～。

残念だけど，来月ではないのよ。3 ヶ月半くらい先になるわね。

えっ！そんなに先なの！

15 日と 7 日だから，15，30，45，…と 7，14，21，…をどんどん大きくしていって，はじめてそろうのが 105 ってわけ。これを**最小公倍数**っていうのよ。

へぇ～，だから 3 ヶ月半先なんですね。あれ？そういやタロを見ないけど？

こっちでなにか食べてるわ！

やっぱりこのお好み焼きカレー，最高にうまいぜっ！

それ，同時に食べるものじゃない！

▶数　列 ～□にあてはまる数は？～

ゆい，何しているの？

□にあてはまる数を考えているの。なかなか楽しいよ。しんもやってみる？

2，8，14，20，□，32，…

そんなの簡単だよ。6ずつ増えているから26だ！けど，ちょっと簡単すぎない？ぼくがゆいに問題を出してあげるよ。

120，125，131，135，□，…

うーん…，わかんない。答えはなに？

142だよ。これは，ぼくの1年生から5年生までの身長なんだ。

なによそれ～，そんなのずるい！ねぇ先生？

そうね。ゆいさんの問題は，6ずつ増えるという規則にしたがって数が並んでいるよね。でも，しんくんの身長は毎年規則的に増えるわけではないから，算数の問題としてはふさわしくないわ。ところで，ある規則にしたがって並んでいる数のことを数列というの。色々な数列があるのよ。

そっか～。ぼくの身長は算数の問題にはならないのか…。じゃあ，これならどう？

85，80，75，70，□，…

5ずつ減っているから65だよね？ちなみにこれはなんの数字なの？

ぼくの計算テストの得点だよ。そして□は明日の計算テストの予想点数。ゆいの言うとおりだと，たぶん明日のテストは65点だな…。

こらこら！たまたま規則的になってただけでしょ！しかも，明日のテストの点数なんて今日の勉強しだいなんだから，がんばって勉強するのだ！

1 整数の計算

p.14〜19

❶ 四則計算の順序を覚え，正確に計算できるようにしよう。
❷ (　)のある計算の順序を覚えよう。
❸ 計算の法則を使いこなそう。

学習のポイント

1 四則計算の順序

➡例題1

► たし算とひき算だけ，かけ算とわり算だけの式を計算するときは，ふつう，**左から順に**計算する。

例》18÷2×3＝9×3＝27　⬅2×3を先に計算して18÷6＝3としない

► たし算・ひき算・かけ算・わり算をまとめて**四則**という。四則のまじった計算をするときは，**かけ算・わり算を先に**計算し，**その後で，たし算・ひき算**を計算する。

例》24－14÷2＝24－7　⬅14÷2を先に計算する
＝17　⬅次に24－7を計算する

2 (　)のある式の計算

➡例題2・3

► (　)のある式を計算するときは，**(　)の中の計算を先に**する。

例》(24－14)÷2＝10÷2　⬅24－14を先に計算する
＝5　⬅次に10÷2を計算する

3 計算のくふう

➡例題4・5

► くふうすることにより，簡単に計算できる場合がある。

㋐同じ数をかけたものをたしたりひいたりするときは，**かけられる数を先にたしたりひいたりしてから，まとめてかける**ことができる。(**分配法則**)

例》38×17＋62×17＝(38＋62)×17　⬅38と62をまとめてから17をかける
＝100×17＝1700

㋑いくつかの整数をたす計算では，**たす順番を変える**ことで計算を簡単にすることができる。

例》1＋2＋3＋4＋5＋6＋7＋8＋9＋10
＝(1＋10)＋(2＋9)＋(3＋8)＋(4＋7)＋(5＋6)　⬅和が11になる組をつくる
＝11＋11＋11＋11＋11
＝11×5＝55

p.14 1

例題 1 四則のまじった式の計算

次の計算をしなさい。

(1) $3\times8+76\div19$　(2) $3+12\times11\div4$　(3) $56-32\div8+12\times4$

解き方と答え

(1) $3\times8+76\div19$

$=24+4$　← 3×8 と $76\div19$ を先に計算する

$=28$

(2) $3+12\times11\div4$

$=3+132\div4$　← $12\times11\div4$ を先に計算する

$=3+33$

$=36$

(3) $56-32\div8+12\times4$　← $32\div8$ と 12×4 を先に計算する

$=56-4+48$　← たし算とひき算だけのときは，左から順に計算する

$=52+48$

$=100$

くわしく　計算はラクに！

(2) $12\times11\div4$ は

$12\div4\times11=3\times11=33$

として計算してもよい。

○×□÷△ を ○÷△×□ と順番を入れかえても計算の結果は同じである。

注意　左から順に計算しよう

(3) $56-4+48$ の計算で，$4+48$ を先に計算してはいけない。○－□＋△ は ○－□ を先に計算する。

または，順番を入れかえて ○＋△－□ としても計算の結果は同じである。

$56-4+48=56+48-4$

$=104-4$

$=100$

ココ大事！ 四則のまじった計算では，かけ算やわり算をひとまとまりと考えて先に計算する。

練習問題 1

別冊解答 p.1

次の計算をしなさい。

(1) $7\times16-9\times5$　【東洋英和女学院中】

(2) $15-4\times3+8\div2$　【横浜中】

(3) $6+12\times3-36\div4$　【和洋九段女子中】

(4) $25-6\times3+21\div3$　【和洋九段女子中】

(5) $39\times19-28\div7-19$　【麗澤中】

(6) $16-17\times36\div68$　【大妻嵐山中】

(7) $30-15\div20\times16$　【青稜中】

(8) $12\div3+4\times5\times6\div8+9$　【女子聖学院中】

p.14 2

例題2　(　)のある式の計算

次の計算をしなさい。

(1) $(12+15)\times4$　(2) $100-(50-20)\div5$　(3) $2\times6+(21-14\div7)$

解き方と答え

(1) $(\underline{12+15})\times4$　← (　)の中の 12+15 を先に計算する

$=\underline{27}\times4$

$=108$

(2) $100-(50-20)\div5$　← まず(　)の中を計算する

$=100-30\div5$　← 次に÷を計算する

$=100-6$　← 最後に－を計算する

$=94$

(3) $2\times6+(21-\underline{14\div7})$　← (　)の中の÷を先に計算する

$=12+(21-\underline{2})$　← 次に(　)の中の－を計算する

$=12+19$

$=31$

かっこのよびかた

(　)を小かっこ，{　}(p.17を参照)を中かっことよぶ。[　]もあり，これを大かっことよぶ。

くわしく

(　)の中も×と÷を先に

(3)(　)の中に＋・－・×・÷のまじった式がある場合，計算の順序(じゅんじょ)にしたがって，×・÷→＋・－の順に計算する。

注意

(　)がいらないとき

例えば，$3+(4\times5)$ という式の(　)はいらない。(　)をつけなくても 4×5 を先に計算することが決まっているからである。

(　)のある式を計算するときは，まず(　)の中の計算をする。

練習問題❷

別冊解答 p.1

次の計算をしなさい。

(1) $21-2\times(9-4)$　【かえつ有明中】

(2) $4\times9-(23+7)\div6$　【桐蔭学園中】

(3) $8+21\div(18-3\times5)$　【湘南学園中】

(4) $25+(13+17\times6)\div5$　【國學院大久我山中】

(5) $(35-11\times3)\times7+(61-13)\div3$　【自修館中】

(6) $(9+12\div6-3)\times(42\div35\times5-1)$　【須磨学園中】

(7) $10-(9\times8-7-6\times5)\div(4+3)\times2+1$　【昭和女子大附属昭和中】

p.14 2

例題3 { }のある式の計算

次の計算をしなさい。

(1) $25-\{5+4\times(6-3)\}$　(2) $48-\{65-(32-15)\times2\}$

(3) $\{4+(15+5\times27\div3)\}\div8$

解き方と答え

(1) $25-\{5+4\times(6-3)\}$ ← 6−3 を計算する

$=25-(5+4\times3)$ ← 4×3 を計算する

$=25-(5+12)$ ← 5+12 を計算する

$=25-17$ ← 最後に 25−17 を計算する

$=8$

(2) $48-\{65-(32-15)\times2\}$ ← 32−15 を計算する

$=48-(65-17\times2)$ ← 17×2 を計算する

( )の中を計算したあとは{ }を( )にする

$=48-(65-34)$ ← 65−34 を計算する

$=48-31$ ← 最後に 48−31 を計算する

$=17$

(3) $\{4+(15+5\times27\div3)\}\div8$ ← 5×27÷3 を計算する

$=\{4+(15+45)\}\div8$ ← 15+45 を計算する

$=(4+60)\div8$ ← 4+60 を計算する

$=64\div8$ ← 最後に 64÷8 を計算する

$=8$

くわしく

計算の順序（じゅんじょ）

計算の順序を図で表すと次のようになる。

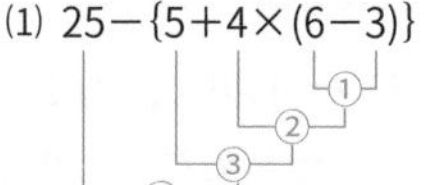

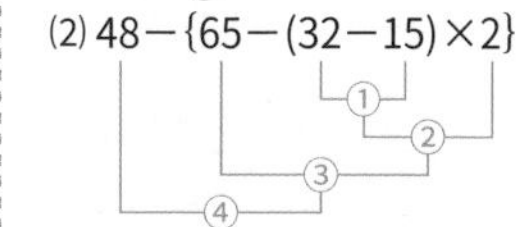

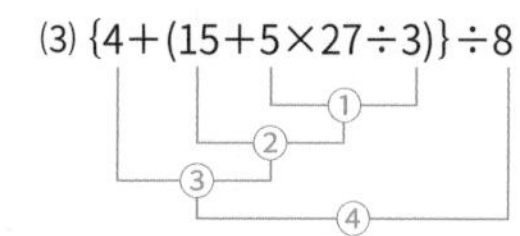

ココ大事！

{ }のある計算は，( )の中→{ }の中→×・÷→＋・−の順に行う。

練習問題 3

別冊解答 p.1

次の計算をしなさい。

(1) $162+108\div\{(11-3)\times7-2\}$ 【洗足学園中】

(2) $\{24-15\div(11-8)\}\times2+5$ 【青山学院中】

(3) $98-\{55-(40-22)\div3\times2\}$ 【公文国際学園中】

(4) $32-\{19-(12+6)\div9-3\}\times2$ 【法政大中】

(5) $7\times\{82-30\div6\times(27-2\times7)\}-7$ 【清教学園中】

(6) $78-\{49+75\div25-(7\times3+28)\div7\}$ 【須磨学園中】

(7) $32-\{39-(2+3\times4)+(18-6\times2)\div6\}$ 【東京女学館中】

p.14 3

例題4 分配法則の利用

次の計算をくふうしてしなさい。

(1) 45×37+55×37　　(2) 126×74−252×32

解き方と答え

(1) 45×37+55×37
=(45+55)×37　← 45と55をまとめてから37をかける
=100×37
=**3700**

(2) 252=126×2 なので，252×32 は 252 と 32 をかけるかわりに，126 と 64 をかけても同じである。
（252÷2 → 126，32×2 → 64）

126×74−252×32=126×74−126×64　（÷2，×2）
=126×(74−64)
=126×10
=**1260**

くわしく 分配法則を図にすると？

(1) 45×37+55×37
=(45+55)×37 となることは，次のような図で考えることができる。

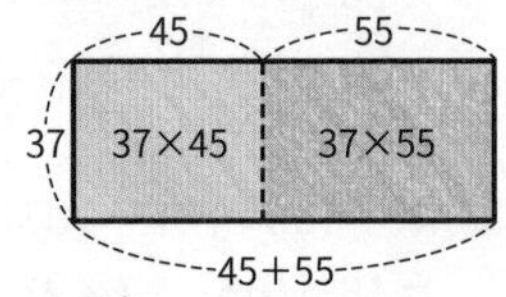

裏技 25×4=100 の利用

例えば，52×25 では，52 を 4 でわった 13 と，25 を 4 倍した 100 をかけると，暗算で計算することができる。

52×25=13×100=1300　（÷4，×4）

ココ大事！ 分配法則

- (○+□)×△=○×△+□×△
- (○−□)×△=○×△−□×△
- (○+□)÷△=○÷△+□÷△
- (○−□)÷△=○÷△−□÷△

練習問題4

別冊解答 p.1

次の計算をくふうしてしなさい。

(1) 102×37+37×98　【東京学芸大附属世田谷中】
(2) 201×20−201×17　【藤嶺学園藤沢中】
(3) 1234×56−234×56　【藤嶺学園藤沢中】
(4) 403×273−268×403　【女子聖学院中】
(5) 31×15+17×31+32×32　【神奈川大附中】
(6) 27×26+26×25+25×24+24×27　【桜美林中】
(7) 17×32+33×18−18×13+3×32　【大妻中野中】

p.14 3

例題 5 いくつかの整数の和

次の計算をくふうしてしなさい。

(1) 465＋567＋678＋535＋433＋322

(2) 98－67＋62＋87－78－52

(3) 9＋99＋999＋9999

解き方と答え

(1) 和が 1000 になる組をつくる。

465＋567＋678＋535＋433＋322
＝(465＋535)＋(567＋433)＋(678＋322)
＝1000＋1000＋1000
＝**3000**

(2) 差が 10，20 になる組をつくる。

98－67＋62＋87－78－52
＝(98－78)＋(87－67)＋(62－52)
＝20＋20＋10
＝**50**

(3) 10 や 100 などの計算しやすい数を基準(きじゅん)にして考える。

9＋99＋999＋9999
＝(10－1)＋(100－1)＋(1000－1)＋(10000－1)
＝(10＋100＋1000＋10000)－(1＋1＋1＋1)
＝11110－4
＝**11106**

くわしく

計算はラクに！

(1) たし算だけの式やかけ算だけの式を計算するとき，たす順序(じゅんじょ)，かける順序を変えて計算しても答えは同じになる。

例》25×19×4
＝25×4×19
＝100×19
＝1900

(2) たし算とひき算がまじった式では，まず差が簡単(かんたん)な数になる組み合わせを見つける。

(3) たし算とひき算がまじった式を計算するときは，たす部分を全部たしてから，ひく部分をまとめてひくほうが簡単な場合がある。

ココ大事！ いくつかの数をたすときは，計算しやすいように組み合わせを考える。

練習問題 5

別冊解答 p.1

次の計算をくふうしてしなさい。

(1) 16＋18＋20＋22＋24＋26＋28＋30＋32＋34 【かえつ有明中】

(2) 12＋34＋56＋78－90 【藤嶺学園藤沢中】

(3) 81－72＋63－54＋45－36＋27－18＋9 【埼玉栄中】

(4) 88＋87＋86＋85－84－83－82－81 【お茶の水女子大附中】

(5) 9＋99＋999＋9999＋99999＋999999 【城西川越中】

(6) (1957＋1977＋1997＋2017)÷3974 【青山学院横浜英和中】

(7) (234＋567＋765＋324＋432＋675)÷111 【中央大附中】

力をのばす問題

レベル3 レベル2 レベル1

→別冊解答 p.2

1 次の計算をしなさい。

→例題1
(1) $3\times12-6\div2$ 【東京家政学院中】
(2) $8-2\times3+5$ 【日本大第三中】
(3) $72\div3+4\times19$ 【茗溪学園中】
(4) $13+17\times4-56\div4$ 【麗澤中】
(5) $1\times2+3\times4\times56\div7\div8-9$ 【近畿大附中】

2 次の計算をしなさい。

→例題2
(1) $12+(40-36\div9)\times4$ 【聖園女学院中】
(2) $13-(18-3)\div5+4$ 【十文字中】
(3) $132-96\div(12+4\times5)$ 【武庫川女子大附中】
(4) $22\times3-65\div(10\times2-7)$ 【鎌倉学園中】
(5) $360-240\div(12+16\div2)$ 【鎌倉女学院中】

3 次の計算をしなさい。

→例題3
(1) $35\div\{23-4\times(3+1)\}$ 【国府台女子学院中】
(2) $\{36-(21-12)\div3\}\div11$ 【上宮学園中】
(3) $\{13-(31-15)\div4\}\times3-19$ 【大妻嵐山中】
(4) $50-\{47-(31-4\times2)\times2\}$ 【青稜中】
(5) $360\div\{16-(32-7\times4)\}+18\times11\div9$ 【麗澤中】

4 次の計算をくふうしてしなさい。

→例題4・5
(1) $11+13+15+17+19$ 【青山学院横浜英和中】
(2) $999+998+997+996$ 【茗溪学園中】
(3) $471\times1001+471\times999$ 【藤嶺学園藤沢中】
(4) $28\times13-12\times13-13\times14$ 【大妻嵐山中】
(5) $68\times83+68\times65+32\times148$ 【横浜雙葉中】
(6) $20\times19\times18-19\times18\times17$ 【捜真女学校中】
(7) $(99+98+97+96+95+94+93+92+91+90)\div45$ 【横浜中】

別冊解答 p.2~4

5 次の計算をしなさい。

→例題2 (1) (13＋8)÷3－(8－2×3)【自修館中】

(2) 16×3＋(99－87÷3)÷2【公文国際学園中】

(3) 10＋(11×12－12)÷5－15÷3【自修館中】

(4) (9＋12÷6－3)×(42÷35×5－1)【須磨学園中】

(5) (23＋7×3)×(6×8－28÷7)＋(2×5－1)×(6＋9÷3)【城北埼玉中】

6 次の計算をしなさい。

→例題3 (1) 33－{3×(91÷7－2)－10÷2＋4}÷4【埼玉栄中】

(2) 80－{36÷3＋(70－4)×8÷11}【日本大第二中】

(3) 109－9÷5×10－{16－(10－2)÷4}【日本女子大附中】

(4) 2016÷9÷7×(16－2×7)－{3＋(3－2)×5}【成蹊中】

(5) 1615÷{80＋(50－17)×5÷11}＋{99－(63－15)×2}【啓明学院中】

7 次の計算をくふうしてしなさい。

→例題4 (1) 44×62－48×(24－13)【成城学園中】

(2) 3×5×7×9＋7×9×11＋5×7×9＋7×9【城北埼玉中】

(3) (34×72＋66×72)÷(24×25－24×15)【明治大付属中野中】

(4) 628×47－1256×7＋2512×8【頌栄女子学院中】

(5) 121×122＋143×22－88×66【逗子開成中】

8 次の計算をくふうしてしなさい。

→例題4・5 (1) 381×576＋382×301＋383×123【四天王寺中】

(2) (23÷3－13÷7)×21【お茶の水女子大附中】

(3) 11×11＋22×22＋33×33＋44×44【同志社香里中】

(4) 63×19＋62×54－37×21－16×93【ラ・サール中】

ちょいムズ (5) 2016×2017－2000×2033【関西大中】

ちょいムズ (6) 3456×789＋4565×234＋468－4567×23－1111×211【須磨学園中】

ちょいムズ (7) (12345＋23451＋34512＋45123＋51234－1665)÷165【大妻嵐山中】

2 約数と倍数

p.22〜27

❶ 約数と倍数，公約数と公倍数の意味を覚え，公約数と公倍数はそれぞれ最大公約数と最小公倍数から求められることを理解しよう。
❷ 文章題では，文章から約数か倍数のどちらを使うかを読みとろう。

学習のポイント

1 偶数と奇数

► 2，4，6，8，10，12，……のように，2でわり切れる整数を**偶数**という。
► 1，3，5，7，9，11，……のように，2でわり切れない整数を**奇数**という。

（0を整数にふくめるときは，**0は偶数**とする。）

2 約数と公約数

➡ 例題 6·8·9

► ある整数□が，ほかの整数○でわり切れるとき，○は□の**約数**という。

例》12は4でわり切れるので，4は12の約数である。

► ■の約数でも▲の約数でもある整数を，■と▲の**公約数**という。

例》12の約数：①，②，3，④，6，12
　8の約数：①，②，④，8
よって，12と8の公約数は1，2，4

► 公約数のうち，いちばん大きい数を**最大公約数**という。上の例》の最大公約数は4である。12と8の公約数は4の約数の1，2，4と同じ，つまり**公約数はすべて最大公約数の約数**になっている。

3 倍数と公倍数

➡ 例題 7·8·10

► ある整数□を1倍，2倍，3倍，……してできる整数○を，整数□の**倍数**という。

例》6の倍数は，6，12，18，24，30，……

► ■の倍数でも▲の倍数でもある整数を，■と▲の**公倍数**という。

例》6の倍数：6，⑫，18，㉔，30，㊱，……
4の倍数：4，8，⑫，16，20，㉔，28，32，㊱，……
よって，6と4の公倍数は12，24，36，……

► 公倍数のうち，いちばん小さい数を**最小公倍数**という。上の例》の最小公倍数は12である。6と4の公倍数は12の倍数の12，24，36，……と同じ，つまり**公倍数はすべて最小公倍数の倍数**になっている。

p.22 2

例題6 約数と公約数の求め方

次の問いに答えなさい。

(1) 20の約数をすべて求めなさい。

(2) 36の約数をすべて求めなさい。

(3) 20と36の公約数をすべて求めなさい。

(4) 20と36の最大公約数を求めなさい。

解き方と答え

(1) かけて20になる2つの整数の組をつくる。

1×20=20, 2×10=20, 4×5=20

これら2つずつの整数の組はすべて20をわり切ることができるので，20の約数である。

よって，**1，2，4，5，10，20**

(2) (1)と同じように，かけて36になる2つの整数の組をつくる。

1×36=36, 2×18=36, 3×12=36, 4×9=36, 6×6=36

これら2つずつの整数の組はすべて36をわり切ることができるので，36の約数である。

よって，**1，2，3，4，6，9，12，18，36**

↑6は1回だけでよい

(3) (1)，(2)に共通するものを求める。

20の約数：①，②，④，5，10，20

36の約数：①，②，3，④，6，9，12，18，36

よって，**1，2，4**

(4) (3)より，**4**

くわしく

約数の個数(こすう)

(1)(2) ある整数Aが，A=○×□ のようにかけ算の形で表されるとき，○も□もAの約数になる。このように，約数は2つの整数の組として求めることができるので，ふつう，約数は偶数個(ぐうすうこ)(2個，4個，6個，…)になる。

しかし，Aが1(=1×1)，4(=2×2)，9(=3×3)，…のように同じ整数を2回かけた形で表すことができる数のときは，約数の個数が奇数個(きすうこ)(1個，3個，5個，…)になる。このような整数のことを平方数(へいほうすう)という。

例》平方数の約数

4の約数：1，2，4

16の約数：1，2，4，8，16

ココ大事！ ○と□の公約数は，○と□の最大公約数の約数である。

(3)より，20と36の公約数は，4の約数になっていることがわかる。

練習問題6

次の問いに答えなさい。

(1) 24の約数をすべて求めなさい。

(2) 64の約数をすべて求めなさい。

(3) 24と64の公約数をすべて求めなさい。

(4) 24と64の最大公約数を求めなさい。

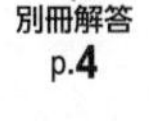

別冊解答 p.4

p.22 3

例題7 倍数と公倍数の求め方

次の問いに答えなさい。
(1) 8の倍数を小さい順に5つ求めなさい。
(2) 12の倍数を小さい順に5つ求めなさい。
(3) 8と12の公倍数を小さい順に3つ求めなさい。
(4) 8と12の最小公倍数を求めなさい。

解き方と答え

(1) 8を，1倍，2倍，3倍，…していく。
8×1=8，8×2=16，8×3=24，8×4=32，
8×5=40
よって，**8，16，24，32，40**

(2) (1)と同じように，12を，1倍，2倍，3倍，…していく。
12×1=12，12×2=24，12×3=36，12×4=48，
12×5=60
よって，**12，24，36，48，60**

(3) (1)，(2)のようにして，さらに倍数を書き出していく。
8の倍数：8, 16, ㉔, 32, 40, ㊽, 56, 64, (72), …
12の倍数：12, ㉔, 36, ㊽, 60, (72), …
よって，**24，48，72**

(4) (3)より，**24**

注意

0のあつかい

算数では，約数や倍数の単元(たんげん)において，0は整数の中にふくめないこととして考える。(中学で習う数学では0やマイナスの数も考えることもある。)

くわしく

約数と倍数はおたがいに逆(ぎゃく)の関係

例えば，12の約数は1，2，3，4，6，12である。逆に12は1の倍数であり，2の倍数であり，3の倍数であり，4の倍数であり，6の倍数であり，12の倍数でもある。このように，約数と倍数はおたがいに逆の関係になっている。

ココ大事！ ○と□の公倍数は，○と□の**最小公倍数の倍数**である。
(3)より，8と12の公倍数は，24の倍数になっていることがわかる。

練習問題7

次の問いに答えなさい。
(1) 6の倍数を小さい順に5つ求めなさい。
(2) 15の倍数を小さい順に5つ求めなさい。
(3) 6と15の公倍数を小さい順に3つ求めなさい。
(4) 6と15の最小公倍数を求めなさい。

別冊解答 p.4

p.22 2, 3

例題 8 最大公約数と最小公倍数

24 と 36 の最大公約数と最小公倍数を求めなさい。

解き方と答え

下のように 24 と 36 を横に書きならべて，これらをどちらもわり切ることができる数で順にわった答えをそれぞれ下に書いていく。これを，2 つの数が 1 以外の数で共通してわり切れなくなるまでくり返していく。この方法を連除法（れんじょほう）またはすだれ算という。

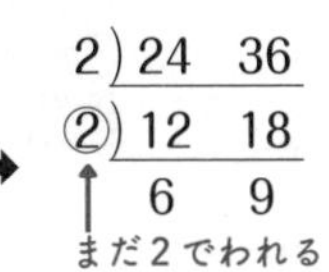

```
②) 24  36        2) 24  36        2) 24  36
    12  18   ➡   ②) 12  18   ➡   2) 12  18
                     6   9        ③)  6   9
                                       2   3
```

まず 2 でわる　／　まだ 2 でわれる　／　次に 3 でわる　われる数はないから終わり

最大公約数は $2\times2\times3=12$

```
2) 24  36
2) 12  18
3)  6   9
    2   3
```

最小公倍数は $2\times2\times3\times2\times3=72$

このとき，わった数をすべてかけ合わせた答えが最大公約数で，わった数と最後に残った数をすべてかけ合わせた答えが最小公倍数になる。

よって，最大公約数…**12**，
最小公倍数…**72**

くわしく　数が 3 つ以上のときは？

3 つ以上の数の最小公倍数を求めるときはくふうが必要である。

例》30 と 60 と 72 の最大公約数，最小公倍数を求める。

㋐最大公約数は，3 つの数をすべてわり切ることができる数でわっていく。

```
2) 30  60  72
3) 15  30  36
    5  10  12
```

最大公約数は，$2\times3=6$

㋑最小公倍数は，2 つ以上が同じ数でわることができればわり進み，われない数はそのままわらずに下に書く。

```
2) 30  60  72
3) 15  30  36
2)  5  10  12
5)  5   5   6
    1   1   6
```

最小公倍数は，
$2\times3\times2\times5\times1\times1\times6$
$=360$

ココ大事！ 連除法を用いると，最大公約数と最小公倍数を同時に求めることができる。そこから，公約数と公倍数も求めることができる。

練習問題 8

次の数の最大公約数と最小公倍数をそれぞれ求めなさい。

(1) 28 と 70

(2) 120 と 144

(3) 12 と 16 と 48

別冊解答 p.4

p.22 2

例題9 公約数を利用する文章題

右の図のように，縦(たて) 90 cm，横 42 cm の長方形の紙を，辺と平行な直線で縦，横に切って，同じ大きさの正方形の紙を何枚(なんまい)かつくります。ただし，正方形の1辺の長さができるだけ大きくなるようにします。

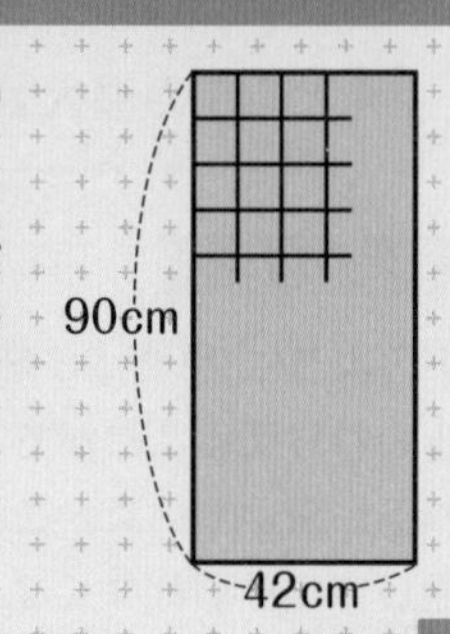

(1) 正方形の1辺の長さを何 cm にすればよいですか。
(2) 正方形の紙は全部で何枚できますか。

解き方と答え

(1) 縦 90 cm を同じ長さに切り分けるので，求める正方形の1辺の長さは 90 cm をわり切ることができる数，つまり 90 の約数になる。
横 42 cm も同じように考えると，42 の約数になる。
正方形は，縦と横の長さが等しいので，1辺の長さは，90 と 42 の公約数となり，できるだけ大きくするには，**90 と 42 の最大公約数**にすればよい。
よって，連除法(れんじょほう)より，

```
2 ) 90  42
3 ) 45  21
    15   7
```

2×3=**6 (cm)**

(2) 縦 90 cm を 6 cm ずつ，横 42 cm も 6 cm ずつ切り分けるので，縦には 90÷6=15 (枚)，横には 42÷6=7 (枚)ならぶ。
よって，15×7=**105 (枚)**

裏技 連除法の数字の意味

(1)で最大公約数を求めるときに，

```
6= [2] ) 90  42
   [3] ) 45  21
         15   7
         ↑    ↑
       90÷6  42÷6
```

としているので，(2)はこの 15 と 7 を利用して，
15×7=**105** (枚)
として求めることができる。

ココ大事！
等しい大きさに分ける→同じ数でわる→公約数を使う

練習問題 9

縦の長さが 252 cm，横の長さが 204 cm の長方形のかべを，できるだけ大きな正方形のタイルでうめつくすとき，この正方形のタイルの1辺の長さは何 cm ですか。また，正方形のタイルは何枚必要ですか。

【滝川中】

別冊解答 p.4

p.22 3

例題10 公倍数を利用する文章題

右の図のように，縦(たて) 28 cm，横 20 cm の長方形の紙を，同じ向きにすき間なくならべて，全体が正方形になるようにします。ただし，正方形の１辺の長さができるだけ小さくなるようにします。

20cm
28cm

(1) 正方形の１辺の長さは何 cm になりますか。

(2) 長方形の紙は全部で何枚(なんまい)使いますか。

解き方と答え

(1) 長方形を縦にならべて正方形をつくるので，正方形の縦の長さは 28 の倍数になる。
横も同じように考えると，20 の倍数になる。
正方形は縦と横の長さが等しいので，28 と 20 の公倍数になり，できるだけ小さくするには，28と20の最小公倍数にすればよい。
よって，連除法(れんじょほう)より，
2×2×7×5=**140 (cm)**

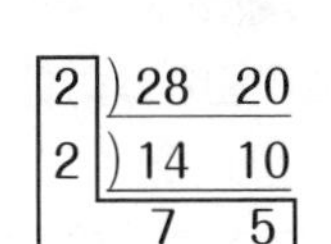

(2) 縦も横も 140 cm になるので，
縦には 140÷28=5 (枚)，
横には 140÷20=7 (枚) ならぶ。
よって，5×7=**35 (枚)**

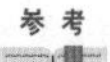

２番目，３番目のときは？

例題で「２番目，３番目に小さい正方形をつくる」とすると，
最小が１辺 140 cm なので，
・２番目は，２番目の公倍数の 140×2=280 (cm) になる。
よって，
35×(2×2)=140 (枚)
・３番目は，３番目の公倍数の 140×3=420 (cm) になる。
よって，
35×(3×3)=315 (枚)

ココ大事！ それぞれを何倍かして等しい大きさをつくる→かけて同じ数をつくる→公倍数を使う

練習問題⑩

ある駅から，Ａ駅行き，Ｂ駅行きの電車がそれぞれ９分ごと，12 分ごとに発車します。午前７時にＡ駅行き，Ｂ駅行きの電車が同時に発車しました。

(1) この次に同時に発車するのは午前７時何分ですか。

(2) 午前７時に同時に発車したあと，午後 11 時までの間に同時に発車するのは，全部で何回ありますか。

別冊解答 p.5

3 公約数と公倍数の利用

p.28～31

❶ 簡単(かんたん)な倍数の見分け方を覚えておこう。
❷ 倍数の個数(こすう)を計算で求める方法をマスターしよう。
❸ あまりの問題では，約数か倍数のどちらを使うか判断(はんだん)できるように。

学習のポイント

1 倍数の見分け方

► 実際(じっさい)にわり算を行わなくても，ある整数が何の倍数であるかを見分ける方法がある。

㋐ 2の倍数……**下1けたの数が2の倍数（0もふくむ）**

例》38546は下1けたの数が6だから，2の倍数（偶数(ぐうすう)）

㋑ 4の倍数……**下2けたの数が4の倍数（00もふくむ）**

例》96156は下2けたの数56が4の倍数だから，4の倍数

㋒ 5の倍数……**下1けたの数が0，5**

例》6275は下1けたの数が5だから，5の倍数

㋓ 3の倍数……**各位の数の和が3の倍数**

例》345は各位の数の和が 3+4+5=12（← 3の倍数）だから，3の倍数

㋔ 9の倍数……**各位の数の和が9の倍数**

例》567は各位の数の和が 5+6+7=18（← 9の倍数）だから，9の倍数

2 倍数の個数 ➡ 例題 11

► 倍数の個数(こすう)はわり算で求めることができる。1から●までの整数の中で，□の倍数の個数は，**●÷□の商**である。（あまりは関係ない。）

例》100÷4=25，100÷3=33 あまり1より，1から100までの整数の中に，4の倍数は25個，3の倍数は33個ある。

3 あまりについての問題 ➡ 例題 12·13

► □でわると▲あまる数→ **□の倍数＋▲**　または，**□の倍数－（□－▲）**

□でわっても■でわっても▲あまる数→ **□と■の公倍数＋▲**

► □をわると▲あまる数→ **□－▲の約数のうち▲より大きい数**

□をわっても■をわっても▲あまる数

→ **□－▲と■－▲の公約数のうち▲より大きい数**

p.28 2

例題11 倍数の個数

1から200までの整数のうち，次の数はそれぞれ何個(なんこ)ありますか。

(1) 4の倍数　(2) 6の倍数

(3) 4と6の公倍数　(4) 4でも6でもわり切れない数

解き方と答え

(1) 200÷4=50 より，**50個**

(2) 200÷6=33 あまり2 より，**33個**

(3) 4と6の最小公倍数は12なので，4と6の公倍数は12の倍数になる。

よって，200÷12=16 あまり8 より，**16個**

(4) (1)〜(3)を下のような図（ベン図という。）にまとめる。

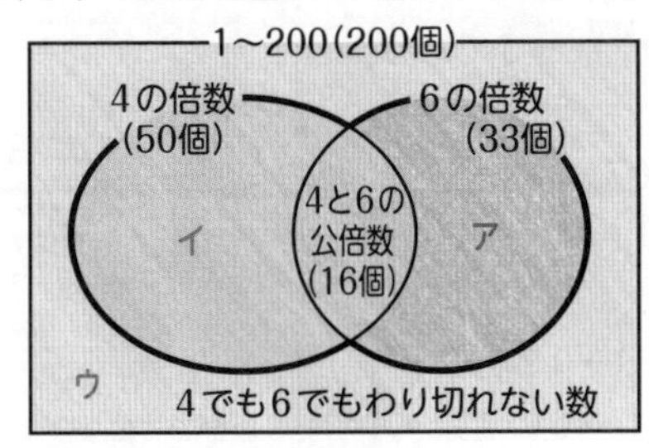

太線で囲まれた部分の個数は，

50+33−16=67（個）

↑重なっているところ

よって，4でも6でもわり切れない数は，

200−67=**133**（個）

別解 表に整理する

2種類の倍数の整理なら表で考えてもよい。

1から200までの整数（個）

	4の倍数	4の倍数以外	合計
6の倍数	16	ア	33
6の倍数以外	イ	ウ	エ
合計	50	オ	200

ア=33−16=17（個）

オ=200−50=150（個）

よって，

ウ=150−17=**133**（個）

ココ大事！

倍数の個数についての問題は，ベン図をかいて整理するとよい。

練習問題11

1から300までの整数のうち，次の数はそれぞれ何個ありますか。

(1) 6の倍数　(2) 8の倍数

(3) 6と8の公倍数　(4) 6でも8でもわり切れない数

別冊解答 p.5

p.28 3

例題12 あまりについての問題 (1) ―～でわる―

次の問いに答えなさい。

(1) 4でわっても6でわっても3あまる整数のうち，200にいちばん近い数を求めなさい。

(2) 4でわると3あまり，6でわると5あまる整数のうち，200にいちばん近い数を求めなさい。

解き方と答え

(1) 4でわると3あまる数 → 4の倍数 +3
6でわると3あまる数 → 6の倍数 +3
+3が共通しているので，
4でわっても6でわっても3あまる数は，
4と6の公倍数 +3　つまり，12の倍数 +3 である。
200÷12=16 あまり8より，
12×16+3=195，12×17+3=207
200−195=5，207−200=7 より，
200にいちばん近い数は，**195**

(2) 4でわると3あまる数→4の倍数 +3→4の倍数 −1
6でわると5あまる数→6の倍数 +5→6の倍数 −1
−1が共通しているので，求める数は12の倍数 −1
200÷12=16 あまり8より，
12×16−1=191，12×17−1=203
200−191=9，203−200=3 より，
200にいちばん近い数は，**203**

くわしく
4でわると3あまる数

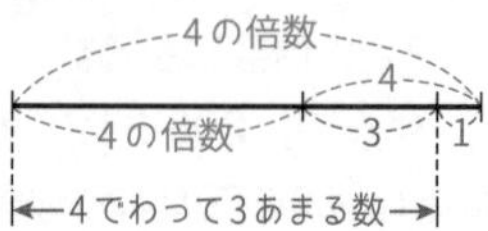

注意
「○に近い数」は○をこえてもいい
「200にいちばん近い数」をさがす場合は，「200より小さくて近い」か「200より大きくて近い」のかを確(たし)かめなくてはならない。
200÷12=16 あまり8より，200前後の12の倍数を求める。
12×16=192
12×17=204
(1)では，+3，(2)では，−1をして200に近いほうを答えとする。

□でわると▲あまる数→□の倍数+▲→□の倍数 −(□−▲)

練習問題 12

別冊解答 p.5

次の問いに答えなさい。

(1) 300以下の整数で，3でわっても5でわっても1あまる数のうち最も大きい数を求めなさい。 【國學院大久我山中】

(2) 5でわると3あまり，9でわると7あまる数のうちで200に最も近い数を求めなさい。 【清風中】

p.28 3

例題13 あまりについての問題 (2) —～をわる—

次の問いに答えなさい。

(1) 90 をある整数でわるとあまりが 10 になります。このような整数をすべて求めなさい。

(2) ある整数で，59 をわっても，95 をわっても，あまりが5になります。このような整数のうち，いちばん小さい数を求めなさい。

解き方と答え

(1) 90÷□＝○ あまり 10

□の条件(じょうけん)は
- ・あまりが 10 なので，10より大きい数
- ・あまりが 10 なので，90−10＝80 をわり切ることができる数

つまり，□は 10より大きい80の約数 となる。

80 の約数…~~1~~，~~2~~，~~4~~，~~5~~，~~8~~，~~10~~，⑯，⑳，㊵，(80)

↑10より大きい

よって，**16，20，40，80**

(2) 59 をわるとあまりが5になるのは，59−5＝54 より，5より大きい 54 の約数

95 をわるとあまりが5になるのは，95−5＝90 より，5より大きい 90 の約数

つまり，5より大きい54と90の公約数 となる。

54 と 90 の最大公約数は 18 なので，

18 の約数…~~1~~，~~2~~，~~3~~，⑥，⑨，⑱

↑5より大きい

このうち，いちばん小さい数は**6**

くわしく

「あまり」をとり除(のぞ)けば，わり切れる！

□÷△＝○ あまり▲のとき
□−▲＝△×○ となる。

例 15÷7＝2 あまり 1 より，
15−1＝7×2
↑差 ↑積

つまり，「わられる数」から「あまり」をひくことで，わり切れる計算にすると，約数の利用が可能(かのう)となる。

注意 倍数？約数？

・「12 でわると 2 あまる数」＝「12 の倍数より 2 大きい数」

と

・「12 をわると 2 あまる数」＝「12−2＝10 の約数のうち 2 より大きい数」

問題文から倍数か約数のどちらを使って解(と)くのか判断(はんだん)できるようにしよう。

ココ大事！ □をわると▲あまる数は，
□−▲ の約数のうち，あまりの▲より大きい数

練習問題 ⑬

次の問いに答えなさい。

(1) 50 をわると 2 あまる整数は全部で何個(なんこ)ありますか。

(2) 117，174，250 の 3 つの数をある整数でわると，あまりはすべて 3 になりました。ある整数を求めなさい。 【成城学園中】

別冊解答 p.5

力をのばす問題

レベル3 レベル2 レベル1

→ 別冊解答 p.5~6

9 次の問いに答えなさい。

→例題 6~8
(1) 100 の約数は全部で何個(なんこ)ありますか。 【立正大付属立正中】

(2) 42 と 35 の最小公倍数を求めなさい。 【相模女子大中】

(3) 210 と 735 の公約数の中で大きいほうから2番目の数を求めなさい。 【奈良学園登美ヶ丘中】

10 次の問いに答えなさい。

→例題 9・10
(1) 縦(たて) 91 cm，横 104 cm の長方形の紙を同じ大きさの正方形に切り分けて，あまりが出ないようにします。正方形をできるだけ大きくするとき，切り分ける正方形の枚数(まいすう)は何枚ですか。 【吉祥女子中】

(2) 縦 8 cm，横 12 cm，高さ 18 cm の直方体の積み木があります。この積み木を同じ向きに積んでなるべく小さな立方体をつくるには，何個の積み木が必要ですか。 【関東学院六浦中】

(3) ある駅から，A 町行きのバスが 17 分おきに，B 町行きのバスが 34 分おきに，C 町行きのバスが 12 分おきに出ています。どのバスも始発が午前6時のとき，次に同時に出発するのは午前何時何分ですか。 【和洋国府台女子中】

11 次の問いに答えなさい。

→例題 11~13
(1) 7でわると3あまる整数で 100 に最も近い数はいくつですか。 【藤嶺学園藤沢中】

(2) 1から 300 までの整数について，6または9でわり切れる数は何個ありますか。 【清教学園中】

(3) 337 をわると 12 あまり，175 をわると6あまる整数はいくつですか。 【森村学園中】

(4) ある整数で，80 をわっても 119 をわってもあまりが2になるとき，ある整数の中で最も大きい数を求めなさい。 【日本大豊山中】

12 縦 480 cm，横 324 cm の長方形の床(ゆか)に，同じ大きさの正方形のタイルをすき間がないようにしきつめたいと思います。タイルの1辺の長さが［ア］cm のとき，使うタイルの枚数がいちばん少なくなり，このとき，いちばん外側のタイルは全部で［イ］枚です。［　］にあてはまる数を求めなさい。 【奈良学園中】

→例題 9

力をためす問題

別冊解答 p.6~7

13 次の問いに答えなさい。

→例題 6~8
(1) $a \triangledown b$ は a と b の最大公約数，$a \triangle b$ は a と b の最小公倍数を表すとき，$(72 \triangledown 120) \triangle 84$ を求めなさい。【神奈川大附中】

(2) 27，45，81 の最小公倍数を求めなさい。【大妻中野中】

(3) 432 の約数のうち，大きいほうから３番目の約数はいくつですか。【青山学院横浜英和中】

14 次の問いに答えなさい。

→例題 9・10
(1) 縦(たて)２cm，横３cm の長方形をすき間なくならべて正方形をつくります。このとき，３番目に小さい正方形の１辺の長さは何 cm ですか。【西武学園文理中】

(2) 同じ大きさの立方体を何個(なんこ)か使って，縦 84 cm，横 112 cm，高さ 56 cm の直方体をつくります。最も大きい立方体でつくるとき，立方体は何個必要ですか。【帝塚山中】

15 次の問いに答えなさい。

→例題 12・13
(1) 2014 を整数 A でわると，あまりが 26 となりました。このとき最も小さい整数 A は何ですか。【鎌倉学園中】

(2) 124 をわると４あまり，77 をわると５あまる最も大きい整数は何ですか。【慶應義塾中】

(3) ６でわると３あまり，７でわると１あまるような整数で，375 に最も近い数は何ですか。【成城学園中】

(4) ４でわると３あまり，７でわると２あまる整数の中で，2017 にいちばん近い数を求めなさい。【日本大豊山中】

(5) ６を加えると７の倍数になり，７を加えると６の倍数になる最小の整数を求めなさい。【明治大付属中野八王子中】

16 ２つの数 a，b の最大公約数を $g(a,\ b)$，最小公倍数を $\ell(a,\ b)$ と表します。例えば，$g(2,\ 8)=2$，$\ell(8,\ 36)=72$ です。□にあてはまる数を求めなさい。【春日部共栄中】

→例題 8

(1) $g(20,\ 56)=$□　　(2) $\ell(108,\ 144)=$□

ちょいムズ (3) $g(a,\ b)=5$，$\ell(a,\ b)=90$ をみたす a と b の組み合わせは□組ある。

第1編 数と計算　第1章 整数の計算　第2章 約数と倍数　第3章 小数の計算　第4章 分数の計算　第5章 いろいろな計算　第6章 数と規則性

4 小数のしくみとかけ算

p.34〜36

❶ 小数を 10 倍，100 倍…，$\frac{1}{10}$ 倍，$\frac{1}{100}$ 倍，…すると，小数点はどのように移動(いどう)するのか理解しよう。

❷ 小数のかけ算で，積の小数点の位置をまちがえないようにしよう。

学習のポイント

1 小数点の移動 ➡例題14

► 小数や整数は 10 倍，100 倍，1000 倍，…すると，小数点は**右に**1つ，2つ，3つ，…ずつ移動(いどう)する。

例》 $1.732 \times 10 = 17.32$　　$1.732 \times 100 = 173.2$

► 小数や整数は $\frac{1}{10}$ 倍，$\frac{1}{100}$ 倍，$\frac{1}{1000}$ 倍，…すると，小数点は**左に**1つ，2つ，3つ，…ずつ移動する。

例》 $23.4 \times \frac{1}{10} = 2.34$　　$23.4 \times \frac{1}{100} = 0.234$

2 小数のかけ算 ➡例題15

► 小数どうしのかけ算では，次のような手順で計算する。

❶小数点がないものとして，**整数と同じように**計算する。

❷積の小数点は，**かけられる数とかける数の小数点の右にあるけた数の和だけ，右から数えて打つ。**

例》

```
    3.6  …1けた
 ×  4.7  …1けた   1+1
   252
  144
  16.92  …2けた
```

```
     2.15  …2けた
 ×   0.26  …2けた   2+2
    1290
    430
   0.5590  …4けた
```

必要な0を補う　不要な0は消す

► 小数のかけ算では，1より小さい数をかけると，**積はもとの数よりも小さくなる。**

例》 $5 \times 0.6 = 3$（小さくなる）　　$1.9 \times 0.02 = 0.038$（小さくなる）

p.34 1

例題14 小数のしくみ

次の問いに答えなさい。

(1) 1.57 を 10 倍した数，100 倍した数，1000 倍した数を答えなさい。

(2) 1.57 を $\frac{1}{10}$ 倍した数，$\frac{1}{100}$ 倍した数，$\frac{1}{1000}$ 倍した数を答えなさい。

(3) 63.8 g は何 kg ですか。また，何 mg ですか。

解き方と答え

(1) 10 倍 … 1.57×10=**15.7**

100 倍 … 1.57×100=**157**

1000 倍 … 1.570×1000=**1570**

(2) $\frac{1}{10}$ 倍 … 01.57×$\frac{1}{10}$=**0.157**

$\frac{1}{100}$ 倍 … 001.57×$\frac{1}{100}$=**0.0157**

$\frac{1}{1000}$ 倍 … 0001.57×$\frac{1}{1000}$=**0.00157**

(3) kg を g にするときは 1000 倍　　g を mg にするときは 1000 倍

1 kg=1000 g　　1 g=1000 mg

g を kg にするときは $\frac{1}{1000}$ 倍　　mg を g にするときは $\frac{1}{1000}$ 倍

よって，00 63.8 g=**0.0638 kg**

63.800. g=**63800 mg**

くわしく　単位の変換（へんかん）

1 kg や 1000 mg の k は 1000 倍，m は $\frac{1}{1000}$ 倍という意味の補助単位（ほじょたんい）である。

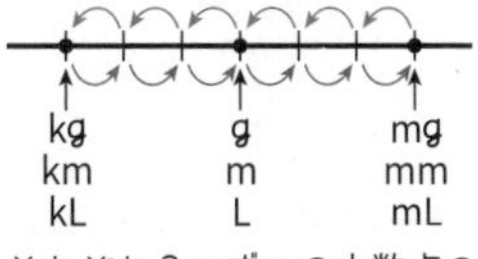

それぞれ 3 つずつの小数点の移動で，単位を変換することができる。

例》54.8 L を kL と mL に変換すると，

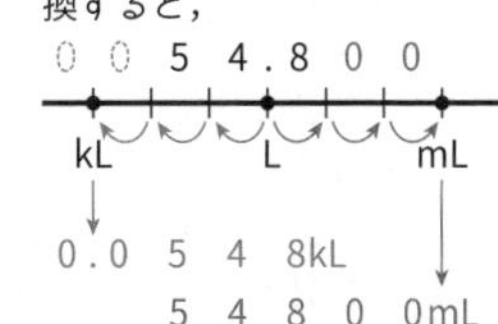

ココ大事！ 小数や整数を 10 倍，100 倍，…すると 0 の数だけ小数点は右へ，$\frac{1}{10}$ 倍，$\frac{1}{100}$ 倍，…すると 0 の数だけ小数点は左へ移動（いどう）する。

練習問題 14

別冊解答 p.8

次の問いに答えなさい。

(1) 0.314 は 31.4 を何倍した数ですか。

(2) 1.4142 の左側の 4 は右側の 4 の何倍ですか。

(3) 42.195 km は何 m ですか。

(4) 0.4 cm は何 m ですか。

p.34 2

例題15 小数のかけ算

次の計算をしなさい。

(1) 8.7×0.3　　(2) 3.14×1.5

(3) 0.65×16.1　　(4) 0.23×0.46

解き方と答え

(1)
```
   8.7 …1けた ┐
 × 0.3 …1けた ┤ 1+1
  2.61 …2けた ←┘
```
8.7×0.3=**2.61**

(2)
```
   3.14 …2けた ┐
 ×  1.5 …1けた ┤
   1570        │ 2+1
   314         │
  4.710 …3けた ←┘
       ↑不要な0は消す
```
3.14×1.5=**4.71**

(3)
```
    0.65 …2けた ┐
  × 16.1 …1けた ┤
      65        │
     390        │ 2+1
     65         │
  10.465 …3けた ←┘
```
0.65×16.1=**10.465**

(4)
```
   0.23 …2けた ┐
 × 0.46 …2けた ┤
    138        │ 2+2
    92         │
 0.1058 …4けた ←┘
 ↑必要な0を補う
```
0.23×0.46=**0.1058**

注意 **0を消すのは小数点を打ってから**

不要な0は，小数点を打ったあとに消すようにしよう。先に消してしまうと，小数点の位置をまちがえやすくなる。

アドバイス **小数点の位置の確(たし)かめ**

積のおよその大きさを考えて，小数点の位置を確かめるとよい。

(4) 0.23×0.46の小数第二位を四捨五入すると，0.2×0.5=0.1であるから，積も0.1に近い数になる。

ココ大事！

小数のかけ算では，答えの小数点の位置や0のあつかいに気をつける。

練習問題15

次の問いに答えなさい。

(1) 次の計算をしなさい。

❶ 6.2×4.5　　❷ 2.56×2.7　　❸ 0.38×0.05

(2) 267×34=9078 を利用して，次の計算の積を求めなさい。

❶ 26.7×3.4　　❷ 0.267×0.34　　❸ 0.0267×34000

別冊解答 p.8

5 小数のわり算，計算のくふう

p.37〜41

❶ 商の小数点の位置に注意して計算できるようにしよう。また，あまりがあるときは，あまりの小数点の位置にも注意しよう。
❷ 計算をくふうして，複雑(ふくざつ)な計算を簡単(かんたん)にしよう。

学習のポイント

1 小数でわる計算

➡例題16・18

► 整数や小数を小数でわるときは，次のような手順で計算する。

❶わる数の小数点を**右に移(うつ)して整数**にする。このとき，わられる数の小数点も**同じだけ右に**移す。右の例》の場合，どちらも10倍になる。

❷わる数が整数のときと同じように計算し，**商の小数点は，わられる数の移したあとの小数点にそろえて打つ。**

例》 0.252÷1.2

1.2)0.252 ➡ 1.2)0.252

商の小数点の位置

```
       0.21
1.2)0.2.52
      2 4
      ---
        12
        12
        --
         0
```

► 小数のわり算では，1より小さい数でわると，**商はもとの数よりも大きくなる。**

例》 6÷0.2=30　　3.5÷0.05=70
（大きくなる）　（大きくなる）

2 あまりの小数点の位置

➡例題17

► 小数でわってあまりを求めるとき，あまりの小数点は**わられる数のもとの小数点にそろえて打つ。**

例》 24.8÷0.7（商は整数で求め，あまりも出す）

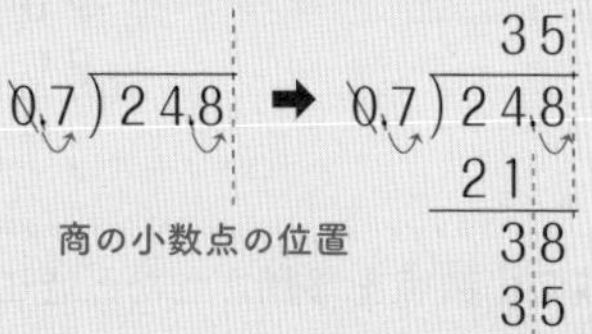


```
         35
0.7)24.8
    21
    ---
     38
     35
     ---
     0.3
```

3 計算のくふう

➡例題19

► □×0.5=□÷2，□×0.2=□÷5，□×0.25=□÷4
□÷0.5=□×2，□÷0.2=□×5，□÷0.25=□×4　などを利用する。

► **分配法則**を利用する。

例》 3.14×6.4+3.14×3.6=3.14×(6.4+3.6)=3.14×10=31.4

p.37 1

例題16 あまりのない小数のわり算

次のわり算をしなさい。

(1) 2.28÷3.8　(2) 3.164÷0.07　(3) 125÷0.4

解き方と答え

(1) わる数とわられる数をそれぞれ10倍して，22.8÷38 を計算する。

```
       0.6
3.8 ) 2.2.8
      2 2 8
          0
```

(2) わる数とわられる数をそれぞれ100倍して，316.4÷7 を計算する。

```
          4 5.2
0.07 ) 3.1 6.4
       2 8
         3 6
         3 5
           1 4
           1 4
             0
```

(3) わる数とわられる数をそれぞれ10倍して，1250÷4 を計算する。

```
       3 1 2.5
0.4 ) 1 2 5 0.0   ←0をつけたす
      1 2
          5
          4
          1 0
            8
            2 0
            2 0
              0
```

アドバイス　小数点の位置の確かめ

商のおよその大きさを考えて，小数点の位置を確かめるとよい。

(1) 2.28÷3.8 は，およそ，2÷4＝0.5 だから，商も0.5に近い数になる。

このように，わる数とわられる数を暗算できるおよその数にして商を求め，そこから小数点の位置を推測すると計算ミスが少なくなる。

ココ大事！ わる数の小数点を移動させたときは，わられる数の小数点も移動させるのを忘れないように注意する。

練習問題16

次の問いに答えなさい。

(1) 次のわり算をしなさい。

❶ 1.61÷4.6　❷ 15.24÷0.03　❸ 1.001÷0.13

(2) 1836÷27＝68 を利用して，次の計算の商を求めなさい。

❶ 18.36÷2.7　❷ 183.6÷0.27　❸ 0.1836÷0.027

別冊解答 p.8

p.37 2

例題17 あまりのある小数のわり算

次の問いに答えなさい。

(1) 43÷5.9 の商を整数で求め，あまりも出しなさい。

(2) 6.13÷0.29 の商を一の位まで求め，あまりも出しなさい。

(3) 6.12÷□=2.5 あまり 0.12 の □ にあてはまる数を求めなさい。

解き方

(1) わる数とわられる数をそれぞれ 10 倍して，430÷59 を計算する。あまりの小数点は，もとの小数点の位置になる。

```
      7
5.9)43.0
    41 3
     1.7
```
あまりの小数点

答え 7あまり 1.7

(2) わる数とわられる数をそれぞれ 100 倍して，613÷29 を計算する。あまりの小数点は，もとの小数点の位置になる。

```
       21
0.29)6.13
     5 8
       33
       29
     0.04
```
あまりの小数点

答え 21 あまり 0.04

(3) あまりのあるわり算の場合，
(わる数)×(商)=(わられる数)−(あまり)が成り立つ。
よって，□×2.5=6.12−0.12
□×2.5=6
□=6÷2.5=2.4

答え 2.4

アドバイス **答えの確(たし)かめをしよう**

(1) あまりがあるわり算では，あまりの小数点の位置をまちがえやすいので，必ず答えの確かめをするようにしよう。
確かめの式は，
5.9×7+1.7
=41.3+1.7
=43
となり，この答えで正しいことがわかる。
(2) 0.29×21+0.04
=6.09+0.04=6.13

ココ大事！

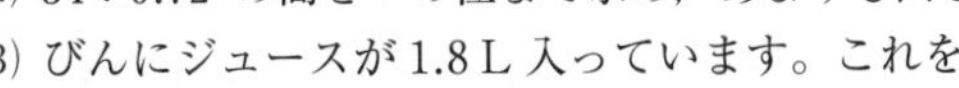

あまりの小数点は，わられる数の移動(いどう)させる前の小数点の位置になる。

練習問題 17

次の問いに答えなさい。

(1) 9.8÷4.6 の商を整数で求め，あまりも出しなさい。

(2) 34÷0.72 の商を一の位まで求め，あまりも出しなさい。

(3) びんにジュースが 1.8 L 入っています。これをコップに 0.16 L ずつに分けたいと思います。いくつのコップに分けることができますか。また，ジュースは何 L あまりますか。

(4) 18.9÷□=5.1 あまり 0.03 の □ にあてはまる数を求めなさい。

別冊解答 p.8

p.37 1

例題18 商をがい数で求める

次の問いに答えなさい。

(1) 100÷1.4 を計算しなさい。ただし，商は四捨五入(ししゃごにゅう)して小数第二位までのがい数にしなさい。

(2) 2.13÷4.7 を計算しなさい。ただし，商は四捨五入して上から２けたのがい数にしなさい。

解き方

(1) 商は四捨五入して小数第二位までのがい数で求めるので，小数第三位まで計算して，その位を四捨五入する。

(2) 商は四捨五入して上から２けたのがい数で求めるので，上から３けたまで計算して，その位を四捨五入する。

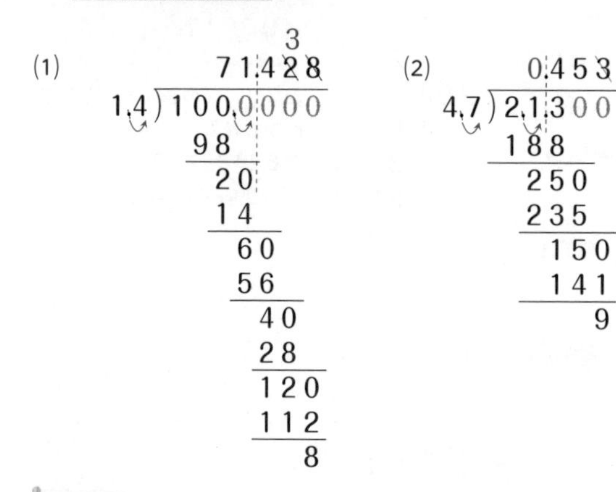

答え

(1) **71.43**　(2) **0.45**

注意　がい数の求め方

① 小数のがい数では，四捨五入したときに最小の位が0になったとしても，その0は必要なので消してはいけない。

例》2.96 を四捨五入して小数第一位までのがい数にするとき，

2.96 → 3.0（0は必要）

② 小数のがい数では，「上から○けたまで」のがい数を求めるとき，上の位から連続する0はけた数に数えない。

例》0.0382 を四捨五入して上から２けたのがい数にするとき，

0.0382 → 0.038（0は数えない，2けた）

ココ大事！ 商をがい数で求めるときは，必要な位の１つ下の位まで計算して四捨五入する。

練習問題18　次の計算をしなさい。答えは(　)内のがい数にしなさい。

(1) 11.9÷0.4（小数第一位まで）　(2) 6÷2.6 $\left(\frac{1}{100}\text{の位まで}\right)$

(3) 12.26÷9.4（上から２けた）　(4) 0.613÷9.5（上から２けた）

別冊解答 p.8

p.37 3

例題19 小数の計算のくふう

次の計算をくふうしてしなさい。

(1) $(1.2-0.95)\times1.6$　(2) $1.93\div0.25$　(3) 0.688×0.5

(4) $6\times6\times3.14+8\times8\times3.14$

(5) $2.8\times1.7+0.28\times35+28\times0.48$ 【神奈川大附中】

解き方と答え

(1) $(1.2-0.95)\times1.6=\underline{0.25\times4}\times0.4=1\times0.4=$ **0.4**
（0.25×4 → 1）

(2) ÷0.25 は ×4 と同じなので，
$1.93\div0.25=1.93\times4=$ **7.72**

(3) ×0.5 は ÷2 と同じなので，
$0.688\times0.5=0.688\div2=$ **0.344**

(4) $6\times6\times\underline{3.14}+8\times8\times\underline{3.14}$ 分配法則
$=(36+64)\times\underline{3.14}$
$=100\times3.14=$ **314**

(5) $0.28\times35=2.8\times3.5$，$28\times0.48=2.8\times4.8$ より，
$2.8\times1.7+0.28\times35+28\times0.48$
$=\underline{2.8}\times1.7+\underline{2.8}\times3.5+\underline{2.8}\times4.8$ 分配法則
$=\underline{2.8}\times(1.7+3.5+4.8)$
$=2.8\times10=$ **28**

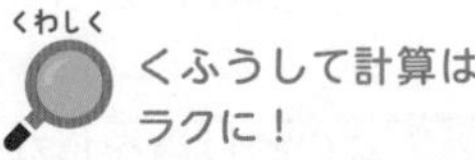

(1) $0.25\times4=1$ や $0.125\times8=1$ は覚えておこう。
(2)(3) 小数のかけ算とわり算を分数で考えると簡単になる。
(2) 0.25 を分数になおすと $\frac{1}{4}$ で，$\div\frac{1}{4}$ をかけ算にすると ×4 になる。
(3) 0.5 を分数になおすと $\frac{1}{2}$ で，$\times\frac{1}{2}$ をわり算にすると，÷2 になる。

分数と小数
→ p.48 の 例題23
分数のわり算
→ p.55 の 例題28

ココ大事！ (2)(3) $0.125=\frac{1}{8}$，$0.2=\frac{1}{5}$，$0.25=\frac{1}{4}$，$0.5=\frac{1}{2}$ など，分子が 1 の分数で表せる小数の計算は，分数にすると簡単(かんたん)になる。

練習問題 19

別冊解答 p.8

次の計算をくふうしてしなさい。

(1) $0.125\times(1-0.28)$　(2) 8.56×0.25

(3) $8.09\div0.25$　(4) $0.0307\div0.5$

(5) $0.19\times125+2.95\times12.5-38.5\times1.25$ 【聖園女学院中】

(6) $17\times0.23+1.7\times5.5-0.17\times48$ 【清泉女学院中】

(7) $(7\times3.5+7\times0.8-7\times2.3)\div0.25$ 【頌栄女子学院中】

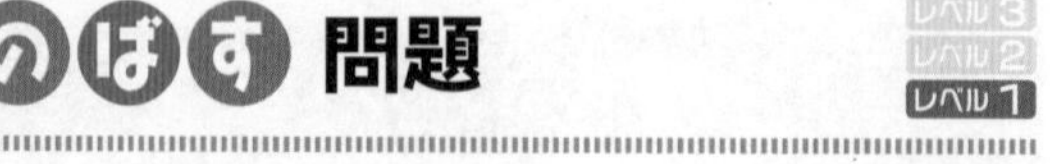

別冊解答 p.8~9

17 次の計算をしなさい。わり算はわり切れるまでしなさい。

→例題 15・16

(1) 78.4×0.9　(2) 5.25×3.6
(3) 0.27×0.37　(4) 4.09×0.77
(5) 1.17÷2.6　(6) 1.404÷0.54
(7) 5.46÷8.75　(8) 180÷0.06

18 次のわり算をしなさい。答えは(　)内の指示にしたがって求めなさい。

→例題 17・18

(1) 5.1÷0.45（商は一の位まで求め，あまりを出す。）
(2) 24.2÷8.9（商は四捨五入(ししゃごにゅう)して上から2けたのがい数で求める。）
(3) 64.7÷8.5（商は四捨五入して小数第一位までのがい数で求める。）
(4) 0.03÷0.21（商は四捨五入して上から2けたのがい数で求める。）

19 次の問いに答えなさい。

→例題 15~18

(1) 1 m^2 の重さが 7.8 kg の鉄板があります。この鉄板 0.3 m^2 の重さは何 kg ですか。
(2) 1.5 L の重さが 1.2 kg の油があります。この油 1 L の重さは何 kg ですか。
(3) 12 m のリボンを，1 人に 0.7 m ずつ分けます。何人まで分けることができますか。また，テープは何mあまりますか。
(4) 3.9 m の重さが 2.4 kg の棒(ぼう)があります。この棒 1 m の重さは約何 kg ですか。小数第一位までのがい数で求めなさい。
(5) 27.1÷4.3=6.3 あまり □ のとき，□ にあてはまる数を求めなさい。
(6) 7.6÷□=5.62 あまり 0.013 のとき，□ にあてはまる数を求めなさい。

20 次の計算をしなさい。

→例題 19

(1) 15.6×2.5−21.6÷4.8　【武庫川女子大附中】
(2) (3.4×4−12.3)÷2.6　【玉川聖学園中】
(3) 0.25×0.125×16×6　【京都橘中】
(4) 12.3×4.56−2.3×4.56　【トキワ松学園中】
(5) 0.54×1.2+0.54×11.6−2.8×0.54　【近畿大附中】

力をためす問題

別冊解答 p.9~10

21 次の計算をしなさい。

→例題19

(1) $(0.75+0.4\times1.25)-0.375\div0.6$ 【滝川中】

(2) $\{(6.35-2.59)\times7.5-9.6\}\div0.12$ 【松蔭中(兵庫)】

(3) $3.2\times(1.67+3.29)\div0.64-6.93$ 【麗澤中】

(4) $52.02\div3.4-2.4\times3.7-17.46\div3.6$ 【学習院中】

(5) $6.8\times1.5-0.22\div0.2+1.8\times0.5$ 【法政大第二中】

22 次の計算をくふうしてしなさい。

→例題19

(1) $99.9\times3.65+9.99\times54.2+0.999\times93$ 【専修大松戸中】

(2) $725\times6.25+72.5\times89.7-7.25\times722$ 【高輪中】

(3) $6.78+6.78\times1.1-0.678\times20$ 【東京電機大中】

(4) $1.05\times0.7+1.15\times1.4+0.55\times2.1$ 【獨協中】

(5) $0.234\times90+46.8\times1.7-2.34\times38$ 【明星中(大阪)】

(6) $3\times5\times4.14-41.4\times0.65+0.207\times30$ 【大妻嵐山中】

(7) $183\div3.14+334\div6.28-108\div9.42$ 【中央大附属横浜中】

(8) $10.5\times2.35+1.05\times18.5-0.0105\div0.005$ 【攻玉社中】

(9) $(2\times23-0.23\times128-3.6\times2.3)\div0.6$ 【逗子開成中】

(10) $(12.3\times4.73+3.69\times24.1-246\times0.348)\div4.1$ 【慶應義塾普通部】

(11) $40.9\times4.35-81.8\times0.67+19.7\times9.03$ 【洛星中】

(12) $20.18\times12.3+0.18\times7.7$ 【甲南中】

(13) $2.017\times1.983+0.017\times0.017$ 【京都女子中】

ちょいムズ (14) $3.7\times3.7+2\times3.7\times9.3+9.3\times9.3$ 【金蘭千里中】

ちょいムズ **23** 次の□にあてはまる数を求めなさい。

→例題19

(1) $9.8\times\square+98\times5-0.98\times70=539$ 【獨協中】

(2) $9.42\times4-6.28\times\square+3.14\times4=3.14$ 【江戸川女子中】

(3) $0.234\times43+2.34\times11-4.68\times\square-0.234\times3=23.4$ 【東邦大付属東邦中】

24 ある数に 2.6 をかけるところを，まちがえて 2.6 でわってしまったので，答えが 4.5 になってしまいました。正しい答えを求めなさい。

→例題15・16

6 分数のしくみ

p.44～48

❶ 約分と通分のしくみを理解しよう。
❷ 分数の大きさを比べられるようにしよう。
❸ 分数を小数に，小数を分数になおせるようにしよう。

学習のポイント

1 約分と通分

➡ 例題 20

► 分母と分子をそれらの公約数でわって，できるだけ簡単な分数にすることを**約分する**という。約分は**分母と分子の最大公約数でわればよい。**

例》 $\frac{6}{12}=\frac{6\div6}{12\div6}=\frac{1}{2}$ $\left(\frac{\cancel{6}^{1}}{\cancel{12}_{2}}=\frac{1}{2}\right)$　$\frac{25}{30}=\frac{25\div5}{30\div5}=\frac{5}{6}$ $\left(\frac{\cancel{25}^{5}}{\cancel{30}_{6}}=\frac{5}{6}\right)$

► 2つ以上の分数の分母と分子に，それぞれ同じ数をかけて分母が等しい分数にすることを**通分する**という。通分は**分母の最小公倍数でそろえるとよい。**

例》 $\left(\frac{2}{3}, \frac{1}{4}\right)\rightarrow\left(\frac{2\times4}{3\times4}, \frac{1\times3}{4\times3}\right)\rightarrow\left(\frac{8}{12}, \frac{3}{12}\right)$ ← 3と4の最小公倍数の12でそろえる

2 分数の大きさを比べる

➡ 例題 21･22

► 分母が同じ分数は，**分子が大きいほど大きい。**

例》 $\frac{1}{8}<\frac{3}{8}<\frac{5}{8}$

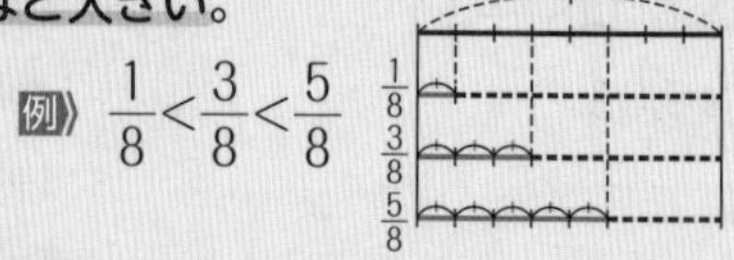

► 分子が同じ分数は，**分母が大きいほど小さい。**

例》 $\frac{1}{2}>\frac{1}{3}>\frac{1}{4}$

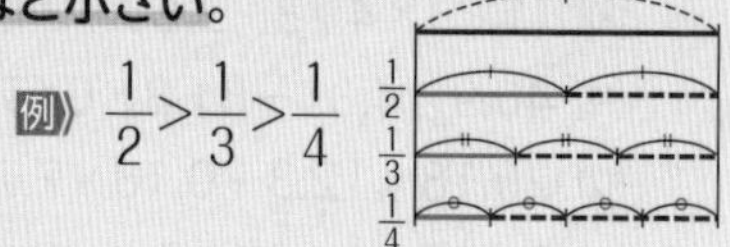

► 分母も分子もちがうときは，**通分して比べる。**

例》 $\frac{3}{4}$ と $\frac{5}{7}$ は，$\frac{21}{28}$ と $\frac{20}{28}$ で $\frac{21}{28}>\frac{20}{28}$ なので，$\frac{3}{4}>\frac{5}{7}$

3 分数と小数

➡ 例題 23

► 分数を小数になおすときは，**分子を分母でわる。**　例》 $\frac{3}{5}=3\div5=0.6$

► 小数を分数になおすときは，小数を 10 倍，100 倍，…して整数にし，それを分子に，かけた 10，100，…を分母とする。そして，約分できるときは約分する。

例》 $0.8=\frac{8}{10}=\frac{4}{5}$（×10）　$0.36=\frac{36}{100}=\frac{9}{25}$（×100）

4年 5年 6年 中学入試

p.44 1

例題20 約分と通分

次の分数について，(1)～(3)は約分，(4)～(6)は通分しなさい。

(1) $\frac{6}{8}$　(2) $1\frac{18}{27}$　(3) $\frac{51}{34}$

(4) $\left(\frac{3}{5}, \frac{1}{2}\right)$　(5) $\left(1\frac{1}{6}, 1\frac{4}{5}\right)$　(6) $\left(\frac{1}{6}, \frac{3}{8}, \frac{5}{12}\right)$

解き方と答え

(1) $\frac{6}{8}=\frac{6\div2}{8\div2}=\frac{3}{4}$　$\left(\frac{\overset{3}{\cancel{6}}}{\underset{4}{\cancel{8}}}=\frac{3}{4}\right)$

↑最大公約数は2

(2) $1\frac{18}{27}=1+\frac{18}{27}=1+\frac{18\div9}{27\div9}=1\frac{2}{3}$　$\left(1\frac{\overset{2}{\cancel{18}}}{\underset{3}{\cancel{27}}}=1\frac{2}{3}\right)$

(3) $\frac{51}{34}=\frac{51\div17}{34\div17}=\frac{3}{2}$　$\left(\frac{\overset{3}{\cancel{51}}}{\underset{2}{\cancel{34}}}=\frac{3}{2}\right)$

(4) $\left(\frac{3}{5}, \frac{1}{2}\right)\to\left(\frac{3\times2}{5\times2}, \frac{1\times5}{2\times5}\right)\to\left(\frac{6}{10}, \frac{5}{10}\right)$

↑分母の最小公倍数は10

(5) $\left(1\frac{1}{6}, 1\frac{4}{5}\right)\to\left(1+\frac{1\times5}{6\times5}, 1+\frac{4\times6}{5\times6}\right)\to\left(1\frac{5}{30}, 1\frac{24}{30}\right)$

(6) $\left(\frac{1}{6}, \frac{3}{8}, \frac{5}{12}\right)\to\left(\frac{1\times4}{6\times4}, \frac{3\times3}{8\times3}, \frac{5\times2}{12\times2}\right)$

$\to\left(\frac{4}{24}, \frac{9}{24}, \frac{10}{24}\right)$

くわしく **約分と通分**

約分も通分も，分母と分子に0でない同じ数をかけたりわったりしても分数の大きさは変わらないことを利用している。

裏技 **差に注目！**

(3)のように，最大公約数がわかりにくい分母と分子のときは，分母と分子の差の約数でわることをためすとよい。

例》 $\frac{111}{185}\to185-111=74$

74の約数は，1，2，37，74

$\frac{111\div37}{185\div37}=\frac{3}{5}$

ココ大事！

・約分は，分母と分子を最大公約数でわる。

・通分は，分母の最小公倍数にそろえる。

練習問題20

次の分数について，(1)～(3)は約分，(4)～(6)は通分しなさい。

(1) $\frac{9}{21}$　(2) $3\frac{18}{24}$　(3) $\frac{95}{57}$

(4) $\left(\frac{4}{9}, \frac{5}{12}\right)$　(5) $\left(2\frac{3}{14}, 3\frac{5}{21}\right)$　(6) $\left(\frac{5}{12}, \frac{7}{15}, \frac{11}{20}\right)$

別冊解答 p.10

p.44 2

例題21 分数の大きさを比べる

次の□にあてはまる不等号を書きなさい。

(1) $\frac{1}{7}$□$\frac{3}{7}$　　(2) $\frac{3}{8}$□$\frac{3}{10}$

(3) $\frac{5}{6}$□$\frac{7}{10}$　　(4) $3\frac{3}{8}$□$3\frac{5}{12}$

解き方と答え

(1) 分母が同じ分数は，分子が大きいほど大きい。

よって，$\frac{1}{7}<\frac{3}{7}$

(2) 分子が同じ分数は，分母が大きいほど小さい。

よって，$\frac{3}{8}>\frac{3}{10}$

(3)，(4) 分母も分子もちがうときは，通分して比(くら)べる。

(3) $\frac{5}{6}=\frac{25}{30}$，$\frac{7}{10}=\frac{21}{30}$ より，$\frac{25}{30}>\frac{21}{30}$ なので，

$\frac{5}{6}>\frac{7}{10}$

(4) $\frac{3}{8}=\frac{9}{24}$，$\frac{5}{12}=\frac{10}{24}$ より，$3\frac{9}{24}<3\frac{10}{24}$ なので，

$3\frac{3}{8}<3\frac{5}{12}$

裏技 通分がしにくいときは？

通分して分母をそろえにくいときは，分子をそろえて比べてもよい。

例 $\frac{5}{38}$□$\frac{10}{81}$

38 と 81 の最小公倍数はわかりにくいので 5 と 10 の最小公倍数の 10 で，分子をそろえる。

$\frac{5}{38}=\frac{5\times2}{38\times2}=\frac{10}{76}$ となり，

$\frac{10}{76}>\frac{10}{81}$

よって，$\frac{5}{38}>\frac{10}{81}$

ココ大事！ 分子か分母の大きさを等しくすると，分数の大きさが比べやすくなる。

練習問題 21

次の□にあてはまる不等号を書きなさい。

(1) $\frac{4}{15}$□$\frac{4}{19}$　　(2) $2\frac{7}{15}$□$\frac{13}{5}$

(3) $\frac{5}{8}$□$\frac{65}{99}$　　(4) $\frac{44}{45}$□$\frac{46}{47}$

別冊解答 p.10

p.44 2

例題22 2つの分数の間にある分数

次の問いに答えなさい。

(1) $\frac{3}{4}$ より大きく $\frac{8}{9}$ より小さい分数で，分母が 36 の既約分数(きやくぶんすう)をすべて求めなさい。

(2) $\frac{1}{5}$ より大きく $\frac{7}{15}$ より小さい分数で，分母が 10 の既約分数を求めなさい。

解き方と答え

(1) $\frac{3}{4}<\frac{□}{36}<\frac{8}{9}$ となるので，分母の最小公倍数の 36 で通分すると，$\frac{27}{36}<\frac{□}{36}<\frac{32}{36}$ より，□は 28，29，30，31

ただし，約分できるものは除(のぞ)くので，$\frac{29}{36}$，$\frac{31}{36}$

(2) $\frac{1}{5}<\frac{□}{10}<\frac{7}{15}$ となるので，分母の最小公倍数の 30 で通分すると，$\frac{6}{30}<\frac{□\times3}{30}<\frac{14}{30}$ より，□×3 は，7，8，9，10，11，12，13

□は整数なので，□×3 は3の倍数になるから，

□×3=9，□×3=12 より，□=3，4

よって，$\frac{3}{10}$，$\frac{4}{10}$ が考えられるが，約分できるものは除くので，$\frac{3}{10}$

ことば

既約分数

これ以上約分できない分数を既約分数という。

例》 $\frac{1}{3}$，$\frac{7}{5}$，$1\frac{5}{8}$ など。

別解

小数で考える

(2) $\frac{1}{5}$=0.2，$\frac{7}{15}$=0.46…だから，$\frac{□}{10}$ は 0.3 か 0.4 が考えられる。つまり，□=3,4 で約分できるものは除くので，$\frac{3}{10}$

ココ大事！ 分数の大きさを比(くら)べるときは，分母または分子をそろえて比べる。

練習問題 22

次の問いに答えなさい。

(1) $\frac{2}{5}$ より大きく $\frac{5}{6}$ より小さい分数で，分母が 30 の既約分数は何個(こ)ありますか。

(2) $\frac{7}{12}$ より大きく $\frac{5}{6}$ より小さい分数で，分子が 14 の既約分数をすべて求めなさい。

別冊解答 p.11

p.44 3

例題23 分数と小数

次の(1)〜(3)の分数は小数に，(4)〜(6)の小数は分数になおしなさい。

(1) $\frac{3}{4}$　　(2) $\frac{29}{20}$　　(3) $2\frac{3}{8}$

(4) 0.3　　(5) 0.25　　(6) 4.02

解き方と答え

(1)〜(3) 分子を分母でわる。

(1) $\frac{3}{4}=3\div4=\mathbf{0.75}$

(2) $\frac{29}{20}=29\div20=\mathbf{1.45}$

(3) $2\frac{3}{8}$ は2と $\frac{3}{8}$ に分けて，$\frac{3}{8}$ を小数にする。

$3\div8=0.375$ より，$2\frac{3}{8}=2+0.375=\mathbf{2.375}$

(4)〜(6) 小数部分を10倍，100倍，…して整数にし，それを分子とする。かけた10，100，…を分母とする。そして，約分できるときは約分する。

(4) $0.3=\mathbf{\frac{3}{10}}$　（×10）

(5) $0.25=\frac{25}{100}=\mathbf{\frac{1}{4}}$　（×100）

(6) $4.02=4+0.02=4\frac{2}{100}=\mathbf{4\frac{1}{50}}$　（×100）

ココ大事！ 小数を分数になおしたときは，2の倍数や5の倍数で約分できないか確（たし）かめよう。

練習問題㉓

次の(1)〜(3)の分数は小数に，(4)〜(6)の小数は分数になおしなさい。

(1) $\frac{5}{8}$　　(2) $\frac{43}{25}$　　(3) $1\frac{7}{16}$

(4) 0.8　　(5) 0.05　　(6) 5.875

別冊解答 p.11

覚えよう $0.125=\frac{1}{8}$ を覚えよう

計算問題でよく出てくる小数は，すぐに簡単（かんたん）な分数になおせるように覚えておこう。

$0.125=\frac{1}{8}$

$0.25=\frac{1}{4}$

$0.375=\frac{3}{8}$

$0.5=\frac{1}{2}$

$0.625=\frac{5}{8}$

$0.75=\frac{3}{4}$

$0.875=\frac{7}{8}$

（それぞれ $+\frac{1}{8}$）

くわしく 分数→小数になおせないものもある

小数は必ず分数になおせるが，分数は必ず小数になおせるわけではない。

例》 $\frac{1}{3}=1\div3=0.333\cdots$

$\frac{2}{7}=2\div7=0.2857\cdots$

参考 整数を分数に

整数は1などを分母とする分数になおすことができる。

例》 $5=5\div1=\frac{5}{1}=\frac{10}{2}=\cdots$

7 分数のたし算・ひき算

p.49〜52

❶ 分母のちがう分数のたし算・ひき算のしかたを覚え，ミスなくできるようにしよう。
❷ 分数と小数のたし算・ひき算をできるようにしよう。

学習のポイント

1 分数のたし算・ひき算

➡例題24

► 分母のちがう分数のたし算・ひき算は，**通分してから分子どうし**を計算する。

例 $\frac{2}{3}+\frac{1}{4}=\frac{8}{12}+\frac{3}{12}=\frac{11}{12}$

例 $\frac{1}{2}-\frac{1}{6}=\frac{3}{6}-\frac{1}{6}=\frac{\overset{1}{\cancel{2}}}{\underset{3}{\cancel{6}}}=\frac{1}{3}$
↑約分し忘れないこと

例 $\frac{5}{6}-\left(\frac{2}{9}+\frac{1}{2}\right)=\frac{15}{18}-\left(\frac{4}{18}+\frac{9}{18}\right)=\frac{15}{18}-\frac{13}{18}=\frac{2}{18}=\frac{1}{9}$
↑6と9と2の最小公倍数にそろえる

2 帯分数のたし算・ひき算

➡例題25

► 帯分数のたし算・ひき算は，**整数部分，分数部分どうし**でそれぞれ計算する。

例 $3\frac{3}{5}+2\frac{5}{6}=3\frac{18}{30}+2\frac{25}{30}=5\frac{43}{30}=6\frac{13}{30}$
↑仮分数は整数部分にくり上げる

例 $6\frac{1}{8}-2\frac{5}{6}=6\frac{3}{24}-2\frac{20}{24}=5\frac{27}{24}-2\frac{20}{24}=3\frac{7}{24}$
↑3−20ができないので，整数部分から1をくり下げる

3 分数と小数のたし算・ひき算

➡例題26

► 分数と小数がまじった計算は，**ふつうは小数を分数になおして計算**する。

例 $\frac{2}{3}+0.8=\frac{2}{3}+\frac{\overset{4}{\cancel{8}}}{\underset{5}{\cancel{10}}}=\frac{10}{15}+\frac{12}{15}=\frac{22}{15}\left(1\frac{7}{15}\right)$
↑答えは仮分数，帯分数のどちらでもよい

例 $5.25-1\frac{5}{6}=5\frac{1}{4}-1\frac{5}{6}=5\frac{3}{12}-1\frac{10}{12}=4\frac{15}{12}-1\frac{10}{12}=3\frac{5}{12}$

p.49 1

例題24 分数のたし算・ひき算

次の計算をしなさい。

(1) $\frac{2}{3}+\frac{1}{5}$　(2) $\frac{3}{10}+\frac{8}{15}$　(3) $\frac{1}{2}-\frac{2}{5}$

(4) $\frac{7}{4}-\frac{2}{3}-\frac{5}{6}$　(5) $3-\frac{7}{6}+\frac{5}{8}$　(6) $\frac{6}{5}-\left(\frac{1}{2}-\frac{3}{10}\right)$

解き方と答え

分母のちがう分数のたし算・ひき算は，通分してから分子どうしを計算する。

(1) $\frac{2}{3}+\frac{1}{5}=\frac{10}{15}+\frac{3}{15}=\mathbf{\frac{13}{15}}$

(2) $\frac{3}{10}+\frac{8}{15}=\frac{9}{30}+\frac{16}{30}=\frac{\cancel{25}^{5}}{\cancel{30}_{6}}=\mathbf{\frac{5}{6}}$

(3) $\frac{1}{2}-\frac{2}{5}=\frac{5}{10}-\frac{4}{10}=\mathbf{\frac{1}{10}}$

(4) $\frac{7}{4}-\frac{2}{3}-\frac{5}{6}=\frac{21}{12}-\frac{8}{12}-\frac{10}{12}=\frac{\cancel{3}^{1}}{\cancel{12}_{4}}=\mathbf{\frac{1}{4}}$

(5) $3-\frac{7}{6}+\frac{5}{8}=\frac{72}{24}-\frac{28}{24}+\frac{15}{24}=\mathbf{\frac{59}{24}\left(2\frac{11}{24}\right)}$

$3=\frac{3}{1}=\frac{72}{24}$

答えは仮分数，帯分数のどちらでもよい

(6) $\frac{6}{5}-\left(\frac{1}{2}-\frac{3}{10}\right)=\frac{12}{10}-\left(\frac{5}{10}-\frac{3}{10}\right)=\frac{10}{10}=\mathbf{1}$

整数にするのを忘れずに

注意 **約分の見分け方**

たし算・ひき算は通分して，求めた和や差が約分できることがある。
約分できるかどうかは分母と分子の差の約数で約分できるか確（たし）かめるとよい。

例 $\frac{68}{36}$

68－36＝32 なので，
2，4，8，…と小さい順から試すとよい。

$\frac{68\div4}{36\div4}=\frac{17}{9}\left(1\frac{8}{9}\right)$

ココ大事！ 分母のちがう分数のたし算・ひき算は通分して計算し，答えが約分できるときは約分する。

練習問題 24

1 L の牛乳を，A さんが $\frac{1}{4}$ L，B さんが $\frac{2}{9}$ L 飲みました。何 L 残っていますか。また，A さんと B さんのどちらがどれだけ多く飲みましたか。

別冊解答 p.11

4年 5年 6年 中学入試

p.49 2

例題25 帯分数のたし算・ひき算

次の計算をしなさい。

(1) $3\frac{1}{3}+2\frac{1}{2}$　　(2) $6\frac{7}{15}+2\frac{9}{10}$

(3) $2\frac{5}{6}-1\frac{1}{2}$　　(4) $4\frac{1}{3}-2\frac{5}{12}$

解き方と答え

分数部分を通分して計算する。

(1) $3\frac{1}{3}+2\frac{1}{2}$

$=3\frac{2}{6}+2\frac{3}{6}$

$=\mathbf{5\frac{5}{6}}$

(2) $6\frac{7}{15}+2\frac{9}{10}$

$=6\frac{14}{30}+2\frac{27}{30}$

$=8\frac{41}{30}$ ← 仮分数は整数部分にくり上げる

$=\mathbf{9\frac{11}{30}}$

(3) $2\frac{5}{6}-1\frac{1}{2}$

$=2\frac{5}{6}-1\frac{3}{6}$

$=1\frac{\overset{1}{\cancel{2}}}{\underset{3}{\cancel{6}}}$

$=\mathbf{1\frac{1}{3}}$

(4) $4\frac{1}{3}-2\frac{5}{12}$

$=4\frac{4}{12}-2\frac{5}{12}$ ← 4−5ができないので，整数部分から1をくり下げる

$=3\frac{16}{12}-2\frac{5}{12}$

$=\mathbf{1\frac{11}{12}}$

ココ大事！ 帯分数のたし算・ひき算は，整数部分，分数部分どうしで計算して，それぞれを合わせる。

アドバイス　仮分数で計算してもよい

帯分数のたし算・ひき算は，仮分数になおして計算することもできる。

(1) $3\frac{1}{3}+2\frac{1}{2}$

$=\frac{10}{3}+\frac{5}{2}$

$=\frac{20}{6}+\frac{15}{6}$

$=\mathbf{\frac{35}{6}}$

(3) $2\frac{5}{6}-1\frac{1}{2}$

$=\frac{17}{6}-\frac{3}{2}$

$=\frac{17}{6}-\frac{9}{6}$

$=\frac{8}{6}=\mathbf{\frac{4}{3}}$

ただし，例えば

$18\frac{3}{8}-17\frac{11}{12}$

$=17\frac{11}{8}-17\frac{11}{12}$

$=\frac{11}{24}$

のように，あきらかに帯分数で計算したほうがよいときもあるので，問題を見てどちらで計算すればよいか判断(はんだん)しよう。

練習問題25

Aさんの家から駅までの道のりは $2\frac{1}{5}$ km，学校までの道のりは $1\frac{7}{8}$ km です。どちらがどれだけ近いですか。

別冊解答 p.11

p.49 3

例題26 分数と小数のたし算・ひき算

次の計算をしなさい。

(1) $\frac{1}{2}+0.8$　　(2) $\frac{5}{6}-0.25$

(3) $3.05-2\frac{4}{5}$　　(4) $3.375+\frac{1}{2}-1\frac{7}{8}$

解き方と答え

小数を分数になおして計算する。

(1) $\frac{1}{2}+0.8=\frac{1}{2}+\frac{8}{10}=\frac{5}{10}+\frac{8}{10}=\mathbf{\frac{13}{10}}\left(\mathbf{1\frac{3}{10}}\right)$

↑後で通分するので，約分しなくてよい

(2) $\frac{5}{6}-0.25=\frac{5}{6}-\frac{1}{4}=\frac{10}{12}-\frac{3}{12}=\mathbf{\frac{7}{12}}$

(3) $3.05-2\frac{4}{5}=3\frac{\overset{1}{\cancel{5}}}{\underset{20}{\cancel{100}}}-2\frac{4}{5}=3\frac{1}{20}-2\frac{16}{20}$

$=2\frac{21}{20}-2\frac{16}{20}=\frac{5}{20}=\mathbf{\frac{1}{4}}$

(4) $3.375+\frac{1}{2}-1\frac{7}{8}=3\frac{3}{8}+\frac{1}{2}-1\frac{7}{8}$

$=3\frac{3}{8}+\frac{4}{8}-1\frac{7}{8}$

$=3\frac{7}{8}-1\frac{7}{8}$

$=\mathbf{2}$

小数で計算することもできる

(1)や(3)のように，

$\frac{1}{2}=0.5$ や $\frac{4}{5}=0.8$

とすぐに分数を小数になおせるときは小数で計算してもよい。

(1) $\frac{1}{2}+0.8$

$=0.5+0.8$

$=\mathbf{1.3}$

(3) $3.05-2\frac{4}{5}$

$=3.05-2.8$

$=\mathbf{0.25}$

ココ大事！ 分数と小数がまじった計算は，原則(げんそく)として小数を分数になおして分数で計算する。

練習問題26

油が $3\frac{2}{5}$ Lあります。ここから $1\frac{1}{6}$ L使った後，2.6 L加えました。油は何Lになりましたか。

別冊解答 p.11

8 分数のかけ算・わり算

p.53～58

❶ 分数のかけ算をできるようにしよう。
❷ 逆数(ぎゃくすう)を使って，分数のわり算をできるようにしよう。
❸ 分数と小数がまじったかけ算・わり算をできるようにしよう。

学習のポイント

1 分数のかけ算

➡ 例題 27·31

► 分数に分数をかけるときは，**分母は分母どうし，分子は分子どうし**をかける。とちゅうで約分できるときは，約分しながら計算していく。

例》 $\frac{3}{5}\times\frac{7}{8}=\frac{3\times7}{5\times8}=\frac{21}{40}$，　$\frac{5}{6}\times\frac{3}{7}=\frac{5\times\overset{1}{\cancel{3}}}{\underset{2}{\cancel{6}}\times7}=\frac{5}{14}$

2 分数のわり算

➡ 例題 28

► 2つの数の積が1になるとき，一方の数を他方の**逆数**(ぎゃくすう)という。

例》 $\frac{2}{5}\times\frac{5}{2}=1$ つまり，$\frac{2}{5}$ の逆数は $\frac{5}{2}$ $\left(\frac{5}{2}\right.$ の逆数は $\frac{2}{5}$ でもある。$\left.\right)$

↑分数の逆数は真分数，仮分数の分母と分子を入れかえた数になる。

► 分数でわるときは，わられる数に**わる数の逆数をかける**。とちゅうで約分できるときは，約分しながら計算していく。

例》 $\frac{1}{4}\div\frac{7}{9}=\frac{1\times9}{4\times7}=\frac{9}{28}$，　$\frac{5}{6}\div\frac{8}{9}=\frac{5\times\overset{3}{\cancel{9}}}{\underset{2}{\cancel{6}}\times8}=\frac{15}{16}$

3 帯分数のかけ算・わり算

➡ 例題 29

► 帯分数のかけ算・わり算は**仮分数になおしてから**計算する。

例》 $1\frac{3}{5}\times2\frac{1}{6}=\frac{\overset{4}{\cancel{8}}\times13}{5\times\underset{3}{\cancel{6}}}=\frac{52}{15}\left(3\frac{7}{15}\right)$，　$2\frac{1}{3}\div1\frac{1}{5}=\frac{7\times5}{3\times6}=\frac{35}{18}\left(1\frac{17}{18}\right)$

4 分数と小数のかけ算・わり算

➡ 例題 30

► 分数と小数のかけ算・わり算は**小数を分数になおしてから計算する**とよい。

例》 $\frac{3}{8}\times0.3=\frac{3\times3}{8\times10}=\frac{9}{80}$，　$1\frac{1}{5}\div1.3=\frac{6\times\overset{2}{\cancel{10}}}{\underset{1}{\cancel{5}}\times13}=\frac{12}{13}$

第1編 数と計算
第1章 整数の計算
第2章 約数と倍数
第3章 小数の計算
第4章 分数の計算
第5章 いろいろな計算
第6章 数と規則性

p.53 1

例題27 分数のかけ算

次の計算をしなさい。

(1) $\frac{3}{4}\times\frac{3}{8}$　(2) $\frac{5}{7}\times\frac{14}{15}$　(3) $8\times\frac{2}{3}$

(4) $\frac{7}{12}\times6$　(5) $\frac{15}{16}\times\frac{3}{5}\times\frac{8}{9}$

解き方と答え

(1) 分母どうし，分子どうしをかけて，

$$\frac{3}{4}\times\frac{3}{8}=\frac{3\times3}{4\times8}=\frac{9}{32}$$

(2) とちゅうで約分できるときは，約分しながら計算していく。

$$\frac{5}{7}\times\frac{14}{15}=\frac{\overset{1}{\cancel{5}}\times\overset{2}{\cancel{14}}}{\underset{1}{\cancel{7}}\times\underset{3}{\cancel{15}}}=\frac{2}{3}$$

(3) $8=\frac{8}{1}$ と考えて，$8\times\frac{2}{3}=\frac{8\times2}{1\times3}=\frac{16}{3}\left(5\frac{1}{3}\right)$

(4) $\frac{7}{12}\times6=\frac{7\times\overset{1}{\cancel{6}}}{\underset{2}{\cancel{12}}\times1}=\frac{7}{2}\left(3\frac{1}{2}\right)$

(5) $\frac{15}{16}\times\frac{3}{5}\times\frac{8}{9}=\frac{\overset{1}{\cancel{\overset{3}{\cancel{15}}}}\times\overset{1}{\cancel{3}}\times\overset{1}{\cancel{8}}}{\underset{2}{\cancel{16}}\times\underset{1}{\cancel{5}}\times\underset{1}{\cancel{\underset{3}{\cancel{9}}}}}=\frac{1}{2}$

注意

約分はすべてすること！

分数のかけ算は計算のとちゅうで約分できる場合が多い。約分するのを忘(わす)れると，答えが既約(きやく)分数にならないので注意しよう。

(2)や(5)で約分するのを忘れると，

(2) $\frac{5}{7}\times\frac{14}{15}$

$=\frac{70}{105}$

(5) $\frac{15}{16}\times\frac{3}{5}\times\frac{8}{9}$

$=\frac{\overset{3}{\cancel{15}}\times3\times8}{16\times\underset{1}{\cancel{5}}\times9}$

$=\frac{72}{144}$

と数字が大きくなり，約分がめんどうになる。

ココ大事！ 分数のかけ算は，とちゅうで約分すると計算が簡単(かんたん)になる。

練習問題27

次の問いに答えなさい。

(1) 1 m の重さが $\frac{9}{40}$ kg の棒(ぼう)があります。この棒 6 m の重さは何 kg ですか。

(2) 1 L の重さが $\frac{7}{8}$ kg の油があります。この油 $\frac{8}{9}$ L の重さは何 kg ですか。

別冊解答 p.11

4年 5年 6年 中学入試

p.53 2

例題28 分数のわり算

次の計算をしなさい。

(1) $\frac{3}{7}\div\frac{4}{5}$　(2) $\frac{2}{3}\div\frac{7}{12}$　(3) $6\div\frac{3}{4}$

(4) $\frac{5}{6}\div 3$　(5) $\frac{3}{8}\div\frac{3}{5}\div\frac{4}{5}$

解き方と答え

(1) わる数だけを逆数（ぎゃくすう）にしてかける。

$$\frac{3}{7}\div\frac{4}{5}=\frac{3\times5}{7\times4}=\frac{15}{28}$$

(2) とちゅうで約分できるときは，約分しながら計算していく。

$$\frac{2}{3}\div\frac{7}{12}=\frac{2\times\overset{4}{\cancel{12}}}{\underset{1}{\cancel{3}}\times7}=\frac{8}{7}\left(1\frac{1}{7}\right)$$

(3) $6=\frac{6}{1}$ と考えて，$6\div\frac{3}{4}=\frac{\overset{2}{\cancel{6}}\times4}{1\times\underset{1}{\cancel{3}}}=\frac{8}{1}=8$

(4) 3の逆数は，$3=\frac{3}{1}$ より，$\frac{1}{3}$

$$\frac{5}{6}\div3=\frac{5\times1}{6\times3}=\frac{5}{18}$$

(5) $\frac{3}{8}\div\frac{3}{5}\div\frac{4}{5}=\frac{\overset{1}{\cancel{3}}\times5\times5}{8\times\underset{1}{\cancel{3}}\times4}=\frac{25}{32}$

なぜ　わる数を逆数にしてかけるのはなぜ？

例》(1) $\frac{3}{7}\div\frac{4}{5}$ で，わる数を1にするために，$\frac{4}{5}$ の逆数 $\frac{5}{4}$ を $\frac{3}{7}$ と $\frac{4}{5}$ にかける。

$\frac{3}{7}\div\frac{4}{5}$

$=\left(\frac{3}{7}\times\frac{5}{4}\right)\div\left(\frac{\overset{1}{\cancel{4}}}{\underset{1}{\cancel{5}}}\times\frac{\overset{1}{\cancel{5}}}{\underset{1}{\cancel{4}}}\right)$

$=\left(\frac{3}{7}\times\frac{5}{4}\right)\div1$

$=\frac{3}{7}\times\frac{5}{4}$

となり，わる数を逆数にしてかければよいことがわかる。これは，分母と分子に0でない同じ数をかけても，分数の大きさは変わらないことを利用している。

ココ大事！　分数のわり算は，わられる数はそのまま，わる数だけを逆数にしてかける。

練習問題28

別冊解答 p.11

次の問いに答えなさい。

(1) ジュースが $\frac{24}{25}$ L あります。これを 16 人で等分すると，1 人分は何 L になりますか。

(2) ある棒（ぼう） $\frac{2}{3}$ m の重さをはかったら $\frac{5}{6}$ kg でした。この棒 1 m の重さは何 kg ですか。

p.53 3

例題29 帯分数のかけ算・わり算

次の計算をしなさい。

(1) $2\frac{2}{5}\times3\frac{1}{3}$　(2) $1\frac{1}{15}\times5\frac{1}{4}\times1\frac{13}{14}$　(3) $1\frac{1}{6}\div2\frac{1}{10}$

(4) $4\frac{2}{7}\div5\div\frac{12}{19}$　(5) $3\frac{3}{8}\times1\frac{7}{25}\div\frac{9}{10}$

解き方と答え

(1) $2\frac{2}{5}\times3\frac{1}{3}=\frac{\overset{4}{\cancel{12}}\times\overset{2}{\cancel{10}}}{\underset{1}{\cancel{5}}\times\underset{1}{\cancel{3}}}=\frac{8}{1}=\mathbf{8}$

(2) $1\frac{1}{15}\times5\frac{1}{4}\times1\frac{13}{14}=\frac{\overset{24}{\cancel{16}}\times\overset{13}{\cancel{21}}\times27}{\underset{5}{\cancel{15}}\times\underset{1}{\cancel{4}}\times\underset{21}{\cancel{14}}}=\mathbf{\frac{54}{5}}\left(\mathbf{10\frac{4}{5}}\right)$

(3) $2\frac{1}{10}$ の逆数は，$2\frac{1}{10}=\frac{21}{10}$ より，$\frac{10}{21}$

$1\frac{1}{6}\div2\frac{1}{10}=\frac{\overset{1}{\cancel{7}}\times\overset{5}{\cancel{10}}}{\underset{3}{\cancel{6}}\times\underset{3}{\cancel{21}}}=\mathbf{\frac{5}{9}}$

(4) $4\frac{2}{7}\div5\div\frac{12}{19}=\frac{\overset{1}{\cancel{30}}\times1\times19}{7\times\underset{1}{\cancel{5}}\times\underset{2}{\cancel{12}}}=\mathbf{\frac{19}{14}}\left(\mathbf{1\frac{5}{14}}\right)$

(5) $3\frac{3}{8}\times1\frac{7}{25}\div\frac{9}{10}=\frac{\overset{3}{\cancel{27}}\times\overset{4}{\cancel{32}}\times\overset{2}{\cancel{10}}}{\underset{1}{\cancel{8}}\times\underset{5}{\cancel{25}}\times\underset{1}{\cancel{9}}}=\mathbf{\frac{24}{5}}\left(\mathbf{4\frac{4}{5}}\right)$

注意 計算のしかたをまちがえないで！

分数の計算は，「たし算とひき算」をするときと，「かけ算とわり算」をするときで，計算方法がちがうので，混同（こんどう）しないこと。

・たし算とひき算
＝
通分してから分子を計算する。

・かけ算とわり算
＝
わり算はかけ算になおす。かけ算は分母どうし，分子どうしをかけ，とちゅうで約分できるときは，約分しながら計算していく。

ココ大事！ 帯分数のかけ算とわり算は，まず仮分数になおす。

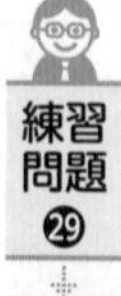

練習問題29

$1\frac{2}{7}$ m の重さが $2\frac{25}{28}$ kg のパイプがあります。このパイプ $5\frac{1}{3}$ m の重さは何 kg ですか。

別冊解答 p.11

4年 5年 6年 中学入試

p.53 4

例題30 分数と小数のかけ算・わり算

次の計算をしなさい。

(1) $1.2\times\frac{1}{8}\times0.5$　　(2) $0.75\div2\frac{1}{3}\div1.8$

(3) $2\frac{2}{5}\div3.6\times1\frac{2}{7}$　　(4) $1.05\times4\frac{2}{5}\div3.5$

解き方と答え

小数は分数になおして計算する。

(1) $1.2\times\frac{1}{8}\times0.5=\frac{\overset{3}{\cancel{12}}\times1\times1}{10\times\underset{2}{\cancel{8}}\times2}=\mathbf{\frac{3}{40}}$

(2) 1.8 の逆数は，$1.8=\frac{18}{10}$ より，$\frac{10}{18}$

$0.75\div2\frac{1}{3}\div1.8=\frac{3}{4}\div\frac{7}{3}\div\frac{18}{10}=\frac{\overset{1}{\cancel{3}}\times\overset{1}{\cancel{3}}\times\overset{5}{\cancel{10}}}{\underset{2}{\cancel{4}}\times7\times\underset{\underset{2}{\cancel{6}}}{\cancel{18}}}=\mathbf{\frac{5}{28}}$

(3) $2\frac{2}{5}\div3.6\times1\frac{2}{7}=\frac{12}{5}\div\frac{36}{10}\times\frac{9}{7}=\frac{\overset{1}{\cancel{12}}\times\overset{2}{\cancel{10}}\times\overset{3}{\cancel{9}}}{\underset{1}{\cancel{5}}\times\underset{\underset{1}{\cancel{3}}}{\cancel{36}}\times7}=\mathbf{\frac{6}{7}}$

(4) $1.05\times4\frac{2}{5}\div3.5=\frac{105}{100}\times\frac{22}{5}\div\frac{35}{10}=\frac{\overset{3}{\cancel{105}}\times\overset{11}{\cancel{22}}\times\overset{1}{\cancel{10}}}{\underset{\underset{5}{\cancel{10}}}{\cancel{100}}\times5\times\underset{1}{\cancel{35}}}$

$=\mathbf{\frac{33}{25}\left(1\frac{8}{25}\right)}$

くわしく

小数は分数に

分数のかけ算・わり算をするために，1以上の小数を分数になおすときは，仮分数にする。

例》 $3.2=\frac{\overset{16}{\cancel{32}}}{\underset{5}{\cancel{10}}}=\frac{16}{5}$

例》 $2.15=\frac{\overset{43}{\cancel{215}}}{\underset{20}{\cancel{100}}}=\frac{43}{20}$

ココ大事！ わる数の小数を分数にしたとき，逆数(ぎゃくすう)にしてかけるのを忘(わす)れないようにしよう。

練習問題30

あるお茶を 3.6 L つくるのにお茶の葉を $66\frac{3}{5}$ g 使います。このお茶を $2\frac{1}{3}$ L つくるには何 g のお茶の葉が必要ですか。

別冊解答 p.12

p.53 1

例題31 分数にかける最小の数

次の問いに答えなさい。

(1) 2つの分数 $\frac{5}{6}$，$\frac{3}{8}$ にできるだけ小さい同じ整数をかけて，答えを整数にするためには，どんな数をかければよいですか。

(2) 2つの分数 $5\frac{5}{6}$，$5\frac{1}{4}$ にできるだけ小さい同じ分数をかけて，答えを整数にするためには，どんな数をかければよいですか。

解き方と答え

(1) $\frac{5}{6}\times\square=\frac{5\times\square}{6\times1}$ ➡ 6と約分できるので，6の倍数

1⬅□と約分して1になる

$\frac{3}{8}\times\square=\frac{3\times\square}{8\times1}$ ➡ 8と約分できるので，8の倍数

1⬅□と約分して1になる

□は6の倍数であり8の倍数でもある。できるだけ小さい整数なので，6と8の最小公倍数の **24**

(2) $5\frac{5}{6}\times\frac{\square}{\bigcirc}=\frac{35\times\square}{6\times\bigcirc}$ ➡ 6の倍数 ➡ 35と約分して1になるので，35の約数

$5\frac{1}{4}\times\frac{\square}{\bigcirc}=\frac{21\times\square}{4\times\bigcirc}$ ➡ 4の倍数 ➡ 21と約分して1になるので，21の約数

$\frac{\square}{\bigcirc}$ はできるだけ小さい分数なので，分子は小さく，分母は大きくする。

□ ➡ 6と4の最小公倍数

○ ➡ 35と21の最大公約数

よって，$\frac{12}{7}$ $\left(1\frac{5}{7}\right)$

ココ大事！

$\frac{B}{A}\times\frac{\square}{\bigcirc}$ と $\frac{D}{C}\times\frac{\square}{\bigcirc}$ がともに整数となる最も小さい分数 $\frac{\square}{\bigcirc}$ は，

□ → A と C の最小公倍数

○ → B と D の最大公約数

練習問題31

別冊解答 p.12

次の問いに答えなさい。

(1) ある分数は $3\frac{13}{33}$ をかけても，$3\frac{3}{55}$ をかけても答えが整数になります。このような分数のうち，最も小さいものは何ですか。 【開智中】

(2) $\frac{75}{36}$ をかけても $\frac{96}{135}$ でわっても整数になる分数のうち，最も小さい分数は何ですか。 【青山学院中】

9 分数のいろいろな計算

p.59～63

❶ 分数の四則計算をできるようにしよう。
❷ 分数を性質をうまく利用して計算できるようにしよう。
❸ 単位分数を使った計算をできるようにしよう。

学習のポイント

1 分数の四則計算 ➡例題32

► 分数の四則計算では，整数だけのときと同じように，**(　)の中から計算し，次にかけ算・わり算，その後にたし算・ひき算**をする。

例》 $\left(2\frac{2}{3}-1\frac{2}{5}\times\frac{5}{6}\right)\div5=\left(2\frac{2}{3}-\frac{7\times\overset{1}{\cancel{5}}}{\underset{1}{\cancel{5}}\times6}\right)\div5$

$=\left(2\frac{4}{6}-1\frac{1}{6}\right)\div5=1\frac{1}{2}\div5=\frac{3\times1}{2\times5}=\frac{3}{10}$

2 分数の性質を利用した計算のくふう ➡例題33

整数や小数の計算でも，**分数で計算する**と簡単にできることがある。

例》 $1.25\times6+1.125\div3\times4=\frac{5\times\overset{3}{\cancel{6}}}{\underset{2}{\cancel{4}}\times1}+\frac{\overset{3}{\cancel{9}}\times1\times\overset{1}{\cancel{4}}}{\underset{2}{\cancel{8}}\times\underset{1}{\cancel{3}}\times1}=\frac{15}{2}+\frac{3}{2}=\frac{\overset{9}{\cancel{18}}}{\underset{1}{\cancel{2}}}=9$

3 特別な分数の計算 ➡例題34

► $\frac{1}{2\times3}=\frac{1}{2}-\frac{1}{3}$，$\frac{1}{3\times4}=\frac{1}{3}-\frac{1}{4}$，… の利用

例》 $\frac{1}{2\times3}+\frac{1}{3\times4}+\frac{1}{4\times5}+\frac{1}{5\times6}+\frac{1}{6\times7}$

$=\frac{1}{2}\cancel{-\frac{1}{3}+\frac{1}{3}}\cancel{-\frac{1}{4}+\frac{1}{4}}\cancel{-\frac{1}{5}+\frac{1}{5}}\cancel{-\frac{1}{6}+\frac{1}{6}}-\frac{1}{7}=\frac{1}{2}-\frac{1}{7}=\frac{5}{14}$

4 単位分数 ➡例題35

► $\frac{1}{2}$，$\frac{1}{5}$ などのように，分子が1の分数を**単位分数**という。

► ある分数をいくつかの**単位分数の和**で表すことができる。

例》 $\frac{1}{2}=\frac{1}{3}+\frac{1}{6}$，　$\frac{1}{2}=\frac{1}{4}+\frac{1}{4}$

p.59 1

例題32 分数の四則計算

次の計算をしなさい。

(1) $1\frac{1}{5}\times\left(3\frac{1}{2}-2\frac{1}{3}\right)\div1\frac{5}{7}-\frac{1}{4}$

(2) $3\frac{1}{33}\div\left\{\left(1\frac{2}{9}-1\frac{1}{7}\right)\div\frac{5}{9}+\frac{7}{11}\right\}$

解き方と答え

(1) $1\frac{1}{5}\times\left(3\frac{1}{2}-2\frac{1}{3}\right)\div1\frac{5}{7}-\frac{1}{4}=\frac{6}{5}\times\left(3\frac{3}{6}-2\frac{2}{6}\right)\times\frac{7}{12}-\frac{1}{4}$

①②③

$=\frac{6}{5}\times1\frac{1}{6}\times\frac{7}{12}-\frac{1}{4}$

$=\frac{\overset{1}{\cancel{6}}\times7\times7}{5\times\underset{1}{\cancel{6}}\times12}-\frac{1}{4}=\frac{49}{60}-\frac{15}{60}=\frac{34}{60}=\mathbf{\frac{17}{30}}$

(2) $3\frac{1}{33}\div\left\{\left(1\frac{2}{9}-1\frac{1}{7}\right)\div\frac{5}{9}+\frac{7}{11}\right\}=\frac{100}{33}\div\left\{\left(1\frac{14}{63}-1\frac{9}{63}\right)\times\frac{9}{5}+\frac{7}{11}\right\}$

①②③④

$=\frac{100}{33}\div\left(\frac{\overset{1}{\cancel{5}}\times\overset{1}{\cancel{9}}}{\underset{7}{\cancel{63}}\times\underset{1}{\cancel{5}}}+\frac{7}{11}\right)$

$=\frac{100}{33}\div\left(\frac{11}{77}+\frac{49}{77}\right)$

$=\frac{\overset{5}{\cancel{100}}}{\underset{3}{\cancel{33}}}\times\frac{\overset{7}{\cancel{77}}}{\underset{3}{\cancel{60}}}=\mathbf{\frac{35}{9}\left(3\frac{8}{9}\right)}$

ココ大事！

分数の計算も整数と同じように，(　)→×・÷→＋・－の順に計算する。

別冊解答 p.12

次の計算をしなさい。

(1) $\left(1\frac{3}{14}+\frac{11}{28}\right)\times\left(\frac{3}{4}\div\frac{3}{32}\right)\div2\frac{4}{7}$　【大妻嵐山中】

(2) $\frac{6}{7}\times2\frac{1}{3}-\left(\frac{3}{5}+\frac{1}{3}\right)\div1\frac{3}{4}$　【穎明館中】

(3) $\left\{6\frac{1}{2}-\left(4\frac{2}{3}-1\frac{1}{2}\right)\times1\frac{5}{7}\right\}\div\frac{5}{6}$　【麗澤中】

p.59 2

例題33 計算のくふう

次の計算をしなさい。

(1) $45 \div 12 \times 36 \div 9$　(2) $6.5 \times 2.25 - 6.375 \times 2$

(3) $\frac{4}{13} - \frac{2}{9} + \frac{5}{26} + \frac{13}{18}$　(4) $\left(\frac{5}{6} + \frac{3}{8} - \frac{11}{12}\right) \times 24$

解き方と答え

(1) $45 \div 12 \times 36 \div 9 = \frac{\overset{5}{\cancel{45}} \times 1 \times \overset{3}{\cancel{36}} \times 1}{1 \times \underset{1}{\cancel{12}} \times 1 \times \underset{1}{\cancel{9}}} = \mathbf{15}$

(2) $6.5 \times 2.25 - 6.375 \times 2 = 6\frac{1}{2} \times 2\frac{1}{4} - 6\frac{3}{8} \times 2$

$= \frac{13 \times 9}{2 \times 4} - \frac{51 \times 2}{8 \times 1} = \frac{117}{8} - \frac{102}{8} = \mathbf{\frac{15}{8}}\left(\mathbf{1\frac{7}{8}}\right)$

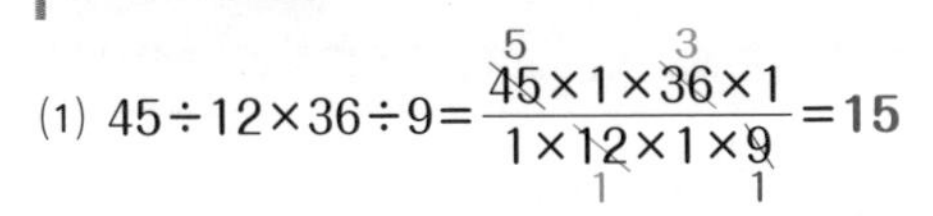

(3) 計算の順序(じゅんじょ)をくふうする。

$\frac{4}{13} - \frac{2}{9} + \frac{5}{26} + \frac{13}{18} = \left(\frac{4}{13} + \frac{5}{26}\right) + \left(\frac{13}{18} - \frac{2}{9}\right)$

$= \frac{13}{26} + \frac{9}{18} = \frac{1}{2} + \frac{1}{2} = \mathbf{1}$

(4) 通分をしてからかけ算をするより，分配法則(ほうそく)で先にかけ算をしたほうが簡単(かんたん)に計算できる。

$\left(\frac{5}{6} + \frac{3}{8} - \frac{11}{12}\right) \times 24 = \frac{5}{\underset{1}{\cancel{6}}} \times \overset{4}{\cancel{24}} + \frac{3}{\underset{1}{\cancel{8}}} \times \overset{3}{\cancel{24}} - \frac{11}{\underset{1}{\cancel{12}}} \times \overset{2}{\cancel{24}}$

$= 20 + 9 - 22 = \mathbf{7}$

くわしく　計算はラクに！

(2) あとで通分することを考えると，とちゅうの約分をしなくてもよいときもある。

(3) $-\frac{2}{9} + \frac{13}{18}$ はそのままでは計算ができないが，順序を入れかえても計算結果は変わらないことを利用して，$\frac{13}{18} - \frac{2}{9}$ とすることで計算できるようになる。

ココ大事！ (1)や(2)のように，整数や小数の計算でも，分数で計算すると，とちゅうで約分できて簡単に計算できることがある。

練習問題33

次の計算をしなさい。

(1) $24 \div 1 \div 2 \div 3 \div 4 \div 5$　【神戸龍谷中】

(2) $(0.75 + 0.4 \times 1.25) - 0.375 \div 0.6$　【滝川中】

(3) $\frac{2}{7} + \frac{3}{13} + \frac{3}{11} + \frac{1}{21} + \frac{2}{33} + \frac{4}{39}$　【専修大松戸中】

(4) $\left(\frac{1}{2} + \frac{1}{3} + \frac{1}{4} + \frac{1}{5} + \frac{1}{6} + \frac{1}{7} + \frac{1}{8}\right) \times 120$　【普連土学園中】

別冊解答 p.12

p.59 3

例題34 特別な分数の計算

次の計算をしなさい。

(1) $\frac{1}{4\times5}+\frac{1}{5\times6}+\frac{1}{6\times7}+\cdots\cdots+\frac{1}{9\times10}$

(2) $\frac{1}{1\times3}+\frac{1}{3\times5}+\frac{1}{5\times7}+\frac{1}{7\times9}$

解き方と答え

(1) $\frac{1}{4}-\frac{1}{5}=\frac{5}{4\times5}-\frac{4}{4\times5}=\frac{1}{4\times5}$ である。つまり，

$\frac{1}{4\times5}=\frac{1}{4}-\frac{1}{5}$，$\frac{1}{5\times6}=\frac{1}{5}-\frac{1}{6}$，…なので，

$\frac{1}{4\times5}+\frac{1}{5\times6}+\frac{1}{6\times7}+\cdots\cdots+\frac{1}{9\times10}$

$=\frac{1}{4}-\frac{1}{5}+\frac{1}{5}-\frac{1}{6}+\frac{1}{6}-\frac{1}{7}+\cdots\cdots+\frac{1}{9}-\frac{1}{10}=\frac{1}{4}-\frac{1}{10}=\mathbf{\frac{3}{20}}$

(2) $\frac{1}{1}-\frac{1}{3}=\frac{3}{1\times3}-\frac{1}{1\times3}=\frac{2}{1\times3}=\frac{1}{1\times3}\times2$ である。つまり，

$\frac{1}{1\times3}=\left(1-\frac{1}{3}\right)\times\frac{1}{2}$，$\frac{1}{3\times5}=\left(\frac{1}{3}-\frac{1}{5}\right)\times\frac{1}{2}$，…なので，

$\frac{1}{1\times3}+\frac{1}{3\times5}+\frac{1}{5\times7}+\frac{1}{7\times9}$

$=\left(1-\frac{1}{3}\right)\times\frac{1}{2}+\left(\frac{1}{3}-\frac{1}{5}\right)\times\frac{1}{2}+\left(\frac{1}{5}-\frac{1}{7}\right)\times\frac{1}{2}+\left(\frac{1}{7}-\frac{1}{9}\right)\times\frac{1}{2}$

$=\left(1-\frac{1}{3}+\frac{1}{3}-\frac{1}{5}+\frac{1}{5}-\frac{1}{7}+\frac{1}{7}-\frac{1}{9}\right)\times\frac{1}{2}=\frac{8^{4}}{9}\times\frac{1}{2_{1}}=\mathbf{\frac{4}{9}}$

ココ大事！

$\frac{1}{\square\times(\square+1)}=\frac{1}{\square}-\frac{1}{\square+1}$，$\frac{1}{\square\times(\square+\triangle)}=\left(\frac{1}{\square}-\frac{1}{\square+\triangle}\right)\times\frac{1}{\triangle}$

(□と□+△の)差 → △

次の計算をしなさい。

(1) $\frac{1}{2}+\frac{1}{6}+\frac{1}{12}+\frac{1}{20}$ 【桐光学園中】

(2) $\frac{2}{10\times22}+\frac{3}{11\times36}+\frac{4}{12\times52}+\frac{5}{13\times70}$ 【東京都市大等々力中】

別冊解答 p.12

p.59 4

例題35 単位分数の和

$\frac{1}{A}+\frac{1}{B}+\frac{1}{C}=1$ で，A，B，C にあてはまる整数の組をすべて求めなさい。ただし，A，B，C にちがった数を入れるときは，小さい順に入れなさい。【慶應義塾普通部】

解き方と答え

A≦B≦C より，$\frac{1}{A}\geqq\frac{1}{B}\geqq\frac{1}{C}$ なので，$\frac{1}{A}$ は $1\div3=\frac{1}{3}$ 以上になる。

よって，$\frac{1}{A}=\frac{1}{2}$，$\frac{1}{3}$ が考えられる。

㋐ $\frac{1}{A}=\frac{1}{2}$ のとき，$\frac{1}{B}+\frac{1}{C}=1-\frac{1}{2}=\frac{1}{2}$

$\frac{1}{B}\geqq\frac{1}{C}$ なので，$\frac{1}{B}$ は $\frac{1}{2}\div2=\frac{1}{4}$ 以上になるから，$\frac{1}{B}=\frac{1}{3}$，$\frac{1}{4}$ が考えられる。

・$\frac{1}{B}=\frac{1}{3}$ のとき，$\frac{1}{C}=\frac{1}{2}-\frac{1}{3}=\frac{1}{6}$ (このとき，A=2，B=3，C=6)

・$\frac{1}{B}=\frac{1}{4}$ のとき，$\frac{1}{C}=\frac{1}{2}-\frac{1}{4}=\frac{1}{4}$ (このとき，A=2，B=C=4)

㋑ $\frac{1}{A}=\frac{1}{3}$ のとき，$\frac{1}{B}+\frac{1}{C}=1-\frac{1}{3}=\frac{2}{3}$

$\frac{1}{B}\geqq\frac{1}{C}$ なので，$\frac{1}{B}$ は $\frac{2}{3}\div2=\frac{1}{3}$ 以上になる。

よって，$\frac{1}{B}=\frac{1}{3}$ のとき，$\frac{1}{C}=\frac{2}{3}-\frac{1}{3}=\frac{1}{3}$ (このとき，A=B=C=3)

以上から，(A，B，C)＝**(2，3，6)，(2，4，4)，(3，3，3)**

ココ大事！

大小関係からいちばん大きい単位分数を決めて考えていく。

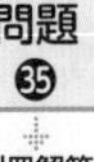

練習問題 35

次の A，B，C にあてはまる整数の組をすべて求めなさい。

(1) $\frac{1}{A}+\frac{1}{B}=\frac{4}{7}$ (ただし，A<B とします。)

(2) $\frac{1}{A}+\frac{1}{B}+\frac{1}{C}=\frac{11}{12}$ (ただし，A<B<C とします。)

別冊解答 p.13

レベル3 レベル2 レベル1

→ 別冊解答 p.13~14

25 次の計算をしなさい。

(1) $\frac{1}{4}+\frac{3}{5}+\frac{1}{20}$ 【箕面自由学園中】

(2) $3\frac{3}{4}+\frac{2}{3}-2\frac{1}{6}$ 【大阪信愛学院中】

(3) $3\frac{1}{4}+0.875-1\frac{5}{8}$ 【甲南中】

26 次の計算をしなさい。

(1) $\frac{3}{5}\times3\div\frac{9}{10}$ 【金蘭会中】

(2) $1\frac{5}{8}\div2\frac{1}{4}\div1\frac{5}{9}$ 【お茶の水女子大附中】

(3) $\frac{3}{4}\div\frac{5}{12}\times\frac{7}{18}\div\frac{2}{5}$ 【報徳学園中】

27 次の計算をしなさい。

(1) $4\frac{5}{7}\times1\frac{3}{11}-8\frac{1}{3}\div\left(2.75\div\frac{3}{4}\right)$ 【桐朋中】

(2) $1-\left(0.25\div2\frac{1}{4}-0.2\times\frac{1}{3}\right)+1\frac{2}{5}\div9$ 【神戸海星女子学院中】

(3) $\frac{3}{13}+\frac{5}{19}+\frac{7}{17}-\frac{4}{51}-\frac{6}{95}-\frac{8}{91}$ 【高槻中】

28 $\frac{9}{10}$ より大きく $\frac{10}{11}$ より小さい分数のうち，分子が 180 である分数を求めなさい。 【國學院大久我山中】

→例題 22

29 $3\frac{2}{5}$ でわっても $2\frac{3}{7}$ をかけても答えが整数になるような整数Aがあります。最も小さい整数Aを求めなさい。 【東京女学館中】

→例題 31

30 次の問いに答えなさい。

(1) $\frac{1}{3\times5}+\frac{1}{5\times7}+\frac{1}{7\times9}+\frac{1}{9\times11}$ を計算しなさい。 【帝塚山中】

(2) 次の A，B にあてはまる整数を求めなさい。ただし，A<B とします。

① $\frac{5}{8}=\frac{1}{A}+\frac{1}{B}$　　② $\frac{3}{11}=\frac{1}{A}+\frac{1}{B}$

→ 別冊解答 p.14~16

31 次の計算をしなさい。

→例題32

(1) $\left\{1\frac{2}{5}+0.64\times\frac{1}{4}-\left(2\frac{2}{5}-1\frac{3}{4}\right)\right\}\div0.13$ 【品川女子学院中】

(2) $2\frac{2}{3}\div\frac{1}{15}\times\left\{3\frac{4}{5}-\left(1.92-\frac{5}{4}\right)\div0.2\right\}$ 【茗溪学園中】

(3) $\left\{3.75\times3\frac{1}{3}-\left(5.8-5\frac{1}{2}\right)\div1.2\right\}\div\left(0.75+\frac{9}{16}\right)$ 【親和中】

(4) $\left(2\frac{4}{7}-1\frac{1}{8}\right)\div\frac{9}{14}\times4-1.25\times2.85\div\frac{19}{32}$ 【本郷中】

(5) $4.375\times\frac{1}{7}-\left\{3.125-\frac{11}{24}\div\left(2\frac{11}{15}-1.4\div\frac{6}{11}\right)\right\}$ 【甲南中】

32 次の計算をしなさい。

→例題33

(1) $1234.5\times\frac{1}{16}-123.45\times\frac{1}{8}+12.345\div\frac{1}{5}$ 【日本大藤沢中】

(2) $1.23\times\frac{1}{6}+24.6\times\frac{1}{80}-369\times\frac{1}{900}-4920\times\frac{1}{48000}$ 【奈良学園中】

33 次の計算をしなさい。

→例題33

(1) $\left(\frac{1}{2\times3\times4\times5}-\frac{1}{3\times4\times5\times6}\right)\div\frac{1}{2\times2\times3\times3\times4\times4\times5\times5}$ 【甲南中】

(2) $998\times997\times996\times\left(\frac{998}{997}-\frac{999}{998}\right)$ 【埼玉栄中】

34 次の計算をしなさい。

→例題34

(1) $\frac{2}{10\times11}+\frac{2}{11\times12}+\frac{2}{12\times13}+\frac{2}{13\times14}+\frac{2}{14\times15}+\frac{2}{15\times16}$ 【清教学園中】

(2) $\frac{1}{11\times12}+\frac{2}{12\times14}+\frac{3}{14\times17}+\frac{4}{17\times21}$ 【鎌倉学園中】

ちょいムズ **35** 次の A, B, C, D にあてはまる整数を求めなさい。ただし，A<B, C<D, A<C とします。 【海陽中】

→例題35

$$\frac{3}{10}=\frac{1}{A}+\frac{1}{B}=\frac{1}{C}+\frac{1}{D}$$

第5章 いろいろな計算

10 いろいろな計算

p.66〜71

❶ □の数を求める計算をミスなくできるようにしよう。
❷ いろいろな虫食い算をできるようにしよう。
❸ 約束記号のある計算を理解(りかい)しよう。

◎学習のポイント

1 □の数を求める計算

➡例題36〜38

► □にあてはまる数を求める計算を**逆算**(ぎゃくさん)という。

► (　)がついたり，四則(しそく)がまじった逆算は，**計算する順序(じゅんじょ)の逆**から考える。

例》 100−(4+□)×12=16

(4+□ が①，(4+□)×12 が②，100−(4+□)×12 が③)

解》 ③→②→①の順で考える。

100−(4+□)×12=16
(4+□)×12=100−16=84
4+□=84÷12=7
□=7−4=3

○−□=△ より，□=○−△
○×□=△ より，○=△÷□
○+□=△ より，□=△−○

2 いろいろな虫食い算

➡例題39

► わかっている数を参考にして，□にあてはまる数を考えていく。

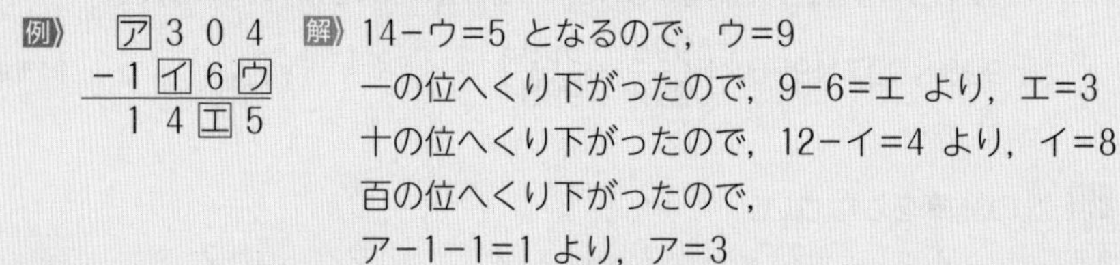

例》

	ア	3	0	4
−	1	イ	6	ウ
	1	4	エ	5

解》 14−ウ=5 となるので，ウ=9
一の位へくり下がったので，9−6=エ より，エ=3
十の位へくり下がったので，12−イ=4 より，イ=8
百の位へくり下がったので，
ア−1−1=1 より，ア=3

3 約束記号のある計算

➡例題40

► いろいろな形の記号のきまりにしたがって計算していく。

例》 a◎b=a×3+b×2 と約束すると，

(1) 5◎8=5×3+8×2=31 となる。

(2) 4◎□=18 のときの□を求めるには，
4×3+□×2=18　□×2=18−12=6　□=6÷2=3

4年 5年 6年 中学入試

p.66 1

例題36 □の数を求める計算 (1) —( ), 整数—

次の□にあてはまる数を求めなさい。

(1) 27＋(136－□)÷4＝51

(2) 186－16×(□－35)＋15＝25

(3) 64×18÷□÷(126÷21)＝6

解き方と答え

(1) 27＋(136－□)÷4＝51

(136－□)÷4＝51－27＝24

136－□＝24×4＝96

□＝136－96＝**40**

(2) 186－16×(□－35)＋15＝25

186－16×(□－35)＝25－15＝10

16×(□－35)＝186－10＝176

□－35＝176÷16＝11

□＝11＋35＝**46**

(3) 計算できるところは先に計算しておく。

64×18÷□÷(126÷21)＝6

（64×18＝1152，126÷21＝6）

1152÷□÷6＝6

1152÷□＝6×6＝36

□＝1152÷36＝**32**

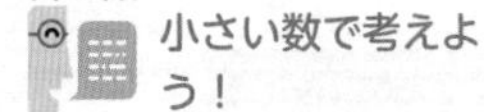

アドバイス **小さい数で考えよう！**

どのような計算をすればよいかわからなくなったときは，簡単(かんたん)な数字におきかえるとよい。

例 2×□＝6

□＝6÷2＝3

注意 **ひき算とわり算の逆算**

ひき算とわり算は，□が－，÷の前か後ろかで計算の方法がちがう。

例
- ・□－6＝4
  □＝4＋6＝10
- ・6－□＝4
  □＝6－4＝2

例
- ・□÷6＝3
  □＝3×6＝18
- ・6÷□＝3
  □＝6÷3＝2

ココ大事！ 逆算(ぎゃくさん)は，ふつうに計算する順序(じゅんじょ)の逆に計算する。また，□の数を求め終わったら，□にその数をあてはめて，確(たし)かめよう。

練習問題36

次の□にあてはまる数を求めなさい。

(1) 54＋(200－□)÷5＝80 【明治学院中】

(2) 43－5×(13＋□×2)÷5＝22 【大阪女学院中】

(3) (7＋77＋777)÷(7＋77＋7×7－□)＝7 【西大和学園中】

別冊解答 p.16

p.66 1

例題37 □の数を求める計算 (2) ―( ), 小数と分数―

次の□にあてはまる数を求めなさい。

(1) $5\frac{2}{3}\times\left(\frac{3}{4}-\square\right)+\frac{2}{3}=3.5$

(2) $2.5-\left(\frac{1}{2}+3.5\times\square\right)\div6=\frac{5}{6}$

解き方と答え

小数や分数がふくまれているときでも，整数だけのときと同じように求めていく。

(1) $5\frac{2}{3}\times\left(\frac{3}{4}-\square\right)+\frac{2}{3}=3.5$

(計算の順序：① $\frac{3}{4}-\square$ ② $5\frac{2}{3}\times$ ③ $+\frac{2}{3}$)

$5\frac{2}{3}\times\left(\frac{3}{4}-\square\right)+\frac{2}{3}=3.5$

$\frac{17}{3}\times\left(\frac{3}{4}-\square\right)=\frac{7}{2}-\frac{2}{3}=\frac{17}{6}$

$\frac{3}{4}-\square=\frac{17}{6}\div\frac{17}{3}=\frac{1}{2}$

$\square=\frac{3}{4}-\frac{1}{2}=\frac{1}{4}$

(2) $2.5-\left(\frac{1}{2}+3.5\times\square\right)\div6=\frac{5}{6}$

(計算の順序：① $3.5\times\square$ ② $\frac{1}{2}+$ ③ $\div6$ ④ $2.5-$)

$2.5-\left(\frac{1}{2}+3.5\times\square\right)\div6=\frac{5}{6}$

$\left(\frac{1}{2}+\frac{7}{2}\times\square\right)\div6=\frac{5}{2}-\frac{5}{6}=\frac{5}{3}$

$\frac{1}{2}+\frac{7}{2}\times\square=\frac{5}{3}\times6=10$

$\frac{7}{2}\times\square=10-\frac{1}{2}=\frac{19}{2}$

$\square=\frac{19}{2}\div\frac{7}{2}$

$=\frac{19}{7}\left(2\frac{5}{7}\right)$

分数と小数がまじっているときは，ふつうは分数で計算するとよい。

練習問題37

別冊解答 p.16

次の□にあてはまる数を求めなさい。

(1) $18\div0.3\div\square-12\times\frac{2}{3}=7$ 【関西大中】

(2) $4-2\div\left(\square+\frac{4}{45}\times1.5\right)=\frac{2}{3}$ 【湘南白百合学園中】

(3) $1\div(\square-0.3)\div\frac{5}{3}\times2\frac{1}{3}-6=1$ 【雲雀丘学園中】

4年 5年 6年 中学入試

p.66 1

例題38 □の数を求める計算 (3) ―{ }をふくむ―

次の□にあてはまる数を求めなさい。

(1) $\{(\square+16)\div5-4\}\times4=24$

(2) $\left\{1.75\div\left(3\frac{5}{6}-\square\right)-0.25\right\}\div6.5=\frac{1}{13}$

解き方と答え

(1) $\{(\square+16)\div5-4\}\times4=24$

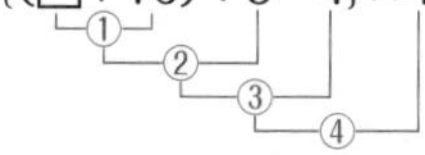

$$\{(\square+16)\div5-4\}\times4=24$$
$$(\square+16)\div5-4=24\div4=6$$
$$(\square+16)\div5=6+4=10$$
$$\square+16=10\times5=50$$
$$\square=50-16$$
$$=\mathbf{34}$$

(2) $\left\{1.75\div\left(3\frac{5}{6}-\square\right)-0.25\right\}\div6.5=\frac{1}{13}$

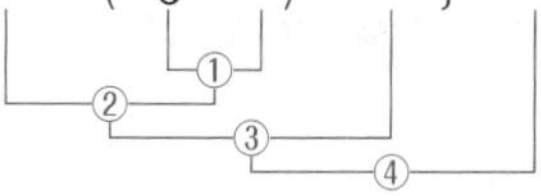

$$\left\{1.75\div\left(3\frac{5}{6}-\square\right)-0.25\right\}\div6.5=\frac{1}{13}$$
$$\frac{7}{4}\div\left(\frac{23}{6}-\square\right)-\frac{1}{4}=\frac{1}{13}\times\frac{13}{2}=\frac{1}{2}$$
$$\frac{7}{4}\div\left(\frac{23}{6}-\square\right)=\frac{1}{2}+\frac{1}{4}=\frac{3}{4}$$
$$\frac{23}{6}-\square=\frac{7}{4}\div\frac{3}{4}=\frac{7}{3}$$
$$\square=\frac{23}{6}-\frac{7}{3}$$
$$=\mathbf{\frac{3}{2}\left(1\frac{1}{2}\right)}$$

ココ大事！
( ), { }に気をつけて，逆の順序(じゅんじょ)を正しく計算していく。

練習問題 38

次の□にあてはまる数を求めなさい。

(1) $2\times\{3-5\div2+7\times(5-3\div\square)\}=50$ 【洛南高附中】

(2) $\left\{\left(\frac{3}{5}+\square\right)\times2.5-\frac{5}{12}\right\}\times\frac{9}{11}=1\frac{10}{11}$ 【帝塚山中】

(3) $7\frac{1}{3}-0.6\times\left\{\frac{1}{4}+\left(\square+\frac{1}{2}\right)\div3\right\}=2$ 【渋谷教育学園渋谷中】

別冊解答 p.17

p.66 2

例題39 いろいろな虫食い算

次の□にあてはまる数を求めなさい。

(1)
```
  7□
 -□8
  45
```

(2)
```
   7□
  ×□3
  2□2
 4□4
 4□□2
```

(3)
```
       □□
 4□)7□□
    □7
    □9□
    2□2
      9
```

解き方と答え

(1)
```
  6
  7ア
 -イ8
  45
```

アー8 の一の位が5なので，13−8=5 より，ア=**3**
一の位へくり下がったので，6−イ=4 より，イ=**2**

(2)
```
   7ア
  ×イ3
  2ウ2  ←7ア×3
 4エ4   ←7ア×イ
 4オカ2
```

3×ア の一の位が2なので，ア=**4**
74×3=222 より，ウ=**2**
イ×4 の一の位が4で，イ=1 ではないので，イ=**6**
74×6=444 より，エ=**4**
あとはたし算で，オ=**6**，カ=**6**

(3)
```
        6 アイ
 4ウ)7エオ
     カ7    ←4ウ×ア
     キ9ク
     2ケ2   ←4ウ×イ
        9
```

ク−2=9 なので，ク=**1**，よって，オも **1**
8−ケ=0，キ−2=0 なので，ケ=**8**，キ=**2**
エ−7 の一の位が9なので，エ=**6**
6−カ=2 なので，カ=**4**
これより，ウ=**7**，ア=**1**
282=47×6 より，イ=**6**

ココ大事！ 虫食い算は，わかるところから順序（じゅんじょ）よく考える。完成したら，すべての数字をあてはめて，確（たし）かめよう。

練習問題39

別冊解答 p.17

次の□にあてはまる数を求めなさい。

(1) 【東海大付属相模中】

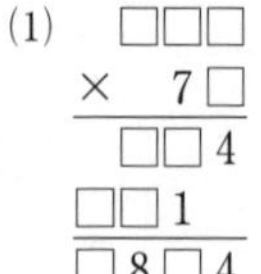

```
   □□□
 ×  7□
   □□4
 □□1
 □8□4
```

(2) 【松蔭中(兵庫)】

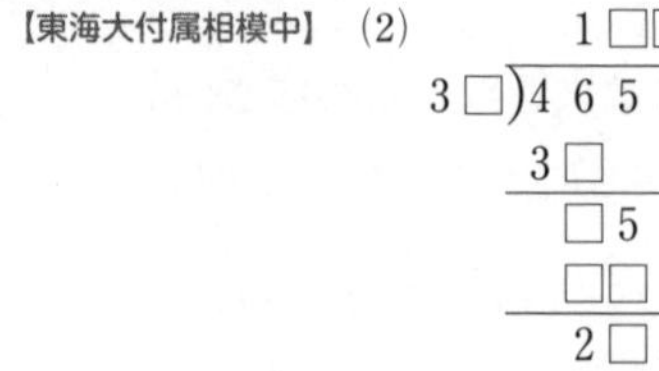

```
        1□□
 3□)4 6 5 3
    3□
     □5
     □□
      2□3
      □□□
        □□
```

4年 5年 6年 中学入試

p.66 3

例題40 約束記号のある計算

次の問いに答えなさい。

(1) $a◎b=5×a-3×b$ と約束します。この約束にしたがって次の計算をしなさい。

❶ 6◎2　　❷ 4◎(2◎3)

(2) $a*b=(a×2+b)÷2$ と約束するとき，4＊□＝9 の□にあてはまる数を求めなさい。

解き方と答え

(1) ❶ $a◎b=5×a-3×b$

6◎2＝5×6－3×2　（aに6，bに2を入れて計算する）

＝30－6＝**24**

❷( )がついているので，はじめに (2◎3) から計算する。

2◎3＝5×2－3×3＝1

(2◎3)＝1 より，4◎1 を計算する。

4◎1＝5×4－3×1＝**17**

(2) $a*b=(a×2+b)÷2$

4＊□＝(4×2＋□)÷2 となるから，（aに4，bに□を入れる。）

(8＋□)÷2＝9

8＋□＝9×2＝18

□＝18－8＝**10**

くわしく

( )を先に計算

(1)❷のように，4◎(2◎3)で，( )がついた式は，ふつうの計算と同じで( )から先にする。

ココ大事！

きまりにしたがって，文字や記号を数におきかえて計算していく。

練習問題 ㊵

別冊解答 p.18

次の問いに答えなさい。

(1) [ア]はアをこえない最も大きい整数を表します。例えば，[0.2]＝0，$\left[\frac{7}{2}\right]=3$，[5]＝5 です。このとき，$\left[\frac{1}{3}\right]+\left[\frac{2}{3}\right]+\left[\frac{3}{3}\right]+\left[\frac{4}{3}\right]+\left[\frac{5}{3}\right]+\left[\frac{6}{3}\right]$ を求めなさい。【和歌山信愛中】

(2) [○，△]＝○×△－○÷△ と計算します。[□，3]＝16 となるとき，□にあてはまる数を答えなさい。【藤嶺学園藤沢中】

11 いろいろな数の四捨五入

p.72〜75

❶ 切り捨て，切り上げ，四捨五入の方法を理解しよう。
❷ 以上，以下，より大きい，未満のちがいを理解しよう。
❸ 四捨五入された数から，もとの数のはんいを求められるようにしよう。

学習のポイント

1 切り捨て，切り上げ，四捨五入

➡ 例題 41

► 切り捨ては必要な位より小さい位の数を捨てて，がい数をつくる。

例》 25828（千の位まで）…25|828 → 25000

► 切り上げは必要な位より下の位に少しでも数があれば，必要な最下位を1ふやしてがい数をつくる。

例》 34062（百の位まで）…340|62 → 34100

► 四捨五入は必要な位のすぐ下の数が **0〜4 なら切り捨て，5〜9 なら切り上げる。**

例》 5273（上から2けた）…52|73 → 5300（7なので切り上げ）

2 以上，以下，より大きい，未満

➡ 例題 42·43

► 以上，以下はその数をふくめて，それより大きい数，小さい数をさす。

例》 5以上の整数は 5，6，7，8，…， 5以下の整数は 5，4，3，2，1，0

► より大きい，未満は，その数をふくめずに，それより大きい数，小さい数をさす。
（未満：「より小さい」と同じ）

例》 5より大きい整数は 6，7，8，…， 5未満の整数は 4，3，2，1，0

3 四捨五入された数のもとの数のはんい

➡ 例題 42·43

例》 十の位を四捨五入して 2800 になる整数を求めなさい。

解》 2700になるはんい　2800になるはんい　2900になるはんい

その数をふくむときは●で表す

2700　2749　2750　2800　2849　2850　2900

整数なのでこの間の小数はふくまない

よって，2800 になる整数は 2750 以上 2849 以下

例》 小数第二位を四捨五入して 3.2 になる数を求めなさい。

解》 3.1になるはんい　3.2になるはんい　3.3になるはんい

その数をふくまないときは○で表す

3.1　3.15　3.2　3.25　3.3

よって，3.2になる数は3.15以上3.25未満 ← 切り捨てて3.2になる小数で最大のものは3.2499…となるため，以下を使って表せない

p.72 1

例題41 切り捨て，切り上げ，四捨五入

次の❶～❹の数を切り捨て，切り上げ，四捨五入(ししゃごにゅう)でそれぞれ(　)までのがい数にしなさい。

	切り捨て	切り上げ	四捨五入
❶ 54289(千の位)			
❷ 3.234($\frac{1}{10}$の位)			
❸ 8.695(小数第二位)			
❹ 0.4253(上から2けた)			

解き方と答え

必要な位の右に⌋を入れる。

	切り捨て	切り上げ	四捨五入
❶	54⌋289 54000	54⌋289 55000	54⌋289 54000
❷	3.2⌋34 3.2	3.2⌋34 3.3	3.2⌋34 3.2
❸	8.69⌋5 8.69	8.69⌋5 8.70	8.69⌋5 8.70
❹	0.42⌋53 0.42	0.42⌋53 0.43	0.42⌋53 0.43

リターン

がい数の求め方→ p.40 の

参考

きりのいい数のがい数

切り上げの場合，必要な位より下の位に少しでも数があるとき，その数を切り上げるが，まったくないときは切り上げない。

例》切り上げで千の位までのがい数にしなさい。

28⌋001 → 29000

28⌋000 → 28000

ココ大事！ 四捨五入でがい数にするには，がい数にしたい位の1つ下の位の数を四捨五入する。

練習問題 41

別冊解答 p.18

次の❶～❹の数を切り捨て，切り上げ，四捨五入でそれぞれ(　)までのがい数にしなさい。

	切り捨て	切り上げ	四捨五入
❶ 35492(千の位)			
❷ 70001(千の位)			
❸ 0.196(小数第二位)			
❹ 0.06315(上から2けた)			

p.72 3

例題42 四捨五入された数のもとの数のはんい

次の問いに答えなさい。

(1) 四捨五入(ししゃごにゅう)して千の位までのがい数にすると 48000 になる整数のはんいを求めなさい。

(2) ある整数を 7 でわった商を四捨五入で一の位まで求めると 6 になり，同じ整数を 9 でわった商を四捨五入で一の位まで求めると 4 になる。このような整数をすべて求めなさい。

解き方と答え

(1)

47000　47499 47500　48000　48499 48500　49000

整数なのでこの間の小数はふくまない

よって，**47500 以上 48499 以下**

(2) 整数÷7 の四捨五入した商が 6 なので，

もとの商は 5.5 以上 6.5 未満
整数は 38.5 以上 45.5 未満　×7 ……①

整数÷9 の四捨五入した商が 4 なので，

もとの商は 3.5 以上 4.5 未満
整数は 31.5 以上 40.5 未満　×9 ……②

①，②より，このはんいが重なるところは下の図のように，38.5 以上 40.5 未満の整数なので，**39，40**

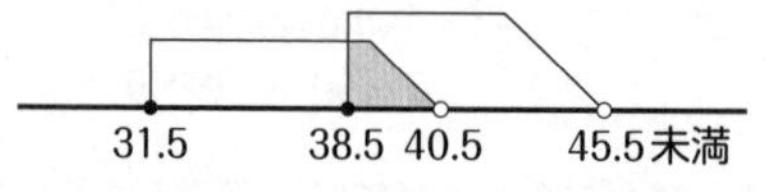

くわしく

数直線ではんいを求める手順

(1)を例にすると，

①求めるはんいのがい数とその前後のがい数をならべる。

47000　48000　49000

②前後の真ん中の数値(すうち)を書く。

47000　47500　48000　48500　49000

求めるはんいが整数だけでなく小数もふくむ場合は，
47500 以上 48500 未満
整数という条件で，以上と以下で求めるときは，
大きいほうの数－1 を書く。

47000　47500　48000　48500　49000
48499

よって，47500 以上 48499 以下

ココ大事！

はんいを求める問題は，数直線を使って表すとわかりやすい。

練習問題 42

別冊解答 p.18

次の問いに答えなさい。

(1) ある市の人口を，百の位で四捨五入したがい数で表すと 67000 人です。この市の人口は何人以上何人未満ですか。　【天理中】

(2) ある整数を 7 でわった商の小数第一位を四捨五入すると 5 になり，同じ整数を 3 でわった商の小数第一位を切り捨てると 10 になります。ある整数はいくつですか。　【金城学院中】

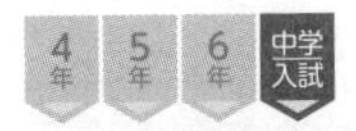

p.72 3

例題43 がい数の最大・最小

A市とB市の人口をそれぞれ四捨五入(ししゃごにゅう)して，千の位までのがい数で求めると，それぞれ72000人，30000人になります。

(1) A市とB市の人口の和は何人以上何人以下ですか。

(2) A市とB市の人口の差は何人以上何人以下ですか。

解き方と答え

A市の人口は，71500人以上72499人以下

B市の人口は，29500人以上30499人以下

(1) 人口の和が最も少ないときは，それぞれの人口が最も少ないときの和で，

71500＋29500＝101000(人)

最も多いときは，それぞれの人口が最も多いときの和で，

72499＋30499＝102998(人)

よって，**101000人以上102998人以下**

(2) 人口の差が最も少ないときは，B市の人口が最も多いときとA市の人口が最も少ないときの差で，71500－30499＝41001(人)

最も多いときは，B市の人口が最も少ないときとA市の人口が最も多いときの差で，

72499－29500＝42999(人)

よって，**41001人以上42999人以下**

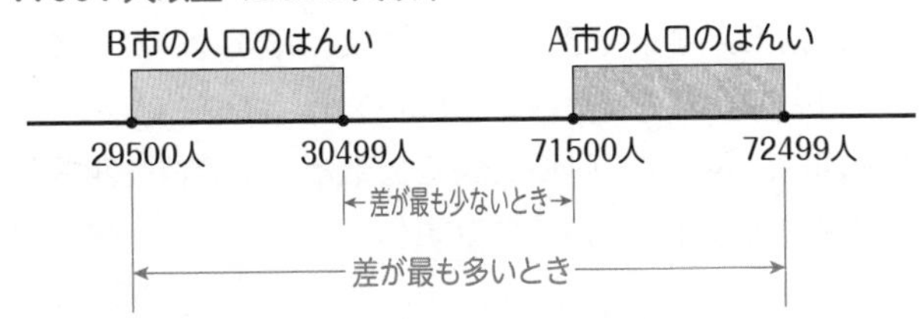

ココ大事！

2つの整数のがい数のはんいから，和や差は，

・和は(最小＋最小)以上(最大＋最大)以下

・差は(大きいほうの最小－小さいほうの最大)以上(大きいほうの最大－小さいほうの最小)以下

練習問題 43

ある中学校の生徒数を十の位で四捨五入して表すと男子は1000人，女子は800人になります。男子と女子の生徒数の差は何人以上何人以下ですか。

別冊解答 p.18

力をのばす問題

別冊解答 p.19~20

36 次の□にあてはまる数を求めなさい。

→例題 36~38

(1) $80-(\square+6)\div3=17$ 【北鎌倉女子学園中】

(2) $2+3\times(10-\square)\div2=11$ 【奈良学園登美ヶ丘中】

(3) $7\frac{3}{8}-(10-\square)\div1\frac{9}{13}=2.5$ 【大妻多摩中】

(4) $\frac{3}{4}+\frac{1}{3}\div(0.25+\square)-1\frac{1}{2}=\frac{1}{20}$ 【桐光学園中】

(5) $\left\{\frac{1}{2}\div(1+\square)+0.5\right\}\times4=\frac{7}{2}$ 【大宮開成中】

37 次の問いに答えなさい。

→例題 41

(1) 45050 を，①切り捨て，②切り上げ，③四捨五入(ししゃごにゅう)の 3 つの方法で，百の位までのがい数で表しなさい。

(2) 0.0926 を四捨五入して，①$\frac{1}{10}$ の位，②$\frac{1}{100}$ の位，③上から 2 けた，までのがい数で表しなさい。

38 次の問いに答えなさい。

→例題 42・43

(1) 一の位を四捨五入すると 320 になる整数があります。その数を 20 倍して，十の位を四捨五入した数をすべて求めなさい。 【甲南女子中】

(2) 百の位を四捨五入して 1000 になる整数と，十の位を四捨五入して 100 になる整数の差は最大でいくつですか。 【明治大付属中野八王子中】

39 次の式の□には，それぞれに 2，3，4，5，6，7 のどれか 1 つの数が入ります。あてはまる数を求めなさい。 【白陵中】

→例題 39

$91\div$ア$-$イ$\times(3+$ウ$)=1$

40 下の例から記号△と◎の意味を考えて，次の問いに答えなさい。 【中央大附中】

→例題 40

(例) 2△3＝8　3△4＝81　4△3＝64　10△2＝100

2◎4＝2　2◎8＝3　3◎27＝3　5◎25＝2

(1) 8△4 はいくつですか。

(2) 4◎1024 はいくつですか。

(3) 2△(3◎□)＝16 となるとき，□にあてはまる数はいくつですか。

力をためす問題

→ 別冊解答 p.20~21

41 次の□にあてはまる数を求めなさい。

→例題 37・38

(1) $4\frac{2}{9}\times\left(2.6\div\square-\frac{7}{10}\right)-1\frac{2}{3}=2\frac{2}{15}$　【フェリス女学院中】

(2) $2\frac{1}{5}-\left\{1\frac{1}{2}-0.84\times\left(2\frac{3}{7}-\square\right)\right\}=1\frac{9}{25}$　【高輪中】

(3) $3\frac{3}{4}\times\left(4.7-\square\times3\frac{2}{15}\right)-\left(1.13-\frac{1}{3}\div\frac{25}{51}\right)=\frac{1}{3}$　【六甲学院中】

(4) $\frac{1}{9}\times\left\{\left(\frac{1}{5}+\frac{3}{7}\right)\times\square-\left(\frac{3}{4}+0.24\right)\div9\right\}=\frac{3}{700}$　【浅野中】

42 次の問いに答えなさい。

→例題 42・43

(1) ある整数を 28 でわって小数第二位を四捨五入(ししゃごにゅう)したら 6.5 になりました。このような整数をすべて求めなさい。　【山脇学園中】

(2) 100 を整数 12 でわった商は 100÷12＝8.333… となり，これを小数第一位で四捨五入すると 8 になります。100 をある整数でわった商を小数第一位で四捨五入すると 6 になりました。このとき，ある整数としてあてはまる数をすべて求めなさい。　【穎明館中】

(3) ある整数の十の位を四捨五入すると 2000 になり，ある整数から 67 をひいて十の位を四捨五入しても 2000 になります。このような整数は A 以上 B 以下になります。A，B はそれぞれいくらですか。　【西武学園文理中】

43 右の筆算のア，イ，ウに入る数字を求めなさい。　【三田学園中】

→例題 39

```
          ウ□
   □□ ) □□□3
          イ8
          ──
          □□
          □ア
          ──
           9
```

44 4◎3＝4×3－(4＋3)＝5 のように計算します。このとき，6◎(□◎2)＝29 でした。□にあてはまる数はいくつですか。　【かえつ有明中】

→例題 40

45 整数 A を 100 でわったあまりを [A] で表します。例えば，[594]＝94 [12×34]＝8 となります。　【鷗友学園女子中】

→例題 40

(1) [2017×2018] を求めなさい。

ちょいムズ (2) [B×B]＝9 となる 2 けたの整数 B をすべて求めなさい。

12 数と規則性

p.78〜83

❶ 数列の規則(きそく)を見つけられるようにしよう。
❷ 等差数列の公式を理解(りかい)して覚えよう。
❸ 群数列(ぐんすうれつ)はどこで区切ればよいかをみきわめよう。

学習のポイント

1 いろいろな規則でならぶ数

➡例題44

►1, 3, 5, 7, 9, …のように, ある規則(きそく)にしたがってならんでいる数の列を**数列**(すうれつ)といい, それぞれの数を**項**(こう)という。

►**等差数列**(とうさすうれつ):となりとの差が等しい数列

例》2, 6, 10, 14, 18, …
+4 +4 +4 +4

►**等比数列**(とうひすうれつ):前の数を等倍していく数列
↑同じ数をかける

例》1, 3, 9, 27, 81, 243, …
×3 ×3 ×3 ×3 ×3

2 等差数列とその和

➡例題45

►等差数列で, はじめの数を**初項**(しょこう), 終わりの数を**末項**(まっこう), となりとの差を**公差**(こうさ)という。

►□番目の数は, **初項+公差×(□−1)** で求められる。

►□番目の数までの和は, **(初項+末項)×項数÷2** で求められる。
↑□番目の数

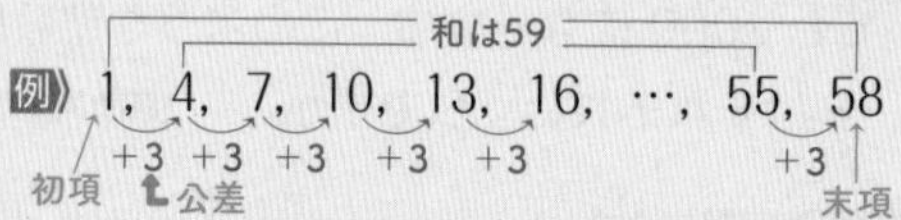

(1) 20番目の数は, 1+3×(20−1)=58

(2) 20番目の数までの和は, (1+58)×20÷2=590

3 群数列の□番目の数の求め方

➡例題46〜48

►下のようなグループに分けられた数列を**群数列**(ぐんすうれつ)という。グループごとに行を変えて書くと, 規則性を見つけやすい。

例》|1|1, 2|1, 2, 3|1, 2, 3, 4|1, … の15番目の数を求めなさい。

解》

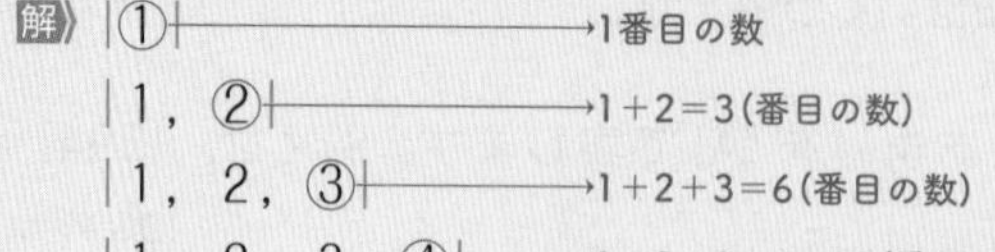

|①→1番目の数
|1, ②→1+2=3(番目の数)
|1, 2, ③→1+2+3=6(番目の数)
|1, 2, 3, ④→1+2+3+4=10(番目の数)
|1, 2, 3, 4, ⑤→1+2+3+4+5=15(番目の数)

それぞれのグループのいちばん右の数が**1+2+3+…(番目)の数**となっている。

4年 5年 6年 中学入試

p.78 1

例題44 いろいろな規則でならぶ数

次の数列の□にあてはまる数を求めなさい。

(1) 3, 7, 11, 15, 19, □, 27, …

(2) 1, 2, 4, 8, 16, 32, □, 128, …

(3) 1, 4, 9, 16, 25, 36, □, 64, 81, …

(4) 1, 3, 6, 10, 15, 21, □, 36, 45, …

(5) 1, 1, 2, 3, 5, 8, 13, □, 34, …

解き方と答え

(1) 3, 7, 11, 15, 19, **23**, 27, …
+4 +4 +4 +4 +4 +4 ← 4ずつ増えている

(2) 1, 2, 4, 8, 16, 32, **64**, 128, …
×2 ×2 ×2 ×2 ×2 ×2 ×2 ← 2倍になっている

(3) 1, 4, 9, 16, 25, 36, **49**, 64, 81, …
1×1 2×2 3×3 4×4 5×5 6×6 7×7 8×8 9×9 ← ●×● の数になっている

(4) 1, 3, 6, 10, 15, 21, **28**, 36, 45, …
+2 +3 +4 +5 +6 +7 +8 +9 ← 加える数が1ずつ増えている

(5) 1, 1, 2, 3, 5, 8, 13, **21**, 34, …
1+1 1+2 2+3 3+5 5+8 8+13 13+21 ← 前の2つの数の和になっている

ことば　いろいろな数列

(3)●×● となっている数を平方数（へいほうすう）という。

(4) 1, 3, 6, 10, 15, … のように，1からはじまる連続した整数の和になっている数を三角数（さんかくすう）という。

(5)前の2つの数の和をならべていく数列をフィボナッチ数列という。

別解　増えている数に注目すると

(3) 1, 4, 9, 16, 25, 36, …
+3 +5 +7 +9 +11

加える数が連続する奇数になっているから，

□＝36＋13＝49

ココ大事！ 数列は，前の数との差や前の数の何倍かなどに注目して規則を見つけていく。

練習問題44

次の数列の□にあてはまる数を求めなさい。

(1) 100, 97, 94, □, 88, 85, …

(2) 5, 6, 8, 11, 15, 20, 26, □, 41, 50, …

(3) 2, 6, 18, 54, □, 486, …

(4) 2, 6, 12, 20, 30, □, 56, 72, …

別冊解答 p.21

p.78 2

例題45 等差数列とその和

次の問いに答えなさい。

(1) 2, 5, 8, 11, 14, …のように，数がある規則(きそく)にしたがってならんでいます。

❶10番目の数はいくつですか。

❷1番目から10番目までの数の和はいくつですか。

(2) ❶1から30までの連続する整数の和はいくつですか。

❷1から49までのすべての奇数の和はいくつですか。

解き方と答え

(1) 2, 5, 8, 11, 14, ……（+3 +3 +3 +3）

❶初項(しょこう)が2，公差が3の等差数列の10番目の数を求めるので，$2+3\times(10-1)=$**29**

❷初項が2，末項が❶で求めた29で，10番目の数までの等差数列の和なので，$(2+29)\times10\div2=$**155**

(2) ❶$1+2+3+4+5+\cdots\cdots+30$

初項が1，末項が30で，30番目までの等差数列の和なので，$(1+30)\times30\div2=$**465**

❷$1+3+5+7+9+\cdots\cdots+49$（+2 +2 +2 +2 … +2）

公差が2の等差数列である。

49を□番目とすると，

$1+2\times(□-1)=49$ より，$□=25$

初項が1，末項が49で，25番目までの等差数列の和なので，$(1+49)\times25\div2=$**625**

等差数列の和の公式

(1)② $2+5+\cdots+29$ と，逆(ぎゃく)の $29+26+\cdots+2$ をたすと，

```
      ↓初項
末項→ 2 + 5 +…+29        項数
   +)29+26+…+ 2           ↓
     31+31+…+31 ←31が10個
```

つまり，初項と末項の和に項数をかけたものを2でわると，和を求めることができる。

1から□番目の奇数までの和

(2)② $1+3=4\Rightarrow2\times2$

（3：2番目の奇数）

$1+3+5=9\Rightarrow3\times3$

（5：3番目の奇数）

つまり，1から□までの奇数の和は，最後の奇数が△番目なら，△の平方数になる。

よって，49が25番目の奇数なので，$25\times25=$**625**

・**等差数列の□番目の数は，初項＋公差×(□－1)**

・**等差数列の□番目の数までの和は，(初項＋末項)×項数÷2**

練習問題 ㊺

別冊解答 p.21

次の問いに答えなさい。

(1) 3, 7, 11, 15, 19, 23, …で，25番目の数はいくつですか。【実践女子学園中】

(2) 数が1, 4, 7, 10, 13, …のようにある規則にしたがってならんでいます。6番目から20番目までの数の和はいくつですか。【カリタス女子中】

p.78 3

例題46 整数の群数列 (1) —同じ数のグループ—

次のように，数がある規則にしたがってならんでいます。

4, 2, 1, 3, 4, 2, 1, 3, 4, 2, …

(1) 31番目の数はいくつですか。

(2) 1番目から31番目までの数の和はいくつですか。

(3) 1番目から何番目までの数の和が236になりますか。

解き方と答え

|4, 2, 1, 3|4, 2, 1, 3|4, 2, … を行を変えて書く。

(1)
|4, 2, 1, 3|
|⋮ ⋮ ⋮ ⋮| 7段　31÷4＝7 あまり 3
|4, 2, 1, 3|
|4 2 1, 3| ← 左から3番目

よって，1

(2) 1段の和は，4＋2＋1＋3＝10

|4, 2, 1, 3| → 和が10
|⋮ ⋮ ⋮ ⋮| 7段　10×7＋4＋2＋1＝77
|4, 2, 1, 3| → 和が10
|④ ② ①

(3)
|4, 2, 1, 3| → 和が10
|⋮ ⋮ ⋮ ⋮| 23段　236÷10＝23 あまり 6
|4, 2, 1, 3| → 和が10
|④, ②

4×23＋2＝94(番目)

□番目までに，同じグループがいくつあるかを考える。

練習問題46

別冊解答 p.22

次の問いに答えなさい。

(1) 分数 $\frac{16}{333}$ を小数になおしたときの小数第一位から小数第二十位までのすべての数の和はいくつですか。【関東学院中】

(2) 次のように，整数をある規則でならべていきます。【関西学院中】

2, 2, 3, 4, 4, 5, 6, 6, 7, 8, 8, 9, …

❶ 24番目の数を求めなさい。

❷ 100番目までの数の和を求めなさい。

p.78 3

例題47 整数の群数列 (2) ―グループが増えていく―

次のように，数がある規則（きそく）にしたがってならんでいます。

1，2，4，3，6，9，4，8，12，16，5，10，15，…

(1) 47番目の数はいくつですか。

(2) 144がはじめて現れるのは最初から数えて何番目ですか。

解き方と答え

(1)

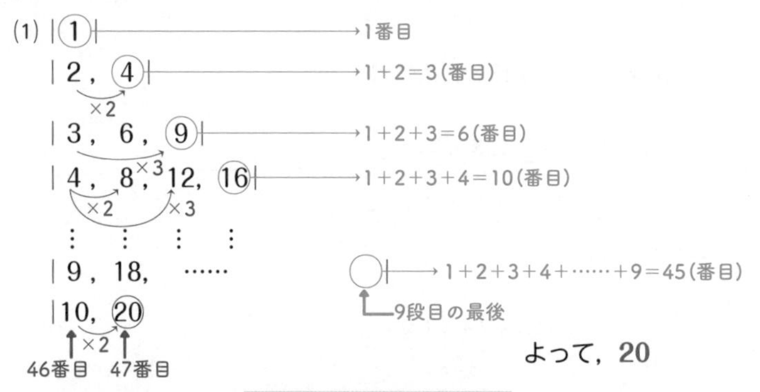

よって，**20**

(2) 各段の最後の数が（段数）×（段数）の平方数になっている。

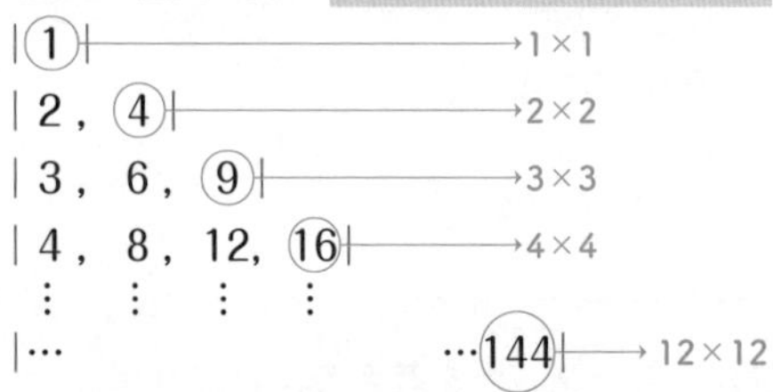

144は12段目の最後の数なので，

1+2+3+……+12=(1+12)×12÷2=**78**(番目)

ココ大事！ グループに区切って，最初の数や最後の数，項数（こうすう）に何か規則性がないかを考える。

練習問題47

次のように，数がある規則にしたがってならんでいます。【京都学園中】

1，2，1，3，2，1，4，3，2，1，5，4，3，2，1，6，5，4，3，2，1，…

(1) 10がはじめて現れるのは最初から数えて何番目ですか。

(2) 20回目の1が現れるのは最初から数えて何番目ですか。

別冊解答 p.22

p.78 3

例題48 分数の群数列

次のように，分数がある規則（きそく）にしたがってならんでいます。

$\frac{1}{1}, \frac{1}{2}, \frac{2}{2}, \frac{1}{3}, \frac{2}{3}, \frac{3}{3}, \frac{1}{4}, \frac{2}{4}, \frac{3}{4}, \frac{4}{4}, \frac{1}{5}, \frac{2}{5}, \frac{3}{5}, \cdots$

(1) $\frac{5}{10}$ は何番目の分数ですか。

(2) 30 番目の分数と，はじめから 30 番目までの数の和を求めなさい。

解き方と答え

(1) 分母が同じものをグループにして，グループごとに行を変えて書くと，

- 分母は各段数（だんすう）と同じ。
- 各段の最後の数は分母と分子が同じ。
- 各段の最後の数は三角数番目。

　↑1からはじまる連続する整数の和

$\frac{1}{①}$ →1番目

$\frac{1}{②}, \frac{2}{2}$ →1＋2＝3(番目)

$\frac{1}{③}, \frac{2}{3}, \frac{3}{3}$ →1＋2＋3＝6(番目)

9 段目の最後の数は $1+2+\cdots+9=45$(番目)だから，$\frac{5}{10}$ は $45+5=$**50**(番目)

(2) 7 段目の最後の数は $1+2+\cdots+7=28$(番目) だから，30 番目は $\mathbf{\frac{2}{8}}$

7 段目までの和は, 1 段目が 1 , 2 段目が $\frac{1}{2}+\frac{2}{2}=1\frac{1}{2}$, 3 段目が $\frac{1}{3}+\frac{2}{3}+\frac{3}{3}=2, \cdots$,

7 段目が $\frac{1}{7}+\cdots+\frac{7}{7}=4$ つまり，初項（しょこう）1，末項 4，項数 7 の等差数列。

この和に 8 段目の 2 つを加えて，$(1+4)\times7\div2+\frac{1}{8}+\frac{2}{8}=\mathbf{17\frac{7}{8}}$

各段の最後の数が三角数番目になることや，段ごとの和に着目する。

練習問題 48

別冊解答 p.22

次のように，分数がある規則にしたがってならんでいます。

$\frac{1}{2}, \frac{2}{2}, \frac{1}{4}, \frac{2}{4}, \frac{3}{4}, \frac{4}{4}, \frac{1}{6}, \frac{2}{6}, \frac{3}{6}, \frac{4}{6}, \frac{5}{6}, \frac{6}{6}, \frac{1}{8}, \cdots$

(1) $\frac{1}{12}$ は何番目の分数ですか。

(2) 56 番目の分数と，はじめから 56 番目までの数の和を求めなさい。

力をのばす問題

レベル3 レベル2 レベル1

別冊解答 p.23~24

46 次の数列の□にあてはまる数を求めなさい。

→例題44

(1) 12，13，15，□，22，27，33，… 【神奈川学園中】

(2) 1，3，6，10，15，21，28，36，…で，12番目の数は□です。 【跡見学園中】

(3) $\frac{1}{2}$，$\frac{5}{6}$，$\frac{7}{6}$，$\frac{3}{2}$，□，$\frac{13}{6}$，… 【茗溪学園中】

47 次の□にあてはまる数を求めなさい。

→例題45

(1) $\frac{2}{7}$，$\frac{3}{10}$，$\frac{4}{13}$，$\frac{5}{16}$，… で，203番目の数は□です。 【清泉女学院中】

(2) ある規則(きそく)にしたがって数字が次のようにならんでいます。

3，10，17，24，31，…

このとき，はじめから15番目までの数の和は□です。

48 2，4，6の3個の数字が次のようにくり返しならんでいます。

→例題46

2，2，4，4，6，6，2，2，4，4，6，6，2，2，4，4，6，6，…

最初から99番目までの数をたすと合計はいくつになりますか。

【東海大付属大阪仰星中】

49 次のように，整数がある規則でならんでいます。 【雲雀丘学園中】

→例題47

1，2，2，3，3，3，4，4，4，4，5，…

(1) 30番目の数は何ですか。

(2) 1番目から30番目までの整数をすべてたすといくつになりますか。

50 次のように，分母が偶数で分子が奇数である分数が，ある規則にしたがってならんでいます。

→例題48

$\frac{1}{2}$，$\frac{1}{4}$，$\frac{3}{4}$，$\frac{1}{6}$，$\frac{3}{6}$，$\frac{5}{6}$，$\frac{1}{8}$，$\frac{3}{8}$，$\frac{5}{8}$，$\frac{7}{8}$，$\frac{1}{10}$，$\frac{3}{10}$，$\frac{5}{10}$，$\frac{7}{10}$，$\frac{9}{10}$，$\frac{1}{12}$，…

次の□にあてはまる数を求めなさい。 【横浜共立学園中】

(1) $\frac{9}{16}$ は最初から数えて□番目の分数です。

(2) 最初から数えて100番目の分数は□です。

(3) 最初の分数から100番目の分数までの数の和は□です。

力をためす問題

→ 別冊解答 p.24~26

51 次の□にあてはまる数を求めなさい。

→例題44

(1) 3, 18, 45, 84, □, 198, … 【東京農業大第一中】

(2) 0, 1, 3, 6, 8, 9, 10, 12, 15, 17, 18, 19, …の 2017 番目の数は□です。 【関西学院中】

(3) $\frac{2}{3}$, $\frac{2}{3}$, $\frac{1}{2}$, $\frac{1}{3}$, $\frac{5}{24}$, □, $\frac{7}{96}$, $\frac{1}{24}$, … 【報徳学園中】

(4) $\frac{1}{1}$, $\frac{1}{2}$, $\frac{2}{3}$, $\frac{3}{5}$, $\frac{5}{8}$, $\frac{8}{13}$, $\frac{13}{21}$, …で1番目から 12 番目までの分数をかけた数は□です。 【栄東中】

52 7の倍数を小さい数から順に考え，その一の位の数を以下のようにならべます。 【立教新座中】

→例題46

7, 4, 1, 8, 5, …

(1) 28 番目の数を求めなさい。

(2) はじめから 36 番目までの数の和を求めなさい。

(3) はじめから順に数をたすと，和が 2016 になりました。何番目まで数をたしましたか。

53 ある規則(きそく)にしたがって，数字がならんでいます。 【東京都市大付中】

→例題47

1, 2, 3, 3, 4, 5, 6, 7, 5, 6, 7, 8, 9, 10, 11, 7, 8, 9, …

(1) 100 番目の数はいくつですか。

(2) 1番目から 50 番目までの数の和はいくつですか。

ちょいムズ **54** 下のように，ある規則にしたがって分数がならべられています。 【滝川中】

→例題48

$\frac{1}{1}$, $\frac{2}{2}$, $\frac{3}{2}$, $\frac{4}{3}$, $\frac{5}{3}$, $\frac{6}{3}$, $\frac{7}{4}$, $\frac{8}{4}$, $\frac{9}{4}$, $\frac{10}{4}$, $\frac{11}{5}$, …

(1) 左から 25 番目にある分数はいくつですか。

(2) 分母が 10 である分数をすべてたすといくつですか。

(3) 整数となる分数を左から順にならべます。1番目の分数は $\frac{1}{1}$，2番目の分数は $\frac{2}{2}$，3番目の分数は $\frac{6}{3}$ です。このとき，6番目の分数と 11 番目の分数を約分せずそのまま書きなさい。

(4) 整数となる分数を左から 200 個(こ)たすといくつですか。

素数　～チョコレートの箱の秘密～

おかし屋さんでチョコレートを見ていたときに気づいたことがあるの。
10個入りだと 2×5＝10(個)，12個入りだと 3×4＝12(個) みたいに，縦と横に並んでいる個数は，チョコレートの個数の約数になっていたわ。

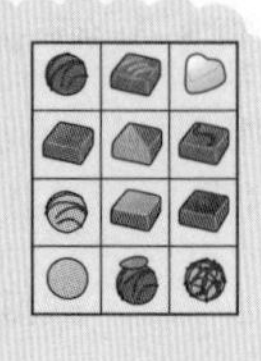

じゃあ，5個入り，7個入りだと，1×5＝5(個)，1×7＝7(個) だから，一列だけの箱だね。一列だけの箱しかつくれないのは，他に何個のときかな？

入っている個数の約数に注目すればいいのよ。一列だけの箱しかつくれないのは，個数の約数が1とその数自身の2つしかないときよね。こういう数を素数というの。素数を探すには，下のように6つずつ数を並べると見つけやすいわ。

②	③	4	⑤	6	⑦
8	9	10	11	12	13
14	15	16	17	18	19
20	21	22	23	24	25
26	27	28	29	30	31
32	33	34	35	36	37
38	39	40	41	42	43
44	45	46	47	48	49
50	51	52	53	54	55
56	57	58	59	60	

↑
6の倍数

1は素数ではないので2からかく。
2は素数なので◯をつけて，その下の2の倍数を消す。
3は素数なので◯をつけて，その下の3の倍数を消す。
4,6は2の倍数なので消して，その下の2の倍数も消す。
5は素数なので◯をつけて，ななめに5の倍数を消す。
7は素数なので◯をつけて，ななめに7の倍数を消す。
残った11，13，17，…が素数になるわけ！

あっ！2と3以外は6の倍数の前と後になってる！

よく気がついたわね，しんくん！その通りよ。

でもさ～，ゆいはなんでチョコレートを見てたの？だれかにあげるの？

えっ！？えっーと，それは……。

第2編

変化と関係

第1章 割　合 …… 90
第2章 比 …… 106
第3章 文字と式 …… 118
第4章 ２つの数量の関係 …… 122
第5章 単位と量 …… 138
第6章 速　さ …… 152

ここからスタート！

第2編

変化と関係

単位量あたりの大きさ　～勉強した時間と量～

ゆい，昨日は算数の勉強をどれくらいしたの？

そうね，30分くらいかな。

へへん，勝ったぞ～！ぼくは2時間もしたもんね！

ちょっと待ってよ！それだけじゃ，しんの勝ちとは限(かぎ)らないでしょ。私は30分で計算ドリルを4ページやったわ。しんは？

ぼくは2時間で15ページだもん。15対4でぼくの勝ちだね！

ずるい！同じ時間で比(くら)べないと不公平よ。ねぇ，先生？

そうね。何かを比べるときには，基準(きじゅん)を同じにしておく必要があるよね。1時間で進めたページ数で比べると，しんくんが7.5ページ，ゆいさんが8ページで，問題を解(と)いたスピードはゆいさんの方が速かったということになるわ。

ほらね，だから言ったじゃない！

でも，勉強は速くたくさんやればいいってものでもないから，勝ち負けはつけられないわ。しんくんも2時間もがんばったなんて，すごい集中力ね。

えっへん！

でも，なぜ15ページもがんばったの？昨日そんなに宿題をたくさん出したかしら？

タロは知っているぞ！たまってた宿題をいっきにやったからだな。

タロ～！よけいなことは言わなくていいんだよ！

▶割　合 ～消費税のなぞ～

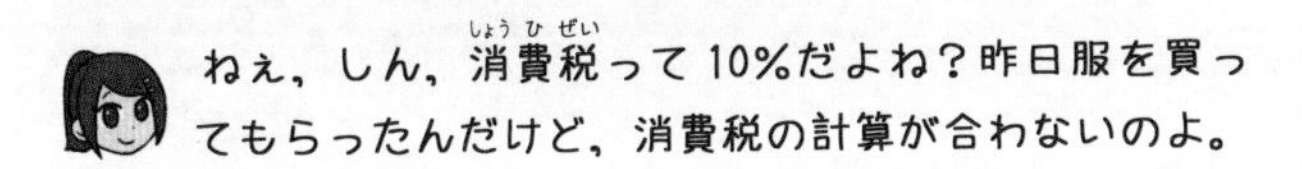

ねぇ，しん，消費税って 10%だよね？昨日服を買ってもらったんだけど，消費税の計算が合わないのよ。

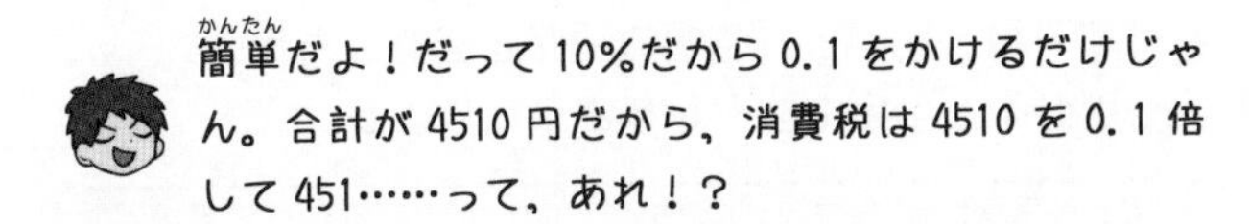

簡単だよ！だって 10%だから 0.1 をかけるだけじゃん。合計が 4510 円だから，消費税は 4510 を 0.1 倍して 451……って，あれ！？

でしょ！私も何度も計算したんだけど，しんと同じで 451 円になるの。でもレシートを見ると消費税は 410 円ってなっているのよね。

〇〇〇〇〇
20××年〇月□日
領収書
シャツ
スカート
合計　¥4510
（内消費税 ¥410）

えー，うそー！これはきっとレシートが間違っているんだよ！ねぇ，先生？

うーん，残念だけど，これはレシートが正しいわ。

どうしてですか？

消費税というのは，商品そのものの値段に，その 10%分を加算するの。レシートの合計はもうすでに消費税がふくまれた金額になっているから，合計を 0.1 倍するのはまちがいになるのよ。

つまり，4510 円から 410 円をひいた 4100 円がシャツとスカートの値段ということですね。

そうか，わかったぞ！その 4100 円を 0.1 倍した 410 円が消費税だね。

その通りよ，しんくん！他にも，〇割引きや□%増しっていうのもあるわ。難しいかもしれないけど，がんばりましょうね。

ちなみにタロは，この 1 ヶ月で体重が 15%も増えてしまったぞ。消費税以上だな。

タロはいつも食べすぎなんだよ！

第1章 割 合

1 割合の基本

p.90〜97

❶「○は△の何倍か」は ○÷△ で求められることを理解しよう。
❷ 割合ともとにする量と比べられる量の関係を理解しよう。
❸ 小数の割合を百分率と歩合になおせるようにしよう。

学習のポイント

1 小数の倍，分数の倍

➡ 例題 1·2

► 何倍かを表すとき，**小数や分数を使って表す**ことができる。

例》赤のリボンが5mあります。青のリボンは赤のリボンの0.7倍です。青のリボンの長さは何mですか。

解》
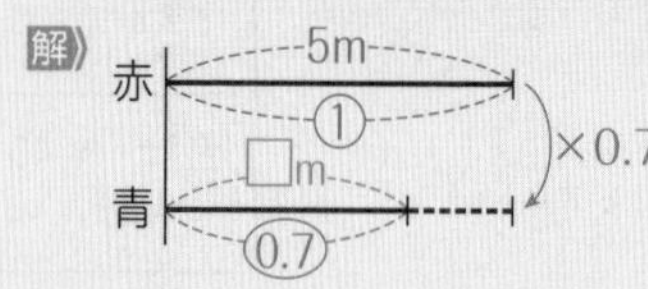

赤のリボンを①とすると，
青のリボンは，⑰と表せるので，
5×0.7=3.5（m）

2 割合，もとにする量，比べられる量

➡ 例題 3·6·7

► ある量をもとにしたとき，**比べられる量**が**もとにする量**の何倍であるかを表した数を**割合**という。

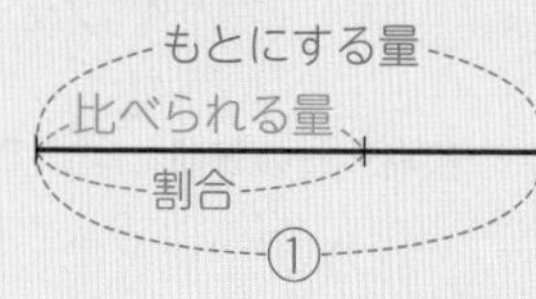

割合＝比べられる量÷もとにする量
比べられる量＝もとにする量×割合
もとにする量＝比べられる量÷割合

例》ある学校の5年生は120人です。そのうちめがねをかけている人は36人です。めがねをかけている人の割合を求めなさい。

解》120人をもとにしたとき，36人が何倍かを考えるから，36÷120=0.3

3 小数の割合，百分率，歩合

➡ 例題 4·5

► **百分率**…**0.01＝1%** となる割合の表し方。**1＝100%** である。
（%…パーセントという）

► **歩合**…**0.1＝1割**，**0.01＝1分**，**0.001＝1厘** となる割合の表し方

小数	1	0.1	0.12	0.123
百分率	100%	10%	12%	12.3%
歩合	10割	1割	1割2分	1割2分3厘

4年 5年 6年 中学入試

p.90 1

例題1 小数の倍とかけ算・わり算

次の問いに答えなさい。

(1) 赤，青，白の3本のテープがあります。赤のテープは8cmです。赤のテープをもとにすると，青のテープは1.25倍，白のテープは0.75倍です。

❶ 青のテープは何cmですか。　❷ 白のテープは何cmですか。

(2) 大きい木の高さは5mで，小さい木の高さは4mです。

❶ 大きい木の高さは，小さい木の高さの何倍ですか。

❷ 小さい木の高さは，大きい木の高さの何倍ですか。

解き方と答え

(1)

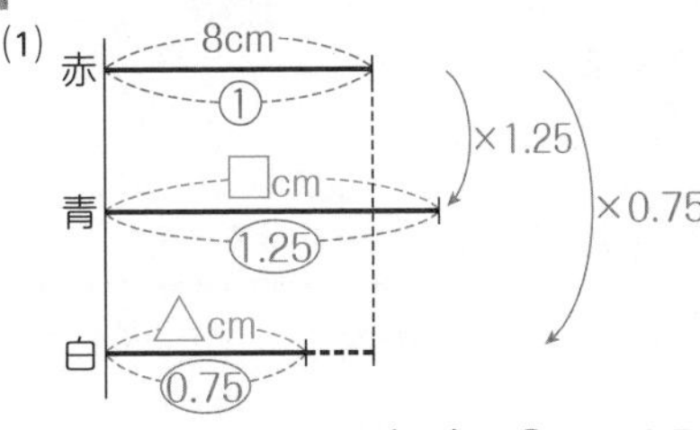

赤をもとにするので①とする。青は赤の1.25倍なので(1.25)，白は赤の0.75倍なので(0.75)となる。

❶ 8×1.25=**10 (cm)**　❷ 8×0.75=**6 (cm)**

(2) ❶

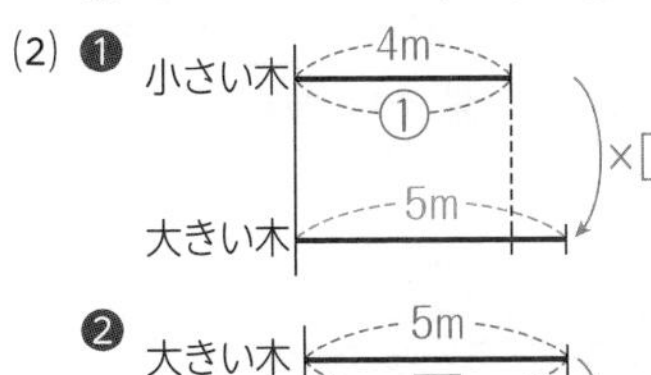

小さい木をもとにするので①とする。

□=5÷4=**1.25** (倍)

❷

大きい木をもとにするので1とする。

□=4÷5=**0.8** (倍)

くわしく

①と1を使い分けよう

(2)もとにするものが小さい木，大きい木のようにちがうときは，何をもとにしたのかを区別するために，①，1のように形(○や□)を変えて区別する。

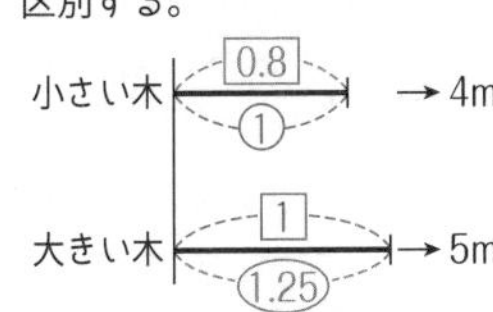

小さい木を①とすると，大きい木は1.25倍の(1.25)となる。

大きい木を1とすると，小さい木は0.8倍の0.8となる。

ココ大事！

「□の○倍」という場合，□がもとにする量の①となる。

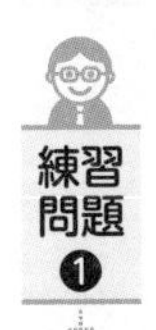

練習問題 ❶

りんごとみかんとバナナが1つずつあります。りんごの重さはみかんの重さの2.8倍で，みかんの重さは120g，バナナの重さは168gです。

(1) りんごの重さは何gですか。

(2) バナナの重さはりんごの重さの何倍ですか。

別冊解答 p.27

p.90 1

例題 2 分数の倍とかけ算・わり算

次の問いに答えなさい。

(1) 父，母，ともきさんの 3 人家族で，母は 42 才です。父の年れいは母の $1\frac{1}{6}$ 倍，ともきさんの年れいは母の $\frac{2}{7}$ 倍です。

❶ 父は何才ですか。　　❷ ともきさんは何才ですか。

(2) $3\frac{1}{8}$ m をもとにすると，$1\frac{2}{3}$ m は何倍ですか。

解き方と答え

(1)

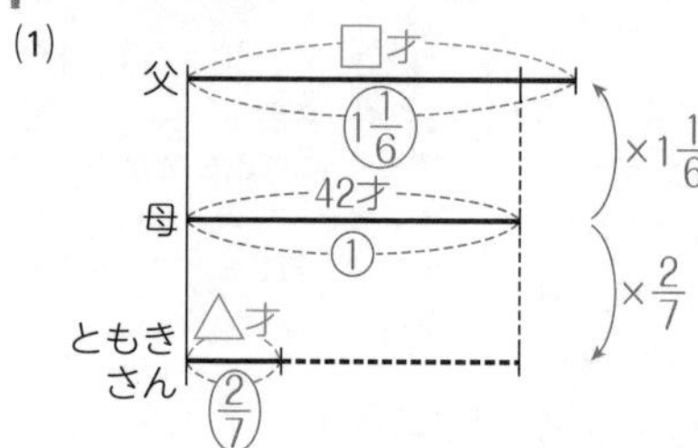

母をもとにするので①とする。父は $\left(1\frac{1}{6}\right)$，ともきさんは $\left(\frac{2}{7}\right)$ だから，

❶ $42\times1\frac{1}{6}=$ **49** (才)　❷ $42\times\frac{2}{7}=$ **12** (才)

(2)

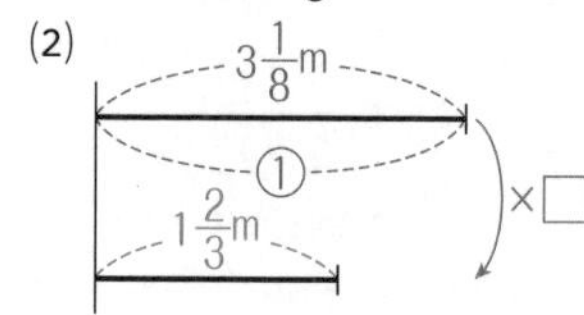

$3\frac{1}{8}$ m をもとにするので，①とする。

$\square=1\frac{2}{3}\div3\frac{1}{8}=\mathbf{\frac{8}{15}}$ (倍)

くわしく

□の○倍→□×○

(1)で，母の $1\frac{1}{6}$ 倍，母の $\frac{2}{7}$ 倍というように，

□の○倍というのは，

↓(「の」はかけ算)

□×○ という意味である。

例》兄は 12 才で，弟の年れいは兄の $\frac{3}{4}$ 倍のとき，

弟の年れいは，$12\times\frac{3}{4}=9$ (才)

例》弟は 10 才で，兄の年れいの $\frac{2}{3}$ 倍のとき，兄の年れいは，

兄$\times\frac{2}{3}=10$

兄$=10\div\frac{2}{3}=15$ (才)

ココ大事！

A は B の□倍 → A=B×□

練習問題 ❷

別冊解答 p.27

次の問いに答えなさい。

(1) 赤のテープの長さは $1\frac{3}{4}$ m，白のテープの長さは $2\frac{4}{5}$ m です。赤のテープの長さは，白のテープの長さの何倍ですか。

(2) あかりさんのおこづかいは 1200 円です。これは妹のおこづかいの $\frac{4}{3}$ 倍です。妹のおこづかいは何円ですか。

4年 5年 6年 中学入試

p.90 2

例題3 割合の求め方

次の割合(わりあい)を小数で求めなさい。

(1) バスケットボールの試合で，24 回シュートして 18 回入ったとき，シュートした回数をもとにした入った回数の割合。

(2) 定員が 80 人の電車に 120 人乗っているとき，定員をもとにした電車に乗っている人の割合。

(3) ある試験の合格者が 120 人で不合格者が 150 人のとき，合格者をもとにした受験生の人数の割合。

解き方と答え

(1)
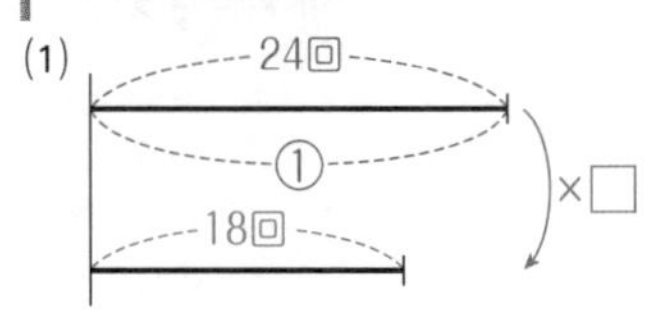

24 回をもとにするので①とする。
□＝18÷24＝**0.75**

(2)
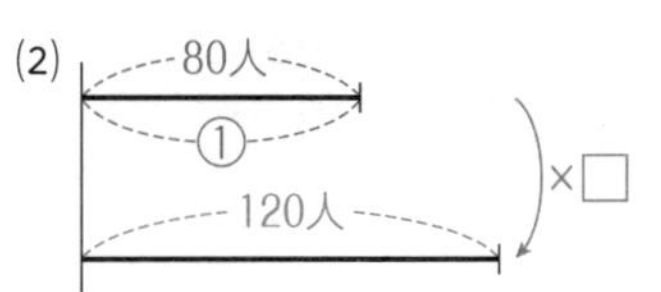

80 人をもとにするので①とする。
□＝120÷80＝**1.5**

(3)
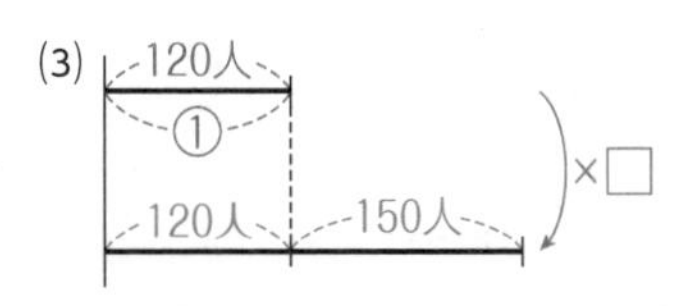

120 人をもとにするので①とする。
□＝(120＋150)÷120＝**2.25**

くわしく 割合の意味

□をもとにしたとき，△の割合は○というとき，△は□の○倍ということである。

つまり，p.92 のの○倍と割合の○は同じことである。

くわしく 1 をこえる割合

(2)のように，割合が 1 をこえるのは，「もとにする量」よりも「比べられる量」が大きいときである。

ココ大事！
割合＝比(くら)べられる量÷もとにする量

練習問題 ❸

別冊解答 p.27

次の割合を小数で求めなさい。

(1) 高さ 30 m のビルのとなりに，高さ 50 m のビルがあります。50 m のビルの高さをもとにした，30m のビルの高さの割合。

(2) ある畑のじゃがいものとれ高は，去年が 4500 kg で，今年は 5040 kg でした。去年のとれ高をもとにした今年のとれ高の割合。

(3) 定価(ていか) 900 円のケーキが割引きされていたので，810 円で買いました。定価をもとにした買った代金の割合。

p.90 3

例題4 小数と百分率

次の問いに答えなさい。

(1) 次の小数で表された割合を百分率で表しなさい。

❶ 0.12　❷ 0.08　❸ 0.648　❹ 1.5

(2) 次の百分率で表された割合を小数で表しなさい。

❶ 43%　❷ 20%　❸ 3%　❹ 140%

(3) たくやさんのクラスの人数は 40 人で，今日の欠席者は 2 人でした。欠席者はクラス全体の何%になりますか。

解き方と答え

(1) 小数の割合 $\xrightarrow{\times 100}$ 百分率

❶ 0.12.＝**12%**　❷ 0.08.＝**8%**

❸ 0.64.8＝**64.8%**　❹ 1.50.＝**150%**

(2) 百分率 $\xrightarrow{\times \frac{1}{100}}$ 小数の割合

❶ 0.43%＝**0.43**　❷ 0.20%＝**0.2**

❸ 0.03%＝**0.03**　❹ 1.40%＝**1.4**

(3)

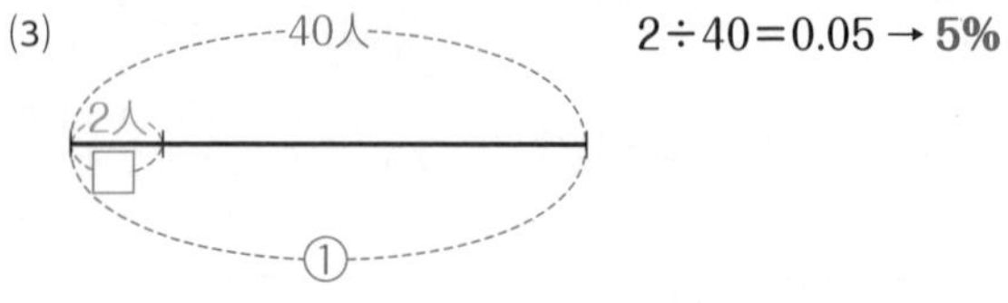

2÷40＝0.05 → **5%**

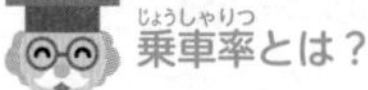

乗車率とは？

お盆や年末年始の帰省ラッシュのとき，こんでいる新幹線の様子を表すのに，乗車率ということばを聞いたことはないだろうか？
乗車率が 150%というのは，自由席の座席数に対して，1.5 倍の乗客が乗っているということである。
例えば，自由席の定員が 250 人で，乗車率が 150%ならば，250×1.5＝375(人)の人が乗っていることになり，375−250＝125(人)の人が座れないのである。

ココ大事！

小数 $\xrightarrow{\text{小数点を右に2つ移動}}$ 百分率，百分率 $\xrightarrow{\text{小数点を左に2つ移動}}$ 小数

練習問題❹

別冊解答 p.27

次の問いに答えなさい。

(1) 次の小数で表された割合は百分率で，百分率は小数で表しなさい。

❶ 0.6　❷ 1　❸ 0.007　❹ 203%　❺ 10%　❻ 2.5%

(2) 250 g の大豆には，85 g のタンパク質がふくまれています。この大豆には何%のタンパク質がふくまれていますか。

(3) ある学校の昨年の生徒数は 525 人，今年の生徒数は 588 人です。生徒数は昨年より何%増加したことになりますか。

4年 5年 6年 中学入試

p.90 3

例題5 小数と歩合

次の問いに答えなさい。

(1) 次の小数や百分率で表された割合を歩合で表しなさい。

❶ 0.321　❷ 1　❸ 68%　❹ 91.5%

(2) 次の歩合で表された割合を小数で表しなさい。

❶ 2割6分3厘　❷ 12割　❸ 7分3厘　❹ 5割9厘

(3) ある家のしき地全体の面積は400 m^2 で，花だんの面積は100 m^2 です。花だんの面積はしき地全体のどれだけですか。歩合で答えなさい。

解き方と答え

(1) ❶ 0.321 → **3割2分1厘**　❷ 1.0 → **10割**

❸ 68%＝0.68 → **6割8分**

❹ 91.5%＝0.915 → **9割1分5厘**

(2) ❶ 2割6分3厘 → **0.263**　❷ 12割 → **1.2**

❸ 7分3厘 → **0.073**　❹ 5割9厘 → **0.509**

(3)

100÷400＝0.25

→ **2割5分**

アドバイス

小数と百分率と歩合

小数と百分率と歩合はおたがいにすぐに変換できるようにしておくこと。

小数	百分率	歩合
0.1	10%	1割
0.01	1%	1分
0.001	0.1%	1厘

雑学ハカセ

打率とは？

野球では打数に対する安打の割合を打率といい，歩合で表す。

例〉24打数9安打の場合

9÷24＝0.375 より，

打率は3割7分5厘

ココ大事！

0.1＝1割，0.01＝1分，0.001＝1厘

練習問題 5

別冊解答 p.27

次の問いに答えなさい。

(1) 次の小数や百分率で表された割合は歩合で，歩合は小数で表しなさい。

❶ 0.4　❷ 1.38　❸ 5%　❹ 3割7分　❺ 2厘　❻ 11割

(2) 350人がある試験を受けて147人が合格しました。合格した人は受験者全体のどれだけですか。歩合で答えなさい。

(3) 800円のおこづかいから280円使いました。最初のおこづかいのどれだけ残っていますか。歩合で答えなさい。

p.90 2

例題 6 比べられる量の求め方

次の問いに答えなさい。

(1) さとしさんが小学校に入学したときの身長は 120 cm でした。現在(げんざい)の身長は入学したときの 130%にあたります。現在の身長を次の手順で求めます。

❶ もとにする量は何ですか。また比(くら)べられる量は何ですか。

❷ 130%を小数で表しなさい。

❸ さとしさんの現在の身長は何 cm ですか。

(2) なおみさんの前回の計算テストの点数は 80 点でした。今回の点数は前回の 8 割(わり) 5 分でした。なおみさんの今回の点数は何点ですか。

解き方と答え

(1)

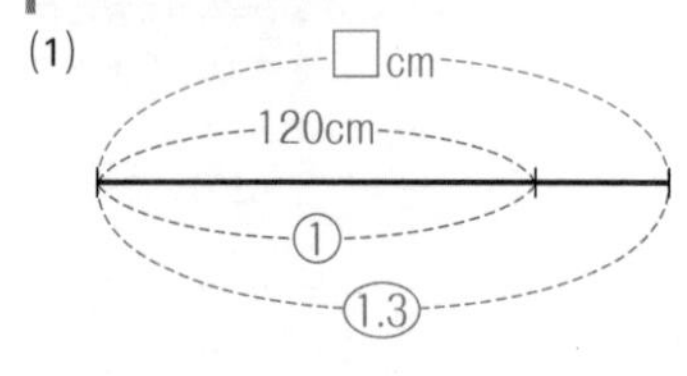

❶ もとにする量…入学したときの身長
比べられる量…現在の身長

❷ 130%＝**1.3**

❸ 120×1.3
＝**156 (cm)**

(2)

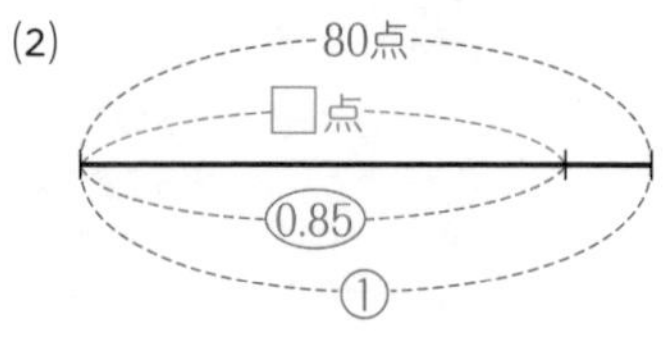

8 割 5 分＝0.85
80×0.85＝**68 (点)**

くわしく 比べられる量と割合の関係

比べられる量が，もとにする量の 1 倍，すなわち，100%(10 割)のときは，もとにする量と同じ量になる。
比べられる量が，もとにする量の 100%より小さければもとにする量より小さくなり，100%より大きければもとにする量より大きくなる。

例
・100 円の 80%(8 割)は，
100×0.8＝80 (円)
（小さくなる）
・100 円の 125%(12 割 5 分)は，
100×1.25＝125 (円)
（大きくなる）

ココ大事！ 比べられる量＝もとにする量×割合

練習問題 6

次の問いに答えなさい。

(1) あるパソコンクラブの定員は 25 人で，希望者数は定員の 140%でした。希望者は何人ですか。

(2) A小学校の 3 年前の児童数は 650 人でした。現在の児童数は 3 年前と比べて 2%増(ふ)えています。現在の児童数は何人ですか。

別冊解答 p.27

p.90 2

例題7 もとにする量の求め方

次の問いに答えなさい。

(1) 電車に 168 人が乗っています。これは，電車の定員の 120%だそうです。電車の定員を次の手順で求めます。

❶もとにする量は何ですか。また比(くら)べられる量は何ですか。

❷120%を小数で表しなさい。

❸この電車の定員は何人ですか。

(2) ある畑の今年のじゃがいものとれ高は，去年より 1 割(わり) 3 分減(へ)って 3132 kg でした。去年のとれ高は何 kg でしたか。

解き方と答え

(1)

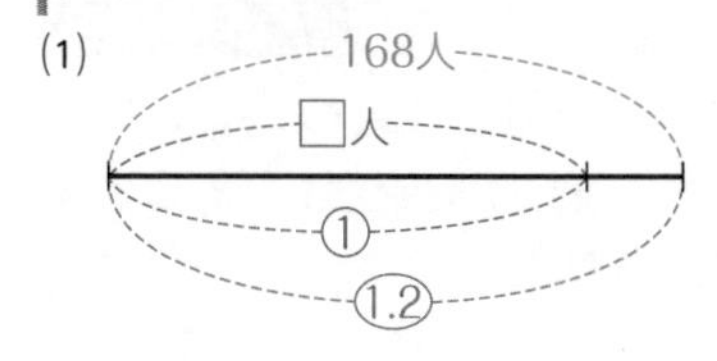

❶ もとにする量…電車の定員
比べられる量…電車に乗っている人

❷ 120%＝**1.2**

❸ 168÷1.2
＝**140（人）**

(2)

1割 3 分＝0.13 より，3132 kg は 1−0.13＝0.87 にあたる。

3132÷0.87
＝**3600（kg）**

3 つの公式を図にまとめる

比べられる量，もとにする量，割合の関係を下のような図に表すとわかりやすい。

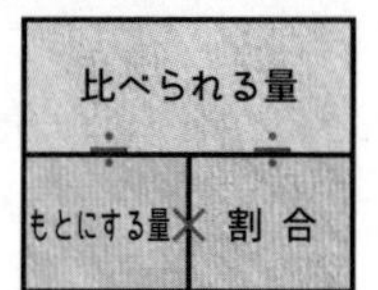

・割合を求めるときは残りの 2 量を上÷左下，つまり，比べられる量÷もとにする量

・もとにする量を求めるときは，残りの 2 量を上÷右下，つまり，比べられる量÷割合

・比べられる量を求めるときは，残りの 2 量を左×右，つまり，もとにする量×割合

ココ大事！

もとにする量＝比べられる量÷割合

練習問題 ❼

別冊解答 p.27

次の問いに答えなさい。

(1) 水分を 88%ふくんでいる牛乳(ぎゅうにゅう)があります。この牛乳から 220 g の水分をとるためには，この牛乳を何 g 飲めばよいですか。

(2) 今日のガソリン 1 L の値段(ねだん)は 144 円です。これは 1 年前と比べて 4% 下がっています。1 年前のガソリン 1 L の値段は何円ですか。

2 いろいろな割合

p.98〜103

❶ 割合を利用した問題は線分図に表して考えられるようにしよう。
❷ 原価，定価，売価，利益の求め方を覚えよう。
❸ 食塩水の濃度の求め方を覚えよう。

学習のポイント

1 割合の利用 ➡例題 8

► 割合を利用した問題は，**線分図**をかいて解くとよい。もとにする量が変わるときは，線を増やして区別をし，もとにする量も①，1のように区別する。

2 原価，定価，売価，利益 ➡例題 9·10

► 売買損益に関する問題は，仕入れた商品の金額である**原価（仕入れ値）**に，いくらかの**利益**を見こんで**定価**をつけ，定価から値引きをして**売価（売り値）**が決まる流れが基本となる。それを**表にまとめる**とわかりやすい。

例》1200 円で仕入れた品物に 5 割増しの定価をつけて，2 割引きで売ると，いくらの利益がありますか。

解》

	金額	割合
原価	1200 円	①
定価	1800 円	①.⑤
売価	1440 円	①.②

定価は，1200×(1＋0.5)＝1800（円）
売価は，1800×(1－0.2)＝1440（円）
利益＝売価－原価なので，
1440－1200＝240（円）

3 食塩水の濃度 ➡例題 11·12

► 食塩水の**濃度**とは，**食塩水全体をもとにする量としたときの食塩の割合**である。

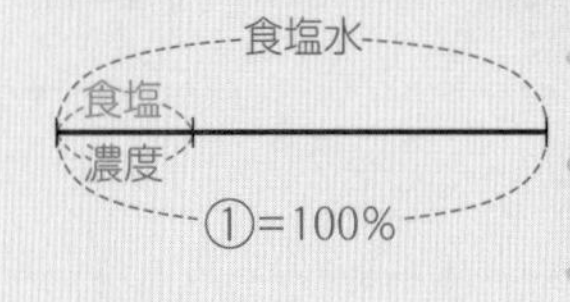

濃度＝食塩÷食塩水
↑小数。％になおすには×100をする

食塩＝食塩水×濃度
↑小数

食塩水＝食塩÷濃度
↑小数

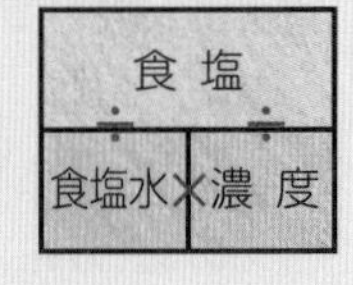

例》25 g の食塩と 100 g の水をまぜると何％の食塩水になりますか。

解》

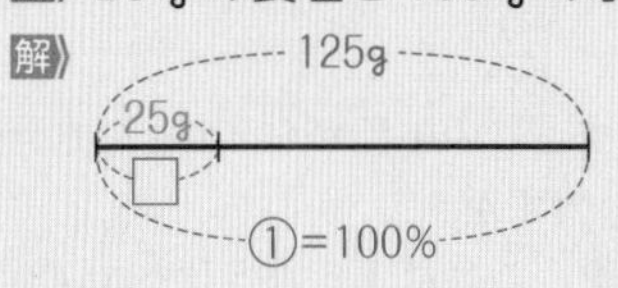

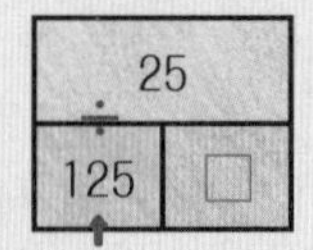

食塩水＝食塩＋水なので，25＋100＝125(g)

濃度＝食塩÷食塩水 より，
□＝25÷125＝0.2 → 20％

4年 5年 6年 中学入試

p.98 1

例題8 割合の利用

次の問いに答えなさい。

(1) ある町の人口は12000人です。この町の人口の1割5分が子どもで，男の子はその45％です。この町の男の子の人数は何人ですか。

(2) 落とした高さの$\frac{5}{8}$だけはね上がるボールがあります。このボールを192 cmの高さから落としたとき，2回目には何cmはね上がりますか。

解き方と答え

(1)

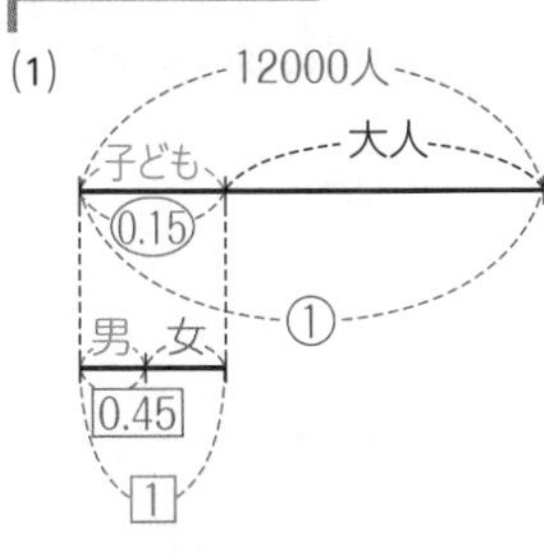

人口全体は，①＝12000（人）

子どもは，人口の1割5分なので，

⓪.15＝12000×0.15
＝1800（人）＝$\boxed{1}$

男の子は子どもの45％なので，$\boxed{0.45}$＝1800×0.45
＝**810**（人）

(2)

はじめの高さは，

①＝192（cm）

1回目は，

$\frac{5}{8}$（丸囲み）$=192\times\frac{5}{8}=120$（cm）

2回目は1回目の$\frac{5}{8}$はね上がるので，

$\boxed{\frac{5}{8}}=120\times\frac{5}{8}=$**75**（cm）

くわしく **①と$\boxed{1}$を使い分けよう**

・人口の1割5分が子ども
→人口を①とすると子どもは⓪.15

・子どもの45％が男の子
→子どもを$\boxed{1}$とすると男の子は$\boxed{0.45}$

もとにする量が，人口と子どもでちがうので，○や□で割合の区別をする。

別解 **1つの式で表す**

(1) 人口の0.15倍が子どもで，その45％が男の子なので，

人口×0.15×0.45

つまり，人口の0.0675倍がこの町の男の子であるから，

12000×0.0675＝**810**（人）

ココ大事！ それぞれの割合に対して，もとにする量が何であるかをまちがえないようにする。

練習問題8

落とした高さの$\frac{4}{5}$だけはね上がるボールがあります。このボールをある高さから落としたとき，1回目と2回目にはね上がった高さの差は36 cmでした。はじめにボールを何cmの高さから落としましたか。

別冊解答 p.28

p.98 2

例題9 定価，売価，利益の求め方

次の問いに答えなさい。

(1) 1200円で仕入れた品物に，3割の利益を見こんでつけた定価は何円ですか。

(2) 定価1600円の品物を25%引きにしたときの売価は何円ですか。

(3) 原価2000円の品物に3割の利益を見こんで定価をつけましたが，売れなかったので定価の2割引きで売りました。利益は何円ですか。

解き方と答え

(1)

	金額	割合
原価	1200円	①
定価	□円	1.3

3割増し →（1＋0.3）倍

1200×(1＋0.3)＝**1560**（円）

(2)

	金額	割合
定価	1600円	①
売価	□円	0.75

25%引き→（1－0.25）倍

1600×(1－0.25)＝**1200**（円）

(3)

	金額	割合
原価	2000円	①
定価	□円	1.3
売価	□円	1.04

原価と売価の差が利益

3割増し→（1＋0.3）倍
2割引き→（1－0.2）倍

1.3－0.2＝1.1 としないこと

売価は，2000×(1＋0.3)×(1－0.2)＝2080（円）
利益は，2080－2000＝**80**（円）

くわしく 線分図にすると？

(3)

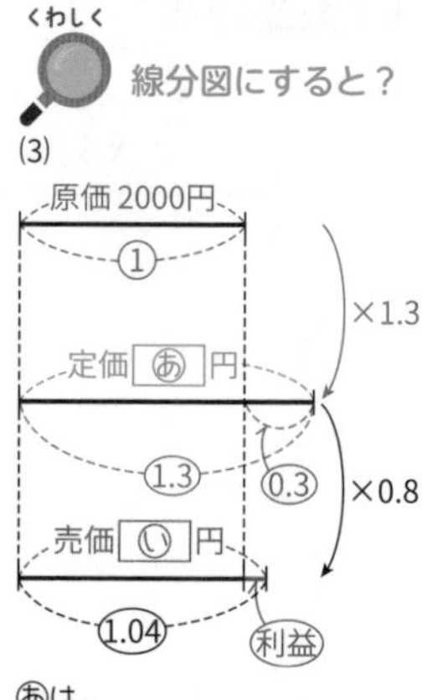

あは，
2000×1.3＝2600（円）
いは，
2600×0.8＝2080（円）
利益は，
2080－2000＝**80**（円）

原価 ―□割増し／□%増し→ **定価** ―□割引き／□%引き→ **売価，売価－原価＝利益**

練習問題9

別冊解答 p.28

次の問いに答えなさい。

(1) 800円で仕入れた品物を3割2分増しで売りました。いくらで売りましたか。

(2) 原価300円の品物に2割の利益を見こんで定価をつけましたが，売れないので定価から何円か割引きして売ると，利益が20円になりました。何円割引きしましたか。

p.98 2

例題10 原価の求め方

次の問いに答えなさい。

(1) ある品物に原価(げんか)の 30%の利益(りえき)を見こんで定価をつけましたが，売れないので定価の 1820 円引きの 7280 円で売りました。この品物の原価は何円ですか。

(2) 定価 2300 円の品物を 13%引きで売ったところ，201 円の利益がありました。この品物の原価は何円ですか。

解き方と答え

(1)

	金額	割合
原価	□円	①
定価	□円	⑴.3
売価	7280 円	

原価→定価：30％増し →（1＋0.3）倍
定価→売価：1820円引き

定価は，7280＋1820＝9100（円）

原価は，9100÷(1＋0.3)＝**7000**（円）

(2)

	金額	割合
原価	□円	
定価	2300 円	①
売価	□円	⓪.87

原価と売価の差：利益 201円
定価→売価：13％引き →（1－0.13）倍

売価は，2300×0.87＝2001（円）

原価は，2001－201＝**1800**（円）

くわしく 線分図にすると？

(1)

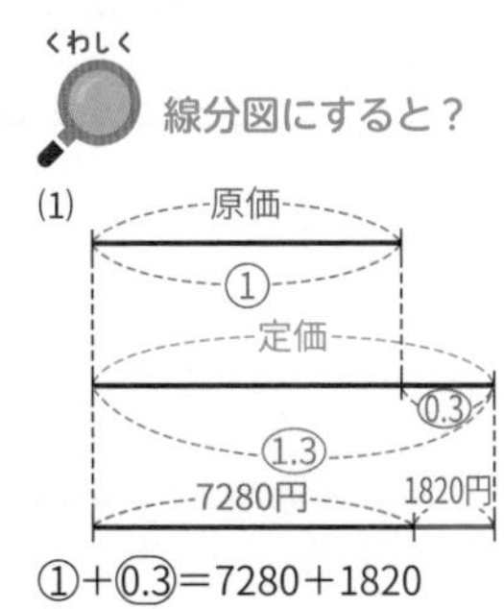

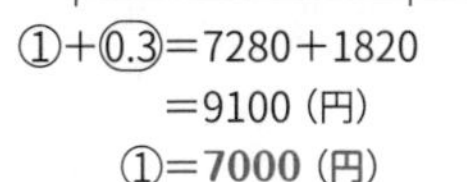

①＋0.3＝7280＋1820

＝9100（円）

①＝**7000**（円）

(2)

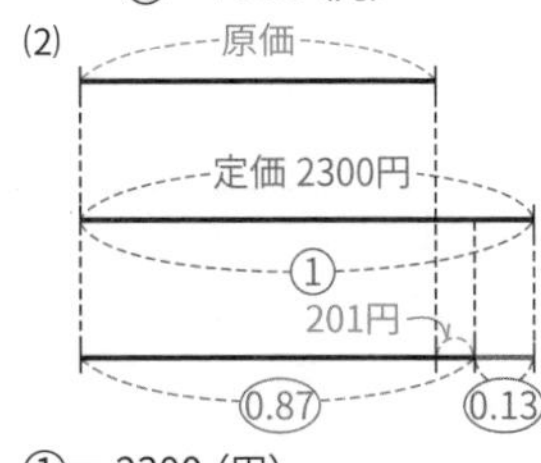

①＝ 2300（円）

0.87＝2300×0.87＝2001（円）

原価は，2001－201＝**1800**（円）

ココ大事！ 原価，定価，売価を表や線分図に整理して考える。

練習問題 10

次の問いに答えなさい。

(1) ある品物に原価の 3 割 5 分の利益を見こんで定価をつけましたが，売れないので定価の 470 円引きの 3850 円で売りました。この品物の原価は何円ですか。

(2) 定価が 500 円の品物を 2 割 7 分引きにしたとすると，35 円の損(そん)をすることがわかりました。この品物の原価は何円ですか。

別冊解答 p.28

p.98 3

例題 11 食塩水の濃度の求め方

次の問いに答えなさい。

(1) 270 g の水に食塩 30 g をとかすと，何%の食塩水になりますか。

(2) ある食塩水 250 g の中には，15 g の食塩がとけています。この食塩水の濃度(のうど)は何%ですか。

解き方と答え

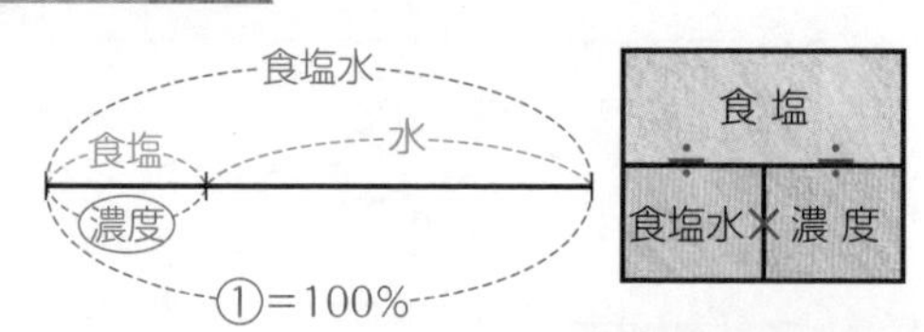

濃度＝食塩÷食塩水 を使う。

(1)

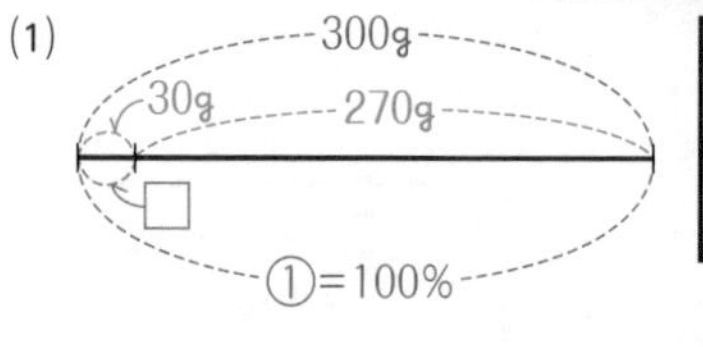

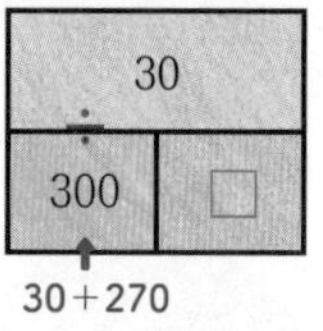

30＋270

□＝30÷300＝0.1→ **10%**

(2)

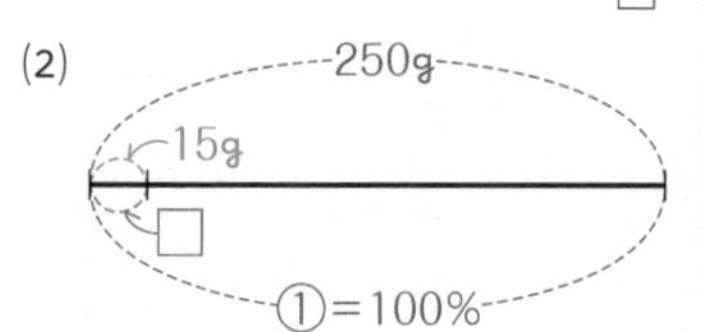

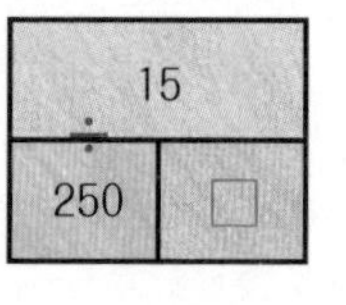

□＝15÷250＝0.06→ **6%**

濃度＝食塩÷水ではない！

濃度は，食塩水全体に対する食塩の割合(わりあい)なので，
食塩水＝食塩＋水
であることに注意すること。
(1)で 30÷270＝0.111…
→約 11%としてはいけない。

食塩のとけ方

いっぱん的に固体が水にとけるとき，水の温度が高いほど多くとける。しかし，食塩は温度をあげてもとける量はあまり変わらない。例えば，100 g の水に対して，20°C で約 36 g，100°C で約 39 g までとける。つまり，20°C の水では，濃度は
36÷(36＋100)＝0.2647 …
→約 26.5%以上になることはない。

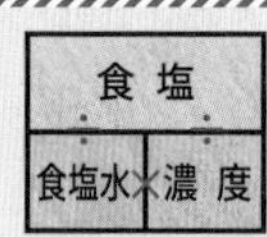

濃度＝食塩÷食塩水
(ここでの濃度は小数で求められるので，×100 をして%になおすこと。)

練習問題 11

別冊解答 p.28

次の問いに答えなさい。

(1) 340 g の水に食塩 45 g を入れてよくかきまぜました。その後，さらに食塩を 15 g 加えて全部とかしました。この食塩水の濃度は何%になりましたか。

(2) コップの中に水 152 g と食塩 8 g を入れてよくかきまぜました。しかし，その後，半分こぼしてしまいました。こぼした後の食塩水の濃度は何%ですか。

4年 5年 6年 中学入試

p.98 3

例題12 食塩と食塩水の量の求め方

次の問いに答えなさい。

(1) 6%の食塩水 150 g の中には，食塩が何 g とけていますか。

(2) 25 g の食塩をとかして 5%の食塩水をつくりました。食塩水は何 g できましたか。

(3) 水 264 g に食塩をまぜて 12%の食塩水をつくるには，食塩を何 g 入れればよいですか。

解き方と答え

(1)

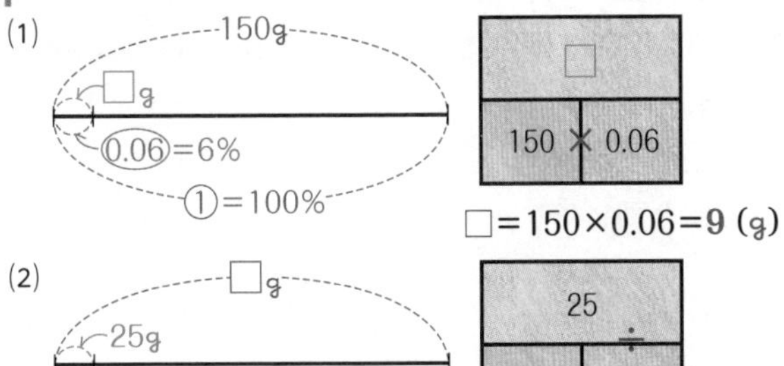

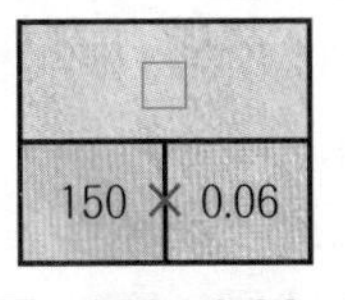

□＝150×0.06＝**9** (g)

(2)

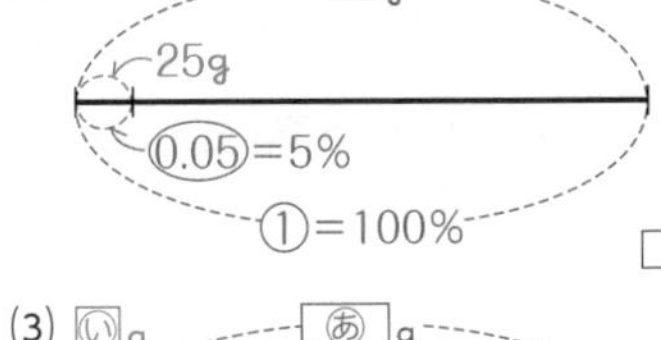

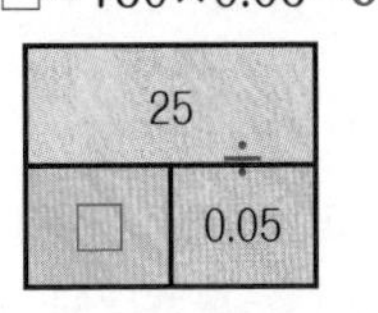

□＝25÷0.05＝**500** (g)

(3) い g　あ g　水 264g　0.12＝12%　0.88　①＝100%

食塩水を①とすると，水の割合（わりあい）は

①−0.12＝0.88

食塩水の 88%が水となるので，

あ＝264÷0.88＝300 (g)

よって，い＝300−264＝**36** (g)

くわしく **線分図にすると？**

食塩水の食塩と水の割合は，下のように線分図で表すことができる。

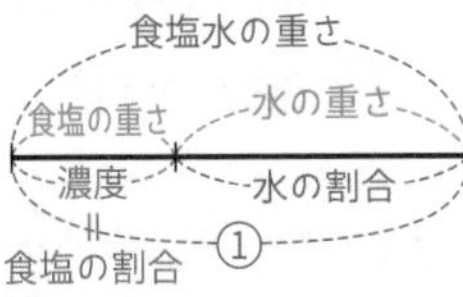

例》10% 200 g の食塩水

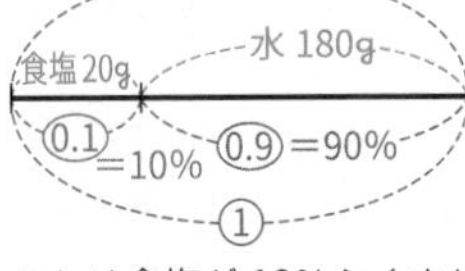

これは食塩が 10%ふくまれている食塩水ということなので，90%が水である。

ココ大事！

食塩＝食塩水×濃度（のうど）（小数）　食塩水＝食塩÷濃度（小数）

練習問題⑫

次の問いに答えなさい。

(1) 36 g の食塩をとかして 8%の食塩水をつくりました。食塩水は何 g できましたか。

(2) ある食塩水 400 g に水を 100 g 入れると濃度が 8%になりました。この食塩水の中には，食塩が何 g とけていますか。

別冊解答 p.28

力をのばす問題

レベル3
レベル2
レベル1

→別冊解答 p.29

1 次の□にあてはまる数を求めなさい。

→例題1〜3
(1) 1 L の重さが 0.8 kg の灯油があります。この灯油 1 kg の体積は□ L です。

(2) バナナが 80 円で売られています。バナナの値段(ねだん)がりんごの値段の $\frac{4}{5}$ 倍のとき，りんごは□円です。

(3) あきらさんはサッカーの試合で，15 回シュートして 4 回入りました。シュートした回数をもとにしたときの入った回数の割合(わりあい)は□です。

2 次の□にあてはまる数を求めなさい。

→例題4〜7
(1) 80 個(こ)のボールのうち，□%にあたる 6 個は赤色のボールです。【大阪学芸中】

(2) 175 人のグループのうち，18 才以下の人は 42 人います。18 才より年上の人はグループ全体の□割(わり)□分です。

(3) 300 の 7 割は，□の 20%と同じです。【京都産業大附中】

3 ゆかにボールを落とすと，落ちた高さの $\frac{2}{3}$ だけはね上がります。このゆかに，ある高さからボールを落とすと，3 回目にはね上がった高さが 40 cm でした。最初にボールを落とした高さは何 cm でしたか。【清風中】

→例題8

4 次の問いに答えなさい。

→例題9・10
(1) ある品物を 500 円で仕入れ，仕入れ値の 2 割の利益(りえき)を見こんで定価(ていか)をつけ，定価の 30 円引きで売りました。このときの利益は何円ですか。【女子聖学院中】

(2) 定価が 800 円の品物を 85 円引きにすると，原価の 1 割の利益があることがわかりました。この品物の原価は何円ですか。

5 次の問いに答えなさい。

→例題11・12
(1) ある食塩水 480 g の中には，24 g の食塩がとけているそうです。この食塩水の濃度(のうど)は何%ですか。

(2) 222 g の水に 28 g の食塩をとかすと何%の食塩水ができますか。【プール学院中】

(3) 8 %の食塩水 200 g には何 g の食塩がふくまれていますか。【樟蔭中】

(4) 72 g の食塩をとかして 9.6%の食塩水をつくりました。食塩水は何 g できましたか。

力をためす問題

別冊解答 p.29~30

6 1.5倍に拡大したいときは150%，0.5倍に縮小したいときは50%のように倍率を設定するコピー機があります。120%と設定して拡大した図を，できるだけもとの大きさに近い大きさにもどすには，何%と設定すればよいですか。答えは四捨五入して上から2けたのがい数で答えなさい。【京都橘中】

→例題4

7 ある農場では，今年のいもの収穫量は昨年の1.25倍でした。今年の収穫量の28%を寄付したところ，残りは792kgでした。昨年のいもの収穫量は何kgですか。【青稜中】

→例題7

8 落ちた高さの$\frac{5}{8}$だけはね上がるボールがあります。ある高さからこのボールをゆかに落とすと，落とした高さと1回目にはね上がった高さの差が96cmでした。同じ高さからボールを落とすと3回目には何cmはね上がりますか。

→例題8

9 次の問いに答えなさい。

→例題9·10

(1) 原価300円の品物にいくらかの利益を見こんで定価をつけましたが，売れなかったので90円引きで売ると原価の2割の利益がありました。この品物の定価は何円ですか。

(2) 定価が1200円の品物を210円引きにすると，原価の9割になって損をしてしまいます。この品物の原価は何円ですか。

ちょいムズ (3) 5500円で仕入れた品物を□%の利益を見こんで定価をつけましたが，売れ残ってしまったため，定価の2割引きの5104円で売りました。□にあてはまる数を求めなさい。【茗溪学園中】

10 次の問いに答えなさい。

→例題11·12

(1) 20gの食塩に何gの水を加えると8%の食塩水ができますか。【香蘭女学校中】

(2) 水329gに食塩をまぜて6%の食塩水をつくるには，食塩を何g入れればよいですか。

ちょいムズ (3) 12%の食塩水が720gあります。この食塩水のうち120gを捨てて，かわりに120gの水を入れました。できた食塩水の濃度は何%か答えなさい。【関西大北陽中】

3 比の性質

p.106～111

❶ 比と比の値，比の性質を理解しよう。
❷ 比例式を解けるようにしよう。
❸ 連比と逆比の性質を理解しよう。

学習のポイント

1 比と比の値

➡ 例題13

► 2つの数量AとBで，**AのBに対する割合を A：B と表したもの**を**比**という。
（「A対B」と読む）

► AをBでわった**商** $\frac{A}{B}$ を**比の値**といい，**前項**のAが比べられる量，**後項**のBがもとにする量である。

A（前項）：B（後項）→ $\frac{A}{B}$（比の値）

2 等しい比の性質，比例式

➡ 例題14・15

► 比の前項と後項に0でない同じ数をかけても，わっても比は変わらない。この性質を使って，**できるだけ小さい整数の比にする**ことを**比を簡単にする**という。

例》 15：18＝5：6（÷3）　　1.2：0.5＝12：5（×10）

► 等しい2つの比を等号で結んだものを**比例式**という。
A：B＝C：D で，内側のBとCを**内項**，外側のAとDを**外項**といい，**内項の積と外項の積は等しい**。

例》 16：12＝8：6
16×6＝96

3 連比，逆比

➡ 例題16・17

► 3つ以上の項でつくられた比を**連比**という。A：B，B：C，A：C のいずれか2つの比がわかれば，A：B：C を求めることができる。

例》 A：B＝5：6，B：C＝4：3 のとき，A：B：C を求めなさい。

解》
A　：B　：C
5×2：6×2
　　4×3：3×3　←同じ数をかける
10　：12　：9
（12は6と4の最小公倍数）

► A：B の**逆数の比** $\frac{1}{A}:\frac{1}{B}$ を，A：B の**逆比**という。

例》 3：4 の逆比は，$\frac{1}{3}:\frac{1}{4}=\frac{1}{3}\times12:\frac{1}{4}\times12=4:3$
（分母の最小公倍数をかける）

4年 5年 6年 中学入試

p.106 1

例題13 比と比の値

次の問いに答えなさい。

(1) けんたさんのクラスは男子が 17 人で女子が 20 人です。

❶ 男子と女子の人数の比(ひ)を答えなさい。

❷ 男子に対する女子の人数の比を答えなさい。

(2) 次の比の値(あたい)を求めなさい。

❶ 3：4　❷ 18：15　❸ 14：2

解き方と答え

(1) ❶ 男子と女子の人数の比なので，男子(17 人)：女子(20 人)の順で書く。

17人：20人＝**17：20**
↑単位はつけない

❷ 「○○に対する」の○○がもとにする量 なので，男子が後項(こうこう)になる。

20人：17人＝**20：17**

(2) 比の値は 前項÷後項 で求められる。

❶ 3：4 → 3÷4＝$\frac{3}{4}$

❷ 18：15 → 18÷15＝$\frac{6}{5}$
↑約分をする

❸ 14：2 → 14÷2＝**7**

くわしく

線分図にすると？

(1)❷ 男子をもとにしたときの女子の割合(わりあい)は次のようになる。

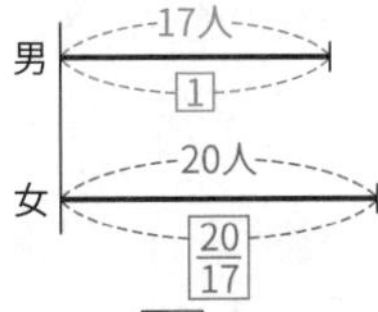

女子の $\frac{20}{17}$ は男子 1 に対する女子の人数の割合で，男子の $\frac{20}{17}$ 倍という意味である。

注意

帯分数にしなくてよい

(2)❷18：15 の比の値 $\frac{6}{5}$ は帯分数になおす必要はない。

ココ大事！ A：B と表したものを比といい，$\frac{A}{B}$ を比の値という。

練習問題 ⑬

別冊解答 p.30

次の問いに答えなさい。

(1) 次の割合を比で表しなさい。

❶ 53 cm^2 と 23 cm^2 の比

❷ 31 人のクラスで男子が 15 人のとき，クラスの人数に対する女子の比

(2) 次の比の値を求めなさい。

❶ 42：30　❷ 96：48　❸ 51：204

p.106 2

例題14 等しい比の性質

次の問いに答えなさい。

(1) 次の比を簡単にしなさい。

❶ 15：20　　❷ 0.5：0.75

❸ $\frac{2}{3}$：$\frac{1}{4}$　　❹ 50分：$2\frac{1}{2}$時間

(2) AがBの$\frac{4}{9}$倍のとき，A：B を最も簡単な整数の比で表しなさい。

解き方と答え

(1) ❶ 15：20＝**3：4**（÷5）

❷ 小数の比は，×10，×100…して整数にする。

0.5：0.75＝50：75＝**2：3**（×100，÷25）

❸ 分数の比は，分母の最小公倍数をかける。

$\frac{2}{3}$：$\frac{1}{4}$＝$\frac{2}{3}$×12：$\frac{1}{4}$×12＝**8：3**

❹ 単位がちがうときは，どちらかにそろえる。

50分：$2\frac{1}{2}$時間＝50分：150分＝50：150＝**1：3**（÷50）

(2)

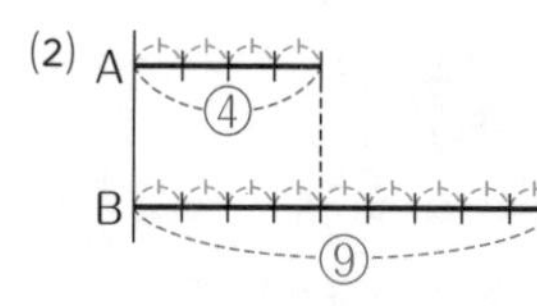

AがBの$\frac{4}{9}$倍ということは，Bを9等分したものの4つ分がAとなる。

よって，A：B＝**4：9**

分数の比は通分でもできる

(1)❸

$\frac{2}{3}$：$\frac{1}{4}$＝$\frac{8}{12}$：$\frac{3}{12}$＝**8：3**

比の値で考える

(2) AがBの$\frac{4}{9}$倍ということは，比の値が$\frac{4}{9}$である。

比の値	比
$\frac{A}{B}$	→A：Bより，
$\frac{4}{9}$	→**4：9**

ココ大事！ 小数の比は×10，×100，…，分数の比は分母の最小公倍数をかけて，整数の比にしてから簡単にする。

練習問題14

次の問いに答えなさい。

(1) 次の比を簡単にしなさい。

❶ 22：33　❷ 1.5：4　❸ $\frac{5}{6}$：$\frac{7}{8}$　❹ 5 kg：250 g

(2) 次のとき，A：B を最も簡単な整数の比で表しなさい。

❶ AがBの$\frac{5}{3}$倍のときのA：B　❷ BがAの$\frac{2}{7}$倍のときのA：B

別冊解答 p.30

4年 5年 6年 中学入試

p.106 2

例題15 比例式

次の□にあてはまる数を求めなさい。

(1) 2：3＝6：□　(2) 5.1：□＝8.5：3　(3) $\frac{3}{4}$：$\frac{4}{5}$＝□：4.8

解き方と答え

比例式(ひれいしき)では，内項(ないこう)の積と外項の積が等しいことを利用する。□がふくまれている項を＝の左側に，ふくまれていない項を＝の右側に書くとよい。

(1) 2：3＝6：□（内項：3，6　外項：2，□）

外項に□をふくむので，□×2を＝の左側に書く。

□×2＝3×6

□×2＝18

□＝18÷2＝**9**

(2) 5.1：□＝8.5：3（内項：□，8.5　外項：5.1，3）

□×8.5＝5.1×3

□×8.5＝15.3

□＝15.3÷8.5＝**1.8**

(3) $\frac{3}{4}$：$\frac{4}{5}$＝□：4.8（内項：$\frac{4}{5}$，□　外項：$\frac{3}{4}$，4.8）

$□\times\frac{4}{5}=\frac{3}{4}\times4.8$

$□\times\frac{4}{5}=\frac{3}{\cancel{4}_1}\times\frac{\cancel{24}^6}{5}=\frac{18}{5}$

$□=\frac{18}{5}\div\frac{4}{5}=\mathbf{\frac{9}{2}}$

別解 くふうして求めよう

(1) 比の前項と後項に0でない同じ数をかけてもよいという性質(せいしつ)を使って解(と)くことができる。

2：3＝6：□（×3）　□＝3×3＝**9**

(2) とちゅうの式を計算しないで，まとめて分数で計算する。

□×8.5＝5.1×3

□＝5.1×3÷8.5

$□=\frac{51}{10}\times\frac{3}{1}\div\frac{17}{2}$

$□=\frac{\cancel{51}^3}{\cancel{10}_5}\times\frac{3}{1}\times\frac{\cancel{2}^1}{\cancel{17}_1}=\mathbf{\frac{9}{5}}$

(3) 先に $\frac{3}{4}$：$\frac{4}{5}$ を簡単(かんたん)にする。

$\frac{3}{4}$：$\frac{4}{5}$＝$\frac{3}{4}$×20：$\frac{4}{5}$×20

＝15：16

15：16＝□：4.8

□×16＝15×4.8

$□=72\div16=\mathbf{\frac{9}{2}}$

ココ大事！ A：B＝C：D のとき，内項の積と外項の積が等しいので，B×C＝A×D

練習問題15

次の□にあてはまる数を求めなさい。

(1) 8：□＝4：7　(2) 5：9＝□：15

(3) 1.8：5＝0.4：□　(4) $\frac{8}{3}$：$\frac{7}{6}$＝3.2：□

別冊解答 p.31

p.106 3

例題16 連比

次のとき，$a:b:c$ を最も簡単な整数の比で表しなさい。

(1) $a:b=3:2$，$b:c=5:3$ であるとき。

(2) $a:b=\frac{1}{2}:2$，$a:c=0.85:1$ であるとき。

解き方と答え

(1) $a:b:c$ を下のようにならべて書き，重なる b の部分を最小公倍数でそろえる。

a	: b	: c	
3 ×5	: 2 ×5		←同じ数をかける
	5 ×2	: 3 ×2	←
15	**: 10**	**: 6**	

↑2と5の最小公倍数

(2) 分数や小数の比がある場合は，先に最も簡単な整数の比になおしておく。

$a:b=\frac{1}{2}:2=\frac{1}{2}\times2:2\times2=1:4$

$a:c=0.85:1=85:100=17:20$

a	: b	: c	
1 ×17	: 4 ×17		←同じ数をかける
17 ×1		: 20 ×1	←
17	**: 68**	**: 20**	

↑1と17の最小公倍数

別解 線分図で考えると？

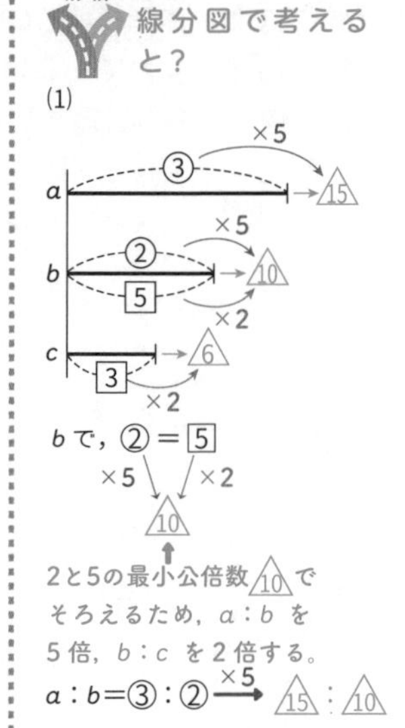

ココ大事！ 連比を求めるときは，分数や小数の比は先に整数の比になおしてから，重なるところを最小公倍数でそろえる。

練習問題 ⑯

次のとき，$a:b:c$ を最も簡単な整数の比で表しなさい。

(1) $a:b=5:4$，$b:c=2:5$ であるとき。

(2) $a:b=1\frac{2}{5}:1\frac{1}{2}$，$b:c=2.5:3.75$ であるとき。

(3) $a:b=3\frac{1}{2}:2\frac{1}{3}$，$a:c=3:2.25$ であるとき。

別冊解答 p.31

4年 5年 6年 中学入試

p.106 3

例題17 逆比

次の問いに答えなさい。

(1) 次の比の逆比(ぎゃくひ)を求めなさい。

❶ 4：5　❷ 1.5：5.1　❸ 2：3：4

(2) 2つの数A，Bがあります。Aの3倍とBの7倍が等しいとき，A：B を最も簡単(かんたん)な整数の比で表しなさい。

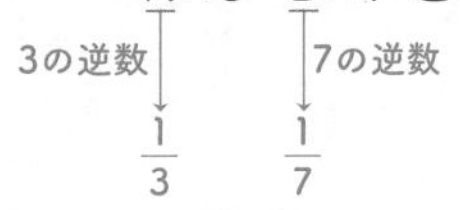

(1) ❶ $4:5 \to \frac{1}{4}\times20 : \frac{1}{5}\times20 = $**5：4**

❷ 小数は仮分数になおして逆数にする。

$1.5:5.1=\frac{3}{2}:\frac{51}{10} \to \frac{2}{3}\times51 : \frac{10}{51}\times51 = $**17：5**

❸ $2:3:4 \to \frac{1}{2}\times12 : \frac{1}{3}\times12 : \frac{1}{4}\times12 = $**6：4：3**

(2) Aの3倍とBの7倍が等しいので，

$A\times3=B\times7$ となる。

3の逆数 ↓ $\frac{1}{3}$　7の逆数 ↓ $\frac{1}{7}$

3と7の逆数をAとBにあてはめると，

$\frac{1}{3}\times3=\frac{1}{7}\times7$ で等式が成り立つ。

（1）（1）

よって，$A:B=\frac{1}{3}:\frac{1}{7}=$**7：3**

注意

連比の逆比には要注意！

逆比は逆数の比であるが，項(こう)が2つの場合は，前項と後項を入れかえるだけでもよい。

A：B の逆比は B：A

ただし，❸のような連比の場合は，逆数の比にしなくてはいけない。2：3：4を逆にして，4：3：2としてはいけない。

別解

積を具体的な数でおく

(2) それぞれの積を3と7の最小公倍数の21と考えて，AとBを求める。

$A\times3=B\times7$

$21\div3$ → 7　$21\div7$ → 3

よって，A：B=**7：3**

A：B の逆比は $\frac{1}{A}:\frac{1}{B}$，つまり B：A である。

練習問題17

別冊解答 p.31

次の問いに答えなさい。

(1) 次の比の逆比を求めなさい。

❶ 15：25　❷ $\frac{2}{3}$：0.8　❸ $\frac{3}{4}$時間：1時間30分　❹ 3：4：7

(2) 3つの数A，B，Cがあります。Aの2倍とBの3倍とCの5倍が等しいとき，A：B：C を最も簡単な整数の比で表しなさい。

4 比の利用

p.112〜115

❶ 比例式を使って文章題を解けるようにしよう。
❷ 比例配分の意味を理解しよう。
❸ 複雑な比の文章題でも線分図を使って解けるようにしよう。

学習のポイント

1 一方の数量を求める問題

➡例題18

► 2量の比がわかっているとき，一方の数量からもう一方の数量を求めることができる。

例》姉と妹の持っているおはじきの数の比は7：5です。姉が63個持っているとき，妹は何個持っていますか。

解》比例式をつくると，63：□=7：5　□=63×5÷7=45（個）

2 比例配分

➡例題19

► ある数量を一定の比に分けることを**比例配分**という。AとBにある数量を$a:b$の比に分けるとき，**A=ある数量×$\frac{a}{a+b}$**，**B=ある数量×$\frac{b}{a+b}$**

例》25個のあめを兄と弟に分けます。兄と弟がもらう個数の比が3：2のとき，兄は何個もらいますか。

解》
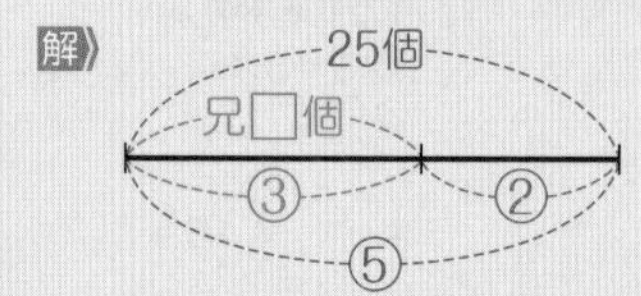

25個を③と②の5等分したうちの3つ分が兄の分なので，25×$\frac{3}{3+2}$=15（個）

3 比の差の利用

➡例題20

► 文章題の比を線分図に表し，比に相当する数量に注目して解く。

例》しほさんとお母さんの年れいの比は3：10で，差が28才のとき，しほさんは何才ですか。

解》
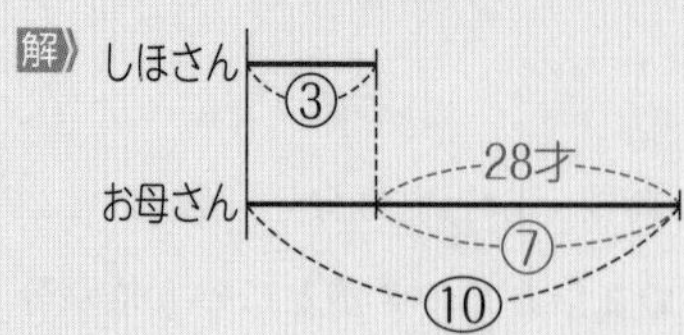

差の28才が ⑩−③=⑦ にあたる。
⑦=28才より，①=28÷7=4（才）
よって，しほさんは，③=4×3=12（才）

4年 5年 6年 中学入試

p.112 1

例題18 一方の数量を求める問題

次の問いに答えなさい。

(1) 縦(たて)と横の長さの比(ひ)が 4：9 の長方形をつくります。

❶ 縦の長さを 20 cm にすると，横の長さは何 cm になりますか。

❷ 横の長さを 27 cm にすると，縦の長さは何 cm になりますか。

(2) こうきさんとそうたさんの体重の比は 12：13 で，こうきさんの体重は 46.8 kg です。そうたさんの体重は何 kg ですか。

解き方と答え

(1) 縦：横が 4：9 であることから比例式で解(と)く。

❶ (縦)4：(横)9 ＝(縦)20 cm：(横)□cm

□×4＝20×9

□＝20×9÷4＝**45 (cm)**

❷ (縦)4：(横)9 ＝(縦)□cm：(横)27 cm

□×9＝4×27

□＝4×27÷9＝**12 (cm)**

(2) こうきさんとそうたさんの体重の比が 12：13 であることから比例式で解く。

(こうきさん)12：(そうたさん)13 ＝(こうきさん)46.8 kg：(そうたさん)□ kg

□×12＝46.8×13

□＝46.8×13÷12＝**50.7 (kg)**

別解 線分図で考えると？

(2)

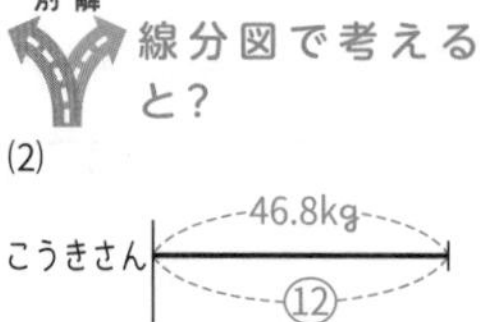

⑫＝46.8 kg

①＝46.8÷12＝3.9 (kg)

⑬＝3.9×13＝**50.7** (kg)

ココ大事！ 文章から，相当する順に注意して比例式をつくる。

練習問題 18

別冊解答 p.31

次の問いに答えなさい。

(1) ミルクココアをつくるのに，ミルクとココアは 7：5 の比でまぜます。

❶ミルクを 210 mL 使うとき，ココアは何 mL 必要ですか。

❷ココアを 140 mL 使うとき，ミルクは何 mL 必要ですか。

(2) はるとさんの年れいは 12 才で，はるとさんの年れいとお父さんの年れいの比は 4：15 です。お父さんの年れいは何才ですか。

p.112 2

例題19 比例配分

次の問いに答えなさい。

(1) 80 cm の針金(はりがね)で，縦(たて)と横の比(ひ)が 3：5 の長さになるような長方形をつくると，縦の長さは何 cm になりますか。

(2) 50 円玉と 100 円玉が合わせて 20 枚(まい)あります。枚数の比は 3：2 です。このとき，50 円玉だけの金額(きんがく)と 100 円玉だけの金額の比を求めなさい。

解き方と答え

(1)

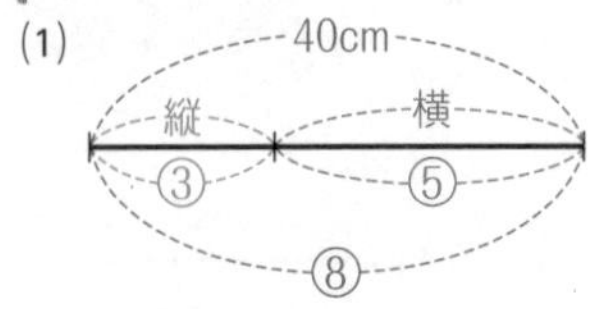

縦と横の長さの和は，

$80 \div 2 = 40$ (cm)

$40 \times \frac{3}{3+5} = \mathbf{15}$ **(cm)**

(2)

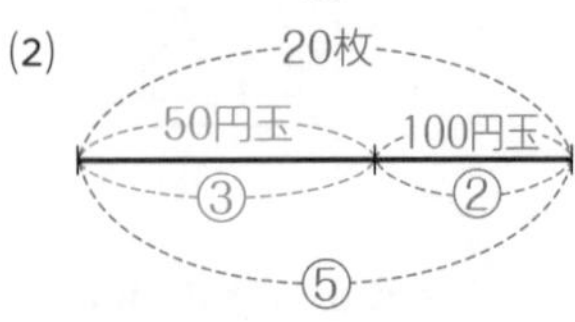

50 円玉は，

$20 \times \frac{3}{3+2} = 12$ (枚)

100 円玉は，

$20 \times \frac{2}{3+2} = 8$ (枚)

50 円玉だけの金額は，$50 \times 12 = 600$ (円)

100 円玉だけの金額は，$100 \times 8 = 800$ (円)

よって，600：800＝**3：4**

連比の比例配分

比例配分は連比でも使うことができる。

例》 60 個(こ)のおはぎを A：B：C＝3：5：7 となるように分けるとき，A の個数は，

$60 \times \frac{3}{3+5+7} = 12$ (個)

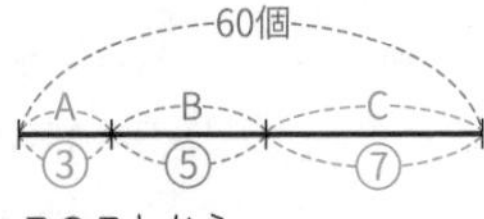

このことから，

□を A：B：C に分けるとき，

$A = □ \times \frac{a}{a+b+c}$

$B = □ \times \frac{b}{a+b+c}$

$C = □ \times \frac{c}{a+b+c}$

ココ大事！ A と B にある数量を $a：b$ に分けるとき，

$A = ある数量 \times \frac{a}{a+b}$，$B = ある数量 \times \frac{b}{a+b}$

練習問題 ⑲

別冊解答 p.31

次の問いに答えなさい。

(1) 50 円玉と 100 円玉が合計 2600 円あります。50 円玉だけの金額と 100 円玉だけの金額の比が 7：6 のとき，50 円玉と 100 円玉の枚数の比を求めなさい。

(2) よしとさん，兄，弟の 3 人の所持金の合計は 20000 円です。よしとさんと兄の所持金の比は 5：6，兄と弟の所持金の比は 4：1 です。よしとさんの所持金は何円ですか。

4年 5年 6年 中学入試

p.112 3

例題20 比の差の利用

次の問いに答えなさい。

(1) 長方形の縦(たて)と横の長さの比(ひ)は 5：7 で，縦と横の長さの差は 2.8 cm です。縦の長さは何 cm ですか。

(2) AとBの体重の比は 3：4，BとCの体重の比は 7：8，AとCの体重の差は 17.6 kg です。Bの体重は何 kg ですか。

解き方と答え

(1)

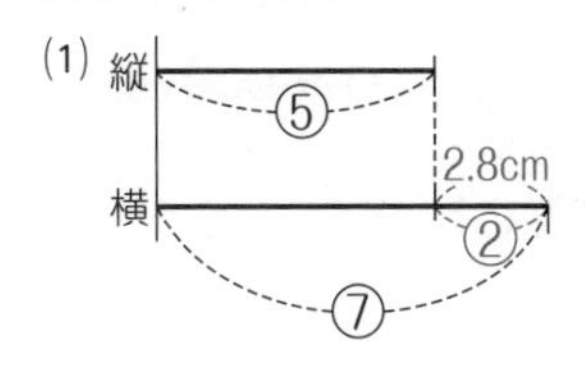

5：7 の比を線分図に表すと，縦が⑤，横が⑦となり，差の 2.8 cm が ⑦－⑤＝② となる。
②＝2.8 cm より，
①＝2.8÷2＝1.4 (cm)
よって，縦の長さは，⑤＝1.4×5＝**7 (cm)**

(2)

A　：B　：C
3×7：4×7
　　　7×4：8×4
21　：28　：32
　　↑4と7の最小公倍数

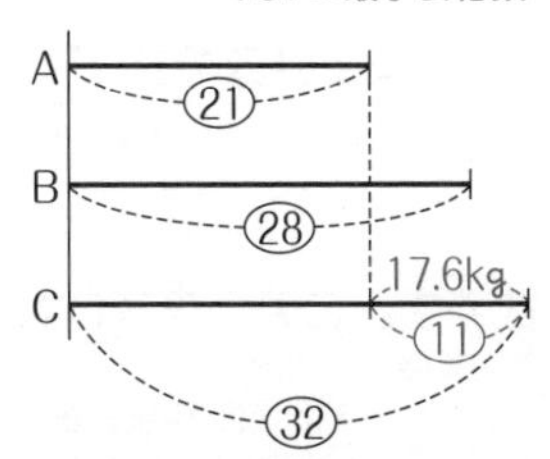

連比をつくると，A：B：C＝21：28：32
21：28：32 の比を線分図に表すと，Aが㉑，Cが㉜となり，差の 17.6 kg が ㉜－㉑＝⑪ となる。
⑪＝17.6 kg より，
①＝17.6÷11＝1.6 (kg)
よって，Bは，㉘＝1.6×28＝**44.8 (kg)**

ココ大事！

A：B の比をⒶ，Ⓑとして線分図に表して整理する。

練習問題 ⑳

別冊解答 p.32

次の問いに答えなさい。

(1) Aさんと弟は，お金を出しあって図かんを買いました。Aさんと弟の出した金額(きんがく)の比は 11：8 で，出した金額の差は 420 円でした。この図かんは何円ですか。

(2) AとBの所持金の比は 3：4，BとCの所持金の比も 3：4 です。AとBの所持金の合計と，BとCの所持金の合計の差が 700 円のとき，A，B，Cの所持金はそれぞれ何円ですか。

力をのばす問題

レベル3 レベル2 レベル1

別冊解答 p.32~33

11 次の問いに答えなさい。

→例題 13~15
(1) 次の比の値（あたい）を求めなさい。

① 18：14　　② $3.5 : 4\frac{2}{3}$

(2) 次の比を最も簡単（かんたん）な整数の比で表しなさい。

① $1.2 : \frac{3}{4}$　　② 2 時間 40 分：1 時間 36 分 【神戸国際中】

③ 4 kg：2700 g　　④ $\frac{1}{2} : \frac{2}{3} : \frac{3}{4}$ 【昭和女子大附属昭和中】

(3) AがBの $\frac{2}{5}$ であるとき，A：B を最も簡単な整数の比で表しなさい。 【ノートルダム女学院中】

(4) 次の□にあてはまる数を求めなさい。

① 45：□＝180：144 【梅花中】

② $\frac{1}{18} : \frac{1}{15}$＝□：0.2 【青山学院横浜英和中】

12 A：B＝3：4，B：C＝8：9 のとき，A：C を最も簡単な整数の比で表しなさい。 【京都学園中】

→例題 16

13 48 人のクラスで男子の $\frac{4}{9}$ と女子の $\frac{4}{7}$ は同じ人数です。このクラスの女子は何人ですか。 【明治大付属中野八王子中】

→例題 17・19

14 ある花畑に，赤い花と白い花の本数の比が 7：6，白い花と黄色い花の本数の比が 8：5 の割合（わりあい）でさきました。赤い花の本数が 840 本だったとき，黄色い花は何本ですか。 【立命館宇治中】

→例題 16・18

15 1枚（まい）40 円のシールAと1枚 60 円のシールBを，枚数の比が 3：5 になるように買ったところ 5040 円でした。シールの枚数は全部で何枚ですか。 【豊島岡女子学園中】

→例題 19

16 ある小学校の6年生の男子と女子の人数の比は 7：9 で，人数の差は 18 人です。この小学校の6年生は全部で何人ですか。 【開明中】

→例題 20

別冊解答 p.33~34

17 次の□にあてはまる数を求めなさい。

→例題15

(1) 22 時間 13 分 20 秒：8 時間 20 分＝$\frac{2}{3}$：□ 【跡見学園中】

(2) (□−19)：98＝3$\frac{7}{11}$：6$\frac{4}{11}$ 【履正社学園豊中中】

(3) (□+3)：3＝(5−□)：2 (□は同じ数) 【帝塚山中】

18 AさんとBさんの貯金の比(ひ)は 5：4 で，Bさんの貯金の $\frac{2}{5}$ とCさんの貯金の $\frac{3}{5}$ は同じです。Aさんの貯金はCさんの貯金の何倍ですか。【大阪学芸中】

→例題16・17

ちょいムズ **19** Aさん，Bさん，Cさんの3人が，同じ品物を1つずつ買いました。Aさんの残金ははじめに持っていた金額の $\frac{1}{3}$，Bさんの残金は $\frac{3}{5}$，Cさんの残金は $\frac{7}{15}$ になりました。このとき，3人がはじめに持っていた金額(きんがく)の比を最も簡単(かんたん)な整数の比で答えなさい。 【獨協中】

→例題17

20 AさんとBさんとCさんの3人は，お金を出しあって□円の本を買いました。Aさん，Bさん，Cさんが出した金額の比を 7：3：5 にしたので，Cさんは 1600 円出しました。□にあてはまる数を求めなさい。 【大阪信愛学院中】

→例題18

21 何枚(まい)かの 10 円玉と 50 円玉と 100 円玉がふくろに入っています。10 円玉と 50 円玉の枚数はそれぞれ 100 円玉の 10 倍と 2 倍で，金額の合計は 12300 円です。このとき，50 円玉は全部で何枚ありますか。【履正社学園豊中中】

→例題19

ちょいムズ **22** Aさん，Bさん，Cさんの所持金をそれぞれ調べると，AさんとBさんの所持金の比は 8：5，BさんとCさんの所持金の合計は 1800 円，AさんとCさんの所持金の合計は 2400 円でした。Aさんの所持金は何円ですか。

【甲南女子中】

→例題18~20

5 文字と式

p.118〜120

❶ 文章から数量を，ことばを使った式に表せるようにしよう。そして，ことばの式を，文字を使った式に表せるようにしよう。
❷ 2量の関係を2つの文字を使って表せるようにしよう。

学習のポイント

1 文字を使った式

➡例題21

► いろいろな数量をことばの式で表し，それをもとにして，**わかっている数をあてはめたり，わからない数を文字で表したりしてつくった式**を**文字式**（もじしき）という。

例》1個（こ）450円のケーキを x 個買い，50円の箱に入れたときの代金

㋐ ことばの式で表すと，ケーキの単価×個数＋箱の値段（ねだん）＝代金

㋑ 代金を文字式で表すと，$450\times x+50$（円）となる。

㋒ この式を利用して，ケーキを5個買ったときの代金を求めるには，x に5をあてはめて，$450\times5+50=2300$（円）

㋓ この式を利用して，代金を3000円以内にしたいとき，ケーキは最大で何個まで買えるかを求めるには，代金を3000円として，x を求めればよい。
$450\times x+50=3000$　$x=2950\div450=6$ あまり 250
つまり，最大6個まで買えて250円あまることがわかる。

2 数量の関係を表した式

➡例題22

► 2量の関係を2つの文字を使って表し，**一方に数字をあてはめることでもう一方を求める**ことができる。

例》60Lの水そうに，1分間に x Lずつ水を入れたとき，満水になるまでの時間を y 分とする。

㋐ 文字式で表すと，$60\div x=y$

㋑ この式を利用して，1分間に2Lずつ水を入れたとき，満水になるまでの時間を求めるには，x に2をあてはめて，$60\div2=30$（分）

㋒ この式を利用して，10分で満水にするために，1分間に何Lずつ水を入れるとよいかを求めるには，y に10をあてはめて，
$60\div x=10$　$x=60\div10=6$（L）

p.118 1

例題21 文字を使った式

次の問いに答えなさい。

(1) 同じ重さの本18冊(さつ)を220 g の箱に入れて送ります。

❶ 1冊 x g の本を送るとき，全体の重さを式に表しなさい。

❷ x が172.5 g のときの全体の重さを求めなさい。

❸ 全体の重さが2920 g のとき，本1冊の重さは何 g ですか。

(2) x 個(こ)のおにぎりを30人で分けます。

❶ 1人分のおにぎりの個数を式に表しなさい。

❷ 1人分のおにぎりは3個でした。おにぎりは全部で何個ありましたか。

解き方と答え

(1) ❶ 1冊の重さ×冊数＋箱の重さ＝全体の重さ なので，

x×**18＋220** (g)

❷ ❶で求めた式の x に172.5をあてはめて全体の重さを求める。

172.5×18＋220＝**3325** (g)

❸ ❶で求めた式の全体の重さに2920をあてはめて，

x×18＋220＝2920

x×18＝2920－220

x＝2700÷18＝**150** (g)

(2) ❶ 全体の個数÷人数＝1人分の個数 なので，

x÷**30** (個)

❷ ❶で求めた式の1人分の個数に3をあてはめて，

x÷30＝3

x＝3×30＝**90** (個)

ことば

未知数(みちすう)と代入

・わからない数を x として式に表したとき，その x のことを未知数という。(未(ま)だ数値(すうち)が知られていない数という意味)

・その未知数に，数値をあてはめることを代入(だいにゅう)するという。(代わりに入れるという意味)

例》(1) ❶の場合

x×18＋220

↑未知数

❷では，x に172.5を代入すると全体の重さがわかる。

172.5×18＋220

＝**3325** (g)

ココ大事！ 文字式をつくるときは，ことばの式を考えてから，x を使った式をつくるとよい。

練習問題 21

縦(たて)の長さが x cm，横の長さが14.8 cm の長方形の面積を考えます。

(1) 長方形の面積を式で表しなさい。

(2) 縦の長さが5.4 cm のとき，長方形の面積を求めなさい。

(3) 長方形の面積が185 cm^2 になるとき，縦の長さを求めなさい。

別冊解答 p.34

p.118 2

例題22 数量の関係を表した式

次の問いに答えなさい。

(1) 次の場面で，x と y の関係を式に表しなさい。

❶ 水そうに 38 L の水が入っています。さらに x L の水を水そうに入れました。全体の水の量は y L です。

❷ 面積が 52 cm^2 の長方形があります。縦(たて)が x cm，横が y cm です。

(2) 1 辺が x cm の正方形があります。まわりの長さは y cm です。

❶ x と y の関係を式に表しなさい。

❷ x の値(あたい)が 2.5 のとき，対応する y の値を求めなさい。

❸ y の値が 28.6 のとき，対応する x の値を求めなさい。

解き方と答え

(1) ❶ はじめの水そうの水＋入れた水＝全体の水
なので，**$38+x=y$**

❷ 縦×横＝長方形の面積 なので，
$x\times y=52$

(2) ❶ 正方形の1辺の長さ×4＝正方形のまわりの長さ なので，**$x\times 4=y$**

❷ ❶の式の x に 2.5 をあてはめて，
$2.5\times 4=y$
$y=10$

❸ ❶の式の y に 28.6 をあてはめて，
$x\times 4=28.6$
$x=28.6\div 4=$**7.15**

くわしく

式の表し方はいろいろ

(1)では 2 つの未知数 x，y をふくむ式になる。x と y の関係は，次のように表すこともできる。

❶ $x+38=y$
$y-x=38$
$x=y-38$

❷ $x=52\div y$
$y=52\div x$

ココ大事！ x と y がある式で，x か y のどちらかに数字をあてはめると，もう一方の値がわかる。

練習問題22

1 m の重さが x g の針金(はりがね)が y m あり，全体の重さは 4320 g です。

(1) x と y の関係を式に表しなさい。

(2) x の値が 180 のとき，対応する y の値を求めなさい。

(3) y の値が 64 のとき，対応する x の値を求めなさい。

別冊解答 p.34

→ 別冊解答 p.34

23 水そうに 50 L の水が入っています。この水そうから，x L ずつ 5 回水をくみ出しました。

→例題 21

(1) 水そうに残っている水の量を式で表しなさい。

(2) x が 1.28 L のとき，残った水の量を求めなさい。

(3) 残った水の量が 39.8 L のとき，何 L ずつくみ出しましたか。

24 次の(1)～(4)の式に表される場面を，下のア～エから選んで記号で答えなさい。

→例題 22

(1) $180+x=y$　(2) $180-x=y$　(3) $180\times x=y$　(4) $180\div x=y$

ア　1 ふくろ 180 円のあめを x ふくろ買うと代金は y 円です。

イ　180 円を持って x 円のあめを買うと，おつりは y 円です。

ウ　180 個(こ)のあめを x 人に配ると，1 人分は y 個です。

エ　1 ふくろ 180 円のあめと x 円のクッキーを買うと代金は y 円です。

25 次の(1)～(3)を文字を使った式で表しなさい。

→例題 21・22

(1) 30 に a の 5 倍をたすと 100 になる。

(2) 6.85 から 9.6 を x でわったものをひくと y になる。

(3) 17 に x の 3 倍をたしてから，それを 5 でわった商は，y の 0.3 倍と等しい。

26 次の問いに答えなさい。

→例題 22

(1) A さんは 1850 円持っていました。1 本 45 円のえんぴつを x 本買ったので，残りは y 円になりました。

① x と y の関係を式に表しなさい。

② x の値(あたい)が 12 のとき，対応(たいおう)する y の値を求めなさい。

③ y の値が 860 のとき，対応する x の値を求めなさい。

ちょいムズ (2) B さんは y 円のおもちゃを買うために貯金をしています。1 か月に x 円ずつ貯金をし，1 年間続けました。あと 180 円でおもちゃが買えるそうです。

① x と y の関係を式に表しなさい。

② x の値が 110 のとき，対応する y の値を求めなさい。

③ y の値が 2100 のとき，対応する x の値を求めなさい。

6 比 例

p.122〜125

❶ 比例の性質を理解し，関係を式に表せるようにしよう。
❷ 比例のグラフを読みとれるようにしよう。
❸ 比例を利用した文章題を解けるようにしよう。

学習のポイント

1 比例の式と性質

➡ 例題 23·27

► ともなって変わる2つの量があって，一方の値が2倍，3倍，…になると，もう一方の値も2倍，3倍，…になるとき，この2つの量は**比例する**という。

► 比例している2量の関係は，**商が一定**なので，**$y \div x$＝決まった数**　または，**y＝決まった数×x** と表すことができる。

例》1本50円のえんぴつを買うとき，買う本数をx本，代金をy円とする。
50×買う本数＝代金 なので，この2量の関係をxとyを使った式で表すと，$50 \times x = y$

x(本)	1	2	3	…
y(円)	50	100	150	…

(2倍，3倍)

2 比例のグラフ

➡ 例題 24

► 比例している2量の関係をグラフに表すと，**0の点を通る直線のグラフ**になる。

例》1mが200gの針金の長さをxm，重さをygとする。

x(m)	1	2	3	4	…
y(g)	200	400	600	800	…

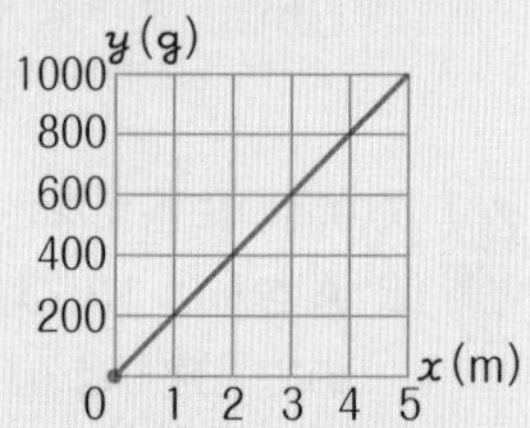

3 比例の利用

➡ 例題 25

► 例えば，重さと値段が比例しているものがあるとき，この比例の関係を利用して，重さや値段を求めることができる。

例》100gが680円の牛肉を500g買うといくらになりますか。

解》

重さ（g）	100	500
値段（円）	680	□

(5倍)

重さが5倍になると，値段も5倍になる。
よって，□=680×5=3400（円）

4年 5年 6年 中学入試

p.122 1

例題23 比例の式と性質

右の表は，1個120gのボールの個数とその重さを表したものです。

個数x(個)	1	2	3	4	…
重さy(g)	120	240	360	480	…

（表の上：4倍，$\frac{1}{2}$倍　表の下：㋐倍，㋑倍）

(1) ボールの重さは，ボールの個数に比例していますか。
(2) ㋐，㋑にあてはまる数を求めなさい。
(3) xとyの関係を表す式を答えなさい。
(4) xの値が8のとき，yの値を求めなさい。
(5) yの値が1560のとき，xの値を求めなさい。

解き方と答え

(1) ボールの個数が2倍，3倍，…となると，重さも2倍，3倍，…となるので，比例している。

(2) (1)より，個数が□倍になると，重さも□倍になる。（等しい）

よって，㋐は 4（倍），㋑は $\frac{1}{2}$（倍）

(3) $120\div1=120$，$240\div2=120$，…より，$y\div x=120$
（$120\times x=y$，$y\div120=x$ でもよい。）

(4) (3)の式のxに8をあてはめて，
$y\div8=120$　$y=120\times8=960$

(5) (3)の式のyに1560をあてはめて，
$1560\div x=120$　$x=1560\div120=13$

アドバイス　比例かどうかを確かめるには？

2つの数量が比例しているかどうかを確認するときは，2つの数量を式で表し，どちらも2倍，3倍，…となるかを確かめる。

例》1つ30円のおかしをx個買ったときの代金をy円とすると，式は
$30\times x=y$

$x=1$ のとき $y=30$
$x=2$ のとき $y=60$
$x=3$ のとき $y=90$
（×2，×3）

どちらも2倍，3倍，…となるので，比例していることがわかる。慣れてきたら，式からも判断できるようにしよう。

ココ大事！ xが2倍，3倍，…となると，yも2倍，3倍，…となるとき，xとyは比例している。

練習問題23

右の表は，ある鉄の棒の長さと重さを表したものです。

長さx(m)	1	2	3	4
重さy(kg)	6	12	18	24

(1) xとyの関係を表す式を答えなさい。
(2) 長さが5.8mのとき，重さは何kgですか。
(3) 重さが45kgのとき，長さは何mですか。

別冊解答 p.35

p.122 2

例題24 比例のグラフ

右のグラフは，ある針金（はりがね）の長さ x m と重さ y g の関係を表したものです。

(1) この針金 2 m の重さは何 g ですか。

(2) この針金 5 m の重さは何 g ですか。

(3) x と y の関係を表す式を答えなさい。

(4) 針金の重さが 1350 g のとき，針金の長さは何 m ですか。

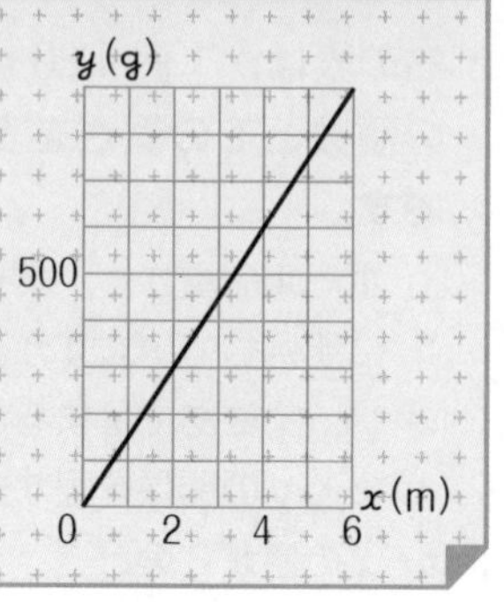

解き方と答え

グラフを読むときは，目もりの読みやすい点をさがし，それを表にまとめるとよい。

x (m)	2	4	6
y (g)	300	600	900

（×2，×3）

(1) グラフより，**300 g**

(2) 1 m の重さは，300÷2=150 (g) だから，5 m は，150×5=**750 (g)**

(3) 1 m が 150 g なので，$y \div x = 150$ **（$150 \times x = y$，$y \div 150 = x$** でもよい。）

(4) (3)の式の y に 1350 をあてはめて，$1350 \div x = 150$　$x = 1350 \div 150 = 9$ **(m)**

くわしく　比例の式とグラフ

・比例の関係にある2つの数量は，商が決まった数になる。

$y \div x$ = 決まった数

例》 $y \div x = 12$

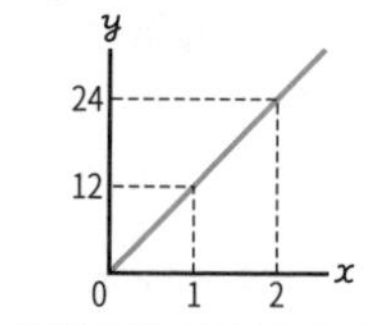

・比例のグラフは0の点を通る直線になる。

比例（ひれい）のグラフは，0 の点を通る直線になる。

練習問題24

別冊解答 p.35

右のグラフは，ロープAとロープBの長さと重さの関係を表したものです。

(1) ロープA 3.5 m の重さは何 g ですか。

(2) ロープB 7 m の重さは何 g ですか。

(3) ロープA，B が両方とも 4 m のとき，重さのちがいは何 g ですか。

(4) ロープA，B が両方とも 600 g のとき，長さのちがいは何mですか。

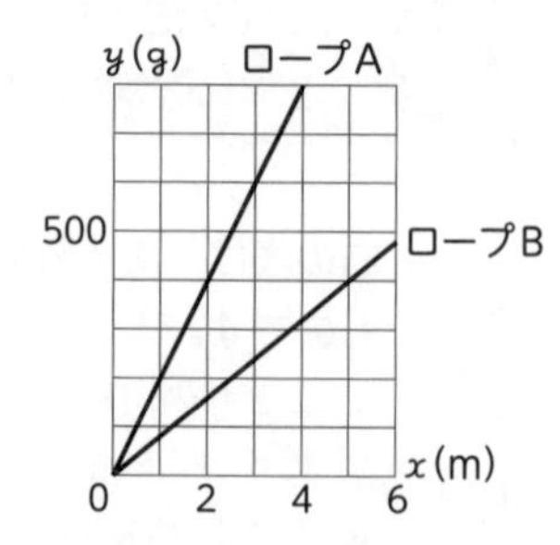

4年 5年 6年 中学入試

p.122 3

例題25 比例の利用

次の問いに答えなさい。

(1) 右の表は，同じクリップの個数（こすう）と重さを表したものです。

個数 x (個)	12	18	
重さ y (g)	18		45

❶ 同じクリップ18個の重さは何gですか。

❷ 同じクリップ45gの個数は何個ですか。

(2) 同じえんぴつ25本の重さをはかったら165gありました。

❶ 同じえんぴつ12本の重さは何gですか。

❷ 同じえんぴつ363gの本数は何本ですか。

解き方と答え

(1) クリップの個数と重さは比例（ひれい）する。12個が18gであることから，$\underset{y}{18}\div\underset{x}{12}=1.5$　つまり，$y\div x=1.5$

❶ $y\div x=1.5$ のxに18をあてはめて，
$y\div 18=1.5$　$y=1.5\times18=$**27** (g)

❷ $y\div x=1.5$ のyに45をあてはめて，
$45\div x=1.5$　$x=45\div1.5=$**30** (個)

(2) $165\div25=6.6$ (g) より，えんぴつの本数をx本，その重さをygとすると，$y\div x=6.6$

❶ $y\div x=6.6$ のxに12をあてはめて，
$y\div12=6.6$　$y=6.6\times12=$**79.2** (g)

❷ $y\div x=6.6$ のyに363をあてはめて，
$363\div x=6.6$　$x=363\div6.6=$**55** (本)

裏技　比例の式の決まった数

比例の式は，
$y\div x=$決まった数 で，この決まった数は，$x=1$ のときのyの値（あたい）である。
(1) クリップ1個の重さは，
$18\div12=1.5$ (g)
この1.5を使うと，
① 個数 $\xrightarrow{\times1.5}$ 重さより，
$18\times1.5=$**27** (g)
②重さ $\xrightarrow{\div1.5}$ 個数より，
$45\div1.5=$**30** (個)
と式を求めなくても一方の値からもう一方の値がわかる。

ココ大事！ 比例する2つの量があるときは，$y\div x=\square$ という式をつくって，xやyに量をあてはめて考える。

練習問題25

ある木材3.5mの重さをはかったら20.3kgありました。

(1) この木材12.5mの重さは何kgですか。

(2) この木材$55\frac{1}{10}$kgの長さは何mですか。

別冊解答 p.35

第4章 2つの数量の関係

7 反比例

p.126～130

❶ 反比例の性質を理解し，関係を式に表せるようにしよう。
❷ 反比例のグラフを読みとれるようにしよう。
❸ 反比例を利用した文章題を解けるようにしよう。

学習のポイント

1 反比例の式と性質

➡例題26·27

► ともなって変わる2つの量があって，一方の値が2倍，3倍，…になると，もう一方の値は$\frac{1}{2}$，$\frac{1}{3}$，…になるとき，この2つの量は**反比例する**という。

► 反比例している2量の関係は，**積が一定**なので，**x×y＝決まった数** または，**y＝決まった数÷x** と表すことができる。

例》容積が90Lの水そうに水を入れるとき，1分間に入れる水の量をxL，満水になるまでの時間をy分とする。

x (L)	1	2	3	…
y (分)	90	45	30	…

90÷1分間に入れる水の量＝かかる時間

なので，この2量の関係をxとyを使った式で表すと，

$90 \div x = y$

2 反比例のグラフ

➡例題28

► 反比例している2量の関係をグラフに表すと，**xもyも0にはならない曲線のグラフ**になる。

例》面積が12 cm^{2}である長方形の縦の長さをx cm，横の長さをy cmとする。

x (cm)	1	2	3	4	…
y (cm)	12	6	4	3	…

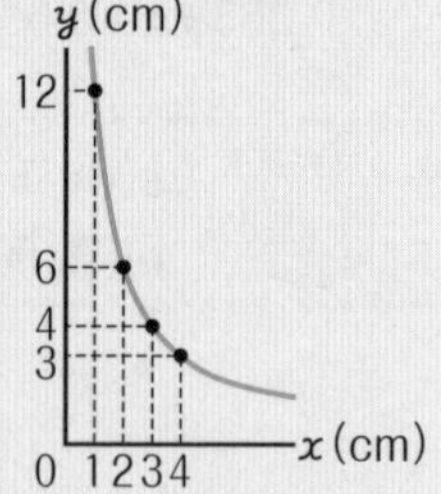

3 反比例の利用

➡例題29

► 例えば，歯車がかみ合っているとき，歯車の歯数と回転数は反比例している。この反比例の関係を利用して，歯車の歯数や回転数を求めることができる。

4年 5年 6年 中学入試

p.126 1

例題26 反比例の式と性質

右の表は，容積(ようせき)が 120 L の水そうに水を入れるときの，1 分間に入れる水の量 x L と，満水になるまでにかかる時間 y 分を表したものです。

x (L)	1	2	3	4	…
y (分)	120	60	40	30	…

（x：$\frac{1}{3}$倍，2倍　y：㋑倍，㋐倍）

(1) かかる時間は，1 分間に入れる水の量に反比例(はんぴれい)していますか。

(2) ㋐，㋑にあてはまる数を求めなさい。

(3) x と y の関係を表す式を答えなさい。

(4) x の値(あたい)が 2.4 のとき，y の値を求めなさい。

(5) y の値が 80 のとき，x の値を求めなさい。

解き方と答え

(1) 1 分間に入れる水の量が，2 倍，3 倍，…となると，かかる時間は $\frac{1}{2}$ 倍，$\frac{1}{3}$ 倍，…となるので，**反比例している。**

(2) (1)より，水の量が□倍になると，かかる時間は $\frac{1}{□}$ 倍になる。（逆数倍）

よって，㋐は **$\frac{1}{2}$ (倍)**，㋑は **3 (倍)**

(3) 1×120＝120，2×60＝120，…より，**$x\times y=120$**
($120\div x=y$，$120\div y=x$ でもよい。)

(4) (3)の式の x に 2.4 をあてはめて，
$2.4\times y=120$　$y=120\div2.4=$**50**

(5) (3)の式の y に 80 をあてはめて，
$x\times80=120$　$x=120\div80=$**1.5**

くわしく

反比例とは？

2 量の積が一定のとき，その 2 量は反比例の関係になる。

例》縦×横＝長方形の面積
長方形の面積が一定のとき，縦が 2 倍，3 倍，…となると，横は $\frac{1}{2}$ 倍，$\frac{1}{3}$ 倍，…となる。

例》1 個の値段(ねだん)×個数＝代金
代金を一定にすると，1 個の値段が 2 倍，3 倍，…となると，買える個数は $\frac{1}{2}$ 倍，$\frac{1}{3}$ 倍，…となる。

ココ大事！

x が 2 倍，3 倍，…となると，y が $\frac{1}{2}$ 倍，$\frac{1}{3}$ 倍，…となるとき，x と y は反比例している。

練習問題 26

右の表は，面積が 60 cm² の長方形の縦(たて)の長さと横の長さを表したものです。

縦 x (cm)	1	2	3	4
横 y (cm)	60	30	20	15

(1) x と y の関係を表す式を答えなさい。

(2) 縦の長さが 2.5 cm のとき，横の長さは何 cm ですか。

(3) 横の長さが 8 cm のとき，縦の長さは何 cm ですか。

別冊解答 p.35

p.122 1, p.126 1

例題27 ともなって変わる2つの数量

次の問いに答えなさい。

(1) 次の表はある数量の関係を表したものです。表のあいているところにあてはまる数を書きなさい。

❶ テープの長さ x m と代金 y 円

x (m)	1		3	6
y (円)		400	600	

❷ 花を分けるときの1人分の本数 x 本と人数 y 人

x (本)	1	2	3	
y (人)		30		15

(2) ❶・❷の x と y の関係をそれぞれ式に表しなさい。

解き方と答え

(1) ❶ 代金÷テープの長さ＝テープ1mの値段(ねだん) なので，
$x \div y$＝決まった数 より，比例(ひれい)している。

x (m)	1	イ	3	6
y (円)	ア	400	600	ウ

テープ1mの値段は，
600÷3＝200 (円)

よって，ア…200×1＝**200**　イ…400÷200＝**2**
ウ…200×6＝**1200**

❷ 1人分の本数×人数＝全体の本数 なので，
$x \times y$＝決まった数 より，反比例している。

x (本)	1	2	3	カ
y (人)	エ	30	オ	15

全体の本数は，
2×30＝60 (本)

よって，エ…60÷1＝**60**，オ…60÷3＝**20**
カ…60÷15＝**4**

(2) (1)のことばの式より，
❶ **$y \div x$＝200**　($200 \times x = y$，$y \div 200 = x$ でもよい。)
❷ **$x \times y$＝60**　($60 \div x = y$，$60 \div y = x$ でもよい。)

比例と反比例の式

比例の式と反比例の式は似(に)ているので，混同(こんどう)しないこと。
・商が一定で表される2つの量は比例している。
$y \div x$＝決まった数
・積が一定で表される2つの量は反比例している。
$x \times y$＝決まった数

和が一定，差が一定の関係

比例と反比例以外にも x と y の数量関係を表す式に次のようなものがある。
・x と y の和が一定のとき，
$x + y$＝決まった数
・x と y の差が一定のとき，
$x - y$＝決まった数

ココ大事！ 2量の関係を式で表すときは，まずことばの式を書いてから，決まった数を求めるとよい。

練習問題 27

次の x と y の関係を式に表しなさい。

(1) 20 cm の針金(はりがね)で長方形をつくるときの，縦(たて)の長さ x cm と横の長さ y cm
(2) 36 m のひもを x 本に等分するときの1本の長さ y m
(3) x 円のケーキを 50 円の箱に入れてもらったときの代金 y 円
(4) 水そうに毎分 4 L の水を入れるときの時間 x 分とたまった水の量 y L

別冊解答 p.35

p.126 2

例題28 反比例のグラフ

右のグラフは，面積が決まっている平行四辺形の底辺の長さ x cm と高さ y cm を表したものです。

(1) 底辺が 3 cm のとき，高さは何 cm ですか。

(2) x と y の関係を表す式を答えなさい。

(3) 高さが 5 cm のとき，底辺は何 cm ですか。

(4) 底辺が 8 cm のとき，高さは何 cm ですか。

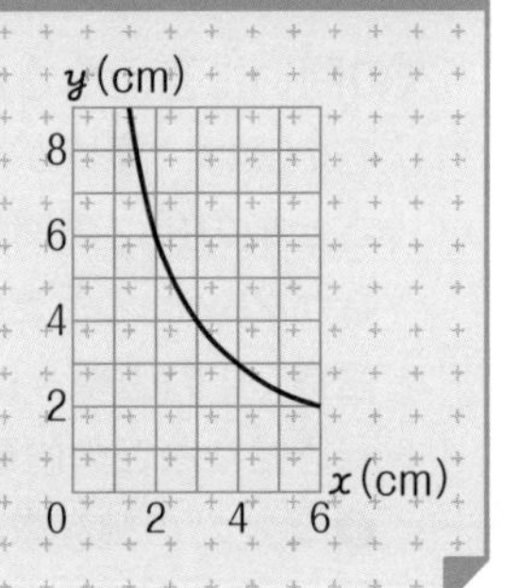

解き方と答え

グラフを読むときは，目もりの読みやすい点をさがし，それを表にまとめるとよい。

x (cm)	2	3	4
y (cm)	6	4	3

(1) グラフより，**4 cm**

(2) 底辺×高さ＝平行四辺形の面積 なので，

$x \times y = 12$ （$12 \div x = y$　$12 \div y = x$ でもよい。）

(3) (2)の式の y に 5 をあてはめて，

$x \times 5 = 12$　$x = 12 \div 5 =$ **2.4 (cm)**

(4) (2)の式の x に 8 をあてはめて，

$8 \times y = 12$　$y = 12 \div 8 =$ **1.5 (cm)**

注意 **反比例のグラフ**

反比例の式は，

$x \times y =$ 決まった数 だから，

決まった数が 0 でないかぎり，片方の量がいくら大きくなっても，もう一方の量が 0 になることはない。

つまり，グラフの軸（じく）にかぎりなく近づくが，交わることはない。

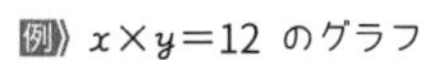

例 $x \times y = 12$ のグラフ

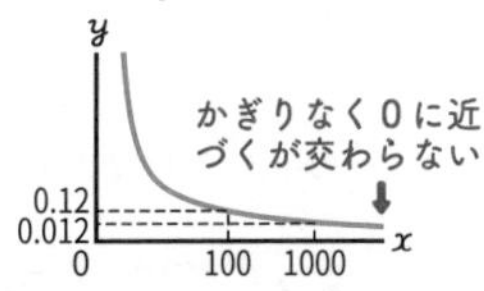

ココ大事！ 反比例（はんぴれい）のグラフは，x も y も 0 になることがない曲線になる。

練習問題28

別冊解答 p.35

右のグラフは，ある水そうに水を入れるときの満水になるまでの時間と 1 分間に入れる水の量の関係を表したものです。

(1) 1 分間に 12 L の水を入れると何分で満水になりますか。

(2) x と y の関係を表す式を答えなさい。

(3) 15 分で満水にするには，1 分間に何 L の水を入れるとよいですか。

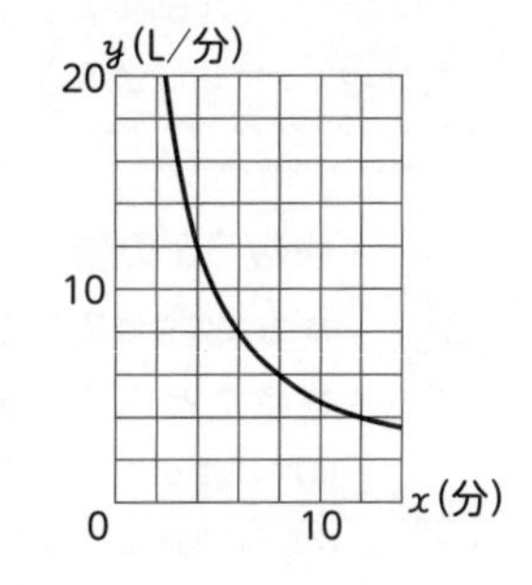

p.126 3

例題29 反比例の利用

次の問いに答えなさい。

(1) 右の表は，面積が決まっている長方形の縦(たて)の長さと横の長さの関係を表したものです。横の長さが 28 cm のとき，縦の長さは何 cm ですか。

縦 x (cm)		7
横 y (cm)	28	12

(2) 歯数 30 の歯車 A に歯数 x の歯車 B がかみ合っています。歯車 A を 4 回転させたときの歯車 B の回転数を y とします。

❶ $x\times y$ の値(あたい)を求めなさい。

❷ 歯車 B が 5 回転したとすると，歯車 B の歯数はいくらですか。

解き方と答え

(1) 長方形の面積が決まっているとき，縦の長さと横の長さは反比例(はんぴれい)する。縦が 7 cm のとき横は 12 cm であることから，$\underset{x}{7}\times\underset{y}{12}=84$　つまり，$x\times y=84$

$x\times y=84$ の y に 28 をあてはめて，

$x\times28=84$　$x=84\div28=$ **3 (cm)**

(2) ❶

かみ合っている歯車では，かみ合うところにくる歯の数が等しいので，

Aの歯数×Aの回転数
＝Bの歯数×Bの回転数

よって，$30\times4=x\times y$ より，$x\times y=$ **120**

❷ $x\times y=120$ の y に 5 をあてはめて，

$x\times5=120$　$x=120\div5=$ **24**

裏技　歯車での比

かみ合っている歯車では，回転数の比と歯数の比は逆比(ぎゃくひ)になる。

例》歯数 30 の歯車 A と歯数 40 の歯車 B がかみ合っているとき，歯数の比が A：B＝3：4 なので，回転数の比は逆比の A：B＝4：3 になる。つまり，歯車 A が 4 回転すると歯車 B は 3 回転する。

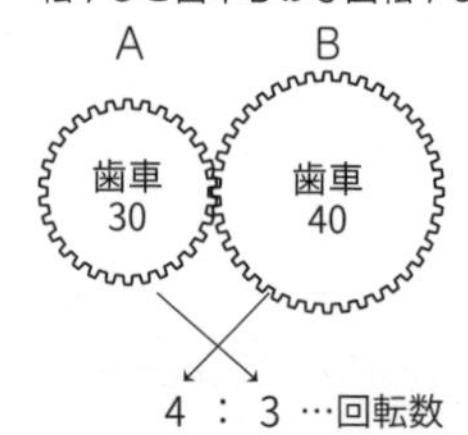

ココ大事！ 反比例する 2 つの量があるときは，$x\times y=\square$ という式をつくって，x や y に量をあてはめて考える。

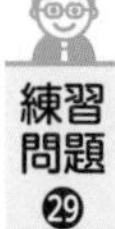

練習問題 29

別冊解答 p.35

歯数 36 の歯車 A に，歯数 x の歯車 B がかみ合っています。歯車 A を 5 回転させたときの歯車 B の回転数を y とし，表にまとめました。

歯　数 x	10		20	25	
回転数 y		12			3.6

(1) x と y の関係を表す式を答えなさい。

(2) 右の表を完成させなさい。

8 いろいろな関係のグラフ

p.131〜135

❶ 差が一定のグラフや和が一定のグラフの特ちょうを覚え，どのような例があるのかを知っておこう。

❷ 階段状（かいだんじょう）のグラフの特ちょうを理解しよう。

◎学習のポイント

1 差が一定・和が一定のグラフ

➡例題30〜32

► 差が一定($y-x$＝決まった数)のグラフは，0を通らない**右上がりの直線**になる。

（右にいくほど上にいく）

x=0 のとき，**y＝決まった数(xとyの差)**になる。

例》子どもの年れいx才とお母さんの年れいy才

► 和が一定($x+y$＝決まった数) のグラフは，0を通らない**右下がりの直線**になる。

（右にいくほど下にいく）

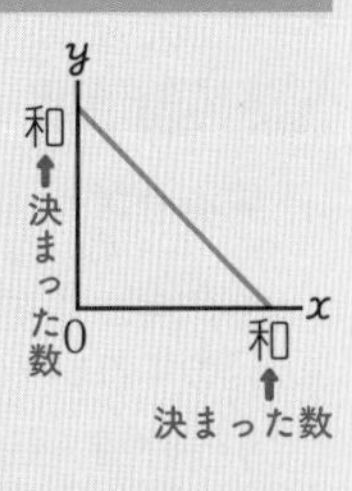

x=0 のとき **y＝決まった数(xとyの和)**，y=0 のとき **x＝決まった数(xとyの和)**になる。

例》あるろうそくの燃（も）えた長さx cmと残りの長さy cm

2 階段状のグラフ

➡例題33

► タクシー料金，駐車場（ちゅうしゃじょう）の料金，配達料金など，ある一定のきょり，時間，重さまでの料金が変わらないときのグラフは**階段状**（かいだんじょう）になる。

例》はじめの2 kmまでは740円，その後500 mをこえるごとに90円ずつ加算されるタクシー料金

走行きょり	料金
0 kmをこえて2.0 km以下	740円
2.0 kmをこえて2.5 km以下	830円
2.5 kmをこえて3.0 km以下	920円
3.0 kmをこえて3.5 km以下	1010円

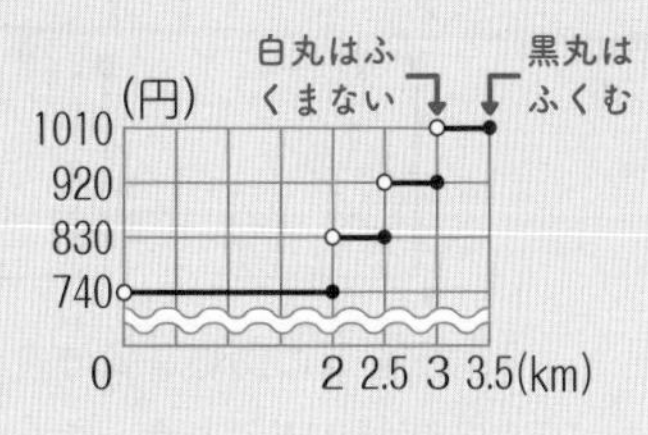

p.131 1

例題30 差がー定のグラフ

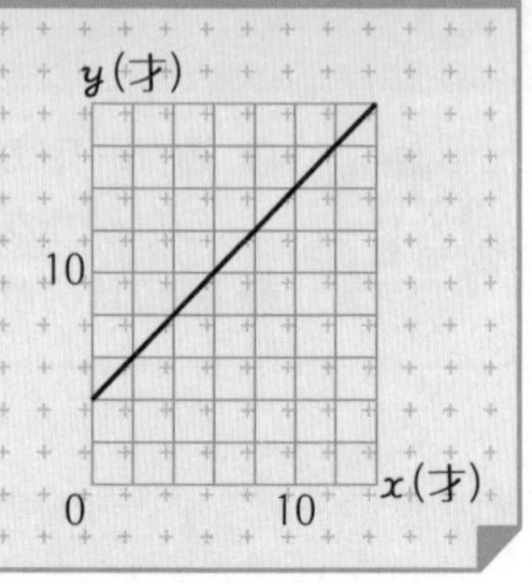

右のグラフは，しんじさんの年れいを x 才としたときの兄の年れい y 才を表したものです。

(1) しんじさんと兄の年れいの差は何才ですか。

(2) x と y の関係を式に表しなさい。

(3) しんじさんが 17 才のとき，兄は何才ですか。

(4) 兄が 30 才のとき，しんじさんは何才ですか。

解き方と答え

(1) 兄弟の年れいの差は変わらない。x が0のときの y の値(あたい)が差になるので，**4才**

(2) 兄の年れい－しんじさんの年れい=4 なので，

$y-x=4$ （$y-4=x$，$x+4=y$ でもよい。）

(3) (2)の式の x に 17 をあてはめて，

$y-17=4$　$y=4+17=$**21**(才)

(4) (2)の式の y に 30 をあてはめて，

$30-x=4$　$x=30-4=$**26**(才)

くわしく **線分図にすると？**

差が一定になっている２量は，はじめの２量に対して，同じ量ずつ増(ふ)えたり，同じ量ずつ減(へ)ったりしている。

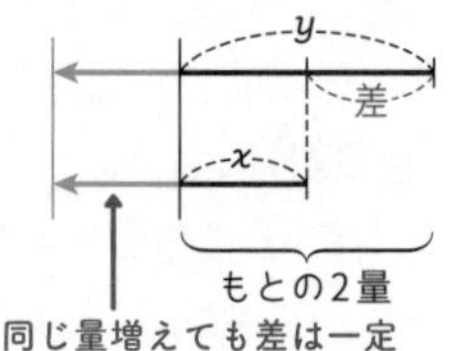

ココ大事！ $y-x=□$ のグラフは，$x=0$ のとき $y=□$ ではじまる右上がりの直線になる。

練習問題30　別冊解答 p.35

さくらさんと妹の年れいは５才ちがいます。

(1) さくらさんの年れいを x 才，妹の年れいを y 才とするとき，x と y の関係のグラフを**ア**～**ウ**から選びなさい。

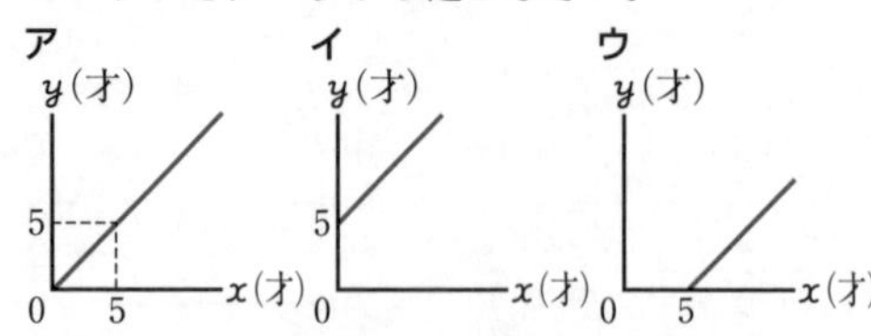

(2) x と y の関係を式で表しなさい。

(3) 妹が 9 才のとき，さくらさんは何才ですか。

p.131 1

例題31 和が一定のグラフ

右のグラフは，500 mL のジュースを飲んだときの，飲んだ量 x mL と残りの量 y mL の関係を表したものです。

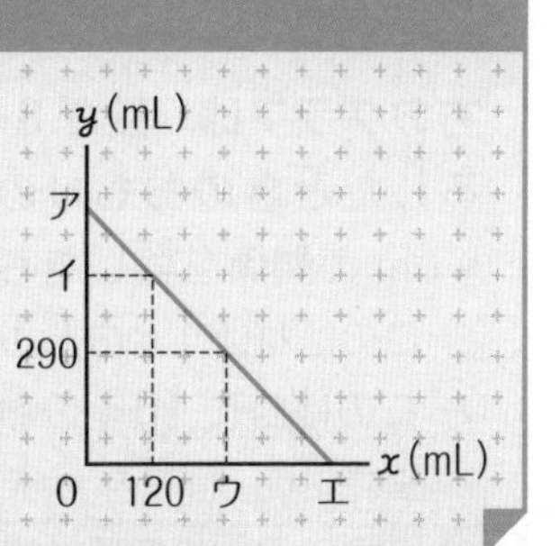

(1) グラフのア～エにあてはまる数を求めなさい。
(2) x と y の関係を式に表しなさい。
(3) x の値(あたい)が 350 のとき，y の値はいくらですか。

解き方と答え

(1) 飲んだ量と残りの量の和は変わらない。つまり，
飲んだ量＋残りの量＝500 なので，
ア…500－0＝**500**
イ…500－120＝**380**
ウ…500－290＝**210**
エ…500－0＝**500**

(2) (1)のことばの式より，
$x+y=500$ （$x=500-y$，$y=500-x$ でもよい。）

(3) (2)の式の x に 350 をあてはめて，
$350+y=500$　$y=500-350=$**150**

$x+y=\square$ のグラフは，$x=0$，$y=\square$ ではじまり，$x=\square$，$y=0$ で終わる右下がりの直線になる。

「○が一定」のグラフ

㋐ 和が一定のグラフ
例 $x+y=10$
(グラフ：y，和，0，和，x ／ y，10，4，0，6，10，x)

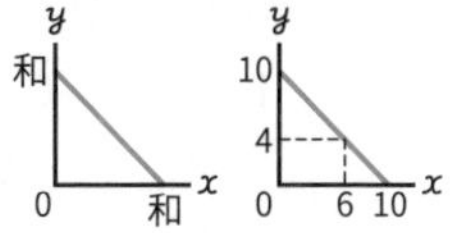

㋑ 差が一定のグラフ
例 $y-x=2$
(グラフ：y，差，0，x ／ y，6，2，0，4，x)

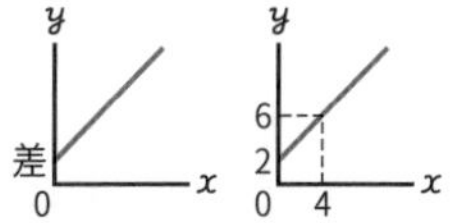

㋒ 積が一定のグラフ（反比例(はんぴれい)）
例 $x\times y=12$

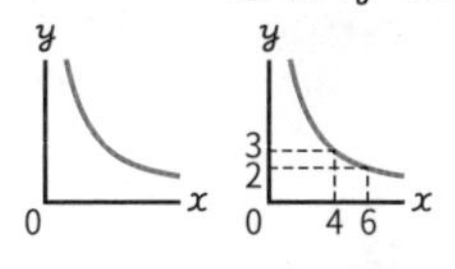

㋓ 商が一定のグラフ（比例）
例 $y\div x=2$

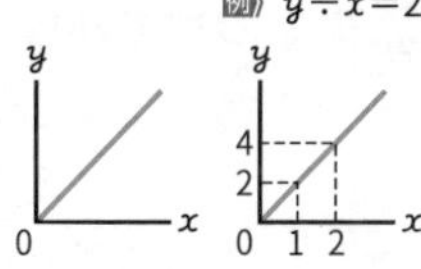

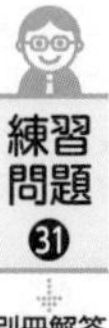

練習問題31

別冊解答 p.36

右のグラフは，ある長さのリボンを姉と妹で分けあったときの，姉の長さ x cm と妹の長さ y cm の関係を表したものです。

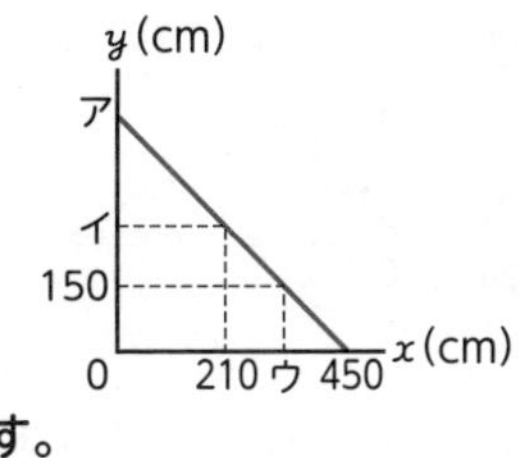

(1) リボンは全部で何 cm ありますか。
(2) ア，イ，ウにあてはまる数を求めなさい。
(3) x と y の関係を式に表しなさい。

例題32 いろいろなグラフ

右のグラフは，長さ 8 cm のばねにおもりをつるしたときのおもりの重さ x g とばねの長さ y cm の関係を表したものです。

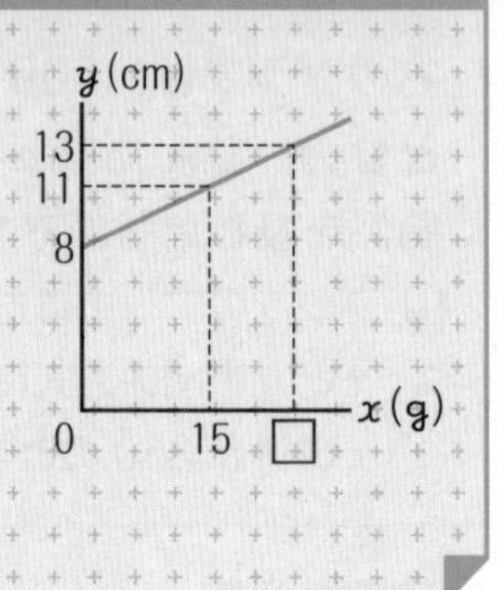

(1) このばねは 1 g のおもりで何 cm のびますか。

(2) このばねに 10 g のおもりをつるすと，ばねの長さは何 cm になりますか。

(3) グラフの□にあてはまる数を求めなさい。

解き方と答え

(1) 15 g で 11−8=3 (cm) のびるので，3÷15=**0.2 (cm)**

(2) 10 g で 0.2×10=2 (cm)のびる。

×10（1 g → 0.2 cm）×10
　　 10 g → 2 cm

よって，8+2=**10 (cm)**
もとの長さ↑ ↑のび

(3) ばねは 13−8=5 (cm) のびている。

×25（1 g → 0.2 cm）5÷0.2=25 → ×25
　　 □ g → 5 cm

よって，1×25=**25 (g)**

ばねののびとおもりの重さは比例している。
ばねののび=おもり 1 g あたりののび×重さ

別解 増えた分は比例している

直線のグラフでは一定の割合で増えたり，減ったりしている。その増減は比例の関係になっている。

(3)

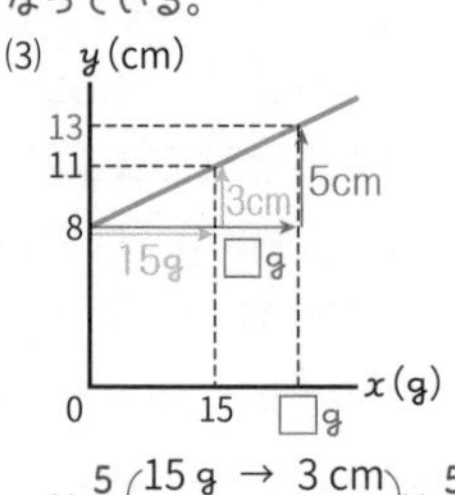

$\times\frac{5}{3}$（15 g → 3 cm）$\times\frac{5}{3}$
　　 □ g → 5 cm

よって，$15\times\frac{5}{3}=$ **25 (g)**

注意 ばねの長さとおもりの重さは比例しない！

ばね全体の長さとおもりの重さは比例しないことに注意する。例題で，1 g につき 0.2 cm のびるので，

おもりの重さ	ばね全体の長さ
1 g	8.2 cm
2 g	8.4 cm

（×2 → 1 g から 2 g，8.2 cm から 8.4 cm は ×2ではない）

おもりの重さが2倍になっても，ばね全体の長さは2倍にならない。
比例しているのは，ばねの「のび」とおもりの重さである。

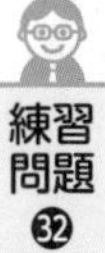

練習問題32

別冊解答 p.36

右のグラフは，火をつけてから一定の割合で短くなるろうそくの，燃えつきるまでの時間と長さの関係を表したものです。

(cm)
6
ア
3.9
$2\frac{1}{3}$
0　10　イ　ウ　60(分)

(1) このろうそくは 1 分間に何 cm 短くなりますか。

(2) グラフのア，イ，ウにあてはまる数を求めなさい。

4年 5年 6年 中学入試

p.131 2

例題33 階段状のグラフ

右のグラフは，あるタクシーに乗ったきょりと料金の関係を表したものです。

(1) このタクシーに 2 km，3.7 km 乗ったときの料金はそれぞれいくらですか。

(2) 料金が 750 円だったとき，タクシーに乗ったきょりのはんいを求めなさい。

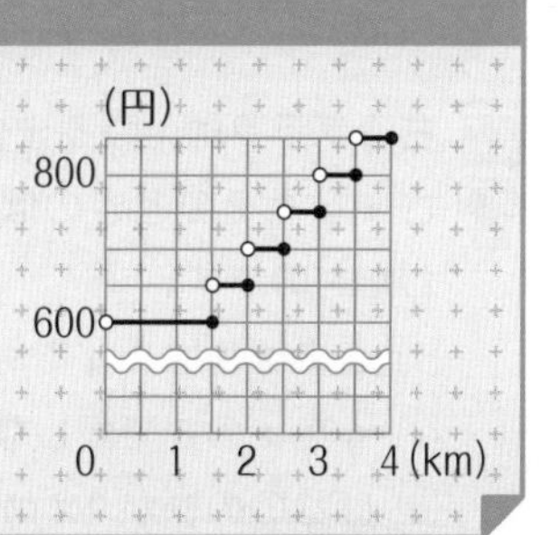

解き方と答え

階段状(かいだんじょう)のグラフは下のように読み，右のような表にまとめるとよい。

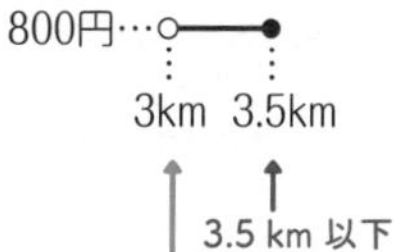

きょり	料金
0 km をこえて 1.5 km 以下	600 円
1.5 km をこえて 2 km 以下	650 円
2 km をこえて 2.5 km 以下	700 円
2.5 km をこえて 3 km 以下	750 円
3 km をこえて 3.5 km 以下	800 円
3.5 km をこえて 4 km 以下	850 円
⋮	⋮

(1) グラフと表より，2 km のときは **650 円**

3.7 km のときは **850 円**

(2) グラフと表より，**2.5 km をこえて 3 km 以下**

くわしく 「ふくむ」か「ふくまない」かに注意

「～以上」，「～以下」はその数自身をふくむが，「～より大きい」，「～未満(より小さい)」は，その数自身をふくまない。これを数直線で表す場合，○はふくまない，●はふくむという表し方をする。

例

㋐ 5 以上 8 未満

㋑ 5 より大きく 8 以下

5 6 7 8

ココ大事！

○——● (ふくまない ふくむ) は○がふくまないことに注意して，～をこえて～以下と表す。

練習問題 33

右のグラフは，ある駐車場(ちゅうしゃじょう)に車をとめたときの，時間と料金の関係を表したものです。

(1) 2 時間車をとめたとき，料金はいくらですか。

(2) 午前 11 時 15 分に駐車し，午後 2 時に駐車場を出たとき，料金はいくらですか。

(3) 午前 10 時 20 分に駐車しました。1000 円しか持っていないとき，いつまでに出なければなりませんか。

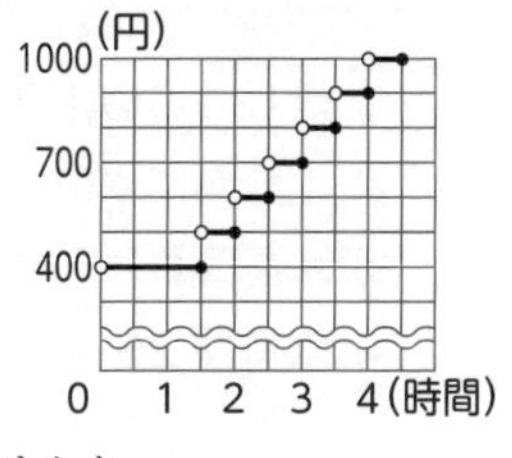

別冊解答 p.36

レベル3 レベル2 レベル1

→ 別冊解答 p.36

27 右のグラフは，つるまきばねにつるしたおもりの重さ x g とそのときのばねののび y mm の関係を表したものです。

→例題 24

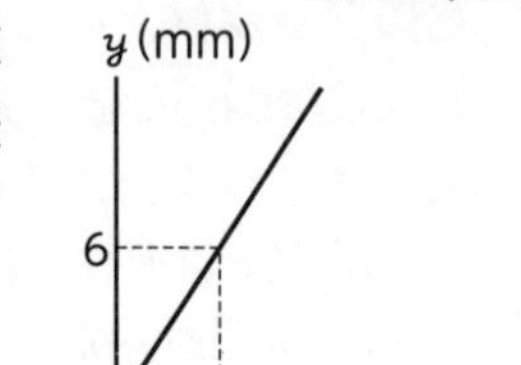

(1) このばねは 1 g で何 mm のびますか。

(2) y を x の式で表しなさい。

(3) ばねののびが 12 mm のとき，おもりの重さは何 g ですか。

28 右のグラフは，面積が同じ長方形の縦(たて)の長さ x cm と横の長さ y cm の関係を表したものです。

→例題 28

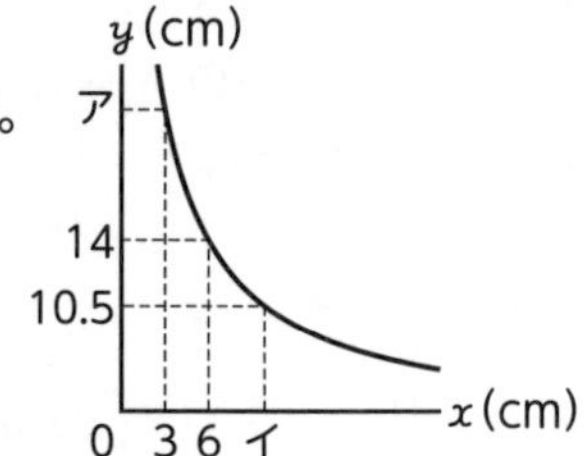

(1) この長方形の面積はいくらですか。

(2) 表のア，イにあてはまる数を求めなさい。

(3) y を x の式で表しなさい。

29 x と y が次の関係にあるときのグラフをそれぞれ記号で答えなさい。

→例題 24・28 30・31

(1) $x+y=a$

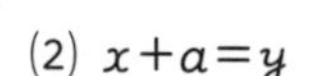

(2) $x+a=y$ (3) $x\times y=a$ (4) $x\times a=y$

ア

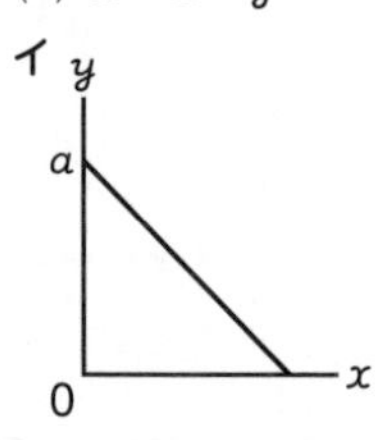

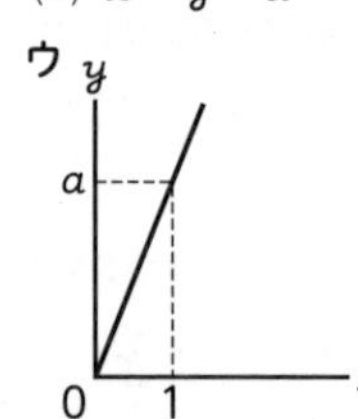

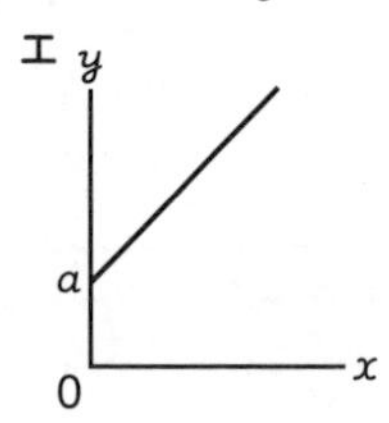

30 右のグラフは，直方体の水そうに1分間に同じ量ずつ水を入れていったときの，入れはじめてからの時間と水位の変化を表したものです。

→例題 32

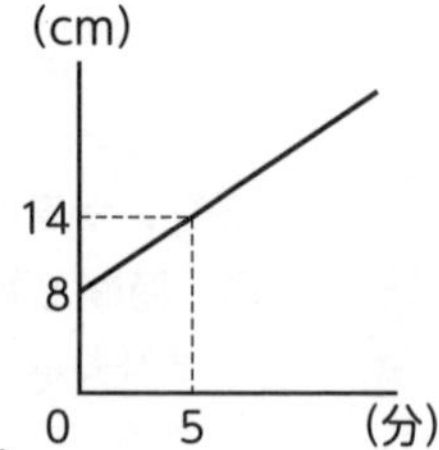

(1) はじめこの水そうの水位は何 cm でしたか。

(2) 1分間に水位は何 cm あがりますか。

(3) 水を入れはじめてから9分後の水位は何 cm ですか。

(4) 水位が 26 cm になるのは，水を入れはじめてから何分後ですか。

力をためす問題

別冊解答 p.36~37

31 次の数量の関係で，比例(ひれい)するものにはA，反比例するものにはB，どちらでもないものにはCを書きなさい。

→例題27

(1) 人の身長と体重。

(2) 正方形の1辺の長さとまわりの長さ。

(3) 歯車Aと歯車Bがかみ合っているときの歯車Aの歯数と回転数。

(4) 700円を持って買い物に行ったときの代金とおつり。

(5) ばねのおもりの重さとばね全体の長さ。

32 長さが10 cmのばねAと長さが16 cmのばねBがあります。右のグラフは，これらのばねにおもりをつるすときの，おもりの重さとばねの長さの関係を表したものです。【専修大学松戸中－改】

→例題32

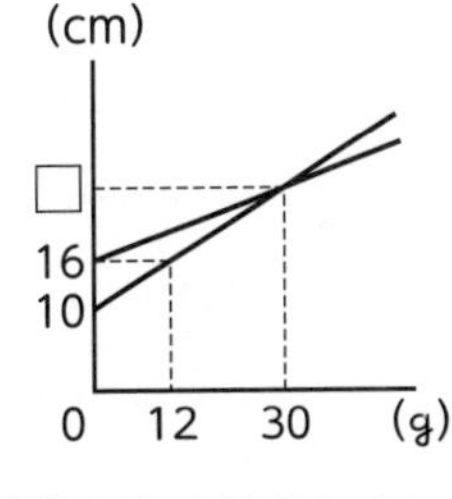

(1) グラフの□にあてはまる数を答えなさい。

(2) 2つのばねに同じ重さのおもりをつるします。このとき，ばねAとBののびる長さの比を最も簡単(かんたん)な整数の比で答えなさい。

33 火をつけてから一定の割合(わりあい)で短くなる2種類のろうそくAとろうそくBがあります。右のグラフは，火をつけはじめてから，燃(も)えつきるまでの時間とろうそくの長さの関係を表したものです。【平安女学院中】

→例題32

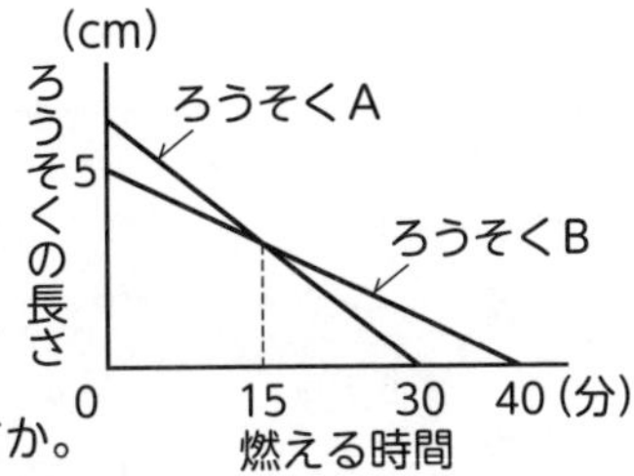

(1) ろうそくBは1分間に何cm短くなりますか。

(2) ろうそくBは火をつけはじめてから15分後には何cmになっていますか。

(3) ろうそくAは，はじめ何cmでしたか。

34 ある公園の駐車場(ちゅうしゃじょう)の料金は，駐車後最初の30分までは無料ですが，30分をこえると20分ごとに駐車料金が150円かかります。【立命館宇治中－改】

→例題33

(1) Aさんはこの駐車場に午前8時20分に入り，駐車場を出たのが午前10時35分でした。Aさんがはらった駐車料金はいくらですか。

ちょいムズ (2) Bさんは午後5時10分にこの駐車場を出たとき，駐車料金を1350円はらいました。Bさんが駐車場に入ったのは，午後何時何分以降(いこう)，午後何時何分より前ですか。

9 平均

p.138〜141

❶ 平均(へいきん)の意味を理解(りかい)しよう。
❷ 平均から合計を求められるようにしよう。
❸ 平均から1つの数量や一部の数量を求められるようにしよう。

学習のポイント

1 平均の求め方

➡ 例題34

► いくつかの数や量を，**合計が変わらないように同じ大きさになるようにならしたもの**を，それらの数や量の**平均**(へいきん)という。平均は，いくつかの数や量の合計をその個数(こすう)でわる，つまり，**平均＝合計÷個数** で求めることができる。

例》あやめさんのテストは国語 70 点，算数 95 点，理科 75 点でした。平均点を求めなさい。

解》平均点は，(70＋95＋75)÷3＝80（点）
(70＋95＋75)：合計点　3：回数

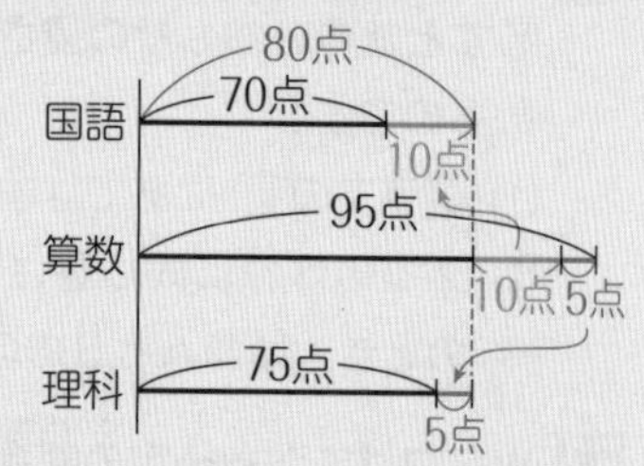

2 合計の求め方

➡ 例題35

► 合計÷個数(こすう)=平均 なので，**合計＝平均×個数** で求めることができる。

例》10 個のみかんの重さの平均は 92 g でした。全部で何 g あると考えられますか。

解》平均が 92 g で 10 個あるので，合計は，92×10＝920（g）
920（g）：それぞれの重さはわからない

3 平均から求めることができる数量

➡ 例題36

► 全体の平均と一部の平均から，1つの数量や他の一部の平均を求めることができる。

例》国語，算数，理科，社会の 4 科目の平均が 80 点，国語，算数，理科の平均が 82 点のとき，社会の点数は何点ですか。

解》

国語	算数	理科	社会	合計
○	○	○	○	320
○	○	○	×	246

←80×4＝320（点）
←82×3＝246（点）
差が社会の点数なので，320－246＝74（点）

4年 5年 6年 中学入試

p.138 1

例題34 平均の求め方

5個のみかんの重さをはかったら，98 g，92 g，95 g，94 g，101 g でした。

(1) 仮の平均を最も小さい数量にして，5つの数量を仮の平均との差で表しなさい。

(2) みかんの重さの平均を求めなさい。

解き方と答え

(1) 最も小さい数量 92 g とそれぞれの重さとの差を表にまとめる。

みかんの重さ	98 g	92 g	95 g	94 g	101 g
仮の平均との差	6 g	0 g	3 g	2 g	9 g

(2) (1)の表を線分図にすると，

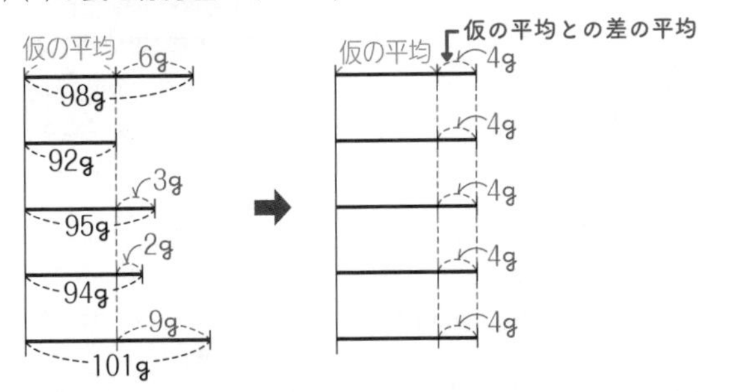

仮の平均との差の平均は，(6+0+3+2+9)÷5=4 (g)

よって，平均は，仮の平均＋仮の平均との差の平均

なので，92+4=**96 (g)**

雑学ハカセ　カレンダーで使われる平均

カレンダーのように規則正しくならんだ数表で，一定の数を下のように囲んだとき，それらの真ん中の数は，囲んだ数全体の平均になっている。

4 April

日	月	火	水	木	金	土
	1	2	3	4	5	6
7	8	9	10	11	(12)	13
14	(15)	16	17	18	19	20
21	22	23	24	25	26	27
28	29	30	1	2	3	4

これは○の上下，左右，ななめのそれぞれの2数の平均が○と同じになっているからである。

注意　平均は小数になってもよい

得点や人数など，ふつうは小数で表せないものも，平均では小数で表すことがある。

ココ大事！　仮の平均＋仮の平均との差の平均＝平均

練習問題34

右の表は，月曜日から土曜日までに，ゆうかさんが読んだ本のページ数を表したものです。ゆうかさんは1日に平均何ページ読みましたか。

曜日	月	火	水	木	金	土
ページ数(ページ)	21	0	17	25	12	15

別冊解答 p.37

p.138 2

例題35 合計の求め方

次の問いに答えなさい。

(1) まどかさんはある本を1日に平均(へいきん)20ページずつ読んで，12日で読み終えました。この本は何ページありますか。

(2) あるスーパーで売っていたたまご6個(こ)の重さをはかったら，次のようになりました。

52g，57g，54g，58g，59g，50g

❶ この6個のたまごの平均の重さはいくらですか。

❷ このスーパーのたまご30個分の重さは何gと考えられますか。

❸ このたまご何個分で重さが4.4kgになりますか。

解き方と答え

(1) 合計÷個数＝平均 なので，平均×個数＝合計 となる。
よって，20×12＝**240**（ページ）

(2) ❶ 合計÷個数＝平均 なので，
(52＋57＋54＋58＋59＋50)÷6＝**55**（g）

❷ ❶より，1個の平均を55gと考えると，30個の合計は，55×30＝**1650**（g）

❸ 4.4kg＝4400g ❶より，1個の平均を55gと考えると，合計÷平均＝個数 なので，4400÷55＝**80**（個）

仮平均(かりへいきん)の利用

(2)❶ 仮平均を利用すると，仮平均＋仮平均との差の平均＝平均 より，仮平均をいちばん小さい50gにすると，
50＋(2＋7＋4＋8＋9＋0)÷6＝**55**（g）
このとき，
50＋(2＋7＋4＋8＋9)÷5
としないこと。0もきちんとふくめること。

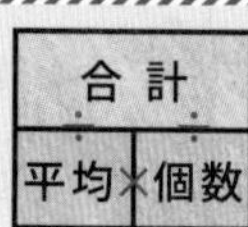

・合計÷個数＝平均
・平均×個数＝合計
・合計÷平均＝個数

練習問題35

別冊解答 p.37

おばあちゃんからみかんがたくさん送られてきました。1個の平均の重さは90gだそうです。

(1) このみかん30個分の重さは何kgと考えられますか。

(2) 送られてきたみかん全体の重さは4.5kgでした。みかんは何個あると考えられますか。

4年 5年 6年 中学入試

p.138 3

例題36 平均から求めることができる数量

次の問いに答えなさい。

(1) A，B，Cの3人が持っているカードの平均枚数(へいきんまいすう)は37枚です。Aは40枚，Bは38枚持っています。Cは何枚持っていますか。

(2) かなさんの国語，算数，理科，社会の4教科のテストの平均点は81点です。社会の点数が78点のとき，国語，算数，理科の3教科の平均点はいくらですか。

解き方と答え

(1) 表に整理する。

	A	B	C	合計
枚数(枚)	40	38		111

平均が37枚なので合計は，37×3＝111（枚）

よって，Cは，111－(40＋38)＝**33**（枚）

(2) 表に整理する。

	国	算	理	社	合計
点数(点)				78	

（国・算・理）合計 あ

平均が81点なので，合計は，81×4＝324（点）

国語，算数，理科の合計 あ は，全体の合計から社会の78点をひいて，324－78＝246（点）

よって，平均は，246÷3＝**82**（点）

裏技 面積図で考える

(2)を面積図に表すと，次のようになる。

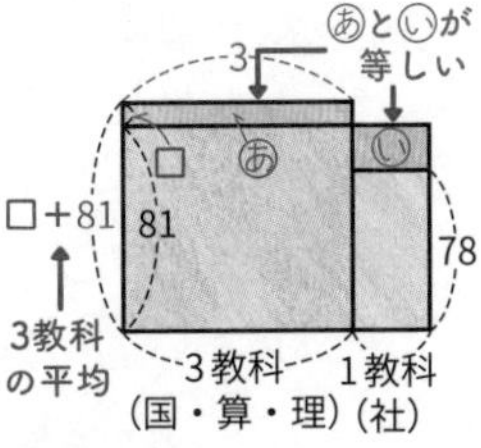

あ＝い なので，

□×3＝(81－78)×1

□×3＝3　□＝1

よって，81＋1＝**82**（点）

ココ大事！

(2) (全体の合計－一部の合計)÷残りの個数(こすう)＝残りの平均

練習問題36

別冊解答 p.37

次の問いに答えなさい。

(1) ゆうたさんは算数のテストを4回受けて，得点は77点，83点，75点，81点でした。5回の平均点が80点以上になるためには，5回目のテストで何点以上とればよいですか。

(2) A，B，C，D，E 5人が算数のテストを受けました。Aは74点，Bは69点，CとDとEは同じ点数でした。5人の平均点が71.8点のとき，Eの点数はいくらですか。

10 単位量あたりの大きさ

p.142〜145

❶ 単位量あたりを使っていろいろなことを比べられるようにしよう。
❷ 人口密度の求め方を理解しよう。
❸ 仕事の速さを求められるようにしよう。

学習のポイント

1 単位量あたりの大きさ

➡ 例題37

► ある量が1つの決まった量に対してどれだけの量にあたるかを表したものを**単位量あたりの大きさ**という。

例》まさとさんとまみさんの家の畑の広さと，とれたさつまいもの重さを表にまとめました。よくとれたといえるのはどちらの畑ですか。

	広さ	重さ
まさと	50 m^2	80 kg
まみ	40 m^2	50 kg

解》それぞれ 1 m^2 あたりに何 kg とれたかを調べる。
まさとさん…80÷50=1.6 (kg)　まみさん…50÷40=1.25 (kg)
よって，まさとさんの畑のほうがよくとれたといえる。

2 人口密度

➡ 例題38

► 1 km^2 あたりの人口を**人口密度**という。

例》日本の人口は約1億3000万人で，面積は約38万 km^2，アメリカ合衆国の人口は約3億3000万人で，面積は約980万 km^2 です。それぞれの人口密度を上から2けたのがい数で求めなさい。

解》日本…1億3000万÷38万=342.1… → 約340人
アメリカ合衆国…3億3000万÷980万=33.6… → 約34人

3 仕事の速さ

➡ 例題39

► 単位時間(1秒間，1分間，1時間など)にどれだけの仕事ができるかで，仕事の速さを比べることができる。

例》40秒で8枚印刷できるプリンターAと，50秒で9枚印刷できるプリンターBでは，どちらが効率よく仕事をしていますか。

解》プリンターAは，8÷40=0.2 (枚)…1秒あたり0.2枚印刷できる
プリンターBは，9÷50=0.18 (枚)…1秒あたり0.18枚印刷できる。
よって，プリンターAのほうが効率がよい。

4年 5年 6年 中学入試

p.142 1

例題37 単位量あたりの大きさ

右の表はA, Bのにわとり小屋の面積とにわとりの数を調べたものです。どちらのにわとり小屋のほうがこんでいますか。

	面積(m^2)	にわとりの数(羽)
A	20	15
B	25	20

(1) 1 m^2 あたりのにわとりの数で比べなさい。

(2) 1羽あたりの面積で比べなさい。

解き方と答え

(1) 1 m^2 あたりなので，にわとりの数を面積でわると比べられる。

Aの1 m^2 あたりのにわとりは，15÷20＝0.75（羽）

Bの1 m^2 あたりのにわとりは，20÷25＝0.8（羽）

よって，**1 m^2 あたりの数が多い** **B**のほうがこんでいる。

(2) 1羽あたりなので，面積をにわとりの数でわると比べられる。

Aの1羽あたりの面積は，20÷15＝1.333…(m^2)

Bの1羽あたりの面積は，25÷20＝1.25 (m^2)

よって，**1羽あたりの面積がせまい** **B**のほうがこんでいる。

くわしく **ふつうは 1 m^2 あたりの数で表す**

こみぐあいを比べるとき，(2)よりも(1)や下の別解のように，一定の面積あたりに何羽いるかを比べるとわかりやすい。こんでいるほど数が大きくなるからである。

別解 **最小公倍数を使う**

一定の面積で比べるために，面積を 20 と 25 の最小公倍数の 100 にそろえる。

100÷20＝5，100÷25＝4

なので，

A…100 m^2 あたり

15×5＝75（羽）

B…100 m^2 あたり

20×4＝80（羽）

よって，Bのほうがこんでいる。

ココ大事！ 1 m^2 あたり，1羽あたりなど，単位あたりの量で比べるとこみぐあいがわかる。

練習問題37

別冊解答 p.38

自動車Aはガソリン 20 L で 270 km 走り，自動車Bはガソリン 4.5 L で 90 km 走り，自動車Cはガソリン 12 L で 180 km 走ります。

(1) ガソリン1Lあたりに走る道のりが最も長いのは，どの自動車ですか。

(2) 同じ道を 432 km 走ったとき，自動車Aと自動車Bの使ったガソリンの量の差は何Lになりますか。

p.142 2

例題38 人口密度

次の問いに答えなさい。

(1) A市の面積は 540 km^2 で，人口は 972000 人です。A市の人口密度(じんこうみつど)を求めなさい。

(2) B市の面積は 340 km^2 で，人口密度は 1200 人です。B市の人口は何人ですか。

(3) C市の人口は 126000 人で，人口密度は 280 人です。C市の面積は何 km^2 ですか。

解き方と答え

(1) 人口密度は 1 km^2 あたりに住んでいる人の数なので，

人口÷面積＝人口密度 となる。

972000÷540＝**1800**（人）

(2) (1)の式から考えて，

人口密度×面積＝人口 となる。

1200×340＝**408000**（人）

(3) (1)の式から考えて，

人口÷人口密度＝面積 となる。

126000÷280＝**450**（km^2）

雑学ハカセ

物質(ぶっしつ)の密度

いろいろな物質はそれぞれ重さ(質量(しつりょう))がちがう。これらを比較(ひかく)するために，同じ体積の重さ(質量)を比(くら)べる。1 cm^3 あたりの重さを密度という。

密度(g/cm^3)
＝質量(g)÷体積(cm^3)

物質	密度(g/cm^3)
金	19.32
銀	10.50
銅	8.96
食塩	2.17
水(4°C)	1.00
氷(0°C)	0.92
酸素(さんそ)(10°C)	0.00143

人口密度＝人口÷面積　人口＝人口密度×面積　面積＝人口÷人口密度

練習問題 38

別冊解答 p.38

A町の面積は 75 km^2 で，人口は 9450 人です。また，B町の面積は 65 km^2 で，人口密度は 142 人です。今度，A町とB町が合ぺいして，新しい市をつくることになりました。

(1) A町の人口密度は何人ですか。

(2) B町の人口は何人ですか。

(3) 新しくできる市の人口密度は何人ですか。四捨五入(ししゃごにゅう)して上から 2 けたのがい数で求めなさい。

p.142 3

例題39 仕事の速さ

次の問いに答えなさい。

(1) 15分で60Lくみ出すポンプAと，10分で35Lくみ出すポンプBでは，どちらがたくさん水をくみ出せますか。

(2) 1時間に5000枚(まい)印刷できるコピー機Aと，1分間に90枚印刷できるコピー機Bでは，どちらがはやく印刷できますか。

解き方と答え

(1) 1分あたりにくみ出す量を比(くら)べる。
ポンプAは，15分で60Lくみ出すので，
$60 \div 15 = 4$ (L)
ポンプBは，10分で35Lくみ出すので，
$35 \div 10 = 3.5$ (L)
よって，Aのほうが多くくみ出せる。

(2) 1分あたりに印刷できる枚数を比べる。
コピー機Aは，1時間＝60分 に5000枚印刷するので，$5000 \div 60 = 83\frac{1}{3}$ (枚)
コピー機Bは，1分間に90枚印刷する。
よって，Bのほうがはやく印刷できる。

仕事算
→ p.445 の 例題70

最小公倍数を使う

(1) どちらのポンプがたくさんの水をくみ出せるかを比べるときには，一定の時間でどれだけくみ出せるかを比べるとよいので，ポンプAの15と，ポンプBの10の最小公倍数の30にそろえる。

A	15分×2	60L×2
B	10分×3	35L×3

↓

A	30分	120L
B	30分	105L

よって，Aのほうが多い。

ココ大事！ 仕事の速さを比べるときは，単位時間(1秒間，1分間，1時間など)にどれだけの仕事ができるかを比べるとよい。

練習問題39

次の問いに答えなさい。

(1) 40秒で3枚印刷できるプリンターAと，100秒で10枚印刷できるプリンターBがあります。どちらがはやく印刷できますか。

(2) 機械A，機械B，機械Cでそれぞれ同じ製品(せいひん)をつくっています。機械Aは1個(こ)つくるのに25秒かかり，機械Bは1分で3個つくり，機械Cは1時間で150個つくることができます。どの機械が最もはやく製品をつくることができますか。

別冊解答 p.38

11 いろいろな単位

p.146〜149

❶ メートル法の基本単位と補助単位を理解しよう。
❷ いろいろな単位がまじった長さ・重さ・時間の計算をできるようにしよう。

学習のポイント

1 メートル法

➡ 例題 40

► 基本単位を 1 としたとき，それぞれ，10 倍，100 倍…，$\frac{1}{10}$ 倍，$\frac{1}{100}$ 倍，…になる**補助単位**がある。

大きさを表すことば	キロ k	ヘクト h	デカ da		デシ d	センチ c	ミリ m
意　味	1000 倍	100 倍	10 倍	1	$\frac{1}{10}$ 倍	$\frac{1}{100}$ 倍	$\frac{1}{1000}$ 倍

2 単位換算の計算（長さ・重さ）

➡ 例題 41

► **1 km＝1000 m，1 m＝100 cm＝1000 mm，1 cm＝10 mm**
► **1 t＝1000 kg，1 kg＝1000 g，1 g＝1000 mg**
► いろいろな単位がまじった計算は，**答えの単位にそろえて**から計算する。

例》 0.32 km＋12 m−12000 cm＝□m
320 m ＋12 m−　120 m　＝212 m　（m で計算）

3 時間の計算

➡ 例題 42

► **1 日＝24 時間，1 時間＝60 分＝3600 秒，1 分＝60 秒**
► 時間の計算は筆算でするとよい。

例》 1時間13分45秒＋2時間52分50秒
＝4 時間 6 分 35 秒

```
   1時間←    1分←
    1時間 | 13分 | 45秒 ← 秒，分，時間の順に加える。くり上がりに注意する
+）2時間 | 52分 | 50秒
    4時間 | 66分 | 95秒
           −60分  −60秒
             6分   35秒
```

例》 2 時間 32 分 45 秒×3＝7 時間 3 8 分 15 秒

```
   2時間   32分   45秒 ← 秒，分，時間それぞれをかけ算してから整理する
×                   3
   6時間   96分  135秒
   1時間←   2分← −120秒
   7時間   98分   15秒
          −60分
           38分
```

4年 5年 6年 中学入試

p.146 1

例題40 メートル法

次の問いに答えなさい。

(1) 次の表は1 mを1としたときの，mと他の長さの単位の関係を表したものです。❶～❸にあてはまる数を求めなさい。

大きさを表すことば	キロ	ヘクト	デカ	(1 m)	デシ	センチ	ミリ
意　味	❶倍	100倍	10倍	1	$\frac{1}{10}$倍	❷倍	❸倍

(2) 次の□にあてはまる数を求めなさい。

❶ 2 m＝□cm　❷ 4 km＝□m　❸ 3 cm＝□mm
❹ 120 mm＝□cm　❺ 3600 cm＝□m　❻ 10000 m＝□km

解き方と答え

(1) mを基本単位とすると，以下のような補助単位がある。

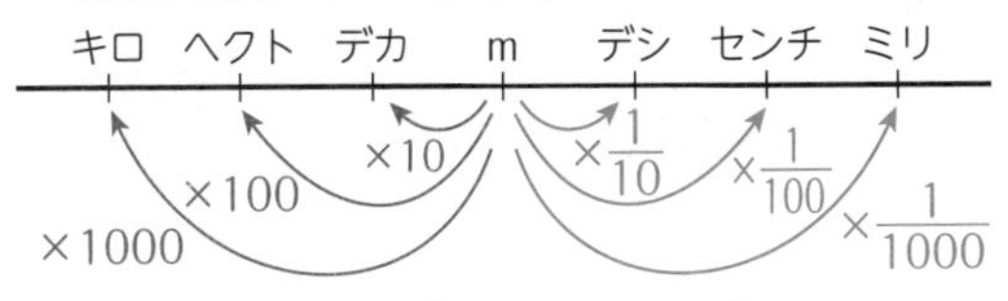

❶ **1000**　❷ $\frac{1}{100}$　❸ $\frac{1}{1000}$

(2) ❶ 1 m＝100 cm なので，2 m＝**200 cm**
❷ 1 km＝1000 m なので，4 km＝**4000 m**
❸ 1 cm＝10 mm なので，3 cm＝**30 mm**
❹ 10 mm＝1 cm なので，120 mm＝**12 cm**
❺ 100 cm＝1 m なので，3600 cm＝**36 m**
❻ 1000 m＝1 km なので，10000 m＝**10 km**

別解 (2) 小数点の移動で考える

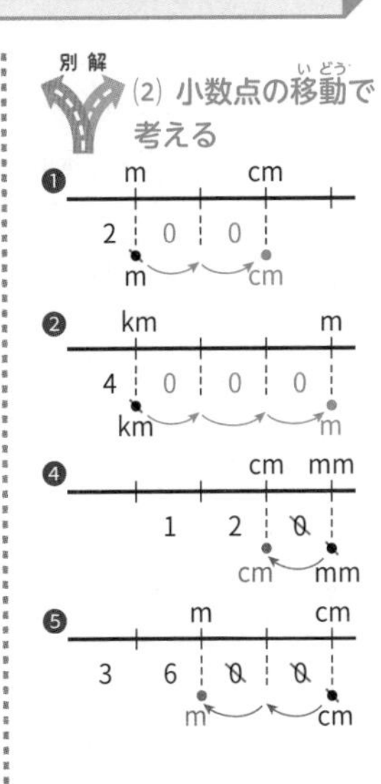

ココ大事！
1 km＝1000 m，1 m＝100 cm＝1000 mm，1 cm＝10 mm

練習問題40

次の□にあてはまる数を求めなさい。

(1) 3000 g＝□kg　(2) 0.25 t＝□kg
(3) 1.4 kg＝□g　(4) 905 mg＝□kg

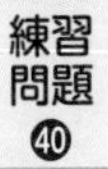

別冊解答 p.38

p.146 2

例題41 単位換算の計算(長さ・重さ)

次の□にあてはまる数を求めなさい。

(1) 250 mm＋184 cm＋6.2 m＝□cm

(2) 3600 m×9＝□km

(3) 285 g＋0.42 kg－17300 mg＝□g

(4) 9.8 kg－350 g×23＝□g

(5) (4 kg 800 g＋600 g)÷900 g＝□

解き方と答え

(1), (2) **1 km＝1000 m, 1 m＝100 cm＝1000 mm, 1 cm＝10 mm** を使う。

(1) 250 mm＋184 cm＋6.2 m＝□ cm
25 cm＋184 cm＋620 cm＝**829** cm　（cmで計算）

(2) 3600 m×9＝□km
3.6 km×9＝**32.4** km　（kmで計算）

(3), (4) **1 t＝1000 kg, 1 kg＝1000 g, 1 g＝1000 mg** を使う。

(3) 285 g＋0.42 kg－17300 mg＝□g
285 g＋420 g－17.3 g＝**687.7** g　（gで計算）

(4) 9.8 kg－350 g×23＝□g
9800 g－350 g×23＝□ g　（gで計算）
9800 g－8050 g＝**1750** g

(5) (4 kg 800 g＋600 g)÷900 g＝(4800 g＋600 g)÷900 g
＝5400 g÷900 g
□＝**6**
↑単位はつけない

ココ大事！
いろいろな単位がまじった計算は，答えの単位にそろえてから計算する。

練習問題 41

次の□にあてはまる数を求めなさい。

(1) 5.9 m＋0.73km－60cm－3200 mm＝□m

(2) (25 m＋1000 mm)×5＝□km

(3) (0.65 m＋70 mm)÷8 cm＝□

(4) 0.31 t－60000 g＋0.3 kg＝□kg

(5) 15000 mg×24＋53 g＝□g

(6) 0.6 t×18÷(15 kg×30)＝□

別冊解答 p.38

4年 5年 6年 中学入試

p.146 3

例題42 時間の計算

次の計算をしなさい。

(1) 2時間16分42秒+4時間50分56秒

(2) 3日7時間37分−2日14時間55分

(3) 8時間43分40秒×5

(4) 11時間28分20秒÷5

(5) 6時間÷2時間

解き方と答え

(1), (2) 時間のたし算・ひき算は，単位をそろえて筆算を書き，**小さい単位から順に計算していく。**

(1)

	1時間←	1分←
2時間	16分	42秒
+4時間	50分	56秒
7時間	67分	98秒
	−60分	−60秒
	7分	**38秒**

(2)

	+24時間	+60分
2	30 6	97
3日	7時間	37分
−2日	14時間	55分
	16時間	**42分**

(3) 時間のかけ算は，**それぞれの単位ごとにかけ算をして**から単位の整理をする。

	8時間	43分	40秒
×			5
	40時間	215分	200秒
		+3分	−180秒
		218分	20秒
	+3時間	−180分	
	43時間	38分	20秒
+1日	−24時間		
1日	**19時間**	**38分**	**20秒**

(4) 時間のわり算は，**大きい単位から順に**計算し，あまりを下の単位に加えて計算していく。

2時間	**17分**	**40秒**
5)11時間	28分	20秒
10時間	→60分	→180秒
1時間	88分	200秒
	85分	200秒
	3分	0秒

(5) 6時間÷2時間=**3**
↑単位をつけない

ココ大事！
時間の計算は，筆算でして単位の整理をする。

練習問題 42

次の計算をしなさい。

(1) 2日10時間37分+5日23時間28分

(2) 3時間6分3秒−1時間14分35秒

(3) 4時間38分×6

(4) 9時間27分÷6

(5) 10時間40分÷1時間20分

別冊解答 p.38

力をのばす問題

レベル3 レベル2 レベル1

別冊解答 p.39

35 算数のテストをしたところ，8 人の平均点が 61 点でした。 【金蘭会中】

→例題 34・35

(1) 8 人の点数の合計点は何点ですか。

(2) 79 点の人が 1 人加わると，9 人の平均点は何点になりますか。

36 A，B，C，D，E の 5 人が算数のテストを受けました。5 人の平均点は 70 点で，A，B，C の 3 人の平均点は 65 点，C，D，E の 3 人の平均点は 80 点でした。このとき，C の得点を求めなさい。 【市川中】

→例題 36

37 下の表は A，B 2 つのうさぎ小屋の面積とうさぎの数を調べたものです。

→例題 37

	面積(m^2)	うさぎの数(わ)
A	60	42
B	40	30

(1) A，B どちらのうさぎ小屋のほうがこんでいますか。

(2) B のこみぐあいを，A のこみぐあいにそろえます。B の面積を変えずにうさぎの数を変えるとき，B のうさぎの数を何わにすればよいですか。

38 京都府の面積は約 4600 km^2，人口は約 260 万人です。人口密度(じんこうみつど)を上から 2 けたのがい数で表すと何人ですか。 【京都教育大附属桃山中】

→例題 38

39 3 分で 9 L の水をくみ出すポンプ A と，5 分で 12 L の水をくみ出すポンプ B があります。

→例題 39

(1) ポンプ A とポンプ B ではどちらのほうがたくさん水をくみ出せますか。

(2) 135 L の水をくみ出すとき，ポンプ A とポンプ B の両方を使うと，何分でくみ出すことができますか。

40 次の□にあてはまる数を求めなさい。

→例題 40〜42

(1) 0.08 km＋26 m＋300 cm＝□m 【和洋九段女子中】

(2) 1906 cm＋2530 mm－0.00053 km×3＝□m

(3) 0.67 kg＋420 g－$\frac{4}{5}$ kg＝□kg 【清泉女学院中】

(4) 0.12 時間＝□分□秒 【藤嶺学園藤沢中】

(5) 1 時間 30 分＋870 秒－54 分 15 秒－7 分 45 秒＝□秒 【大妻中野中】

別冊解答 p.39

41 A, B, C, D 4人のテストの点数の平均(へいきん)は65点です。 【鎌倉女学院中】

→例題 34・35

(1) Eの点数92点を加えた5人の点数の平均は何点ですか。

(2) Eをふくめた5人から, Cの点数を除(のぞ)いた4人の点数の平均は77.5点です。Cの得点は何点ですか。

42 太郎さんが国語, 算数, 理科, 社会のテストを受けました。国語と社会の平均点は85点, 国語と算数の平均点は83点, 算数と理科の平均点は79点でした。このとき, 理科と社会の平均点は何点ですか。 【湘南学園中】

→例題 36

ちょいムズ **43** ある作物は1 haの畑で51 t収穫(しゅうかく)でき, 170 gあたり120円で売ることができます。縦(たて)5 m 30 cm, 横12 m 40 cmの長方形の畑で収穫したこの作物をすべて売ると, いくらになりますか。 【六甲学院中】

→例題 37

44 1分間に24枚(まい)印刷できる印刷機Aと1分間に36枚印刷できる印刷機Bがあります。ただし, これらの印刷機は一度に1枚ずつ印刷するタイプの印刷機で, トレイに紙が1枚出てから次の紙をとりこんで印刷をはじめます。 【関西大北陽中―改】

→例題 39

(1) 印刷機AとBを同時に使いはじめたとき, 最初に2台同時に紙が出てくるのは何秒後ですか。

(2) 印刷機AとBを同時に使って315枚印刷するのにかかる時間は何分何秒ですか。

45 次の□にあてはまる数を求めなさい。

→例題 41・42

(1) 3.2 km－23000 cm＋800000 mm＝□m 【滝川中】

(2) 42.195 km÷40＝□km□m□cm□mm 【甲南中】

(3) 1.36日＝□時間□分□秒 【淑徳与野中】

(4) $\frac{1}{40}$時間＋0.375分＋$\frac{135}{2}$秒＝□分 【法政大第二中】

(5) 1日17時間11分5秒－4日5時間24秒÷3＝□時間□分□秒 【青山学院横浜英和中】

第2編 変化と関係
第1章 割合
第2章 比
第3章 文字と式
第4章 2つの数量の関係
第5章 単位と量
第6章 速さ

12 速さの基本

p.152〜157

❶ 時速(じそく)・分速(ふんそく)・秒速(びょうそく)を自由に変換(へんかん)できるようにしよう。
❷ 速さの公式を覚え，使えるようにしよう。
❸ 平均(へいきん)の速さの求め方を理解(りかい)しよう。

学習のポイント

1 時速・分速・秒速

➡ 例題 43·44

► 時速とは**1時間に進む道のり**のことで，1時間に□ km 進むなら**時速(じそく)□ km** と表す。同じようにして，**分速(ふんそく)□ m**，**秒速(びょうそく)□ m** などと表す。

例》 3時間で 15 km 歩く人の速さは，15÷3=5 → 時速 5 km
つまり，**道のり÷時間=速さ** となる。

► 1時間=60分，1分=60秒 より，3つの速さの関係は，**時速** ⇄（×60／÷60）**分速** ⇄（×60／÷60）**秒速**

2 速さの公式

➡ 例題 43·45·46

► 例》 120 km を3時間で進んだときの速さは，120÷3=40 → 時速 40 km。

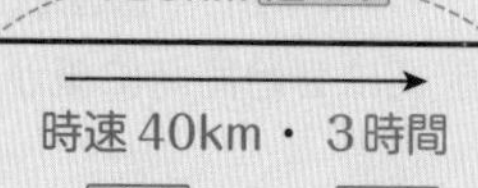

このとき，**速さ(はや)**・**道のり(みち)**・**時間(じかん)**の関係は，

速さ=道のり÷時間
道のり=速さ×時間
時間=道のり÷速さ

3 平均の速さ

➡ 例題 47

► **平均(へいきん)の速さ**は，進んだ道のりに対して，いろいろな速さで進んだとしても，**進んだ道のりの合計÷進んだ時間の合計** で求めることができる。特に，**往復(おうふく)の平均の速さ=往復の道のり÷往復にかかった時間** になる。

例》 1200 m の道のりを，行きは分速 120 m，帰りは分速 80 m で歩いたときの平均の速さを求めなさい。

解》

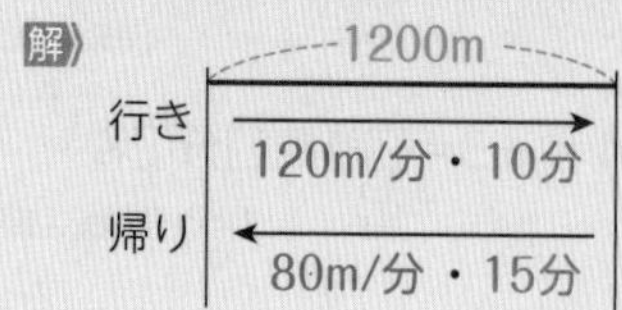

1200÷120=10 (分)，1200÷80=15 (分)より，往復の道のりを 10+15=25 (分)で進んだので，平均の速さは，1200×2÷25
=96 (m/分) → 分速 96 m

4年 5年 6年 中学入試

p.152 1, 2

例題43 速さの求め方

次の問いに答えなさい。

(1) 5時間で 270 km 走る自動車は時速何 km ですか。

(2) 3分間で 210 m 歩く人は分速何mですか。

(3) 20分で 21 km 走る自動車は時速何 km ですか。

(4) 40秒間で 38 m 歩く人は分速何mですか。

(5) 2分30秒間で 2700 m 進む電車は秒速何mですか。

解き方と答え

(1) 時速□ km は □km÷□時間 で求める。

270÷5=54 → **時速 54 km**

(2) 分速□ m は □ m÷□ 分 で求める。

210÷3=70 → **分速 70 m**

(3) 単位をそろえて，道のり÷時間=速さ で求める。

20分$=\frac{1}{3}$時間

$21\div\frac{1}{3}=63$ → **時速 63 km**

(4) 40秒$=\frac{2}{3}$分

$38\div\frac{2}{3}=57$ → **分速 57 m**

(5) 2分30秒=150秒

2700÷150=18 → **秒速 18 m**

くわしく

速さの表し方

速さの単位は，1時間あたりに進む道のり，1分間あたりに進む道のり，1秒間あたりに進む道のりであることから，
時速□ km,
分速□ m,
秒速□ m などと表される。
速さの単位は，次のように表すこともある。
時速□km=毎時□km
=□km/時
分速□m=毎分□m
=□m/分
秒速□m=毎秒□m
=□m/秒

ココ大事！

道のり÷時間=速さ

速さを求めるときは，道のりと時間の単位を速さの単位にそろえてから計算する。

練習問題 43

次の問いに答えなさい。

(1) 34秒間で 850 m 進む電車は秒速何 m ですか。

(2) 1時間30分で 6 km 歩く人は時速何 km ですか。

(3) 3分36秒で 2700 m 進むバスは分速何mですか。

(4) $\frac{1}{3}$分間で 5500 m 飛ぶ飛行機は秒速何mですか。

別冊解答 p.40

p.152 1

例題44 速さの表し方

ある自動車は3時間に135 km走ります。

(1) この自動車は時速何kmですか。

(2) この自動車は分速何mですか。

(3) この自動車は秒速何mですか。

解き方と答え

時速，分速，秒速は，それぞれ1時間，1分間，1秒間あたりに進む道のりなので，次のような大きさの割合になる。

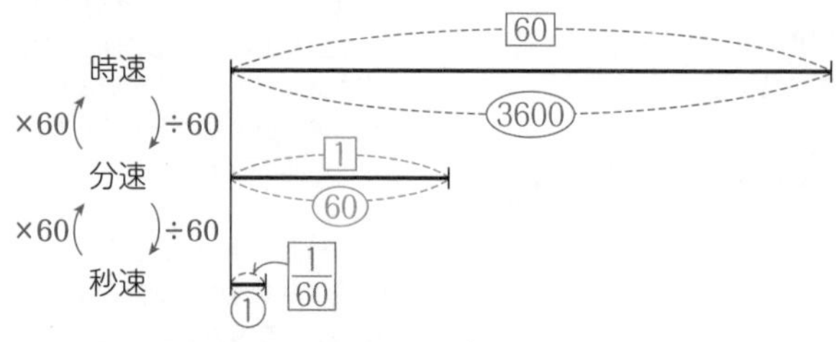

(1) 3時間に135 km走るから，

135÷3＝45 → **時速45 km**

(2) 時速 $\xrightarrow{\div 60}$ 分速，単位をそろえる。

45 km＝45000 m

45000÷60＝750 → **分速750 m**

(3) 分速 $\xrightarrow{\div 60}$ 秒速より，

750÷60＝12.5 → **秒速12.5 m**

(3) 秒速⇄時速

1時間＝3600秒 なので，

秒速 $\underset{\div 3600}{\overset{\times 3600}{\rightleftarrows}}$ 時速

となる。

秒速□mを時速△kmに変換(へんかん)するときは，

秒速□m $\xrightarrow{\times 3600}$ 時速○m $\xrightarrow{\div 1000}$ 時速△km

となるため，×3600，÷1000をまとめて，

秒速□m $\xrightarrow{\times 3.6}$ 時速△km

とすることができる。

また，時速から秒速に変換(へんかん)するときは，

時速△km $\xrightarrow{\div 3.6}$ 秒速□m

とすればよい。

(3) 時速45 kmだから，

45÷3.6＝12.5

→ **秒速12.5 m**

秒速，分速，時速の関係は，秒速 $\underset{\div 60}{\overset{\times 60}{\rightleftarrows}}$ 分速 $\underset{\div 60}{\overset{\times 60}{\rightleftarrows}}$ 時速

練習問題44

あるバスは4.5分で3915 m進みます。

(1) このバスは分速何mですか。

(2) このバスは時速何kmですか。

(3) このバスは秒速何mですか。

別冊解答 p.40

4年 5年 6年 中学入試

p.152 2

例題45 時間の求め方

次の問いに答えなさい。

(1) 時速 36 km で進む船が 252 km 進むのにかかる時間は何時間ですか。

(2) 秒速 4.5 m で進む自転車が 333 m 進むのにかかる時間は何秒ですか。

(3) 時速 6 km で歩く人が 13 km 進むのにかかる時間は何時間何分ですか。

(4) 分速 240 m で進む自転車が 4 km 進むのにかかる時間は何分何秒ですか。

解き方と答え

(1) □時間なので，○km÷時速△km で求める。

252÷36=**7 (時間)**

(2) □秒なので，○m÷秒速△m で求める。

333÷4.5=**74 (秒)**

(3)，(4) 単位をそろえて，道のり÷速さ=時間 で求める。

(3) 何時間何分なので，まず分速を求める。

時速 6 km $\xrightarrow{\div 60}$ 分速 0.1 km

13÷0.1=130 (分)=**2 時間 10 分**

(4) 何分何秒なので，まず秒速を求める。

分速 240 m $\xrightarrow{\div 60}$ 秒速 4 m，4 km=4000 m

4000÷4=1000 (秒)=**16 分 40 秒**

もとの速さのまま計算すると？

(3) 時速のまま計算する。

$13 \div 6 = 2\frac{1}{6}$ (時間)

$\frac{1}{6}$ 時間 $= \frac{1}{6} \times 60$

=10 (分) なので，

$2\frac{1}{6}$ 時間=**2 時間 10 分**

(4) 分速のまま計算する。道のりは分速 240 m の m にそろえる。

4 km=4000 m

$4000 \div 240 = 16\frac{2}{3}$ (分)

$\frac{2}{3}$ 分 $= \frac{2}{3} \times 60$

=40 (秒) なので，

$16\frac{2}{3}$ 分=**16 分 40 秒**

ココ大事！

道のり÷速さ=時間

時間を求めるときは，道のりか速さのどちらか一方に単位をそろえてから計算する。

練習問題 45

別冊解答 p.40

次の問いに答えなさい。

(1) 分速 920 m で走る自動車が 13.8 km 進むのにかかる時間は何分ですか。

(2) 秒速 340 m で進む音が 4.25 km 進むのにかかる時間は何秒ですか。

(3) 時速 10 km のランナーが 23 km 走るのにかかる時間は何時間何分ですか。

(4) 時速 90 km の電車が 67.5 km 進むのにかかる時間は何分ですか。

p.152 2

例題46 道のりの求め方

次の問いに答えなさい。

(1) 時速 85 km で走る電車が 3 時間に進む道のりは何 km ですか。
(2) 分速 450 m で進む自転車が 9 分間に進む道のりは何 m ですか。
(3) 秒速 3 m で走る人が 5 分間に進む道のりは何 m ですか。
(4) 時速 32 km で走るバスが 30 分間に進む道のりは何 km ですか。
(5) 分速 900 m で走るオートバイが 25 秒で進む道のりは何 m ですか。

解き方と答え

(1) □ km なので，時速○km×△時間　で求める。
85×3=**255 (km)**

(2) □mなので，分速○m×△分　で求める。
450×9=**4050 (m)**

(3)〜(5) 単位をそろえて **速さ×時間=道のり** で求める。

(3) □ m なので，秒速○m×△秒　で求める。
5 分=300 秒
3×300=**900 (m)**

(4) □ km なので，時速○km×△時間
30分=0.5時間
32×0.5=**16 (km)**

(5) □ m なので，秒速○m×△秒　で求める。
分速 900 m —(÷60)→ 秒速 15 m
15×25=**375 (m)**

くわしく

速さの公式を図にすると？

速さ=道のり÷時間
時間=道のり÷速さ
道のり=速さ×時間
これをまとめると次のようになり，割合(わりあい)や濃度(のうど)と同じ方法で求めることができる。

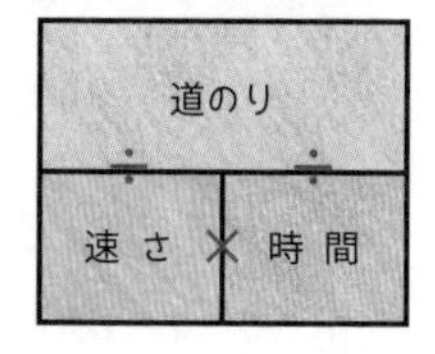

ココ大事！

速さ×時間=道のり
道のりを求めるときは，速さか時間のどちらか一方に単位をそろえてから計算する。

練習問題 46　別冊解答 p.40

次の問いに答えなさい。

(1) 時速 57.8 km で走るオートバイが 5 時間に進む道のりは何 km ですか。
(2) 分速 75 m で歩く人が 28 分間に進む道のりは何 m ですか。
(3) 秒速 14 m で進むタクシーが 2 分間に進む道のりは何 m ですか。
(4) 時速 48 km の自動車が 3 時間 24 分で進む道のりは何 km ですか。

4年 5年 6年 中学入試

p.152 3

例題47 平均の速さ

次の問いに答えなさい。

(1) あやめさんは，家から 15 km はなれた動物園までの道のりを，行きは時速 15 km，帰りは時速 10 km で往復(おうふく)しました。このとき，平均(へいきん)の速さは時速何 km ですか。

(2) AB 間を，行きは時速 12 km，帰りは時速 18 km で往復しました。このとき，平均の速さは時速何 km ですか。

解き方と答え

(1) 線分図に整理して考えるとわかりやすい。

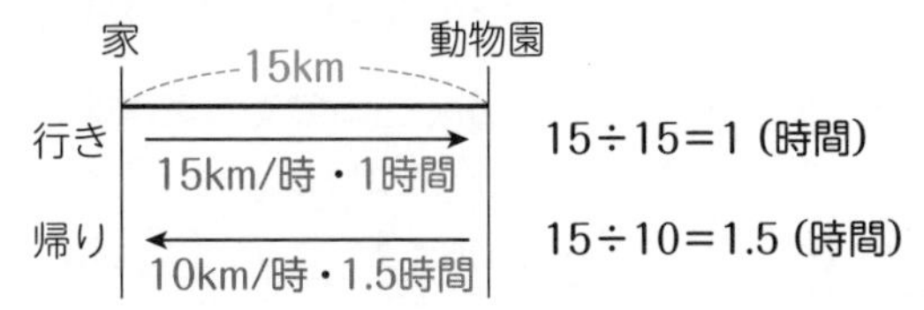

15÷15＝1（時間）

15÷10＝1.5（時間）

進んだ道のりは，15×2＝30（km）
かかった時間は，1＋1.5＝2.5（時間）
よって，平均の速さは，30÷2.5＝12 → **時速 12 km**

(2) AB 間の道のりがわからないとき，その道のりを何 km と仮定しても，平均の速さは変わらない。
道のりを 1 km とすると，
行きにかかる時間は，$1 \div 12 = \frac{1}{12}$（時間）
帰りにかかる時間は，$1 \div 18 = \frac{1}{18}$（時間）
よって，$1 \times 2 \div \left(\frac{1}{12} + \frac{1}{18}\right) = 14.4$ → **時速 14.4 km**

注意

(行き＋帰り)÷2 ではない！

(1) 平均の速さを求めるとき，行きと帰りの速さの平均，つまり，(15＋10)÷2＝12.5 → 時速 12.5 km としてはいけない。

別解

最小公倍数を使う

(2) 道のりを速さの最小公倍数の 36 km にすると，分数を使うこともなく，計算がラクになる。
行きは，36÷12＝3（時間）
帰りは，36÷18＝2（時間）
よって，
36×2÷(3＋2)＝14.4
→ **時速 14.4 km**

ココ大事！
往復の平均の速さ＝往復の道のり÷往復にかかった時間

練習問題 47

こうたろうさんは，600 m の道のりを往復するのに，行きは分速 150 m，帰りは分速 100 m で進みました。このとき，平均の速さは分速何mですか。

別冊解答 p.40

13 速さのグラフ

p.158～161

❶ グラフのかたむきが速さを表していることを理解(りかい)しよう。
❷ 速さが変わるグラフで，進んでいる人のようすを理解しよう。
❸ ちがう速さの人のグラフのしくみを理解しよう。

学習のポイント

1 速さのグラフ

➡ 例題 48·49

► グラフの縦軸(たてじく)を道のり，横軸を時間とすると，直線は進んでいるようすを表している。**グラフのかたむきが大きいほど速さははやく，横軸に平行なときは止まっている**ことを表している。

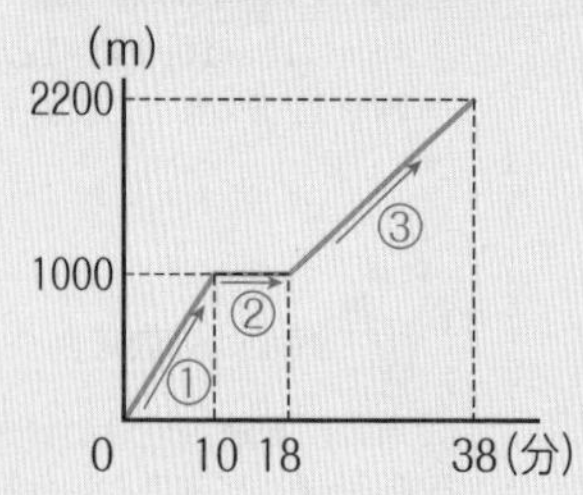

①…10 分で 1000 m 進んでいるので，速さは，
1000÷10=100 →分速 100 m

②…18−10=8（分間）進まずにその場で止まっている。

③… 38−18=20（分）で，2200−1000=1200（m）進んでいるので，速さは，
1200÷20=60 →分速 60 m

2 2人の速さのグラフ

➡ 例題 50

► 2人がちがう速さで同じ方向に進むグラフから，**同じ時間進んだとき2人がどれだけはなれているか**，また**2人がある道のりを進んだときの時間差**がわかる。

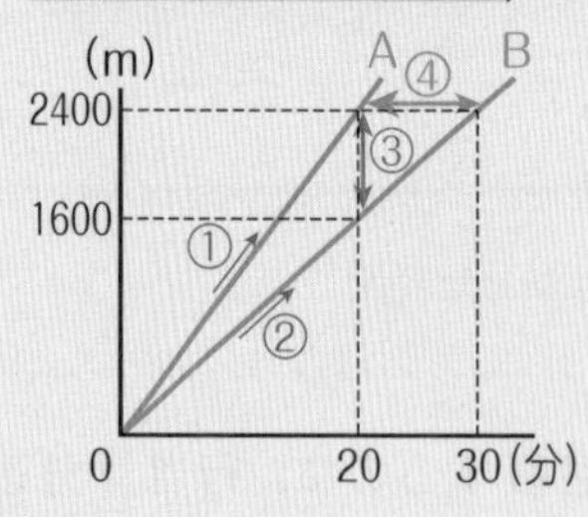

①…A の速さは，2400÷20=120 →分速 120 m

②…B の速さは，2400÷30=80 →分速 80 m

③…20 分後の 2 人の進んだ道のりの差。
(A は 2400 m，B は 1600 m 進んでいるから，
2400−1600=800（m）の差がある。)

④…2400 m の地点に到着(とうちゃく)するのにかかる時間の差。
(B は 30 分，A は 20 分かかるから，A は B より 30−20=10（分）はやく到着する。)

4年 5年 6年 中学入試

p.158 1

例題48 速さが変わるグラフ

右のグラフは，かいとさんが家から友達の家まで分速 180 m で進み，そこから歩いて公園へ行ったようすを表したものです。

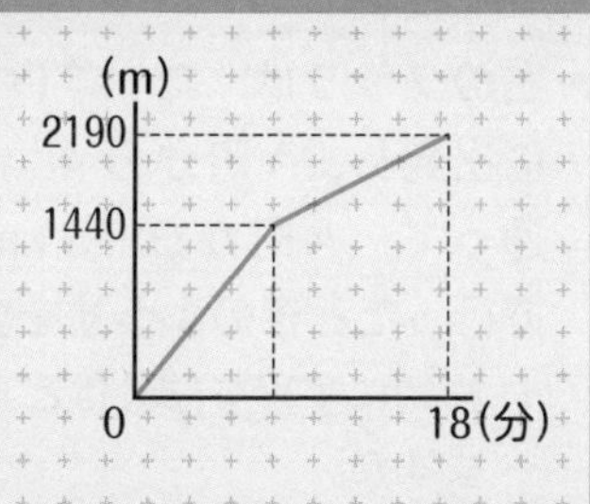

(1) かいとさんが友達の家に着いたのは出発してから何分後ですか。

(2) 友達の家から公園までは分速何 m で進みましたか。

解き方と答え

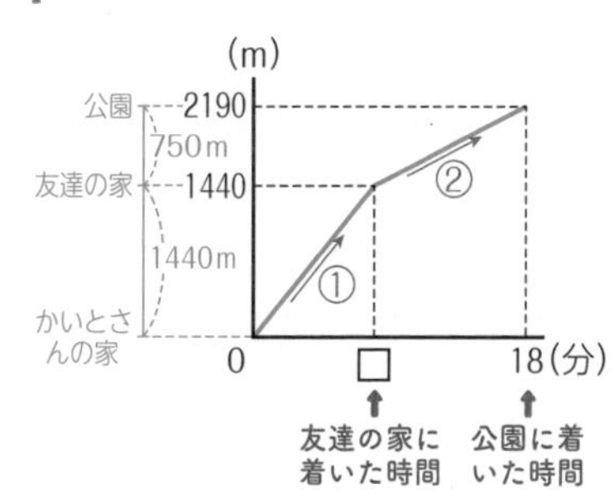

(1) ①は，1440 m の道のりを分速 180 m で進んで，□分で友達の家に着いたようすを表している。

よって，1440÷180=**8**(分後)

(2) ②は，友達の家から公園までの，2190−1440=750(m)を 18−8=10(分)で進んだようすを表している。

よって，750÷10=75 → **分速 75 m**

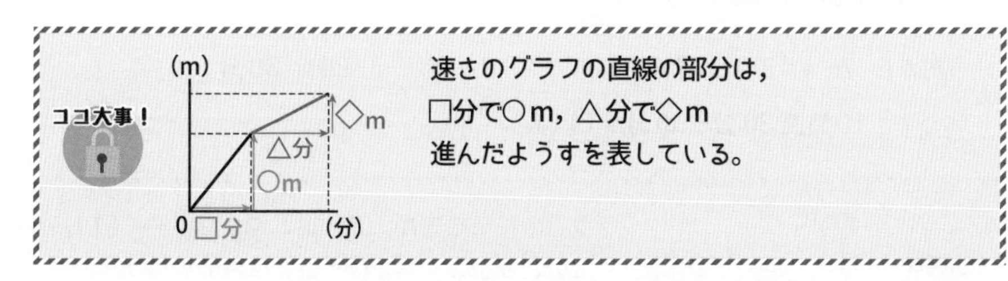

速さのグラフの直線の部分は，□分で○m，△分で◇m進んだようすを表している。

練習問題 48

別冊解答 p.40

右のグラフは，あきなさんが A 地を出発して B 地を通って C 地まで行ったときのようすを表したものです。

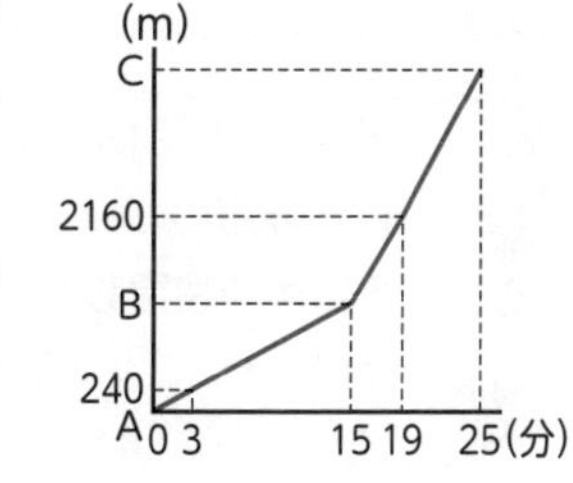

(1) A 地から B 地まで，分速何mで進みましたか。

(2) A 地から B 地までは何mありますか。

(3) B 地から C 地まで，分速何mで進みましたか。

(4) A 地から C 地までは何mありますか。

p.158 1

例題49 横軸に平行な直線があるグラフ

右のグラフは，だいすけさんがA町を9時に出発し，A町から4kmはなれたB町を通って，A町から13kmはなれたC町まで行ったときのようすを表したものです。

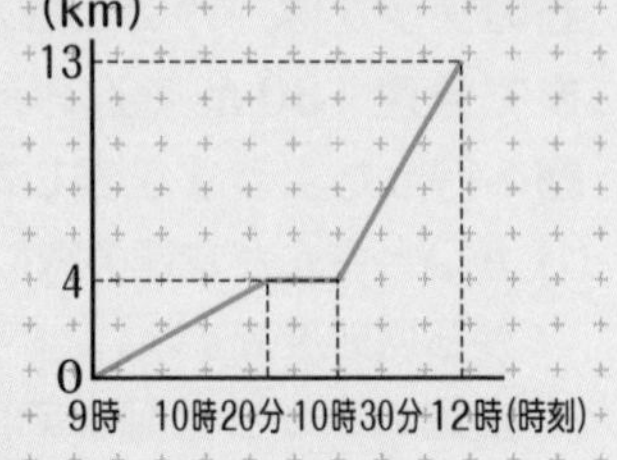

(1) 横軸(よこじく)に平行な部分はどんなことを表していますか。

(2) A町からB町，B町からC町へ行ったときの速さをそれぞれ求めなさい。

(3) A町から7kmの地点を通過(つうか)する時刻(じこく)を求めなさい。

解き方と答え

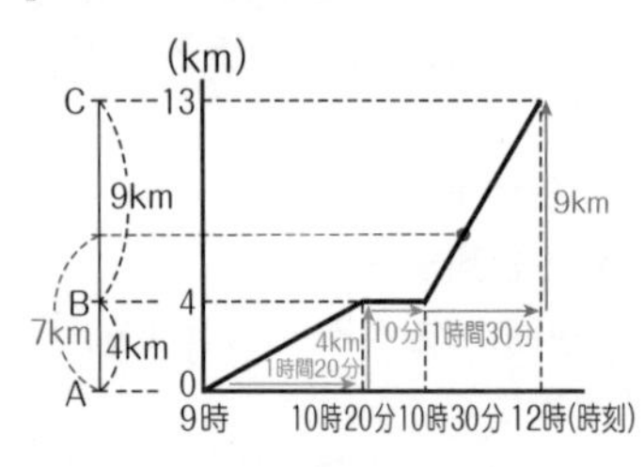

(1) 時間は10分進んでいるが，道のりが変わっていないことから，**B町で10分間止まっていること**を表している。

(2) A町からB町…1時間20分$=1\frac{1}{3}$時間，

$4\div1\frac{1}{3}=3$ → **時速3km**

B町からC町…1時間30分$=1\frac{1}{2}$時間　$9\div1\frac{1}{2}=6$ → **時速6km**

(3) B町から $7-4=3$(km)進んでいるので，$3\div6=\frac{1}{2}$(時間)$=30$分

よって，10時間30分+30分=**11時**

ココ大事！

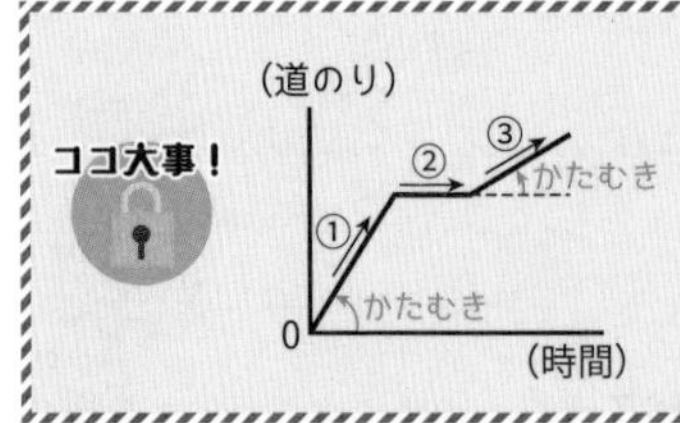

グラフのかたむきが大きいほど速さははやく(①)，かたむきが小さくなるほど速さはおそい(③)。横軸に平行なときは，その場所に止まっている(②)。

練習問題 49

別冊解答 p.40

右のグラフは，まさきさんがAからBまで12kmの道のりを，行きは時速6km，帰りは時速5kmで往復(おうふく)したときのようすを表したものです。

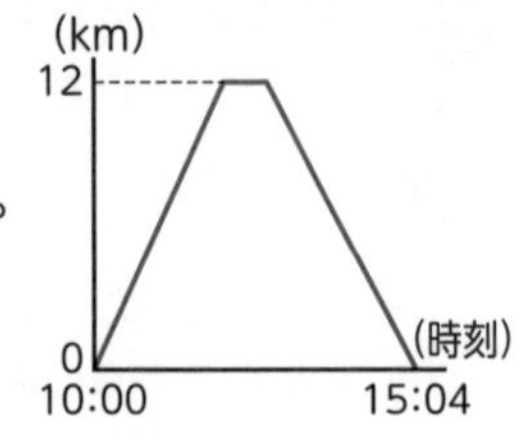

(1) まさきさんはBで何分休けいしましたか。

(2) Aから7kmのところを通過する時刻をすべて答えなさい。

4年 5年 6年 中学入試

p.158 2

例題50 2人の速さのグラフ

右のグラフは，兄と弟が同じマラソン大会で走ったときの，走った時間と道のりを表しています。

(1) スタートから4分後に，兄と弟は何mはなれていますか。

(2) スタートからゴールまで3kmあります。どちらが何分先にゴールしましたか。

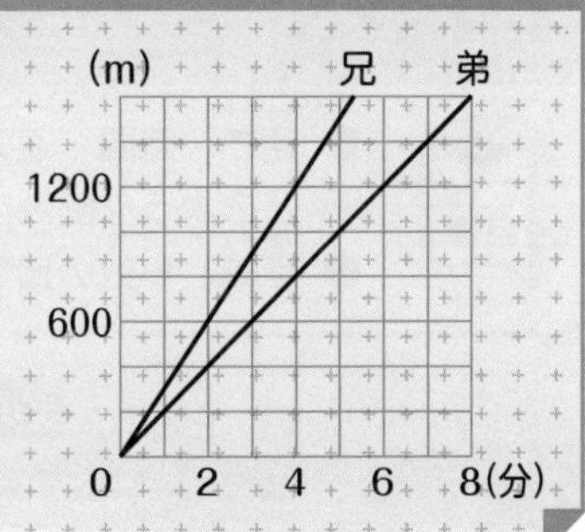

解き方と答え

(1) 兄の速さは，600÷2＝300 → 分速300m
兄が進んだ道のりは，300×4＝1200 (m)
弟の速さは，200÷1＝200 → 分速200m
弟が進んだ道のりは，200×4＝800 (m)
よって，1200−800＝**400 (m)**

(2) 兄がゴールしたのは，3000÷300＝10 (分後)
弟がゴールしたのは，3000÷200＝15 (分後)
よって，**兄が5分先にゴールした。**

ココ大事！

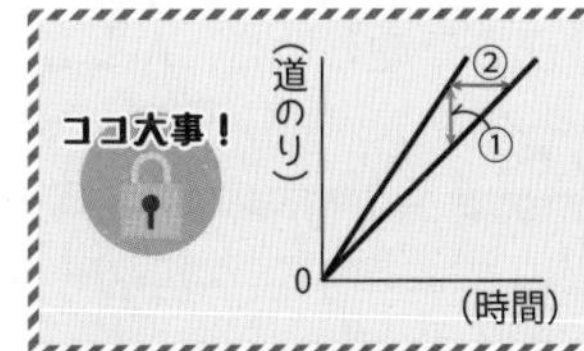

①は同じ時間進んだときの2人の道のりの差。
②は同じ道のりを進むのにかかった2人の時間の差。

別解 道のりの差や時間の差も比例する

(1) グラフより，兄と弟は1分で 300−200＝100 (m) ずつはなれる。
よって，4分では
100×4＝**400 (m)**はなれている。

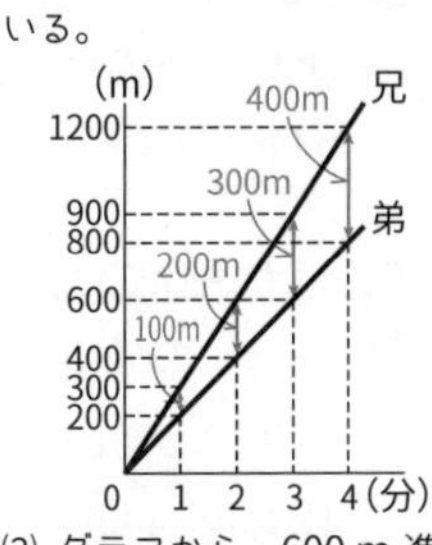

(2) グラフから，600 m 進むのに弟は兄より
3−2＝1 (分)多くかかる。
よって，兄は
3000÷600＝**5 (分)** 先にゴールした。

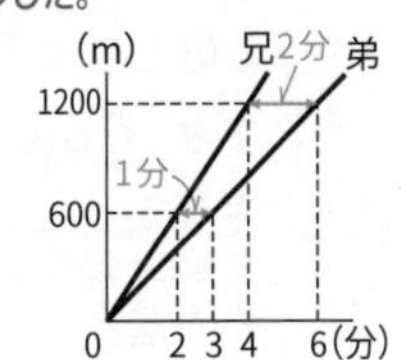

練習問題50

別冊解答 p.40

右のグラフは，AとBの2台の自動車が同じ地点を同時に出発したときの，走った時間と道のりを表してします。

(1) 出発してから5時間後，AとBは何kmはなれていますか。

(2) 150kmの地点をAが通過(つうか)してから，Bが通過するまでの時間は何時間何分ですか。

14 速さと比

p.162〜167

❶ 速さ・時間・道のりがそれぞれ一定のとき，残りの比はそれぞれどのような関係になっているのかを理解しよう。
❷ 歩幅と歩数の比を利用した問題を理解しよう。

学習のポイント

1 速さ・時間・道のりがそれぞれ一定のとき

➡例題 51〜54

► **速さが一定のとき，進んだ時間の比と進んだ道のりの比は等しい。**

例》5 km/時 の速さで，A が 3 時間，B が 2 時間進むとき，A と B の進んだ道のりの比は，

5 km/時×3 時間：5 km/時×2 時間＝3：2
時間の比＝道のりの比

► **時間が一定のとき，速さの比と進んだ道のりの比は等しい。**

例》2 時間ずっと，A が 5 km/時，B が 4 km/時 の速さで進むとき，A と B の進んだ道のりの比は，

5 km/時×2 時間：4 km/時×2 時間＝5：4
速さの比＝道のりの比

► **道のりが一定のとき，速さの比とかかった時間の比は逆比になる。**

例》12 km の道のりを A が 4 km/時，B が 3 km/時 の速さで進むとき，A と B のかかった時間の比は，

12 km÷4 km/時：12 km÷3 km/時＝3：4
速さの比⟷時間の比（逆比）

2 歩幅と歩数の比

➡例題 55

例》兄が 5 歩で歩くきょりを弟は 8 歩で歩き，兄が 6 歩進む間に弟は 7 歩進みます。このときの兄弟の速さの比を求めなさい。

解》兄の 5 歩が弟の 8 歩と等しいので，きょりを㊵とすると，兄の歩幅：弟の歩幅＝⑧：⑤
（㊵：5と8の最小公倍数　⑧：⑤：歩数の比 5：8の逆比）

兄と弟の進んだきょりの比は，**きょり＝歩幅×同じ時間に進む歩数** より，

⑧×6：⑤×7＝48：35

兄と弟の速さの比は，同じ時間に進んだきょりの比と等しいから，48：35

4年 5年 6年 中学入試

p.162 1

例題51 速さが一定のときの比

次の問いに答えなさい。

(1) 姉と妹があるウォーキングコースを歩きます。2人の歩く速さは同じで，姉は3周，妹は2周しました。このとき，姉と妹のかかった時間の比(ひ)はいくらですか。

(2) 兄と弟がともに同じ速さでジョギングをしました，兄と弟の走った時間の比は5：2で，兄は1000 m走りました。弟の走った道のりはいくらですか。

解き方と答え

(1)

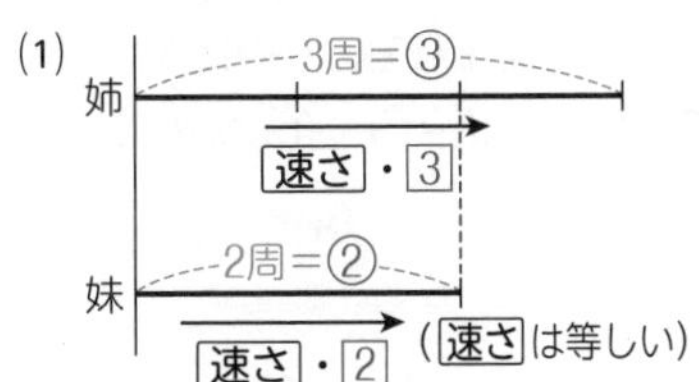

速さが一定で，道のりの比が 姉：妹＝③：②
なので，かかった時間の比も **3：2**

(2)

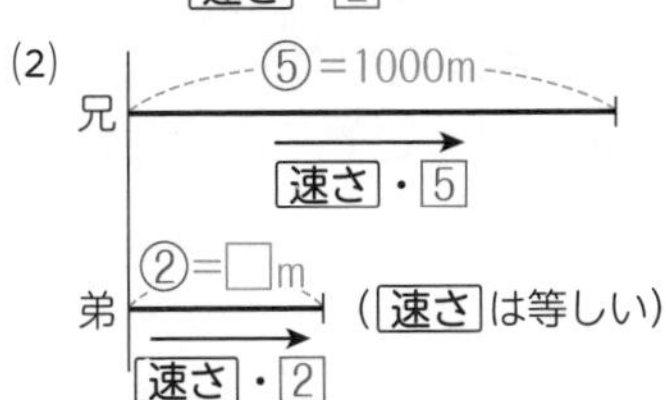

速さが一定で，走った時間の比が 兄：弟＝5：2
なので，走った道のりの比も ⑤：② となる。
⑤＝1000 (m)
①＝1000÷5＝200 (m)
よって，②＝200×2＝**400 (m)**

ココ大事！ 速さが一定のとき，進んだ時間の比＝進んだ道のりの比

練習問題51

別冊解答 p.40

次の問いに答えなさい。

(1) A列車とB列車はともに同じ速さで走ります。いま，A列車は49.2分，B列車は36.9分走りました。A列車とB列車の走った道のりの比はいくらですか。

(2) たいちさんはA地からB地を通ってC地まで同じ速さで歩きました。A地からB地までは45分，B地からC地までは1時間30分かかりました。AB間の道のりが3 kmのとき，BC間の道のりはいくらですか。

p.162 1

例題52 時間が一定のときの比

次の問いに答えなさい。

(1) たかしさんとえりこさんの２人はともに同じ時間ランニングをして，たかしさんは 2.7 km，えりこさんは 1.5 km 走りました。このとき，たかしさんとえりこさんの速さの比(ひ)はいくらですか。

(2) A，B２台の車があり，Aは秒速 18 m，Bは秒速 15 m で走ります。２台は同じ時間走り，Aは 21 km 進みました。このとき，Bの進んだ道のりはいくらですか。

解き方と答え

(1)

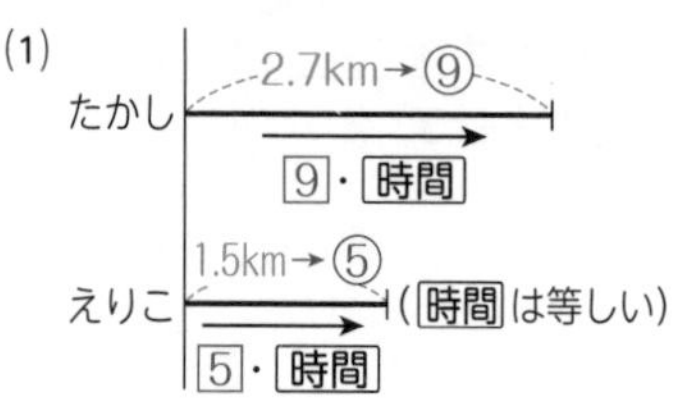

進んだ時間が一定で，進んだ道のりの比が
たかし：えりこ＝2.7：1.5＝⑨：⑤ なので，
速さの比も **9：5**

(2)

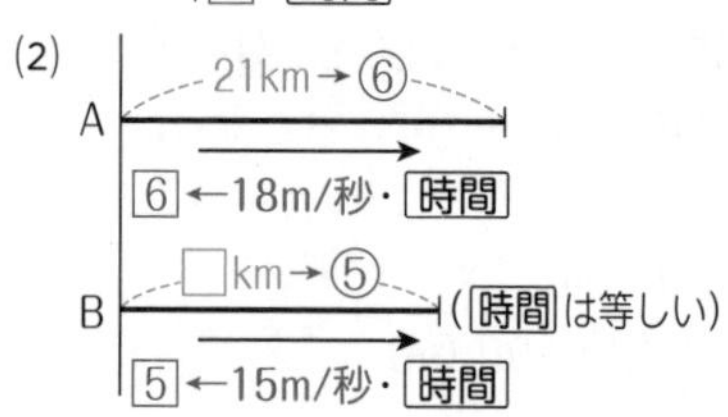

進んだ時間が一定で，速さの比が
A：B＝18：15＝6：5 なので，進んだ道のりの比も ⑥：⑤ となる。
⑥＝21 km
①＝21÷6＝3.5 (km)
⑤＝3.5×5＝**17.5 (km)**

進んだ時間が一定のとき，速さの比＝進んだ道のりの比

練習問題 52

別冊解答 p.41

次の問いに答えなさい。

(1) 列車Aは時速 86.4 km，列車Bは時速 90 km です。列車AとBが同じ時間走ったとき，列車Aと列車Bの進んだ道のりの比はいくらですか。

(2) せいやさんはA地からB地を通ってC地まで行きました。A地からB地までは分速 52 m で歩き，B地からC地までは分速 130 m で走りました。せいやさんが歩いた時間と走った時間は同じで，AB 間の道のりは 1.4 km です。このとき，BC 間の道のりはいくらですか。

p.162 1

例題53 道のりが一定のときの比

次の問いに答えなさい。

(1) 姉と妹が家から公園まで同じ道を走って行きました。姉は9秒，妹は10.5秒かかりました。このとき，姉と妹の速さの比(ひ)はいくらですか。

(2) しゅんたさんは家から学校までを，同じ道を通って往復(おうふく)しました。行きと帰りの速さの比は5：7で，行きは14分かかりました。帰りは何分かかりましたか。

解き方と答え

(1)

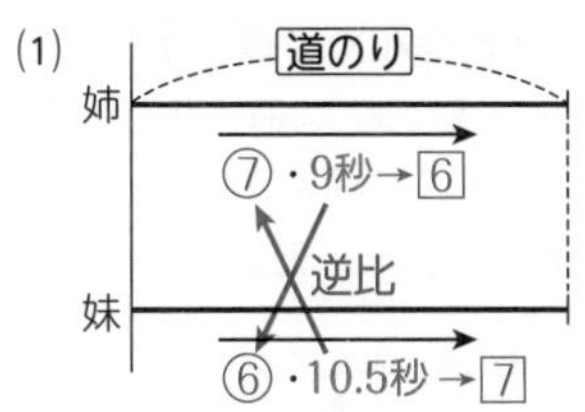

かかった時間の比は，

姉：妹＝9：10.5＝90：105＝6：7

同じ道のりを進んだので，速さの比はかかった時間の比の逆比(ぎゃくひ)で，**7：6**

(2)

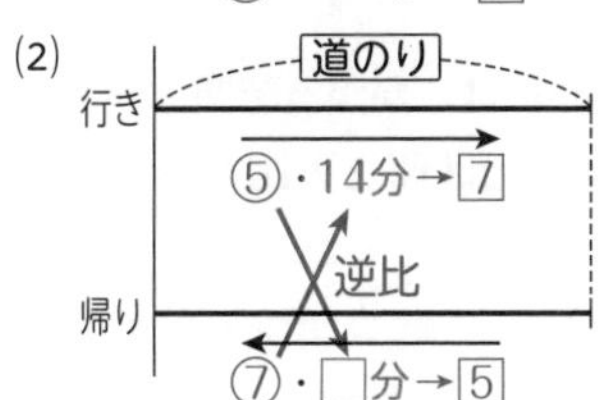

進んだ道のりが一定で，速さの比が 行き：帰り＝5：7 なので，かかった時間の比は逆比の7：5になる。

7＝14分

1＝14÷7＝2（分）

5＝2×5＝**10（分）**

ココ大事！ 進んだ道のりが一定のとき，速さの比 ⟺（逆比） かかった時間の比

練習問題53

次の問いに答えなさい。

(1) 家から学校までの同じ道を，姉は分速54 m，妹は分速48 mで歩きます。姉と妹のかかる時間の比はいくらですか。

(2) 兄と弟が川のA地点からB地点までボートでくだります。兄は25分，弟は35分かかりました。兄の速さが時速9.8 kmのとき，弟の速さを求めなさい。

別冊解答 p.41

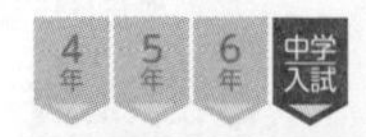

p.162 1

例題54 スタートの位置

兄と弟が 100 m 走をして，兄は 16 秒，弟は 20 秒で走りました。

(1) 兄がゴールしたとき，弟はゴール手前何mのところを走っていましたか。

(2) 兄と弟が同時にゴールするためには，兄のスタート位置を何m後ろにすればよいですか。

解き方と答え

(1)

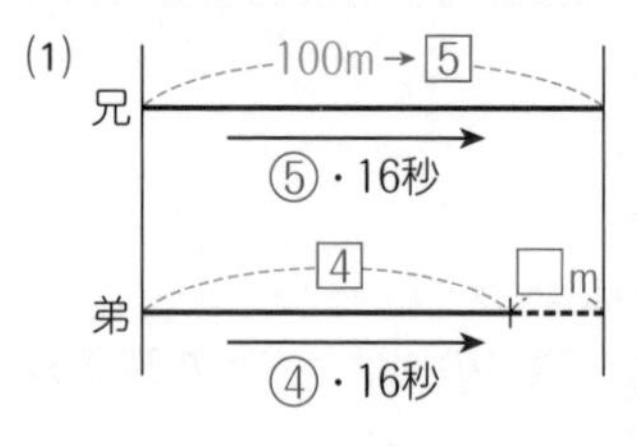

かかった時間の比(ひ)が 兄：弟＝16：20＝4：5 で，同じ 100 m を進んでいるので，速さの比は逆比(ぎゃくひ)の ⑤：④

兄がゴールしたとき，弟も 16 秒進んでいる。かかった時間が一定なので，進んだきょりの比は速さの比と等しく，兄：弟＝5：4

よって，兄がゴールしたとき，弟はゴールより

5－4＝1 手前を走っている。

5＝100 m より，1＝**20 m**

(2)

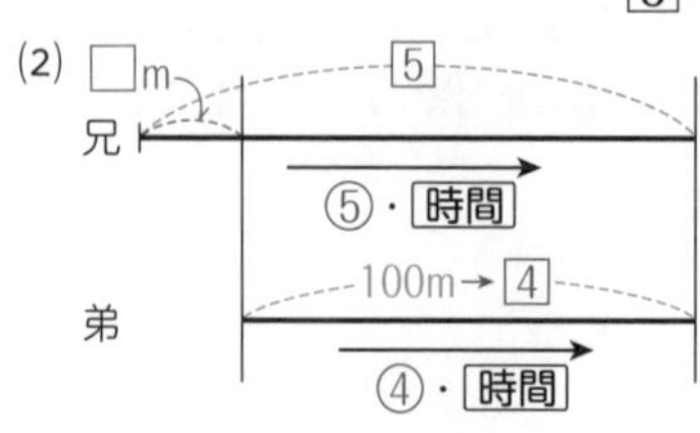

同時にゴールするためには，かかる時間は一定なので，進んだきょりの比は速さの比と等しく，

兄：弟＝5：4

よって，兄は 5－4＝1 後ろからスタートすることになる。

4＝100 m より，1＝**25 m**

- **一定の時間を進むとき，速さの比＝きょりの比**
- **一定のきょりを進むとき，速さの比⇔(逆比)時間の比**

練習問題 54

別冊解答 p.41

みなみさんはお母さんと 120 m 競走をしました。お母さんは 20 秒，みなみさんは 24 秒で走りました。

(1) みなみさんとお母さんが同時にゴールするためには，お母さんのスタート位置を何m後ろにすればよいですか。

(2) みなみさんとお母さんが同時にゴールするためには，みなみさんのスタート位置を何m前にすればよいですか。

p.162 2

例題55 歩幅と歩数の比

兄が7歩で歩くきょりを弟は10歩で歩き，兄が3歩進む間に弟は4歩進みます。

(1) 兄と弟の速さの比を求めなさい。

(2) 兄の1歩は80 cmです。いま，兄と弟が同じ方向へ同時に歩きはじめました。兄と弟の歩いたきょりの差が20 mになるのは兄が何歩歩いたときですか。

解き方と答え

(1)

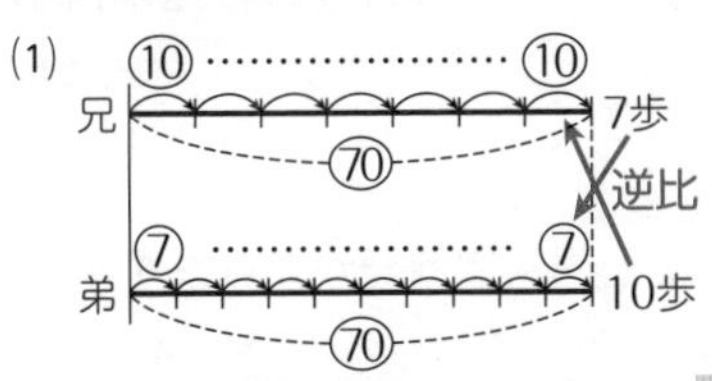

兄が7歩，弟が10歩で進むきょりを7と10の最小公倍数の⑳とすると，

兄の歩幅(ほはば)は ⑳÷7=⑩, 弟の歩幅は ⑳÷10=⑦

よって，兄と弟の歩幅の比は，⑩：⑦

↑歩数の比7：10の逆比

兄と弟の進んだきょりの比は，きょり＝歩幅×同じ時間に進む歩数 より，

⑩×3：⑦×4=30：28=15：14

兄と弟の速さの比は，同じ時間に進んだきょりの比と等しいから，**15：14**

(2) 速さの比が15：14なので，一定の時間に進むきょりの比も15：14

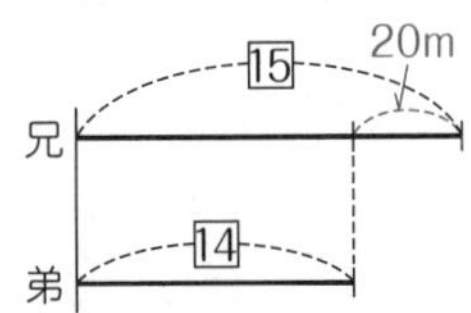

歩いたきょりの差が20 mなので，[15]−[14]=[1]=20 m

兄が歩いたきょりは，[15]=20×15=300 (m)

兄の1歩は，80 cm=0.8 m なので，

300÷0.8=**375** (歩)

・Aが□歩で歩くきょりをBは○歩で歩く…歩幅の比は A：B=○：□

□と○の逆比↑

・Aが◇歩進む間にBは△歩進む…速さは一定の時間に進むきょり，つまり，歩幅×歩数 で求められるので，速さの比は A：B=○×◇：□×△

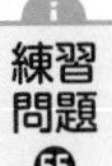

練習問題 55

姉が6歩で歩くきょりを妹は8歩で歩き，姉が4歩進む間に妹は5歩進みます。

(1) 姉と妹の速さの比を求めなさい。

(2) いま，妹が家から先に30歩歩いてから，同じ道を通って姉が妹を追いかけました。姉が妹に追いつくのは何歩歩いたときですか。

別冊解答 p.41

別冊解答 p.42

46 次の問いに答えなさい。

→例題 43 (1) 100 m を 12 秒で走る速さは，時速何 km ですか。【近畿大附中】

(2) 花子さんの家から学校まで 800 m あります。家を 7 時 30 分に出ると学校に 7 時 48 分に着きます。花子さんの歩く速さは時速何 km ですか。【甲南中】

47 次の問いに答えなさい。

→例題 44 (1) 秒速 3 m は時速何 km ですか。【追手門学院大手前中】

(2) 飛行機が 900 km/時 の速さで飛んでいます。この飛行機の秒速は何m ですか。【同志社中】

48 次の問いに答えなさい。

→例題 45・46 (1) 17 km の道のりを毎時 5 km の速さで歩くと何時間何分かかりますか。【育英西中】

(2) 時速 10 km で 15 分進んだときの道のりは何mですか。【東海大附属大阪仰星中】

(3) 時速 10 km で 1 時間 55 分間に進む道のりは何 km ですか。【プール学院中】

(4) A は自転車に乗ると，12 分で 3 km 進むことができます。このとき，1 時間 40 分で進める道のりは何 km ですか。【横浜女学院中】

49 240 km はなれた B 市と J 市の間を，行きは時速 120 km の特急電車に乗り，帰りは時速 60 km の電車に乗って往復(おうふく)しました。【日本大豊山女子中】

→例題 47

(1) 往復するのにかかった時間は何時間ですか。

(2) 往復したときの平均(へいきん)の速さは時速何 km ですか。

50 右の図は，のぼるさんが A 地からとちゅうの C 地を通って B 地に行ったときのようすを表したものです。のぼるさんは A 地を歩いて出発し，27 分で C 地に到着(とうちゃく)しました。C 地で休けいした後，時速 6 km で走り，A 地を出発してから 41 分後に B 地につきました。AC 間は 1.8 km，CB 間は 0.8 km とします。

→例題 49

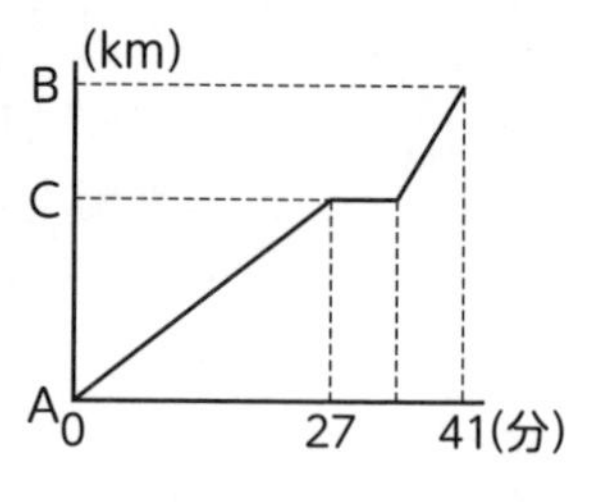

(1) のぼるさんが AC 間を歩くときの速さは時速何 km ですか。

(2) のぼるさんは C 地で何分休けいしましたか。

力をためす問題

→別冊解答 p.42~43

51 そうたさんとようすけさんはサイクリングをして，そうたさんは 16 分で 2.8 km 走り，ようすけさんは 3.5 km 走りました。2 人の自転車の速度が同じだったとすると，ようすけさんは何分走りましたか。

→例題 45・51

52 家から学校まで行くのに，時速 4 km の速さで歩くと 15 分かかります。この道のりを時速 5 km の速さで歩くと何分かかりますか。【ノートルダム女学院中】

→例題 45・53

53 桃子(ももこ)さんは，ある山道を行きは時速 12 km，帰りは時速 20 km の速さで往復(おうふく)しました。このとき，往復の平均(へいきん)の速さは時速何 km ですか。【桃山学院中】

→例題 47

54 兄は家から郵便局(ゆうびんきょく)まで自転車に乗り，分速 230 m で行きました。妹は家からスーパーまで歩いて行きました。同時に家を出発すると，兄が郵便局に着くのと妹がスーパーに着くのが同じになるそうです。家から郵便局までの道のりと家からスーパーまでの道のりの比が 5：1 のとき，妹の速さを求めなさい。

→例題 52

55 8 時に家を出て目的の電車に乗るのに，毎分 90 m の速さで歩くと発車時刻(じこく)の 2 分前に駅に着きますが，毎分 75 m の速さで歩くと発車時刻の 1 分後に着き，乗り遅(おく)れてしまいます。

(1) 家から駅までの道のりは何mですか。

(2) 電車の発車時刻は何時何分ですか。

→例題 53

ちょいムズ **56** A さん，B さん，C さんの 3 人が同時にスタートし，400 m 競走をしました。A さんがゴールしたとき，B さんは 16 m 後ろを走っていました。次に B さんがゴールしたとき，C さんは 25 m 後ろを走っていました。A さんがゴールしたとき，C さんはAさんより何m後ろを走っていましたか。

→例題 54

57 花子さんが 3 歩で進むきょりをお父さんは 2 歩で進みます。また，花子さんが 5 歩進む間に，お父さんは 4 歩進みます。同じ地点から，花子さんが先に 200 歩進んだ後，歩き続ける花子さんをお父さんが追いかけました。お父さんが花子さんに追いついたとき，お父さんは何歩進みましたか。【洗足学園中】

→例題 55

速さ　～目に見えないものの速さ～

天気予報で「風速 15 m/秒 の強風が…」というのを聞いたけど，何の速度のことかな？

風ということは，空気が動く速さじゃないかしら？

さすがゆいさん！風速 15 m/秒 というのは，空気が 1 秒間に 15 m 移動（いどう）するということね。

空気は目に見えないから，なんだかイメージしにくいな～。

他にも目に見えない速さとしては，音速というのもあるわよ。音が伝わる速さね。気温が 15 度のときで，約 340 m/秒 なのよ。

少しはなれた所から花火を見ていると，花火が見えてから，音が数秒後に聞こえることがあるでしょ。

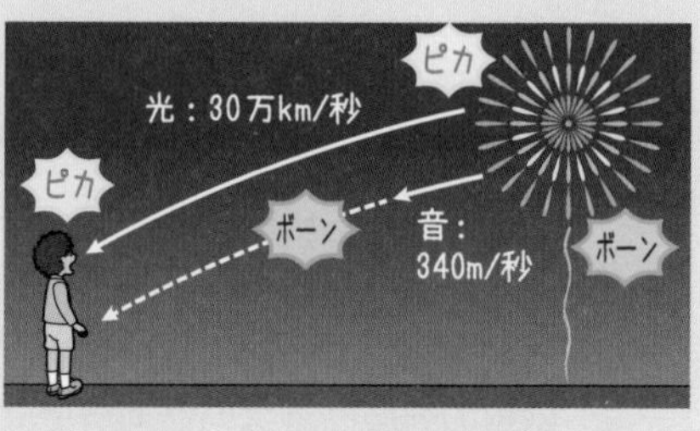

光の速さは約 30 万 km/秒 で，1 秒間に地球を約 7 周半もするのよ。1 km はなれた所で見ていると，花火の光は一瞬（いっしゅん）で届（とど）くけど，音が届（とど）くまでには約 3 秒かかるわ。

雷（かみなり）が光ってしばらくしてから，ゴロゴロって聞こえるのと同じことだね！

なるほど。ということは，先生に雷を落とされても，光の速さで逃（に）げれば大丈夫なんだね。

逃げられるものなら逃げてみなさい!!

第3編

データの活用

第1章 グラフと資料 ………… 174

第2章 場合の数 ………… 184

ここからスタート！

第3編

データの活用

▶場合の数 ～ハンバーガー屋さんのセットメニュー～

昨日，ハンバーガー屋さんでハンバーガー・ポテト・オレンジジュースのセットを注文したんだ。ぼくはいつかセットメニューを，全パターン食べつくそうと思っているんだ！

さすがにそれは無理なんじゃない？

どうして？ハンバーガーの他にチーズバーガーやチキンバーガーなど 15 種類で，サイドメニューはポテトとナゲットとサラダの 3 種類だけだし，飲み物はちょっと多いけど，それでも 20 種類だよ。よくわからないけど，100 回くらい行けば制覇できるんじゃない？

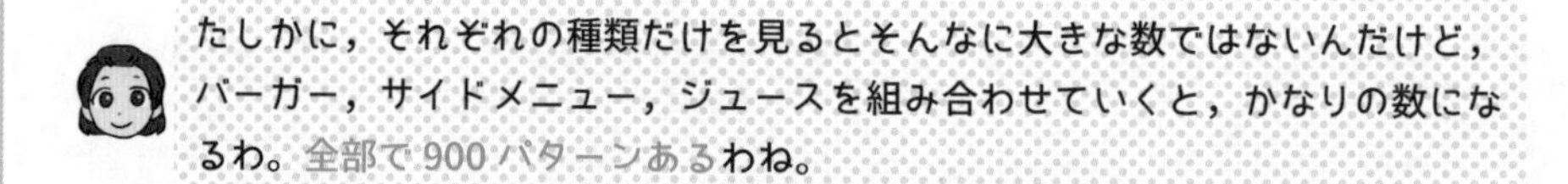

たしかに，それぞれの種類だけを見るとそんなに大きな数ではないんだけど，バーガー，サイドメニュー，ジュースを組み合わせていくと，かなりの数になるわ。全部で 900 パターンあるわね。

げげっ，そんなに！？毎日ハンバーガー屋さんに行ったとしても 2 年以上かかるんだ…。くやしいけど，あきらめよう…。

そんなにあるんじゃ，何を食べたか忘れちゃいそうね。それよりも先生，セットメニューが 900 パターンもあるなんて，どうしてすぐにわかったんですか？

実はね，簡単な計算で求める方法があるのよ！積の法則っていうの。同じ考え方をする問題が p.189 にあるわ。ハンバーガー屋さんの話だけではなく，いろいろなところで活用できる知識でもあるから，しっかり理解していってね。

は～い！

タロはナゲットだけ食べたいからワンパターンだワン!!

……。

いろいろなグラフ ～伝え方のくふう～

ゆい，自由研究でセミについて調べたんだけど，ちょっと見てくれない？

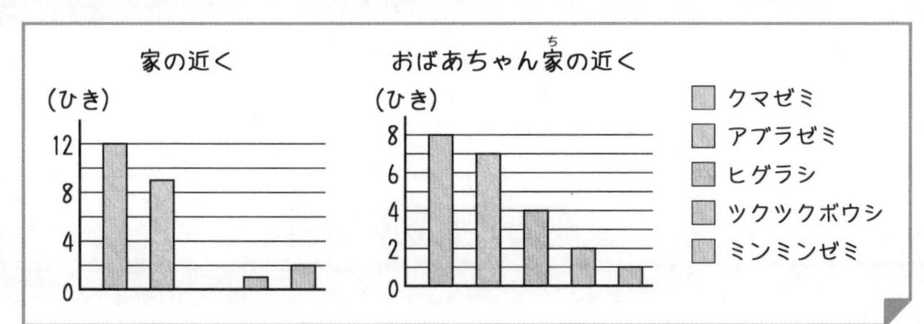

どちらもクマゼミやアブラゼミが多いのね。

やっぱり，そう思うよね。でも，ぼくが言いたいのは，「家の近くではあまり見られないセミがおばあちゃん家の近くにはいた。」ということなんだ。

棒グラフは棒の高さで量を表すから，セミの数をくらべるときは便利なのよ。しんくんが伝えたいことを表すには，円グラフにしたらどうかしら。

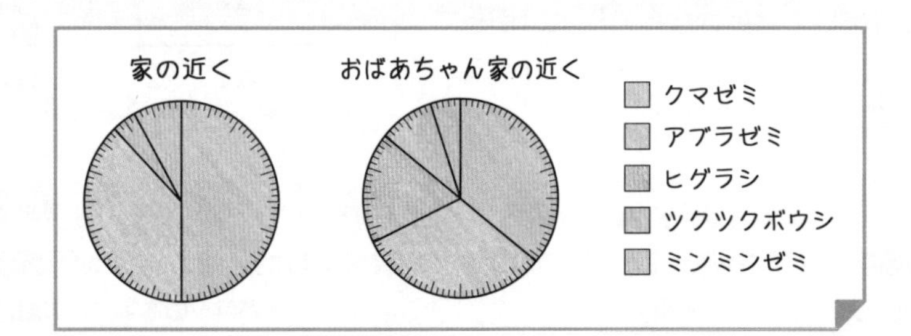

これが円グラフよ。これだと，全体の中で，それぞれがどれくらいの割合なのかが読み取りやすくなるわ。

なるほど～。目的に合わせて，使い分けることが大切なんですね！

ちなみに，タロの一日はこんなかんじだよ～。

ねてばっかりじゃない！

ねる
たべる
あそぶ

第1章 グラフと資料

1 割合とグラフ

p.174〜176

❶ 円グラフ，帯グラフのしくみを理解しよう。
❷ 円グラフ，帯グラフを読みとり，割合を利用して，グラフのいろいろな数値を計算で求められるようにしよう。

学習のポイント

1 円グラフ

➡例題1

► **円グラフ**は，**360°を100%**としておうぎ形に区切って，それぞれの割合を大きい順に真上から右回りに書いていく。「その他」という項目があれば，大きさに関係なく最後に書く。

↑p.258

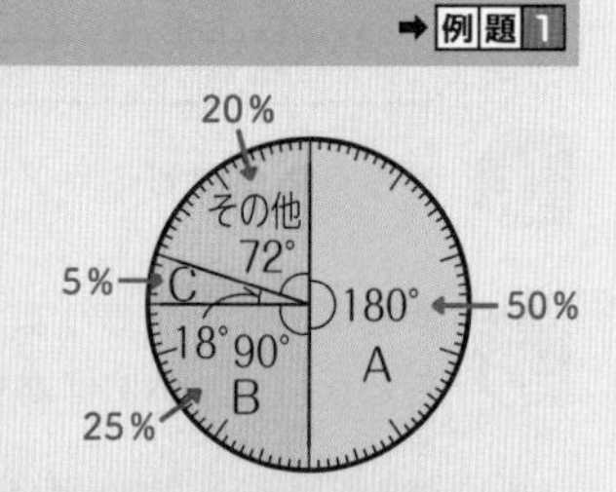

2 帯グラフ

➡例題2

► **帯グラフ**は，細長い**長方形の横の長さを100%**として，小さな長方形に区切って，それぞれの割合を大きい順に左から書いていく。「その他」という項目があれば，大きさに関係なく最後に書く。

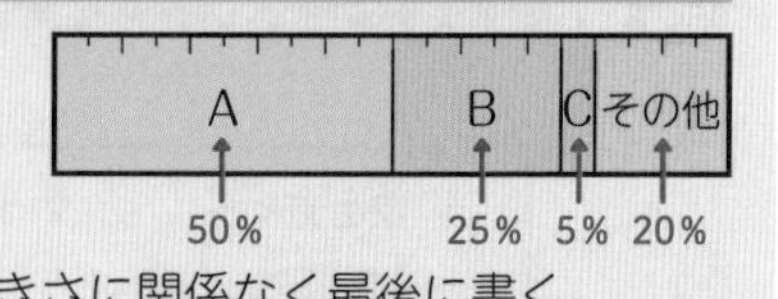

3 円グラフ・帯グラフを読みとる

➡例題1·2

例》ある学校の全生徒について，通学方法を調べました。その結果を円グラフと帯グラフに表しました。

(1) 徒歩で通学する生徒が160人だとすると，この学校の生徒数は何人ですか。

(2) 電車で通学している生徒は，円グラフでは中心角は何度，帯グラフでは何cmですか。

ある学校の通学方法の割合

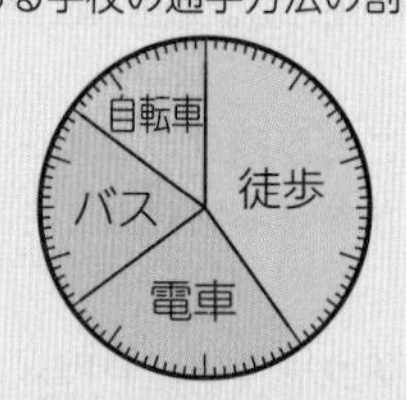

ある学校の通学方法の割合

徒歩 | 電車 | バス | 自転車

20cm

解》(1) 徒歩で通学する生徒は40%なので，
160÷0.4=400（人）

(2) 電車で通学する生徒は25%なので，
円グラフ…360°×0.25=90°
帯グラフ…20×0.25=5（cm）

4年 5年 6年 中学入試

p.174 1, 3

例題1 割合と円グラフ

右のグラフは，やまとさんの家のある月の支出の割合（わりあい）を表したものです。

(1) 住居費，教育費，ひ服費の割合はそれぞれ何％ですか。

(2) 食費は教育費のおよそ何倍ですか。小数第一位を四捨五入（ししゃごにゅう）して答えなさい。

(3) 支出の合計が 25 万円のとき，住居費はいくらですか。

(4) ㋐の角度は何度ですか。

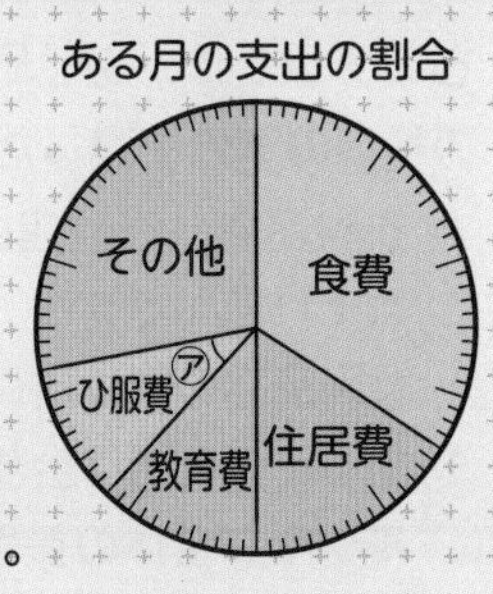

解き方と答え

(1) 円グラフのまわりにある目もりから，％の数値（すうち）を読む。
住居費は 34%～50%なので，50－34＝**16 (%)**
教育費は 50%～62%なので，62－50＝**12 (%)**
ひ服費は 62%～72%なので，72－62＝**10 (%)**

(2) 食費は 34%，教育費は 12%なので，
34÷12＝2.8…（3）より，**およそ 3 倍**

(3) 住居費は 16%なので，
25万×0.16＝**4 万 (円)**

(4) ひ服費は 10%，円グラフの角度全体は 360° なので，
360°×0.1＝**36°**

くわしく **円グラフの角度と割合の関係**

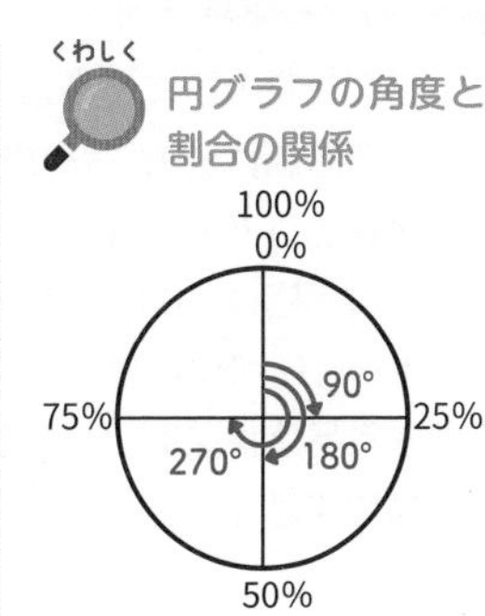

円グラフは 360° で全体の 100%を表すので，各部分の角度と割合は，

$$\frac{□°}{360°}=\frac{△\%}{100\%}$$

ココ大事！ 円グラフでは，1 つの円で全体を表す。100%＝360°

練習問題 1　別冊解答 p.44

右のグラフは，ある小学校の 1 学期のけが調べの結果を，けがの種類ごとに表したものです。

(1) すりきずの割合は何％ですか。

(2) 打ぼくの割合は全体の何分の 1 ですか。

(3) すりきずの件数（けんすう）は切りきずの件数の何倍ですか。

(4) 1 学期のけがの件数は合計で 60 件でした。1 学期のすりきずの件数は何件ですか。

(5) ㋐の角度は何度ですか。

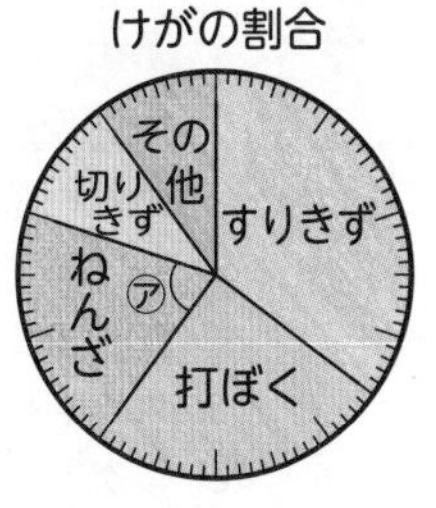

p.174 2, 3

例題 2 割合と帯グラフ

右のグラフは，ある町にある商店の種類の割合を表したものです。

商店の種類と割合

食料品店	衣料品店	雑貨店	その他

(1) 衣料品店，雑貨店の割合はそれぞれ何％ですか。

(2) 食料品店の数は雑貨店の数の何倍ですか。

(3) ある町の商店は全部で 150 店です。衣料品店は何店ありますか。

(4) 帯グラフ全体の長さを 15 cm にしたとき，雑貨店の長さは何 cm ですか。

解き方と答え

(1) 帯グラフの下にある目もりから，％の数値を読む。
衣料品店は 40％～68％なので，68－40＝**28（％）**
雑貨店は 68％～84％なので，84－68＝**16（％）**

(2) 食料品店は 40％，雑貨店は 16％なので，
40÷16＝**2.5（倍）**

(3) 衣料品店は 28％なので，150×0.28＝**42（店）**

(4) 雑貨店は 16％なので，15×0.16＝**2.4（cm）**

くわしく

帯グラフの特ちょう

帯グラフは，いくつか並べることで，時間の経過による変化がわかりやすい。

例》ある町の１年間の天気の割合

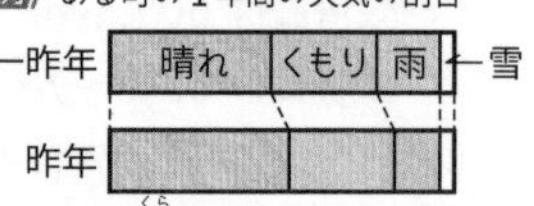

一昨年と比べると昨年のほうが晴れの日が増え，雨の日が減っていることがわかりやすい。

ココ大事！ **帯グラフでは，全体の横の長さを 100％とする。**
各項目の 横の長さ＝全体の横の長さ×割合

練習問題 ❷

別冊解答 p.44

右のグラフは，東小学校と西小学校の１年間のけが調べの結果を，けがをした場所ごとに表したものです。

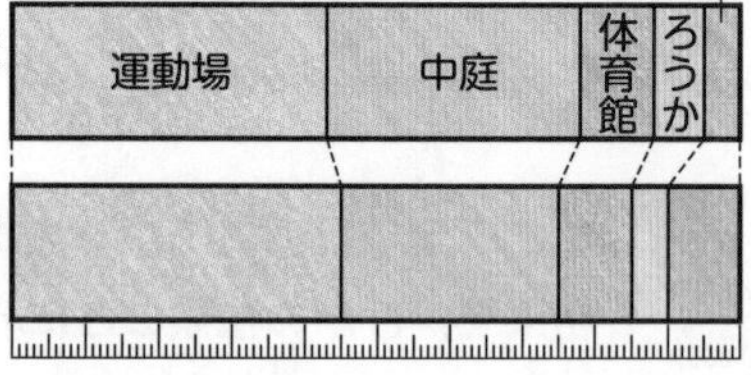

(1) 東小学校と西小学校で，中庭でけがをした割合が多いのはどちらですか。

(2) 体育館でのけがの件数は，東小学校と西小学校で同じといえますか。理由も答えなさい。

(3) 東小学校と西小学校で，ろうかでのけがの件数はどちらが何人多いですか。

(4) 帯グラフ全体の長さは東小学校，西小学校ともに 20 cm です。このとき，それぞれの運動場を示す部分の長さのちがいは何 cm ですか。

2 資料の調べ方

p.177〜181

❶ 代表値の種類と意味をそれぞれ覚えよう。
❷ 度数分布表や柱状グラフからいろいろなデータを読みとれるようにしよう。

学習のポイント

1 代表値とドットプロット

➡ 例題 3·4

► 下のように，資料を数直線上に並べ，同じ値のデータの個数だけドットを積み上げて表したものを**ドットプロット**という。資料の特ちょうを表すものに**平均値**，**中央値**，**最ひん値**があり，これらをまとめて**代表値**という。

例》ある10人の計算テストの結果

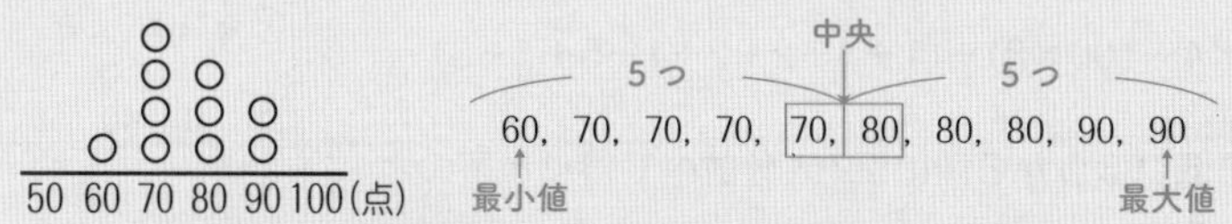

はんい…最大値−最小値 例》では，90−60=30（点）

平均値…**合計÷個数** 例》では，(60+70×4+80×3+90×2)÷10=76（点）

中央値…データを大きさの順で並べたときの中央の値。

データが奇数個のときは，その中央の値で，偶数個のときは，中央の2個のデータの平均値。 例》では，(70+80)÷2=75（点）

最ひん値…**最も個数が多いデータの値。** 例》では，4個ある70点

2 度数分布表と柱状グラフ

➡ 例題 5·6

► 下のような表を**度数分布表**といい，それぞれの区間を**階級**，それぞれの階級の資料の個数を**度数**という。また，階級の中央の値を**階級値**という。

► 度数分布表をグラフに表したものを**柱状グラフ(ヒストグラム)**という。

例》あるクラスのソフトボール投げの記録

右のとき，きょりが階級，人数が度数である。また，10以上〜15未満のときの階級値は，(10+15)÷2=12.5

きょり(m)	人数(人)
10以上〜15未満	4
15　〜20	6
20　〜25	8
25　〜30	6
30　〜35	3

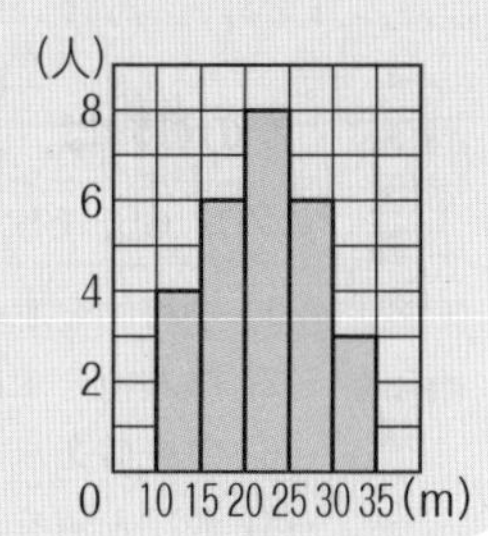

p.177 1

例題3 代表値

下の表は，あるクラスの計算テストの得点と人数をまとめたものです。

得点(点)	30	40	50	60	70	80	90	100
人数(人)	1	4	2	2	1	5	4	3

(1) 平均値（へいきんち）を求めなさい。

(2) 中央値を求めなさい。

(3) 最ひん値を求めなさい。

解き方と答え

(1) それぞれの **得点×人数** の合計が全体の合計点数になり，それを人数の合計でわれば平均値が求められる。

$(30\times1+40\times4+50\times2+60\times2+70\times1+80\times5+90\times4+100\times3)\div(1+4+2+2+1+5+4+3)$

（←全体の合計点数）（←人数の合計）

$=70$ **(点)**

(2) 得点を低いほうから順に 22 人分並（なら）べて書くと下のようになる。

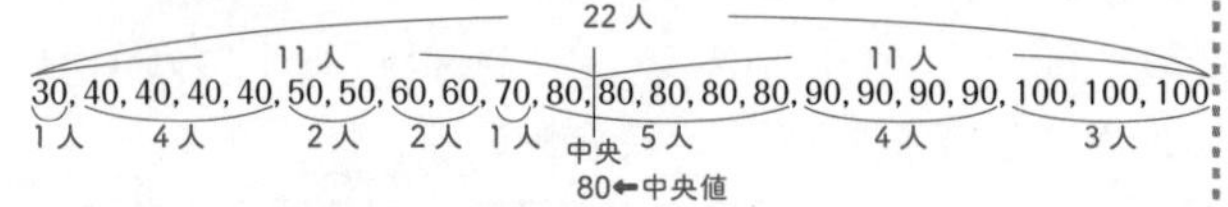

よって，**80 点**

(3) 表より，**人数がいちばん多い得点は**，80 点の 5 人なので，**80 点**

注意

中央値の求め方

中央値は，データの個数が奇数個か偶数個かによって，求め方がちがう。

㋐ 奇数個のとき，

5 個
30，40，40，50，60
2 個　↑　2 個
中央値

㋑ 偶数個のとき，

6 個
30，40，40，50，50，60
3 個　中央　3 個
$(40+50)\div2=45$
中央値

ココ大事！

中央値…データを小さい順に並べて書いたとき，
データが奇数個（きすうこ）なら真ん中の値（あたい）
データが偶数個（ぐうすう）なら，真ん中2つの平均値

最ひん値…データにおいて，最も個数が多いデータの値

練習問題 ❸

次の資料（しりょう）は，しょうさんの9回の漢字テストの得点です。

70，65，65，95，80，65，100，90，45

(1) 平均値を求めなさい。

(2) はんいを求めなさい。

(3) 中央値を求めなさい。

(4) 最ひん値を求めなさい。

別冊解答 p.44

p.177 1

例題4 ドットプロット

右の図は，けいごさんのクラスの男子の視力検査の結果をまとめたものです。

0.1	0.2	0.3	0.4	0.5	0.6	0.7	0.8	0.9	1.0	1.2	1.5	2.0
	○		○	○			○○	○○	○○○○	○○○○○	○○○	○

(1) 平均値を求めなさい。
(2) はんいを求めなさい。
(3) 中央値を求めなさい。
(4) 最ひん値を求めなさい。

解き方と答え

(1) $(0.2\times1+0.4\times1+0.5\times1+0.8\times2+0.9\times2+1.0\times4+1.2\times5+1.5\times3+2.0\times1)$
$\div(1+1+1+2+2+4+5+3+1)=$**1.05**

(2) はんい＝最大値－最小値 なので，
$2.0-0.2=$**1.8**

(3) 20個のデータを小さい順に並べると，

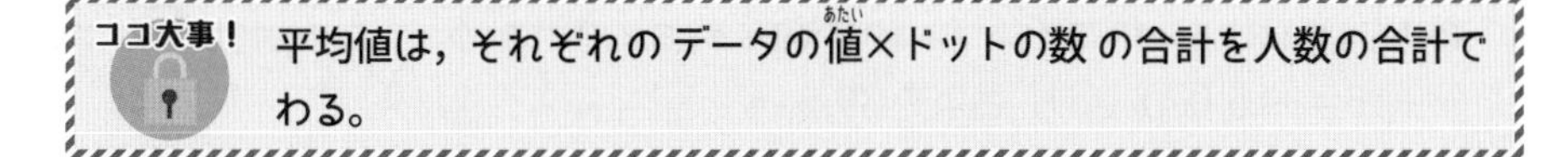

よって，**1.0**

(4) ドットプロットより，いちばん多いデータは，1.2の5人なので，**1.2**

ココ大事！ 平均値は，それぞれの データの値×ドットの数 の合計を人数の合計でわる。

練習問題4

別冊解答 p.44

右の図は，けいごさんのクラスの女子の視力検査の結果をまとめたものです。

0.1	0.2	0.3	0.4	0.5	0.6	0.7	0.8	0.9	1.0	1.2	1.5	2.0
○			○	○		○	○		○○○	○○○○	○○○○○	○

(1) 平均値を求めなさい。
(2) 中央値を求めなさい。
(3) 最ひん値を求めなさい。
(4) 例題4の図と比較すると，けいごさんのクラスの男子と女子では，どちらのほうが視力がよいといえますか。理由も答えなさい。

p.177 2

例題5 度数分布表

右の表は，あきとさんのクラスの男子15人の体重を調べてまとめたものです。

(1) 40 kg 以上 45 kg 未満の人は何人いますか。また，その割合(わりあい)は全員のおよそ何％ですか。小数第一位を四捨五入(ししゃごにゅう)して答えなさい。

(2) あきとさんの体重は軽いほうから数えて5番目です。あきとさんの体重は何 kg 以上何 kg 未満の階級にありますか。

(3) 男子15人の平均値(へいきんち)はおよそ何 kg ですか。

体重(kg)	人数(人)
25 以上～30 未満	2
30 ～35	1
35 ～40	4
40 ～45	
45 ～50	3
合計	15

解き方と答え

(1) 15－(2＋1＋4＋3)＝**5**（人）

5÷15＝0.3333…→33.3̇…％ より，およそ **33%**

(2) 25 kg以上30 kg未満…２人← 軽いほうから1番目・2番目

30 kg 以上35 kg未満…１人← 軽いほうから3番目

35 kg 以上40 kg未満…４人← 軽いほうから4番目～7番目

よって，あきとさんの体重は，**35 kg 以上 40 kg 未満**

(3) 例えば，25 kg 以上 30 kg 未満の階級では，

階級値＝(25＋30)÷2＝27.5（kg）の人が２人いると考える。他も同じように考えると，

(27.5×2＋32.5×1＋37.5×4＋42.5×5＋47.5×3)

÷15＝39.5（kg）より，およそ **39.5 kg**

くわしく

およその平均値

(3) 度数分布表(どすうぶんぷひょう)のように，１人１人の正確(せいかく)な体重の数値がわからない場合，その階級内の人は，すべて階級の真ん中の数値，すなわち階級値であると考えて平均値を求める。よって，正確な平均値ではなく，およその平均値となる。

ココ大事！ 平均値は，それぞれの 階級値×度数 をすべて加えて，度数の合計でわる。

練習問題 5

別冊解答 p.44

次の資料(しりょう)は，りほこさんのクラスの女子15人のテストの得点です。

72，87，85，90，63，80，79，61，65，77，91，70，60，82，74

(1) はんいを求めなさい。

(2) 右の度数分布表を完成させなさい。

(3) いちばん人数が多いのは何点以上何点未満の階級ですか。

(4) 80点以上の人数の割合は何％ですか。

得点(点)	人数(人)
60 以上～70 未満	
70 ～80	
80 ～90	
90 ～100	
合計	

p.177 2

例題 6 柱状グラフ

右の柱状(ちゅうじょう)グラフは，たけるさんのクラス全員がある日にテレビを見ていた時間をまとめたものです。

(1) 120 分以上 150 分未満の人の割合(わりあい)は何%ですか。

(2) たけるさんは 100 分見ていました。たけるさんは時間が長いほうから数えて何番目から何番目の間にいると考えられますか。

(3) クラス全員の平均値(へいきんち)はおよそ何分ですか。

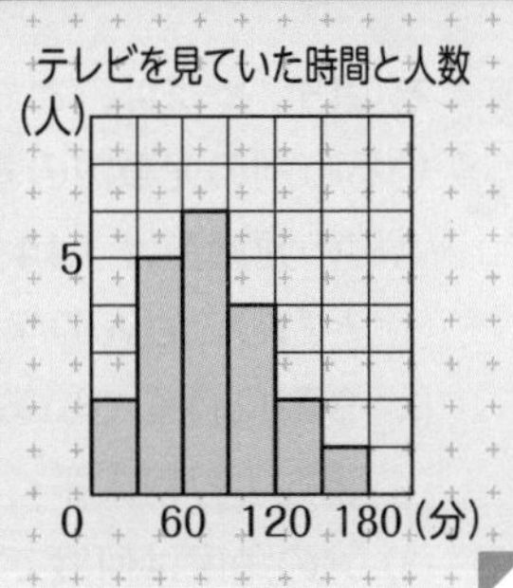

解き方と答え

(1) クラスの人数は，それぞれの階級の人数を合計して，

$2+5+6+4+2+1=20$ (人)

120 分以上 150 分未満の人は 2 人なので，

$2\div20=0.1$ → **10%**

(2) 150 分以上180 分未満… 1 人 ← 長いほうから1番目

120 分以上150 分未満… 2 人 ← 長いほうから2番目・3番目

90 分以上120 分未満… 4 人 ← 長いほうから4番目〜7番目

よって，**4 番目から 7 番目の間**

(3) それぞれの階級の階級値を使って求める。

$(15\times2+45\times5+75\times6+105\times4+135\times2+165\times1)$

↑ $(0+30)\div2$

$\div20=78$ (分) より，**およそ 78 分**

ことば

度数折れ線

柱状グラフの長方形の上の辺の真ん中を結んでできた折れ線を度数折れ線(どすうおれせん)という。

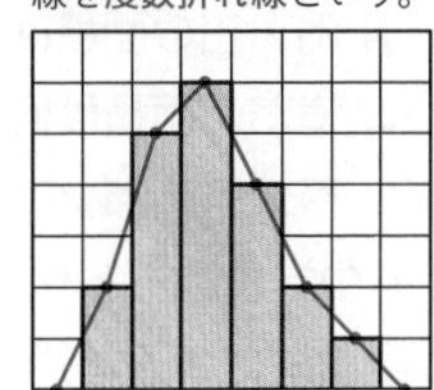

度数折れ線の頂上(ちょうじょう)あたりは，人数が多い区間なので，この付近の数値が平均値になることが多い。

ココ大事！ 度数分布を表したグラフでは，ちらばりのようすがわかりやすく，度数が高い階級あたりがおよその平均値となることが多い。

練習問題 6

別冊解答 p.45

右の柱状グラフは，こうすけさんのクラスの男子 15 人の 50 m 走の記録をとちゅうまでまとめたものです。ただし，7.5 秒以上 8 秒未満の人数の割合は男子全員の 20%で，7 秒未満の人と，9.5 秒以上の人はいないものとします。

(1) グラフを完成させなさい。

(2) こうすけさんの記録ははやいほうから 5 番目でした。こうすけさんの記録は何秒以上何秒未満ですか。

(3) 男子 15 人の記録の平均値はおよそ何秒ですか。

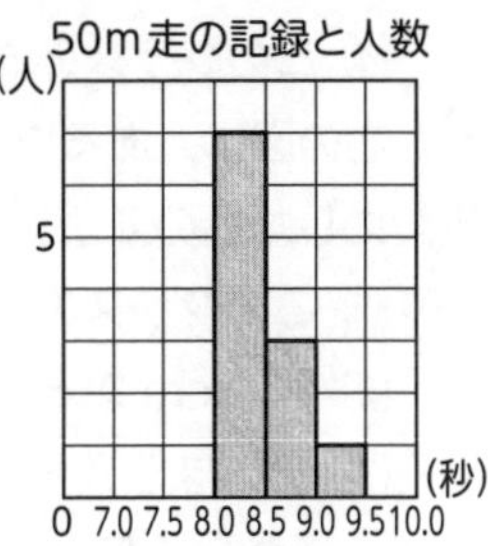

力をのばす問題

レベル3 レベル2 レベル1

別冊解答 p.45

1 右の円グラフは，ともひこさんの学校の児童が住んでいる町別の児童数の割合(わりあい)を表したものです。ただし，A町の児童数は 144 人です。

→例題1

町別の児童数の割合

その他 ㋐ A町 D町 C町 B町

(1) ともひこさんの学校の全児童数を求めなさい。

(2) B町に住んでいる児童数は，D町に住んでいる児童数より何人多くなっていますか。

(3) ㋐の角度は何度ですか。

2 右の帯グラフは，ある地域(ちいき)での土地の使われ方を調べたものです。ただし，農用地の面積は 280 km² です。

→例題2

土地の使われ方の割合

森林 農用地 宅地 池・川 道路 その他

(1) 池・川の面積は宅地(たくち)の面積の何倍ですか。

(2) 道路の面積は何 km² ですか。

(3) 帯グラフ全体の長さを 18 cm にしたとき，森林の部分の長さは何 cm ですか。

3 A中学校のあるクラスで，生徒の家から学校までの通学時間を調べたところ，右の表のようになりました。通学時間が 40 分以上の生徒はクラスの 45％です。

→例題5

通学時間(分)	人数(人)
㋐ 0分 以上 10分 未満	2
㋑ 10分 ～ 20分	9
㋒ 20分 ～ 30分	5
㋓ 30分 ～ 40分	□
㋔ 40分 ～ 50分	8
㋕ 50分 ～ 60分	7
㋖ 60分 ～ 70分	3
合計	

(1) 通学時間が長いほうから数えて 10 番目の人は，表の㋐～㋖のうち，どの部分に入っていますか。

(2) このクラスの生徒は全部で何人ですか。

(3) 表の□にあてはまる数はいくらですか。

(4) このクラスの通学時間の平均値(へいきんち)はおよそ何分ですか。

4 右の図は，あるクラスの身長の記録をグラフにしたものです。 【滝川中ー改】

→例題6

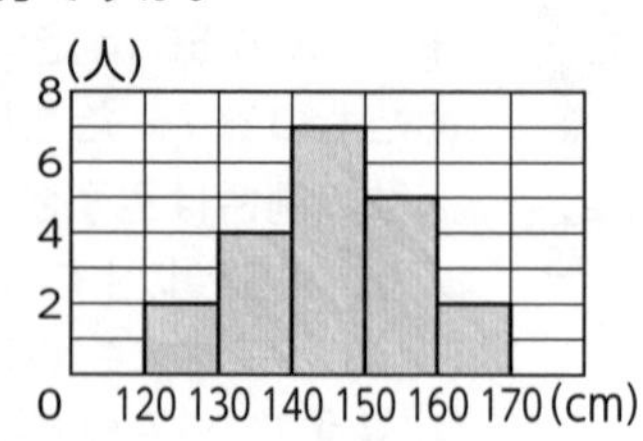

(1) このクラスの人数は何人ですか。

(2) 140 cm 以上の人は全体の何％ですか。

(3) 低いほうから 15 番目の人の身長は，何 cm 以上何 cm 未満ですか。

(4) このクラスの身長の平均値はおよそ何 cm ですか。

力をためす問題

レベル3 レベル2 レベル1

→ 別冊解答 p.45~46

5 右の資料は，あるスーパーマーケットの昨日の総売上高の割合と，その中の食料品の内訳を表したものです。 【比叡山中】

→例題1

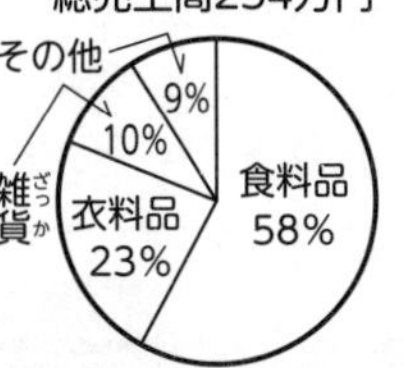

昨日の売上高の割合
総売上高254万円

その他
9%
10%
雑貨
衣料品
23%
食料品
58%

食料品の内訳

冷凍食品
23%
その他
26%
肉類
20%
魚介類
15%
野菜類
16%

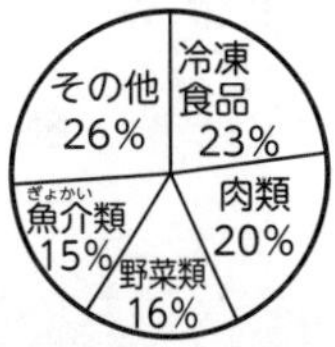

(1) 食料品の売上高は何円ですか。

(2) 衣料品の売上高は，冷凍食品の売上高の何倍ですか。四捨五入して小数第二位まで求めなさい。

6 下の表は，りささんのクラス全員のある日にテレビを見ていた時間をまとめたものです。ただし，平均値は 57.5 分です。

→例題3

時間(分)	0	20	30	50	60	90	100	120	150	合計
人数(人)	㋑	1	5	2	㋐	3	1	1	1	20

(1) ㋐，㋑にあてはまる数を求めなさい。

(2) 中央値と最ひん値を求めなさい。

7 右の図は，6年1組と6年2組の児童が夏休みの間に読んだ本の冊数をまとめたものです。

→例題4

(1) クラスの中で，読んだ本の冊数が最も多い児童と最も少ない児童の差が大きいのは，6年1組，6年2組のどちらですか。

(2) 6年1組と6年2組の平均値を比べると，どちらが何冊多いですか。

(3) 6年1組と6年2組のどちらが多く本を読んだといえますか。理由も答えなさい。

(6年1組)

0 1 2 3 4 5 6 7 8 9 10 (冊)

(6年2組)

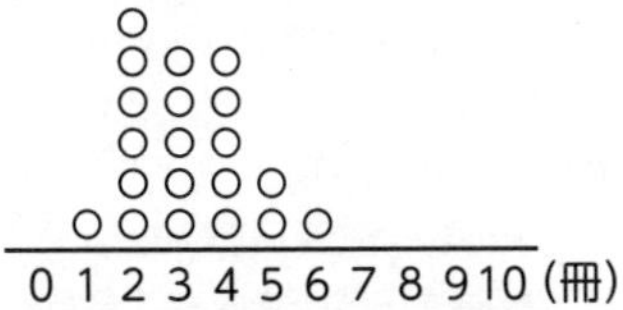

0 1 2 3 4 5 6 7 8 9 10 (冊)

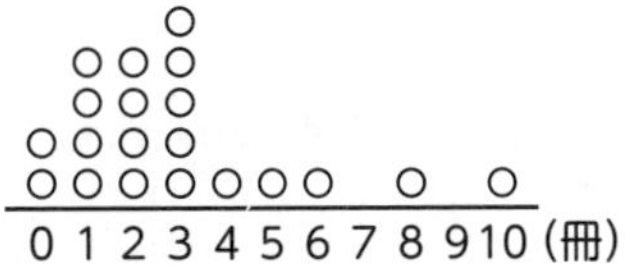

8 右の表は，あるクラスのソフトボール投げの記録をまとめたものです。 【桃山学院中】

→例題5

(1) 5 m 以上 15 m 未満の人数は，全体の何%ですか。

ちょいムズ (2) 投げた距離が短い人から順に並べたとき，20 番目の人は表の①～⑥のどの部分に入っている可能性がありますか。あてはまる番号をすべて選びなさい。

番号	距離(m)	人数(人)
①	5 以上 10 未満	2
②	10　15	4
③	15　20	A
④	20　25	10
⑤	25　30	B
⑥	30　35	1
	計	30

3 並べ方と組み合わせ方

p.184～188

❶ 問題文を読んで，並べ方の問題なのか，組み合わせ方の問題なのかを判断できるようにしよう。
❷ 樹形図をかくときは，もれや重なりがないようにしよう。

学習のポイント

1 並べ方

➡例題7·8

例》 1，2，3，4の4枚のカードを並べるとき，並べ方は全部で何通りありますか。

解》 右の図のように，すべての場合を枝状にかいて考える。このような図を**樹形図**という。
左はしが1の場合は，右のように6通りある。2，3，4の場合も1のときと同じようにそれぞれ6通りずつあるので，全部の並べ方は，6×4=24（通り）

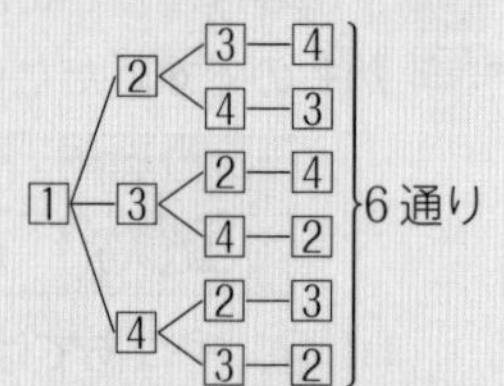

2 組み合わせ方

➡例題9

例》 A，B，C，D，Eの5人の中から委員を2人選ぶとき，選び方は何通りありますか。

解》 2人の委員の組み合わせ(A，B)，(B，A)は同じものとして考える。

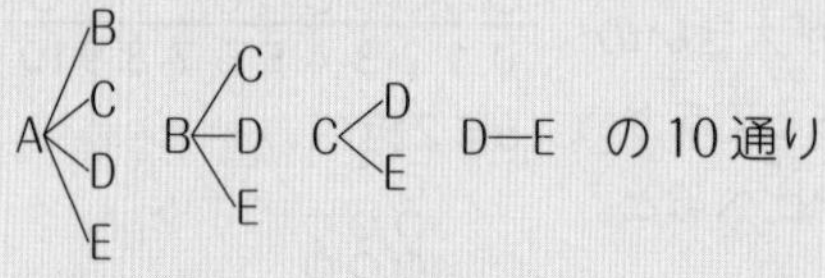

注意 A，B，C，D，Eの5人の中から委員長と副委員長を選ぶような場合は，(委員長，副委員長)の順で，(A，B)と(B，A)は別々のものとして考える。

▶(委員長，副委員長)を選ぶように，順序を考える並べ方を「**順列**」といい，(委員，委員)を選ぶように，順序を考えない選び方を「**組み合わせ**」という。

3 コインの出方

➡例題10

例》 1枚のコインを続けて3回投げます。表と裏の出方は何通りありますか。

解》 表を○，裏を×として，1回目に表が出た場合の樹形図をかく。
1回目が裏のときも同じように4通りあるので，全部の出方は，4×2=8（通り）

1回目　2回目　3回目
○—○—○
○—○—×
○—×—○
○—×—×
4通り

p.184 1

例題7 並べ方

A, B, C, Dの4人が一列に並(なら)びます。

(1) Aが先頭にくる並び方は全部で何通りありますか。

(2) 4人の並び方は全部で何通りありますか。

(3) AとBがとなり合う並び方は何通りありますか。

解き方と答え

(1) 右のように，樹形図(じゅけいず)をかくと，**6通り**ある。

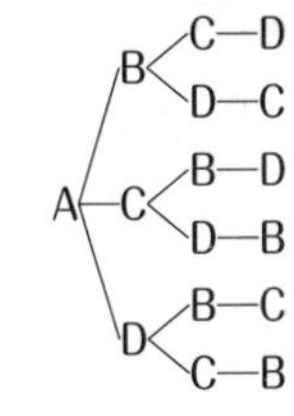

(2) (1)より，Aが先頭にくる並び方が6通りあるので，B，C，Dが先頭にきても，Aのときと同じようにそれぞれ6通りずつの並び方がある。

よって，6×4=**24（通り）**

(3) AとBがとなり合うので，この2人を[A・B]というセットにして，[A・B]とCとDの3つの並び方を考えると，

[A・B]<C—D, D—C　C<[A・B]—D, D—[A・B]　D<[A・B]—C, C—[A・B]　の6通り

ここで，AとBがとなり合う並び方は，[A・B]と[B・A]の2通りあるので，上の[A・B]と同じように[B・A]でも6通りある。

よって，6×2=**12（通り）**

計算で求める

(1) A ① ② ③

①は，B，C，Dの3通りある。

②には，①で1人並んだので，残りの2人のうち，1人がくるので，2通りある。

③は，①，②で2人並んだので，残りは1人で1通りある。

よって，3×2×1=6（通り）

(2) (1)と同じように

4×3×2×1=24（通り）

(3) [A・B]，C，Dの3人の並び方にすると，

3×2×1=6（通り）

[B・A]も6通りあるので，

6×2=12（通り）

ココ大事！ 並び方は，先頭を決めて樹形図をかく。一部をかいて残りは計算で求めるとよい。

練習問題7

別冊解答 p.46

動物園で，ゾウ，カバ，ライオン，パンダ，キリンの5頭全部を1回ずつ順番に見ます。

(1) 見る順番は全部で何通りありますか。

(2) 1番目にパンダ，最後にキリンを見るとき，見る順番は何通りありますか。

(3) 2番目と3番目は，ゾウかカバを見るとき，見る順番は何通りありますか。

p.184 1

例題8 カードの並べ方

1，2，3，4の4枚のカードのうち，3枚を選んで3けたの整数をつくります。

(1) 百の位が1になる整数は何通りできますか。

(2) 整数は全部で何通りできますか。

(3) 偶数は何通りできますか。

解き方と答え

(1) 右のように，樹形図をかくと，6通りある。

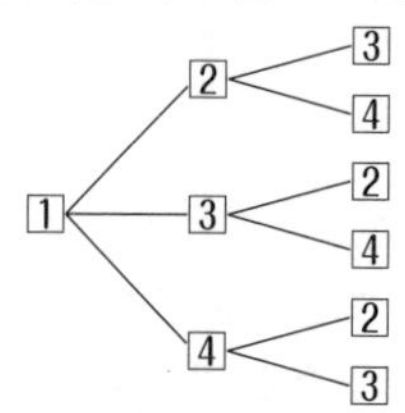

(2) (1)より，百の位が1になる並べ方は6通りあるので，百の位が2，3，4のときもそれぞれ6通りの並べ方がある。

よって，6×4=**24**（通り）

(3) 一の位が偶数であれば，その数は偶数になるので，□□2と□□4の場合がある。

□□2の場合，

百の位　十の位　百の位　十の位　百の位　十の位

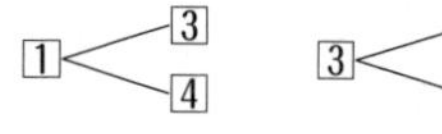
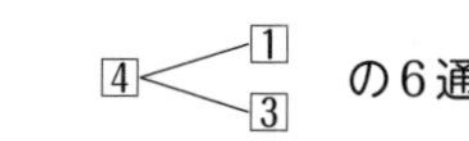
の6通り

□□4の場合も，上と同じように6通りある。

よって，6×2=**12**（通り）

計算で求める

(2) 百の位 十の位 一の位 □ □ □

百の位は，1，2，3，4の4通りある。

十の位には，百の位で1枚使ったので，残りは3枚で3通りある。

一の位には，百の位で1枚，十の位で1枚使ったので，残りは2枚で2通りある。

よって，4×3×2=24（通り）

(3) 百の位 十の位 一の位 □ □ 2 の場合，

百の位は，1，3，4の3通りある。

十の位には，百の位で1枚使ったので，残りは2枚で2通りある。

よって，3×2=6（通り）

百の位 十の位 一の位 □ □ 4 の場合も，上と同じように6通りある。

よって，6×2=12（通り）

カードを並べるときは，位ごとに樹形図をかく。

練習問題8

0，1，2，3，4の5枚のカードのうち，2枚を選んで2けたの整数をつくります。

(1) 整数は全部で何通りできますか。

(2) 偶数は何通りできますか。

別冊解答 p.46

4年 5年 6年 中学入試

p.184 2

例題9 組み合わせ方

りんご，みかん，バナナ，なし，ももがそれぞれ1個ずつあります。ここから次の個数だけ選んでかごに入れるとき，選び方は全部で何通りありますか。

(1) 2個選ぶとき。　(2) 4個選ぶとき。

解き方と答え

(1) 2個選ぶ組み合わせを考える場合，例えば，(り，み)と(み，り)は同じ組み合わせと考える。**並べる順は関係ない**ことに注意して樹形図をかくと，

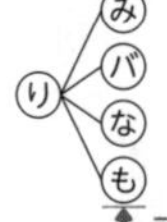

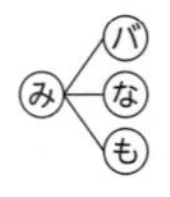

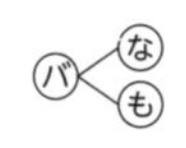

な—も　の **10通り**

頭文字だけ書くとよい

(2) 5個から4個を選ぶということは，5個から，選ばない1個を選ぶことと同じである。

りんごを選ばないとすると，選ぶ4個は，(みバなも)

みかんを選ばないとすると，選ぶ4個は，(りバなも)

⋮　⋮　⋮　⋮

もも を選ばないとすると，選ぶ4個は，(りみバな)

よって，果物の個数と同じなので，**5通り**ある。

別解 計算で求める

(1) 5個の中から2個を選んで，それを並べると，全部で

5×4＝20（通り）

(り，み)(み，り)の並べ方は同じ組み合わせなので，

20÷2＝10（通り）

式をまとめると，

$\frac{5\times4}{2\times1}$＝10（通り）

別解 図で求める

(1) 何個かの中から2個選ぶときは次のように求められる。

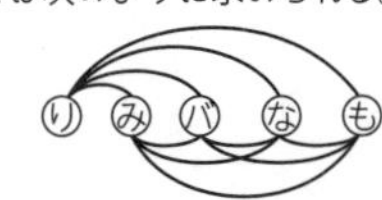

辺の数と対角線の数の和と同じになる。

ココ大事！ 並べ方の(A，B)，(B，A)は区別するので，2通り
選び方の(A，B)，(B，A)は同じものとして考えるので，1通り

練習問題 9

次の問いに答えなさい。

(1) 4チームでバスケットボールの試合をします。どのチームも，ちがったチームと1回ずつ試合をするとき，組み合わせは全部で何通りありますか。

(2) 1から8の8枚のカードから7枚を取り出すとき，組み合わせは全部で何通りありますか。

別冊解答 p.46

p.184 3

例題10 コインの出方

次の問いに答えなさい。

(1) 1枚のコインを続けて3回投げます。

❶ 表と裏の出方は全部で何通りありますか。

❷ 表が1回だけ出る出方は何通りありますか。

(2) 1枚のコインを続けて5回投げます。表がちょうど2回出る出方は何通りありますか。

解き方と答え

(1) ❶ 右のように，コインの表を○，裏を×として樹形図をかくと，8通りある。

❷ 表が1回だけ出るのは，右の樹形図の★のついたところなので，3通りある。

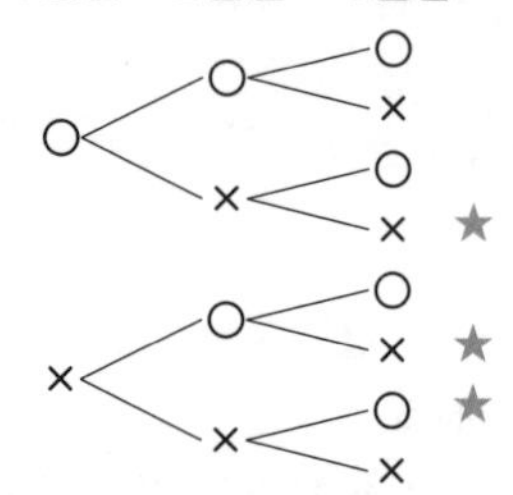

(2) 1回目，2回目，3回目，4回目，5回目

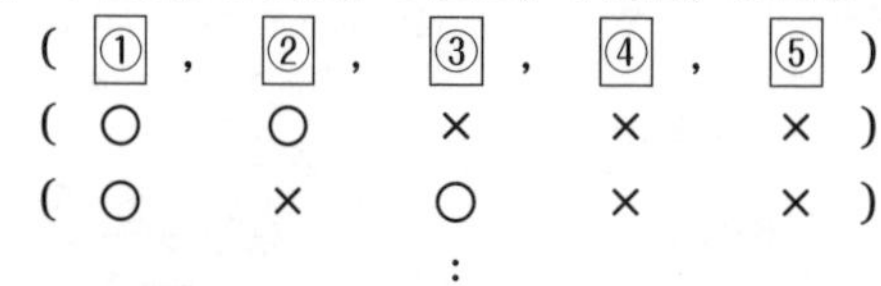

2回○の所があればよいので，右の図のように，①と②，①と③，…，④と⑤の10通りある。

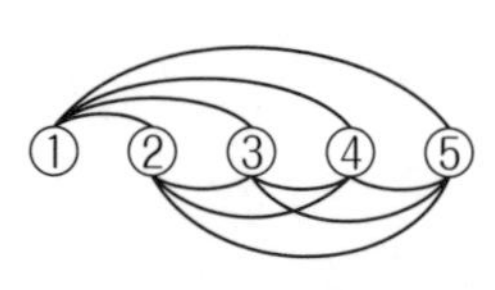

計算で求める

(1) ❶

1回目　2回目　3回目
(① , ② , ③)

①は○か×の2通り
②も○か×の2通り
③も○か×の2通りなので，
$2 \times 2 \times 2 = 8$（通り）

(2) 1回目～5回目の中で，2回表が出る場合を考える。P.187 例題9(1)のように，5つの中から2つを選ぶ組み合わせを考える。

$\frac{5 \times 4}{2 \times 1} = 10$（通り）

見方を変える

(1) ❷ 表がどこかで1回出る出方は，コインを投げる回数と同じになるので，3通りある。

1枚のコインを□回続けて投げるとき，表と裏の出方は，$\underbrace{(2 \times 2 \times \cdots\cdots \times 2)}_{□回}$ 通りある。(2を□回かける。)

練習問題⑩

1枚のコインを続けて4回投げます。

(1) 表と裏の出方は全部で何通りありますか。

(2) 表が3回出る出方は何通りありますか。

別冊解答 p.47

4 いろいろな場合の数

p.189〜197

❶ いろいろなパターンの場合の数の問題は，樹形図(じゅけいず)や表にまとめてから考えるようにしよう。
❷ 道順や階段(かいだん)ののぼり方の図を理解(りかい)しよう。

学習のポイント

1 いろいろな樹形図

➡ 例題 11〜13

例》 1，1，2の3枚(まい)のカードを並(なら)べて3けたの数をつくる場合

解》
1 ＜ 1—2 / 2—1 ｝2通り
2—1—1 ｝1通り
左はしが1の場合と2の場合をあわせて，2+1=3(通り) ［**和(わ)の法則(ほうそく)**］

例》 白玉3個(こ)と赤玉2個が入ったふくろから3個取り出すとき，白玉2個，赤玉1個になる場合
（白玉3個 → 白$_1$ 白$_2$ 白$_3$，赤玉2個 → 赤$_1$ 赤$_2$）

解》 白玉は，白$_1$ ＜ 白$_2$ / 白$_3$　白$_2$—白$_3$ の3通り
赤玉は 赤$_1$，赤$_2$ の2通り
3×2=6(通り) ［**積(せき)の法則**］

2 いろいろな表

➡ 例題 14･15

例》 大，小2つのさいころをふって，その和が8以上になる場合

解》

小＼大	1	2	3	4	5	6
1	2	3	4	5	6	7
2	3	4	5	6	7	⑧
3	4	5	6	7	⑧	⑨
4	5	6	7	⑧	⑨	⑩
5	6	7	⑧	⑨	⑩	⑪
6	7	⑧	⑨	⑩	⑪	⑫

15通り

例》 たくさんの100円玉，50円玉，10円玉を使って，150円を支払(しはら)う場合

解》

100円玉	1	1	0	0	0	0
50円玉	1	0	3	2	1	0
10円玉	0	5	0	5	10	15

6通り

3 道順の図

➡ 例題 17

例》 XからYまで最短で行くときの行き方

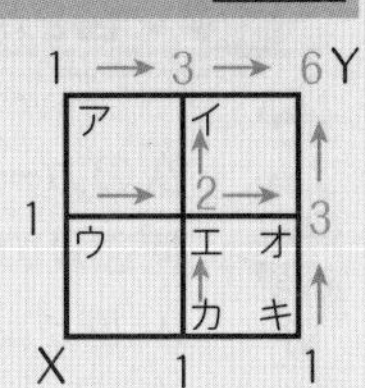

解》 エへは，ウを通る1通りとカを通る1通りで2通り。
イへは，アを通る1通りとエを通る2通りで3通り。
同様にオも3通り。
Yへは，イを通る3通りとオを通る3通りで6通り。

p.189 1

例題11 同じカードが何枚かあるとき

次のカードの中から3枚(まい)取り出して3けたの整数をつくります。全部で何通りの整数ができますか。

(1) 1, 1, 2, 3の4枚のカードがあるとき。

(2) 1, 1, 1, 2, 2, 2の6枚のカードがあるとき。

解き方と答え

百の位を決めてから，十の位，一の位を樹形図(じゅけいず)にかく。

(1) ㋐ 百の位が1のとき，残りの1，2，3(3種で3枚)の樹形図は，

十の位　一の位　十の位　一の位　十の位　一の位

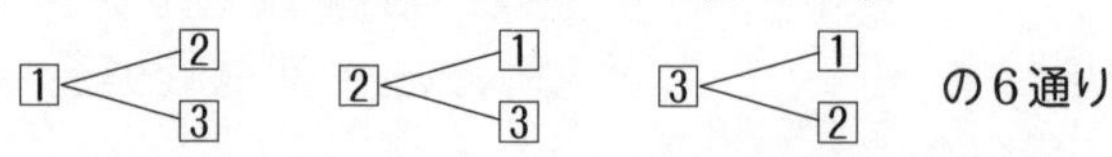

1─2, 1─3　2─1, 2─3　3─1, 3─2　の6通り

㋑ 百の位が2のとき，残りの1，1，3(2種で2枚と1枚の計3枚)の樹形図は，

十の位　一の位　十の位　一の位

1─1, 1─3　3─1　の3通り

㋒ 百の位が3のとき，残りは1，1，2(2種で2枚と1枚の計3枚)で，百の位が2のときと同じなので，3通りある。

よって，6+3×2=**12** (通り)

(2) ㋐ 百の位が1のとき，残りの1，1，2，2，2(2種で2枚と3枚の計5枚)の樹形図は，

十の位　一の位　十の位　一の位

1─1, 1─2　2─1, 2─2　の4通り

㋑ 百の位が2のとき，残りは1，1，1，2，2(2種で3枚と2枚の計5枚)で，百の位が1のときと同じなので，4通りある。

よって，4×2=**8** (通り)

ココ大事！ 同じカードが何枚かあるときは，枚数の条件(じょうけん)によって場合分けして樹形図をかく。

練習問題11

次のカードの中から3枚取り出して3けたの整数をつくります。全部で何通りの整数ができますか。

(1) 0, 1, 1, 2の4枚のカードがあるとき。

(2) 0, 1, 2のカードがそれぞれたくさんあるとき。

別冊解答 p.47

p.189 1

例題12 色のぬり方

次の図のアからエを赤，青，黄の３色を使ってぬり分けます。となり合うところは同じ色を使わないものとすると，何通りのぬり方がありますか。

(1)
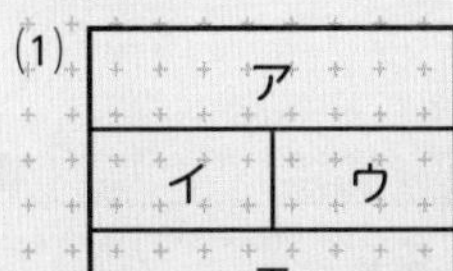

(2)
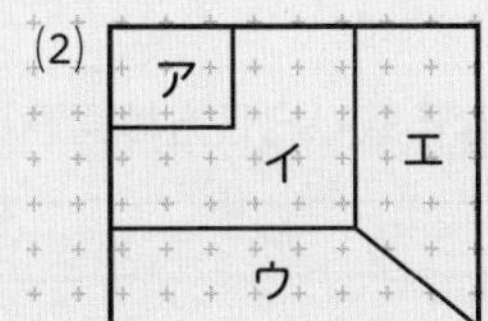

解き方と答え

(1) アとエはどちらもイ，ウととなり合っているので，アとエが同じ色になる。

右のように，(ア・エ)に赤をぬる場合の樹形図(じゅけいず)をかくと，２通りある。同じように，(ア・エ)に青，黄をぬる場合も２通りずつあるので，2×3=**6**（通り）

(ア・エ)	イ	ウ
赤	青	黄
	黄	青

(2) アとウが同じ色になる場合とアとエが同じ色になる場合を考える。

(ア・ウ)を同じ色にする場合は，(1)と同じで６通りある。さらに，(ア・エ)を同じ色にする場合も，６通りあるので，6×2=**12**（通り）

計算で求める

(1) (ア・エ)とイとウの３か所に３色をぬり分けるので，ア，イ，ウに３種類のものを並(なら)べたあと，エにアと同じものを並べると考えて，

3×2×1=6（通り）

ココ大事！ 同じ色をぬるところがある場合は，同じ色をぬる場所の色を決めてから，他の場所の色を樹形図にかく。

練習問題 12

別冊解答 p.47

次の図を赤，青，黄を使ってぬり分けます。となり合うところは同じ色を使わないものとすると，何通りのぬり方がありますか。ただし，使わない色があってもよいものとします。

(1)
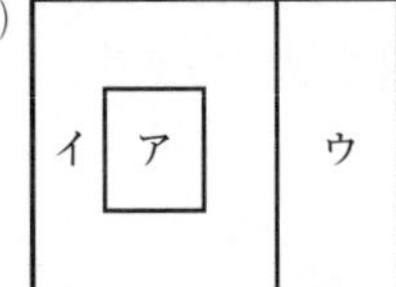

(2)

ア	ウ
イ	エ

p.189 1

例題13 いくつかのものの取り出し方

ふくろの中に白玉が4個(白$_1$，白$_2$，白$_3$，白$_4$)と，赤玉が3個(赤$_1$，赤$_2$，赤$_3$)入っています。ここから玉を同時に3個取り出します。

(1) 取り出した3個が，白玉2個と赤玉1個になる取り出し方は何通りありますか。

(2) 同じ色が2個になる取り出し方は何通りありますか。

解き方と答え

(1) 白玉2個の取り出し方に対して，それぞれ赤玉1個の取り出し方があるので，

(白玉2個の取り出し方)×(赤玉1個の取り出し方) で求めることができる。

白玉2個の取り出し方は，

白$_1$—白$_2$，白$_1$—白$_3$，白$_1$—白$_4$　白$_2$—白$_3$，白$_2$—白$_4$　白$_3$—白$_4$　の6通り

赤玉1個の取り出し方は，赤$_1$，赤$_2$，赤$_3$ の3通りある。

よって，6×3=**18**(通り)

(2) 同じ色が2個になるのは，(1)の場合と，赤玉2個と白玉1個の場合である。

赤玉2個と白玉1個の場合，赤玉2個の取り出し方は，

赤$_1$—赤$_2$，赤$_1$—赤$_3$　赤$_2$—赤$_3$ の3通り，白玉1個の取り出し方は，

白$_1$，白$_2$，白$_3$，白$_4$ の4通りだから，3×4=12(通り)

よって，18+12=**30**(通り)

計算で求める

(1) 白玉4個から2個取り出す方法は，

$\frac{4\times3}{2\times1}=6$(通り)

赤玉1個の取り出し方は3通りある。

よって，6×3=**18**(通り)

(2) 赤玉3個から2個取り出す方法は，

$\frac{3\times2}{2\times1}=3$(通り)

白玉1個の取り出し方は4通りなので，

3×4=12(通り)

よって，

18+12=**30**(通り)

ココ大事！ 同時に取り出す場合，取り出す順は関係ないので，(赤$_1$，赤$_2$)と(赤$_2$，赤$_1$)は同じ取り出し方になる。

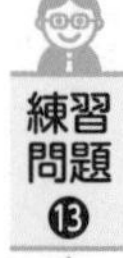

練習問題13

箱の中に1から9までの番号を書いたカードが1枚(まい)ずつ合計9枚入っています。この箱の中からカードを同時に3枚取り出します。

(1) 取り出したカードが，偶数(ぐうすう)2枚と奇数(きすう)1枚になる取り出し方は何通りありますか。

(2) 奇数が3枚になる取り出し方は何通りありますか。

別冊解答 p.48

4年 5年 6年 中学入試

p.189 2

例題14 さいころの目の出方

大，小2個のさいころを同時にふります。

(1) 出た目の数の和が9以上になる目の出方は何通りありますか。

(2) 出た目の数の積が奇数になる目の出方は何通りありますか。

(3) 出た目の数の差が1以上になる目の出方は何通りありますか。

解き方と答え

さいころを2個ふる問題では，表をかいて考える。

(1) 和の表

小＼大	1	2	3	4	5	6
1	2	3	4	5	6	7
2	3	4	5	6	7	8
3	4	5	6	7	8	⑨
4	5	6	7	8	⑨	⑩
5	6	7	8	⑨	⑩	⑪
6	7	8	⑨	⑩	⑪	⑫

和が9以上になるのは，○のところなので，

4+3+2+1=**10**（通り）

(2) 積の表

小＼大	1	2	3	4	5	6
1	①	2	③	4	⑤	6
2	2	4	6	8	10	12
3	③	6	⑨	12	⑮	18
4	4	8	12	16	20	24
5	⑤	10	⑮	20	㉕	30
6	6	12	18	24	30	36

積が奇数になるのは，○のところなので，

3×3=**9**（通り）

(3) 差の表

小＼大	1	2	3	4	5	6
1	[0]	1	2	3	4	5
2	1	[0]	1	2	3	4
3	2	1	[0]	1	2	3
4	3	2	1	[0]	1	2
5	4	3	2	1	[0]	1
6	5	4	3	2	1	[0]

差が1以上になるのは，□のところ以外なので，

36−6=**30**（通り）

くふうして求める

(2) 積が奇数になるのは，2つの目が奇数どうしのときだけである。奇数は1，3，5の3通りなので，

3×3=9（通り）

(3) 差が1以上になるということは，差が0でない場合を考えればよい。

差が0のときは，

(1，1)，(2，2)，……，(6，6)の6通りある。

よって，36−6=30（通り）

ココ大事！ さいころを2個ふる問題では，表をかいて考えるとよい。表には対角線上に規則性があることが多い。

練習問題 ⑭

大，小2個のさいころを同時にふります。

(1) 出た目の数の差が2になる目の出方は何通りありますか。

(2) 出た目の数の差が奇数になる目の出方は何通りありますか。

(3) 出た目の数の和が4以上になる目の出方は何通りありますか。

別冊解答 p.48

p.189 2

例題15 決まった金額の支払い方

100円玉，50円玉，10円玉がたくさんあります。これらの硬貨を使って，310円を支払う方法を考えます。

(1) 使わない硬貨があってもよいとき，支払う方法は何通りありますか。

(2) どの硬貨も少なくとも1枚は使うとき，支払う方法は何通りありますか。

解き方と答え

(1) 310円を支払う方法を表にかいていく。はじめに，「100円玉3枚，50円玉0枚，10円玉1枚」という硬貨の枚数がいちばん少ない場合から考えて，100円玉を50円玉に，50円玉を10円玉に，順序よく両替して，最後に「10円玉31枚」という硬貨の枚数がいちばん多い場合になるようにする。

100円玉(枚)	3	2	2	2	1	1	1	1	1	0	0	0	0	0	0	0
50円玉(枚)	0	2	1	0	4	3	2	1	0	6	5	4	3	2	1	0
10円玉(枚)	1	1	6	11	1	6	11	16	21	1	6	11	16	21	26	31

よって，**16通り**

(2)「どの硬貨も少なくとも1枚は使う」という場合は，はじめにすべての硬貨を1枚ずつ使ったと考える。

310−(100+50+10)=150 (円)

1枚ずつ使った残りの150円を「使わない硬貨があってもよい」と考え，表にかく。

100円玉(枚)	1	1	0	0	0	0
50円玉(枚)	1	0	3	2	1	0
10円玉(枚)	0	5	0	5	10	15

よって，**6通り**

別解 (1)の表を利用

(1)でかいた表より，0枚がふくまれる場合をのぞくと，

16−10=**6** (通り)

ココ大事！ (2) どの硬貨も少なくとも1枚は使う場合は，各硬貨を1枚ずつ使ったとして，残りの金額の支払い方を表にかく。

練習問題15

次の問いに答えなさい。

(1) 100円玉，50円玉，10円玉がたくさんあります。これらの硬貨を使って，400円を支払う方法は全部で何通りありますか。ただし，どの硬貨も少なくとも1枚は使うものとします。

(2) さいふの中に500円玉が3枚，100円玉が8枚，50円玉が6枚入っています。さいふから硬貨を取り出して，その合計金額が1000円になるのは全部で何通りありますか。ただし，使わない硬貨があってもよいとします。

別冊解答 p.49

例題16 所持金で支払える金額

次の硬貨(こうか)を全部または一部を組み合わせてできる金額(きんがく)は何通りありますか。

⑴ 100円玉2枚(まい)と50円玉1枚と10円玉3枚

⑵ 100円玉1枚と50円玉3枚と10円玉2枚

解き方と答え

⑴ 100円玉が0枚，1枚，2枚のときと場合分けをして，そのときにできる金額を表にする。

100円玉が0枚(円)	~~0~~	10	20	30	50	60	70	80
100円玉が1枚(円)	100	110	120	130	150	160	170	180
100円玉が2枚(円)	200	210	220	230	250	260	270	280

0円は支払(しはら)う金額と考えないので,

$8\times3-1=$**23** (通り)

⑵ ⑴と同じように，100円玉が0枚，1枚のときと場合分けをして考える。ただし，50円玉が3枚あることから，100円玉1枚と50円玉2枚で，100円玉2枚分の200円がつくれることに注意する。

100円玉が0枚(円)	~~0~~	10	20	50	60	70
100円玉が1枚(円)	100	110	120	150	160	170
100円玉1枚と50円玉2枚(円)	200	210	220	250	260	270

よって，$6\times3-1=$**17** (通り)

支払える金額を考える問題では，いちばん金額の大きい硬貨(こうか)または紙へいの枚数ごとに表にかいて考える。⑵のように，両替(りょうがえ)できるときは注意すること。

次の硬貨の全部または一部を組み合わせてできる金額は何通りありますか。

(1) 100円玉3枚と50円玉1枚と10円玉3枚

(2) 100円玉2枚と50円玉2枚と10円玉3枚

別冊解答 p.49

p.189 3

例題17 道順の求め方

右の図で，AからBまで遠回りせずに行く方法を考えます。

(1) 道順は全部で何通りありますか。

(2) Cを通る行き方は何通りありますか。

(3) Cを通らない行き方は何通りありますか。

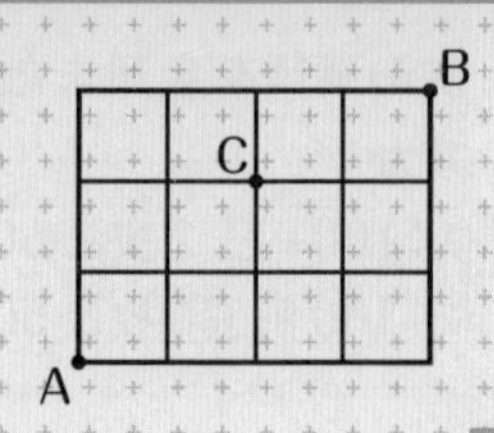

解き方と答え

(1)

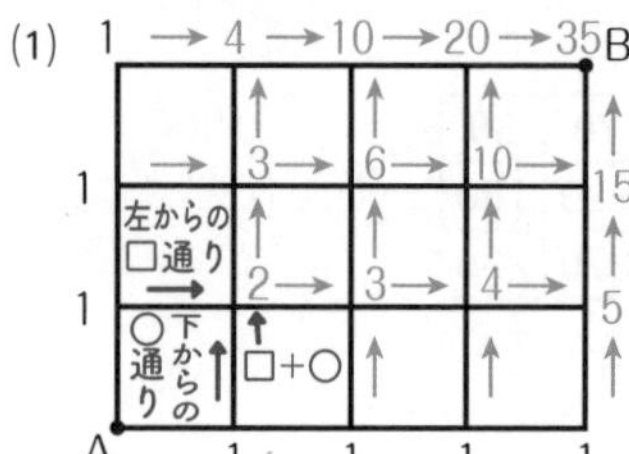

Aから右または上だけに行く行き方はすべて1通り。他のそれぞれの点への行き方は，左からの□通りと下からの○通りの和をくり返していく。

よって，左の図から，**35通り**

(2)

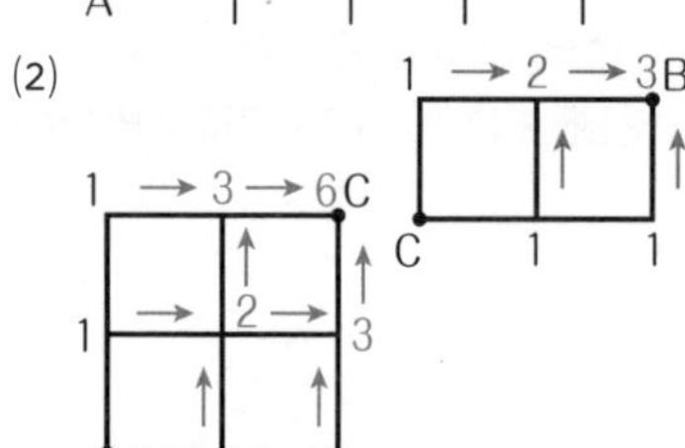

AからCとCからBの2つに分けて考える。AからCまでは6通りあり，この6通りに対して，それぞれCからBまでの3通りの行き方があるので，

6×3=**18**（通り）← 積の法則

(3) Cを通らない行き方は，

（全部の行き方）−（Cを通る行き方）で求められる。
↑(1)　↑(2)

よって，35−18=**17**（通り）

道順を求めるときは，それぞれの交差点までの行き方を順にかいていく。

右の図で，AからBまで遠回りせずに行く方法を考えます。

(1) 道順は全部で何通りありますか。

(2) ×印を通らない行き方は何通りありますか。

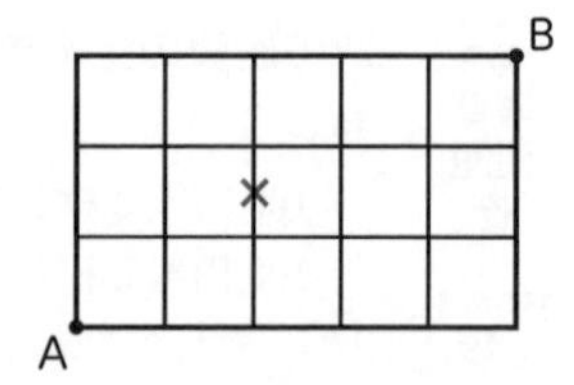

例題18 階段ののぼり方

りゅういちさんは階段(かいだん)をのぼるとき，1歩で1段か2段のぼります。次の段の階段ののぼり方はそれぞれ何通りありますか。

(1) 4段　(2) 5段　(3) 6段

解き方と答え

例えば3段のとき，

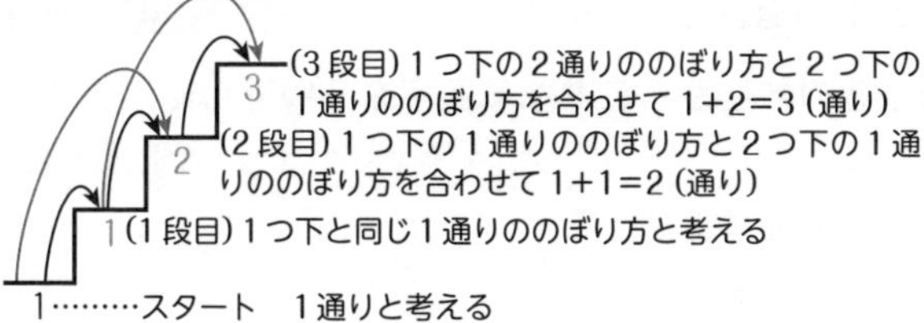

(3段目) 1つ下の2通りののぼり方と2つ下の1通りののぼり方を合わせて 1+2=3 (通り)
(2段目) 1つ下の1通りののぼり方と2つ下の1通りののぼり方を合わせて 1+1=2 (通り)
(1段目) 1つ下と同じ1通りののぼり方と考える
1………スタート　1通りと考える

つまり，各段で，1つ下からくる場合と，2つ下からくる場合の合計が，その段までののぼり方となる。

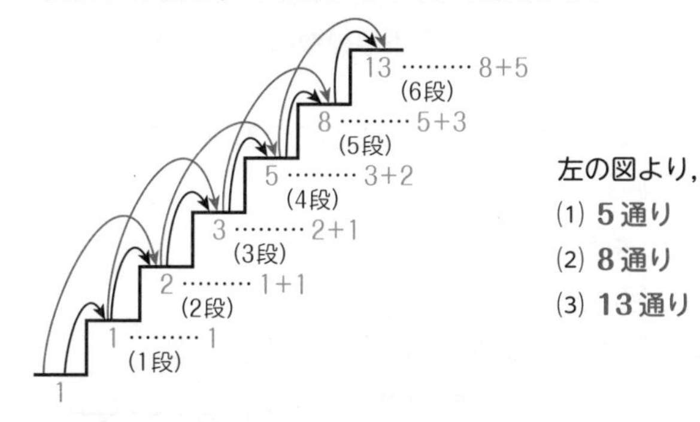

左の図より，

(1) **5通り**

(2) **8通り**

(3) **13通り**

くわしく　数に注目すると

のぼり方の場合の数を，はじめから並(なら)べると，フィボナッチ数列になっていることがわかる。

1，1，2，3，5，8，13…
（2←1+1，3←1+2，5←2+3，8←3+5，13←5+8）

ココ大事！ 階段ののぼり方は，1段とばしがあるときは，1つ下の段と2つ下の段ののぼり方の和を順にかいていく。

練習問題18

7段の階段をのぼるのに，1歩で1段か2段のぼります。

(1) この階段ののぼり方は何通りありますか。

(2) 5段目をふまないのぼり方は何通りありますか。

(3) 5段目を必ずふむのぼり方は何通りありますか。

別冊解答 p.50

力をのばす問題

レベル3 レベル2 レベル1

別冊解答 p.50~52

9 次の問いに答えなさい。

→例題 7·9

(1) A，B，C，Dの4人から班長(はんちょう)と副班長を1人ずつ選びます。班長と副班長の選び方は全部で何通りありますか。【常翔啓光学園中】

(2) 男子2人，女子3人の5人が横一列に並(なら)ぶとき，男女交互(こうご)に並ぶ並び方は何通りありますか。【昭和女子大附属昭和中】

(3) 国語，算数，英語，理科，社会の5教科の中から好きな教科を3教科選ぶとき，選び方は全部で何通りありますか。【箕面自由学園中】

10 0，1，2，3，4，5の6個(こ)の数字からことなる数字を3個選んで，3けたの整数をつくります。【横浜女学院中】

→例題 8

(1) 整数は全部で何通りつくれますか。

(2) 偶数(ぐうすう)は全部で何通りつくれますか。

(3) 3の倍数は全部で何通りつくれますか。

11 [1]，[1]，[2]，[3]，[3]の5枚(まい)のカードの中から3枚取り出して並べてできる3けたの整数のうち，大きいほうから数えて10番目の数は何ですか。

→例題 11

【東洋英和女学院中】

12 白いご石が4個と黒いご石が2個あります。このご石を全部使って横一列に並べると，並べ方は全部で何通りありますか。

→例題 13

13 大，小区別のついたさいころを同時に2個投げます。【森村学園中】

→例題 14

(1) 出た目の積が偶数になる目の出方は何通りありますか。

(2) 一方の目が他方の目の約数になる目の出方は何通りありますか。

14 次の問いに答えなさい。【松蔭中(兵庫)】

→例題 17

(1) 図1の線上を通って，AからDまで遠回りしないで行く方法は全部で何通りありますか。

(2) 図1の線上を通ってとちゅうでB，Cを通り，A→B→C→Dの順に遠回りしないで行く方法は全部で何通りありますか。

(3) 図2のように，BとCのあいだが工事中で通行できないとき，AからDまで遠回りしないで行く方法は全部で何通りありますか。

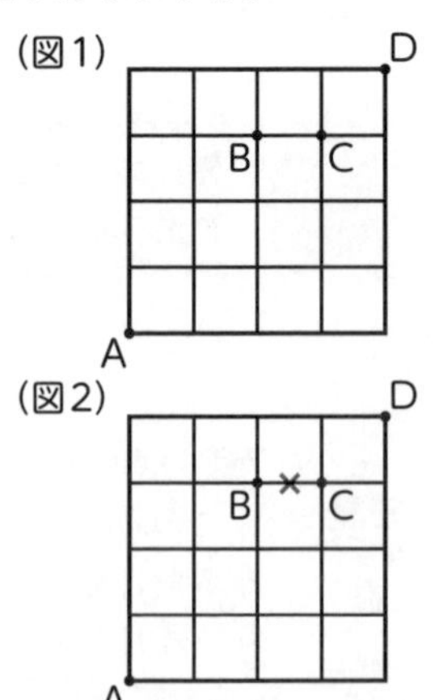

力をためす問題

別冊解答 p.52~54

15 次の問いに答えなさい。

→例題8・10 (1) 7枚(まい)のカードに1から7までの整数が1つずつ書かれています。この7枚のカードから3枚をとって，数の大きい順に並(なら)べると何通りの並べ方がありますか。 【跡見学園中】

(2) 赤玉と白玉がそれぞれたくさんあります。これらの玉から5個(こ)選んで，横一列に並べるとき，同じ色の玉が連続して4個以上続かない並べ方は何通りありますか。

16 右の図のような旗をつくり，ア～エをぬりわけます。ただし，となり合っている部分は同じ色でぬることができません。 【京都教育大附属桃山中】

→例題12

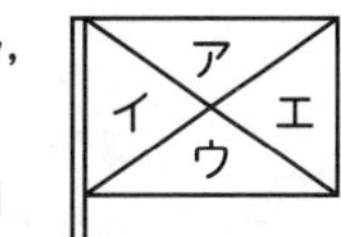

(1) 赤，青，黄の3色のうち2色を使ってぬりわけると，何通りの旗をつくることができますか。

(2) 赤，青，黄の3色を全部使ってぬりわけると，何通りの旗をつくることができますか。

(3) 赤，青，黄，緑の4色のうち3色を使ってぬりわけると，何通りの旗をつくることができますか。

17 100円玉3枚，50円玉4枚，10円玉10枚，5円玉10枚，1円玉5枚の5種類の合計32枚の硬貨(こうか)があります。365円の品物を買うのに，おつりのないように支払(しはら)います。次のとき，硬貨は全部で何枚ですか。ただし，使わない種類の硬貨があってもかまいません。 【江戸川学園取手中】

→例題15

(1) 全体の枚数が最も少なくなるとき (2) 全体の枚数が最も多くなるとき

18 100円玉が2枚，50円玉が3枚，10円玉が4枚あります。そのうちの一部または全部を使って支払うとき，次のように支払う金額(きんがく)の種類は何通りありますか。 【日本大豊山中】

→例題16

(1) 50円玉を使わない場合 (2) 50円玉を使ってもよい場合

19 1歩で1段(だん)または2段のいずれかで階段をのぼります。 【昭和学院秀英中】

→例題18 (1) 4段の階段をのぼるのぼり方は何通りありますか。

(2) 8段の階段をのぼるのぼり方は何通ありますか。

ちょいムズ (3) 連続して2段のぼれないとするとき，8段の階段をのぼるのぼり方は何通りありますか。

何通り？　～ミックスジュースの種類～

今日はみんなでミックスジュースをつくろうと思って，牛乳といろいろな果物を用意したの。みかん，りんご，バナナ，パイナップル，ももね。牛乳は必ず入れるとして，果物は好きなものを何種類か入れて，自分だけのオリジナルジュースをつくりましょう！

何通りもできて楽しそうですね。でも，一体何通りできるんだろう？

では，いっしょに考えてみましょう。果物を入れるなら○，入れないなら×として樹形図をかいていくの。

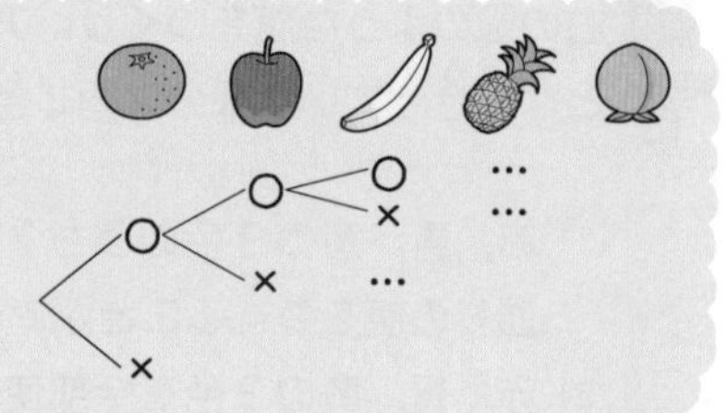

わかった！2×2×2×2×2＝32（通り）だ！

残念！そんなに単純ではないのよ。全部×だと牛乳だけだし，みかんだけ，りんごだけ…だとミックスされていないわ。

ということは，32－1－5＝26（通り）ですね。

じゃあ，さらにいちごを増（ふ）やしたら 32×2－1－6＝57（通り）ですね！

2人ともやるじゃない！これなら10種類に増やしても，求められるわね！

しんのきらいなにんじんやほうれんそうを入れたら，野菜ジュースもできるぞ！

えー！やめてよタロ…。

第4編

平面図形

第1章 平面図形の性質 …… 204

第2章 図形の角 …… 224

第3章 図形の面積 …… 246

第4章 図形の移動 …… 290

第4編

平面図形

▶平行四辺形の面積　～求め方のくふう～

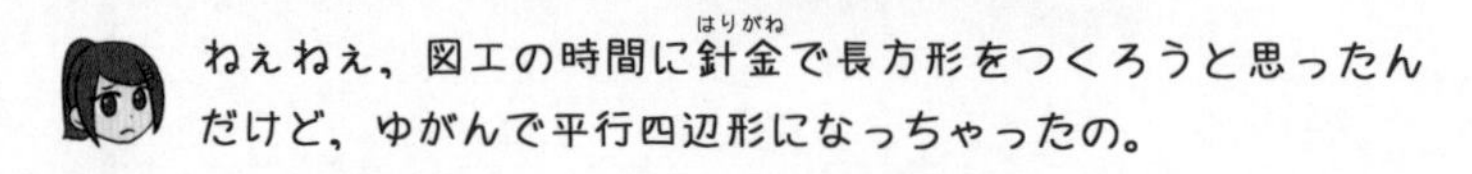
ねぇねぇ，図工の時間に針金で長方形をつくろうと思ったんだけど，ゆがんで平行四辺形になっちゃったの。

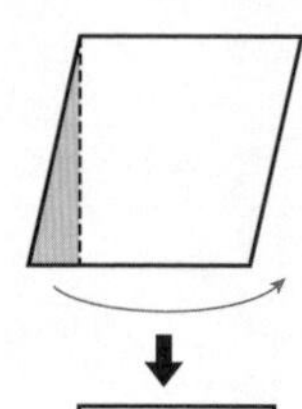

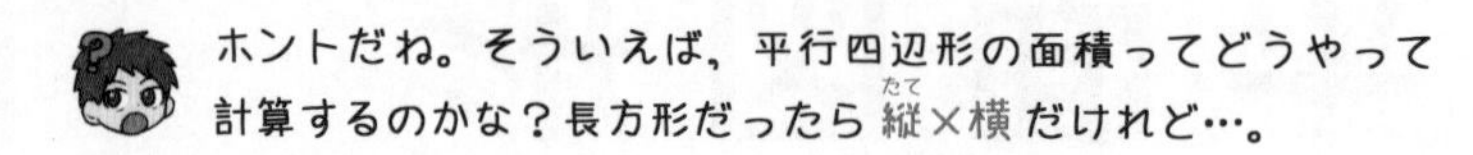
ホントだね。そういえば，平行四辺形の面積ってどうやって計算するのかな？長方形だったら縦×横だけれど…。

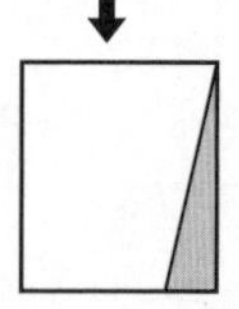

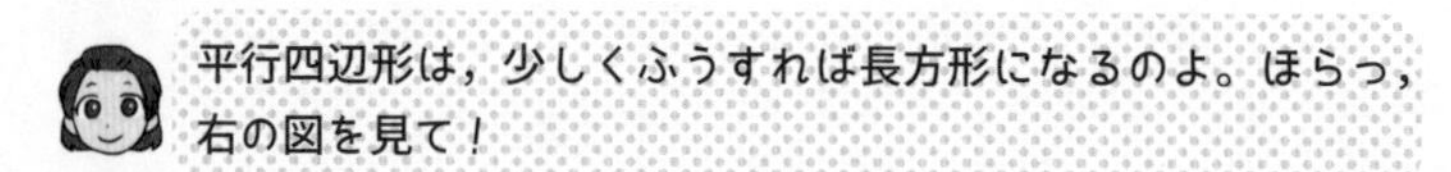
平行四辺形は，少しくふうすれば長方形になるのよ。ほらっ，右の図を見て！

なるほど！ということは，逆に考えて，長方形を２つに切るといろいろな平行四辺形ができるってことですか？

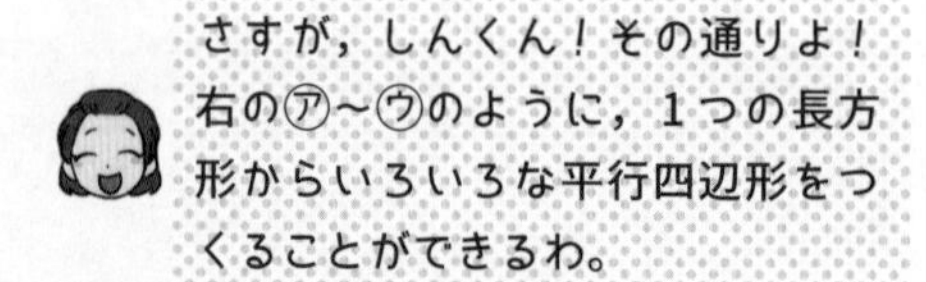
さすが，しんくん！その通りよ！右の㋐～㋒のように，１つの長方形からいろいろな平行四辺形をつくることができるわ。

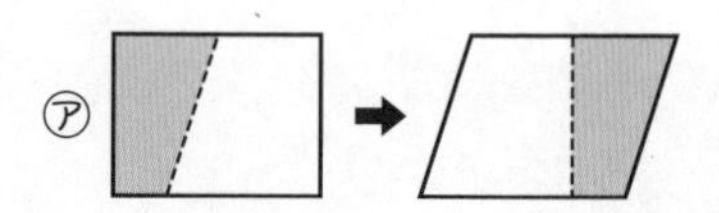

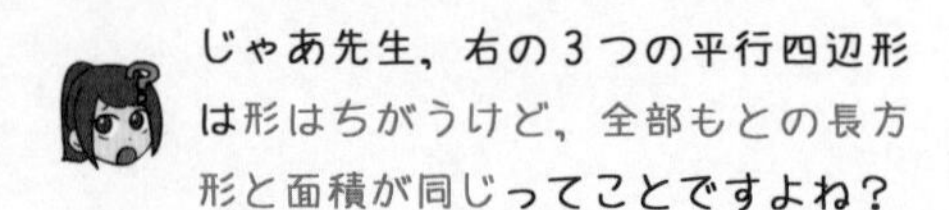
じゃあ先生，右の３つの平行四辺形は形はちがうけど，全部もとの長方形と面積が同じってことですよね？

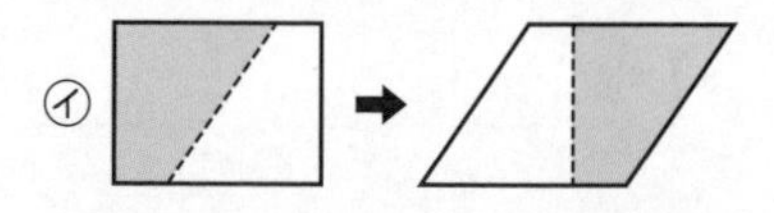

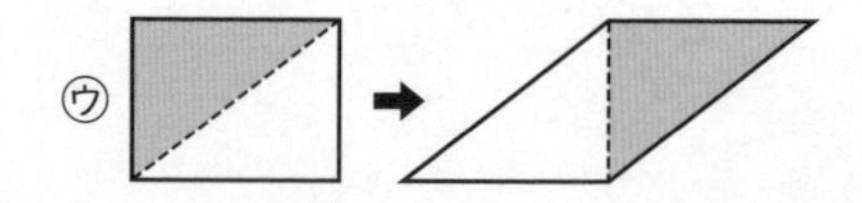

そういうことになるわね！㋐よりも㋒のほうが面積が大きく感じるかもしれないけど，実はすべて同じ面積なのよ。ふしぎに思うかもしれないけど，このように面積を変えずに移動させることを等積移動っていうのよ。おもしろいでしょ？

そういうことか！何でも見た目で判断してはいけないってことだな！

長方形の内側を転がる円 ～おそうじロボット～

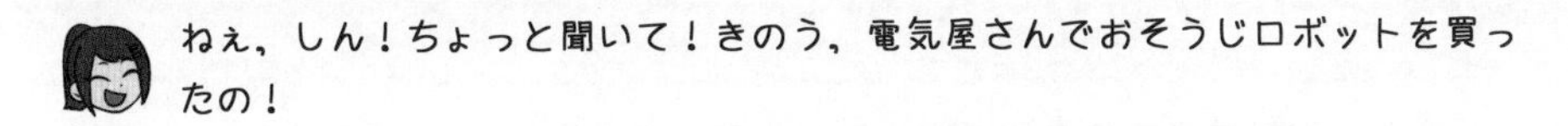

ねぇ，しん！ちょっと聞いて！きのう，電気屋さんでおそうじロボットを買ったの！

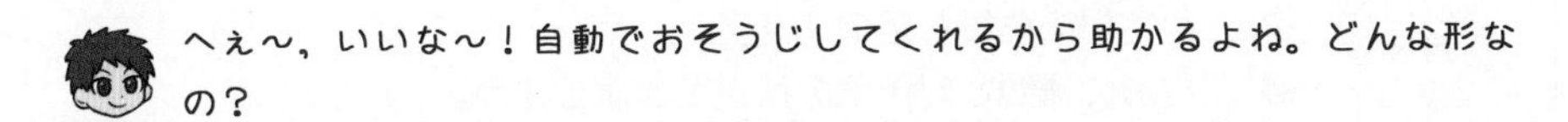

へぇ～，いいな～！自動でおそうじしてくれるから助かるよね。どんな形なの？

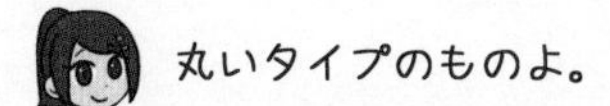

丸いタイプのものよ。

ということは，部屋のすみはロボットが通れないから，そこは自分でそうじしないとだめだね。

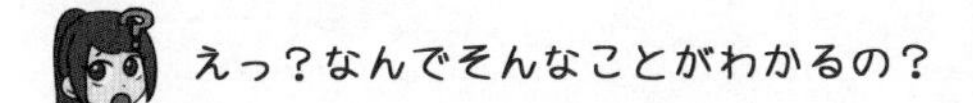

えっ？なんでそんなことがわかるの？

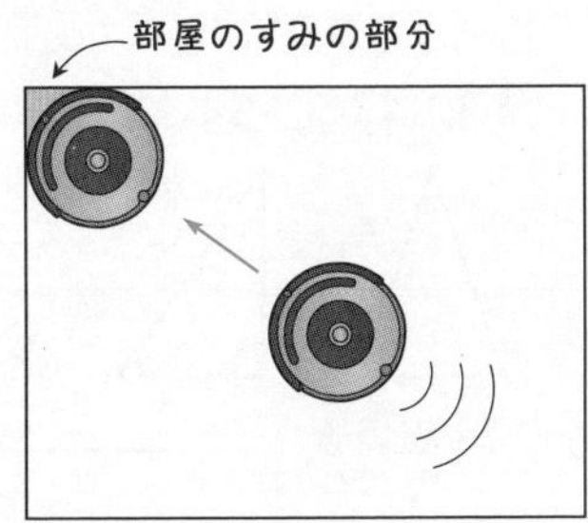

部屋を上から見たようす

だって，ほら，右の図を見て！こんな感じで部屋のすみにくると，どうしてもおそうじできないところができてしまうんだ。

なるほど！でも，きのうさっそく使ってみたけど，部屋のすみのホコリもきれいに取れてたわ…。

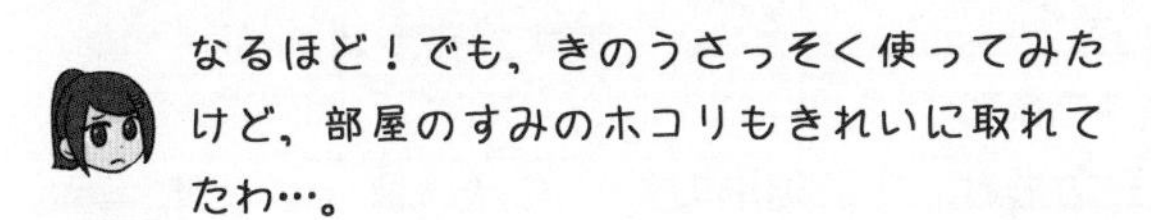

タロがそうじしてあげたんだよ！だから，ごほうびちょうだい！ちょうだい！

タロ！うそをついちゃだめじゃない！しんくんの言うとおり，丸い形だと部屋のすみをきっちりとそうじすることはできないわ。でも，おそうじロボットがすみに来たときには，小さなブラシがのびてきてそうじしてたはずよ。

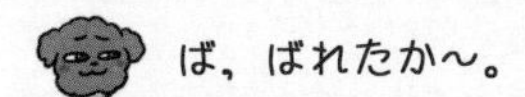

ば，ばれたか～。

そうなんだ！弱点をなくすためにちゃんとくふうされているんですね。

おそうじロボットは円が動いていくけど，この編では，円だけではなく，三角形や四角形などいろいろな図形が移動していくようすを勉強するわ。

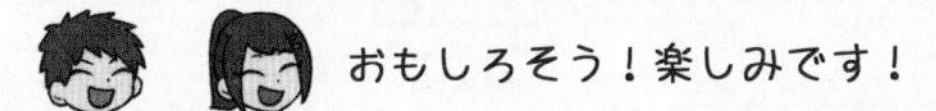

おもしろそう！楽しみです！

1 三角形・四角形の性質

p.204～207

❶ 三角形の3つの辺の長さの関係を覚えよう。
❷ 三角定規の角度と辺の比を覚えよう。
❸ 四角形の種類と対角線の性質を理解しよう。

学習のポイント

1 三角形の性質と三角定規

➡ 例題 1

► 三角形では，**いちばん長い辺より残りの2つの辺の和のほうが長い。**右の図で，$a+b>c$ となる。

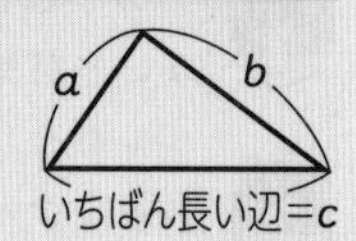

いちばん長い辺＝c

► 特別な三角形には，次のものがある。また，3辺の長さの比が**3：4：5，5：12：13**などになると，直角三角形になる。

二等辺三角形

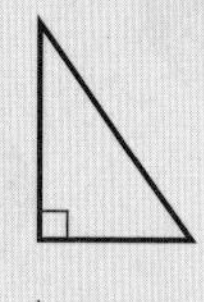

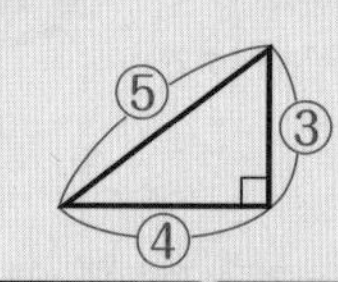

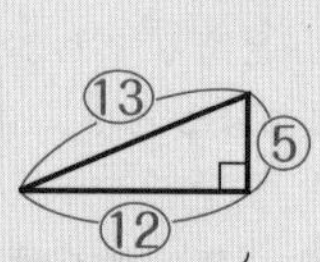

直角三角形

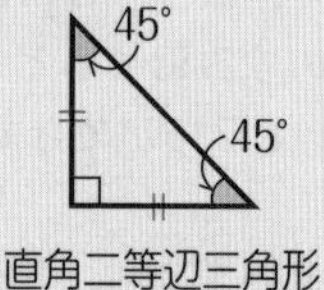

直角二等辺三角形

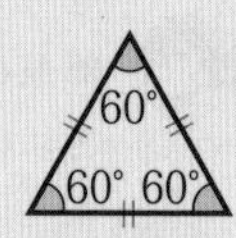

正三角形

► 三角定規には，**直角二等辺三角形**と，正三角形の半分である**30°，60°，90°の直角三角形**がある。

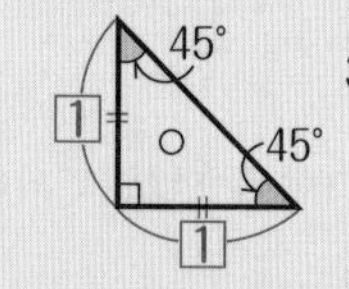

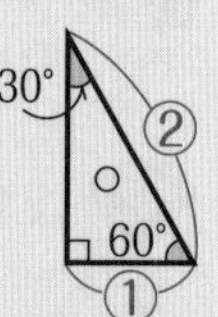

2 四角形の種類と性質

➡ 例題 2・3

► 四角形は，向かい合う辺を平行にしたり，長さを等しくしたり，角を直角にしたりすることで，いろいろな四角形に変化する。

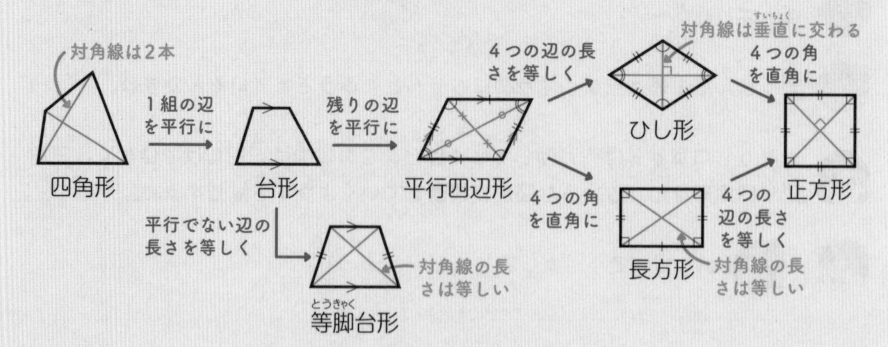

p.204 1

例題 1 三角形と三角定規

次の問いに答えなさい。

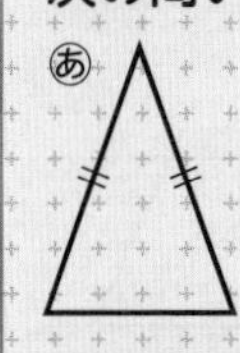

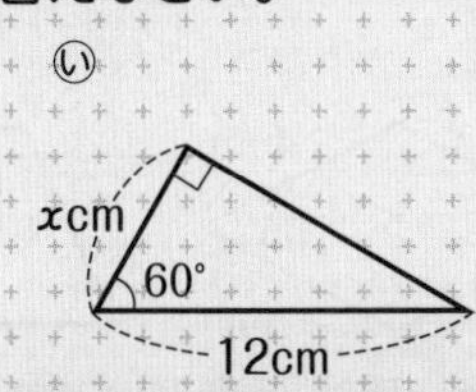

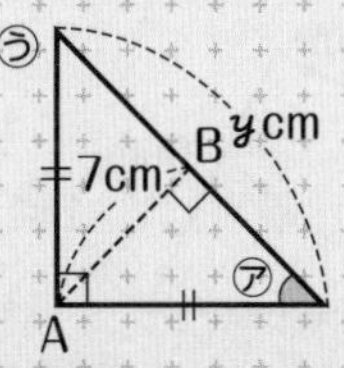

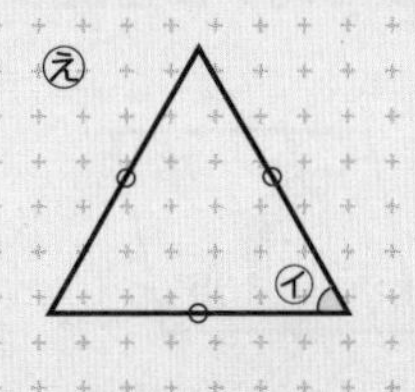

(1) あ～えの三角形は何という三角形ですか。

(2) ア，イの角度はいくらですか。

(3) あ～えのうち，三角定規と同じ形の三角形はどれですか。

(4) x，y にあてはまる数を求めなさい。

解き方と答え

(1) あ 2つの辺の長さが等しいので，**二等辺三角形**

い 1つの角の大きさが直角なので，**直角三角形**

う 1つの角の大きさが直角で，2つの辺の長さが等しいので，**直角二等辺三角形**

え 3つの辺の長さが等しいので，**正三角形**

(2) ア 直角二等辺三角形の3つの角の大きさは45°，45°，90°なので，**45°**

イ 正三角形の1つの角の大きさは**60°**

(3) **い，う**

(4) x…正三角形の半分なので，12÷2＝**6 (cm)**

y…直線ABで2つの三角形に分けると，どちらも直角二等辺三角形になるので，7×2＝**14 (cm)**

くわしく
三角定規の性質

三角定規の2つの三角形はそれぞれ，正三角形の半分と，正方形の半分になっている。

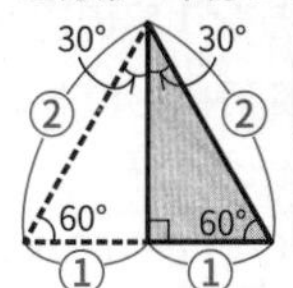

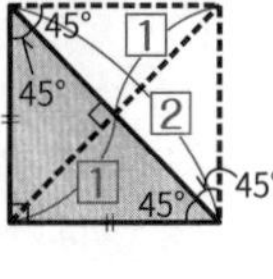

ステップアップ
30°や45°の角のある三角形の面積

p.271 の 例題 51
p.272 の 例題 52

ココ大事！ 三角定規は30°，60°，90°の直角三角形と，45°，45°，90°の直角二等辺三角形

練習問題 1

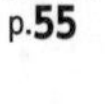
別冊解答 p.55

右のあ，いは三角定規と同じ形の三角形です。

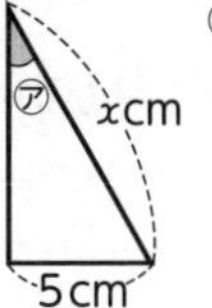

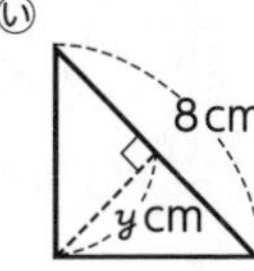

(1) アの角度はいくらですか。

(2) x，y にあてはまる数を求めなさい。

(3) あを2つ組み合わせてできる三角形の名前をすべて答えなさい。

(4) いを2つ組み合わせてできる三角形の名前を答えなさい。

p.204 2

例題 2 四角形の性質(1) ―等しい辺と角―

次の問いに答えなさい。

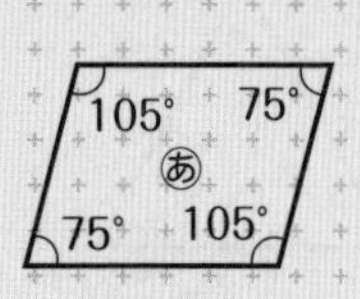

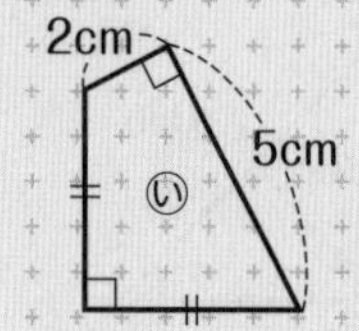

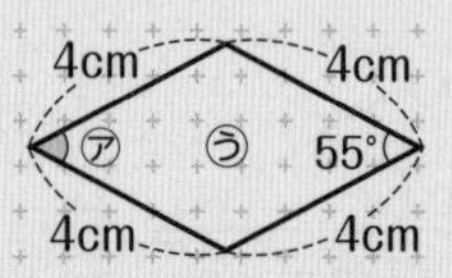

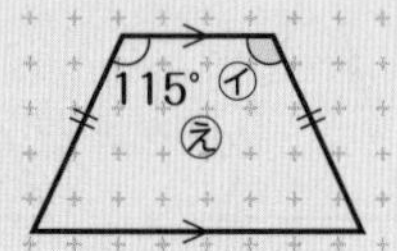

(1) あ～えのうち，向かい合った２組の辺が平行な四角形はどれですか。

(2) あ～えのうち，向かい合った１組の辺が平行な四角形はどれですか。

(3) ア，イの角度はいくらですか。

解き方と答え

(1) あは向かい合う２組の角の大きさがそれぞれ等しいので，平行四辺形である。
うは４つの辺の長さが等しいので，ひし形である。
よって，あ，う

(2) えのような１組の辺が平行で，残りの辺の長さが等しい台形を等脚台形（とうきゃくだいけい）という。
よって，え

(3) うはひし形で，向かい合う２組の角はそれぞれ等しいので，ア＝**55°**
えの等脚台形は右の図のように等しい大きさの角がある。
よって，イ＝**115°**

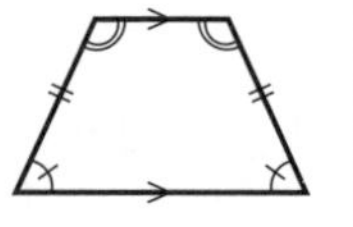

参考 円の中の四角形

円に接（せっ）する四角形は，向かい合う角の和が 180° になる。
［理由］下の図のように４つの二等辺三角形に分けると，
○＋○＋×＋×＋□＋□＋△＋△＝360° となるので，
○＋×（イ）＋□＋△（エ）＝180°
○＋△（ア）＋□＋×（ウ）＝180°

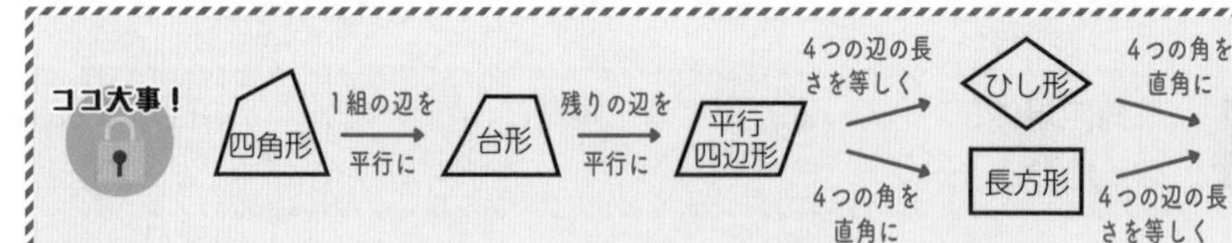

練習問題 ❷

次の性質（せいしつ）がいつでもあてはまる四角形をア～オからすべて選びなさい。

(1) 向かい合った２組の辺が平行な四角形

(2) ４つの辺の長さがすべて等しい四角形

(3) ４つの角がすべて同じ大きさの四角形

ア 台形　**イ** 平行四辺形　**ウ** ひし形　**エ** 長方形　**オ** 正方形

別冊解答 p.55

4年 5年 6年 中学入試

p.204 2

例題3 四角形の性質(2) —対角線と図形のしきつめ—

次の問いに答えなさい。

(1) 次の２本の直線は四角形の対角線です。それぞれ何という四角形ですか。

❶
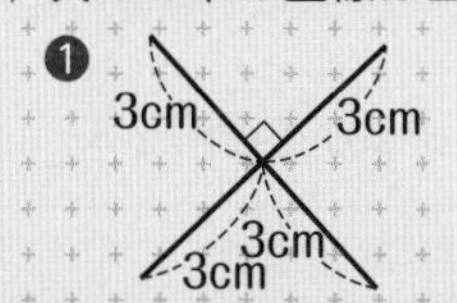

❷
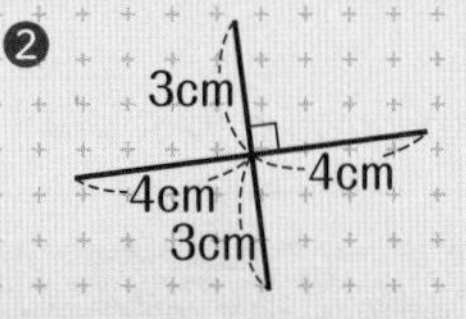

❸
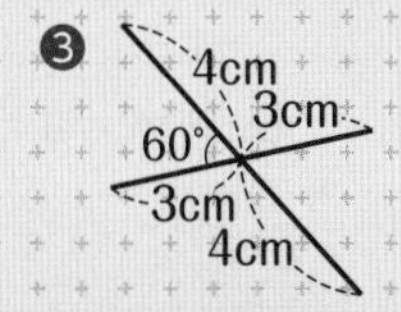

(2) 右の図の中にはどのような四角形がありますか。すべて答えなさい。

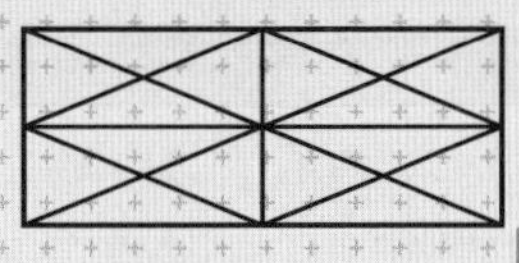

解き方と答え

(1) 四角形の２本の対角線の性質(せいしつ)について，表にまとめると下のようになる。

	たがいに２等分	垂直(すいちょく)に交わる	長さが等しい
平行四辺形	○	×	×
ひし形	○	○	×
長方形	○	×	○
正方形	○	○	○

よって，❶は正方形，❷はひし形，❸は平行四辺形

(2) (例)　長方形

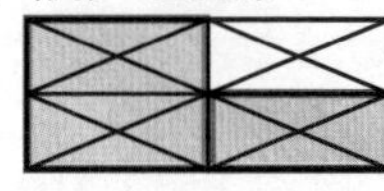

(例)　平行四辺形

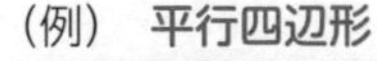

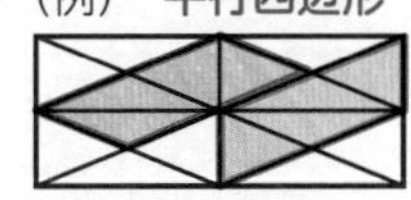

(例)　台形

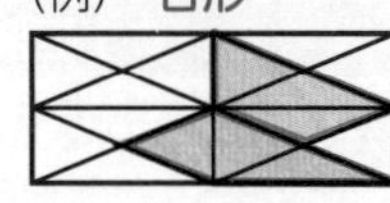

(例)　ひし形

くわしく　対角線の性質

対角線の性質をベン図で整理すると，次のようになる。

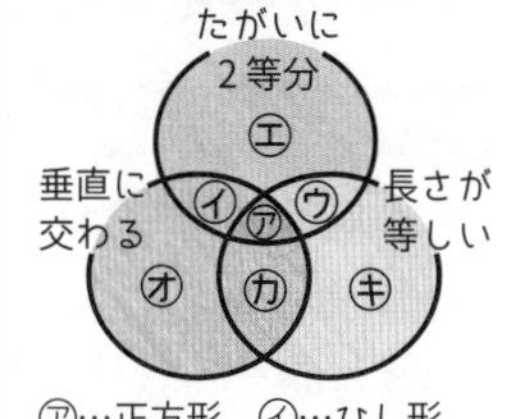

㋐…正方形，㋑…ひし形
㋒…長方形，㋓…平行四辺形
㋔の例　　㋕の例

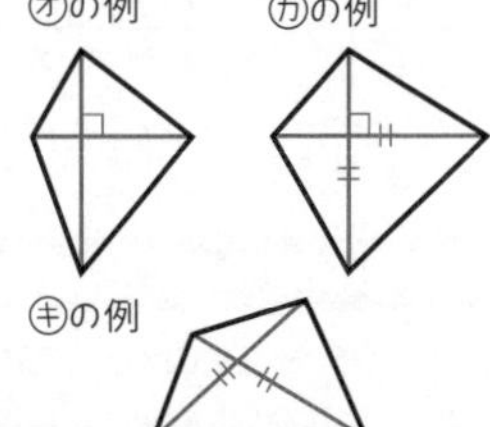

㋖の例

ココ大事！ 対角線がたがいに２等分されている四角形は，向かい合う２組の辺が平行である。

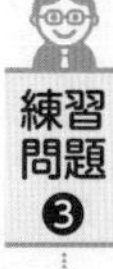

練習問題❸

右の図のような直角三角形を４つ組み合わせてできる四角形の名前をすべて答えなさい。

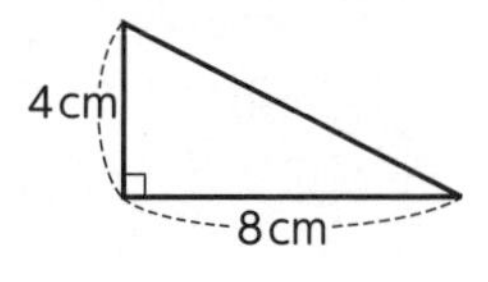

別冊解答 p.55

2 対称な図形

p.208〜211

❶ 線対称，点対称な図形の性質を理解し，それぞれの図形をかけるようにしよう。
❷ 対称になる多角形にはどのようなものがあるかを理解しよう。

学習のポイント

1 線対称

➡例題4

► 1つの直線(**対称の軸**)を折り目として折ったとき，折り目の両側がぴったり重なる図形を**線対称**な図形という。
点Bと点E，点Cと点Dを対応する点，辺ABと辺AE，辺BCと辺EDを対応する辺という。

（対応する点：折ったときに重なる点）
（対応する辺：折ったときに重なる辺）
（辺EDを辺DEとしてはいけない）

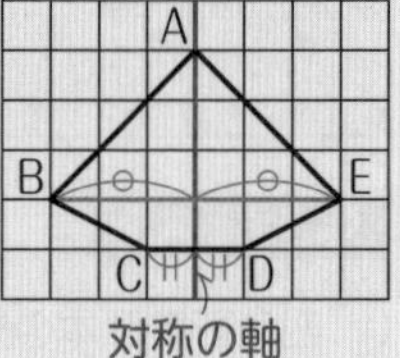

対称の軸

対応する2つの点を結ぶ直線は，対称の軸と垂直に交わる。
また，この交わる点から対応する2つの点までの長さは等しい。

2 点対称

➡例題5

► ある点(**対称の中心**)を中心として180°回転させたとき，もとの図形にぴったり重なる図形を**点対称**な図形という。
点Aと点D，点Bと点E，点Cと点Fを対応する点，
辺ABと辺DE，辺BCと辺EF，辺CDと辺FAを対応する辺という。対応する2つの点を結ぶ直線は，対称の中心を通る。また，対称の中心から対応する2つの点までの長さは等しい。

（対応する点：180°回転したときに重なる点）
（対応する辺：180°回転したときに重なる辺）
（辺DEを辺EDとしてはいけない）

対称の中心

3 多角形・円と対称

➡例題6

► 下の表は代表的な図形が線対称な図形か点対称な図形かをまとめたものである。

図形	正三角形	正方形	正五角形	正六角形	平行四辺形	ひし形	円
対称の軸	3本	4本	5本	6本	×	2本	無数
点対称	×	○	×	○	○	○	○

正□角形は，すべて線対称な図形で，対称の軸の数は□本になる。また，**□が偶数のとき，点対称な図形**となる。

p.208 1

例題 4 線対称

右の図は線対称(せんたいしょう)な図形で，直線アイは対称の軸(じく)です。

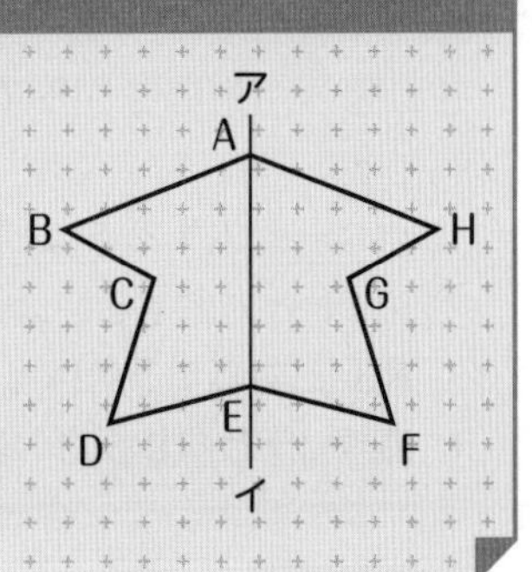

(1) 点Bと対応(たいおう)する点はどれですか。

(2) 辺CDと対応する辺はどれですか。

(3) 直線CGと対称の軸アイはどのように交わっていますか。

(4) 辺DEと同じ長さの辺はどれですか。

解き方と答え

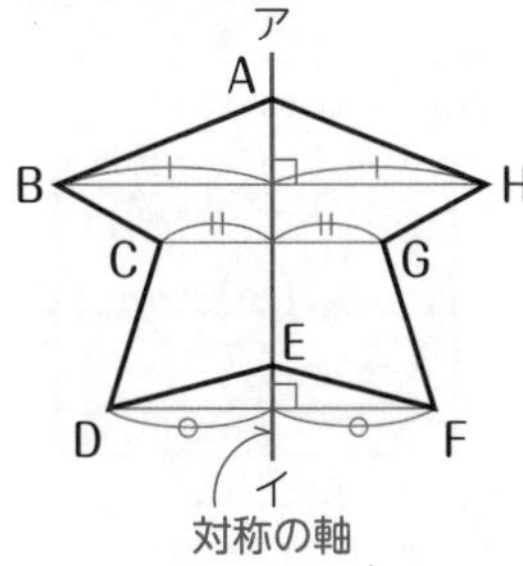

(1) 直線アイで折ると点Bと点Hが重なるので，**点H**

(2) 点Cと点G，点Dと点Fが対応するので，**辺GF**

(3) 対応する点を結ぶ直線と対称の軸は垂直(すいちょく)の関係にあるので，**直線CGと対称の軸アイは垂直に交わっている。**

(4) 辺DEと辺FEは対応する辺なので，辺DEと同じ長さの辺は**辺FE**

注意 **辺は対応順にかく**

(2)辺CDと対応する辺を表す場合は，
点Cと対応するのは点G，
点Dと対応するのは点F
であることから，
辺C D
　↓↓
辺G F
となる。
辺FGと逆(ぎゃく)に書いてはいけない。

ココ大事！ 線対称な図形において，対応する点を結んだ直線は，対称の軸と垂直に交わり，対称の軸によって2等分される。

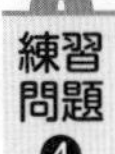

練習問題 4

別冊解答 p.55

右の図の五角形ABCDEは線対称な図形です。

(1) 対称の軸をかきなさい。

(2) 辺BC，辺DEはそれぞれ何cmですか。

(3) 角Dの大きさは何度ですか。

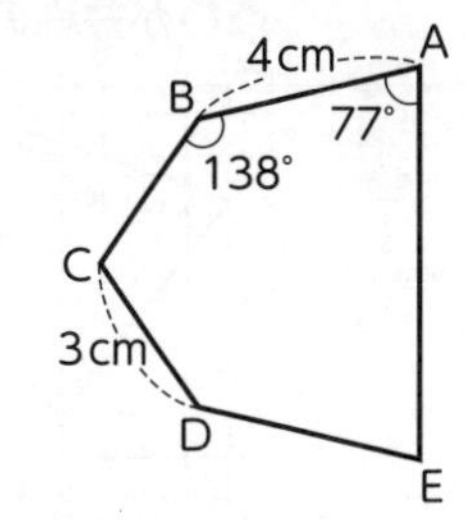

p.208 2

例題 5 点対称

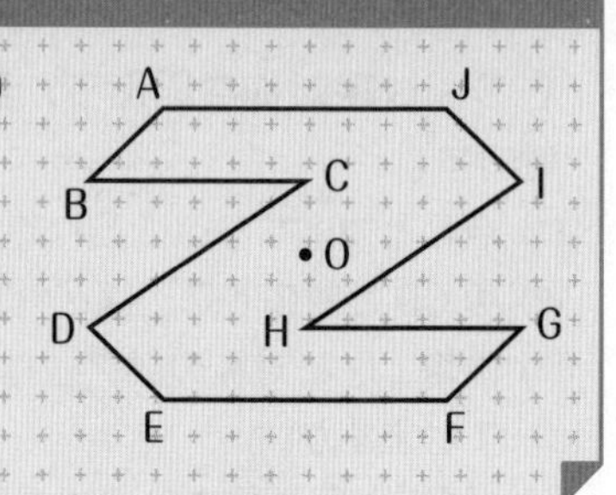

右の図は点対称(てんたいしょう)な図形で，点Oは対称の中心です。

(1) 点Gと対応(たいおう)する点はどれですか。

(2) 辺DEと対応する辺はどれですか。

(3) 角Fと対応する角はどれですか。

(4) 直線JOと同じ長さの直線はどれですか。

解き方と答え

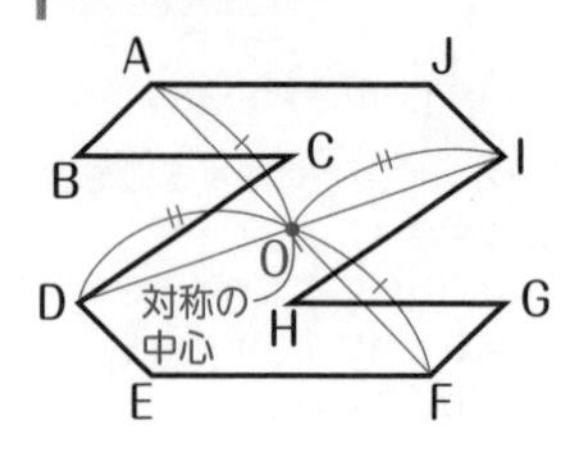

(1) 点Oを中心として180°回転させると，点Gと点Bが重なるので，**点B**

(2) 点Dと点I，点Eと点Jが対応するので，**辺IJ**

(3) 点Fと対応する点が，点Aなので，**角A**

(4) 点Jと点Eが対応するので，**直線EO**

雑学ハカセ **アルファベットと対称**

アルファベットの大文字を線対称，点対称に整理すると下のようになる。

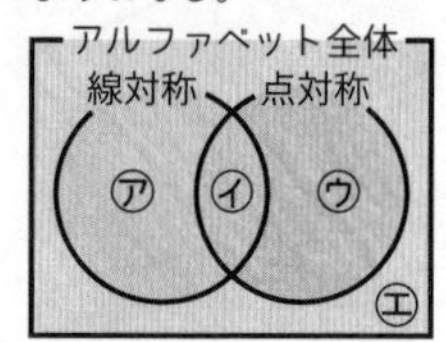

㋐…A，B，C，D，E，M，T，U，V，W，Y

㋑…H，I，O，X

㋒…N，S，Z

㋓…F，G，J，K，L，P，Q，R

ただし，書体によっては対称とならないこともある。

ココ大事！ 点対称な図形において，対応する点を結んだ直線を2等分する点が，対称の中心となる。

練習問題 ❺

別冊解答 p.55

点Oが対称の中心になるように，点対称な図形をかきなさい。

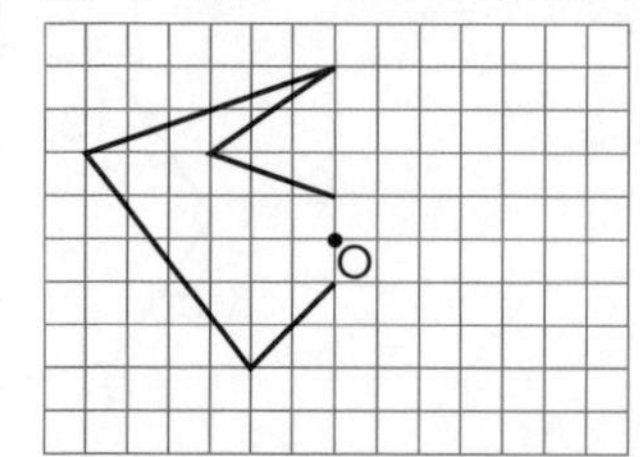

p.208 3

例題6 多角形と対称

次の問いに答えなさい。

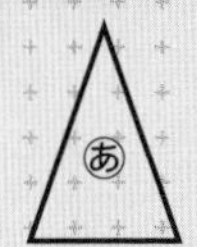
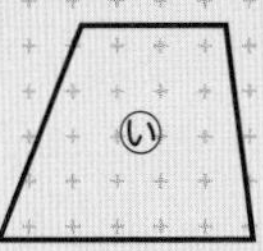
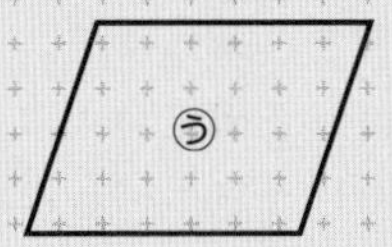
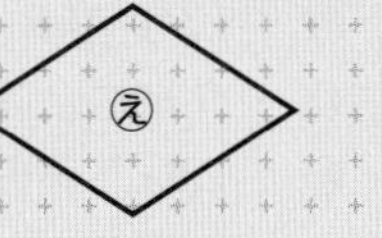

二等辺三角形　台形　平行四辺形　ひし形　長方形

(1) あ～おの図形の対称（たいしょう）の軸（じく）の本数はそれぞれ何本ですか。ただし，線対称でない場合は0とかきなさい。

(2) あ～おのうち，点対称な図形をすべて選びなさい。

解き方と答え

(1)

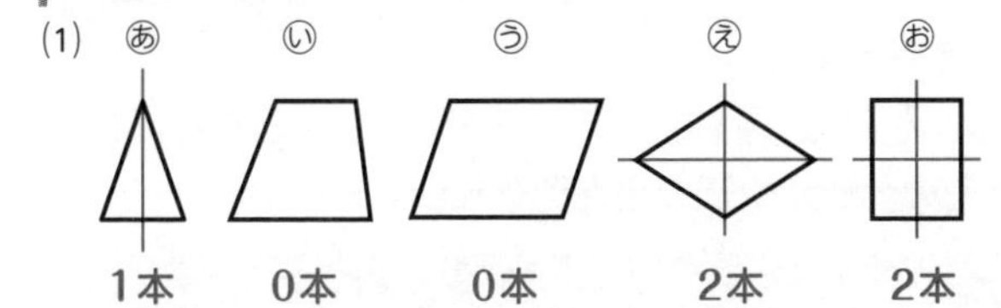

(2)

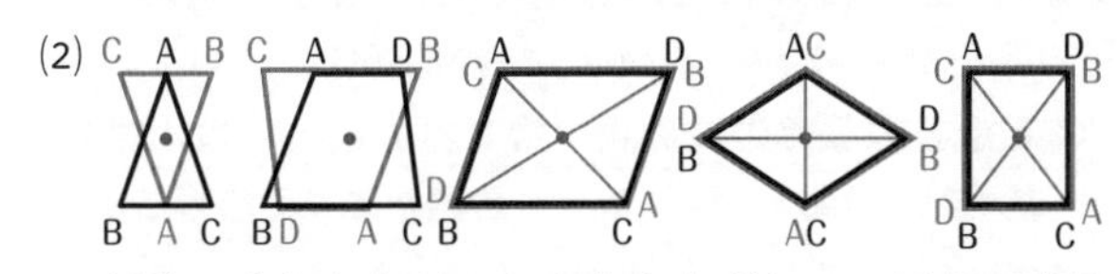

対称の中心となりそうな点をさがして，180°回転してみると，あといは重ならない。よって，点対称な図形は，う，え，お

注意

平行四辺形は線対称ではない

平行四辺形を対角線にそって2つ折りにしたり（図1），向かい合う辺のそれぞれの2等分した点（←中点という）を結んだ線で折ったり（図2）しても，ぴったりと重ならないので，平行四辺形は線対称ではない。

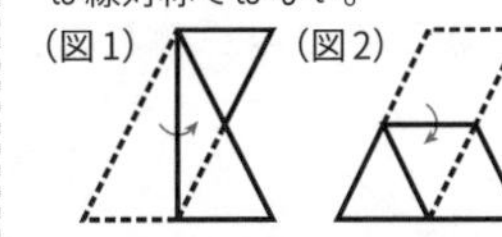

ひし形や長方形は線対称な図形であり，点対称な図形でもある。

練習問題6

別冊解答 p.55

次の問いに答えなさい。

あ 正三角形　い 正方形　う 正五角形　え 正六角形

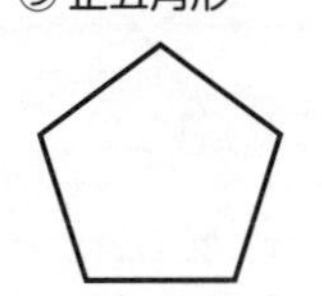
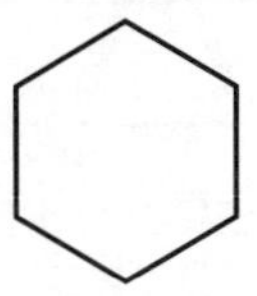

(1) あ～えに対称の軸をそれぞれすべてかきなさい。

(2) あ～えで，線対称であり，点対称でもある図形はどれですか。すべて答えなさい。

3 合同な図形

p.212〜215

❶ 合同な図形の性質を理解しよう。
❷ 三角形の合同条件を正確に覚えよう。
❸ 合同な三角形をかけるようにしよう。

学習のポイント

1 合同な図形 ➡例題7

► 形も大きさも同じである2つの図形を**合同**という。右の図の四角形 ABCD と四角形 GFEH のように，うら返して重なるときも合同である。対応する点は点Aと点G，点Bと点F，…，対応する辺は辺ABと辺GF，辺BCと辺FE，…となる。合同な図形では，**対応している角の大きさや辺の長さは等しい。**

（GFEH ← 対応する点の順に書く）

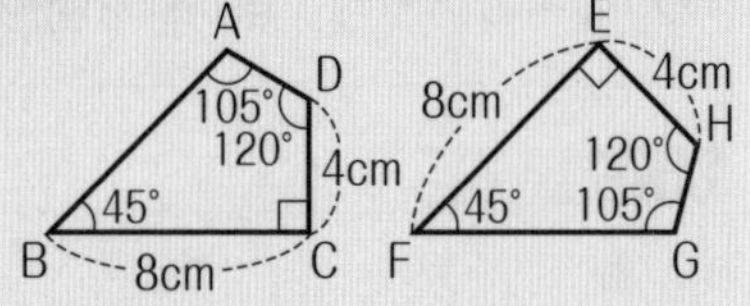

2 三角形の合同条件 ➡例題8

► 2つ以上ある三角形が合同であるための条件は下の3つがある。

㋐3組の辺がそれぞれ等しい。

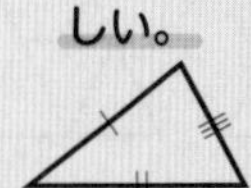

㋑2組の辺とその間の角がそれぞれ等しい。

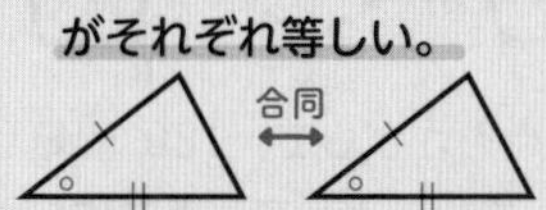

㋒1組の辺とその両はしの角がそれぞれ等しい。

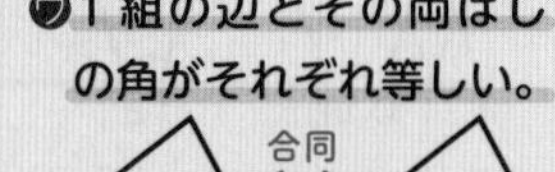

3 合同な三角形のかき方 ➡例題9

► 三角形の合同条件にあたる辺の長さや角度をはかってかく。

例》三角形 ABC と合同な三角形をかきなさい。

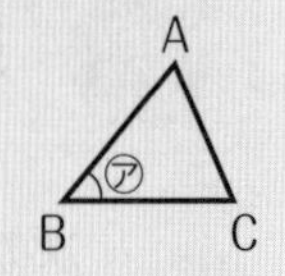

解》2組の辺とその間の角がそれぞれ等しいという合同条件を利用する場合。(他の合同条件を使ってもよい。)

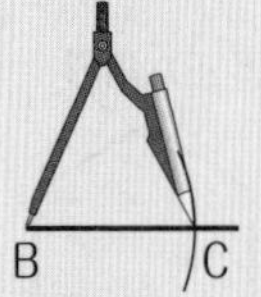

直線をかき BC の長さをコンパスではかりとる

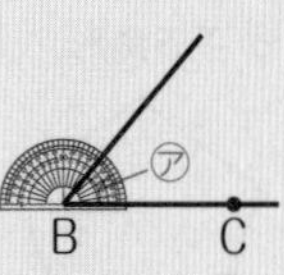

分度器で角㋐をはかりとる

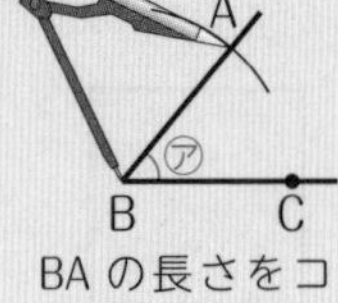

BA の長さをコンパスではかりとる

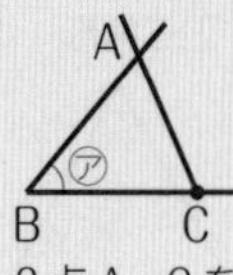

2点A，Cを結ぶ

4年 5年 6年 中学入試

p.212 1

例題 7 合同な図形

右の㋐，㋑の四角形は合同です。

(1) 角Aに対応(たいおう)する角はどれですか。

(2) 角Hは何度ですか。

(3) 辺ABは何cmですか。

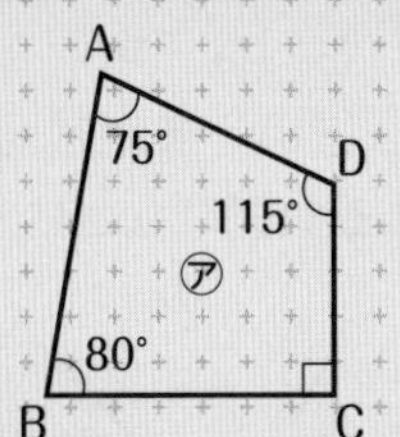

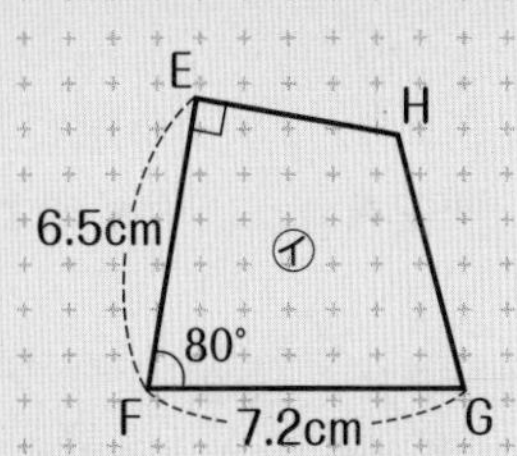

解き方と答え

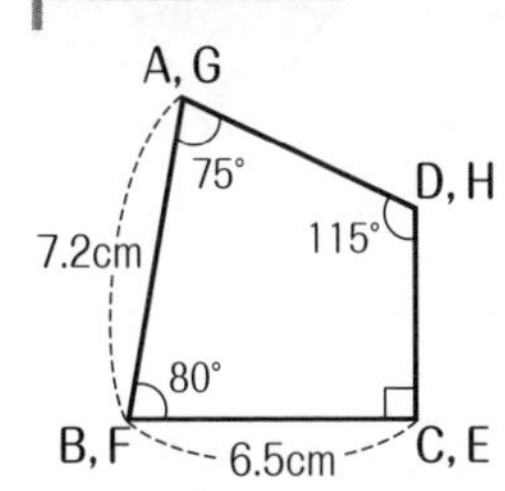

角の大きさで対応する点をさがしていくと，点Bの角と点Fの角が80°，点Cの角と点Eの角が直角なので，対応している。次に，四角形の頂点(ちょうてん)は，㋐がB→Cと反時計まわり，㋑がF→Eと時計まわりになっていることを考えると，点Dと点H，点Aと点Gが対応していることがわかる。

(1) 角G

(2) 角Hは角Dと等しいので，**115°**

(3) 辺ABは辺GFと等しいので，**7.2 cm**

アドバイス

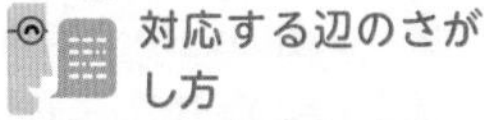

対応する辺のさがし方

合同な図形の対応する辺をさがすためには，同じ角度に○，×，△などの印をつけて，その記号の順で確認(かくにん)するとわかりやすい。

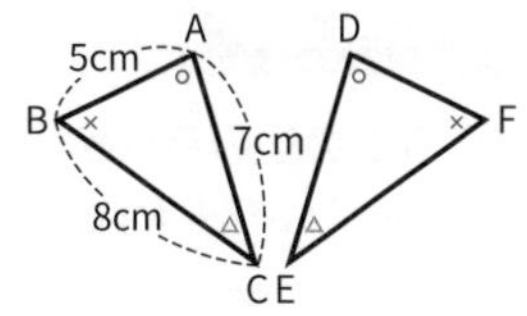

DF＝AB＝5 cm，
DE＝AC＝7 cm ということがわかる。

ココ大事！

合同な図形の対応する角の大きさや辺の長さは等しい。

練習問題 ❼

別冊解答 p.55

次の問いに答えなさい。

(1) ㋐～㋕の四角形のうち，ある1本の対角線で分けると，合同な三角形が2つできるものはどれですか。すべて答えなさい。

(2) 2本の対角線で分けると，4つの合同な三角形ができるものはどれですか。すべて答えなさい。

あ 台形　い 平行四辺形　う ひし形
え 長方形　お 正方形　か たこ形

p.212 2

例題 8 三角形の合同条件

下の①〜③の三角形と合同な三角形を，右の㋐〜㋕から選びなさい。また選んだ理由をⒶ〜Ⓒからそれぞれ選びなさい。

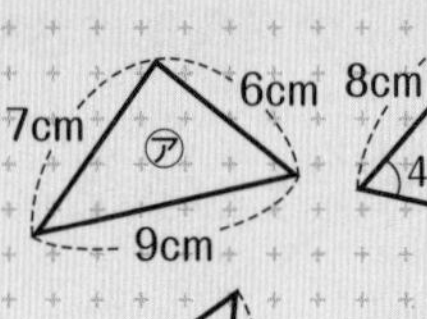

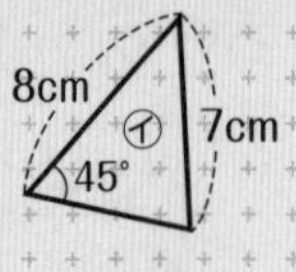

①

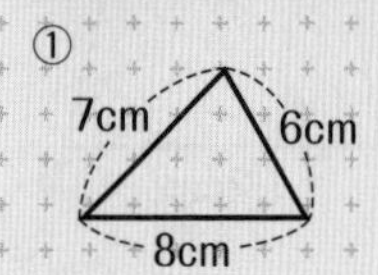

②

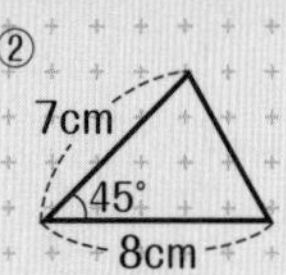

③

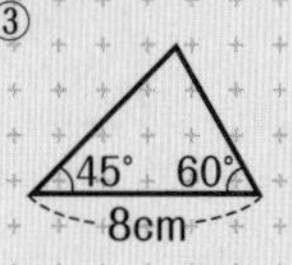

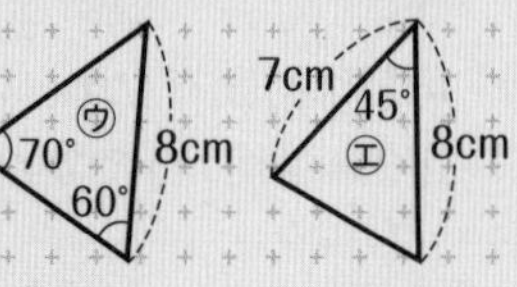

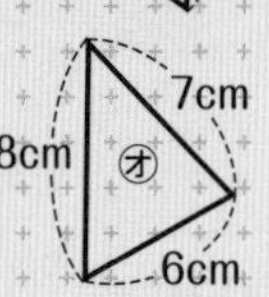

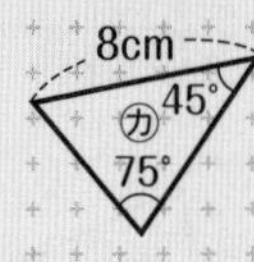

[理由]

Ⓐ 3組の辺がそれぞれ等しいから。

Ⓑ 1組の辺とその両はしの角がそれぞれ等しいから。

Ⓒ 2組の辺とその間の角がそれぞれ等しいから。

解き方と答え

① 3つの辺の長さが，(6 cm，7 cm，8 cm)なので，Ⓐの理由で㋔が合同。
よって，㋔ーⒶ

② 2つの辺の長さが(7 cm，8 cm)で，その間の角が 45°なので，Ⓒの理由で㋓が合同。
よって，㋓ーⒸ

③ ㋒の残りの角は 50°，㋕の残りの角は 60° である。③は1つの辺の長さが 8 cm で，その両はしの角の大きさが(45°，60°)なので，Ⓑの理由で㋕が合同。
よって，㋕ーⒷ

アドバイス

三角形の合同条件(じょうけん)

三角形の合同条件は次のような図で覚えるとよい。

・3組の辺がそれぞれ等しい。
(辺・辺・辺)

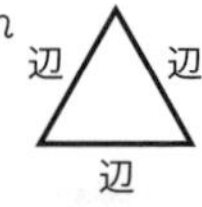

・2組の辺とその間の角がそれぞれ等しい。
(辺・角・辺)

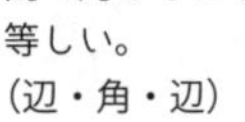

・1組の辺とその両はしの角がそれぞれ等しい。
(角・辺・角)

ココ大事！

三角形の合同条件は，例題 8 の[理由]Ⓐ〜Ⓒの3つある。

練習問題 8

右の図において，AC と BD は 5 cm で，角 CAB と角 DBA は 70° です。
このとき，三角形 ABC と合同な三角形を答えなさい。また，理由も書きなさい。

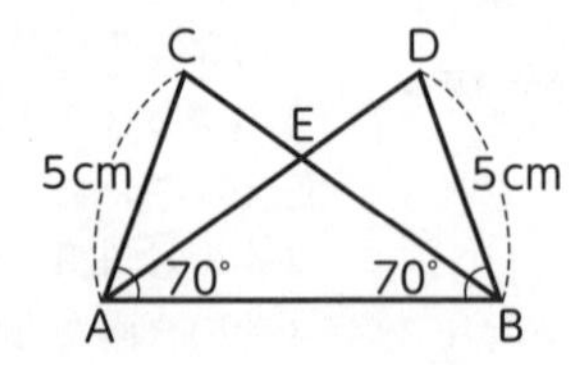

別冊解答 p.56

p.212 3

例題 9 合同な三角形のかき方

次の三角形と合同な三角形をかきなさい。

(1)

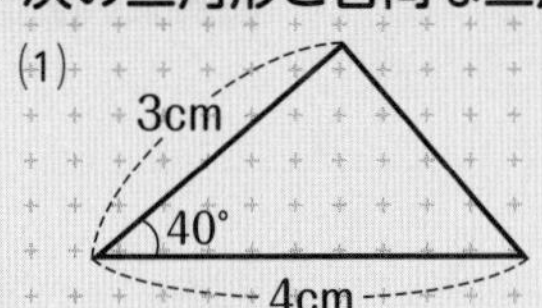

(2)

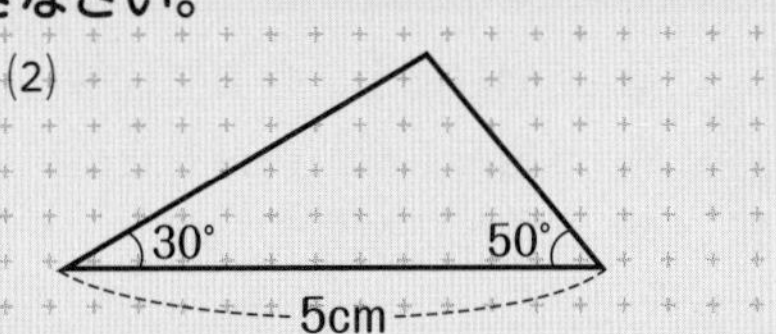

解き方と答え

(1) 2つの辺の長さとその間の角の大きさが決まれば，三角形の形は決まる。

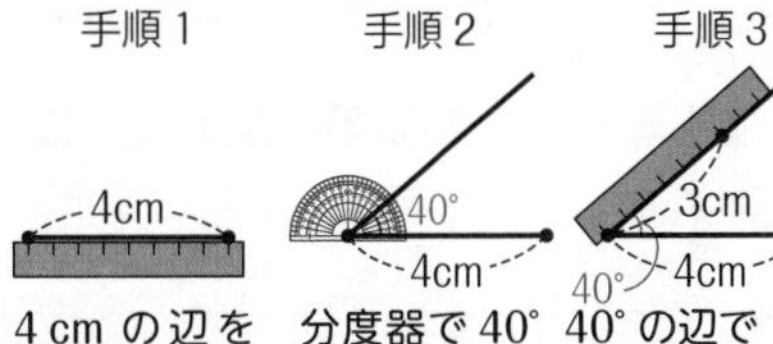

手順1：4 cm の辺を定規(じょうぎ)ではかる。
手順2：分度器で 40° をはかる。
手順3：40° の辺で 3 cm をはかる。
手順4：2点を結ぶ。

(2) 1つの辺の長さとその両はしの角の大きさが決まれば，三角形の形は決まる。

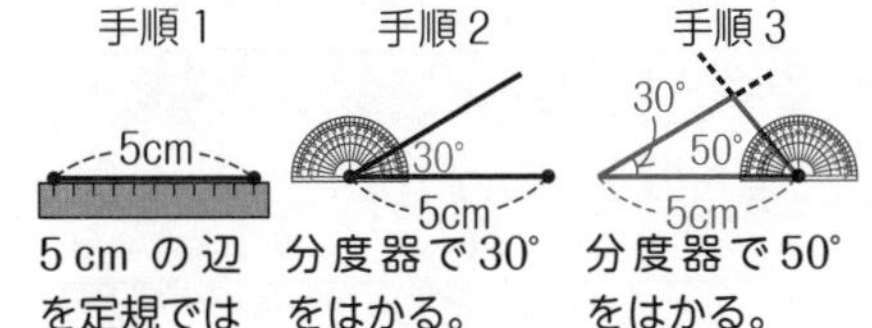

手順1：5 cm の辺を定規ではかる。
手順2：分度器で 30° をはかる。
手順3：分度器で 50° をはかる。

くわしく

コンパスの利用

あたえられた図形を写しとるとき，長さを定規でなく，コンパスで写しとることもできる。

例》三角形 ABC を写しとる

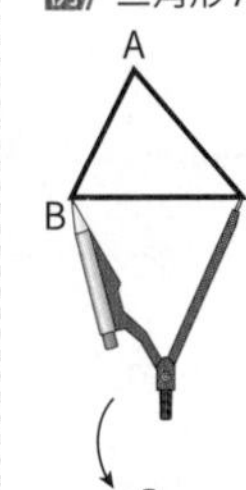

BC の長さをコンパスではかり，写しとりたい場所にかき入れる。AB，AC も同じようにする。

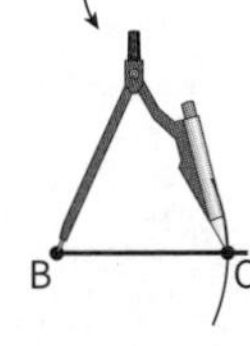

ココ大事！

三角形の合同条件(じょうけん)と同じように，「3つの辺の長さ」，「2つの辺とその間の角」，「1つの辺とその両はしの角」の大きさが決まれば，三角形の形は1つに決まる。

練習問題 9

別冊解答 p.56

次の三角形と合同な三角形をかきなさい。

(1)

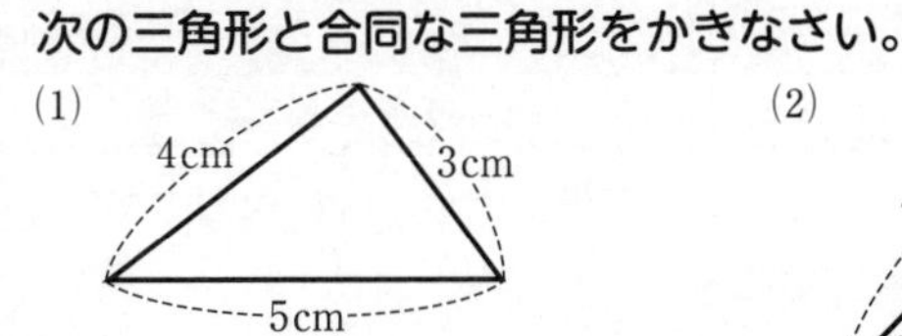

(2)

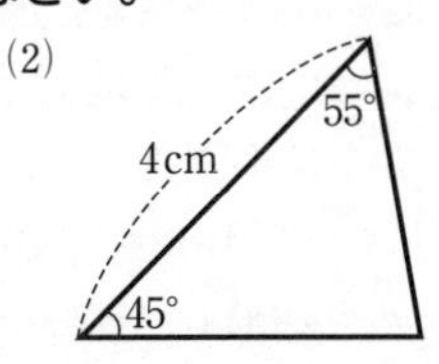

4 相似な図形

p.216〜221

❶ 相似な図形の性質を理解しよう。
❷ 三角形の相似条件を正確に覚えよう。
❸ 三角形の相似のパターンを理解しよう。

学習のポイント

1 相似，三角形の相似条件

➡ 例題 10·11

► 形は同じだが，大きさがちがう2つの図形を**相似**という。相似な図形では，**対応する辺の長さの比（相似比）は等しく，対応する角の大きさもそれぞれ等しい。**

► 2つ以上ある三角形が相似であるための条件には下の3つがある。

㋐3組の辺の比がすべて等しい。

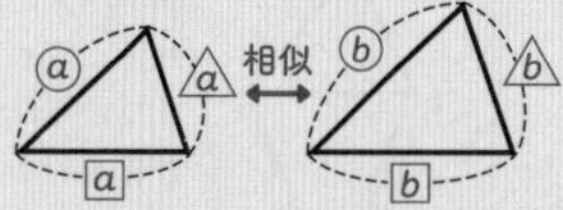

ⓐ：ⓑ＝[a]：[b]＝△a：△b

㋑2組の辺の比とその間の角が等しい。

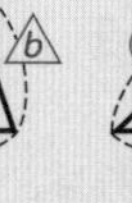
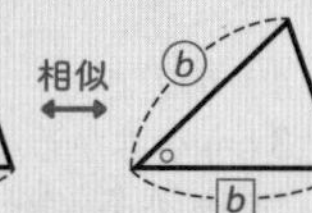

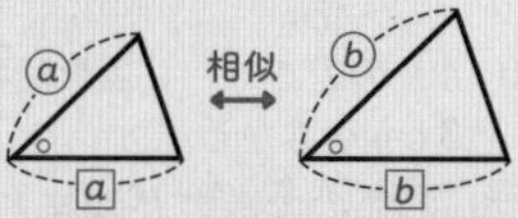

ⓐ：ⓑ＝[a]：[b]
○の角の大きさが等しい。

㋒2組の角がそれぞれ等しい。

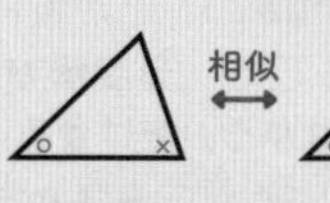

○と×の角の大きさがそれぞれ等しい。

2 相似な三角形の辺の長さ

➡ 例題 12

► よく使われる三角形の相似には下のようなものがある。

㋐ピラミッド型とちょうちょ型

右の図で，DE と BC が平行であるとき，
△ADE と△ABC は相似なので，
AD：AB＝AE：AC＝DE：BC

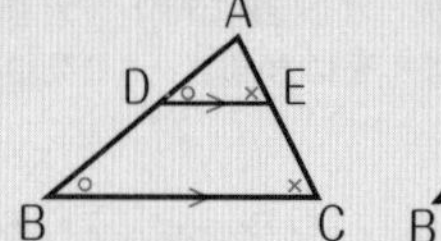

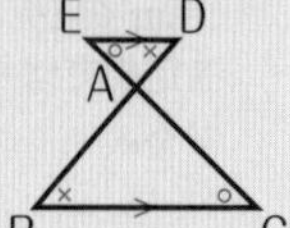

㋑直角三角形型

右の図で，AD と BC が垂直であるとき，△ABC と△DBA と△DAC は相似なので，
AB：DB：DA＝BC：BA：AC＝AC：DA：DC

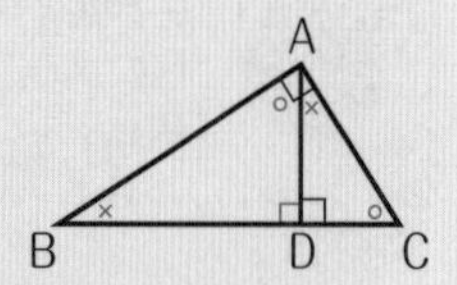

3 縮尺

➡ 例題 13·14

► 地図の**縮尺**は，実際の長さを地図上で表すときに縮めた割合のことである。

例》 25000分の1の地図上で，3 cm は実際には何 km になりますか。

解》 地図上の長さ×25000＝実際の長さ なので，
3×25000＝75000 (cm)＝750 m＝0.75 km

4年 5年 6年 中学入試

p.216 1

例題10 相似な図形

右の図で，㋑は㋐の拡大図です。

(1) 角Cに対応する角はどれですか。
(2) 辺ABに対応する辺はどれですか。
(3) 対応する辺の長さの比を求めなさい。
(4) 辺EHは何cmですか。

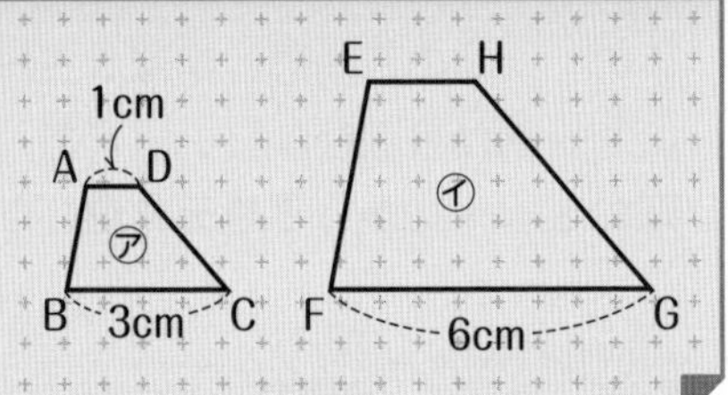

解き方と答え

(1) 点Cと点Gが対応しているので，**角G**

(2) 点Aと点E，点Bと点Fが対応しているので，**辺EF**

(3) 辺BCと辺FGが対応しているので，
3 cm：6 cm＝1：2
この辺の長さの比 **1：2** が，㋐と㋑の相似比となる。

(4) 辺ADと辺EHが対応し，(3)より相似比が 1：2 なので，
1：2＝1 cm：□ cm　□＝2 より，EH＝**2 cm**
（1 cm は辺AD，□ cm は辺EH）

くわしく **立体の相似比**

相似な図形とは，平面図形だけではなく，立体図形でもいえる。下の場合，相似比は1：2になる。

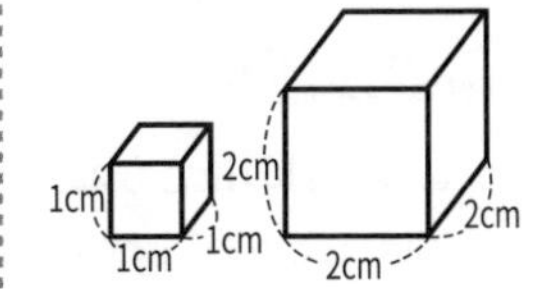

雑学ハカセ **身近にある相似**

鉄道模型には，実際の電車や貨車を45分の1や150分の1にしているものなどがあり，これらもおよそ相似な図形といえる。

ココ大事！ 相似な図形は，大きさはちがうが形は同じなので，対応する角の大きさは等しい。

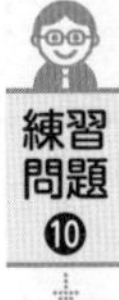

練習問題 10

別冊解答 p.56

右の四角形EFGHは四角形DABCの3倍の拡大図です。

(1) 辺ADに対応する辺はどれですか。また，それは何cmですか。
(2) 角Gに対応する角はどれですか。また，それは何度ですか。
(3) 辺DCの長さは何cmですか。

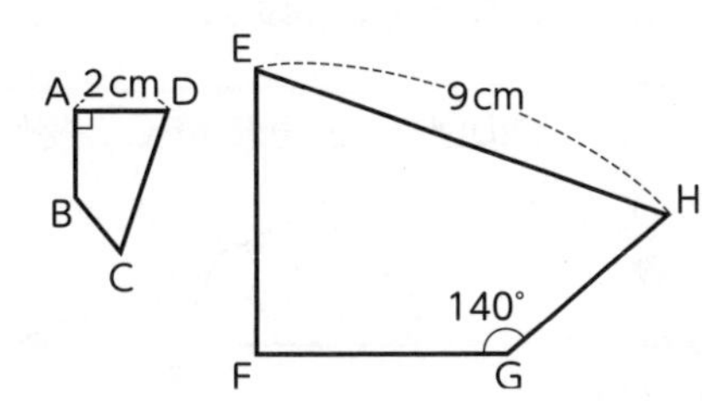

p.216 1

例題11 三角形の相似条件

下の①～③の三角形と相似な三角形を右の㋐～㋕から選びなさい。また，選んだ理由をⒶ～Ⓒからそれぞれ選びなさい。

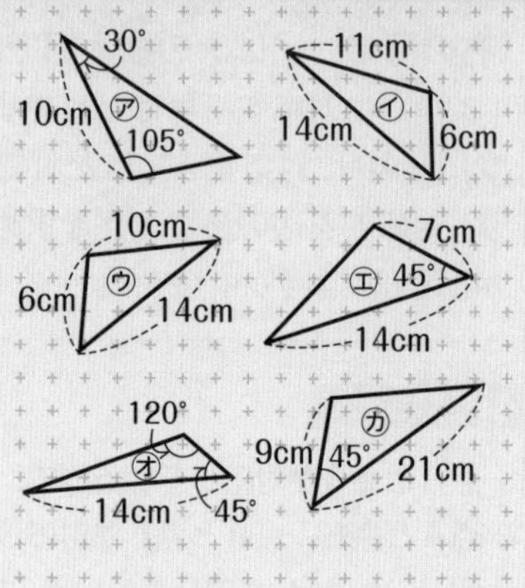

①
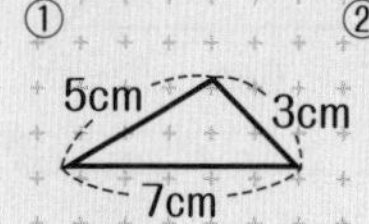

②
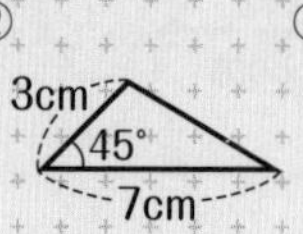

③
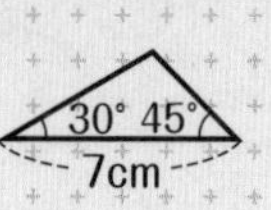

[理由]

Ⓐ 2組の角がそれぞれ等しいから。

Ⓑ 3組の辺の比がすべて等しいから。

Ⓒ 2組の辺の比とその間の角が等しいから。

解き方と答え

① 3つの辺の長さがわかっている㋑，㋒と比べると，
㋑は 6 cm：11 cm：14 cm＝6：11：7,
㋒は 6 cm：10 cm：14 cm＝3：5：7
よって，㋒が相似で，理由はⒷ

② 2つの辺の長さとその間の角の大きさがわかっている㋓，㋕と比べると，
㋓は 7 cm：14 cm＝1：2，㋕は 9 cm：21 m＝3：7
よって，㋕が相似で，理由はⒸ

③ 2つの角の大きさがわかっている㋐，㋔と比べると，
㋐の残りの角は 45°，㋔の残りの角は 15°
よって，㋐が相似で，理由はⒶ

円と相似

円に接する四角形に，対角線をひいて，4つの三角形に分けると，向かい合う三角形はそれぞれ相似になる。

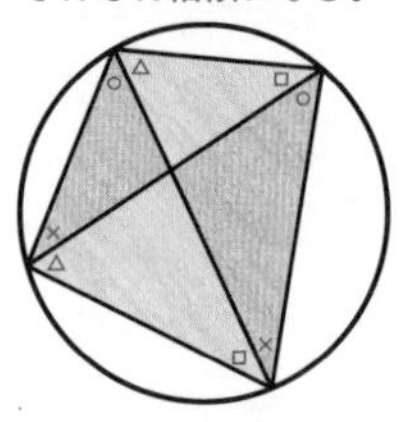

三角形の相似条件は，例題11の[理由]Ⓐ～Ⓒの3つある。

練習問題 11

別冊解答 p.56

次の図で，三角形 ABC と相似な三角形をそれぞれ答えなさい。

(1)

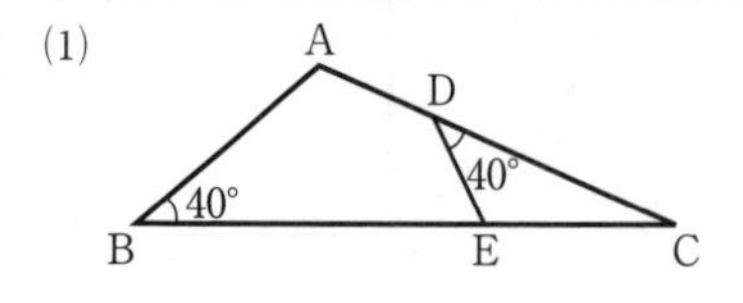

(2)

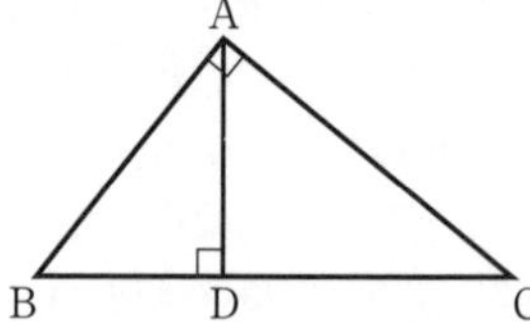

4年 5年 6年 中学入試

p.216 2

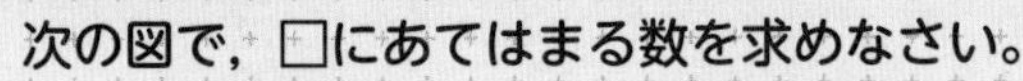

例題12 相似な三角形の辺の長さ

次の図で，□にあてはまる数を求めなさい。

(1)
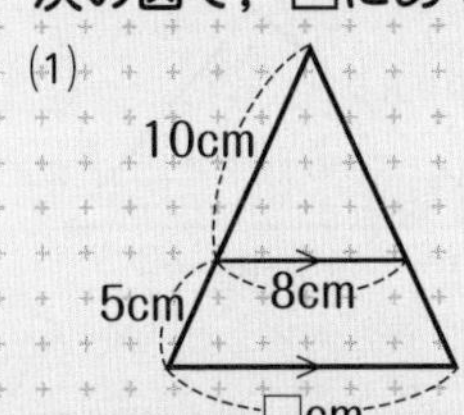

(2)
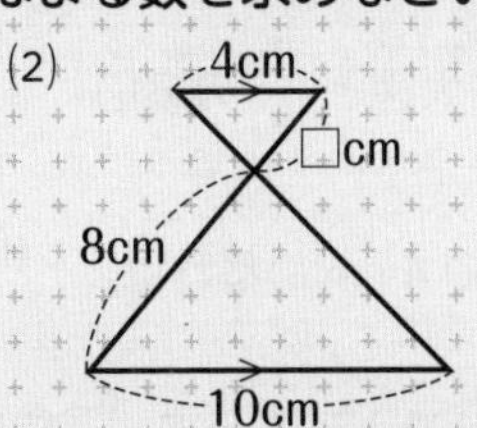

(3)
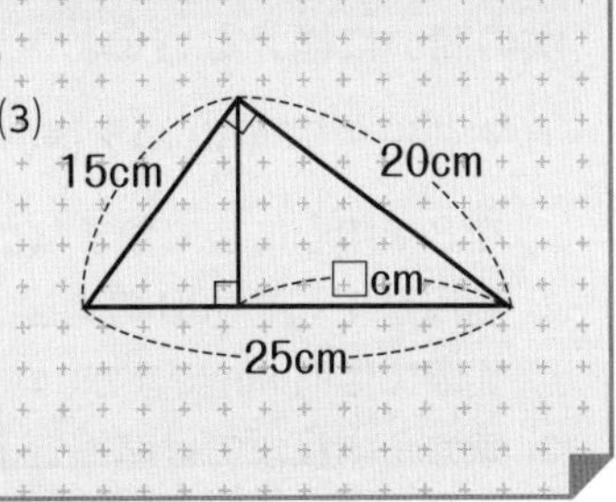

解き方と答え

(1)
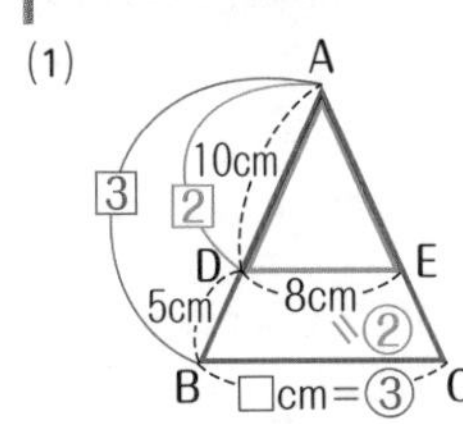

ピラミッド型の相似(そうじ)を利用する。

△ADE と △ABC は AD：AB=10：(10+5) より，相似比(そうじひ)は 2：3

よって，②=8 cm より，③=$8\times\frac{3}{2}$=**12 (cm)**

(2)
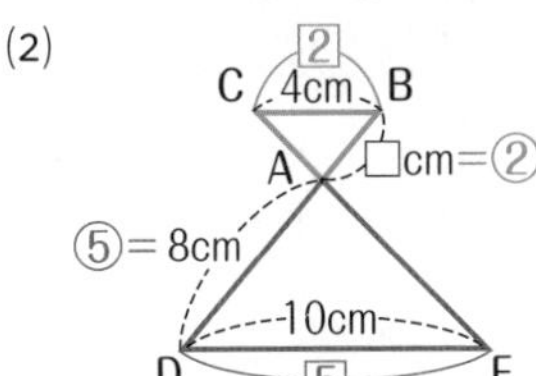

ちょうちょ型の相似を利用する。

△ABC と △ADE は BC：DE=4：10 より，相似比は 2：5

よって，⑤=8 cm より，②=$8\times\frac{2}{5}=\frac{16}{5}$ **(cm)**

(3)
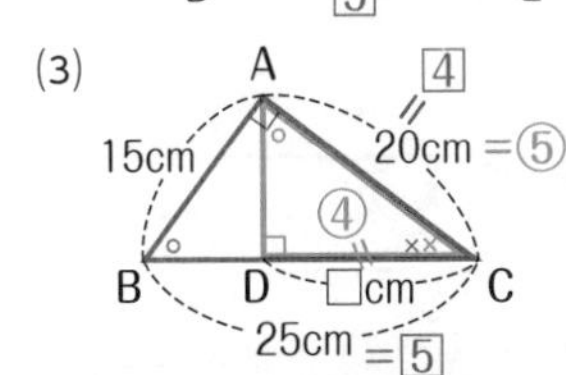

直角三角形型の相似を利用する。

△ABC と △DAC は，「○，×」の印に注目すると，

BC：AC=25：20 より，相似比は 5：4

よって，⑤=20 cm より，④=$20\times\frac{4}{5}$=**16 (cm)**

ココ大事！ ピラミッド型，ちょうちょ型，直角三角形型の図形は相似が利用できる。

練習問題12

別冊解答 p.56

次の図で，□にあてはまる数を求めなさい。

(1)
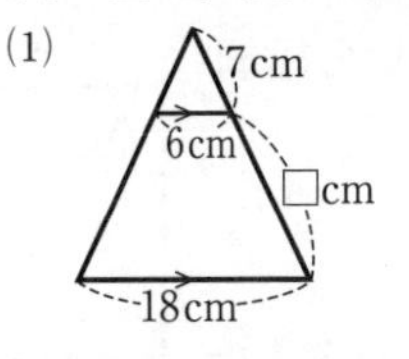

(2)
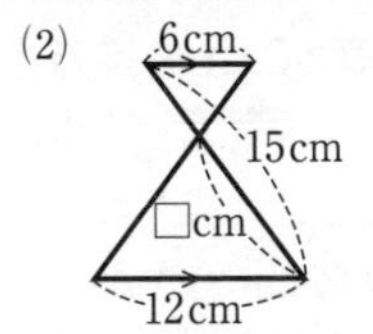

(3)
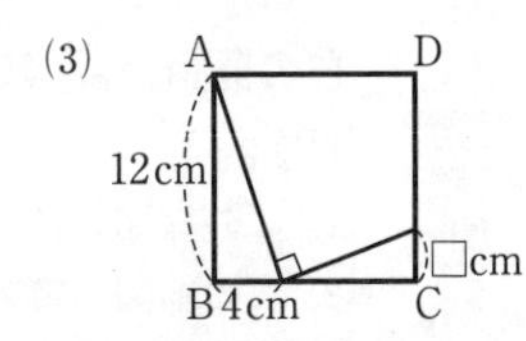

(四角形 ABCD は正方形)

p.216 3

例題13 縮図と縮尺

次の問いに答えなさい。

(1) 右の三角形ABCの2倍の拡大図と$\frac{1}{2}$の縮図をBを中心にしてかきなさい。

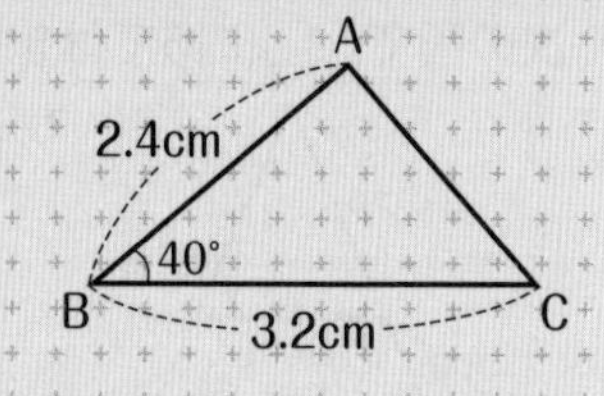

(2) 縮尺が1：25000の地図上で4cmの長さは，実際には何kmですか。

(3) 家から学校までは直線きょりで1700mです。縮尺が1：50000の地図上では家から学校までは何cmですか。

解き方と答え

(1) Bを中心として，BAの長さ，BCの長さのそれぞれ2倍，$\frac{1}{2}$倍の長さをとり，三角形をかく。

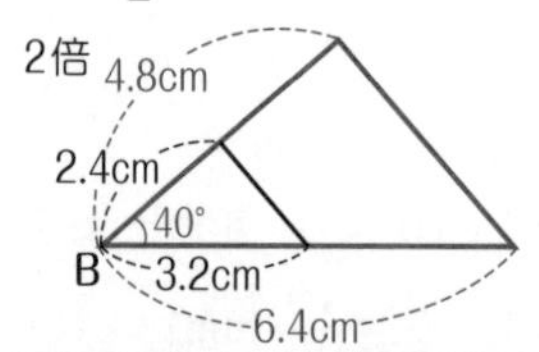

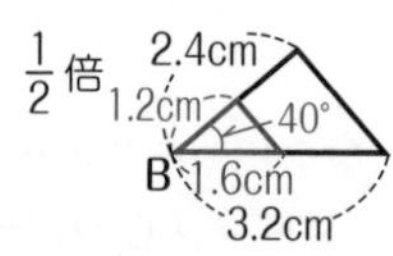

(2) 地図上の長さ：実際の長さ＝1：25000なので，

地図上の長さ　実際の長さ
×25000
4 cm → □ km

$4 \times 25000 = 100000$ (cm)
＝1000 m＝**1 km**

(3) 地図上の長さ　実際の長さ
□ cm ← 1700 m
$\times \frac{1}{50000}$

1700 m＝170000 cm

$170000 \times \frac{1}{50000} = \frac{17}{5}$

＝**3.4 (cm)**

ことば　拡大図と縮図

もとの図を，形を変えずに大きくしたものを拡大図，逆に小さくしたものを縮図という。

くわしく　縮尺の表し方

例えば，実際には1kmの長さを地図上で1cmで表すとき，

㋐ $\frac{1}{100000}$

㋑ 1：100000

㋒

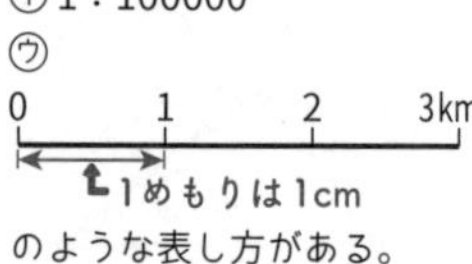

のような表し方がある。

ココ大事！

縮尺　1：□，$\frac{1}{□}$の地図では，地図上の長さ ⇄ 実際の長さ（×□，$\times\frac{1}{□}$）

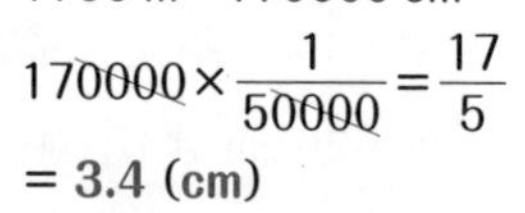

練習問題13

右の図は，縦40m，横50mの長方形の土地の縮図です。

(1) この縮図の縮尺を分数と比で表しなさい。

(2) この縮図の縦の長さは何cmですか。

(3) この土地のAからBまでの長さは，実際には何mですか。

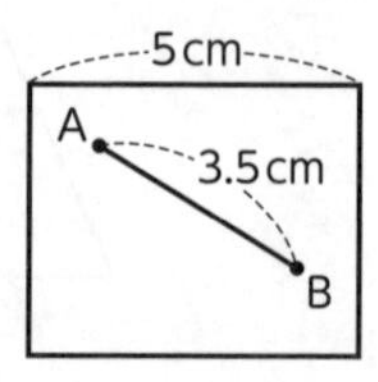

別冊解答 p.57

p.216 3

例題14 縮図の利用

右の図は，はばが AB である川です。

(1) 三角形 ABC の $\frac{1}{1000}$ の縮図(しゅくず)である三角形 A′B′C′ をかきなさい。

(2) 川はば AB の実際(じっさい)の長さはおよそ何 m ですか。

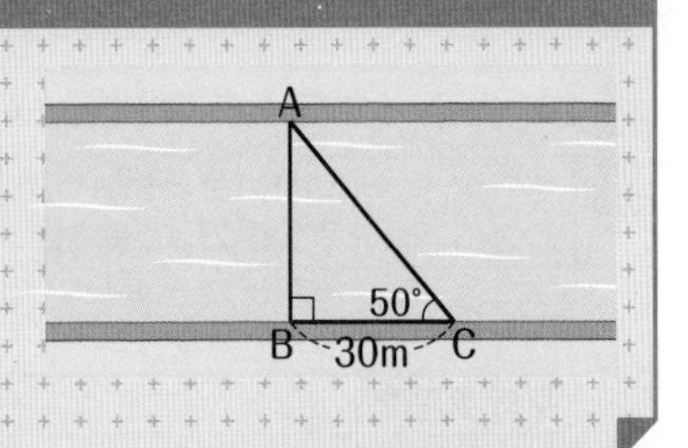

解き方と答え

(1) 30 m＝3000 cm なので，

B′C′＝$3000\times\frac{1}{1000}$

＝3 (cm)

3 cm の長さをはかり，両はしの 90°，50° の角を分度器ではかって，三角形をかく。

A′
50°
B′
3cm
C′

(2) (1)の図の A′B′ の長さを定規(じょうぎ)ではかると，およそ 3.6 cm

(1)の図は $\frac{1}{1000}$ の縮図なので，

AB は，およそ 3.6×1000＝3600 (cm)＝**36 m**

くわしく　建物の高さを求めるには？

練習問題のように，実際にはかりにくい建物などの高さを縮図をかくことによって求めることができる。
まず，建物からはなれて建物を見上げる。次に，建物とのきょり，上を見上げたときの視線(しせん)と水平面との角度(仰角(ぎょうかく)という)，地面から目までの高さをはかり，それをもとに縮図をかく。そして，縮図の建物の高さをはかり，縮尺(しゅくしゃく)を使って計算で求める。
(練習問題⑭の図参照)

ココ大事！ 実際の長さや角度の一部をはかりとり，その縮図をかくことで，はかりとれなかった実際のおよその長さを計算で求めることができる。

練習問題⑭

別冊解答 p.57

右の図は，ある建物から 60 m はなれて立って，建物のかどAを見上げているところを表したものです。

(1) 三角形 ABC の $\frac{1}{2000}$ の縮図である三角形 A′B′C′ をかきなさい。

(2) この建物の実際の高さはおよそ何 m ですか。

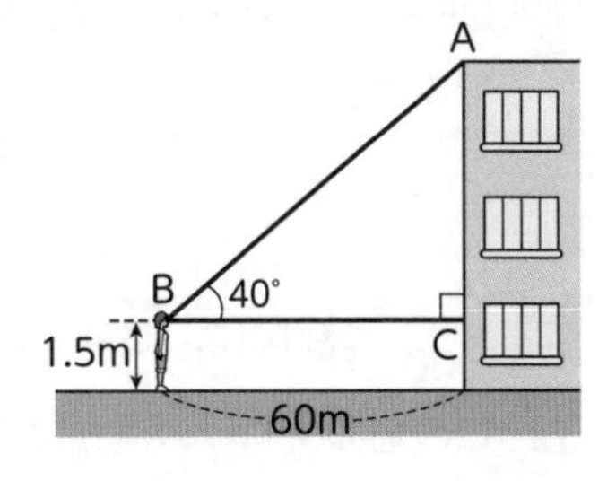

力をのばす問題

レベル3 レベル2 レベル1

→別冊解答 p.57~59

1 次の表で，いつでもあてはまるものには○，そうでないものには×をつけなさい。

→例題 2·3

	向かい合う2組の辺が平行	4つの辺の長さが等しい	向かい合った角の大きさが等しい	4つの角がすべて等しい	2本の対角線の長さが等しい	2本の対角線が垂直に交わる
台形						
平行四辺形						
ひし形						
長方形						
正方形						

2 次の図1で，直線アイを対称(たいしょう)の軸(じく)とした線対称な図形をかきなさい。また，図2で，点Oを対称の中心とした点対称な図形をかきなさい。

→例題 4·5

(図1)

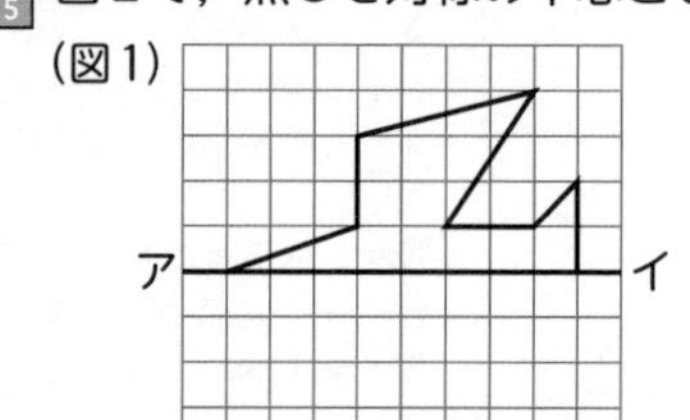

(図2)

O

3 次の図で，□にあてはまる数を求めなさい。

→例題 12

(1)

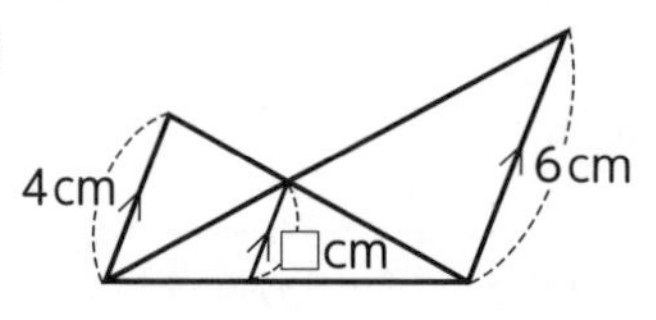

(2)

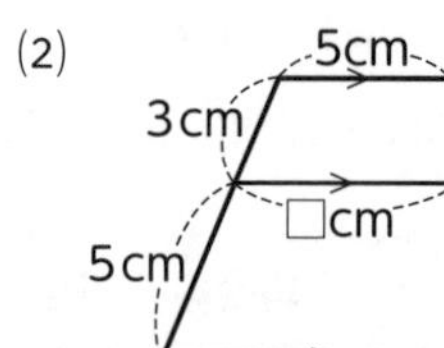

4 右の図のように，直角三角形 ABC と正方形 DBEF があります。正方形の1辺の長さは何 cm ですか。

→例題 12

【同志社香里中】

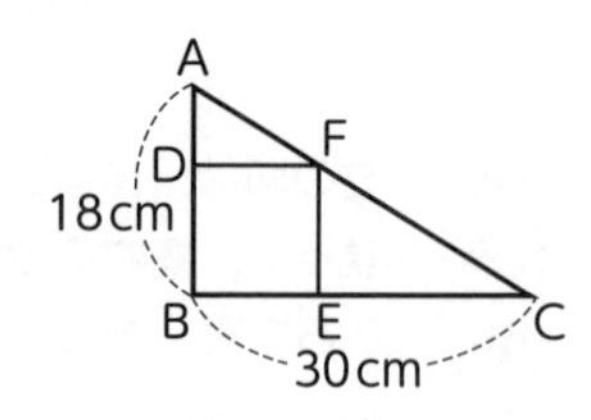

5 $\frac{1}{500}$ の縮図(しゅくず)に，縦(たて) 4 cm，横 5.2 cm の長方形の形をした畑があります。この畑のまわりの長さは実際(じっさい)には何mですか。

→例題 13

力をためす問題

→別冊解答 p.59

6 →例題4

1辺が 16 cm の正方形の紙があります。下の図のように4回折って，色のついた部分を切り落としました。残りの部分を開いてできた図形をいちばん左の図にかきこみなさい。

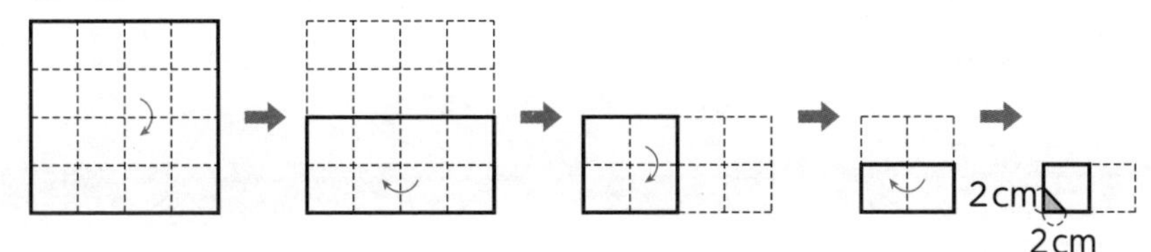

7 →例題8

右の正方形 ABCD において，M，N は辺 AD，BC の中点で，三角形 CBE と三角形 FBE は合同です。

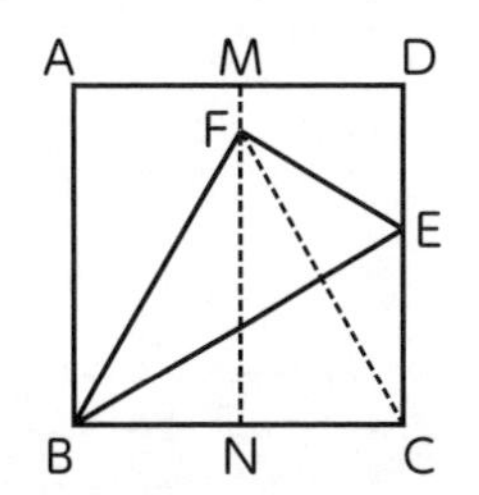

(1) 三角形 FBN と三角形 FCN は合同です。その理由を下のように説明しました。㋐～㋓にあてはまることばを書きなさい。

(理由) 点Nは辺 BC の中点なので，辺 BN と辺㋐の長さは等しい。辺㋑は同じ辺なので，その長さも等しい。角 FNB と角 FNC はそれぞれ㋒なので，その大きさは等しい。よって，㋓から，三角形 FBN と三角形 FCN は合同である。

(2) 三角形 FBC はどのような三角形ですか。

(3) 角 EBC は何度ですか。

8 →例題14

ある日，ともやすさんが公園の木の影(かげ)の長さを調べると 7.8 m でした。同じ時刻(じこく)に，身長 1.4 m のともやすさんの影の長さは 2.1 m でした。木の高さは何 m ですか。

9 →例題12

右の正三角形 ABC の中に，角 DEF＝60°，角EDF＝90° の直角三角形があります。

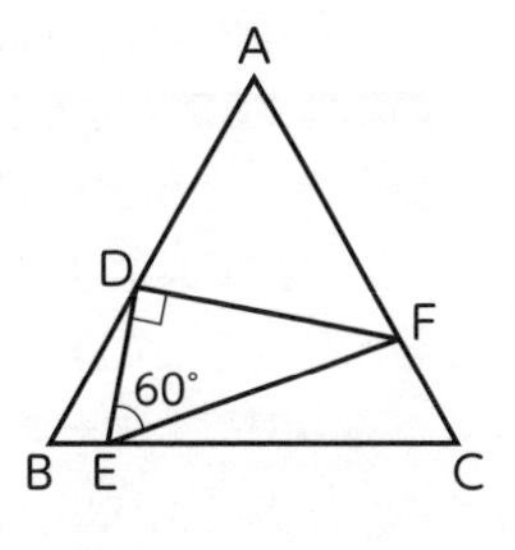

ちょいムズ (1) 三角形 DBE と相似(そうじ)な三角形を答えなさい。また，その理由も書きなさい。

(2) 三角形 DBE と(1)の三角形の相似比(ひ)を書きなさい。

5 平行線と角

p.224〜227

❶ 1周の角＝360°，一直線の角＝180°，直角＝90° を覚えよう。
❷ 平行線では，同位角，錯角が等しいことを利用して考えよう。
❸ 平行四辺形の角の関係を覚えよう。

学習のポイント

1 360°，180°，90°

➡例題15

► **1周の角度は 360°** であり，**一直線は半周で 180°**，**直角は $\frac{1}{4}$ 周で 90°** である。

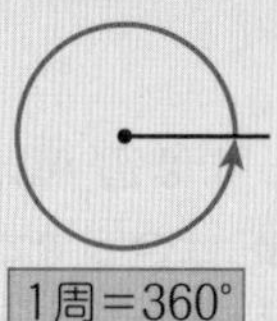

1周＝360°

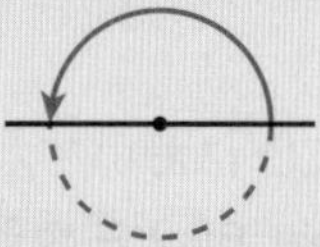

一直線＝半周＝180°

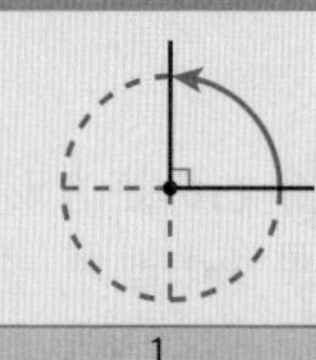

直角＝$\frac{1}{4}$周＝90°

2 平行線と角

➡例題16

► 平行線に1つの直線が交わった図形では，次の性質が成り立つ。

㋐**同位角**が等しい。

右の図で，㋐＝㋔，㋑＝㋕，㋒＝㋖，㋓＝㋗

㋑**錯角**が等しい。

右の図で，㋑＝㋗，㋒＝㋔

以上をまとめると，㋐＝㋒＝㋔＝㋖，㋑＝㋓＝㋕＝㋗ となる。

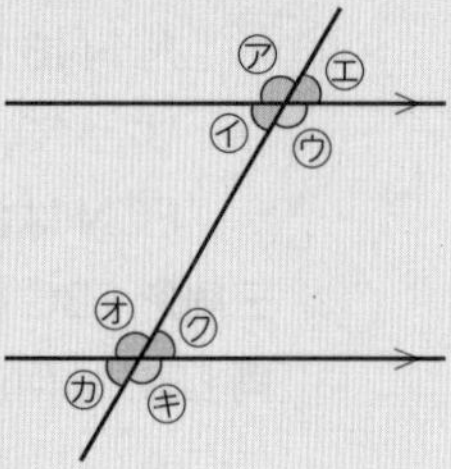

► 逆に，同位角または錯角が等しければ，**2直線は平行**である。

3 平行四辺形と角

➡例題17

► 平行四辺形では，**向かい合った角の大きさが等しく，となり合った角の大きさの和は 180°** になる。

㋐向かい合った角が等しい。

右の図で，㋐＝㋒，㋑＝㋓

㋑となり合った角の和は 180°になる。

右の図で，㋐＋㋓＝180°，㋐＋㋑＝180° など。

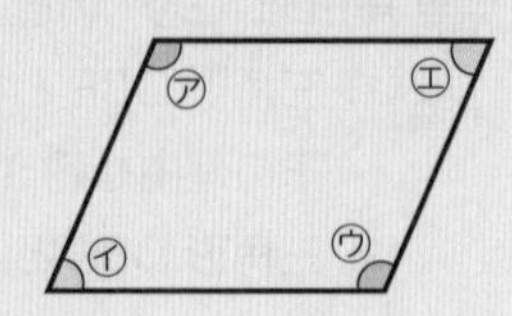

p.224 1

例題15 90°や180°の利用

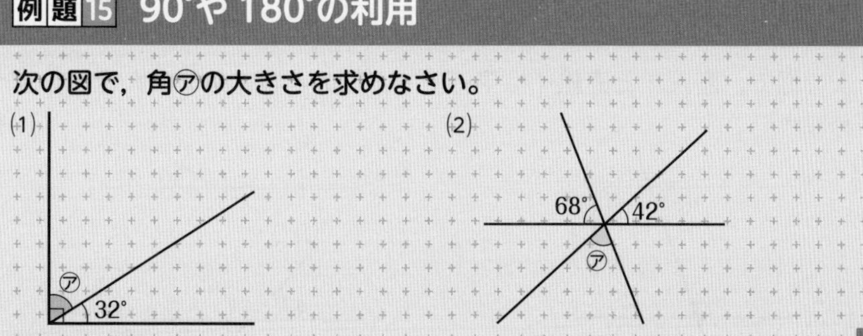

解き方と答え

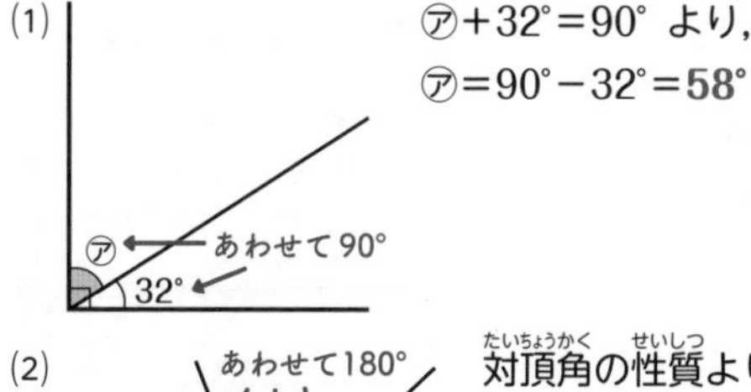

㋐＋32°＝90° より，
㋐＝90°－32°＝**58°**

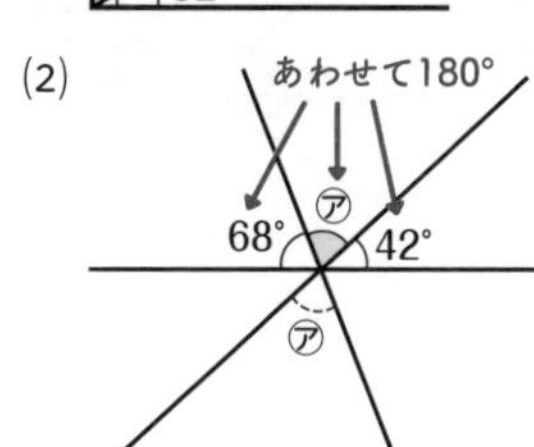

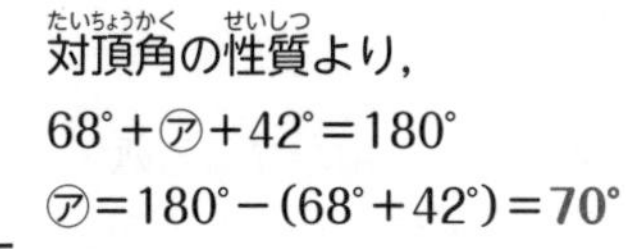

対頂角（たいちょうかく）の性質（せいしつ）より，
68°＋㋐＋42°＝180°
㋐＝180°－(68°＋42°)＝**70°**

ことば

対頂角

2本の直線が交わっているとき，向かい合った角のことを対頂角という。

覚えよう

対頂角の大きさは等しい

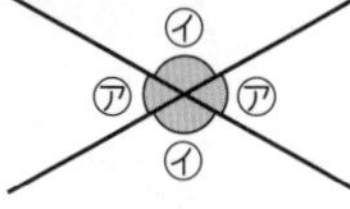

ココ大事！
直角は90°，一直線の角は180° また，対頂角の大きさは等しい。

練習問題15

別冊解答 p.60

次の図で，角㋐の大きさを求めなさい。

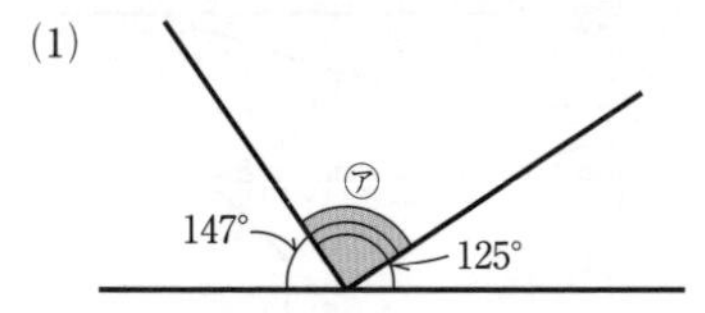

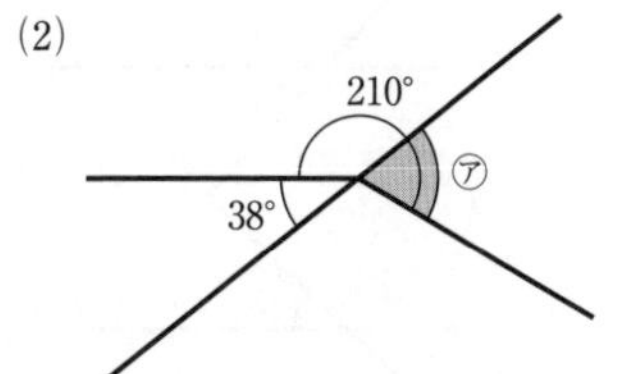

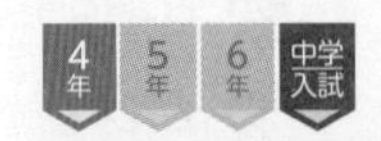

p.224 2

例題16 平行線と同位角・錯角

次の図で，直線アと直線イは平行です。このとき，角㋐の大きさを求めなさい。

(1)

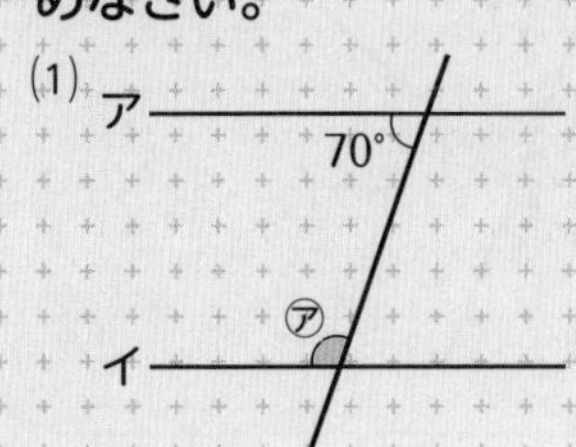

(2)

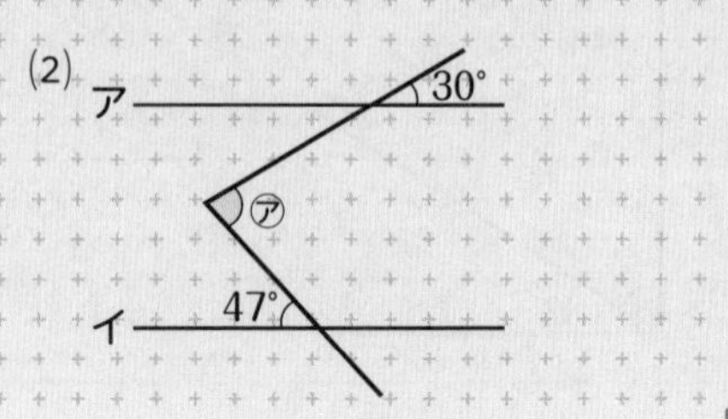

解き方と答え

(1)

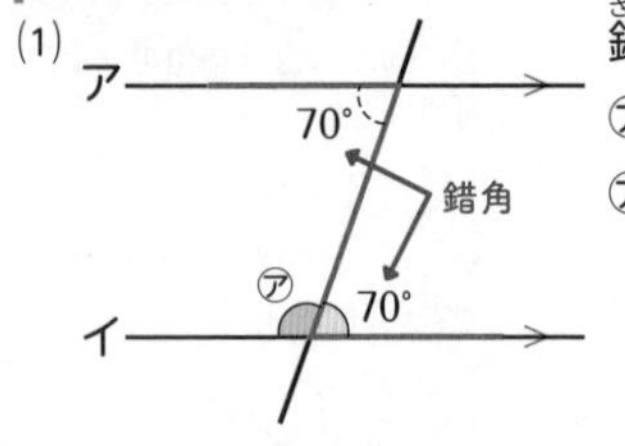

錯角(さっかく)の性質(せいしつ)より，

㋐＋70°＝180°

㋐＝180°－70°＝**110°**

(2)

ア 30° 同位角 30° 47° 錯角 47° イ

図のように頂点(ちょうてん)から直線アと直線イに平行な直線をひく。

同位角，錯角の性質より，

㋐＝30°＋47°＝**77°**

アドバイス

平行線をひく

平行線と折れ線の問題は，頂点から平行な直線をひいて等しい同位角や錯角を探そう。

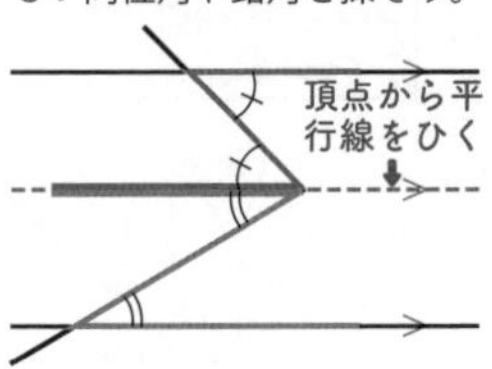

ココ大事！ 平行線では同位角，錯角が等しいことを利用する。(2)のような問題では，頂点を通る平行線をひいて考える。

練習問題16

別冊解答 p.60

次の図で，直線アと直線イは平行です。このとき，角㋐の大きさを求めなさい。

(1)

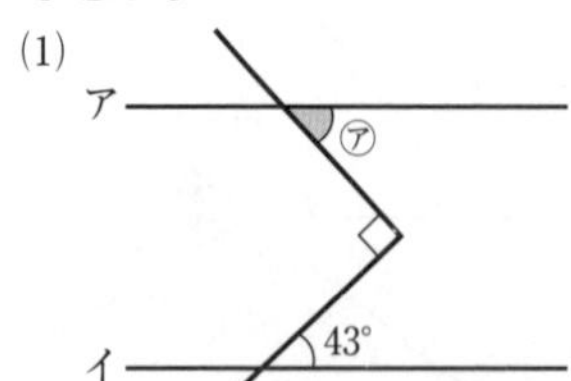

(2)

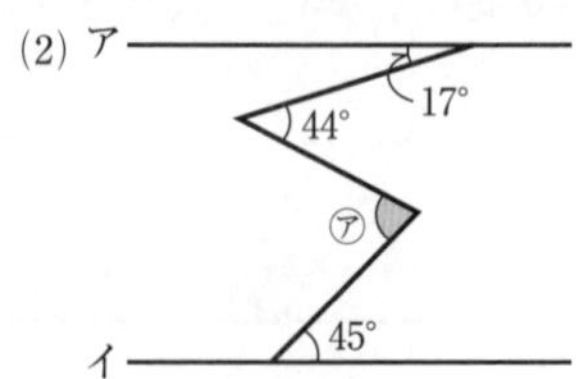

p.224 3

例題17 平行四辺形と角

次の図で，四角形 ABCD は平行四辺形です。このとき，角㋐，角㋑の大きさを求めなさい。

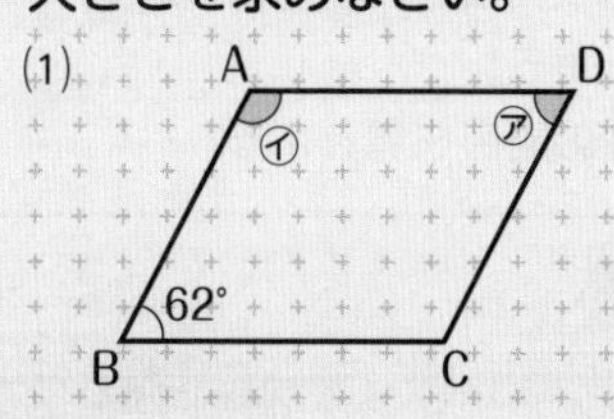

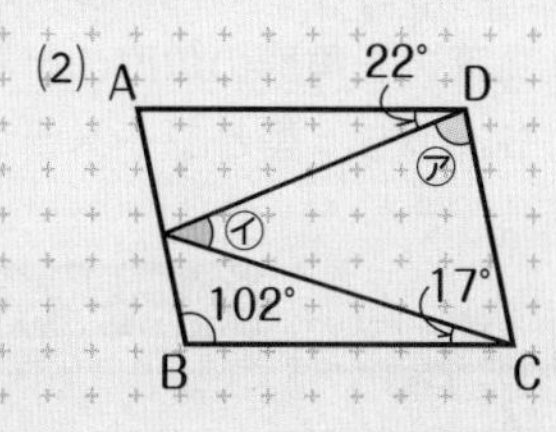

解き方と答え

(1) 平行四辺形の向かい合った角の大きさは等しい。
よって，㋐＝**62°**
また，となり合った角の大きさの和は 180°だから，
62°＋㋑＝180° より，
㋑＝180°－62°＝**118°**

(2)

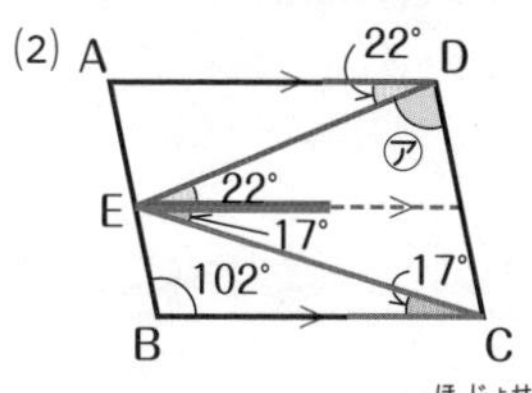

平行四辺形の向かい合った角の大きさは等しい。
よって，㋐＋22°＝102°
㋐＝102°－22°＝**80°**
図のように，E を通り，辺 AD と辺 BC に平行な補助線(ほじょせん)をひいて，錯角(さっかく)を利用する。
㋑＝22°＋17°＝**39°**

別解 三角形の内角を使う

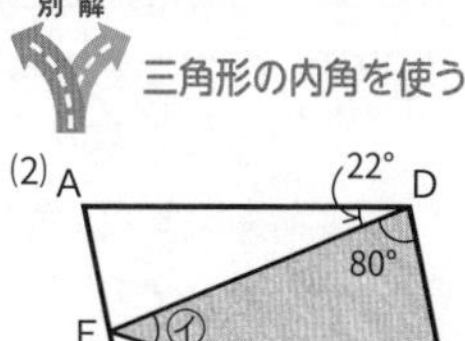

平行四辺形のとなり合った角の和は 180°なので，
102°＋17°＋㋒＝180°
㋒＝61°
三角形 DEC で，内角の和が 180°なので，
㋑＝180°－(80°＋61°)＝39°

> **ココ大事！** 平行四辺形の向かい合った角の大きさは等しい。また，となり合った角の大きさの和は 180°

練習問題17 次の図で，四角形 ABCD は平行四辺形です。このとき，角㋐，角㋑の大きさを求めなさい。

別冊解答 p.60

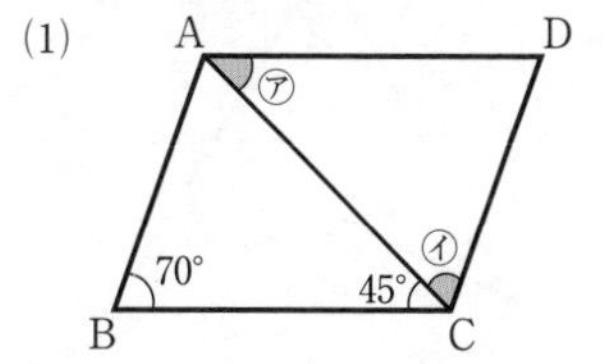

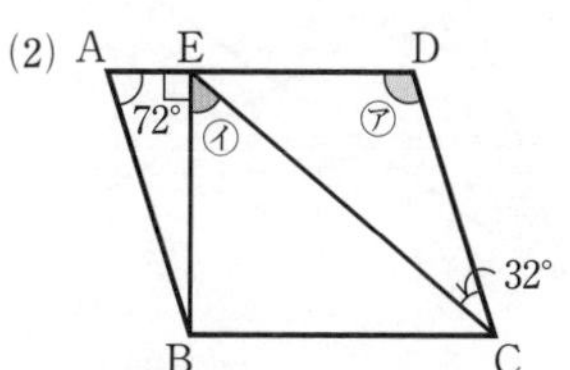

6 三角形の角

p.228〜232

❶ 三角形の3つの角(内角)の和は180°であることを覚えよう。
❷ 二等辺三角形の角度の計算を理解(りかい)しよう。
❸ ちょうちょ型とブーメラン型の角度の関係を覚えよう。

学習のポイント

1 三角形の内角と外角

➡例題 18·20

► 三角形の**3つの角(内角)の和は180°**である。

(理由) 右の三角形ABCで, CからABと平行な直線をひくと,
㋐=㋓(錯角(さっかく)), ㋑=㋔(同位角)となる。
よって, ㋐+㋑+㋒=㋓+㋔+㋒=180°
↑一直線の角

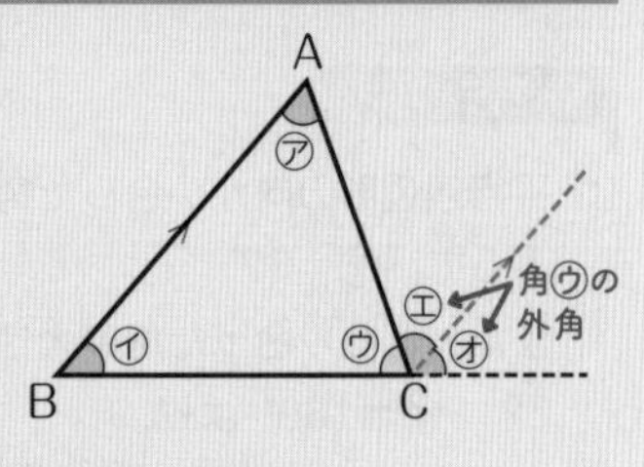

► **三角形の外角は, それととなり合わない2つの内角の和に等しい。**

(理由) ㋐=㋓, ㋑=㋔ より, ㋐+㋑=㋓+㋔
↑角㋒の外角

2 二等辺三角形の角

➡例題 19

► 二等辺三角形では, 1つの角の大きさがわかれば, 他の2つの角の大きさを求めることができる。
右の図の三角形ABCで, AB=AC のとき,
㋐=180°−㋑×2
㋑=(180°−㋐)÷2

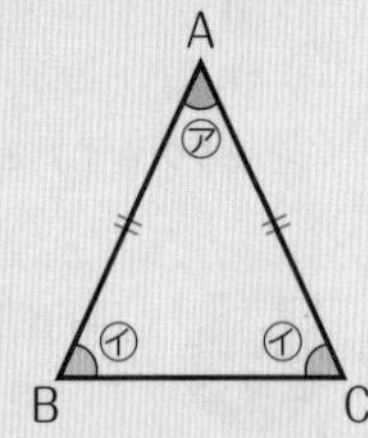

3 ちょうちょ型とブーメラン型

➡例題 21

► 次の2つの形は, よく使われるので, 角度の関係を覚えておくとよい。

ちょうちょ型…㋐+㋑=㋒+㋓

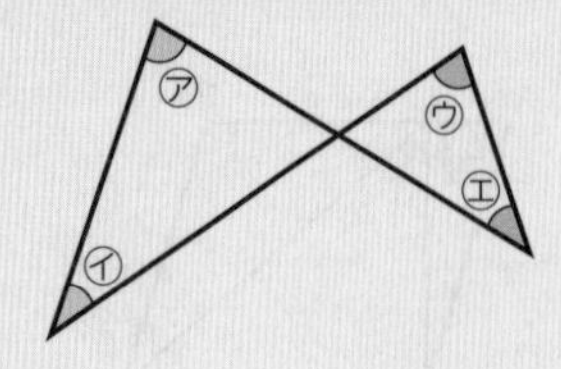

ブーメラン型…㋐+㋑+㋒=㋓

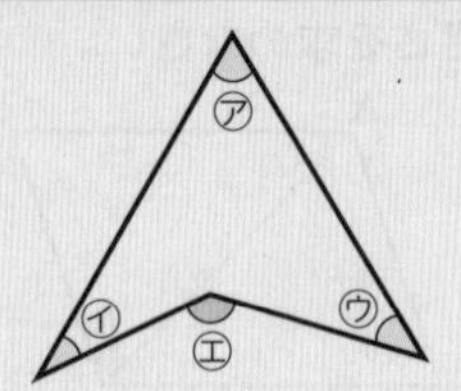

p.228 1

例題18 三角形の内角の和

次の図で，角㋐の大きさを求めなさい。

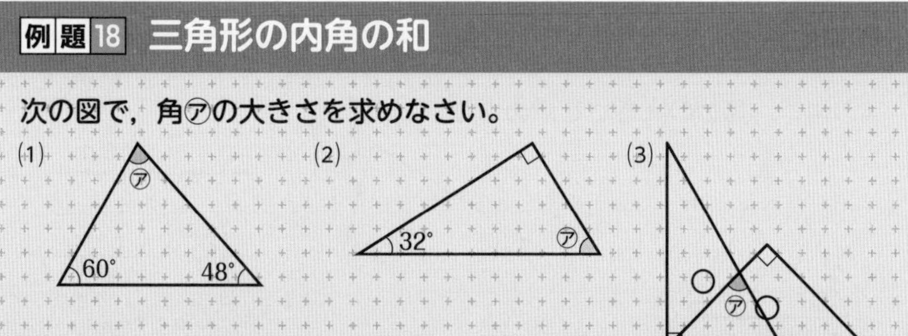

解き方と答え

(1) 三角形の内角の和は 180° だから，

㋐＋60°＋48°＝180°

㋐＝180°－(60°＋48°)＝**72°**

(2) 90°＋32°＋㋐＝180° より，

㋐＝180°－(90°＋32°)＝**58°**

(3)

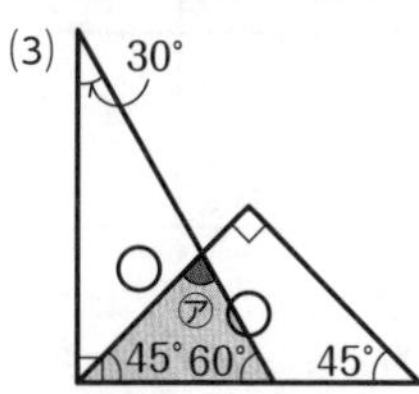

三角定規の角度を書きこむ。

図の色のついた三角形に着目して，

㋐＋45°＋60°＝180°

㋐＝180°－(45°＋60°)＝**75°**

90°の利用

(2) 直角三角形では，直角以外の2つの角の和は90°になるので，

㋐＝90°－32°＝58°

三角形と三角定規

→ p.205 の 例題1

ココ大事！

三角形の内角の和は 180°

三角定規の3つの角は，(30°，60°，90°)と(45°，45°，90°)

練習問題18

別冊解答 p.60

次の図で，角㋐の大きさを求めなさい。

(1)

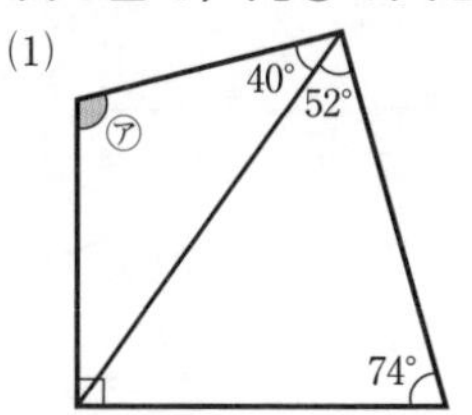

(2)

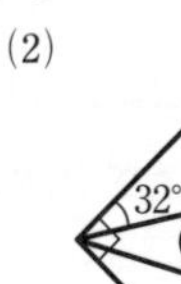

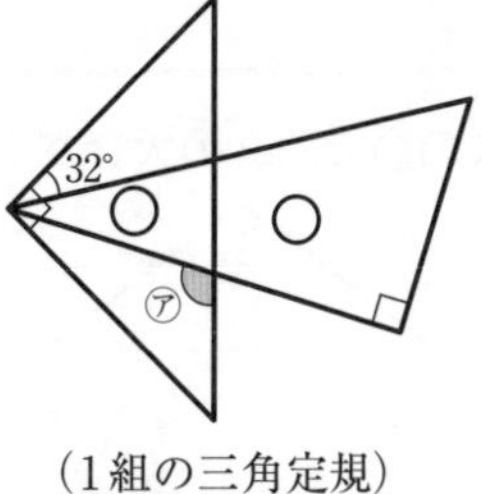

(1組の三角定規)

p.228 2

例題19 二等辺三角形の角

次の図で，角㋐の大きさを求めなさい。

(1)

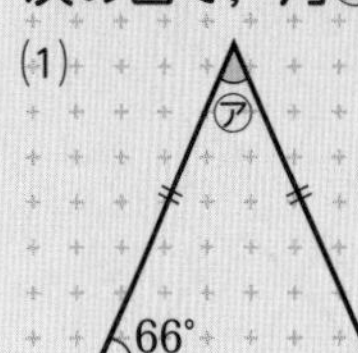

(2)

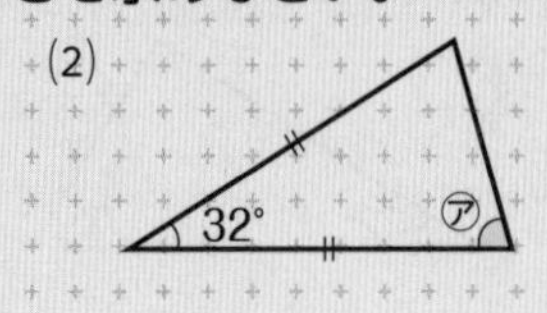

(3)

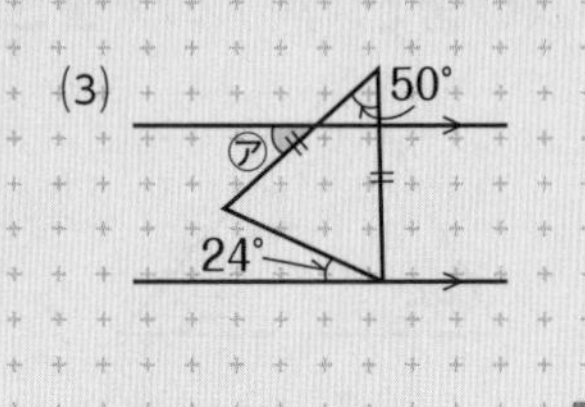

解き方と答え

(1) ㋐＋66°×2＝180° より，

㋐＝180°−66°×2＝**48°**

(2) 32°＋㋐×2＝180° より，

㋐＝(180°−32°)÷2＝**74°**

(3)

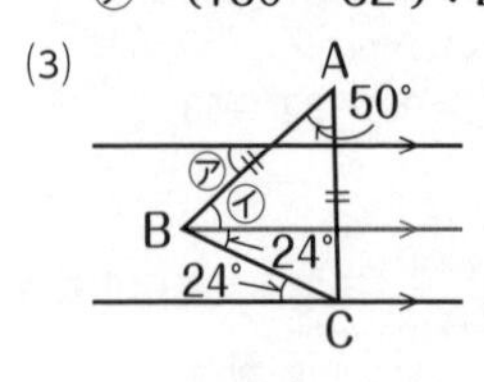

角 ABC＝角 ACB

＝(180°−50°)÷2＝65°

錯角（さっかく）の性質（せいしつ）より，

㋑＋24°＝65° より，

㋑＝65°−24°＝41°

㋐＝㋑＝**41°**

三角形の内角を使う

(3) 角 ABC＝角 ACB

＝(180°−50°)÷2＝65°

同位角の性質より，

㋒＝65°＋24°＝89°

㋐＋50°＋89°＝180° より，

㋐＝180°−(50°＋89°)＝41°

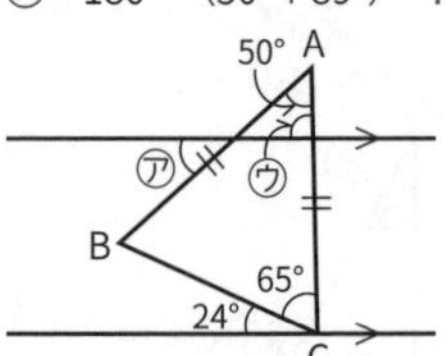

この他にも辺 AB を下にのばして解（と）く方法もあり，角度の問題はいろいろな方法で解くことができる。

二等辺三角形では１つの角がわかれば，残りの２つの角もわかる。

練習問題19

次の図で角㋐の大きさを求めなさい。

(1)

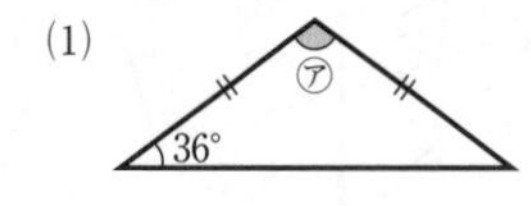

(2)

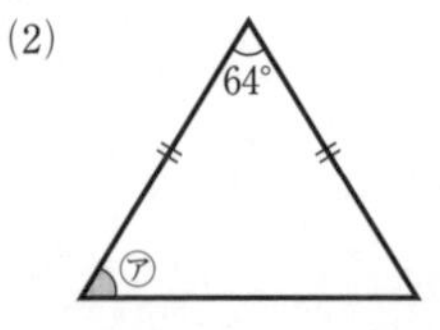

(3)

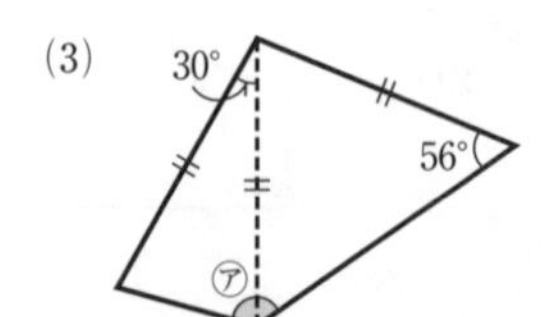

別冊解答 p.60

p.228 1

例題20 三角形の内角と外角

次の図で，角㋐の大きさを求めなさい。

(1)

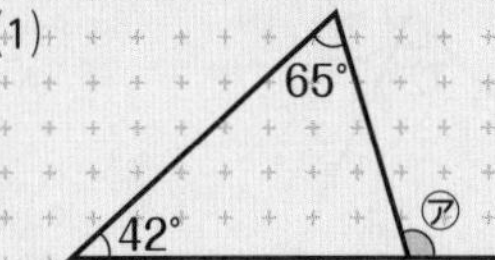

(2)

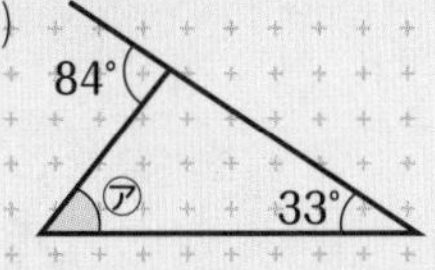

(3)

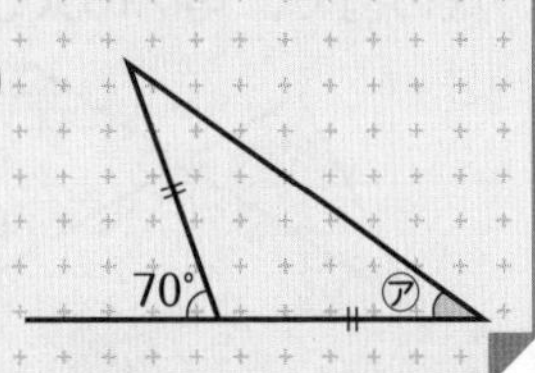

解き方と答え

(1) 内角と外角の関係より，

㋐$=42°+65°=$**107°**

(2) 内角と外角の関係より，

㋐$=84°-33°=$**51°**

(3)

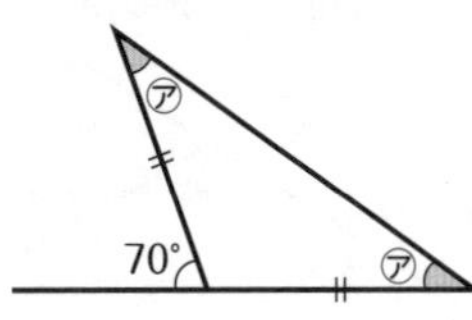

図で，内角と外角の関係より，

㋐+㋐$=70°$

㋐$=70÷2=$**35°**

注意

計算はむだなく！

(1) 内角と外角の関係を利用しないで答えを求めることもできるが，180° から 107° をひいて，その答えをまた 180° からひくことになり，むだな計算をすることになる。

ステップアップ

二等辺三角形と外角

(2) → **p.240** の 例題27

ココ大事！

三角形の外角は，それととなり合わない 2 つの内角の和に等しい。

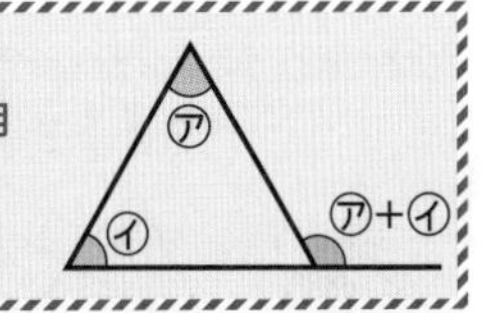

練習問題 20

別冊解答 p.60

次の図で，角㋐の大きさを求めなさい。

(1)

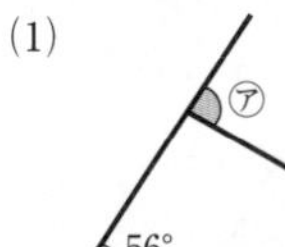

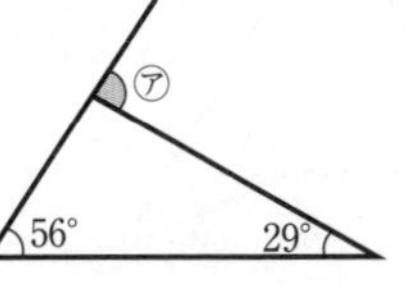

(2)

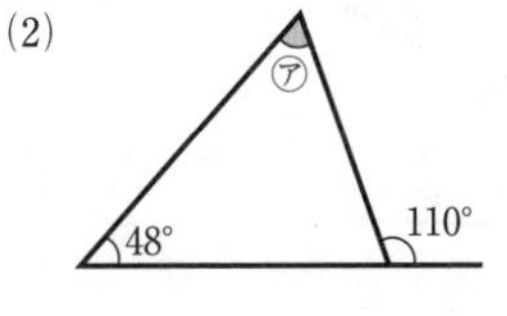

(3)

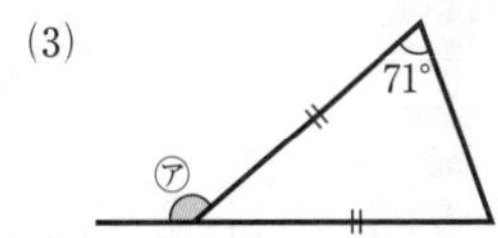

p.228 3

例題21 ちょうちょ型とブーメラン型

次の図で，角㋐の大きさを求めなさい。

(1)

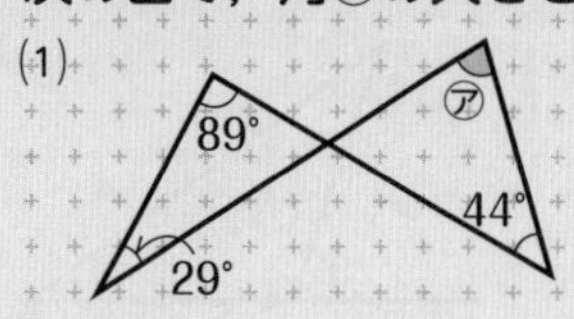

(2)

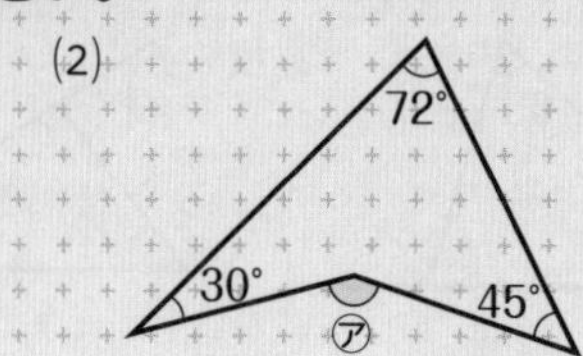

解き方と答え

(1)

89°＋29°＋㋑＝㋐＋44°＋㋑

よって，

89°＋29°＝㋐＋44°

㋐＝89°＋29°－44°＝**74°**

(2)

内角と外角の関係より，

㋑＝72°＋30°＝102°

また，

㋐＝㋑＋45°

＝102°＋45°＝**147°**

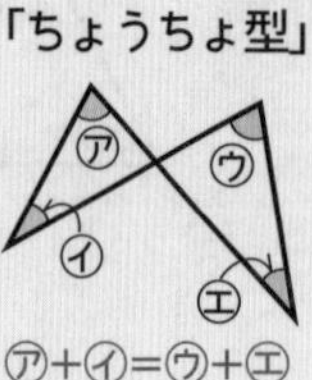

㋐＋㋑＝㋒＋㋓

㋐＋㋑＋㋒＝㋓

内角と外角の関係を使う

(1) 内角と外角の関係より，

㋒＝29°＋89°＝118°

また，44°＋㋐＝118° より，

㋐＝118°－44°＝74°

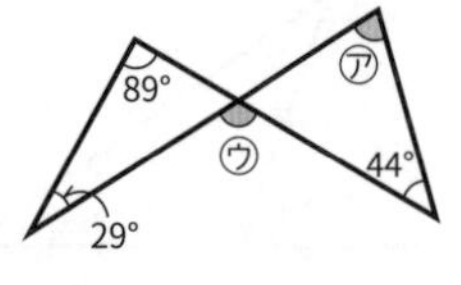

別解

別の補助線(ほじょせん)をひく

(2) ㋒＋㋓＝72° より，

㋐＝(㋒＋30°)＋(㋓＋45°)

＝㋒＋㋓＋30°＋45°

＝72°＋30°＋45°＝147°

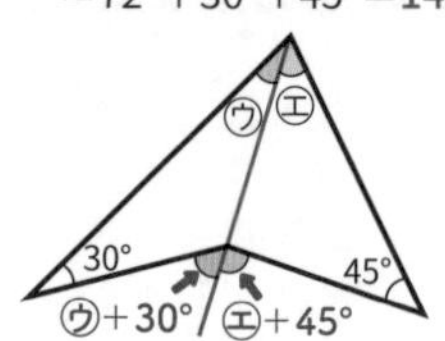

練習問題21

別冊解答 p.60

次の図で，角㋐の大きさを求めなさい。

(1)

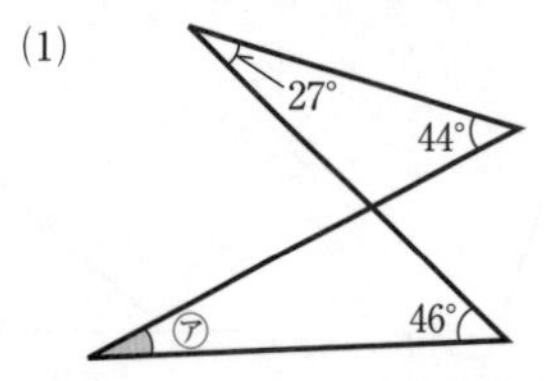

(2)　【捜真女学校中】

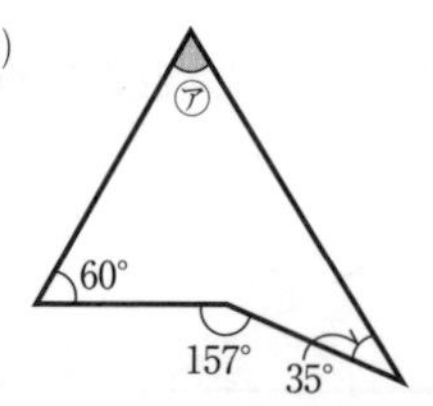

7 多角形の角

p.233〜237

ここでの目標

❶ □角形の内角の和の公式を覚えよう。
❷ 多角形の外角の和は 360° になることを理解しよう。
❸ 角を移動させて，いくつかの角の和を求めてみよう。

学習のポイント

1 多角形の内角の和

➡ 例題 22・25

► 四角形，五角形，六角形，…などの**□角形の内角の和は**，いくつかの三角形に分けることによって，**180°×(□−2)** で求められる。

	四角形	五角形	六角形	…	□角形
多角形				…	
三角形の数	2 個	3 個	4 個	…	(□−2) 個
内角の和	180°×2=360°	180°×3=540°	180°×4=720°	…	180°×(□−2)

2 多角形の外角の和

➡ 例題 23

► どんな多角形でも，**外角の和は 360°** になる。

例》六角形で，
印をつけた角の和は，180°×6=1080°
六角形の内角の和は，180°×4=720° より，
外角の和は，1080°−720°=360° になる。
他の多角形でも同じように 360° になる。

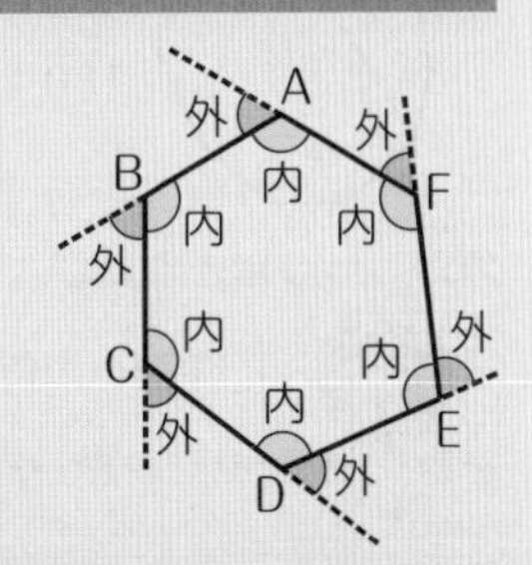

3 正多角形を組み合わせた図形

➡ 例題 24

► 正多角形を組み合わせた図形では，**二等辺三角形ができる**ことが多い。

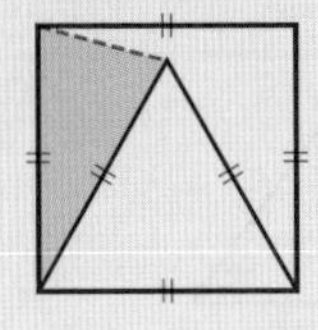
(正方形と正三角形)

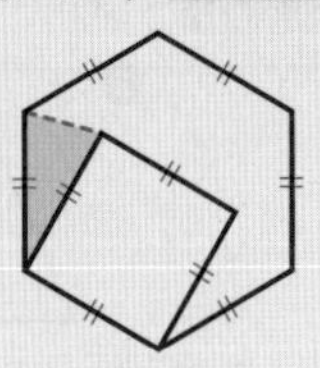
(正六角形と正方形)

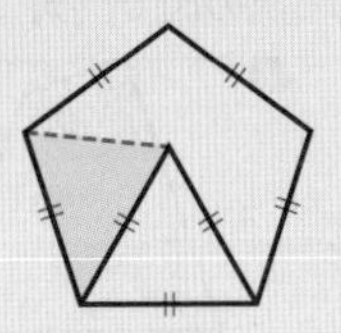
(正五角形と正三角形)

p.233 1

例題22 多角形の内角の和

次の問いに答えなさい。

(1) 次の図で，角㋐の大きさを求めなさい。

❶
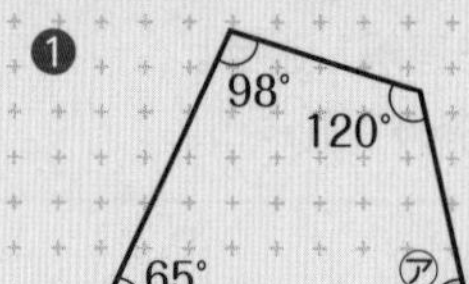

❷
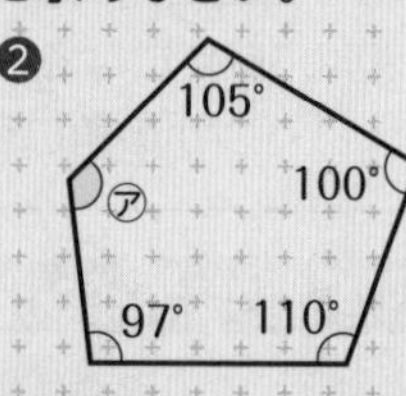

❸
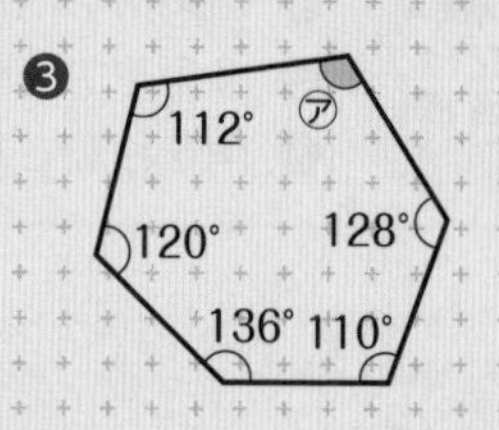

(2) 十角形の内角の和は何度ですか。

解き方と答え

(1) ❶ 四角形の内角の和＝180°×(4－2)＝360° より，
㋐＝360°－(65°＋98°＋120°)＝**77°**

❷ 五角形の内角の和＝180°×(5－2)＝540° より，
㋐＝540°－(105°＋100°＋110°＋97°)＝**128°**

❸ 六角形の内角の和＝180°×(6－2)＝720° より，
㋐＝720°－(128°＋110°＋136°＋120°＋112°)＝**114°**

(2)
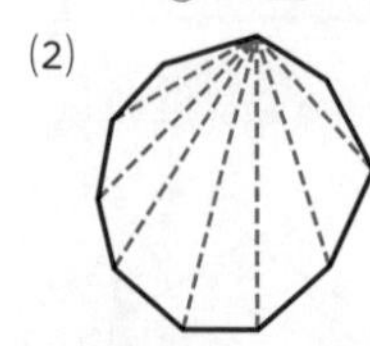

十角形は 10－2＝8 (個) の三角形に分けられるから，十角形の内角の和は，
180°×8＝**1440°**

別解 10 個の三角形に分ける

(2) 下の図のように，十角形を内部の点で 10 個の三角形に分ける。
○印と●印の角の合計は
180°×10＝1800°
真ん中の 10 個の○印の角の合計は 360° より，
1800°－360°＝**1440°**

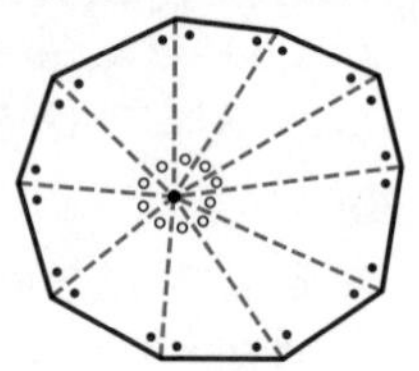

□角形の内角の和は，180°×(□－2)

練習問題 ㉒

別冊解答 p.60

次の問いに答えなさい。

(1) 次の図で，角㋐の大きさを求めなさい。

❶
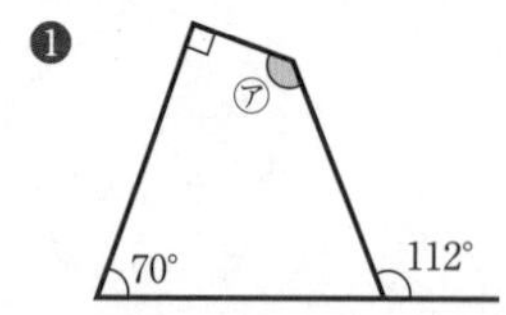

❷
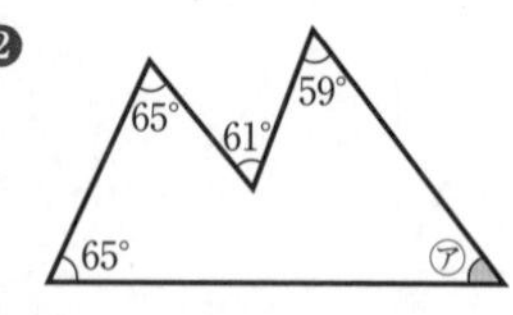

(2) 十六角形の内角の和は何度ですか。

(3) 内角の和が 1800° である多角形は何角形ですか。

4年 5年 6年 中学入試

p.233 2

例題23 正多角形の内角と外角

次の問いに答えなさい。

(1) 正五角形の1つの内角の大きさは何度ですか。

(2) 正八角形の1つの外角の大きさは何度ですか。

(3) 1つの内角の大きさが156°である正多角形は，正何角形ですか。外角を利用して求めなさい。

(4) 1つの内角の大きさと1つの外角の大きさの比が4：1である正多角形は，正何角形ですか。

解き方と答え

(1) 五角形の内角の和＝180°×(5−2)＝540°
正五角形の内角はすべて等しいので，
540°÷5＝**108°**

(2) 多角形の外角の和は360°で，その外角はすべて等しい。
360°÷8＝**45°**

(3)

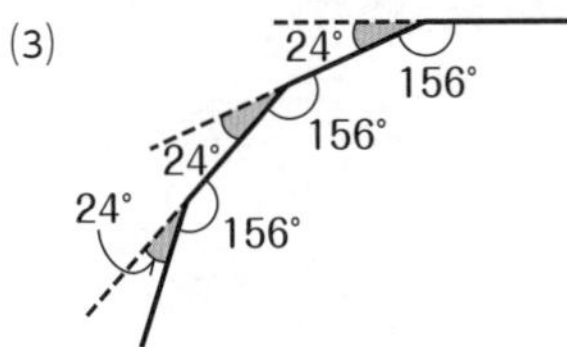

この正多角形の1つの外角の大きさは，
180°−156°＝24°
360°÷24°＝15 より，
正十五角形

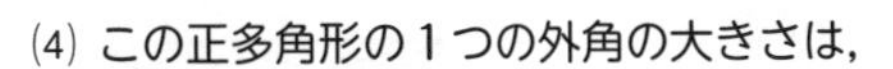

(4) この正多角形の1つの外角の大きさは，

$$180° \times \frac{1}{4+1} = 36°$$

360°÷36°＝10 より，**正十角形**

別解 外角を利用する

(1) 外角の和が360°であることを利用して，1つの外角は，
360°÷5＝72°
よって，180°−72°＝108°

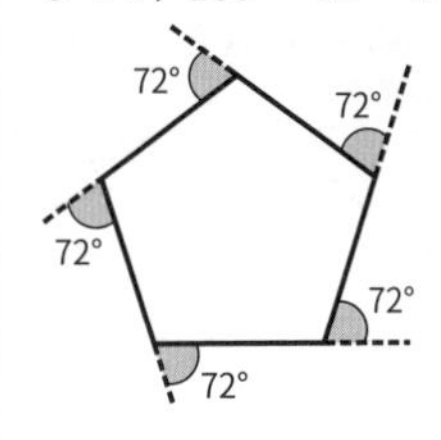

ココ大事！ すべての多角形の外角の和は360°

練習問題23

別冊解答 p.61

次の問いに答えなさい。

(1) 正十二角形の1つの内角の大きさは何度ですか。また，1つの外角の大きさは何度ですか。

(2) 1つの内角の大きさが160°である正多角形は，正何角形ですか。

(3) 学校のグラウンドで，ある地点から5m歩いたあと左に40°だけ向きを変えて，また5m歩くことを何回かくり返したところ，もとの位置にもどってきました。全部で何m歩きましたか。

p.233 3

例題24 正多角形を組み合わせた図形

右の図で，四角形 ABCD は正方形，三角形 CDE は正三角形です。角㋐，㋑の大きさを求めなさい。

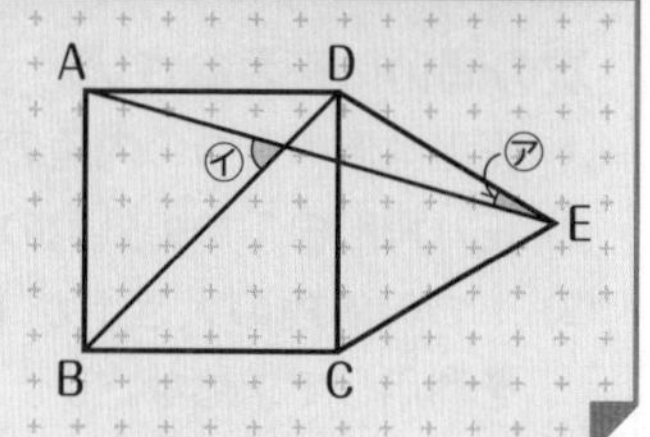

解き方と答え

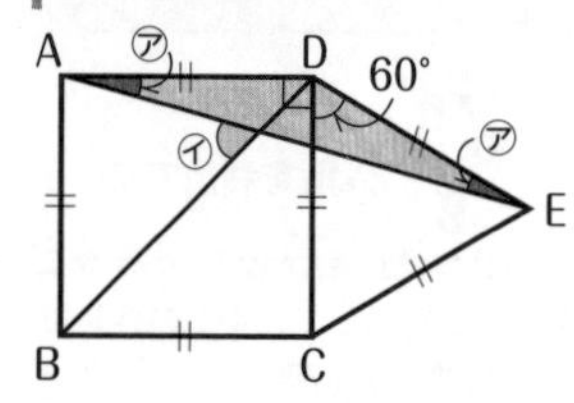

長さの等しい辺に印をつけると，三角形 DAE は**二等辺三角形**とわかる。

角 ADE＝90°＋60°＝150°

なので，

㋐＝(180°－150°)÷2＝**15°**

次に，三角形 ABF で，

角 ABF＝90°÷2＝45°

角 BAF＝90°－15°＝75°

より，

㋑＝180°－(45°＋75°)

　＝**60°**

裏技 2つの二等辺三角形

正三角形と正方形を組み合わせた図形では，

(30°，75°，75°)，

(15°，15°，150°) の角をもつ三角形がよくできる。

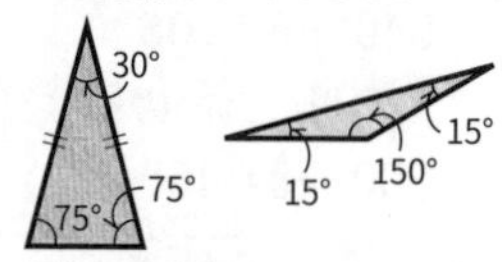

例

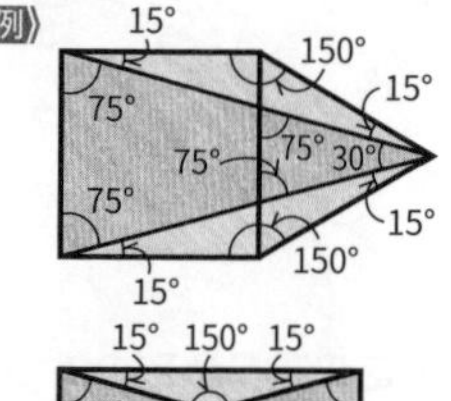

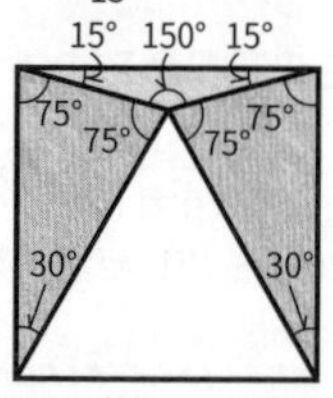

正多角形を組み合わせた図形では，長さの等しい辺に印をつけて，二等辺三角形を見つける。

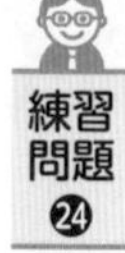

練習問題 24

右の図で，五角形 ABCDE は正五角形，三角形 AFE は正三角形です。角㋐，㋑の大きさを求めなさい。

別冊解答 p.61

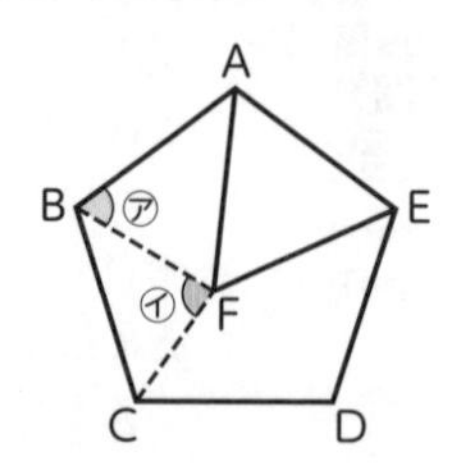

p.233 1

例題25 いくつかの角度の和

次の図で，印をつけた角の大きさの和を求めなさい。

(1) 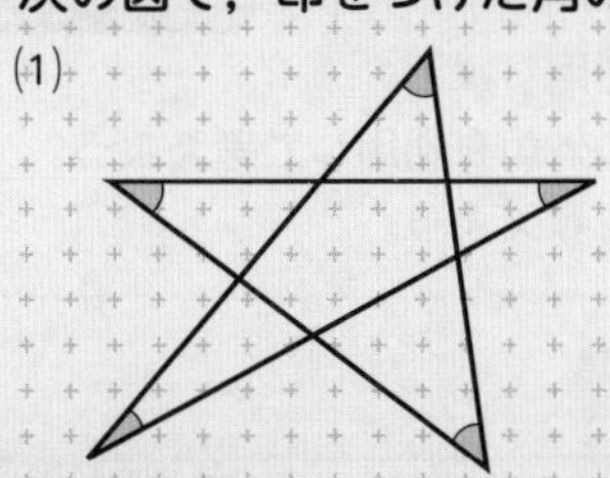

(2) 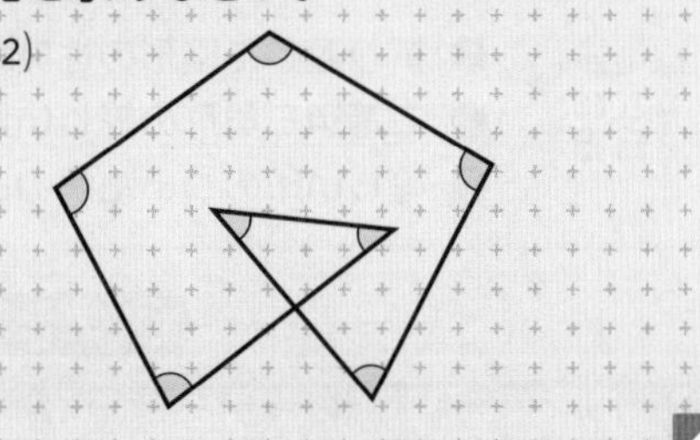

解き方と答え

(1)

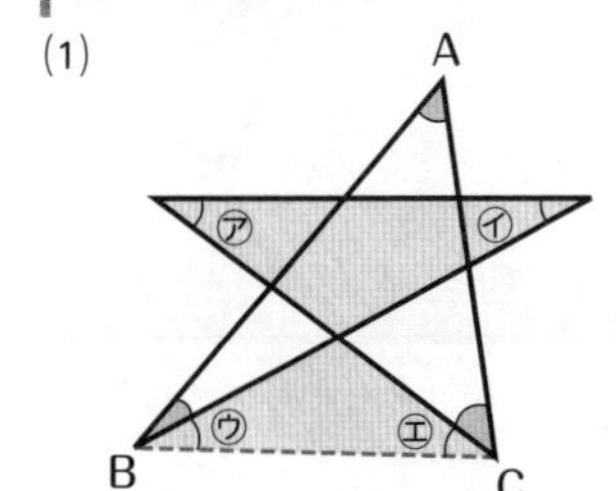

図のような補助線をひく。
ちょうちょ型の角の性質より，
㋐＋㋑＝㋒＋㋓
印をつけた5つの角の和は，三角形 ABC の内角の和と等しいので，**180°**

(2)

図のような補助線をひく。
ちょうちょ型の角の性質より，
㋐＋㋑＝㋒＋㋓
印をつけた7つの角の和は，五角形 ABCDE の内角の和と等しいので，**540°**

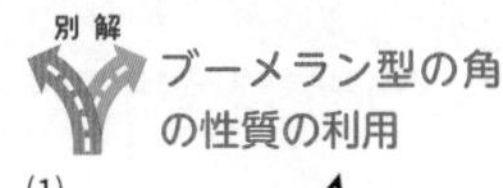

別解
ブーメラン型の角の性質の利用

(1)

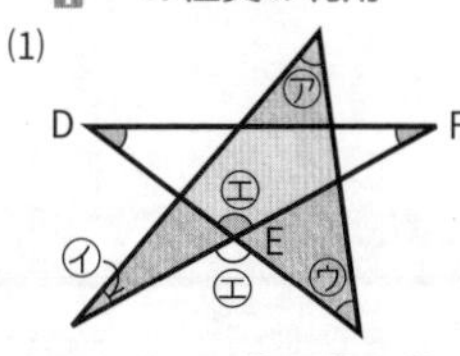

図のように，㋐＋㋑＋㋒＝㋓ より，5つの角の和は，三角形 DEF の内角の和と等しいので，180°

→ p.232 の 例題21

「ちょうちょ型」をつくって角を移動させて，多角形の和で考える。

次の図で，印をつけた角の大きさの和を求めなさい。

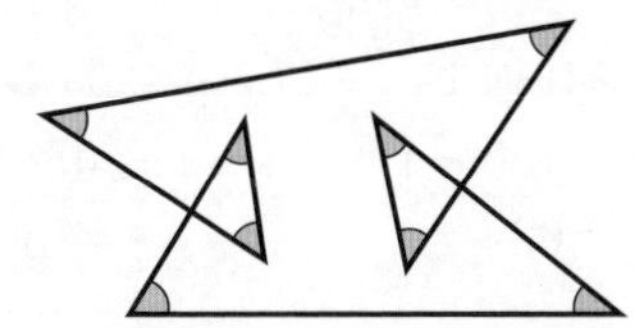

別冊解答 p.61

8 いろいろな図形の角度

p.238〜243

❶ 折り返した図形の性質を理解し，活用しよう。
❷ 二等辺三角形の等しい角と三角形の外角を利用して考えよう。
❸ 等しい印のついた角のあつかい方を覚えよう。

学習のポイント

1 図形の折り返しと角度

➡ 例題 26・29

► 図形の一部を折り返すと，**折り返した部分どうしは合同**なので，対応する辺の長さと角度はそれぞれ等しい。

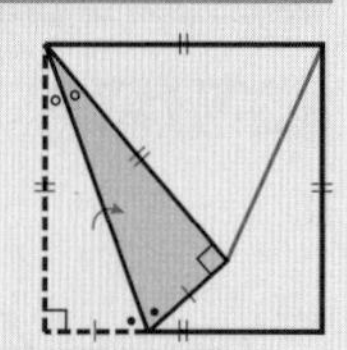

2 二等辺三角形と外角

➡ 例題 27

例》右の図1の，角Aの大きさを求めなさい。

解》右の図2のように，二等辺三角形ABCの頂角Aを①とすると，角ABDも①
また，内角と外角の関係より，
角BDC=①+①=②
よって，角BCDも②　さらに，角ABCも②となる。
三角形の内角の和は180°なので，⑤=180°　①=36°

(図1)
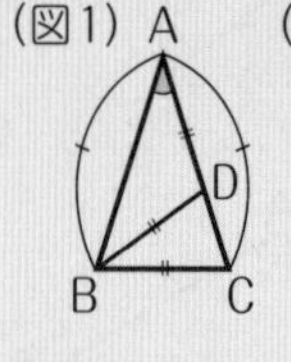

(図2)
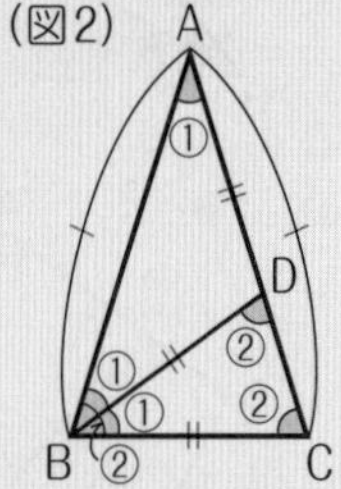

3 同じ印のついた角のあつかい

➡ 例題 28

► 同じ印のついた角は，**和や差をセットにして**計算する。

例》

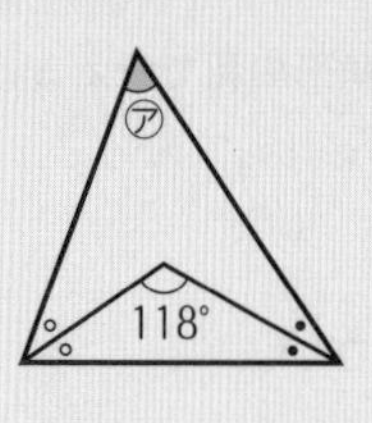

(○どうし，●どうしは同じ大きさ)

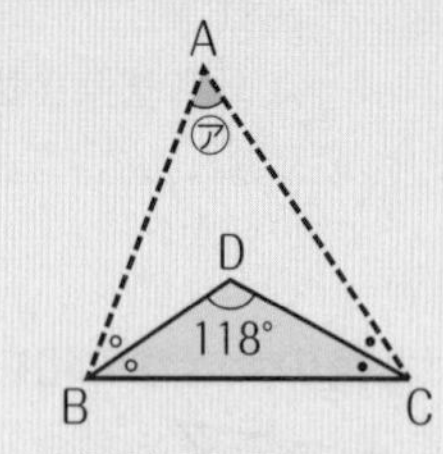

三角形DBCで，
○+●=180°−118°
=62°

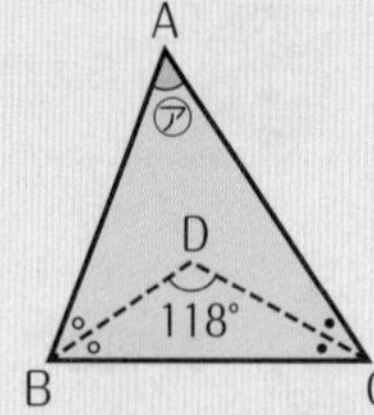

○○+●●=124°
三角形ABCで，
㋐=180°−124°=56°

4年 5年 6年 中学入試

p.238 1

例題26 図形の折り返しと角度

次の図の(1)は長方形 ABCD を，(2)は正三角形 ABC を折り返したところを表しています。それぞれ角㋐の大きさを求めなさい。

【城北中】

(1)

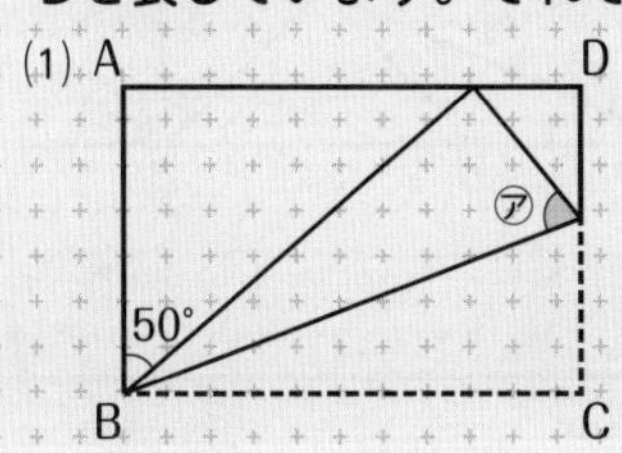

(2)

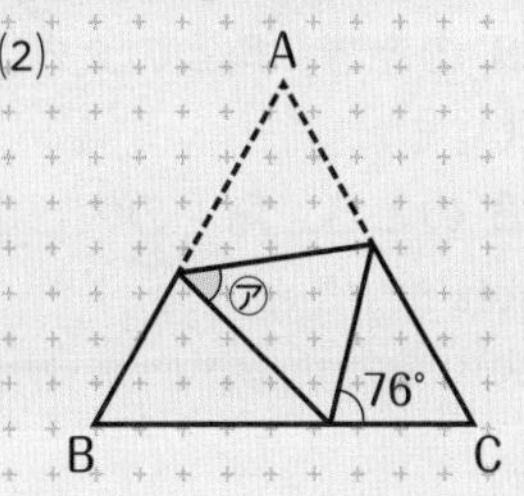

解き方と答え

(1)

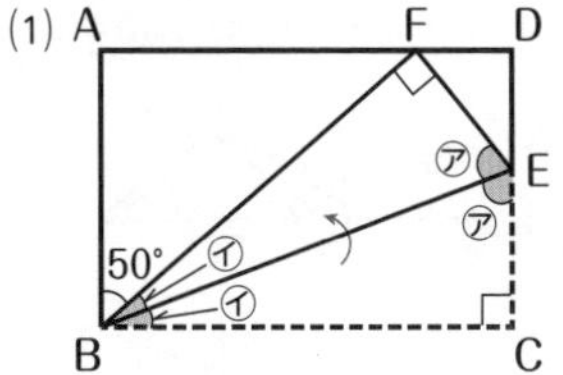

三角形 BCE と三角形 BFE は合同なので，角度は図のようになる。

㋑$=(90°-50°)\div2=20°$

よって，

㋐$=180°-(20°+90°)=$**70°**

(2)

三角形 AFE と三角形 DFE は合同なので，角度は図のようになる。

㋑$=180°-(76°+60°)=44°$

また内角と外角の関係より，

$60°+$㋑$=$㋐$\times2$

㋐$\times2=104°$ なので，㋐$=104°\div2=$**52°**

参考 折り返した図形の性質

折り返した図形では，対応(たいおう)する点どうしを結んだ線は折り目と垂直(すいちょく)に交わる。

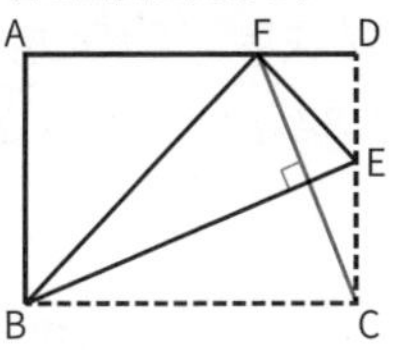

これは，三角形 BCE と三角形 BFE は BE を対称の軸(じく)として線対称で，対応する点（点 C と点 F）を結ぶと，BE と垂直に交わるからである。

ココ大事！ 折り返した図形は，折り目をはさんで線対称(せんたいしょう)（合同）になる。

練習問題 26

右の図は，正三角形 ABC を折り返したところを表しています。角㋐の大きさを求めなさい。

【鷗友学園女子中】

別冊解答 p.61

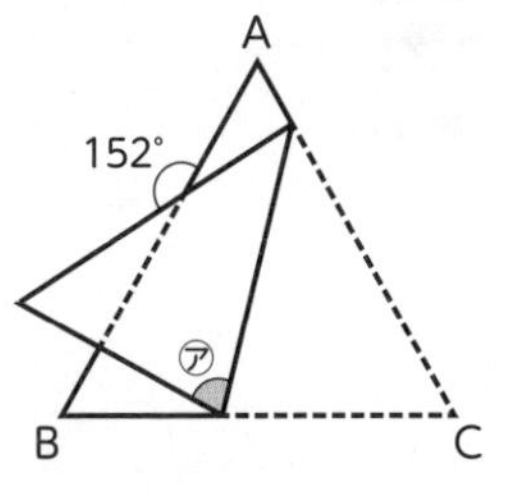

p.238 2

例題27 二等辺三角形と外角

右の図で，AB＝BC＝CD＝DE とします。

(1) 角㋐が 18° のとき，角㋑の大きさを求めなさい。

(2) 角㋑が 88° のとき，角㋐の大きさを求めなさい。

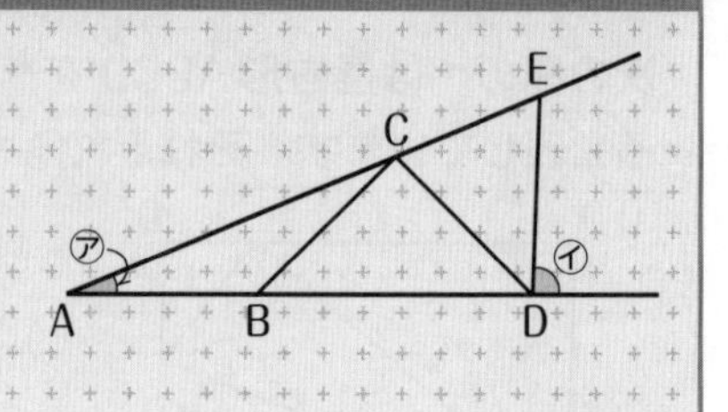

解き方と答え

(1)

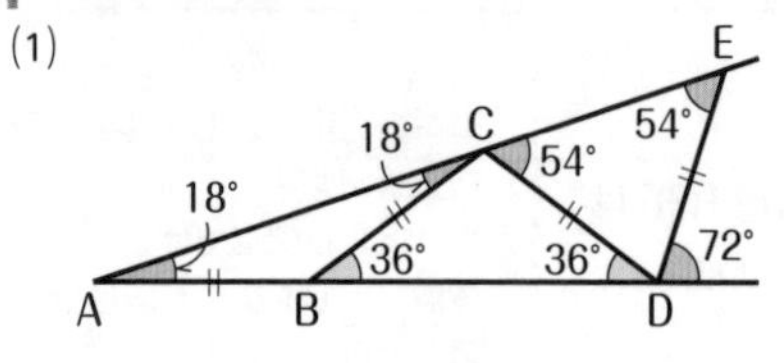

AB＝BC より，角 ACB＝18°

内角と外角の関係より，角 CBD＝18°＋18°＝36°

同じように，三角形 ACD，三角形 ADE の内角と外角の関係より，角㋑＝**72°**

(2)

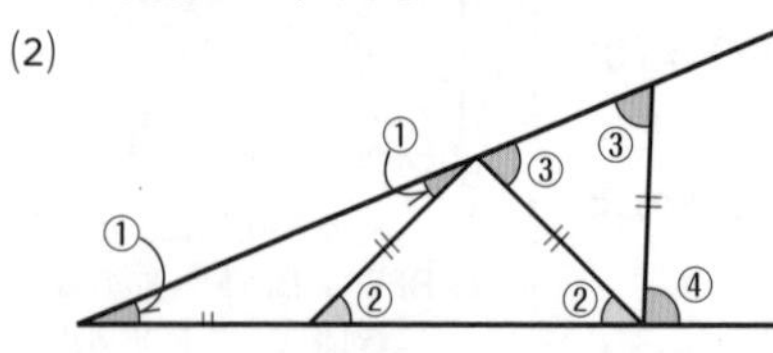

角㋐の大きさを①とする。

(1)と同じようにすると，左の図のようになる。

角㋑＝④＝88° より，角㋐＝①＝88°÷4＝**22°**

くわしく

外角の利用

(1) 二等辺三角形の 2 つの角が等しいことと，内角と外角の関係をくり返し利用する。

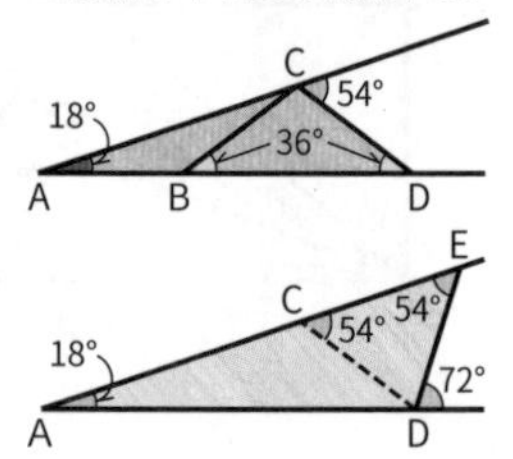

二等辺三角形の角の性質（せいしつ）と内角と外角の関係を交互（こうご）に使っていく。

練習問題 27

右の図で，AD＝DE＝EB＝BC のとき，角㋐の大きさを求めなさい。

【立正大付属立正中】

別冊解答 p.61

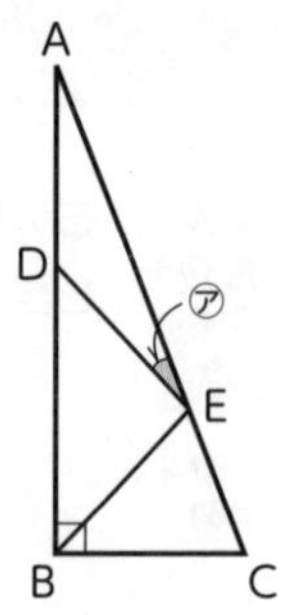

4年 5年 6年 中学入試

p.238 3

例題28 同じ印のついた角のあつかい

次の図で，同じ印のついた角の大きさが等しいとき，角㋐の大きさを求めなさい。

【芝浦工業大附中】

(1)

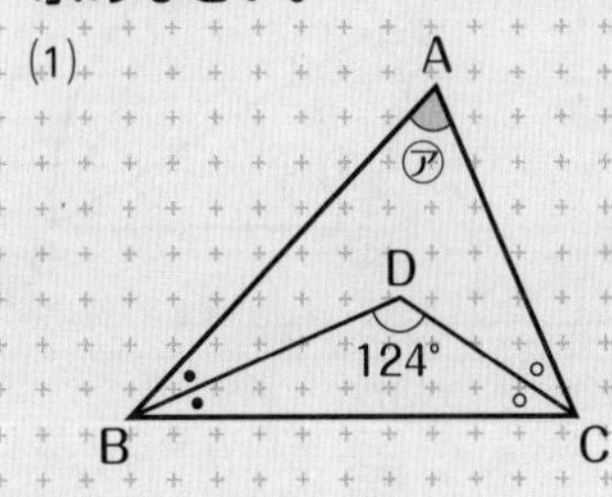

(2)

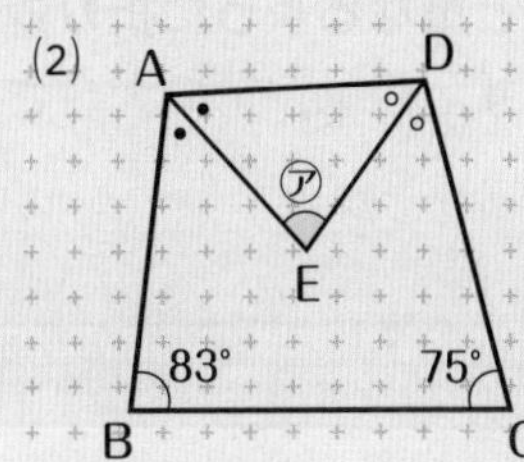

解き方と答え

(1) 三角形 DBC で，

●＋○＝180°－124°＝56°

よって，●●＋○○＝56°×2＝112°

三角形 ABC で，

㋐＝180°－112°＝**68°**

(2) 四角形 ABCD で，

●●＋○○＝360°－(83°＋75°)＝202°

よって，●＋○＝202°÷2＝101°

三角形 EAD で，

㋐＝180°－101°＝**79°**

参考 外角を使うときは？

次の図のようなときは●と○の差をセットにする。

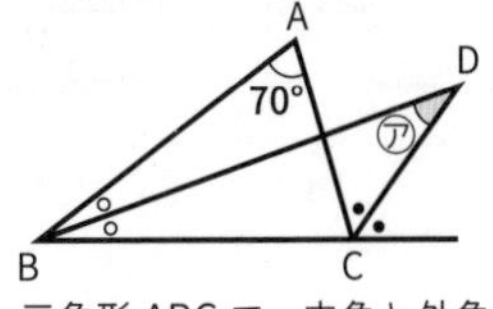

三角形 ABC で，内角と外角の関係より，

●●－○○＝70°
●－○＝35°　）÷2

同じように，三角形 DBC で，

●－○＝㋐

よって，㋐＝35°

ココ大事！

同じ印のついた角は，和や差をセットにして計算する。

練習問題 28

別冊解答 p.62

右の図で，同じ印のついた角の大きさが等しいとき，角㋐の大きさを求めなさい。

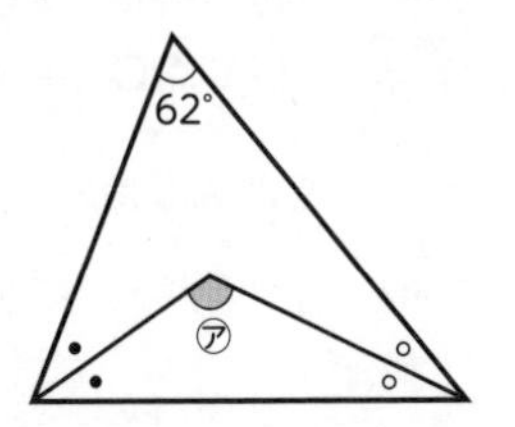

p.238 1

例題29 おうぎ形の折り返しと角度

右の図は，おうぎ形ABCを，BDを折り目として，点Aが点Eと重なるように折り返したところを表しています。角㋐，㋑の大きさを求めなさい。

p.258

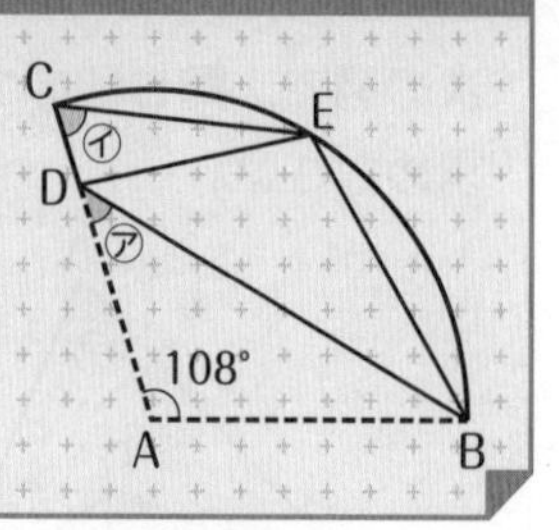

解き方と答え

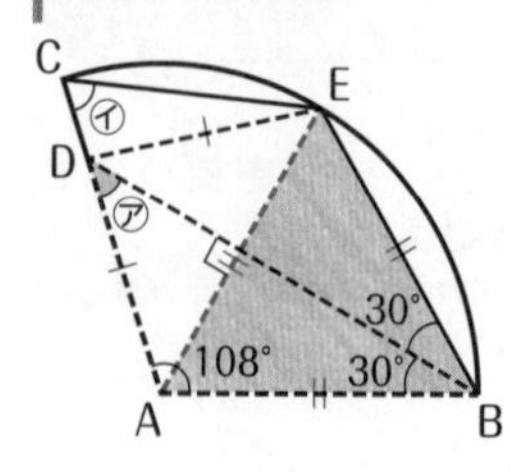

三角形BDAと三角形BDEは合同なので，AB＝EB

ABとAEはおうぎ形の半径なので，AB＝AE

よって，三角形ABEは正三角形。

ここで 角ABD＝60°÷2＝30°となり，

㋐＝180°－(108°＋30°)＝**42°**

また，AE＝ACなので，三角形AECは二等辺三角形。

角CAE＝108°－60°＝48°

よって，

㋑＝(180°－48°)÷2＝**66°**

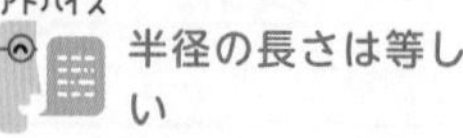

円やおうぎ形の角度の問題では，半径が等しいことを利用して，正三角形や二等辺三角形を見つけよう。

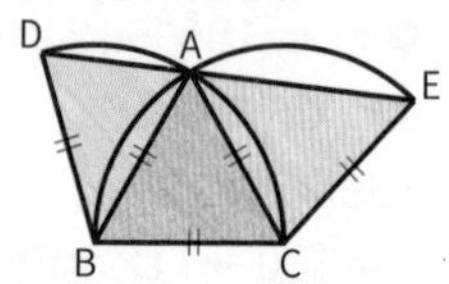

例えば，上の図のおうぎ形BDCとおうぎ形CEBを組み合わせた図では，三角形ABCは正三角形で，三角形BDA，三角形CEAは二等辺三角形になる。

ココ大事！ おうぎ形を折り返した図形では，正三角形や二等辺三角形ができる。

練習問題29

右の図は，おうぎ形OACを，ADを折り目として点Oが点Bと重なるように折ったものです。

【立正大付属立正中】

(1) 角㋐の大きさを求めなさい。

(2) 角㋑の大きさを求めなさい。

別冊解答 p.62

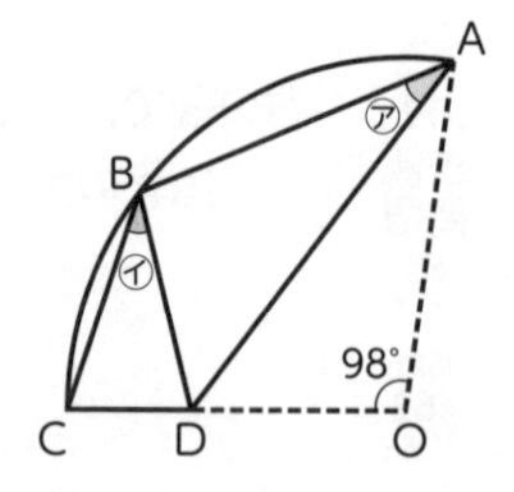

4年 5年 6年 中学入試

例題30 円と角度

次の図において，角㋐～角㋓の大きさを求めなさい。ただし，O は円の中心で，(1)は円周を 12 等分しています。

(1)

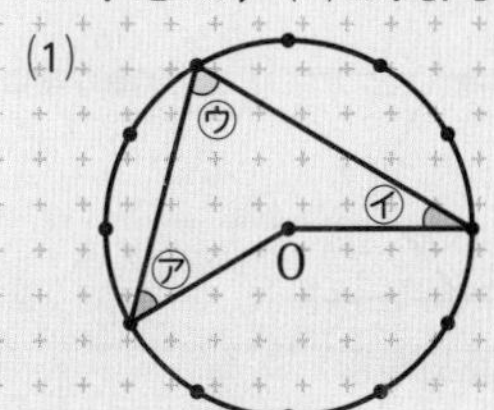

(2)

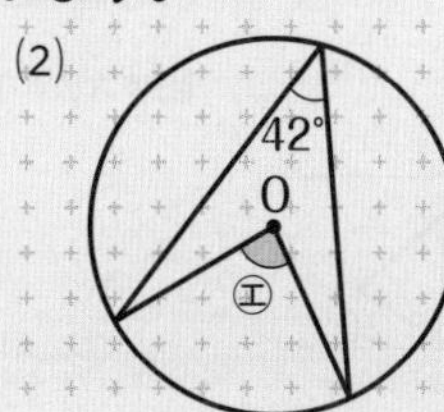

解き方と答え

(1)

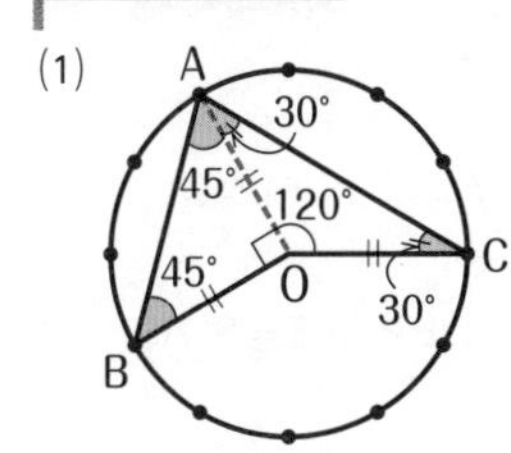

円周を 12 等分したときの中心角は，360°÷12＝30°

BO＝AO＝CO より，三角形 OAB，三角形 OAC は二等辺三角形。

↑底角が等しい

㋐＝(180°－30°×3)÷2＝**45°**

㋑＝(180°－30°×4)÷2＝**30°**，㋒＝45°＋30°＝**75°**

(2)

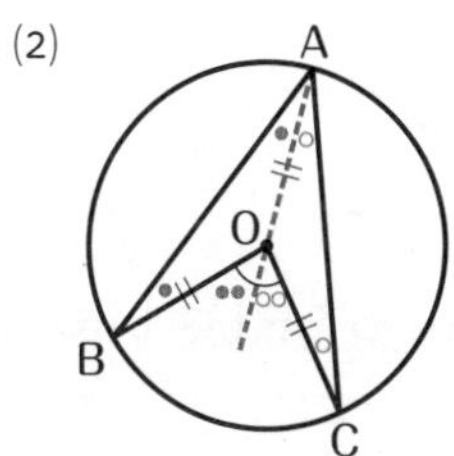

三角形 OAB，三角形 OAC は二等辺三角形で，内角と外角の関係より，●＋○＝42° なので，

㋓＝●●＋○○＝42°×2＝**84°**

ことば

中心角（ちゅうしんかく）**と円周角**（えんしゅうかく）

弧（こ）の両はしと中心を結んでできる角を中心角，弧の両はしと残りの弧上の点を結んでできる角を円周角といい，円周角：中心角＝1：2 である。

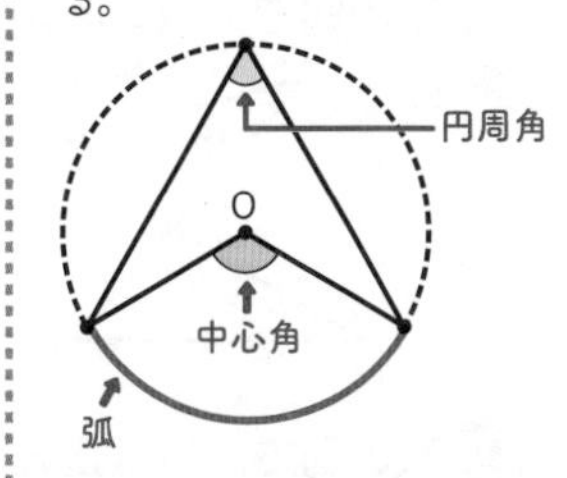

ココ大事！

円周角：中心角＝1：2 である。

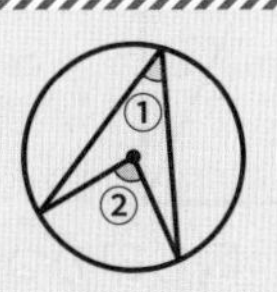

練習問題 30

別冊解答 p.62

次の図において，角㋐の大きさを求めなさい。ただし，O は円の中心です。

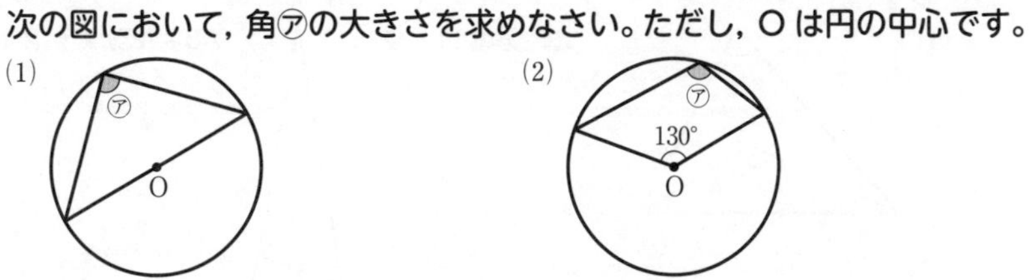

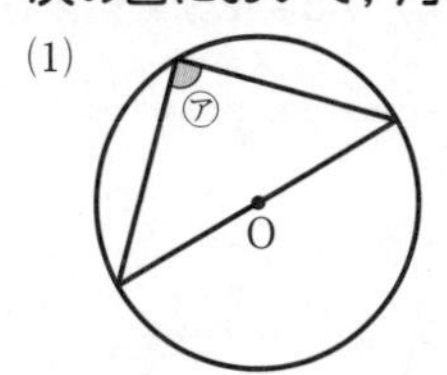

別冊解答 p.62~63

10 次の図で，直線 ℓ と直線 m は平行です。このとき，角㋐の大きさを求めなさい。

例題 16・23

(1) 【日本大藤沢中】

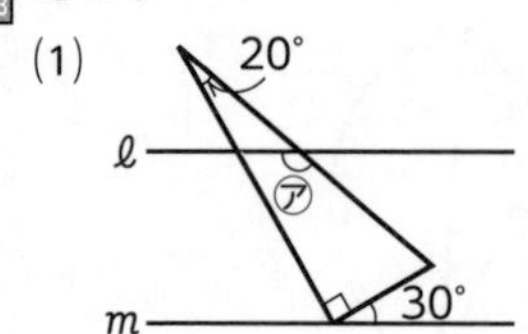

(2) 【湘南学園中】

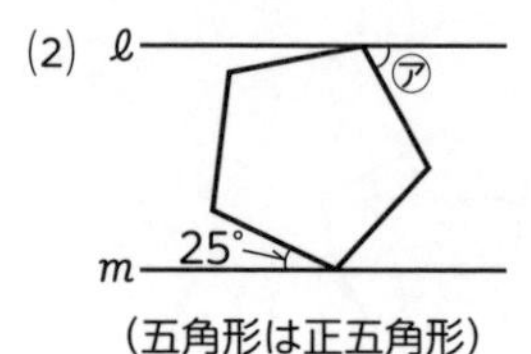

(五角形は正五角形)

11 次の図で，角㋐の大きさを求めなさい。

(1) 【桐蔭学園中】

A D 38° ㋐ B C

(二等辺三角形 ABC と正三角形 ACD)

(2) 【清教学園中】

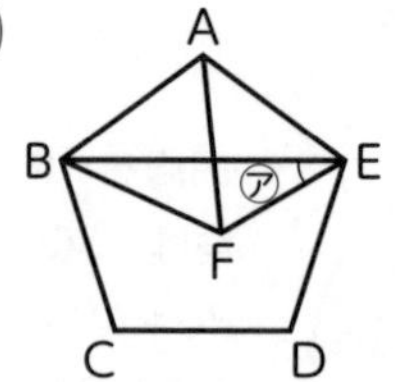

(正五角形 ABCDE と正三角形 ABF)

12 次の図で，角㋐の大きさを求めなさい。

(1) 【東京家政学院中】

34° 44° 30° ㋐

(2) 【中央大附中】

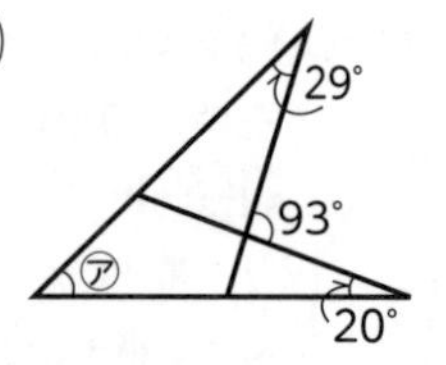

13 次の図で，(1)は正方形を，(2)はおうぎ形を折り返したところを表しています。角㋐の大きさを求めなさい。

例題 26・29

(1) 【国府台女子学院中】

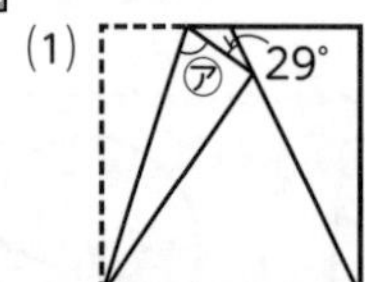

(2) 【近畿大附中】

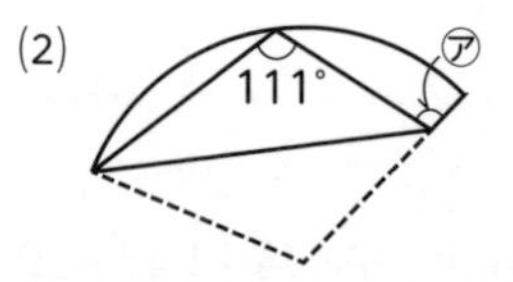

14 次の図で，同じ印のついた角および辺はそれぞれ等しくなっています。角㋐の大きさを求めなさい。

例題 27・28

(1) 【京都学園中】

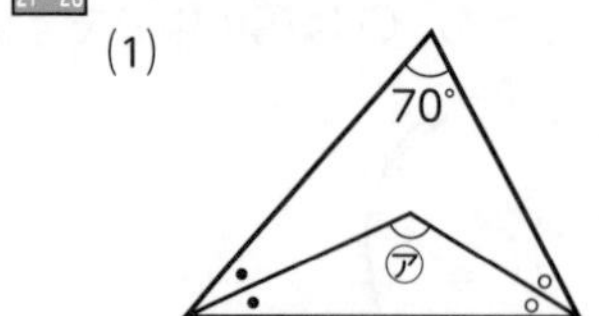

(2) (AB＝AC) 【春日部共栄中】

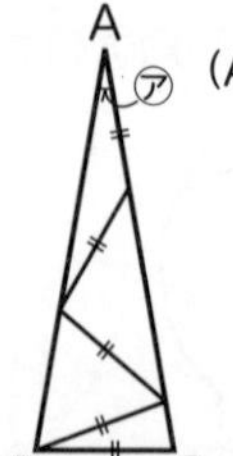

力をためす問題

レベル3 レベル2 レベル1

別冊解答 p.63~65

15 右の図で，四角形 ABCD の辺 AB と辺 BC の長さが等しいとき，角㋐と角㋑の大きさをそれぞれ求めなさい。【成蹊中】

→例題19

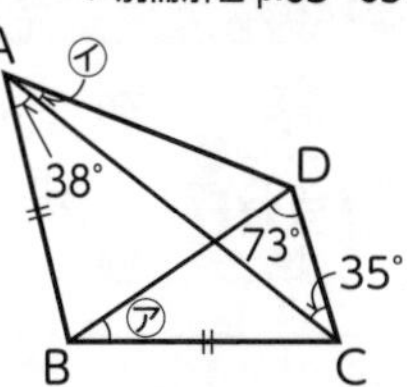

16 次の図で，印をつけた角の大きさの和を求めなさい。

→例題25

(1) 【神戸海星女子学院中】

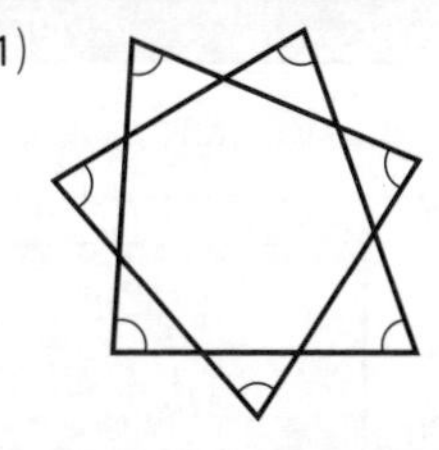

(2) 【洛南高附中】

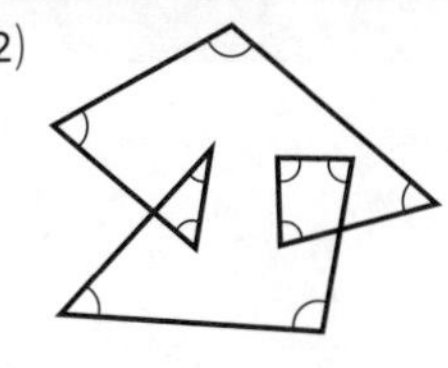

17 次の図で，(1)は長方形を，(2)はおうぎ形を折り返したところを表しています。角㋐の大きさを求めなさい。

→例題26・29

(1) 【常翔啓光学園中】

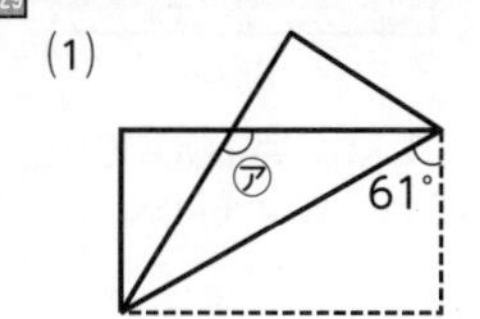

(2) 【神奈川大附中】

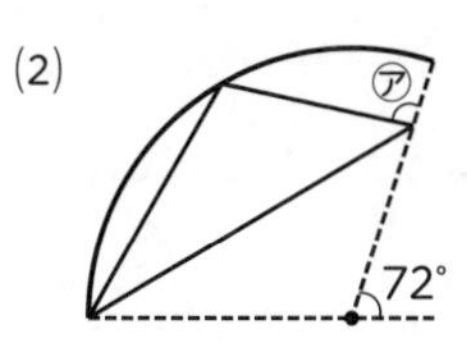

18 次の図で，同じ印をつけた角はそれぞれ等しくなっています。

→例題28

(1) 角㋐の大きさを求めなさい。 (2) ○の角の大きさを求めなさい。

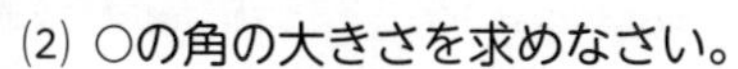

【中央大附中】

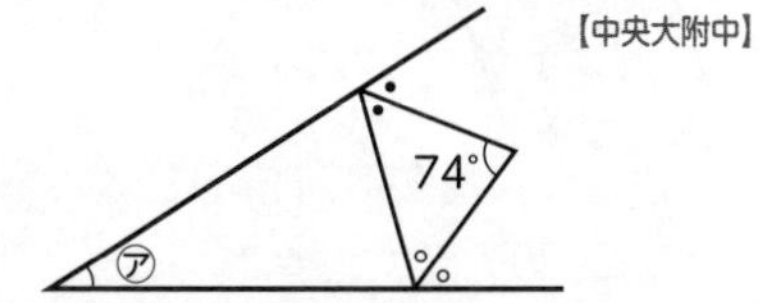

【帝塚山中】

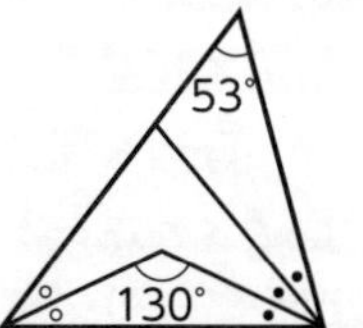

ちょいムズ **19** 次の図で，角㋐，㋑の大きさを求めなさい。ただし，A，B，C はそれぞれ円の中心です。【奈良学園中】

→例題30

(図 1)

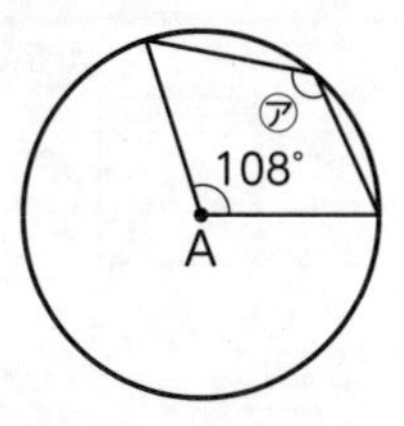

(図 2)

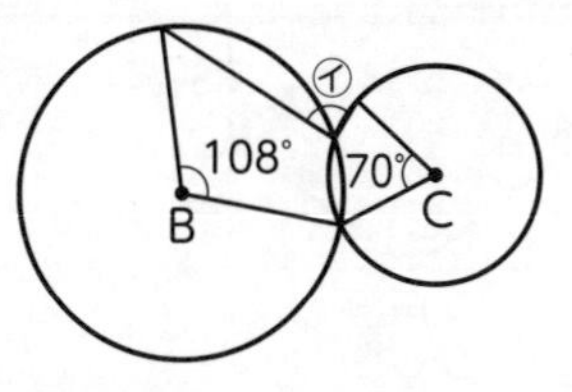

9 面積の公式

p.246〜251

❶ 面積の単位の関係を理解し，すぐに別の面積の単位に換算できるようにしよう。
❷ いろいろな図形の面積の公式を覚え，使えるようにしよう。

学習のポイント

1 面積の単位

➡ 例題 31

► 広さのことを**面積**という。広さの単位には cm^2，m^2，a，ha，km^2 がある。

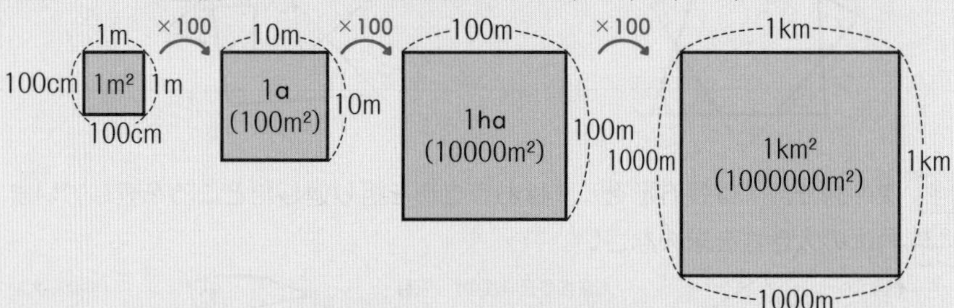

$1\ m^2 = 10000\ cm^2$ ← 100 cm × 100 cm
$1\ a = 100\ m^2$ ← 10 m × 10 m
$1\ ha = 10000\ m^2$ ← 100 m × 100 m
$1\ km^2 = 1000000\ m^2$ ← 1000 m × 1000 m

2 三角形と四角形の面積

➡ 例題 31〜35

► 長方形の面積＝**縦×横**
► 正方形の面積＝**1 辺×1 辺**
► 平行四辺形の面積＝**底辺×高さ**
► 三角形の面積＝**底辺×高さ÷2**
► 台形の面積＝**(上底＋下底)×高さ÷2**
► ひし形の面積＝**対角線×対角線÷2**
► 対角線が垂直に交わる四角形の面積＝**対角線×対角線÷2**

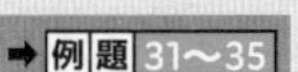

高さ
底辺
平行四辺形

高さ
底辺
三角形

高さ
下底
台形

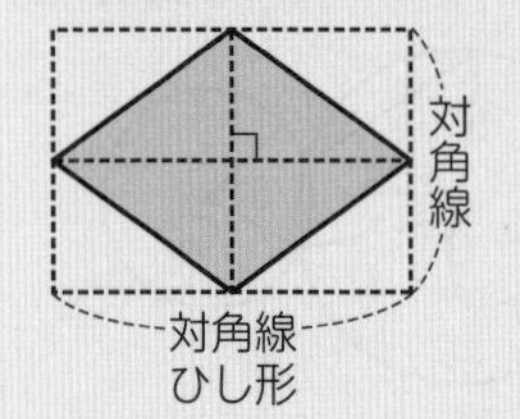

ひし形

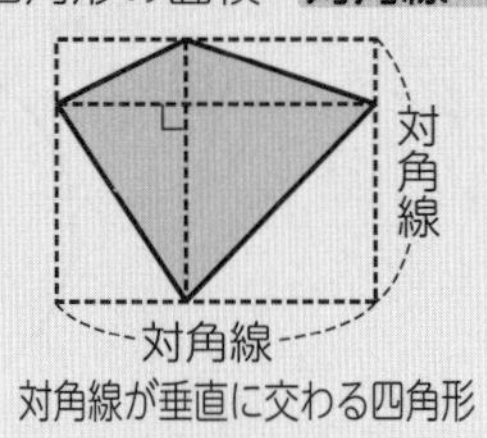

対角線が垂直に交わる四角形

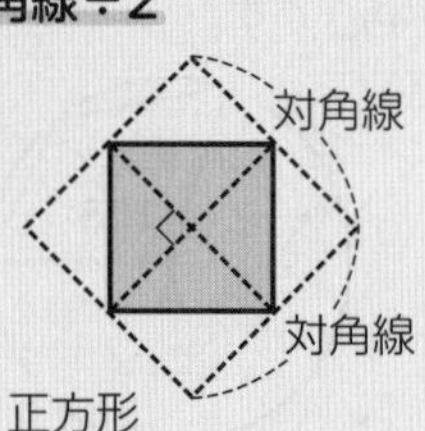

正方形

p.246 1,2

例題31 組み合わせた図形の面積，単位換算

次の図形の面積を求めなさい。ただし，(1)は m^2 と cm^2 で，(2)は km^2 と ha で求めなさい。

(1)

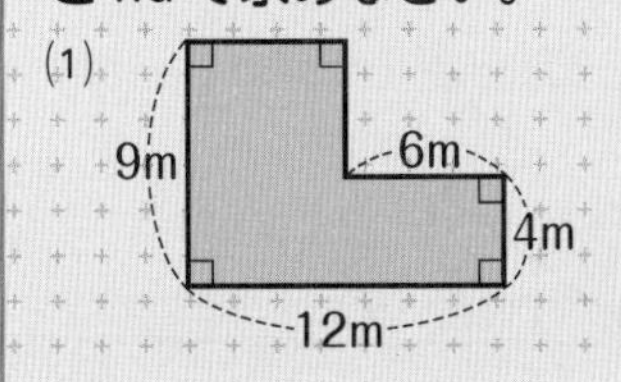

(2)

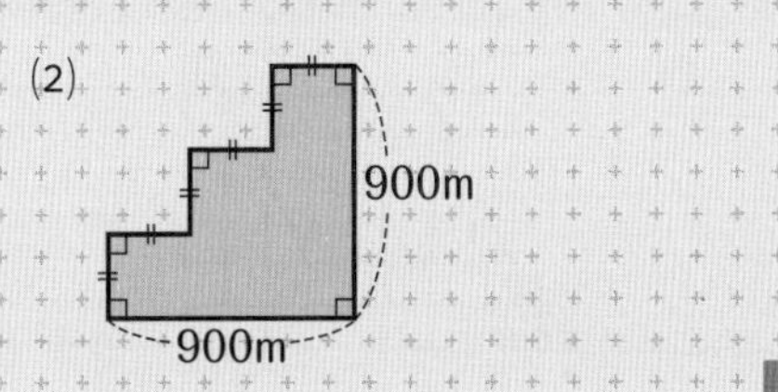

解き方と答え

(1) ㋐2つの長方形に分ける。　㋑大きい長方形から小さい長方形をひく。

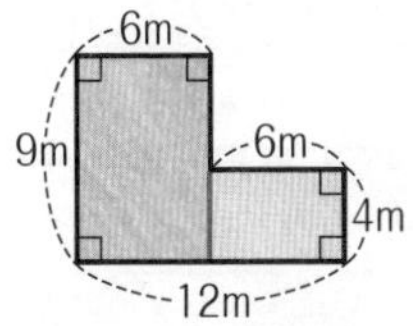

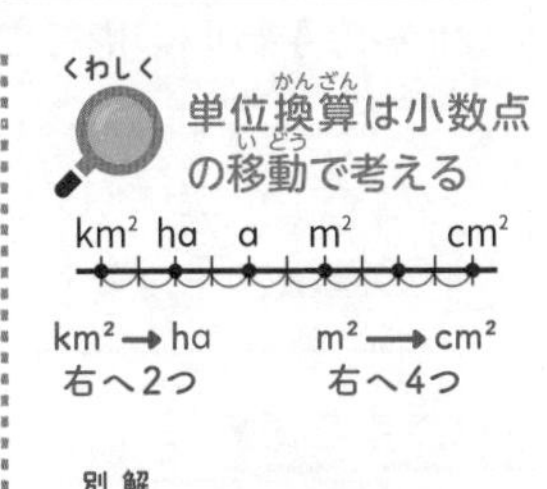

$9\times6+4\times6=\mathbf{78}$ (m^2)　　$9\times12-6\times5=\mathbf{78}$ (m^2)

また，$1\ m^2=10000\ cm^2$ より，$78\ m^2=\mathbf{780000\ cm^2}$

(2)

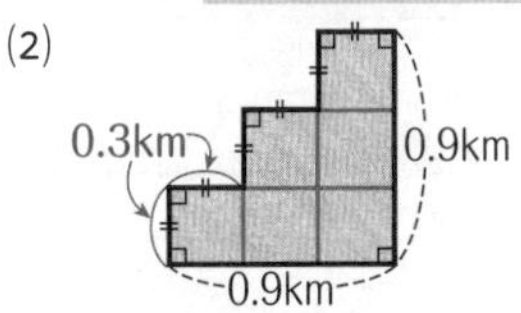

同じ大きさの正方形に分ける。

$0.3\times0.3\times6=\mathbf{0.54}$ (km^2)

$1\ km^2=100$ ha より，

$0.54\ km^2=\mathbf{54}$ ha

くわしく　単位換算（かんざん）は小数点の移動（いどう）で考える

km^2　ha　a　m^2　cm^2

$km^2\to$ ha　右へ2つ　　$m^2\to cm^2$　右へ4つ

別解　合同な図形をつけたし2でわる

(2)

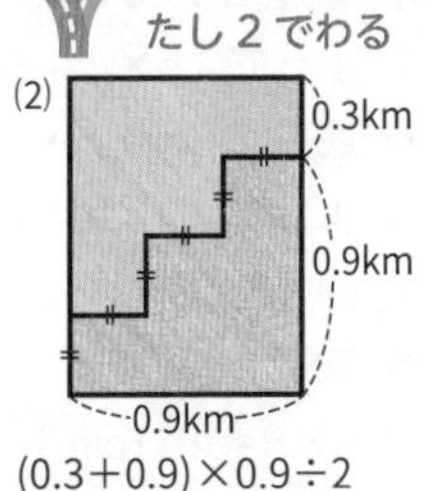

$(0.3+0.9)\times0.9\div2$

$=\mathbf{0.54}$ (km^2) $=\mathbf{54}$ ha

ココ大事！

長方形や正方形を組み合わせた図形の面積は，

・いくつかの長方形や正方形に分けて求める。

・図形をつけたして求めてから，つけたした部分をひく。

練習問題31

別冊解答 p.65

次の図形の面積はともに $270\ cm^2$ です。□にあてはまる数を求めなさい。

(1)

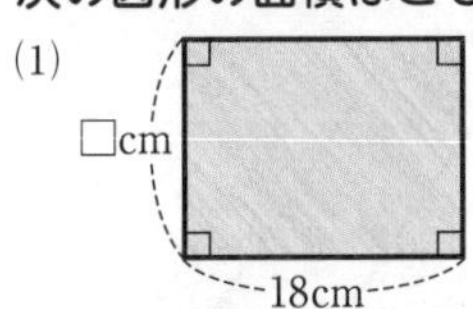

(2)

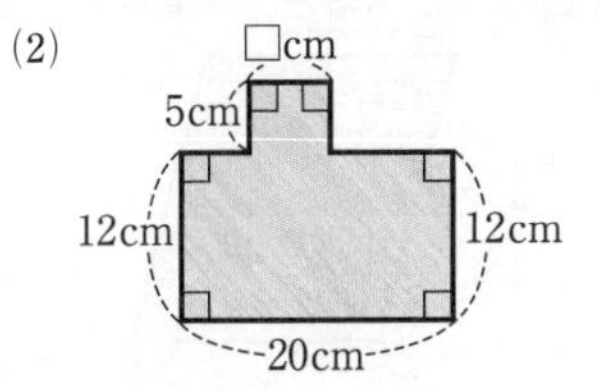

p.246 2

例題32 平行四辺形の面積

次の問いに答えなさい。

(1) 次の平行四辺形 ABCD の面積を求めなさい。

❶ A D 1cm B C 1cm

❷

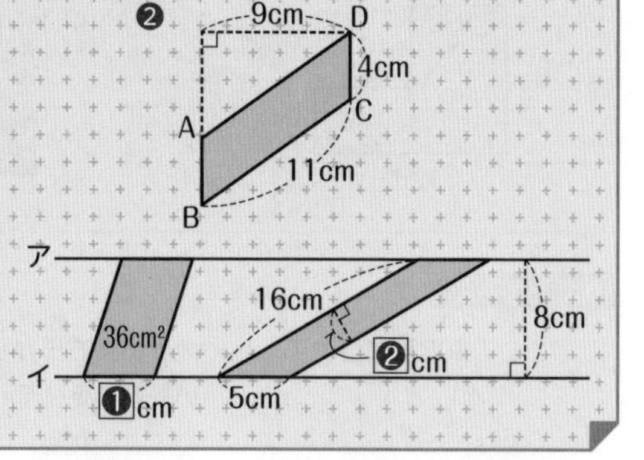

(2) 右の平行四辺形について，□にあてはまる数を求めなさい。ただし，ア，イの直線は平行です。

解き方と答え

(1) ❶ 底辺 BC＝5 cm，高さは 4 cm
よって，5×4＝**20 (cm²)**

❷ 底辺 DC＝4 cm，高さは 9 cm
よって，4×9＝**36 (cm²)**

(2) ❶ □×8＝36 より，□＝36÷8＝**4.5**

❷ 底辺を 5 cm とすると高さは 8 cm なので，面積は，
5×8＝40 (cm²)
□は 16 cm を底辺としたときの高さなので，
16×□＝40　□＝40÷16＝**2.5**

くわしく

底辺と高さが等しければ，面積も等しい

㋐の平行四辺形積と㋑の平行四辺形は，底辺と高さが等しいので，面積も等しい。

ココ大事！ 平行四辺形の面積＝底辺×高さ
底辺に対して，高さは垂直(すいちょく)である。

練習問題 32

別冊解答 p.65

次の平行四辺形の面積を求めなさい。

(1)

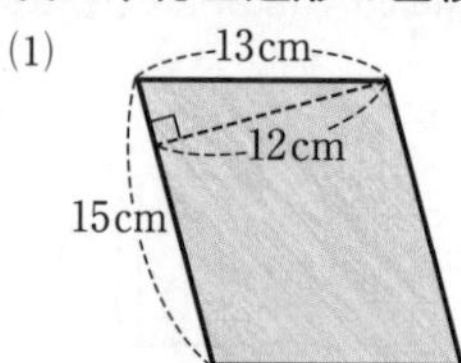

(2)

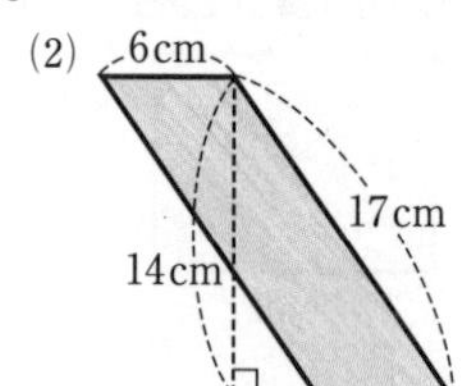

4年 5年 6年 中学入試

p.246 2

例題33 三角形の面積

次の問いに答えなさい。

(1) 次の三角形 ABC の面積を求めなさい。

❶

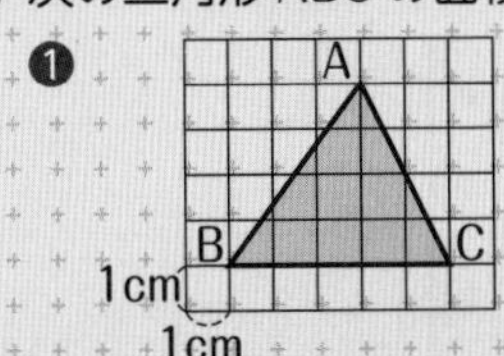

❷

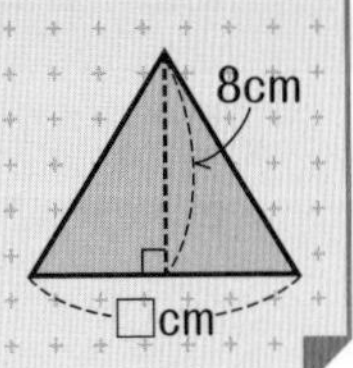

(2) 右の三角形の面積は 40 cm² です。□にあてはまる数を求めなさい。

解き方と答え

(1) ❶ 底辺 BC＝5 cm，高さは 4 cm

よって，5×4÷2＝**10 (cm²)**

❷ 底辺 BC＝6 cm，高さは 10 cm

よって，6×10÷2＝**30 (cm²)**

(2) 三角形の面積の公式より，

□×8÷2＝40

□×8＝80

□＝**10**

なぜ 三角形は平行四辺形÷2

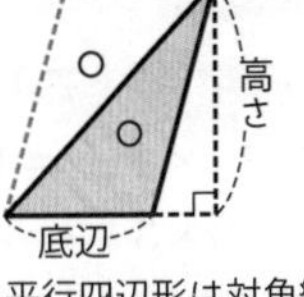

平行四辺形は対角線によって2つの合同な三角形に分けられる。

三角形の面積＝底辺×高さ÷2

底辺に対して，高さは垂直(すいちょく)である。

練習問題 33

次の(1)，(2)の三角形の面積を求めなさい。また，(3)の□にあてはまる数を求めなさい。

別冊解答 p.65

(1)

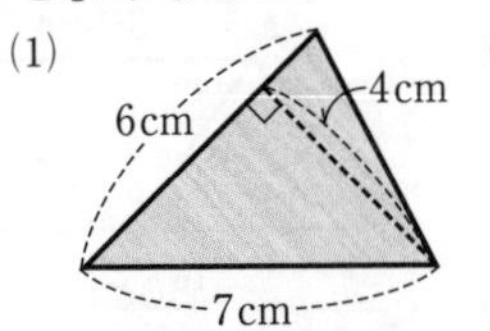

(2)

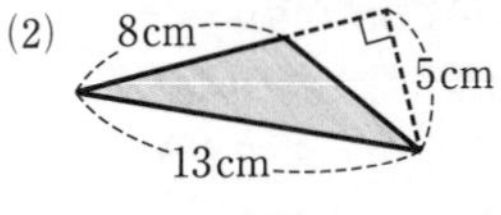

(3)

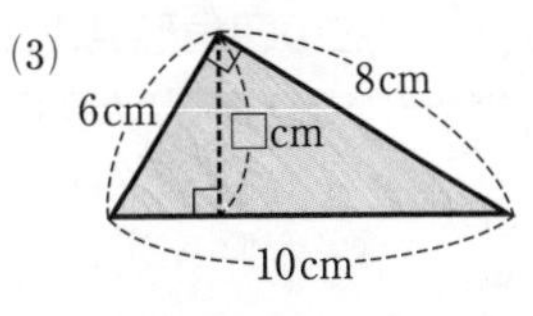

p.246 2

例題34 台形の面積

次の問いに答えなさい。

(1) 次の台形の面積を求めなさい。

❶
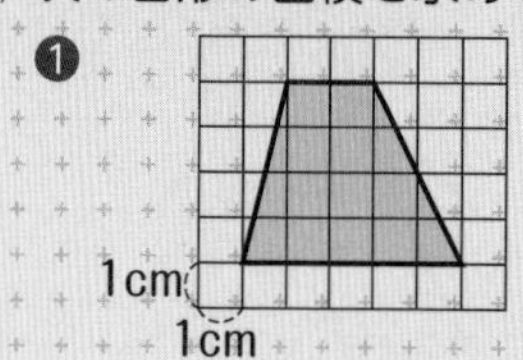

❷
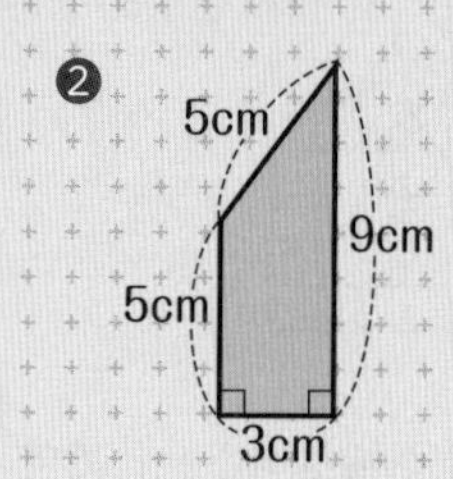

(2) 右の台形の面積は 44 cm^2 です。□にあてはまる数を求めなさい。

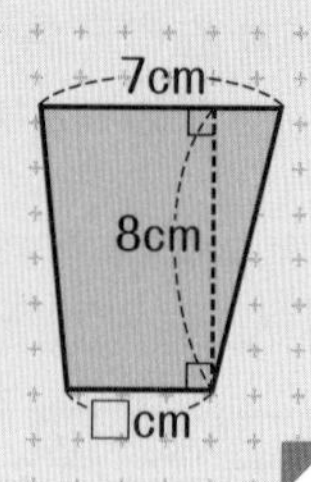

解き方と答え

(1) 台形の面積＝(上底＋下底)×高さ÷2 より，

❶ (2+5)×4÷2=**14** (cm^2)

❷ (5+9)×3÷2=**21** (cm^2)

(2) 台形の面積の公式より，

(7+□)×8÷2=44

(7+□)×8=88

7+□=11

□=**4**

なぜ？ 台形の面積の公式

合同な台形をもう1つつけたすと，底辺が(上底＋下底)の平行四辺形ができる。
台形の面積はこの半分になるので，

(上底＋下底)×高さ÷2
↑平行四辺形 ↑半分

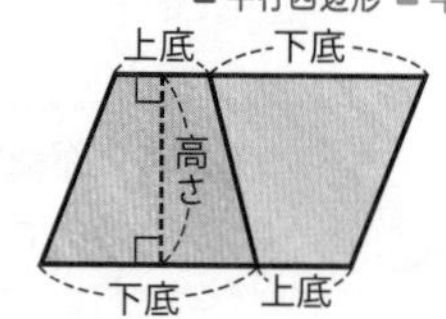

ココ大事！ 台形の面積＝(上底＋下底)×高さ÷2
上底と下底は平行で，上底，下底に対して高さは垂直(すいちょく)である。

練習問題34

右の四角形 ABCD は台形です。

(1) 三角形 AED の面積を求めなさい。

(2) 台形 ABCD の高さはいくらですか。

(3) 台形 ABCD の面積はいくらですか。

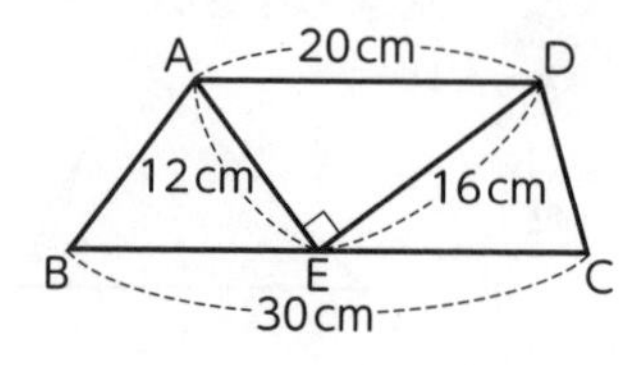

別冊解答 p.65

p.246 2

例題35 ひし形の面積

次の四角形の面積を求めなさい。

(1)

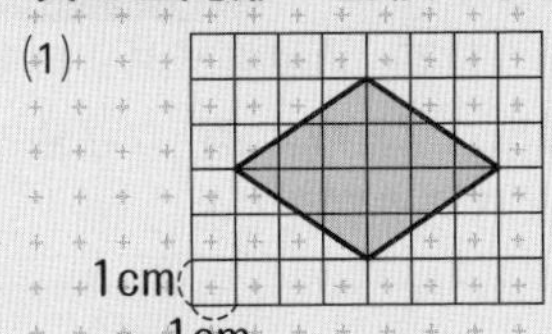

(2)

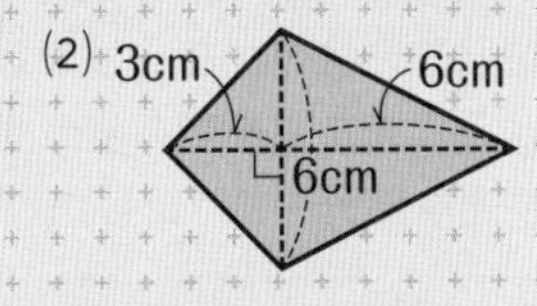

(3)

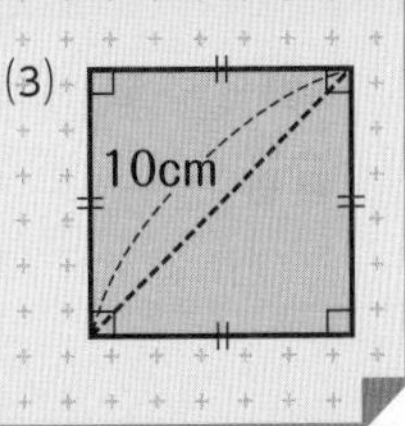

解き方と答え

(1) ひし形の面積＝対角線×対角線÷2 より，

4×6÷2=**12 (cm²)**

(2)

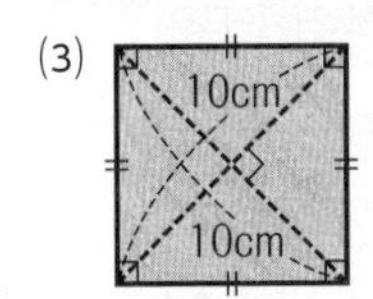

この四角形の面積は，対角線×対角線で求められる長方形の面積の半分になる。

$\underline{(3+6)}\times\underline{6}\div2=$**27 (cm²)**

対角線　対角線

(3)

正方形はひし形のひとつと考えられるので，ひし形の面積の公式で求める。

正方形の対角線の長さは等しいので，もう1つの対角線の長さも10 cm

10×10÷2=**50 (cm²)**

くわしく

対角線×対角線÷2

対角線が垂直（すいちょく）に交わる四角形であれば，すべて対角線×対角線÷2で面積を求めることができる。

例

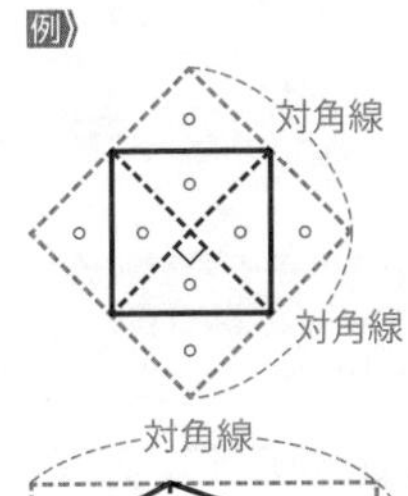

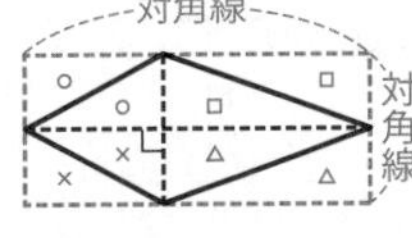

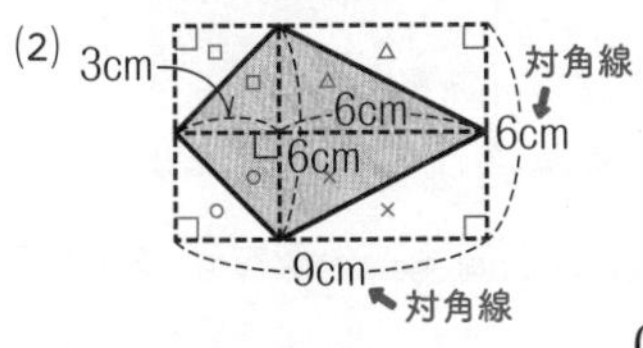

ココ大事！

ひし形の面積
対角線が垂直（すいちょく）に交わる四角形の面積 ＝対角線×対角線÷2

練習問題 35

別冊解答 p.65

次の四角形の面積はすべて72 cm² です。□にあてはまる数を求めなさい。

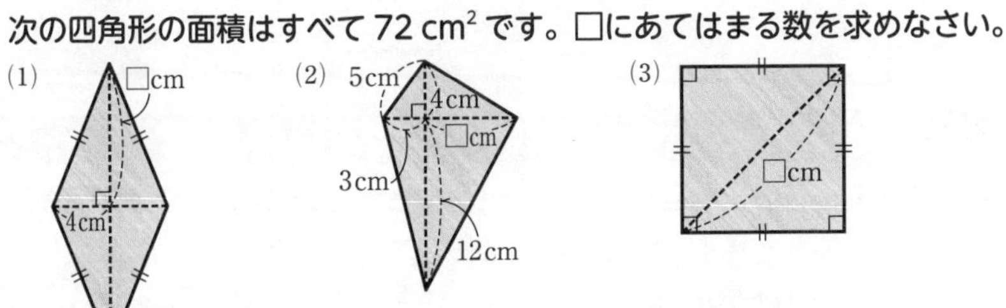

(1)

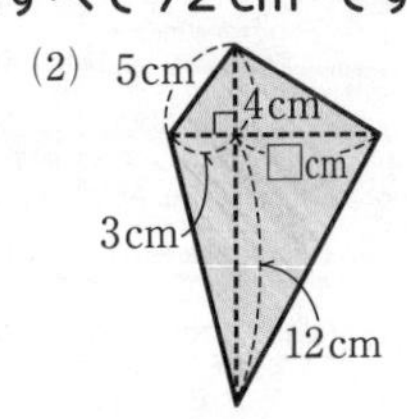

(2)

(3)

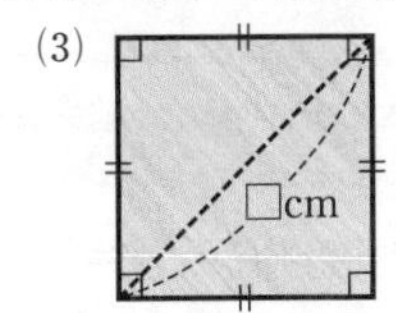

10 いろいろな図形の面積

p.252〜257

❶ 図形を分けたり，全体から一部をひいたりして，面積を求められるようにしよう。また，面積を変えずに変形させたり，場所を移動させたり，共通な部分をつけたしたりするくふうも覚えておこう。

学習のポイント

1 基本の図形に分ける，全体から一部をひく

➡例題36･37

► 公式にあてはまらない図形の面積は，公式が使える**三角形や四角形に分けたり，全体からいらない部分をひく**ことで，求められる。

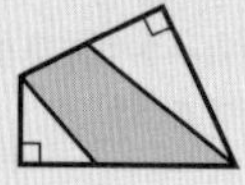

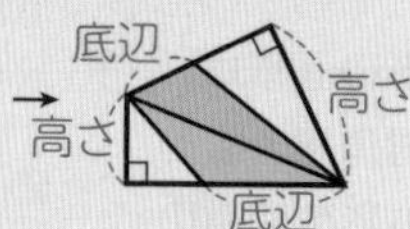

2つの三角形に分ける。

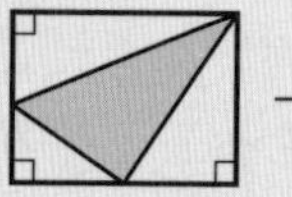

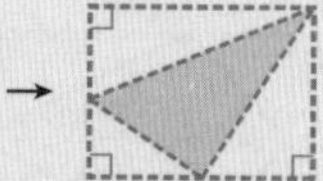

長方形から直角三角形を3つひく。

2 等積変形，等積移動

➡例題38･39

► **等積変形**（とうせきへんけい）…面積を変えずに形を変えること。

底辺と高さを変えずに変形すると，平行四辺形の半分になる。

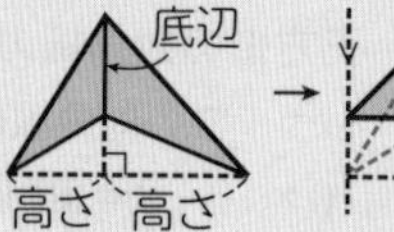

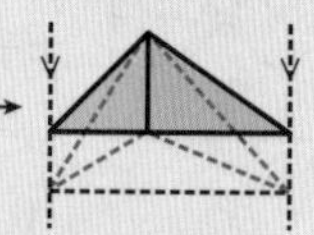

底辺と高さを変えずに変形すると，1つの三角形になる。

► **等積移動**（とうせきいどう）…場所を移動させて，面積を求めやすい形に変えること。

例

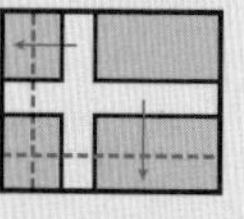

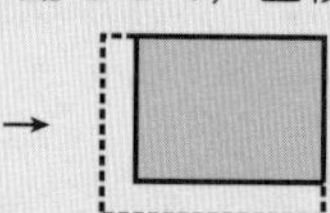

道の面積を変えずにはしに寄せる。

等しい面積のところに移動する。

3 共通な部分をつけたす

➡例題40

► 右の図で，㋐と㋑の面積の差は，三角形と台形の共通部分を㋒として，三角形と台形の面積の差で求められる。

(㋐＋㋒)－(㋑＋㋒)＝㋐－㋑

p.252 1

例題36 基本の図形に分ける

次の図で，色のついた部分の面積を求めなさい。

(1)
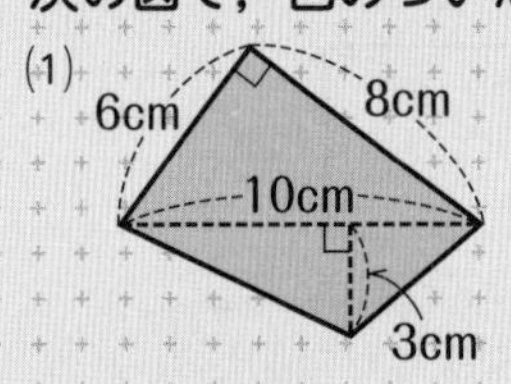

(2)
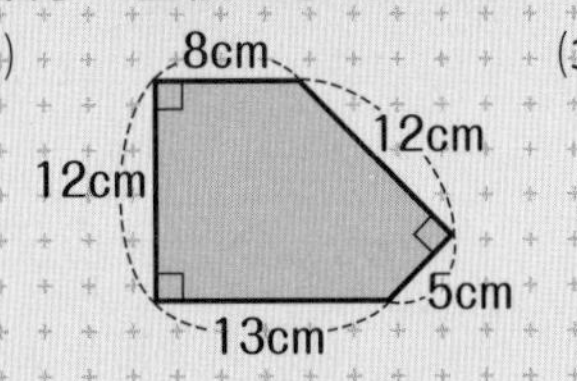

(3)
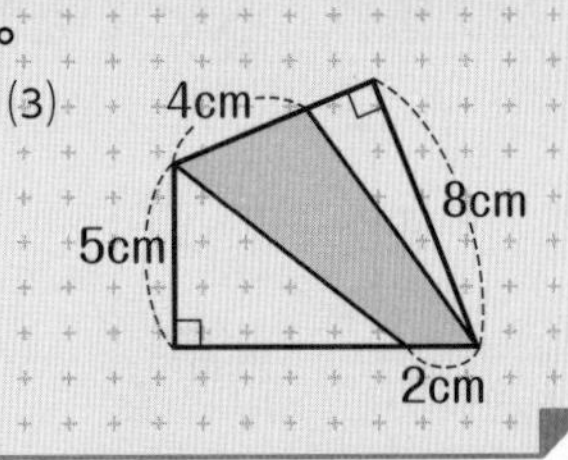

解き方と答え

(1) 2つの三角形に分けて，その和を求める。

6×8÷2＋10×3÷2＝**39 (cm²)**

(2) 台形と三角形に分けて，その和を求める。

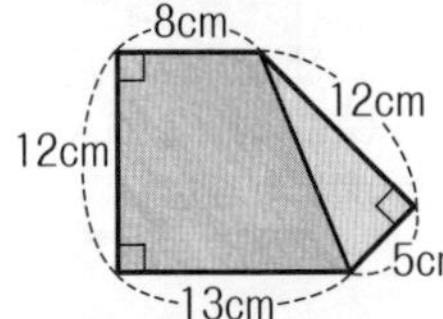

(8＋13)×12÷2＋5×12÷2

＝**156 (cm²)**

(3) 底辺と高さが垂直（すいちょく）になるように2つの三角形に分けて，その和を求める。

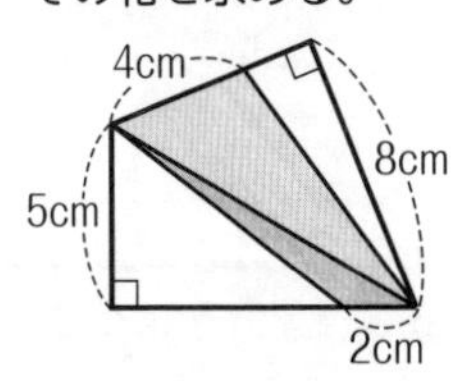

4×8÷2＋2×5÷2＝**21 (cm²)**

別解 三角形3つに分けてもよい。

(2)
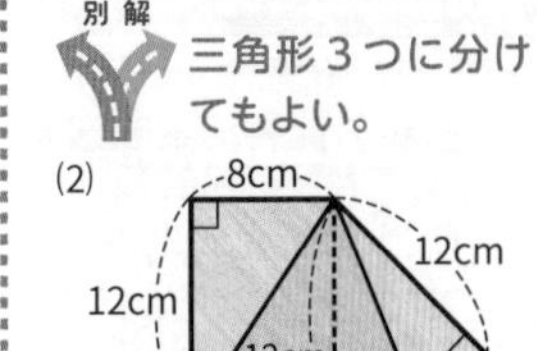

8×12÷2＋13×12÷2

＋5×12÷2＝156 (cm²)

注意

底辺と高さがわかるように分けること。

(3)
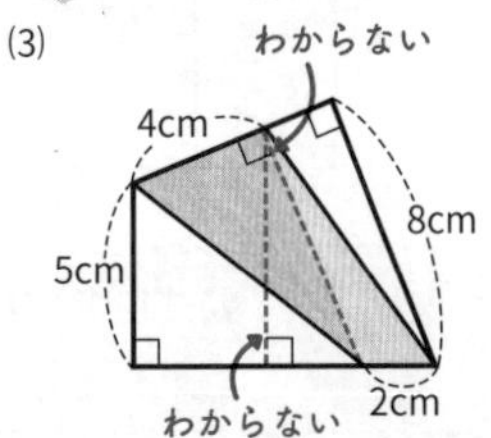

ココ大事！ 公式にあてはまらない形の面積は，三角形や四角形に分けて求めることができる。

練習問題36

別冊解答 p.65

次の図で，色のついた部分の面積を求めなさい。

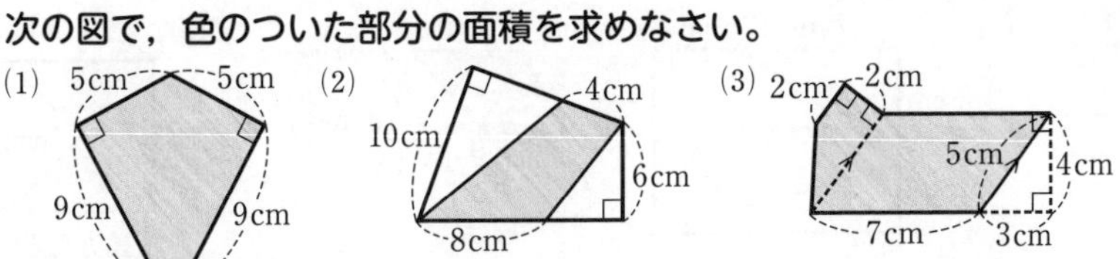
(1)
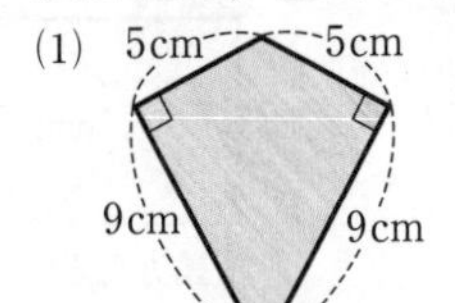

(2)
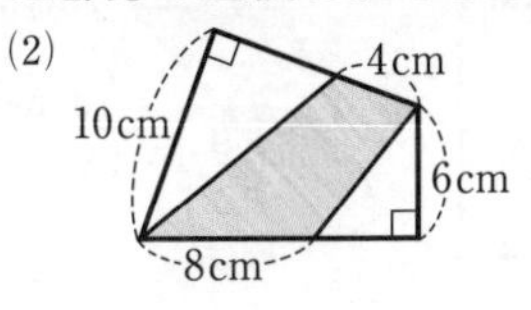

(3)

p.252 1

例題37 全体から一部をひく

次の図で，色のついた部分の面積を求めなさい。

(1)

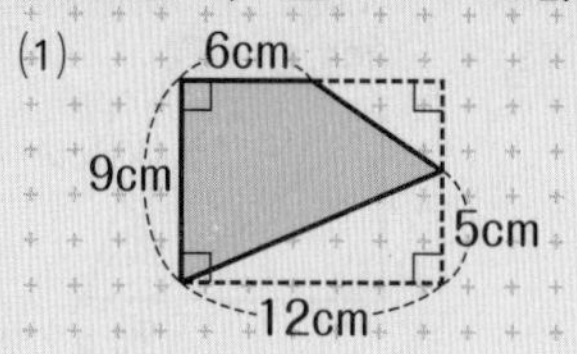

(2)

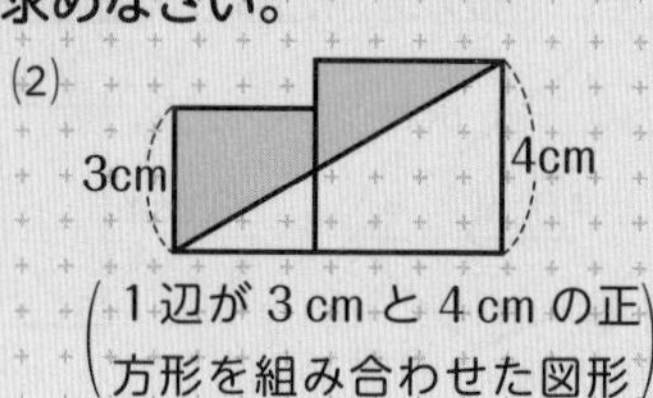

（1辺が 3 cm と 4 cm の正方形を組み合わせた図形）

解き方と答え

(1) 全体の長方形の面積から，三角形２つ分の面積をひく。

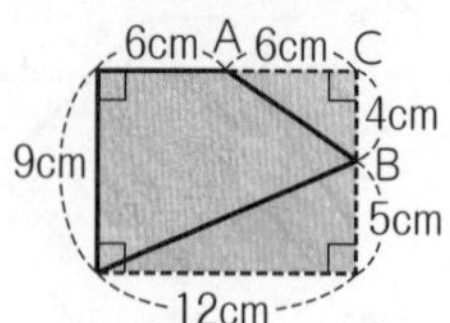

AC＝12－6＝6 (cm)
BC＝9－5＝4 (cm)
9×12－(12×5÷2＋6×4÷2)
＝**66 (cm²)**

(2) 長方形をつけたして直角三角形にしてから，長方形の面積をひく。

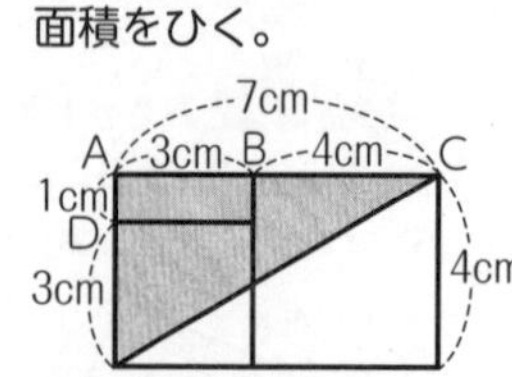

AC＝3＋4＝7 (cm)
AD＝4－3＝1 (cm)
4×7÷2－1×3＝**11 (cm²)**

台形と三角形に分ける。

(1)

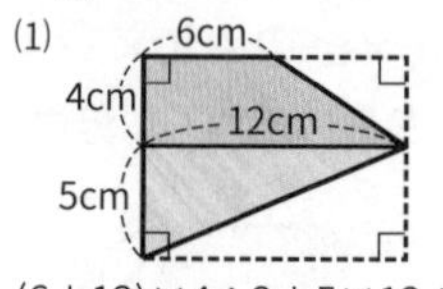

(6＋12)×4÷2＋5×12÷2
＝66 (cm²)

正方形２つから直角三角形をひく

(2) 3×3＋4×4－4×7÷2
＝11 (cm²)

ココ大事！ 公式にあてはまらない図形の面積は，全体からいらない部分をひくことで求めることができる。

練習問題37

別冊解答 p.66

次の図で，色のついた部分の面積を求めなさい。

(1)

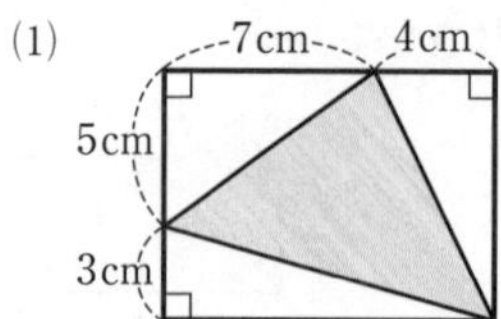

(2)

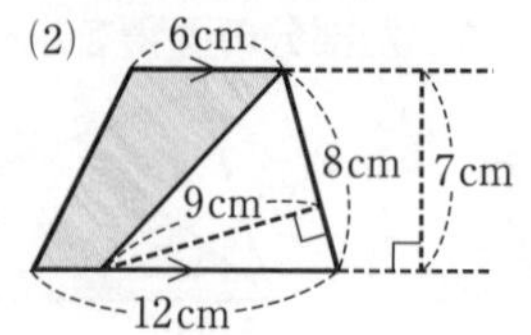

(3)

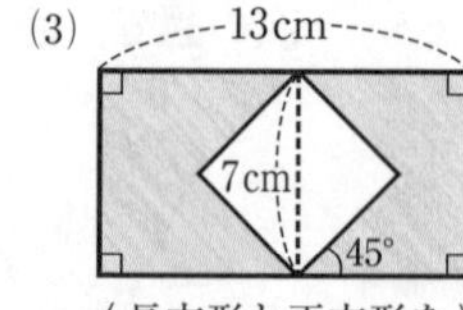

（長方形と正方形を組み合わせた図形）

4年 5年 6年 中学入試

p.252 2

例題38 等積変形

次の図で，色のついた部分の面積を求めなさい。

(1)

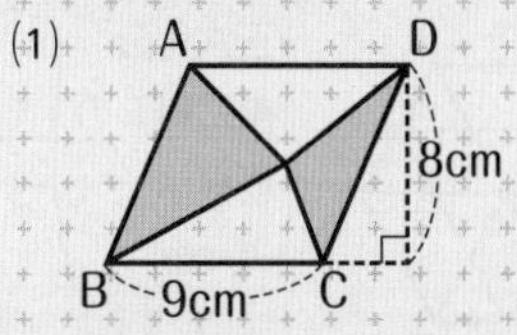

（四角形 ABCD は平行四辺形）

(2)

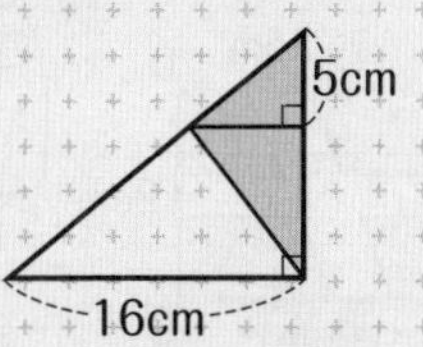

解き方と答え

(1) 平行線をひき，面積を変えずに変形させていく。

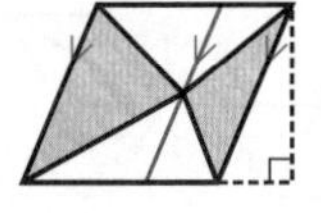
→
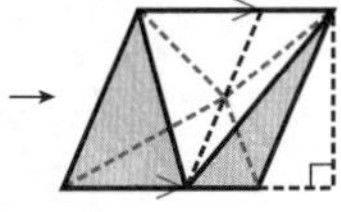
→
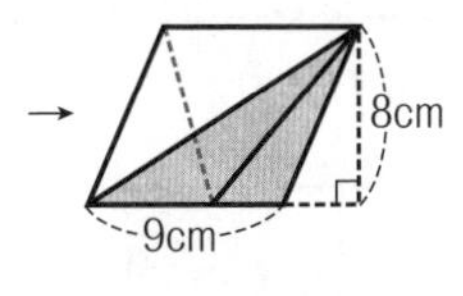

よって，$9\times8\div2=$**36 (cm²)**

(2) 図のように等積変形させると，底辺が 5 cm，高さが 16 cm の三角形になる。

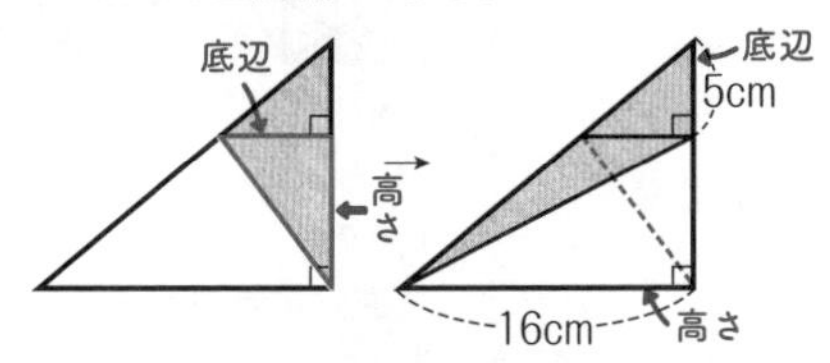

よって，$5\times16\div2=$**40 (cm²)**

2本の平行線で分ける

(1)

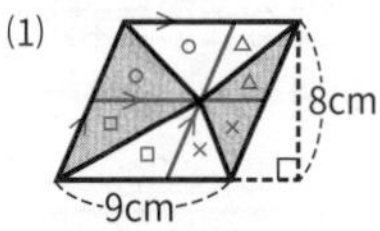

同じ印をつけた三角形はそれぞれ合同だから，

$9\times8\div2=36$ (cm²)

次のような形も平行四辺形の半分になる。

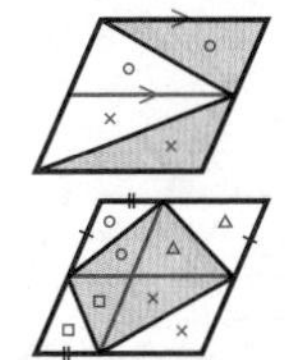

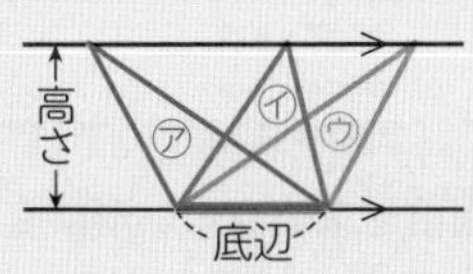

平行線で高さが一定のとき，底辺が同じであれば面積は等しい。

㋐＝㋑＝㋒

練習問題38

別冊解答 p.66

次の図で，色のついた部分の面積を求めなさい。

(1)

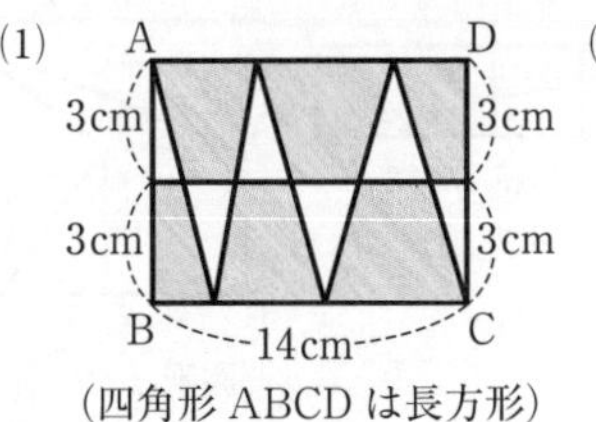

（四角形 ABCD は長方形）

(2)

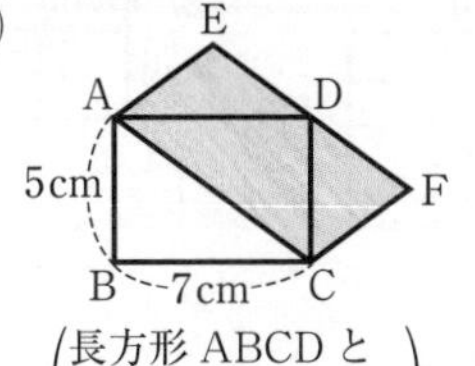

（長方形 ABCD と平行四辺形 EACF）

(3)

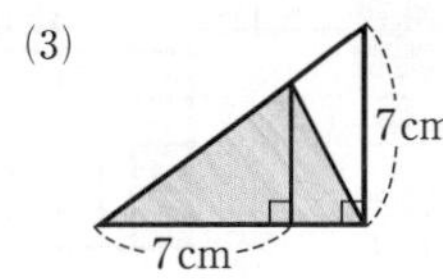

p.252 2

例題39 等積移動

次の図で，色のついた部分の面積を求めなさい。

(1)

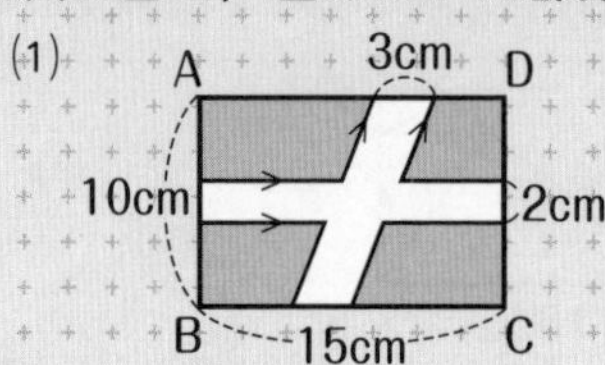

(四角形ABCDは長方形)

(2)

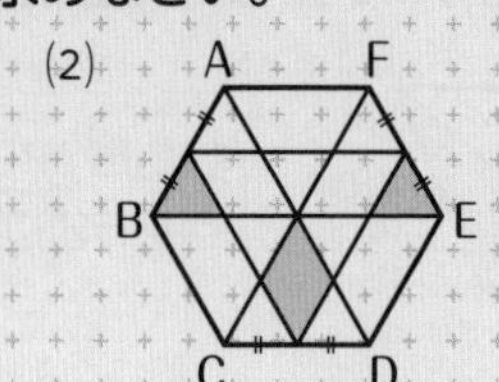

(正六角形ABCDEFの面積は$30\,cm^2$)

解き方と答え

(1) 白い部分を，面積を変えずにはしに寄せて，色のついた部分を1つの長方形に変形させる。

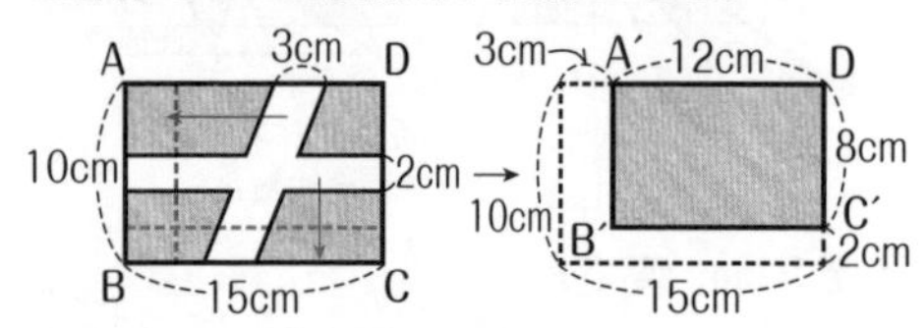

$\underset{A'B'}{(10-2)} \times \underset{A'D}{(15-3)} = \mathbf{96}\ (\mathbf{cm^2})$

(2)

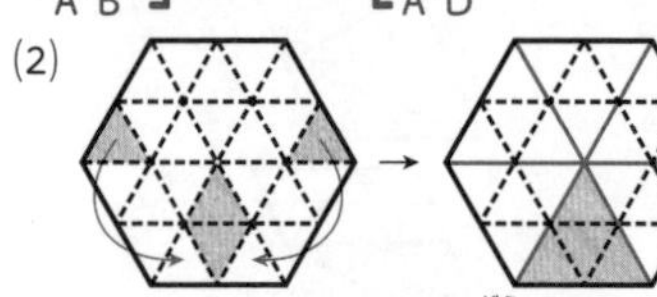

色のついた部分を移動させると，合計の面積は正六角形の$\frac{1}{6}$になるので，$30 \times \frac{1}{6} = \mathbf{5}\ (\mathbf{cm^2})$

くわしく 正六角形は合同な三角形に分けられる

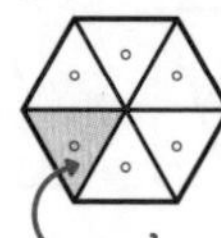

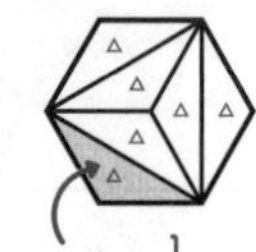

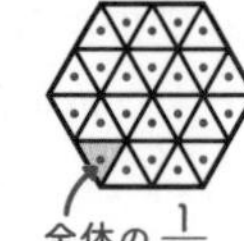

ステップアップ 正六角形の分割

p.490の例題5

ココ大事！ 等しい面積を探し出し，移動させて，**面積を求めやすい形に変形させる。**

練習問題39

別冊解答 p.66

次の図で，色のついた部分の面積を求めなさい．

(1)

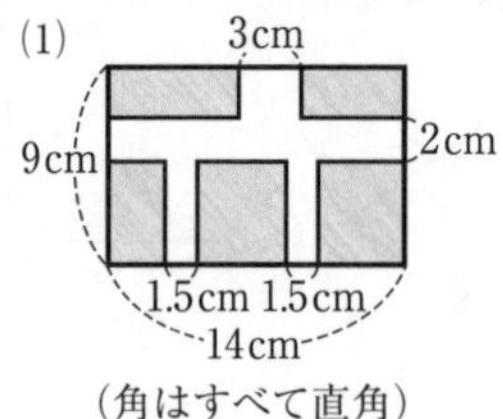

(角はすべて直角)

(2)

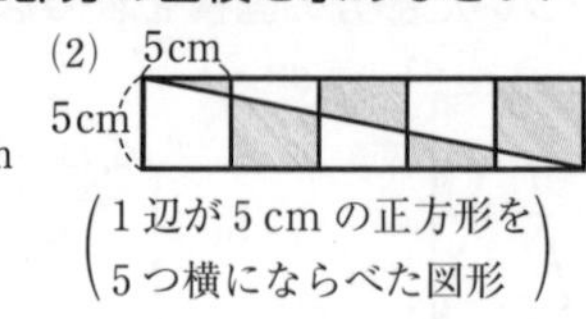

(1辺が5 cmの正方形を5つ横にならべた図形)

(3)

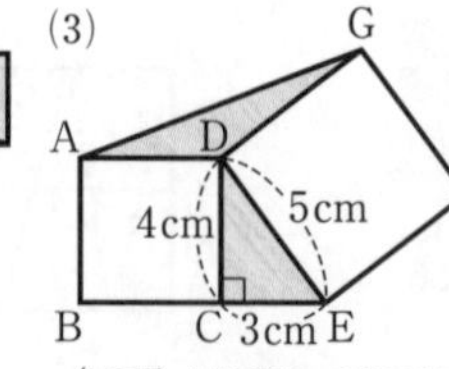

(図形ABCD，DEFGはともに正方形)

4年 5年 6年 中学入試

p.252 3

例題40 共通な部分をつけたす

次の□にあてはまる数を求めなさい。

(1) ㋐と㋑の面積の差は□ cm^2　(2) 色のついた部分の面積は□ cm^2

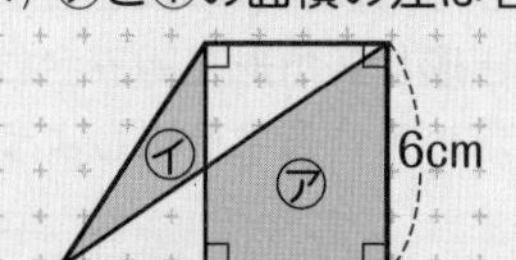

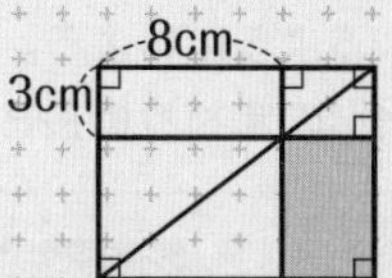

解き方と答え

(1) ㋐と㋑にそれぞれ㋒を加え，その差を求める。

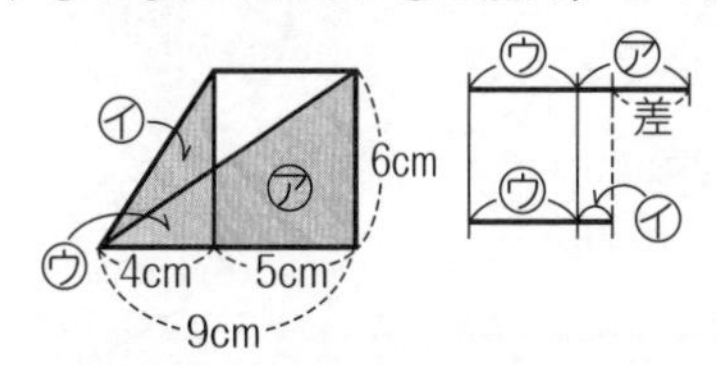

㋐−㋑＝(㋐＋㋒)−(㋑＋㋒) より，

$\underline{(4+5)\times6\div2}-\underline{4\times6\div2}=15$ (cm^2)

　↑㋐＋㋒　　↑㋑＋㋒

(2) ㋐と㋑にそれぞれ㋒と㋓を加えると長方形の半分になるので，面積は等しい。

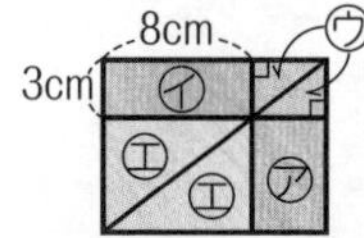

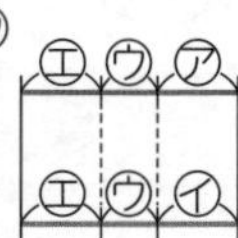

よって，㋐＝㋑ となるから，

㋐＝3×8＝24 (cm^2)

裏技 台形の性質(せいしつ)

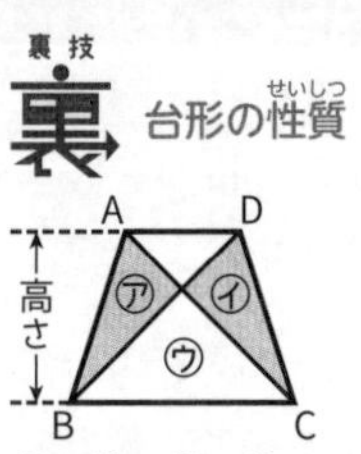

㋐＋㋒＝㋑＋㋒ なので，㋐と㋑の面積は等しい。

別解 上の台形の性質を使う

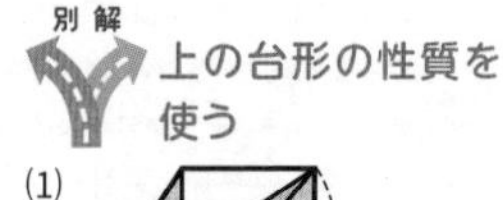

(1)

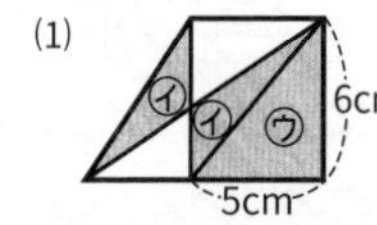

㋐と㋑の差は㋒なので，

5×6÷2＝15 (cm^2)

ココ大事！ 2つの図形㋐，㋑にそれぞれ同じ図形㋒を加えると，

(㋐＋㋒)−(㋑＋㋒)＝㋐−㋑，㋐＋㋒＝㋑＋㋒ であれば，㋐＝㋑

練習問題 40

別冊解答 p.66

次の□にあてはまる数を求めなさい。

(1) 色のついた部分の面積は□ cm^2

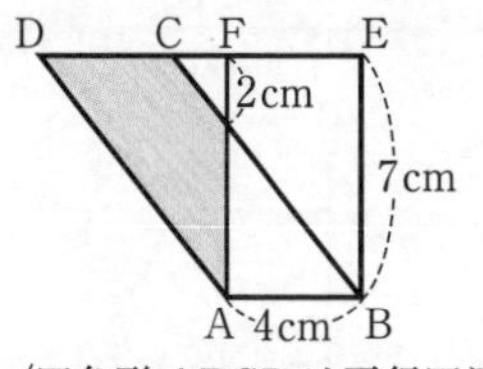

(四角形 ABCD は平行四辺形
四角形 ABEF は長方形)

(2) ㋐と㋑の面積が等しいときの DE の長さは□ cm

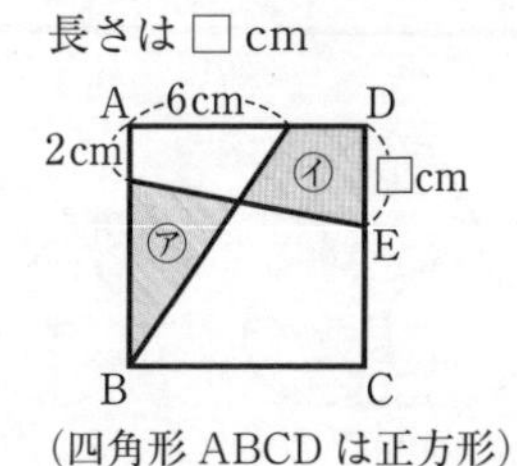

(四角形 ABCD は正方形)

11 円とおうぎ形のまわりの長さ

p.258〜262

ここでの目標

❶ 円周率とは何かを理解して，円やおうぎ形のまわりの長さを求められるようにしよう。また，円やおうぎ形と多角形を組み合わせた図形のまわりの長さを，くふうして求められるようにしよう。

学習のポイント

1 円とおうぎ形のまわりの長さ

➡例題 41・42

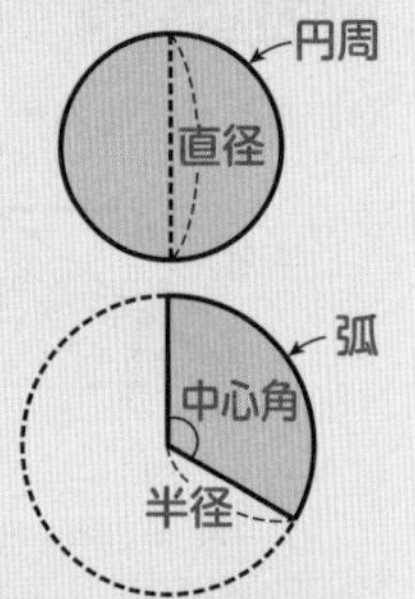

► 円のまわりを**円周**といい，円周の長さが直径の長さの何倍になっているかを表す数を**円周率**という。
円周率は**およそ 3.14** なので，**円周の長さ＝直径×3.14**

► 2つの半径で切り取られた円の一部を**おうぎ形**という。
円周の一部である曲線を**弧**という。

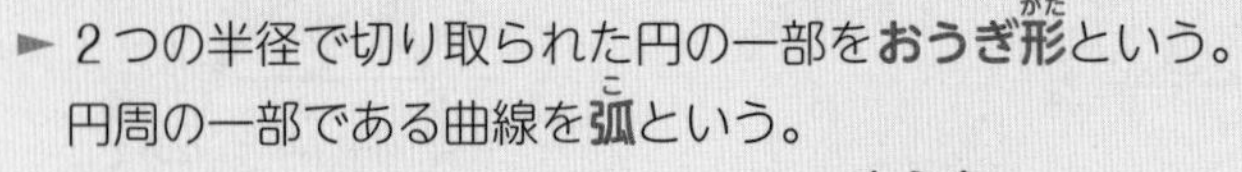

$$\text{おうぎ形の弧の長さ}=\text{直径}\times3.14\times\frac{\text{中心角}}{360}$$

2 組み合わせた図形のまわりの長さ

➡例題 43・44

► 円やおうぎ形を組み合わせた図形のまわりの長さを求めるときは，**いくつかの図形に分けて考えたり，円の中心から補助線をひいたり**するとよい。

例》次の図で，色のついた部分のまわりの長さを求めなさい。

(1)

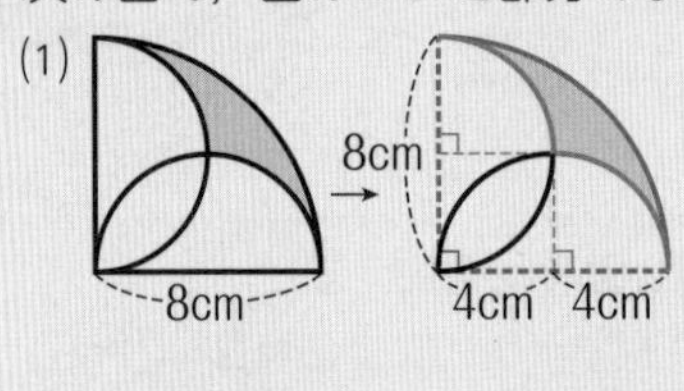

解》

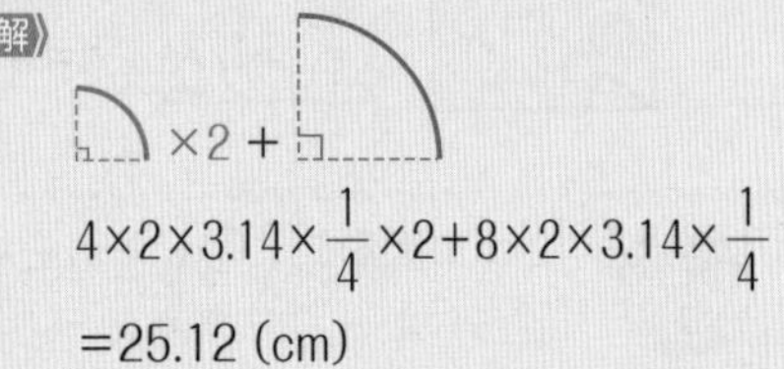

$4\times2\times3.14\times\frac{1}{4}\times2+8\times2\times3.14\times\frac{1}{4}$
$=25.12\ (\text{cm})$

(2)

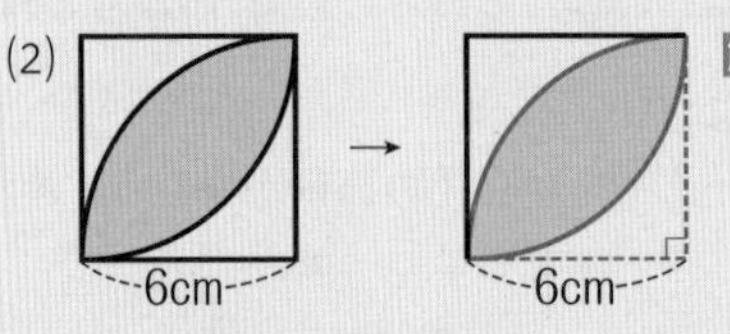

解》

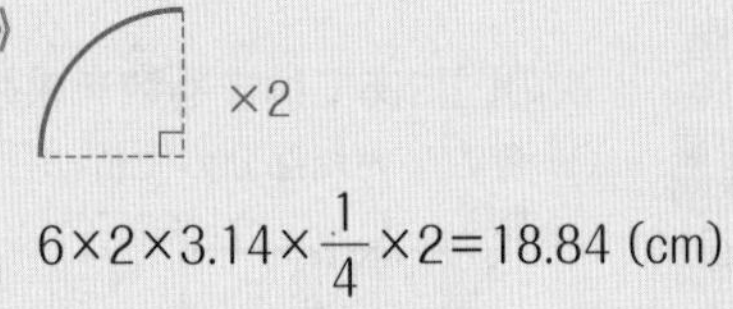

$6\times2\times3.14\times\frac{1}{4}\times2=18.84\ (\text{cm})$

(3)

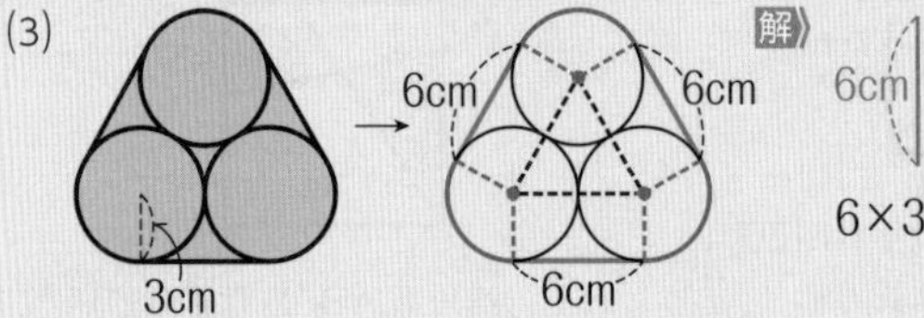

解》

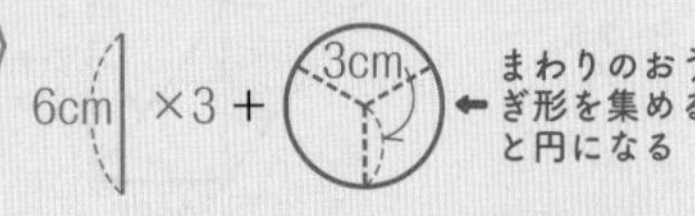

$6\times3+3\times2\times3.14=36.84\ (\text{cm})$

p.258 1

例題41 円周の長さ

次の問いに答えなさい。

(1) 右の図は，円周上に頂点(ちょうてん)がある正六角形です。この図を使って，円周の長さが直径の３倍より大きくなることを説明しなさい。

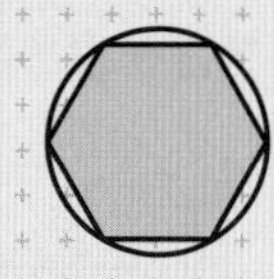

(2) 次の円の円周の長さを求めなさい。ただし，円周率(えんしゅうりつ)は 3.14 とします。
↑以後すべて3.14とする

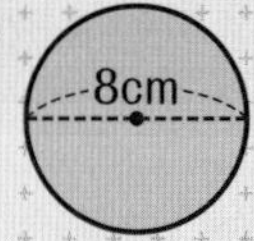

❷ 半径 3 cm の円

解き方と答え

(1) 正六角形は正三角形が６つ集まったものであり，正六角形の１辺の長さは円の半径と等しいことを利用する。

円の半径を①とすると，直径は②
正六角形の１辺の長さも①となるので，まわりの長さは⑥
⑥÷②＝3 より，正六角形のまわりの長さは直径の３倍である。円周は正六角形のまわりの長さよりも長いので，円周の長さは直径の３倍より大きいことがわかる。

(2) ❶ $8\times3.14=$**25.12 (cm)**

❷ $3\times2\times3.14=$**18.84 (cm)**
↑直径＝半径×2

くわしく **円周率は４より小さい**

正方形の中に円をかく。直径つまり，正方形の１辺を①とすると，

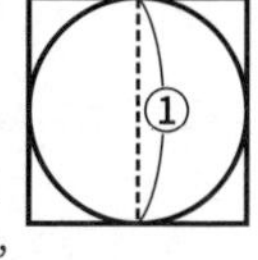

正方形のまわりの長さは④。これは直径の４倍で，円周は正方形のまわりの長さよりも短いので，円周の長さは直径の４倍より小さい。
(1)と合わせて考えると，円周の長さは直径の３倍より大きく，４倍より小さいことがわかる。

ココ大事！
円周の長さ＝直径×3.14

練習問題41

次の問いに答えなさい。

(1) 円周の長さが 37.68 cm の円の半径の長さを求めなさい。

(2) 右の図で，外側の円の円周の長さは，内側の円の円周の長さより何 cm 長いですか。

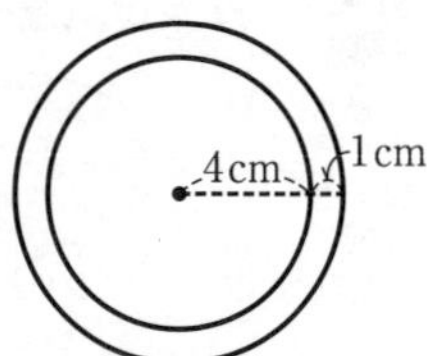

別冊解答 p.67

p.258 1

例題42 おうぎ形のまわりの長さ

次の(1)，(2)のまわりの長さを求めなさい。(3)は□にあてはまる角の大きさを求めなさい。

(1)
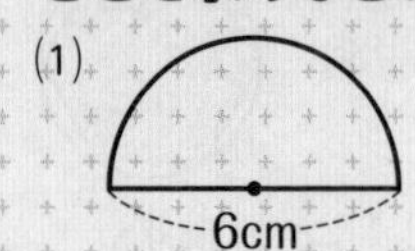

(2)
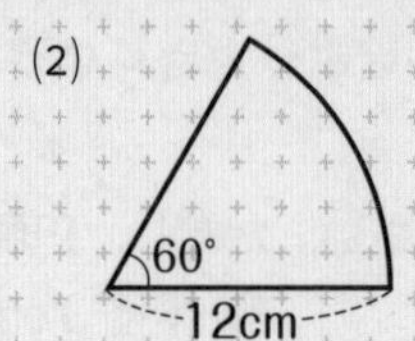

(3)
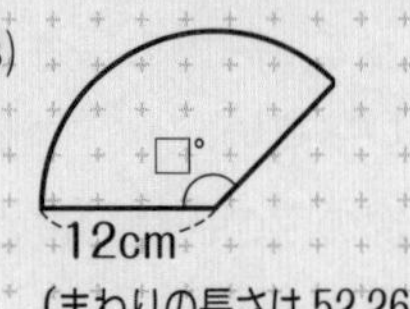

(まわりの長さは 52.26 cm)

解き方と答え

おうぎ形のまわりの長さ＝直径×3.14×$\frac{中心角}{360}$＋半径×2

（直径×3.14×$\frac{中心角}{360}$ ← 弧，半径×2 ← 直径）

(1) $6\times3.14\times\frac{180}{360}+6=3\times3.14+6=$ **15.42 (cm)**

（$6\times3.14\times\frac{180}{360}$ ← 弧，6 ← 直径）

(2) $12\times2\times3.14\times\frac{60}{360}+12\times2=$ **36.56 (cm)**

(3) $12\times2\times3.14\times\frac{□}{360}+12\times2=52.26$

$3.14\times\frac{□}{15}=52.26-24$

$\frac{□}{15}=28.26\div3.14=9$

□＝9×15＝**135**

ことば **半円**

(1)のような中心角が 180° のおうぎ形を半円という。

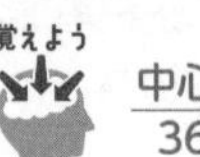

覚えよう $\frac{中心角}{360}=\frac{1}{□}$

$\frac{中心角}{360}$ は，約分した形で覚えておこう。

$\frac{180°}{360°}=\frac{1}{2}$，$\frac{120°}{360°}=\frac{1}{3}$，

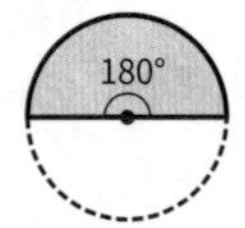

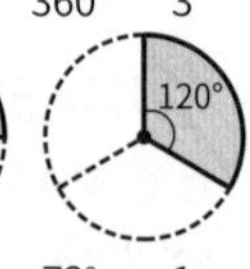

$\frac{90°}{360°}=\frac{1}{4}$，$\frac{72°}{360°}=\frac{1}{5}$，

$\frac{60°}{360°}=\frac{1}{6}$，$\frac{45°}{360°}=\frac{1}{8}$，…

ココ大事！ おうぎ形のまわりの長さ＝おうぎ形の弧の長さ＋半径×2

練習問題42

別冊解答 p.67

次の(1)，(2)のまわりの長さを求めなさい。(3)は□にあてはまる角の大きさを求めなさい。

(1)
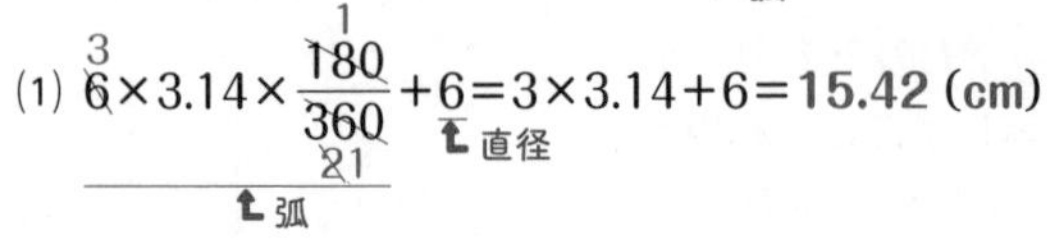

(2)
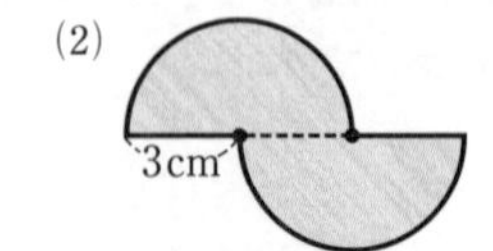

(3)
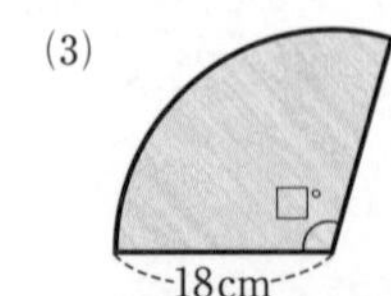

(まわりの長さは 73.68 cm)

4年 5年 6年 中学入試

p.258 2

例題43 組み合わせた図形のまわりの長さ

次の図で，色のついた部分のまわりの長さを求めなさい。

(1)

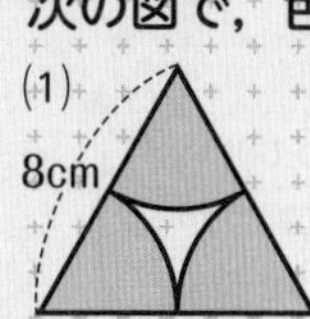

（正三角形とおうぎ形を３つ組み合わせた図形）

(2)

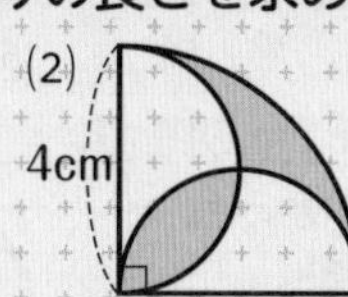

（おうぎ形と半円を２つ組み合わせた図形）

解き方と答え

(1)

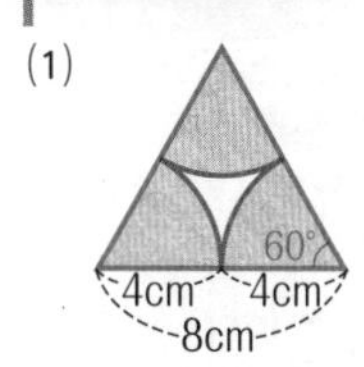

半径 4 cm，中心角 60° のおうぎ形の弧（こ）3つと 8 cm の辺３つ分の長さだから，

$4\times2\times3.14\times\frac{1}{6}\times3+8\times3$

$=4\times3.14+24=$**36.56 (cm)**

(2)

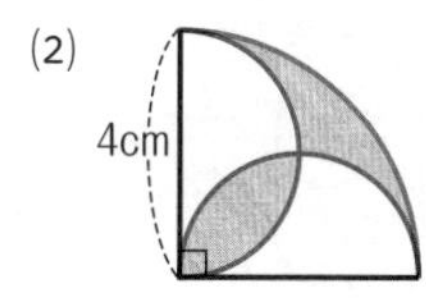

半径 4 cm，中心角 90° のおうぎ形の弧と直径 4 cm，中心角 180° のおうぎ形の弧２つ分の長さだから，

$4\times2\times3.14\times\frac{1}{4}+4\times3.14\times\frac{1}{2}\times2$

$=(2+4)\times3.14=$**18.84 (cm)**

裏技

下のようなおうぎ形を組み合わせた図形のまわりの長さは，囲む円の円周の長さに等しい。

例》

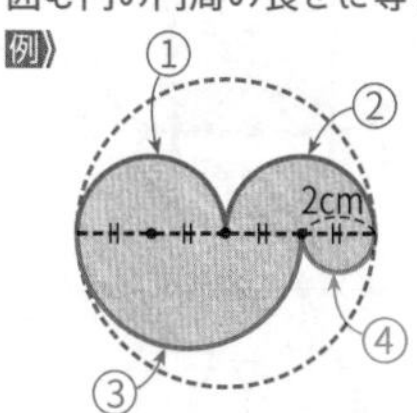

$\underbrace{4\times3.14\times\frac{1}{2}}_{①}+\underbrace{4\times3.14\times\frac{1}{2}}_{②}$

$+\underbrace{6\times3.14\times\frac{1}{2}}_{③}+\underbrace{2\times3.14\times\frac{1}{2}}_{④}$

$=(4+4+6+2)\times3.14\times\frac{1}{2}$

$=8\times3.14=25.12$ (cm)

↑囲む円の円周

ココ大事！ ×3.14 は分配法則で１つにまとめる。

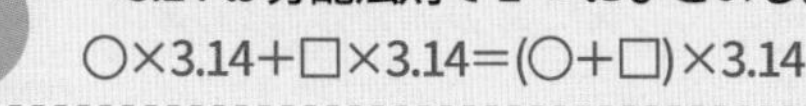

○×3.14＋□×3.14＝(○＋□)×3.14

練習問題 43

別冊解答 p.67

次の図で，色のついた部分のまわりの長さを求めなさい。

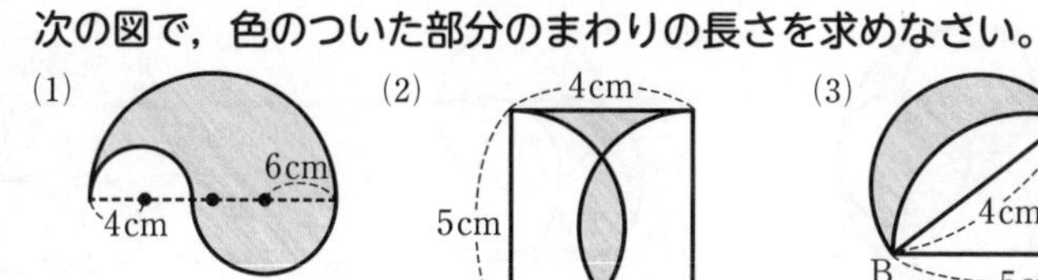

（長方形と半円を２つ組み合わせた図形）

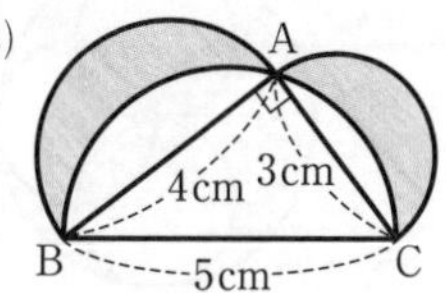

（直角三角形 ABC とそれぞれの辺を直径とする半円３つを組み合わせた図形）

p.258 2

例題44 いくつかの円のまわりの長さ

次の図で，色のついた部分のまわりの長さを求めなさい。

(1)

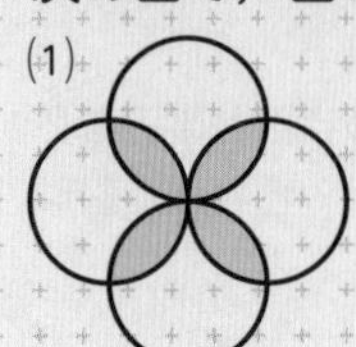

(半径 5 cm の円を 4 つ組み合わせた図形)

(2)

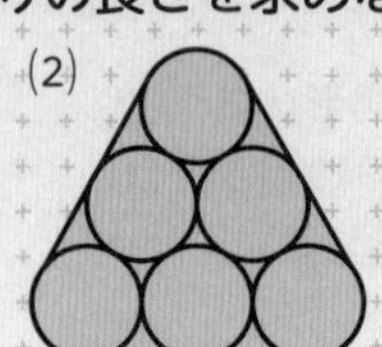

(半径 3 cm の円が 6 つたがいに接(せっ)した図形)

解き方と答え

(1)

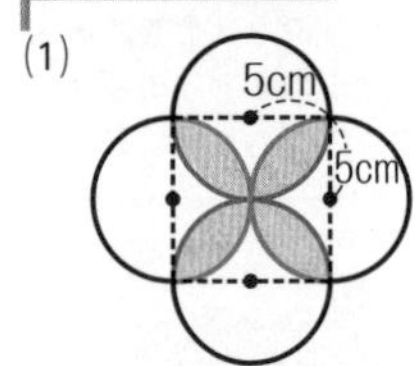

 が 2 つで円 1 つ， が 2 つで円 1 つなので，半径 5 cm の円周 2 つ分の長さになる。

5×2×3.14×2=**62.8 (cm)**

(2)

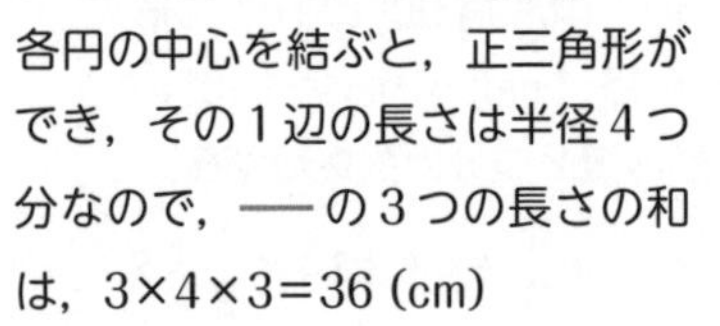

各円の中心を結ぶと，正三角形ができ，その 1 辺の長さは半径 4 つ分なので，── の 3 つの長さの和は，3×4×3=36 (cm)

①～③のおうぎ形を合わせると 1 つの円になる。

よって，3×2×3.14+36=**54.84 (cm)**

参考 円がたがいに接した図形

(2)

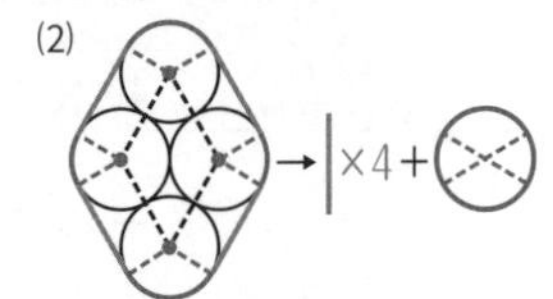

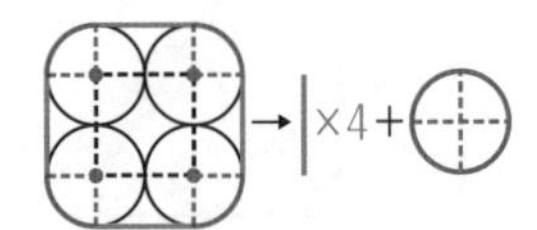

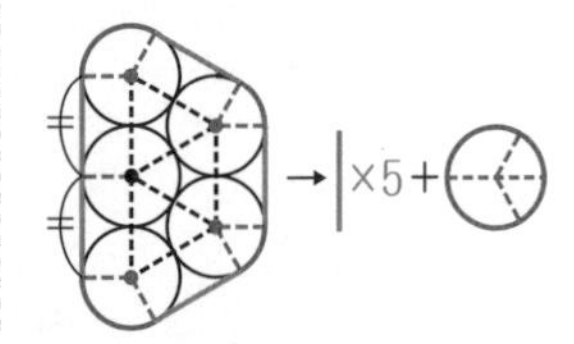

ココ大事！ (2)のように円がたがいに接した図形では，直線部分と曲線部分に分けて考える。曲線部分の長さの和は 1 つの円の円周の長さになる。

練習問題44

別冊解答 p.67

次の図で，色のついた部分のまわりの長さを求めなさい。

(1)

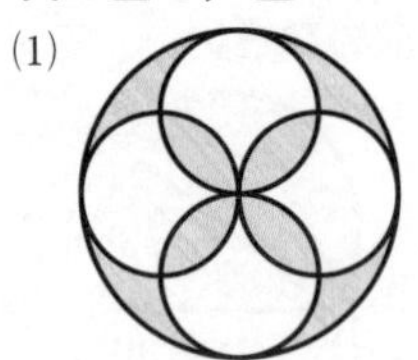

(1 つの大きい円の中に半径 2 cm の円が 4 つ接した図形)

(2)

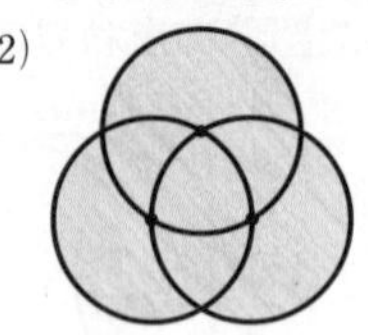

(半径 5 cm の 3 つの円がたがいの円の中心を通る図形)

(3)

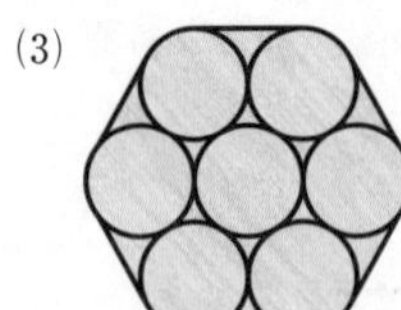

(半径 1 cm の円が 7 つたがいに接した図形)

12 円とおうぎ形の面積

p.263〜268

❶ 円やおうぎ形の面積を求められるようにしよう。
❷ 円やおうぎ形と多角形を組み合わせた図形の面積を，くふうして求められるようにしよう。

学習のポイント

1 円とおうぎ形の面積

➡ 例題 45・46

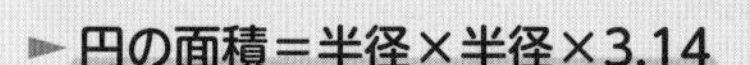

► **円の面積＝半径×半径×3.14**

► **おうぎ形の面積＝半径×半径× 3.14 × $\frac{中心角}{360}$**
＝弧(こ)の長さ×半径÷2

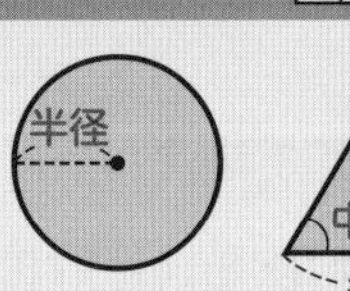

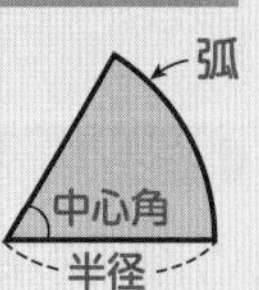

► おうぎ形からおうぎ形をひいた形の面積
＝(内側の弧の長さ＋外側の弧の長さ)×半径の差÷2

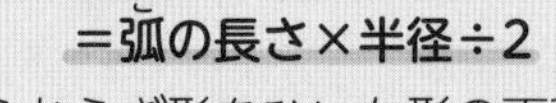

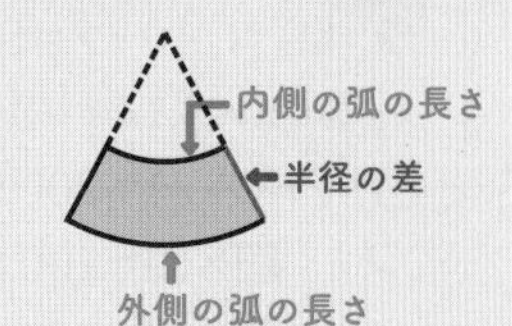

2 組み合わせた図形の面積

➡ 例題 47〜49

► 円やおうぎ形を組み合わせた図形の面積を求めるときは，**いくつかの図形に分けて考えたり，円の中心から補助線(ほじょせん)をひいたり**するとよい。

例》次の図で，色のついた部分の面積を求めなさい。

(1)

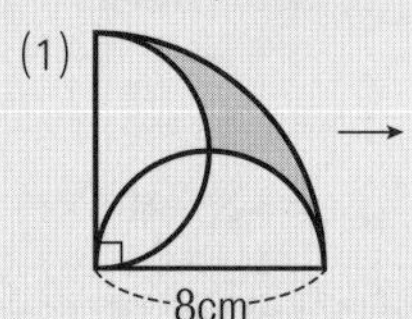

→

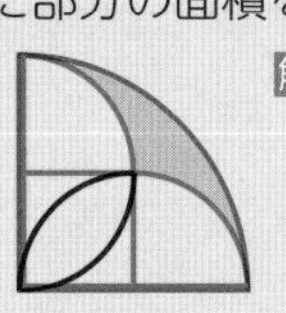

解》

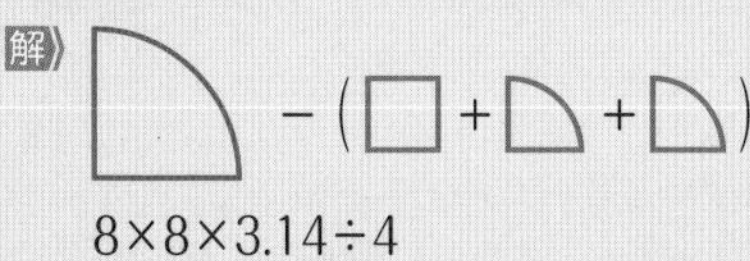

8×8×3.14÷4
−(4×4+4×4×3.14÷4×2)
=9.12 (cm²)

(2)

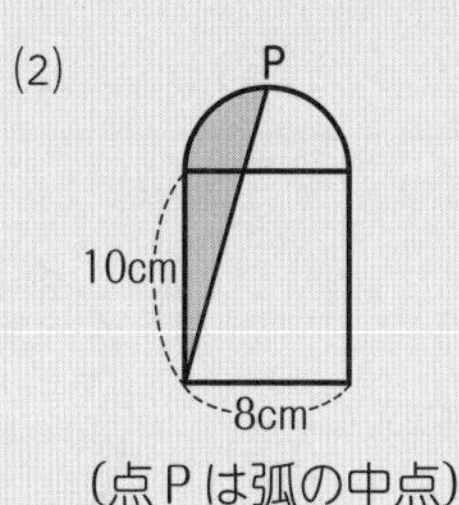

(点 P は弧の中点)

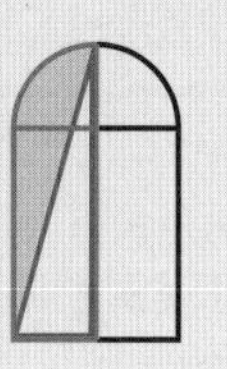

解》

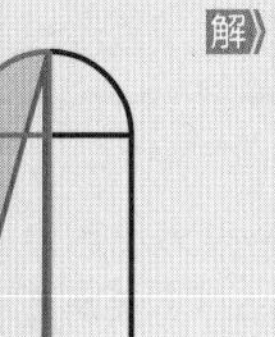

4×4×3.14÷4+10×4
−4×(4+10)÷2=24.56 (cm²)

p.263 1

例題45 円の面積

次の問いに答えなさい。

(1) 次の円の面積を求めなさい。

❶ 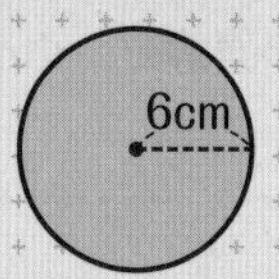

❷ 直径 10 cm の円

(2) 面積が 200.96 cm^2 の円の半径を求めなさい。

(3) 円周の長さが 25.12 cm の円の面積を求めなさい。

解き方と答え

(1) ❶ 6×6×3.14=**113.04 (cm^2)**

❷ 半径は 10÷2=5 (cm) だから,

5×5×3.14=**78.5 (cm^2)**

(2) □×□×3.14=200.96

□×□=200.96÷3.14

□×□=64=8×8

□=8 より, **8 cm**

(3) 直径=円周の長さ÷3.14 だから,

直径=25.12÷3.14=8 (cm)

半径は 8÷2=4 (cm)だから,

4×4×3.14=**50.24 (cm^2)**

なぜ 円の面積の公式

円をできるだけ細かくおうぎ形に分けて, 交互(こうご)に並(なら)べると, 長方形に近づく。

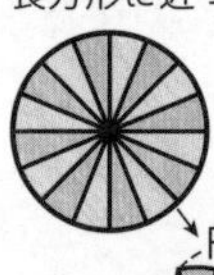

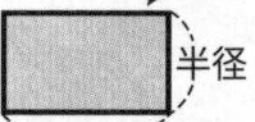

長方形の面積

=半径×円周の半分

=半径×半径×2×円周率(えんしゅうりつ)×$\frac{1}{2}$

=半径×半径×円周率

ココ大事!

円の面積=半径×半径×3.14

練習問題 45

次の問いに答えなさい。

(1) 直径が 14 cm の円の面積を求めなさい。

(2) 面積が 254.34 cm^2 の円の半径を求めなさい。

(3) 右の図で, 色をぬった部分の面積を求めなさい。

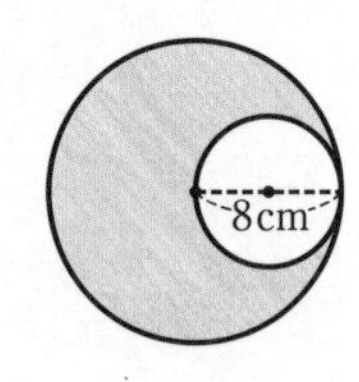

別冊解答 p.68

4年 5年 6年 中学入試

p.263 1

例題46 おうぎ形の面積

次のおうぎ形の面積を求めなさい。

(1)

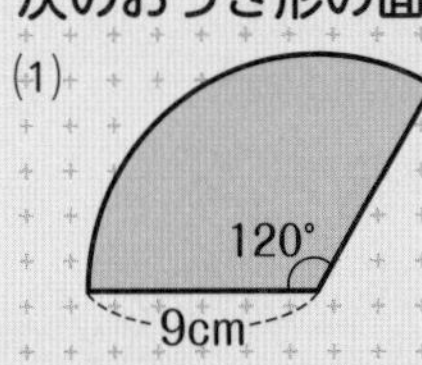

(2)

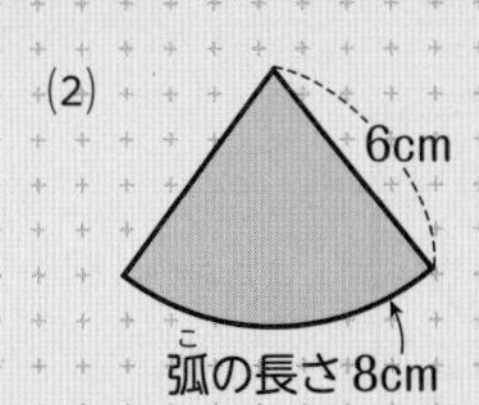

解き方と答え

(1) $9\times9\times3.14\times\frac{1}{3}=27\times3.14=$**84.78 (cm²)**

(2) 面積を求めるときに必要な $\frac{中心角}{360}$ を求める。

中心角まで求める必要はない

弧の長さが 8 cm なので，$6\times2\times3.14\times\frac{中心角}{360}=8$

$\frac{中心角}{360}=8\div(6\times2\times3.14)=\frac{8}{6\times2\times3.14}$

計算しなくてよい

よって，おうぎ形の面積の公式より，

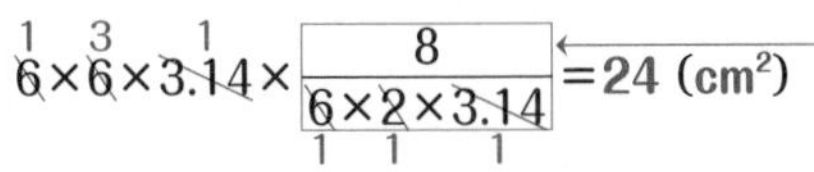

$6\times6\times3.14\times\frac{8}{6\times2\times3.14}=$**24 (cm²)**

裏技 おうぎ形の面積＝弧の長さ×半径÷2

半径×2×3.14×$\frac{中心角}{360}$＝弧の長さ なので，

$\frac{中心角}{360}=\frac{弧の長さ}{半径\times2\times3.14}$

おうぎ形の面積は，

半径×半径×3.14×$\frac{中心角}{360}$

より，半径×半径×3.14×$\frac{弧の長さ}{半径\times2\times3.14}$

＝弧の長さ×半径÷2

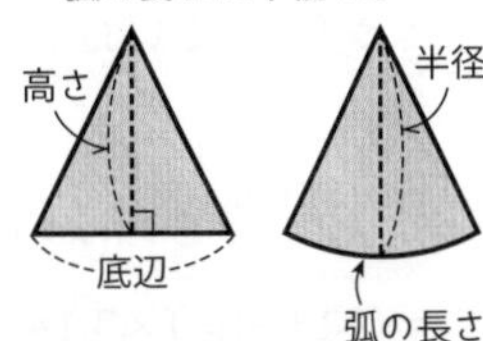

三角形の面積＝底辺×高さ÷2と同じようなイメージで覚えるとよい。

ココ大事！

おうぎ形の面積＝半径×半径×3.14×$\frac{中心角}{360}$
おうぎ形の面積＝弧の長さ×半径÷2

2つの公式がある。

練習問題46

別冊解答 p.68

次のおうぎ形の面積を求めなさい。

(1)

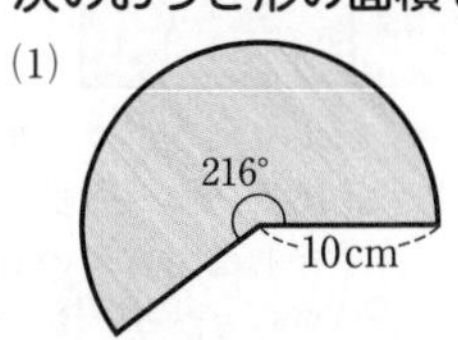

(2)

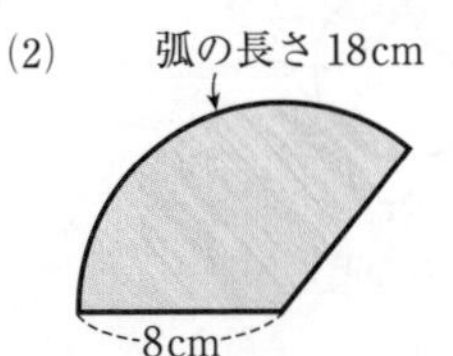

p.263 2

例題47 組み合わせた図形の面積 (1) —図形を分けて考える—

次の図で，色のついた部分の面積を求めなさい

(1)

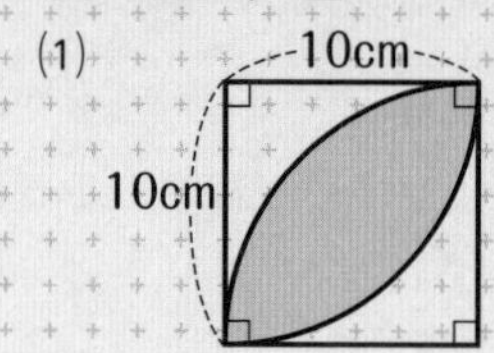

(2)

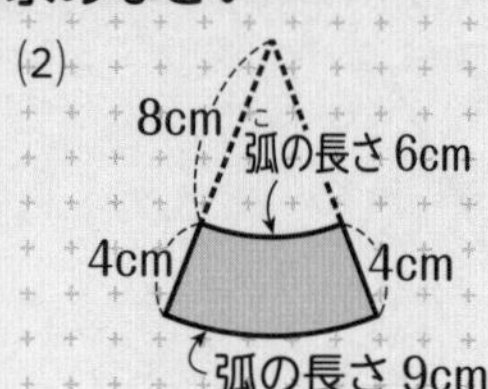

解き方と答え

(1)

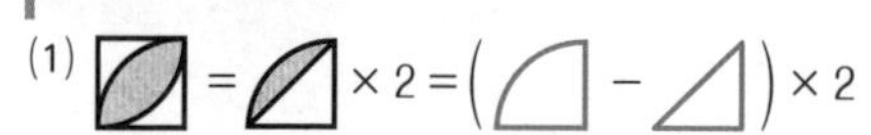

求める面積は，中心角が 90° のおうぎ形の面積から直角二等辺三角形の面積をひいて2倍する。

$$\left(10\times10\times3.14\times\frac{1}{4}-10\times10\div2\right)\times2=\mathbf{57}\ (\mathrm{cm^2})$$

(2) $8\times2\times3.14\times\frac{\text{中心角}}{360}=6$

$$\frac{\text{中心角}}{360}=6\div(8\times2\times3.14)=\boxed{\frac{6}{8\times2\times3.14}}$$

よって，大きいおうぎ形から小さいおうぎ形をひくので，

$$12\times12\times3.14\times\boxed{\frac{6}{8\times2\times3.14}}-8\times8\times3.14\times\boxed{\frac{6}{8\times2\times3.14}}$$

$$=(144-64)\times3.14\times\frac{6}{8\times2\times3.14}=\mathbf{30}\ (\mathrm{cm^2})$$

簡単な求め方

(1)のような葉っぱ型の図形の面積は，円周率が 3.14 のとき，正方形の面積×0.57 で求められる。

(2)

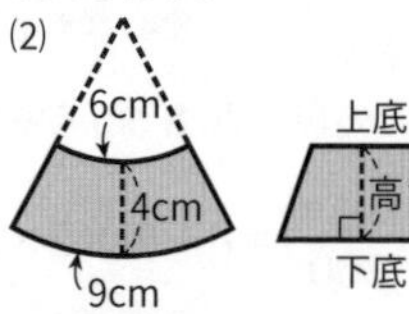

台形の面積
＝(上底＋下底)×高さ÷2
と同じようなイメージで
(上の弧＋下の弧)×(半径の差)÷2
で求めることができる。
$(6+9)\times4\div2=30\ (\mathrm{cm^2})$

ココ大事！ 裏の公式を覚え，使えるようにしよう。

練習問題47

別冊解答 p.68

次の図で，色のついた部分の面積を求めなさい。

(1)

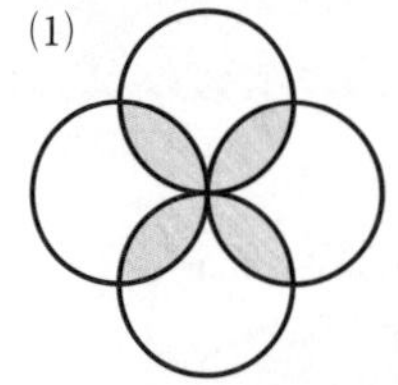

（半径が 5 cm の円を 4 つ組み合わせた図形）

(2)

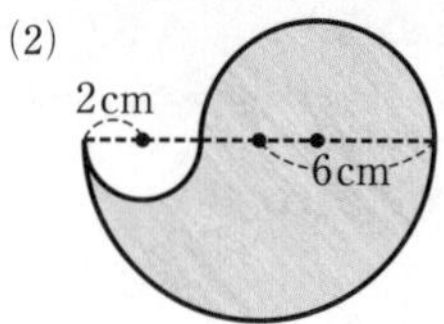

(3)

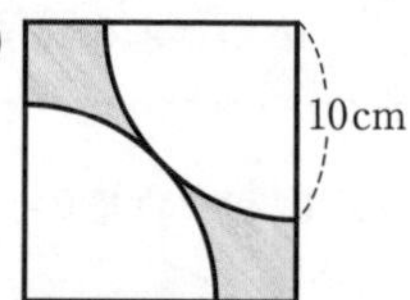

（正方形とおうぎ形を 2 つ組み合わせた図形。おうぎ形は正方形の対角線が交わった点で接している。）

4年 5年 6年 中学入試

p.263 2

例題48 組み合わせた図形の面積（2）—求めやすい形を見つける—

次の図で，色のついた部分の面積を求めなさい。

(1)

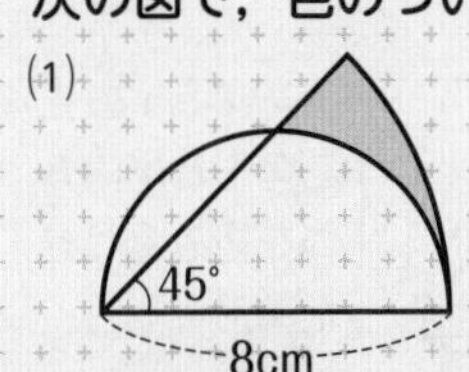

(2)

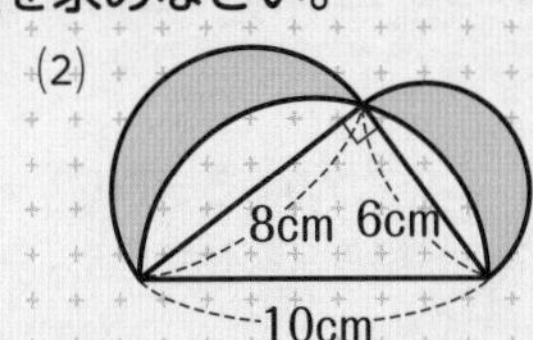

解き方と答え

(1) 補助線（ほじょせん）をひいて次のように考える。

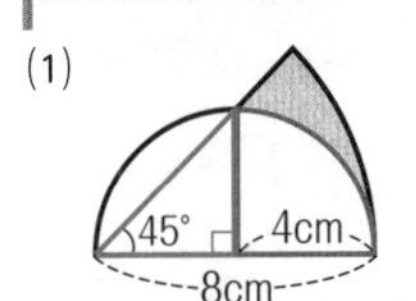

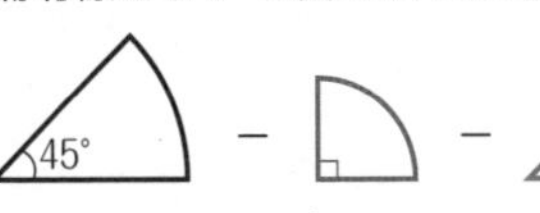

$8\times8\times3.14\times\frac{1}{8}-4\times4\times3.14\times\frac{1}{4}-4\times4\div2$

（中心角45°のおうぎ形）（中心角90°のおうぎ形）（直角二等辺三角形）

$=(8-4)\times3.14-8=$ **4.56 (cm²)**

(2) このような形をヒポクラテスの三日月という。次の図のように考えると，色のついた部分の面積は，直角三角形の面積と等しくなることがわかる。

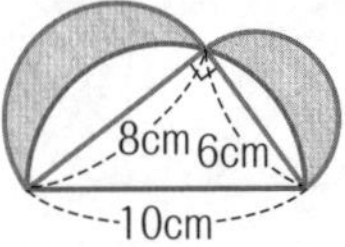

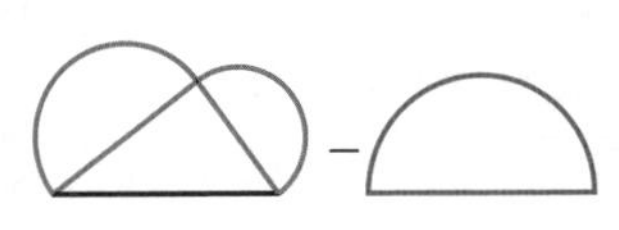

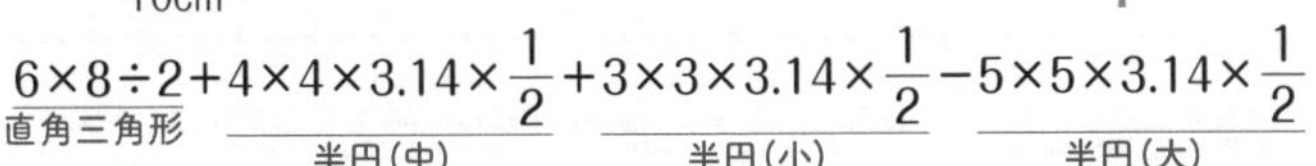

$6\times8\div2+4\times4\times3.14\times\frac{1}{2}+3\times3\times3.14\times\frac{1}{2}-5\times5\times3.14\times\frac{1}{2}$

（直角三角形）（半円（中））（半円（小））（半円（大））

$=24+(4\times4+3\times3-5\times5)\times3.14\times\frac{1}{2}=$ **24 (cm²)** ← 直角三角形の面積と等しい

（$16+9-25=0$）

くわしく ヒポクラテスの三日月の半分

直角二等辺三角形とおうぎ形でできる図形では，色のついた部分の面積が等しくなる。理由はヒポクラテスの三日月のちょうど半分になっているからである。

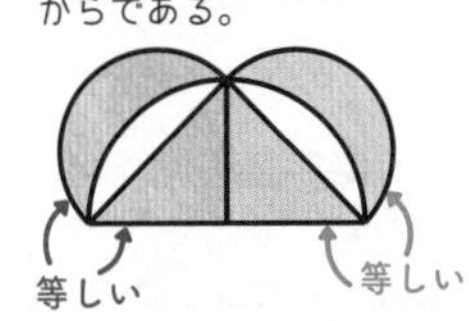

ココ大事！

ヒポクラテスの三日月では，色のついた部分の面積は，直角三角形の面積に等しい。

練習問題48

別冊解答 p.68

次の図で，色のついた部分の面積を求めなさい。

(1)

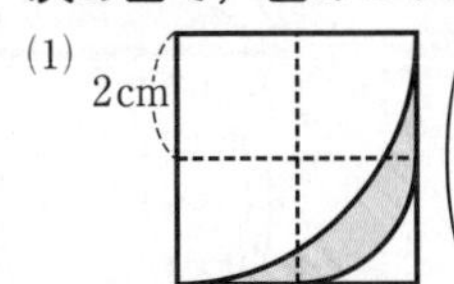

（1辺が2cmの正方形4つとおうぎ形を組み合わせた図形）

(2)

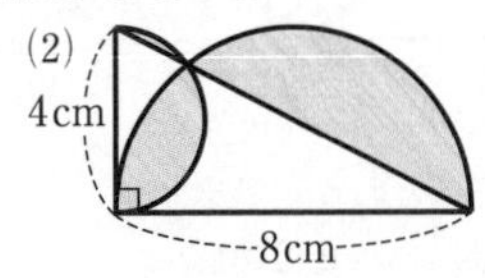

（直角三角形とおうぎ形を2つ組み合わせた図形）

p.263 2

例題49 等積移動

次の図で，色のついた部分の面積を求めなさい。

(1)

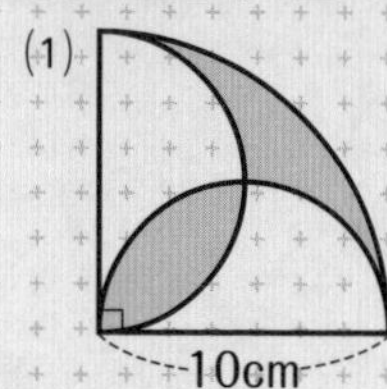

（3つのおうぎ形を組み合わせた図形）

(2)

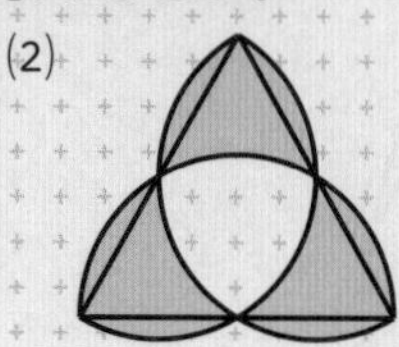

（1辺8 cmの正三角形と半円3つを組み合わせた図形）

解き方と答え

(1) 下の図のように移動させると，中心角90°のおうぎ形から直角二等辺三角形をひいた面積になる。

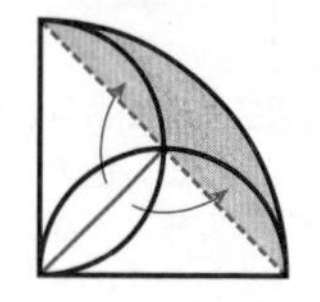

→

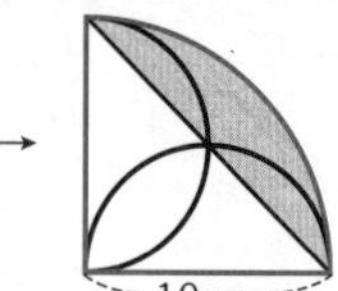

$$10\times10\times3.14\times\frac{1}{4}-10\times10\div2=\mathbf{28.5\ (cm^2)}$$

(2) 下の図のように移動させると，半円の面積になる。

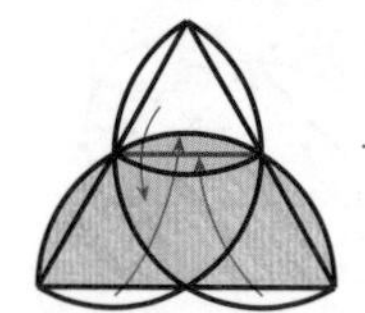

→

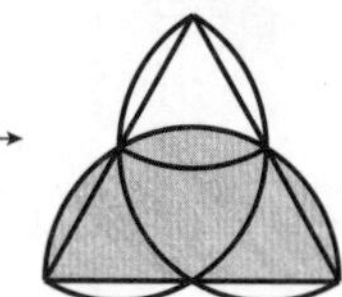

$$4\times4\times3.14\times\frac{1}{2}=\mathbf{25.12\ (cm^2)}$$

裏技 (1)の形の面積比

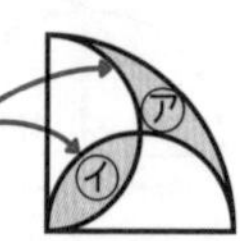

㋐と㋑の面積は等しくなる

（理由）相似比が1：2のとき面積比は
(1×1)：(2×2)＝①：④
（くわしくは p.274 の3を見てみよう。）
よって，㋑の面積は ①×2＝②
㋐の面積は ④－①×2＝②

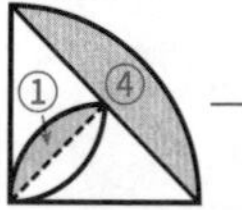

→

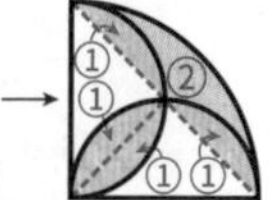

ココ大事！ 等しい面積を探し出し，移動させて，面積を求めやすい形に変形させる。

練習問題49

別冊解答 p.69

次の図で，色のついた部分の面積を求めなさい。

(1)

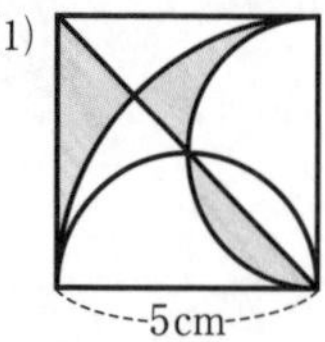

（1辺が5 cmの正方形とおうぎ形を組み合わせた図形）

(2)

（半径6 cmの円を2つ組み合わせた図形）

(3)

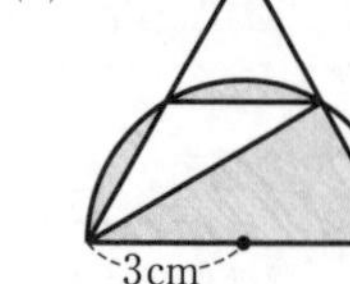

（正三角形と半円を組み合わせた図形）

13 面積の求め方のくふう

p.269〜273

❶ およその面積を考えられるようになろう。
❷ 三角定規(じょうぎ)の性質(せいしつ)を利用して図形の面積を求められるようにしよう。
❸ 半径がわからない円の面積を求められるようにしよう。

学習のポイント

1 およその面積

➡例題50

► 身のまわりにあるいろいろなものを**基本の図形に見立てて**，およその面積を求めることができる。

例》右の湖の面積はおよそ，4×3÷2=6 (km²)

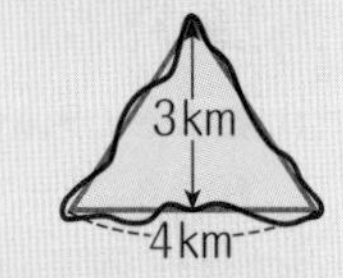

2 30°を利用した三角形の面積，直角二等辺三角形の面積

➡例題51·52

► 30°, 60°, 90°の直角三角形で，**60°をはさむ辺の比(ひ)が①：②**であることを利用して，1つの角が30°や150°の三角形の面積を求めることができる。

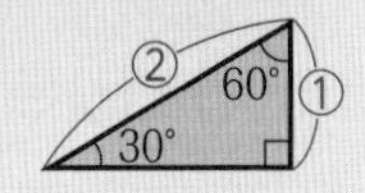

例》右の二等辺三角形の面積は，底辺を6 cmとすると高さは3 cmなので，
6×3÷2=9 (cm²)

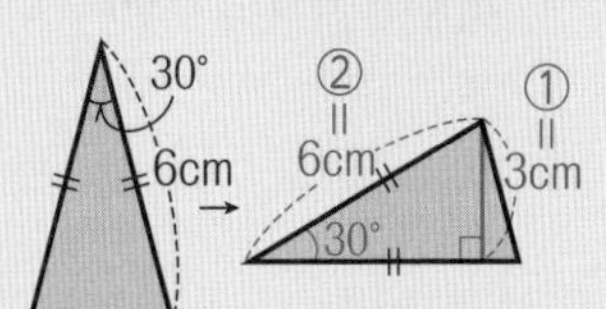

► 直角二等辺三角形には，底辺と高さの比(ひ)が①：①のところと[1]：[2]のところがある。辺や高さのどこか1か所がわかれば，面積を求めることができる。

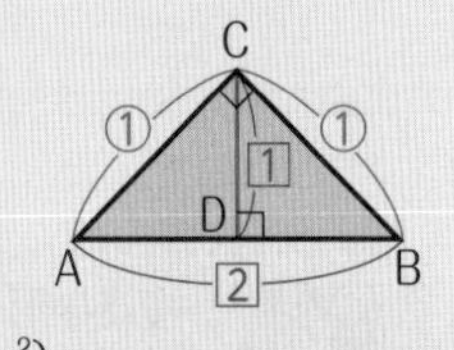

例》右の三角形ABCの面積は，AB=10 cmとすると，高さのCDの長さは5 cmなので，10×5÷2=25 (cm²)

3 半径がわからない円やおうぎ形の面積

➡例題53

► 半径がわからない円の面積は，**半径×半径の値(あたい)**がわかれば求めることができる。

例》円の中に1辺10 cmの正方形がある。この円の面積を求めなさい。

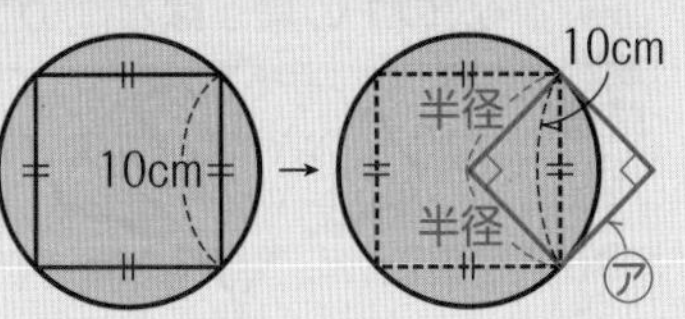

解》円の**半径×半径が㋐の正方形の面積と等しい**ので，
半径×半径=10×10÷2=50　　円の面積=50×3.14=157(cm²)
(10×10÷2 ← 対角線×対角線÷2)　(50 ← 半径×半径)

p.269 1

例題50 およその面積

次の(1)の土地と(2)の湖のおよその面積を求めなさい。

(1)

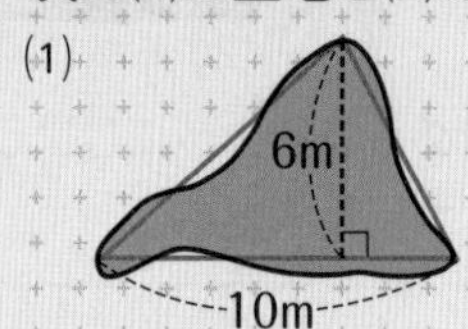

(2)

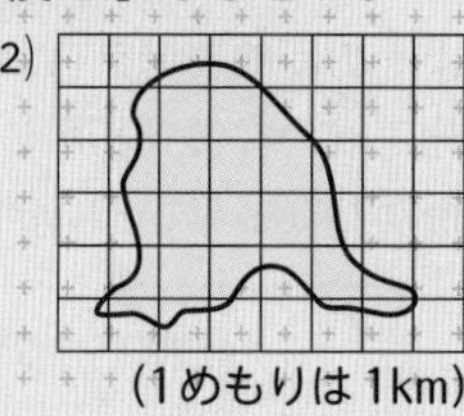

(1めもりは1km)

解き方と答え

(1) およその形を三角形として面積を求めると，

$10\times6\div2=30$ より，約 **30 m²**

(2)

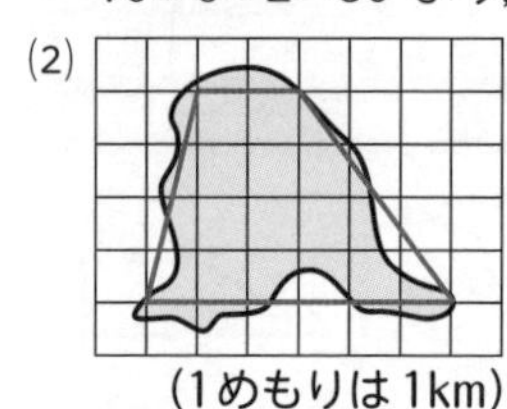

(1めもりは1km)

およその形を台形として面積を求めると，

$(2+6)\times4\div2=16$ より，

約 **16 km²**

くわしく 方眼を利用する

方眼を利用しておよその面積を求めるとき，欠けた方眼を $\frac{1}{2}$ の面積と考えて求めることもできる。

例》

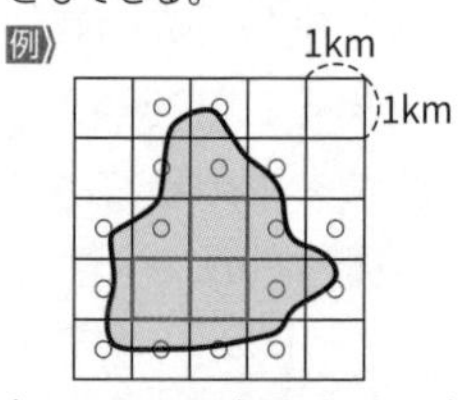

欠けていない方眼が3個と欠けた方眼が16個あるから，この池の面積は，

$3+16\times\frac{1}{2}=11$ より，

約 11 km²

ココ大事！ **複雑な形のおよその面積を求めるときは，およその形を面積の公式が使える図形として考えて，その公式で求める。**

練習問題50

別冊解答 p.69

次の(1)の葉っぱと(2)の土地のおよその面積を求めなさい。

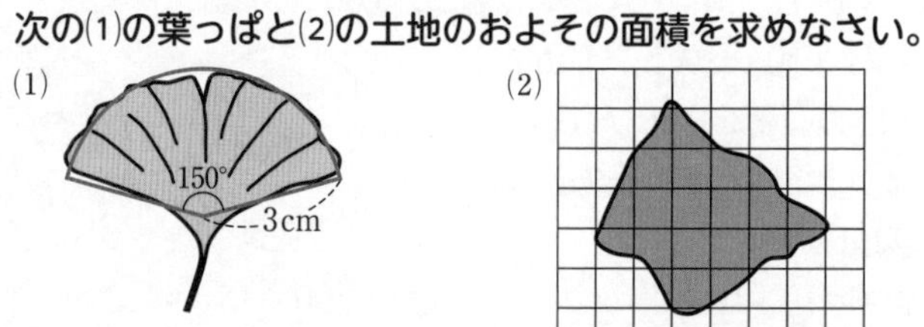

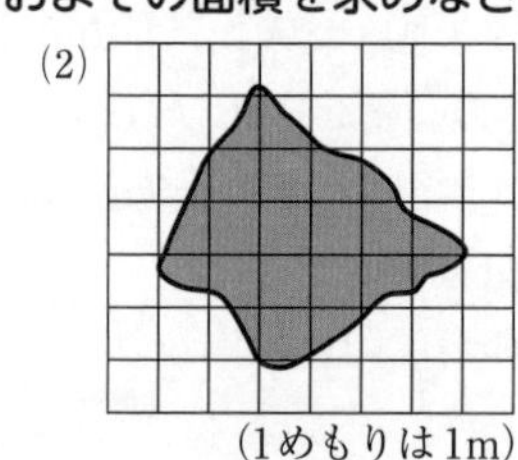

(1めもりは1m)

p.269 2

例題51 30°を利用した三角形の面積

次の三角形の面積を求めなさい。

(1)
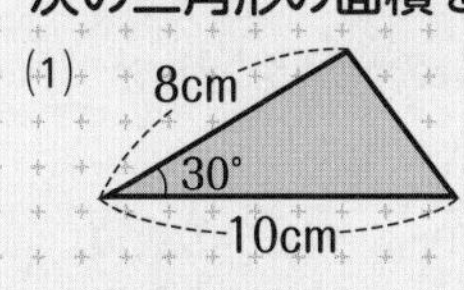

(2)
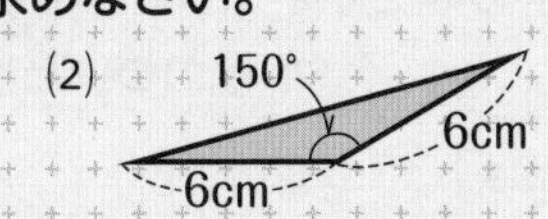

(3)
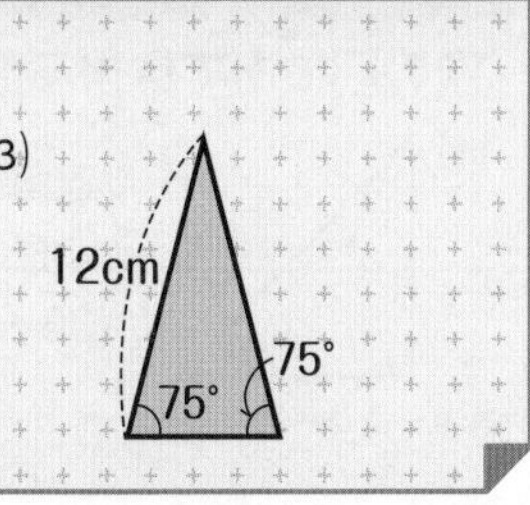

解き方と答え

30°，60°，90°の直角三角形で，60°をはさむ辺の比が1：2であることを利用するために垂直(すいちょく)な線をひく。

(1)
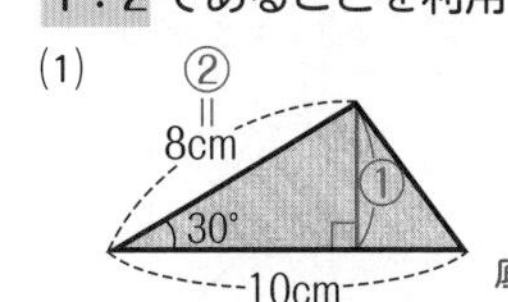

②＝8 cm
①＝8÷2＝4 (cm) より，
10×4÷2＝**20 (cm²)**
底辺　高さ

(2)
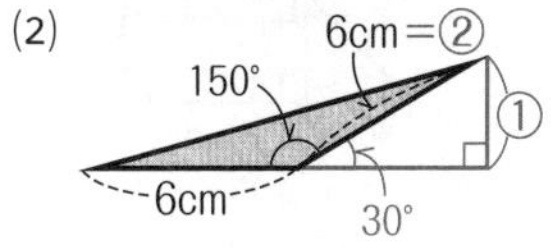

②＝6 cm
①＝6÷2＝3 (cm) より，
6×3÷2＝**9 (cm²)**

(3)
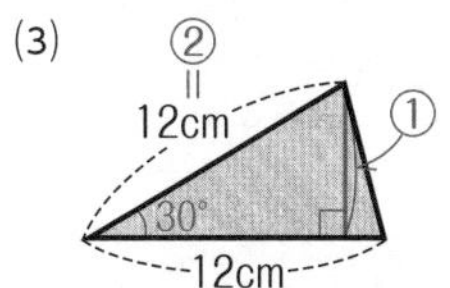

二等辺三角形の残りの角は30°である。
②＝12 cm
①＝12÷2＝6 (cm) より，
12×6÷2＝**36 (cm²)**

裏技　30°や150°をふくむ三角形の面積

30°や150°をふくむ三角形の面積は，
30°や150°をはさむ辺で，
辺×辺÷2÷2 より，
底辺　高さ
辺×辺÷4
で求めることができる。

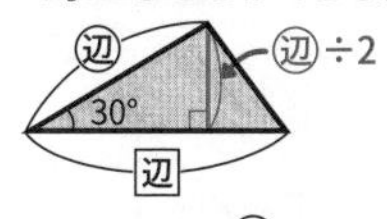

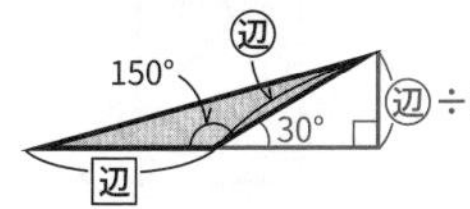

ココ大事！ 30°や150°をふくむ三角形の面積では，30°，60°，90°の直角三角形の60°をはさむ辺が1：2になることを利用して高さを求める。

練習問題51

次の図で，色のついた部分の面積を求めなさい。

別冊解答 p.69

(1)
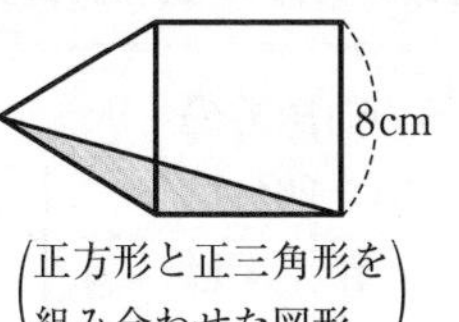

(正方形と正三角形を組み合わせた図形)

(2)
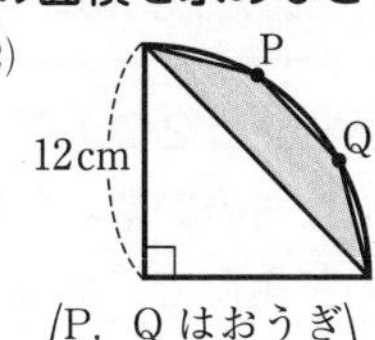

(P，Qはおうぎ形の弧(こ)を3等分する点)

(3)
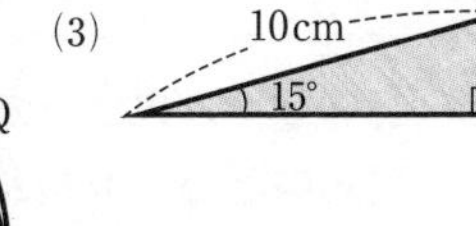

p.269 2

例題52 直角二等辺三角形の面積

次の□にあてはまる数を求めなさい。

(1)

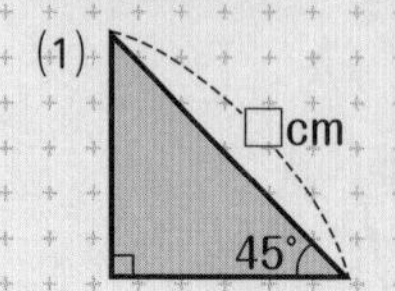

（直角二等辺三角形の面積は36 cm²）

(2) 色のついた部分の面積は□ cm²

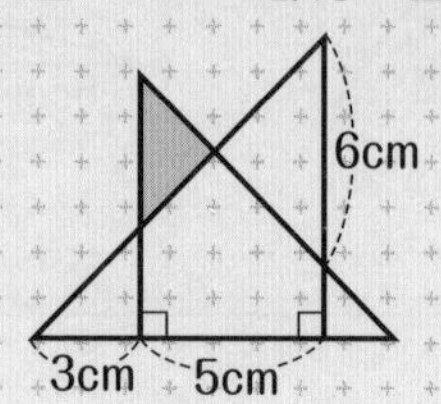

（2つの直角二等辺三角形を重ねた図形）

解き方と答え

(1)

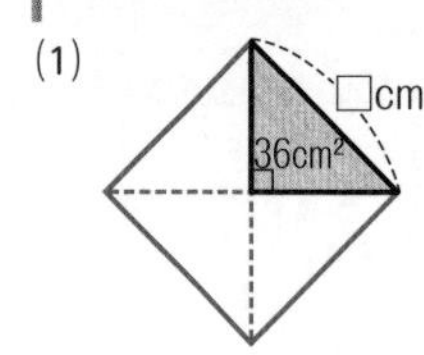

同じ直角二等辺三角形を4つ合わせて，1辺が□ cmの正方形をつくって考える。この正方形の面積は，

36×4＝144（cm²）なので，

□×□＝144　□＝**12**

(2)

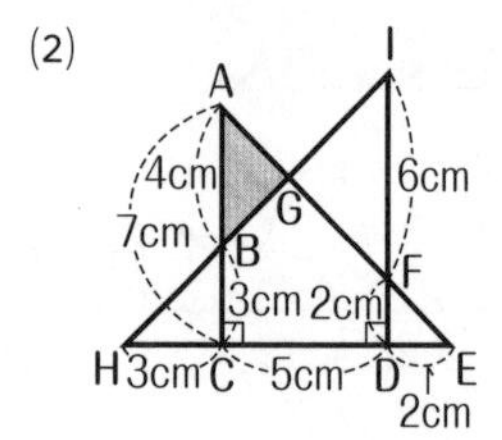

この図の三角形はどれも直角二等辺三角形になる。

三角形IHDでHD＝ID＝8 cmなので，FD＝8－6＝2（cm）

よって，DE＝2 cm

三角形ACEでAC＝EC＝7 cm，BC＝HC＝3 cmなので，AB＝7－3＝4（cm）

三角形ABGの底辺をABとすると，高さは

4÷2＝2（cm）だから，□＝4×2÷2＝**4**

別解 底辺：高さ＝2：1を使う

(2)

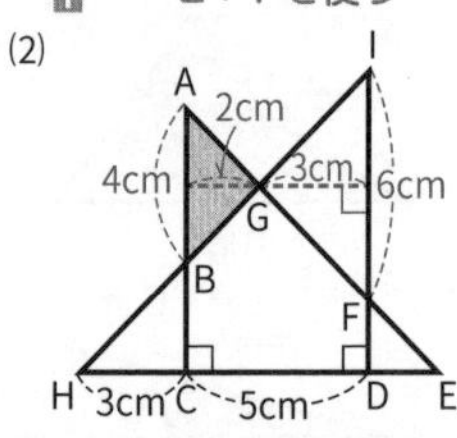

IF＝6 cmなので，IFを底辺としたときの高さは3 cm，

三角形ABGのABを底辺としたときの高さは，

5－3＝2（cm）よって，

底辺AB＝2×2＝4（cm）

なので，□＝4×2÷2＝4

ココ大事！

直角二等辺三角形の辺の比（ひ）は，右の図のようになる。

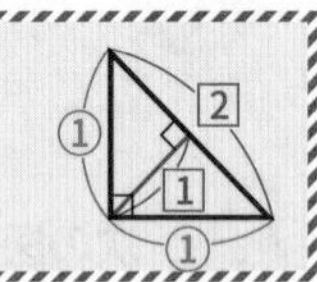

練習問題52

右の図は，大きさがちがう2つの正方形の対角線の真ん中どうしを重ねたものです。色のついた部分はそれぞれ直角二等辺三角形で，㋐は4.5 cm²，㋑は16 cm²です。このとき，正方形ABCDの面積を求めなさい。

別冊解答 p.69

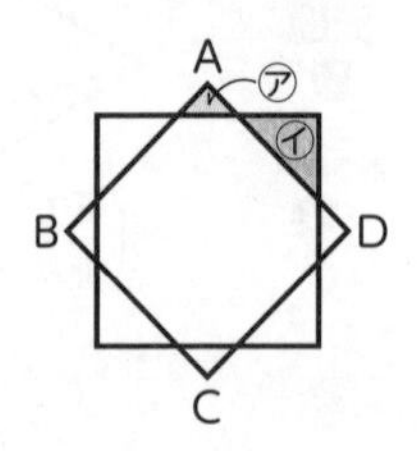

p.269 3

例題53 半径がわからない円やおうぎ形の面積

次の図で，色のついた部分の面積を求めなさい。

(1)
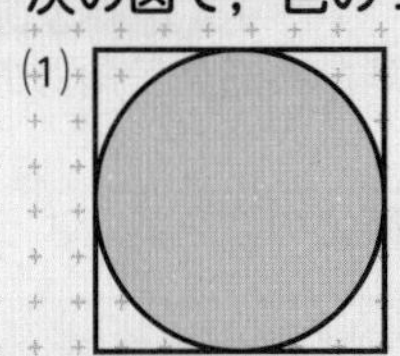

（面積が 32 cm² の正方形と円を組み合わせた図形）

(2)
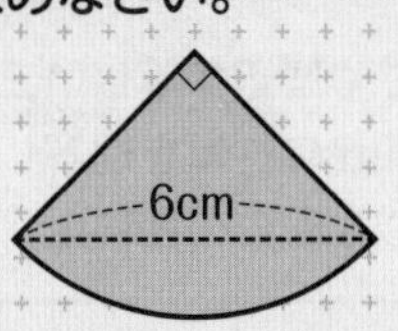

解き方と答え

(1)
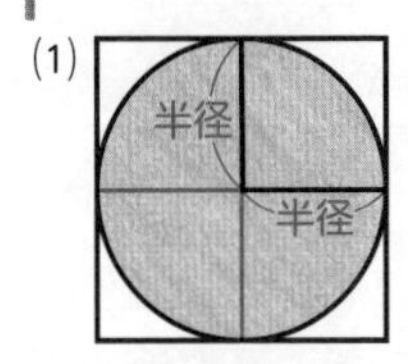

正方形の面積が 32 cm² なので，半径を１辺とする正方形の面積は，
32÷4=8 (cm²)
つまり，半径×半径=8 なので，
円の面積は，8×3.14=**25.12 (cm²)**
（8：半径×半径）

(2)
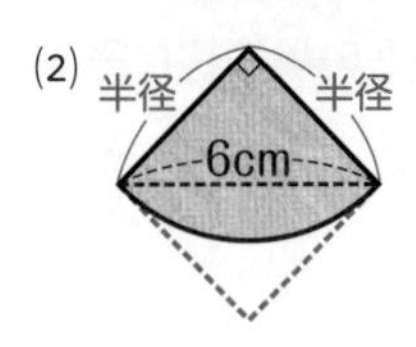

半径を１辺とする正方形の面積は，
対角線×対角線÷2 で求められることを利用して，6×6÷2=18 (cm²)
つまり，半径×半径=18 なので，
おうぎ形の面積は，

$18\times3.14\times\frac{1}{4}=$**14.13 (cm²)**
（18：半径×半径）

直角二等辺三角形から 半径×半径 を求める

(2)
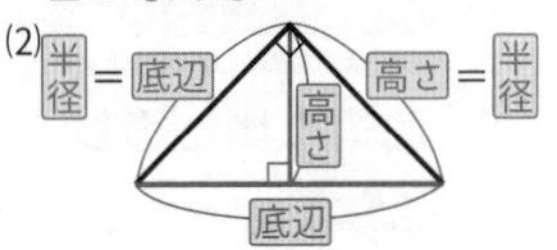

直角三角形の面積の求め方は２通りあるので，
底辺×高さ÷2
=底辺×高さ÷2
底辺×高さ=底辺×高さ
より，
底辺×高さ=半径×半径
=6×3=18
よって，
$18\times3.14\times\frac{1}{4}=14.13$ (cm²)

ココ大事！ 半径がわからない円やおうぎ形の面積は，半径を１辺とする正方形をつくり，半径×半径 の値(あたい)を求める。

練習問題53

別冊解答 p.70

次の図で，色のついた部分の面積を求めなさい。

(1)
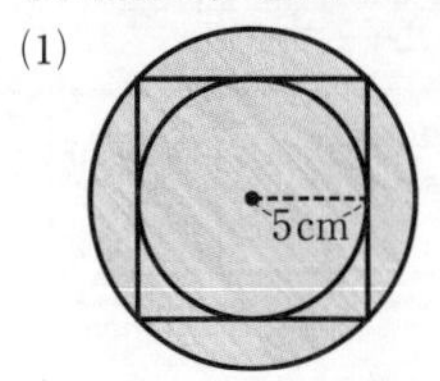

（2つの円と正方形を組み合わせた図形）

(2)
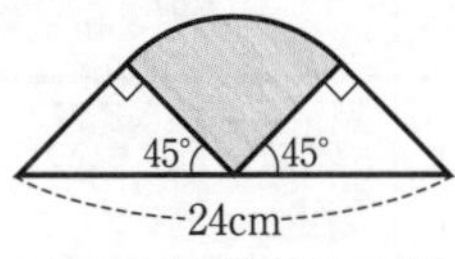

（2つの合同な直角二等辺三角形とおうぎ形を組み合わせた図形）

14 三角形の面積比

p.274～282

❶ 高さや底辺が等しい三角形の面積比と1つの角が共通な三角形の面積比の性質を理解しよう。
❷ 相似な図形の面積比，特に相似な三角形の面積比の型を覚えよう。

学習のポイント

1 高さや底辺が等しい三角形の面積比

➡例題 54～57

► **高さが等しい三角形の面積比は，底辺の比と等しくなる。**

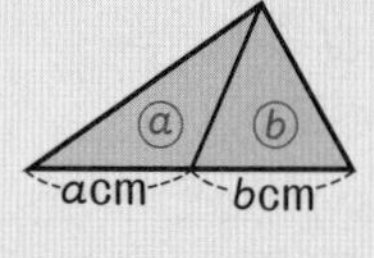

► **底辺が等しい三角形の面積比は，高さの比と等しくなる。**

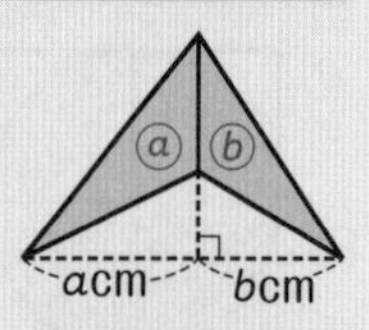

2 1つの角が共通な三角形の面積比

➡例題 58･59

► **1つの角が共通な三角形の面積比は，その角をはさむ辺の長さの積の比に等しい。**

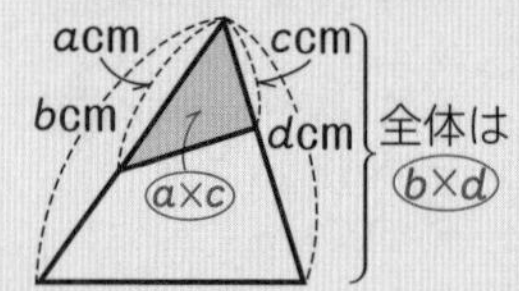

例》
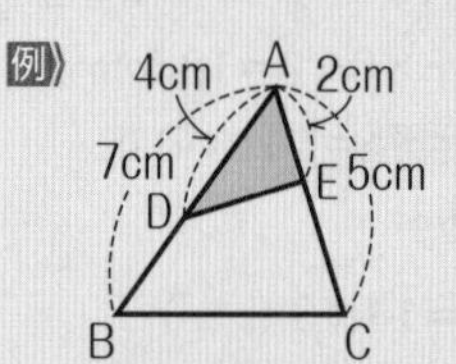

三角形 ADE と三角形 ABC の面積比は，
(4×2)：(7×5)＝8：35

3 相似な三角形の面積比

➡例題 60･61

► 相似な図形では，相似比が $a:b$ のとき，**面積比は，$(a\times a):(b\times b)$ になる。**

例》

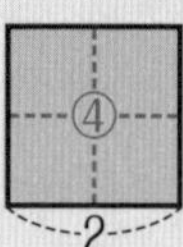

相似比は，1：2
面積比は，(1×1)：(2×2)＝1：4

► よく使われる三角形の相似の面積比の型は次のようになる。

㋐ピラミッド型　㋑ちょうちょ型　㋒直角三角形型

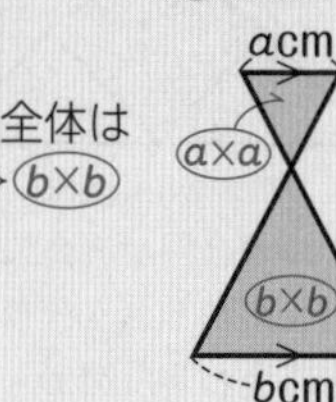

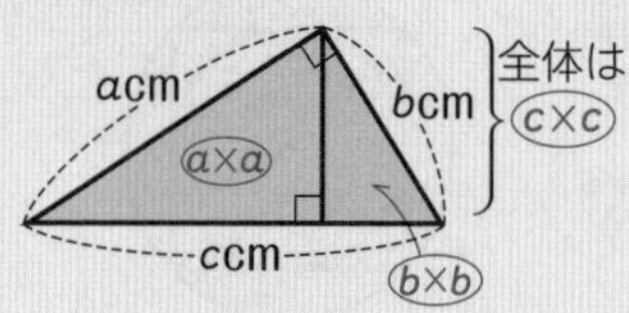

p.274 1

例題54 高さが等しい三角形の面積比

次の図で，㋐と㋑の面積比（めんせきひ）を求めなさい。

(1)

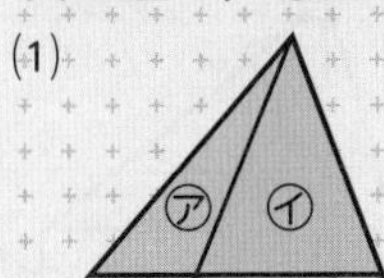

(2)

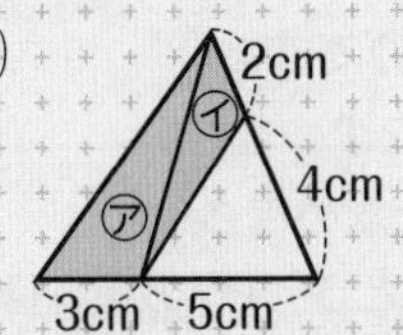

解き方と答え

(1) (8×高さ÷2)：(14×高さ÷2)＝8：14＝**4：7** となり，

高さが等しい三角形の面積比は底辺の比と等しくなる。

(2)

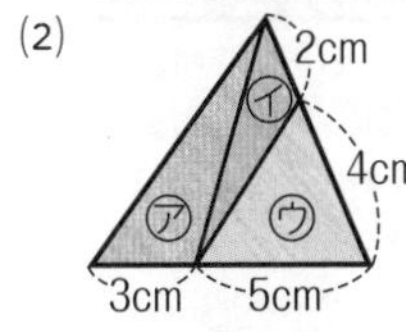

(1)と同じように考えて，㋑と㋒は底辺を 2 cm，4 cm と考えると，高さが等しいので，

㋑：㋒＝2：4＝①：②

㋐と (㋑＋㋒) の三角形は，底辺を 3 cm，5 cm と考えると，高さが等しいので，

㋐：(㋑＋㋒)＝[3]：[5]

連比でまとめると，

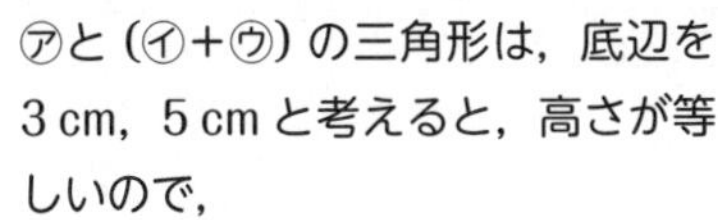

㋐　：㋑　：　㋒

　　①×5　：　②×5　　③＝[5] より，

[3]×3：(　　[5]×3　　)　← 最小公倍数△15にそろえる

△9　：△5　：　△10

よって ㋐：㋑＝**9：5**

別解 全体を①として考える

(2) 全体を①とすると，

$㋐＝①\times\frac{3}{3+5}＝\frac{3}{8}$

$㋑＝①\times\frac{5}{3+5}\times\frac{1}{1+2}$

$＝\frac{5}{24}$

よって，

$㋐：㋑＝\frac{3}{8}：\frac{5}{24}＝9：5$

ココ大事！

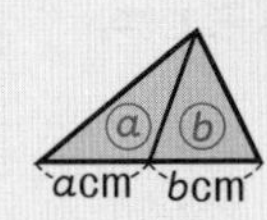

高さが等しい三角形では，底辺の比＝面積の比

($a：b＝ⓐ：ⓑ$)

練習問題 54

別冊解答 p.70

次の図で，㋐の面積が 20 cm² のとき，㋑の面積を求めなさい。

(1)

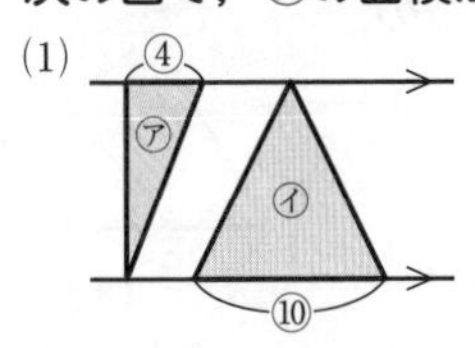

(2)

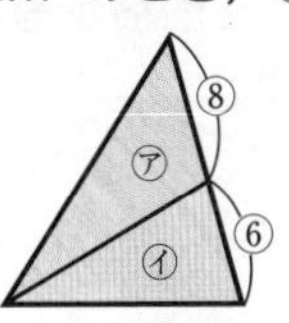

(3)

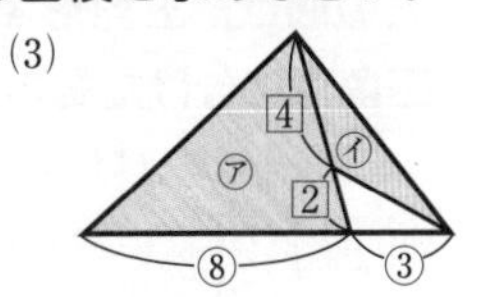

p.274 1

例題55 等しい面積に分けた三角形

右の図は，三角形 ABC を面積が等しい５つの三角形に分けたものです。

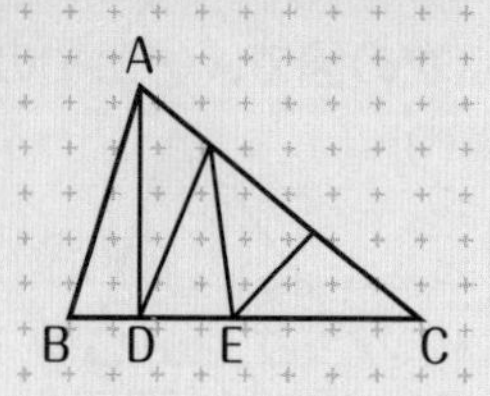

(1) BD：DC の比を求めなさい。
(2) DE：EC の比を求めなさい。
(3) BC＝24 cm のとき，EC の長さは何 cm ですか。

解き方と答え

(1)

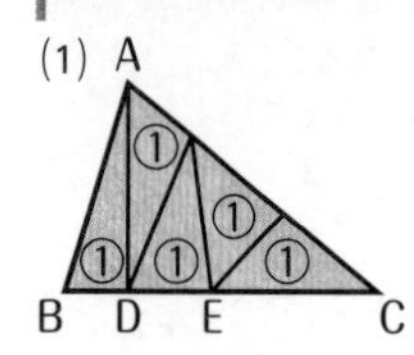

等しい５つの三角形の面積をそれぞれ①とし，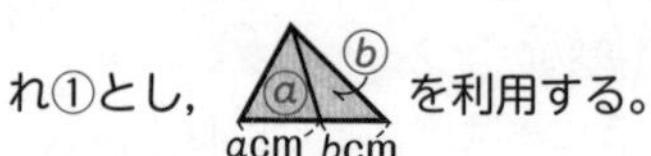を利用する。

BD：DC＝三角形 ABD：三角形 ADC
より，BD：DC＝**1：4**

(2)

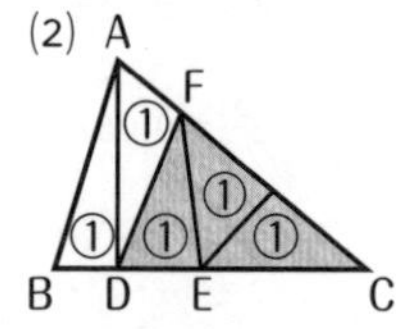

DE：EC＝三角形 FDE：三角形 FEC
より，DE：EC＝**1：2**

(3) BC＝24 cm，BD：DC＝1：4 なので，

$DC=24\times\frac{4}{1+4}=\frac{96}{5}$ (cm)

$DC=\frac{96}{5}$ cm，DE：EC＝1：2 なので，

$EC=\frac{96}{5}\times\frac{2}{1+2}=\boldsymbol{\frac{64}{5}}$ **(cm)**

別解 連比を使う

(3) 線分図にすると，

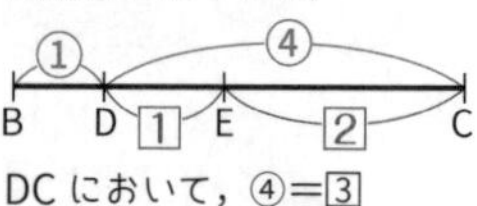

DC において，④＝3

4と3の最小公倍数 12 に比をあわせて，

BD	：	DE	：	EC
①×3	：	(	④×3	)
		1×4	：	2×4
3	：	4	：	8

$EC=24\times\frac{8}{3+4+8}$

$=\frac{64}{5}$ (cm)

三角形をいくつかの等しい面積の三角形に分けた図形では，の形を探せば，底辺の比がわかる。

練習問題 55

別冊解答 p.70

右の図は，三角形 ABC を面積が等しい４つの三角形に分けたものです。

(1) AD の長さは何 cm ですか。
(2) EF の長さは何 cm ですか。

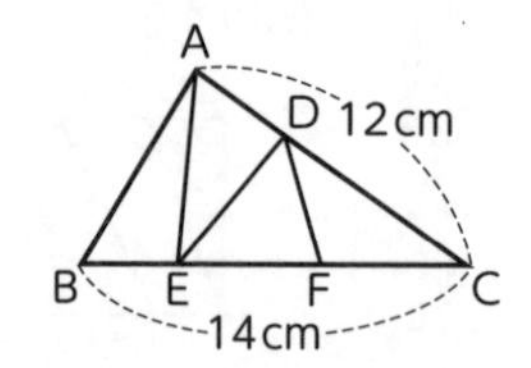

p.274 1

例題56 底辺が等しい三角形の面積比

次の三角形 ABC で，㋐と㋑の面積比（めんせきひ）を求めなさい。

(1)

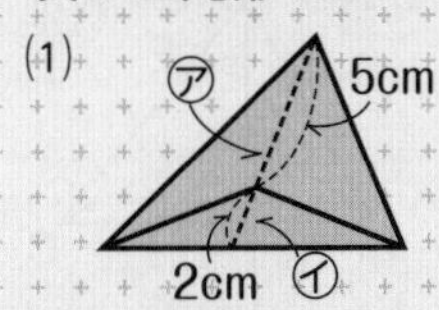

(2)

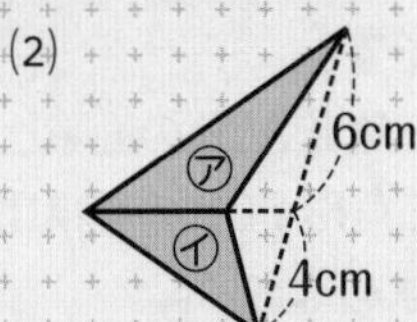

解き方と答え

(1)

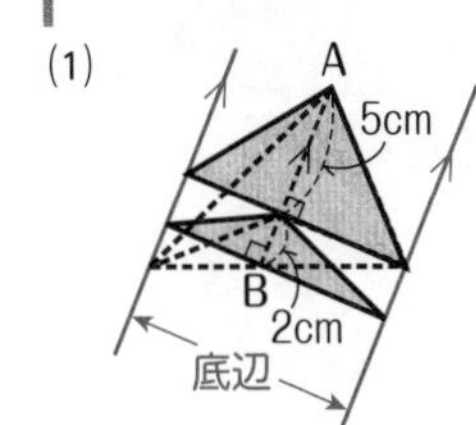

AB と平行な直線をひき，㋐と㋑を等積変形して，底辺が等しく，高さがそれぞれ 5 cm，2 cm の三角形にする。

よって，㋐と㋑の面積比は，

(底辺×5÷2)：(底辺×2÷2)=**5：2**

(2)

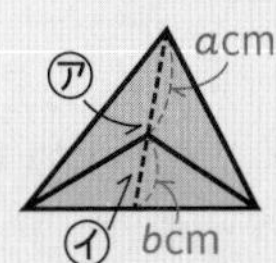

㋐と㋑の三角形は底辺が等しい。高さは，図のようにちょうちょ型の相似（そうじ）を利用して，

6 cm：4 cm=③：② になる。

よって，㋐と㋑の面積比は，

(底辺×③÷2)：(底辺×②÷2)=**3：2**

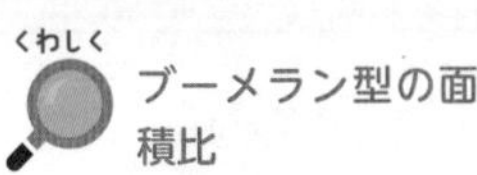

くわしく ブーメラン型の面積比

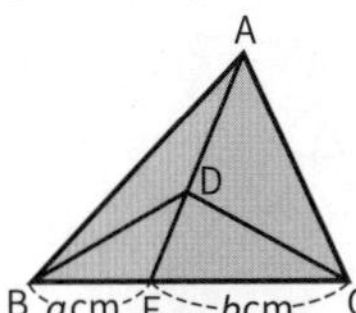

BC を底辺と考えて，

BE＝a cm，　EC＝b cm とすると，

　三角形 DBE：三角形 DCE
＝三角形 ABE：三角形 ACE
＝三角形 ABD：三角形 ACD
＝a：b

ココ大事！

ブーメラン型の面積比は次のようになる。

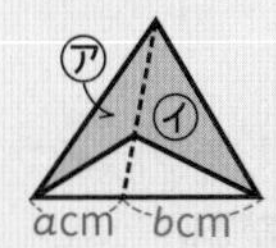

㋐：㋑＝a：b

㋐：㋑＝a：b

練習問題 56

別冊解答 p.70

次の図で，三角形 ABC の面積が 20 cm^2 のとき，色のついた部分の面積を求めなさい。

(1)

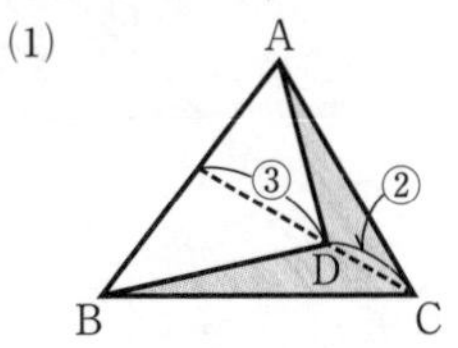

(2)

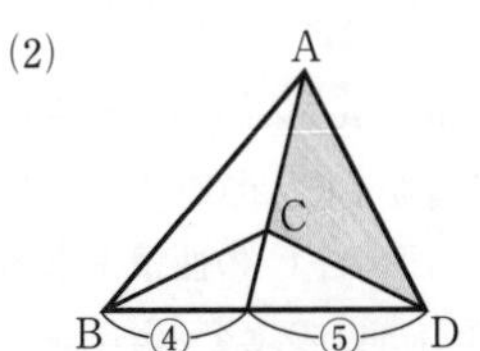

p.274 1

例題57 底辺が等しい三角形の面積比の利用

右の三角形ABCで，AD：DB＝4：5，
BF：FC＝2：3 です。

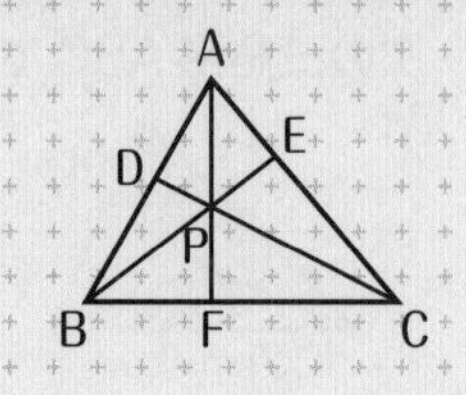

(1) 三角形ABPと三角形ACPの面積比（めんせきひ）を求めなさい。
(2) 三角形ACPと三角形BCPの面積比を求めなさい。
(3) AE：ECの比を求めなさい。
(4) AP：PFの比を求めなさい。

解き方と答え

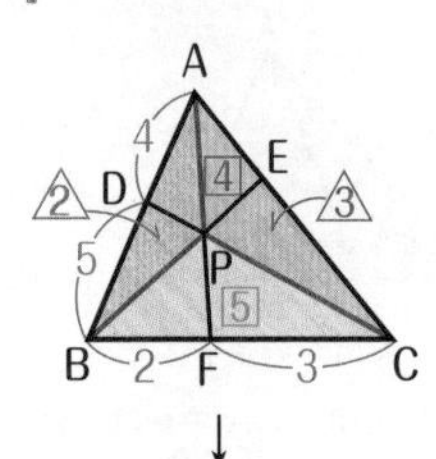

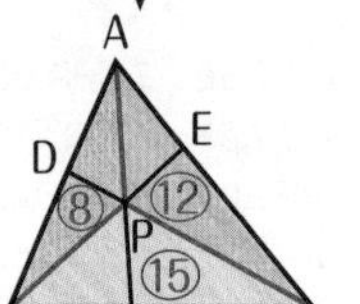

AP，BP，CPで三角形ABCを3つに分けて考える。

(1) 三角形ABPと三角形ACPを合わせた形はブーメラン型なので，面積比はBF：FCと等しく，**2：3**

(2) (1)と同じように，**4：5**

(3) 3つに分けた三角形について，(1)，(2)より，面積比を連比で整理する。

三角形ABP	：	三角形ACP	：	三角形BCP
△2 ×4	：	△3 ×4	：	
		□4 ×3	：	□5 ×3
⑧	：	⑫	：	⑮

AE：ECは三角形ABPと三角形BCPの面積比と等しくなるので，**8：15**

(4) AP：PFは四角形ABPCと三角形PBCの面積比と等しくなるので，
(8+12)：15＝20：15＝**4：3**

三角形を3分割してブーメラン型の面積比で考えると，いろいろな辺の比や面積比がわかる。

練習問題 57

別冊解答 p.71

右の三角形ABCで，AD：DB＝3：2，AE：EC＝1：1，三角形BDFの面積は8 cm^{2}です。

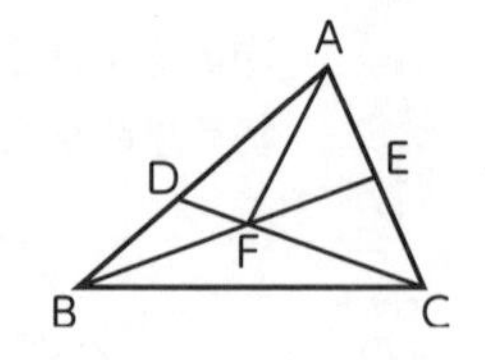

(1) 三角形ADFの面積を求めなさい。
(2) 三角形BCFの面積を求めなさい。
(3) 三角形AFCの面積を求めなさい。
(4) BF：FEの比を求めなさい。

p.274 2

例題58 1つの角が共通な三角形の面積比

右の図で，色のついた三角形と三角形 ABC の面積比を求めなさい。

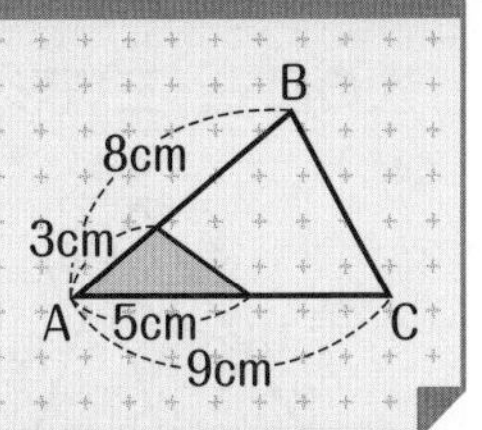

解き方と答え

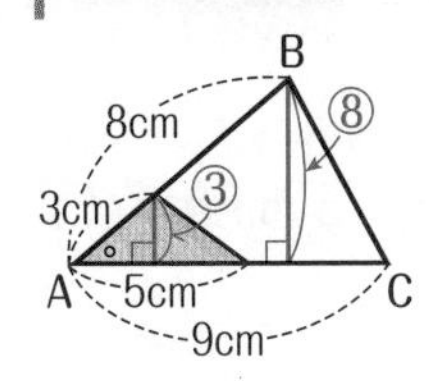

色のついた部分の高さと三角形 ABC の高さの比は，ピラミッド型の相似より，3：8 になる。
よって，色のついた部分と三角形 ABC の面積比は，

(5×③÷2)：(9×⑧÷2)＝(5×3)：(9×8)＝15：72＝**5：24**
↑○の角をはさむ辺の長さの積の比

別解

を利用すると，三角形 ABE は三角形 ABC の $\frac{5}{9}$，三角形 ADE は三角形 ABE の $\frac{3}{8}$ なので，三角形 AED は三角形 ABC の

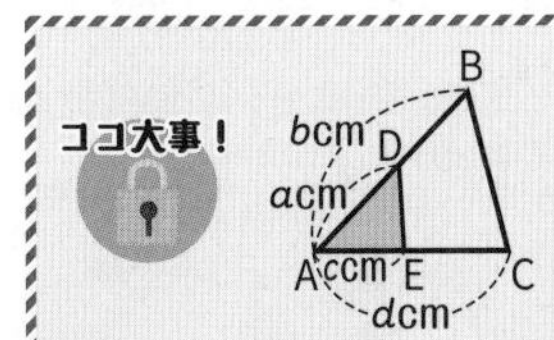

$\frac{5}{9}\times\frac{3}{8}=\frac{5}{24}$ になる。よって，$\frac{5}{24}$：1＝**5：24**

覚えよう 1つの角の和が 180° の三角形の面積比

下の図のように○と×の角の和が 180° のときも，はさむ辺の長さの積で面積比がわかる。

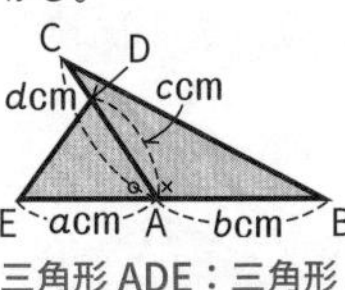

三角形 ADE：三角形 ABC
＝(a×c)：(b×d)

例

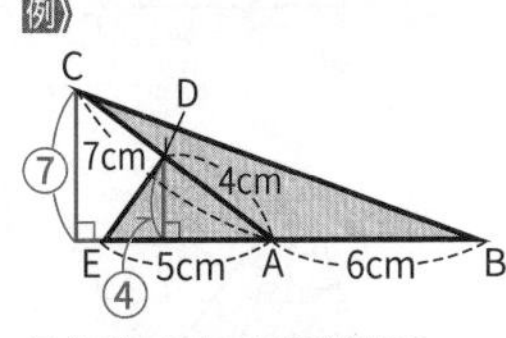

三角形ADE：三角形ABC
＝(5×4)：(6×7)＝20：42
＝10：21

ココ大事！

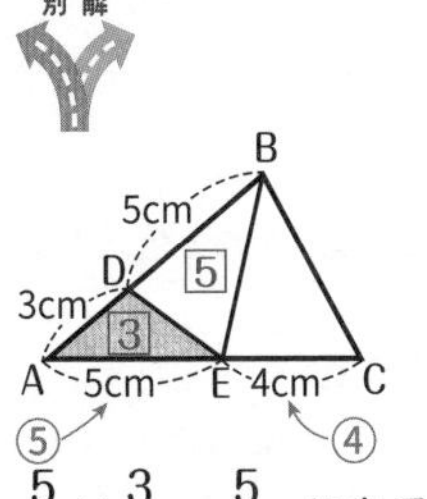

1つの角が共通な2つの三角形 ADE と ABC の面積比は，その角をはさむ辺の長さの積の比に等しい。
三角形 ADE：三角形 ABC＝(a×c)：(b×d)

練習問題58

次の図で，三角形 ADE の面積が 30 cm² のとき，色のついた部分の面積を求めなさい。

別冊解答 p.71

(1)

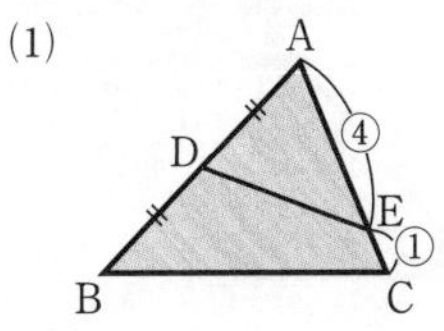

(2)

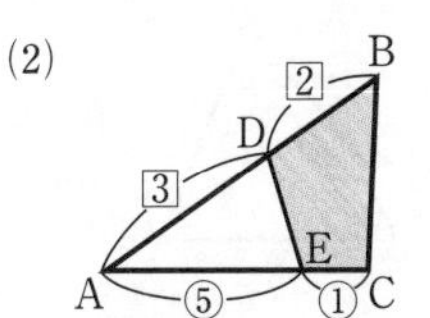

p.274 2

例題59 三角形内の面積比

次の図で，三角形 DEF と三角形 ABC の面積比を求めなさい。

(1)

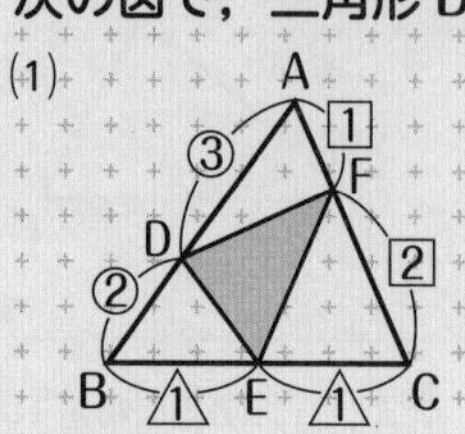

(2)

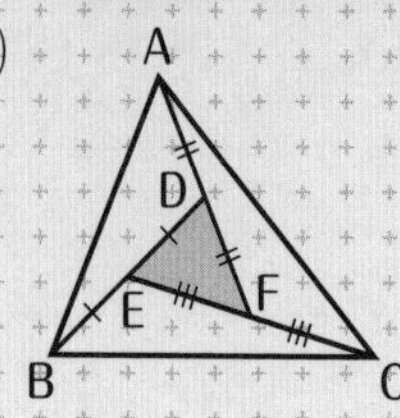

解き方と答え

(1) 三角形 ABC の 1 辺の長さをそれぞれ 1 として辺の比を整理し，1つの角をはさむ 2 辺の長さの比の積で面積比を考える。

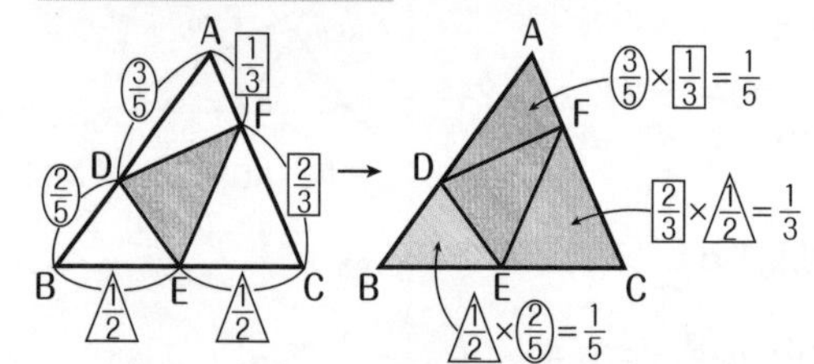

三角形 DEF

$=1-\left(\frac{1}{5}+\frac{1}{5}+\frac{1}{3}\right)=\frac{4}{15}$

よって，三角形 DEF：三角形 ABC

$=\frac{4}{15}:1=$**4：15**

(2)

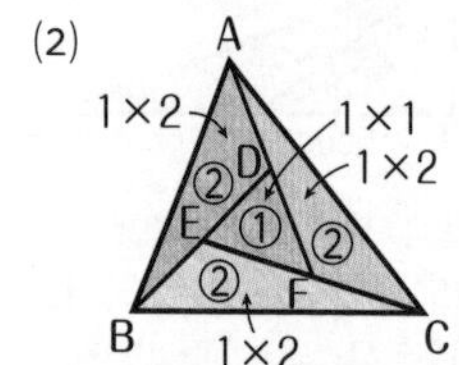

三角形 DEF の 1 辺の長さをそれぞれ 1 として辺の比を整理し，

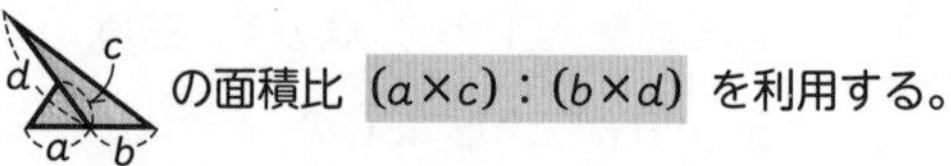

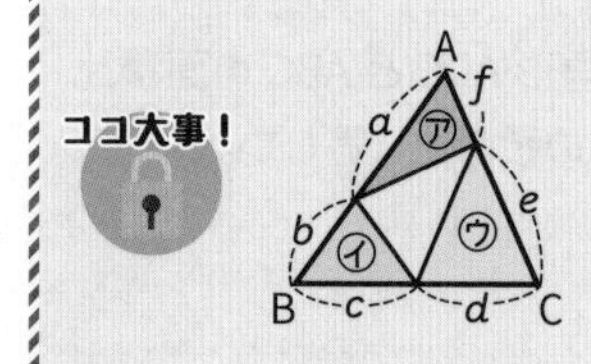

三角形 DEF：三角形 ABC＝①：(②＋②＋②＋①)＝**1：7**

三角形 ABC の面積を 1 とすると，

㋐$=\frac{a}{a+b}\times\frac{f}{e+f}$　㋒$=\frac{d}{c+d}\times\frac{e}{e+f}$

㋑$=\frac{b}{a+b}\times\frac{c}{c+d}$

次の図で，色のついた部分の面積を求めなさい。

(1)

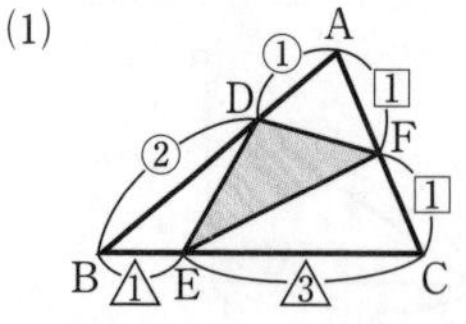

（三角形 ABC の面積は 48 cm²）

(2)

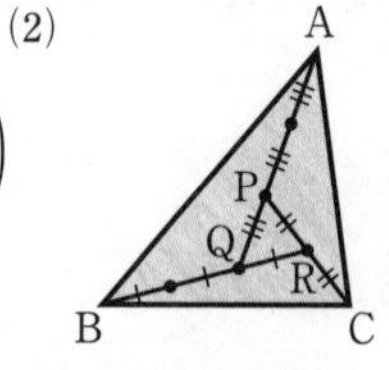

（三角形 PQR の面積は 3 cm²）

p.274 3

例題60 相似な三角形の面積比

次の図で，㋐と㋑の面積比を求めなさい。

(1)
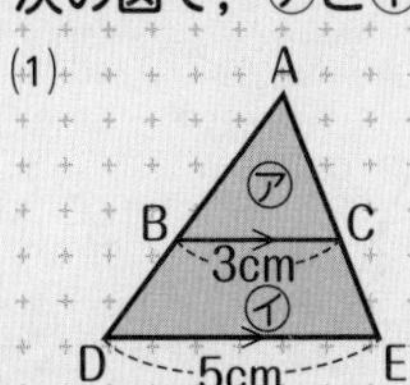

(2)
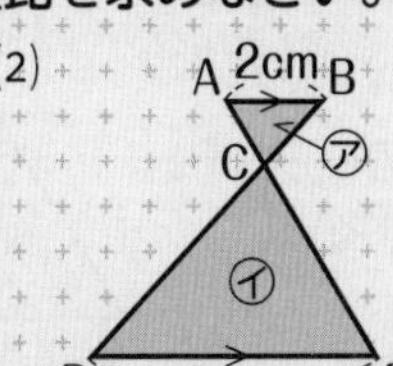

(3)
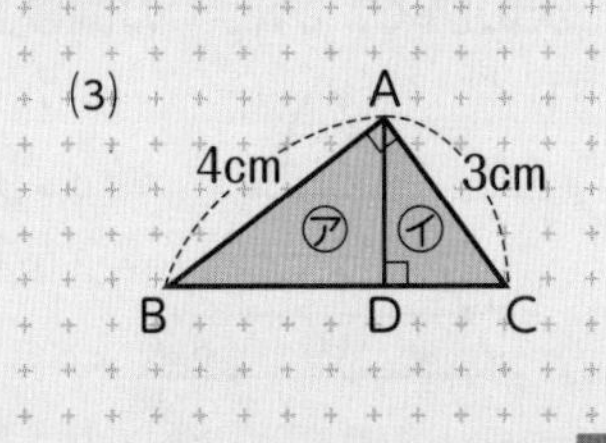

解き方と答え

(1) 三角形 ABC と三角形 ADE はピラミッド型の相似で，
相似比は 3：5
面積比は (3×3)：(5×5)＝9：25 だから，
㋐：㋑＝9：(25−9)＝**9：16**

(2) 三角形 ABC と三角形 EDC はちょうちょ型の相似で，
相似比は 2：6＝1：3
よって，㋐：㋑＝(1×1)：(3×3)＝**1：9**

(3) 三角形 ABD と三角形 CAD は直角三角形型の相似で，
相似比は 4：3
よって，㋐：㋑＝(4×4)：(3×3)＝**16：9**

くわしく

縮尺の面積比

縮尺 25000 分の 1 のとき，
相似比は 1：25000
よって，面積比は，
(1×1)：(25000×25000)
となる。

例》

縮尺 25000 分の 1 の地図上で 4 cm² の面積は，実際には，
4×25000×25000
＝2500000000 (cm²)
＝250000 m²
＝0.25 km²

ココ大事！ 相似な図形では，相似比が $a：b$ のとき，
面積比は $(a×a)：(b×b)$ になる。

練習問題 60

別冊解答 p.71

次の図で，㋐の面積が 36 cm² のとき，㋑の面積を求めなさい。

(1)
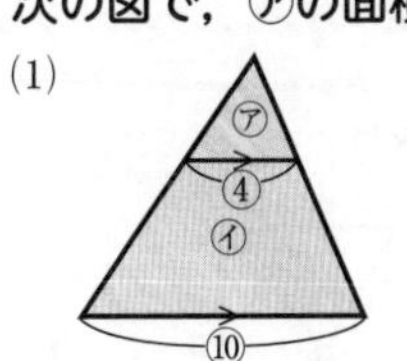

(2)
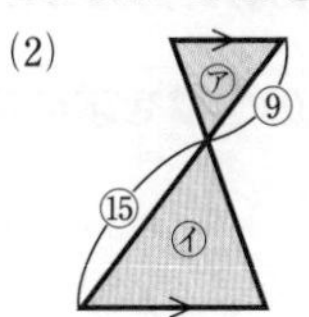

(3)
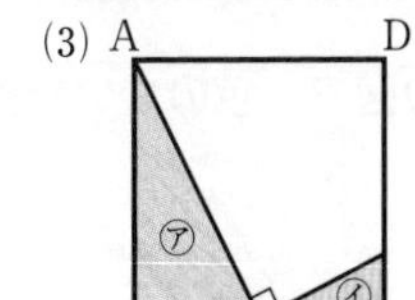

（ABCD は正方形で，E は BC の中点）

p.274 3

例題61 相似な三角形の面積比の利用

次の図で，㋐と㋑の面積比を求めなさい。

(1)

(●は各辺を5等分する点)

(2)

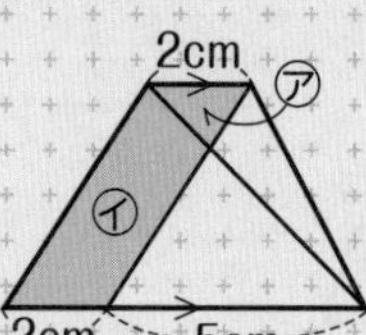

解き方と答え

(1)

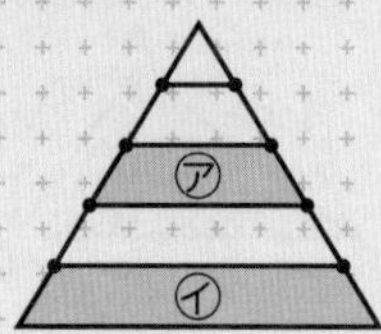

㋐は相似比 2：3 のピラミッド型の相似の面積比 (2×2)：(3×3)＝④：⑨ の差より，⑨－④＝⑤

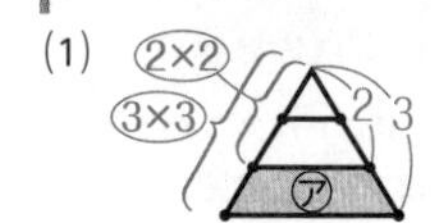

㋑は相似比 4：5 のピラミッド型の相似の面積比 (4×4)：(5×5)＝⑯：㉕ の差より，㉕－⑯＝⑨

よって，㋐：㋑＝**5：9**

(2)

㋐と㋒は相似比 2：5 のちょうちょ型の相似で，面積比は，

㋐：㋒＝(2×2)：(5×5)＝④：㉕

㋒と(㋑＋㋒)は相似比 5：7 のピラミッド型の相似で，面積比は，

㋒：(㋑＋㋒)＝(5×5)：(7×7)＝㉕：㊾

よって，㋑：㋒＝(㊾－㉕)：㉕＝㉔：㉕

㋐：㋑：㋒＝④：㉔：㉕ より，㋐：㋑＝4：24＝**1：6**

別解 等分された三角形の面積比の規則性

(1)

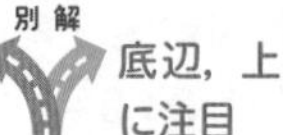

奇数の連続になっている。

別解 底辺，上底と下底に注目

(2)

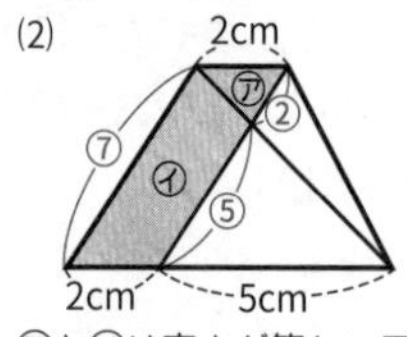

㋐と㋑は高さが等しい三角形と台形なので，面積比は，底辺の長さ：(上底＋下底) の長さより，2：(5＋7)＝**1：6**

ココ大事！

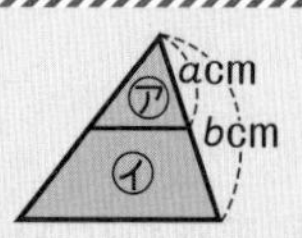

の㋐：㋑の面積比は，$a×a$：($b×b$－$a×a$)

練習問題61

別冊解答 p.71

次の図で，色のついた部分の面積を求めなさい。

(1)

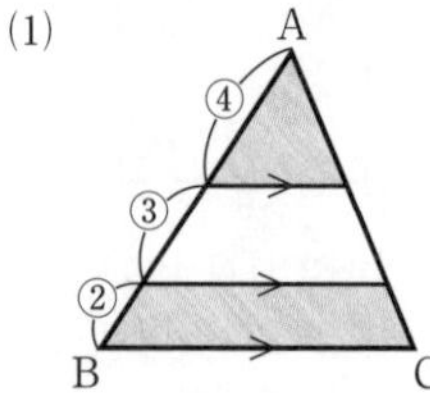

(三角形 ABC の面積は 27 cm²)

(2)

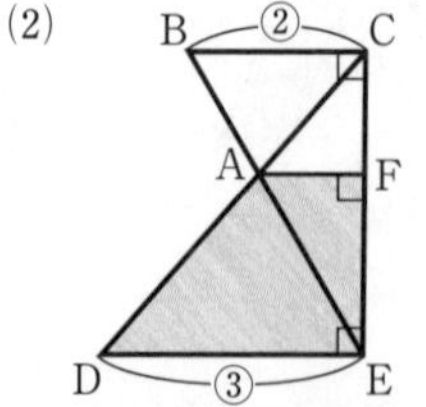

(三角形 ABC の面積は 20 cm²)

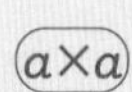

15 四角形の面積比

p.283〜287

❶ 台形をいくつかの図形に分けたときの面積比を理解しよう。
❷ 平行四辺形内で，高さが等しい三角形・相似な三角形・1つの角が共通な三角形の性質を利用できるようにしよう。

学習のポイント

1 台形内の面積比

➡ 例題 62

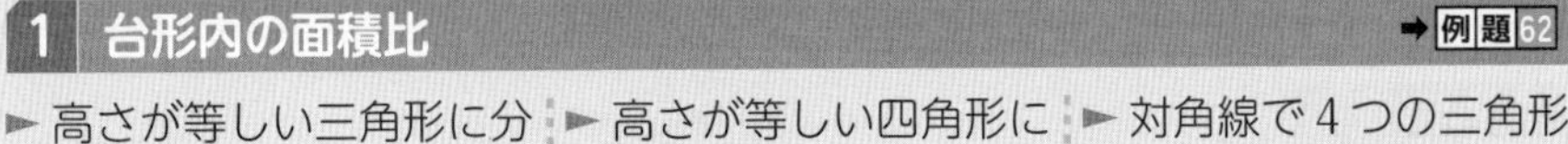

▶ 高さが等しい三角形に分ける。

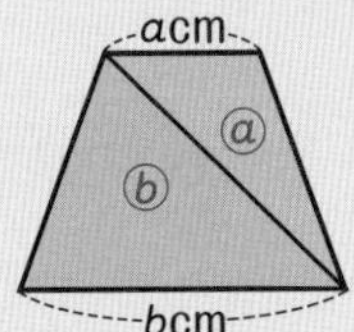

▶ 高さが等しい四角形に分ける。

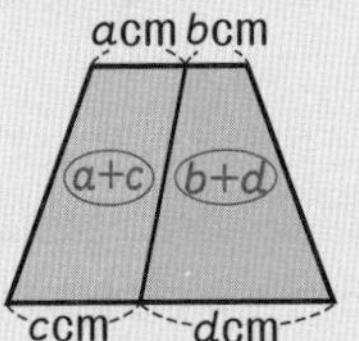

▶ 対角線で4つの三角形に分ける。

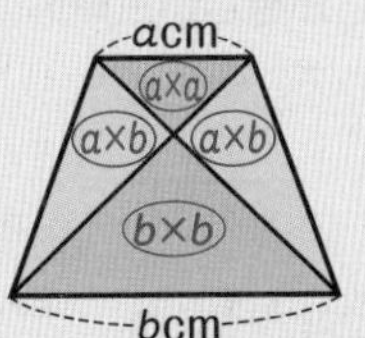

2 平行四辺形内の面積比

➡ 例題 63〜65

▶ 平行四辺形は**対角線によって2つの合同な三角形に分けられる**ことを利用すると，台形の面積比を利用して，それぞれの部分の面積比がわかる。

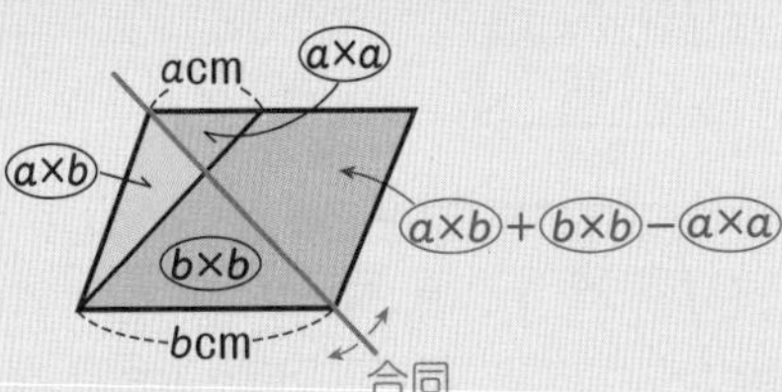

▶ ちょうちょ型の相似を2回利用して，**BF：FG：GD を求めることで，三角形 ABF：三角形 AFG：三角形 AGD の面積比がわかる。**

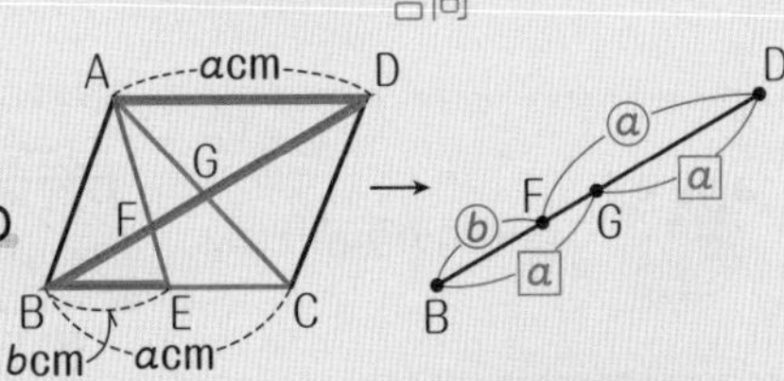

▶ 平行四辺形全体の面積を①とすると，

㋐$=①\times\frac{1}{2}\times\frac{a}{a+b}$　㋑$=①\times\frac{1}{2}\times\frac{c}{c+d}$

㋒$=①\times\frac{1}{2}\times\frac{b}{a+b}\times\frac{d}{c+d}$ より，

㋓$=①-($㋐$+$㋑$+$㋒$)$

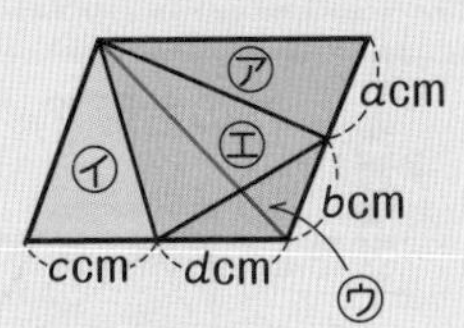

p.283 1

例題62 台形内の面積比

次の台形で，それぞれの面積比を求めなさい。

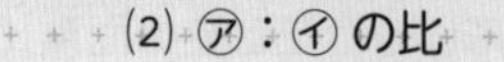

(1) ㋐：㋑の比　(2) ㋐：㋑の比　(3) ㋐：㋑：㋒：㋓の比

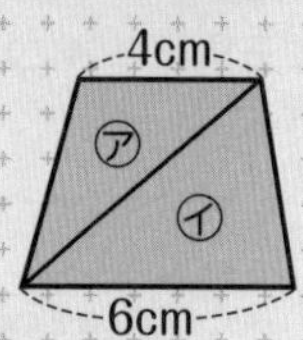

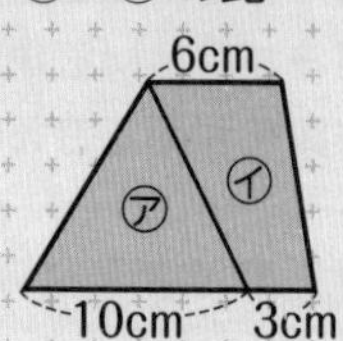

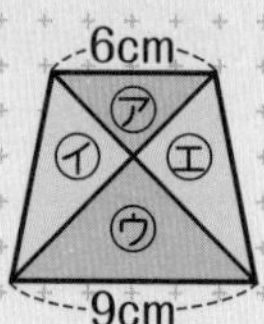

解き方と答え

(1) 高さが等しい三角形に分けられるので，三角形の底辺の比が面積比になる。
よって，㋐：㋑＝④：⑥＝**2：3**

(2)

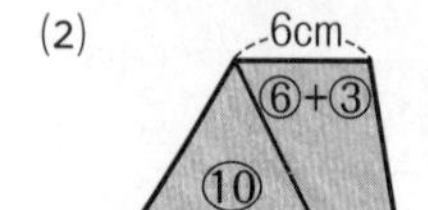

高さが等しい三角形と台形に分けられるので，三角形の底辺と，台形の（上底＋下底）の比が面積比になる。
よって，㋐：㋑＝⑩：(⑥＋③)＝**10：9**

(3)

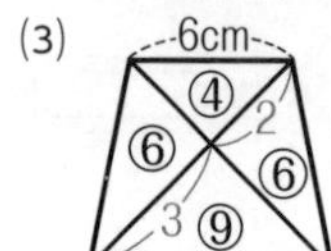

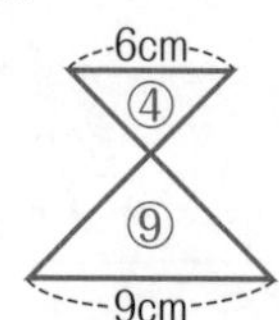

㋐と㋒がちょうちょ型の相似で，相似比は
6 cm：9 cm＝2：3 だから，面積比は
㋐：㋒＝(2×2)：(3×3)＝4：9

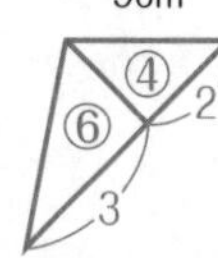

㋐と㋑は高さが等しい三角形で，底辺の比は 2：3 だから，面積比は
㋐：㋑＝2：3　㋐＝④ なので，㋑＝⑥
同じように，㋓＝⑥ なので，㋐：㋑：㋒：㋓＝**4：6：9：6**

台形内の面積比は，

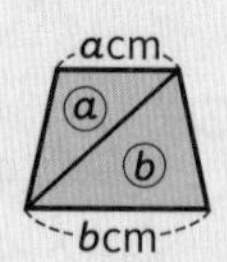

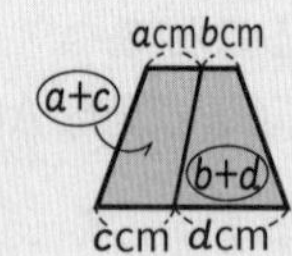

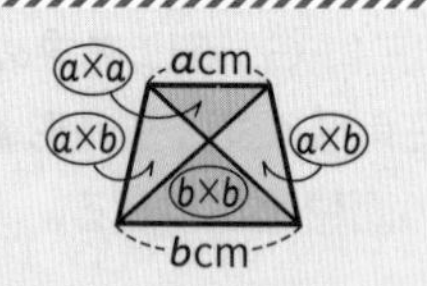

練習問題62　別冊解答 p.72

次の台形で，□にあてはまる数を求めなさい。

(1)

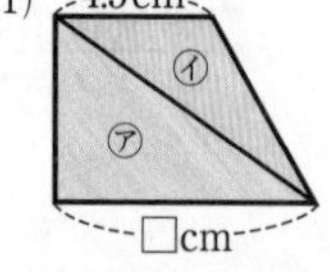

(㋐：㋑の面積比が 5：3)

(2)

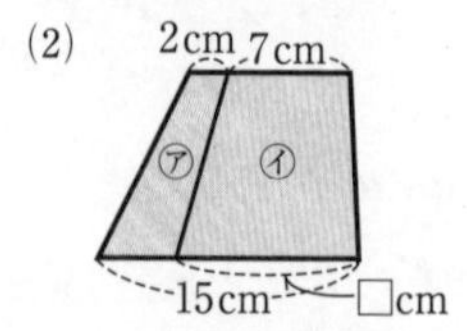

(㋐：㋑の面積比が 1：3)

(3)

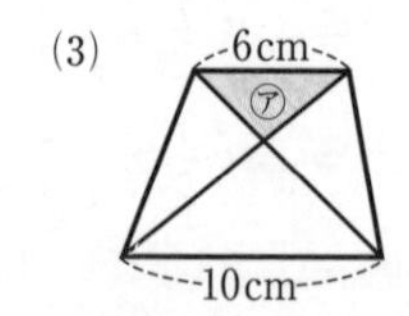

(㋐の面積は台形の□倍)

p.283 2

例題63 平行四辺形内の面積比（1）—相似な三角形を見つける—

右の四角形 ABCD は平行四辺形で，
BE：EC＝1：2 です。
(1) ㋐：㋒の面積比を求めなさい。
(2) ㋑：㋓の面積比を求めなさい。

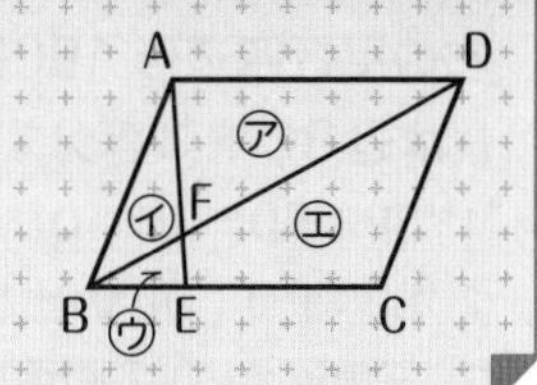

解き方と答え

(1)

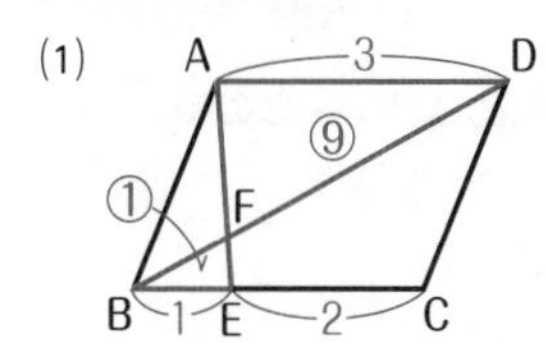

㋐と㋒はちょうちょ型の相似である。
相似比は 3：1 なので，
面積比は (3×3)：(1×1)＝**9：1**

(2)

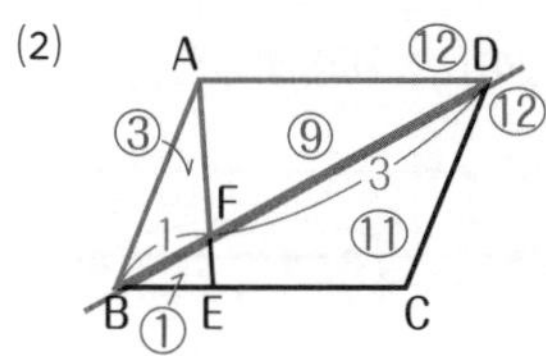

㋑と㋐は，BF，FD を底辺として，高さが等しい三角形なので，底辺の比が面積比になる。
(1)のちょうちょ型の相似より，BF：FD＝1：3 なので，
㋑：㋐＝1：3
(1)より，㋐＝⑨ なので，㋑＝⑨÷3＝③
対角線BDで平行四辺形を2等分するので，
㋐＋㋑＝㋒＋㋓
③＋⑨＝①＋㋓　㋓＝⑫－①＝⑪
よって，㋑：㋓＝**3：11**

平行四辺形の中の

ちょうちょ型

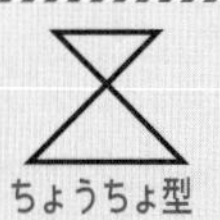

高さが等しい三角形

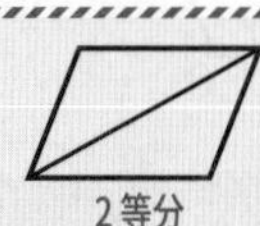

2等分

を見つけて解く。

練習問題 63

右の平行四辺形 ABCD の面積は 56 cm²，三角形 ABE の面積は 21 cm² です。
(1) BE：EC の比を求めなさい。
(2) 四角形 FECD の面積を求めなさい。

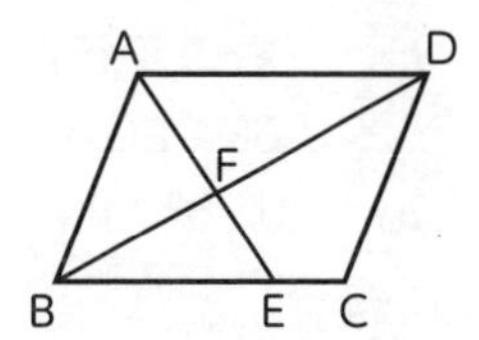

別冊解答 p.72

p.283 2

例題64 平行四辺形内の面積比 (2) —対角線上の辺の比—

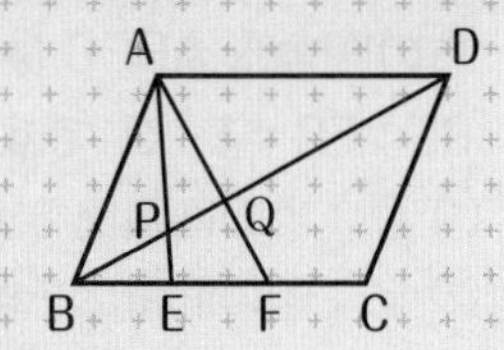

右の平行四辺形 ABCD の面積は 36 cm² で，E，F は辺 BC を 3 等分する点です。

(1) BP：PD，BQ：QD の比(ひ)をそれぞれ求めなさい。

(2) BP：PQ：QD の比を求めなさい。

(3) 三角形 APQ の面積を求めなさい。

解き方と答え

(1) 三角形 BEP と三角形 DAP は，ちょうちょ型の相似(そうじ)で，相似比は 1：3 なので，

BP：PD=**1：3**

同じように，三角形 BFQ と三角形 DAQ の相似比は 2：3 なので，

BQ：QD=**2：3**

(2)

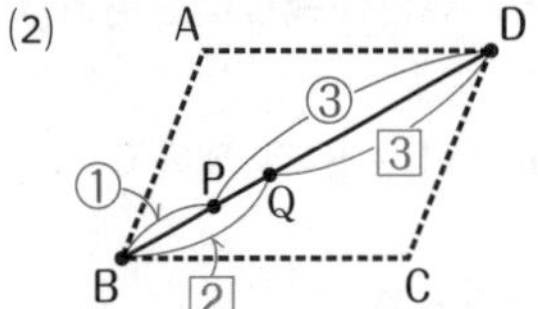

(1)より，BP：PD，BQ：QD の辺の比を利用すると，

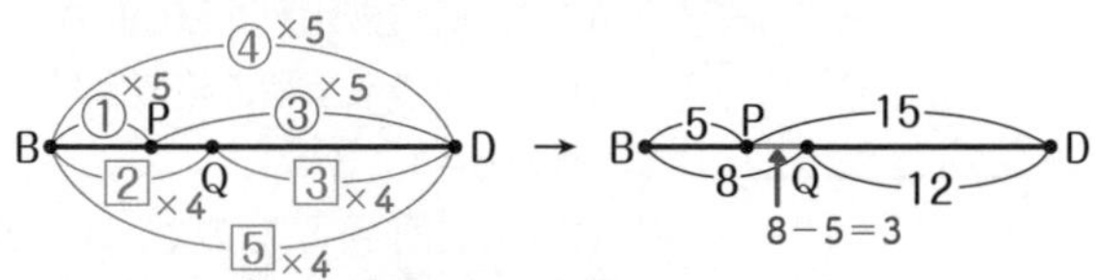

↑4 と 5 の最小公倍数 20 にそろえる

よって，BP：PQ：QD=**5：3：12**

(3)

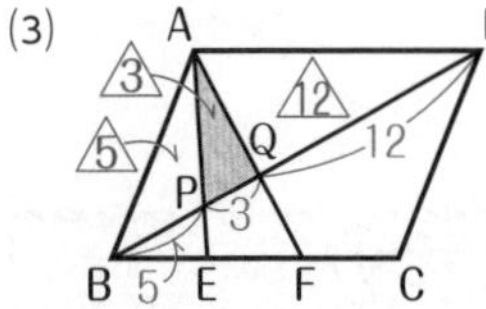

高さが等しい三角形は底辺の比が面積比になる。

平行四辺形の面積は 36 cm² なので，

$$36\times\frac{1}{2}\times\frac{3}{5+3+12}=\frac{27}{10}\ (\text{cm}^2)$$

↑三角形ABD

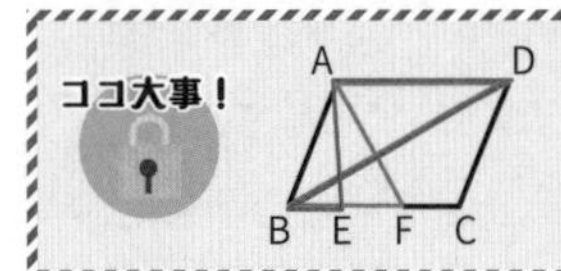

2 つのちょうちょ型の相似から，対角線 BD 全体で比をそろえる。

別冊解答 p.72

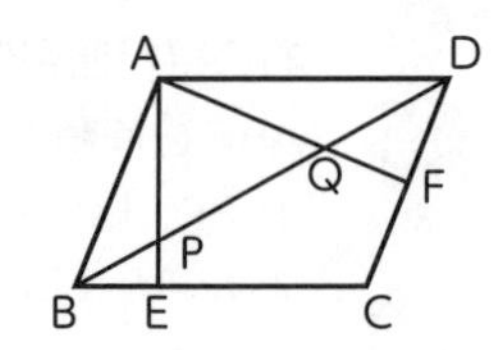

右の平行四辺形 ABCD の面積は 60 cm² で，BE：EC=1：3，DF：FC=1：1 です。

(1) BP：PQ：QD の比を求めなさい。

(2) 三角形 APQ の面積を求めなさい。

4年 5年 6年 中学入試

p.283 2

例題65 平行四辺形内の面積比 (3) —全体からまわりの三角形をひく—

右の平行四辺形 ABCD において，M，N はそれぞれ辺 AB，BC の中点です。次の三角形の面積は平行四辺形 ABCD の何倍ですか。

(1) 三角形 AMD

(2) 三角形 BNM

(3) 三角形 DMN

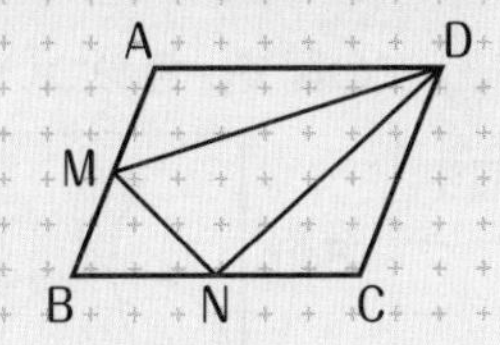

解き方と答え

平行四辺形の面積を1とする。

(1)

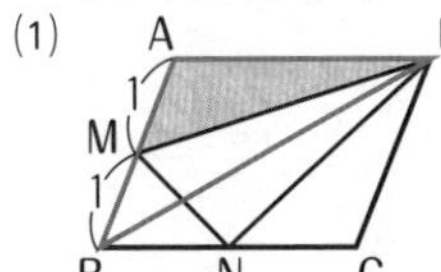

三角形 AMD の面積は，

$1\times\frac{1}{2}\times\frac{1}{2}=\frac{1}{4}$ (倍)

↑三角形ABD

(2)

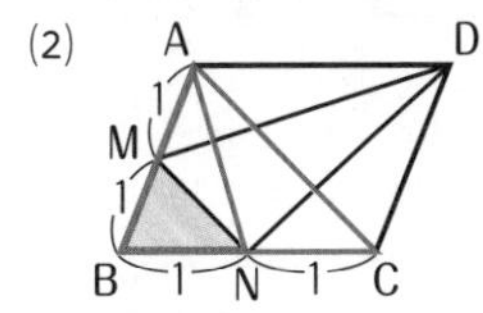

三角形 BNM の面積は，

$1\times\frac{1}{2}\times\frac{1}{2}\times\frac{1}{2}=\frac{1}{8}$ (倍)

↑三角形ABC　↑三角形ABN

(3) 三角形 DNC の面積は(1)と同じように考えると，$\frac{1}{4}$

よって，三角形 DMN の面積は

$1-\left(\frac{1}{4}+\frac{1}{4}+\frac{1}{8}\right)=\frac{3}{8}$ (倍)

分数を使わずに解く方法

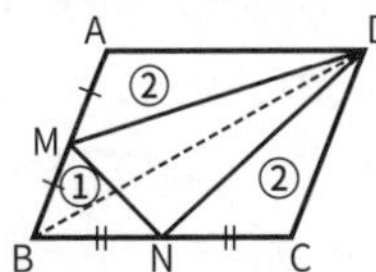

三角形 BNM の面積を①とおくと，

三角形 AMD の面積は②

三角形 DNC の面積は②

三角形 ABD の面積は④より，

平行四辺形 ABCD の面積は⑧

三角形 DMN の面積は

⑧−(①＋②＋②)＝③

(1) ②÷⑧＝$\frac{1}{4}$ (倍)

(2) ①÷⑧＝$\frac{1}{8}$ (倍)

(3) ③÷⑧＝$\frac{3}{8}$ (倍)

ココ大事！ (3)のように，直接面積比を求めることができないときは，全体からまわりの三角形をひく。

練習問題 65

右の平行四辺形 ABCD の面積は 120 cm² で，三角形 ABP は 36 cm²，三角形 AQD は 20 cm² です。このとき，三角形 APQ の面積を求めなさい。

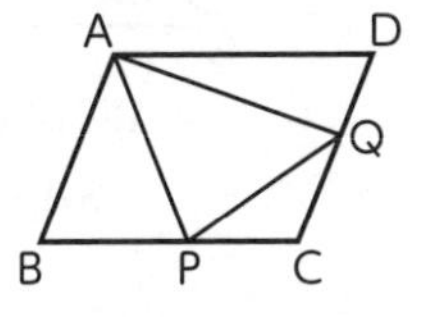

別冊解答 p.72

→ 別冊解答 p.73

20 次の図で，色のついた部分の面積を求めなさい。

→例題 47・49

(1) 【自修館中】

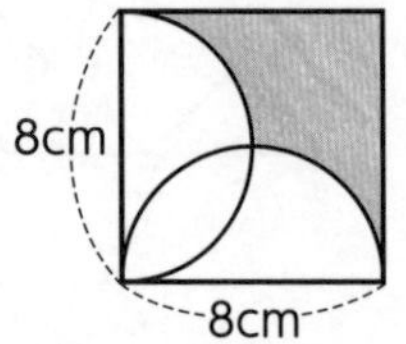

8cm
8cm

(正方形と半円を組み合わせた図形)

(2) 【関西大学北陽中】

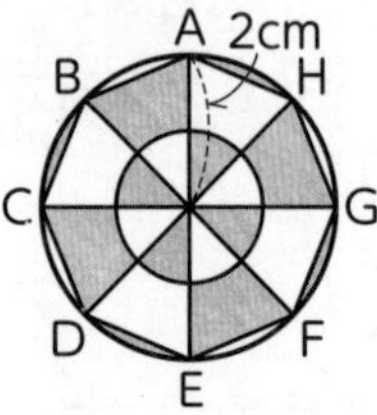

(点A～Hは円周を8等分する点)

21 次の図で，色のついた部分の面積を求めなさい。また，(1)は色のついた部分のまわりの長さも求めなさい。

→例題 43・47・51

(1) 【関西大倉中】

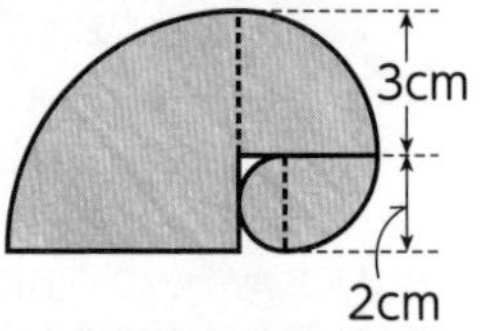

3cm
2cm

(中心角が 90° の 3 つのおうぎ形と 1 つの半円を組み合わせた図形)

(2) 【芝浦工業大柏中】

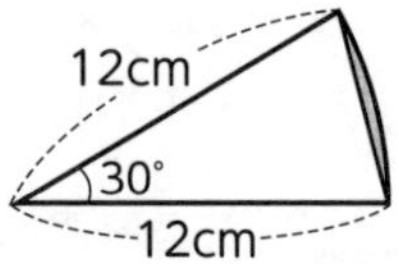

12cm
30°
12cm

(おうぎ形と三角形を組み合わせた図形)

22 次の図で，色のついた部分の面積を求めなさい。

→例題 52・53

(1)

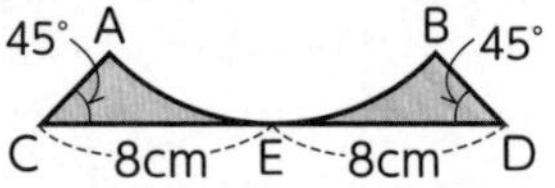

45° A
B 45°
C 8cm E 8cm D

(曲線 AB は半径 8 cm の円の一部で，直線 CD と点 E で接(せっ)している。)

【専修大松戸中】

(2) 【中央大附中】

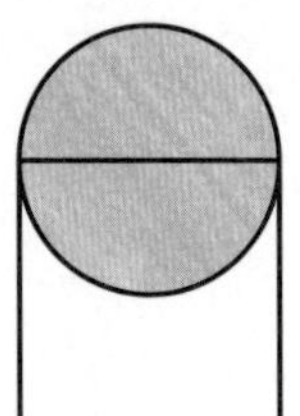

(対角線の長さが 8 cm の正方形と正方形の 1 辺を直径とする円)

23 次の□にあてはまる数を求めなさい。

→例題 55・59

(1) CF＝□ cm 【桃山学院中】

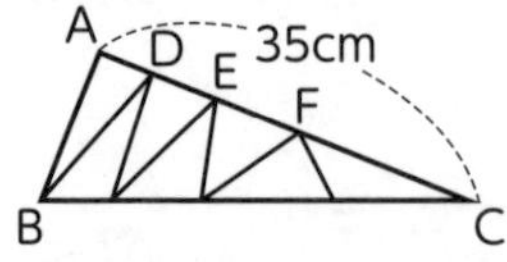

(三角形 ABC を面積の等しい 7 つの三角形に分けた。)

(2) 色のついた部分の面積は□ cm^2 【大宮開成中】

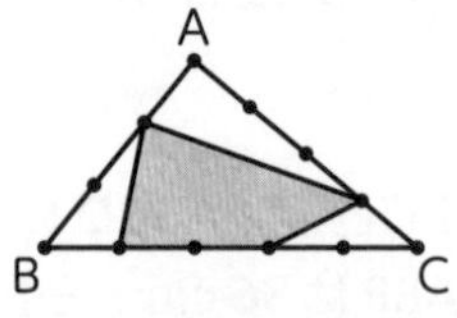

(三角形 ABC の面積は 60 cm^2
• はそれぞれの辺を等分する点)

力をためす問題

→別冊解答 p.74~75

24 次の図で，色のついた部分の面積を求めなさい。

(1) 【三田学園中】

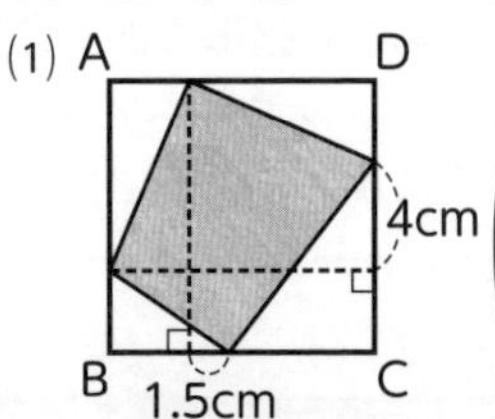

（四角形 ABCD は 1 辺の長さが 10 cm の正方形）

(2) 【雲雀丘学園中】

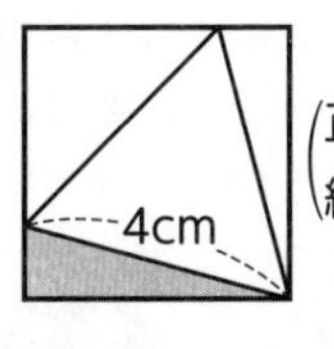

（正方形と正三角形を組み合わせた図形）

25 次の図で，色のついた部分の面積を求めなさい。

(1) 【甲陽学院中】

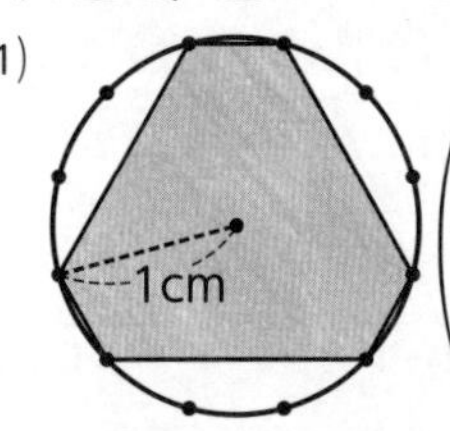

（半径 1 cm の円周を 12 等分する点を結んだ六角形）

ちょいムズ (2) 【早稲田中】

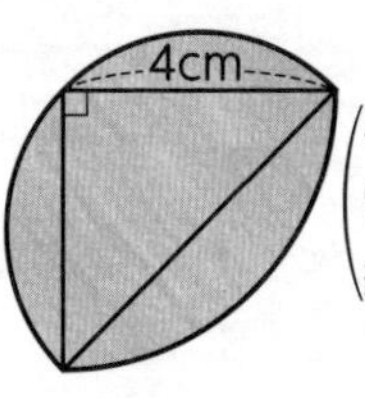

（半円と中心角が 90°のおうぎ形を組み合わせた図形）

26 次の□にあてはまる数を求めなさい。

例題 60・61

(1) 長方形の面積は□ cm^2 【青稜中】

6cm
2cm

（長方形と相似な二等辺三角形を 2 つ組み合わせた図形）

(2) 正方形 DBEF の面積は三角形 ABC の面積の□倍 【同志社香里中】

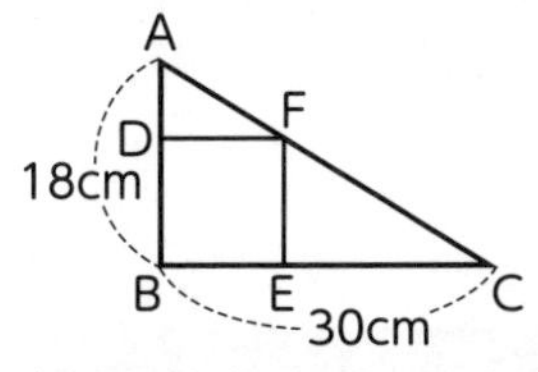

（直角三角形 ABC と正方形 DBEF を組み合わせた図形）

27 次の□にあてはまる数を求めなさい。

例題 57・59

(1) 色のついた部分の図形と三角形 ABC の面積比（めんせきひ）は□ 【国府台女子学院中】

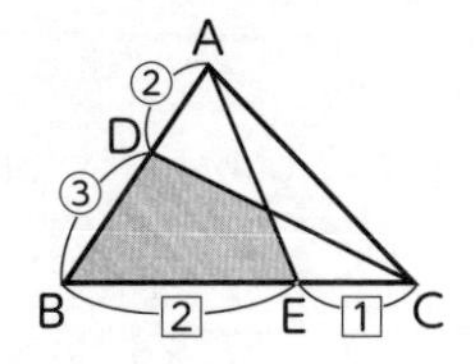

(2) 六角形 GHIJKL の面積は□ cm^2 【洛星中】

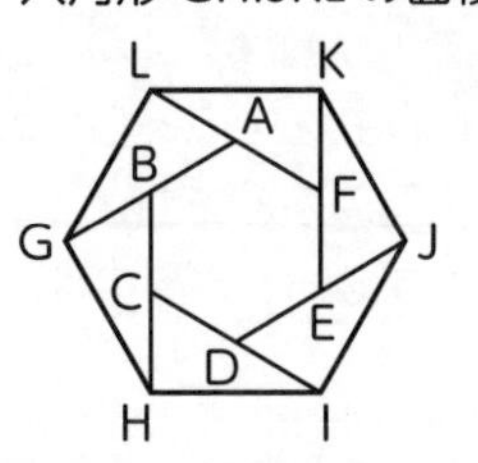

（面積が 10 cm^2 の正六角形 ABCDEF の各辺を AB：AG＝1：2 のようにそれぞれ 2 倍にのばした図形）

16 点の移動

p.290〜293

❶ 図形上を移動(いどう)する点とその点によって変化する図形の面積についての問題は，場合を分けて考えられるようにしよう。
❷ 動物が動けるはんいの問題は，図を正確にかけるようにしよう。

学習のポイント

1 点の移動とグラフ

➡ 例題 66·67

例》右の台形で，点Pが，台形の辺上を毎秒1cmの速さでB→A→D→Cと動く。このときの三角形PBCの面積の変化をグラフに表す。

A 8cm D 10cm F 8cm E BP 14cm C

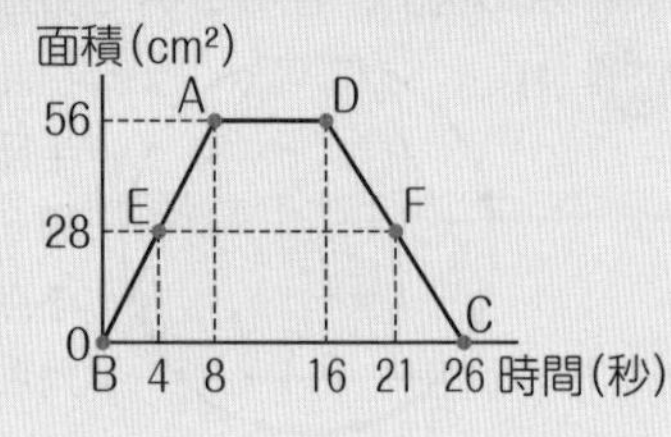

㋐PがEにあるとき ㋑PがAにあるとき ㋒PがDにあるとき ㋓PがFにあるとき

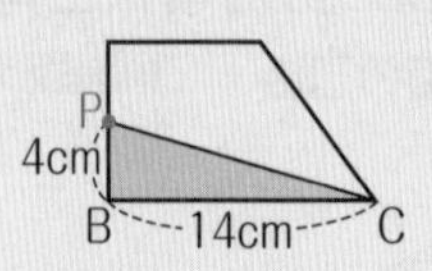

$14 \times 4 \div 2 = 28$ (cm²)

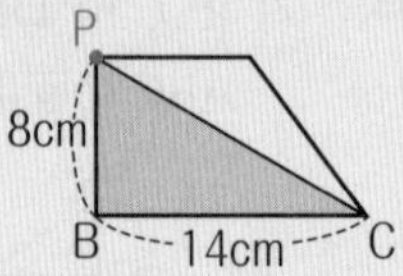

$14 \times 8 \div 2 = 56$ (cm²)

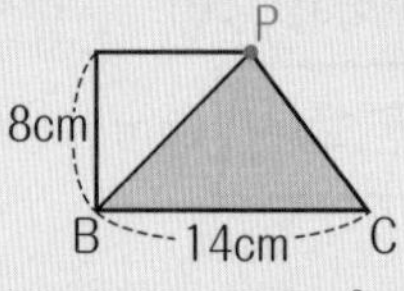

$14 \times 8 \div 2 = 56$ (cm²)

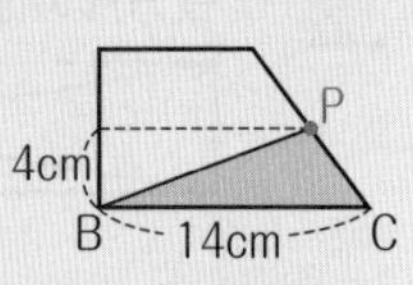

$14 \times 4 \div 2 = 28$ (cm²)

2 動物が動けるはんい

➡ 例題 68

例》長方形の小屋があり，小屋のすみAから4mはなれたEに，長さ6mのロープでつながれた牛がいる。

A 4m E D 3m B 5m C

小屋の外で牛が動けるはんいは下の図のようになる。牛は，Eを中心としたおうぎ形のはんいを動き，小屋のかどを曲がったときは，そのかどを中心とするおうぎ形のはんいを動く。

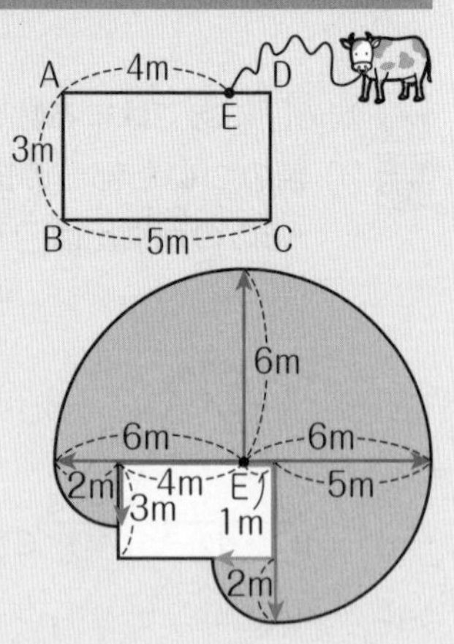

p.290 1

例題66 点の移動と面積

長方形 ABCD で，点 P は B を出発して，毎秒 1 cm の速さで長方形の辺上を B → A → D → C の順に動きます。このとき，三角形 PBC について答えなさい。

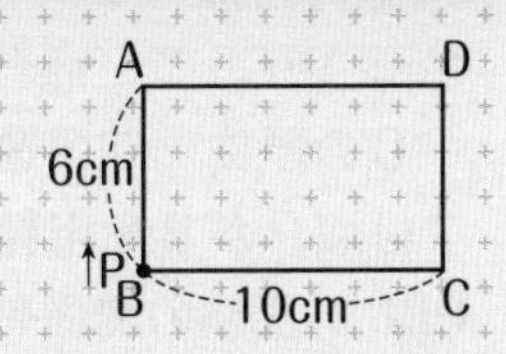

(1) 3 秒後の面積はいくらですか。

(2) PB＝PC の二等辺三角形になるのは何秒後ですか。

(3) 面積が 20 cm^2 になるのは何秒後ですか。すべて答えなさい。

解き方と答え

(1) 3 秒後の点 P は，BA 上を 1×3＝3 (cm) 進んでいる。
つまり，PB＝3 cm なので，10×3÷2＝**15 (cm^2)**

(2)

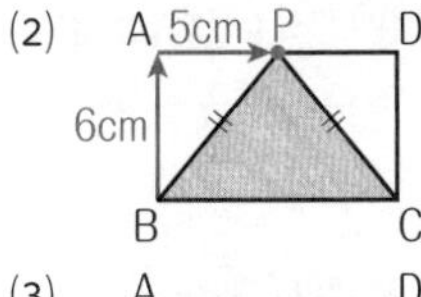

PB＝PC の二等辺三角形になるのは，点 P がADの中点まで進んだときである。AB＝6 cm，AP＝10÷2＝5 (cm) より，
(6＋5)÷1＝**11** (秒後)

(3)

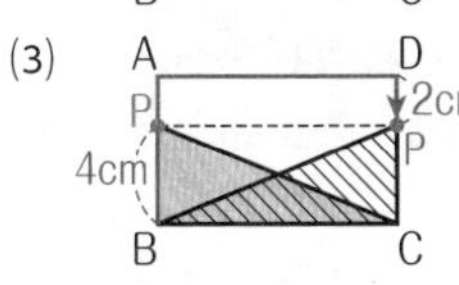

三角形 PBC の底辺は BC＝10 cm で一定である。面積が 20 cm^2 のときの高さを□ cm とすると，
10×□÷2＝20　□＝20×2÷10＝4
よって，1 回目は 4 cm，2 回目は 6＋10＋2＝18 (cm) 進んだときだから，4÷1＝**4** (秒後)と 18÷1＝**18** (秒後)

ココ大事！
変化のようすを各辺ごとに分けて考えていく。

練習問題 66

別冊解答 p.75

2 点 P，Q は B を同時に出発し，長方形 ABCD の辺上を動きます。点 P は秒速 1.5 cm の速さで B→C→D の順に，また点Q は秒速 1 cm の速さで B→A→D の順に動き，D にくると，点 P も点Q も止まります。このとき，三角形 PQB について答えなさい。

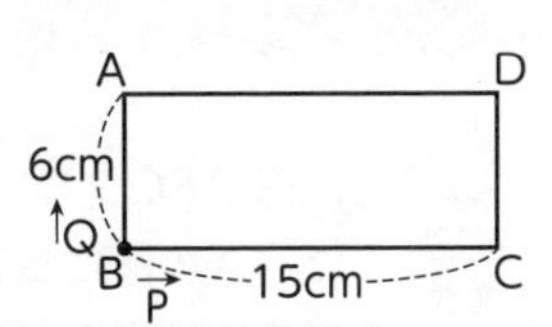

(1) 4 秒後の面積はいくらですか。

(2) 12 秒後の面積はいくらですか。

(3) 長方形の面積の $\frac{1}{2}$ になるのは何秒後ですか。

p.290 1

例題67 点の移動とグラフ

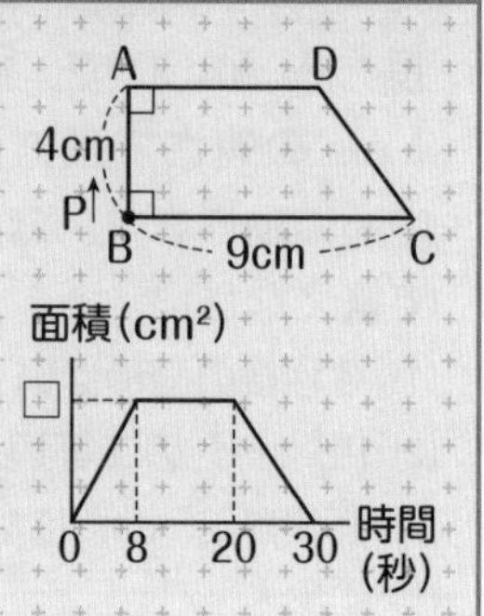

台形 ABCD で，点 P は B を出発して B→A→D→C の順に一定の速さで動きます。また，グラフは点 P が B を出発してからの時間と，三角形 PBC の面積の関係を表したものです。

(1) グラフの□にあてはまる数を求めなさい。

(2) 点 P の速さを求めなさい。

(3) 面積が 9 cm^2 になるのは何秒後ですか。すべて答えなさい。

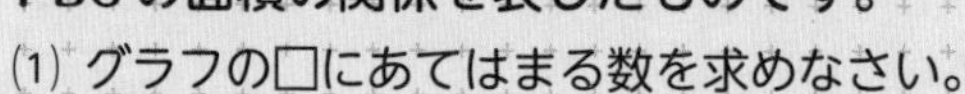

解き方と答え

面積(cm²)　□　A　D　B 0　8　20　30　C　時間(秒)

グラフ上での点 P の位置は，左の図のようになる。

(1) 左のグラフより，8 秒後に点 P が A に着くから，

□=9×4÷2=**18**

(2) (1)より，点 P は 4 cm を 8 秒で進んでいるので，4÷8=0.5 → 秒速 **0.5 cm**

(3) 三角形 PBC の面積が 9 cm^2 になるときの高さを△ cm とすると，

9×△÷2=9 より，△=9×2÷9=2

図より，高さが 2 cm のときは 2 回ある。1 回目は 2 cm 進んだときで，2÷0.5=**4** (秒後)，2 回目は DC の中点のときで，グラフより D を出発して 5 秒後　よって，20+5=**25** (秒後)

ココ大事！

移動(いどう)する点が，グラフ上のどの位置にあるかを確認しながら解く。

練習問題 67

別冊解答 p.76

台形 ABCD で，点 P は B を出発して，B→C→D→A の順に毎秒 1 cm の速さで動きます。また，グラフは点 P が B を出発してからの時間と，三角形 PAB の面積の関係を表したものです。

(1) グラフのア，イにあてはまる数を求めなさい。

(2) 面積が 2 回目に 10 cm^2 になるのは何秒後ですか。

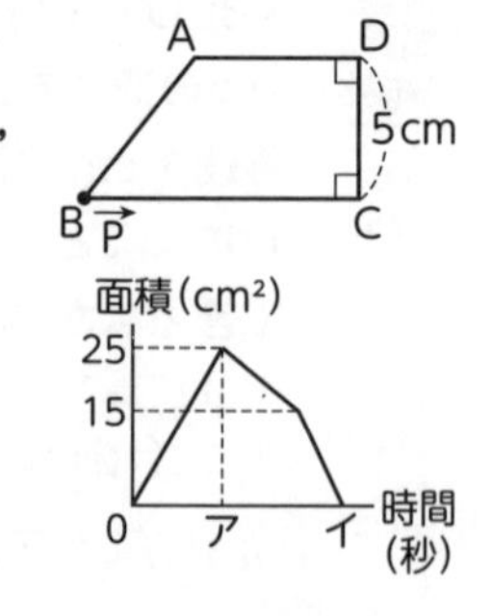

p.290 2

例題68 動物が動けるはんい

右の図のように，1辺が 3 m の正方形 ABCD の小屋があり，A から 1 m はなれた E に，長さ 5 m のロープでつながれた牛がいます。
小屋の外で牛が動けるはんいの面積は何 m^2 ですか。

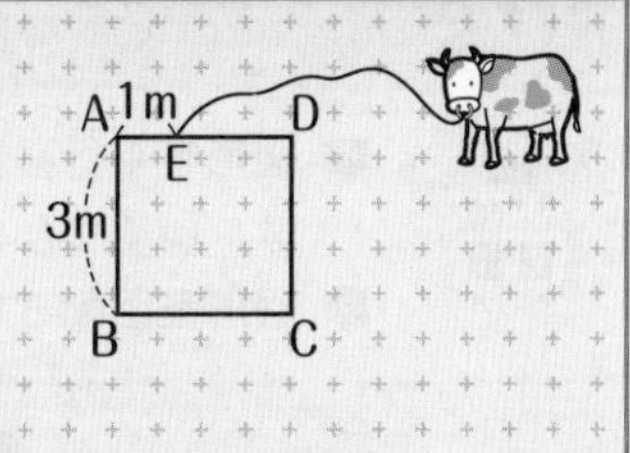

解き方と答え

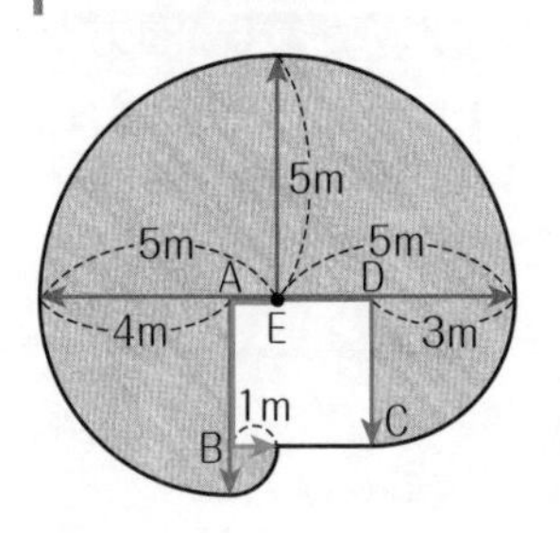

牛が動けるはんいを図にかいて考える。
Eを中心として，小屋の辺にそって，左右と上方向に，半径 5 m のおうぎ形をかく。
次に，AとDを中心として下方向にそれぞれ半径 4 m と 3 m のおうぎ形をかく。最後はBを中心として右方向に半径 1 m のおうぎ形をかく。
よって，

$$5\times5\times3.14\times\frac{1}{4}\times2+4\times4\times3.14\times\frac{1}{4}+3\times3\times3.14\times\frac{1}{4}+1\times1\times3.14\times\frac{1}{4}$$

$$=(25\times2+16+9+1)\times3.14\times\frac{1}{4}$$

$$=\overset{19}{\cancel{76}}\times3.14\times\frac{1}{\underset{1}{\cancel{4}}}=\mathbf{59.66}\ (m^2)$$

ココ大事！ 動物が動けるはんいは，小屋の辺にそってできるおうぎ形を合わせた図になる。

練習問題 68

右の図のように，1辺が 2 m の正六角形の小屋があり，小屋のすみ A に長さ 5 m のロープで犬がつながれています。
小屋の外で犬が動けるはんいの面積は何 m^2 ですか。

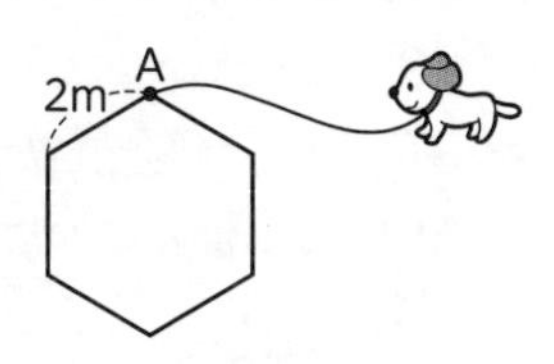

別冊解答 p.76

第4章 **図形の移動**

17 平行移動と回転移動

p.294〜298

❶ 図形を平行移動させて他の図形と重なる部分の面積を考える問題は，いくつかの場合に分けて考えられるようにしよう。
❷ 図形を回転させたときにできる面積の求め方を理解しよう。

学習のポイント

1 図形の平行移動

➡ 例題 69･70

► 図形を，一定の方向に一定のきょりだけ動かす移動を**平行移動**という。

例》 下の図のように，直線 ℓ 上に2つの長方形ⓐと長方形ⓘがある。長方形ⓐが図の位置から矢印の方向に毎秒 1 cm の速さで動くとき，長方形ⓘと重なる部分の面積の変化をグラフに表すと，下のようになる。

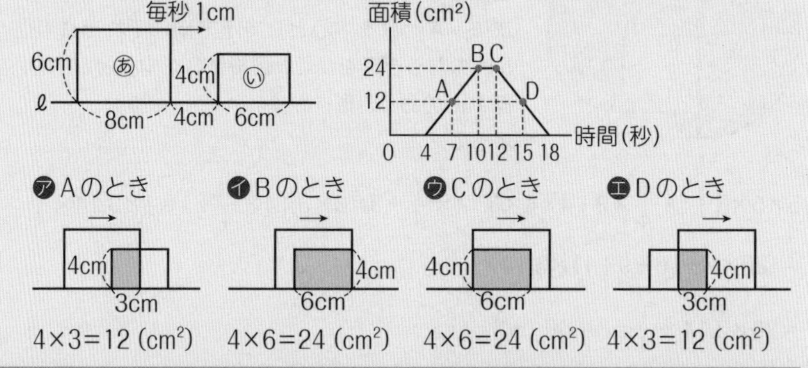

2 図形の回転移動

➡ 例題 71･72

► 図形を，ある点を中心として一定の角度だけ回転させる移動を**回転移動**という。

► 半円が回転したときの色のついた部分の面積は，**半円の直径が動いてできたおうぎ形の面積と等しくなる。**

例》

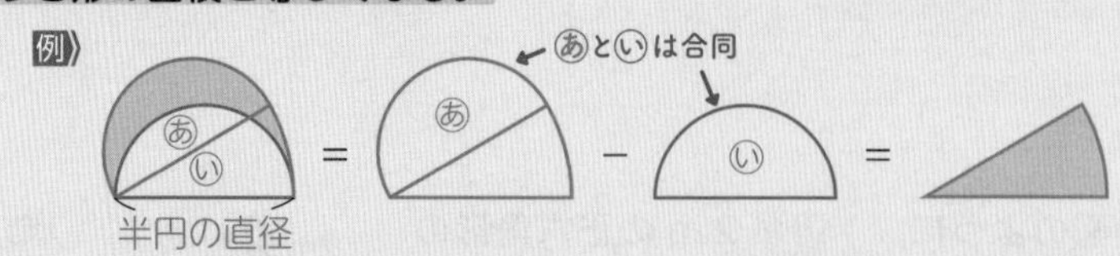

► 直角三角形が回転したときの色のついた部分の面積は，**大きいおうぎ形から小さいおうぎ形をひいた面積と等しくなる。**

例》

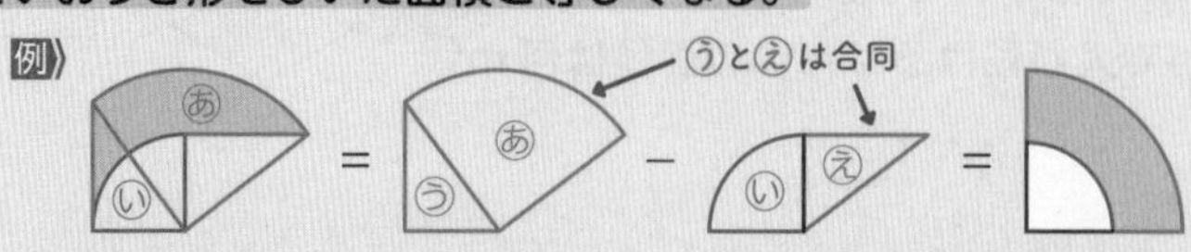

p.294 1

例題69 図形の平行移動（1）ー図で考えるー

右の図のように，直線 ℓ 上に２つの長方形AとBがあります。Aが図の位置から矢印の方向に毎秒１cmの速さで動きます。

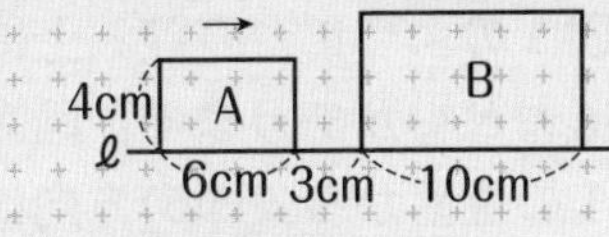

(1) 動きはじめてから５秒後のAとBが重なる部分の面積を求めなさい。

(2) AとBが重なる部分の面積が変化しないのは，動きはじめてから何秒後から何秒後までですか。

(3) AとBが重なる部分の面積が $20\ \text{cm}^2$ になるのは，動きはじめてから何秒後ですか。すべて答えなさい。

解き方と答え

(1)

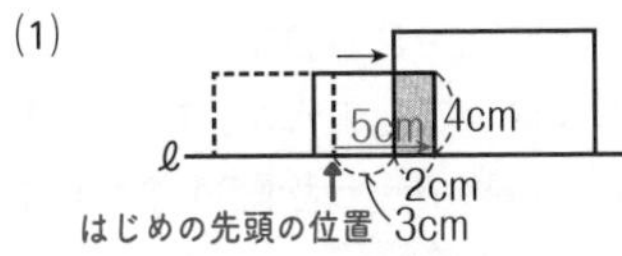

５秒後，Aの先頭は $1\times5=5$（cm）動いている。
よって，$2\times4=$ **8（cm²）**

(2)

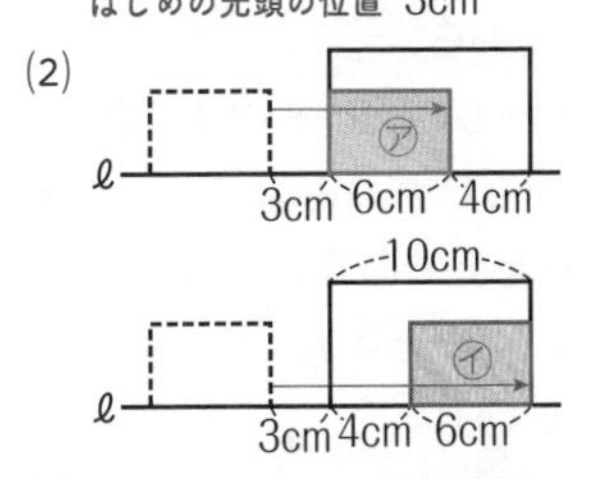

面積が変化しないのは，㋐から㋑のときまでである。
㋐のとき，$(3+6)\div1=9$（秒後）
㋑のとき，$(3+10)\div1=13$（秒後）
よって，**9秒後から13秒後まで**

(3)

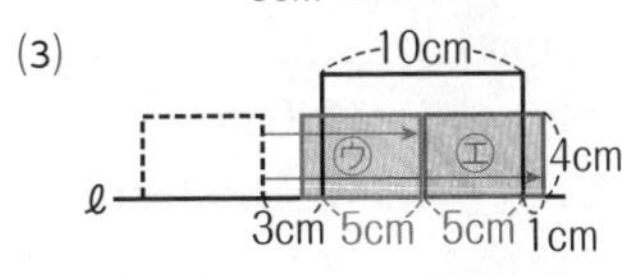

重なる部分は縦（たて）4 cmの長方形なので，横は，
$20\div4=5$（cm）
㋒のとき，$(3+5)\div1=8$（秒後）
㋓のとき，$(3+10+1)\div1=14$（秒後）
よって，**8秒後と14秒後**

長方形が動くようすを図に表して，先頭が動いたきょりを考える。

別冊解答 p.76

例題69 で，長方形Aが矢印の方向に毎秒２cmの速さで動きます。

(1) ２つの長方形が重なりはじめてから重なり終わるまでに何秒かかりますか。

(2) 長方形Bの縦の長さを６cmとします。２つの長方形の重なっている部分の面積が長方形Bの面積の $\frac{1}{5}$ になるのは，動きはじめてから何秒後ですか。すべて答えなさい。

p.294 1

例題70 図形の平行移動 (2) ―グラフから読みとる―

図1のように，直線ℓ上に2つの長方形㋐と㋑があります。図2は，㋐が図1の位置から矢印の方向に動くとき，動きはじめてからの時間と㋐と㋑が重なる部分の面積の関係を表したものです。

(1) ㋐の動く速さを求めなさい。

(2) 図1のアの長さは何cmですか。

(3) 図2のイにあてはまる数を求めなさい。

(図1)

ℓ　㋐　㋑　5cm　16cm　4cm　ア

(図2)

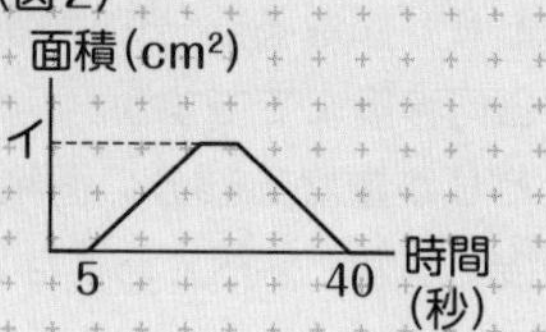

解き方と答え

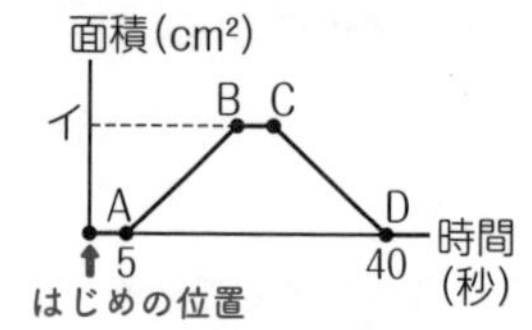

長方形㋐の位置を，左のグラフ上にA～Dで表す。

(1)

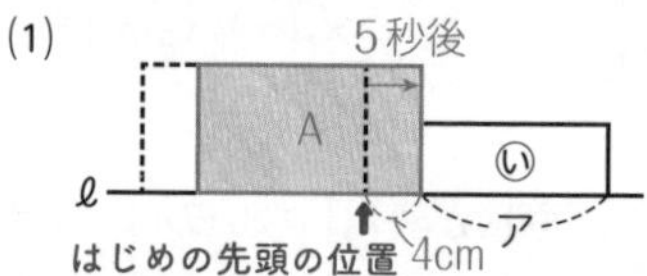

グラフ上のAが，重なりはじめで，5秒間で4cm動くから，

$4 \div 5 = 0.8$ → 秒速 **0.8 cm**

(2)

5秒後　40秒後　A　㋑　5cm　D　ℓ　ア　16cm

グラフ上のAからDが，重なりはじめから重なり終わりまでである。

秒速0.8cmで $40-5=35$（秒間）動くので，動いたきょりは，

$0.8 \times 35 = 28$ (cm)

よって，$ア = 28 - 16 = $ **12** (cm)

(3) グラフ上のBからCのとき，㋑全部が重なっているので，$イ = 12 \times 5 = $ **60** (cm²)

ココ大事！

グラフ上のそれぞれの点で，図形の位置関係を確認しながら解く。

練習問題 70

別冊解答 p.76

例題70 について，次の問いに答えなさい。

(1) ㋐と㋑が重なる部分の面積が変化しないのは，動きはじめてから何秒後から何秒後までですか。

(2) 2つの長方形が重なる部分の面積が20cm²になるのは，動きはじめてから何秒後ですか。すべて答えなさい。

p.294 2

例題71 半円の回転移動

右の図は，半径 4 cm の半円を点Aを中心として□°回転させたものです。

(1) □＝45 のとき，色のついた部分の面積を求めなさい。

(2) 色のついた部分の面積が 50.24 cm² のとき，□にあてはまる数を求めなさい。

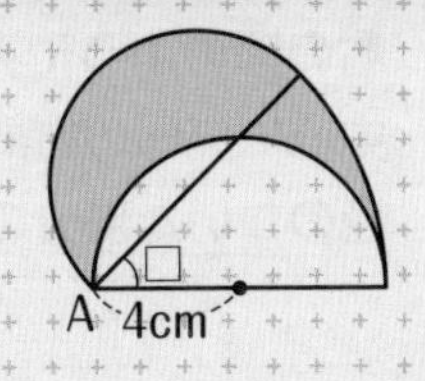

解き方と答え

(1) 色のついた部分の面積は，全体の面積から半円の面積をひく。半円㋐と半円㋑は合同なので，色のついた部分の面積は中心角 45° のおうぎ形の面積と等しいことがわかる。

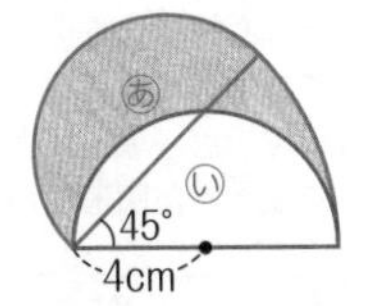

－
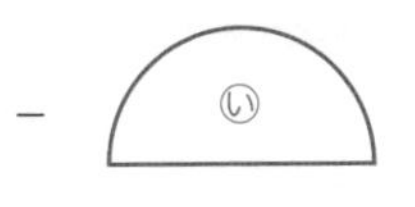

＝
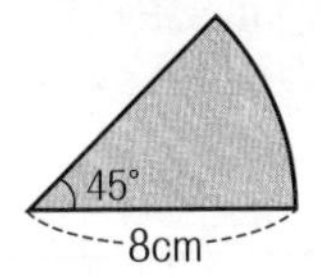

よって，$8\times8\times3.14\times\frac{45}{360}=$**25.12 (cm²)**

(2) (1)と同じように考えると，色のついた部分の面積は半径 8 cm，中心角 □° のおうぎ形の面積と等しいので，

$8\times8\times3.14\times\frac{□}{360}=50.24$

$\frac{□}{360}=16\times3.14\div(8\times8\times3.14)=\frac{16}{8\times8}=\frac{1}{4}$

$□\div360=\frac{1}{4}$

よって，$□=\frac{1}{4}\times360=$**90**

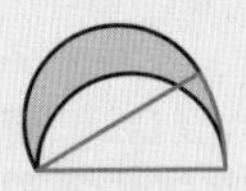
＝
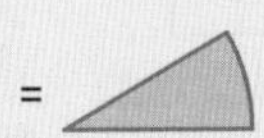

色のついた部分の面積は，半円の直径が動いてできたおうぎ形の面積と等しい。

練習問題71

右の図は，半径 3 cm の半円を点Aを中心として 30° 回転させたものです。色のついた部分の面積を求めなさい。

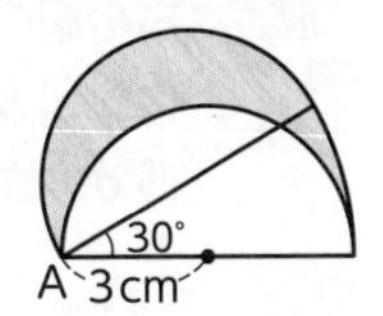

別冊解答 p.77

p.294 2

例題72 直角三角形の回転移動

右の図のように，直角三角形 ABC を点Aを中心に矢印の方向に 90° 回転させました。色のついた部分の面積を求めなさい。

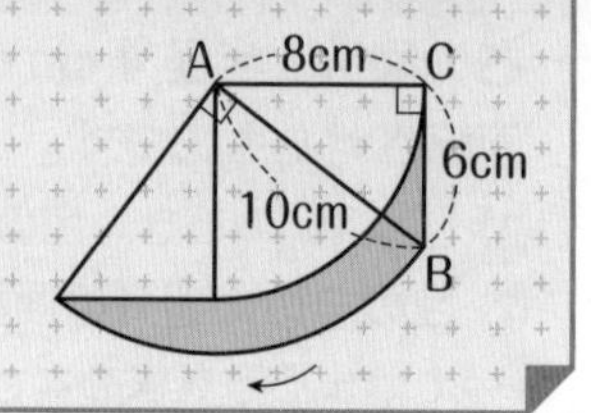

解き方と答え

色のついた部分の面積は，全体の面積から直角三角形㋑の面積と半径 8 cm，中心角 90° のおうぎ形の面積をひく。直角三角形㋐と直角三角形㋑は合同なので，色のついた部分の面積は，**半径10 cm，中心角 90° のおうぎ形の面積から，半径 8 cm，中心角 90° のおうぎ形の面積をひけばよい。**

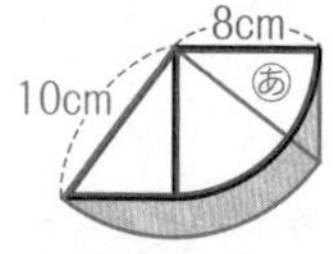

－
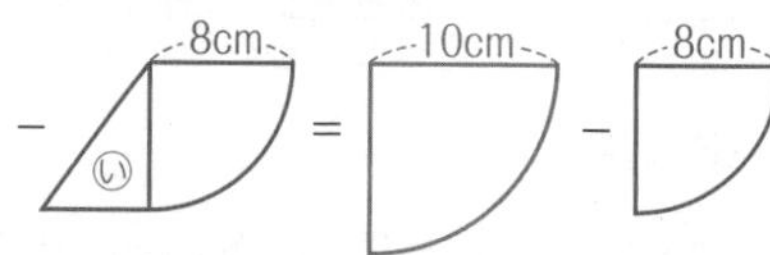

よって，

$10 \times 10 \times 3.14 \times \frac{1}{4} - 8 \times 8 \times 3.14 \times \frac{1}{4}$

$= (10 \times 10 - 8 \times 8) \times 3.14 \times \frac{1}{4}$

$= \overset{9}{\cancel{36}} \times 3.14 \times \frac{1}{\underset{1}{\cancel{4}}} = \mathbf{28.26\ (cm^2)}$

くわしく **回転移動は辺の移動で考えよう**

例題72 のような色のついた部分の面積は，辺 BC が通った部分の面積である。辺が通った部分の面積は，中心と，辺上までのきょりの最も近い点と最も遠い点が通った道と，その辺で囲まれた図形になる。

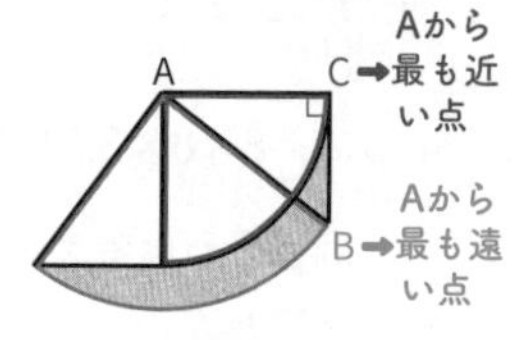

＝
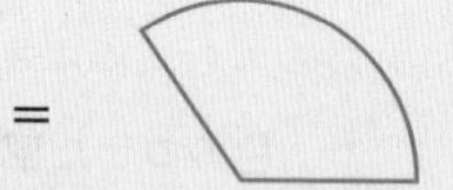
－
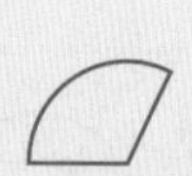

色のついた部分の面積＝大きいおうぎ形の面積－小さいおうぎ形の面積

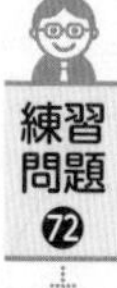

右の図のように，直角二等辺三角形を点Oを中心に矢印の方向に 90° 回転させました。色のついた部分の面積を求めなさい。

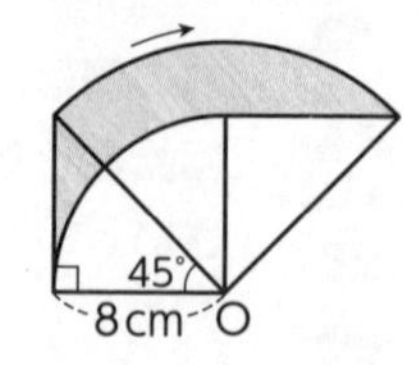

別冊解答 p.77

18 直線上を転がる移動

p.299〜302

❶ 多角形やおうぎ形を直線上で転がしたときに，頂点(ちょうてん)や中心が通ったあとの線をかけるようにしよう。また，その線の長さや，その線と直線で囲まれた部分の面積を求められるようにしよう。

学習のポイント

1 正三角形の転がり移動

➡ 例題73

例》直線 ℓ 上で，1 辺 3 cm の正三角形をすべることなく転がして㋐から㋑まで移動(いどう)させたとき，点 A が動いたあとにできる線は，**正三角形の外角である 120° を中心角とするおうぎ形の弧(こ)をえがく。**

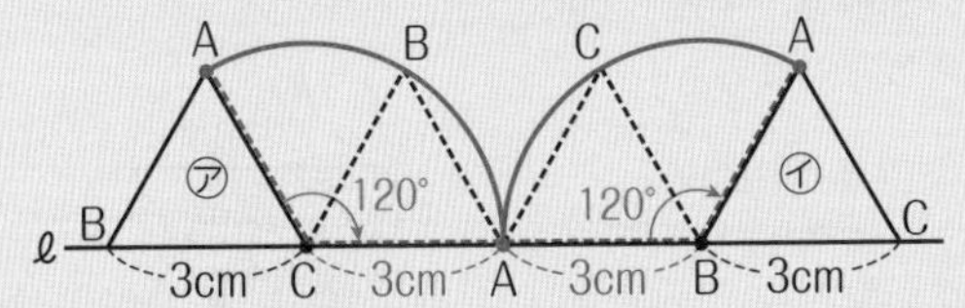

2 長方形の転がり移動

➡ 例題74

例》直線 ℓ 上で，縦(たて) 4 cm，横 3 cm，対角線 5 cm の長方形をすべることなく転がして㋐から㋑まで移動させたとき，点 B が動いたあとにできる線は，**長方形の外角である 90° を中心角とするおうぎ形の弧をえがく。**

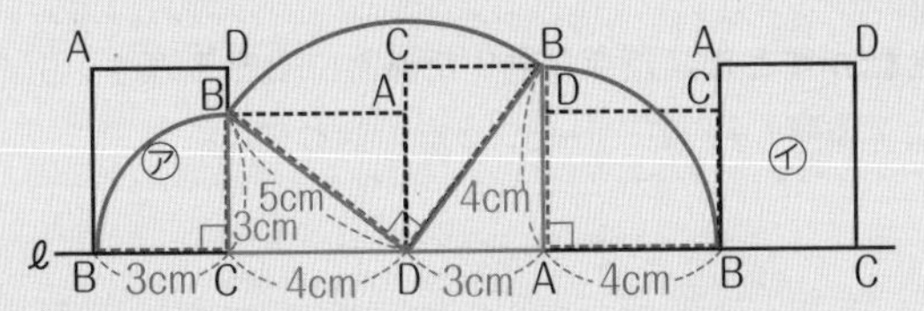

3 おうぎ形の転がり移動

➡ 例題75

例》直線 ℓ 上で，半径 6 cm，中心角 60° のおうぎ形 AOB をすべることなく転がして㋐から㋑まで移動させたとき，中心 O が動いたあとにできる線は，**転がしたおうぎ形と同じ半径で，中心角 90° のおうぎ形の弧×2＋転がしたおうぎ形の弧と同じ長さの直線**となる。

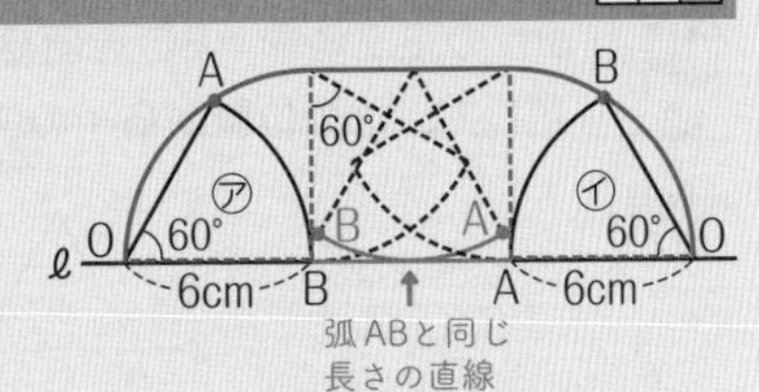

p.299 1

例題73 正三角形の転がり移動

p.299 の 1 の 例》について，次の問いに答えなさい。

(1) 点Aが動いたあとにできる線の長さを求めなさい。

(2) (1)の線と㋐の正三角形の辺 AC，直線 ℓ，㋑の正三角形の辺 AB とで囲まれた部分の面積を求めなさい。

解き方と答え

(1) p.299 1 の図より，点Aが動いたあとにできる線は，半径 3 cm，中心角 120° のおうぎ形の弧(こ)が 2 つになる。

よって，$3\times2\times3.14\times\frac{120}{360}\times2=$ **12.56 (cm)**

(2) p299 1 の図より，求める図形の面積は，半径 3 cm，中心角 120° のおうぎ形の面積 2 つ分になる。

よって，$3\times3\times3.14\times\frac{120}{360}\times2=$ **18.84 (cm²)**

参考 正六角形のまわりを 1 周すると？

例》の正三角形を 1 辺の長さが同じである正六角形のまわりに転がしたとき，点Aが動いたあとは，下の図のようになる。

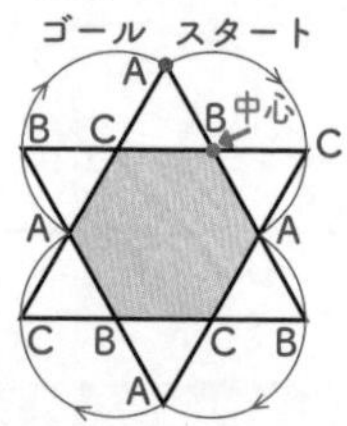

頂点の記号を書きこみ，中心の位置を確認する。
頂点は，中心角 180° のおうぎ形の弧をえがく。

ココ大事！ 直線上で正三角形を転がすとき，頂点(ちょうてん)が動いたあとにできる線は，正三角形の 1 辺を半径とする中心角 120° のおうぎ形の弧となる。

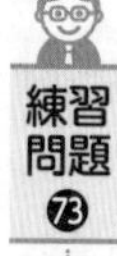

練習問題 73

別冊解答 p.77

下の図のように，直線 ℓ 上に 1 辺 6 cm の正方形があります。1 辺 6 cm の正三角形 ABC を直線 ℓ および正方形の辺上ですべることなく転がして，㋐の位置から㋑の位置まで移動させます。

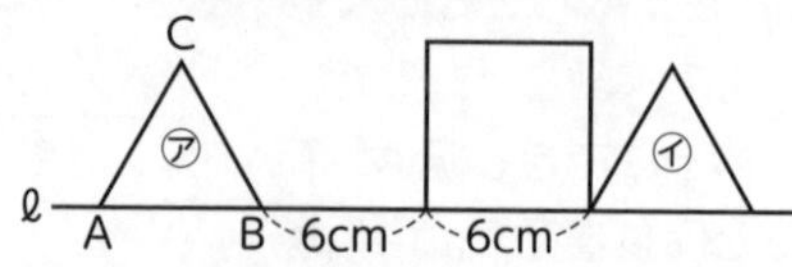

(1) 点Aが動いたあとにできる線を作図しなさい。

(2) (1)の線の長さを求めなさい。

p.299 2

例題74 長方形の転がり移動

p.299 の 2 の 例 について，次の問いに答えなさい。

(1) 点Bが動いたあとにできる線の長さを求めなさい。

(2) (1)の線と直線 ℓ で囲まれた部分の面積を求めなさい。

解き方と答え

(1) p.299 2 の図より，半径 3 cm，半径 5 cm，半径 4 cm で，中心角 90°のおうぎ形の弧の長さの和になる。

よって，$3\times2\times3.14\times\dfrac{90}{360}+5\times2\times3.14\times\dfrac{90}{360}$

$+4\times2\times3.14\times\dfrac{90}{360}$

$=(6+10+8)\times3.14\times\dfrac{1}{4}$

$=24\times3.14\times\dfrac{1}{4}=$ **18.84 (cm)**

(2) p.299 2 の図より，半径 3 cm，半径 5 cm，半径 4 cm で，中心角 90° のおうぎ形と，底辺と高さがそれぞれ 3 cm と 4 cm の直角三角形 2 つの面積の和になる。

よって，$3\times3\times3.14\times\dfrac{90}{360}+5\times5\times3.14\times\dfrac{90}{360}$

$+4\times4\times3.14\times\dfrac{90}{360}+3\times4\div2\times2$

$=(9+25+16)\times3.14\times\dfrac{1}{4}+12$

$=50\times3.14\times\dfrac{1}{4}+12=$ **51.25 (cm²)**

くわしく おうぎ形の中心角は外角

多角形を，直線上で転がすとき，頂点が動いたあとは，多角形の外角を中心角とするおうぎ形の弧をえがく。

・正方形の場合

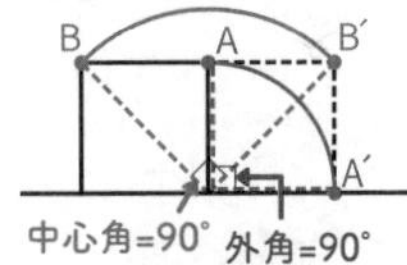

・正六角形の場合

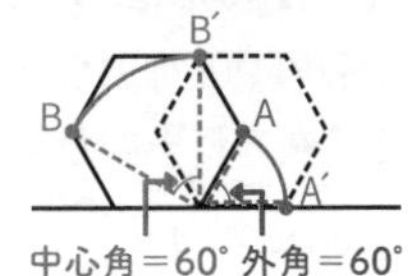

直線上で長方形を転がすとき，頂点が動いたあとにできる線は，長方形の縦，横，対角線をそれぞれ半径とする中心角 90° のおうぎ形の弧となる。

練習問題 74

別冊解答 p.77

右の図のように，直線 ℓ 上で，長方形 ABCD を，矢印の方向にすべることなく転がし，辺 BC が再び直線 ℓ 上にきたとき転がすのをやめます。

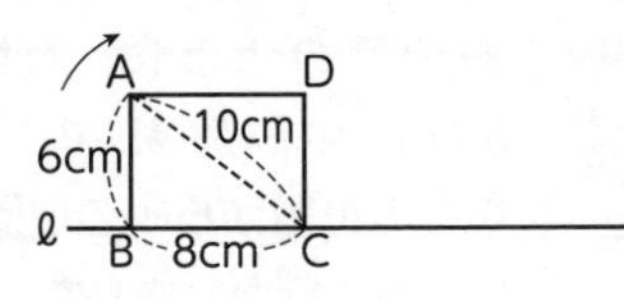

(1) 点Cが動いたあとにできる線の長さを求めなさい。

(2) 点Cが動いたあとにできる線と直線 ℓ で囲まれた部分の面積を求めなさい。

p.299 3

例題75 おうぎ形の転がり移動

p.299の3の例》について，次の問いに答えなさい。

(1) おうぎ形AOBの中心Oが動いたあとにできる線の長さを求めなさい。

(2) (1)の線と直線ℓとで囲まれた部分の面積を求めなさい。

解き方と答え

(1) p299 3の図より，求める長さは，

中心角90°のおうぎ形の弧+中心角60°のおうぎ形の弧+中心角90°のおうぎ形の弧の長さの和となる。

$6\times2\times3.14\times\frac{90}{360}+6\times2\times3.14\times\frac{60}{360}$

$+6\times2\times3.14\times\frac{90}{360}$

$=3\times3.14+2\times3.14+3\times3.14=8\times3.14$

$=$**25.12 (cm)**

(2) p299 3の図より，求める面積は，

中心角90°のおうぎ形+縦6cm，横が弧ABと同じ長さの長方形+中心角90°のおうぎ形の面積の和となる。

$6\times6\times3.14\times\frac{90}{360}+6\times6\times2\times3.14\times\frac{60}{360}$

$+6\times6\times3.14\times\frac{90}{360}$

$=9\times3.14+12\times3.14+9\times3.14=30\times3.14$

$=$**94.2 (cm^2)**

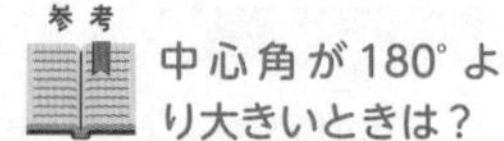

参考 中心角が180°より大きいときは？

中心角が180°より大きいおうぎ形を転がしたとき，中心が動いたあとの線は，

中心角が$\left(180°-中心角\times\frac{1}{2}\right)$のおうぎ形の弧

→転がるおうぎ形の弧と同じ長さの直線

→$\left(180°-中心角\times\frac{1}{2}\right)$のおうぎ形の弧になる。

ココ大事！ 中心角180°以下のおうぎ形を転がすとき，中心が動いたあとの線は，
中心角90°のおうぎ形の弧→転がるおうぎ形の弧と同じ長さの直線→中心角90°のおうぎ形の弧になる。

練習問題75

別冊解答 p.77

右の図のように，直線ℓ上を半径8cm，中心角45°のおうぎ形OABを㋐の位置から㋑の位置まですべらないように転がしました。

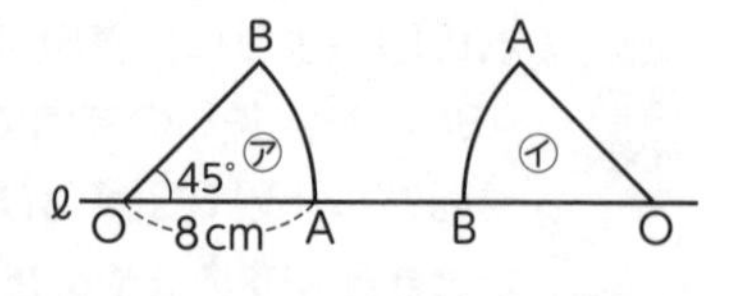

(1) おうぎ形OABの中心Oが動いたあとの線の長さは何cmですか。

(2) (1)の線と直線ℓとで囲まれた部分の面積は何cm^2ですか。

19 図形のまわりを転がる移動

p.303〜307

❶ 長方形や三角形の外側を転がる円の動きと，長方形の内側を転がる円の動きのちがいを理解しよう。

❷ 円のまわりを転がる円の動きを理解しよう。

学習のポイント

1 長方形や三角形の外側を転がる円

➡ 例題 76･77

► 長方形の外側を円が転がるとき，円の中心が動いたあとの線は，**長方形の辺と同じ長さの直線と，4つのおうぎ形の弧**になる。

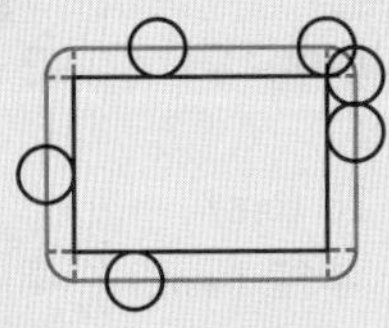

► 長方形の外側を円が転がるとき，円が通ったあとの面積は，**長方形4つとおうぎ形4つを合わせた面積**になる。

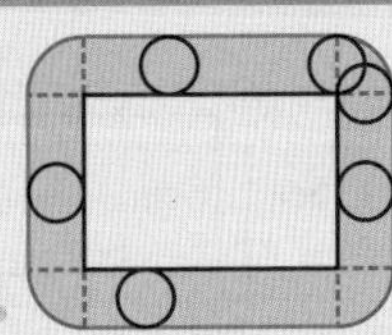

2 長方形の内側を転がる円

➡ 例題 78

► 長方形の内側を円が転がるとき，円の中心が動いたあとの線は，**長方形の辺よりもそれぞれ半径2つ分短い辺の長方形**になる。

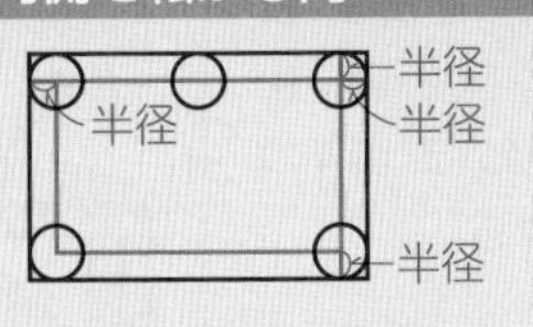

► 長方形の内側を円が転がるとき，円が通ったあとの面積は，全体の長方形の面積から，円が通らない部分の面積をひいて求める。

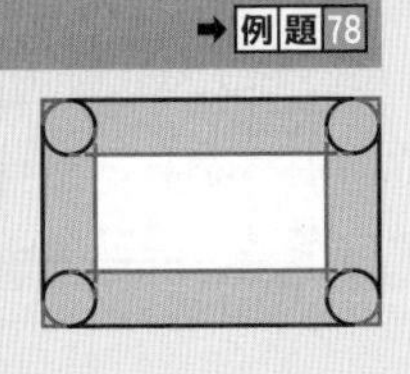

円が通ったあとの面積は，

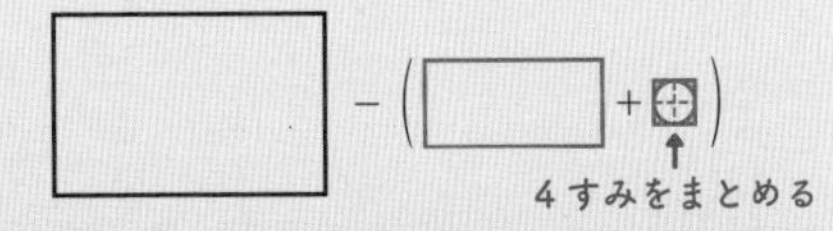

3 円のまわりを転がる円

➡ 例題 79

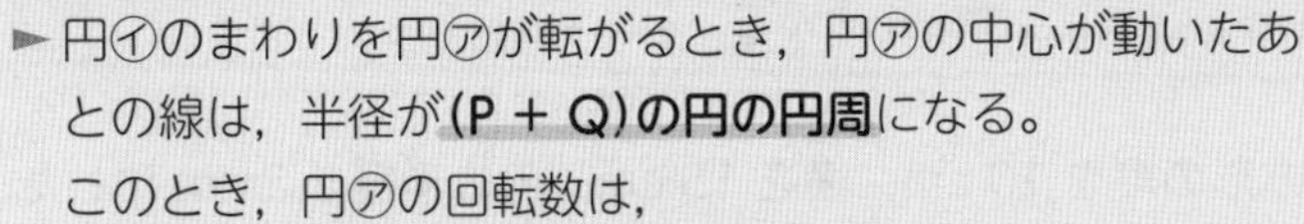

► 円㋑のまわりを円㋐が転がるとき，円㋐の中心が動いたあとの線は，半径が**(P + Q)の円の円周**になる。

このとき，円㋐の回転数は，

中心が動いた長さ÷回転する円の円周 で求められるので，

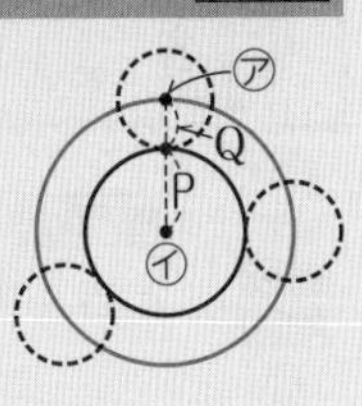

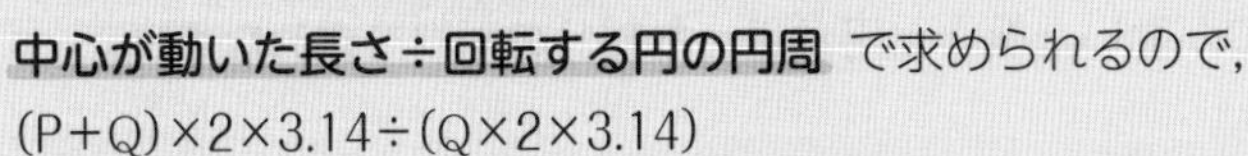

$(P+Q)\times2\times3.14\div(Q\times2\times3.14)$

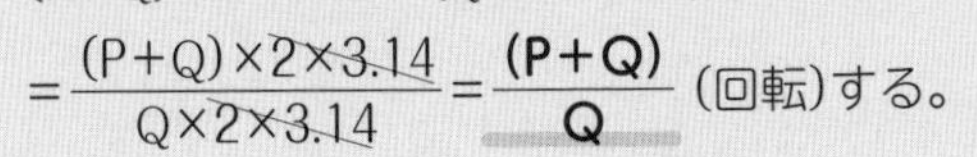

$=\dfrac{(P+Q)\times\cancel{2\times3.14}}{Q\times\cancel{2\times3.14}}=\dfrac{P+Q}{Q}$ (回転)する。

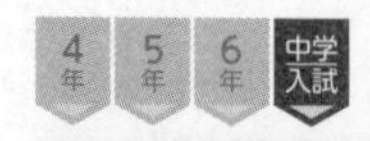

p.303 1

例題76 長方形の外側を転がる円

右の図のように，縦(たて)5 cm，横 8 cm の長方形の外側を半径 1 cm の円がすべらないように転がりながら1周します。

(1) 中心Oが動いた長さを求めなさい。

(2) 円が通った部分の面積を求めなさい。

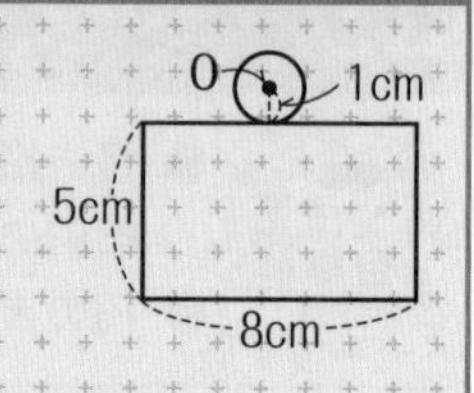

解き方と答え

(1)

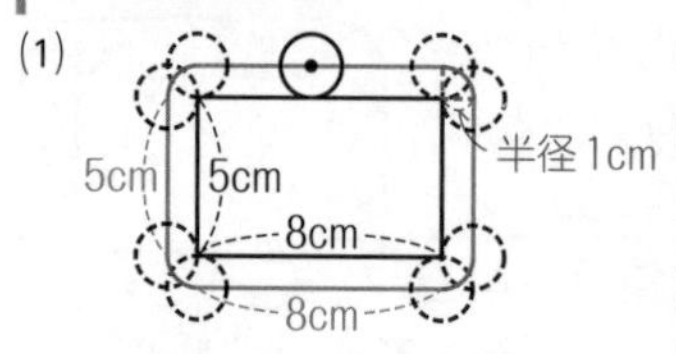

中心Oが動いた長さは，

直線部分は，

$(5+8)\times2=26$ (cm)

曲線部分は，半径 1 cm，中心角 90° のおうぎ形の弧(こ)が 4 つ分なので，$1\times2\times3.14=6.28$ (cm)

よって，$26+6.28=$ **32.28 (cm)**

(2)

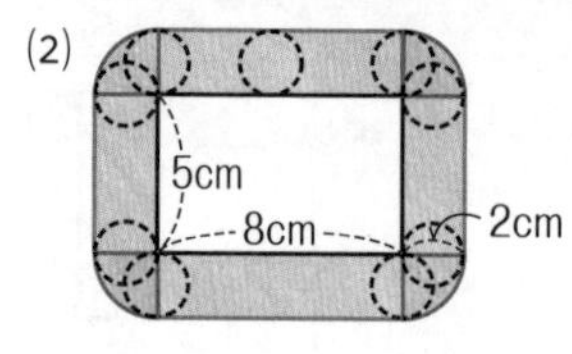

円が通った部分の面積は，長方形が 4 つと半径 2 cm，中心角 90° のおうぎ形が 4 つの面積の和になる。

よって，

$(5+8)\times2\times2+2\times2\times3.14=$ **64.56 (cm²)**

（$(5+8)\times2\times2$：長方形4つ　$2\times2\times3.14$：おうぎ形4つ）

円が通った部分の面積

(2)

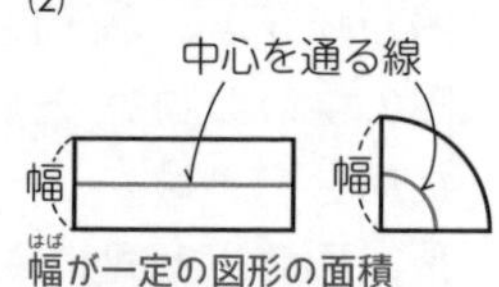

幅(はば)が一定の図形の面積
＝中心を通る線の長さ×幅
を利用すると，円が通った部分の面積は，
中心の動いた長さ×円の直径
になる。

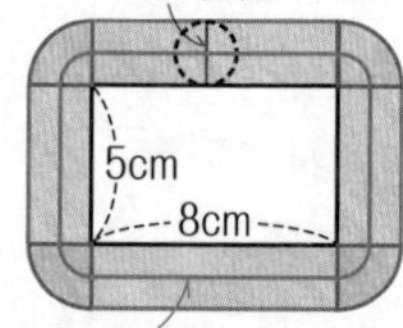

(1)より，中心Oが動いた長さは，32.28 cm だから，求める面積は，
$32.28\times2=64.56$ (cm²)

ココ大事！ 長方形の外側を円が転がるとき，円は長方形の辺上では直線的に移動(いどう)し，かどでは中心角90° のおうぎ形をえがくように移動する。

練習問題76

例題76の長方形の縦を 10 cm，横を 15 cm，円の半径を 2 cm にしたとき，中心Oが動いた長さと円が通った部分の面積を求めなさい。

別冊解答 p.78

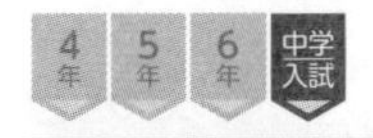

p.303 1

例題77 三角形の外側を転がる円

右の図のように，直角三角形の外側を半径1.5 cmの円がすべらないように転がりながら1周します。

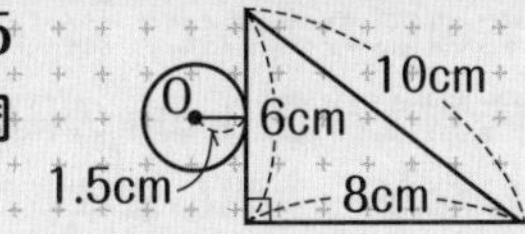

(1) 中心Oが動いた長さを求めなさい。

(2) 円が通った部分の面積を求めなさい。

解き方と答え

(1)

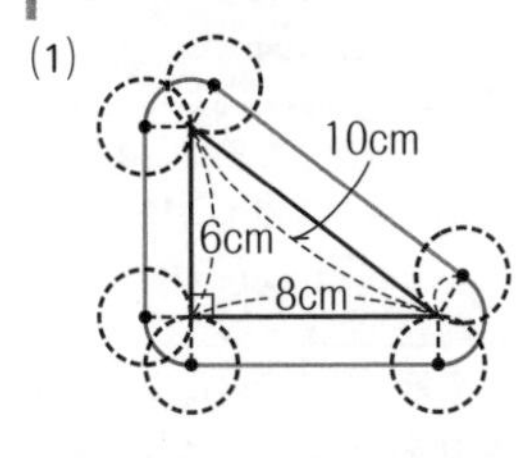

中心Oが動いた長さは，直線部分は 6+8+10=24 (cm)，曲線部分は，半径 1.5 cm のおうぎ形3つを合わせた円になるので，

1.5×2×3.14=9.42 (cm)

よって，24+9.42=**33.42 (cm)**

(2)

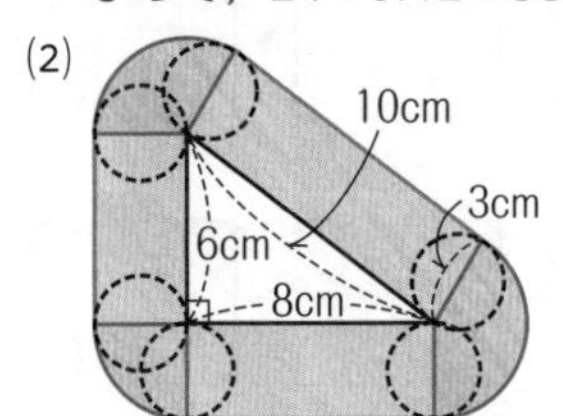

円が通った部分の面積は，長方形3つと，半径3 cmのおうぎ形3つを合わせた円の面積の和になる。

よって，(6+8+10)×3+3×3×3.14=**100.26 (cm^2)**

（(6+8+10)×3：長方形3つ　3×3×3.14：おうぎ形3つ）

なぜ？ おうぎ形を合わせると円になる理由

下の図のように，平行線をひくと，同位角が等しいから，

ア＝イ，ウ＝エ

イ＋オ＋エ＝180° より，

ア＋オ＋ウ＝180° で，これに中心角 90° のおうぎ形を2つ加えるので，合わせて 360° つまり，円となる。

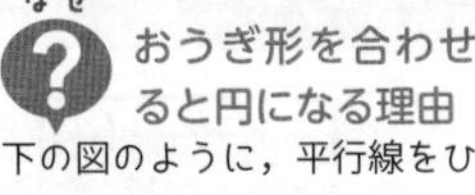

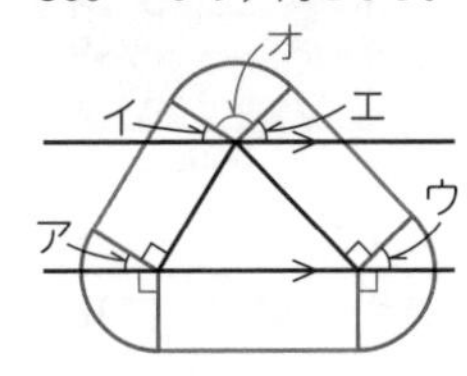

p304 の裏を使う

(2) 円が通った部分の面積は，中心の動いた長さ×円の直径より，

33.42×3=**100.26 (cm^2)**

ココ大事！ 三角形の外側を円が転がるとき，円は三角形の辺上では直線的に移動し，かどではおうぎ形をえがくように移動する。

例題77の三角形を右のようにし，円の半径を1 cmにしたとき，中心Oが動いた長さと円が通った部分の面積を求めなさい。

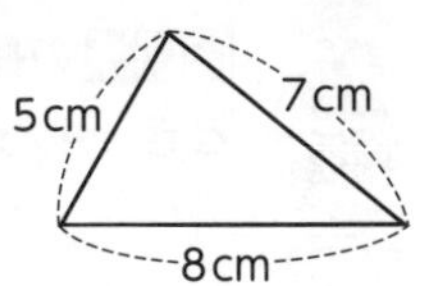

別冊解答 p.78

第4編 平面図形　第1章 平面図形の性質　第2章 図形の角　第3章 図形の面積　第4章 図形の移動

p.303 2

例題78 長方形の内側を転がる円

右の図のように，縦（たて）5 cm，横 8 cm の長方形の内側を半径 1 cm の円がすべらないように転がりながら1周します。

(1) 中心Oが動いた長さを求めなさい。

(2) 円が通った部分の面積を求めなさい。

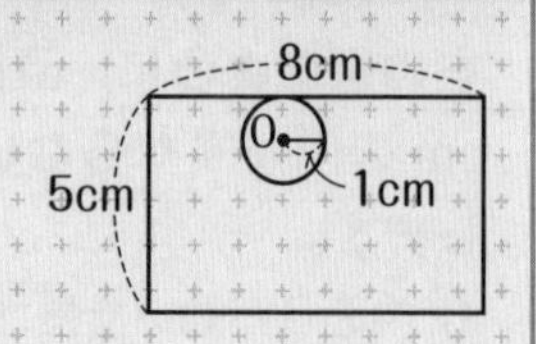

解き方と答え

(1)

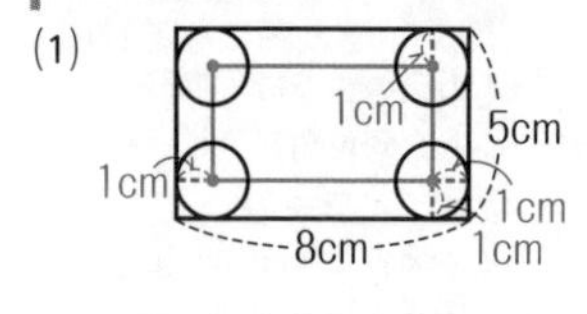

中心Oが動いた長さは，

縦は 5−1×2=3 (cm)，

横は 8−1×2=6 (cm) の長方形になる。

よって，(3+6)×2=**18 (cm)**

(2)

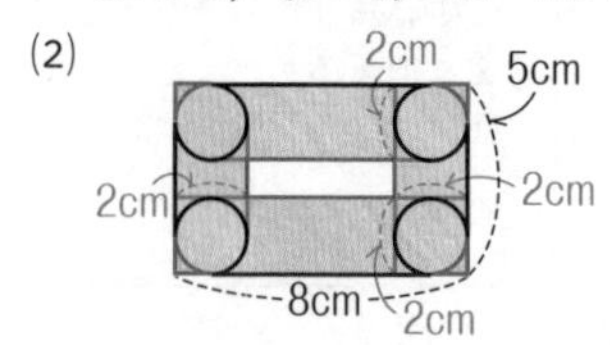

長方形全体から，通らなかった部分をひく。

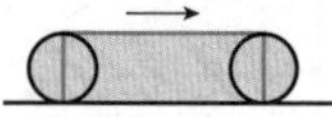 の部分は，

(5−2×2)×(8−2×2)

=4 (cm²)

かどの部分を4つ合わせたの部分は，

2×2−1×1×3.14=0.86 (cm²)

よって，5×8−(4+0.86)=**35.14 (cm²)**

くわしく 直線上を転がるときの図

長方形の内側を円が転がるとき，円が通った図は，両側が半円で間が長方形となる。

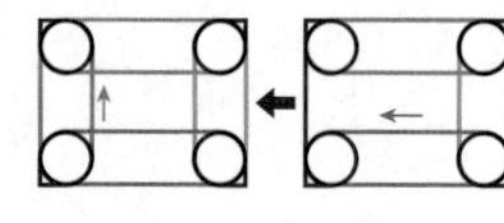

この形が長方形の中でくり返される。

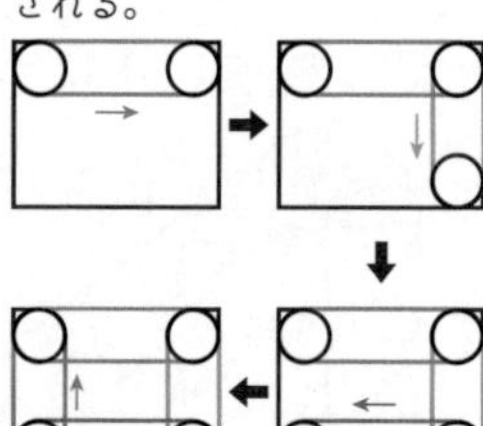

ココ大事！

・長方形の内側を円が転がるとき，
円が通った部分の面積=長方形の面積−円が通らなかった部分の面積

・このとき，円が通らない部分の4すみの面積は，
円を囲む正方形の面積−円の面積

練習問題78

例題78 の長方形の縦を 10 cm，横を 15 cm，円の半径を 2 cm にしたとき，中心Oが動いた長さと円が通った部分の面積を求めなさい。

別冊解答 p.78

p.303 3

例題79 円のまわりを転がる円

右の図のように，ともに半径2 cmの円㋐，㋑があります。円㋐が円㋑のまわりをすべらないように転がりながら1周して元の位置にもどります。

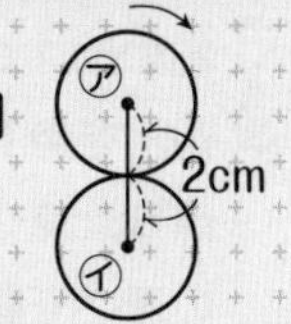

(1) 円㋐の中心が動いた長さを求めなさい。

(2) 円㋐は何回転しましたか。

解き方と答え

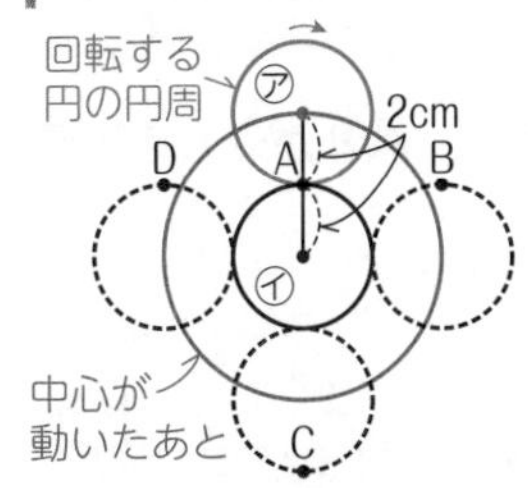

(1) 円㋐の中心は半径 $2+2=4$ (cm) の円をえがくように動く。
よって，
$4\times2\times3.14=$**25.12 (cm)**

(2) 円㋐が直線上を転がると考える。上の図の円㋐の動きを直線上に表すと，次の図のようになる。

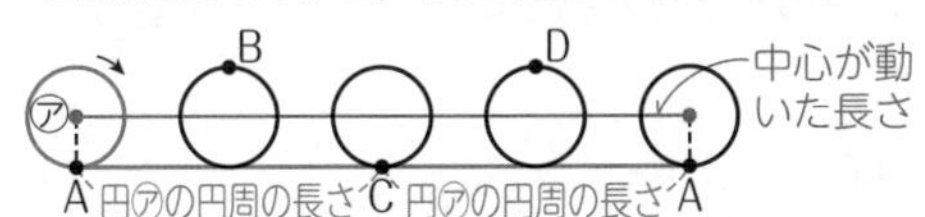

回転数は，中心が動いた長さ÷回転する円の円周の長さとなる。

よって，(1)より，$25.12\div(2\times2\times3.14)=$**2 (回転)**
（2×2 は直径）

回転数の求め方

円のまわりを円が転がるときの回転数は，中心が動いた長さ÷回転する円の円周なので，下の図で，

$(P+Q)\times2\times3.14\div(Q\times2\times3.14)$

$=\dfrac{(P+Q)\times2\times3.14}{Q\times2\times3.14}$

$=\dfrac{P+Q}{Q}$ (回転)

よって，

$\dfrac{\text{動かない円の半径}+\text{回転する円の半径}}{\text{回転する円の半径}}$

これを利用して，

(2) $\dfrac{2+2}{2}=$**2** (回転)

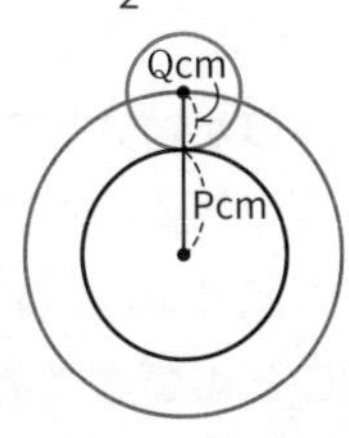

ココ大事！ 円が図形上を転がるとき，
回転数＝中心が動いた長さ÷回転する円の円周

例題79 の円㋐の半径を3 cm，円㋑の半径を4 cmにしたとき，例題79 の(1)と(2)をそれぞれ求めなさい。

別冊解答 p.78

力をのばす問題

レベル3 レベル2 レベル1

→別冊解答 p.78~79

28 →例題67

右の図1のような台形ABCDの辺上を点Pが点Aから出発して，点B，点Cを通って点Dまで一定の速さで動きます。図2のグラフは，点Pが点Aを出発してからの時間と，三角形ADPの面積の関係を表しています。

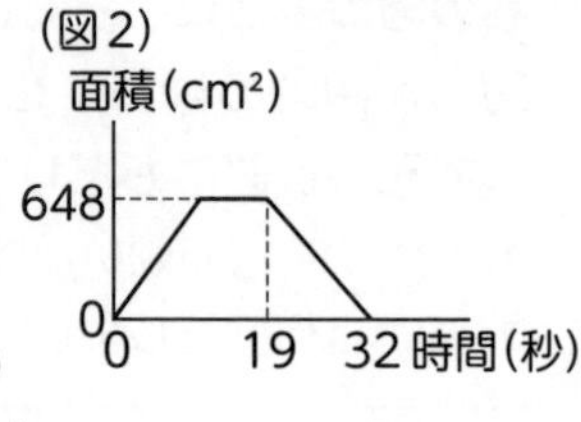

【関西大北陽中】

(1) ABの長さは何cmですか。

(2) 点Pが動く速さは秒速何cmですか。

(3) 三角形ADPの面積が2回目に216 cm^2 になるのは，点Pが点Aを出発してから何秒後ですか。

29 →例題72

右の図のように，1辺の長さが5cmの正方形ABCDを，頂点(ちょうてん)Cを中心に矢印の方向に回転させました。

【神奈川大附中】

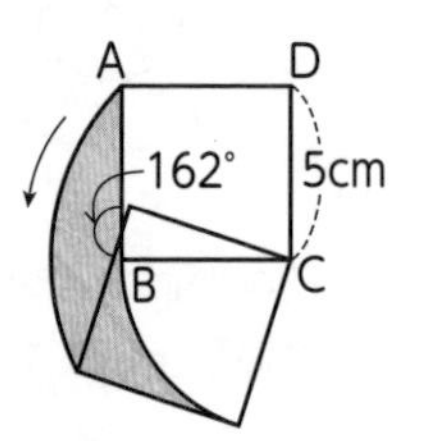

(1) 正方形ABCDを何度回転させましたか。

(2) 辺ABが通過した色のついた部分の面積は何 cm^2 ですか。

30 →例題75

右の図のように，半径6cm，中心角90°のおうぎ形を直線にそってすべらないように転がしました。

【常翔啓光学園中】

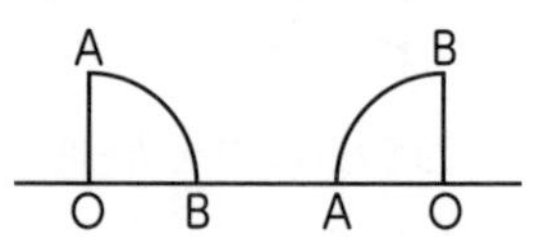

(1) 点Oが動いてできる線の長さは何cmですか。

(2) 点Oが動いてできた線と直線で囲まれた図形の面積は何 cm^2 ですか。

31 →例題76~78

右の図1のように，正三角形ABCと点Oを中心とする半径1cmの円があります。また，図2のような正方形DEFGから辺DGをとりのぞいた図形と点Oを中心とする半径1cmの円があります。これらの円を，それぞれの図形のまわりを辺にそってすべらないように1周転がしました。

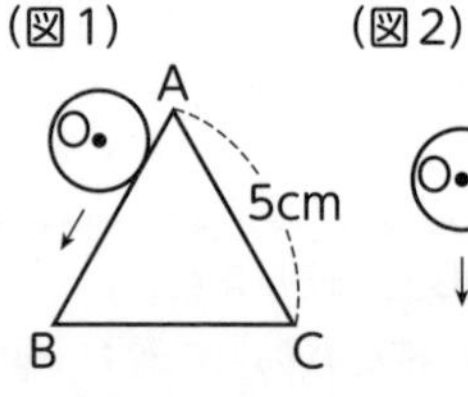

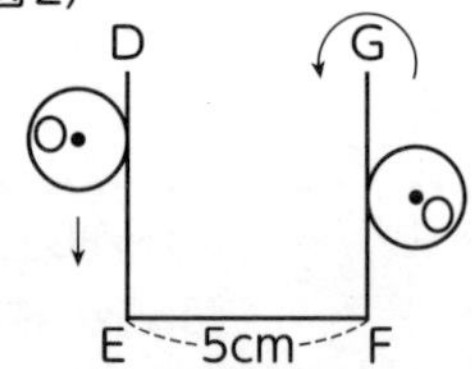

【関西大中】

(1) 図1のとき，点Oが動いた長さは何cmですか。

(2) 図2のとき，点Oが動いた長さは何cmですか。

(3) 図2のとき，円が動いたあとにできる図形の面積は何 cm^2 ですか。

力をためす問題

レベル3 レベル2 レベル1

別冊解答 p.79~80

32 →例題70

右の図1のように，直線ℓ上に図形㋐と正方形㋑があります。図形㋐が直線ℓ上を毎秒 2 cm の速さで矢印の方向に移動(いどう)していきます。正方形㋑は動きません。図2は図形㋐と正方形㋑が重なりはじめてからの時間と重なった部分の面積の関係を表したグラフです。 【横浜共立学園中】

(図1)

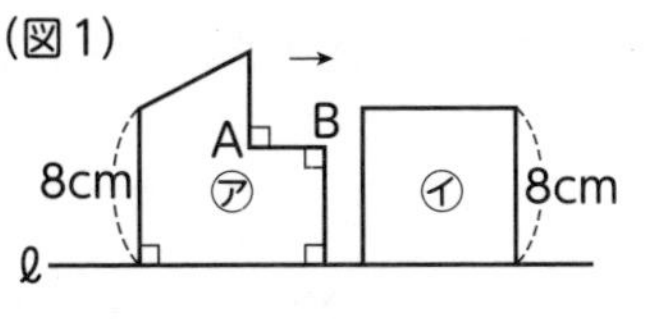

(図2)

㋐と㋑の重なった部分の面積 (cm²)
あ
24
0 2 5 9 時間(秒)

⑴ 図1の辺 AB の長さは何 cm ですか。

⑵ 図2のあにあてはまる数を求めなさい。

⑶ 図形㋐と正方形㋑の重なった部分の面積が 36 cm^2 になるのは，重なりはじめてから何秒後ですか。すべて答えなさい。

33 ちょいムズ →例題73

右の図のように，1辺の長さが 12 cm の正方形 ABCD の内側に，1辺の長さが 6 cm の正三角形 PQR が置いてあります。正三角形 PQR がこの位置から正方形 ABCD の内側の周にそってすべることなく転がって，正三角形の頂点(ちょうてん)のいずれかが点Aに重なるまで内側を1周します。このとき，点Pの動いてできる曲線の長さは何 cm ですか。 【渋谷教育学園渋谷中】

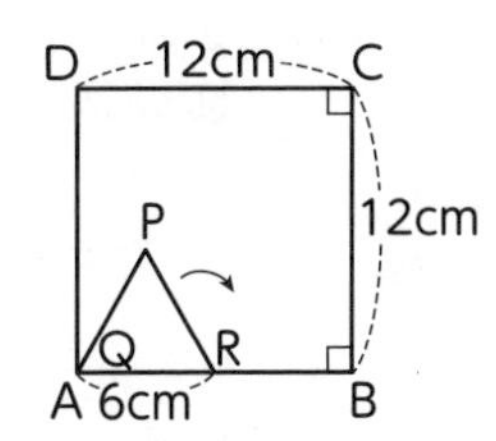

34 →例題79

右の図1のように，矢印がかかれた半径 1 cm の円が，直線の上をすべらずに 10.99 cm 転がります。 【関西大倉中】

(図1)

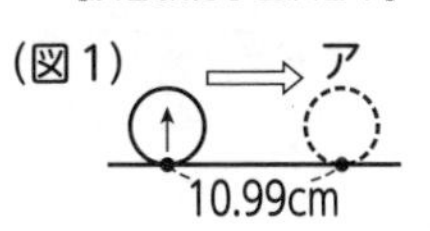

⑴ 円がアの位置にきたときの矢印を次の①～⑧の中から選びなさい。

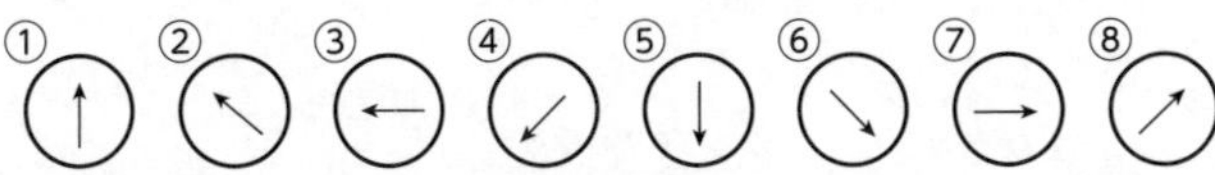

図2のように，矢印がかかれた半径 1 cm の円が，半径 3 cm の円のまわりをすべらずに転がります。

(図2)
イ

⑵ 小さいほうの円がもとの位置にもどったとき，小さいほうの円が通った部分の面積を求めなさい。

⑶ 小さいほうの円が $\frac{1}{4}$ 周進んでイの位置にきたときの矢印を⑴の①～⑧の中から選びなさい。

3等分　～ケーキを同じ大きさに分けよう～

今日は先生のお誕生日ね。先生，おめでとう！ケーキを買ってきました！

わぁー，ありがとう！

じゃあ，さっそく3等分して食べようよ！でも，3等分って難しいなぁ。

そうね，4等分なら簡単なんだけど…。

正六角形の性質を利用したら，3等分や6等分だってできるのよ。正六角形は正三角形が6つ集まっているからね。

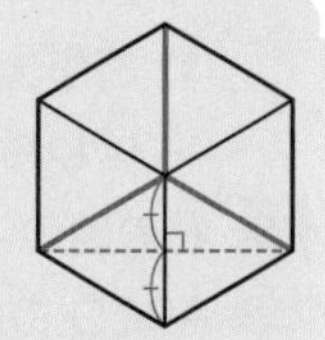

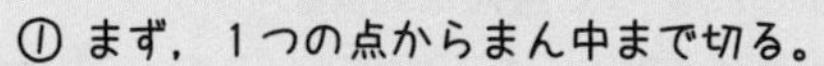

① まず，1つの点からまん中まで切る。

② 次に，その下を2等分するところから左右を次の切り口に決める。

③ まん中からそれぞれの切り口に向かって切ると3等分のできあがり！

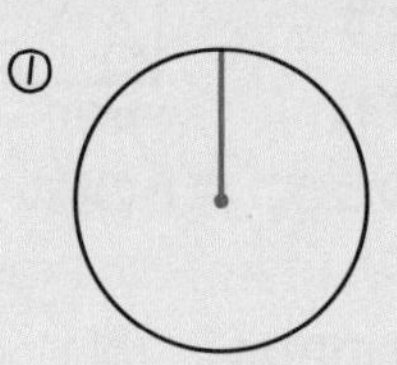

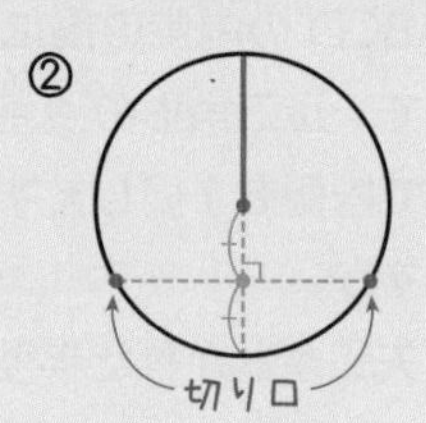

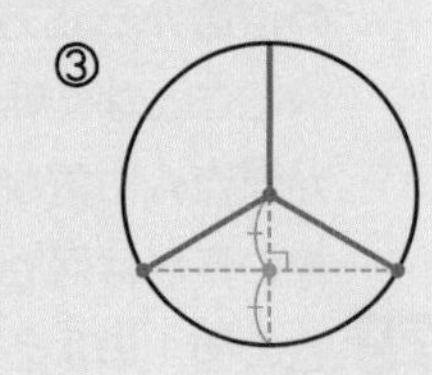

すごい！これなら3等分の線をのばせば6等分もできますね。

あの～，みんなタロのこと，忘れてない？

……。

ごめんねタロ…。さあ，4等分していただきましょう！

立体図形

第1章 立体の体積と表面積 …… 314

第2章 容積とグラフ …… 348

ここから
スタート！

第5編 立体図形

▶体　積 ～体積ってなに？～

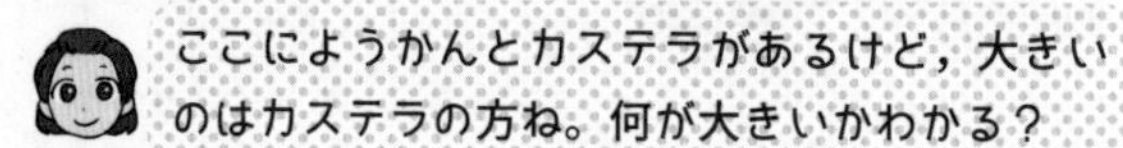

ここにようかんとカステラがあるけど，大きいのはカステラの方ね。何が大きいかわかる？

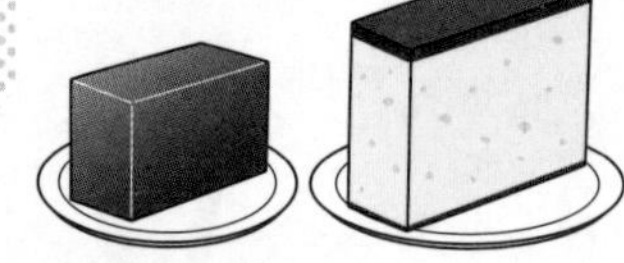

見た目！

たしかに，ようかんとカステラだと見た目で明らかよね。けれども，それだとどれくらい大きいのかがわからないわ。ゆいさんはどう？

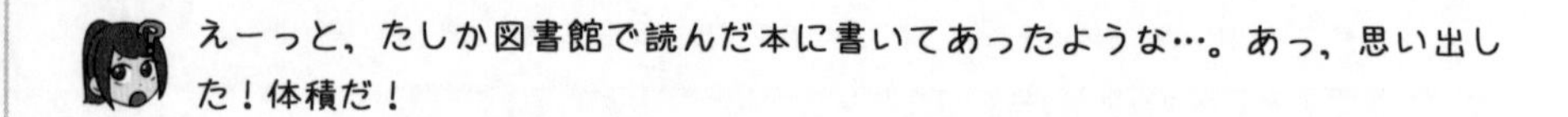

えーっと，たしか図書館で読んだ本に書いてあったような…。あっ，思い出した！体積だ！

よく知ってたわね！立体のかさを数値化したものを体積と言うのよ。ようかんやカステラのような直方体は地面に接している部分の面積と，地面からの高さをかけることで求められるわ。ほかの立体も同じように，面積と高さがわかれば求められるものがほとんどよ。

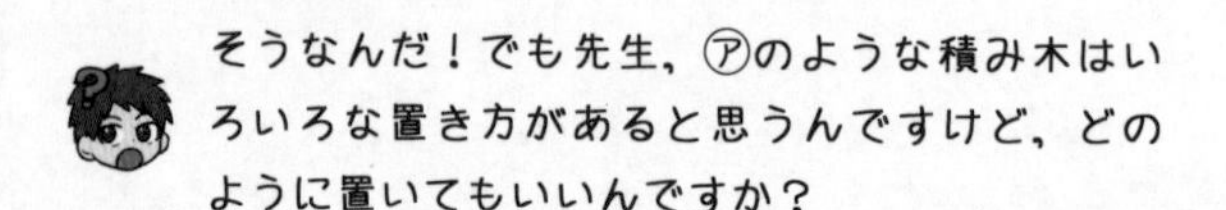

そうなんだ！でも先生，㋐のような積み木はいろいろな置き方があると思うんですけど，どのように置いてもいいんですか？

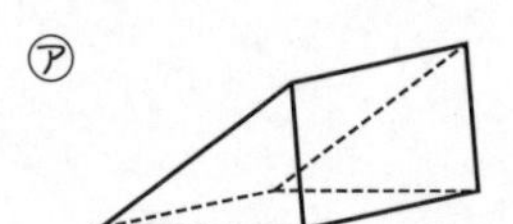

さすがしんくん，なかなかするどい質問ね！体積を考えるときは，㋑のように，上と下に合同な面がくるように置き直すといいわ。㋐のままでも求められなくはないけど，少しむずかしいわね。

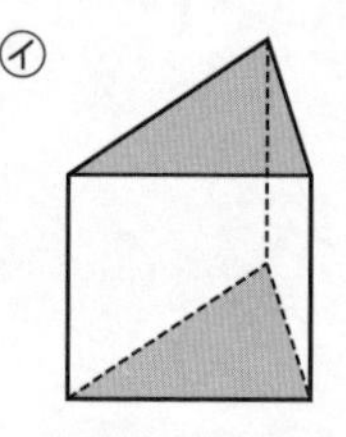

そうなのかぁ～。ねぇねぇ，はやくこのようかんとカステラ食べようよ！

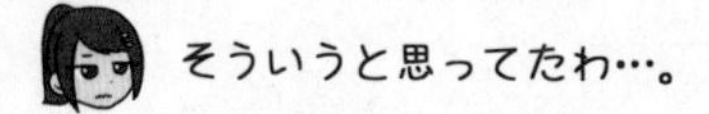

そういうと思ってたわ…。

▶容　積 ～でこぼこしたものや液体の体積は？～

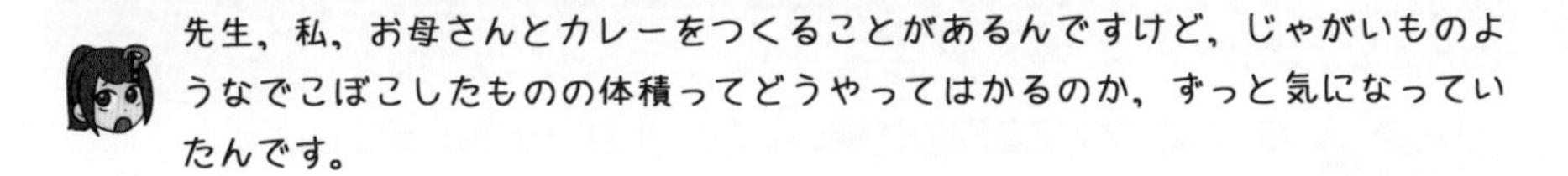

先生，私，お母さんとカレーをつくることがあるんですけど，じゃがいものようなでこぼこしたものの体積ってどうやってはかるのか，ずっと気になっていたんです。

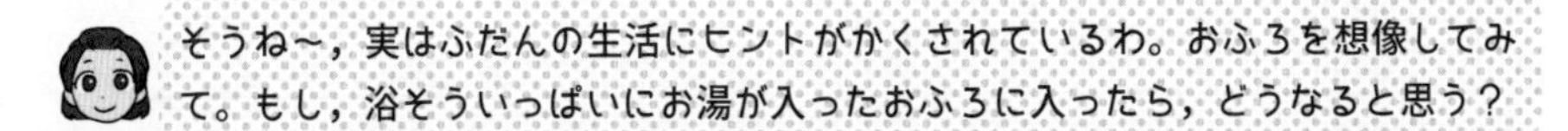

そうね～，実はふだんの生活にヒントがかくされているわ。おふろを想像してみて。もし，浴そういっぱいにお湯が入ったおふろに入ったら，どうなると思う？

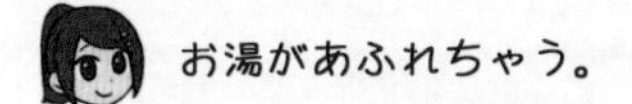

お湯があふれちゃう。

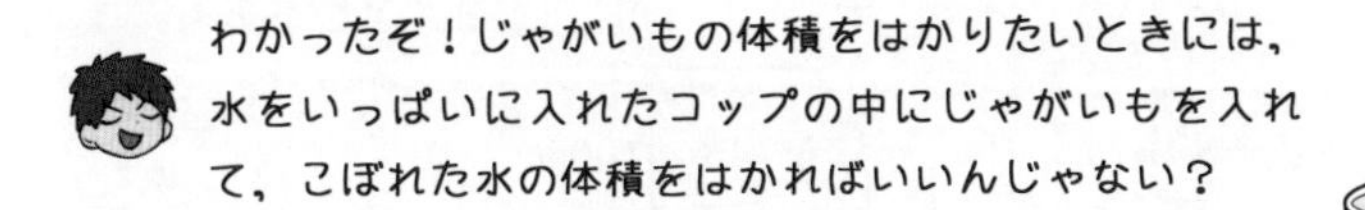

わかったぞ！じゃがいもの体積をはかりたいときには，水をいっぱいに入れたコップの中にじゃがいもを入れて，こぼれた水の体積をはかればいいんじゃない？

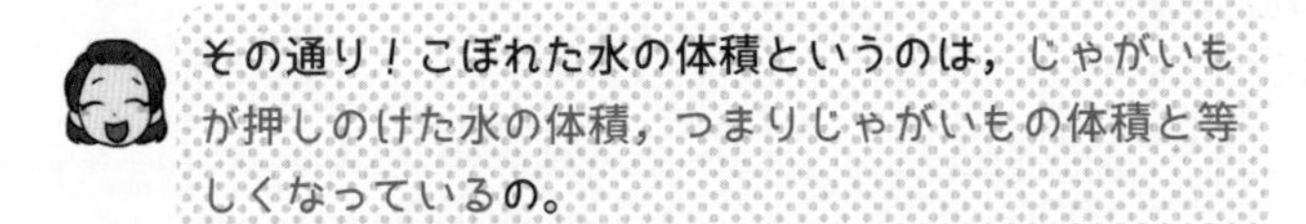

その通り！こぼれた水の体積というのは，じゃがいもが押しのけた水の体積，つまりじゃがいもの体積と等しくなっているの。

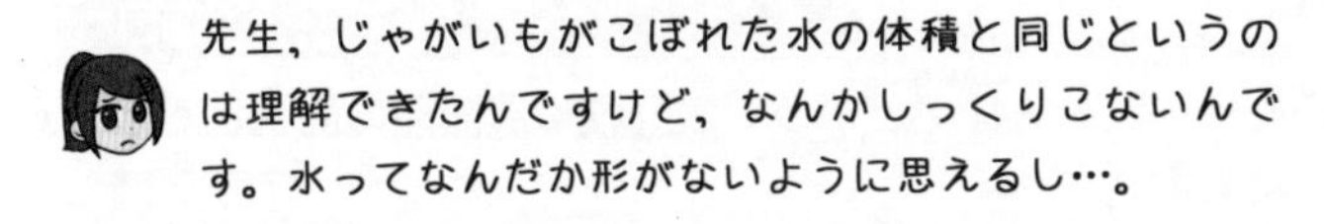

先生，じゃがいもがこぼれた水の体積と同じというのは理解できたんですけど，なんかしっくりこないんです。水ってなんだか形がないように思えるし…。

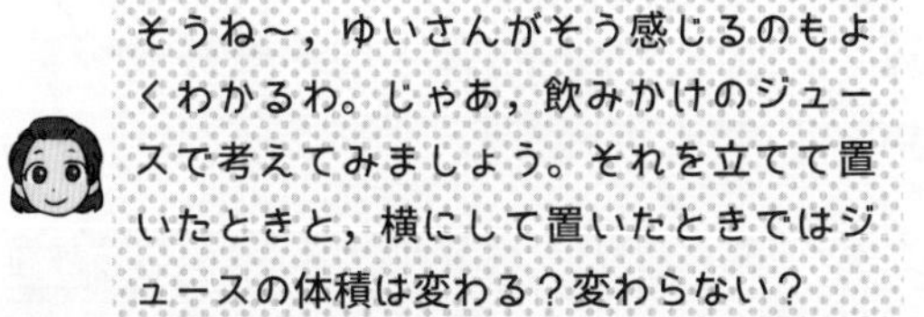

そうね～，ゆいさんがそう感じるのもよくわかるわ。じゃあ，飲みかけのジュースで考えてみましょう。それを立てて置いたときと，横にして置いたときではジュースの体積は変わる？変わらない？

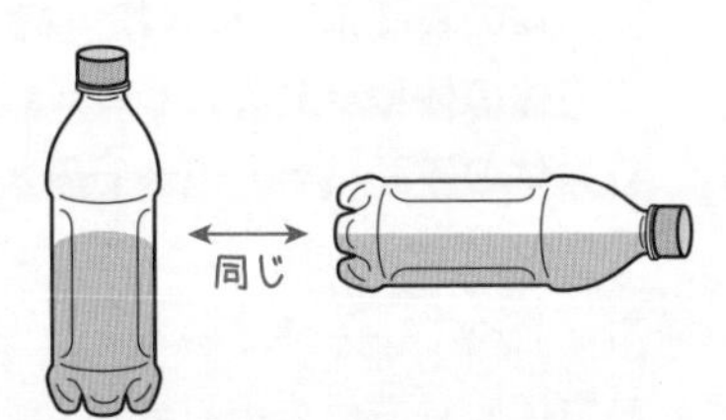

変わらないです。あ，そうか！形は変わっているけど，体積は同じままなんですね。

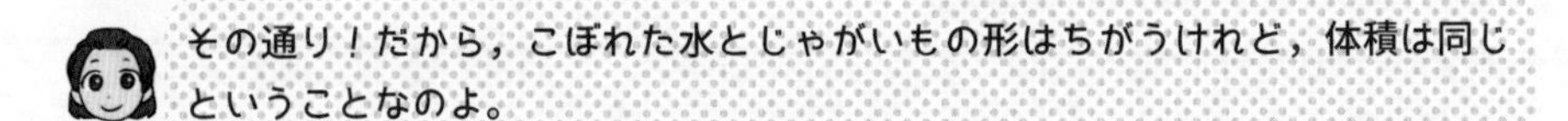

その通り！だから，こぼれた水とじゃがいもの形はちがうけれど，体積は同じということなのよ。

ということは，同じようにタロをおふろに入れれば，タロの体積もわかるってことだね。

ひぃ～，やめて～!!タロは水が大の苦手なんだ！

1 直方体と立方体

p.314〜318

❶ 体積の単位を別の体積の単位に変換(へんかん)できるようにしよう。
❷ 直方体や立方体，それらを組み合わせた立体の体積や表面積を求められるようにしよう。

◎ 学習のポイント

1 体積の単位

➡ 例題 1

► もののかさのことを**体積**(たいせき)という。体積の単位には cm^3，L，m^3 などがある。

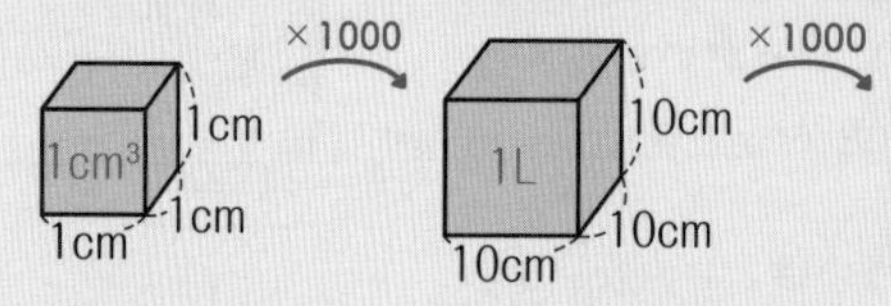

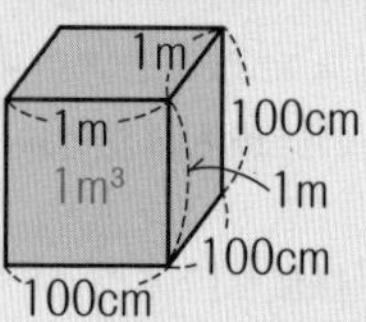

$1\ cm^3 = 1\ mL$
$= 1\ cc$

$1\ L = 1000\ cm^3$
$= 1000\ mL$

$1\ m^3 = 1000000\ cm^3$
$= 1\ kL = 1000\ L$

2 直方体と立方体の体積と表面積

➡ 例題 2

► 立体のすべての面の面積の和を**表面積**(ひょうめんせき)という。**表面積は展開図の面積と等しい。**

► **直方体の体積＝縦(たて)×横×高さ**
直方体の表面積＝(縦×横＋横×高さ＋高さ×縦)×2

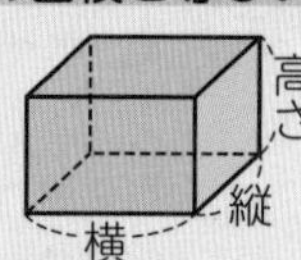

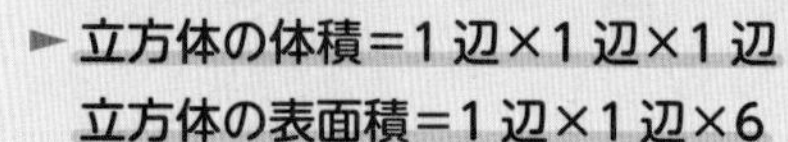

► **立方体の体積＝1 辺×1 辺×1 辺**
立方体の表面積＝1 辺×1 辺×6

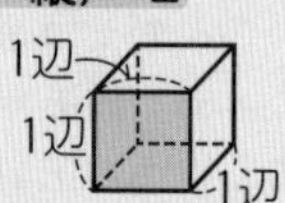

3 組み合わせた立体の体積と表面積

➡ 例題 3·4

► 直方体や立方体を組み合わせた立体の体積は，**分けたり，つけたして全体を求めてから，つけたした部分をひいて求める。**

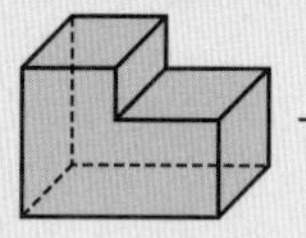

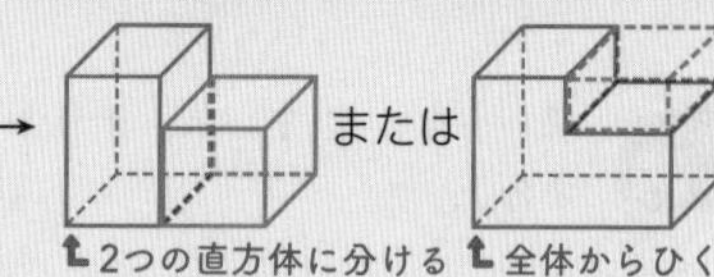

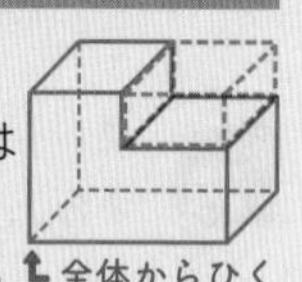

► 直方体や立方体を組み合わせた立体の表面積は，**3方向から見た面が2つずつある**と考える。

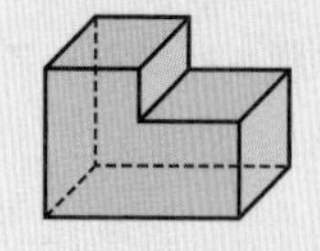

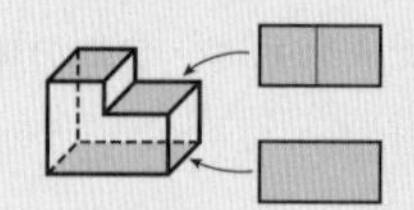

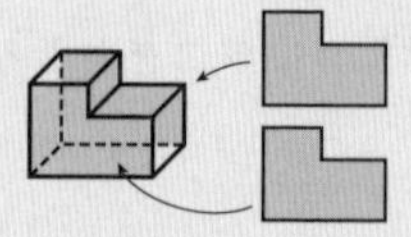

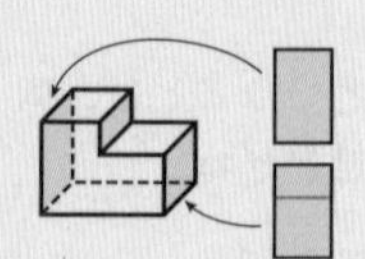

4年 5年 6年 中学入試

p.314 1

例題1 体積の単位換算

次の問いに答えなさい。

(1) 次の□にあてはまる数を求めなさい。

❶ 3 L=□ cm^3　❷ 0.36 m^3=□ L

❸ 72000 mL=□ L　❹ 6690 L=□ kL

(2) 次の□にあてはまる数を求めなさい。

❶ 20 dL+20 L−7000 cm^3=□ dL

❷ $\frac{1}{4}$ m^3+700 L−62000 cc=□ L

解き方と答え

(1) ❶ 1 L=1000 cm^3 なので，3 L=**3000** cm^3

❷ 1 m^3=1000 L なので，0.36 m^3=**360** L

❸ 1 L=1000 mL なので，72000 mL=**72** L

❹ 1 kL=1000 L なので，6690 L=**6.69** kL

(2) 答えの単位にそろえてから計算する。

❶ 20 dL+20 L−7000 cm^3=□ dL

20 dL+200 dL−70 dL=**150** dL

❷ $\frac{1}{4}$ m^3+700 L−62000 cc=□ L

（$\frac{1}{4}$ → 0.25）

250 L+700 L−62 L=**888** L

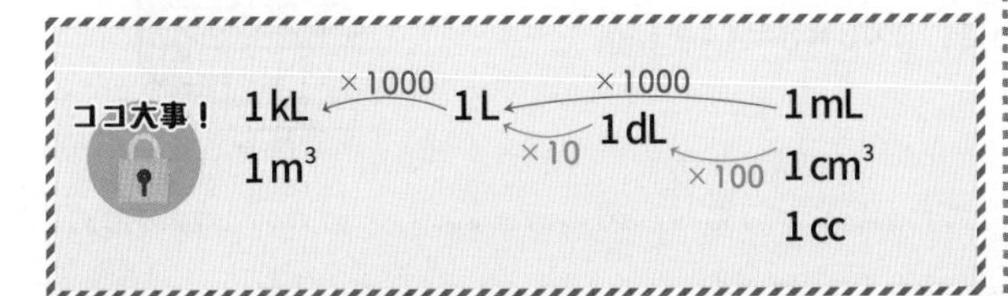

くわしく

単位換算は小数点の移動で考える

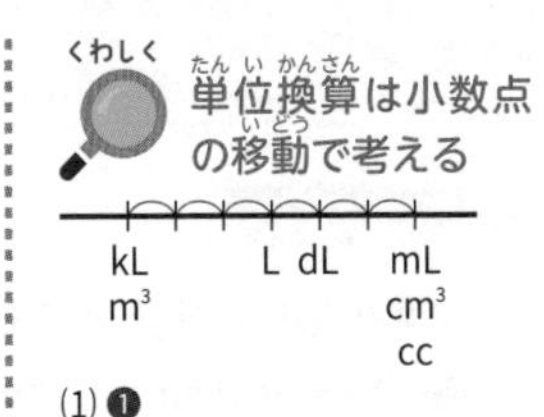

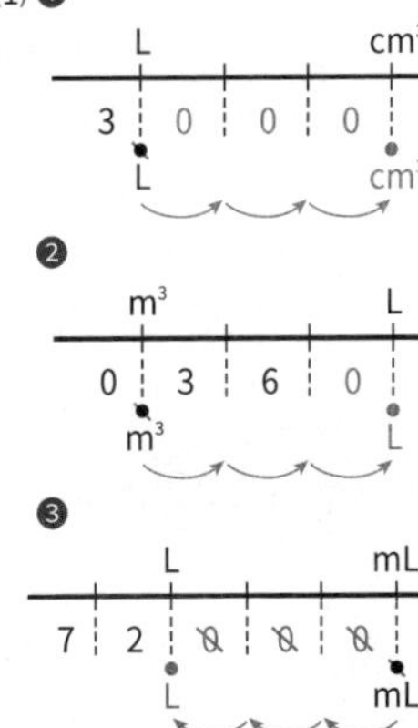

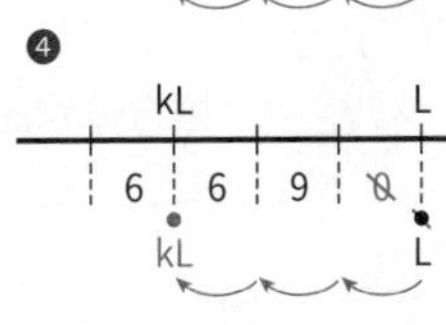

練習問題1

次の問いに答えなさい。

(1) 次の□にあてはまる数を求めなさい。

❶ 930 cm^3=□ dL　❷ 3.8 m^3=□ cm^3

❸ 5670 cc=□ L　❹ 5510000 mL=□ kL

(2) 次の□にあてはまる数を求めなさい。

❶ 467000 cm^3+2583 L=□ m^3

❷ 0.06 m^3+4 L−2.5 dL+126cc=□ cm^3

別冊解答 p.81

p.314 2

例題2 直方体と立方体の体積と表面積

次の問いに答えなさい。

(1) 右の直方体や立方体の体積と表面積を求めなさい。ただし，( )の中の単位で答えなさい。

(2) 右の図は直方体の展開図です。この直方体の体積を求めなさい。

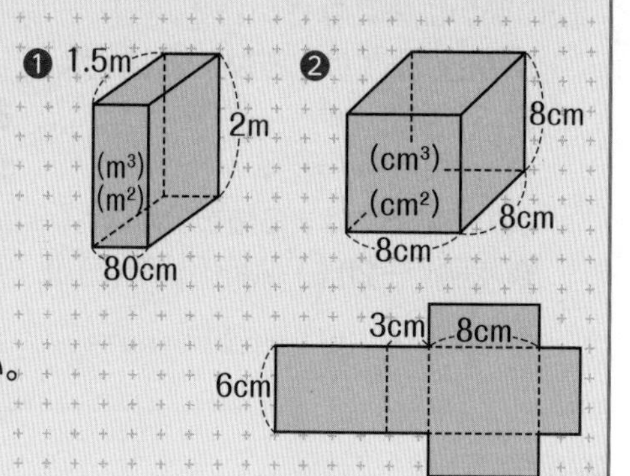

解き方と答え

(1) 答えの単位にそろえてから計算する。

❶ 体積…80 cm＝0.8 m より，
$1.5\times0.8\times2=$**2.4** (m³)

表面積…$(1.5\times0.8+0.8\times2+2\times1.5)\times2$
$=$**11.6** (m²)

❷ 体積…$8\times8\times8=$**512** (cm³)

表面積…$8\times8\times6=$**384** (cm²)

(2)

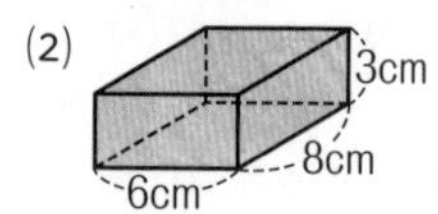

組み立てると，図のような直方体になる。

よって，$8\times6\times3=$**144** (cm³)

なぜ 直方体の体積＝縦×横×高さの理由

1辺が1 cm の立方体の体積は1 cm³ と定められている。例えば，下の図を1 cm³ の立方体で区切ると，縦，横，高さにそれぞれ5個，7個，3個並んでいるので，全部で5個×7個×3個＝105（個）ある。つまり，
5 cm×7 cm×3 cm
＝105（cm³）と同じになる。

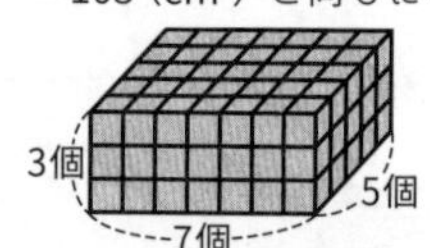

ココ大事！ 直方体や立方体の体積と表面積は，p.314 2 の公式で求められる。

練習問題❷

別冊解答 p.81

次のア，イにあてはまる数を求めなさい。

(1) 右の図は，体積が 819 cm³ の直方体の展開図です。展開図の1つの辺はア cm，表面積はイ cm² です。

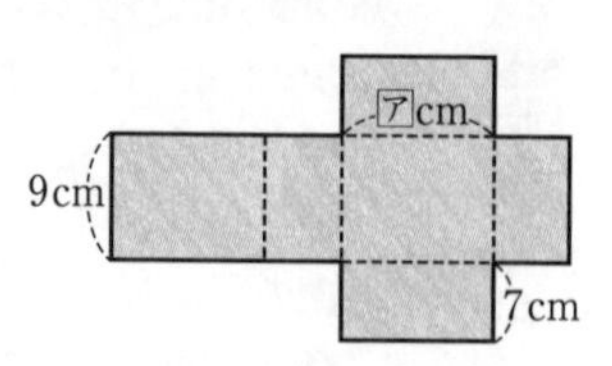

(2) 1辺がア m の立方体の体積は 216 m³ で，表面積はイ m² です。

4年 5年 6年 中学入試

p.314 3

例題 3 組み合わせた立体の体積

次の直方体や立方体を組み合わせてできる立体の体積を求めなさい。

(1) 2cm 5cm 3cm 6cm 5cm

(2) 9cm 3cm

解き方と答え

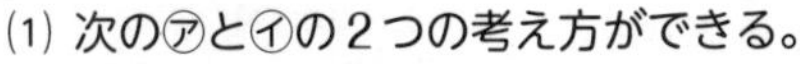
(1) 次の㋐と㋑の２つの考え方ができる。

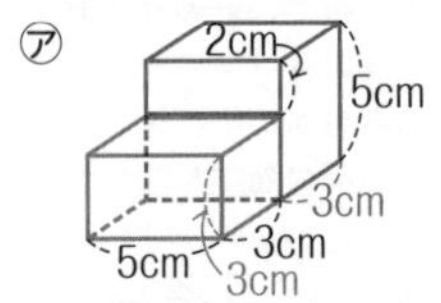

２つの直方体に分ける。

$3\times5\times3+3\times5\times5$

$=\mathbf{120}$ **(cm³)**

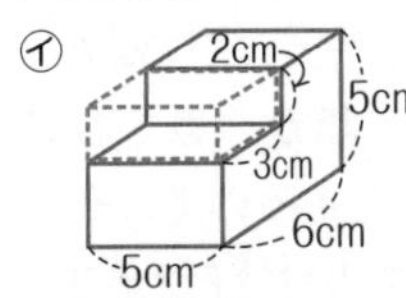

大きな直方体から小さな直方体をひく。

$6\times5\times5-3\times5\times2$

$=\mathbf{120}$ **(cm³)**

(2)

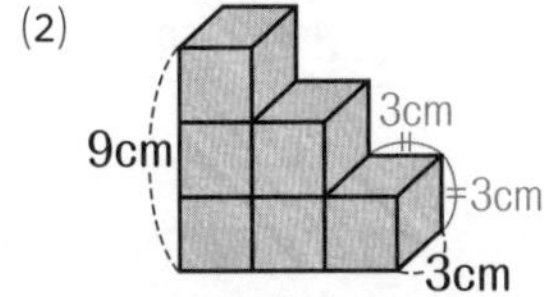

同じ大きさの立方体に分ける。

$3\times3\times3\times6=\mathbf{162}$ **(cm³)**

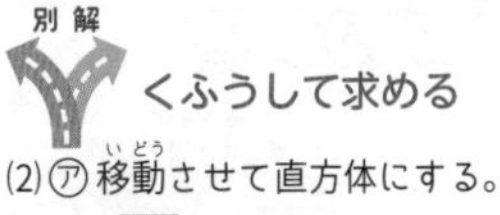

くふうして求める

(2)㋐ 移動(いどう)させて直方体にする。

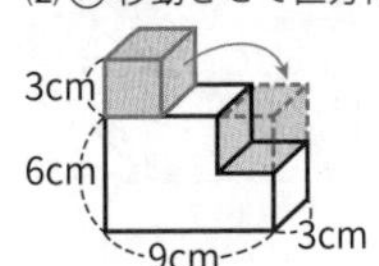

$3\times9\times6=\mathbf{162}$ **(cm³)**

㋑ 合同な立体をつけたして２でわる。

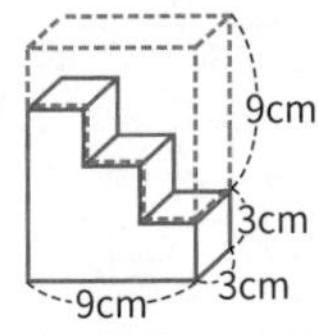

$3\times9\times(9+3)\div2$

$=\mathbf{162}$ **(cm³)**

ココ大事！

直方体や立方体を組み合わせた立体の体積は，
- いくつかの直方体や立方体に分ける。
- つけたして全体を求めてから，つけたした部分をひく。

練習問題 3

別冊解答 p.81

次の直方体を組み合わせてできる立体の体積を求めなさい。

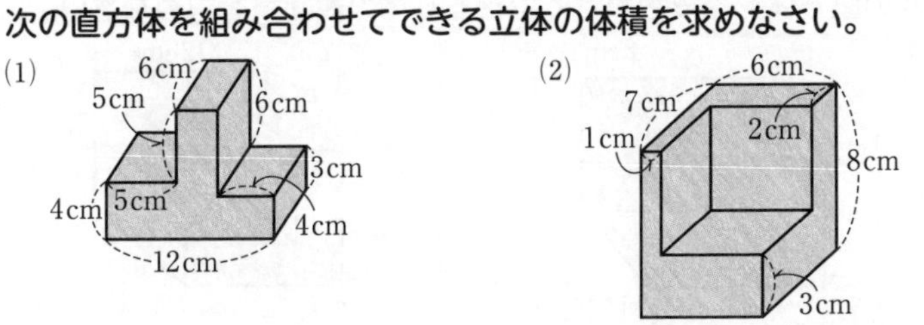
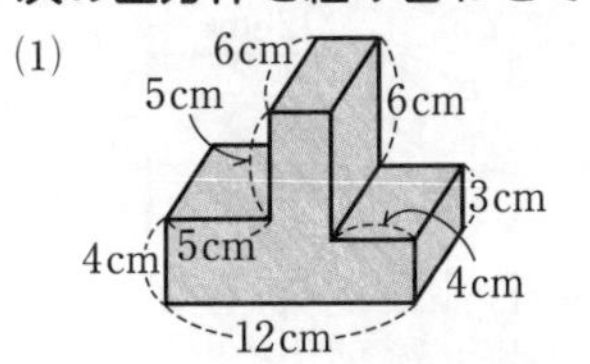

p.314 3

例題4 組み合わせた立体の表面積

次の直方体を組み合わせてできる立体の表面積を求めなさい。

(1)

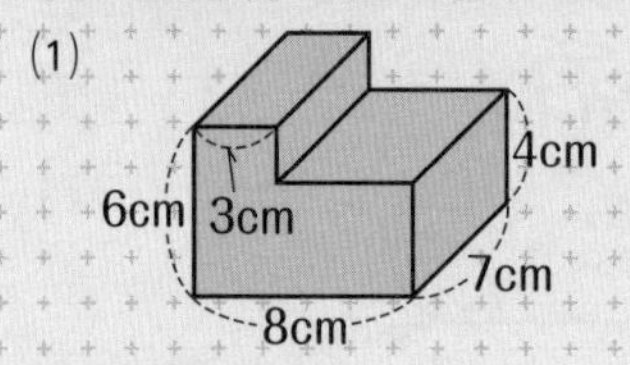

(2)

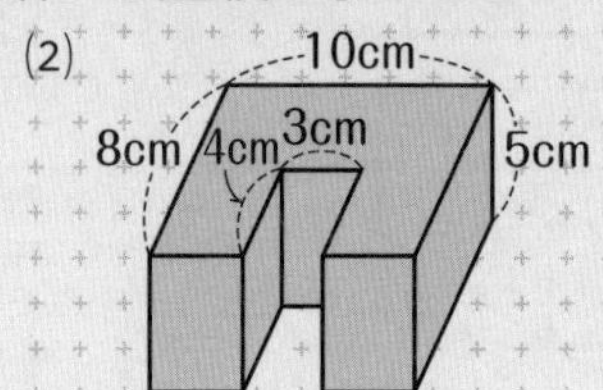

解き方と答え

(1)

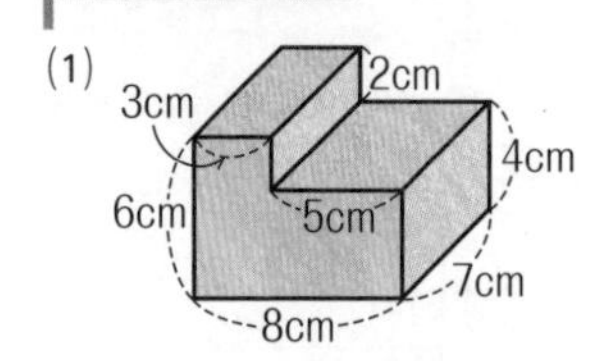

真正面，真上，右真横から見た形がそれぞれ真裏，真下，左真横から見ても同じように見えるので，それぞれの面積の合計を2倍する。

$(\underline{6\times3+4\times5}+\underline{7\times8}+\underline{6\times7})\times2=$**272 (cm²)**

↑真正面 ↑真上 ↑右真横

(2)

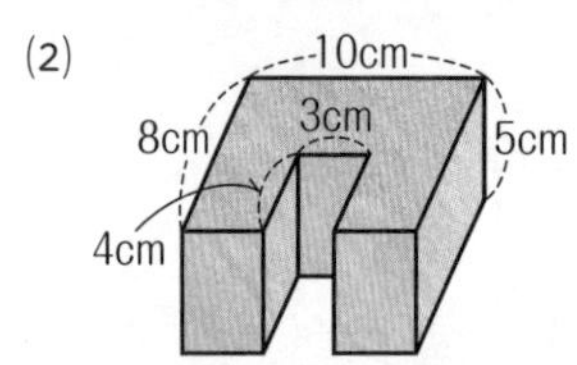

(1)と同じように，3方向とその3方向から見えないへこんでいる部分の合計を2倍する。

$(\underline{5\times10}+\underline{8\times10-4\times3}+\underline{5\times8}+\underline{5\times4})\times2=$**356 (cm²)**

↑真正面 ↑真上 ↑右真横 ↑へこんでいる部分

注意 穴のあいた立体の表面積

表面積は，その立体のすべての面の合計なので，下のような穴のあいた立体では，穴の中の面の面積も加えなくてはいけない。

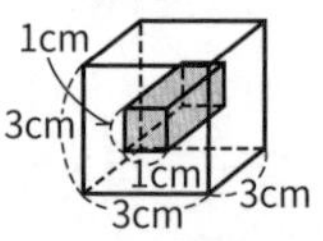

$\underline{3\times3\times6-1\times1\times2}$

↑正方形6つ分から穴の分を2つひく

$+\underline{1\times3\times4}=64\ (\text{cm}^2)$

↑穴の中の面

ココ大事！ 直方体や立方体を組み合わせた図形の表面積は，(真正面＋真上＋真横＋へこんでいる部分)×2 で求められる。

練習問題4

別冊解答 p.81

次の直方体を組み合わせてできる立体の表面積を求めなさい。

(1) (2)

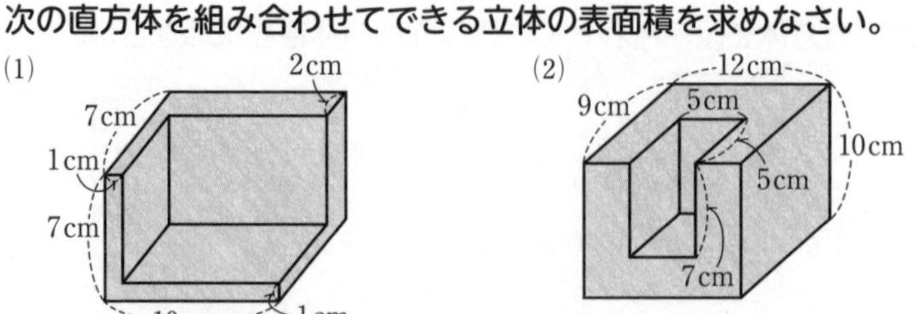

2 角柱と円柱

p.319～322

❶ 角柱の頂点の数，面の数，辺の数がそれぞれどのようになっているかを理解しよう。

❷ 角柱や円柱の体積や表面積を求められるようにしよう。

学習のポイント

1 角柱と円柱

➡例題 5

▶ 下のような，合同で平行な２つの面を**底面**とする立体を**柱体**といい，底面にはさまれたまわりの面を**側面**という。底面の形によって□柱という。

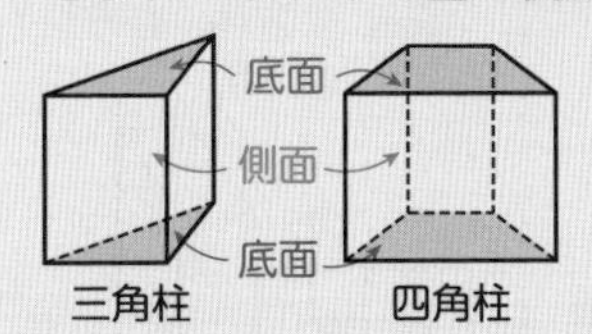

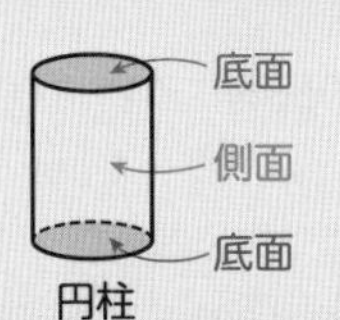

円柱

▶ □角柱の頂点の数は **□×2**，面の数は **□+2**，辺の数は **□×3**

2 角柱と円柱の体積

➡例題 6

▶ 底面の面積を**底面積**といい，柱体の体積は

底面積×高さ で求められる。

↑高さは底面に対して垂直

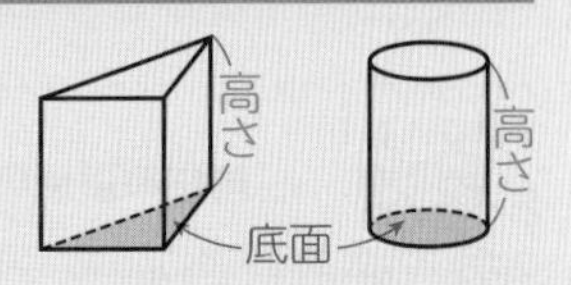

3 角柱と円柱の展開図と表面積

➡例題 7

▶ 角柱の展開図は，底面が２つと，側面を合わせた図になる。このとき，側面は**それぞれの側面をすべて合わせるので，縦は角柱の高さ，横は底面のまわりの長さの長方形となる。**また円柱の展開図は，**円の底面２つと長方形の側面１つを合わせた図**になる。

三角柱の展開図

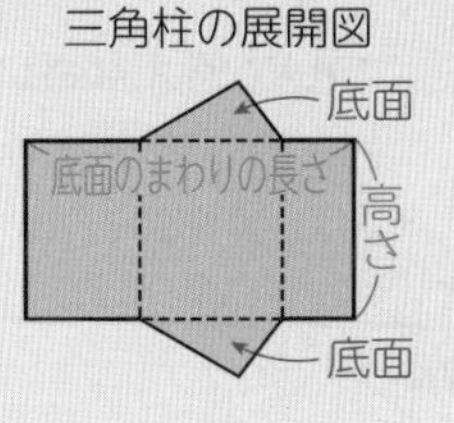

円柱の展開図

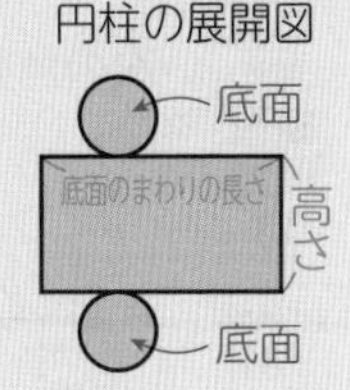

▶ **側面積**(長方形)＝**高さ×底面のまわりの長さ**

角柱・円柱の表面積＝**底面積×2＋高さ×底面のまわりの長さ**

p.319 1

例題5 角柱と円柱

次の角柱と円柱について答えなさい。

㋐

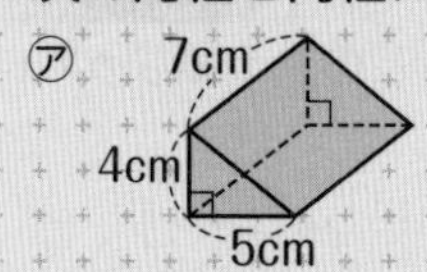

㋑

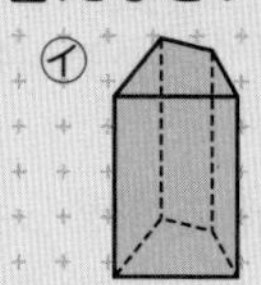

㋒

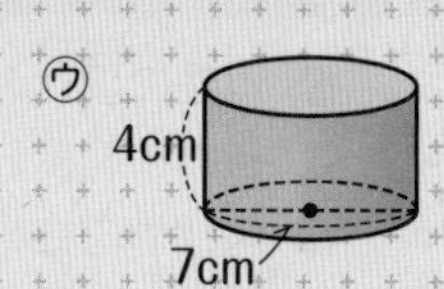

(1) 角柱㋐と円柱㋒の高さをそれぞれ求めなさい。

(2) 角柱㋐，㋑はそれぞれ何角柱ですか。

(3) 角柱㋐，㋑の頂点(ちょうてん)，面，辺の数をそれぞれ求めなさい。

解き方と答え

(1) 角柱と円柱の高さは，合同な２つの底面に垂直(すいちょく)にひいた直線の長さのことなので，㋐…7 cm，㋒…4 cm

(2) 底面の形で決まるので，㋐…三角柱，㋑…四角柱

(3) □角柱の頂点の数＝□×2
□角柱の面の数　＝□＋2
□角柱の辺の数　＝□×3
より，右の表のようになる。

	㋐三角柱	㋑四角柱
頂点	3×2=6	4×2=8
面	3+2=5	4+2=6
辺	3×3=9	4×3=12

くわしく　立方体，直方体も四角柱

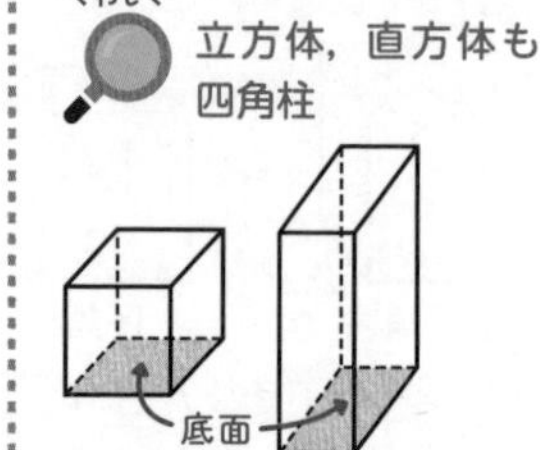

立方体の底面は正方形，直方体の底面は長方形なので，四角柱といえる。

□角柱の頂点の数は□×2，面の数は□＋2，辺の数は□×3

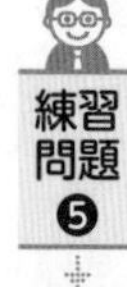

練習問題❺

別冊解答 p.81

次の角柱について答えなさい。

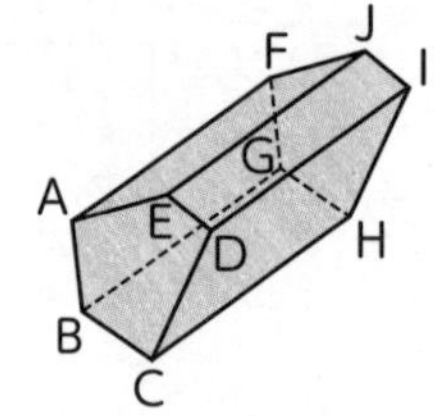

(1) この角柱は何角柱ですか。

(2) 底面に垂直な辺をすべて答えなさい。

(3) 頂点，面，辺の数をそれぞれ求めなさい。

p.319 2

例題6 角柱と円柱の体積

次の立体の体積を求めなさい。

(1)

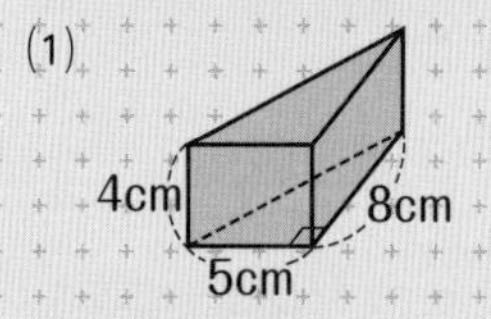

(2)

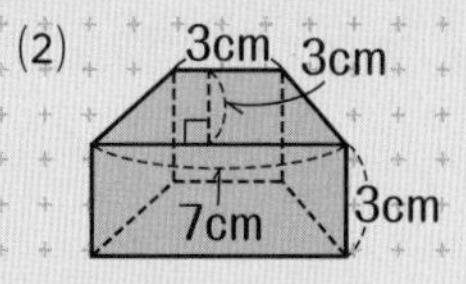

(3)

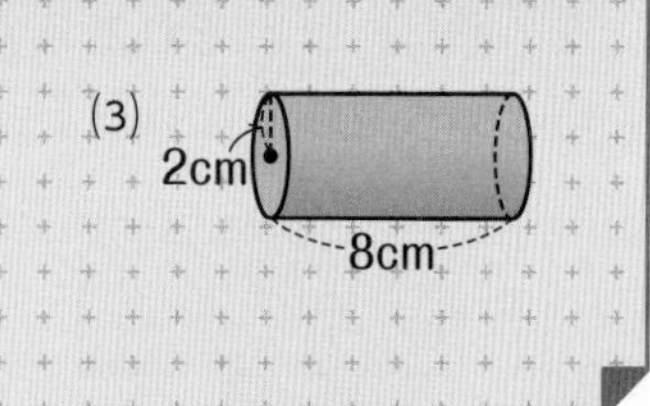

解き方と答え

(1) 底面が直角三角形，高さが 4 cm の三角柱なので，

$5\times8\div2\times4=80$ (cm³)
（$5\times8\div2$ ← 底面積，4 ← 高さ）

(2) 底面が台形，高さが 3 cm の四角柱なので，

$(3+7)\times3\div2\times3=45$ (cm³)
（$(3+7)\times3\div2$ ← 底面積，3 ← 高さ）

(3) 底面が円，高さが 8 cm の円柱なので，

$2\times2\times3.14\times8=100.48$ (cm³)
（$2\times2\times3.14$ ← 底面積，8 ← 高さ）

くわしく 組み合わせた立体の体積

次のような立体も角柱と考えて，底面積×高さ で体積を求めることができる。

例

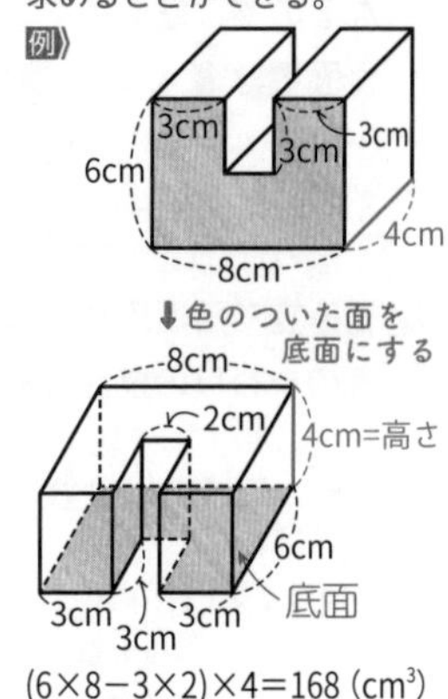

$(6\times8-3\times2)\times4=168$ (cm³)
（$6\times8-3\times2$ ← 底面積，4 ← 高さ）

ココ大事！

角柱・円柱の体積＝底面積×高さ

練習問題 6

別冊解答 p.81

次の立体の体積を求めなさい。

(1)

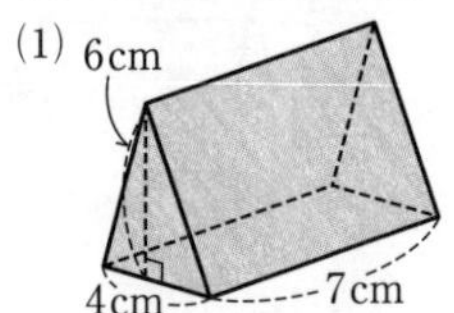

(2)

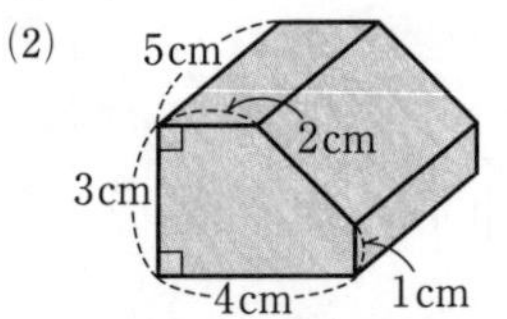

(3)

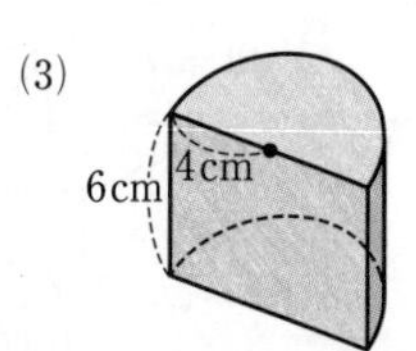

p.319 3

例題 7 角柱と円柱の展開図と表面積

次の図は，それぞれある立体の展開図です。それぞれを組み立てると何という立体になりますか。また，表面積を求めなさい。

(1)
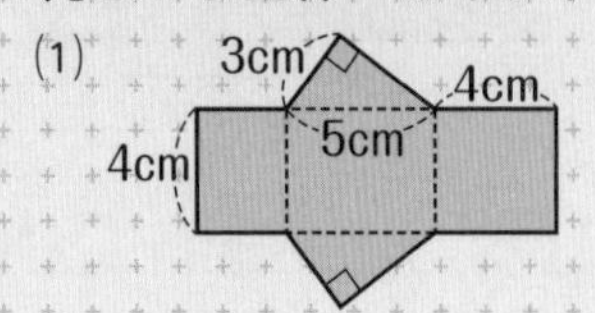

(2)
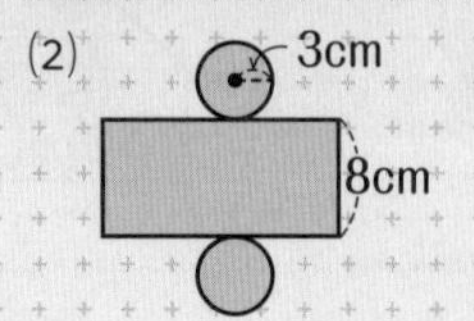

解き方と答え

(1) 組み立てると三角柱になる。表面積は展開図の面積になるので，底面積２つ分と，側面積の合計になる。
側面積は縦 4 cm，横が底面のまわりの長さ
3+5+4=12 (cm) の長方形の面積になる。
$3\times4\div2\times2+4\times12=60$ (cm^2)
（$3\times4\div2$ ← 底面積，4×12 ← 側面積）

(2) 組み立てると円柱になる。側面積は，縦 8 cm，横が底面のまわりの長さ $3\times2\times3.14$ の長方形の面積になる。
（$3\times2\times3.14$ ← 計算しないでおく）

$3\times3\times3.14\times2+8\times3\times2\times3.14$
（$3\times3\times3.14$ ← 底面積，$8\times3\times2\times3.14$ ← 側面積）
$=3.14\times(18+48)=3.14\times66$
（← 分配法則を使う）
$=207.24$ (cm^2)

参考 穴のあいた柱体の表面積

p.318 ! と同じように，穴のあいた柱体の表面積は，穴の中の面の面積も加えなくてはいけない。

例》
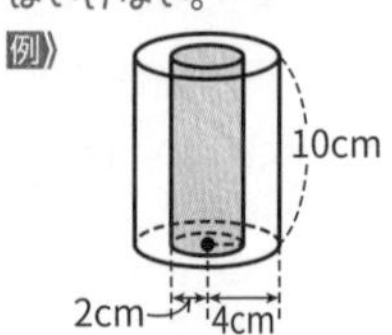

$(4\times4\times3.14-2\times2\times3.14)\times2$
（← 円から穴の分をひく）
$+10\times4\times2\times3.14$
（← 側面積）
$+10\times2\times2\times3.14$
（← 穴の中の面）
$=24\times3.14+80\times3.14$
$\quad+40\times3.14$
$=144\times3.14=452.16$ (cm^2)

ココ大事！
角柱と円柱の表面積＝底面積×2＋高さ×底面のまわりの長さ

練習問題 7
別冊解答 p.81

次の(1)，(2)は立体の展開図で，(3)は円柱の見取図です。それぞれの立体の表面積を求めなさい。

(1)
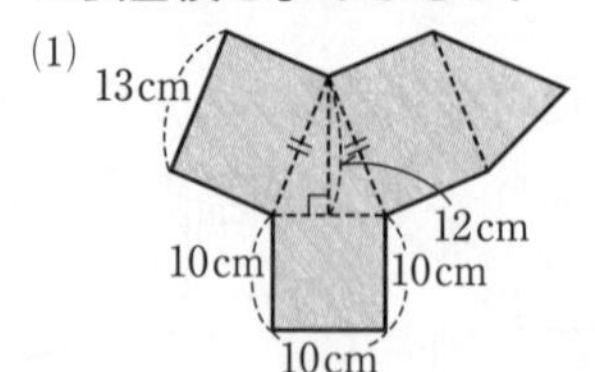

(2)
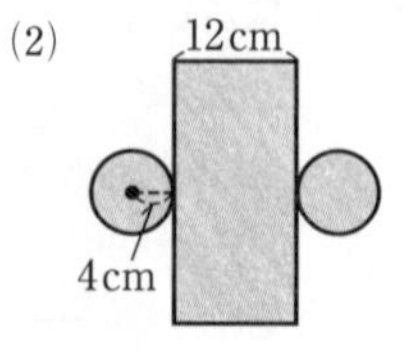

(3)
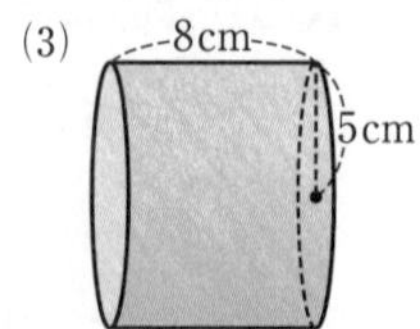

3 角すいと円すい

p.323〜328

❶ 角すいの頂点の数，面の数，辺の数がそれぞれどのようになっているかを理解しよう。

❷ 角すいや円すいの体積と表面積を求められるようにしよう。

学習のポイント

1 角すいの体積と表面積

➡ 例題 8·9

► 右のような，底面が1つだけの立体を**角すい**という。底面の形によって□角すいという。

► □角すいの頂点の数は□+1，面の数は□+1，辺の数は□×2

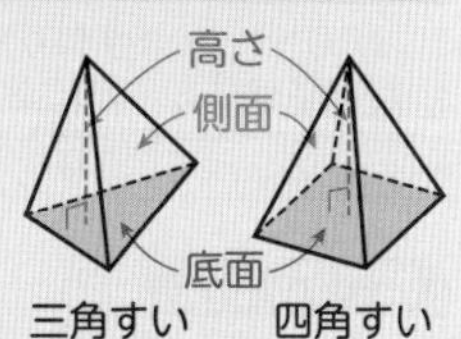

► 角すいの体積＝**底面積×高さ×$\frac{1}{3}$**，角すいの表面積＝**底面積＋側面積**

2 円すいの体積と表面積

➡ 例題 8·10

► 右のような，展開図を組み立ててできる立体を**円すい**という。角すいと円すいをまとめて**すい体**という。

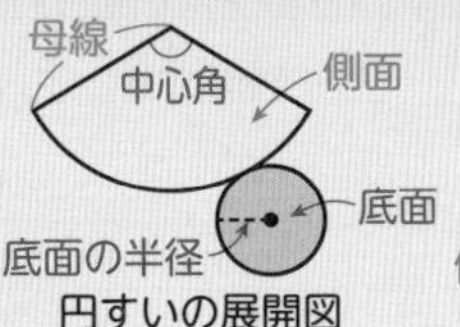

円すいの展開図

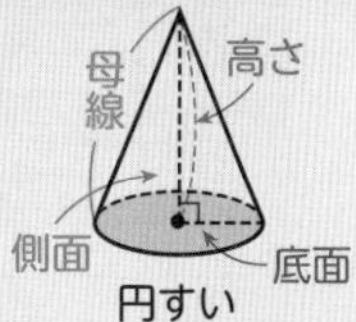

円すい

► 円すいの体積＝**底面積×高さ×$\frac{1}{3}$**

► 円すいの展開図では，$\frac{\text{中心角}}{360}=\frac{\text{底面の半径}}{\text{母線}}$

円すいの表面積＝**底面積＋母線×底面の半径×円周率**
（母線×底面の半径×円周率：側面積）

3 角すい台，円すい台の体積と表面積

➡ 例題 11·12

► 角すいや円すいを底面に平行な面で切り分けたとき，頂点をふくまないほうの立体を，それぞれ**角すい台**，**円すい台**という。

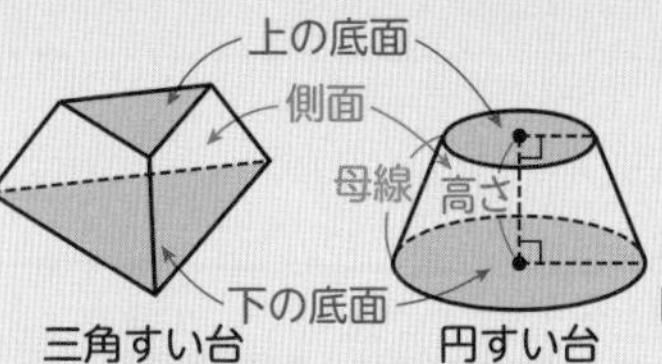

三角すい台

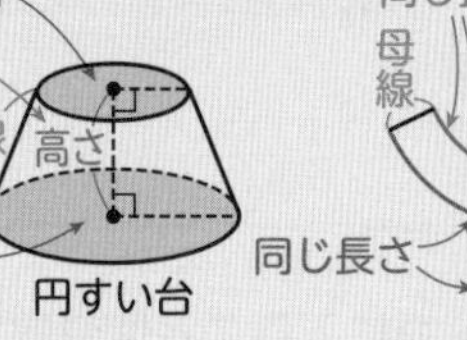

円すい台

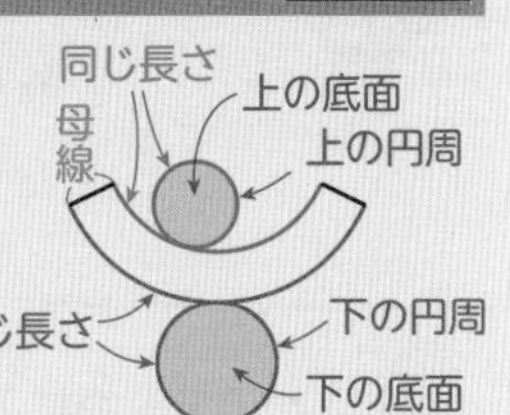

円すい台の展開図

► 角(円)すい台の体積＝**全体の角(円)すいの体積−上の小さな角(円)すいの体積**

► 角すい台の表面積＝**上の底面積＋下の底面積＋側面積**

円すい台の表面積＝**上の底面積＋下の底面積＋(上の円周＋下の円周)×母線÷2**
（(上の円周＋下の円周)×母線÷2：側面積）

p.323 1, 2

例題8 角すいと円すい

次の角すいや円すいを組み合わせてできる立体について答えなさい。ただし，㋐と㋒はすべての面が正三角形で，㋑の底面は正方形です。

㋐ 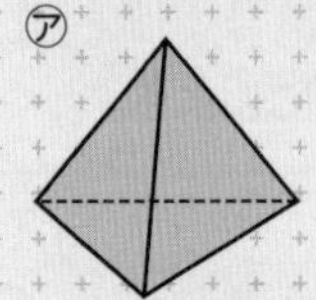
㋑ 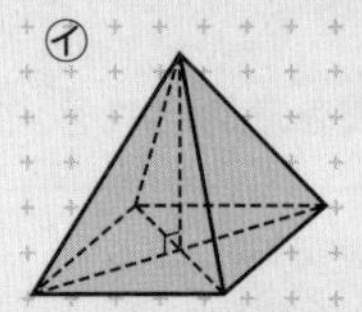
㋒ 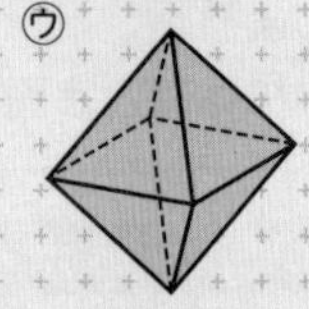
㋓ 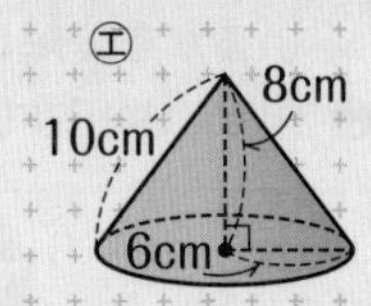

(1) ㋑の側面はどのような形をしていますか。

(2) ㋐～㋒の立体の名前と頂点(ちょうてん)，面，辺の数を答えなさい。

(3) ㋓の立体の高さは何 cm ですか。

(1) 底面が正方形で，その対角線の交点の真上に頂点があるので，正四角すいである
（交点：線と線が交わる点）
正四角すいの側面は二等辺三角形である。

(2)

	㋐	㋑	㋒
立体の名前	正三角すい（正四面体）	正四角すい	正八面体
頂点	4	5	6
面	4	5	8
辺	6	8	12

(3) 底面と垂直(すいちょく)な線の長さなので，高さは **8 cm**

正多面体とは？

(2)㋐はすべての面が正三角形で，面が4つあるので，正四面体ともいう。また，㋒のようにすべての面が正三角形で，面が8つある立体を正八面体という。正多面体については，ちょっとブレイク(P.362)でくわしく説明している。

ココ大事！

□角すいの頂点の数は□+1，面の数は□+1，辺の数は□×2

練習問題 8

次のア～カに入ることばや数を答えなさい。

角すいでは，頂点，面，辺の数のうち(ア)と(イ)の数は同じです。例えば五角すいは，頂点の数は(ウ)つ，面の数は(エ)つ，辺の数は(オ)本です。また(カ)角すいの頂点の数，面の数，辺の数の合計は 38 です。

別冊解答 p.82

4年 5年 6年 中学入試

p.323 1

例題 9 角すいの体積と表面積

次の角すいについて，(1)，(2)は体積を，(3)は表面積を求めなさい。

(1)

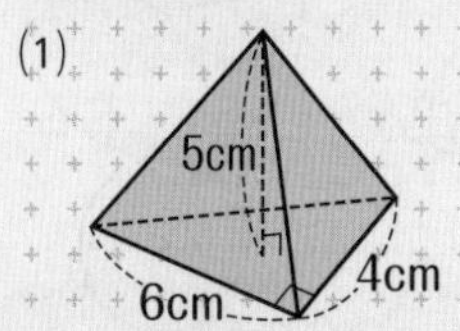

(2)

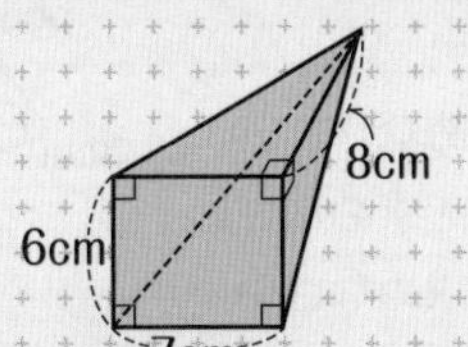

(3)

(底面は正方形)

解き方と答え

(1) 底面が直角三角形，高さが 5 cm の三角すいなので，

$4\times6\div2\times5\times\frac{1}{3}=$**20 (cm³)**

(2)

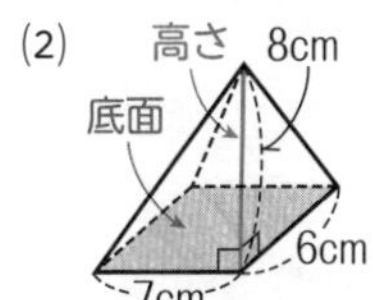

底面が長方形，高さが 8 cm の四角すいなので，

$6\times7\times8\times\frac{1}{3}=$**112 (cm³)**

(3)

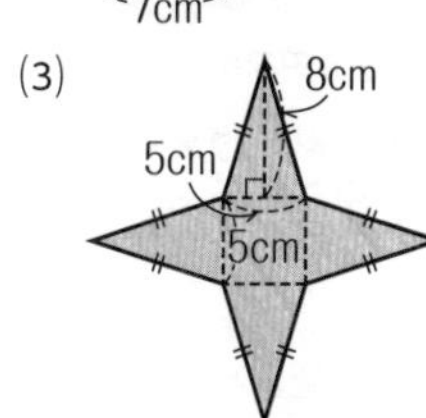

表面積は展開図(てんかいず)の面積になるので，底面の 1 辺 5 cm の正方形と，側面の底辺 5 cm，高さ 8 cm の二等辺三角形 4 つの面積の合計になる。

$5\times5+5\times8\div2\times4=$**105 (cm²)**

なぜ すい体の体積が柱体の $\frac{1}{3}$ になる理由

すい体の体積が

底面積×高さ×$\frac{1}{3}$ で求められることは，立方体が合同な四角すい 3 つに分けられることからわかる。

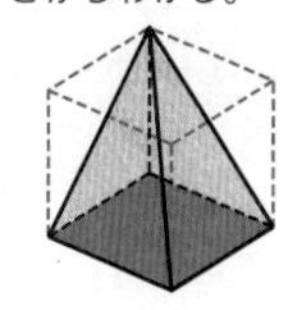

⇩

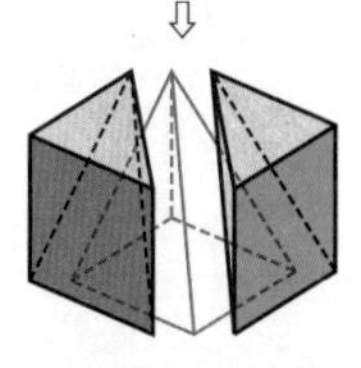

ココ大事！

・角すいの体積＝底面積×高さ×$\frac{1}{3}$

・角すいの表面積＝底面積＋側面積

練習問題 9

別冊解答 p.82

右の図のような，底面が正方形の四角すいの体積と表面積を求めなさい。

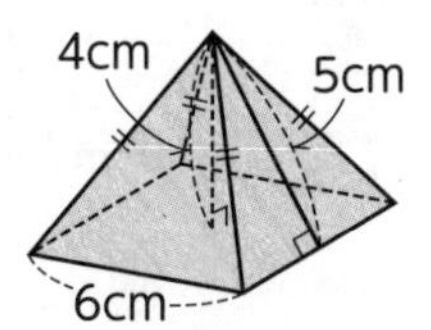

p.323 2

例題10 円すいの体積と表面積

右の図は，円すいの見取図と展開図（てんかいず）です。

(1) この円すいの体積を求めなさい。

(2) ア～ウにあてはまる数を求めなさい。

(3) この円すいの表面積を求めなさい。

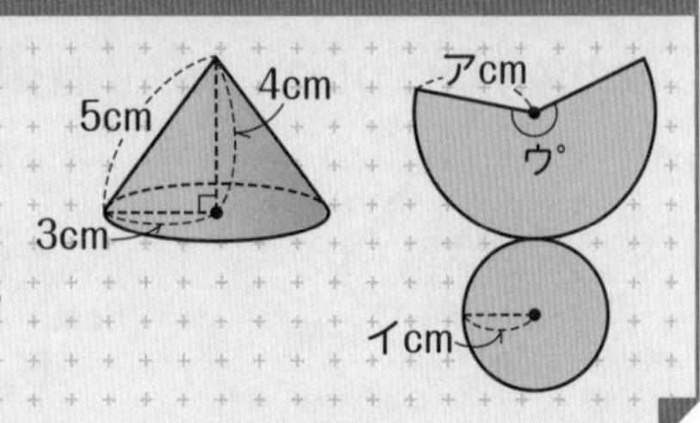

解き方と答え

(1) $3\times3\times3.14\times4\times\frac{1}{3}=$ **37.68 (cm³)**

(2) ア…母線なので，**5** cm，イ…底面の半径なので，**3** cm

ウ…側面のおうぎ形の中心角なので，

$$\frac{中心角}{360}=\frac{底面の半径}{母線}\qquad\frac{\square}{360}=\frac{3}{5}\ より,$$

（×72）

$3\times72=$ **216**

(3) 円すいの表面積＝底面積＋側面積

$$=底面積+母線\times母線\times円周率\times\frac{中心角}{360}$$

$$=底面積+母線\times\cancel{母線}\times円周率\times\frac{底面の半径}{\cancel{母線}}$$

$$=底面積+母線\times底面の半径\times円周率$$

よって，$3\times3\times3.14+5\times3\times3.14=(9+15)\times3.14$

$=$ **75.36 (cm²)**

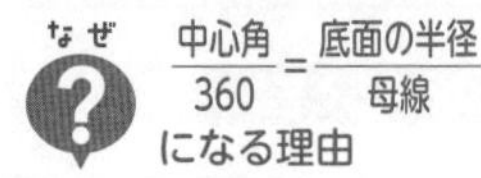

$\frac{中心角}{360}=\frac{底面の半径}{母線}$ になる理由

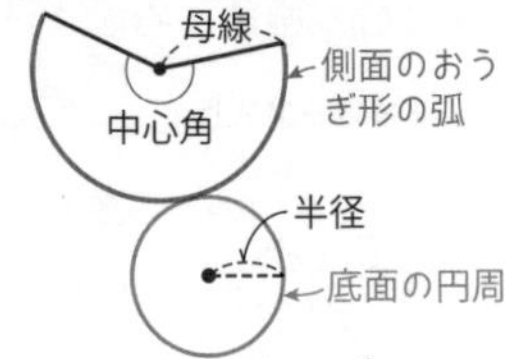

側面のおうぎ形の弧（こ）の長さ＝底面の円周の長さ より，

$母線\times\cancel{2\times円周率}\times\frac{中心角}{360}=底面の半径\times\cancel{2\times円周率}$

$母線\times\frac{中心角}{360}=底面の半径$

よって，

$\frac{中心角}{360}=底面の半径\div母線$

$\frac{中心角}{360}=\frac{底面の半径}{母線}$

- 円すいの体積＝底面積×高さ×$\frac{1}{3}$
- 円すいの表面積＝底面積＋母線×底面の半径×円周率

練習問題10

別冊解答 p.82

次のⒶは円すいの見取図で，ⒷはⒶとは別の円すいの展開図です。

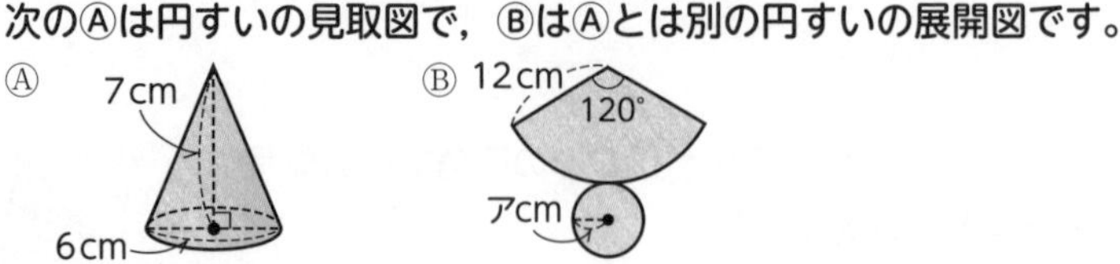

(1) Ⓐの体積を求めなさい。

(2) ❶ アにあてはまる数を求めなさい。

❷ Ⓑの円すいの表面積を求めなさい。

4年 5年 6年 中学入試

p.323 3

例題11 角すい台と円すい台の体積

右の円すい台の体積を求めなさい。

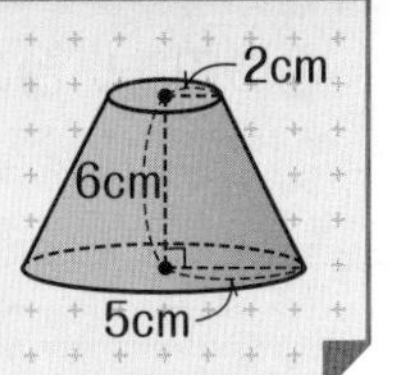

解き方と答え

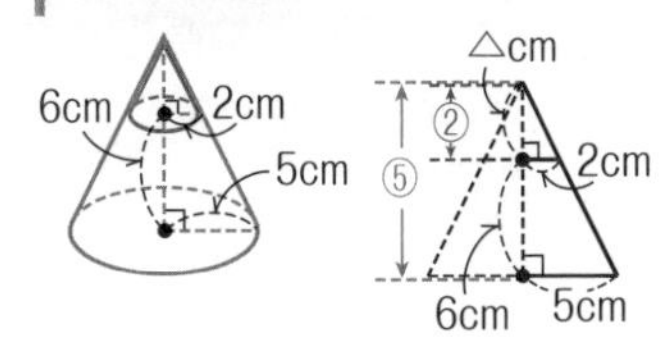

2つの相似(そうじ)な立体があり，相似比が $a:b$ のとき，立体の体積比は $(a\times a\times a):(b\times b\times b)$ である。

上の小さな円すいと全体の円すいは相似で，相似比は 2：5 である。小さな円すいの高さを△ cm とすると，

⑤－②＝③＝6 cm

①＝6÷3＝2 (cm) より，

△＝②＝2×2＝4 (cm)

上の小さな円すいの体積：全体の円すいの体積

＝(2×2×2)：(5×5×5)＝[8]：[125] より，

円すい台の体積比は [125]－[8]＝[117] になる。

よって，[8]＝$2\times2\times3.14\times4\times\frac{1}{3}$ より，

[117]＝$2\times2\times3.14\times4\times\frac{1}{3}\times\frac{117}{8}$＝**244.92 (cm³)**

別解 全体の円すいから小さな円すいをひく

$5\times5\times3.14\times10\times\frac{1}{3}$

$-2\times2\times3.14\times4\times\frac{1}{3}$

$=(5\times5\times10-2\times2\times4)\times3.14\times\frac{1}{3}$

$=234\times3.14\times\frac{1}{3}$

＝**244.92 (cm³)**

公式 円すい台の体積

(上の半径×上の半径＋下の半径×下の半径＋上の半径×下の半径)×円周率×高さ×$\frac{1}{3}$

これを使うと，

$(2\times2+5\times5+2\times5)\times3.14\times6\times\frac{1}{3}$

＝**244.92 (cm³)**

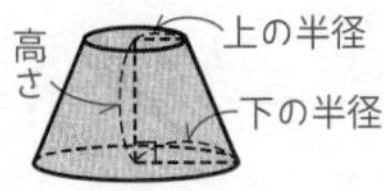

ココ大事！ 円すい台の体積は，
- 相似な立体の体積比を利用する。
- 全体の円すいの体積－小さな円すいの体積

練習問題11 右の図のような，底面が正方形の角すい台の体積を求めなさい。

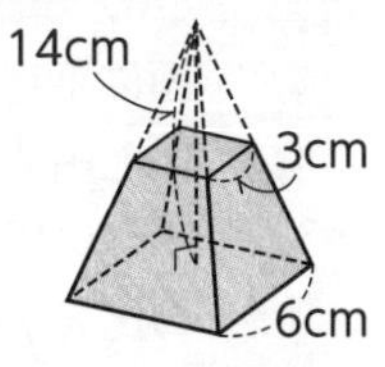

別冊解答 p.82

p.323 3

例題12 円すい台の表面積

右の円すい台の表面積を求めなさい。

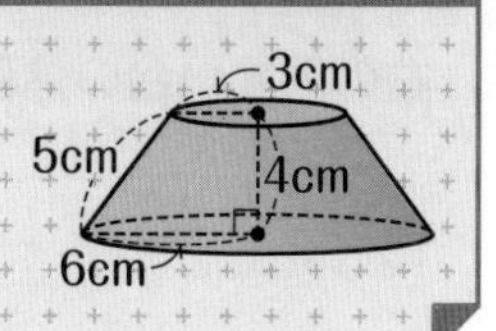

解き方と答え

表面積は展開図(てんかいず)の面積である。

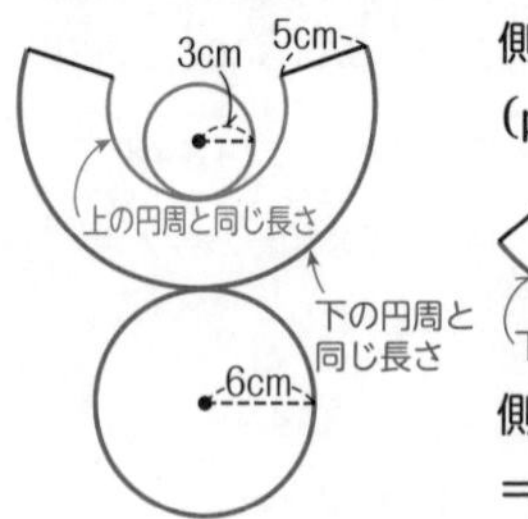

側面はおうぎ形からおうぎ形をひいた形の面積の求め方（p.266 の裏の公式）を利用すると，

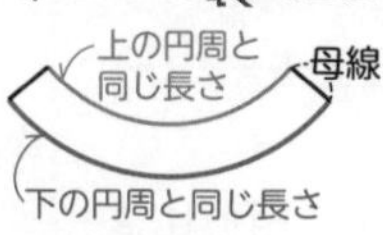

側面積
＝（上の円周＋下の円周）×母線÷2
＝（上の円の半径×2×円周率＋下の円の半径×2×円周率）×母線÷2
＝**（上の円の半径＋下の円の半径）×円周率×母線**

よって，円すい台の表面積は，

$\underbrace{3\times3\times3.14}_{\text{上の円}}+\underbrace{6\times6\times3.14}_{\text{下の円}}+\underbrace{(3+6)\times3.14\times5}_{\text{側面}}$

$=9\times3.14+36\times3.14+9\times5\times3.14$

$=(9+36+45)\times3.14=$ **282.6 (cm^2)**

ココ大事！ 円すい台の側面積は，
（上の円の半径＋下の円の半径）×円周率×母線

練習問題 ⑫

別冊解答 p.82

右の図のように，底面の半径が 9 cm，母線が 15 cm の円すいを底面に平行な面で切り，小さい円すいと円すい台に分けました。この小さい円すいと円すい台の表面積の比(ひ)を求めなさい。

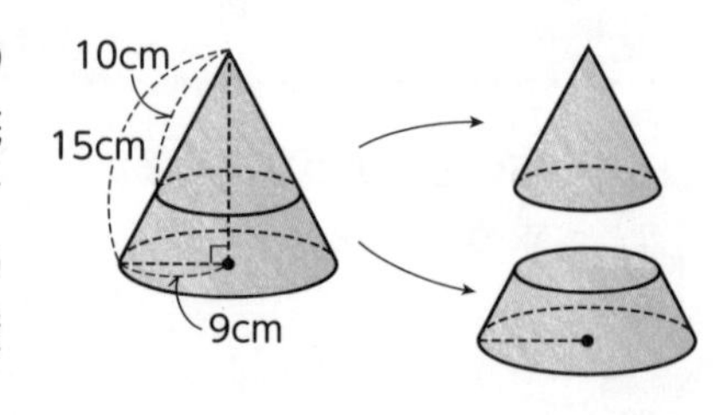

4 いろいろな立体の表し方

p.329〜334

❶ 立方体の展開図(てんかいず)の形を覚えよう。
❷ 立体図形上の最短距離(さいたんきょり)の長さを求められるようにしよう。
❸ 投影図(とうえいず)や回転体(かいてんたい)で表される立体を理解しよう。

学習のポイント

1 立方体の展開図

➡例題13

► 立方体の展開図(てんかいず)は **11 種類**ある。並(なら)ぶ面の数で分類して覚えるとよい。

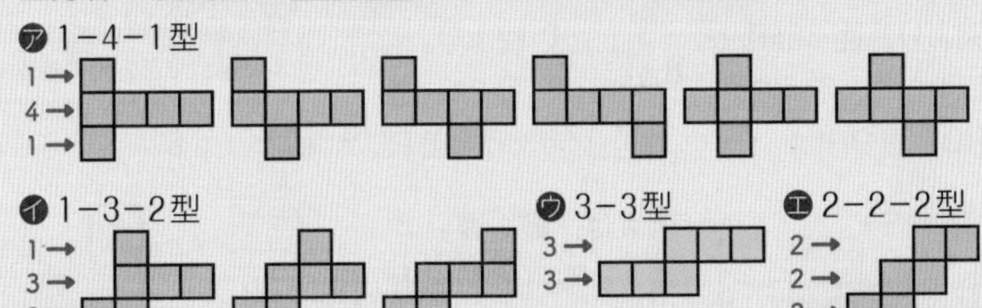

2 立体図形上の最短距離

➡例題14

► 立体図形の表面を通ってある点から別の点を線で結ぶとき，その最短距離(さいたんきょり)は**展開図上の2点を結んだ直線**になる。

例》 右の図1の立方体のAからBまで表面を通って最も短い線をひくとき，図2の展開図上のような直線になる。

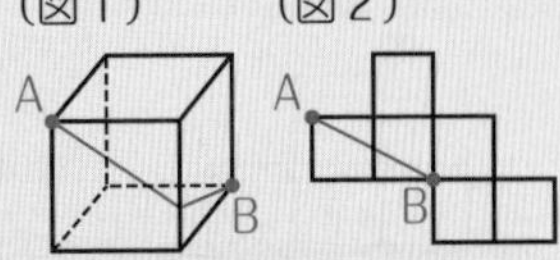

3 投影図と回転体

➡例題15〜17

► 立体を，真正面と真上から見た図をあわせた図を**投影図**(とうえいず)という。

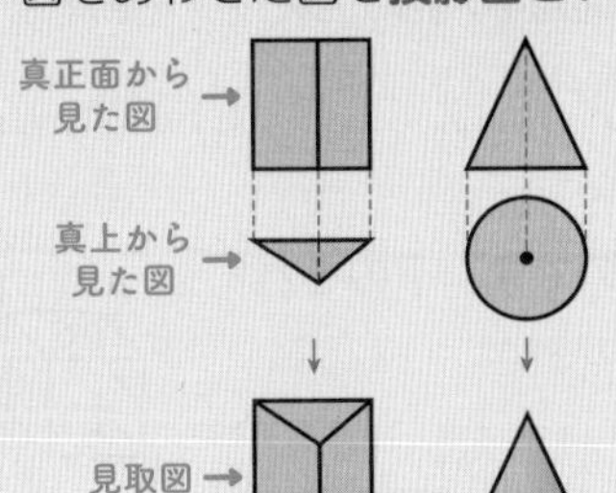

► 1つの直線を軸(じく)として平面図形を1回転させたときの立体を**回転体**(かいてんたい)という。

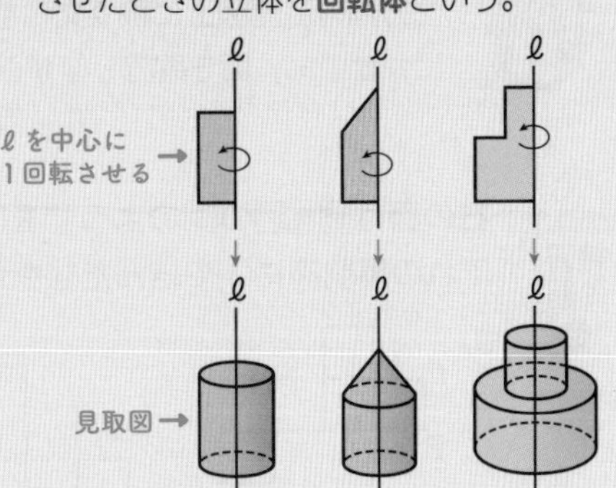

p.329 1

例題13 立方体の展開図

右の図1は立方体の見取図です。

(1) 面ABCDと垂直(すいちょく)な面をすべて答えなさい。

(2) 辺GHと平行な辺をすべて答えなさい。

(3) 辺AE，辺BF，辺CG，辺DHのそれぞれの中点を結びます。結んだ線を図2にかきこみなさい。

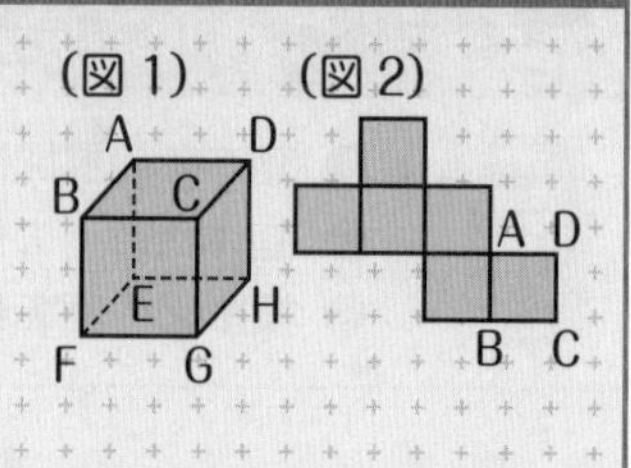

解き方と答え

(1)
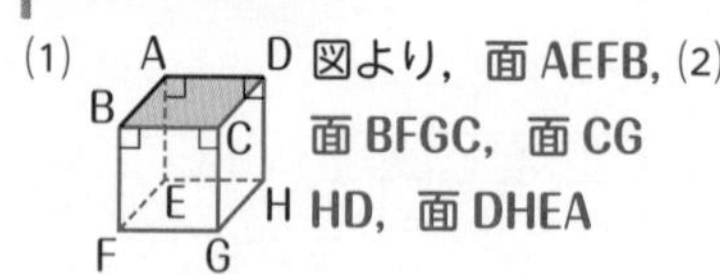

図より，面AEFB，面BFGC，面CGHD，面DHEA

(2)
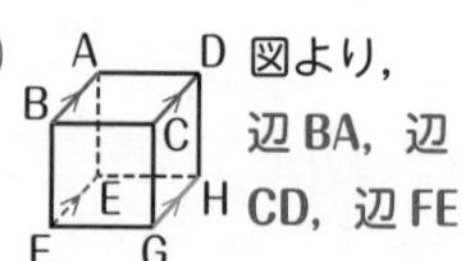

図より，辺BA，辺CD，辺FE

(3)
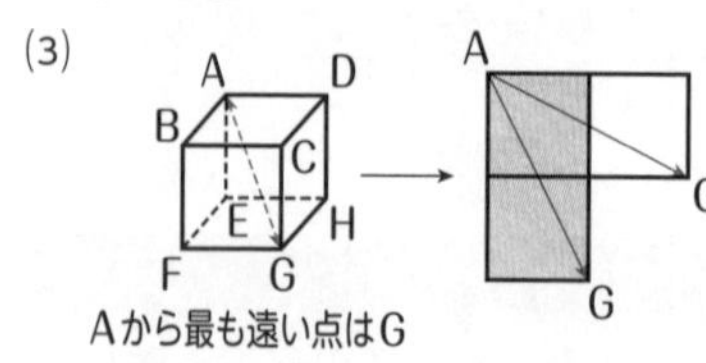

例えば，最も遠い2点AとGは展開図(てんかいず)上では長方形の対角線の両はしの点となる。同じようにBとH，CとE，DとFを決めると左下の図のようになる。

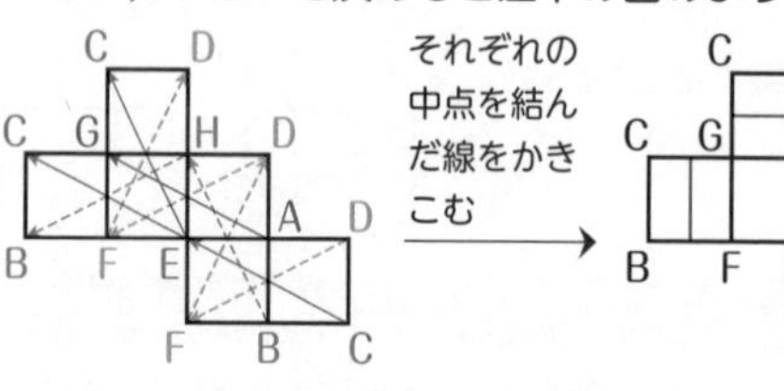

立方体の見取図と展開図の頂点

㋐4つ並(なら)んだ正方形の両はしは1周すると重なるので，同じ記号である。

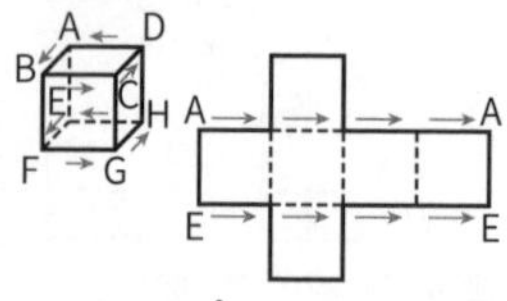

㋑展開図の └─ の両はしは組み立てると重なるので，同じ記号である。

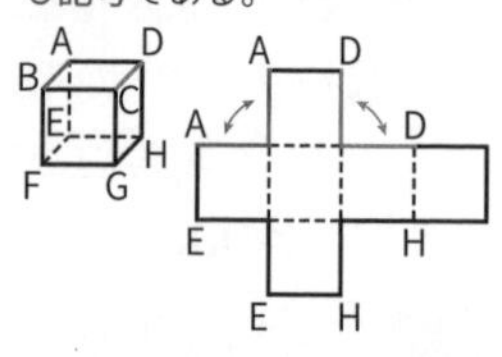

> **ココ大事！** 立方体の展開図上に線や文字をかきこむ問題は，見取図の頂点(ちょうてん)を展開図にかきこみ，面を確認(かくにん)しながらかいていく。

練習問題⑬

別冊解答 p.82

右の図は例題13の(3)のようすを表したものです。下のそれぞれの展開図に(3)で結んだ線をかきこみなさい。

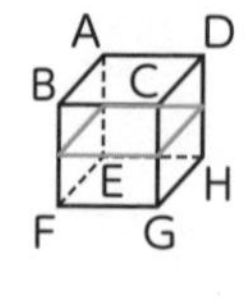

(1)
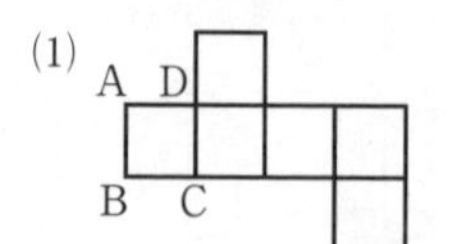

(2)
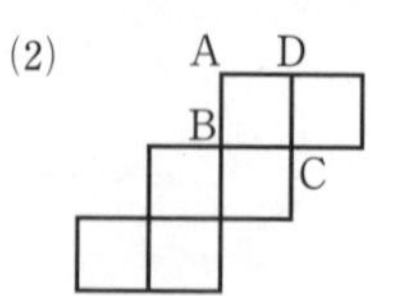

(3)
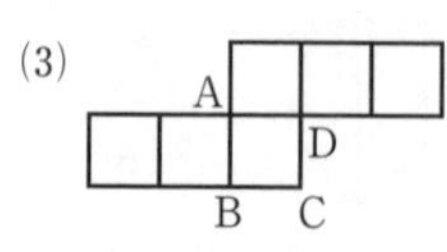

p.329 2

例題14 立体図形上の最短距離

次の問いに答えなさい。

(1) 図1のような直方体があり，辺BF，辺CG上にAP＋PQ＋QHが最小(さいしょう)になるようにP，Qをとりました。PFの長さを求めなさい。

(2) 図2のような円すいがあり，点Aから側面を1周して再びAにもどってくるようにひもをピンとはってまきつけました。ひもの長さを求めなさい。

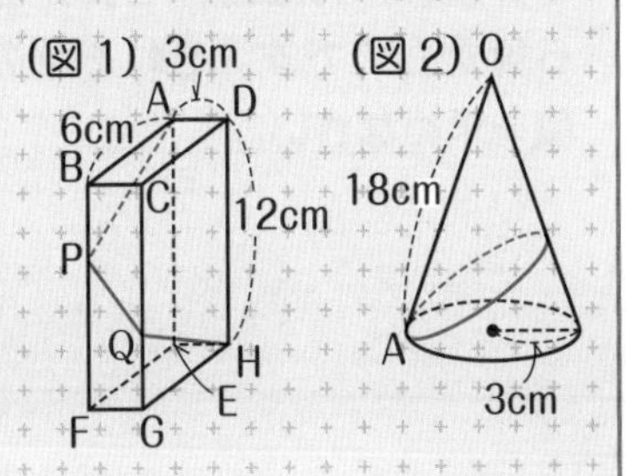

解き方と答え

(1)

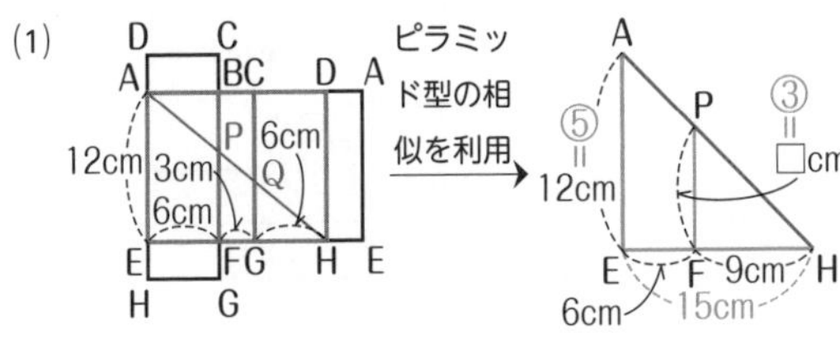

展開図(てんかいず)をかき，AHを直線で結ぶと，AP＋PQ＋QHは最小になる。

⑤＝12 cm より，

①＝$12\div5=\frac{12}{5}$ (cm)

□＝③＝$\frac{12}{5}\times3=$ **$\frac{36}{5}$ (cm)**

(2)

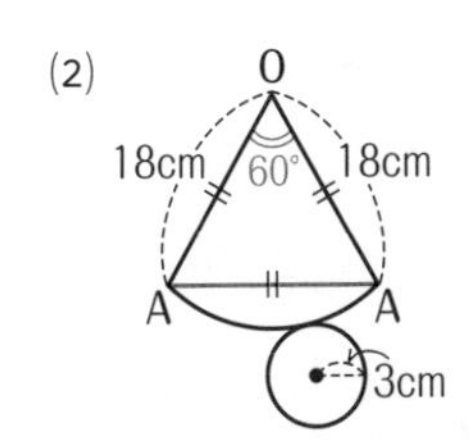

円すいの頂点(ちょうてん)OとAを結ぶ直線で，側面を切ってできる展開図をかく。

$\frac{中心角}{360}=\frac{底面の半径}{母線}$ より，$\frac{□}{360}=\frac{3}{18}$（×20） □＝3×20＝60

切り口の両はしがAになるので，これを直線で結ぶ。

中心角が60°なので，おうぎ形の中の三角形は正三角形になる。

よって，ひもの長さは，**18 cm**

ココ大事！

立体図形上の表面を通る最短距離(さいたんきょり)は，展開図上の直線距離になる。

練習問題⑭

別冊解答 p.82

右の図のような円すいがあり，点Aから側面を1周して再びAにもどってくるようにひもをピンとはってまきつけました。ひもによって分けられた円すいの側面積の2つの部分のうち，小さいほうの面積を求めなさい。

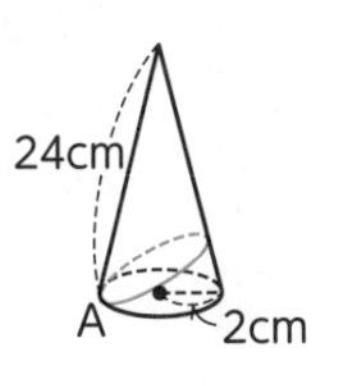

p.329 3

例題15 投影図

右の図は，ある立体を真正面と真上から見たものです。それぞれの立体の体積を求めなさい。

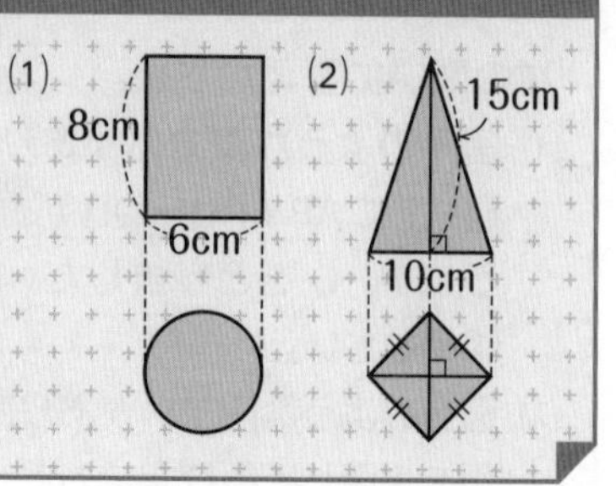

解き方と答え

投影図(とうえいず)から見取図をかいて考える。

(1)

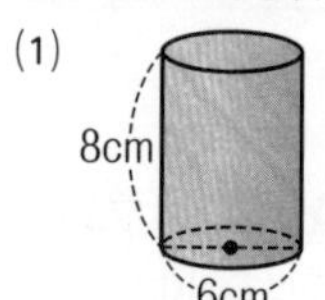

真上から見た図が円なので，円柱や円すいのような形を考える。真正面から見た図が長方形なので，円柱であることがわかる。

半径は $6÷2=3$ (cm) なので，

体積は，$3×3×3.14×8=$**226.08** (cm³)

(2)

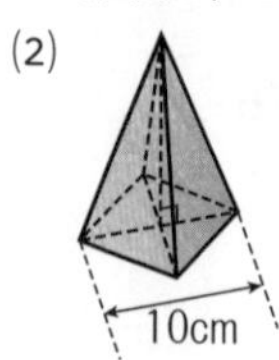

真上から見た図が正方形なので，四角柱や四角すいのような形を考える。真正面から見た図が三角形なので，四角すいであることがわかる。

よって，

$10×10÷2×15×\frac{1}{3}=$**250** (cm³)

参考　3方向から見た投影図

下のような真正面と真横から見たときの形がちがうときには，3方向からの投影図になる。

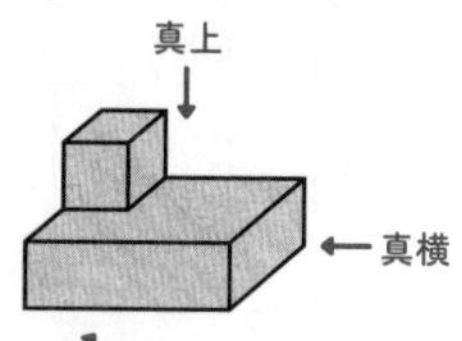

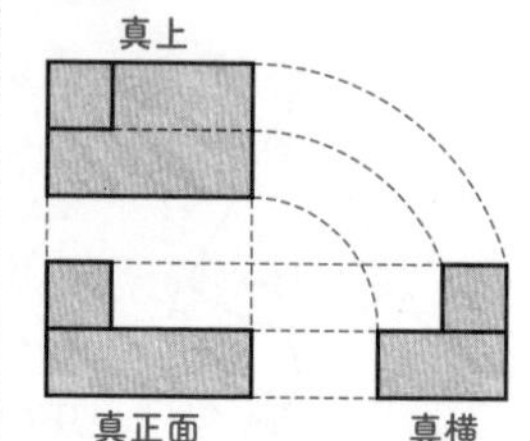

ココ大事！ 角柱や円柱を真正面から見ると長方形に，角すいや円すいは三角形になる。真上から見た図は，その立体の底面と同じ形である。

練習問題⑮

別冊解答 p.83

右の図はある立体を真正面と真上から見たものです。それぞれの立体の体積と表面積を求めなさい。

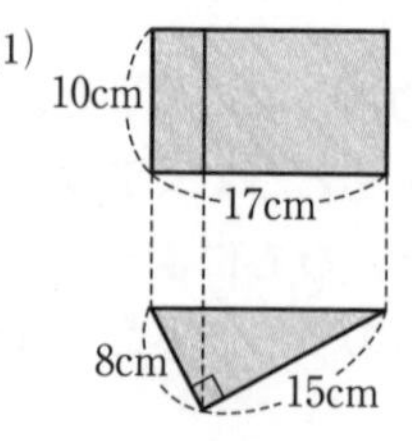

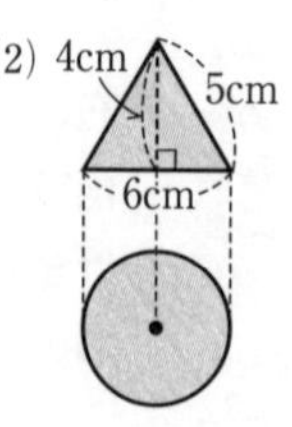

p.329 3

例題16 回転体(1) —分けたりひいたりして考える—

右の図を直線ℓを軸(じく)に1回転させたときにできる立体の体積と表面積を求めなさい。

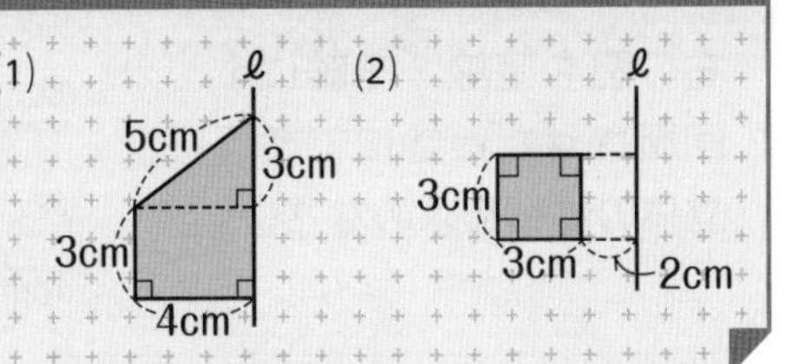

解き方と答え

(1) 回転体の見取図は次のようにかく。

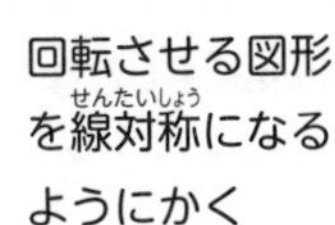
回転させる図形を線対称(せんたいしょう)になるようにかく

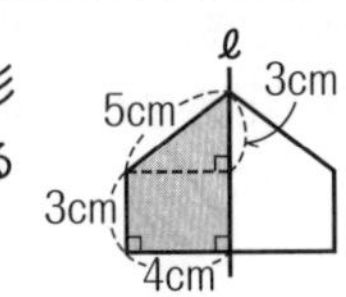

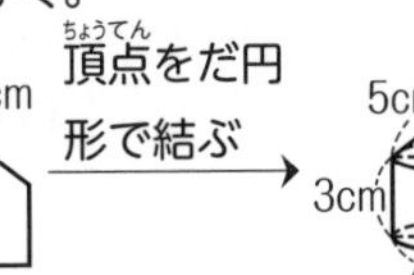

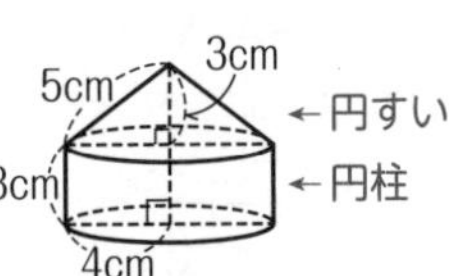

体積は，$\underbrace{4\times4\times3.14\times3\times\frac{1}{3}}_{\text{円すい}}+\underbrace{4\times4\times3.14\times3}_{\text{円柱}}=$ **200.96** (cm^3)

表面積は，$\underbrace{4\times4\times3.14}_{\text{底面の円}}+\underbrace{4\times2\times3.14\times3}_{\text{円柱の側面}}+\underbrace{5\times4\times3.14}_{\text{円すいの側面}}=$ **188.4** (cm^2)

(2) (1)と同じように見取図をかく。

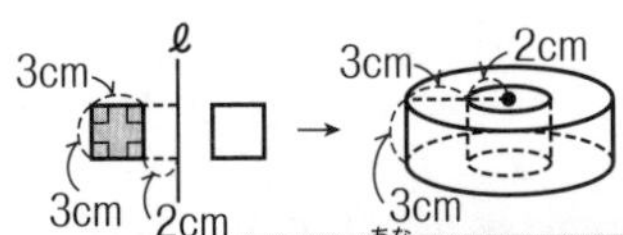

体積は，

$(5\times5\times3.14-2\times2\times3.14)\times3=(25-4)\times3.14\times3$

$=$ **197.82** (cm^3)

表面積は，内側の穴(あな)の部分の側面積もふくむことに注意する。

$(5\times5\times3.14-2\times2\times3.14)\times2+5\times2\times3.14\times3+2\times2\times3.14\times3=$ **263.76** (cm^2)

回転体の見取図は，

①回転させる図形を回転軸に対して線対称にかく。

②対応(たいおう)する頂点をだ円形になるようにそれぞれ結ぶ。

③必要な線を結んで完成。

練習問題16

別冊解答 p.83

次の図を直線ℓを軸に1回転させたときにできる立体の体積と表面積を求めなさい。

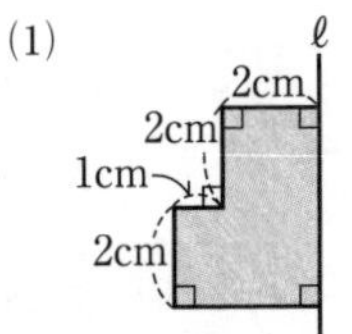

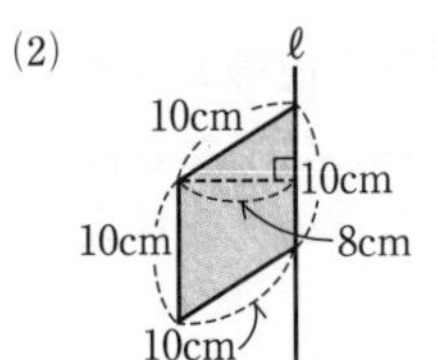

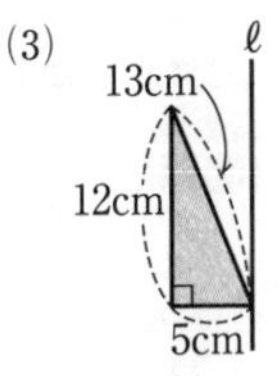

p.329 3

例題17 回転体(2) ―くふうして解く―

右の図を直線ℓを軸に1回転させたときにできる立体の体積を求めなさい。

(1)
(2)

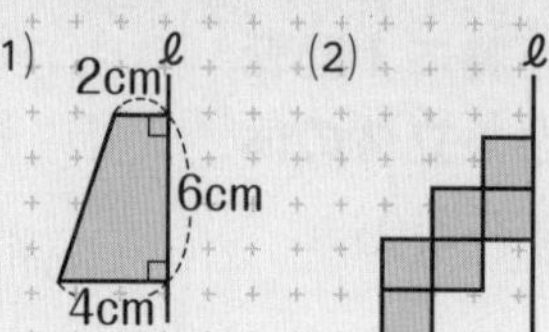

解き方と答え

(1)

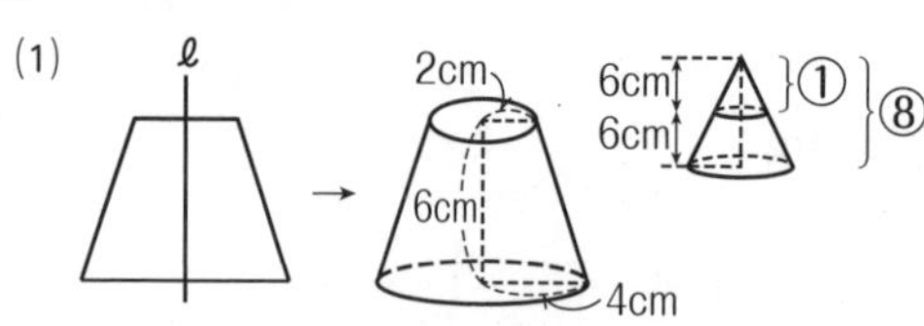

円すい台になるので，相似(そうじ)の体積比を利用する。

相似比は 2 cm：4 cm＝1：2 より，

体積比は (1×1×1)：(2×2×2)＝1：8

8−1＝7 より，円すい台は⑦になるので，①$=2\times2\times3.14\times6\times\frac{1}{3}=8\times3.14$ (cm³)

⑦$=8\times3.14\times7=56\times3.14=$**175.84 (cm³)**

(2)

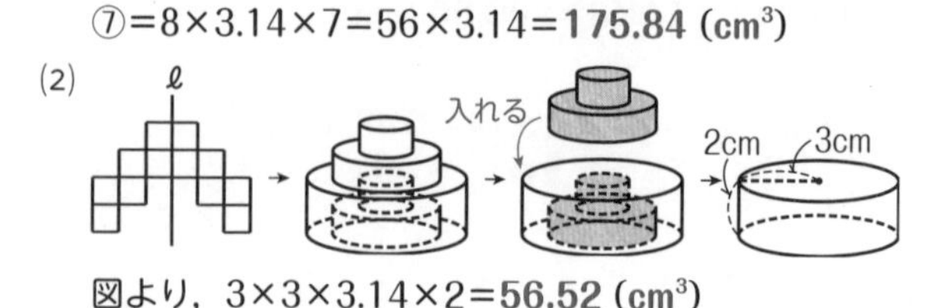

図より，$3\times3\times3.14\times2=$**56.52 (cm³)**

別解 回転させる図を先に変形する

(2) 図のように移動させると，縦(たて)が 2 cm，横が 3 cm の長方形となるので，

$3\times3\times3.14\times2=$**56.52** (cm³)

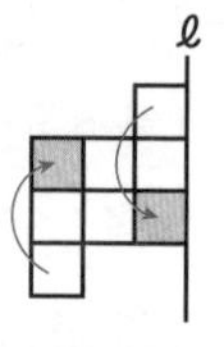

ココ大事！ (2)のように，回転させる図形を回転軸からのきょりを変えないように移動(いどう)させてから考えるほうが簡単(かんたん)に求められることがある。

練習問題 17

別冊解答 p.83

右の図を直線ℓを軸に1回転させたときにできる立体の体積を求めなさい。

(1)

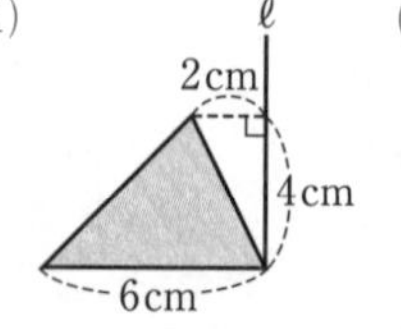

(2)

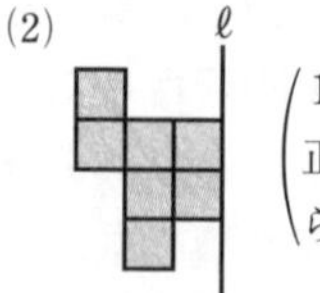

(1辺1cmの正方形7つからなる図形)

5 立体の切断

p.335〜340

❶ 立方体を切断(せつだん)したときにできる切り口にはどんなものがあるかを理解し，できる立体の体積を求められるようにしよう。
❷ 柱体をななめに切った立体の体積を求められるようにしよう。

学習のポイント

1 立方体の切り口

➡ 例題 18

► 立方体の切り口には，次のようないろいろな形がある。

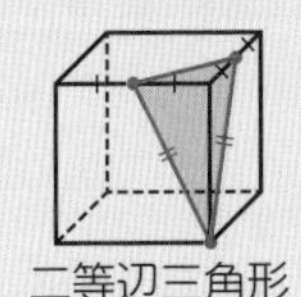
二等辺三角形

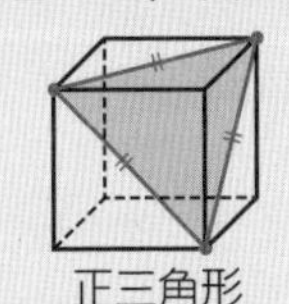
正三角形

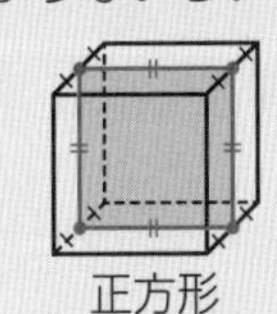
正方形

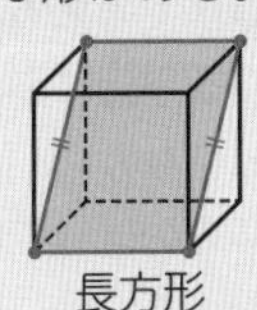
長方形

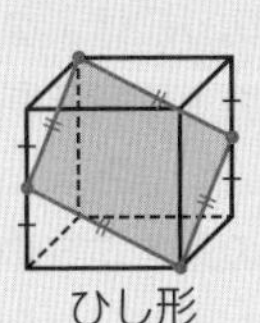
ひし形

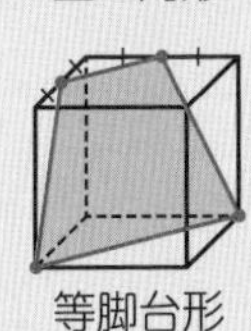
平行四辺形

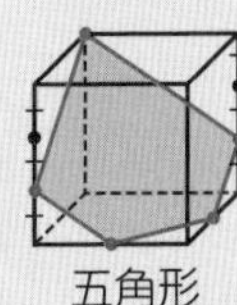
等脚台形

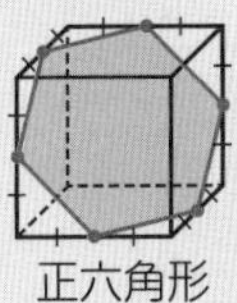
五角形

正六角形

2 立方体を切断したときにできる立体の体積

➡ 例題 19〜21

► 立方体を切断(せつだん)したときにできる立体の体積は，三角すいを利用して求めることができる。どちらの立体も切り口をのばして，大きな三角すいをつくり，そこから小さな三角すいをひく。

例》

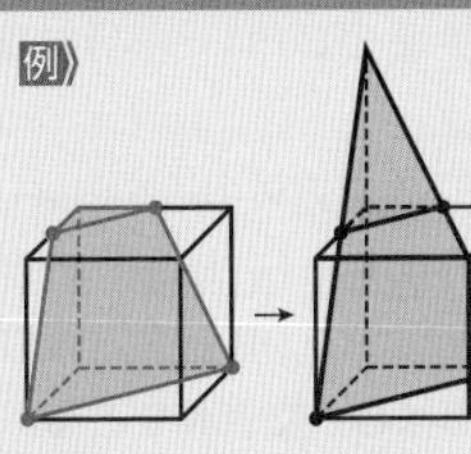

例》

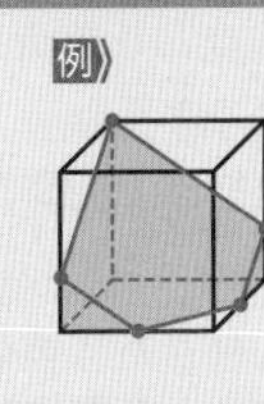

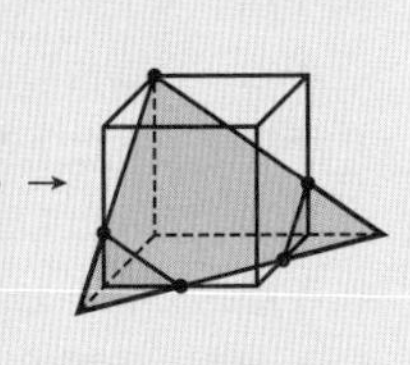

3 柱体をななめに切った立体の体積

➡ 例題 22

► 柱体をななめに切った立体の体積は，**底面積×高さの平均** で求められる。

例》 次の立体の体積を求めなさい。

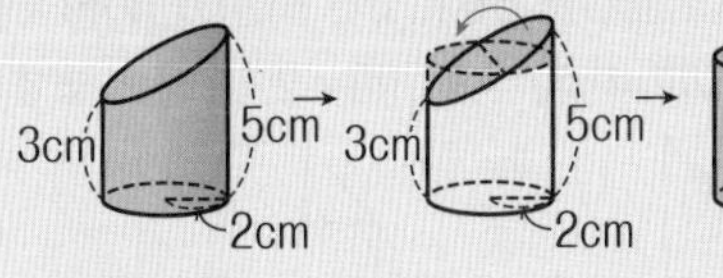

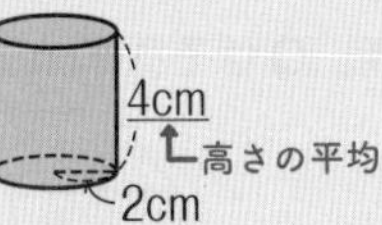

$\underbrace{2\times2\times3.14}_{\text{底面積}}\times\underbrace{(3+5)\div2}_{\text{高さの平均}}$

$=50.24\ (\text{cm}^3)$

p.335 1

例題18 立方体の切断と切り口

右の立方体を，次の３点を通る平面で切断(せつだん)したときにできる切り口の形を答えなさい。ただし，P，Q，R，S，Tはそれぞれの辺の中点とします。

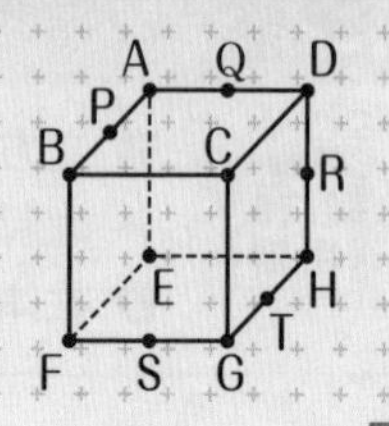

(1) B，D，G　　(2) H，P，Q

(3) A，S，T　　(4) P，Q，R

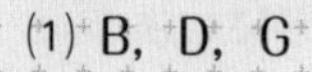

立方体の切り口は，次の順序(じゅんじょ)で考える。

①同じ平面上にある点は，切り口にふくまれるので，点を結ぶ。

②平行な面には平行な切り口をかく。

③切り口の辺と立方体の辺をのばして新たに交点をとり，①，②を確認(かくにん)する。

(1)

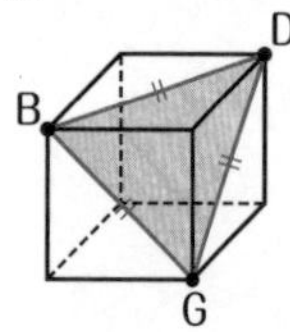

(2)

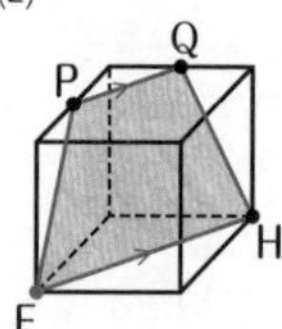

(3)

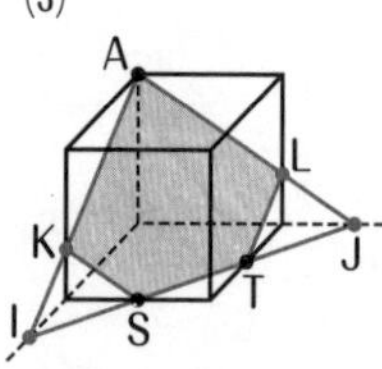

(4)

(1) 手順①で３点B，D，Gを結ぶと，正三角形ができる。

(2) 手順①でPとQ，QとHを結ぶ。手順②でPQと平行な線FHをかく。PとFを結ぶと，等脚台形(とうきゃくだいけい)ができる。

(3) 手順①でSとTを結ぶ。手順③でSTと立方体の辺をのばし，交点IとJをとる。手順①でAとI，AとJを結び，さらにKとS，LとTを結ぶと，五角形ができる。

(4) 手順①でPとQ，QとRを結ぶ。手順③でQRと立方体の辺をのばし，交点IとJをとる。手順①でIとPを結び，のばし，交点Kをとる。KとJを結び，さらにLとM，MとN，NとRを結ぶと，正六角形ができる。

ココ大事！

立方体の切り口は上の３つの順序で考える。

練習問題⑱

別冊解答 p.84

次の立方体を，３つの・印を通る平面で切断したときにできる切り口の形を答えなさい。ただし，P，Qはそれぞれの辺の中点，AR：RB＝2：1とします。

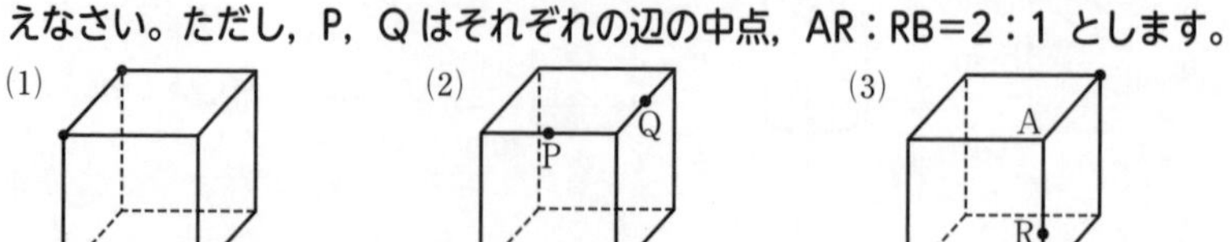

(1)

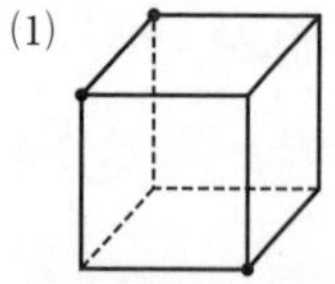

(2)

(3)

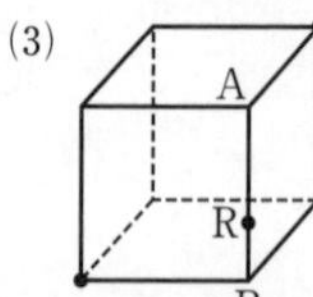

4年 5年 6年 中学入試

p.335 2

例題19 立方体の切断と体積(1) ―立方体のかどを切りとる―

次の問いに答えなさい。

(1) 図1の立方体を3点P，Q，Rで切断(せつだん)するとき，頂点(ちょうてん)Aをふくむ立体の体積を求めなさい。

(2) 図2は立方体から2つの三角すいを取りのぞいた立体です。この立体の体積を求めなさい。

(図1)

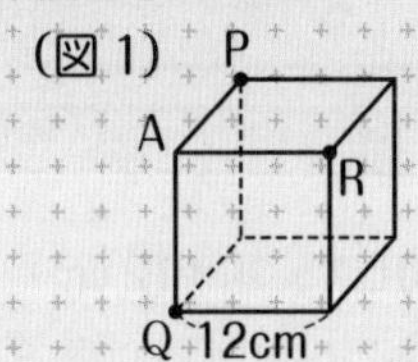

(図2)

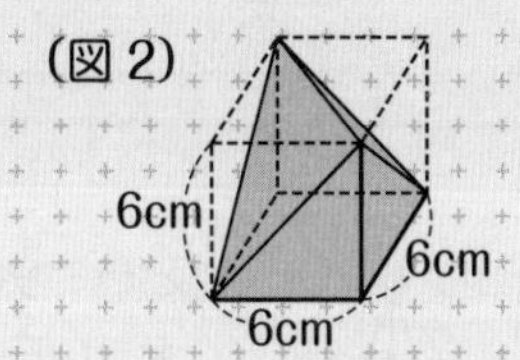

解き方と答え

(1)

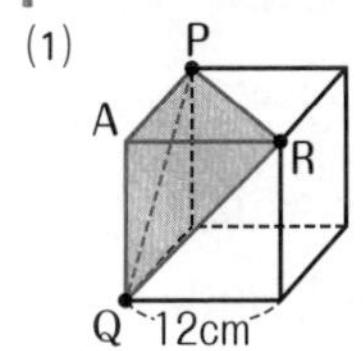

三角形ARPを底面，AQを高さとする三角すいになる。

よって，$12\times12\div2\times12\times\frac{1}{3}$

$=$**288 (cm³)**

(2)

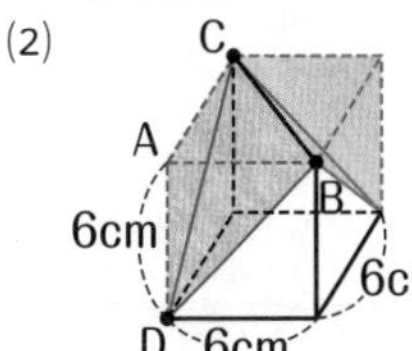

1辺6cmの立方体から，三角形ABCを底面，ADを高さとする三角すいを2つひく。

$6\times6\times6-6\times6\div2\times6\times\frac{1}{3}\times2$

$=$**144 (cm³)**

公式 三角すいの体積

立方体や直方体のかどを切り取ったような形で，3つの直角三角形の3つの直角の頂点が集まってできた三角すいの体積は，3本の辺の，

辺×辺×辺×$\frac{1}{6}$で求めることができる。

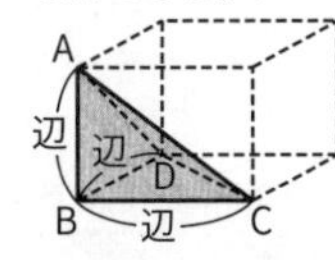

(1)では，

$12\times12\times12\times\frac{1}{6}=$**288** (cm³)

ココ大事！ (2)のような立体の体積は，立方体−切り取った立体の体積

練習問題 19

別冊解答 p.84

1辺の長さが6cmの立方体があります。ただし，点A，B，Cはそれぞれの辺の中点とします。

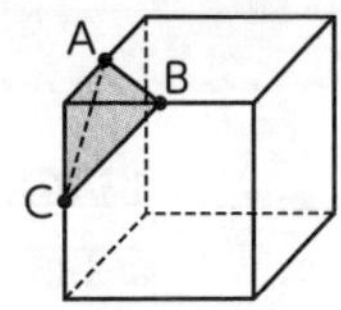

(1) この立方体を3点A，B，Cで切断して2つの立体に分けるとき，小さいほうの立体の体積を求めなさい。

(2) 立方体のかどから(1)と同じ立体をすべて取りのぞいたとき，残った立体の体積を求めなさい。

例題20 立方体の切断と体積(2) ―立方体を2つに分ける―

右の1辺の長さが12 cmの立方体を，3つの・印を通る平面で切断(せつだん)したとき，Aをふくむ立体の体積を求めなさい。

(1)

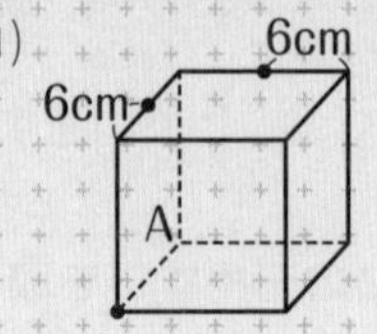

(2)

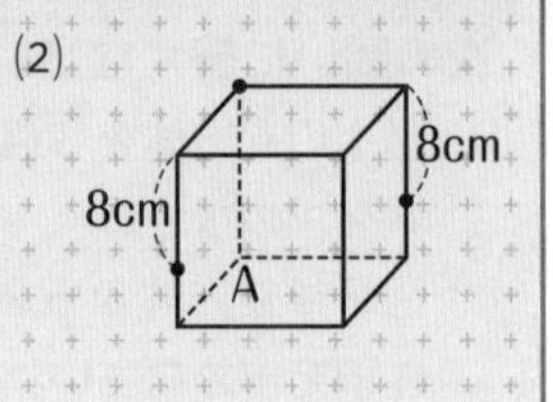

解き方と答え

(1)

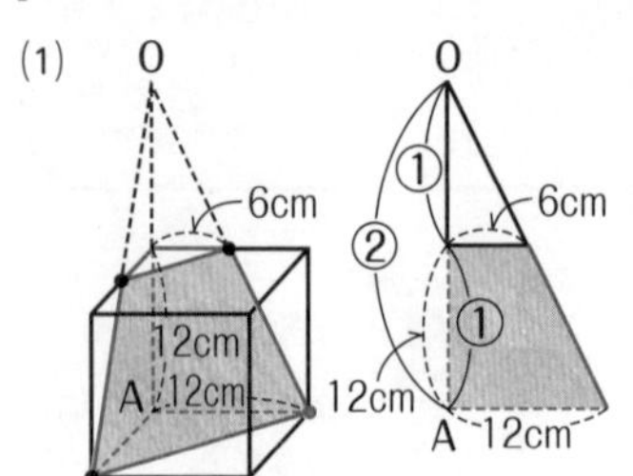

ピラミッド型の相似(そうじ)を利用して，①＝12 cm
大きい三角すいの体積から，上の小さい三角すいの体積をひくと，

$12\times12\div2\times24\times\frac{1}{3}-6\times6\div2\times12\times\frac{1}{3}$

＝504 (cm³)

(2)

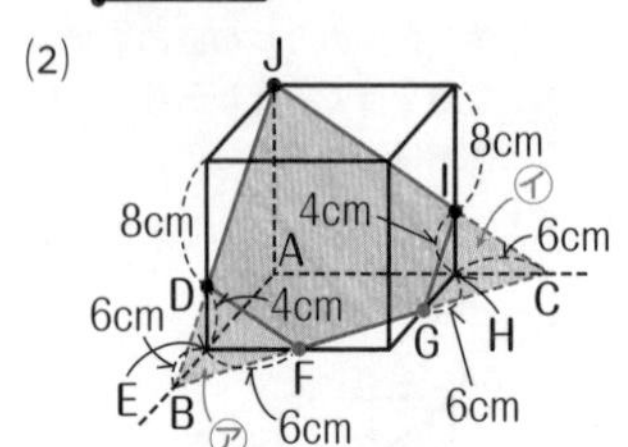

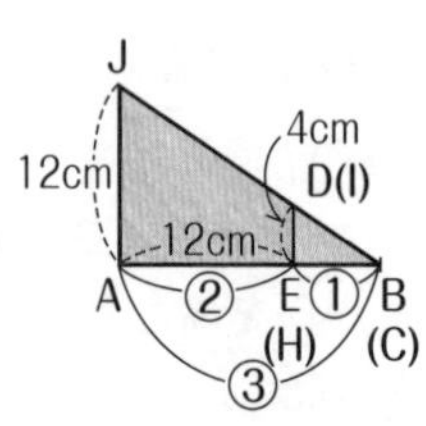

三角形JAB，三角形JACで，ピラミッド型の相似を利用して，
①＝EB＝HC＝6 cm

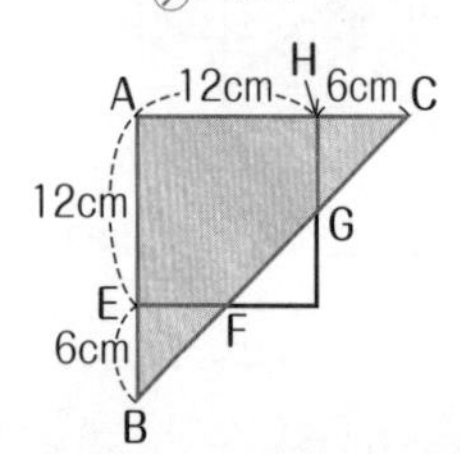

三角形ABC，三角形EBF，三角形HGCはすべて直角二等辺三角形なので，EB＝EF，HG＝HC より，EF＝HG＝6 cm
全体の三角すいの体積から㋐と㋑の三角すいの体積をひくと，

$18\times18\div2\times12\times\frac{1}{3}-6\times6\div2\times4\times\frac{1}{3}\times2$

＝600 (cm³)

ココ大事！ 立方体を切断したときの体積は，それぞれの面で三角形の相似を利用して長さを求めて計算していくとよい。

1辺の長さが12 cmの立方体を，3点P，Q，Rを通る平面で切断したとき，Aをふくむ立体の体積を求めなさい。

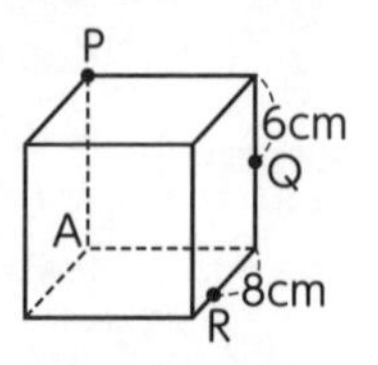

別冊解答 p.84

4年 5年 6年 中学入試

p.335 2

例題21 立方体の切断と体積(3) ―展開図が正方形になる三角すい―

右のような1辺の長さが12 cmの立方体を3点P，Q，Rを通る平面で切断(せつだん)したときにできる2つの立体のうち，小さいほうの立体について，次の問いに答えなさい。

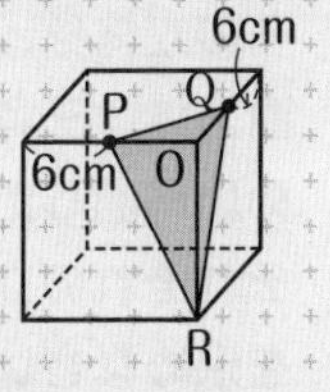

(1) この立体の体積を求めなさい。
(2) この立体の表面積を求めなさい。
(3) この立体において，三角形PQRを底面としたときの高さを求めなさい。

解き方と答え

O－PQRは，直角に集まる辺の長さの比が 1 : 1 : 2 の三角すいであり，その展開図(てんかいず)は正方形となる。

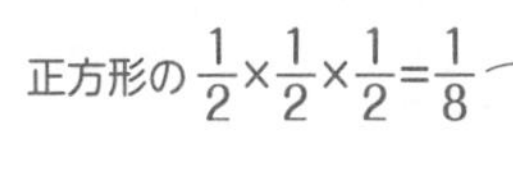

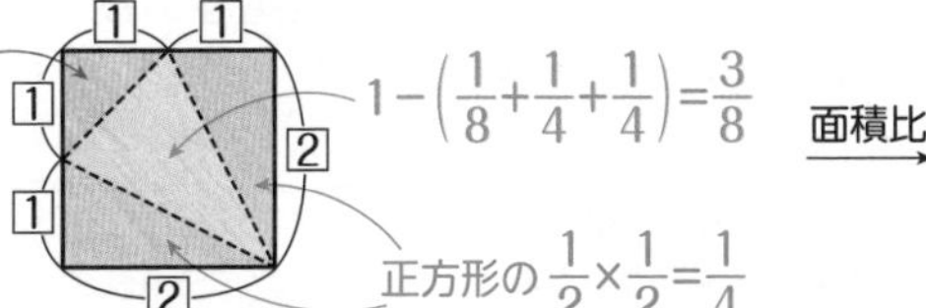

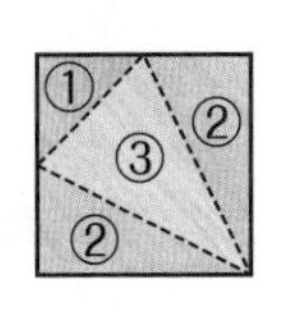

(1) 三角形OQPを底面，ORを高さとする三角すいなので，

$6\times6\div2\times12\times\frac{1}{3}=$**72 (cm³)**

(2) 展開図が1辺12 cmの正方形なので，

$12\times12=$**144 (cm²)**

(3) 底面を三角形PQRにすると，底面積が三角形OQPのときの3倍になるので，高さは $\frac{1}{3}$ になる。よって，$12\times\frac{1}{3}=$**4 (cm)**

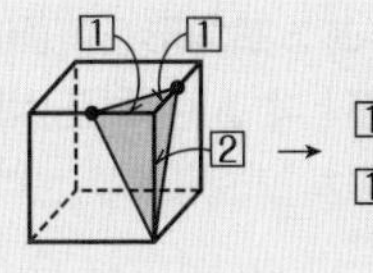

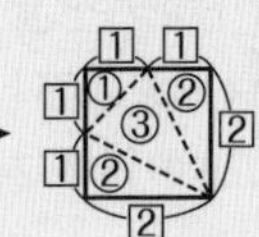

1 : 1 : 2 が直角に集まる三角すいの展開図は，面積が①：②：②：③に分けられる正方形になる。

練習問題 21

別冊解答 p.84

右のような縦(たて)6 cm，横10 cm，高さ8 cmの直方体を3点P，Q，Rを通る平面で切断したときにできる2つの立体のうち，大きいほうの立体の表面積を求めなさい。

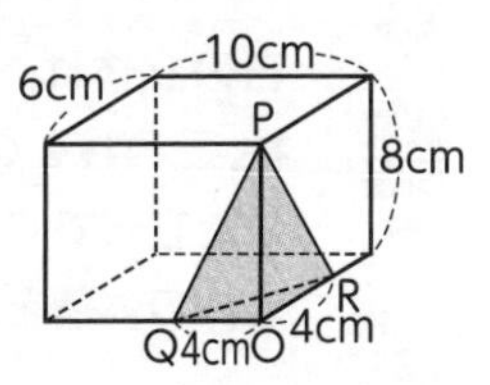

p.335 3

例題22 柱体をななめに切断した立体

右の立体は，それぞれ直方体，三角柱をななめに切断(せつだん)した立体です。それぞれの立体の体積を求めなさい。

(1)

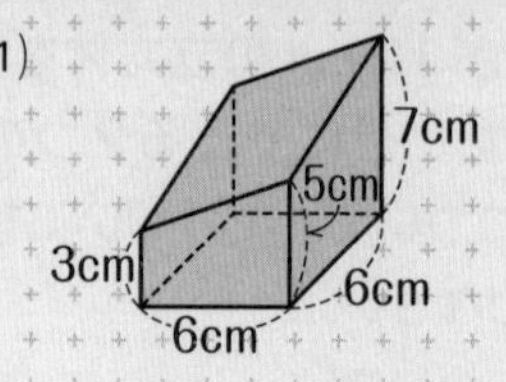

(2)

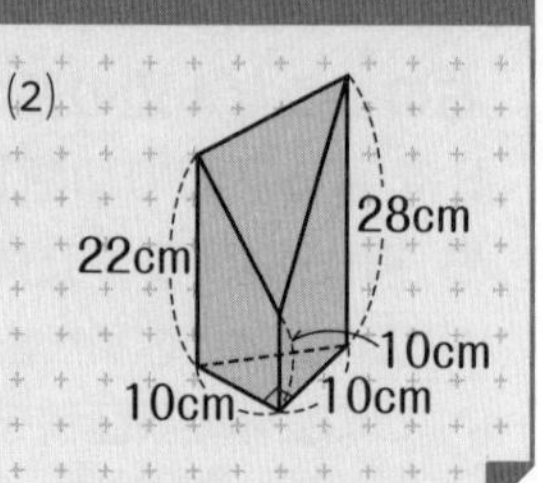

解き方と答え

(1)

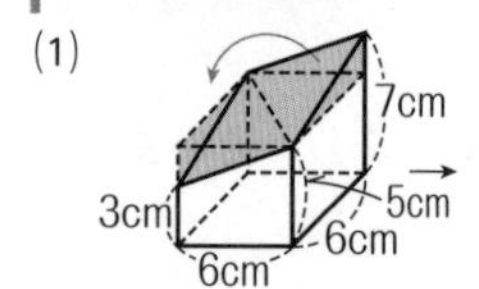

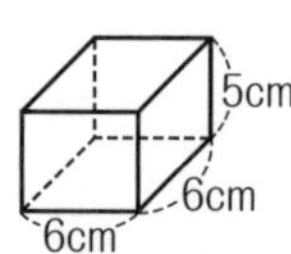

図のように移動(いどう)させると，四角柱になる。

この四角柱の高さは，3 cm と 7 cm の平均となるので，

(3+7)÷2=5 (cm)

よって体積は 6×6×5=**180 (cm³)**

（6×6：底面積，5：高さの平均）

(2)

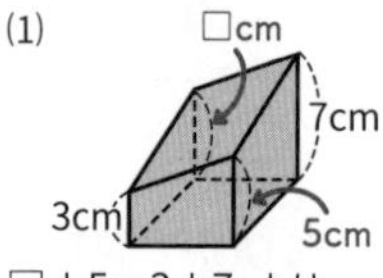

三角柱の場合，(1)と同じように移動させて，水平にすることはできないが，体積は 底面積×高さの平均 で求めることができる。

10×10÷2×(10+22+28)÷3=**1000 (cm³)**

（10×10÷2：底面積，(10+22+28)÷3：高さの平均）

くわしく　ななめに切断した立体の性質

向かい合う辺が平行である四角形を底面とする柱体をななめに切断したとき，向かい合う頂点(ちょうてん)の高さの和は等しい。
つまり，向かい合う頂点の高さの平均も等しくなる。

(1)

□+5=3+7 より，
□=5 cm

ココ大事！

円柱，三角柱，向かい合う2組の辺が平行である四角形を底面とする四角柱，底辺の辺の数が偶数(ぐうすう)の正多角形を底面とする柱体(正六角柱，正八角柱など)をななめに切断した立体の体積は 底面積×高さの平均 で求めることができる。

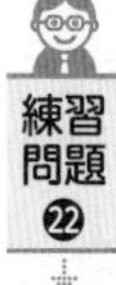

練習問題22

別冊解答 p.85

右の立体は，それぞれ円柱，三角柱をななめに切断した立体です。それぞれの立体の体積を求めなさい。

(1)

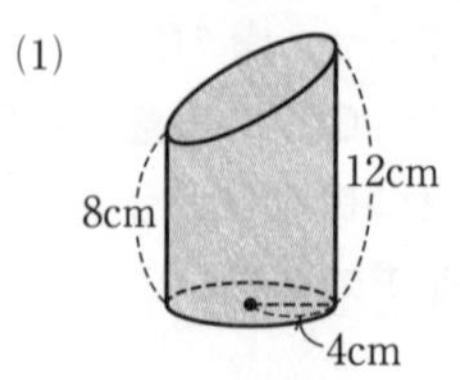

(2)

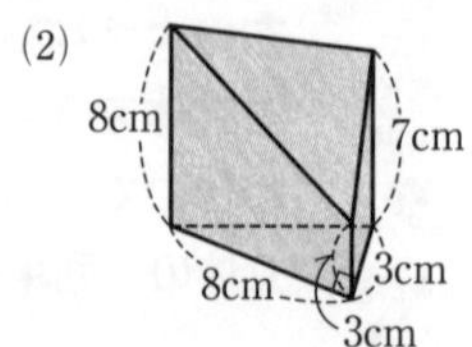

6 立方体についての問題

p.341～345

❶ 立方体を積み重ねてできた立体や立方体から穴(あな)をくりぬいてできた立体の体積や表面積を求められるようにしよう。
❷ 立方体を積み重ねてできた立体を切断(せつだん)したときのようすを理解しよう。

学習のポイント

1 積み重ねられた立方体 ➡例題23

例》右の立体は1辺が1 cmの立方体を積み重ねたものです。体積と表面積を求めなさい。

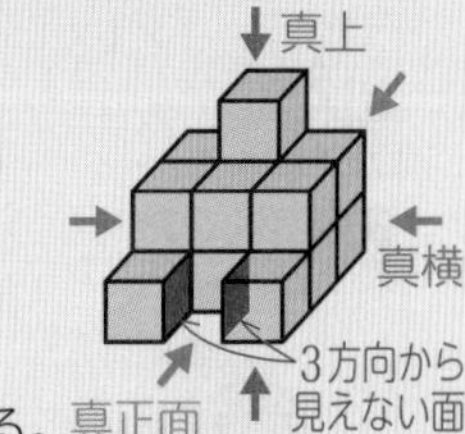

解》

2	3	2
2	2	2
1		1

体積は真上から見た図で，その場所に何段積まれているかを数える。

$1\times1\times1\times(3+2\times5+1\times2)=15\ (\text{cm}^3)$

解》表面積は**3方向から見た面が2つずつある**と考える。

へこみがある立体では，3方向から見えない面も向かい合って2つある。

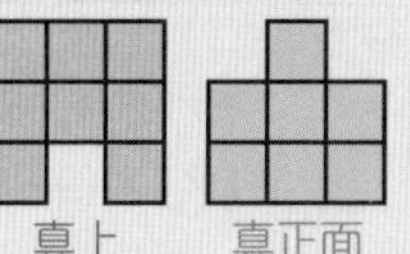

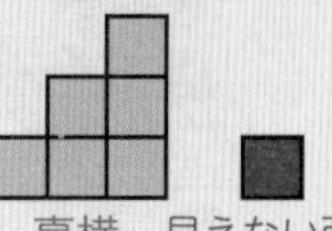

$1\times1\times(8+7+6+1)\times2=44\ (\text{cm}^2)$

2 くりぬかれた立方体 ➡例題25

例》右の立方体は1辺が1 cmの立方体を積み重ねたものです。色のついた部分を，それぞれの反対側までくりぬいてできる立体の体積と表面積を求めなさい。

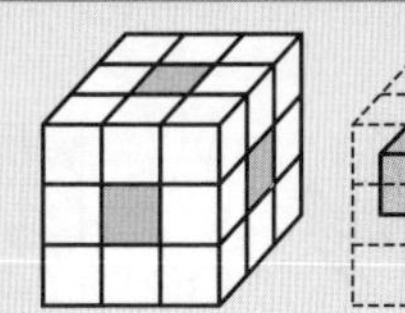

解》体積は，$3\times3\times3-1\times1\times1\times7=20\ (\text{cm}^3)$

青くぬられた部分が穴の中の表面積になる。

表面積は，$(3\times3-1\times1)\times6+1\times1\times4\times6=72\ (\text{cm}^2)$

3 切断される立方体の個数 ➡例題26

例》右の立体は立方体を積み重ねたものです。3点A，B，Cを通る平面で，立方体は何個(なんこ)切断されますか。

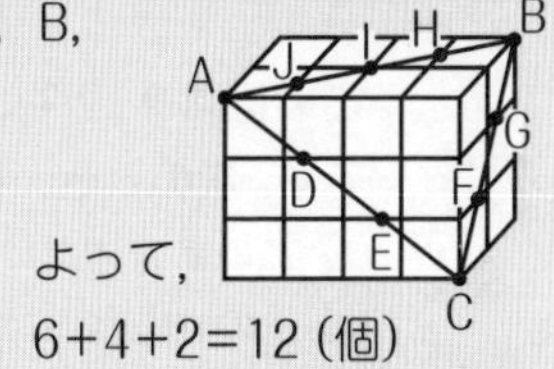

解》それぞれの段ごとの切り口をかいていく。

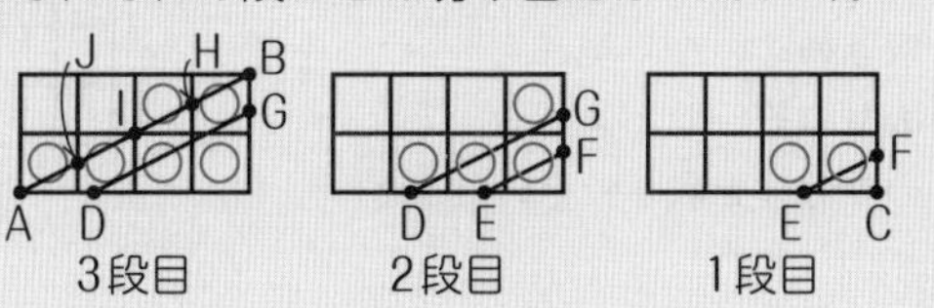

よって，

$6+4+2=12$ (個)

p.341 1

例題23 積み重ねられた立方体(1) —体積と表面積を求める—

右の図はそれぞれ1辺1cmの立方体を積み重ねたものです。それぞれの立体の体積と表面積を求めなさい。

(1) 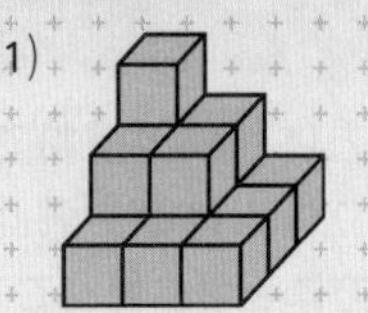

(2) 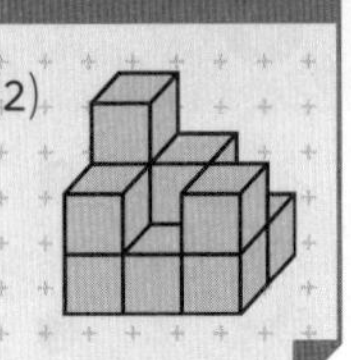

解き方と答え

(1) 体積は真上から見た図の，それぞれの場所に積み上げられた個数(こすう)を書いて考える。

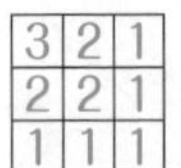

3	2	1
2	2	1
1	1	1

$1\times1\times1\times(3+2\times3+1\times5)=$**14 (cm³)**

表面積は3方向から見た面が2つずつあると考える。

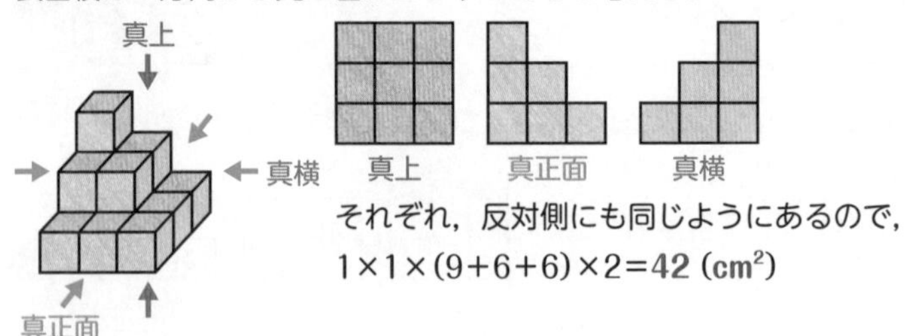

それぞれ，反対側にも同じようにあるので，

$1\times1\times(9+6+6)\times2=$**42 (cm²)**

(2) 体積は，$1\times1\times1\times(3+2\times3+1\times2)=$**11 (cm³)**

表面積は，へこみで見えない部分も向かい合って2つあることに注意する。

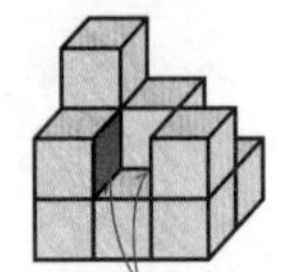

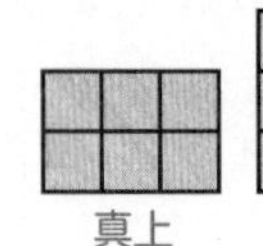

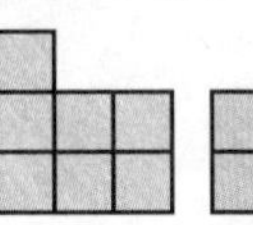

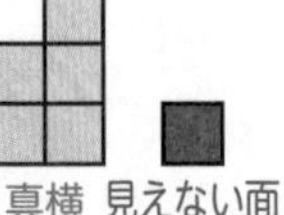

$1\times1\times(6+7+5+1)\times2=$**38 (cm²)**

ココ大事！ 立方体を積み上げた立体の表面積は，正方形の面積×(3方向から見た個数)×2。ただし，へこみがあるときは，それも加える。

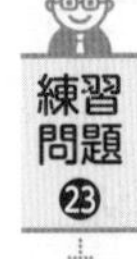

練習問題23

別冊解答 p.85

右の図は1辺1cmの立方体を27個積み上げた立体です。次のとき，それぞれの立体の表面積を求めなさい。

(1) アの立方体だけを取りのぞいたとき。

(2) イの立方体だけを取りのぞいたとき。

(3) ア，イ，ウの3つの立方体を取りのぞいたとき。

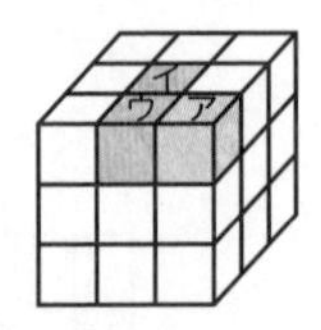

例題24 積み重ねられた立方体(2) ―色のついた立方体―

右の図は1辺1cmの白い立方体を64個積み重ねた立方体です。この大きい立方体の6つの表面を赤くぬったとき，次の小さい立方体の個数を求めなさい。

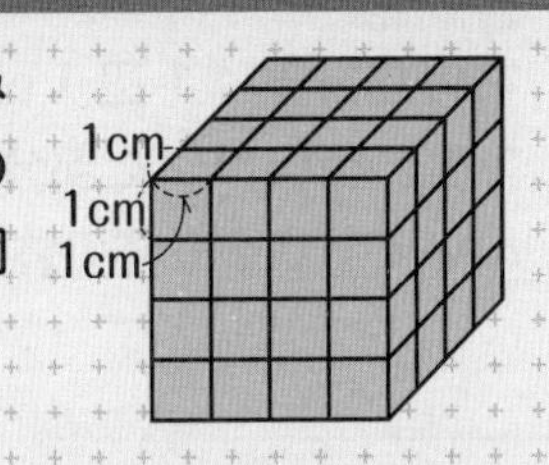

(1) 3面が赤色のもの
(2) 2面だけが赤色のもの
(3) 色がぬられていないもの

解き方と答え

各段ごとに赤色にぬられた面の数を書きこんでいく。

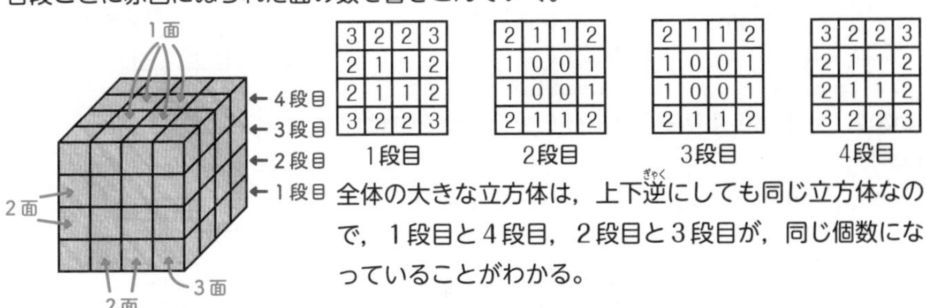

1段目

3	2	2	3
2	1	1	2
2	1	1	2
3	2	2	3

2段目

2	1	1	2
1	0	0	1
1	0	0	1
2	1	1	2

3段目

2	1	1	2
1	0	0	1
1	0	0	1
2	1	1	2

4段目

3	2	2	3
2	1	1	2
2	1	1	2
3	2	2	3

全体の大きな立方体は，上下逆(ぎゃく)にしても同じ立方体なので，1段目と4段目，2段目と3段目が，同じ個数になっていることがわかる。

(1) 1段目と4段目のかどのところが3面ぬられている。
よって，4×2=**8**（個）

(2) 1段目と4段目はかど以外の外周にそれぞれ8個ずつ，2段目と3段目はかどのところにそれぞれ4個ずつある。よって，8×2+4×2=**24**（個）

(3) 表面から見えないところ，つまり，2段目と3段目の内側にそれぞれ4個ずつある。
よって，4×2=**8**（個）

ココ大事！ 積み重ねられた立方体の表面に色をぬる問題では，それぞれの段ごとに，ぬられた面の数を書いて考えていく。

練習問題 24

別冊解答 p.85

右の図は1辺1cmの白い立方体を60個積み重ねた直方体です。この直方体の6つの表面を緑色にぬったとき，次の立方体の個数を求めなさい。

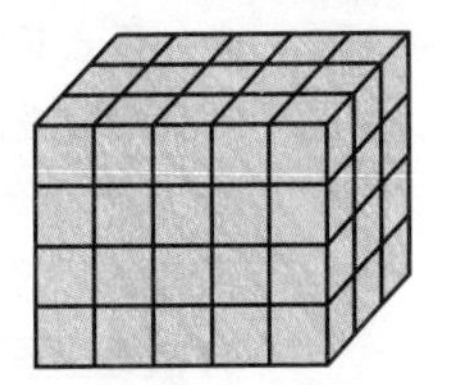

(1) 1面だけが緑色のもの
(2) 色がぬられていないもの

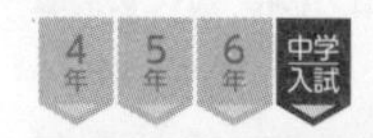

p.341 2

例題25 くりぬかれた立方体

右の立方体は1辺1 cmの立方体を積み重ねたものです。色のついた部分を，それぞれ反対側までくりぬいてできる立体の体積と表面積を求めなさい。

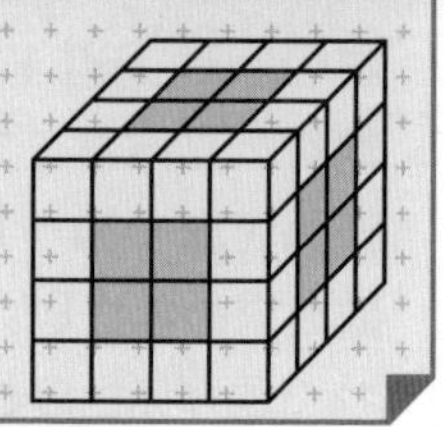

解き方と答え

立方体から㋐をくりぬくと，㋑のようになる。

㋐

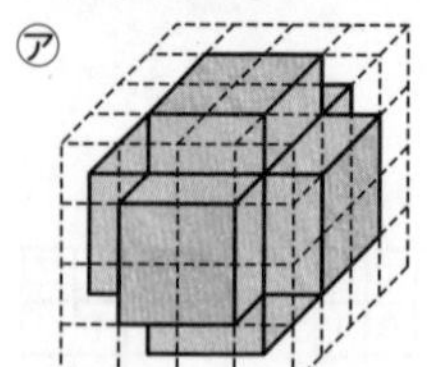

㋑

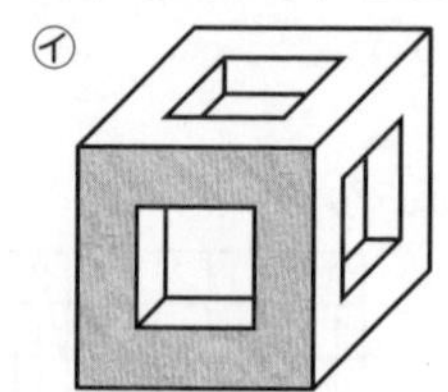

体積は，全体からくりぬいた立体(㋐)の体積をひけばよい。

$4\times4\times4-(2\times2\times1\times6+2\times2\times2)=32$ (cm^3)

また，表面積は，表面は 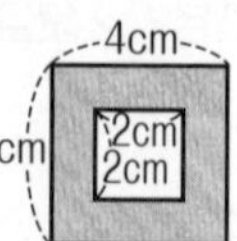 が6面で，穴(あな)の中の表面は㋐の青くぬられた部分になる。

よって，$(4\times4-2\times2)\times6+1\times2\times4\times6=120$ (cm^2)

（$(4\times4-2\times2)\times6$ ← 表面，$1\times2\times4\times6$ ← 穴の中の表面）

ココ大事！ くりぬかれた立体の体積(㋑)＝もとの立体の体積－くりぬいた立体の体積(㋐)

段ごとに考える

くりぬいた小さな立方体(㋐)に×印をつけて，体積を考える。また，残った立体全体に色をぬったと考えると，ぬられた面の数が表面積になる。

4段目

3	4	4	3
4	×	×	4
4	×	×	4
3	4	4	3

3段目

4	×	×	4
×	×	×	×
×	×	×	×
4	×	×	4

2段目（3段目と同じ）

4	×	×	4
×	×	×	×
×	×	×	×
4	×	×	4

1段目（4段目と同じ）

3	4	4	3
4	×	×	4
4	×	×	4
3	4	4	3

体積は

$12+4+4+12=32$ (cm^3)

表面積は

$3\times8+4\times24=120$ (cm^2)

※小さな立方体をくりぬいても，大きな立方体はくずれないものとする。

練習問題25

別冊解答 p.85

右の立方体は1辺5 cmで，それぞれの面には1 cmごとに線がひいてあります。色のついた部分を，それぞれ反対側までくりぬいてできる立体の体積と表面積を求めなさい。

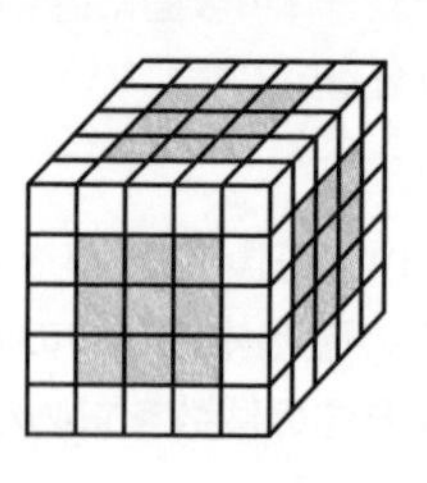

p.341 3

例題26 切断される立方体の個数

右の図のような小さな立方体を積み重ねた立体を，3点A，B，Cを通る平面で切断すると，何個の立方体が切断されますか。

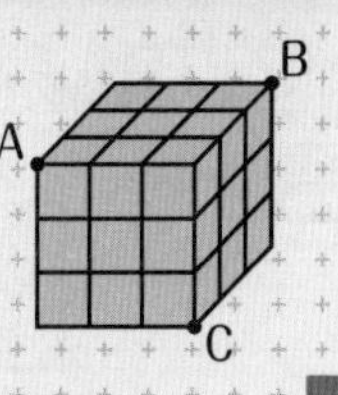

解き方と答え

それぞれの段ごとに，上の切り口と下の切り口をかいて，切られた立方体の数を考える。

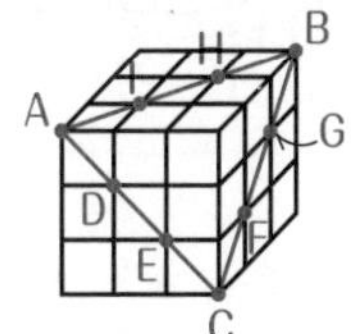

←3段目…上の切り口はAB，下の切り口はDG
←2段目…上の切り口はDG，下の切り口はEF
←1段目…上の切り口はEF，下の切り口はC

これらをそれぞれの段ごとに分けると，上の切り口と下の切り口にはさまれる立方体が切断された立方体になる。

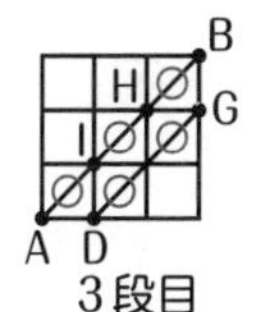

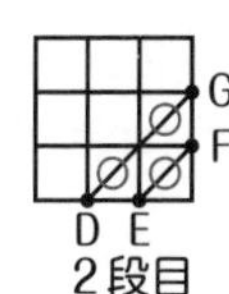

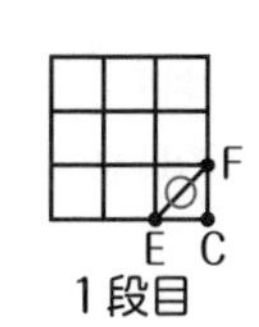

よって，5+3+1=**9**（個）

別解 見取図で考える

切り口を作図すると，切り口の図形の数が切断された立方体の数になる。

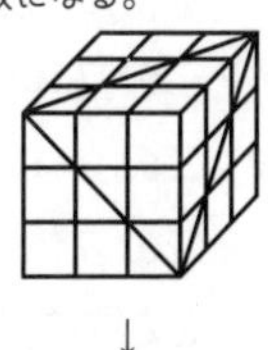

↓

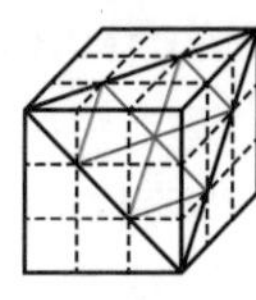

↓

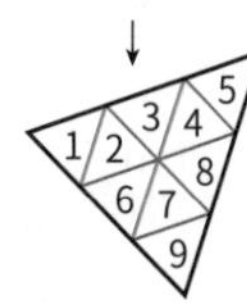

9面の切り口があるので，9個が切断される。

ココ大事！ 立方体を積み重ねた立体の切断は，それぞれの段ごとの上の切り口と下の切り口にはさまれた立方体が切断される。

練習問題26

右の図のような小さな立方体を積み重ねた立体を，3点A，B，Cを通る平面で切断すると，何個の立方体が切断されますか。

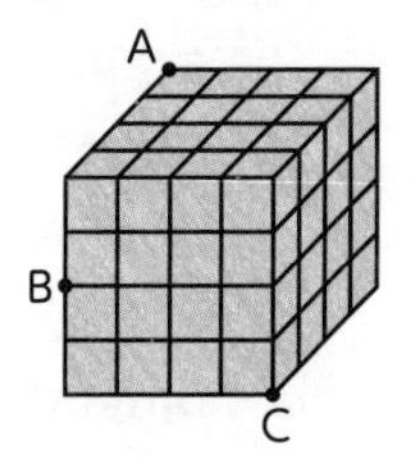

別冊解答 p.85

→別冊解答 p.86~87

1 次の展開図(てんかいず)を組み立ててできる立体の体積を求めなさい。

(1) 【日本女子大附中】

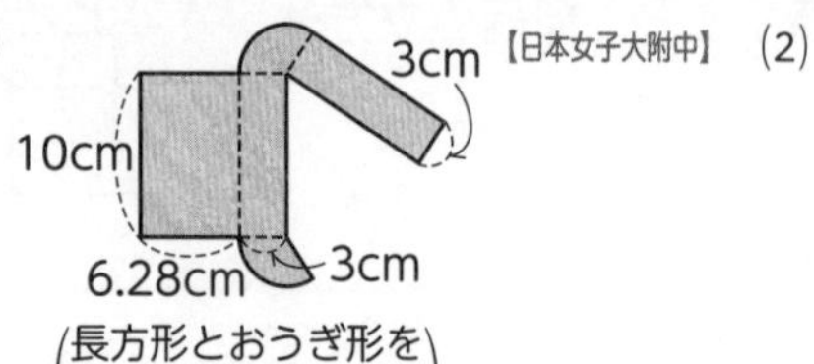

(長方形とおうぎ形を組み合わせたもの)

(2) 【鷗友学園女子中】

4cm

(正三角形1つと直角二等辺三角形3つを組み合わせたもの)

2 図1は，円すいを底面に平行な面で切ったとき，下側にできる立体です。

→例題 11・12

【同志社香里中】

3cm　4cm　5cm　6cm

(図1)　(図2)

(1) この立体の体積は何 cm^3 ですか。

(2) この立体の表面積は何 cm^2 ですか。

(3) この立体を図2のようにおいて，平面上をすべらないように転がすとき，もとの位置にもどるまでに何回転しますか。

3 次の立体の体積を求めなさい。

(1) 直方体を，3点A，B，Cを通る平面で切ったときにできる2つの立体のうち，小さいほうの立体

【江戸川女子中】

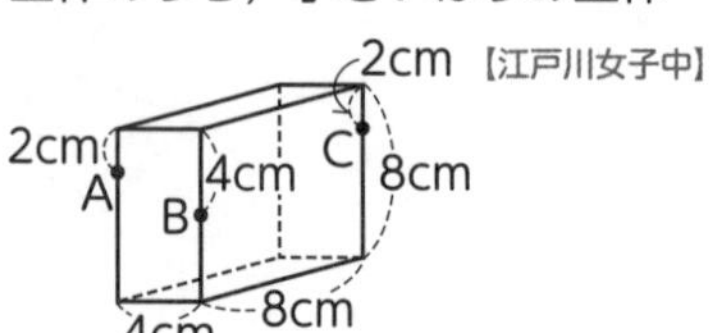

(2) 底面の半径が2cmの円柱をななめに切ってつなげた立体

【甲南中】

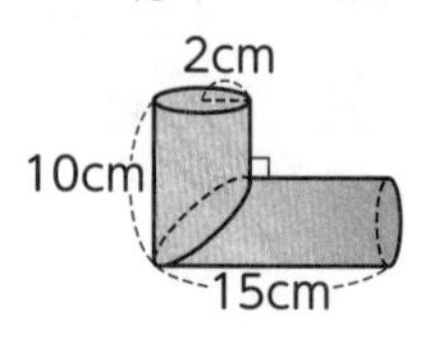

4 1辺1cmの立方体を「小さい立方体」，1辺5cmの立方体を「大きい立方体」とよぶことにします。右の図のように，「小さい立方体」を125個(こ)積み重ねて，「大きい立方体」をつくり，表面にすべて色をぬります。このとき，次の立方体の個数を求めなさい。 【明星中(大阪)】

→例題 24・26

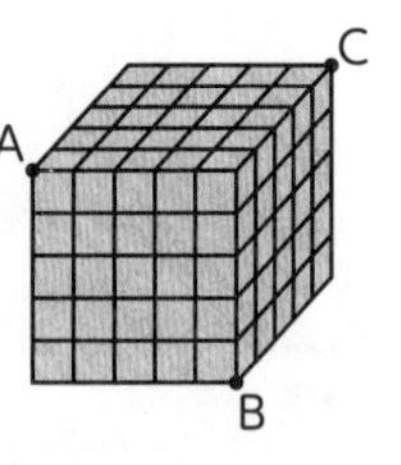

(1) 色でぬられた面が3つある「小さい立方体」

(2) 色でぬられた面が2つある「小さい立方体」

(3) どの面も色でぬられていない「小さい立方体」

(4) 3点A，B，Cを通る平面で「大きい立方体」を切るとき，切られた「小さい立方体」

力をためす問題

レベル3 レベル2 レベル1

→ 別冊解答 p.87~88

5 三角形の紙と直方体の箱があります。箱に紙をはると，三角形の３つの頂点 A，B，C は図の位置になりました。三角形の紙の面積は何cm²ですか。【香蘭女学校中】

→例題 14

A 4cm 6cm 2cm C 3cm B

6 次の図を直線 ℓ を軸に１回転させたときにできる立体の体積を求めなさい。

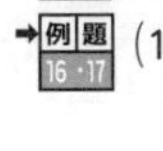

(1)

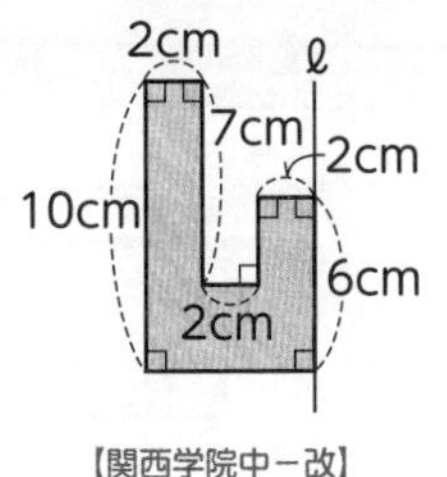

【関西学院中ー改】

(2)

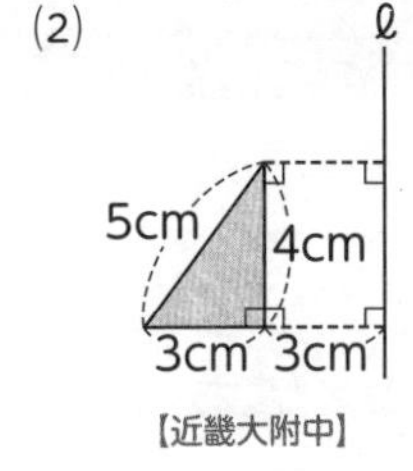

【近畿大附中】

(3)

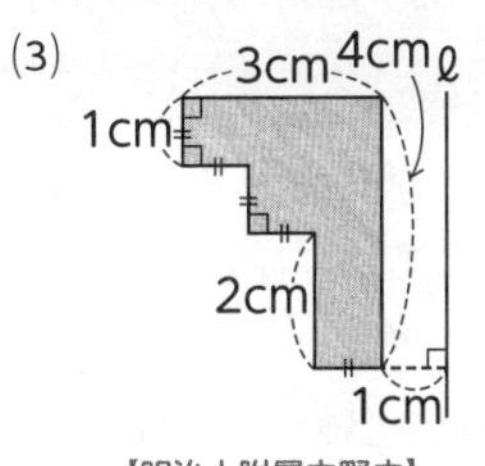

【明治大附属中野中】

7 １辺が３ cm の立方体を図のように辺を３等分した点 A，B と頂点Cを結んで切ります。【芝中】

→例題 20・22

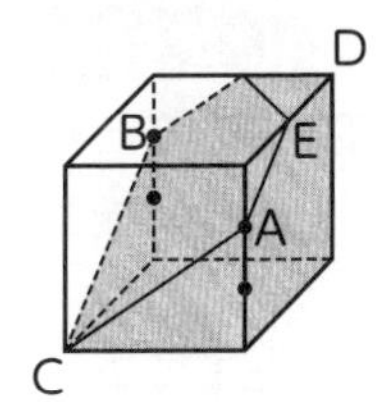

(1) DE の長さは何 cm ですか。

(2) 点Dをふくむ立体の体積は何cm³ ですか。

8 右の図のように１辺が 12 cm の立方体から４つの立体を切り取りました。【慶応義塾普通部】

→例題 21

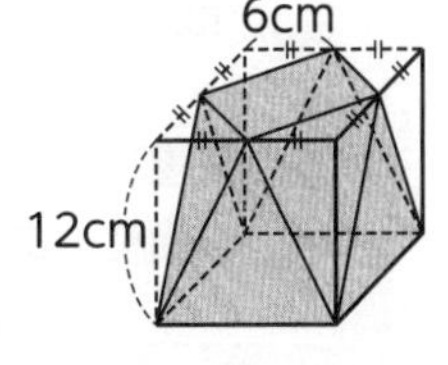

(1) 残った立体の体積を求めなさい。

(2) 残った立体の表面積を求めなさい。

ちょいムズ **9** １辺の長さが１ cm の立方体をいくつか積んでできた立体を上から，前からそして右から見た図が次のようになっています。【雲雀丘学園中】

→例題 23

上から

前から

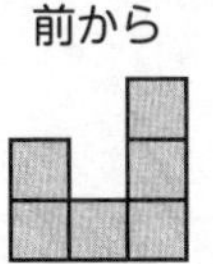

右から

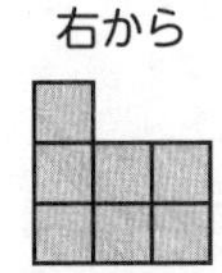

(1) 積み上げている立方体の個数が最大のときと，最小のときの立方体の個数をそれぞれ求めなさい。

(2) 積み上げている立方体の個数が最大のとき，この立体の表面積を求めなさい。

7 容器に入った水の量

p.348〜354

❶ 厚さがある容器の容積を求められるようにしよう。
❷ 容器の水を移したり，かたむけたりしたときの水面の高さを理解しよう。
❸ 容器に石や棒を入れたときの水面の高さを理解しよう。

学習のポイント

1 厚さがある容器の容積

➡ 例題 27

► 厚さがある水そうの**容積**は，容器の大きさから厚さをひいた**内のり**で求める。縦，横は両側の厚さ２つ分を，高さは底の厚さ１つ分をひくと内のりが求められる。

容積＝(縦－a×2)×(横－a×2)×(高さ－a)

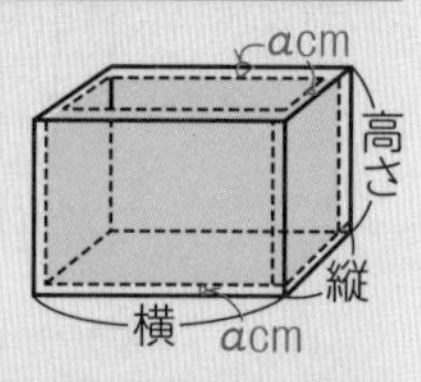

2 水が入った容器をおきかえたり，かたむけたりしたときの水面の高さ

➡ 例題 29·30

例》ふたをした水そうをたおしてちがう面を底面にしたときの高さ

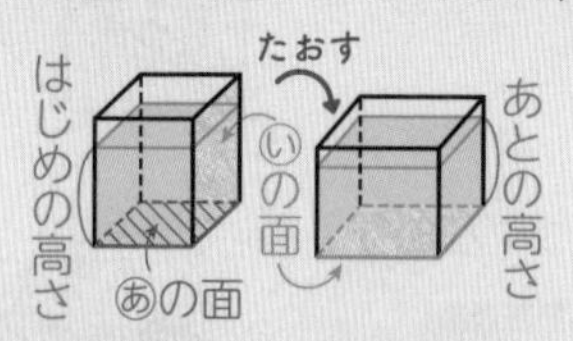

あの面積×はじめの高さ
＝いの面積×あとの高さ

例》満水にしたふたのない水そうをかたむけて，水をこぼした後にもとにもどしたときの水面の高さ

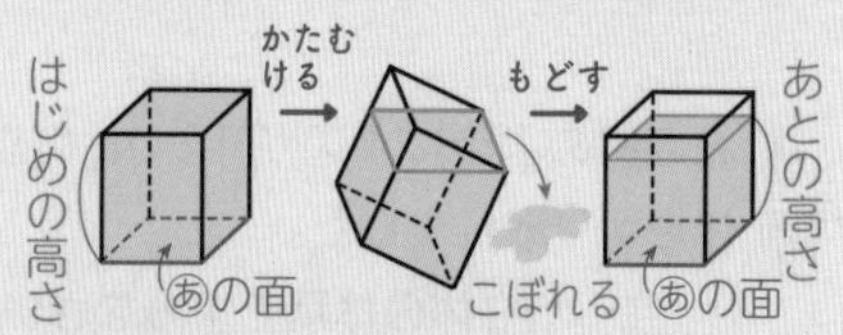

あの面積×はじめの高さ－こぼれた水
＝あの面積×あとの高さ

3 水が入った水そうに石や棒を入れたときの水面の高さ

➡ 例題 31·32

例》水が入った水そうに石を入れたときの水面の高さ

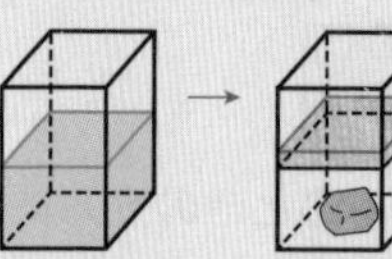

石の体積＝水そうの底面積
×上がった水面の高さ

例》水が入った水そうに棒を入れたときの水面の高さ

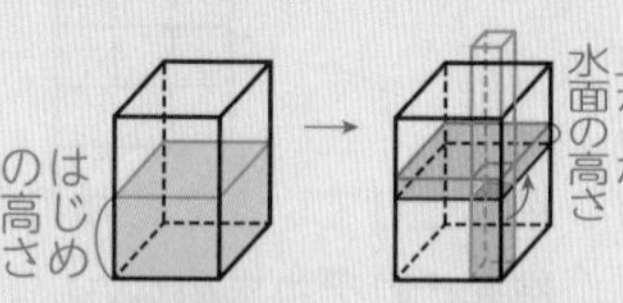

棒の底面積×はじめの高さ
＝(容器の底面積－棒の底面積)
×上がった水面の高さ

p.348 1

例題27 容 積

次の問いに答えなさい。

(1) 次のような水そうがあります。それぞれの容積を求めなさい。ただし，水そうの厚さは 1 cm とします。

❶

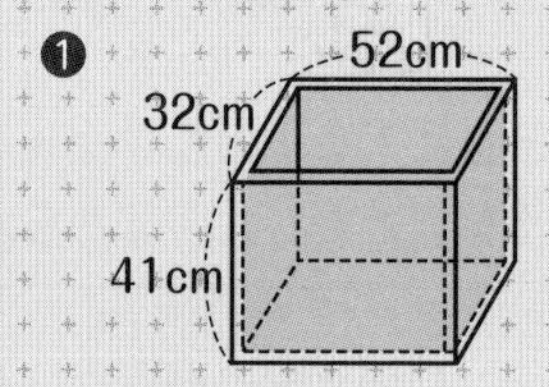

❷

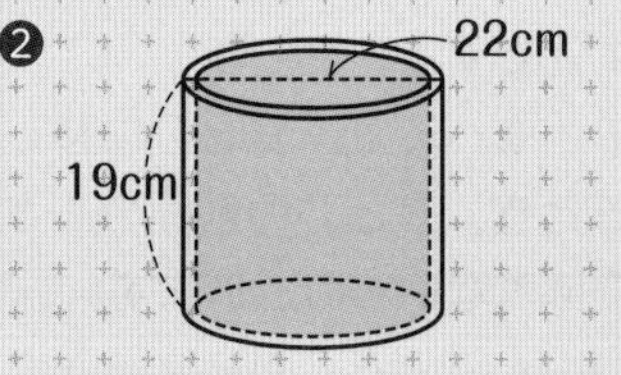

(2) (1)の❶の容器に 27 L の水を入れると水の深さは何 cm になりますか。

解き方と答え

(1) ❶ 厚さが 1 cm あることから，内のりの縦，横は両はしの 2 cm 分短くなり，高さは底の 1 cm 分短くなる。

よって，

$(32-2)\times(52-2)\times(41-1)=$ **60000 (cm³)**

❷ ❶と同じように考えて，直径は両はしの 2 cm 分，高さは底の 1 cm 分短くなる。

半径は，$(22-2)\div2=10$ (cm)

よって，

$10\times10\times3.14\times(19-1)=$ **5652 (cm³)**

(2) 27 L＝27000 cm³　容器の内のりで考えるので，

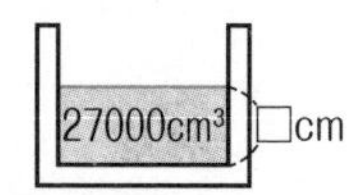

$30\times50\times\square=27000$

□＝18 (cm)

くわしく **厚さを考えないとき**

特に容器の厚さに指定がない場合は，内のりを考えなくてもよい。

例》次の立方体の水そうの容積を求めなさい。

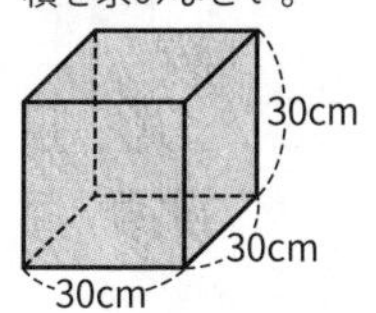

$30\times30\times30=27000$ (cm³)

ココ大事！ ふたのない厚さ a cm の直方体の水そうの容積は，$(縦-a\times2)\times(横-a\times2)\times(高さ-a)$ で求められる。

練習問題27

縦 18 m，横 25 m，深さ 1.2 m のプールに，1 m のところまで水を入れました。

(1) このプールの容積を求めなさい。

(2) 水の体積を求めなさい。

別冊解答 p.88

例題28 水の移しかえ

直方体の容器A，B，Cがあり，底面積はそれぞれ60 cm^2，45 cm^2，30 cm^2 です。Aには深さ15 cmのところまで水が入っており，BとCは空です。

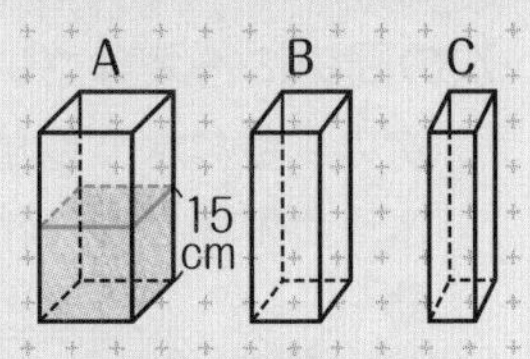

(1) Aの水すべてを，BとCに移しかえます。BとCに入る水の量を同じにするとき，BとCの水面の高さの比を求めなさい。ただし，容器から水はこぼれないものとします。

(2) (1)のあと，BとCから水をAにもどして，A，B，Cの水面の高さが同じになるようにしました。水面の高さは何cmですか。

解き方と答え

(1)

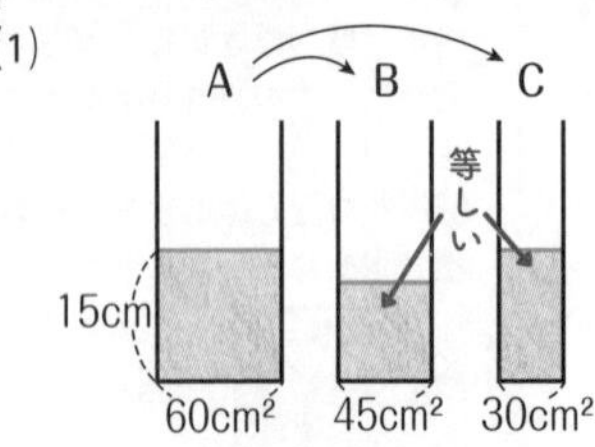

水の量が一定の場合，底面積の比と高さの比は逆比になる。

底面積の比が 45：30＝3：2 より，

高さの比は，**2：3**

(2) A，B，Cの水そうをつなげて，全体の底面積が 60＋45＋30＝135 (cm^2) の水そうとして考える。

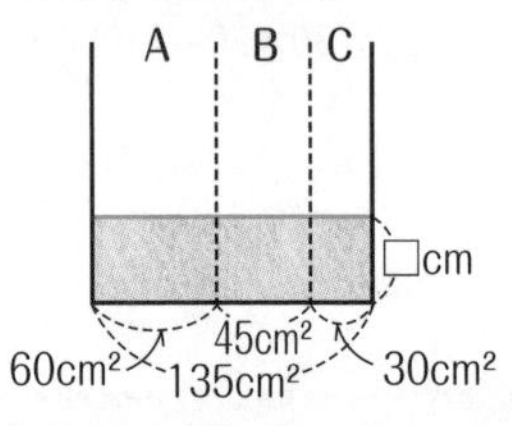

水の量は，はじめのAの水の量なので，

60×15＝900 (cm^3)

よって，

□＝900÷135＝$\frac{20}{3}$ **(cm)**

水を移しかえる問題では水の量全体が変化しないことから，底面積×高さ(＝水の量) が一定であることを利用して考える。

練習問題 28

円柱の容器A，B，Cがあり，底面の半径はそれぞれ3 cm，2 cm，1 cmで高さはすべて20 cmです。Aの容器に水を満たした後，空のB，Cに水を移しかえて，A，B，Cの水面の高さが同じになるようにしました。水面の高さは何cmですか。

別冊解答 p.88

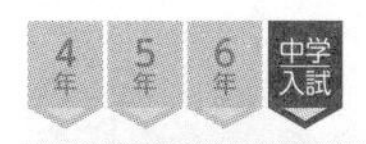

p.348 2

例題29 容器のおきかえ

次の図のようにふたをした容器(ようき)に水が入っています。これらの容器をABCDの面が底となるようにおくとき，水面の高さを求めなさい。

(1)

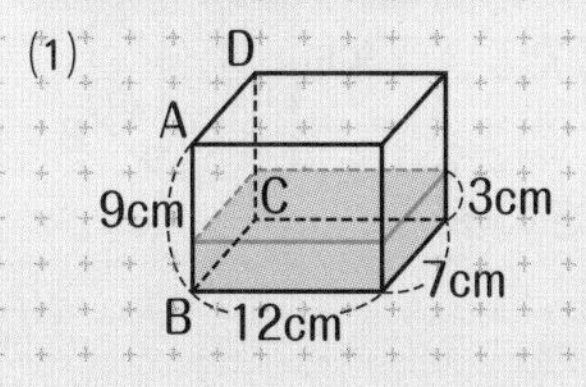

(2)

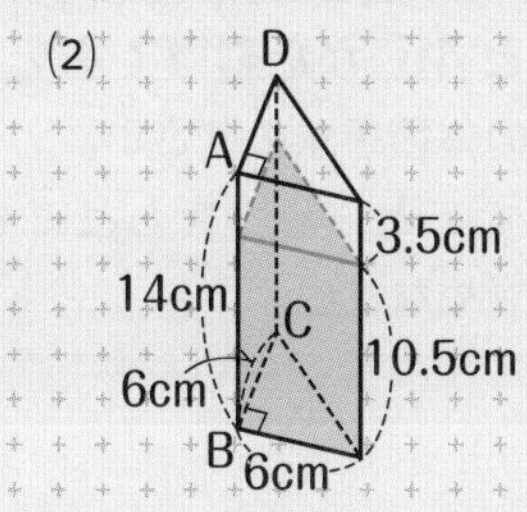

解き方と答え

(1) 水の体積は $12\times7\times3=252$ (cm^3)

ABCDの面を底面にしたときの底面積は $9\times7=63$ (cm^2)

水面の高さを□とすると，$63\times□=252$　$□=252\div63=$**4 (cm)**

(2)

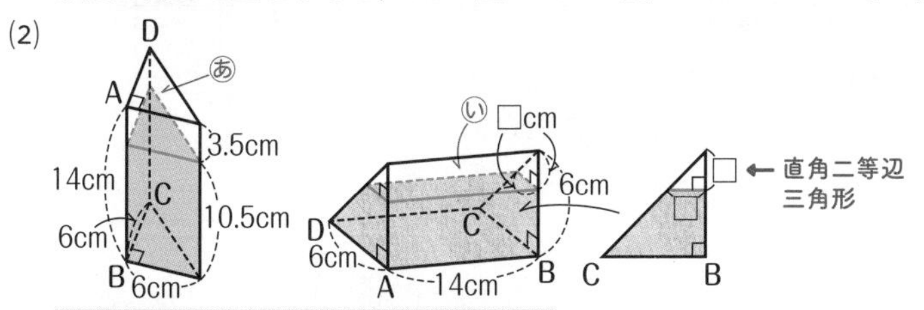

水が入っていない部分の体積が等しいことから，あ＝い

$□\times□\div2\times14=6\times6\div2\times3.5$

$□\times□=36\times3.5\div14=9$　$3\times3=9$ より，$□=3$

よって，水面の高さは $6-3=$**3 (cm)**

ココ大事！ ふたをした容器では，どこを底にしても，水の体積が変わらない。また，水が入っていない部分の体積も変わらない。

練習問題 29

別冊解答 p.89

大きさが同じ立方体を3つ組み合わせた形の容器に水を入れふたをしました。この容器をA，B，C，Dが底となるようにおくとき，容器の内側で，水がふれていない部分の面積を求めなさい。

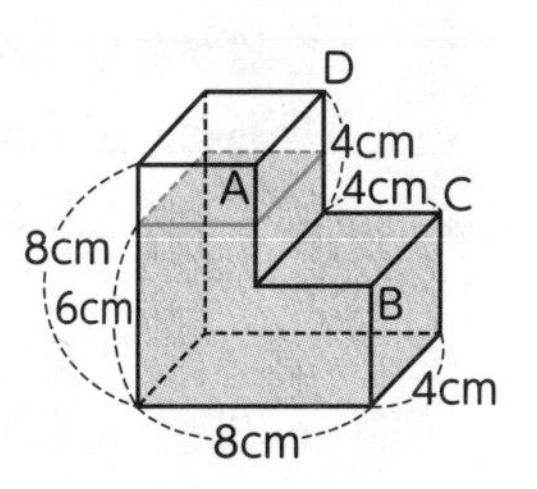

p.348 2

例題30 かたむけた容器

右の図のように直方体の容器(ようき)に水をいっぱいになるまで入れたあと，辺 AB を床につけたまま矢印の方向にゆっくりと 45° かたむけて水をこぼしました。

(1) こぼした水の体積を求めなさい。

(2) 水をこぼしたあと，容器をもとにもどしたときの水面の高さを求めなさい。

解き方と答え

(1)

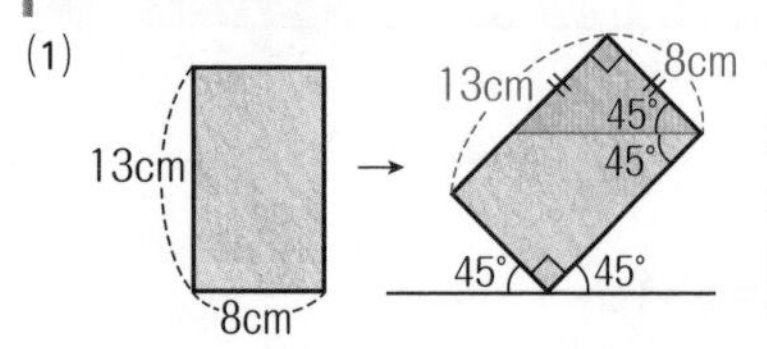

45° かたむけたとき，水が入っていない部分は直角二等辺三角形になる。こぼした水は，この水が入っていない部分の体積なので，

$8\times8\div2\times6=$ **192 (cm³)**

(2)

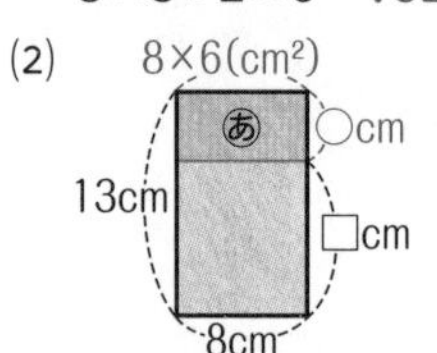

(1)で容器をかたむけたときの水が入っていない部分の体積があと等しいので，

$8\times6\times○=192$

$○=4$

よって，$□=13-4=$ **9 (cm)**

裏技 図をくふうしよう

45° かたむけた図をかくより，水面を 45° かたむけた図をかくほうがわかりやすい。

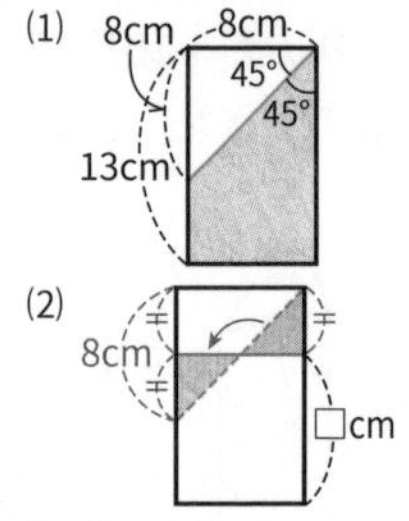

$8\div2=4$ (cm)

よって，

$□=13-4=9$ (cm)

ココ大事！ 直方体を 45° かたむけたとき，水が入っていない部分は真正面から見ると，直角二等辺三角形になる。

別冊解答 p.89

右の図のように直方体を組み合わせた形の容器があり，水をいっぱいになるまで入れたあと，辺 AB を床につけたまま矢印の方向にゆっくりと 45° かたむけて水をこぼしました。

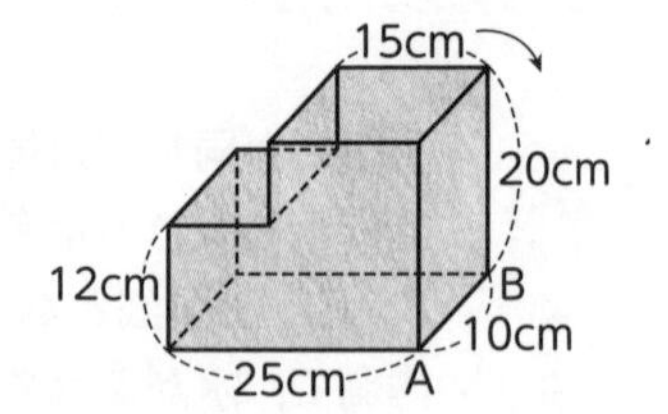

(1) こぼした水の体積を求めなさい。

(2) 水をこぼしたあと，容器をもとにもどしたときの水面の高さを求めなさい。

p.348 3

例題31 水面の高さの変化(1) ―石や棒を完全にしずめる―

次の図1のような，縦（たて）20 cm，横 25 cm，高さ 20 cm の水そうに，水面の高さが 12 cm となるように水を入れました。

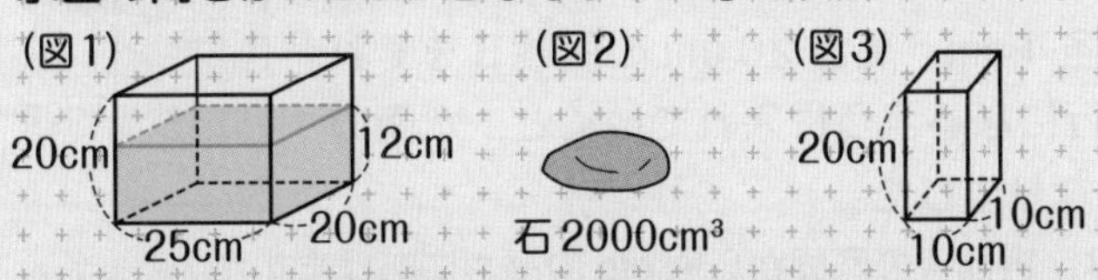

(1) 図2のような体積 2000 cm³ の石を水の中に入れると完全にしずみました。このとき，水面の高さは何 cm ですか。

(2) (1)のあと，石をとり出し，図3のような四角柱を正方形の面が水そうの底につくまでしずめました。このとき，水面の高さは何 cm ですか。

解き方と答え

(1)

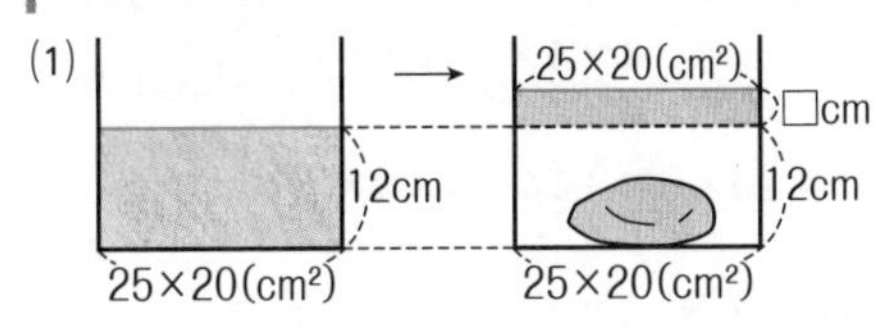

石の体積と同じ体積分だけ水面が上がる。

よって，

25×20×□=2000　□=4

よって，水面の高さは，

4+12=**16 (cm)**

(2)

10×10(cm²)
□cm
あ
い
12cm
12cm
25×20(cm²)
25×20(cm²)

いにあった水があに移動（いどう）すると考える。

(25×20−10×10)×□=10×10×12
（↑あ　↑い）

400×□=1200

□=3

よって，水面の高さは，12+3=**15 (cm)**

石や棒（ぼう）を入れたとき，おしのけられた水の体積分だけ水面が上がる。

練習問題 31

別冊解答 p.89

右の図のように，半径 6 cm，深さ 30 cm の円柱の容器（ようき）に半径 2 cm の円柱の棒が入っています。この状態（じょうたい）から水面の高さが 27 cm となるように水を入れたあと，中の棒をとりのぞきました。このとき，水面の高さは何 cm ですか。

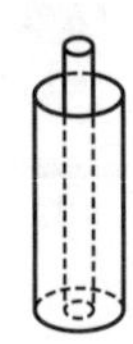

p.348 3

例題32 水面の高さの変化 (2) ―棒をとちゅうまでしずめる―

底面の半径 6 cm，高さ 20 cm の円柱の容器(ようき) A に，高さ 12 cm まで水が入っていました。この中に右の図のように底面の半径 4 cm，高さ 20 cm の円柱 B をそれぞれの底面が平行になるように入れていくと，水面の高さが 16 cm になりました。

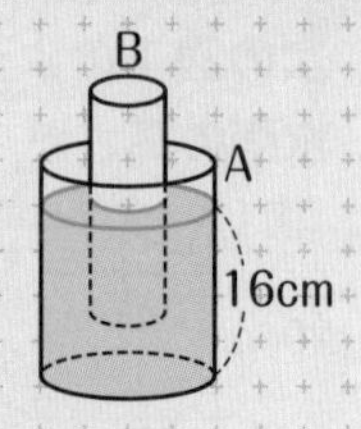

(1) 円柱 B の底面は，容器 A の底面から何 cm の高さにありますか。

(2) このあとさらに円柱 B を容器の底につくまで入れると，水があふれました。あふれた水は何 cm^3 ですか。

解き方と答え

(1)

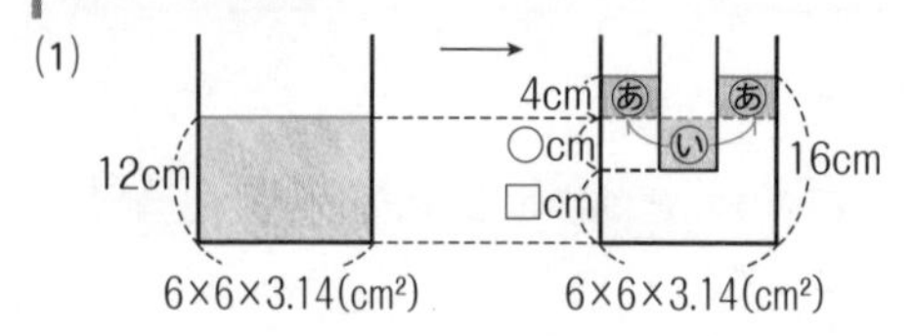

いの水があに移動(いどう)したので，あといの体積は等しい。

よって，4×4×3.14×○（い）

＝(6×6×3.14−4×4×3.14)×4（あ）

16×3.14×○＝(36−16)×3.14×4　○＝20×3.14×4÷(16×3.14)＝5

よって，□＝12−5＝**7 (cm)**

(2)

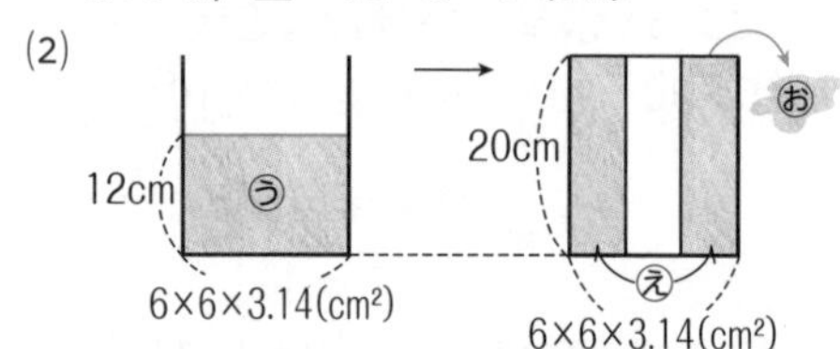

う＝え＋お より，お＝う−え になる。

よって，6×6×3.14×12−

(6×6×3.14−4×4×3.14)×20

＝(432−400)×3.14＝**100.48 (cm^3)**

ココ大事！

あふれた水＝はじめに入っていた水−あふれたあとに残った水

練習問題32

別冊解答 p.89

右の図 1 の四角柱の容器に水が入っています。そこに図 2 の四角柱の棒(ぼう)をまっすぐ底につくまで入れたとき，水面の高さは 14 cm になりました。ここから棒を 5 cm 上にひき上げると，水面の高さは何 cm になりますか。

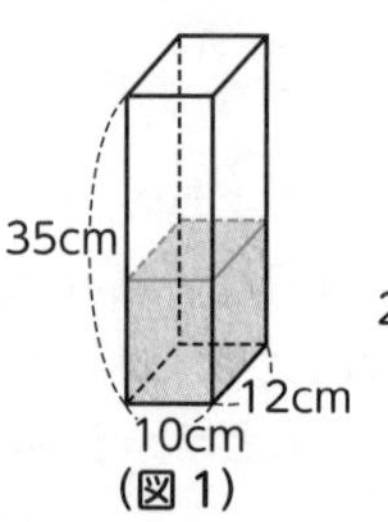

(図 1)

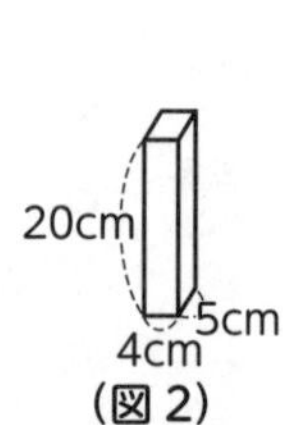

(図 2)

8 水量の変化とグラフ

p.355〜359

ここでの目標

❶ 段差(だんさ)やしきりがある容器(ようき)に水を入れていくときの水量と水面の高さのグラフについて理解(りかい)しよう。

❷ 給水管が2つあったり，排水管(はいすいかん)がある容器についても理解しよう。

学習のポイント

1 段差がある容器の水量とグラフ

➡ 例題33

► 段差(だんさ)がある容器(ようき)に水を入れるときの時間と水面の高さの関係を示すグラフ

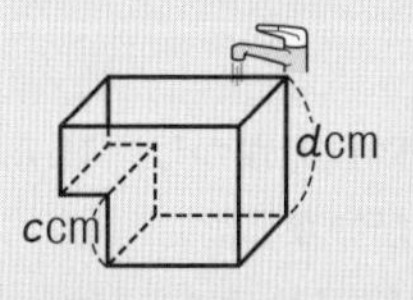

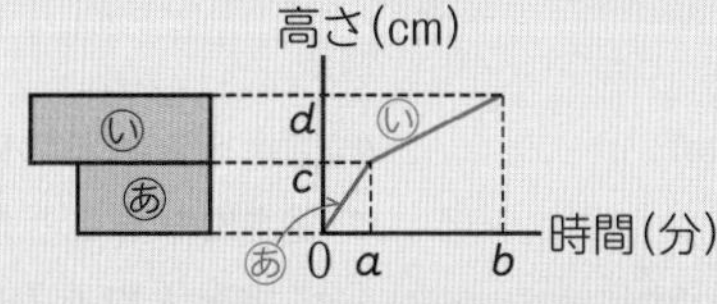

いはあよりも底面積が広くなるので，**高さの増(ふ)え方がゆるやかになる。**

2 しきりがある容器の水量とグラフ

➡ 例題34・35

► しきりがある容器に水を入れるときの時間とAの水面の高さの関係を示すグラフ

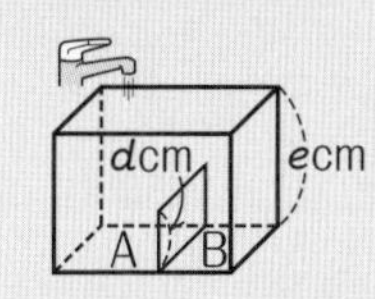

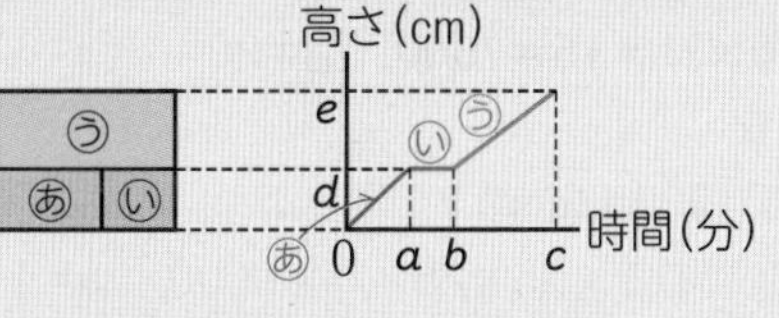

いに水が入る間はAからBに水が流れこむので，**Aでの高さは変わらない。**

► 給水管が2つある容器に同時に水を入れるときの時間とAの水面の高さの関係を示すグラフ

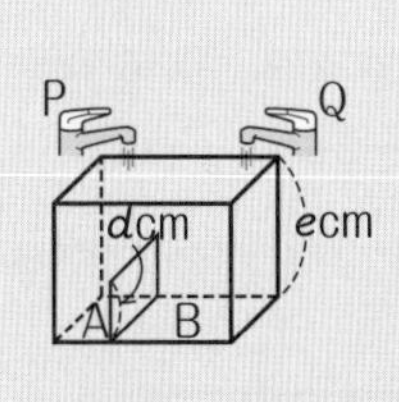

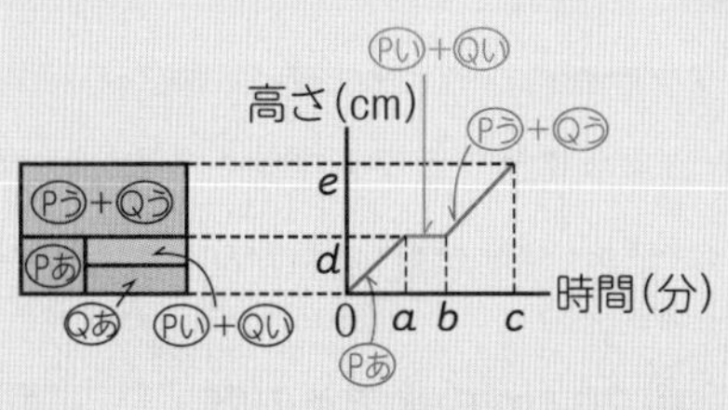

Pあ に水が入るとき，Qあ にも水が入るが，**Aの水面の高さには関係しない。**

Pい+Qい に入る間は，**Aの高さは変わらない。**

3 排水管がある容器の水量とグラフ

➡ 例題36

► 排水管がある容器に水を入れるときの時間とAの水面の高さの関係を示すグラフ

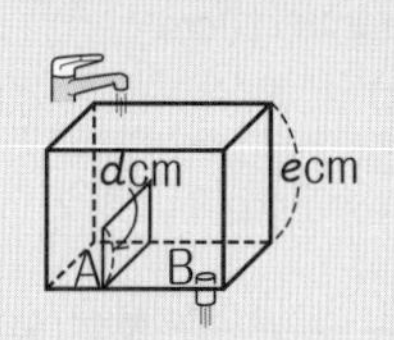

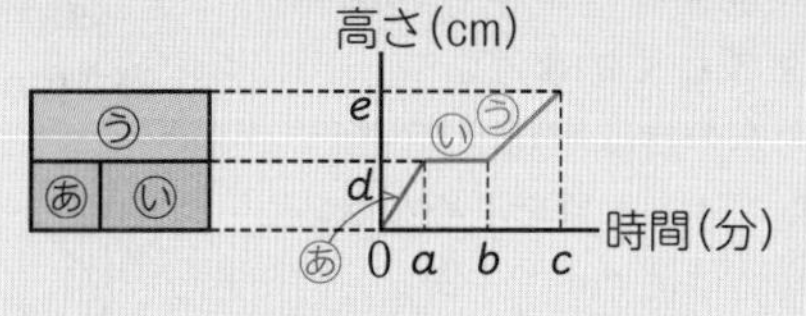

Bに水が入り出すと排水管から水が出るので，いに入る水は，**給水分－排水分** になる。

p.355 1

例題33 段差がある容器の水量とグラフ

右の図のような水そうに，毎分 1.5 L の水を入れていくと 11 分で満水になります。グラフは水を入れはじめてからの時間と水面の高さの関係を表しています。

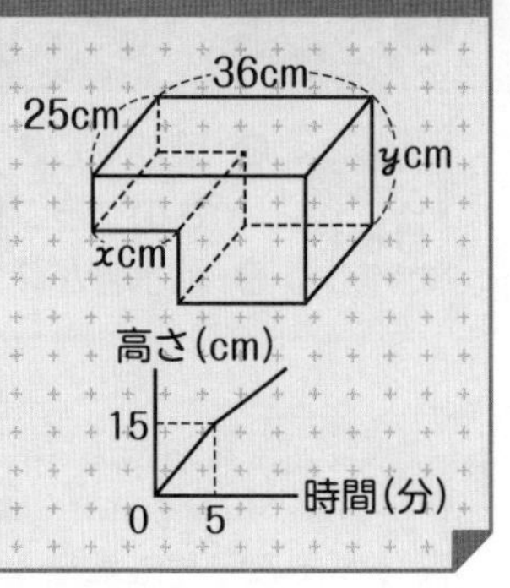

(1) 図の x の値(あたい)を求めなさい。

(2) 図の y の値を求めなさい。

解き方と答え

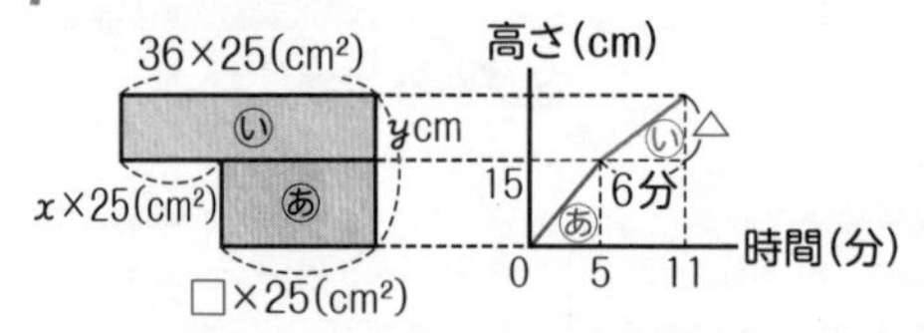

あに水を入れるのに 5 分かかり，15 cm の高さになることがわかる。
いに水を入れるのに 11−5=6 (分) かかることがわかる。

(1) 毎分 1.5 L=1500 cm³ ずつ入れるので，あの水の量は，1500×5=7500 (cm³)
　高さは 15 cm なので，□×25×15=7500　□=20
　よって，x=36−20=**16**

(2) いの水の量は，1500×6=9000 (cm³)
　底面積が 36×25 (cm²) なので，36×25×△=9000　△=10
　よって，y=10+15=**25**

水そうに水が入るようすとグラフを横にそろえて比(くら)べていくとよい。

練習問題 33

別冊解答 p.89

右の図のように，縦(たて) 20 cm の水そうの底に，縦 20 cm の鉄でできた直方体を 2 つおいています。グラフはこの水そうに一定の割合で水を入れはじめてからの時間と水面の高さの関係を表しています。

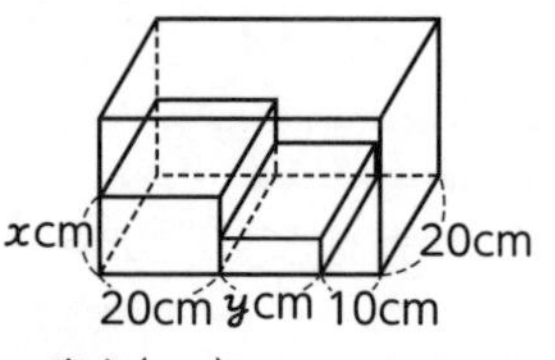

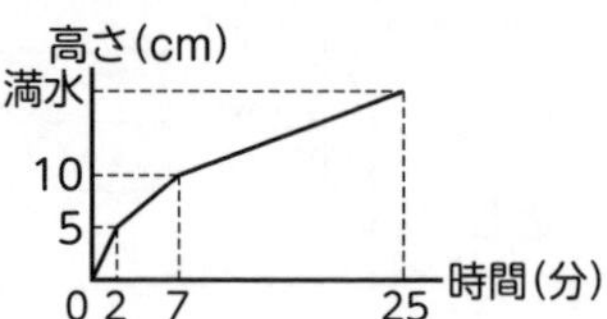

(1) 1 分間に入れた水の量は何 cm³ ですか。

(2) 図の x，y にあてはまる数を求めなさい。

(3) この水そうの高さは何 cm ですか。

4年 5年 6年 中学入試

p.355 2

例題34 しきりがある容器の水量とグラフ

右の図のように，長方形のしきりがある直方体の水そうのAに一定の割合(わりあい)で水を入れます。グラフは水を入れはじめてからの時間とAの水面の高さの関係を表しています。ただし，しきりは底面に対して垂直(すいちょく)で，厚さは考えないものとします。

↑以後すべてこの設定とする

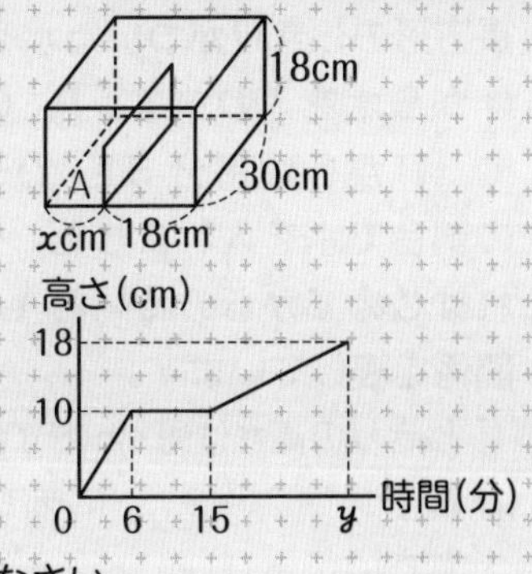

(1) しきりの高さは何 cm ですか。

(2) 1分間に入れた水の量は何 cm^3 ですか。

(3) 図やグラフの x，y にあてはまる数を求めなさい。

解き方と答え

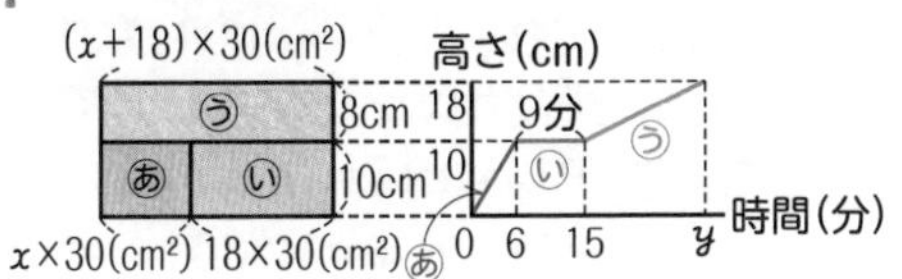

あに水を入れるのに6分，いに水を入れるのに 15−6=9（分）かかり，それぞれの高さは 10 cm。

うに水を入れるのに（y−15）分かかる。

(1) グラフより，**10 cm**

(2) いに水を入れるのに 15−6=9（分）かかるので，18×30×10÷9=**600（cm^3）**

(3) 入れる水は毎分 600 cm^3 なので，あは，600×6=3600（cm^3）

よって，x×30×10=3600　x=**12**

うは，(12+18)×30×8=7200（cm^3）　7200÷600=12（分）

よって，y=15+12=**27**

ココ大事！ しきりがある水そうのグラフでは，水面の上がらない部分がある。このときはしきりをこえて水が他の部分に流れこんでいることを表している。

練習問題 34

別冊解答 p.90

右のような直方体の水そうにア，イ2枚(まい)の長方形のしきりがついています。この水そうのAに一定の割合で水を入れていきました。グラフは水を入れはじめてからの時間とAの水面の高さの関係を表しています。

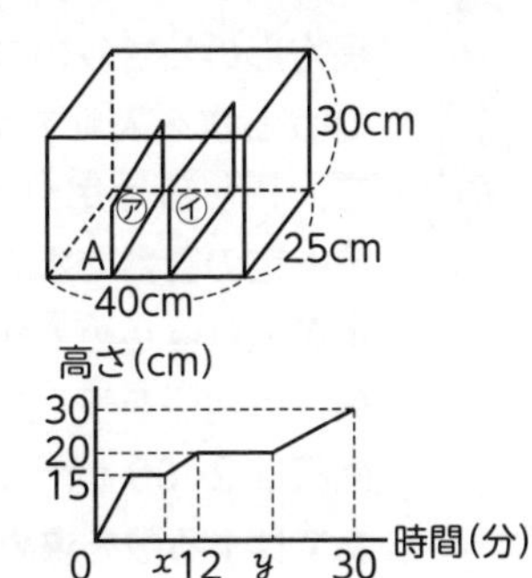

(1) しきりア，イの高さを求めなさい。

(2) 1分間に入れた水の量は何 cm^3 ですか。

(3) グラフの x，y にあてはまる数を求めなさい。

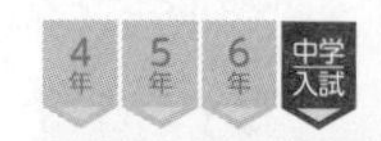

p.355 2

例題35 給水管が2つある容器の水量とグラフ

長方形のしきりがついた水そうに給水管P，Qから水を入れます。P，Qを同時に開いて，Pからは毎分3L，Qからは毎分2Lの割合（わりあい）で水を入れました。グラフは水を入れはじめてからの時間とAの水面の高さの関係を表しています。

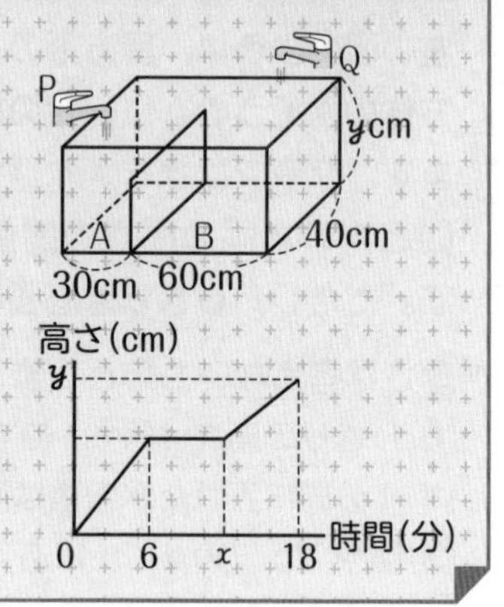

(1) しきりの高さは何cmですか。

(2) 図やグラフのx，yにあてはまる数を求めなさい。

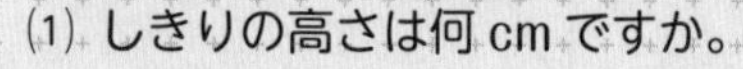

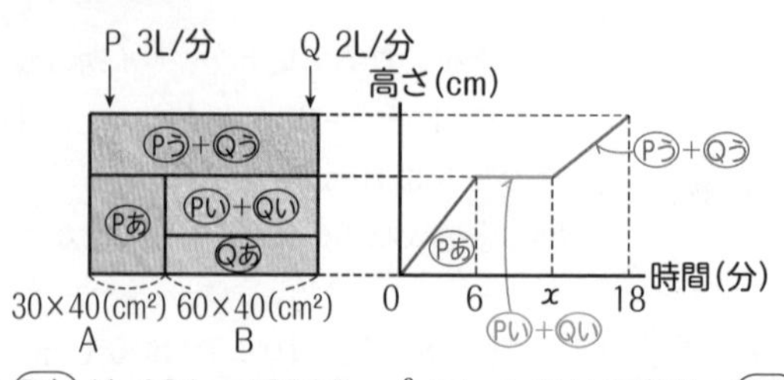

Pあ と Qあ は，それぞれ，毎分3L，2Lずつ入るので，
Pあ＝3×6＝18 (L)
Qあ＝2×6＝12 (L)
Pい＋Qい，Pう＋Qう は毎分 3+2=5 (L) ずつ入る。

(1) Pあ は 18 L＝18000 cm^3 で，しきりの高さ＝Pあの高さ より，
30×40×□＝18000　□＝18000÷(30×40)＝**15 (cm)**

(2) x＝(30＋60)×40×15÷(3000＋2000)＝**10.8**
(30＋60)×40×y＝(3000＋2000)×18 より，y＝**25**

ココ大事！ 水そうのどの部分に，どれだけの水が入るかに注意しながら，考えていく。

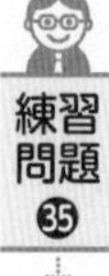

練習問題 35

別冊解答 p.90

長方形のしきりのついた水そうに給水管P，Qから水を入れます。P，Qを同時に開いて，Pからは毎分400 cm^3，Qからは毎分一定の割合で水を入れました。グラフは水を入れはじめてからの時間とAの水面の高さの関係を表しています。また，Bの底面積は2400 cm^2です。グラフのx，yにあてはまる数を求めなさい。

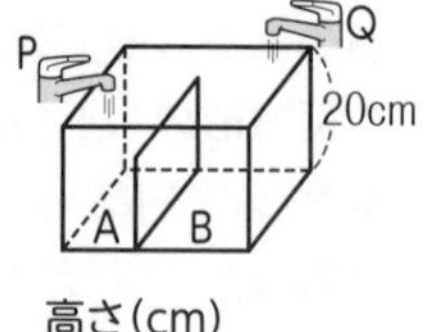

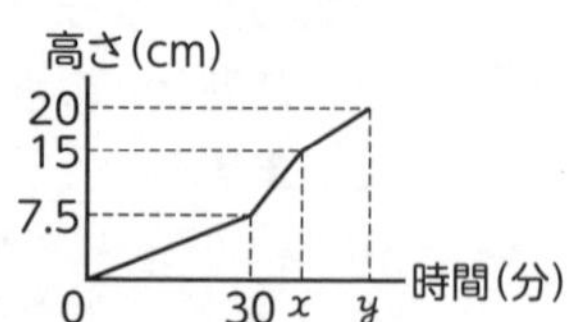

p.355 3

例題36 排水管がある容器の水量とグラフ

直方体の水そうを長方形のしきりでA，Bに分けました。Aには給水管，Bには排水管(はいすいかん)があり，つねに開いています。毎分一定の割合(わりあい)で水を入れると，50分後に水そうは満水になりました。グラフは水を入れはじめてからの時間とAの水面の高さの関係を表しています。

20cm　30cm　A　B　25cm　15cm

高さ(cm)　20　16　0　20　50　時間(分)

⑴ 排水管から毎分何 cm^3 の水が出ていますか。

⑵ 水そうが満水になったところで水を入れるのをやめました。やめてから何分後に排水管から水が出なくなりますか。

解き方と答え

⑴

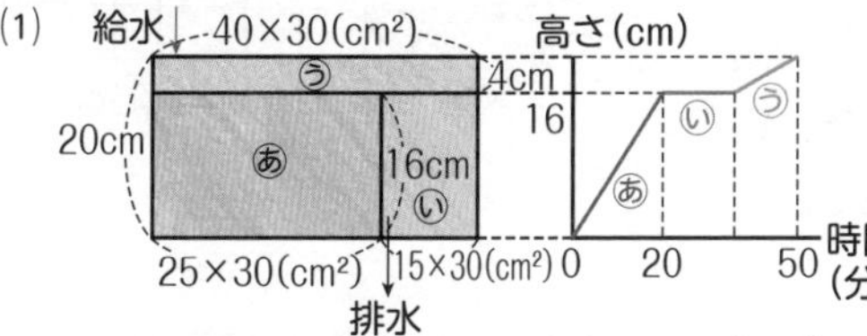

あより，1分間の給水量は，
$25\times30\times16\div20=600$ (cm^3)
いとうの両方に $50-20=30$ (分) で，
$15\times30\times16+40\times30\times4$
$=12000$ (cm^3) たまる。

よって，毎分 $12000\div30=400$ (cm^3) ずつたまるので，排水量は，
$600-400=$ **200 (cm^3)**

⑵ あからは排水されず，いとうから毎分 200 cm^3 ずつ排水されるので，
$12000\div200=$ **60** (分)

ココ大事！

1分間にたまる水の量＝1分間の給水量－1分間の排水量

練習問題36

別冊解答 p.90

底面積が 350 cm^2 の直方体の水そうを長方形のしきりでA，Bに分けました。Bには排水管があり，つねに開いています。いま，Aに毎分 400 cm^3 の割合で水を入れると，20分後に満水になり，そこで水を入れるのをやめました。グラフは水を入れはじめてからの時間とAの水面の高さの関係を表しています。x，y にあてはまる数を求めなさい。

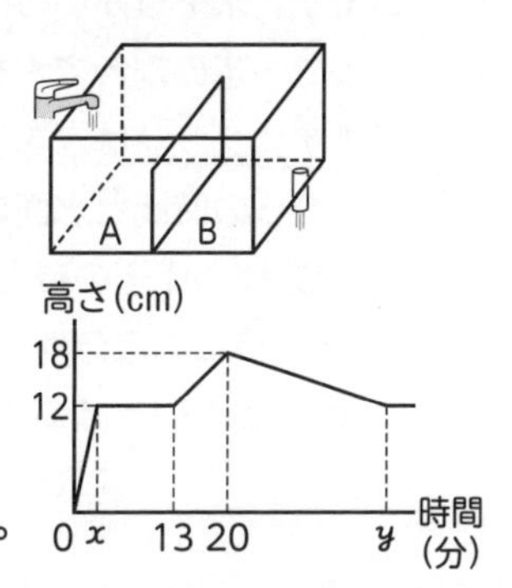

力をのばす問題

レベル3 レベル2 レベル1

→別冊解答 p.91~92

10 右の図1のように底面が半径 10 cm，高さ 20 cm の円柱の容器(ようき)に水をいっぱいに満たします。次にこの容器をゆっくりかたむけて水をこぼしていきます。図2のようにかたむけたときの，容器の上たんAから水面Bまでの長さを AB と表します。

→例題 30

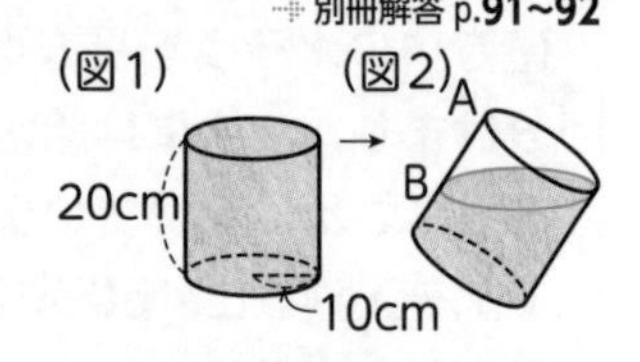

【品川女子学院中】

(1) AB＝12 cm になったとき，容器の中に残った水の量は何 cm^3 ですか。

(2) 容器の中に残った水の量が，水をいっぱいに満たしたときの $\frac{5}{8}$ になるのは，AB が何 cm のときですか。

11 右の図のように，1辺 8 cm の立方体の容器に深さ 6 cm まで水が入っています。底辺が1辺 5 cm の正方形で高さが 10 cm の直方体のおもりを，容器の底につくまでまっすぐ入れていきます。

→例題 31・32

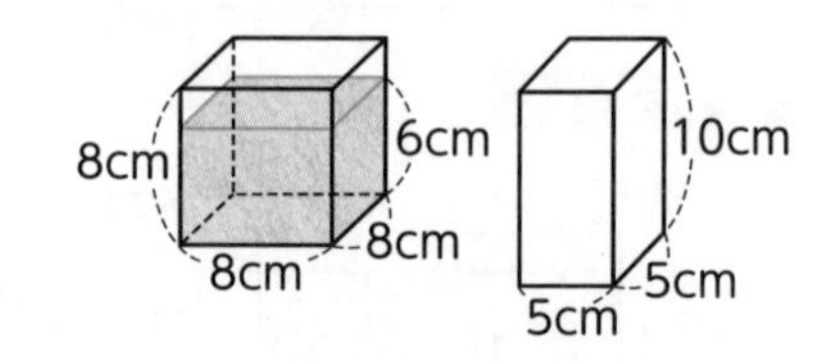

【関西学院中－改】

(1) 容器から水がこぼれる直前までおもりを入れると，おもりの底面は容器の底面から何 cm の高さにありますか。

(2) おもりを容器の底につくまで入れると，容器から水は何 cm^3 こぼれますか。

12 右の図のような直方体の水そうの中に金属製(きんぞくせい)の立方体が入っています。水そうがいっぱいになるまで一定の割合(わりあい)で水を入れ続けます。グラフは水を入れはじめてからの時間と水面の高さの関係を表しています。

→例題 33

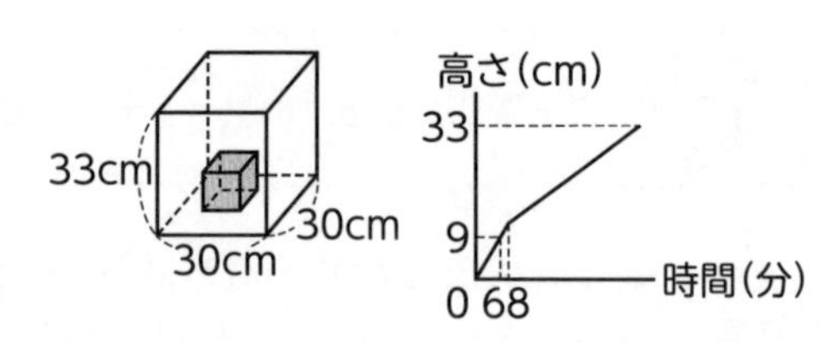

【跡見学園中】

(1) 立方体の1辺の長さは何 cm ですか。

(2) 水そうには毎分何 cm^3 の割合で水を入れていますか。

(3) 水そうがいっぱいになるのは，水を入れはじめてから何分何秒後ですか。

力をためす問題

別冊解答 p.92~93

13 例題 29

右の図1のように，底面が正方形である2つの同じ直方体を組み合わせてつくった立体の容器(ようき)に1.8 Lの水が入っていて，水の深さは18 cmでした。また，図1の容器を図2のようにおいたところ，水の深さは3 cmになりました。このとき，図1の□にあてはまる数を求めなさい。 【城西川越中】

(図1) □cm 18cm (図2) 3cm

14 例題 31・32

右の図1，2は同じ量の水が入っている直方体の容器に，縦(たて)10 cm，横15 cm，高さ20 cmの直方体を2通りの方法で入れたものです。ただし，図2はしずんでいる直方体の上面と水面とのきょりが2 cmであることを表しています。 【立命館宇治中】

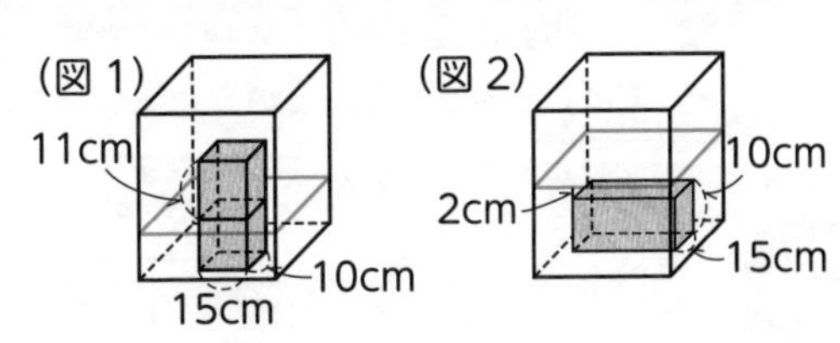

(1) この容器の底面積は何 cm^2 ですか。

(2) 直方体を入れる前の水面の高さを求めなさい。ただし，答えは小数点2位以下を四捨五入(ししゃごにゅう)して答えなさい。

15 ちょいムズ 例題 34~36

直方体の形をした水そうがあり，水そうは底面に垂直な高さ20 cmのしきり2枚(まい)で，3つの部分ア，イ，ウに分けられています。しきりには厚(あつ)みはないものとします。また，イの部分は底に穴(あな)があいています。水そうのアの部分に給水管Aから毎秒100 cm^3 の割合(わりあい)で，ウの部分に給水管Bから毎秒80 cm^3 の割合で同時に水を入れはじめます。なお，イの部分に水が入っているときには穴から毎秒20 cm^3 の割合で水がもれていきます。 【山脇学園中】

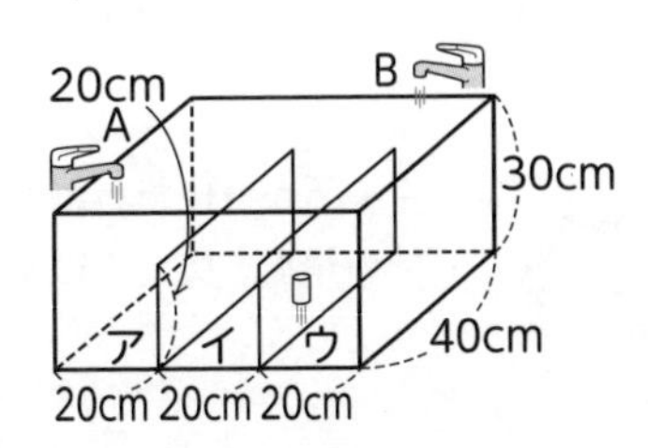

(1) 水を入れはじめてから1分後のアの部分の水面の高さを求めなさい。

(2) イの部分の水面の高さが10 cmになるのは，水を入れはじめてから何分何秒後ですか。

(3) 水そうが満水になるのは，水を入れはじめてから何分何秒後ですか。

正多面体　～サッカーボールのもよう～

おもしろいさいころを見つけたの！1から12の12面あったわ。

えーっ！さいころって1から6だけじゃなかったんだ！

ゆいさんが見たのは正十二面体のさいころね。どの面も合同な正多角形で，どの頂点(ちょうてん)に集まる面の数も同じであるへこみのない多面体を正多面体(せいためんたい)というのよ。正多面体は，この5種類しかないわ。

名前	正四面体	正六面体（立方体）	正八面体	正十二面体	正二十面体
形	正三角形	正方形	正三角形	正五角形	正三角形
面の数	4	6	8	12	20
頂点の数	4	8	6	20	12
辺の数	6	12	12	30	30

面の数が多くなると，だんだん丸くなっていくみたいだね。

よく気がついたわね！正多面体ではないけれど，正二十面体の頂点を切っていくと，サッカーボールができるのよ。

じゃあ，サッカーボールの黒い正五角形は正二十面体の頂点の数と同じだから12個，白い正六角形は正二十面体の面の数と同じだから20個あるのね。

ゆい，すげぇ！ボールで遊んでいるだけのしんとはちがうな！

そんなこというと，もうタロとはサッカーしないからな！！

第6編

文章題

第1章 規則性や条件についての問題 …… 366
第2章 和と差についての問題 …… 386
第3章 割合や比についての問題 …… 416
第4章 速さについての問題 …… 456

第6編 文章題

▶分配算 ～プリントの仕分け作業～

ねぇ，しんくん，ゆいさん，少し手伝ってくれないかしら？5年生の90人全員に配るプリントをクラスの人数ごとにわけて欲(ほ)しいの。2組は1組より1人多くて，3組は1組より2人多いわ。

ぼくにまかせて！まず，90枚のプリントを30枚ずつに分けるんだ。そして，2組と3組は1組より人数が多いから，1組から2組に1枚，1組から3組に2枚移動(いどう)させればいいんじゃない？

〈しんのやり方〉

1組	2組	3組
30枚	30枚	30枚
↓	↓	↓
27枚	31枚	32枚

（1組→2組 1枚，1組→3組 2枚）

でも，しんのやり方だと数がおかしくなるような…。

えっ，そうかな？先生に聞いてみようか。

例えば，1組から2組へ1枚移動させると，その差は何枚になると思う？

えっ～と，片方は1枚増(ふ)えて，もう片方は1枚減(へ)るから2枚ですか？

その通り！だから，30枚ずつに分けたあと，1組から3組へ1枚移動させるだけで，1組と3組の差が2枚になるわ。

〈先生のやり方〉

1組	2組	3組
30枚	30枚	30枚
↓	↓	↓
29枚	30枚	31枚

（1組→3組 1枚）

えっ？たったそれだけ？何だかふしぎだな～。

2組はたまたまはじめの30枚のままでよかったのよ。このように，決められた数に分けていく問題を分配算(ぶんぱいさん)と言うのよ。

でもさ～，それなら先生がはじめからやればよかったんじゃない？

タロ，それはちがうわ！先生は私たちを考えさせるために問題を出してくれたのよ！

(なんて，すばらしい子なの！)

▶旅人算 ～どっちが速い？～

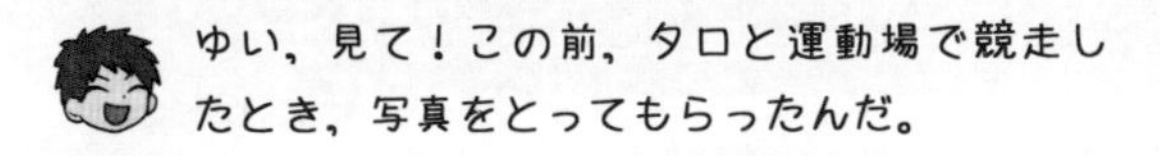

ゆい，見て！この前，タロと運動場で競走したとき，写真をとってもらったんだ。

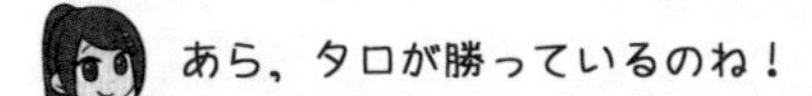

あら，タロが勝っているのね！

ちがうよ～。これはぼくがタロをどんどん引きはなして，タロをもう少しで１周おくれにするところだよ。だからぼくがリードしているんだ！

このときはお昼ご飯を食べ過ぎて，ぜんぜん走れなかったんだ…。

たしかに，この写真だけだとどっちが勝っているのかはわからないわね…。そうそう，いいことを教えてあげる。同じ方向に走っている２つのものを比べるときには，速さの差に注目するの。例えば，高速道路を走っているとき，車のスピードはとても速いけど，追いこしていく車を見るとおそく感じたことはない？

あります！そっか～，追いこしていく車がゆっくりに見えるのは，自分の車も動いているからですね。だから，２台の車の速さの差で動いているように感じるのね。

でも先生？電車に乗っているとき，すれちがう電車がとっても速く感じたんですけど，それはなぜですか？

いい質問ね！さっきの高速道路の例では２台の車の進む方向は同じだったけど，電車がすれちがうときには，お互いに反対方向に進んでいるよね。こういうときは，速さの和に注目するの。くわしくはこの編で紹介しているわ。

なるほど！速さをたすのか。どうりで，あんなに速く感じるわけだ。

よ～し，しん！もう一回勝負しようよ！今度は負けないぜ！

そ，そんなの，反則だよ！

第1章 規則性や条件についての問題

p.366〜385

学習のポイント

1 植木算

➡ 例題 1〜4

► 道路や池のまわりにそって木を植えていくときの木の本数と間の数を考える問題を**植木算**という。

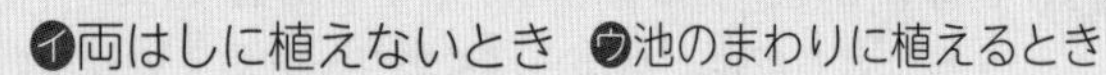

ア両はしに植えるとき　イ両はしに植えないとき　ウ池のまわりに植えるとき

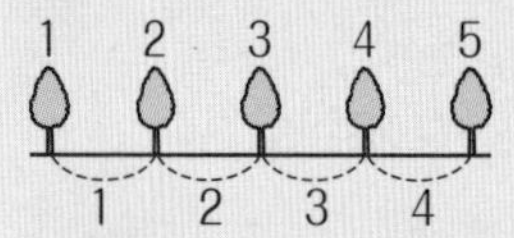

間の数＋1＝木の数

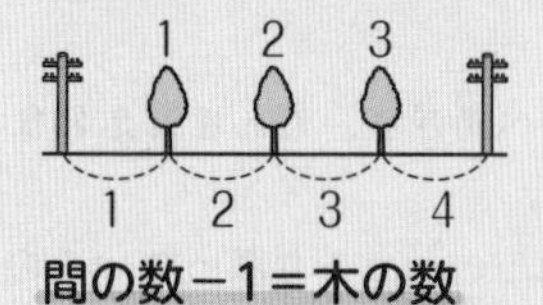

間の数－1＝木の数

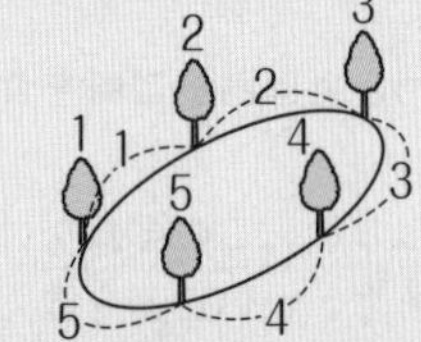

間の数＝木の数

2 周期算

➡ 例題 5〜11

► いろいろな規則に注目して解いていく問題を**周期算**という。

ア曜日を求める問題…何日かあとの曜日は，日数を7でわったあまりによって決まる。

例》3月10日が日曜日のとき，4月15日は何曜日ですか。

解》4/15＝3/46（+31）　(3月)46－(3月)10＝36(日後)　36÷7=5あまり1

あまり　0，(1)，2，3，4，5，6
曜日　日，(月)，火，水，木，金，土　　よって，月曜日

イご石の数を求める問題…表にまとめて考えるとよい。**三角数**や**四角数(＝平方数)**となっていることが多い。

例》

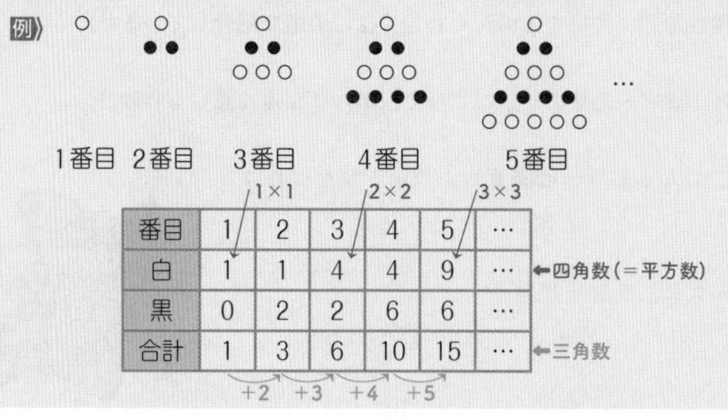

番目	1	2	3	4	5	…
白	1	1	4	4	9	…
黒	0	2	2	6	6	…
合計	1	3	6	10	15	…

←四角数(＝平方数)
←三角数

3 集合算

➡ 例題 12〜14

► 全体の数量を2つ以上の条件(じょうけん)について，あてはまるものとあてはまらないものの集まりに分けるとき，条件が重なっている部分やその他の部分の数量関係を考えて解(と)く問題を**集合算**(しゅうごうざん)という。**ベン図**(ず)や表にまとめて考えるとよい。

例》35人のクラスで，算数が好きな人が20人，国語が好きな人が18人，両方とも好きな人が8人います。このとき，両方とも好きでない人の人数を求めなさい。

解》

クラス35人
算数 20人　国語 18人
㋐　8人　㋑
㋒

		算数		合計
		好き	好きでない	
国語	好き	8人	㋑	18人
	好きでない	㋐	㋒	17人
合計		20人	15人	35人

㋐…20−8=12（人）
㋑…18−8=10（人）
㋒…35−(12+8+10)=5（人）

4 推理の問題

➡ 例題 15･16

► いろいろな条件から，その結果について，論理的(ろんりてき)に考えていく問題を**推理の問題**(すいりのもんだい)という。表にまとめて考えるとよい。

例》A，B，C，Dの4人が100m競走をしました。この結果について，次の①～④のことが述べられました。このときの4人の順位を求めなさい。

① Aは3位だった　② Bは1位ではなかった
③ Cは3位か4位だった　④ Dは1位か4位だった

解》表にまとめる。

	A	B	C	D
1位		×	×	
2位			×	×
3位	○			×
4位				

推理 ⟶

	A	B	C	D
1位	×	×	×	◎
2位	×	◎	×	×
3位	○			×
4位	×		◎	

Aの×が決まると，Dの1位とBの2位が決まるので，Cは4位に決まる。

よって，A：3位，B：2位，C：4位，D：1位

植木算

p.366 1

例題1 木の本数と間の数(1) ―直線上や池のまわりに植える―

次の問いに答えなさい。

(1) 長さ 180 m のまっすぐな道の片側(かたがわ)に 15 m おきに木を植えます。はしからはしまで植えるとすると，木は全部で何本必要ですか。

(2) 長さ 180 m のまっすぐな道の片側に 15 m おきに木を植えます。両はしには木を植えないことにすると，木は全部で何本必要ですか。

(3) まわりの長さが 480 m の池があります。この池のまわりに 20 m おきに木を植えるとすると，木は全部で何本必要ですか。

解き方と答え

(1)

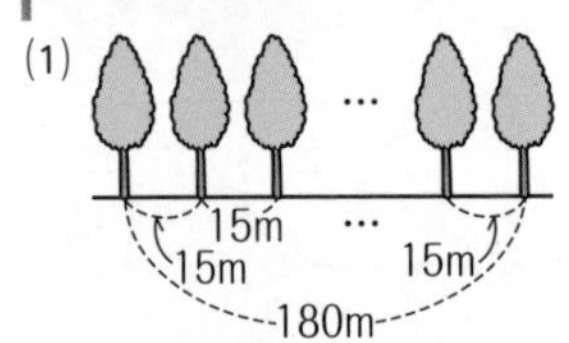

両はしに木を植えるので，間の数＋1＝木の数 になる。
よって，(180÷15)＋1＝**13**（本）
（180÷15 ← 間の数）

(2)

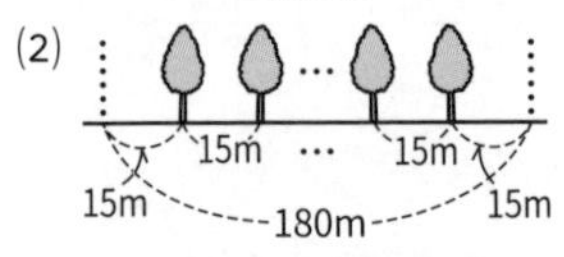

両はしには木を植えないので，間の数－1＝木の数 になる。
よって，(180÷15)－1＝**11**（本）
（180÷15 ← 間の数）

(3)

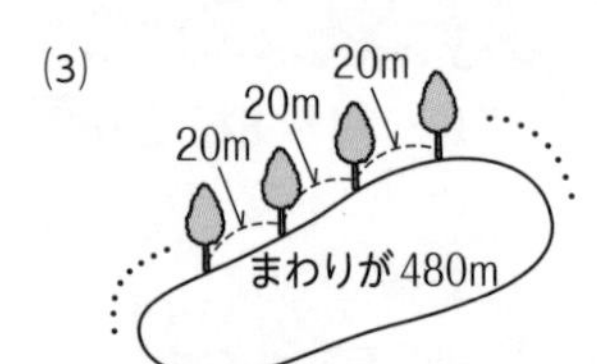

池のまわりに木を植えるので，間の数＝木の数 になる。
よって，480÷20＝**24**（本）

ココ大事！

- 両はしに木を植えるとき，間の数＋1＝木の数
- 両はしに木を植えないとき，間の数－1＝木の数
- 池のまわりに木を植えるとき，間の数＝木の数

練習問題1

次の問いに答えなさい。

(1) 224 m はなれた 2 本の電柱の間に，15 本の木をはしからはしまで同じ間かくで植えると，その間かくは何mになりますか。

(2) ある池のまわりに，14 m おきに 25 本の木を植えました。この池のまわりの長さは何mですか。

別冊解答 p.94

植木算

p.366 1

例題2 木の本数と間の数(2) —かどを考える—

縦(たて)72 m，横120 mの長方形の土地があります。この土地のまわりに，同じ間かくで木を植えます。ただし，間かくはできるだけ広くとり，かどには必ず植えるものとします。

(1) 間かくは何mですか。

(2) 木は全部で何本必要ですか。

解き方と答え

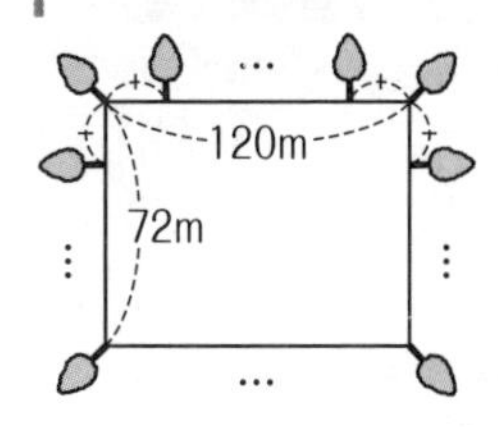

縦72 m，横120 mの長方形の土地で，かどに必ず植えるためには，間かくは，72 mと120 mの両方をわり切ることができる長さでなくてはいけない。つまり，72と120の公約数で，その間かくをできるだけ広くとるには，**72と120の最大公約数**にすればよい。

(1) 72と120の最大公約数は24だから，**24 m**

(2) まわりの長さは，(72＋120)×2＝384 (m)
池のまわりに木を植えるときと同じなので，
384÷24＝**16 (本)**

ココ大事！ 長方形の土地のまわりに同じ間かくで木を植えるとき，かどに必ず植えるためには，間かくは縦の長さと横の長さの公約数になる。その間かくをできるだけ広くするときは，縦の長さと横の長さの**最大公約数**になる。

練習問題2

別冊解答 p.94

次の問いに答えなさい。

(1) 3つの辺の長さが75 m，105 m，150 mの三角形の土地があります。この土地のまわりに，同じ間かくで木を植えます。ただし，間かくはできるだけ広くとり，かどには必ず植えるものとします。このとき，木は全部で何本必要ですか。

(2) 縦80 m，横120 mの長方形の土地があり，4つのかどには電柱があります。この土地のまわりに，木と木の間かく，そして木と電柱の間かくがすべて同じ間かくになるように木を植えると，木は46本必要でした。このとき，間かくは何mですか。

p.366 1

例題 3 テープなどをつなげる問題

長さ 8 cm の紙テープを，つなぎめののりしろを 1 cm にしてつなげていきます。

(1) 5枚(まい)の紙テープをつなげたときの全体の長さは何 cm ですか。

(2) 何枚かの紙テープをつなげると，全体の長さが 120 cm になりました。何枚の紙テープをつなげましたか。

解き方と答え

(1)

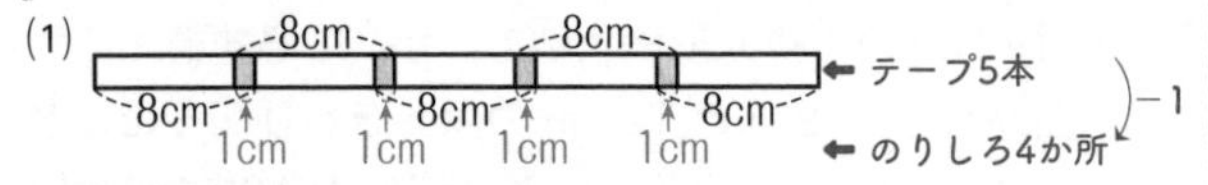

テープをつなげたとき，

のりしろの数＝テープの本数−1 になる。

よって，全体の長さは，$8\times5-1\times(5-1)=$**36 (cm)**

(2)

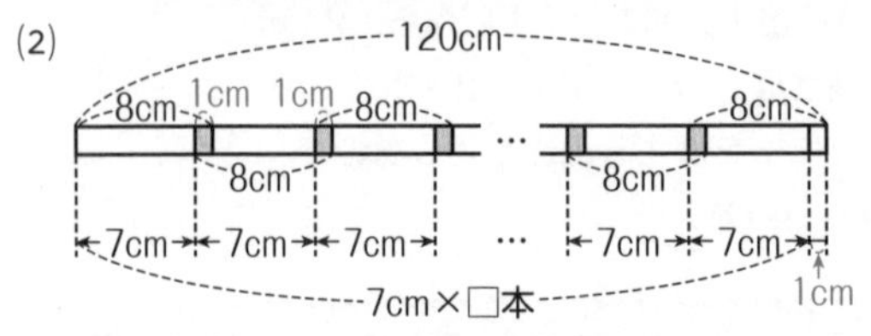

図のように，のりしろ分をのぞいて，テープ1本につき $8-1=7$ (cm) と考える。

右はしののりしろにならなかった 1 cm を 120 cm からひいた分が，7 cm×□ 本 になる。

よって，$\square=(120-1)\div7=$**17** (本)

等差数列で考える

(2) テープ1本…8 cm
テープ2本…15 cm
テープ3本…22 cm
⋮ ⋮
(差 7 cm, 7 cm)

つまり，初項(しょこう)が 8，公差が 7 の等差数列になるので，

$8+7\times(\square-1)=120$

$7\times(\square-1)=120-8=112$

$\square-1=112\div7=16$

$\square=16+1=$**17** (本)

ココ大事！ テープなどののりしろを重ねてつなげるとき，

全体の長さ＝テープ1本の長さ×本数−のりしろ×(テープの本数−1)

（のりしろの数）

練習問題 ❸

別冊解答 p.94

右の図1のような輪を図2のように1列に27個(こ)連続してつなげたとき，はしからはしまでの長さは何 cm になりますか。

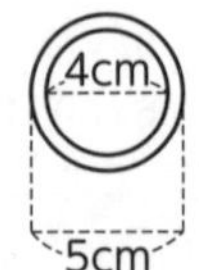

(図2)

植木算

p.366 1

例題 4 作業をするのにかかる時間

かずきさんは長さ 4 m の丸太を 50 cm ずつに切り分けました。かずきさんは丸太を 1 回切るのに 14 分かかり，1 回切り終わるごとに 2 分休みました。かずきさんが全部切り終わるのに何時間何分かかりましたか。

解き方と答え

4 m＝400 cm なので，400÷50＝8 (つ) に切り分ける。

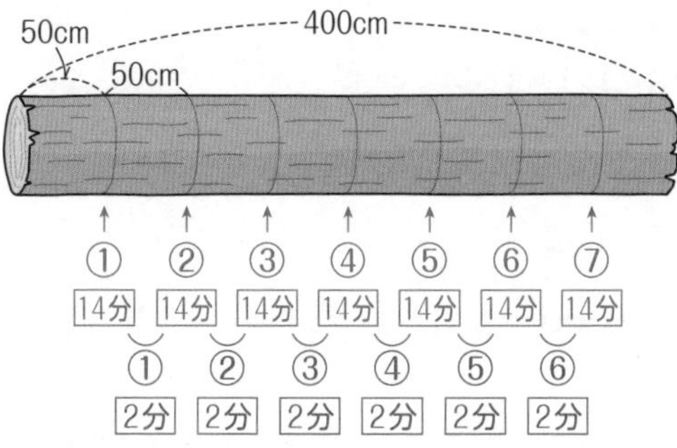

8 つに切り分けるので，8－1＝7 (回) 切る。
7 回切るので，7－1＝6 (回) 休む。
よって，14×7+2×6＝110 (分)
＝1 時間 50 分

注意

最後に切った後は休まない

400÷50＝8 (つ) に切り分ける
↓
8－1＝7 (回) 切る
1 回切るのに 14 分，1 回切るごとに 2 分休むことから，1 回切るごとに 14＋2＝16 (分) かかる。7 回切るので，16×7＝112 (分) としてはいけない。

ココ大事！ 作業と作業の間に休けい時間があるときの
作業時間＝1 回の作業時間×作業回数＋1 回の休けい時間×(作業回数－1)
最後の作業の後は休まない

練習問題 4

ゆうきさんは 6 個(こ)つくるごとに 8 分休むという働き方で，ある製品(せいひん)をつくります。この働き方で 24 個つくるのに 2 時間かかりました。54 個つくるには何時間何分かかりますか。

別冊解答 p.94

周期算

p.366 2

例題5 一の位の周期

次の問いに答えなさい。

(1) 2を23個かけあわせてできる数の一の位の数字は何ですか。

(2) 4×7×9×4×7×9×4×…と規則的に70個の整数をかけあわせてできる数の一の位の数字は何ですか。

解き方と答え

(1) かけあわせてできる数の一の位の数字は，一の位だけをかければ求められる。

2	×2	×2	×2	×2	×2	×2	×2	×2	×2	…
2	4	8	16	12	4	8	16	12	4	…

×2　×2　×2　×2　×2　×2　×2　×2　×2

一の位だけに注目すると「2，4，8，6」のくり返しになっていることがわかる。

よって，23÷4=5 あまり 3 より，2，4，**8**，6

あまり3

(2) 70個かけあわせた数は，70÷3=23 あまり 1 より，4を24回，7を23回，9を23回かけあわせた数になる。

4	×4	×4	×4	×4	…
4	16	24	16	24	…

×4　×4　×4　×4

「4，6」のくり返しなので，4を24回かけた積の一の位は，24÷2=12 あまり 0 より，4，⑥

7	×7	×7	×7	×7	×7	…
7	49	63	21	7	49	…

×7　×7　×7　×7　×7

「7, 9, 3, 1」のくり返しなので，7を23回かけた積の一の位は，23÷4=5 あまり 3 より，7，9，③，1

9	×9	×9	×9	×9	…
9	81	9	81	9	…

×9　×9　×9　×9

「9，1」のくり返しなので，9を23回かけた積の一の位は，23÷2=11 あまり 1 より，⑨，1

よって，70個かけあわせてできる数の一の位は，6×3=18　8×9=72 より，**2**

ココ大事！ かけあわせてできる数の一の位は，一の位だけを計算して規則を見つける。

練習問題5

次の問いに答えなさい。

(1) 8を25個かけあわせてできる数の一の位の数字は何ですか。

(2) 2×3×6×7×9×2×3×6×7×9×2… と規則的に127個の整数をかけあわせてできる数の一の位の数字は何ですか。

別冊解答 p.95

周期算

p.366 2

例題 6 日数を計算する問題

次の問いに答えなさい。

(1) ❶ 5月5日の10日後は5月何日ですか。

❷ 5月5日から5月31日までは何日間ですか。

(2) ❶ 9月23日の50日後は何月何日ですか。

❷ 6月15日は9月23日の何日前ですか。

解き方と答え

(1) ❶ □日後や□日前は，数えはじめの日にそのまま□日をたしたり，ひいたりすればよい。

5/5 +10 → 5/□　　よって，5+10=15 より，**5月15日**

❷ □月□日から□月□日までの日数は，あとの日付から前の日付をひいて，1日加える。

5/5 +□ → 5/31　(□+1)日間　　よって，31−5+1=27　**27（日間）**

(2) ❶ □日後は，数えはじめの日にそのまま□日をたせばよい。

23+50=(9月)73 —−30→ (10月)43 —−31→ (11月)12

9月の30日分をひく　10月の31日分をひく

よって，**11月12日**

❷ □日前は，あとの日付から前の日付をひけばよい。

月をそろえないとひけないので，9月を6月にかえていく。

(9月)23 —+31→ (8月)54 —+31→ (7月)85 —+30→ (6月)115

8月の31日分をたす　7月の31日分をたす　6月の30日分をたす

よって，115−15=**100（日前）**

ココ大事！

・□日後の月日は，数えはじめの月日+□

・□日間は，あとの月日−数えはじめの月日+1

練習問題 6

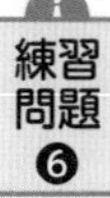

別冊解答 p.95

次の問いに答えなさい。ただし，うるう年は考えません。

(1) ❶ 2月22日の20日後は何月何日ですか。

❷ 2月22日から4月17日までは何日間ですか。

(2) ❶ 5月1日は1月11日の何日後ですか。

❷ 1月11日の50日前は何月何日ですか。

周期算

p.366 2

例題 7 曜日を求める問題

次の問いに答えなさい。

(1) ある平年の4月22日は月曜日でした。同じ年の9月13日は何曜日ですか。

(2) あるうるう年の7月7日は水曜日でした。同じ年の2月3日は何曜日ですか。

解き方と答え

(1) 9月13日が4月22日の何日後かを求める。

(9月)13 $\xrightarrow[+31]{}$ (8月)44 $\xrightarrow[+31]{}$ (7月)75 $\xrightarrow[+30]{}$ (6月)105 $\xrightarrow[+31]{}$ (5月)136

$\xrightarrow[+30]{}$ (4月)166 より，166−22＝144（日後）

7でわったあまりで考えると，144÷7＝20 あまり 4

数えはじめの日の月曜日を0日後として，あまりに対応(たいおう)する曜日を書く。

あまり…0，1，2，3，④，5，6

曜　日…月，火，水，木，金，土，日

よって，あまりが4なので，**金曜日**

(2) うるう年では2月が29日あることに注意する。

(7月)7 $\xrightarrow[+30]{}$ (6月)37 $\xrightarrow[+31]{}$ (5月)68 $\xrightarrow[+30]{}$ (4月)98 $\xrightarrow[+31]{}$ (3月)129

$\xrightarrow[+29]{}$ (2月)158 より，158−3＝155（日前）

↑うるう年

155÷7＝22 あまり 1

0を水曜日として，あまりに対応する曜日を水曜日から順にかくが，～日前なので，水→火→月…と逆(ぎゃく)になることに注意する。

あまり…0，①，2，3，4，5，6

曜　日…水，火，月，日，土，金，木

よって，あまりが1なので，**火曜日**

ココ大事！ 曜日を求めるときは，□日後または□日前を求めて，□を7でわったあまりに対応する曜日の分類で考える。

練習問題 7

次の問いに答えなさい。

(1) あるうるう年の6月24日は土曜日でした。同じ年の10月24日は何曜日ですか。

(2) ある平年の11月4日は火曜日でした。同じ年の1月25日は何曜日ですか。

別冊解答 p.95

4年 5年 6年 中学入試

周期算

p.366 2

例題8 規則的にならぶ数

右の図のように，1から順に数字を並べていきます。このとき，上からA行目，左からB列目のことを(A，B)で表すこととします。例えば，(2，3)の数字は8です。

1	4	9	16	
2	3	8	15	
5	6	7	14	
10	11	12	13	
17				

(1) (10，1)の数字は何ですか。

(2) (20，20)の数字は何ですか。

(3) 754を(A，B)で表しなさい。

解き方と答え

(1)

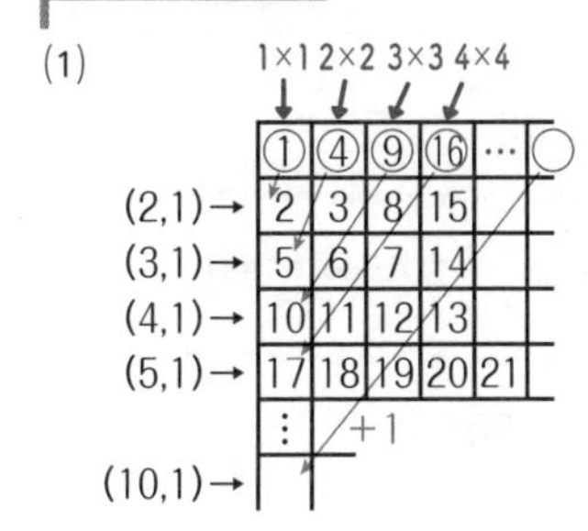

上から1行目の数は，1，4，9，16，…の平方数が並んでいる。

(2，1)＝1×1＋1＝2
(3，1)＝2×2＋1＝5
(4，1)＝3×3＋1＝10
(5，1)＝4×4＋1＝17
⋮ −1

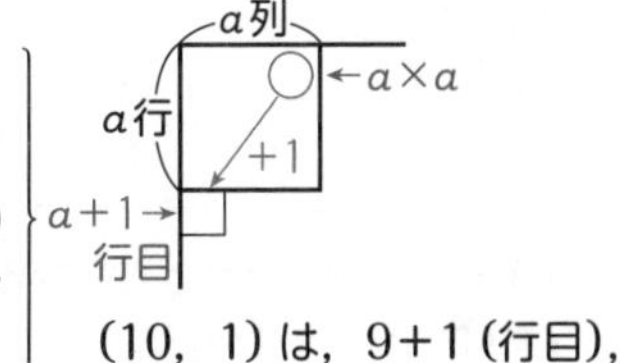

(10，1)は，9＋1(行目)，1列目なので，9×9＋1＝**82**

(2) 20×20＝400 より，(20，20)は，20×20−19＝**381**

(3)

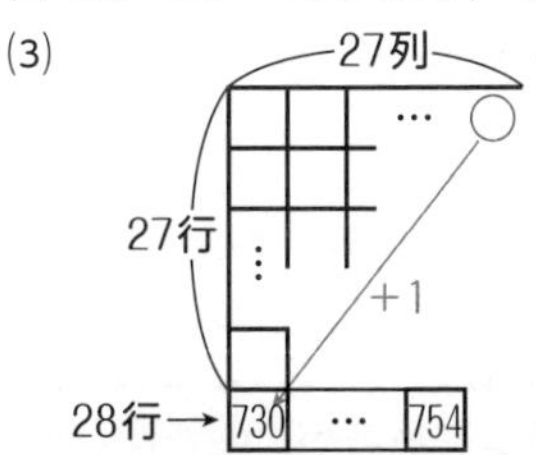

754に近い平方数は，27×27＝729
27×27＝729 より，
(28，1)＝729＋1＝730
28行目に730から754までが 754−730＋1＝25(個)並んでいるので，
(28，25)

ココ大事！
数表では，平方数や三角数になるところを見つけて考えるとよい。

練習問題8

右の図のように，1から順に数字を並べていき，例題8と同じように，(A，B)で表すこととします。

1	3	6	10	15
2	5	9	14	
4	8	13		
7	12			
11				
16				

(1) (1，15)の数字は何ですか。

(2) (24，5)の数字は何ですか。

(3) 500を(A，B)で表しなさい。

別冊解答 p.95

p.366 2

例題 9 周期を見つける問題 (1) —三角数や四角数—

右の図のように，ご石を並べていきます。

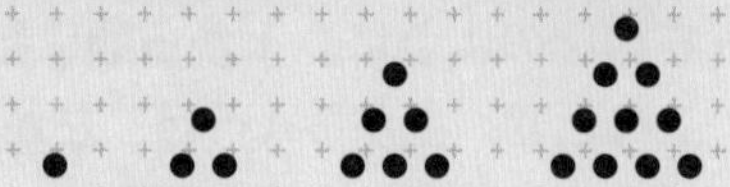

(1) 8番目にご石は全部で何個ありますか。

(2) 全部で120個のご石が並ぶのは何番目ですか。

(3) □番目のご石の数と，□+2番目のご石の数の差は55個です。□にあてはまる数を求めなさい。

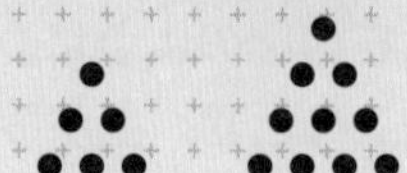

1番目　2番目　3番目　4番目

解き方と答え

□番目に並んでいるご石の数は，1+2+3+…+□ の三角数になっている。

(1)

□番目	1	2	3	4	…
ご石	1	3	6	10	…

+2　+3　+4

1　1+2　1+2+3　1+2+3+4

8番目は，1+2+3+…+8
=(1+8)×8÷2=**36(個)**

(2) 1+2+3+4+……+□=120 より，(1+□)×□÷2=120

(1+□)×□=120×2=240

1×240=240，2×120=240，…15×16=240，16×15=240

よって，□=15 より，**15番目**

(3)

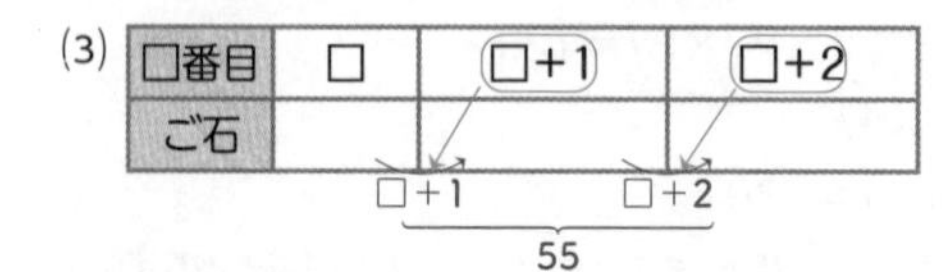

□+1+□+2=55 より，

□×2=55−1−2

□=52÷2

□=**26**

ココ大事！ 周期を見つけるときは，1+2+3+…+□のような三角数や，1×1，2×2，3×3，4×4 のような四角数を考える。

練習問題 9

別冊解答 p.96

右の図のように，白と黒のご石を並べていきます。

(1) 10番目には白と黒のご石は合わせて何個ありますか。

(2) 10番目では，白のご石と黒のご石は，どちらのほうが何個多いですか。

(3) 10番目の白のご石と黒のご石の数をそれぞれ求めなさい。

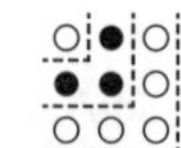

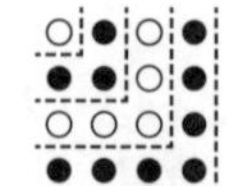

1番目　2番目　3番目　4番目

4年 5年 6年 中学入試

周期算

p.366 2

例題10 周期を見つける問題(2) —三角数や四角数を見つける—

右の図のように，1辺が1cmの正方形を並(なら)べていきます。

1番目　2番目　3番目

(1) 6番目の図形のまわりの長さを求めなさい。

(2) まわりの長さが130cmになるのは，何番目の図形ですか。

(3) 225個(こ)の正方形でできている図形のまわりの長さを求めなさい。

解き方と答え

□番目のまわりの長さと正方形の数について表にまとめて，規則(きそく)を見つける。

□番目	1	2	3	…	□
まわりの長さ	4	10	16	…	
正方形の数	1	4	9	…	□×□

(まわりの長さは +6 ずつ増える)

←初項が4，公差が6の等差数列なので，4＋6×(□－1)

←□番目の四角数

(1) $4+6\times(6-1)=$**34** (cm)

(2) $4+6\times(□-1)=130$

$6\times(□-1)=130-4=126$

$□-1=126\div6=21$

$□=$**22** (番目)

(3) $225=15\times15$ より，15番目の図形のまわりの長さになる。

よって，$4+6\times(15-1)=$**88** (cm)

ココ大事！ 周期を見つける問題では，表にまとめて三角数や四角数(＝平方数)を考える。

練習問題 10

別冊解答 p.96

同じ長さの棒(ぼう)とねん土玉がたくさんあります。右のように，棒とねん土玉を組み合わせて図形をつくっていきます。

1番目

2番目

3番目

(1) 4番目の図形の棒の本数とねん土玉の個数をそれぞれ求めなさい。

(2) 1辺が1本の棒である正三角形が49個できる図形の棒の本数とねん土玉の個数をそれぞれ求めなさい。

p.366 2

例題11 周期を見つける問題(3) ―図から三角数を見つける―

右の図のように，平面上に何本かの直線をひいて，交点の数を調べます。ただし，3本以上の直線が1つの点で交わることはないものとします。また，どの2本の直線も平行ではありません。

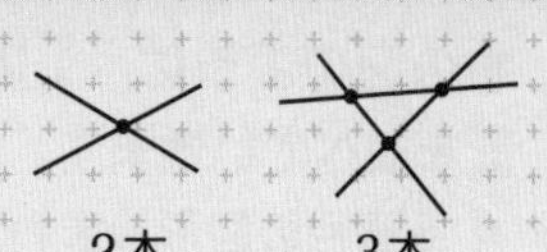

(1) 5本の直線をひくと，交点は何個できますか。
(2) 9本の直線をひくと，交点は何個できますか。

解き方と答え

□本ひいたときの交点の数を表にまとめて規則を見つける。

□本	1	2	3	4	…	□
交点	0	1	3	6	…	1+2+…+(□−1)

1　1+2　1+2+3　←三角数

(1) 5本の直線なので，5−1=4 までの三角数になる。
$1+2+3+4=$**10**(個)

(2) 9本の直線なので，9−1=8 までの三角数になる。
$1+2+3+\cdots+8=(1+8)\times 8\div 2=$**36**(個)

なぜ？ 交点の数が三角数になる理由

・1本のときは，交点0個
・2本のときは，1本目と交わるので1個
・3本のときは，1本目と2本目と交わるので2個増えるから，1+2=**3**(個)
・4本のときは，1本目～3本目と交わるので3個増えるから，1+2+3=**6**(個)

ココ大事！ 平面上に直線をひくとき，3本以上の直線が1つの点で交わらないならば，交点の数は1+2+3+…+(直線の本数−1)(個)ある。

練習問題11

別冊解答 p.97

右の図のように，長方形を切るように，平行でない2本の直線をひくと長方形は4個の部分に分けられます。このようにして，長方形を切るように直線を次々にひいていきます。ただし，3本以上の直線が1つの点で交わることはないものとします。また，どの2本の直線も平行ではなく，すべて長方形の内側で交わるものとします。

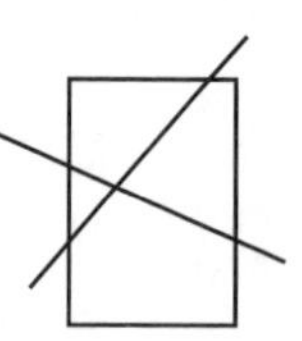

(1) 4本の直線をひくとき，長方形は何個に分けられますか。
(2) 10本の直線をひくとき，長方形は何個に分けられますか。

4年 5年 6年 中学入試

集合算

p.367 3

第1章 規則性や条件についての問題
第2章 和と差についての問題
第3章 割合や比についての問題
第4章 速さについての問題

例題12 集合の考え方

6年生100人に教科に関するアンケートをとりました。

(1) 国語が好きな人は75人，算数が好きな人は73人，国語も算数も好きな人は56人でした。国語も算数もきらいな人の人数を求めなさい。

(2) 理科が好きな人は66人，社会が好きな人は78人で，社会だけ好きな人は理科だけ好きな人の3倍の人数でした。理科も社会もきらいな人の人数を求めなさい。

解き方と答え

ベン図をかいて考える。

(1) 6年生(100人)　国語好き(75人)　算数好き(73人)　あ　56人　い　う

太線で囲まれた部分の人数は，

国語好き＋算数好き－両方好き

より，

75＋73－56＝92（人）

（75：あ＋56，73：い＋56，92：あ＋56＋い）

よって，うは，100－92＝**8**（人）

(2) 6年生(100人)　理科好き(66人)　社会好き(78人)　①　あ　③　い

①＋あ＝66（人），

③＋あ＝78（人）

あが等しいので，

②＝78－66＝12（人）

①＝6人　③＝18人

あ＝66－6＝60（人）

い＝100－(①＋あ＋③)＝100－(6＋60＋18)

＝**16**（人）

表で考える

(2)

		理科 好き	理科 きらい	合計
社会	好き		③	78
社会	きらい	①	□	22
合計		66	34	100

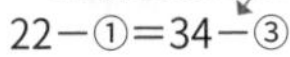

22－①＝34－③

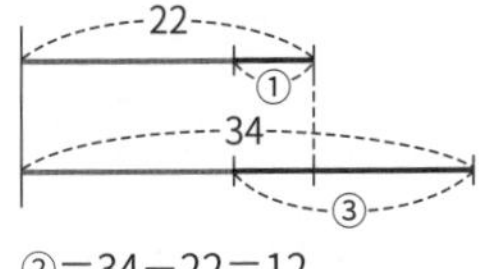

②＝34－22＝12

①＝12÷2＝6

□＝22－6＝**16**（人）

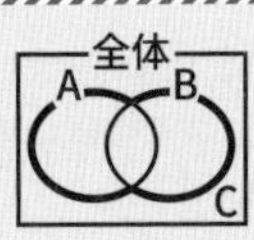

重なりの人数は，

(Aの人数＋Bの人数)－(全体の人数－Cの人数)

別冊解答 p.97

35人のクラスで兄弟・姉妹がいるかどうかについて調べました。

(1) 兄がいる人は12人，弟がいる人は10人，兄も弟もいない人は17人でした。兄も弟も両方いる人は何人ですか。

(2) 姉がいる人は14人，妹がいない人は23人で，姉も妹もいない人は，姉も妹も両方いる人の4倍でした。姉も妹も両方いる人は何人ですか。

p.367 3

例題13 最大と最小

40人の生徒が算数のテストを受けました。問題は2問あり，1番のできた人は26人，2番のできた人は19人でした。1番と2番の両方ともできた人は何人以上何人以下と考えられますか。

解き方と答え

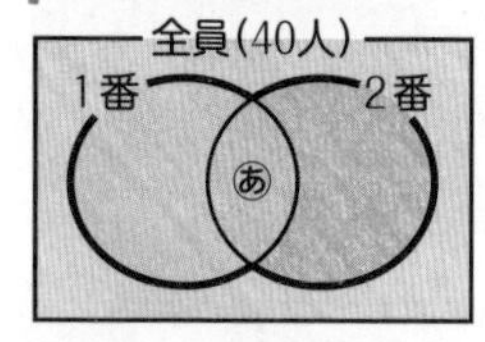

1番と2番の両方ともできたあの人の最小の場合と最大の場合を考えたベン図をかく。

㋐ 最小の場合

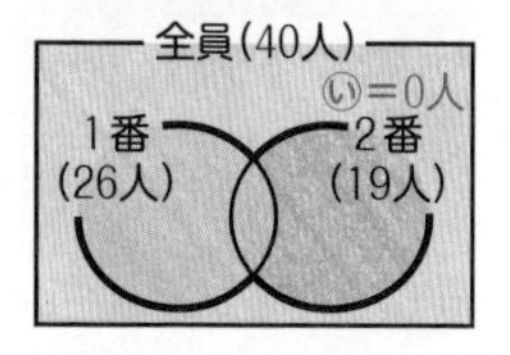

重なりをできるだけ小さくするには，いの両方ともできなかった人の数を最小にすればよいので，いを0人と考える。
よって，最小の重なりは，
26+19−40=5（人）

㋑ 最大の場合

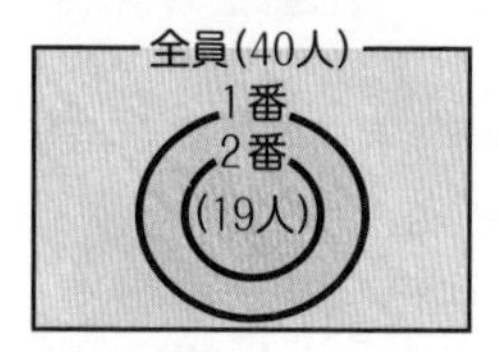

重なりをできるだけ大きくするには，「1番」と「2番」を完全に重ねればよい。「2番」のほうが「1番」より人数が少ないので，「1番」の中に「2番」が入る。
よって，最大の重なりは，「2番」と同じ人数であるから，19人
したがって，**5人以上19人以下**

表で考える

・最小のときは い=0 より，あ=5

		1番 ○	1番 ×	合計
2番	○	あ	14	19
2番	×	21	い	21
合計		26	14	40

・最大のときは あ=□の少ないほう=19

		1番 ○	1番 ×	合計
2番	○	あ	0	19
2番	×	7	14	21
合計		26	14	40

よって，**5人以上19人以下**

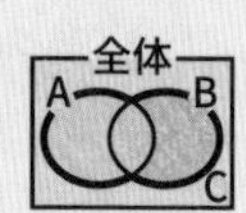

・重なりの最小は，A+B−全体(ただし，C=0)
・重なりの最大は，AかBの小さいほうの数

練習問題⑬

60人にAとBの2問のクイズを出しました。Aを正解（せいかい）した人は35人，Bを正解した人は24人で，両方とも不正解の人は7人以上いました。AとBの両方とも正解した人は何人以上何人以下と考えられますか。

別冊解答 p.97

4年 5年 6年 中学入試

集合算

p.367 3

例題14 3つの集合

140人の生徒が算数のテストを受けました。問題は3問あり，1番，2番，3番を正解(せいかい)した人はそれぞれ95人，83人，59人でした。また，1番と2番，2番と3番，1番と3番を正解した人はそれぞれ50人，29人，44人で，3問とも正解した人は18人でした。

(1) 3問とも正解できなかった人は何人ですか。

(2) 1番だけ正解した人は何人ですか。

解き方と答え

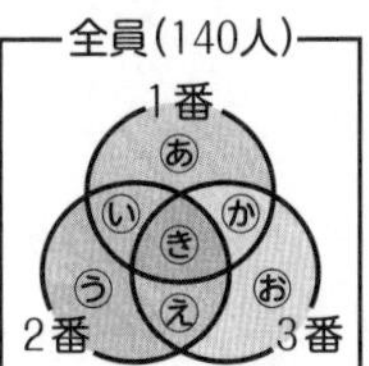

ベン図の各部分の人数は，

あ＋い＋か＋き＝95（人）

い＋う＋え＋き＝83（人）

え＋お＋か＋き＝59（人）→

い＋き＝50（人）

え＋き＝29（人）

か＋き＝44（人）

き＝18（人）

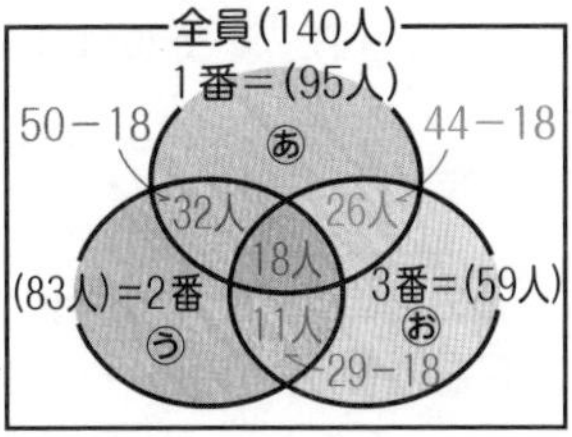

(1)

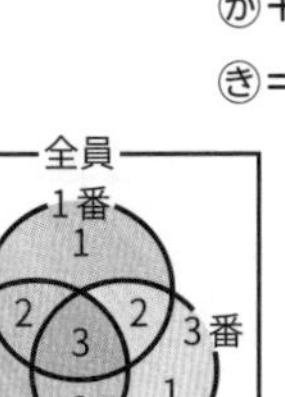

↑
重なりの回数

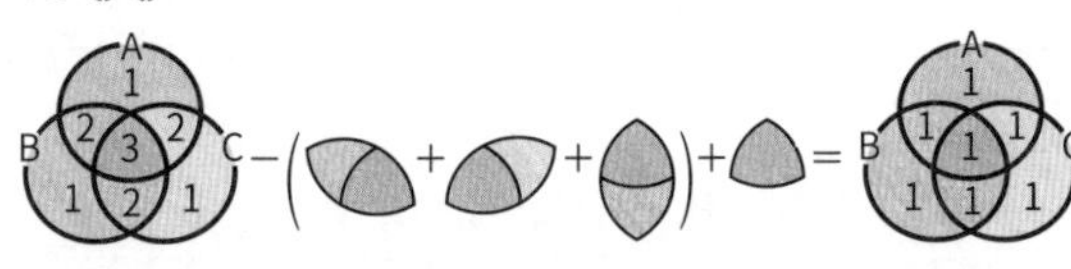

(95＋83＋59)－(50＋29＋44)＋18＝132（人）

よって，140－132＝**8**（人）

(2) 1番だけ正解した人は，左上の図のあの部分なので，95－(32＋18＋26)＝**19**（人）

ココ大事！

練習問題14

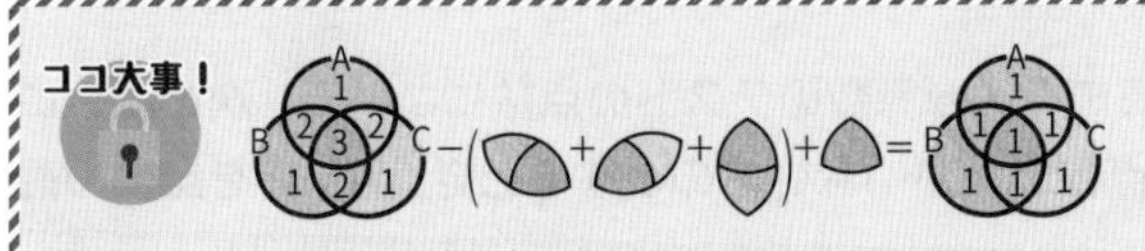

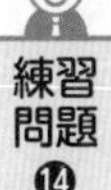

1〜200までの整数について考えます。

(1) 3の倍数でも4の倍数でも5の倍数でもない数は何個(こ)ですか。

(2) 3の倍数のうち，4の倍数でも5の倍数でもない数は何個ですか。

別冊解答 p.97

推理の問題

p.367 4

例題15 大小関係を推理する問題

A，B，C，D，E，F，G，Hの8人が50m競走をしたところ，次のような結果になりました。A～Hをゴールした順に書きなさい。

㋐ AはDよりも後にゴール　㋑ BはEよりも後にゴール
㋒ CはFの次にゴール　㋓ Dは5位
㋔ EはAの次にゴール　㋕ GはFより先にゴールしたが，1位ではない。

解き方と答え

1位 2位 3位 4位 5位 6位 7位 8位（→）のような，左から順に1位，2位…とした図で整理する。

㋐ D→A，㋑ E→B，㋓ 5位はD，㋔ A・Eの順の条件(じょうけん)を整理すると，

㋓→5位
D→A・E→B
（D→Aが㋐，A・Eが㋔，E→Bが㋑）

Dが5位，その後にA，E，Bの3人がいて，8位までしかないので，5位から順にD，A，E，Bと決まり，残りのC，F，G，Hが1位から4位になる。

㋒ F・Cの順，㋕ G→F（G：1位×）の条件を整理すると，G→F・C（G：1位×，G→Fが㋕，F・Cが㋒）

Gが1位でなく，この順で並(なら)ぶには，Hが1位ということになるので，1位から順にH，G，F，Cとなる。
よって，ゴールした順は，**H，G，F，C，D，A，E，B**

条件の中から同じ人の条件をつなぎ合わせて推理(すいり)していく。

練習問題15

別冊解答 p.98

A，B，C，D，Eの5人が算数のテストの点数について，次のように答えました。同じ点数の人がいないものとするとき，A～Eを点数の高い順に書きなさい。

A：私の点数はBさんとCさんの得点の平均(へいきん)と同じです。
B：私とAさんの点数の差は，私とDさんの点数の差と同じです。
C：2人ずつの点数を加えると，私とEさんのときがいちばん大きいです。
D：BさんとCさんの点数の差は，BさんとEさんの点数の差よりも大きいです。

推理の問題

p.367 4

例題16 仮定して推理する問題

A，B，C，Dの4人がかけっこをしたところ，次のように答えました。1人だけがうそをついているとすると，すべての順位が決まります。うそをついているのはだれですか。また，そのときのA〜Dの順位を答えなさい。ただし，同じ順位の人はいないものとします。

A：私は3位ではありません。　B：私は2位か3位です。
C：私は1位ではありません。　D：私は2位です。

解き方と答え

条件を表に整理する。Aから順にうそをついていると考えて，可能性がある順位に○，ない順位に×をつけてから，推理する。

㋐ Aがうそ…「Aは3位」

	1	2	3	4
A	×	×	○	×
B	×	○	○	×
C	×	○	○	○
D	×	○	×	×

1位になる人がいないので，おかしい。

㋑ Bがうそ…「Bは1位か4位」

	1	2	3	4
A	○	⊗	×	○
B	○	×	×	○
C	×	⊗	◎	⊗
D	×	◎	×	×

DとCが決まるが，AとBが決まらない。

㋒ Cがうそ…「Cは1位」

	1	2	3	4
A	⊗	⊗	×	◎
B	×	⊗	◎	×
C	◎	×	×	×
D	×	◎	×	×

CとDが決まると，AとBも決まる。

㋓ Dがうそ…「Dは2位ではない」

	1	2	3	4
A	○	○	×	○
B	×	○	○	×
C	×	○	○	○
D	○	×	○	○

決まるところがない。

よって，うそをついているのは**C**で，順位は，**A…4位，B…3位，C…1位，D…2位**

ココ大事！ だれかがうそをついている問題では，うそをついている人で場合分けして，表に可能性の○，×を書いて，推理していく。

練習問題16

別冊解答 p.98

A，B，C，Dの4チームでサッカーの総当たり戦を行いました。試合に勝ったチームは3ポイント，ひきわけなら両方のチームが1ポイントずつもらえ，負けたチームは0ポイントです。AはBに勝ち，BはCとひきわけ，Cは勝ちがなく最下位で，DはAに勝ちました。また，1位のチームは7ポイントで，ポイントが同じチームはありませんでした。

(1) 1位のチームは何勝何敗何ひきわけでしたか。

(2) A〜Dのそれぞれのチームの順位とポイント数を答えなさい。

→ 別冊解答 p.98~100

1 A地点に赤色の旗を立て，120 m はなれたB地点まで 5 m おきに赤色の旗を立てていきます。次にA地点からB地点まで黄色の旗を 3 m おきに立て，さらにA地点からB地点まで 1 m おきに青色の旗を立てていきます。ただし，すでに旗が立っている所には他の色の旗は立てないものとします。

→例題 1

【世田谷学園中】

(1) 黄色の旗は何本必要ですか。

(2) 青色の旗は何本必要ですか。

2 右の図のように，直線上の点Aを中心にして半径 3 cm の円をかき，Aの右側で直線と交わった点をBとします。次に，Bを中心にして同じ半径の円をかき，Bの右側で直線と交わった点をCとしてこの作業をくり返します。円を 20 個(こ)かいたときにできる図形のまわりの長さは何 cm ですか。

→例題 3

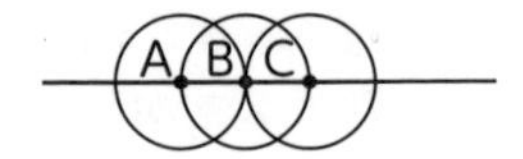

【青山学院中】

3 うるう年ではないある年の 1 月 1 日は月曜日です。 【甲南女子中－改】

→例題 6·7

(1) この年の 9 月 1 日は何曜日ですか。

(2) この年の 15 回目の火曜日は何月何日ですか。

4 A小学校とB小学校の 6 年生全員が算数の共通テストを受け，問題①と問題②の 2 題を解(と)きました。 【晃華学園中】

→例題 12

(1) A小学校の 6 年生 120 人全員について，①の正解者(せいかいしゃ)と不正解者の人数の比(ひ)は 1：1，②の正解者と不正解者の人数の比は 3：1，①と②の両方とも不正解だった人は全体の $\frac{1}{12}$ でした。①だけ正解した人は何人ですか。

(2) B小学校の 6 年生全員について，①の正解者と不正解者の人数の比は 3：2，②の正解者と不正解者の人数の比は 8：7，①と②の両方とも不正解だった人は全体の $\frac{1}{15}$ でした。①だけ正解した人が 54 人だったとき，B小学校の 6 年生全員の人数は何人ですか。

力をためす問題

レベル3 レベル2 レベル1

別冊解答 p.100~101

ちょいムズ **5** 右の図のようなマス目に，ある規則(きそく)にしたがって数字を並(なら)べます。【神戸女学院中】

→例題8

	1列	2列	3列	4列	…
1行	1	3	7	13	・
2行	5	9	15	・	・
3行	11	17	・	・	・
4行	19	・	・	・	・
⋮	・	・	・	・	・

(1) 5行6列目の数を求めなさい。

(2) 15行15列目の数を求めなさい。

(3) 777は何行何列目の数ですか。

6 100人の生徒にお正月に何をしたか質問(しつもん)したところ，おせち料理を食べた人は98人，百人一首をした人は65人，たこあげをした人は72人，もちつきをした人は80人でした。4つすべてをした人は何人以上何人以下と考えられますか。【頌栄女子学院中】

→例題13

7 36人クラスで，算数のテストを3問行いました。第1問を正解(せいかい)した人は17人，第2問を正解した人は17人，第3問を正解した人は20人でした。第1問と第2問を両方正解した人は9人，第2問と第3問を両方正解した人は11人，第1問と第3問の少なくとも一方を正解した人は27人でした。3問とも不正解の人が6人いました。【山手学院中】

→例題14

(1) 第1問と第3問の両方正解したのは何人ですか。

(2) 第2問だけ正解したのは何人ですか。

(3) 3問とも正解したのは何人ですか。

8 A，B，C，D，E，F，Gの計7校で，バスケットボールの大会が右の図のようなトーナメント方式で行われました。大会の結果について以下の①～⑥がわかっているとき，優勝校(ゆうしょうこう)を答えなさい。【東京農業大第一中】

→例題15

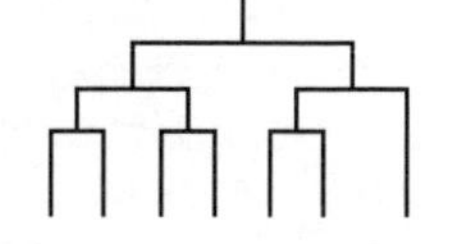

① AはGに勝った。

② Bは初戦でFに負けた。

③ CとD，DとGは対戦していない。

④ Dは2回戦で敗退(はいたい)した。

⑤ Fは2回勝ったが，優勝できなかった。

⑥ Gは1回だけ勝った。

第2章 和と差についての問題

p.386～415

学習のポイント

5 和差算・差分け算

➡ 例題 17～20

► 大小２つの数量について，それらの和と差がわかっているとき，それぞれの数量を求める問題を**和差算**という。

例》 大小２数があり，その和が 42 で差が４のとき，それぞれいくつですか。

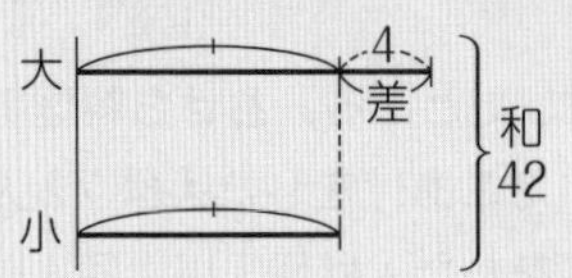

大きい数は (42＋4)÷2＝23
小さい数は (42−4)÷2＝19
大＝(和＋差)÷2
小＝(和−差)÷2

► 大小２つの差を分けて，大から小にわたして，それぞれの数量を等しくする問題を**差分け算**という。**差÷2 の分だけわたすと等しくなる。**

6 つるかめ算

➡ 例題 21～24

► つるとかめのように足の数がちがうものがあって，その足の数の合計と頭数の合計がわかっているときに，それぞれの頭数を求める問題を**つるかめ算**という。**表や面積図に整理して解く。**

例》 つるとかめが合わせて 10 います。足の数の合計は 34 本です。それぞれどれだけいますか。

解》

つる	数／足	0／0	1／2	2／4	③／6
かめ	数／足	10／40	9／36	8／32	⑦／28
足の合計		40	38	36	㉞

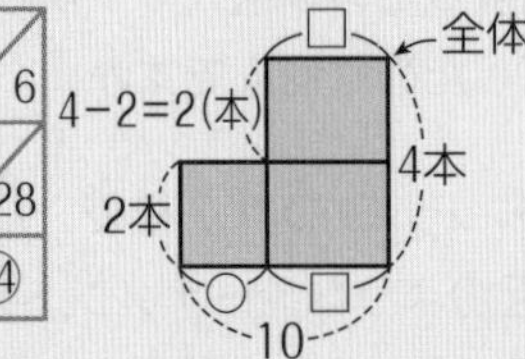

■の部分は
2×10＝20
■の部分は
34−20＝14

□＝14÷2＝7…かめ
○＝10−7＝3…つる

7 差集め算・過不足算

➡ 例題 25～31

► １個あたりの差を集めると全体の差になることに注目して解く問題を**差集め算**という。**全体の差÷１個あたりの差＝個数** で求められる。

► ある個数のものを何人かに配るとき，配る個数によって変化するあまりや不足に注目して解く問題を**過不足算**という。**あまりや不足による全体の差÷配る個数の差＝全体の人数** で求められる。

8 平均算

➡例題 32〜34

► 合計と個数から平均を求めたり，2つの平均から全体の平均を求めたりする問題を**平均算**という。2つの平均から全体の平均を求めるとき，**てんびん図**で考えるとよい。

例》男子と女子の人数の比が 4：5 のクラスで，算数のテストの平均点が，男子は 70 点，女子は 79 点のとき，クラス全体の平均点は何点ですか。

解》

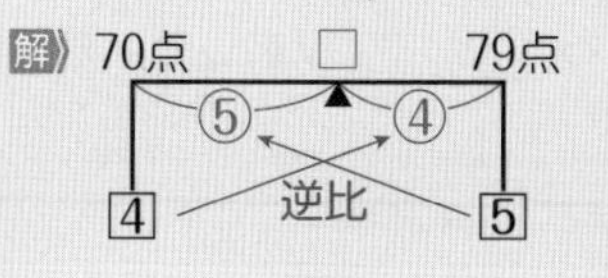

⑨=79−70=9（点）
①=9÷9=1（点）
⑤=1×5=5（点）
□=70+5=75（点）

9 消去算

► 2つ以上の数量の関係を2つ以上の式に表し，一方の数量をそろえて消去し，もう一方の数量から求めていく問題を**消去算**という。

例》みかん2個とりんご3個で 460 円，みかん1個とりんご4個で 530 円のとき，それぞれ1個はいくらですか。

解》
み　り　　　　　　み　り
②+[3]=460 ——→ ②+[3]=460
①+[4]=530 —×2→ ②+[8]=1060　← 一方の個数を最小公倍数にそろえる
[5]=600
[1]=600÷5=120（円）…りんご
①=530−120×4=50（円）…みかん

10 年れい算

► 2人の年れいの差は□年前も□年後も変わらないことに注目して，年数や年れいなどを考える問題を**年れい算**という。

例》母は 32 才，子は 4 才です。母の年れいが子の年れいの 3 倍になるのは何年後ですか。

解》

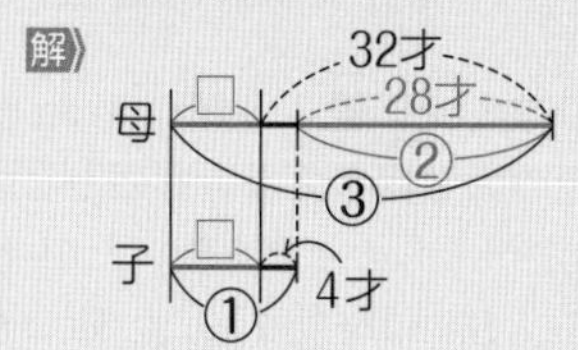

□年後も差が変わらないので，②=32−4=28 となる。
①=28÷2=14
□=14−4=10（年後）

和差算

p.386 5

例題17 和と差がわかっているとき

次の問いに答えなさい。

(1) あるクラスの人数は41人で，男子は女子よりも3人多いそうです。男子と女子はそれぞれ何人ですか。

(2) 1から10までの10個(こ)の整数があります。このうちの1個を除(のぞ)いた9個の数の和から，その除いた数をひいたところ，39になりました。除いた数を求めなさい。

解き方と答え

(1) クラスの男子と女子の人数を線分図で表す。

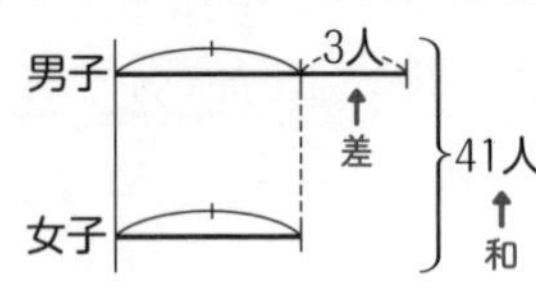

合計の41人から3人をひくと，（女子の線分）が2つ分になるので，1つ分つまり，女子の人数は，

$(41-3)\div2=$ **19** (人)

男子の人数は，

$19+3=$ **22** (人)

(2) 除いた1個と残りの9個の和を，線分図で表す。

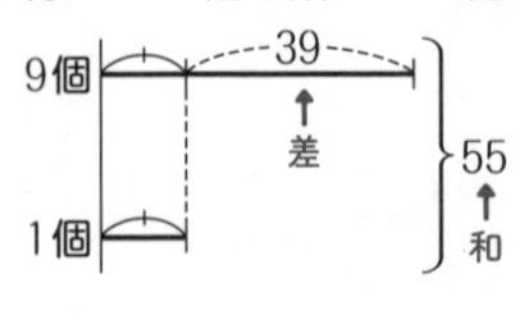

1から10までの数の和は，

$1+2+3+\cdots+10$

$=(1+10)\times10\div2=55$

和から差をひくと，（1個の線分）が2つ分になるので，1つ分つまり，除いた数は，

$(55-39)\div2=$ **8**

別解 大きい数量から求める

和に差を加えて2でわると，大きい数量から求めることができる。

(1)

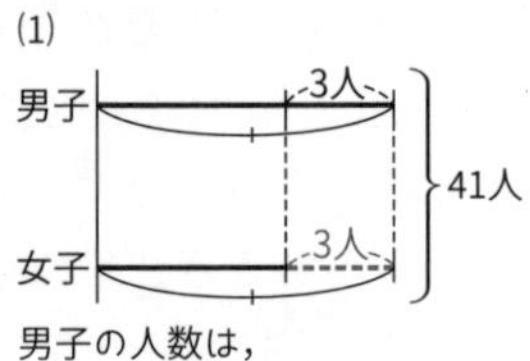

男子の人数は，

$(41+3)\div2=$ **22** (人)

女子の人数は，

$22-3=$ **19** (人)

ココ大事！ 大小2つの量について，和と差がわかっているときは，

(和−差)÷2=小，(和+差)÷2=大

練習問題17

次の問いに答えなさい。

(1) 96 cmの針金(はりがね)を折り曲げて長方形をつくりました。縦(たて)より横が8 cm長いとき，縦の長さを求めなさい。ただし，針金の太さは考えないものとします。

(2) 1から20までの20個の整数があります。このうちの1個を除いた19個の数の和から，その除いた数をひいたところ，186になりました。除いた数を求めなさい。

別冊解答 p.101

4年 5年 6年 中学入試

和差算

p.386 5

例題18 和と差を見つける

A，B，Cの3つの整数があり，3つの和は132です。AとBの和はCより48多く，AとCの和はBと同じです。このとき，A，B，Cの整数を求めなさい。

解き方と答え

AとBの和はCより48多いことを線分図に表すと，

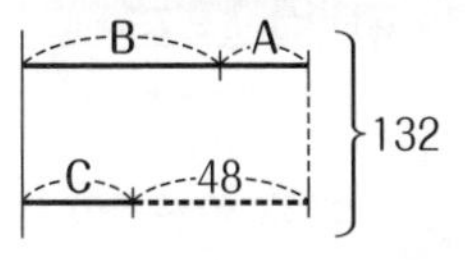

AとCの和はBと同じであることを線分図に表すと，

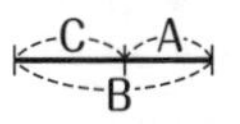

2つの線分図を合わせて表すと，

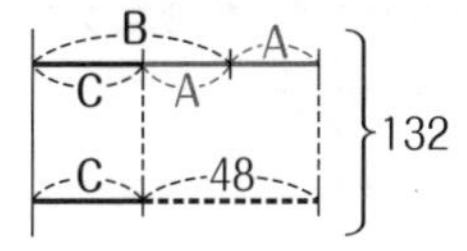

A 2つ分が48とわかるので，

Aは，48÷2=**24**

C 2つ分は 132−48=84 なので，

Cは，84÷2=**42**

BはAとCの和なので，24+42=**66**

ココ大事！ AとBの和，AとCの和がわかっているようなときは，それぞれを線分図に表して，あとで合体させて考えるとよい。

練習問題18

こうたろうさん，ゆうなさん，あやめさんの所持金は，こうたろうさんとゆうなさんの合計が1720円，こうたろうさんとあやめさんの合計が1260円で，ゆうなさんの所持金は，あやめさんの所持金の2倍よりも60円少ないです。こうたろうさんの所持金を求めなさい。

別冊解答 p.101

差分け算

p.386 5

例題19 等しい数量にそろえる(1) —2人のとき—

次の問いに答えなさい。

(1) えいじさんは1200円，しんじさんは880円持っています。えいじさんがしんじさんに何円かわたしたので，2人の金額が等しくなりました。えいじさんはしんじさんに何円わたしましたか。

(2) さとみさんと，あやさんは同じ金額のお金を出し合ってノートを買いましたが，さとみさんがあやさんより5冊多く取ったので，さとみさんはあやさんに300円わたしました。このノート1冊の値段は何円ですか。

解き方と答え

(1) やりとりを線分図で表して考える。

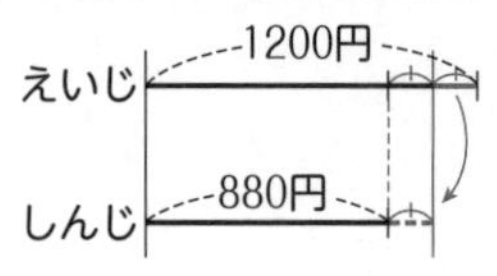

線分図より，**2人の金額の差の半分**をえいじさんがしんじさんにわたすと2人の金額は等しくなる。

よって，(1200−880)÷2=**160**（円）わたした。

(2) 2人が出した金額の差は，さとみさんが300円わたし，あやさんは300円もらうので，300×2=600（円）

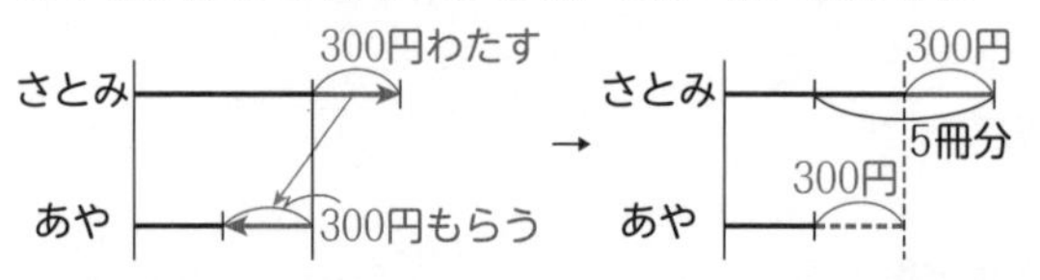

2人の出した金額の差の600円がノート5冊分になるので，1冊の値段は，600÷5=**120**（円）

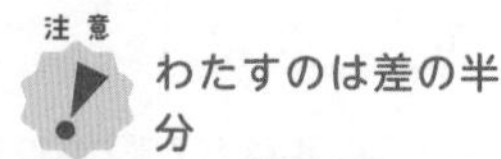

わたすのは差の半分

大小の差がある数量でやりとりをして同じ量にするときは，差の半分をわたせばよい。
差の分をわたしてしまうと，大きさが逆になるだけである。

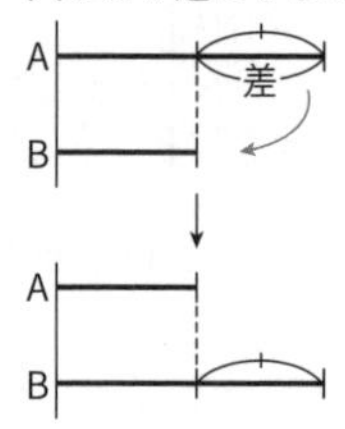

ココ大事！ 大小2量あるとき，2量の差の半分を大きいほうから小さいほうにわたすと2量の大きさは等しくなる。

練習問題 19

別冊解答 p.101

次の問いに答えなさい。

(1) ももこさんとさきさんの所持金の合計は3000円です。ももこさんがさきさんに350円わたしたので，2人の所持金は等しくなりました。はじめ，ももこさんは何円持っていましたか。

(2) 兄弟が同じ金額のお金を出し合って，ある品物を80個買いましたが，兄のほうが弟よりも12個多く取ることにしたので，兄は弟に360円わたしました。兄は合計何円出しましたか。

4年 5年 6年 中学入試

差分け算

p.386 5

例題20 等しい数量にそろえる (2) ―3人のとき―

あんなさん，ちひろさん，ゆうかさんの3人でクリスマス会をします。あんなさんはケーキ，ちひろさんはおかし，ゆうかさんはジュースを買ってきました。3人がはらった金額を同じにするために，ちひろさんはあんなさんに300円，ゆうかさんはあんなさんに200円わたしました。ケーキとおかしとジュースの合計金額は2250円でした。ケーキの値段は何円ですか。

解き方と答え

3人がはじめにはらった金額を線分図で表す。
同じ金額を基準にして表していく。

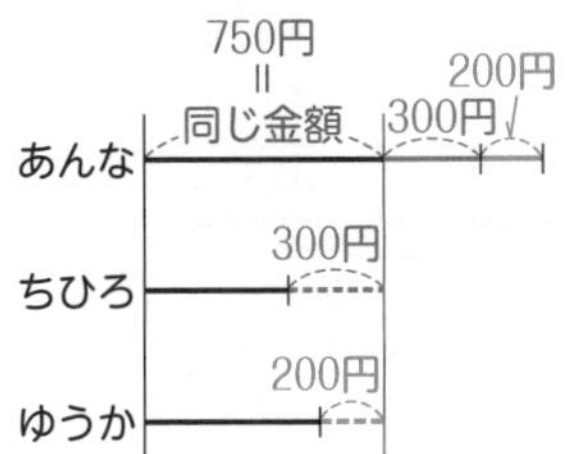

「ちひろさんはあんなさんに300円わたす」ことから，ちひろさんがはじめにはらった金額は同じ金額より300円少なく，その分あんなさんは300円多い。
同じように，ゆうかさんがはじめにはらった金額は，同じ金額より200円少なく，その分あんなさんは，200円多い。
ケーキとおかしとジュースの合計金額は2250円なので，
同じ金額は，2250÷3＝750（円）
よって，ケーキの値段は，
750＋300＋200＝**1250**（円）

ココ大事！ それぞれがはらった金額を同じ金額にするやりとりは，同じ金額を基準にして，線分図に表す。

練習問題 20

別冊解答 p.102

まさとさん，けんさん，こうたさんの3人が遊園地に行きました。3人分の入場料をまさとさんがはらい，3人分の昼食代をけんさんがはらい，3人分の電車代1080円をこうたさんがはらいました。3人のはらった金額を等しくするために，まさとさんはけんさんから580円，こうたさんから1420円もらいました。

(1) 入場料と昼食代と電車代のそれぞれ1人分の合計は何円ですか。
(2) 1人分の入場料は何円ですか。

p.386 6

例題21 2つの量のつるかめ算

つるとかめが合わせて35います。足の数の合計が94本のとき，それぞれの数を求めなさい。

解き方と答え

35すべてがつると考えたところからかめを1ずつ増(ふ)やしていく表で考える。

合計の35が変わらないようにする。

つる	数	㉟	㉞	㉝	…	㋑
	足	70	68	66		
かめ	数	⓪	①	②	…	㋐
	足	0	4	8		
足の合計		70	72	74	…	94

+2 +2 +2…+2　+24

35すべてがつるなら，足の合計は，$2\times35=70$（本）ぜんぶで94本なので，$94-70=24$（本）たりないことになる。

表より，かめを1増やすごとに，足は2本ずつ増える。

よって，㋐$=24\div2=$**12**…かめの数

㋑$=35-12=$**23**…つるの数

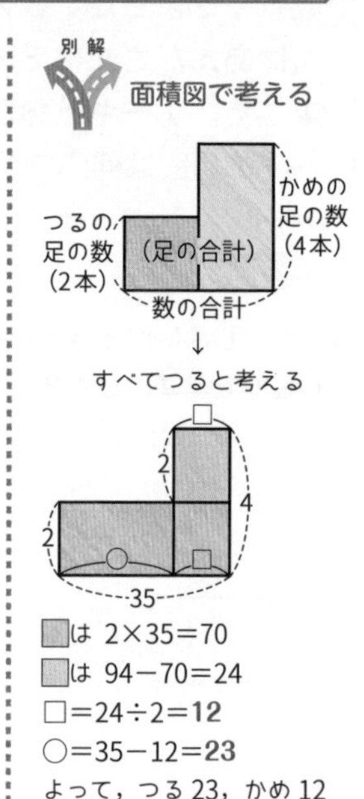

▨は $2\times35=70$

▨は $94-70=24$

□$=24\div2=$**12**

○$=35-12=$**23**

よって，つる23，かめ12

ココ大事！ つるかめ算は，まずどちらか一方にそろえた表をかき，次にもう一方の数量を1つずつ増やしていくときの規則(きそく)で考える。

練習問題21

別冊解答 p.102

次の問いに答えなさい。

(1) みかんが425個(こ)あります。これらのみかんを，8個入りの箱と15個入りの箱に合わせて40箱入れたところ，みかんが7個あまりました。8個入りの箱は何箱ありますか。

(2) 1冊(さつ)80円のノートと，1冊130円のノートを合わせて30冊買いました。130円のノートの合計金額(きんがく)が，80円のノートの合計金額より90円少ないとき，80円のノートは何冊買いましたか。

4年 5年 6年 中学入試

つるかめ算

p.386 6

例題22 2つの量の損失のつるかめ算

ガラスのコップを運ぶと，1個(こ)につき7円の運賃(うんちん)がもらえます。ただし，運ぶ途中(とちゅう)でこわすと，その分の運賃をもらえないばかりでなく，1個につき10円はらわなくてはなりません。ガラスのコップを600個運んで，もらった運賃が3945円だったとすると，運ぶ途中で何個こわしましたか。

解き方と答え

600個すべてが運べたところから，こわした数を1個ずつ増(ふ)やした表をかいていく。

合計の600個が変わらないようにする

運んだ数（7円）	数	⑥⓪⓪	⑤⑨⑨	⑤⑨⑧	…	
	お金	4200	4193	4186		
こわした数（−10円）	数	⓪	①	②	…	あ
	お金	0	−10	−20		
運賃		4200	4183	4166	…	3945

−17　−17　−255

すべて運んだと考えると，もらえる運賃は，7×600＝4200（円）

1個こわしてしまったとすると，7×599−10×1＝4183（円）となり，1個こわすごとに，4200−4183＝17（円）ずつもらえる運賃が減っていく。

（−10×1：1個につき10円はらう）

（17：もらえる7円とはらう10円の和と同じになる）

よって，4200−3945＝255（円）減るので，こわした数は，

あ＝255÷17＝**15**（個）

ココ大事！

損失(そんしつ)のつるかめ算では，1個こわすごとに，

（1個あたりのもらえるはずの金額(きんがく)＋1個あたりの損失ではらう金額）ずつ，もらえる金額が減っていく。

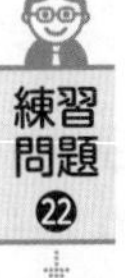

練習問題22

ひなさんはおはじきを30個持っています。ひなさんはお母さんとじゃんけんをして，勝てばおはじきを5個もらい，負けると2個お母さんにわたすというゲームをしました。じゃんけんを15回した後，おはじきを数えると63個ありました。あいこはなかったとすると，ひなさんは何回勝ちましたか。

別冊解答 p.102

p.386 6

例題23 3つの量のつるかめ算

1個(こ)80円のみかんと，1個120円のりんごと，1個140円のなしを合わせて26個買ったところ，代金は2920円になりました。買ったりんごの個数はなしの個数の2倍です。このとき，りんごは何個買いましたか。

解き方と答え

りんごはなしの2倍という条件(じょうけん)より，まず条件がないみかんを26個買ったと考えて，りんごがなしの2倍になるように増(ふ)やしていく。

合計の26個が変わらないようにして，りんごがなしの2倍になるようにする。

みかん(80円)	個数	㉖	㉓	⑳	…	
	代金	2080	1840	1600		
りんご(120円)	個数	⓪	②	④	…	Ⓘ
	代金	0	240	480		
なし(140円)	個数	⓪	①	②		Ⓐ
	代金	0	140	280		
代金の合計		2080	2220	2360	…	2920

＋140　＋140　＋840

すべてみかんと考えると，80×26＝2080（円）
なしを1個増やすと，りんごは2個増え，みかんは3個減るので，80×(26−3)＋120×2＋140×1＝2220（円）
つまり，なしを1個増やすごとに，
2220−2080＝140（円）代金が増える。
よって，2920−2080＝840（円）増えるので，
Ⓐ＝840÷140＝6（個）…なしの個数
Ⓘ＝6×2＝12（個）…りんごの個数

別解 面積図で考える

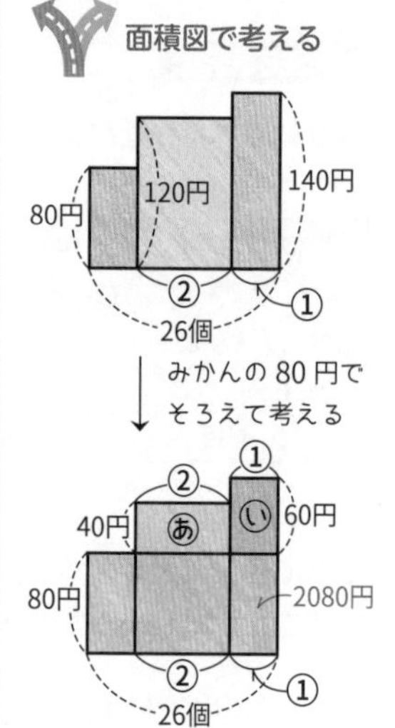

□は 80×26＝2080
あ＋い＝2920−2080＝840
あ，いの面積は
あ＝②×40＝㊼80
い＝①×60＝㊿60
よって，あ＋い＝140＝840
①＝6（個）…なしの個数
②＝12（個）…りんごの個数

ココ大事！ 3つの量のつるかめ算では，合計の個数と金額(きんがく)以外に，別の条件があるので，その条件にしたがって増やしていく。

練習問題23

1冊(さつ)の値段(ねだん)がそれぞれ90円，80円，70円の3種類のノートを合わせて30冊買って，2330円はらいました。70円のノートは80円のノートより5冊多く買いました。このとき，90円のノートは何冊買いましたか。

別冊解答 p.102

つるかめ算

p.386 6

例題24 3つの量の損失のつるかめ算

まさとさんは，右の図のような的に向けて矢を 20 本投げました。ささったら1本につきAは5点，Bは3点もらえ，どちらにもささらなかったら2点をひきました。まさとさんの得点は 47 点で，Bにささった本数は，AとBにささらなかった本数より4本多かったそうです。Aには何本ささっていますか。

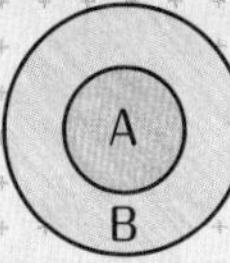

解き方と答え

Bにささった本数は，AとBにささらなかった本数より4本多いので，それぞれを4本と0本にすると，Aにささった本数は，20−4=16（本）になる。この場合から表を書く。

合計の20本が変わらないようにして，Bの部分がAとBにささらない本数より4本多くなるようにする。

A（5点）	本数	⑯	⑭	⑫	…	㋒
	得点	80	70	60		
B（3点）	本数	④	⑤	⑥	…	㋑
	得点	12	15	18		
AとBにささらない（−2点）	本数	⓪	①	②		㋐
	得点	0	−2	−4		
得点		92	83	74	…	47

−9　−9　−45

5×16+3×4=92（点）

AとBにささらない本数を1本増やすと，Bも1本増え，Aは2本減る。

5×(16−2)+3×(4+1)−2×1=83（点）

つまり，AとBにささらなかった矢を1本増やすと，

92−83=9（点）減る。

92−47=45（点）減らせばよいので，㋐=45÷9=5（本）

㋑は，㋐より4本多いので，5+4=9（本）

よって，Aは 20−(9+5)=**6**（本）

ココ大事！ 減点されることのあるつるかめ算は，減点が最も少ない場合から表を書く。

練習問題24

別冊解答 p.103

たかひろさんは，例題24と同じ的に向けて矢を 24 本投げました。ささったら1本につきAは3点，Bは2点もらえ，どちらにもささらなかったら1点をひきました。たかひろさんの得点は 31 点で，Aにささった本数は，Bにささった本数より2本少なかったそうです。Bには何本ささっていますか。

差集め算

p.386 7

例題25 数量のちがいに注目する

次の問いに答えなさい。

(1) 1本20円のえんぴつを何本か買うつもりで，買う本数分だけのお金を持っていきました。ところが1本15円に値下(ねさ)げしていたので，同じ本数だけ買うと45円あまりました。何円持っていきましたか。

(2) ある本を1日18ページずつ読む予定でしたが，1日に12ページずつ読んだので，予定よりちょうど3日多くかかりました。この本のページ数を求めなさい。

解き方と答え

(1) えんぴつを⑳，⑮として，図に表す。

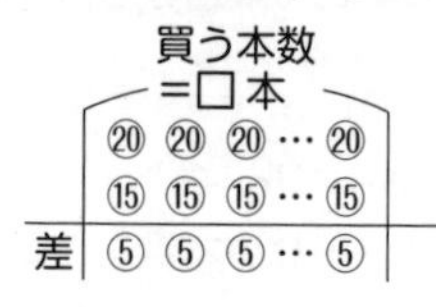

(20円と15円の差の5円が□本分)=(全体の差の45円)なので，本数は，□=45÷5=9（本）
よって，持っていったお金は，
20×9=**180**（円）

(2) 1日に読んだページを⑱，⑫として図に表す。

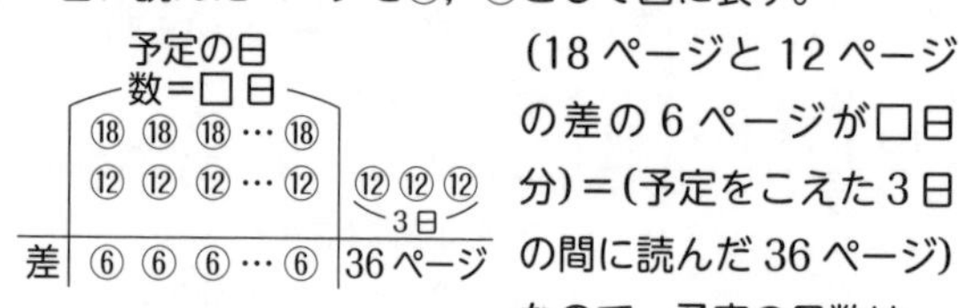

(18ページと12ページの差の6ページが□日分)=(予定をこえた3日の間に読んだ36ページ)なので，予定の日数は，
□=36÷6=6（日）

よって，この本のページ数は，18×6=**108**（ページ）

面積図で考える

(1)

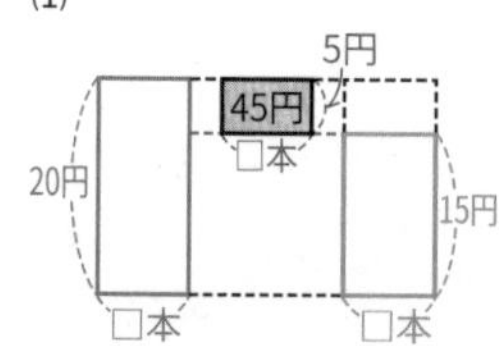

20円で□本買ったときと15円で□本買ったときの差が45円であるので，
□=45÷(20−15)=9（本）
持っていったお金は，
20×9=**180**（円）

全体の差を1個(こ)ずつの差でわると，個数がわかる。

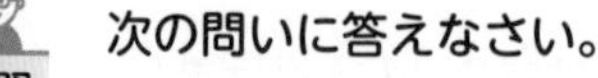

別冊解答 p.103

次の問いに答えなさい。

(1) あるクラスでクラス会の会費を1人あたり180円集めるところを，200円ずつ集めたので，620円多く集まりました。クラスの人数は何人ですか。

(2) ある本を1日8ページずつ読む予定でしたが，1日に10ページずつ読んだので，予定よりちょうど4日はやく読み終わりました。この本のページ数を求めなさい。

4年 5年 6年 中学入試

過不足算

p.386 7

例題26 あまりとあまり，不足と不足

次の問いに答えなさい。

(1) 何人かの子どもにいくつかのあめを分けるのに，4個(こ)ずつ分けると20個あまり，7個ずつ分けると2個あまりました。子どもの人数とあめの個数をそれぞれ求めなさい。

(2) 何人かの子どもにいくつかのみかんを配るのに，8個ずつ配ると25個不足し，6個ずつ配ると11個不足しました。子どもの人数とみかんの個数をそれぞれ求めなさい。

解き方と答え

(1) あめ4個を④，7個を⑦として図に表す。

子どもの人数＝□人

	子どもの人数＝□人	
	④ ④ ④ … ④	20個あまる
	⑦ ⑦ ⑦ … ⑦	2個あまる
差	③ ③ ③ … ③	18個

(4個と7個の差の3個が□人分)＝(全体の差の18個)なので，子どもは，

□＝18÷3＝**6**(人)

よって，あめは 4×6＋20＝**44**(個)

(2) みかん8個を⑧，6個を⑥として図に表す。

	子どもの人数＝□人	
	⑧ ⑧ ⑧ … ⑧	25個不足
	⑥ ⑥ ⑥ … ⑥	11個不足
差	② ② ② … ②	14個

(8個と6個の差の2個が□人分)＝(全体の差の14個)なので，子どもは，

□＝14÷2＝**7**(人)

よって，みかんは 8×7−25＝**31**(個)

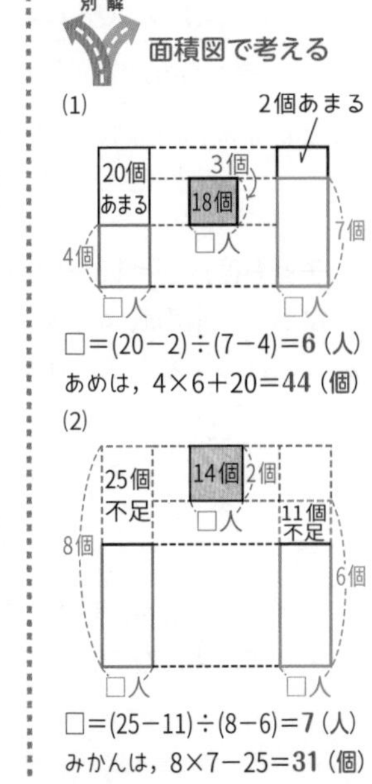

(1) □＝(20−2)÷(7−4)＝**6**(人)
あめは，4×6＋20＝**44**(個)

(2) □＝(25−11)÷(8−6)＝**7**(人)
みかんは，8×7−25＝**31**(個)

・□あまると○あまるの全体の差は，□−○（ただし，□は○より大きい）
・□不足と○不足の全体の差は，□−○（ただし，□は○より大きい）

練習問題 26

次の問いに答えなさい。

(1) 何人かの子どもにえんぴつを4本ずつ配ると48本あまり，6本ずつ配ると12本あまりました。子どもの人数とえんぴつの本数をそれぞれ求めなさい。

(2) クッキーを子どもに分けるのに，5枚(まい)ずつ配ると20枚不足し，4枚ずつ配ると7枚不足しました。子どもの人数とクッキーの枚数をそれぞれ求めなさい。

別冊解答 p.103

p.386 7

例題27 あまりと不足

次の問いに答えなさい。

(1) 画用紙を子どもに5枚ずつ配ると10枚不足し，3枚ずつ配ると6枚あまります。子どもの人数と画用紙の枚数を求めなさい。

(2) 子どもに7本ずつえんぴつを配ると22本あまるので，9本ずつ配ったところ最後の1人には3本しか配ることができませんでした。子どもの人数とえんぴつの本数をそれぞれ求めなさい。

解き方と答え

(1) 画用紙5枚を⑤，3枚を③として図に表す。

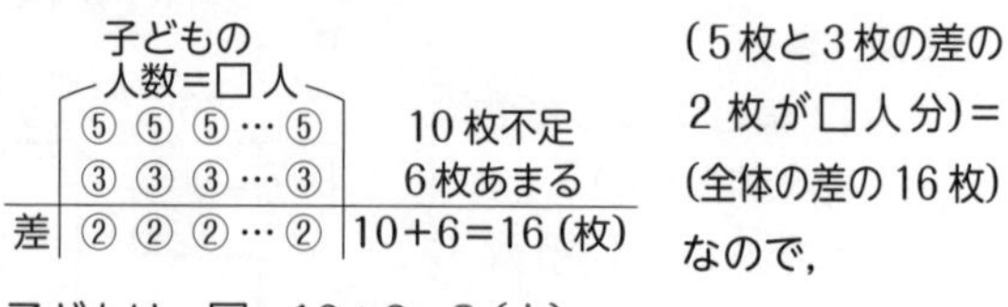

（5枚と3枚の差の2枚が□人分）=（全体の差の16枚）なので，

子どもは，□=16÷2=**8**（人）

よって，画用紙は 5×8−10=**30**（枚）

(2) えんぴつ7本を⑦，9本を⑨として図に表す。

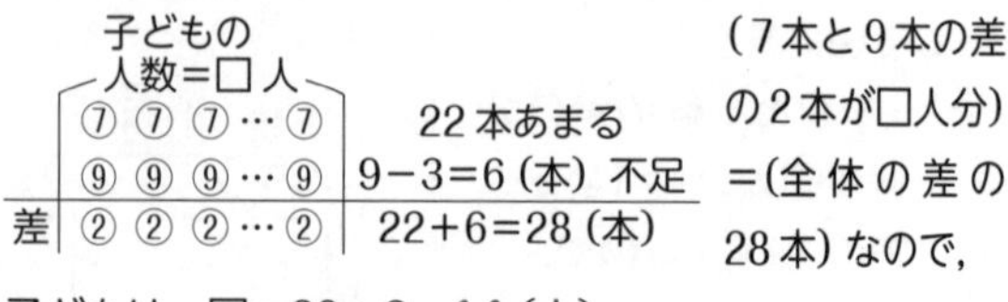

（7本と9本の差の2本が□人分）=（全体の差の28本）なので，

子どもは，□=28÷2=**14**（人）

よって，えんぴつは 7×14+22=**120**（本）

面積図で考える

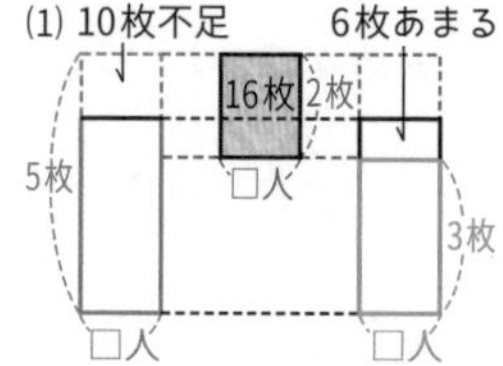

□=(10+6)÷(5−3)=**8**（人）
画用紙は，
5×8−10=**30**（枚）

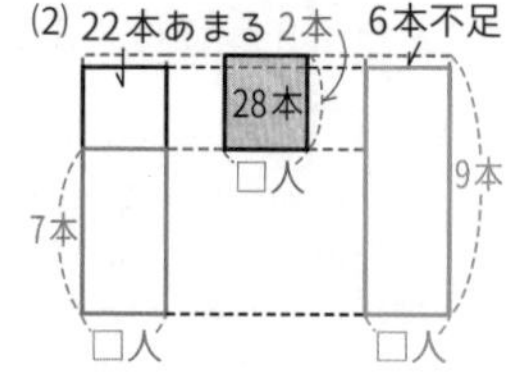

□=(22+6)÷(9−7)=**14**（人）
えんぴつは，
7×14+22=**120**（本）

ココ大事！

□あまると○不足の差は，□+○

練習問題 27

別冊解答 p.104

次の問いに答えなさい。

(1) 子どもに色紙を配ります。7枚ずつ配ると58枚不足し，4枚ずつ配ると29枚あまります。子どもの人数と色紙の枚数を求めなさい。

(2) 箱がいくつかあり，玉を入れていきます。1箱に11個ずつ入れていくと，最後の箱には6個入り，使わない箱が4箱できました。また，1箱に9個ずつ入れていくと，玉が21個あまりました。箱の数と玉の個数を求めなさい。

4年 5年 6年 中学入試

過不足算

p.386 7

例題28 いすに座らせるとき

長いすに児童が座る(すわ)のに，４人ずつ座ると８人が座れませんでした。また，５人ずつ座ると，最後の長いすには２人座り，長いすはあまりませんでした。長いすの数と児童の人数を求めなさい。

解き方と答え

長いすを□，長いすに座る人数を④，⑤として図に表す。

長いすの数
□きゃく

	④ ④ ④ … ④	８人あまる
	⑤ ⑤ ⑤ … ⑤	最後の長いすに２人なので， 5−2=3（人）不足
差	① ① ① … ①	8+3=11（人）

（４人と５人の差の１人が□きゃく分）=（全体の差の 11 人）
なので，
長いすは，□=11÷1=**11**（きゃく）
よって，児童は，4×11+8=**52**（人）

別解 面積図で考える

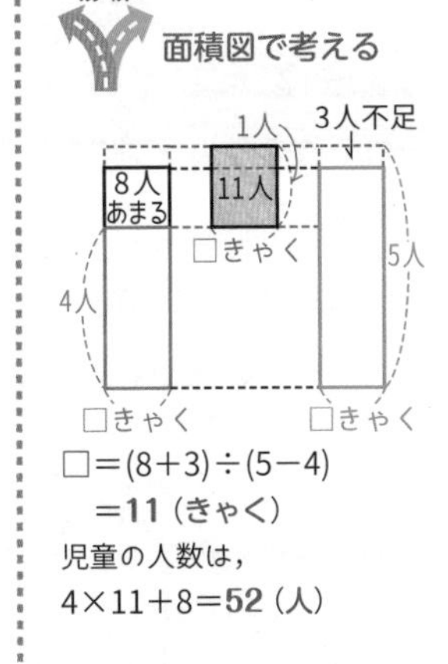

□=(8+3)÷(5−4)
　=**11**（きゃく）
児童の人数は，
4×11+8=**52**（人）

ココ大事！

長いすの問題では，
・座れない人の数→あまった人数
・長いすの空席の数→不足している人数

練習問題 ㉘

長いすに児童が座るのに，６人ずつ座ると，40 人が座れませんでした。また，11 人ずつ座ると，最後の長いすに２人座り，長いすが１きゃくあまりました。長いすの数と児童の人数を求めなさい。

別冊解答 p.104

p.386 7

例題29 人数が変わるとき

Aグループの人たちに紙を配ります。1人4枚(まい)ずつ配ると13枚あまります。このグループの人数より6人少ないBグループの人たちに同じ枚数の紙を7枚ずつ配ると2枚不足します。このとき，Aグループの人数と紙の枚数を求めなさい。

解き方と答え

それぞれのグループについて配る枚数4枚を④，7枚を⑦として図に表す。

Aグループ	④ ④ ④ … ④	④…④ ↑㋐	13枚あまる
Bグループ	⑦ ⑦ ⑦ … ⑦	6人	2枚不足

Bグループの人が6人少ないので，㋐のAグループの6人分，4×6=24（枚）あまると考えて，人数をそろえると，

	Bグループの人数□人	6人	
Aグループ	④ ④ ④ … ④		4×6+13=37（枚）あまる
Bグループ	⑦ ⑦ ⑦ … ⑦		2枚不足
差	③ ③ ③ … ③		37+2=39（枚）

（4枚と7枚の差の3枚が□人分）=（全体の差の39枚）なので，

Bグループは，□=39÷3=13（人）

Aグループは，13+6=**19**（人）

よって，紙は 7×13−2=**89**（枚）

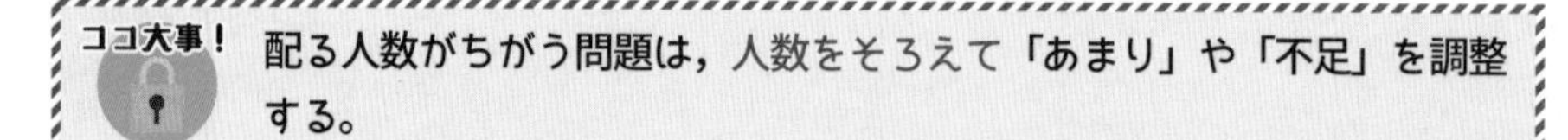
ココ大事！ 配る人数がちがう問題は，人数をそろえて「あまり」や「不足」を調整する。

練習問題 29

クラスの児童にみかんを5個(こ)ずつ配ると15個不足しました。しかし，欲(ほ)しくない人が13人いたので，残りの人に7個ずつ配り直すと6個あまりました。このとき，児童の人数とみかんの数をそれぞれ求めなさい。

別冊解答 p.104

過不足算

p.386 7

例題30 配る数が変わるとき

みかん何個(こ)かを何人かの子どもに分けるのに，そのうち2人には8個ずつ，3人には5個ずつ，残りの人には3個ずつ分けると20個あまります。また，1人に8個ずつ分けると24個不足します。子どもの人数とみかんの個数を求めなさい。

解き方と答え

みかんの数8個を⑧，5個を⑤，3個を③として図に表す。

子どもの人数□人
⑧ ⑧ ⑤ ⑤ ⑤ ③ ③ … ③ 20個あまる
㋐
⑧ ⑧ ⑧ ………………… ⑧ 24個不足

上の段(だん)の配る個数がちがうので，㋐の部分をすべて3個の③にそろえると，

$(8+8+5+5+5)-3\times5=16$（個）さらにあまる。

（3×5：すべて3個に減らす）

子どもの人数□人

	③ ③ ③ ③ ③ ③ ③ … ③	20＋16＝36（個）あまる
	⑧ ⑧ ⑧ ………………… ⑧	24個不足
差	⑤ ⑤ ⑤ ………………… ⑤	36＋24＝60（個）

（3個と8個の差の5個が□人分）＝（全体の差の60個）なので，

子どもは，□＝60÷5＝**12**（人）

よって，みかんは $8\times12-24=$**72**（個）

配る個数がちがう場合は，すべての人に同じ数ずつ配るものとして，「あまり」や「不足」を調整する。

児童にあめを配ります。1人に10個ずつ配ると3個不足します。しかし，4人に15個ずつ，5人に12個ずつ，6人に10個ずつ，残りの人に7個ずつ配ると6個あまります。児童の人数とあめの数を求めなさい。

別冊解答 p.104

過不足算

p.386 7

例題31 個数を逆にして買うとき

スーパーで1個120円のなしと，1個80円のりんごを合計18個買う予定でちょうどの金額を持っていきましたが，買う個数を逆にしてしまったため，160円あまりました。持っていた金額は何円ですか。

解き方と答え

買う個数を逆にして160円あまったことから，はじめは値段が高いなしのほうを多く買う予定だったことがわかる。

120円のなしを⑫⓪，80円のりんごを⑧⓪として図に表す。

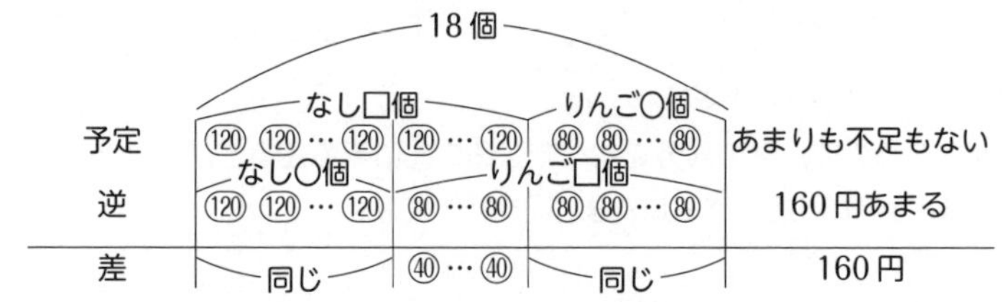

{120円と80円の差の40円が(□−○)個分}＝(160円) なので，

買う予定の個数の差は，□−○＝160÷40＝4 (個)

なしを4個多く買う予定だったことがわかるので，

なしは，(18＋4)÷2＝11 (個)

りんごは，18−11＝7 (個)

よって，持っていた金額は，120×11＋80×7＝**1880** (円)

ココ大事！ 個数を逆にして買う問題では，

(逆にしたときの金額の差)÷(1個の金額の差)＝(買う個数の差)

練習問題31

1本180円のボールペンと1本130円のシャープペンを合わせて何本か買って2380円はらうつもりでしたが，買う本数を逆にしてしまったため，200円多くはらうことになりました。はじめ，ボールペンを何本買うつもりでしたか。

別冊解答 p.105

平均算

p.387 8

例題32 平均と合計

次の問いに答えなさい。

(1) 国語，算数，理科，社会の４科目のテストの平均点（へいきんてん）は 83 点でした。国語は 90 点，算数は 85 点で，理科は社会より３点高かったそうです。理科のテストは何点でしたか。

(2) 35 人のクラスで算数のテストをしたところ，男子 20 人の平均点は 70.5 点で，女子の平均点は 74 点でした。クラス全体の平均点は何点ですか。

解き方と答え

(1) 表に整理する。

国語	算数	理科	社会	合計
90	85			332

（理科と社会の差：3点）

平均点が 83 点なので，合計は，
83×4＝332（点）

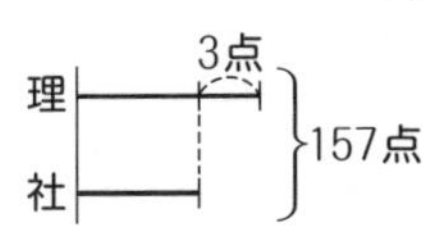

理科と社会の合計は，
332－(90＋85)＝157（点）
よって，理科は
(157＋3)÷2＝**80**（点）

(2) 平均×人数＝合計 なので，これを表にまとめる。

	平均	人数	合計
男子	70.5 ×	20 ＝	1410
女子	74 ×	15 ＝	1110
クラス	×	35 ＝	2520

男子の合計は
70.5×20＝1410（点）
女子の人数は
35－20＝15（人）なので，
女子の合計は 74×15＝1110（点）
よって，全体の合計は 1410＋1110＝2520（点）
クラス全体の平均は，2520÷35＝**72**（点）

別解　面積図で考える

(2)

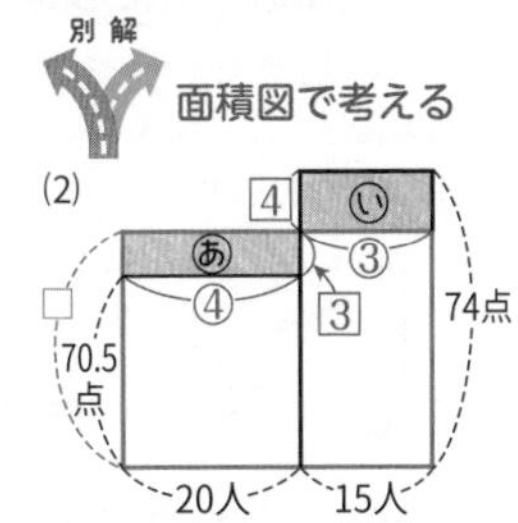

あといの面積が等しいので，
横の長さの比（ひ）が
20人：15人＝4：3 より，
縦（たて）の長さは逆比（ぎゃくひ）の 3：4 と
なる。
よって，7＝74－70.5＝3.5（点）
3＝3.5×$\frac{3}{7}$＝1.5（点）
□＝70.5＋1.5＝**72**（点）

ココ大事！
全体の平均×全体の人数
＝一部の平均×一部の人数＋残りの平均×残りの人数

練習問題32

次の問いに答えなさい。

(1) 国語，算数，理科，社会の４科目のテストの平均点は 73 点でした。国語は 79 点で，理科は算数と社会の平均点と同じでした。理科のテストは何点でしたか。

(2) 40 人のクラス全体の平均体重は 34.6 kg でした。男子 22 人の平均体重が 36.4 kg のとき，女子の平均体重は何 kg ですか。

別冊解答 p.105

平均算

p.387 8

例題33 テストの回数

ようへいさんは算数のテストを今まで何回か受けていて，その平均(へいきん)は78点でした。次のテストで92点をとると，平均が80点になります。次のテストは何回目ですか。

解き方と答え

平均のてんびん図で考える。2種類の平均と，それを合わせた全体の平均について考えるときにてんびん図を使うことができる。今まで□回テストを受けたとする。

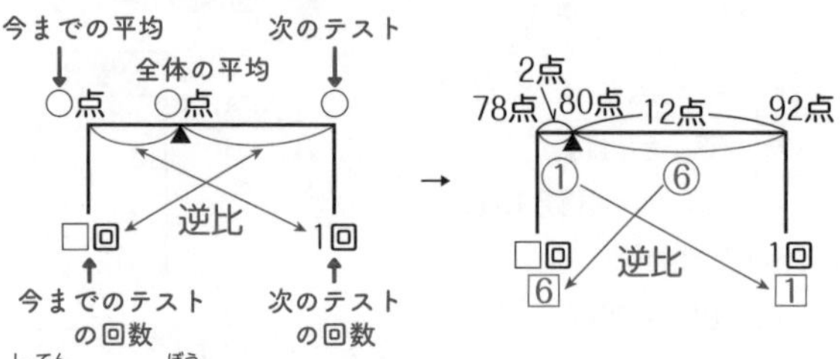

支点(してん)からの棒(ぼう)の長さの比は，

(80点−78点)：(92点−80点)＝2：12＝①：⑥

回数の比は逆比の 6：1 だから，1＝1回 より，

6＝6回…今までのテストの回数

よって，次のテストは 6+1＝7 (回目)

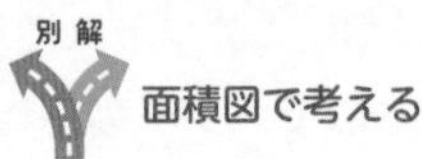

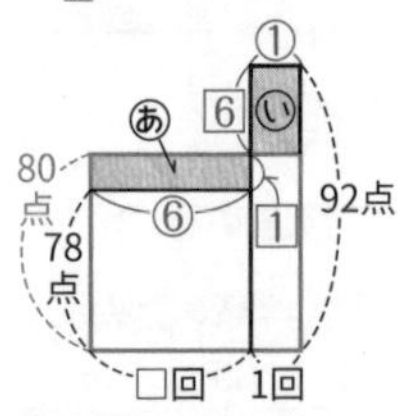

あといの面積が等しいので，縦(たて)の長さの比が

(80−78)：(92−80)＝2：12

＝1：6 より，

横の長さの比は

□：1＝⑥：①

①＝1回 より，

⑥＝6回…今までのテストの回数

よって，次のテストは，

6+1＝7 (回目)

2種類のテストの平均から全体の平均点を求めるてんびん図

Aの平均点
Bの平均点 } 全体の平均点

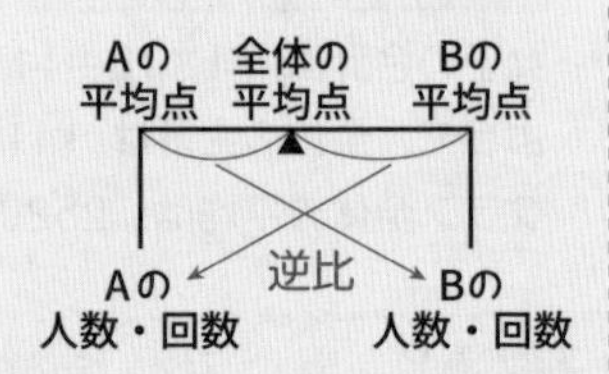

練習問題33

しおりさんは昨日まで漢字のテストを何回か受けていて，その平均は83点でした。今日のテストで95点をとりました。明日のテストで87点とれば，平均が85点になります。明日のテストは何回目ですか。

別冊解答 p.105

4年 5年 6年 中学入試

平均算

p.387 8

例題34 受験者の平均点

ある中学校の入学試験で，受験者の3分の1が合格しました。合格者の平均点は受験者全体の平均点より8点高く，不合格者の平均点は58点でした。合格者の平均点は何点ですか。

解き方と答え

受験者数全体を③とすると，合格者数は①，不合格者数は②となる。

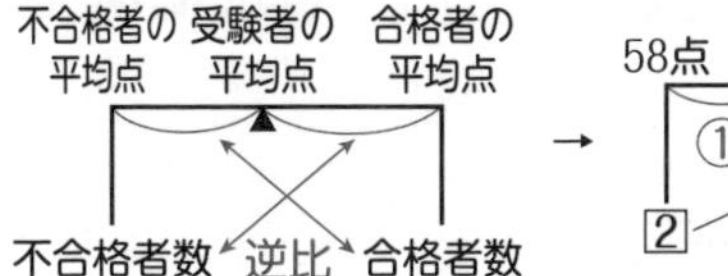

人数の比が 不合格者：合格者＝②：① なので
支点からの棒の長さの比は ①：②
②＝8点
①＝8÷2＝4（点）
よって，合格者の平均は
58＋4＋8＝**70**（点）

別解 面積図で考える

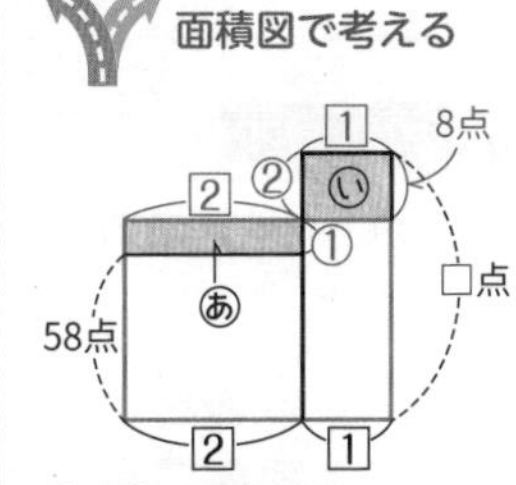

あといの面積が等しいので，
横の長さの比が ②：① より，
縦の長さの比は ①：②
②＝8点 より，
①＝4点
よって，
□＝58＋4＋8＝**70**（点）

入学試験の平均点のてんびん図

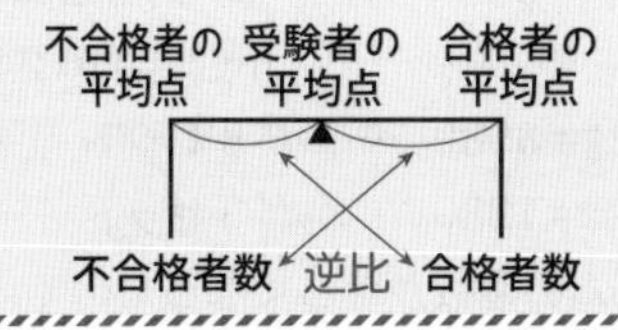

練習問題34

ある中学校の入学試験で，受験者のうち，合格者は全体の40%でした。合格者の平均点と不合格者の平均点の差は35点で，合格最低点は不合格者の平均点よりも26点高くなりました。受験者全体の平均点が58点であるとき，合格最低点は何点ですか。

別冊解答 p.105

消去算

p.387 9

例題35 片方にそろえる消去算

次の問いに答えなさい。

(1) かき1個とりんご3個の代金は600円，かき2個とりんご4個の代金は880円です。りんご1個の値段は何円ですか。

(2) えんぴつ5本と消しゴム3個の代金は460円，えんぴつ2本と消しゴム8個の代金は660円です。えんぴつ1本の値段は何円ですか。

解き方と答え

(1) 個数と代金を下のような式に表す。かき1個の値段を①，りんご1個の値段を[1]とする。

かき1個とりんご3個で600円→①＋[3]＝600……Ⓐ

かき2個とりんご4個で880円→②＋[4]＝880……Ⓘ

Ⓐを2セット買うことで，かきの個数をそろえる。

②＋[6]＝1200……Ⓐが2セット

②＋[4]＝880……Ⓘ

かきの個数が等しくなったので，1200円と880円の差の320円がりんごの個数の差の2個の値段になる。よって，320÷2＝**160**（円）

(2) えんぴつ1本の値段を①，消しゴム1個の値段を[1]とする。

⑤＋[3]＝460……Ⓐ

②＋[8]＝660……Ⓘ

えんぴつの値段を求めるために，消しゴムの個数をそろえる。消しゴムの個数はⒶが3個でⒾが8個なので，その最小公倍数の24個でそろえる。

㊵＋[24]＝3680……Ⓐが8セット

⑥＋[24]＝1980……Ⓘが3セット

消しゴムの個数が等しくなったので，3680円と1980円の差の1700円が，えんぴつの本数の差の34本の値段になる。

よって，1700÷34＝**50**（円）

ココ大事！ 消去算で一方の個数をそろえるときは，その個数の最小公倍数でそろえる。

練習問題35

ボールペン3本とノート5冊の代金は1300円，ボールペン5本とノート3冊の代金は1580円です。ボールペン1本，ノート1冊の値段はそれぞれいくらですか。

別冊解答 p.106

消去算

p.387 9

例題36 片方におきかえる消去算

次の問いに答えなさい。

(1) りんご3個となし2個の代金は660円で，りんご5個の値段(ねだん)はなし4個の値段と同じです。りんご1個の値段は何円ですか。

(2) ガム2個とあめ3個の代金は265円で，ガム1個の値段は，あめ2個より10円高いです。ガム1個，あめ1個の値段は何円ですか。

解き方と答え

個数と代金を式に表す。

(1) りんご1個の値段を①，なし1個の値段を[1]とする。

③＋[2]＝660…Ⓐ，⑤＝[4]…Ⓘ

りんごの値段を求めるために，なしの個数を2個と4個の最小公倍数の4個でそろえる。

⑥＋[4]＝1320…Ⓐが2セット

↓　⑤＝[4] より，なし4個はりんご5個におきかえることができる。

⑥＋⑤＝1320

⑪＝1320　よって，1320÷11＝**120**(円)

(2) ガム1個の値段を①，あめ1個の値段を[1]とする。

②＋[3]＝265…Ⓐ　①＝[2]＋10……Ⓘ

あめの値段を求めるために，ガムの個数を2個と1個の最小公倍数の2個でそろえる。

②＋[3]＝265……Ⓐ

↓②＝[4]＋20…Ⓘが2セット　ガム2個はあめ4個と20円におきかえることができる。

[4]＋20円＋[3]＝265

[7]＝265−20＝245(円)　よって，あめは 245÷7＝**35**(円)

Ⓘの式より，ガムは 35×2＋10＝**80**(円)

ココ大事！

おきかえる消去算では，おきかえる個数を最小公倍数でそろえる。

練習問題36

次の問いに答えなさい。

(1) ガム6個とチョコレート5個の代金は740円で，ガム5個の値段はチョコレート2個の値段と同じです。ガム1個の値段は何円ですか。

(2) 消しゴム3個とボールペン2本の代金は490円で，ボールペン1本の値段は，消しゴム4個より30円安いです。ボールペン1本の値段は何円ですか。

別冊解答 p.106

消去算

p.387 9

例題37　3つの数量の消去算

みかん1個（こ）とりんご1個となし1個の代金は270円，みかん1個とりんご3個となし4個の代金は890円，みかん5個とりんご2個となし2個の代金は630円です。みかん，りんご，なしのそれぞれの値段（ねだん）を求めなさい。

解き方と答え

みかん1個の値段を①，りんご1個の値段を$\boxed{1}$，なし1個の値段を△1とする。

①＋$\boxed{1}$＋△1＝270…(あ)
①＋$\boxed{3}$＋△4＝890…(い)
⑤＋$\boxed{2}$＋△2＝630…(う)

(う)のりんごとなしが2個なので，(あ)を2セットにして，りんごとなしの個数をそろえる。

②＋$\boxed{2}$＋△2＝540…(あ)が2セット
⑤＋$\boxed{2}$＋△2＝630…(う)

りんごとなしの個数は等しいので，630円と540円の差の90円がみかんの個数の差の3個の値段になる。

よって，みかんは 90÷3＝**30**（円）

(あ)と(い)にみかんの値段をあてはめると，りんごとなしの式になる。

30円＋$\boxed{1}$＋△1＝270…(あ)　→　$\boxed{1}$＋△1＝240…(え)
30円＋$\boxed{3}$＋△4＝890…(い)　→　$\boxed{3}$＋△4＝860…(お)

(え)を3セットにして，りんごの個数をそろえる。

$\boxed{3}$＋△3＝720…(え)が3セット
$\boxed{3}$＋△4＝860…(お)

よって，なしは 860－720＝**140**（円）

りんご1個となし1個の合計が240円より，りんごは 240－140＝**100**（円）

ココ大事！　3つの数量の消去算では，くふうして1つを求めてから2つの数量の消去算にする。

練習問題37

りんご1個となし1個の代金は220円，なし1個とかき1個の代金は170円，りんご1個とかき1個の代金は250円でした。りんご，なし，かきのそれぞれの値段を求めなさい。

別冊解答 p.106

消去算

p.387 9

例題38 つり合いを考える

A, B, C 3種類のおもりがあります。A 1 個(こ)と C 2 個を合わせた重さは，B 3 個の重さと同じです。また，B 7 個と C 2 個を合わせた重さは，A 3 個の重さと同じです。B 1 個の重さは C 何個の重さと同じですか。

解き方と答え

重さのつり合いを図に表すと，

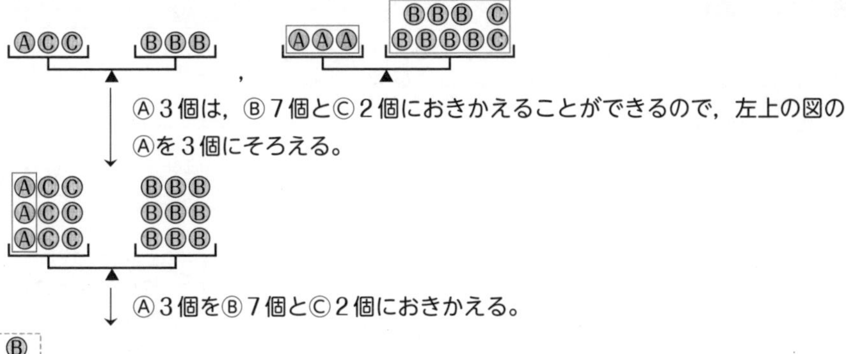

Ⓐ3個は，Ⓑ7個とⒸ2個におきかえることができるので，左上の図のⒶを3個にそろえる。

Ⓐ3個をⒷ7個とⒸ2個におきかえる。

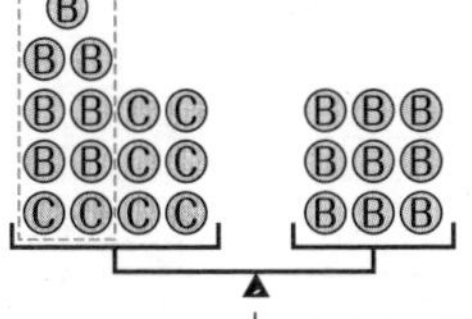

左側にⒷが7個あるので，両側のⒷを7個ずつとり除(のぞ)いてもつり合う。

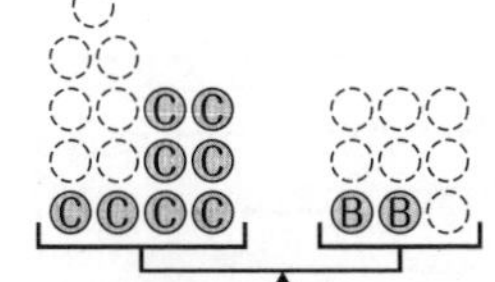

B 2 個の重さは C 8 個の重さに等しいので，B 1 個の重さは，8÷2=4（個）より，C 4 個の重さと同じである。

ココ大事！ 3つの数量のつり合いでは，どれか1つの数量をおきかえることで，2つの数量のつり合いにする。

A, B, C 3種類のおもりがあります。A 4 個と B 1 個を合わせた重さは，C 11 個の重さと同じです。また，A 2 個と C 5 個を合わせた重さは，B 3 個の重さと同じです。B 1 個の重さは C 何個の重さと同じですか。

別冊解答 p.106

年れい算

p.387 10

例題39 差が一定のとき

次の問いに答えなさい。

(1) 現在(げんざい)，父の年れいは33才，子どもの年れいは6才です。父の年れいが子どもの年れいの4倍になるのは何年後ですか。

(2) 現在，母の年れいは36才，子どもの年れいは11才です。母の年れいが子どもの年れいの6倍だったのは何年前ですか。

解き方と答え

(1) 父も子も1年で1才年れいが増(ふ)えるので，**年れいの差は変わらない**。差が一定の線分図では，増減(ぞうげん)する数を線の左側に書くとよい。

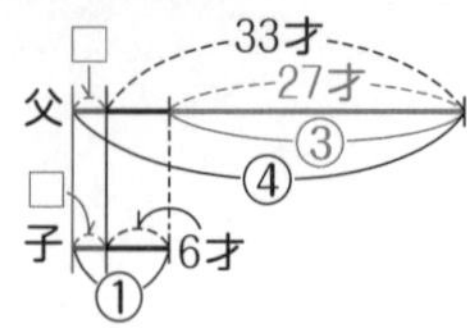

父と子の年れいの差は，
33−6=27 (才)…④−①=③
よって，①=27÷3=9 (才)
□=9−6=**3** (年後)

(2)

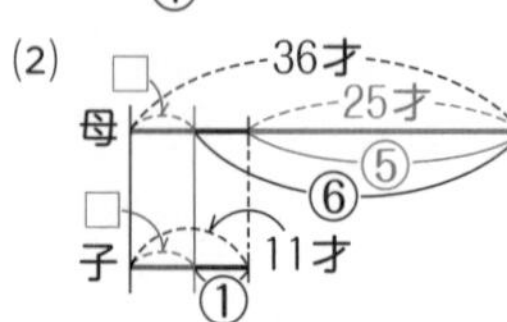

母と子の年れいの差は，
36−11=25 (才)…⑥−①=⑤
よって，①=25÷5=5 (才)
□=11−5=**6** (年前)

表に整理する

①年後に父の年れいが子の年れいの4倍になるとする。

	父	子
現在	33	6
①年後	33+①	6+①

+①　4倍

子の年れいの4倍が父の年れいなので，(6+①)×4=33+①

差=③
24+④=33+①
差=9

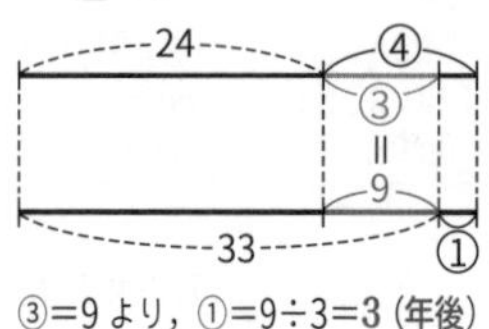

③=9より，①=9÷3=**3** (年後)

ココ大事！ 年れいは1年ごとに1才増えたり減ったりするので，年れいの差は変わらない。

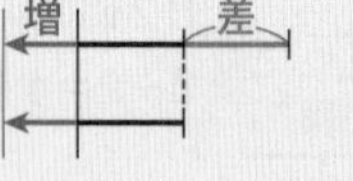

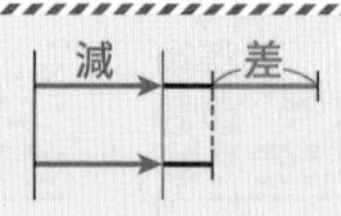

練習問題39

次の問いに答えなさい。

(1) 現在，父の年れいは40才，子どもの年れいは5才です。父の年れいが子どもの年れいの3倍より3大きくなるのは何年後ですか。

(2) 今から3年前，母の年れいは子どもの年れいの6倍でした。また，今から6年後に母の年れいは子どもの年れいの3倍になります。現在の母の年れいを求めなさい。

別冊解答 p.107

年れい算

p.387 10

例題40 親の和と子どもの和の比

現在(げんざい)，母は 34 才，子どもは5才と3才です。母の年れいと2人の子どもの年れいの和が 4：3 になるのは，何年後ですか。

解き方と答え

母の年れいと2人の子どもの年れいの和が 4：3 になるのを①年後として，表に整理していく。

	母	$子_1$	$子_2$
現在	34	5	3
①年後	34+①	5+①	3+①

（現在から①年後へ +①）

①年後の母の年れいと子の年れいの和が 4：3 なので，

(34+①)：(5+①+3+①)=4：3

（数字どうし，①どうしで計算できる）

(34+①)：(8+②)=4：3

(8+②)×4=(34+①)×3

（内項の積は外項の積に等しい）

32+⑧=102+③

（差=⑤，差=70）

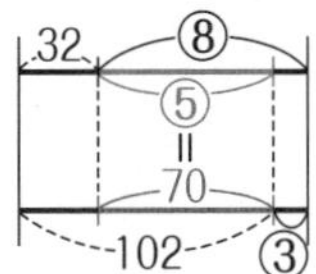

線分図より，⑤=70

①=70÷5=14（年後）

ココ大事！ 2人以上の年れいの和を考える問題は表に整理して，
①年後の年れい=今の年れい+① と表す。

練習問題 40

現在，父は 38 才，母は 35 才で，子どもは8才と6才と2才です。父と母の年れいの和と3人の子どもの年れいの和が 7：5 になるのは，何年後ですか。

別冊解答 p.107

年れい算

p.387 10

例題41 何才年上を考えるとき

現在(げんざい)，A，B，Cの3人の年れいの合計は38才で，BはCより3才年上です。今から4年後，Aの年れいは，BとCの年れいの和に等しくなるそうです。現在のBの年れいを求めなさい。

解き方と答え

現在の年れいと，4才ずつ増(ふ)やした4年後の年れいを線分図で表す。

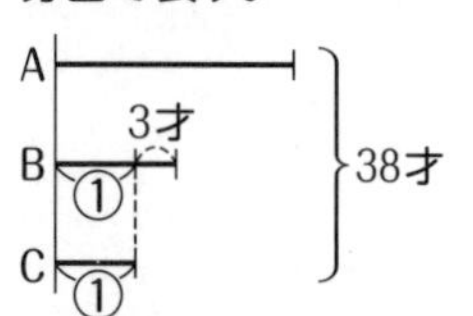

現在のCの年れいを①才とすると，現在のBの年れいは，
①+3（才）

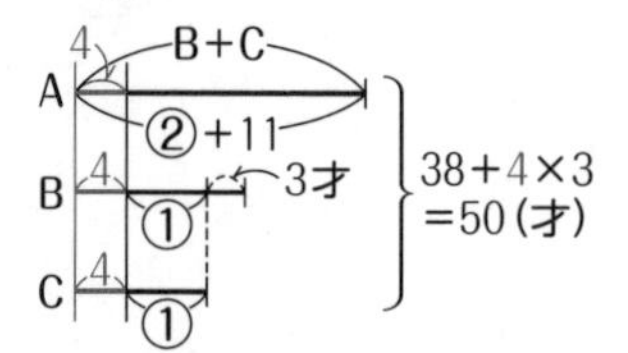

4年後のCの年れいは，
①+4（才）
4年後のBの年れいは，
①+3+4=①+7（才）

4年後のAの年れいは，BとCの年れいの和に等しいので，
(①+4)+(①+7)=②+11
3人の年れいの和は 38+4×3=50（才）より，
(②+11)+(①+7)+(①+4)=50
④+22=50
④=50−22=28
①=28÷4=7（才）…現在のCの年れい
よって，現在のBの年れいは，7+3=**10（才）**

表に整理する

現在のCの年れいを①とする。

	現在	4年後
A	$\xrightarrow{+4}$	②+11
B	①+3 $\xrightarrow{+4}$	①+7
C	① $\xrightarrow{+4}$	①+4
計	38 $\xrightarrow{+4\times3}$	50

あとは 解き方と答え と同じようにに求めていく。

ココ大事！
□人の年れいの和は，○年後には，○×□才増える。

練習問題41

現在，父，母，子ども3人の5人家族の年れいの合計は102才で，父は母より5才年上です。10年後，父と母の年れいの和は3人の子どもの年れいの和よりも50大きくなるそうです。現在の父の年れいを求めなさい。

別冊解答 p.107

年れい算

p.387 10

例題42 生まれていない子どもがいるとき

はるきさんは両親と弟の４人家族です。父は母より５才年上で，現在（げんざい），家族４人の年れいの和は 100 才です。また，父とはるきさんの年れいの和は，母と弟の年れいの和よりも 10 大きいです。8 年前，弟は生まれていなかったので，３人の年れいの合計は 70 才でした。現在，はるきさんは何才ですか。

解き方と答え

	父	母	はるき	弟	合計
8年前	↓+8	↓+8	↓+8	×	70 ↓+30
現在	①+5	①		6	100

（+5）

父は母より５才年上である。現在の母の年れいを①として，表に整理していく。

８年前と比べて，合計が
100−70=30（才）増（ふ）えていて，父・母・はるきの増えた分は，8×3=24（才）
よって，８年前に生まれていなかった弟の現在の年れいは，30−24=6（才）

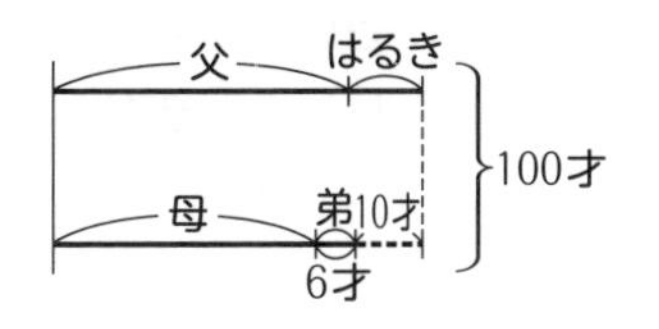

また，現在の年れいを線分図にすると，
父とはるきの年れいの和は，(100+10)÷2=55（才）
よって，母と弟の年れいの和は，100−55=45（才）
母は，45−6=39（才）……①
父は ①+5 なので，39+5=44（才）
よって，はるきは 55−44=**11（才）**

□人の年れいの和は，○年前と比べると，ふつうは○×□才増えるが，○年前に生まれていない子どもが１人いるときに増える年れいの和は，
○×(□−1)+子どもの年れい
↑生まれていない子ども以外の増加分

練習問題42

別冊解答 p.107

あきとさんは両親と姉と妹の５人家族です。父は母より４才年上で，現在，家族５人の年れいの和は 119 才です。10 年前，妹は生まれておらず，父の年れいが姉とあきとさんの年れいの和の７倍でした。また，６年後，父の年れいが子ども３人の年れいの和と等しくなります。

(1) 現在の父の年れいを求めなさい。

(2) 現在の妹の年れいを求めなさい。

力をのばす問題

レベル3 レベル2 レベル1

→別冊解答 p.108~109

9 16人のクラスで試験をしたところ，最高点はAさんだけで，Aさんを除く残りの人の平均点は75点でした。2番目に点数が高い人はBさんだけで，AさんとBさんを除く残りの人の平均点は74点でした。AさんとBさんの点数差が10点のとき，クラス全員の平均点を求めなさい。 【関西学院中】

→例題 18・32

10 ある水族館に入館するのに大人5人と子ども3人で3400円，大人3人と子ども4人で2700円はらいました。 【江戸川学園取手中】

→例題 21・35

(1) 大人1人，子ども1人の入館料はそれぞれ何円ですか。

(2) ある日の入館者数は980人で，入館料の合計は364000円でした。入館した大人，子どもの人数をそれぞれ求めなさい。

11 AさんとBさんが対戦し，勝つと2点増え，負けると1点減るというゲームを30回しました。最初の持ち点はそれぞれ30点で，30回した後にAさんの得点がBさんの得点より12点多くなりました。引き分けはなかったとすると，Aさんは何回勝ちましたか。 【世田谷学園中】

→例題 22

12 ボールが何個かあります。ボールが44個入る箱Aと，ボールが49個入る箱Bがあります。箱Aの数は箱Bの数より1多いです。これらのボールを箱Aに入れていくと，34個入りません。これらのボールを箱Bに入れていくと，23個入りません。ボールは何個ありますか。 【フェリス女学院中】

→例題 29

13 祖父，母，兄，妹の4人がいます。祖父の年れいは66才，母の年れいは36才です。現在から3年後には，祖父と母の年れいの和は，兄と妹の年れいの和の4.5倍になります。 【神奈川大附中】

→例題 41

(1) 現在の兄と妹の年れいの和は何才ですか。

(2) 祖父の年れいと，母と兄と妹の年れいの和が等しくなるのは何年後ですか。

力をためす問題

→ 別冊解答 p.109~110

14 →例題 20
友達の誕生日パーティーのため，Aさんはケーキを買い，Bさんは 1900 円，Cさんは 2600 円のプレゼントを買いました。3人がはらった金額を同じにするため，AさんはCさんに 100 円をわたし，BさんもCさんにいくらかをわたしました。このとき，Aさんが買ったケーキの代金は何円ですか。

【品川女子学院中】

15 →例題 25
箱の中にたくさんのみかんが入っています。AさんとBさんがじゃんけんをして，勝ったほうが5個，負けたほうが2個のみかんを箱の中からとります。ただし，あいこの場合はどちらもみかんをとりません。じゃんけんを何回かして，Aさんが 57 個，Bさんが 48 個のみかんをとりました。Aさんが勝った回数は何回ですか。

【浦和明の星女子中】

16 →例題 23・37
あるお店でみかん，りんご，なしを売っています。みかん5個，りんご3個を買うと代金の合計は 530 円になり，りんご3個，なし4個を買うと代金の合計は 1010 円になります。みかん5個，なし4個を買うと代金の合計は，りんご8個の代金の合計と同じになります。みかん，りんご，なしを合わせて 20 個になるように買うと，代金の合計は 2000 円になりました。買ったりんごとなしの個数が同じとき，みかんをいくつ買いましたか。

【星野学園中－改】

17 →例題 30
小学生にえんぴつを配ります。1人に6本ずつ配ると 29 本不足するので，高学年の3人には 10 本ずつ，中学年の7人には5本ずつ，低学年の子どもたちには4本ずつ配るとちょうど全部配ることができました。えんぴつは全部で何本ありますか。

【横浜共立学園中】

ちょいムズ **18** →例題 31
3種類の品物 A，B，C があり，1個の値段はそれぞれ 100 円，80 円，60 円です。これらをそれぞれ何個かずつ買うと，代金の合計は 3780 円になる予定でした。もし品物AとBの買う個数を予定と反対にすると，予定より 120 円安くなり，もし品物BとCの買う個数を予定と反対にすると，予定より 180 円高くなります。A，B，C はそれぞれ何個買う予定でしたか。

【洛星中】

第3章 割合や比についての問題

p.416〜455

学習のポイント

11 分配算

➡ 例題 43〜47

► ある量を決められた差や割合に分ける問題を**分配算**という。**線分図で差や割合を整理する。**

例》 1000 円を兄が弟の 2 倍より 100 円多くなるように分けると，弟の分は何円ですか。

解》

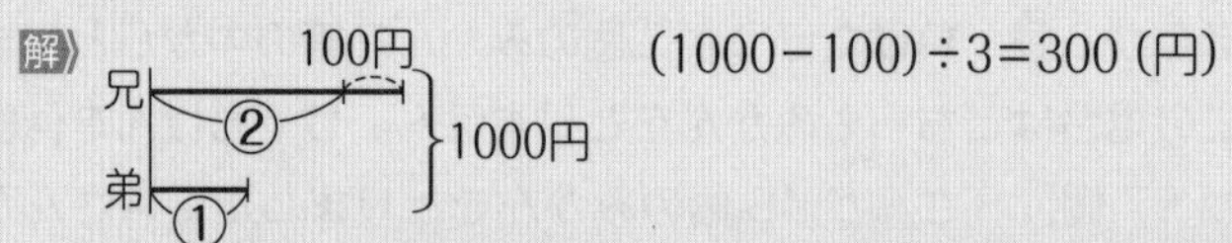

(1000−100)÷3=300 (円)

12 倍数算

➡ 例題 48〜53

► 2 つ以上の数量が増減して，ちがう割合に変化したときのもとの数量を求める問題を**倍数算**という。比や割合を整理して，**増減の前と後を比例式にする。**

例》 兄は弟の 5 倍のお金を持っていましたが，兄は 500 円使い，弟は 80 円使ったので，残金は兄が弟の 4 倍になりました。はじめは弟はいくら持っていましたか。

解》 兄 ⑤ ↓500 円使う 4

弟 ① ↓80 円使う 1

(⑤−500 円)：(①−80 円)=4：1 より，

(⑤−500 円)×1=(①−80 円)×4

⑤−500 円=④−320 円　①=180 (円)

13 相当算

➡ 例題 54〜58

► ある数量が全体のどれだけの割合であるかを整理して，全体の量を求める問題を**相当算**という。もとにする量の変化を**線を増やして線分図にする。**

例》 A さんは所持金の $\frac{1}{3}$ で本を買い，次に残りの $\frac{3}{4}$ で筆箱を買うと，600 円残りました。はじめの所持金はいくらですか。

解》

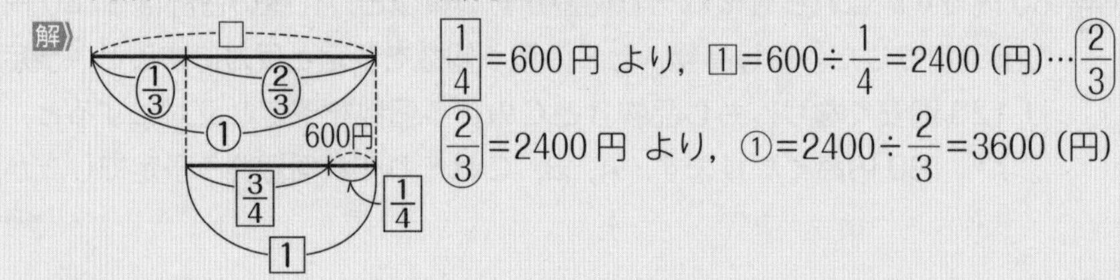

$\boxed{\frac{1}{4}}$=600 円 より，$\boxed{1}$=600÷$\frac{1}{4}$=2400 (円)…$\frac{2}{3}$

$\frac{2}{3}$=2400 円 より，①=2400÷$\frac{2}{3}$=3600 (円)

14 損益算

➡ 例題 59〜63

► いくらかで仕入れてきた品物に利益を見こんで定価をつけ，割引して売るような商売についての問題を**損益算**という。原価，定価，売価を**表に整理する。**

15 濃度算

➡ 例題 64〜69

► 食塩水に水を入れたり，蒸発させたり，2種類の濃度の食塩水をまぜたりしたときの濃度の変化についての問題を**濃度算**という。

例》 10 %の食塩水 300 g に水を 100 g 加えると，何%の食塩水になりますか。

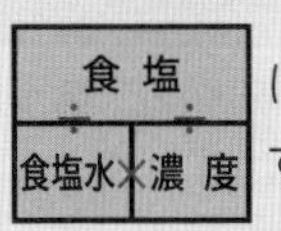

に整理すると，

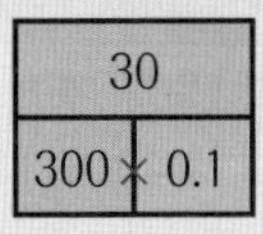

食塩は増えない
水を100g加える

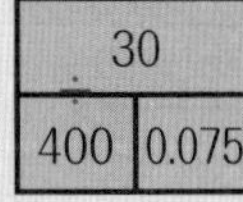

よって，7.5%

16 仕事算・のべ算

➡ 例題 70〜75

► 何人かの人がある仕事をするとき，それぞれの1日あたりの仕事量から，何日かかるのかを考える問題を**仕事算**という。**仕事全体の量を，①としたり，仕事にかかる日数の最小公倍数にしたりする。**

例》 ある仕事をするのに，Aさんが1人ですると 20 日かかり，Bさんが1人ですると 30 日かかります。この仕事をAさんとBさんの2人ですると，仕上げるのに何日かかりますか。

解》 仕事全体の量を，20 と 30 の最小公倍数の㊿とすると，
Aさんは1日あたり ⑥⓪÷20=③，Bさんは1日あたり ⑥⓪÷30=② の仕事をする。よって，2人ですると，⑥⓪÷(③+②)=12 (日) かかる。

► 何人かの人が1日に何時間かずつ働いてある仕事をするとき，1日に何時間ずつ何人で働くと何日かかるかを考える問題を**のべ算**という。**1人が1日に1時間働いてできる仕事を①とする。**

17 ニュートン算

➡ 例題 76〜78

► はじめにいくらかの量があり，それが一定の量ずつ増えているとき，それを一定の量ずつ減らしていくと，なくなるまでにどれだけの時間がかかるかを考える問題を**ニュートン算**という。右のような線分図に整理して，**差に注目する。**

はじめの量　増える量
減る量

分配算

p.416 11

例題43 2人の分配算

次の問いに答えなさい。

(1) 2400円のお金を兄と弟で分けたところ，兄のお金は弟のお金の2倍より150円少なくなりました。兄は何円もらいましたか。

(2) 兄と弟の2人の持っているお金の差は1100円で，兄は弟の4倍より200円多く持っています。2人はそれぞれ何円持っていますか。

解き方と答え

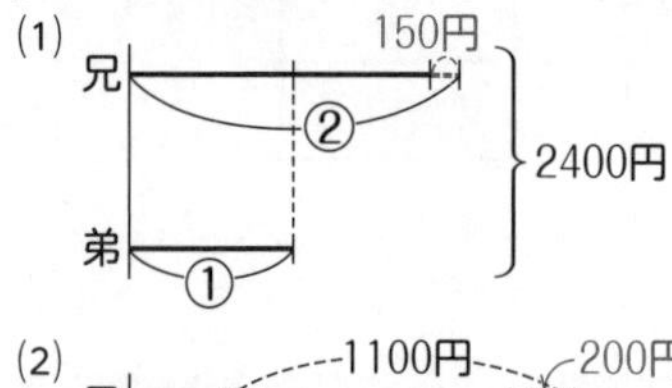

兄に150円をたすことで，兄が②，弟が①となる。
③は，2400＋150＝2550（円）
よって，①＝2550÷3＝850（円）…弟
兄は，2400－850＝**1550**（円）

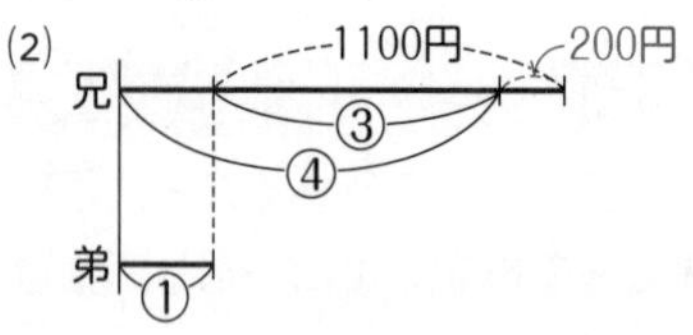

弟を①とすると，兄は④＋200（円）になる。
線分図より，差の1100円が③＋200（円）になる。
よって，③＝1100－200＝900（円）
　　　①＝900÷3＝**300**（円）…弟
兄は，300＋1100＝**1400**（円）

・□倍より○少ないときは，○をたしてちょうど□倍にする。
・□倍より○多いときは，○をひいてちょうど□倍にする。

練習問題43

次の問いに答えなさい。

(1) A，Bの2つの整数の和は804で，AをBでわったときの商は8であまりが48です。Bはいくらですか。

(2) A，Bの2つの整数があり，AをBでわったときの商は11であまりが3です。また，AとBの差は373です。Aはいくらですか。

別冊解答 p.110

4年 5年 6年 中学入試

分配算

p.416 11

例題44 2段階の分配算

長さ 240 cm のひもをA，B，Cの3つに切ります。AとBの和はCの2倍，AはBの2倍より5 cm短くなるようにするとき，Aは何 cmですか。

解き方と答え

AとBの和はCの2倍なので，

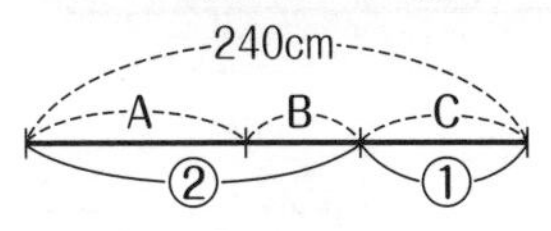

よって，③＝240

①＝240÷3＝80…C

AとBの和は，②＝80×2＝160（cm）

AはBの2倍より5 cm短いので，

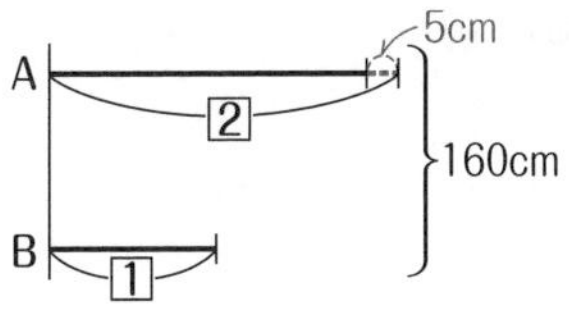

Aに5 cmをたすとAとBの和が 2＋1＝3 になるので，

3＝160＋5＝165

1＝165÷3＝55（cm）…B

Aは，160－55＝**105（cm）**

ココ大事！ 全体の和と一部の数量の関係がわかっているとき，線分図を2つかいて考える。

練習問題44

ある牧場に牛，馬，羊が合わせて100頭います。牛と羊の和は馬の3倍より4頭少なく，羊は牛の2倍よりも8頭多いです。羊は何頭いますか。

別冊解答 p.110

p.416 11

例題45 3人の分配算(1) —基準との関係に注目する—

次の問いに答えなさい。

(1) 1300円をそうまさん，弟，妹で分けました。弟は妹より100円多く，そうまさんは弟より200円多くなりました。そうまさん，弟，妹はそれぞれ何円もらいましたか。

(2) 600円を長男，次男，三男の3人で分けます。次男は三男の2倍，長男は次男の1.5倍になるようにすると，3人の金額はそれぞれ何円ですか。

解き方と答え

(1)

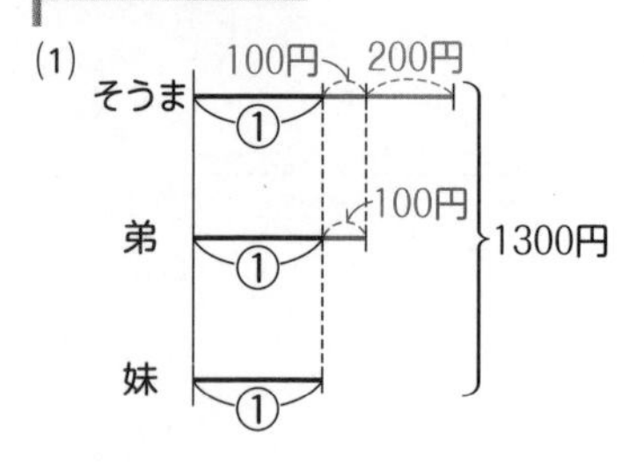

妹を①とすると，弟は①より100円多く，そうまさんは①より，(100+200)円多くなる。
よって，多い部分を全体の1300円からひくと③になる。
③=1300−(100+100+200)=900
①=900÷3=**300**(円)…妹
300+100=**400**(円)…弟
300+100+200=**600**(円)…そうまさん

(2)

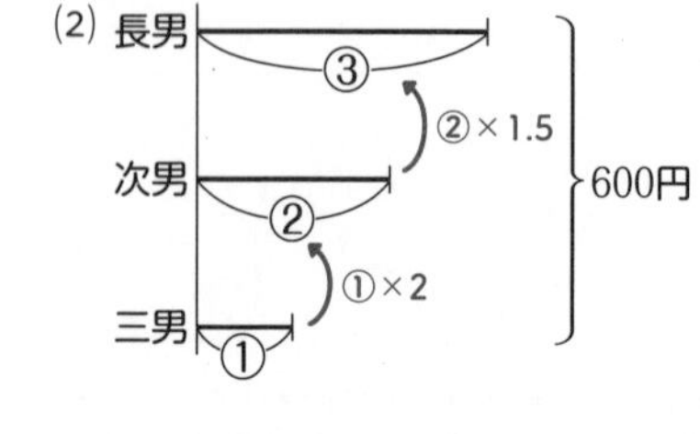

三男を①とすると，
次男は三男の2倍なので，①×2=②
長男は次男の1.5倍なので，②×1.5=③
よって，合計は ①+②+③=600
⑥=600
①=600÷6=**100**(円)…三男
次男は②なので，②=100×2=**200**(円)
長男は③なので，③=100×3=**300**(円)

ココ大事！
Aの○倍がB，Bの□倍がCのとき，
Aの○×□倍がCになる。

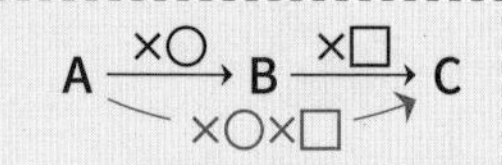

練習問題 45

次の問いに答えなさい。

(1) 長さ5mのロープをA，B，Cの3本に切ります。BはAより65cm長く，CはBより20cm短いとき，Cのロープの長さは何cmですか。

(2) 1300円を長女，次女，三女の3人で分けるのに，次女は長女の$\frac{2}{3}$倍，三女は次女の$\frac{3}{4}$倍になるようにすると，3人の金額はそれぞれ何円ですか。

別冊解答 p.111

4年 5年 6年 中学入試

分配算

p.416 11

例題46 3人の分配算(2) —基準が同じで～倍より多い(少ない)—

2000円を長男，次男，三男の3人に分けるのに，長男は三男の3倍より10円少なく，次男は三男の2倍より30円多くなるようにすると，3人の金額はそれぞれ何円ですか。

解き方と答え

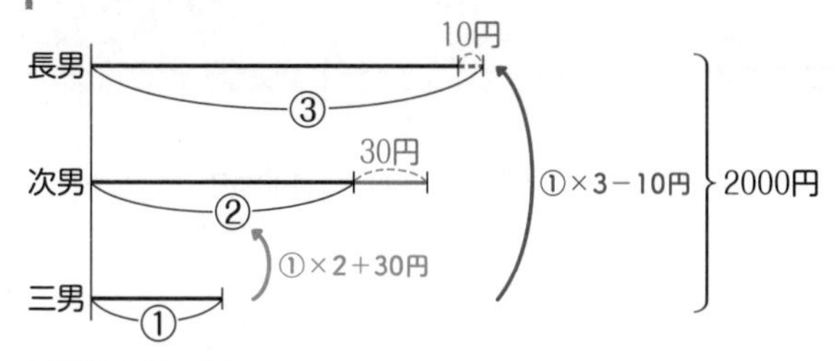

三男を①とする。
長男に10円をたすと③になり，
次男から30円をひくと②になる。
よって，③＋②＋①＝2000＋10－30＝1980
⑥＝1980
①＝1980÷6＝**330**（円）…三男
次男は②より30円多いので，330×2＋30＝**690**（円）
長男は③より10円少ないので，330×3－10＝**980**（円）

ココ大事！

分配する人数が増えたときは，基準値がだれになるかに注意する。

練習問題46

A，B，Cの3つの整数の和は777で，AはBの2倍より36少なく，CはBの$\frac{1}{3}$倍より33多いです。A，B，Cをそれぞれ求めなさい。

別冊解答 p.111

分配算

p.416 11

例題47 3人の分配算(3) —基準がちがって〜倍より多い(少ない)—

4000円を長女，次女，三女の3人に分けるのに，次女は三女の2倍より300円多く，長女は次女の2倍より400円少なくなるようにすると，3人の金額はそれぞれ何円ですか。

解き方と答え

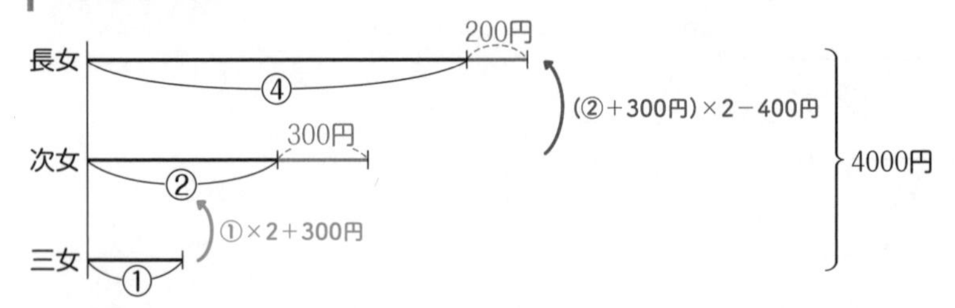

三女を①とすると，次女は2倍より300円多いので，②＋300(円)

長女は次女の2倍より400円少ないので，

(②＋300)×2−400

＝④＋600−400

＝④＋200(円)

3人の合計は4000円なので

①＋(②＋300)＋(④＋200)＝4000

⑦＋500＝4000

⑦＝4000−500＝3500

①＝**500**円…三女

よって，次女は 500×2＋300＝**1300**(円)

長女は 500×4＋200＝**2200**(円)

ココ大事！ ○倍より□円多い(少ない)値の△倍は分配法則を利用する。

(○＋□)×△＝○×△＋□×△

練習問題47

4500円をなおこさん，弟，妹の3人に分けるのに，弟は妹の2倍より300円多く，なおこさんは弟の2倍より600円少なくなるようにすると，3人の金額はそれぞれ何円ですか。

別冊解答 p.111

倍数算

p.416 12

例題48 片方が一定のとき

次の問いに答えなさい。

(1) 兄と弟の所持金の比(ひ)は 3：2 でしたが，兄が 50 円もらったので，兄と弟の所持金の比は 5：3 になりました。はじめの兄の所持金は何円でしたか。

(2) ある分数 $\frac{A}{B}$ を約分すると $\frac{3}{7}$ になります。この分数の分母から 21 をひいたものを約分すると，$\frac{4}{7}$ になります。$\frac{A}{B}$ を求めなさい。

解き方と答え

(1) 兄 弟 → 兄 弟（弟は変化していないので，弟で比をそろえる）

③ ② → △9 △6

↓+50円 ＝ → △1⇒+50円 ＝

5 3 → △10 △6

②＝3　×3 ×2 → △6（2と3の最小公倍数△6でそろえるため3：2を3倍，5：3を2倍する）

よって，△10－△9＝△1＝50（円）となるので，

はじめの兄の所持金は，△9＝50×9＝**450**（円）

(2) 分子 分母 → 分子 分母（分子は変化していないので，分子で比をそろえる）

③ ⑦ → △12 △28

＝ ↓－21 → ＝ △7⇒－21

4 7 → △12 △21

③＝4　×4 ×3 → △12

△28－△21＝△7＝21　△1＝21÷7＝3

よって，△12＝3×12＝36，△28＝3×28＝84 より，

$\frac{A}{B}=\frac{\mathbf{36}}{\mathbf{84}}$

別解 線分図で考える

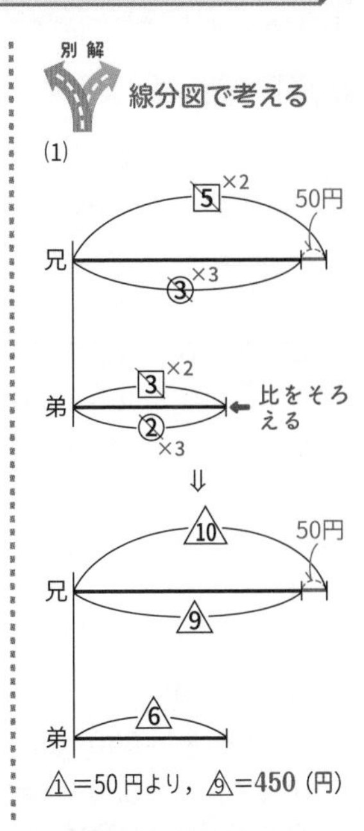

ココ大事！ 実際(じっさい)の値(あたい)が等しく，比がちがう場合，それらの比の最小公倍数で比をそろえる。

練習問題48

別冊解答 p.112

次の問いに答えなさい。

(1) 姉と妹の所持金の比は 4：3 でしたが，姉が 700 円使ったので，姉と妹の所持金の比は 2：5 になりました。はじめの姉の所持金は何円ですか。

(2) ある分数 $\frac{A}{B}$ を約分すると $\frac{5}{12}$ になります。この分数の分子に 33 をたしたものを約分すると，$\frac{7}{8}$ になります。$\frac{A}{B}$ を求めなさい。

倍数算

p.416 12

例題49 和が一定のとき

次の問いに答えなさい。

(1) いま，姉の所持金は 900 円，妹の所持金は 180 円です。姉が妹に何円かわたして姉と妹の持っている金額(きんがく)の比(ひ)を 7：5 にするためには，姉は妹に何円わたせばよいですか。

(2) いま，兄と弟の所持金の比は 3：1 です。兄が弟に 630 円わたすと，兄と弟の持っている金額の比は 5：4 になりました。はじめ兄は何円持っていましたか。

解き方と答え

(1)

姉	妹	和
900 円	180 円	1080 円
↓−□円	↓+□円	‖
⑦	⑤	⑫

姉が妹に何円かわたすだけなので，**2 人の持っている金額の和は変わらない。**

よって，⑦+⑤=900+180

⑫=1080　①=90

⑤=450 (円)……□円もらったあとの妹

よって，わたしたのは，450−180=**270** (円)

(2)

兄	弟	和		兄	弟
③	①	④	兄と弟の和は変化していないので，和で比をそろえる。	△27	△9
↓−630 円	↓+630 円	‖	④=[9]　×9，×4 → △36	↓−630 円	↓+630 円
[5]	[4]	[9]		△20	△16

△27−△20=630　△7=630

よって，△1=630÷7=90 (円) より，

はじめの兄の所持金は，△27=90×27=**2430** (円)

(2)

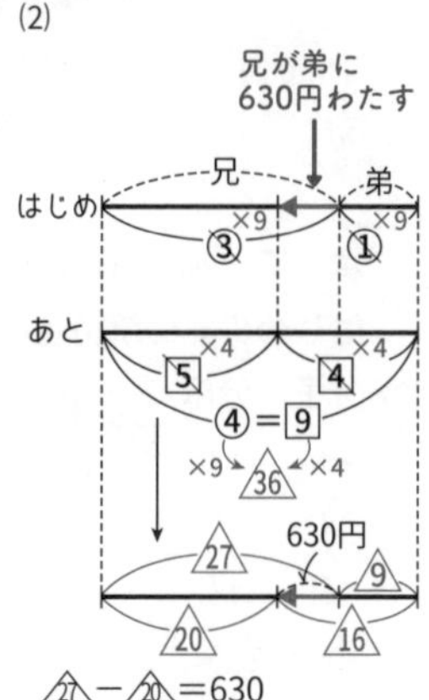

△27−△20=630

△7=630

よって，△1=90 より，

はじめの兄の所持金は，

△27=90×27=**2430** (円)

ココ大事！　A が B にいくらかわたすというやりとりでは，2 人の和は一定であるので，その比をそろえる。

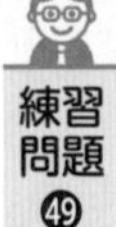

練習問題 49

兄と妹の所持金の比は 5：2 でした。兄は書店で本を買ったので兄と妹の所持金の比は 5：3 になりました。その後，兄が妹に 300 円わたしたので，兄と妹の所持金の比は 7：9 になりました。

(1) はじめの妹の所持金は何円ですか。

(2) 兄が買った本は何円ですか。

別冊解答 p.112

倍数算

p.416 12

例題50 差が一定のとき

次の問いに答えなさい。

(1) あきらさんは 3200 円，妹は 2000 円持っていました。お父さんが 2 人に同じ金額（きんがく）ずつあげたので，あきらさんと妹の持っている金額の比（ひ）は 7：5 になりました。お父さんは 2 人に何円ずつあげましたか。

(2) たくみさんとはるかさんの所持金の比は 4：3 でしたが，2 人とも 450 円の本を買ったので，たくみさんとはるかさんの所持金の比は 5：3 になりました。たくみさんのもとの所持金は何円ですか。

解き方と答え

(1)

あきら	妹	差
3200 円	2000 円	1200 円
↓+□円	↓+□円	‖
⑦	⑤	②

2 人が同じ金額ずつもらったので，2 人の差は変わらない。

よって，⑦−⑤＝3200−2000　②＝1200

①＝600

⑤＝3000 円…□円もらった妹

お父さんがあげたのは，3000−2000＝**1000（円）**

(2)

たくみ	はるか	差	→	たくみ	はるか
④	③	①		[8]	[6]
↓−450 円	↓−450 円	‖		↓−450 円	↓−450 円
[5]	[3]	[2]		[5]	[3]

2人の差は変化していないので，差で比をそろえる。①＝[2]　×2　[2]

よって，[8]−[5]＝450　[3]＝450 円　[1]＝450÷3＝150

たくみさんのもとの所持金は，[8]＝150×8＝**1200（円）**

別解 線分図で考える

(2)

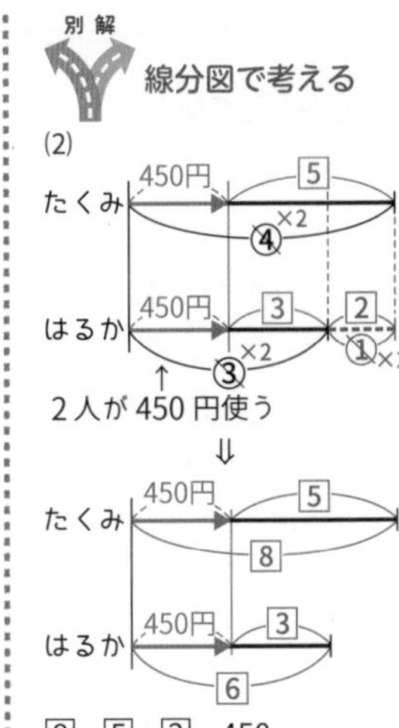

[8]−[5]＝[3]＝450

あとは同じように計算すると，たくみさんのもとの所持金は，**1200 円**

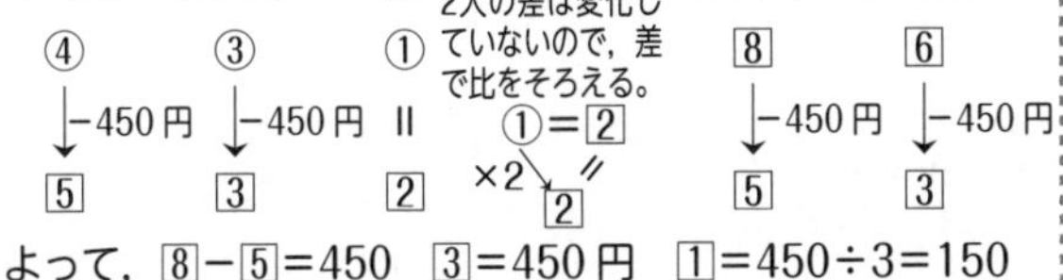

2 つの数量が同じ数量ずつ増（ふ）えたり，減（へ）ったりしたとき，2 つの差は一定であるので，その比をそろえる。

練習問題 50

次の問いに答えなさい。

(1) $\frac{59}{95}$ の分母と分子からそれぞれ同じ数をひいて約分すると，$\frac{5}{9}$ になりました。ひいた数は何ですか。

(2) 値段（ねだん）の比が 1：2 の商品Ａと商品Ｂをそれぞれ 30 円ずつ値上げすると，商品Ａと商品Ｂの値段の比が 6：11 になりました。さらに商品Ａと商品Ｂをそれぞれ 20 円ずつ値上げしたときの，ＡとＢの値段の比を答えなさい。

別冊解答 p.112

倍数算

p.416 12

例題51 3人の倍数算

次の問いに答えなさい。

(1) かれんさん，弟，妹の所持金の比(ひ)ははじめ7：5：3でした。弟が本を買い，かれんさんが妹に900円あげたので，3人の所持金の比は5：3：3になりました。弟が買った本の値段(ねだん)は何円ですか。

(2) A，B，Cの3つの箱にボールが入っており，個数(こすう)の比は4：3：7です。いまAから60個，Bから何個か取り出して，それらをCに入れたところ，A，B，Cの個数の比は4：2：15になりました。はじめBには何個のボールが入っていましたか。

解き方と答え

(1)

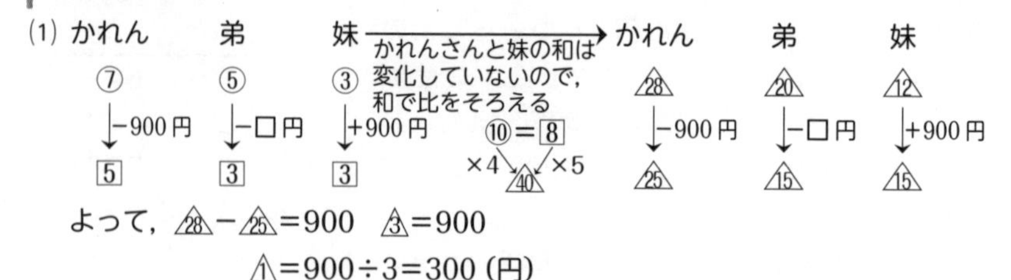

よって，△28−△25＝900　△3＝900

△1＝900÷3＝300（円）

弟の買った本は，△20−△15＝△5 なので，△5＝300×5＝**1500**（円）

(2)

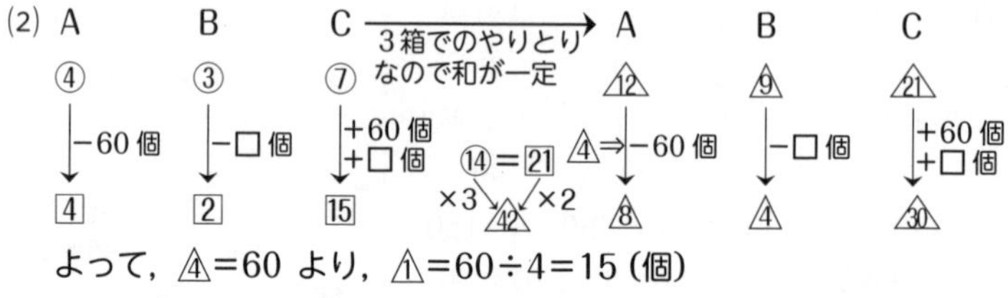

よって，△4＝60 より，△1＝60÷4＝15（個）

Bは，△9＝15×9＝**135**（個）

和や差が一定のところをさがして，比をそろえる。

ゆうすけさんとみゆさんの所持金の比は7：3，みゆさんとしほさんの所持金の比は9：5でした。ゆうすけさんとみゆさんは同じTシャツを買い，しほさんは750円のくつ下を買ったところ，3人の所持金の比が7：1：1になりました。Tシャツ1枚(まい)の値段は何円ですか。

別冊解答 p.113

倍数算

p.416 12

例題52 和も差も変化するとき(1) ―倍数変化算―

次の問いに答えなさい。

(1) 兄と弟の所持金の比(ひ)は 5：4 でしたが，お母さんが兄に 250 円，弟に 150 円あげたので，兄と弟の所持金の比は 4：3 になりました。はじめの兄の所持金は何円でしたか。

(2) あおいさんとはやとさんの所持金の比は 5：3 でしたが，あおいさんは 200 円使い，はやとさんは 150 円もらったので，あおいさんとはやとさんの所持金の比は 7：6 になりました。はじめのあおいさんの所持金は何円でしたか。

解き方と答え

(1) 兄 ⑤ →(+250 円) 4　弟 ④ →(+150 円) 3

和や差などが一定でないので，比例式(ひれいしき)で整理する。

(⑤+250)：(④+150)=4：3
(④+150)×4=(⑤+250)×3　（内項の積＝外項の積）
⑯+600=⑮+750　（分配法則）
①=150 (円)

よって，はじめの兄の所持金は，⑤=150×5=**750** (円)

(2) あおい ⑤ →(−200 円) 7　はやと ③ →(+150 円) 6

(⑤−200)：(③+150)=7：6
(③+150)×7=(⑤−200)×6
㉑+1050=㉚−1200
⑨=1050+1200=2250
①=2250÷9=250 (円)

よって，はじめのあおいさんの所持金は，⑤=250×5=**1250** (円)

ココ大事！ 比がわかっているやりとりで，和や差などが一定でないときは，比例式に整理して，比の差＝実際(じっさい)の数量の差 で求める。

練習問題 52

別冊解答 p.113

次の問いに答えなさい。

(1) ひろあきさんとりゅうたさんの所持金の比は 4：5 でしたが，ひろあきさんが 300 円，りゅうたさんが 250 円使ったので，ひろあきさんとりゅうたさんの所持金の比は 3：5 になりました。はじめのひろあきさんの所持金は何円でしたか。

(2) 姉は 2300 円，妹は 1200 円持ってお母さんへのプレゼントを買いに行きました。プレゼントは姉と妹が 4：3 のお金を出し合って買い，姉と妹の残金の比は 5：2 になりました。プレゼントの代金はいくらですか。

p.416 12

例題53 和も差も変化するとき(2) —年れい算への利用—

母の年れいと3人の子どもの年れいの和の比(ひ)は，2年前は7：2でした。3年後には8：5になるそうです。現在(げんざい)，母は何才ですか。

解き方と答え

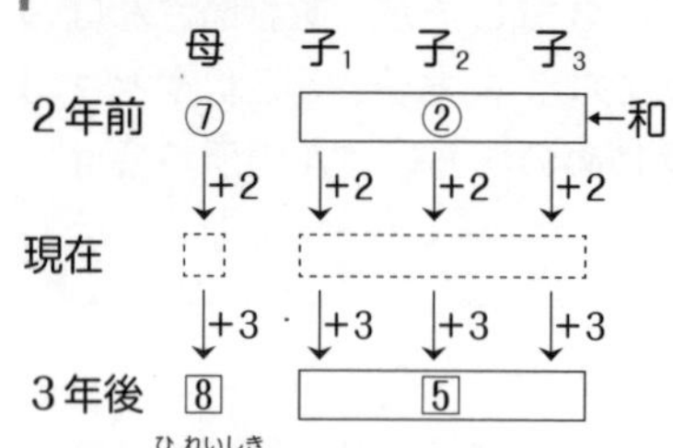

2年前，母と3人の子どもの年れいの和の比は⑦：②で，2年前から3年後なので，

母は，2+3=5(才)増(ふ)える。

子どもは3人の合計なので，

(2+3)×3=15(才)増える。

これを比例式(ひれいしき)で整理すると，

(⑦+5)：(②+15)=8：5　〉内項の積＝外項の積

(②+15)×8=(⑦+5)×5　〉分配法則

⑯+120=㉟+25

⑲=95

①=95÷19=5(才)

母は2年前⑦なので，現在は，5×7+2=**37(才)**

比と実際(じっさい)の数量の関係を比例式に表して解く。

練習問題 53

父と母と3人の子どもがいます。3年前，両親の年れいの和は3人の子どもの年れいの和の8倍でした。5年後には，両親の年れいの和と3人の子どもの年れいの和の比が8：3になるそうです。また，現在の父と母の年れいの比は7：6です。現在，父は何才ですか。

別冊解答 p.113

相当算

p.416 13

例題54 割合でわる(1) ―全体の量を求める―

ある本を1日目に全体の $\frac{1}{3}$ と10ページ読み，2日目に70ページ読むと，全体の $\frac{1}{4}$ と20ページ残りました。この本は全部で何ページありますか。

解き方と答え

線分図で表して考える。

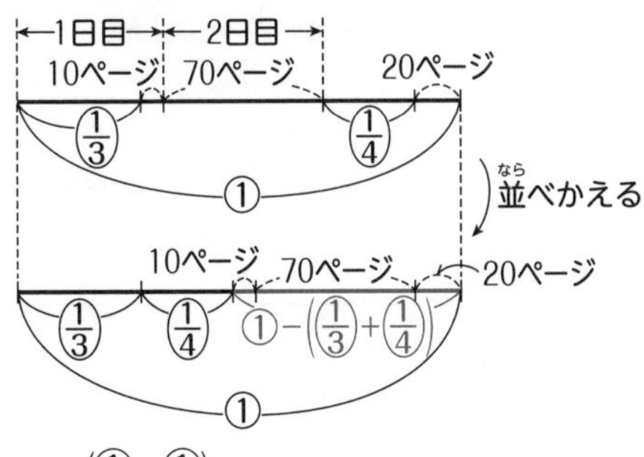

①$-\left(\frac{1}{3}+\frac{1}{4}\right)$（割合）$=10+70+20$

$\frac{5}{12}$（割合）$=100$

①$=100\div\frac{5}{12}=$**240**（ページ）

別解 全体の量を分母の最小公倍数にする

全体の量を $\frac{1}{3}$ と $\frac{1}{4}$ の分母の最小公倍数の⑫とすると，

全体の $\frac{1}{3}$ は ⑫$\times\frac{1}{3}=$④

全体の $\frac{1}{4}$ は ⑫$\times\frac{1}{4}=$③

⑫−(③+④)=10+70+20

⑤=100

①=100÷5=20（ページ）

全体は⑫なので，

20×12=**240**（ページ）

ココ大事！

線分図をかいて，割合(わりあい)と実際(じっさい)の数量がわかるところをさがす。

①＝実際の数量÷割合 となる。

実際の数量
割合

練習問題 54

別冊解答 p.113

やすひろさんは家から学校に行くのに，全体の道のりの $\frac{1}{6}$ は自転車に乗り，全体の道のりの $\frac{4}{5}$ は電車に乗り，残りの400 mは歩きました。家から学校までの道のりは何kmですか。

p.416 13

例題55 割合でわる(2) —何を全体にするかを考える—

上，下2段の本だなに合わせて100冊の本がありました。そこから何冊かの本を取り除いたところ，上段，下段の本の数は等しくなりました。このとき，上段ははじめより9冊少なく，下段ははじめの$\frac{6}{7}$になりました。上段にははじめに何冊の本がありましたか。

解き方と答え

はじめに下段にある本の数を①として，線分図で表す。

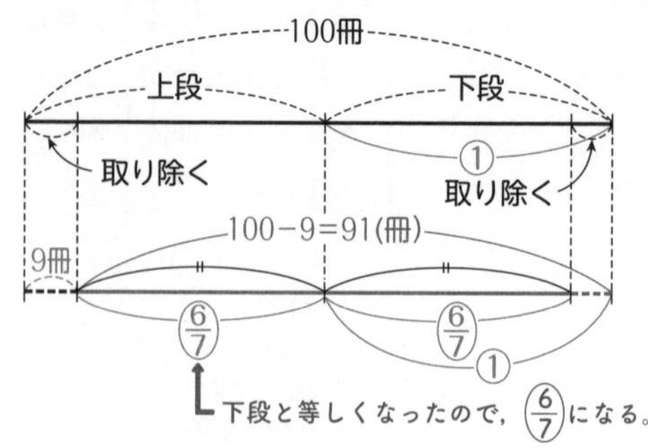

線分図より，$\frac{6}{7}$＋①＝100−9

$1\frac{6}{7}$＝91

①＝$91\div1\frac{6}{7}$＝49（冊）…はじめの下段

よって，はじめに上段にあった本の数は，100−49＝**51**（冊）

別解 もとにする量を分母の数にする

下段の$\frac{6}{7}$とあるので，はじめの下段を分母の⑦として線分図で表す。

下段の$\frac{6}{7}$は ⑦×$\frac{6}{7}$＝⑥

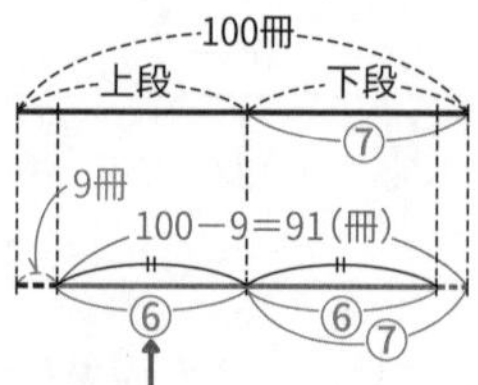

下段と等しくなったので⑥になる

線分図より，

⑥＋⑦＝100−9

⑬＝91

①＝91÷13＝7（冊）

はじめの上段にある本の数は，⑥＋9なので，

7×6＋9＝**51**（冊）

ココ大事！ 割合には必ずもとにする量があるので，もとにする量が何であるか考え，それを①とする。

練習問題55

容積の等しいA，B2つの容器があり，Aには$\frac{1}{3}$，Bには$\frac{1}{4}$まで水が入っています。今，Aから90 cm^3の水を捨て，残り全部をBに入れると，Bの$\frac{3}{8}$まで水が入りました。はじめにAに入っていた水の体積を求めなさい。

別冊解答 p.113

4年 5年 6年 中学入試

相当算

p.416 13

例題56 男女の人数

次の問いに答えなさい。

(1) ある学校では，男子の人数は全体の $\frac{1}{2}$ より6人多く，女子の人数は全体の40%より42人多いです。この学校の人数は何人ですか。

(2) ある学校では，男子の人数は全体の60%より25人少なく，女子の人数は全体の $\frac{5}{9}$ より31人少ないです。この学校の人数は何人ですか。

解き方と答え

(1)

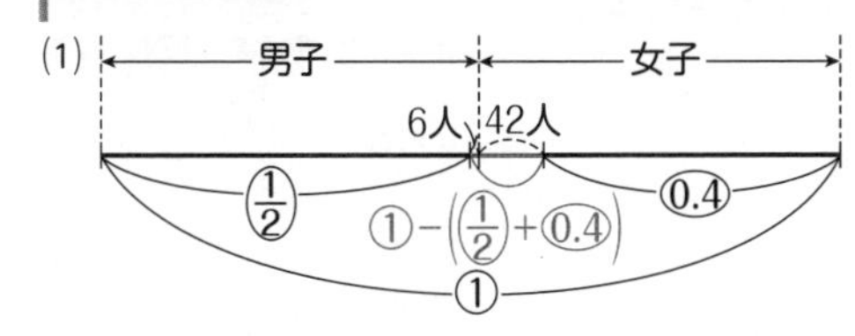

線分図より，

$①-\left(\frac{1}{2}+0.4\right)=6+42$

$\frac{1}{10}=48$（人）

よって，$①=48\div\frac{1}{10}=$ **480（人）**

(2)

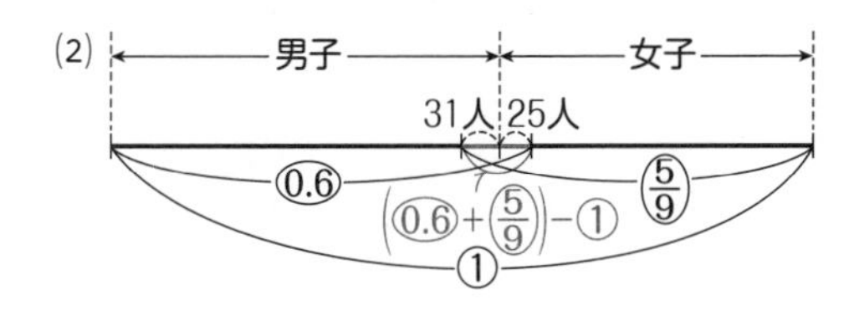

線分図より，

0.6と $\frac{5}{9}$ の重なりの部分は，

$\left(0.6+\frac{5}{9}\right)-①=31+25$

$\frac{7}{45}=56$（人）

よって，$①=56\div\frac{7}{45}=$ **360（人）**

ココ大事！ 線分図にするとき，はじめに男子と女子の長さを決めてから，そこに合うように，割合（わりあい）や人数をかきこむ。

練習問題 56

ある学校では，男子の人数は全体の45%より17人多く，女子の人数は全体の59%より37人少ないです。この学校の男子の人数は何人ですか。

別冊解答 p.114

相当算

p.416 13

例題57 残りの割合

れいじさんは，持っていたお金の $\frac{1}{3}$ で問題集を買い，次に残りのお金の $\frac{3}{5}$ で参考書を買ったところ，残ったお金は800円でした。はじめに何円持っていましたか。

解き方と答え

参考書は問題集を買ったあとの残りのお金で買うので，もとにする量は「残りのお金」となる。もとにする量がちがうので，線を変えて線分図をかく。

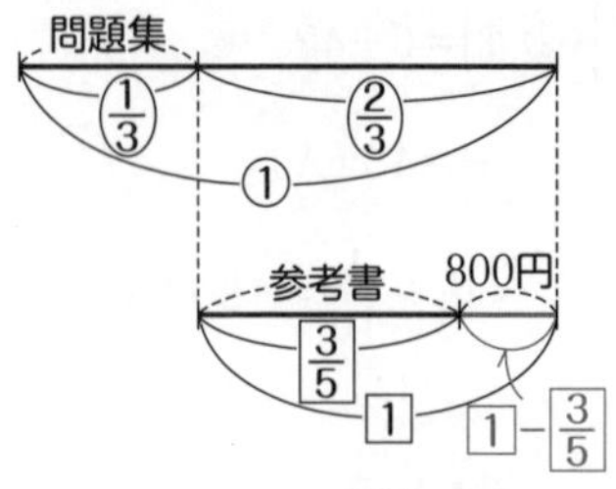

線分図より，$\boxed{1}-\boxed{\frac{3}{5}}=800$

$\boxed{\frac{2}{5}}=800$

$\boxed{1}=800\div\frac{2}{5}=2000$ (円)

また，$\boxed{1}=\left(\frac{2}{3}\right)$ なので，$\left(\frac{2}{3}\right)=2000$

よって，$①=2000\div\frac{2}{3}=$ **3000** (円)

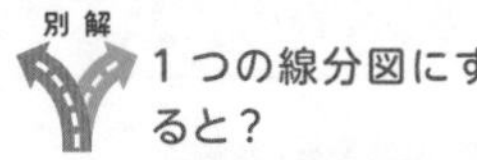

1つの線分図にすると？

はじめに持っていたお金を①とすると，問題集は $\left(\frac{1}{3}\right)$ になる。

参考書は，$\left(\frac{1}{3}\right)$ の問題集を買った残り，つまり，$①-\left(\frac{1}{3}\right)$ の $\frac{3}{5}$ なので，

$\left(①-\left(\frac{1}{3}\right)\right)\times\frac{3}{5}=\left(\frac{2}{3}\right)\times\frac{3}{5}$

$=\left(\frac{2}{5}\right)$

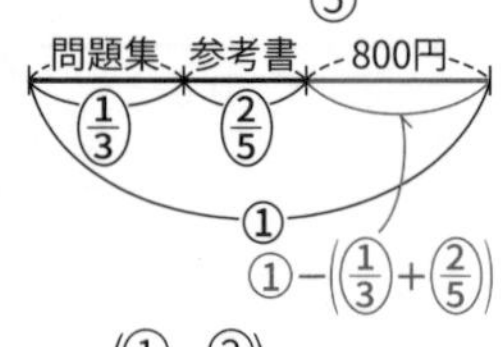

$①-\left(\left(\frac{1}{3}\right)+\left(\frac{2}{5}\right)\right)=800$

$\left(\frac{4}{15}\right)=800$

$①=800\div\frac{4}{15}=$ **3000** (円)

ココ大事！ 「残りの割合（わりあい）」というように，もとにする量がちがう割合が出てきたときは，線をもう1本かきたして考える。

練習問題57

ある本を1日目は全体の $\frac{2}{7}$ よりも6ページ多く読み，2日目は残りの $\frac{3}{8}$ よりも3ページ少なく読んだところ，93ページ残りました。この本は全部で何ページありますか。

別冊解答 p.114

4年 5年 6年 中学入試

相当算

p.416 13

例題58 一部分の割合がわかっているとき

AとBの2本の棒(ぼう)をプールの底につくようにまっすぐ入れたところ，Aの $\frac{7}{10}$ とBの $\frac{4}{9}$ が水につかりました。AとBの長さのちがいが69 cmであるとき，プールの水面の高さは何cmですか。

解き方と答え

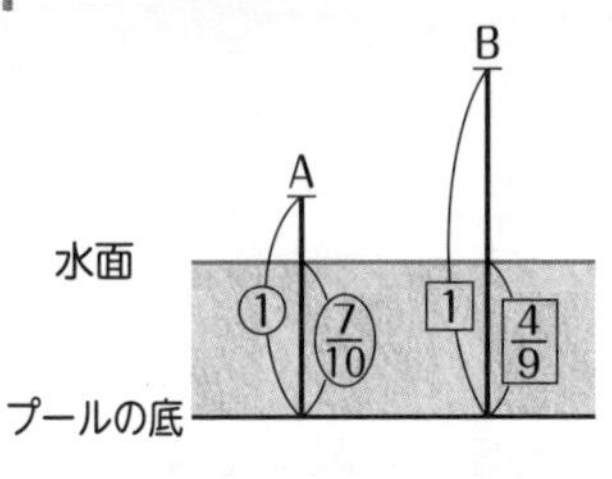

Aの長さを①，Bの長さを[1]とすると，水につかっている部分であるAの $\frac{7}{10}$ とBの $\frac{4}{9}$ が等しいので，

$$A \times \frac{7}{10} = B \times \frac{4}{9} \text{ より，}$$

$\frac{7}{10}$ の逆数　　$\frac{4}{9}$ の逆数

$$A : B = \frac{10}{7} : \frac{9}{4} = ⟨40⟩ : ⟨63⟩$$

AとBの長さの差は，⟨63⟩−⟨40⟩=⟨23⟩=69 cmより，

⟨1⟩=3 cm

よって，Aの長さは ⟨40⟩=3×40=120 (cm) なので，

プールの水面の高さは，$120 \times \frac{7}{10} =$ **84 (cm)**

棒の長さを整数にする

Aの $\frac{7}{10}$ より，Aの棒の長さを⑩とすると，水面の高さは⑦

Bの $\frac{4}{9}$ より，Bの棒の長さを[9]とすると，水面の高さは[4]

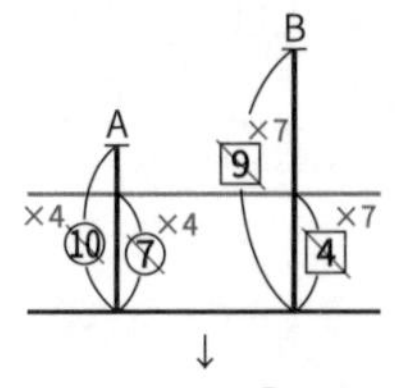

↓

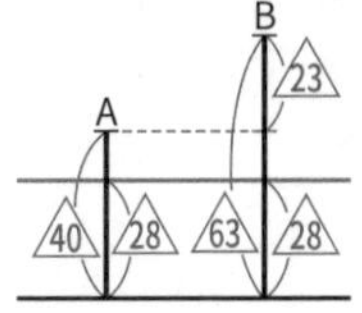

⟨23⟩=69 cm より，

⟨1⟩=69÷23=3 (cm)

水面の高さは⟨28⟩より，

3×28=**84 (cm)**

2つの数量の一部分の割合(わりあい)がわかっていて，その部分の数量が等しいとき，もとの2つの数量の比(ひ)がわかる。

練習問題 58

別冊解答 p.114

右の図のように，長方形A，Bを重ねたところ，色のついた部分の面積は長方形Aの30%，長方形Bの $\frac{2}{3}$ になりました。太線で囲まれた部分の面積が460 cm^2 であるとき，色のついた部分の面積はいくらですか。

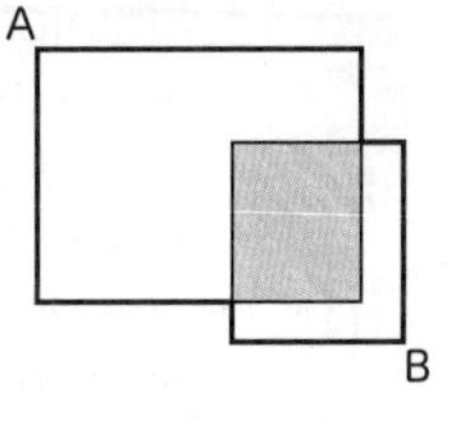

p.417 14

例題59 原価がわかっているとき

次の問いに答えなさい。

(1) 原価が400円の品物に2割5分の利益を見こんで定価をつけましたが，売れないので割引いて売ったところ，利益も損失もありませんでした。どれだけ割引きましたか。歩合で答えなさい。

(2) 原価1200円の品物に30%の利益を見こんで定価をつけましたが，売れないので割引いて売ったところ，126円の利益がありました。どれだけ割引きましたか。百分率で答えなさい。

解き方と答え

(1)

	割合	価格
原価	①	400円
定価	(1.25)	500円
売価	①	400円

（原価→定価 ×1.25，定価→売価 ×□）

原価の2割5分増しなので，定価は，
400×(1+0.25)=500 (円)
利益も損失もないので，売価は原価と同じ400円
□=400÷500=0.8
よって，定価の0.8倍で売ったので，
1−0.8=0.2 より，**2割**

(2)

	割合	価格
原価	①	1200円
定価	(1.3)	1560円
売価		1326円

（原価→定価 ×1.3，定価→売価 ×□）

原価の30%増しなので，定価は，
1200×(1+0.3)=1560 (円)
利益が126円なので，売価は，
1200+126=1326 (円)
□=1326÷1560=0.85
よって，定価の0.85倍で売ったので，
1−0.85=0.15 より，**15%**

ココ大事！ 原価，定価，売価を表に整理して，割合と値段で割増しや割引きを考える。

練習問題59

次の問いに答えなさい。

(1) 原価が500円の品物に20%の利益を見こんで定価をつけましたが，売れないので割引いて売ったところ，4%の損失が出てしまいました。どれだけ割引きましたか。百分率で答えなさい。

(2) 原価720円の商品を定価の10%引きで売ると，原価の10%の利益があります。定価は何円ですか。

別冊解答 p.114

4年 5年 6年 中学入試

損益算

p.417 14

例題60 原価をもとにするとき

次の問いに答えなさい。

(1) ある品物に，原価(げんか)の3割(わり)の利益(りえき)を見こんで定価をつけましたが，売れないので，定価の130円引きで売ったところ，50円の利益がありました。この品物の原価は何円ですか。

(2) ある品物に，原価の40%の利益を見こんで定価をつけましたが，売れなかったため定価の25%引きで売ると，250円の利益がありました。この品物の売価は何円ですか。

解き方と答え

(1)

	割合	価格
原価	①	
定価	(1.3)	原価＋180円
売価		原価＋50円

（原価→定価 ×1.3，定価→売価 130円引き）

130円引きで50円の利益があるので，定価は，原価＋180（円）

定価と原価の差は，(1.3)－①＝(0.3)＝180円

よって，原価は ①＝180÷0.3＝**600**（円）

(2)

	割合	価格
原価	①	
定価	(1.4)	
売価	(1.05)	原価＋250円

（原価→定価 ×1.4，定価→売価 ×0.75）

原価を①とすると，定価は40%増(ま)しなので，

①×(1＋0.4)＝(1.4)

売価は定価の25%引きなので，(1.4)×(1－0.25)＝(1.05)

利益は，(1.05)－①＝(0.05)＝250

原価は，①＝250÷0.05＝5000（円）

よって，売価は，5000＋250＝**5250**（円）

別解 線分図で考える

(1)

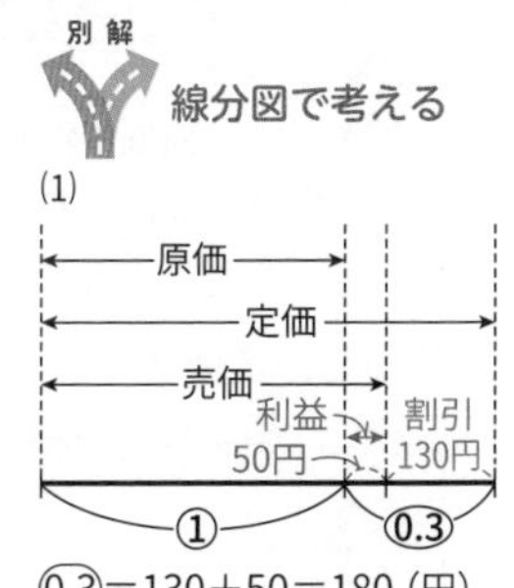

(0.3)＝130＋50＝180（円）

①＝180÷0.3＝**600**（円）

ココ大事！ **原価を①として，利益と売価を割合で表すと，**
利益の割合＝売価の割合－①

練習問題 60

次の問いに答えなさい。

(1) ある品物に，原価の2割5分の利益を見こんで定価をつけましたが，売れなかったため定価の36%引きで売ると，260円の損失(そんしつ)が出てしまいました。この品物の原価は何円ですか。

(2) ある品物に，原価の2割4分の利益を見こんで定価をつけましたが，売れないので，定価の270円引きで売ったところ，6%の利益がありました。この品物の原価は何円ですか。

別冊解答 p.115

損益算

p.417 14

例題61 定価をもとにするとき

次の問いに答えなさい。

(1) ある品物を定価(ていか)で売ると200円の利益(りえき)がありますが，定価の15%引きで売ったので，利益は65円になりました。この品物の定価は何円ですか。

(2) ある品物を定価の10%引きで売ると40円の利益があり，15%引きで売ってもまだ5円の利益があります。この品物の原価は何円ですか。

解き方と答え

(1)

	割合	価格
原価		
定価	①	原価+200円
売価	(0.85)	原価+65円

(×0.85)

①=原価+200円
(0.85)=原価+65円
差より，
①−(0.85)=200−65
(0.15)=135

よって，定価は ①=135÷0.15=**900**（円）

(2)

	割合	価格
原価		
定価	①	
売価A	(0.9)	原価+40円
売価B	(0.85)	原価+5円

(×0.9, ×0.85)

(0.9)=原価+40円
(0.85)=原価+5円
差より，
(0.9)−(0.85)
=40−5

(0.05)=35
定価=①=35÷0.05=700（円）
原価は売価Aより，700×0.9−40=**590**（円）

別解 線分図で考える

(2)

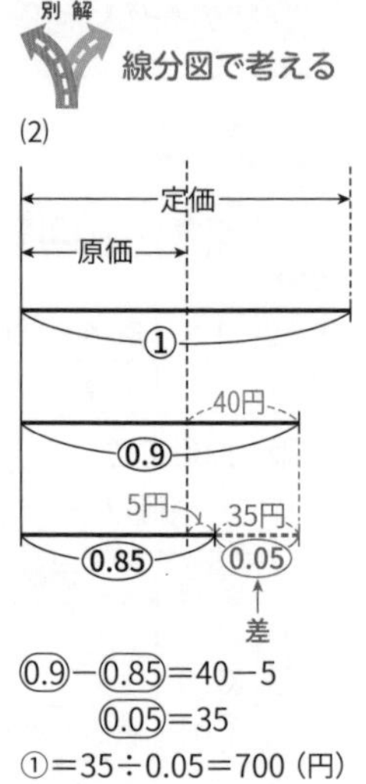

(0.9)−(0.85)=40−5
(0.05)=35
①=35÷0.05=700（円）
原価は(0.9)より40円少ないので，
700×0.9−40=**590**（円）

ココ大事！ 定価を1として，売価を定価に対する比(ひ)で表し，差に注目する。

練習問題61

別冊解答 p.115

次の問いに答えなさい。

(1) 同じ定価の品物をA店では690円，B店では630円で売っています。A店が定価の8%引きで売っているとすると，B店では定価の何割(わり)何分引きになっていますか。

(2) ある品物を定価の1割2分引きで売ると65円の利益がありますが，2割3分引きで売ると56円の損失(そんしつ)が出てしまいます。この品物の原価は何円ですか。

損益算

p.417 14

例題62 複数個売るとき(1) ―仕入れ合計，売り上げ合計を考える―

次の問いに答えなさい。

(1) 原価(げんか)300円の品物を150個(こ)仕入れ，2割(わり)の利益(りえき)を見こんで定価をつけましたが，100個しか売れませんでした。そこで，残りを定価の1割引きにしたところすべて売れました。全体の利益は何円ですか。

(2) ある品物を100個仕入れ，25%の利益を見こんで定価をつけて68個売りましたが，売れゆきが悪いので残りを定価の12%引きにしました。それでも8個売れ残ってしまい，全体の利益は2280円になりました。この品物の原価は何円ですか。

解き方と答え

(1)

	割合	価格	個数
原価	①	300円	150個
定価	(1.2)	360円	100個
売価	(1.08)	324円	50個

(×1.2, ×0.9)

定価で売った100個の利益は，
(360−300)×100=6000(円)
1割引きで売った 150−100=50(個)の利益は，(324−300)×50=1200(円)

全体の利益は，6000+1200=**7200**(円)

(2)

	割合	個数
原価	①	100個
定価	(1.25)	68個
売価	(1.1)	24個

(×1.25, ×0.88)

総(そう)仕入れ値(ね)は，①×100=(100)
定価で売った68個の売上は，(1.25)×68=(85)
12%引きで売った，100−68−8=24(個)の売上は，
(1.1)×24=(26.4)

よって，全体の利益は，(85)+(26.4)−(100)=(11.4)
これが2280円にあたるので，
原価は ①=2280÷11.4=**200**(円)

ココ大事！

総売上 − 総仕入れ値 = 総利益
(総売上：それぞれの売価×個数　総仕入れ値：原価×個数)

練習問題62

別冊解答 p.116

次のア，イにあてはまる数を求めなさい。

(1) 原価300円の品物を80個仕入れ，3割の利益を見こんで定価をつけて60個売りましたが，売れゆきが悪いので残りを定価の［ア］割引きにしました。それでも5個売れ残ってしまい，全体の利益は4080円になりました。

(2) ある品物を250個仕入れ，4割の利益を見こんで定価をつけて200個売りましたが，売れ残りそうになったので，残りを定価の半額(はんがく)にしたところすべて売れ，全体の利益は［イ］%になりました。

p.417 14

例題63 複数個売るとき (2) ーつるかめ算の利用ー

原価250円の品物を180個仕入れ，4割の利益を見こんで定価をつけて売りましたが，売れ残りそうになったので，残りを2割引きにしたところすべて売れ，全体の利益は13450円でした。定価で売れたのは何個ですか。

解き方と答え

	割合	価格
原価	①	250円
定価	(1.4)	350円
売価	(1.12)	280円

（原価→定価 ×1.4，定価→売価 ×0.8）

定価で売ったときの1個のあたりの利益は
350−250＝100（円）
定価の2割引きで売ったときの1個あたりの利益は
280−250＝30（円）
100円の利益で□個，30円の利益で○個，合計180個で利益の合計が13450円となるつるかめ算の面積図で考える。

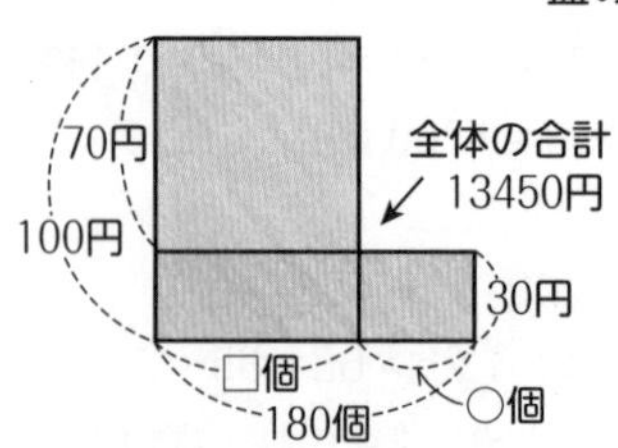

▨は，30×180＝5400（円）
▨は，13450−5400＝8050（円）
よって，
定価で売れた□個は，
8050÷(100−30)＝**115**（個）

ココ大事！ 2種類の売価や利益があって，売った合計の金額と個数がわかっているときは，つるかめ算の面積図で考える。

練習問題63 ある品物を300個仕入れ，28％の利益を見こんで定価をつけて売りましたが，売れ残りそうになったので，残りを25％引きにしたところすべて売れ，全体の利益は2割でした。定価で売れたのは何個ですか。

別冊解答 p.116

4年 5年 6年 中学入試

濃度算

p.417 15

例題64 食塩水のまぜ合わせ

次の問いに答えなさい。

(1) 5％の食塩水100ｇと9％の食塩水300ｇをまぜ合わせると何％の食塩水ができますか。

(2) ある食塩水100ｇに11％の食塩水150ｇをまぜ合わせると9％の食塩水になりました。はじめの食塩水の濃度(のうど)は何％ですか。

解き方と答え

(1) 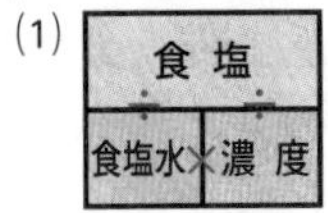

で食塩水を表して，解いていく。

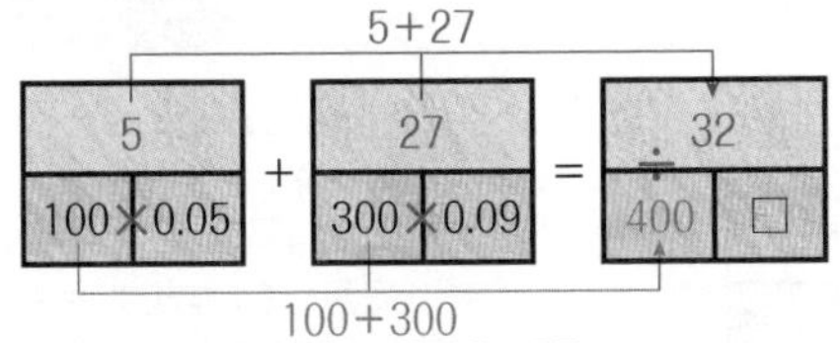

100×0.05＝5　300×0.09＝27

よって，□＝32÷400＝0.08→**8％**

(2)

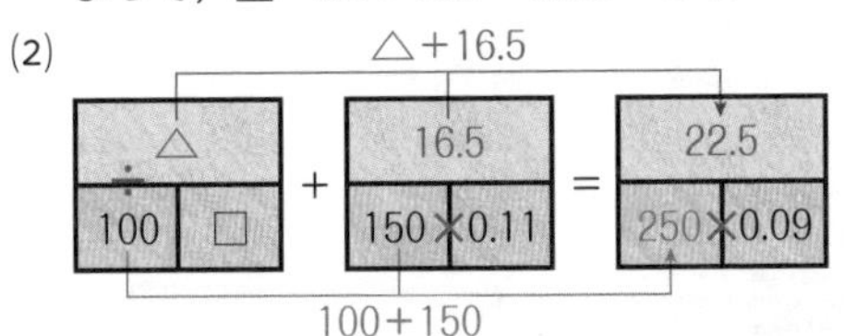

150×0.11＝16.5　250×0.09＝22.5

△＝22.5−16.5＝6　□＝6÷100＝0.06→**6％**

注意 濃(こ)さは必ず食塩÷食塩水で求める

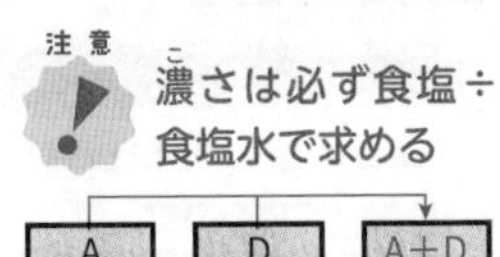

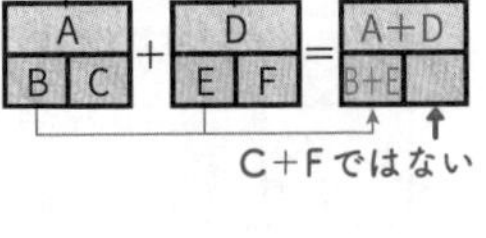

別解 てんびん図で考える

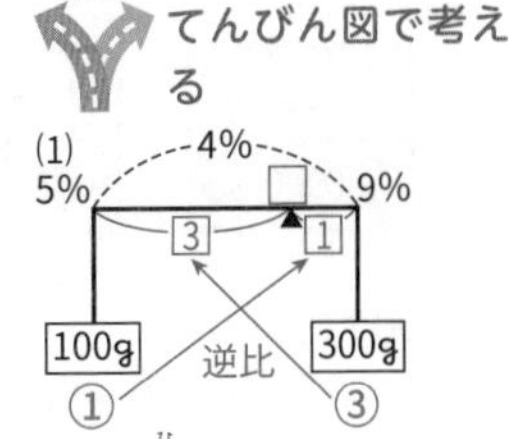

重さの比(ひ)は，①：③なので，支点(してん)からのきょりは逆比の3：1より，

4＝9−5＝4（％）

1＝4÷4＝1（％）

3＝1×3＝3（％）

□＝5＋3＝**8**（％）

ココ大事！

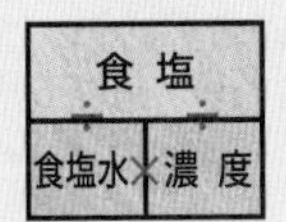

で 食塩の重さや食塩水の重さをたしたり，ひいたりして濃度を考える。

練習問題64

次の問いに答えなさい。

(1) 7.5％の食塩水160ｇと12％の食塩水200ｇをまぜ合わせると何％の食塩水ができますか。

(2) 5％の食塩水280ｇにある食塩水220ｇを加えてまぜ合わせると9.4％の食塩水になりました。加えた食塩水の濃度は何％ですか。

別冊解答 p.116

p.417 15

例題65 食塩水に水を加える

次の問いに答えなさい。

(1) 5%の食塩水300gに水を200g入れると，何%の食塩水になりますか。

(2) 12%の食塩水350gに水を入れると，8%の食塩水になりました。入れた水の量は何gですか。

解き方と答え

(1) 水は0%の食塩水と考えると，水を加えただけなので食塩の量は変わらない。

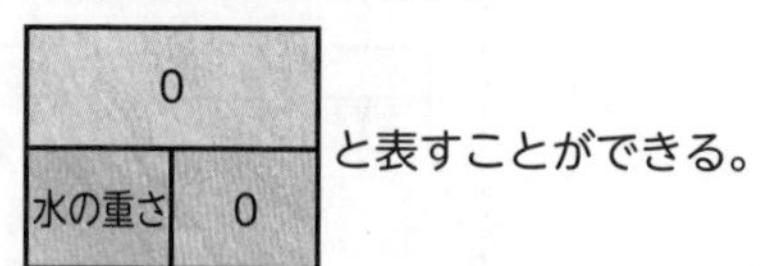

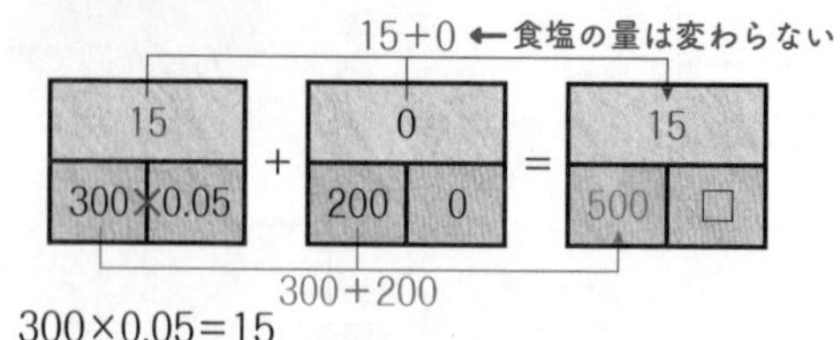

300×0.05=15

よって，□=15÷500=0.03→ **3%**

(2)

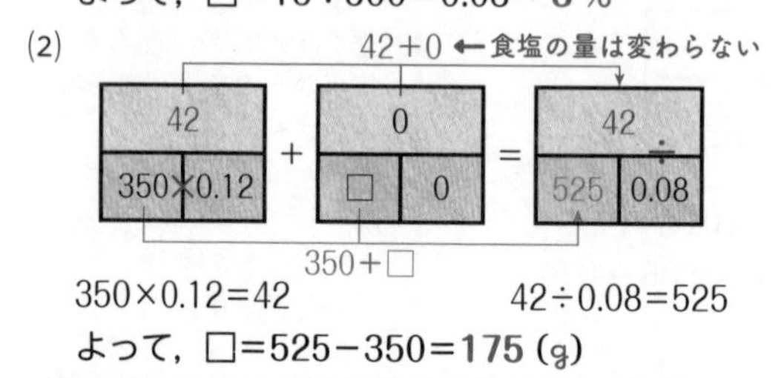

350×0.12=42　　42÷0.08=525

よって，□=525−350=**175 (g)**

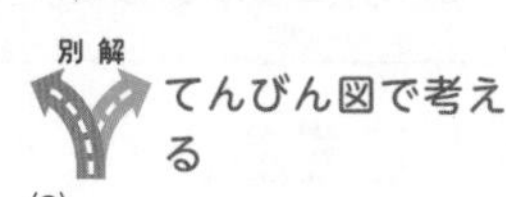

(2)

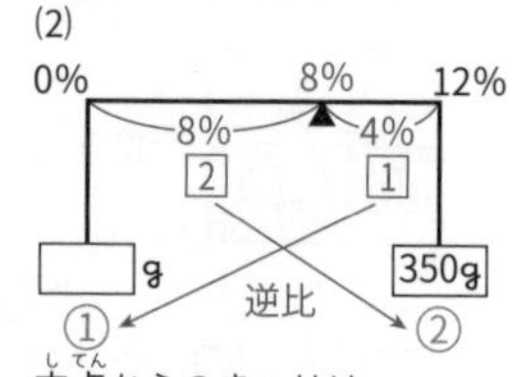

支点（してん）からのきょりは，

(8−0)：(12−8)

=8：4=2：1 なので，

重さは逆比の①：②より，

②=350 (g)

①=350÷2=**175** (g)

ココ大事！

水は0%の食塩水と考えて加えるので，食塩の量は変わらない。

練習問題65

次の問いに答えなさい。

(1) 6%の食塩水250gに水を50g入れると，何%の食塩水になりますか。

(2) 4%の食塩水375gに水を入れると，3%の食塩水になりました。入れた水の量は何gですか。

別冊解答 p.116

4年 5年 6年 中学入試

濃度算

p.417 15

例題66 食塩水を蒸発させる

次の問いに答えなさい。

(1) 6％の食塩水600ｇから水を100ｇ蒸発（じょうはつ）させました。何％の食塩水になりましたか。

(2) 3％の食塩水500ｇから水を蒸発させると，5％の食塩水になりました。水を何ｇ蒸発させましたか。

解き方と答え

(1) 蒸発させると，水のみが減り，**食塩の量は変わらない。**

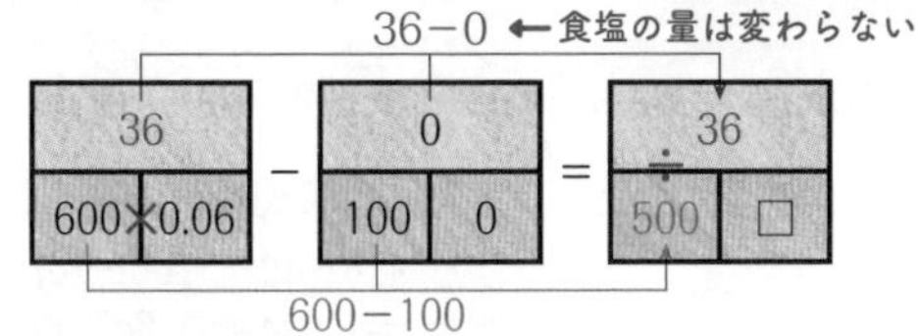

600×0.06＝36

よって，□＝36÷500＝0.072→ **7.2％**

(2)

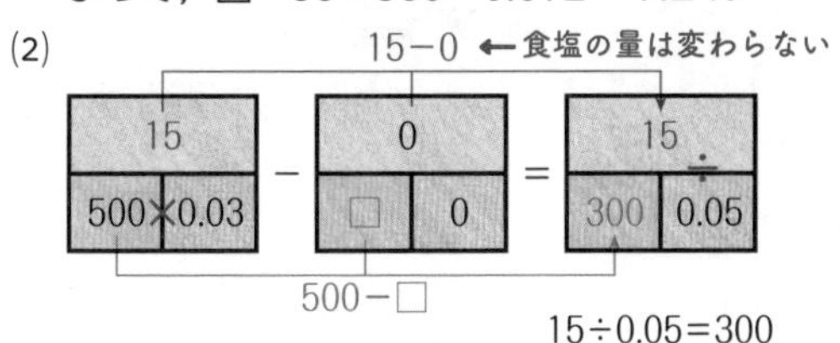

15÷0.05＝300

よって，500−□＝300

□＝500−300＝**200（ｇ）**

てんびん図で考える

蒸発させる問題では，
もとの食塩水−水＝蒸発後の食塩水 なので，
蒸発後の食塩水＋水＝もとの食塩水 になることから，
てんびん図でも解（と）ける。

(1)

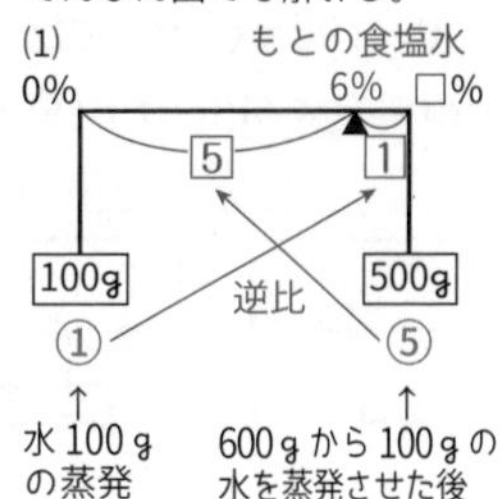

重さが①：⑤なので，
支点（してん）からのきょりは逆比（ぎゃくひ）の
5：1 より，
5＝6−0＝6（％）
1＝6÷5＝1.2（％）
よって，
□＝6＋1.2＝**7.2**（％）

ココ大事！ 水を蒸発させる問題では水が蒸発するだけなので，食塩の量は変わらない。

練習問題66

7.5％の食塩水320ｇから水を蒸発させると，10％の食塩水になりました。水を何ｇ蒸発させましたか。

別冊解答 p.117

濃度算

p.417 15

例題67 食塩水に食塩を加える

10%の食塩水 420 g に食塩を何 g か加えたところ，16%の食塩水になりました。加えた食塩は何 g ですか。

解き方と答え

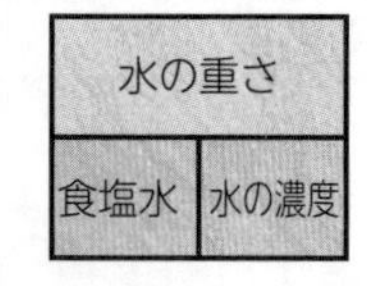

食塩水に食塩を加えると，食塩水の量も食塩の量も増加(ぞうか)するため，変化しないのは水の量だけである。
そのため，**食塩水の濃度(のうど)ではなく，水の濃度で解(と)く**。
10%の食塩水は 100−10=90（%）の水，
16%の食塩水は 100−16=84（%）の水となる。
また，食塩は 100%の食塩水と考えて，
100−100=0（%）の水とする。
(90%の水 420 g)＋(食塩□ g)＝(84%の水)

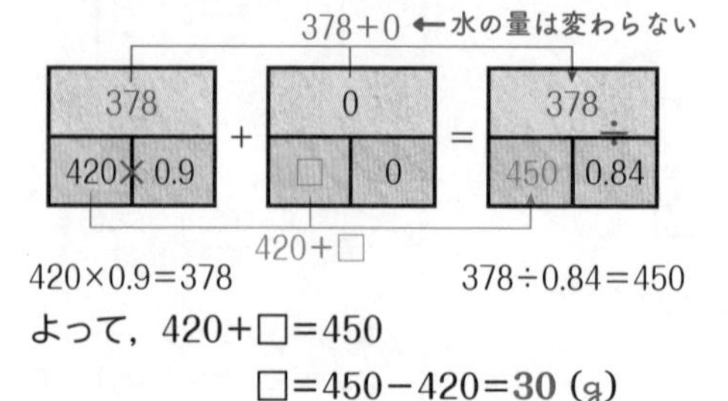

420×0.9=378　　378÷0.84=450
よって，420＋□=450
　　　　□=450−420=**30**（g）

別解 **てんびん図で考える**

食塩は 100%の食塩水と考える。

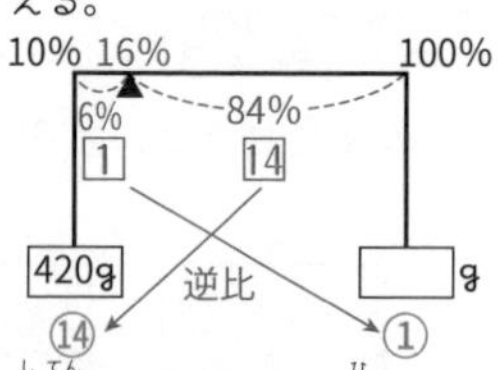

支点(してん)からのきょりの比(ひ)は
(16−10)：(100−16)
=6：84=1：14 なので，
重さの比は逆比(ぎゃくひ)の ⑭：① より，
⑭=420 g
よって，①=420÷14
　　　=**30**（g）

食塩を加える問題では，水の量が変わらないので水の濃度で考える。

4%の食塩水 145 g に食塩を何 g か加えたところ，13%の食塩水になりました。加えた食塩は何 g ですか。

別冊解答 p.117

4年 5年 6年 中学入試

濃度算

p.417 15

例題68 てんびん図で考える

次のア，イにあてはまる数を求めなさい。

(1) 5％の食塩水150gと11％の食塩水［ア］gをまぜたところ，9％の食塩水ができました。

(2) 2.5％の食塩水に食塩を［イ］g加えたところ，10％の食塩水が260gできました。

解き方と答え

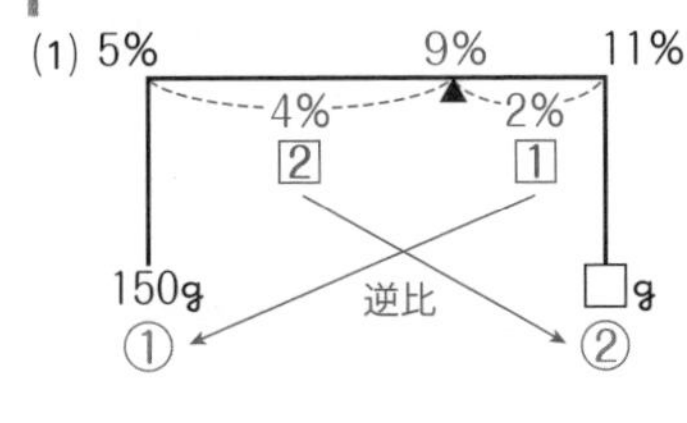

(1) 支点からのきょりの比が，
(9−5)：(11−9)
＝4：2＝[2]：[1] なので，
重さの比が逆比の①：②
より，①＝150g
②＝150×2＝**300** (g)

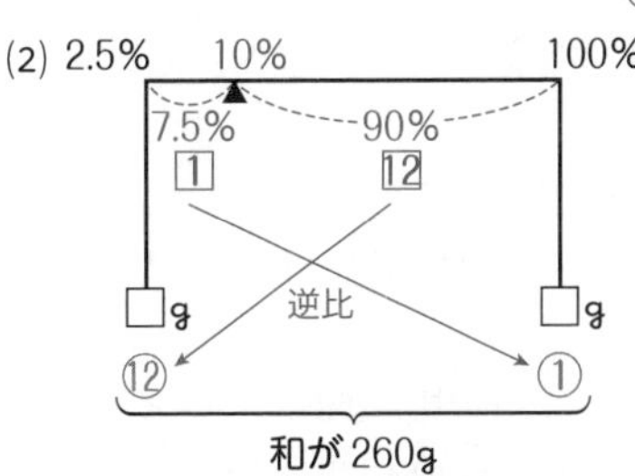

(2) 食塩は100％の食塩水と考える。支点からのきょりの比が，
(10−2.5)：(100−10)
＝7.5：90＝[1]：[12]
なので，重さの比は，逆比の⑫：①

和が260gなので，①＋⑫＝260
⑬＝260g
よって，①＝260÷13＝**20** (g)

別解 面積図で考える

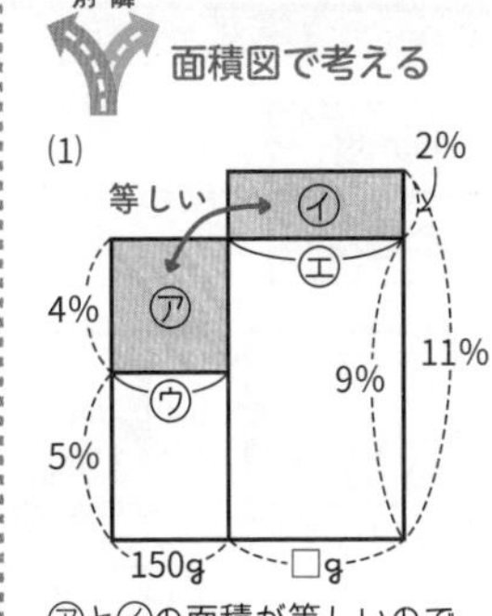

㋐と㋑の面積が等しいので縦の長さの比が，
4％：2％＝2：1 のとき，
横の長さの比は逆比の
㋒：㋓＝①：②
よって，①＝150g
㋓＝②＝150×2＝**300** (g)

ココ大事！ 食塩水Aと食塩水Bをまぜて食塩水Cをつくるとするとき，A，B，Cいずれか1つの量しかわかっていない場合はてんびん図を使う。

練習問題68

次のア，イにあてはまる数を求めなさい。

(1) 6％の食塩水と13％の食塩水［ア］gをまぜたところ，8％の食塩水が560gできました。

(2) 15％の食塩水に水を270g加えたところ，6％の食塩水が［イ］gできました。

別冊解答 p.117

p.417 15

例題69 食塩水の移しかえ

A，B２つの容器があります。Aには４％の食塩水が 400 g，Bには７％の食塩水が 500 g 入っています。いま，Aから 100 g 取り出してBに入れてよくかきまぜたあと，Bから何 g か取り出してAに入れてよくかきまぜたところ，Aは５％になりました。Bから取り出したのは何 g ですか。

解き方と答え

を使ってやりとりの流れを考える。

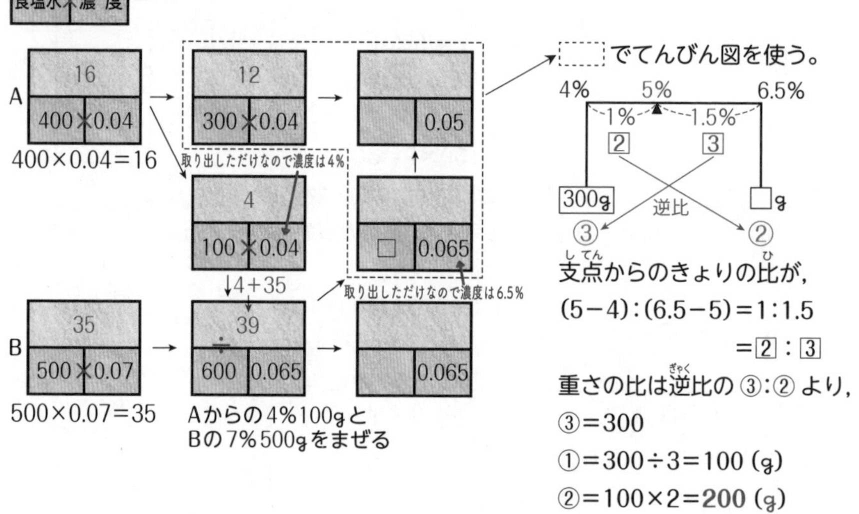

支点からのきょりの比が，

(5−4)：(6.5−5)＝1：1.5

＝2：3

重さの比は逆比の ③：② より，

③＝300

①＝300÷3＝100 (g)

②＝100×2＝**200 (g)**

食塩水の問題で複雑なやりとりがある場合は，まず，やりとりの流れを図で理解し，てんびん図を必要なところで使うようにする。

練習問題69

容器Aには４％の食塩水が 400 g，容器Bには８％の食塩水が 400 g 入っています。いま，Aからある量だけ取り出してBに入れると，Bは 7.2% になりました。その後，Bからある量だけ取り出してAにもどしたところ，Aは 5.2%になりました。

(1) Aから取り出したのは何 g ですか。

(2) Bから取り出したのは何 g ですか。

別冊解答 p.117

4年 5年 6年 中学入試

仕事算

p.417 16

例題70 2人の仕事算

次の問いに答えなさい。

(1) ある仕事をするのに，A 1 人では 15 日，B 1 人では 10 日かかります。この仕事を 2 人ですると，仕上げるのに何日かかりますか。

(2) ある仕事をするのに，A 1 人では 21 日かかります。この仕事を A，B 2 人ですると，全体の $\frac{1}{3}$ をするのに 4 日かかります。この仕事を B 1 人ですると，仕上げるのに何日かかりますか。

解き方と答え

(1) 仕事全体の量を 15 と 10 の最小公倍数の㉚とする。
Aは 15 日で仕上げるので 1 日の仕事量は，㉚÷15=②
Bは 10 日で仕上げるので 1 日の仕事量は，㉚÷10=③
つまり，2 人で 1 日にできる仕事量は，②+③=⑤
よって，㉚の仕事を 2 人ですると，仕上げるのに，
㉚÷⑤=**6**（日）かかる。

(2) A 1 人で 21 日かかるので，仕事全体の量を㉑とする。
Aは 21 日で仕上げるので 1 日の仕事量は，㉑÷21=①
A，B 2 人で全体の $\frac{1}{3}$ をするのに 4 日かかるので，
A，B 2 人の 1 日の仕事量は，㉑×$\frac{1}{3}$÷4=(1.75)
つまり，B 1 人の 1 日の仕事量は，(1.75)−①=(0.75)
よって，㉑の仕事を B 1 人ですると，仕上げるのに，
㉑÷(0.75)=**28**（日）かかる。

仕事全体の量を①とする

(1) Aの 1 日の仕事量は，
①÷15=$\left(\frac{1}{15}\right)$
Bの 1 日の仕事量は，
①÷10=$\left(\frac{1}{10}\right)$
A，B2 人の 1 日の仕事量は，
$\left(\frac{1}{15}\right)+\left(\frac{1}{10}\right)=\left(\frac{1}{6}\right)$
よって，①÷$\left(\frac{1}{6}\right)$=**6**（日）かかる。

仕事全体の量を仕上げるのにかかる日数の最小公倍数にして，それぞれの 1 日の仕事量を求める。

練習問題70

次の問いに答えなさい。

(1) ある仕事をするのに，A 1 人では 35 日かかり，AとBの 2 人ですると 10 日かかります。この仕事を B 1 人ですると，仕上げるのに何日かかりますか。

(2) ある仕事をするのに，A 1 人では 36 日かかります。この仕事をAとBの 2 人ですると，全体の $\frac{1}{2}$ をするのに 10 日かかります。この仕事を B 1 人ですると，仕上げるのに何日かかりますか。

別冊解答 p.118

仕事算

p.417 16

例題71 水を入れる仕事算

次の問いに答えなさい。

(1) 水そうを満水にするのにA管1本では20分，B管1本では15分かかります。A管2本とB管3本を使って水を入れるとき，満水になるまで何分何秒かかりますか。

(2) 水そうを満水にするのにA管2本とB管6本を使って水を入れると6分かかります。また，B管3本で水を入れると18分かかります。A管4本とB管2本を使って水を入れるとき，満水になるまで何分何秒かかりますか。

解き方と答え

(1) 満水の量を，20と15の最小公倍数の(60)とする。

A1本で1分間に入る水の量は，(60)÷20=③

B1本で1分間に入る水の量は，(60)÷15=④

つまり，A2本とB3本では1分間に，

③×2+④×3=⑱ 入る。

よって，(60)÷⑱=$3\frac{1}{3}$(分)=**3分20秒**

(2) 満水の量を，6と18の最小公倍数の⑱とする。

B3本は ⑱÷18=① より，B1本は ①÷3=$\boxed{\frac{1}{3}}$…あ

A2本とB6本は ⑱÷6=③，B6本は$\boxed{\frac{1}{3}}$×6=② より，

A2本は ③−②=① なので，A1本は ①÷2=$\boxed{\frac{1}{2}}$…い

あ，いより，A4本とB2本は $\boxed{\frac{1}{2}}$×4+$\boxed{\frac{1}{3}}$×2=$\boxed{2\frac{2}{3}}$

よって，⑱÷$\boxed{2\frac{2}{3}}$=$6\frac{3}{4}$(分)=**6分45秒**

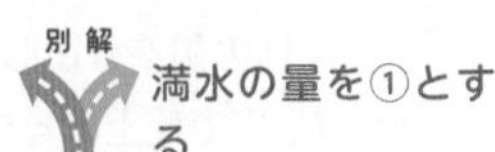

満水の量を①とする

(1) 1分間に入る水の量はそれぞれ，

A1本は，①÷20=$\boxed{\frac{1}{20}}$

B1本は，①÷15=$\boxed{\frac{1}{15}}$

A2本とB3本では，

$\boxed{\frac{1}{20}}$×2+$\boxed{\frac{1}{15}}$×3=$\boxed{\frac{3}{10}}$

よって，①÷$\boxed{\frac{3}{10}}$=$\boxed{3\frac{1}{3}}$(分)

=**3分20秒**

ココ大事！ 水そうに水を入れる問題では，満水の量を決めてから1本で1分にどれだけ入るかを求める。

練習問題71 水そうを満水にするのにA管4本使うときと，B管6本使うときにかかる時間は同じです。また，A管とB管を1本ずつ使って水を入れると，10分かかります。A管2本とB管3本を使って水を入れるとき，満水になるまでの時間を求めなさい。

別冊解答 p.118

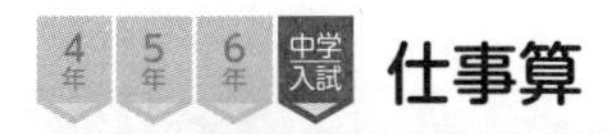

仕事算

p.417 16

例題72 片方が休む仕事算

次の問いに答えなさい。

(1) ある仕事をするのにA1人では12日，B1人では15日かかります。2人でこの仕事をはじめましたが，とちゅうでBが何日か休んだので，仕上げるのに8日かかりました。Bは何日休みましたか。

(2) ある仕事をするのにA1人では45日，B1人では30日かかります。はじめAだけで何日か仕事をした後にBと交代して，残りをB1人で仕上げたところ，Aが仕事をはじめてから38日で終わりました。Aは何日仕事をしましたか。

解き方と答え

(1) 仕事全体の量を12と15の最小公倍数の⑥⓪とする。

Aの1日分は ⑥⓪÷12=⑤，Bの1日分は ⑥⓪÷15=④

とちゅうで休んだBを，はじめの日から続けて休んだとして，表で考える。

	1	2	…	…	…	…	8
A	⑤	…	…	…	…	…	⑤
B	×	…	…	×	④	…	④

（Aの行：㊵，A・Bの合計：㊿⑩→⑥⓪，Bの仕事：⑳）

Aは⑤で8日仕事をしたので，⑤×8=㊵

よって，Bは ⑥⓪−㊵=⑳ の仕事をした。

Bが仕事をした日数は，⑳÷④=5(日) なので，

8−5=**3(日)** 休んだ。

(2) 仕事全体の量を45と30の最小公倍数の⑨⓪とする。

Aの1日分は ⑨⓪÷45=②，Bの1日分は ⑨⓪÷30=③

つるかめ算で考えて，Bが38日すべて仕事をしたとすると，

③×38=⑪④　⑪④−⑨⓪=㉔ 多い。

1日BをAに交代するごとに，③−②=① ずつ減るので，

Aが仕事をした日数は，㉔÷①=**24(日)**

2人の仕事算ではつるかめ算を利用することがある。

練習問題72

別冊解答 p.118

次のア，イにあてはまる数を求めなさい。

(1) ある仕事をするのにA1人では30日，B1人では40日かかります。2人でこの仕事をはじめましたが，とちゅうでAが5日休んだので，仕上げるのに［ア］日かかりました。

(2) ある仕事をするのにA1人では25日，B1人では15日かかります。はじめAだけで［イ］日仕事をした後にBと交代して，残りをBだけで仕上げました。Bが仕事をした日数はAの $\frac{2}{5}$ でした。

p.417 16

例題73 3人の仕事算

ある仕事をするのに，AとBの2人ですると28日かかり，AとCの2人ですると14日かかり，BとCの2人ですると12日かかります。

(1) この仕事をA，B，Cの3人でする場合，仕事をはじめてから何日目に終わりますか。

(2) この仕事をA，B，Cの3人ではじめましたが，とちゅうでBが3日，Cが6日休みました。仕上げるのに何日かかりましたか。

解き方と答え

(1) 仕事全体の量を28と14と12の最小公倍数の㉞とする。

AとBの1日分は ㉞÷28=③，AとCの1日分は ㉞÷14=⑥，

BとCの1日分は ㉞÷12=⑦

$$
\begin{array}{rl}
A + B \quad\quad & =③ \\
A + \quad\quad C & =⑥ \\
+)\quad\quad B + C & =⑦ \\
\hline
A\times2+B\times2+C\times2 & =⑯ \\
A + B + C & =⑧
\end{array}
\quad (\div 2)
$$

A，B，C3人で1日に⑧できるので，

㉞÷⑧=10 あまり ④ より，

10日後にあと④残るので，10+1=**11**（日目）に終わる。

(2) A+B+C=⑧ より，A=⑧−⑦=①，B=⑧−⑥=②，C=⑧−③=⑤
（⑦はB+C，⑥はA+C，③はA+B）

はじめの日から続けてBは3日，Cは6日休んだとして，表で考える。

	1	2	3	4	5	6	7	…	
A	①	①	①	①	①	①	①	…	①
B	×	×	×	②	②	②	②	…	②
C	×	×	×	×	×	×	⑤	…	⑤

（A・B・Cの合計 ㉞，Bの休み あ，Cの休み い）

あの3日間Bが仕事をしたとすると，②×3=⑥ できる。

いの6日間Cが仕事をしたとすると，⑤×6=㉚ できる。

全員が毎日仕事をすると，㉞+⑥+㉚=⑫⓪

よって，3人で1日に⑧の仕事をするので，⑫⓪÷⑧=**15**（日）

休む日がある仕事算では，表をかいて整理する。

練習問題73

別冊解答 p.119

ある仕事をするのに，A，B，Cの3人ですると10日かかり，AとCの2人ですると15日かかります。この仕事をA，Bそれぞれが1人でする場合，Aのほうが Bより10日多くかかります。

(1) この仕事をCが1人ですると，何日かかりますか。

(2) この仕事をAとCの2人で何日か仕事をした後に，残りをBとCの2人で仕上げたところ，全部で14日かかりました。Aは何日仕事をしましたか。

4年 5年 6年 中学入試

のべ算

p.417 16

例題74 要素が２つののべ算

次の問いに答えなさい。

(1) 7人で働くと20日かかる仕事があります。この仕事を10人で働くと何日かかりますか。

(2) 8人で働くと18日かかる仕事があります。この仕事を12日で終わらせようとして，10人ではじめましたが，4日たったところで間に合わないことに気づき，5日目から人数を増(ふ)やすことにしました。何人増やせば12日で終わらせることができますか。

解き方と答え

(1) 1人が1日にする仕事の量を①とする。

1人×1日⇒①

×7　×20　人数が7倍，日数が20倍

7人×20日⇒①×7×20＝⑭⓪ の仕事であることがわかる。

よって，10人×□日⇒①×10×□＝⑭⓪ より，□＝⑭⓪÷⑩＝**14（日）**

(2) 1人が1日にする仕事の量を①とする。

1人×1日⇒①

×8　×18　人数が8倍，日数が18倍

8人×18日⇒①×8×18＝⑭④ の仕事であることがわかる。

10人で4日間にした仕事は，10人×4日⇒①×10×4＝㊵，残りは ⑭④－㊵＝⑩④

12日で終わらせるには，12－4＝8（日）ですませればよい。

よって，□人×8日⇒①×□×8＝⑩④ より，□＝⑩④÷⑧＝13（人）なので，

増やす人数は，13－10＝**3（人）**

1人が1日にする仕事の量を①とすると，□人で△日仕事をすれば，①×□×△の仕事ができる。

練習問題74

別冊解答 p.119

次の問いに答えなさい。

(1) 12人で働いてちょうど10日で終わる仕事を，はじめの5日間は8人で働き，そのあとは10人で働きました。仕事をはじめてから終えるまでに何日かかりましたか。

(2) 5人で働くと30日かかる仕事があります。この仕事を14日で終わらせようとして，9人ではじめましたが，何日かたったところで間に合わないことに気づき，次の日から3人増やし，予定通り終わらせることができました。人数を増やしたのは何日目ですか。

のべ算

p.417 16

例題75 要素が3つののべ算

次の問いに答えなさい。

(1) 7人が毎日6時間ずつ働いて20日かかる仕事を，8人が毎日7時間ずつ働くと何日かかりますか。

(2) 8人が毎日6時間ずつ働いて25日かかる仕事を，はじめの12日間は10人が毎日7時間ずつ働き，残りは9人で行います。あと5日間で仕上げるためには，毎日何時間ずつ働けばよいですか。

解き方と答え

(1) 1人が1日に1時間でする仕事の量を①とする。

1人×1時間×1日⇒①

×7　×6　×20　人数が7倍，時間が6倍，日数が20倍

7人×6時間×20日⇒①×7×6×20＝⑧⑷⓪ の仕事であることがわかる。

これを8人で毎日7時間働くので，

8人×7時間×□日⇒①×8×7×□＝(840)　□＝(840)÷(56)＝**15**(日)

(2) 1人が1日に1時間でする仕事の量を①とする。

1人×1時間×1日⇒①

×8　×6　×25　人数が8倍，時間が6倍，日数が25倍

8人×6時間×25日⇒①×8×6×25＝(1200)の仕事であることがわかる。

はじめの12日間でした仕事は，

10人×7時間×12日⇒①×10×7×12＝(840)　残りは (1200)－(840)＝(360)

これを9人で5日で仕上げたいので，

9人×□時間×5日⇒①×9×□×5＝(360)　□＝360÷(45)＝ **8**(時間)

1人が1日に1時間でする仕事の量を①とすると，□人で1日△時間で◇日仕事をすれば，①×□×△×◇の仕事ができる。

練習問題 75

別冊解答 p.120

次の問いに答えなさい。

(1) 12人が毎日8時間ずつ働いて20日かかる仕事があります。この仕事を，はじめの6日間は16人が毎日7.5時間ずつ働き，その後は15人で毎日何時間ずつか働いたので，仕上げるまでに全部で14日かかりました。15人は毎日何時間ずつ働きましたか。

(2) 11人が毎日5時間ずつ働いて24日かかる仕事を，はじめの何日かは12人が毎日6時間ずつ働き，残りは16人で毎日5.5時間ずつ働くと全部で17日かかりました。16人は何日働きましたか。

4年 5年 6年 中学入試

ニュートン算

p.417 17

例題76 数値があたえられているとき

水そうに水が 350 L 入っています。給水管から，毎分 15 L の水を入れながら，同時にポンプで水をくみ出します。ポンプ1台で毎分 25 L の水をくみ出すことができます。

(1) ポンプ1台で水をくみ出すと何分後に水そうは空になりますか。

(2) 何台かのポンプで水をくみ出すと5分 50 秒で水そうは空になりました。何台のポンプで水をくみ出しましたか。

解き方と答え

空になるまでの時間を①分として，くみ出す水全体を線分図で表す。

(1)

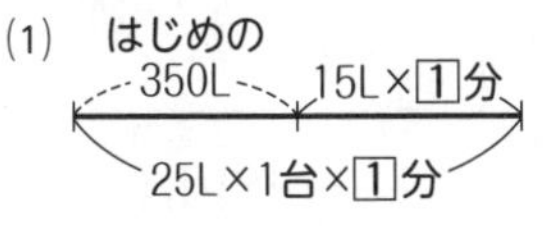

25×1×①＝350＋15×①

㉕＝350＋⑮

⑩＝350

①＝350÷10＝**35**（分）

(2)

はじめの 350L　$15L\times5\frac{5}{6}$分

$25L\times$□台$\times5\frac{5}{6}$分

ポンプの台数を□台とする。

$25\times□\times5\frac{5}{6}=350+15\times5\frac{5}{6}$

$□\times\frac{875}{6}=437\frac{1}{2}$

$□=437\frac{1}{2}\div\frac{875}{6}$

$=$**3**（台）

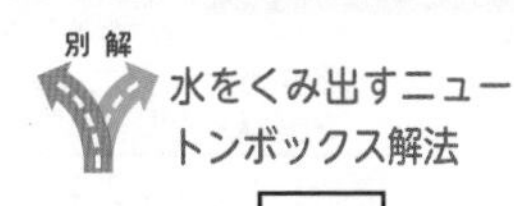

水をくみ出すニュートンボックス解法

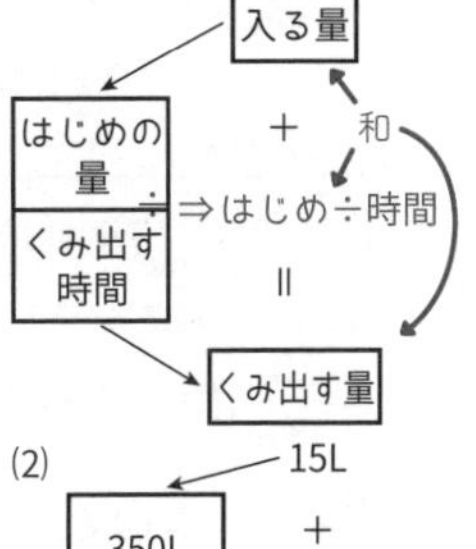

(2)

15L
350L
＋
$=350\div5\frac{5}{6}$
$5\frac{5}{6}$分
＝
25L×□台

$25\times□=15+350\div5\frac{5}{6}$

$25\times□=15+60$

$□=75\div25=$**3**（台）

水をくみ出すニュートン算の線分図は，右のようになる。

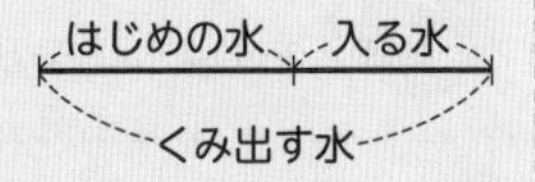

練習問題76

別冊解答 p.120

遊園地の入口に 180 人の行列ができていて，毎分5人の割合（わりあい）で行列に並ぶ（なら）人が増え（ふ）ています。入口が1つのときは 36 分で行列がなくなります。

(1) はじめから入口を2つにすると，何分で行列はなくなりますか。

(2) 4分で行列がなくなるようにするには，はじめから入口をいくつにすればよいですか。

ニュートン算

p.417 17

例題77 ちがいに注目する

美術館の前に 250 人の行列ができていて，毎分何人かの割合で行列に並ぶ人が増えています。入場口が 2 つのときには 25 分で行列がなくなり，入場口が 3 つのときには 10 分で行列がなくなります。

(1) 入場口 1 つからは，毎分何人の人が入場しますか。

(2) 入場口が 4 つのとき，行列は何分何秒でなくなりますか。

解き方と答え

(1)

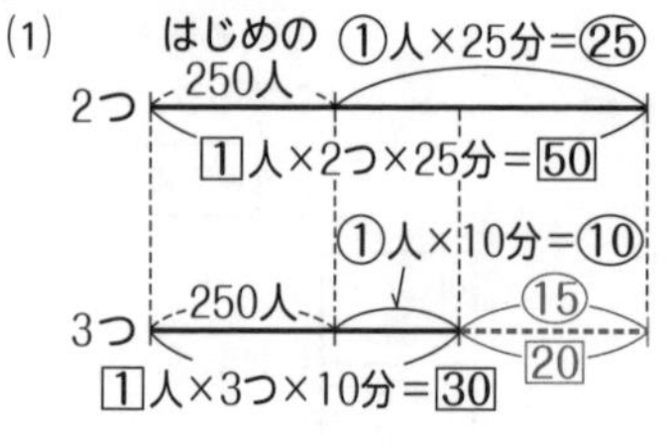

1 分間に増える人数を①，1 つの入場口から 1 分間に入場する人数を1として入場者全体を線分図で表す。

⑮=20 より，①=20÷15=$\frac{4}{3}$

⑩=$\frac{40}{3}$ より，30=250+⑩　30=250+$\frac{40}{3}$

$\frac{50}{3}$=250 なので，1=250÷$\frac{50}{3}$=**15（人）**

(2) 1=15 人，①=$\frac{4}{3}$ より，①=15×$\frac{4}{3}$=20（人）

入場口が 4 つなので，250÷(15×4−20)

=6$\frac{1}{4}$（分）=**6 分 15 秒**

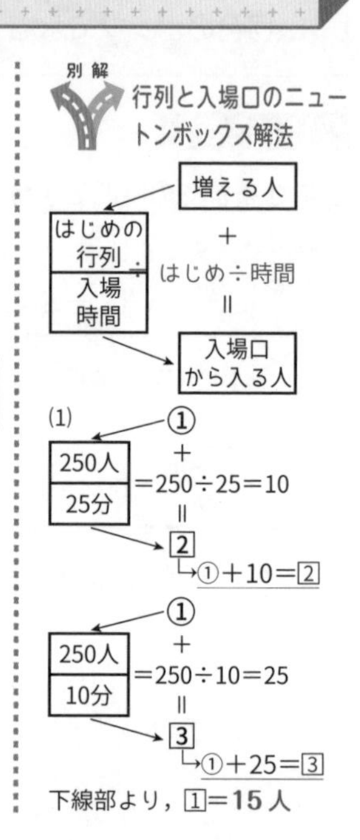

ココ大事！ 行列と入場口のニュートン算の線分図は，右のようになる。

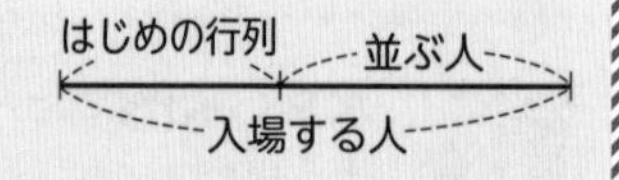

練習問題77

水が一定の割合でわき出る井戸に水が 600 L あります。この水をすべてくみ出すのに，ポンプ 6 台で 30 分，ポンプ 8 台で 20 分かかります。

(1) ポンプ 10 台ですべての水をくみ出すには何分かかりますか。

(2) はじめポンプ 14 台で水をくみ出していましたが，とちゅうポンプ 3 台が同時に動かなくなったので，そのあとはポンプ 11 台で水をくみ出したところ，すべての水をくみ出すのに 12 分かかりました。ポンプ 3 台は水をくみ出しはじめて何分後に動かなくなりましたか。

別冊解答 p.120

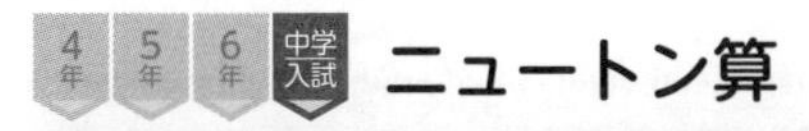

ニュートン算

p.417 17

例題78 比だけでとくニュートン算

ある牧場では，牛を24頭入れると16日で草がなくなり，36頭入れると8日で草がなくなります。牛を60頭入れると何日で草がなくなりますか。ただし，牛1頭が食べる草の量と，牧場の草がはえる割合(わりあい)は，毎日一定です。

解き方と答え

1日にはえる草の量を①，牛1頭が1日に食べる草の量を[1]にして線分図で表す。

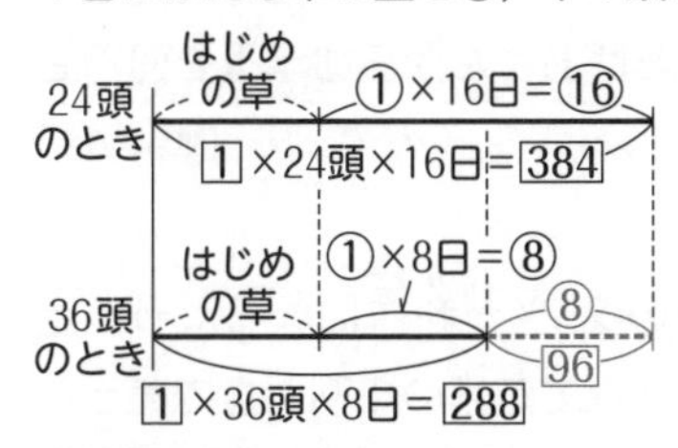

⑧＝[96] より，

①＝[96]÷8＝[12]

↑1日に[12]ずつはえる

(はじめの草)＋⑧＝[288]

↑[96]

(はじめの草)＝[288]－[96]＝[192]

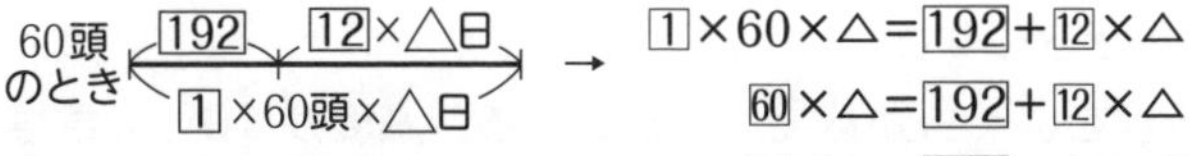

→ [1]×60×△＝[192]＋[12]×△

[60]×△＝[192]＋[12]×△

[48]×△＝[192]　よって，△＝[192]÷[48]＝4（日）

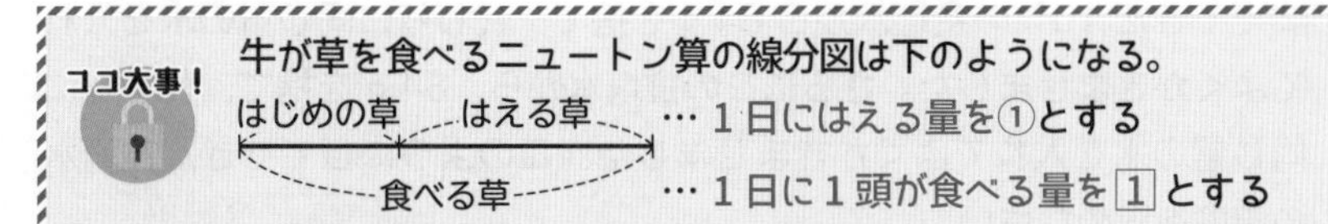

ココ大事！
牛が草を食べるニュートン算の線分図は下のようになる。
はじめの草
はえる草
… 1日にはえる量を①とする
食べる草
… 1日に1頭が食べる量を[1]とする

練習問題78

ある牧場では，牛を6頭入れると28日で草がなくなり，16頭入れると8日で草がなくなります。牛を18頭入れると何日で草がなくなりますか。ただし，牛1頭が食べる草の量と，牧場の草がはえる割合は，毎日一定です。

別冊解答 p.120

→ 別冊解答 p.121~122

19 Aさん，Bさん，Cさんの3人の所持金の合計は2500円です。Bさんの所持金はAさんの3倍より100円多く，Cさんの所持金はBさんの2倍より500円少なくなっています。Bさんの所持金は何円ですか。

→例題 47

【慶應義塾湘南藤沢中】

20 兄は5000円，弟は3500円持っていましたが，お正月におばあさんからお年玉をもらいました。兄は弟の2倍の金額(きんがく)をもらったので，兄の所持金と弟の所持金の比が7：4になりました。兄はおばあさんからお年玉を何円もらいましたか。

→例題 52

【関東学院中】

21 ある品物を200個(こ)仕入れました。仕入れ値(ね)の25%が利益(りえき)になるように定(てい)価(か)をつけ，品物の9割(わり)を売ったあと，残りはすべて定価の1割引きで売ったところ，売り上げ金額は267300円になりました。この品物の仕入れ値は1個何円ですか。

→例題 62

【青山学院中】

22 濃度(のうど)が3％の食塩水200gに濃度が9％の食塩水400gをまぜました。

→例題 64・66・69

【雲雀丘学園中】

(1) できた食塩水の濃度を求めなさい。
(2) できた食塩水から水をいくらか蒸発(じょうはつ)させたところ，濃度が10%の食塩水ができました。蒸発させた水の重さを求めなさい。
(3) (2)でできた10%の食塩水から84gを捨(す)て，代わりに同じ量の水を入れてよくかきまぜました。さらにこの食塩水から，84gを捨て，代わりに同じ量の水を入れてよくかきまぜました。このようにしてできた食塩水の濃度を求めなさい。

23 Aさんだけでは1時間，Bさんだけでは1時間24分かかる仕事があります。最初の10分間はAさんとBさんの2人で仕事をして，次にAさんだけで仕事をして，最後にBさんだけで仕事をしたところ，全部で1時間4分かかりました。Bさんだけで仕事をしたのは何分間ですか。

→例題 70・72

【早稲田実業中】

力をためす問題

レベル3 レベル2 レベル1

→別冊解答 p.122~123

24 Aさん，Bさん，Cさんの3人で同じケーキを買いに行きました。Aさんは持っていたお金の $\frac{9}{16}$ でケーキを3個，Bさんは持っていたお金の $\frac{4}{7}$ でケーキを4個，Cさんは持っていたお金の $\frac{3}{5}$ でケーキを3個買いました。はじめに3人が持っていたお金の合計金額は1820円でした。【立教女学院中一改】

→例題58

(1) ケーキ1個の値段は何円ですか。

(2) Aさんがはじめに持っていたお金は何円ですか。

25 食塩水A，B，Cがあります。食塩水Aは濃度が6％で300gあります。食塩水Bは200g，食塩水Cは300gあり，食塩水Bと食塩水Cにふくまれる食塩の量は同じです。このとき，食塩水Aに，食塩水Bを150g入れ，よくまぜ合わせると食塩水Cの濃度と同じになりました。食塩水Bの濃度は何％ですか。

→例題64

【渋谷教育学園渋谷中】

26 ある作業をするのに，太郎さん1人では36分かかり，次郎さん1人では60分かかります。ただし，2人でいっしょに作業をすると能率があがるため，1分あたりにできる作業の量がそれぞれ2割5分増しになります。

→例題70・72

【専修大松戸中】

(1) この作業をはじめから終わりまで2人でいっしょにすると，作業が終わるまでに何分かかりますか。

(2) この作業を，太郎さんは2分して1分休み，次郎さんは1分して1分休むことをくり返しながら行います。太郎さんと次郎さんがこの作業をいっしょに始めると，作業が終わるまでに何分かかりますか。

ちょいムズ **27** ある牧草地では一定の割合で草が増えていて，どの牛も毎日同じ量の草を食べています。10頭の牛では100日で草を食べつくし，30頭の牛では20日で草を食べつくします。牛がある頭数以下であれば，何日たっても草を食べつくすことはありません。草を食べつくすことのないのは，最大で牛が何頭のときですか。

→例題78

【西大和学園中】

第4章 速さについての問題

p.456〜481

学習のポイント

18 旅人算

➡ 例題 79〜88

► 何人かの人がそれぞれの速さで，出会ったり，はなれたり，追いついたりするときの時間やきょりの関係について考える問題を**旅人算**（たびびとざん）という。

► A，Bの2人がそれぞれ一定の速さで歩くとする。ただし，Aのほうが速いとする。

㋐ □ m はなれたところから向かい合って進むとき，

出会うまでにかかる時間＝□÷（Aの速さ＋Bの速さ）

↑速さの和

㋑ □ m 前を行くBをAが追いかけるとき，

追いつくまでにかかる時間＝□÷（Aの速さ－Bの速さ）

↑速さの差

㋒ AとBが一定の時間進んだとき，

Aが進んだきょり：Bが進んだきょり＝Aの速さ：Bの速さ

↑進んだきょりの比＝速さの比

㋓ AとBが一定のきょりを進んだとき，

Aがかかった時間：Bがかかった時間＝Bの速さ：Aの速さ

↑かかる時間の比＝速さの逆比

19 流水算

➡ 例題 89〜92

► 船が川を上ったり，下ったりするとき，船の静水での速さと流れの速さから，上り，下りの速さを求めたり，かかる時間やきょりを求める問題を**流水算**（りゅうすいざん）という。

► 川には流れがあるので，川を上るときには流れの速さの分おしもどされ，下るときにはおし流される。上り，下りの速さは次のようになる。

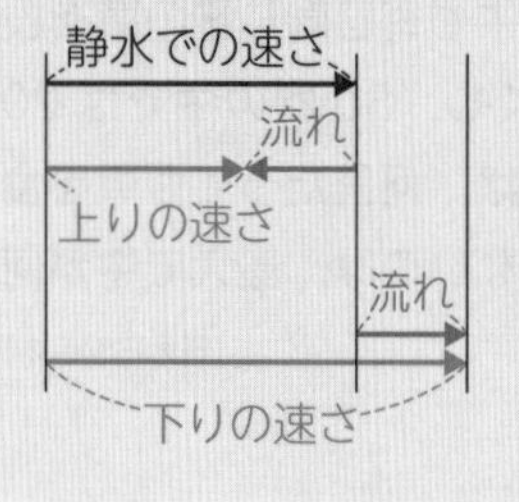

上りの速さ＝静水での速さ－流れの速さ
下りの速さ＝静水での速さ＋流れの速さ

よって，

静水での速さ＝（上りの速さ＋下りの速さ）÷2
流れの速さ＝（下りの速さ－上りの速さ）÷2

20 通過算

➡ 例題 93〜96

► 電車が電柱やトンネルを通過(つうか)したり，電車どうしですれちがったり，追いこしたりするときに，電車の長さや速さから通過するのにかかる時間を考える問題を**通過算**(つうかざん)という。

► A電車とB電車がそれぞれ一定の速さで進むとする。ただし，A電車のほうが速いとする。

㋐電柱や人の前など，長さを考えなくてよいものの前を電車が通過するとき，

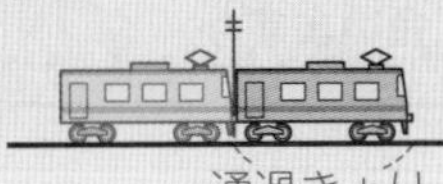

通過するのにかかる時間
＝電車の長さ÷電車の速さ

㋑トンネルや鉄橋など，長さがあるものを電車が通過するとき，

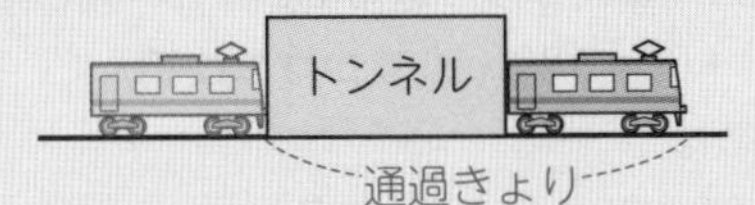

通過するのにかかる時間
＝(トンネルの長さ＋電車の長さ)÷電車の速さ

㋒トンネルに電車全体が入って，かくれて外から見えないとき，

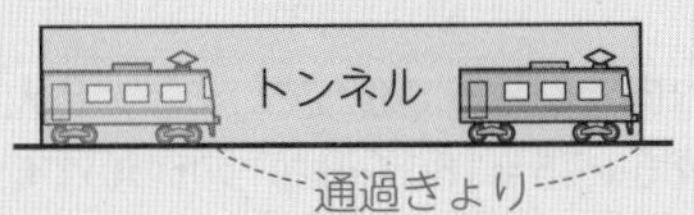

トンネル内にかくれている時間
＝(トンネルの長さ－電車の長さ)÷電車の速さ

㋓A電車とB電車がすれちがうとき，

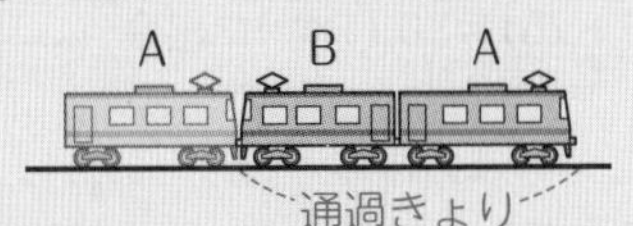

すれちがうのにかかる時間
＝(A電車の長さ＋B電車の長さ)
÷(A電車の速さ＋B電車の速さ)
↑速さの和

㋔A電車がB電車に追いこすとき，

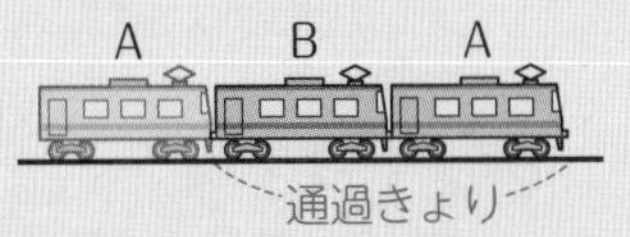

追いこすのにかかる時間
＝(A電車の長さ＋B電車の長さ)
÷(A電車の速さ－B電車の速さ)
↑速さの差

21 時計算

➡ 例題 97〜100

► 時計の長針(ちょうしん)と短針が一定時間に進む角度を使って，いろいろな角度を表す時刻(じこく)を考える問題を**時計算**(とけいざん)という。

► 長針は**1時間に360°**進むので，1分間に 360°÷60＝**6°** 進む。
短針は**1時間に30°**進むので，1分間に 30°÷60＝**0.5°** 進む。
よって，1分につき 6°－0.5°＝**5.5°** ずつ追いついたり，はなれたりする。

旅人算

p.456 18

例題79 反対方向に進むとき

次の問いに答えなさい。

(1) 兄は分速 120 m，弟は分速 60 m の速さで同じ地点から同時に出発し，反対方向に歩きます。6 分後には 2 人は何 m はなれていますか。

(2) 4.8 km はなれた 2 地点から，しゅんさんとまさやさんの 2 人が向かい合って同時に出発します。しゅんさんは分速 85 m，まさやさんは分速 75 m で歩くとき，2 人は出発してから何分後に出会いますか。

解き方と答え

(1)

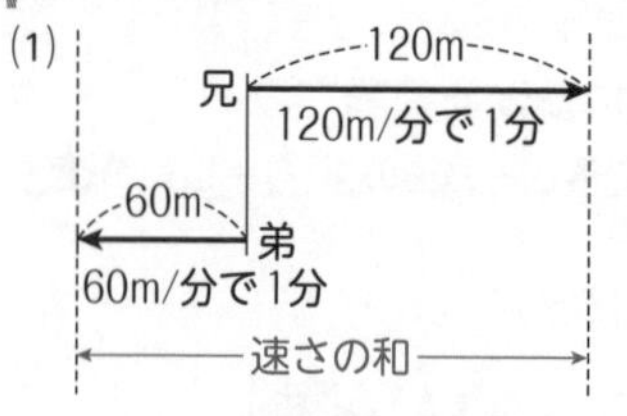

それぞれ反対方向に向かって進んでいくと，兄と弟は 1 分間に 120＋60＝180（m）ずつはなれていく。

よって，6 分後は，

(120＋60)×6＝**1080（m）**はなれる。

↑速さの和

(2)

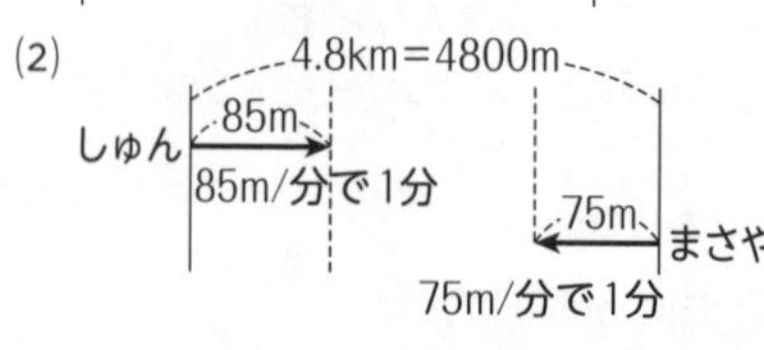

それぞれ向かい合って進んでいくと，2 人は 1 分間に 85＋75＝160（m）ずつ近づいていく。

2 人の間のきょりは 4800 m なので，

4800÷(85＋75)＝**30（分後）**に出会う。

↑速さの和

ココ大事！

・反対方向に進むと，速さの和ずつはなれていく。

・向かい合って進むと，速さの和ずつ近づく。

練習問題79

別冊解答 p.123

次のア，イにあてはまる数を求めなさい。

(1) 姉は分速 80 m，妹は分速［ア］m の速さで同じ地点から同時に出発し，反対方向に歩くと，15 分後に 2 人は 2100 m はなれます。

(2) 6 km はなれた 2 地点から，りこさんとみはるさんの 2 人が向かい合って同時に出発します。りこさんは時速［イ］km，みはるさんは時速 3.6 km で歩くと，2 人は出発してから 45 分後に出会います。

旅人算

p.456 18

例題80 同じ方向に進むとき

次の問いに答えなさい。

(1) 兄は分速 95 m，妹は分速 75 m の速さで同じ地点から同時に出発し，同じ方向に歩きます。8 分後，2 人は何mはなれますか。

(2) 一直線にのびる道の 390 m はなれた 2 地点に姉と弟がいます。姉は分速 100 m，弟は分速 85 m の速さで同時に出発し，姉が弟を追いかけます。姉が弟に追いつくのは何分後ですか。

解き方と答え

(1)

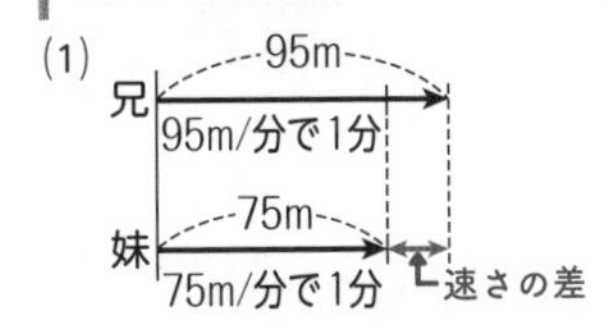

それぞれ同じ方向に向かって進んでいくと，兄と妹は 1 分間に 95−75=20 (m) ずつはなれていく。

よって，8 分後は，

(95−75)×8=**160 (m)** はなれる。

速さの差

(2)

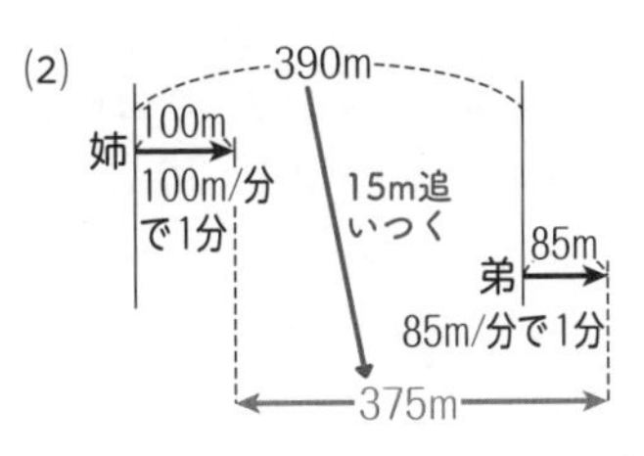

それぞれ同じ方向に向かって進むと，2 人は 1 分間に 100−85=15 (m) ずつ近づいていく。

2 人の間のきょりは 390 m なので，

390÷(100−85)=**26 (分後)** に追いつく。

ココ大事！
- 同じところから同じ方向に進むと速さの差ずつはなれていく。
- 同じ方向に進みながら追いかけると速さの差ずつ近づいていく。

練習問題 80

別冊解答 p.124

次の問いに答えなさい。

(1) みほさんは時速 5.6 km，なおきさんは時速 3.2 km の速さで同じ地点から同時に出発し，同じ方向に歩きます。15 分後，2 人は何mはなれますか。

(2) かほさんが分速 80 m で出発してから 9 分後にこうじさんが分速 120 m で追いかけます。こうじさんは出発してから何分後にかほさんに追いつきますか。

旅人算

p.456 18

例題81 池のまわりをまわるとき

次の問いに答えなさい。

(1) まわりの長さが 360 m の池があります。兄は分速 65 m，弟は分速 55 m で同じところから同時に出発し，池のまわりをまわります。

❶ 兄と弟が反対方向にまわるとき，何分ごとにすれちがいますか。

❷ 兄と弟が同じ方向にまわるとき，兄は何分ごとに弟を追いこしますか。

(2) まわりの長さが 540 m の池があります。A，B 2 人が同じところから同時に出発し，池のまわりをまわります。2 人が反対方向にまわるときは 3 分ごとに出会い，同じ方向にまわるときは 18 分ごとにAがBを追いこします。AとBの分速はそれぞれ何 m ですか。

解き方と答え

(1) ❶ 図1より，向かい合って進むので，兄と弟は速さの和ずつ近づいていく。
360÷(65+55)=**3** (分) ごとにすれちがう。

❷ 図2より，同じ方向に進むので，兄と弟は速さの差ずつはなれていき，きょりが 360 m はなれたとき，兄は弟を追いこす。よって，360÷(65−55)=**36** (分)

(2) (1)と同じように考えると，
速さの和は 540÷3=180 (m/分)，速さの差は 540÷18=30 (m/分)
和差算より，Aは (180+30)÷2=**105** (m/分)，Bは 105−30=**75** (m/分)

池のまわりをまわるとき，同時に同じところを出発すると，
- 反対方向に進むとき，出会うまでの時間=池のまわりの長さ÷速さの和
- 同じ方向に進むとき，追いつくまでの時間=池のまわりの長さ÷速さの差

練習問題 81

別冊解答 p.124

次の問いに答えなさい。

(1) 姉と妹が池のまわりを同じ方向に自転車でまわります。姉は時速 9 km，妹は時速 7.5 km でまわると，姉は 40 分ごとに妹を追いこします。池のまわりは何 m ですか。

(2) A，B 2 人が同じところから同時に出発し，池のまわりをまわります。2 人が反対方向にまわるときは 2 分ごとに出会い，同じ方向にまわるときは 10 分ごとにAがBを追いこします。AとBの速さの比(ひ)を求めなさい。

4年 5年 6年 中学入試

旅人算

p.456 18

例題82 つるかめ算の利用

家から学校まで 2000 m の道のりをはじめに分速 175 m で走り，そのあと分速 60 m で歩いたら全部で 18 分かかりました。歩いた時間は何分ですか。

解き方と答え

分速 175 m で□分，分速 60 m で○分，
合わせて 18 分で 2000 m 進むつるかめ算として考える。

合計の18分が変わらないようにする

分速 175 m　時間(分)／道のり(m)	⑱ 3150	⑰ 2975	…	
分速 60 m　時間(分)／道のり(m)	⓪ 0	① 60	…	あ
道のりの合計	3150	3035	…	2000

−115　−1150

18 分すべて走ったとすると，175×18=3150 (m)
歩いた時間を 1 分増(ふ)やすごとに，
道のりの合計は 175−60=115 (m)減(へ)るので，
あ=(3150−2000)÷115=**10** (分) 歩いた。

別解 つるかめ算の面積図

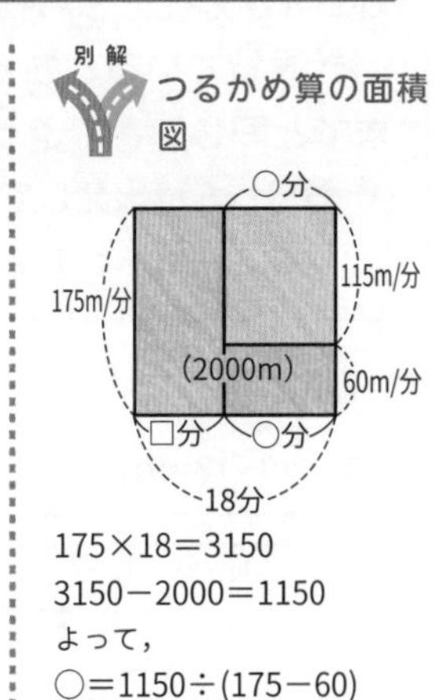

175×18=3150
3150−2000=1150
よって，
○=1150÷(175−60)
　=10 (分)

ココ大事！ 2 種類の速さで，時間と道のりの合計がわかっているときは，つるかめ算で考える。

練習問題 82

家から 3 km はなれた図書館まで行くのに，はじめは自転車に乗り，時速 12 km で進んでいましたが，とちゅうで自転車がパンクしてしまい，そこから時速 4 km で歩いたところ，家を出発してから 23 分かかって図書館に着きました。パンクしたのは家から何 km のところですか。

別冊解答 p.124

旅人算

p.456 18

例題83 状況を整理する

りなさんは1450 mはなれた学校まで，分速70 mで歩いていきました。家を出発してから12分後にお母さんが忘(わす)れ物(もの)に気づき，忘れ物を届(とど)けるために分速160 mで走り出しました。りなさんも出発してから13分後に忘れ物に気づき，分速90 mで走って引き返しました。引き返しているとちゅうで，お母さんから忘れ物を受けとると，それまでと同じ速さで走って学校へ向かいました。

(1) お母さんは出発して何分後にりなさんに会いましたか。

(2) りなさんは忘れ物を受けとってから何分後に学校に着きましたか。

解き方と答え

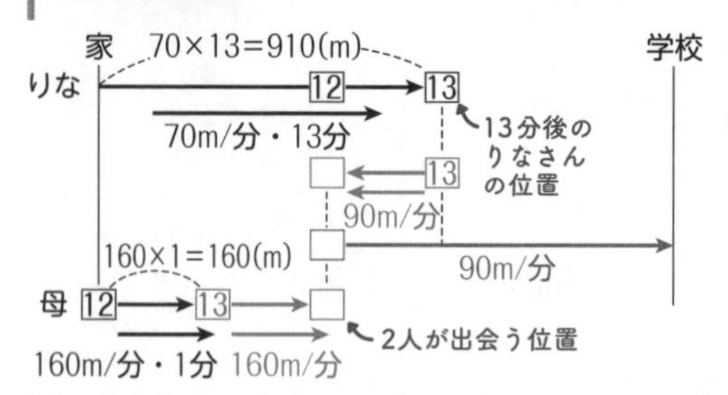

(1) 13分後の2人のはなれているきょりは，$70\times13-160\times1=750$ (m)

そこから向かい合って進むので，$750\div(160+90)=3$ (分後) に会う。

よって，母が出発してから，$1+3=4$ (分後)に会う。

(2) 2人が会った場所から学校までのきょりは，$1450-160\times4=810$ (m)

よって，$810\div90=9$ (分後)

の図に整理して考えていく。

練習問題83

別冊解答 p.124

9 kmはなれたA町とB町があります。こうせいさんとお父さんはA町を出発してB町に向かって歩きます。お父さんはこうせいさんより15分遅(おく)れて出発し，時速5.4 kmで歩いたところ，出発して30分後にこうせいさんを追いこしました。その後B町で折り返し，B町に向かっているこうせいさんと出会いました。2人の歩く速さはそれぞれ一定です。

(1) こうせいさんの歩く速さは時速何kmですか。

(2) お父さんがこうせいさんと出会ったのは，B町から何kmのところですか。

4年 5年 6年 中学入試

旅人算

p.456 18

例題84 3人の旅人算

一直線上にP，Q地点があり，りくさんとかいさんはP地からQ地に，そらさんはQ地からP地に向かって，それぞれ同時に出発しました。とちゅう，そらさんはりくさんと出会ってから5分後にかいさんと出会いました。ただし，りくさんは分速120 m，かいさんは分速90 m，そらさんは分速60 mです。

(1) りくさんとそらさんが出会ったとき，りくさんとかいさんは何mはなれていましたか。

(2) りくさんとそらさんが出会ったのは，出発してから何分後ですか。

(3) PQ間のきょりは何mですか。

解き方と答え

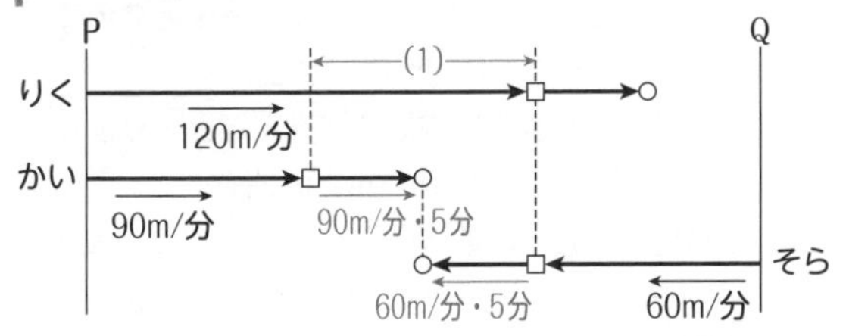

(1) 図の□のときの，かいさんとそらさんのはなれているきょりは等しい。かいさんとそらさんは5分後に出会うので $(90+60)\times5=$**750 (m)**

(2) りくさんと，そらさんが出会うまでの時間は，(1)より，りくさんとかいさんが750 mはなれるのにかかった時間と等しいので，$750\div(120-90)=$**25 (分後)**
↑1分につき30 mはなれる

(3) (2)より，りくさんとそらさんが出会うまでに25分かかっているので，
$(120+60)\times25=$**4500 (m)**

ココ大事！
・反対方向に進むときは速さの和ずつ近づいたり，はなれたりする。
・同じ方向に進むときは速さの差ずつ近づいたり，はなれたりする。

練習問題84

別冊解答 p.125

池のまわりを，兄，弟，妹の3人が同時に同じ場所を出発して，兄と弟は同じ方向に，妹は反対方向に進みました。とちゅう，妹は兄と出会ってから2分後に弟と出会いました。ただし，兄は分速130 m，弟は分速100 m，妹は分速80 mです。

(1) 兄と妹が出会ったのは，出発してから何分後ですか。

(2) 池のまわりの長さは何mですか。

p.456 18

例題85 2回目に出会う(1) —同じ地点から出発—

1500 m はなれた P，Q 地点を A，B が P 地から同時に出発し，A は分速 80 m，B は分速 70 m で何回も往復(おうふく)します。

(1) A と B が 1 回目に出会うのは何分後ですか。

(2) A と B が 1 回目に出会う地点と 2 回目に出会う地点は何 m はなれていますか。

解き方と答え

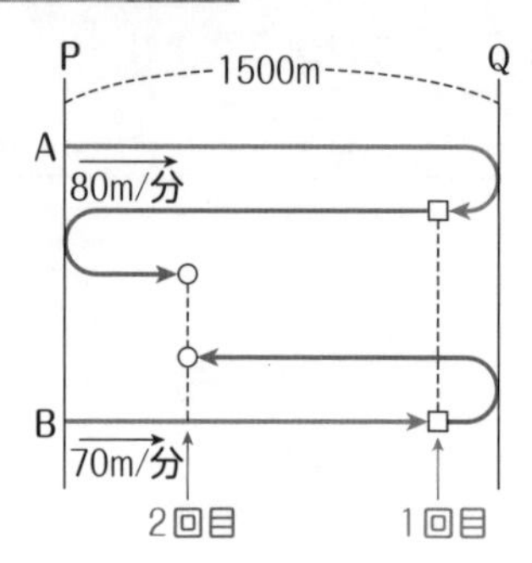

(1) 1 回目に出会うまでに，2 人が進んだきょりの和は，PQ 間の往復分なので，
$1500\times2\div(80+70)=$**20**（分後）

(2) 1 回目に出会ってから 2 回目に出会うまでに，2 人が進んだきょりの和も PQ 間の往復分なので，(1)の 20 分後に，2 回目に出会う。
1 回目に出会った地点は B が進んだきょりより，P から $70\times20=1400$（m）の地点。
2 回目に出会った地点は A が進んだきょりより，P から $80\times(20+20)-1500\times2=200$（m）の地点。
よって，$1400-200=$**1200（m）** はなれている。

2 地点を往復する 2 人が，同じ地点からそれぞれ同時に出発するとき，1 回目に出会うまでにかかる時間を①分後とすると，2 回目に出会うまでにかかる時間は，1 回目に出会ってから①分後となる。

練習問題 85

1800 m はなれた P，Q 地点間を兄と弟が P 地から同時に出発し，それぞれ一定の速さで何回も往復します。兄と弟は出発してから 36 分後に 2 回目に出会いました。兄の速さは分速 110 m です。

(1) 弟の速さは分速何 m ですか。

(2) 兄と弟が 3 回目に出会うのは何分後ですか。

別冊解答 p.125

旅人算

p.456 18

例題86 2回目に出会う(2) —異なる地点から出発—

1500 m はなれた P，Q 地点間を A は P 地から，B は Q 地から同時に出発し，A は分速 80 m，B は分速 70 m で何回も往復(おうふく)します。

(1) AとBが1回目に出会うのは何分後ですか。

(2) AとBが1回目に出会う地点と2回目に出会う地点は何mはなれていますか。

解き方と答え

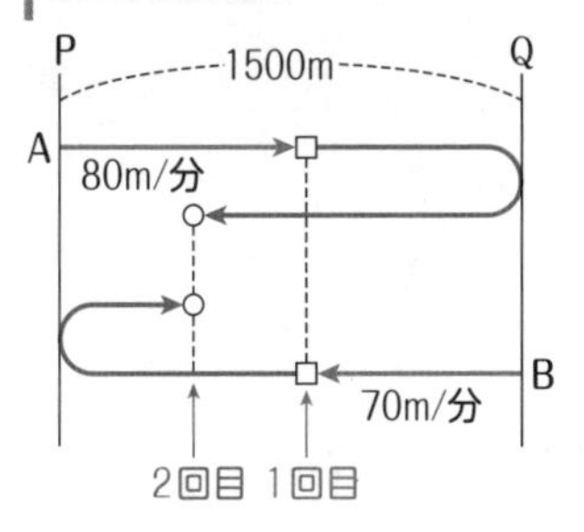

(1) 1回目に出会うまでに，2人が進んだきょりの和は，PQ 間の片道(かたみち)分なので，

1500÷(80＋70)＝**10**（分後）

(2) 1回目に出会ってから2回目に出会うまでに，2人が進んだきょりの和は，PQ 間の往復分なので，1回目に出会ってから

1500×2÷(80＋70)＝20（分後）に，2回目に出会う。

1回目に出会った地点はAが進んだきょりより，Pから 80×10＝800（m）の地点。

2回目に出会った地点はBが進んだきょりより，Pから 70×(10＋20)－1500＝600（m）の地点。

よって，800－600＝**200（m）**はなれている。

2地点間を往復する2人が，両はしの地点からそれぞれ同時に出発するとき，1回目に出会うまでにかかる時間を①分後とすると，2回目に出会うまでにかかる時間は，1回目に出会ってから②分後になる。

練習問題 86

900 m はなれた P，Q地点間を姉は P 地から，妹はQ地から同時に出発しました。2人は出発してから 15 分後にP地から 300 m のところで2回目に出会いました。

(1) 妹の速さは分速何mですか。

(2) 2人が3回目に出会う地点はQ地から何mのところですか。

別冊解答 p.125

p.456 18

例題87 速さとグラフ (1) ―出会いや追いつきを読みとる―

右のグラフは，3.3 km はなれたA町とB町の間を兄と弟が移動したようすを表しています。兄は時速 4.8 km でA町からB町へ歩いて，弟はB町からA町へ自転車で同時に出発しました。弟はA町で休んで，行きと同じ速さでB町へもどりました。

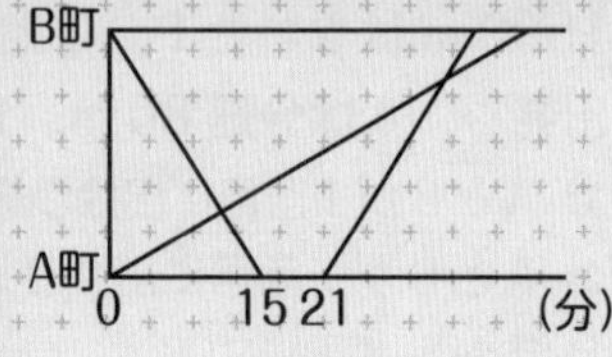

(1) 2人が出会ったのは何分後ですか。

(2) 弟が兄に追いついたのは，2人が出発してから何分後ですか。

解き方と答え

(1)

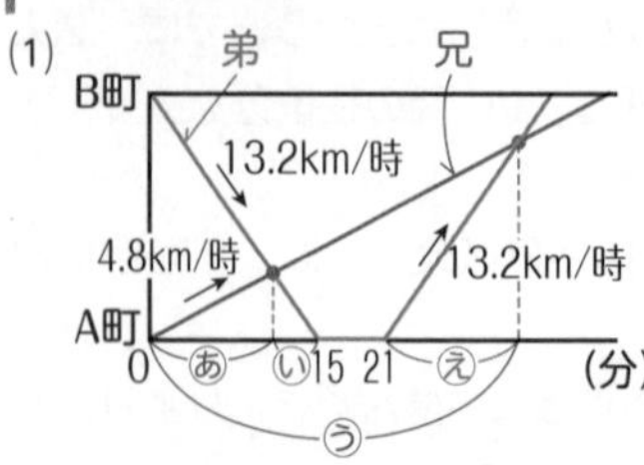

弟は 3.3 km を 15 分で移動したので，

$3.3 \div \frac{15}{60} = 13.2$ (km/時)

兄と弟の速さの比は，

4.8 : 13.2 = 4 : 11

よって，B町から出会うところまでと出会ったところからA町までにかかる時間の比は逆比なので，

Ⓐ : Ⓘ = 11 : 4 より，$15 \times \frac{11}{11+4} = \mathbf{11}$ (分後)

(2) (1)と同じように Ⓤ : Ⓔ = 11 : 4 より，$21 \times \frac{11}{11-4} = \mathbf{33}$ (分後)

比を使わないで解く

(1) 3.3 km はなれたところを向かい合って進むので，

$3.3 \div (13.2 + 4.8) \times 60$

$= \mathbf{11}$ (分後)

(2) A町から 21 分進んだ兄を弟が追いかけるので，

$4.8 \times \frac{21}{60} \div (13.2 - 4.8) \times 60$

$= 12$

$21 + 12 = \mathbf{33}$ (分後)

ココ大事！

道のりが一定のとき，速さの比と横軸のかかる時間の比は逆比になる。

練習問題 87

別冊解答 p.125

右のグラフは，A町とB町の間を姉と妹が移動したようすを表しています。姉は時速 4 km でA町を9時に出発しB町に向かいました。また，妹はA町を10時に出発し，B町で40分休み，行きと同じ速さでA町に帰ってきました。

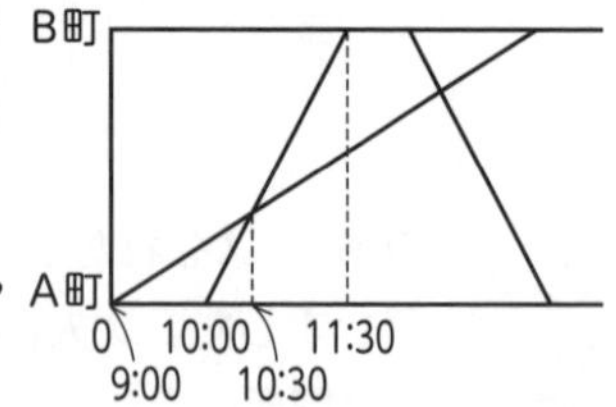

(1) A町からB町までのきょりは何 km ですか。

(2) 2人が出会った時刻を求めなさい。

4年 5年 6年 中学入試

旅人算

p.456 18

例題88 速さとグラフ(2) ―2人のきょりの和や差に注目する―

右のグラフは，A町とB町の間をすぐるさんとけいたさんが自転車で何度も往復(おうふく)したようすを表しています。すぐるさんは分速300 m，けいたさんは分速120 mでA町を同時に出発し，すぐるさんはB町から，1800 mのところでけいたさんと1回目にすれちがいました。

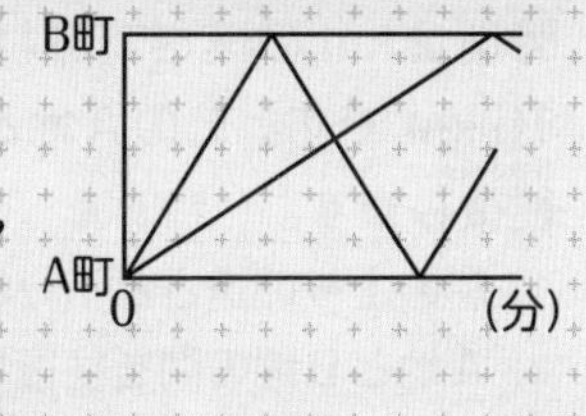

(1) A町からB町までのきょりは何mですか。

(2) 2回目にすれちがうのは2人が出発してから何分後ですか。

解き方と答え

(1)

すぐるさんとけいたさんの速さの比(ひ)は

300：120＝5：2 なので，1回目に出会うまでに進んだきょりの比は ⑤：②

この和が往復のきょりとなる。

よって，片道(かたみち)は (⑤＋②)÷2＝3.5

3.5－②＝1800 より，①＝1800÷(3.5－2)＝1200 (m)

よって，A町からB町までは 1200×3.5＝**4200 (m)**

(2) 1回目に出会うまでに2人が進んだきょりの和は，往復分の 4200×2＝8400 (m)

2回目に出会うまでにさらに8400 m進めばよいので，

8400×2÷(300＋120)＝**40 (分後)**

ココ大事！

時間が一定のとき，速さの比と縦軸(たてじく)の進んだきょりの比は等しい。

練習問題 88

別冊解答 p.126

右のグラフは，5.4 kmはなれたA町とB町の間を，のぞみさんとみずほさんが何度も往復したようすを表しています。のぞみさんが分速75 mで出発した6分後，みずほさんは自転車に乗り，分速225 mの速さで出発しました。

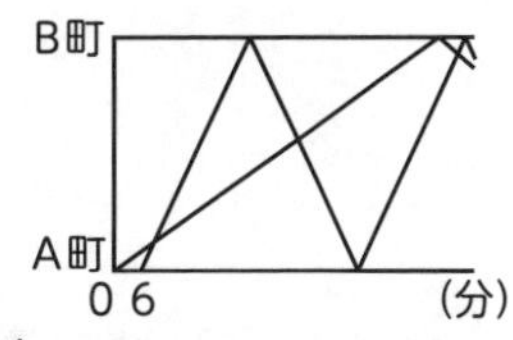

(1) みずほさんがのぞみさんに追いついたのは，A町から何mのところですか。

(2) 2人がはじめてすれちがうのは，のぞみさんが出発してから何分後ですか。

(3) のぞみさんが1回目にB町に着いたとき，みずほさんはB町から何mのところにいましたか。

流水算

p.456 19

例題89 上りと下りの速さ

時速 2 km の速さで流れている川の上流のA地から下流のB地までは 16 km です。このA地とB地の間を静水での速さが時速 6 km の船が往復(おうふく)します。

(1) 船の上りの速さと下りの速さはそれぞれ時速何 km ですか。

(2) A地とB地の間を往復するのに何時間かかりますか。

解き方と答え

流水算は表で速さの整理をしてから考える。

上	上りの速さ
静	静水での速さ
下	下りの速さ

)＋流れの速さ
静水での速さ＝(上りの速さ＋下りの速さ)÷2
)＋流れの速さ

→

上	○ km/時
静	6 km/時
下	□ km/時

)＋2 km/時
)＋2 km/時

(1) 表より，上りの速さは，6－2＝**4** (km/時)

下りの速さは，6＋2＝**8** (km/時)

(2)

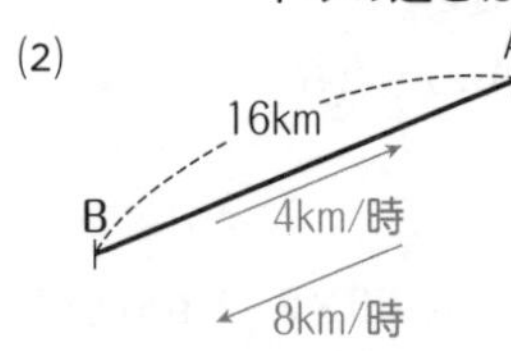

↑図は上流が上に下流が下になるようにななめにかく

上りにかかる時間は，16÷4＝4 (時間)

下りにかかる時間は，16÷8＝2 (時間)

よって，往復にかかる時間は 4＋2＝**6** (時間)

ココ大事！ 流水算の速さは，
- 上りの速さ＝静水での速さ－流れの速さ
- 下りの速さ＝静水での速さ＋流れの速さ

練習問題 89

時速 3 km の速さで流れている川の上流にA地，下流にB地があります。静水での速さが時速 9 km の船がB地からA地に行くのに6時間 40 分かかりました。

(1) A地とB地の間は何 km ですか。

(2) この船が，A地からB地に行くのに何時間何分かかりますか。

別冊解答 p.126

流水算

p.456 19

例題90 流れの速さと静水での速さ

一定の速さで流れている川を船が 18 km 上るのに3時間，下るのに2時間かかりました。

(1) この船の上りの速さと下りの速さはそれぞれ時速何 km ですか。

(2) この船の静水での速さは時速何 km ですか。

(3) 川の流れの速さは時速何 km ですか。

解き方と答え

(1) 上るのに3時間かかるので，上りの速さは，18÷3=**6** (km/時)
　下るのに2時間かかるので　下りの速さは，18÷2=**9** (km/時)

(2) (1)より，表で速さを整理すると，

上	6 km/時
静	7.5 km/時
下	9 km/時

(上と静の差、静と下の差：流)

静水での速さ=(上りの速さ+下りの速さ)÷2 より，
(6+9)÷2=**7.5** (km/時)

(3) 流れの速さ=(下りの速さ−上りの速さ)÷2 より，
(9−6)÷2=**1.5** (km/時)

流水算の速さは，
- 静水での速さ=(上りの速さ+下りの速さ)÷2
- 流れの速さ=(下りの速さ−上りの速さ)÷2

練習問題 90

ある川の 20 km はなれた2つの地点を，AとBの2せきの船が往復(おうふく)しています。Aの船は，上りに4時間，下りに2時間かかりました。また，Bの船は下りに2時間 30 分かかりました。

(1) 川の流れの速さは時速何 km ですか。

(2) Bの船は上りに何時間何分かかりますか。

別冊解答 p.126

流水算

p.456 19

例題91 流水算と比

次の問いに答えなさい。

(1) 一定の速さで流れている川を船が 48 km 往復(おうふく)するのに 14 時間かかりました。上りと下りの速さの比(ひ)が 3：4 であるとき，この船の静水での速さは時速何 km ですか。

(2) 時速 2 km の速さで流れている川があります。この川の下流の P 町からボートで出発し，上流の Q 町までを往復すると，行きは 4 時間 30 分，帰りは 3 時間かかりました。P 町から Q 町までは何 km ありますか。

解き方と答え

(1) 同じ 48 km を進む上りと下りの速さの比が 3：4 なので，上りと下りにかかる時間の比は逆比(ぎゃくひ)の 4：3 になる。

上りにかかる時間は $14\times\frac{4}{4+3}=8$ (時間)，下りにかかる時間は $14-8=6$ (時間)

よって，上りの速さは $48\div8=6$ (km/時)，下りの速さは $48\div6=8$ (km/時)なので，静水での速さは，$(6+8)\div2=$ **7 (km/時)**

(2) 行き(上り)と帰り(下り)にかかる時間の比は， 4 時間30分：3 時間＝3：2 より，上りと下りの速さの比は逆比の ②：③ になる。

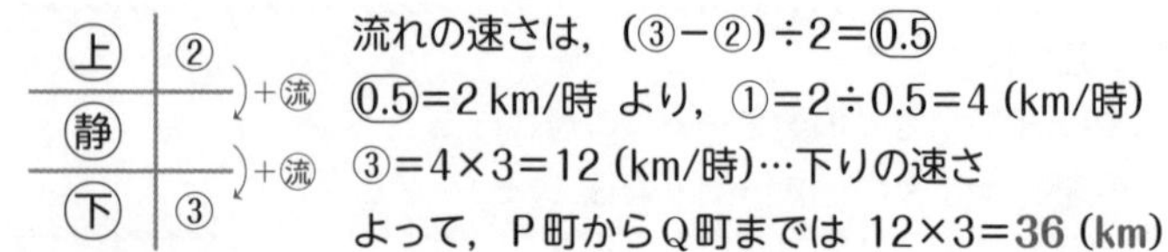

流れの速さは，(③－②)÷2＝⓪.⑤

⓪.⑤＝2 km/時 より，①＝2÷0.5＝4 (km/時)

③＝4×3＝12 (km/時)…下りの速さ

よって，P 町から Q 町までは 12×3＝**36 (km)**

ココ大事！ 流水算で 2 地点を往復するとき，

上りの速さ：下りの速さ ←逆比→ 上りにかかる時間：下りにかかる時間

練習問題 91

別冊解答 p.127

次の問いに答えなさい。

(1) 一定の速さで流れている川を船が 45 km 上る時間は，同じきょりを下る時間よりも 3 時間多くかかりました。また，上りと下りの速さの比は 3：5 でした。

❶ この船の静水での速さは時速何 km ですか。

❷ この川の流れの速さは時速何 km ですか。

(2) 時速 1.5 km の速さで流れている川の下流の P 町と上流の Q 町の間を船が往復しました。船は P 町を出発し，行きは 7 時間かかりました。帰りは川の流れの速さが 2 倍になっていたので，Q 町を出発して 4 時間で P 町に着きました。P 町から Q 町までは何 km ありますか。

流水算

p.456 19

例題92 流れの速さが打ち消されるとき

一定の速さで流れている川の下流のＰ地から上流のＱ地までは 36 km です。Ｐ地からは静水での速さが時速 4 km の船Ａが，Ｑ地からは静水での速さが時速 8 km の船Ｂが同時に出発しました。

(1) 船Ａと船Ｂがすれちがうのは出発してから何時間後ですか。

(2) 船Ｂは船Ａとすれちがってから１時間後にＰ地に到着（とうちゃく）しました。このとき，この川の流れの速さは時速何 km ですか。

解き方と答え

(1)

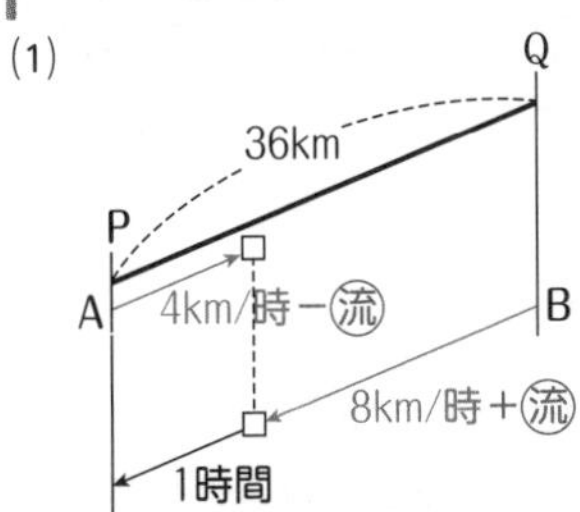

Ａの上りの速さは 4－(流)，Ｂの下りの速さは 8＋(流) より，すれちがうのは，

36÷(8＋(流)＋4－(流))

＋(流)－(流)で打ち消されてなくなる

＝36÷(8＋4)＝**3**（時間後）

(2) Ｂは，Ａが３時間かかったきょりを下るのに１時間かかるので，Ａの上りの速さとＢの下りの速さの比（ひ）は逆比（ぎゃくひ）の ①：③ になる。

(4－(流))：(8＋(流))＝①：③ より，①＋③＝4－(流)＋8＋(流)

④＝12（km/時） ①＝3（km/時）…Ａの上りの速さ

よって，流れの速さは，静水での速さ－上りの速さ より，4－3＝**1**（km/時）

別解 ＢはＱからＰを 3＋1＝4（時間）で下ったので，Ｂの下りの速さは，

36÷4＝9（km/時）

よって，流れの速さは 下りの速さ－静水での速さ より，9－8＝**1**（km/時）

ココ大事！ 上りの速さと下りの速さの和は，流れの速さが打ち消されるので，静水での速さの和になる。

練習問題92

別冊解答 p.127

時速 2.4 km の速さで流れている川の下流のＰ地から 24 km 上流のＱ地に向けて船Ａが出発しました。また，船Ａと同時にＱ地からエンジンを止めた船ＢがＰ地に向けて出発しました。船Ａの静水での速さは時速 6 km です。

(1) 船Ａと船Ｂがすれちがうのは出発してから何時間後ですか。

(2) 船ＡはＱ地に到着すると，すぐにＰ地に向かって引き返しました。船Ａが船Ｂに追いつくのは２せきの船が出発してから何時間何分後ですか。

通過算

p.457 20

例題93 電柱を通過するとき

次の問いに答えなさい。

(1) 長さ 120 m，速さが秒速 20 m の電車が電柱の前を通過(つうか)するのに何秒かかりますか。

(2) 時速 63 km の電車Aが電柱の前を通過するのに 9 秒かかりました。電車Aと長さが同じで時速 81 km の電車Bが，電柱の前を通過するのに何秒かかりますか。

解き方と答え

(1)

通過きょり

通過きょりは電車の長さと等しいので，120÷20＝6 (秒)
（120 ← 通過きょり，20 ← 速さ）

(2) 時速 63 km を秒速になおすと，63÷3.6＝17.5 (m/秒)
（3.6 ← 時速□ km→秒速□ m）

時速 81 km を秒速になおすと，81÷3.6＝22.5 (m/秒)

(1)の図と同じように考えると，9 秒の通過時間で進んだきょりが電車Aの長さなので，

17.5×9＝157.5 (m)

電車Bの長さと電車Aの長さが等しいので，(1)と同じように考えて，

157.5÷22.5＝7 (秒)
（157.5 ← 通過きょり，22.5 ← 速さ）

ココ大事！ 電柱の前など長さを考えなくてよいものの前を電車が通過するとき，
通過時間＝電車の長さ÷電車の速さ

練習問題 93

別冊解答 p.127

次の問いに答えなさい。

(1) 長さ 150 m の電車が電柱の前を通過するのに 10 秒かかりました。この電車の速さは時速何 km ですか。

(2) 時速 45 km の電車Aが電柱の前を通過するのに 13.2 秒かかりました。電車Aと長さが同じ電車Bが電柱の前を通過するのに 6 秒かかりました。電車Bの速さは時速何 km ですか。

4年 5年 6年 中学入試

通過算

p.457 20

例題94 鉄橋やトンネルを通過するとき

次の問いに答えなさい。

(1) 長さ 130 m，速さが秒速 18 m の電車が，500 m の鉄橋をわたりはじめてからわたり終わるまでに何秒かかりますか。

(2) 長さ 150 m，速さが時速 90 km の電車が，1000 m のトンネルを通るとき，電車が完全にかくれている時間は何秒ですか。

解き方と答え

(1)

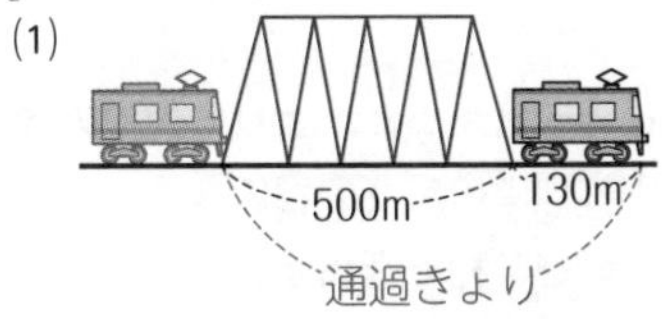

図より，通過きょりは，鉄橋の長さと電車の長さの和なので，

(500＋130)÷18＝**35**（秒）

(2)

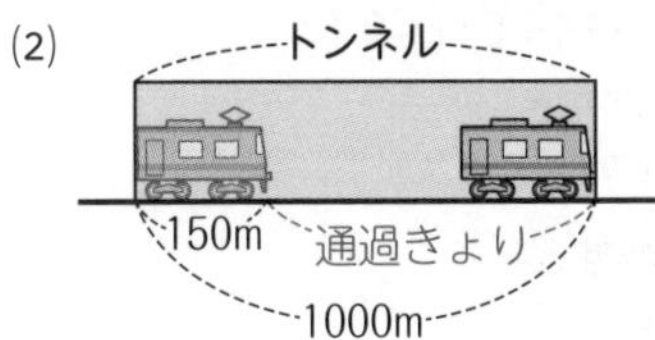

時速 90 km を秒速になおすと，

90÷3.6＝25（m/秒）

図より，通過きょりは，トンネルの長さと電車の長さの差なので，

(1000−150)÷25＝**34**（秒）

- トンネルや鉄橋など長さがあるものを通過するとき，
  通過時間＝(トンネル(鉄橋)の長さ＋電車の長さ)÷電車の速さ
- トンネルを通過するとき，完全にかくれている時間は，
  かくれている時間＝(トンネルの長さ−電車の長さ)÷電車の速さ

練習問題94

別冊解答 p.128

次のア，イにあてはまる数を求めなさい。

(1) 長さが 140 m，速さが時速［ア］km の電車が，700 m の鉄橋をわたりはじめてからわたり終わるまでに 42 秒かかります。

(2) 時速 108 km の電車Aが電柱の前を通過するのに 6 秒かかりました。電車Aが 1200 m のトンネルを通るとき，電車が完全にかくれている時間は［イ］秒です。

通過算

p.457 20

例題95 すれちがいと追いこし

次の問いに答えなさい。

(1) 長さ 160 m，速さが秒速 14 m の上り列車と，長さ 120 m，速さが秒速 21 m の下り列車がすれちがうのにかかる時間は何秒ですか。

(2) 長さ 180 m，速さが時速 81 km の電車Aと，長さ 200 m，速さが時速 45 km の電車Bが同じ方向に走っています。電車Aが前を走る電車Bに追いついてから追いこすまでにかかる時間は何秒ですか。

解き方と答え

(1)

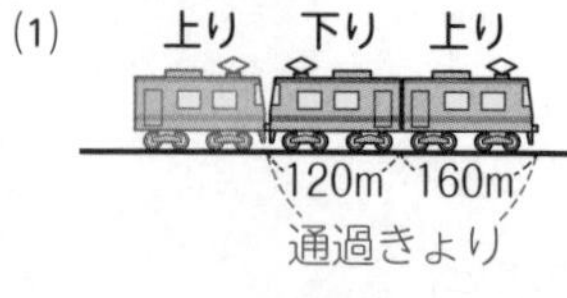

図のように下り列車を止めて考えると，上りの列車の通過きょりは**上り列車と下り列車の長さの和**になる。

向かい合って進むので，**速さの和**で考える。

よって，(160＋120)÷(14＋21)＝**8** (秒)

(2)

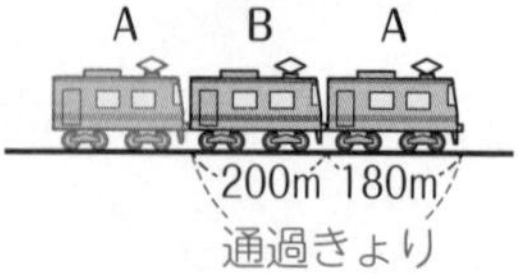

A　B　A

200m　180m

通過きょり

時速 81 km を秒速になおすと，

81÷3.6＝22.5 (m/秒)

時速 45km を秒速になおすと，

45÷3.6＝12.5 (m/秒)

図のように，電車Bを止めて考えると，**通過きょりは電車Aと電車Bの長さの和**になる。

同じ方向に進むので，**速さの差**で考える。

よって，(180＋200)÷(22.5－12.5)＝**38** (秒)

ココ大事！

電車Aと電車Bがすれちがったり，電車Aが電車Bを追いこしたりするのにかかる時間は，

・すれちがい時間＝(電車Aの長さ＋電車Bの長さ)÷(電車Aの速さ＋電車Bの速さ)
　　↑速さの和

・追いこし時間＝(電車Aの長さ＋電車Bの長さ)÷(電車Aの速さ－電車Bの速さ)
　　↑速さの差

練習問題95

長さが 175 m の電車Aと長さが 125 m の電車Bがすれちがうのにかかる時間は 7.5 秒で，電車Bが前を走る電車Aに追いついてから追いこすまでにかかる時間は 30 秒でした。電車A，電車Bの速さはそれぞれ時速何 km ですか。

別冊解答 p.128

4年 5年 6年 中学入試

通過算

p.457 20

例題96 いろいろなものを通過するとき

次の問いに答えなさい。

(1) ある電車が電柱の前を通過(つうか)するのに9秒かかりました。また，840 m の鉄橋をわたりはじめてからわたり終わるまでに44秒かかりました。この電車の速さは秒速何mですか。

(2) ある電車は，長さ260 m の鉄橋をわたりはじめてからわたり終わるまでに22秒かかり，長さ900 m のトンネルを通過するのに54秒かかりました。この電車の長さは何mですか。

解き方と答え

(1)

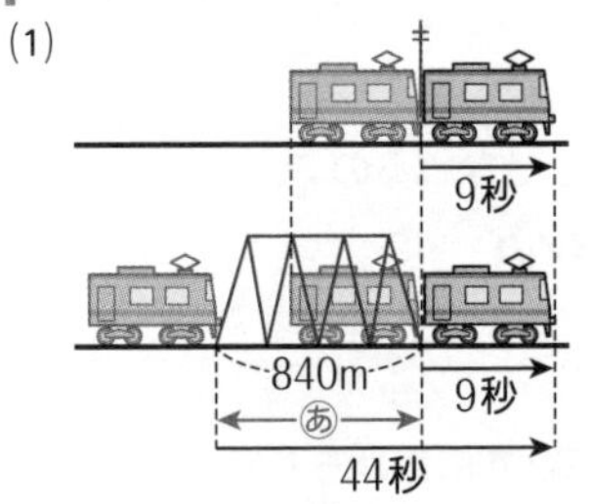

図より，あの鉄橋の 840 m を通過するのにかかる時間は，44−9=35（秒）
よって，電車の速さは，
840÷35=**24**（m/秒）

(2)

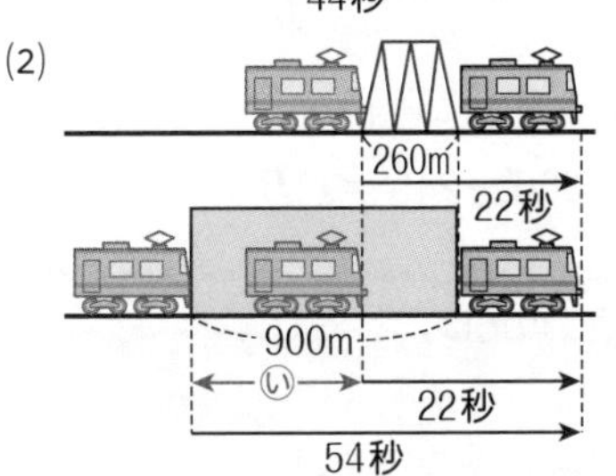

図より，いの長さは，900−260=640（m）
これを通過するのに，
54−22=32（秒）
よって，電車の速さは，
640÷32=20（m/秒）
電車の長さは，鉄橋の通過より，
20×22−260=**180**（m）

ココ大事！

2つの通過を比(くら)べるときは，電車の位置をそろえて比べる。

練習問題 96

別冊解答 p.128

次の問いに答えなさい。

(1) 特急電車が電柱の前を通過するのに4秒かかりました。また，1440 m のトンネルを通るとき，電車が完全にかくれている時間は44秒でした。特急電車の長さは何mですか。

(2) 秒速22 m の電車が，鉄橋をわたりはじめてからわたり終わるまでに20秒かかり，鉄橋の3倍の長さのトンネルを通過するのに50秒かかりました。この電車の長さは何mですか。

時計算

p.457 21

例題97 長針と短針がつくる角

次の時刻に長針と短針がつくる小さいほうの角度を求めなさい。

(1) 5時12分　　(2) 4時35分　　(3) 10時10分

解き方と答え

長針は1分につき6°，短針は1分につき0.5°進む。

(1)

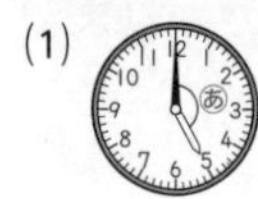

1分につき5.5°ずつ差がちぢまる

5時 → 5時12分（12分進む）

5時のあの角は

$30° \times 5 = 150°$

追いこさずに差がちぢまるだけなので，

$150° - (6° - 0.5°) \times 12 = $ **84°**

(2)

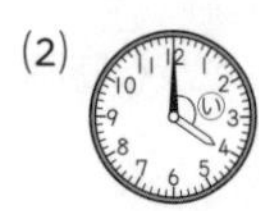

1分につき5.5°ずつ差がちぢまる

4時 → 4時35分（35分進む）

4時のいの角は，

$30° \times 4 = 120°$

120°追いこしてから，再(ふたた)びはなれるので，

$(6° - 0.5°) \times 35 - 120° = $ **72.5°**

(3)

1分につき5.5°ずつ差がちぢまる

10時 → 10時10分（10分進む）

10時のうの角は，

$30° \times 10 = 300°$

大きいほうの角度は追いこさずに差がちぢまるだけなので，

$300° - (6° - 0.5°) \times 10 = 245°$…えの角

小さいほうの角度は，$360° - 245° = $ **115°**

ココ大事！

□時○分に長針と短針がつくる小さいほうの角は，
30°×□と○×5.5°の差になる。
(ただし，差が180°より大きいときは，360°－差になる。)

練習問題97

次の時刻に長針と短針がつくる小さいほうの角度を求めなさい。

(1) 8時32分　　(2) 9時50分　　(3) 11時25分

別冊解答 p.128

4年 5年 6年 中学入試

時計算

p.457 21

例題98 長針と短針がつくる角から時刻を求める

4時から5時の間で，次のようになる時刻（じこく）を求めなさい。

(1) 長針（ちょうしん）と短針のなす角がはじめて 90° になる時刻。

(2) 長針と短針がちょうど重なる時刻。

(3) 長針と短針のなす角が2回目に 90° になる時刻。

(4) 長針と短針が反対方向に一直線になる時刻。

解き方と答え

4時から考えていく。

(1)

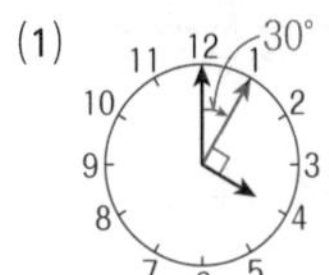

短針の位置を動かさずに，はじめて 90° になるときの長針の位置を考える。

図より，30° 追いつけばよい。

$30° \div (6° - 0.5°) = 30 \times \frac{2}{11} = 5\frac{5}{11}$ (分)　4時 $5\frac{5}{11}$ 分

(2)

重なるときの長針の位置を考える。

図より，120° 追いつけばよい。

$120° \div (6° - 0.5°) = 120 \times \frac{2}{11} = 21\frac{9}{11}$ (分)　4時 $21\frac{9}{11}$ 分

(3)

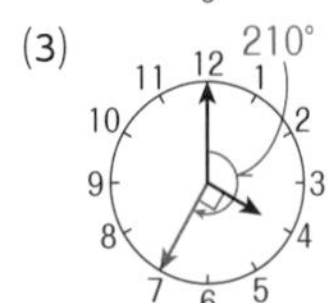

2回目の 90° になるときの長針の位置を考える。

図より，長針は短針より 210° 多く進めばよい。

$210° \div (6° - 0.5°) = 210 \times \frac{2}{11} = 38\frac{2}{11}$ (分)　4時 $38\frac{2}{11}$ 分

(4)

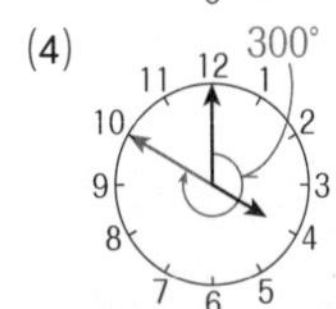

反対方向に一直線になるときの長針の位置を考える。

図より，長針は短針より 300° 多く進めばよい。

$300° \div (6° - 0.5°) = 300 \times \frac{2}{11} = 54\frac{6}{11}$ (分)　4時 $54\frac{6}{11}$ 分

ココ大事！ 時計算では短針の位置を動かさずに，長針の位置を考えて，1分間に 5.5° ずつ追いつくことを利用して解く。

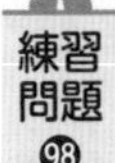

練習問題 98

10時から11時の間で，次のようになる時刻を求めなさい。

(1) 長針と短針のなす角がはじめて 90° になる時刻。

(2) 長針と短針がちょうど重なる時刻。

(3) 長針と短針が反対方向に一直線になる時刻。

別冊解答 p.129

p.457 21

例題99 針が線対称になるとき

次の問いに答えなさい。

(1) 9時と10時の間で，長針(ちょうしん)と短針が，文字ばんの中心と0時(12時)のめもりをむすんだ直線について線対称(せんたいしょう)な位置になるのは9時何分ですか。

(2) 4時と5時の間で，長針と短針が，文字ばんの中心と3時のめもりをむすんだ直線について線対称な位置になるのは4時何分ですか。

解き方と答え

(1)

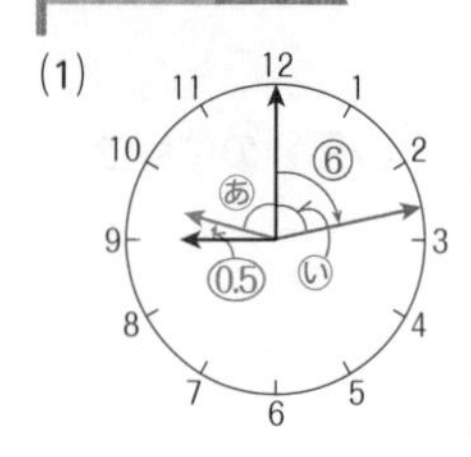

図より，9時から考えて，(あ)と(い)の角度が等しくなる時刻(じこく)を求める。長針は1分に6°，短針は1分に0.5°ずつ進むので，それぞれ進んだ角度の比は，⑥：(0.5)

(あ)＝(い) より，(あ)＝⑥ になるので，⑥＋(0.5)＝90°　(6.5)＝90°

$①=90°\div6.5=90°\times\dfrac{2}{13}=\dfrac{180°}{13}$

長針が進んだ $⑥=\dfrac{180°}{13}\times6=\dfrac{1080°}{13}$

1分に6°進むので，

$\dfrac{1080°}{13}\div6°=\dfrac{180}{13}$ (分) $=13\dfrac{11}{13}$ 分　**9時 $13\dfrac{11}{13}$ 分**

(2)

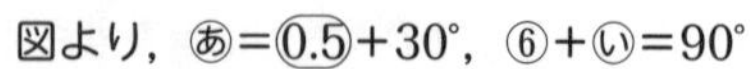

図より，(あ)＝(0.5)＋30°，⑥＋(い)＝90°

(あ)＝(い) より，(い)＝(0.5)＋30° なので，

⑥＋(0.5)＋30°＝90°　(6.5)＝90°－30°＝60°

$①=60°\div6.5=60°\times\dfrac{2}{13}=\dfrac{120°}{13}$

(1)と同じように，$⑥=\dfrac{120°}{13}\times6=\dfrac{720°}{13}$

$\dfrac{720°}{13}\div6°=\dfrac{120}{13}$ (分) $=9\dfrac{3}{13}$ 分　**4時 $9\dfrac{3}{13}$ 分**

ココ大事！
長針が進む角度と短針が進む角度の比は⑥：(0.5)となる。

練習問題 99

次の問いに答えなさい。

(1) 7時と8時の間で，長針と短針が，文字ばんの中心と6時のめもりをむすんだ直線について線対称な位置になるのは7時何分ですか。

(2) 10時と11時の間で，長針と短針が，文字ばんの中心と9時のめもりをむすんだ直線について線対称な位置になるのは10時何分ですか。

別冊解答 p.129

時計算

p.457 21

例題100 角速度の問題

右の図のように中心O，半径 6 cm の円周上の点Aから，点Pと点Qが同時に出発し，点Pは時計まわりに，点Qは反時計まわりに進みます。1周するのに点Pは20秒，点Qは30秒かかります。

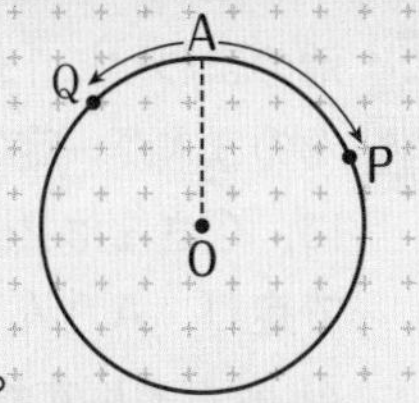

(1) 点Pと点Qが出発後はじめて重なるのは何秒後ですか。

(2) 点P，Qと中心Oが出発後はじめて一直線上に並ぶのは何秒後ですか。

(3) 出発してから7秒後の三角形 POQ の面積は何 cm^2 ですか。

解き方と答え

(1)

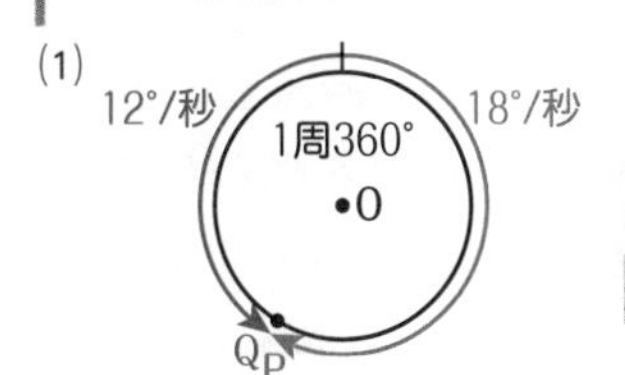

1周を 360° と考えると，
Pは20秒で1周するので，360°÷20＝18 (°/秒)
Qは30秒で1周するので，360°÷30＝12 (°/秒)
速さの和ずつ近づくので，360°÷(18°＋12°)＝**12** (秒後)

(2)

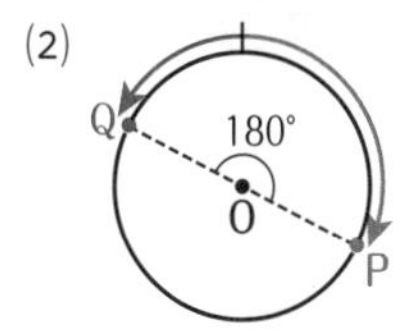

PとQが 180° はなれればよいので，
180°÷(18°＋12°)＝**6** (秒後)

(3)

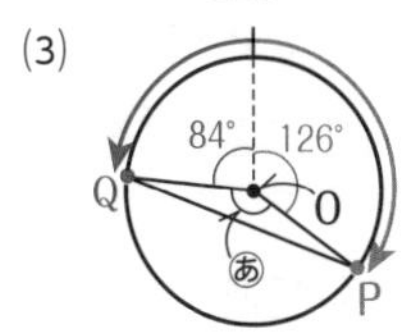

7秒後のPとQの位置を考えると，Pは時計まわりに
18°×7＝126°
Qは反時計まわりに 12°×7＝84° 進むので，
あ＝360°－(84°＋126°)＝150°

三角形 POQ は左の図のようになるので，
6×3÷2＝**9** (cm^2)

ココ大事！ 円周上を点が動くとき，1周を360° として，動く速さを角度で表すとよい。

練習問題100

例題100で，点P，点Qが点Aから，同時に時計まわりに進むとします。

(1) 点Pと点Qが出発後はじめて重なるのは何秒後ですか。

(2) 点P，Qと中心Oが出発後はじめて一直線上に並ぶのは何秒後ですか。

(3) 三角形 POQ の面積がはじめて最大になるのは何秒後ですか。また，そのときの三角形 POQ の面積は何 cm^2 ですか。

別冊解答 p.129

→別冊解答 p.130~131

28 池のまわりに1周 900 m の道があります。この道をAさん，Bさん，Cさんの3人が一定の速さで同じ地点から走ります。AさんとBさんは同じ向きに，Cさんは2人とは反対の向きに走ります。Aさんは分速 240 m の速さで走り，AさんはBさんに9分ごとに追いこされ，BさんとCさんは1分48秒ごとにすれちがいます。【甲南中】

→例題 81・84

(1) Bさんの速さを求めなさい。

(2) AさんとCさんは何分何秒ごとにすれちがいますか。

29 Aさんの家から学校までは 1800 m あり，Aさんはいつも時速 3.6 km の速さで歩いて学校へ向かいます。ある日，とちゅうのP地点で雨が降(ふ)り出したので，このP地点から時速 12 km の速さで走ったところ，いつもより7分はやく学校に着きました。【武庫川女子大附中】

→例題 83

(1) この日，Aさんが家を出てから学校に着くのに何分かかりましたか。

(2) P地点はAさんの家から何mのところにありますか。

30 ある川に沿(そ)って 12 km はなれた2地点間を2時間かけて往復(おうふく)するボートがあります。このボートの速さは，下りが上りの 1.5 倍です。【淑徳与野中】

→例題 91

(1) この川の流れの速さは時速何 km ですか。

(2) ある日，このボートで川を上るとちゅうに景色をゆっくり見るためにエンジンを止めました。その間，川に流されていたため，往復するのに2時間 15 分かかりました。エンジンが止まっていた時間は何分間ですか。

31 時計の長針(ちょうしん)と短針が反対の向きに一直線になっていて，この直線によって分けられた2つの部分の文字ばんの数の和が等しいのは何時何分と何時何分ですか。【大阪星光学院中】

→例題 98

力をためす問題

→別冊解答 p.131~132

32 Aさんは分速 80 m，Bさんと Cさんはそれぞれ分速 60 m の速さで池のまわりをまわります。3人は最初同じ位置にいます。まず，Bさんが出発し，Aさんはその1分後にBさんと同じ方向にまわりはじめました。AさんがBさんに追いついたとき，CさんはAさん，Bさんと逆方向にまわりはじめました。【神奈川学園中】

→例題 81・83

(1) AさんがBさんに追いつくのは，2人が出発して何m進んだところですか。

(2) AさんとCさんがすれちがってから 50 秒後にBさんはCさんとすれちがいました。この池は1周何mですか。

33 次の問いに答えなさい。

→例題 94・95

(1) 時速 90 km の特急電車が鉄橋を 24 秒で通過し，時速 72 km の急行電車は 29 秒で通過しました。特急電車は急行電車より何m長いですか。【神戸海星女子中】

(2) 電車Aは速さが毎秒 17 m，長さが 55 m です。電車Bは長さ 388 m のトンネルをぬけるのに 21 秒かかります。また，電車Bが電車Aに追いついてから追いぬくまでに 25 秒かかります。電車Bの速さと長さを求めなさい。【浅野中】

ちょいムズ **34** 川に沿って川下から順にA町，B町，C町があります。A町とB町は 45 km，A町とC町は 64 km はなれています。右のグラフは，速さのちがうボートP，Qが川を上ったり下ったりしたようすを表しています。ボートP，Qの静水での速さはそれぞれ一定で，川の流れの速さも一定です。【城北中】

→例題 87・92

(1) ボートPの静水での速さは時速何 km ですか。

(2) グラフの㋐にあてはまる数を求めなさい。

(3) ボートP，Qが2回目に出会ったのはA町から何 km のところですか。

熟語，慣用句　～算数で考えよう～

給食をおかわりしたから，お腹いっぱいだよ～。

あらあら，「腹八分に医者いらず」っていうからね。食べ過ぎはよくないわよ。

え！八分って，○割□分△厘のことでしょ？ 0.08ってことはたったの 8 ％しか食べるな！ってことなの？

あら，ほんとね。八分＝8 ％って少なすぎよね。どういうことかしら。

「分」というのはね，いろいろな意味があるけど，この場合は 1 割＝10 分の 1 という意味なのよ。つまり腹八分とは，お腹の10分の8＝80% ということよ。

良かった！ 8 ％だったら，四六時中お腹すいてしまうからね。

そういえば，四六時中の四六ってどういう意味の数字かしら？

四六は，九九で 4×6＝24（時間）で，一日中という意味なのよね。でもね，昔は時刻を表す単位は十二支の「子・丑・寅・卯・辰・巳・午・未・申・酉・戌・亥」を使っていたので，2×6＝12（にろくじゅうに）だから，二六時中で一日中の意味だったのよ。

戌は，午後 7 時から午後 9 時までの間なんだね。晩ご飯の時間だ！

ホント，あなたたち，食べ物のことばっかりね…。

第7編

思考力強化編

中学入試を突破するために

第7編

思考力強化編

▶テストの点数 ～悪くても落ちこまないで！～

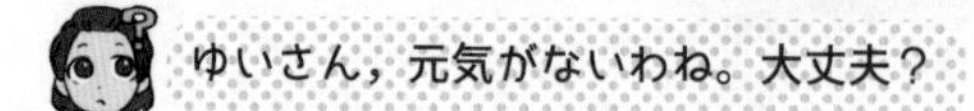

ゆいさん，元気がないわね。大丈夫？

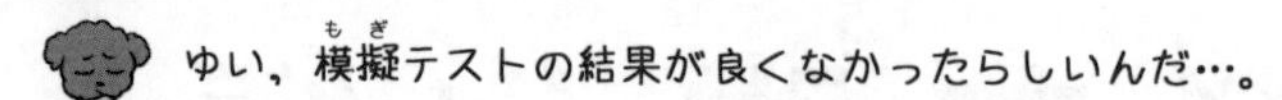

ゆい，模擬(もぎ)テストの結果が良くなかったらしいんだ…。

そっか。ゆいは中学受験をするもんね。

なるほどね…。でもね，心配しないで！もし，100点だったら，とってもうれしいだろうしすばらしいことなんだけど，実は60点のときのほうが，もっとすばらしいことが隠(かく)されているのよ。

えっ，どういうことですか？

ほら，健康診断(けんこうしんだん)があるでしょ。あれは，虫歯はないか，目は悪くなっていないか，みたいに悪いところを見つけて，いち早く治してもらうためにしてるのよ。テストもそれと同じことで，苦手なところを見つけて，克服(こくふく)してもらうためにするのよ。だから，60点だったら，40点分の苦手なところが発見できた！ということになるわね。もし，テストを受けずに，発見されないまま受験をしていたら，大変なことになっていたわ。

なるほど！そういうことだったんですね！

さあ，間違った問題を確認して，自由自在を開いて復習しましょうね。

わかりました。わたし，がんばります！

なるほどね～。これからは，テストで悪い点数をとってもいいわけだ！

しんくん？もう一度言ってごらんなさい!!

目標に向かって，勉強しているみなさん。ゆいさんのように，模擬テストの結果に一喜一憂していませんか。

みなさんは，目標とする学校の入試のために毎日一生懸命勉強していますね。その勉強内容がしっかり身についているかどうかを確認するために，日々いろいろなテストを受けていると思います。

そこで，テストの点数だけを見て一喜一憂しているみなさんに大切な言葉を送りたいと思います。

「間違いは成長のチャンスだ！」

テストは，苦手なところ，覚えていないところを発見するための検査です。つまり，間違えてしまった問題は，あなたにとって苦手なところ，覚えていないところなのです。それが発見されたのですから，そのときが自分を成長させるための絶好のチャンスなのです。

間違ってしまった問題が多ければ多いほど，成長のチャンスが広がっています。ですから，テストの間違い直しこそが最も大切な勉強であり，この繰り返しが未来の喜びにつながるのです。

さて，いよいよここから，思考力強化編，中学入試対策編へと進んでいきます。これまで，一生懸命勉強してきた成果を試すときがきました。

これまで，受験に必要な基礎知識や裏技を，しっかりと身につけてきたと思います。不安な人もいるかと思いますが，心配しないで下さい。もし，出来ない問題，間違えてしまった問題があったら，「学習のポイント」に戻って重要事項を確認して下さい。そして，関連する例題の解き方を見て，本当に理解できているか，図や表をかくことができるか，「ココ大事！」は覚えているか，確認してみましょう。それが終わったら練習問題・力をのばす問題・力をためす問題にもう一度チャレンジして苦手分野を克服しましょう。

本書は，何度も繰り返し学習して欲しい内容ばかりを紹介しています。苦手な単元の学習のポイントや例題のページにふせんを貼っておいて，日々，目を通すことも大切です。この本に書いてあることはすべて知っているぞ！といえるくらい何度も見返しましょう。そうすれば，きっと最高の笑顔で中学校に進学できる日が迎えられるでしょう。健闘を祈ります！

著者 大場　康弘

例題 1 対角線による正方形の切断

ここでは，正方形をタイル状に並べてできた長方形に対角線をひいたとき，2つの部分に分けられる正方形の個数を考えます。長方形の縦と横の正方形の数の最大公約数が1（これを互いに素といいます。）の場合を基準として数えることが大切です。

右の図は，同じ大きさの正方形を縦に2個，横に3個並べた長方形で，これを（2，3）と表します。このとき，対角線によって2つの部分に分けられる正方形は4個あります。次のように並べたとき，2つの部分に分けられる正方形は何個ありますか。

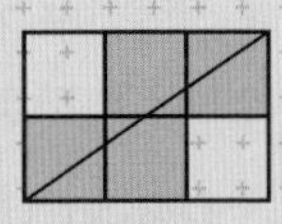

⑴（12，18）　⑵（25，35）

解き方と答え

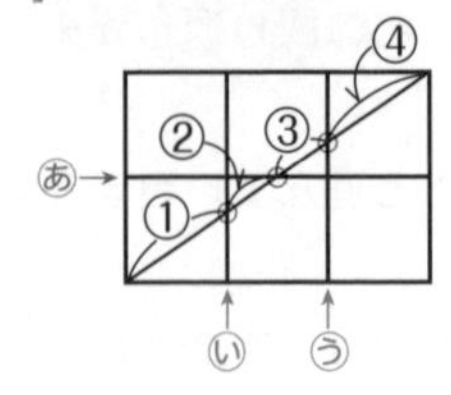

縦と横に並べた正方形の数の2と3の最大公約数は1である。
あのように正方形が縦に2個あれば境目は，2−1=1（点）あり，
い，うのように正方形が横に3個あれば境目は，3−1=2（点）
1+2=3（点）の境目があるので，図より，3+1=4（個）の正方形が2つの部分に分けられる。

⑴

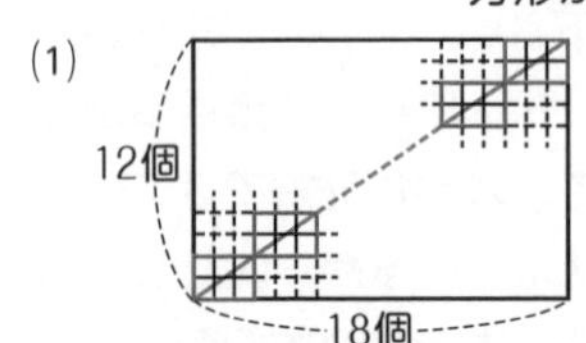

12と18の最大公約数を確認すると，

6)12 18　最大公約数が6であること
　　2　3　←（2，3）であること

図のように，（12，18）は，（2，3）が6個連続することがわかる。

よって，（2，3）は4個の正方形が2つの部分に分けられているので，4×6=**24**（個）

⑵ 25と35の最大公約数を確認すると，

5)25 35
　　5　7

よって，（25，35）は，（5，7）が5個連続することがわかる。
（5，7）は境目の考え方より，（5−1）+（7−1）+1=11（個）の正方形が2つの部分に分けられるので，11×5=**55**（個）

正方形を縦にA個，横にB個並べてできる長方形に対角線を1本ひいたとき，2つの部分に分けられる正方形の数は，AとBの最大公約数をGとすると，$\{(A\div G-1)+(B\div G-1)+1\}\times G=(A\div G+B\div G-1)\times G$となり，これを整理すると，$A+B-G$となる。
つまり，縦の正方形の個数＋横の正方形の個数－最大公約数 となる。

例題2 不正確な2種類の定規

ここでは，2つの不正確な定規を使って，ある長さを測定した結果から正しい長さを考えます。測定した結果から得られる定規についての情報と定規の長さの差を整理して，2つの定規の正しい長さを導きだし，ある長さの正しい長さを考えていきます。

めもりのついたA，B2つの30 cmの定規があります。この2つの定規であるひもの長さをはかりました。A，Bは両方とも不正確で，Aではかった結果は708 cm，Bではかった結果は732 cmでした。また，AとBの長さを比べると，正しい定規で1 cmの差がありました。

(1) Aの定規の正しい長さは何cmですか。

(2) ひもの長さは正しくは何cmですか。

解き方と答え

(1) ひもをそれぞれの定規ではかった回数は，

Aは，708÷30＝23.6（回分）

Bは，732÷30＝24.4（回分）

Bの回数が多いことから，BのほうがAより短いことがわかるので，Bの正しい長さを①とすると，Aの正しい長さは ①＋1 cm となる。

よって，ひもの長さは，

Aの23.6回より，(①＋1 cm)×23.6＝(23.6)＋23.6 cm

Bの24.4回より，①×24.4＝(24.4)

これらが等しいので，(24.4)＝(23.6)＋23.6 cm

よって，(0.8)＝23.6 cm より，

Bは，①＝23.6÷0.8＝29.5 (cm)

Aは，29.5＋1＝**30.5 (cm)**

(2) ひもの長さは，Bが24.4回分より，29.5×24.4＝**719.8 (cm)**

（または，Aが23.6回分より，30.5×23.6＝**719.8 (cm)** でもよい。）

- 不正確な2種類の定規の問題は，短いほうの定規の正しい長さを①として，もう一方を ①＋差 とする。
- 定規を使った回数に注目する。

例題3　部屋のわりあて

ここでは，何人かの人を2つの部屋にわりあてる場合が何通りあるかを考えます。部屋の定員に制限(せいげん)があるので，まずわりあてる人数で場合分けをします。そして，一方の部屋の人を決めます。一方の部屋の人が決まると，もう一方の部屋の人が決まるので，片方(かたほう)の部屋の人だけを考えていけばいいことがわかります。

まみさん，せなさん，みきさん，かなさん，ひなさんの5人がA，Bの2部屋に分かれてとまることになりました。Aには3人まで，Bには4人までとまることができます。

(1) 5人のとまり方は全部で何通りありますか。

(2) まみさんとせなさんが同じ部屋にとまるとき，5人のとまり方は何通りありますか。

解き方と答え

(1) AとBの定員から，とまる人数は，(A，B)＝(1人，4人)，(2人，3人)，(3人，2人)の場合に分けられる。それぞれの場合について，Aにとまる人を選ぶ。

㋐(1人，4人)のとき，5人のなかから1人を選ぶので，5通り

㋑(2人，3人)のとき，5人のなかから2人を選ぶので，$\frac{5\times4}{2\times1}=10$ (通り)

㋒(3人，2人)のとき，(2人，3人)のときと同じなので，10通り

よって，5+10+10=**25** (通り)

(2) まみさんとせなさんがA，Bのそれぞれにとまる場合に分けて考えていく。

㋐まみさんとせなさんがAにとまる場合，残り3人の部屋わりは，
(A，B)＝(0人，3人)，(1人，2人)なので，
・(0人，3人)のとき，1通り
・(1人，2人)のとき，3人のなかから，1人を選ぶので，3通り

㋑まみさんとせなさんがBにとまる場合，残り3人の部屋わりは，
(A，B)＝(1人，2人)，(2人，1人)，(3人，0人)なので，
・(1人，2人)のとき，3人のなかから，1人を選ぶので，3通り
・(2人，1人)のとき，(1人，2人)のときと同じなので，3通り
・(3人，0人)のとき，1通り

よって，1+3+3+3+1=**11** (通り)

部屋をわりあてるときは，とまる人数についての場合分けをしてから，とまる人を選んでいく。

例題4 決まった個数を決まった人数で分けるとき

ここでは，いくつかのものを何人かに分ける場合が何通りあるかを考えます。よく似ていますが，少なくとも1個以上もらう場合と，1個ももらわない人があってもよい場合の解き方のちがいを理解することが大切です。

> 6個のいちごをみゆさん，ことねさん，ひまりさんの3人に分けます。
> (1) 3人とも1個以上はもらうとき，いちごの分け方は何通りありますか。
> (2) 1個ももらわない人がいてもよいとき，いちごの分け方は何通りありますか。

解き方と答え

(1)

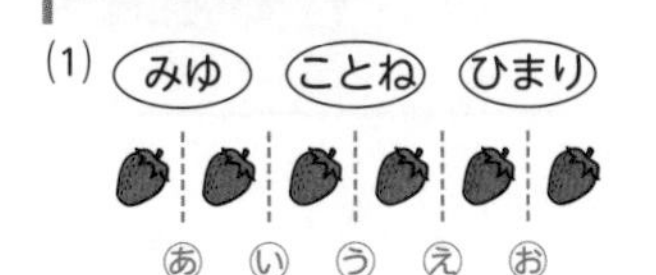

図のように，いちご6個を3人に分けるには，図の5本の点線から2本を選んで線をひけば，いちごを3人に分けることができる。

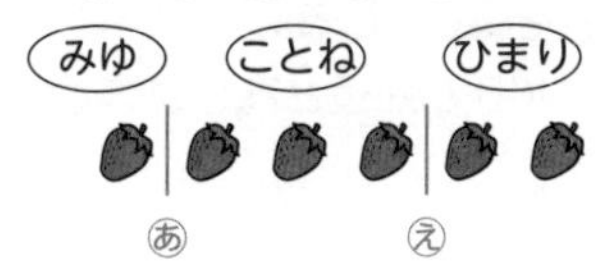

例えば，㋐と㋓に線をひくと，みゆ1個，ことね3個，ひまり2個となる。

よって，㋐～㋔の5つの線から2本を選ぶので，

$\frac{5\times4}{2\times1}=\mathbf{10}$ **(通り)**

(2) いちご6個　線2本

1個ももらわない人がいてもよいときは，いちご6個と，3人に分ける線2本の合計8個の並べ方を考えればよい。

(例1)みゆ2個，ことね0個，ひまり4個　(例2)みゆ0個，ことね6個，ひまり0個

よって，◌◌◌◌◌◌◌◌の8か所のうちの2か所に線2本を置く位置を選ぶので，$\frac{8\times7}{2\times1}=\mathbf{28}$ **(通り)**

決まった個数を決まった人数で分けるとき，
- 必ず1個以上もらうとき，(個数－1)本の線から，(人数－1)本を選ぶ選び方で考える。
- 1個ももらわない人がいてもよいとき，個数と(人数－1)本の線の並び方で考える。

例題5 正六角形を分けてできる多角形

ここでは，正六角形を分けてできる多角形の面積を考えます。正六角形は，いくつかの面積が等しい正三角形，二等辺三角形，直角三角形に分けることができます。この性質(せいしつ)と三角形の辺の比(ひ)と面積の関係を利用して考えていきます。

右の図の正六角形 ABCDEF は面積が 240 cm^2 で，点 M，N はそれぞれ辺 AF，EF の中点で，MD と NC の交点を P とします。

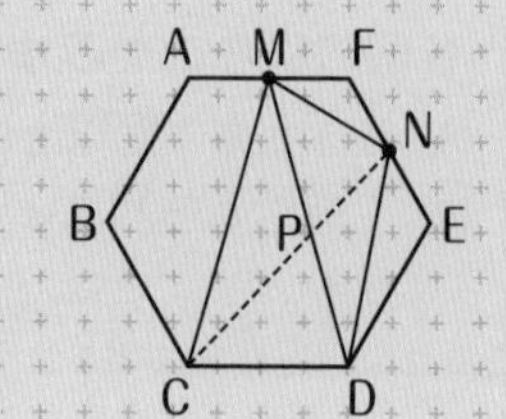

(1) 三角形 MCD の面積は何 cm^2 ですか。
(2) 四角形 MDEF の面積は何 cm^2 ですか。
(3) 三角形 MDN の面積は何 cm^2 ですか。
(4) CP：PN の長さの比を求めなさい。

解き方と答え

(1)

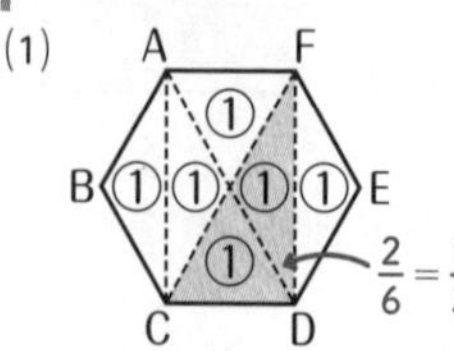

図は，正六角形の面積の割合(わりあい)を表している。
色のついた部分は，三角形 MCD と底辺と高さが等しいので，$240\times\frac{1}{3}=$**80 (cm^2)**

(2) 四角形 MDEF と四角形 MCBA は合同だから，(1)より，
$(240-80)\div2=$**80 (cm^2)**

(3)

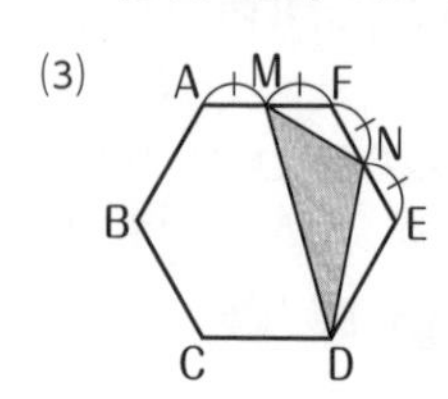

三角形 NDE は，FN＝NE より，$240\times\frac{1}{6}\times\frac{1}{2}=20$ (cm^2)
三角形 MNF は，AM＝MF，FN＝NE より，
$240\times\frac{1}{6}\times\frac{1}{2}\times\frac{1}{2}=10$ (cm^2)
よって，三角形 MDN は(2)より，$80-(20+10)=$**50 (cm^2)**

(4)

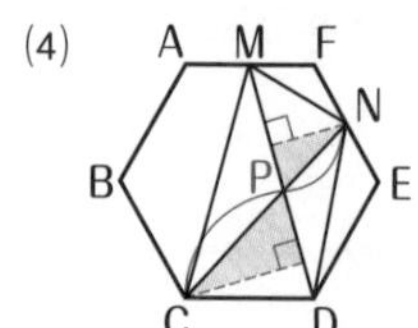

三角形 MCD と三角形 MDN は，それぞれ底辺を MD とすると，高さは左の図のようになり，ちょうちょ型の相似(そうじ)ができる。底辺が等しいので，高さの比は面積の比と等しくなる。またその高さの比がちょうちょ型の相似より，CP：PN と等しくなる。
よって，CP：PN＝80：50＝**8：5**
（80 は(1)，50 は(3)）

正六角形の問題は，何等分かしたときの基本的な面積の割合を使って解く。

例題 6 木の影から高さを求める

ここでは，実際に測らなくても三角形の相似を利用することで，高さを求めることを考えます。三角形が見あたらないときでも補助線をひくことで三角形をつくり出し，相似を利用することがポイントとなります。

1.2 m の棒を地面に垂直に立てたところ，影の長さが 3 m でした。同じ時刻に同じ場所で，図のような木の影の先端がそれぞれ点Aのところにありました。木の高さを求めなさい。

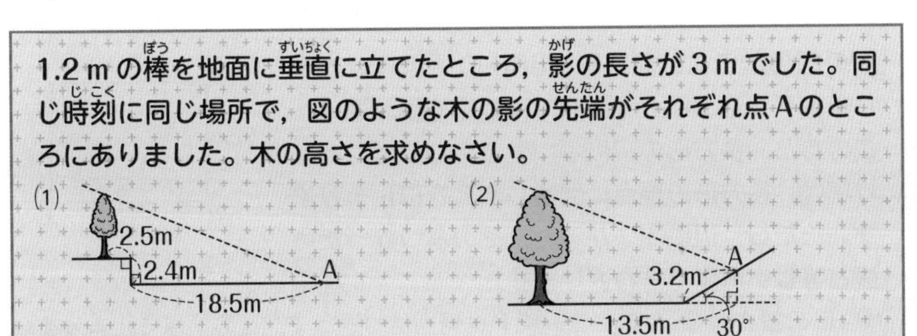

解き方と答え

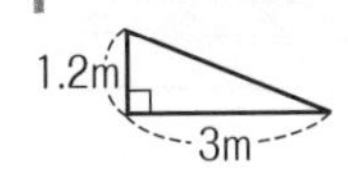

棒の長さ：影の長さ＝1.2 m：3 m＝2：5 より，
直角をつくる辺の比が ②：⑤ になることを利用する。

(1)

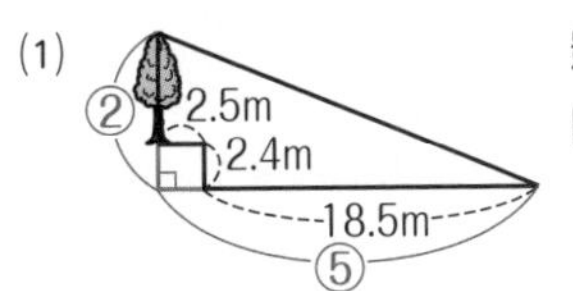

影の先端から木に向かって地面に平行な補助線をひく。
図より，⑤＝2.5＋18.5＝21 (m)
①＝21÷5＝4.2 (m)
②＝4.2×2＝8.4 (m)
よって，木の高さは，8.4−2.4＝**6** (m)

(2)

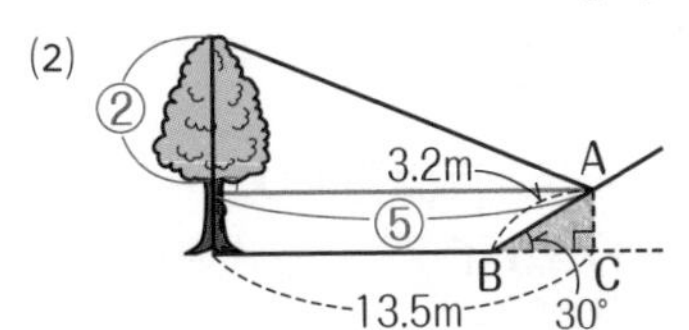

Aを通り地面に平行な補助線をひく。
坂のところの直角三角形の角は，30°，60°，90°なので，
AB：AC＝2：1 になる。
よって，AC＝3.2÷2＝1.6 (m)
図より，⑤＝13.5 m
①＝13.5÷5＝2.7 (m)
②＝2.7×2＝5.4 (m)
よって，木の高さは，5.4＋1.6＝**7** (m)

攻略ポイント

段差などがある木の影の問題は，影の先端から木に向かって地面に平行な補助線を**ひいて考える。**

例題 7　はね返る回数

ここでは，平面図形の中で点が直進しながら辺にあたりはね返って動くようすを考えます。はねかえるようすを順に書くのではなく，線対称の図をつけたして，直進し続けるようにかくことがポイントです。そして，相似を利用して考えていきます。

右の図のように，長方形 ABCD の頂点 A を出発した点 P が辺 BC 上の点 E ではじめてはね返り，このあと，長方形の辺にぶつかるたびにはねかえり続け，長方形の頂点に到達したときに止まります。ただし，辺にぶつかると，そのぶつかった角度と等しい角度ではね返ります。

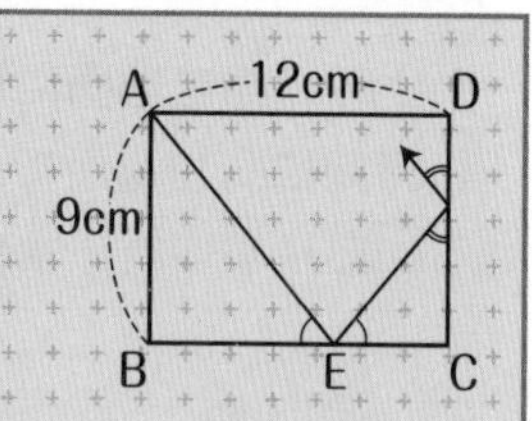

(1) BE の長さが 9 cm のとき，点 P は何回はね返って，どの頂点で止まりますか。

(2) 点 P が辺 CD 上で 1 回はね返り，点 B で止まるとき，BE の長さは何 cm ですか。

解き方と答え

(1)

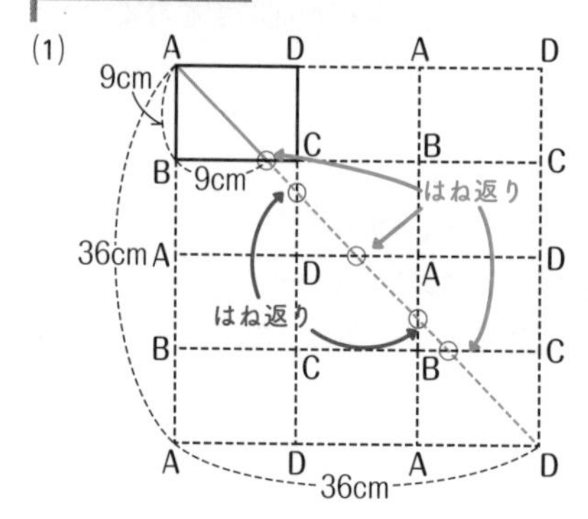

AB＝9 cm，BE＝9 cm より，縦：横＝1：1
頂点に到達するように長方形を加えるので，BE＝9 cm と AD＝12 cm の最小公倍数 36 cm になるように並べる。
縦は 36÷9＝4（列），
横は 36÷12＝3（列）
並ぶので，はね返る回数は図より，
(4－1)＋(3－1)＝**5**（回）
　 上 ○　　 上 ○
また，頂点は図より，**D**

(2)

CD 上で 1 回はね返り B で止まることから，(1)の図を参考にすると，縦に 3 列，横に 2 列並べたときである。
よって，ピラミッド型の相似より，9：27＝1：3
□＝24÷3＝**8**（cm）

攻略ポイント　はね返りの問題は，線対称な図をかきたして，点が動く図形をはね返らせずに直進し続けるようにかく。

例題 8 直角二等辺三角形の斜辺が通った部分の面積

ここでは，平面図形をある点を中心として回転移動(いどう)させたときに，辺が通った部分の面積を考えます。辺が通った部分の面積は，その辺と，辺上で中心から最も遠い点が動いてできた線と，辺上で中心から最も近い点が動いてできた線で囲まれた部分になることから，それらの線をかいて考えていきます。

右のような直角二等辺三角形を，次のように時計まわりに回転させます。

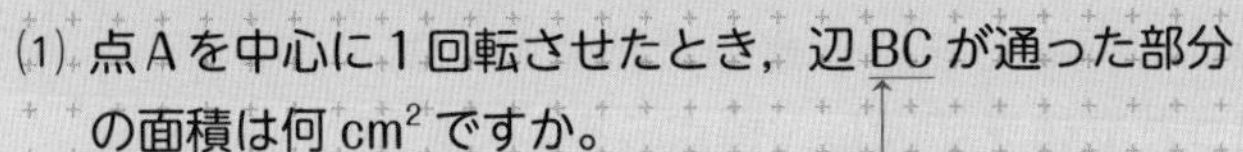

(1) 点Aを中心に1回転させたとき，辺BCが通った部分の面積は何 cm^2 ですか。

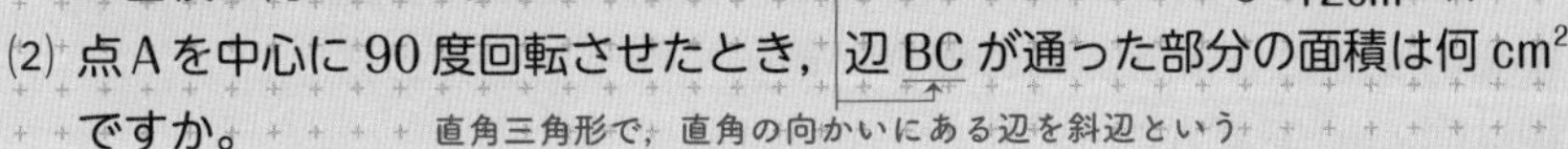

(2) 点Aを中心に90度回転させたとき，辺BCが通った部分の面積は何 cm^2 ですか。

直角三角形で，直角の向かいにある辺を斜辺という

B　12cm　C　12cm　A

解き方と答え

(1)

Aから最も近い点　B　Aから最も遠い点　C　A　Aから最も遠い点

辺BCが通る部分は，Aから最も遠い点が動く曲線とAから最も近い点が動く曲線の両方に囲まれた部分となる。つまり，左の図の色のついた部分になる。

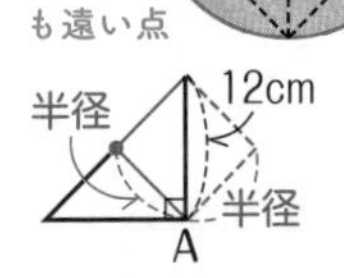

Aから最も近い点の半径はわからないが，
半径×半径 は左の図のように，$12\times12\div2=72$
よって，$12\times12\times3.14-72\times3.14=$**226.08** ($cm^2$)

(2)

12cm　→ 3つの部分に分ける

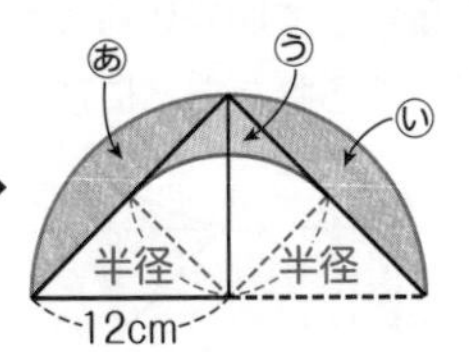

あ＝い より，あ＋い＝$\left(12\times12\times3.14\times\frac{1}{4}-12\times12\div2\right)\times2=82.08$ (cm^2)

うは 半径×半径の正方形から，円の $\frac{1}{4}$ をひくので，

$72-72\times3.14\times\frac{1}{4}=15.48$ (cm^2)
（72：正方形，72：半径×半径）

よって，$82.08+15.48=$**97.56** (cm^2)

攻略ポイント 三角形などの辺が通った部分の面積は，その辺と辺上で中心から最も遠い点と最も近い点が動いてできた線で囲まれた部分の面積になる。

例題 9 立方体を２回切断したときの体積

ここでは，立方体を２回切断して得られた立体の体積を考えます。１回目の切断も２回目の切断ももとの立方体から切断したと考えて，これら２つの切断で重複する部分の体積を差しひきして，取り除かれる立体の体積を求めます。それを立方体の体積からひくという方法で考えていきます。

右の図のような１辺 12 cm の立方体があります。まず頂点 A，C，F を通る平面で立方体を切断し，頂点 B をふくむ三角すいを切り落とします。さらに頂点 B，D，G を通る平面で残った立体を切断し，頂点 C をふくむ立体を切り落とします。このとき，最後に残った立体の体積は何 cm^3 ですか。

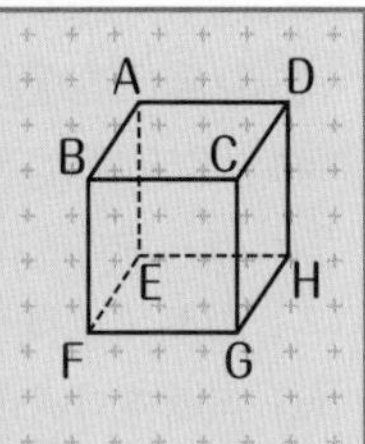

解き方と答え

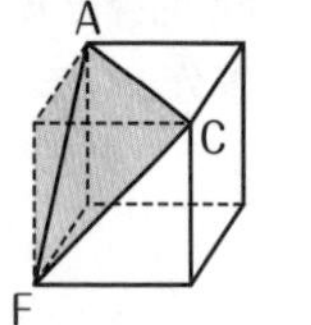

A，C，F で
切り取る

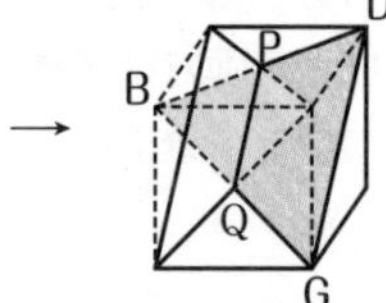

B，D，G で
切り取る

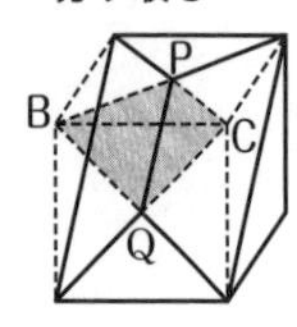

三角すいを２回切り取るように切断したと考えると，左の図の三角すい Q－PBC が重複して切り取られたことになる。

よって，切り取られたあとに残った立体の体積は，

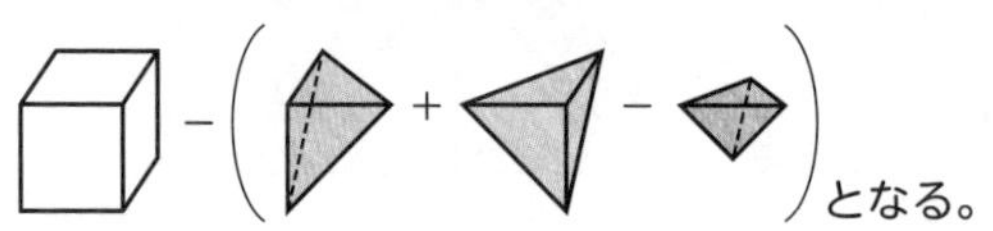

となる。

$$12\times12\times12-\left(12\times12\times\frac{1}{2}\times12\times\frac{1}{3}+12\times12\times\frac{1}{2}\times12\times\frac{1}{3}-12\times6\times\frac{1}{2}\times6\times\frac{1}{3}\right)$$

三角形PBCを底面と考える

$=1224\ (cm^3)$

立方体から２回切断して立体を取り除くとき，取り除く部分の体積は，２回とも立方体から取り除くと考え，その和から２回の切断で重複した部分をひいて求める。

例題10 複雑にくりぬかれた立方体

ここでは，小さな立方体を積み上げてつくった大きな立方体から，小さな立方体を複雑にくりぬいてできる立体の体積や表面積を考えます。表面積はもとの立体と比べて，どこが減り，どこが増えたかを考え，差しひきして求めていきます。体積は，段ごとにくりぬかれた立体のようすを図に示して数えるという方法で求めていきます。

1辺1cmの立方体を216個使って，1辺6cmの立方体をつくりました。そして，右の図1，図2のように色のつけた部分を，その面に垂直に，反対側の面までくりぬきます。ただし，くりぬいても大きな立方体はくずれないものとします。

[図1]

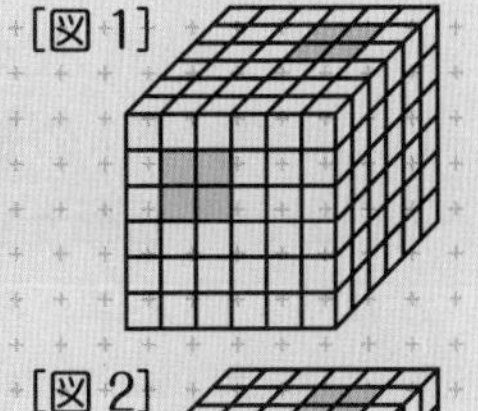

[図2]

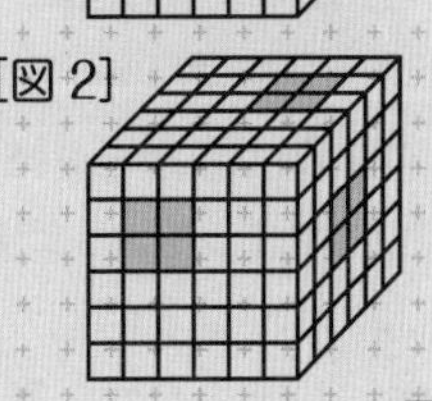

(1) 図1のようにくりぬいたとき，くりぬかれたあとの立体の表面積は何cm^2ですか。

(2) 図2のようにくりぬいたとき，くりぬかれたあとの立体の体積は何cm^3ですか。

解き方と答え

(1)

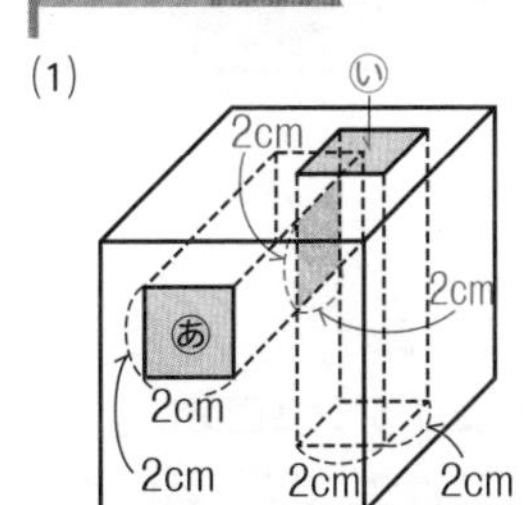

あといの面は，もとの立方体の表面積から減るので，

$2\times2\times4=16$ (cm^2) 減る。

それぞれの穴の側面積が増えるが，赤くぬった部分は穴が重なるから面にはならないので，

$(2\times6\times4-2\times2)\times2=88$ (cm^2) 増える。

（$2\times6\times4$：穴の側面，2×2：赤くぬった部分）

よって，$6\times6\times6-16+88=$ **288** (cm^2)

（$6\times6\times6$：もとの表面積）

(2) それぞれの段ごとに，くりぬいた小さな立方体に×印をつける。

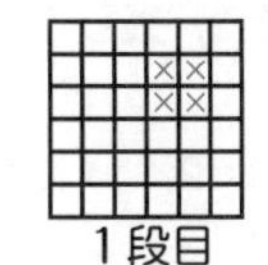

1段目

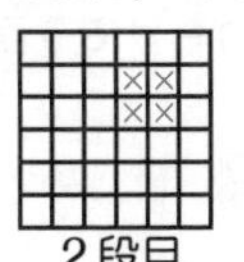

2段目

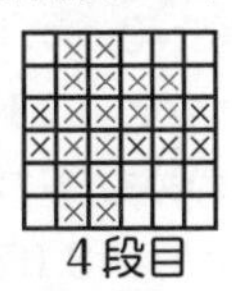

3段目

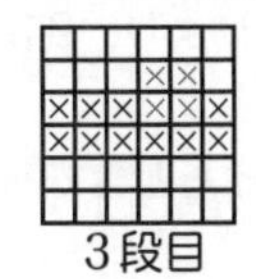

4段目

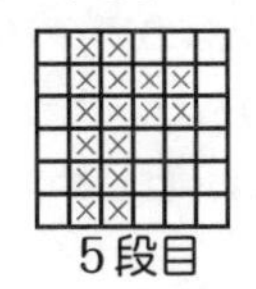

5段目

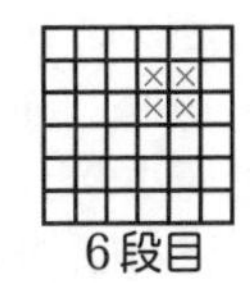

6段目

くりぬいた数は，$4+4+14+22+16+4=64$ (個)

よって，$6\times6\times6-64=$ **152** (cm^3)

攻略ポイント

立方体を積んでできた立体から，いくつかの立方体をくりぬくとき，

- 表面積は，はじめの表面積からの増減を考える。
- 体積は，それぞれの段ごとにくりぬかれた立方体を考える。

例題 11 針が規則的に動く装置

ここでは，規則的に数量を表示する装置について考えます。装置の規則を理解して，どの表示がどれだけの数量なのかを整理することが大切です。

右の図のようなボタンを１回押すとＣの針が１めもり動く装置があります。はじめすべての針は０をさしていて，Ｃの針が１回転すると，Ｂの針が１めもり動きます。同じように，Ｂの針が１回転すると，Ａの針が１めもり動きます。例えば，ボタンを５回押すと，Ａ，Ｂ，Ｃの針はそれぞれ０，１，２をさし，これを(0，1，2)と表すこととします。また，(4，3，2)の状態からボタンを１回押すと，(0，0，0)にもどります。

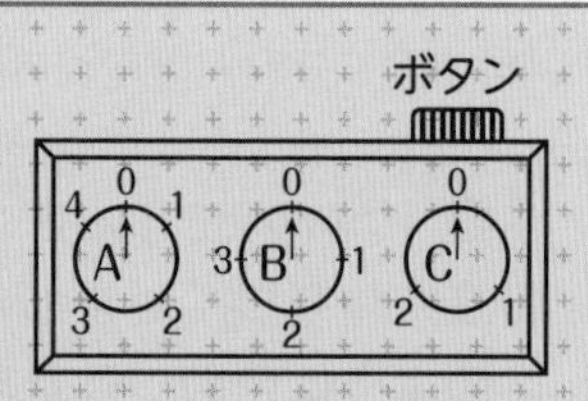

(1) ボタンを 10 回押したとき，それぞれの針はどうなっていますか。

(2) ボタンを何回か押すと，針は (3，2，1) になりました。ボタンを何回押しましたか。考えられる回数のうち，最小のものを答えなさい。

(3) ボタンを何回か押すと，針は (0，0，0) になりました。ボタンを何回押しましたか。考えられる回数のうち，最小のものを答えなさい。

解き方と答え

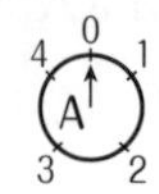
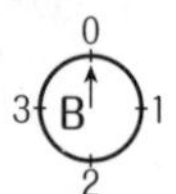
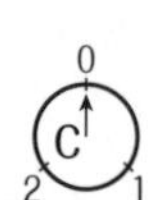

A1めもり＝ボタン12回分　B1めもり＝ボタン3回分　C1めもり＝ボタン1回分
×4　×3

C１めもりは，ボタン１回分。
Bは，Cが１回転すると１めもり動き，C１回転はボタン３回分なので，B１めもりはボタン３回分。
Aは，Bが１回転すると１めもり動き，B１回転はボタン３回が４回分なので，A１めもりはボタン 12 回分。

(1) ボタン 10 回なので，$10\div3=3$ あまり 1 より，B３めもりで９回分で，残り１回分は，C１めもり。よって，**(0，3，1)**

(2) 最小のときは，はじめてこのめもりになったときである。はじめて (3，2，1) になるのは，$\underset{A}{12}\times3+\underset{B}{3}\times2+\underset{C}{1}\times1=$**43 (回)**

(3) (0，0，0) の１つ前は (4，3，2) である。はじめて (4，3，2) になるのは，
$\underset{A}{12}\times4+\underset{B}{3}\times3+\underset{C}{1}\times2=59$ (回)　よって，(0，0，0) は，$59+1=$**60 (回)**

針が規則的に動く装置では，各メーターの１めもりがどれだけの数量を表すかを考える。

例題12 加比の理

ここでは，加比の理という比についての性質を考えます。加比の理とは，はじめにA：Bであった数量にA：Bと同じ比の値のC：Dをたしたりひいたりしても，A：Bになるという性質です。加比の理を利用できる部分を見つけることが大切です。

ある日，兄は水族館へ，妹は美術館へ行きました。出かけるときの所持金は兄が妹の３倍でした。往復の交通費も兄が妹の３倍かかりました。兄の水族館の入館料は，妹の美術館の入館料よりも300円高く，兄は妹へのおみやげに850円のぬいぐるみを買いました。家に帰ったときの２人の所持金は兄が690円で，妹は280円でした。

(1) ２人が出かけるときの所持金から交通費をひいた金額について，兄の金額は妹の金額の何倍ですか。

(2) 水族館の入館料は何円でしたか。

解き方と答え

(1)

兄	：妹
③	：①
↓－△3	↓－△1
[3]	：[1]

出かけるときの兄と妹の所持金の比は 3：1 で，使った交通費も 3：1 なので，加比の理より，残ったお金も 3：1 になる。

(③－△3)：(①－△1)＝[3]：[1]

よって，**3倍**

(2) (1)より交通費をひいたあとの残金の比は [3]：[1] であり，美術館の入館料を①とすると，水族館の入館料は ①＋300 となる。

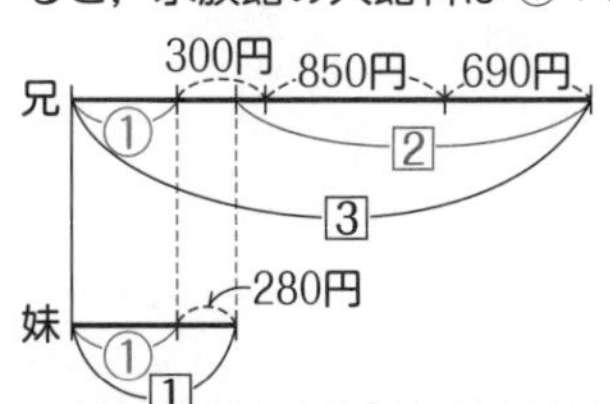

これを線分図で整理する。

差に注目して，

[2]＝300＋850＋690－280＝1560（円）

[1]＝1560÷2＝780（円）

①＝780－280＝500（円）……美術館の入館料

よって，水族館の入館料は 500＋300＝**800**（円）

はじめの量がA：Bであるとき，A：Bと同じ比の値のC：Dをたしたりひいたりしても，A：Bのままである。これを加比の理という。

例題13 2つのてんびん図を利用する

ここでは，食塩水の濃度の問題を2つのてんびん図を利用して考えます。2種類の食塩水をちがう割合でまぜる場合，それぞれのてんびん図の棒を比較しやすいように並べてかいて比べることが大切です。

食塩水Aと食塩水Bを1：2の割合でまぜて新しい食塩水をつくるつもりでしたが，まちがって3：2の割合でまぜてしまったため，予定よりも2％うすい食塩水ができました。食塩水Aの濃度が3.5%のとき，食塩水Bの濃度は何%ですか。

解き方と答え

Aをまぜる割合を多くするとうすくなるので，Aのほうがうすいことがわかる。

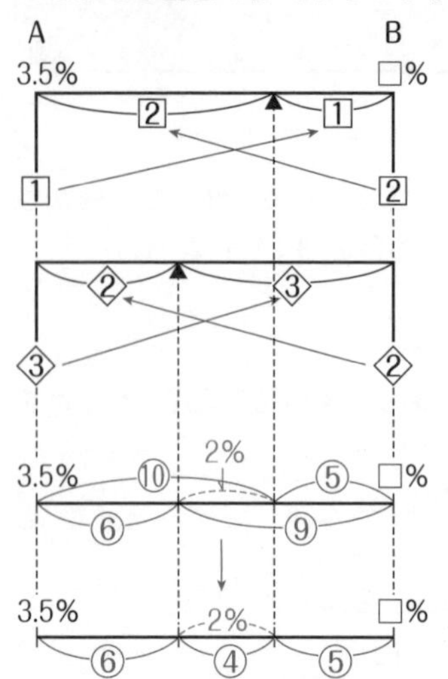

2つのてんびんの棒の長さの比を1本の線に整理する。

棒の長さの比をあわせると，

[3] ＝ ◇5　より，
×5　⑮　×3

予定より2％うすくなったところに注目すると，

④＝2％

①＝2÷4＝0.5（%）

⑮＝0.5×15＝7.5（%）

よって，Bの濃度□％は，

3.5＋7.5＝**11（%）**

攻略ポイント　**2種類の食塩水をちがう割合でまぜる問題は，**てんびん図を縦に並べてかいて，棒の長さの割合で考える。

例題 14 電車と人の出会いと追いこし

ここでは，線路沿い(ぞ)の道を進む人が，等間隔(とうかんかく)をあけて走る電車に出会ったり追いこされたりするようすを考えます。出会いの場合も追いこしの場合も，人と電車の間のきょりが0の状態(じょうたい)から考えることで速さの和と差の比(ひ)を求めることが大切です。

電車の線路沿いの道を時速 6 km の速さで走っているともきさんが，8分ごとに上りの電車に追いこされ，7分ごとに下りの電車に出会います。上りと電車と下りの電車は同じ時間をおいて出発し，一定の速さであるとします。

(1) 電車の速さは時速何 km ですか。

(2) 電車は何分何秒間隔で運行されていますか。

解き方と答え

次の図は，上りと下りの電車が等間隔をあけて進んでいて，ともきさんがそれぞれの電車と出会い，追いこされるようすを表している。

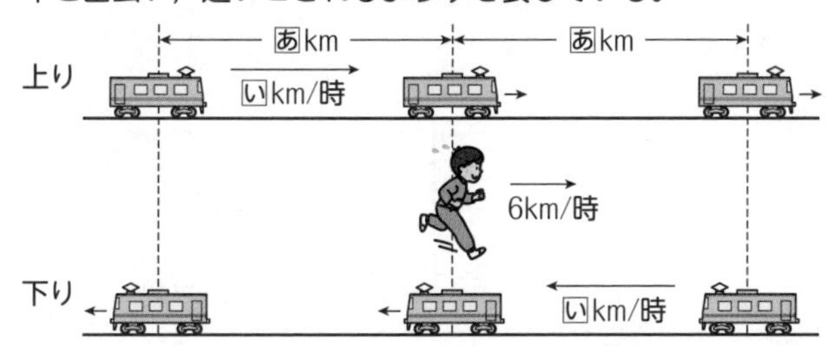

(1) ともきさんは8分ごとに追いこされ，7分ごとに出会うので，旅人算の追いこし，出会いの公式より，あ÷(い−6)＝$\frac{8}{60}$ (時間)　あ÷(い+6)＝$\frac{7}{60}$ (時間)

(い−6 ← ⑦，い+6 ← ⑧)

あが等しく，商の比が $\frac{8}{60}$：$\frac{7}{60}$＝8：7 なので，(い−6)：(い+6)＝⑦：⑧

(差は 12，差は①)

差の ①＝6+6＝12 より，⑧＝12×8＝96　よって，い＝96−6＝**90 (km/時)**

(2) (1)より，⑧＝96 なので，あ÷96＝$\frac{7}{60}$　あ＝96×$\frac{7}{60}$＝$\frac{56}{5}$ (km)

よって，$\frac{56}{5}$÷(90÷60)＝$\frac{56}{5}$×$\frac{2}{3}$＝$7\frac{7}{15}$ → **7分28秒**

(90÷60 ← 電車の分速)

攻略ポイント

等間隔をあけて進む電車と人との出会いや追いこしは，出会い時間：追いこし時間の逆比(ぎゃくひ)が，速さの和：速さの差になる。

例題 15 グラフから比を読みとる

ここでは，２人の動きを表したダイヤグラムを読みとって考えます。２人が出会ったときと追いついたときのグラフの形から，どの部分に着目すれば速さの比や時間の比を求めることができるかを理解することが大切です。

P，Q 両地点間を弟はＰ地からＱ地に，兄はＱ地からＰ地に向かってそれぞれ同時に出発しました。兄はＰ地に着いて５分間休けいした後，それまでと同じ速さでＱ地へひき返しました。右のグラフはそのときのようすを表したものです。

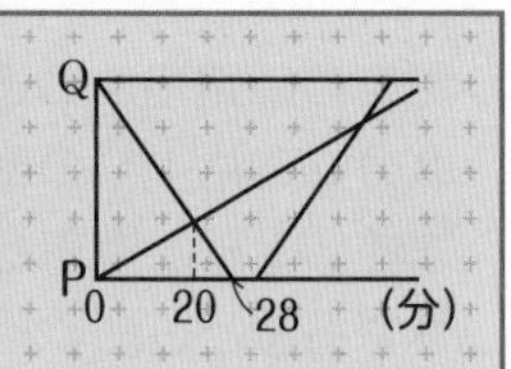

(1) 兄と弟の速さの比を求めなさい。
(2) 兄が弟を追いこすのは，２人が出発してから何分後ですか。
(3) 弟は兄より何分おくれてＱ地に到着しましたか。

解き方と答え

（グラフ１）

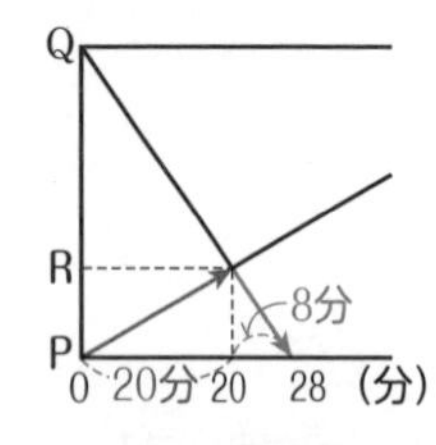

（グラフ２）

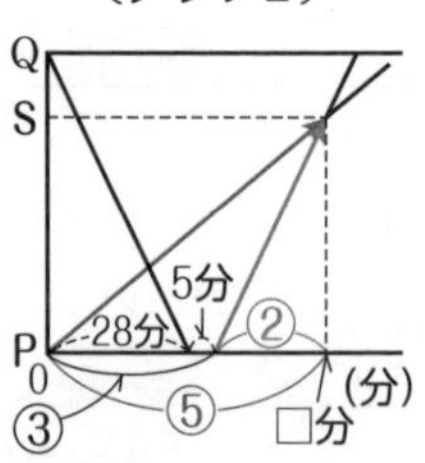

（グラフ３）

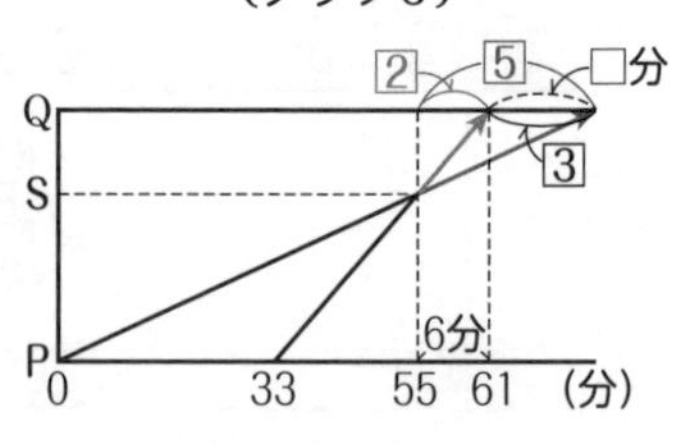

(1) グラフ１より，PR を進むのに兄は８分，弟は 20 分かかるので，速さの比はかかる時間の逆比より，20：8＝**5：2**

(2) グラフ２より，兄と弟は PS を速さの比が 5：2 で進むので，かかる時間の比は速さの逆比より，②：⑤
よって，⑤－②＝28＋5＝33（分）　①＝11 分　□＝⑤＝11×5＝**55**（分）

(3) グラフ３より，SQ を進むのにかかる時間の比は(2)より，2：5
よって，2＝33＋28－55＝6（分）　1＝3 分　□＝3＝3×3＝**9**（分）

攻略ポイント

ダイヤグラムから，一定のきょりを進むのにかかる時間の比と速さの比は逆比になることを読みとる。

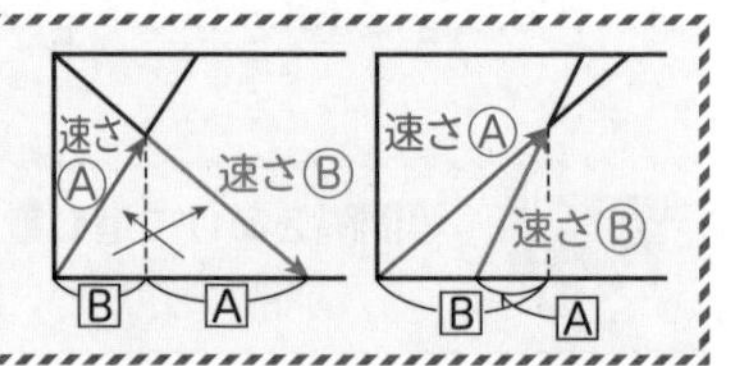

例題16 2人のきょりの差を表したグラフ

ここでは，２人のきょりの差を表したグラフを読みとって考えます。グラフから，２人の動きを読みとり，それぞれの動きをダイヤグラムに表すことが大切です。

Ｐ町とＱ町の間をＡとＢが往復(おうふく)しています。ＡはＰ町を分速 180 m の速さでＱ町の方向に出発し，ＢはＡよりおそい速さでＡがＰ町を出発するのと同時にＱ町を出発しました。右のグラフはＡとＢが出発してからのＡとＢのきょりの差と時間の関係を表したものです。

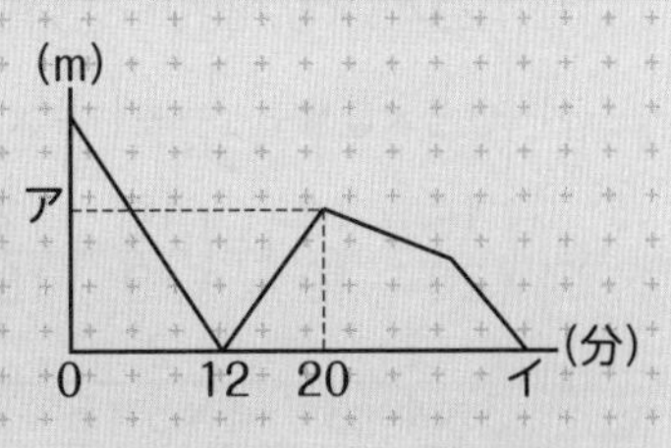

⑴ Ｐ町とＱ町のきょりは何 m ですか。
⑵ Ｂの速さは分速何 m ですか。
⑶ グラフ中のア，イの値を求めなさい。

解き方と答え

グラフから，12 分後に２人が出会い，20 分後にＡがＱに着いて折り返していることがわかる。この２人のようすをダイヤグラムに表す。

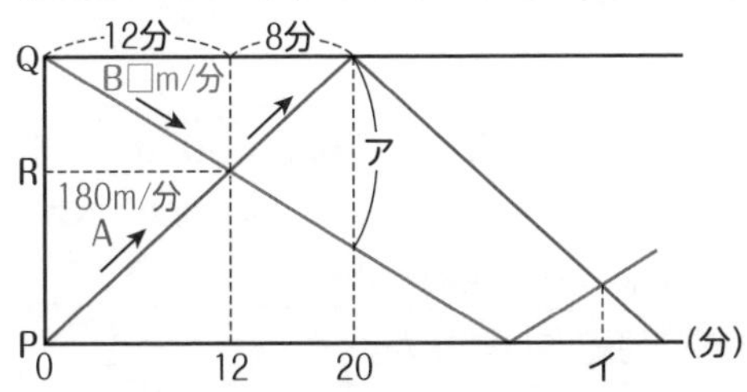

⑴ グラフより，ＡがＰからＱまで 20 分進んでいるので，180×20=**3600 (m)**

⑵ QR を進むのにかかる時間の比(ひ)が，Ａ：Ｂ=8：12=2：3 より，
速さの比は逆比(ぎゃくひ)で 3：2 となる。よって，180÷3×2=**120 (m/分)**

⑶ アは，Ｂが 20 分で進んだきょりなので，120×20=**2400 (m)**
１回目に出会うまでに２人で合わせて PQ の片道(かたみち)分を歩いている。それに 12 分かかり，１回目から２回目に出会うまでに２人で PQ の往復分を歩くので，
12×2=24 (分) かかる。よって，イ=12+24=**36 (分)**

２人のきょりの差を表したグラフは，２人のようすをダイヤグラムに表して考える。

別冊解答 p.133~137

1 次の計算をしなさい。

(1) $12345\times67890-2345\times67891$ 【白陵中】

(2) $\left\{0.5\times0.5+\frac{1}{36}\div\left(\frac{1}{3}\times\frac{1}{3}\times\frac{1}{3}\right)\right\}\times\frac{2}{3}-\left(\frac{1}{3}\times\frac{1}{3}\right)\div2.5\times15$ 【広尾学園中】

(3) $\left(\frac{19}{20}-\frac{18}{19}\right)\div\left(\frac{18}{19}-\frac{17}{18}\right)\times\left(\frac{17}{18}-\frac{16}{17}\right)\div\left(\frac{16}{17}-\frac{15}{16}\right)$ 【洛南高附中】

(4) $\frac{2}{3\times4\times5}+\frac{2}{4\times5\times6}+\frac{2}{5\times6\times7}+\frac{2}{6\times7\times8}+\frac{2}{7\times8\times9}$ 【聖心学園中】

2 次の□にあてはまる数を求めなさい。

(1) $0.75\times\left(\frac{1}{2}-\frac{1}{3}\right)\div\frac{23}{7+\square}=\frac{4}{7}\div\left\{\left(\frac{1}{7}+\frac{1}{11}\right)\div4.5\right\}$ 【駒場東邦中】

(2) $\frac{36}{5}\div\frac{\square}{5}=\frac{36}{5}-\frac{\square}{5}$ (ただし，□には同じ整数が入り，$\frac{\square}{5}$ はそれ以上約分できない分数とする。) 【白陵中】

(3) $\frac{3}{10}+\frac{2}{35}+\frac{4}{77}+\frac{2}{143}=30\div\left(76-\square\div1\frac{4}{7}\right)$ 【灘中】

3 2つの整数 A，B があり，A は B より大きく，A と B の積は 630 です。また，A と B は 1 以外の公約数をもちます。 【明星中(大阪)】

(1) A と B の最大公約数と最小公倍数をそれぞれ求めなさい。

(2) このような整数 A，B の組は全部で何組ありますか。

4 整数 A と，1 以上 359 以下の整数 B があります。$\frac{360}{A}$ は整数で，$\frac{B}{360}$ はこれ以上約分することができない分数です。 【江戸川学園取手中】

(1) 整数 A として考えられるものは全部で何個(こ)ありますか。

(2) 整数 A として考えられるすべての数の和を求めなさい。

(3) 整数 B として考えられるものは全部で何個ありますか。

(4) $\frac{B}{360}$ の値(あたい)が 0.7 以上になるような整数 B として考えられるものは全部で何個ありますか。

5 次の問いに答えなさい。

(1) ある4けたの整数の十の位を四捨五入(ししゃごにゅう)して，百の位までのがい数を求めました。そのがい数を4倍して百の位を四捨五入すると，ちょうど10000になりました。このような4けたの整数のうち，最も大きい数はいくつですか。 【西武学園文理中】

(2) 記号《x》は，xの小数第一位を四捨五入した数を表すものとします。例えば，《2.4》＝2 となります。《□÷3−2.3》＝《1.7》のとき，□にあてはまる整数をすべて求めなさい。 【豊島岡女子学園中】

6 2つの整数AとB（ただし，BはAより大きい整数とする）について，AからBまで続いた整数の和を【A，B】と表すことにします。例えば，【3，4】＝3＋4＝7，【2，5】＝2＋3＋4＋5＝14 となります。 【高槻中】

(1) 【1，11】＋【10，20】−【1，20】を求めなさい。

(2) 次の式で，ア，イにあてはまる整数を求めなさい。

　　【1，ア】＋【イ，20】＝【1，20】＋31

(3) 次の式で，ウ，エにあてはまる整数の組（ウ，エ）をすべて求めなさい。ただし，ウが4，エが3のときは（4，3）のように1組ずつ答えること。

　　【1，ウ】＋【エ，20】＝【1，20】＋30

7 次のように，数がある規則(きそく)にしたがってならんでいます。

　　1234567891011121314…

このとき，10番目の数字は1，15番目の数字は2となります。 【鎌倉学園中】

(1) 25番目の数字はいくつですか。

(2) 100番目の数字はいくつですか。

(3) 1番目から100番目までの100個(こ)の数字の中に1は何個ありますか。

(4) 1番目から100番目までの100個の数字をすべて加えるといくつになりますか。

8 次のように，ある規則にしたがって数がならんでいます。 【灘中】

　　1，2，1，3，$1\frac{1}{2}$，1，4，2，$1\frac{1}{3}$，1，5，$2\frac{1}{2}$，$1\frac{2}{3}$，$1\frac{1}{4}$，1，6，3，2，$1\frac{1}{2}$，$1\frac{1}{5}$，1，7，$3\frac{1}{2}$，$2\frac{1}{3}$，…

(1) はじめから100番目の数は何ですか。

(2) 3回目の$2\frac{1}{3}$は何番目に現(あらわ)れますか。

別冊解答 p.137~140

9 次の問いに答えなさい。

(1) AとBの2つの商品があります。Aの商品の重さはBの商品の重さの $\frac{5}{7}$ 倍で，Aの商品の値段はBの商品の値段の $\frac{7}{3}$ 倍です。AとBの重さが等しいときの値段の比を最も簡単な整数の比で表しなさい。【京都女子中】

(2) 10円玉，50円玉，100円玉がそれぞれ何枚かあり，10円玉，50円玉，100円玉の合計金額の比は1：2：3でした。このとき10円玉，50円玉，100円玉の枚数を，最も簡単な整数の比で表しなさい。

【京都学園中】

10 あるグループの所持金の平均は8000円で，グループの中の所持金が多い上位10%の人の所持金の合計はグループ全員の所持金の合計の40%になります。このとき，上位10%の人の所持金の平均はいくらですか。

【カリタス女子中】

11 2本のろうそくA，Bがあり，火をつけると，Aが3cm短くなる間に，Bは2cm短くなります。はじめAはBよりも4cm長く，同時に火をつけると10分後にどちらも長さが10cmになりました。【清風中】

(1) Aが12cm短くなる間に，Bは何cm短くなりますか。

(2) Aのはじめの長さは何cmですか。

(3) Aが燃えつきるのは，火をつけてから何分何秒後ですか。

(4) 火をつけてからとちゅうでAとBの長さをはかると，Aの長さがBの長さのちょうど半分になっていました。このようになったのは，火をつけてから何分何秒後ですか。

12 A，B，C，Dの4人の身長を調べたところ，AとBの差は9cm，BとCの差は2cm，CとDの差は5cmです。また，4人の中でいちばん身長が高い人は153cmです。4人の平均身長はDの身長より高く，Bの身長より低いことがわかりました。Dの身長は□cmまたは□cmです。【甲陽学院中】

13 3つの箱A，B，Cと1から300までの整数が1つずつ書かれたカードが300枚(まい)あります。これらのカードの中から5の倍数以外の整数1，2，3，4，6，7，8，9，11，…，298，299が書かれたカードを，小さい整数が書かれたカードから順に

箱A	1	7	8	14	16
箱B	2	6	9	13	17
箱C	3	4	11	12	

のようにすべて入れます。このとき，箱Bに入っているすべてのカードについて，書かれた整数の平均(へいきん)を求めなさい。 【東大寺学園中】

14 Aさんが60分かけて歩く道をBさんは55分で歩き，Bさんが60分かけて歩く道をCさんは70分で歩きます。ただし，3人の歩く速さは，それぞれ一定であるとします。 【神戸女学院中】

(1) Aさんが60分かけて歩く道をCさんが歩いたときにかかる時間は何分何秒ですか。

(2) AさんはP地点とQ地点の間を1人で往復(おうふく)しました。一方，Bさん・CさんペアはまずBさんがP地点からQ地点まで歩き，Q地点でCさんと交代し，CさんがQ地点からP地点まで歩きました。すると，Aさんが1人でP地点とQ地点の間を歩いて往復したときにかかった時間と，Bさん・Cさんペアが歩いたときにかかった時間の差は1分でした。Aさんが歩いたときにかかった時間は何分ですか。

15 Tさんは家からA地点まで往復します。家とA地点の間には，上り坂と下り坂とたいらな道があります。Tさんが上り坂を分速60 m，下り坂を分速100 m，たいらな道を分速75 mで歩くとき，往路は37分40秒，復路は34分20秒かかりました。 【高輪中】

(1) 往路では，どちらの坂のほうが何m長いですか。

(2) 家からA地点までの道のりは何mですか。

(3) 上り坂だけを分速200 mで走るときは，家からA地点まで27分10秒かかります。たいらな道は何mですか。

16 日曜日の午前8時に1分19秒すすんでいた時計が，3日後の水曜日の午後5時20分には1分44秒おくれていました。この時計が正しい時刻(じこく)を示(しめ)していたのは何曜日の何時何分何秒ですか。時刻には午前か午後をつけて答えなさい。 【六甲学院中】

別冊解答 p.140~143

17 ゆりさんは，A，B，Cの3つの水そうで熱帯魚を飼っています。3つの水そうの体積と水そうの中にいる熱帯魚の割合は図1，図2のようになっていて，Aの水そうの体積は 0.06 m^3 で，1 m^3 あたり 250 ひきの熱帯魚が入っています。ゆりさんは熱帯魚を5ひき増やすことにし，3つの水そうに入る1 m^3 あたりの熱帯魚の数が同じになるように入れ直したいと考えました。入れ直したあと，Cの水そうには何ひきの熱帯魚が入っていますか。 【筑波大附中】

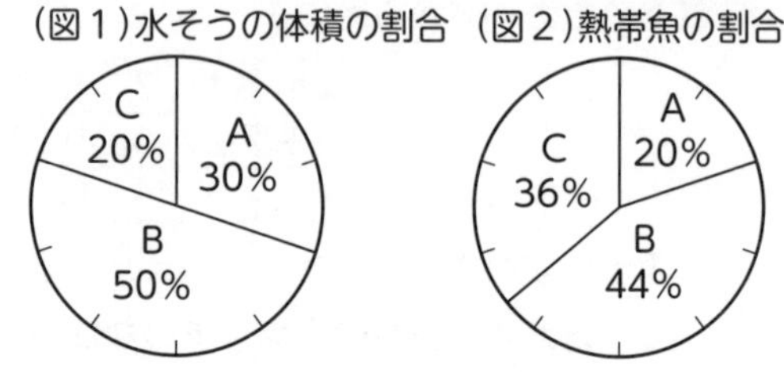

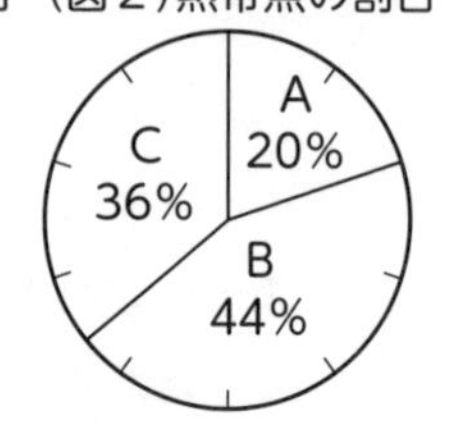

18 6個の数字 0，1，2，3，4，5 の中から異なる3個の数字を並べてできる3けたの整数をすべて書き出しました。この3けたの整数の集まりをXとよぶことにします。 【逗子開成中】

⑴ Xに入っている3けたの整数は全部で何個ありますか。

⑵ Xに入っている3けたの整数のうち，321 より小さい整数は全部で何個ありますか。

⑶ Xに入っている3けたの整数すべての和を求めなさい。

19 下の(図1)，(図2)のような同じ大きさの正方形を組み合わせてできた図形があり，正方形の辺を通る道順を考えます。 【明星中(大阪)】

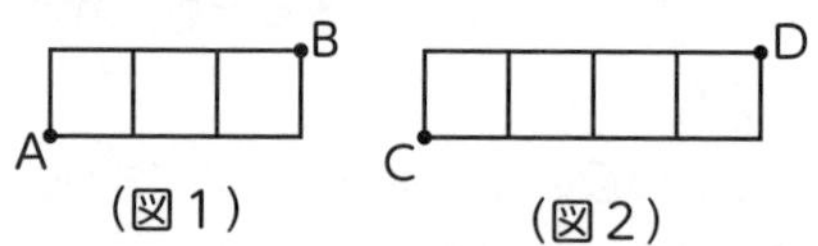

(図1)　(図2)

⑴ (図1)について，AからBまで行く道順は，全部で何通りありますか。ただし，遠回りをしてもよいが，一度通った道は，再び通ってはいけないこととします。

⑵ (図2)について，

①CからDまで最短きょりで行く道順は，何通りありますか。

②CからDまで遠回りをして行く道順は，何通りありますか。ただし，一度通った道は，再び通ってはいけないこととします。

20 何人かがプレゼントを1個ずつ持ちよって交換をすることにしました。プレゼントには持ってきた人の名前の紙がはってあります。参加した人全員が自分の持ってきたプレゼントをもらわないようにそれぞれの人に1個ずつプレゼントを分けます。 【東京都市大付中】

(1) 3人の場合，分け方は全部で何通りありますか。

(2) 5人の場合，分け方は全部で何通りありますか。

21 1から5までの整数を，となりあう2つの数の差が1になるように左から順番に6個並べます。ただし，同じ数を何回使ってもよいものとします。たとえば，3，4，5，4，3，2のように並べます。 【開智未来中】

(1) 最初が1になるような並べ方は何通りありますか。

(2) 最初が3になるような並べ方は何通りありますか。

(3) このような並べ方は全部で何通りありますか。

22 青・黄・赤のランプがそれぞれいくつかあり，左から順に並べます。並べ方は，青の右は黄，黄の右は赤と決まっていますが，赤の右はどの色でもよいものとします。 【芝中】

(1) 4個のランプの並べ方は何通りありますか。

(2) 10個のランプを並べたときに，左はしも右はしも青になる並べ方は何通りありますか。

23 右の図で，円周を12等分した点をA，B，…，Lとします。これらの12個の点から異なる3点を選んで三角形をつくるとき，どの辺の長さも円の半径より大きくなるような三角形は全部で何個ありますか。ただし，合同な三角形でも，頂点が異なるときには異なる三角形として数えます。 【灘中】

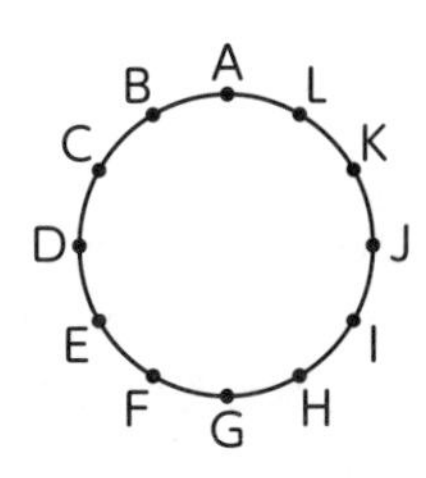

24 右の図形のとなり合う部分を，異なる色でぬり分ける方法を考えます。 【神戸海星女子学院中】

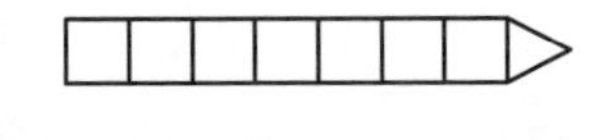

(1) 赤，黄の2色を用いてぬり分ける方法は何通りありますか。

(2) 赤，黄，青の3色すべてを用いてぬり分ける方法は何通りありますか。

(3) 赤を1か所だけにぬり，他の部分を黄，青の2色を用いてぬり分ける方法は何通りありますか。

(4) 赤を2か所だけにぬり，他の部分を黄，青の2色を用いてぬり分ける方法は何通りありますか。

別冊解答 p.144~147

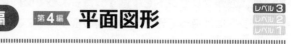

25 右の図で，四角形 ABCD は長方形で，辺 AB の真ん中の点がMです。また，２本の直線 CE，ME は垂直(すいちょく)です。このとき，角㋐の大きさは何度ですか。

【灘中】

26 四角形 ABCD は，２本の対角線が点Oで直角に交わり，AO の長さは 6 cm，BO と DO の長さはどちらも 2 cm，CO の長さは 4 cm です。このとき，角 x の大きさと角 y の大きさの和は何度ですか。

【渋谷教育学園幕張中】

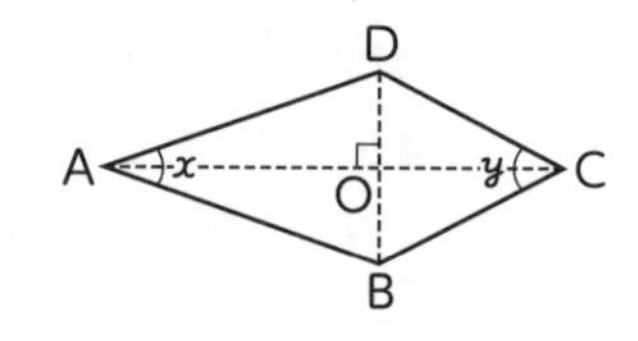

27 直径 18 cm の円の周上に，円周を 12 等分する点をとります。

【神戸女学院中】

(1) 図１の色のついた部分の面積の和を求めなさい。

(2) 図２の色のついた部分の面積を求めなさい。

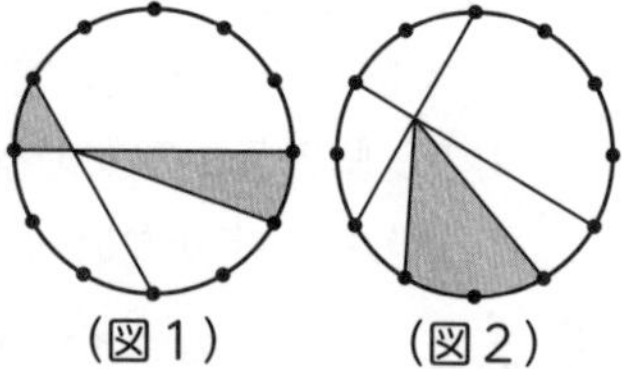

28 １辺の長さが 2 cm の正方形 ABCD と，L を中心とし，㋐の角度が 45° のおうぎ形が図のように重なっています。このおうぎ形の面積を求めなさい。

【高槻中―改】

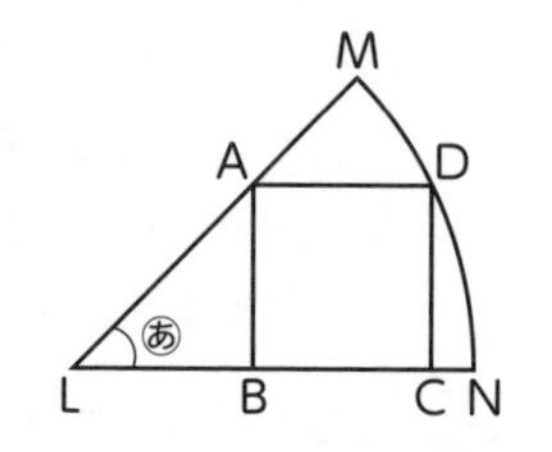

29 右の図の三角形は面積が 42 cm² で，辺 AB と辺 AC が同じ長さの二等辺三角形です。頂点(ちょうてん)Aから辺 BC に向かって垂直に線をひいて，辺 BC の上に点Dをつくります。AE と EB の長さの比(ひ)が 3：1，点 F が辺 AC の真ん中の点となるとき，三角形 AFG と三角形 BEH と三角形 CDI の面積の合計は何 cm² になりますか。

【西大和学園中】

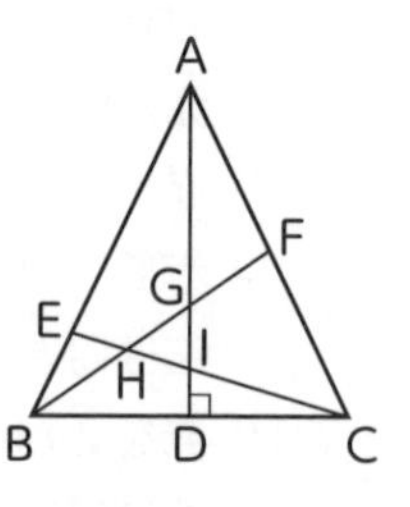

30 右の図のように２つの正方形と２つの直角三角形と２つの三角形を組み合わせ，点Aから I を定めます。辺 CH は 48 cm，辺 DE は 63 cm，辺 EI は 36 cm です。ただし，直角三角形において，直角をはさむ２辺が 3 cm，4 cm であるときは残りの辺が 5 cm，直角をはさむ２辺が 5 cm，12 cm であるときは残りの辺が 13 cm です。また，図は正確ではありません。　【甲陽学院中】

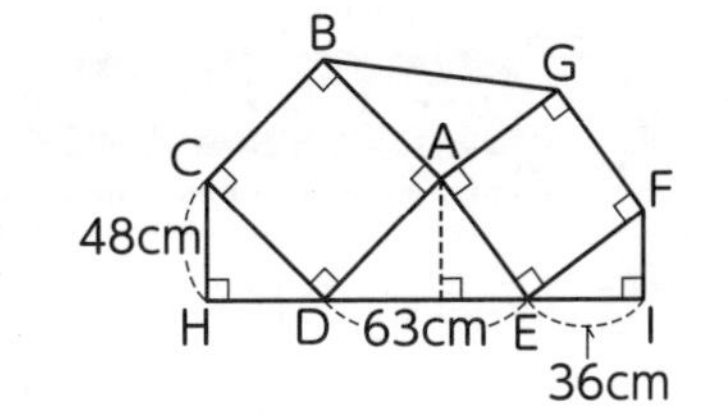

⑴ 辺 HD，辺 FI はそれぞれ何 cm ですか。

⑵ 正方形 ABCD，正方形 AEFG の１辺はそれぞれ何 cm ですか。

⑶ 三角形 ABG の面積は何 cm^2 ですか。

31 右の図は，AB＝20 cm，AD＝51 cm の長方形です。辺 AB 上に AE＝12 cm となる点 E をとり，AD と平行に直線 EF をひきます。３点 P，Q，R は，それぞれ点 A，F，B から矢印方向に毎秒 2 cm，3 cm，5 cm の速さで AD，FE，BC 上を動きます。　【明治大付属中野八王子中】

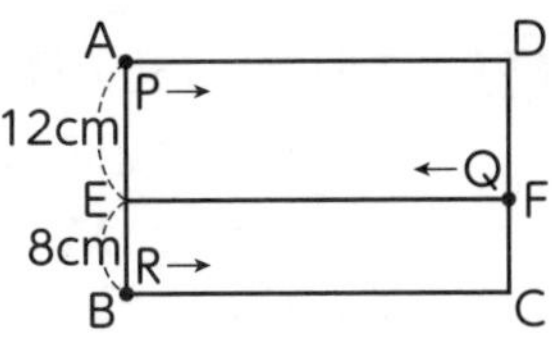

⑴ ３点 P，Q，R が一直線上に並ぶのは何秒後ですか。

⑵ 三角形 PQR の面積がはじめて 272 cm^2 になるのは何秒後ですか。

32 右の図のような正三角形 ABC があり，辺 AB と DE，辺 AC と DF は垂直に交わっています。AE＝7 cm，BD＋CF＝8 cm です。　【海城中】

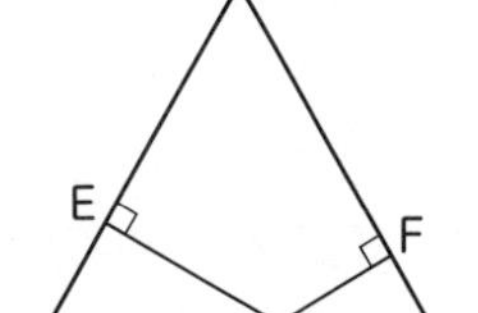

⑴ 正三角形の１辺の長さを求めなさい。

⑵ 正三角形 ABC を，点 C を中心として時計まわりに 120°回転させます。このとき，DF が通る部分の面積を求めなさい。

33 右の図のように，１辺の長さが 6 cm の正方形１つと正八角形４つを，すきまなく重ならないように並べた図形があります。この図形の外周に沿って直径 6 cm の円が１周して，もとの位置にもどります。　【四天王寺中】

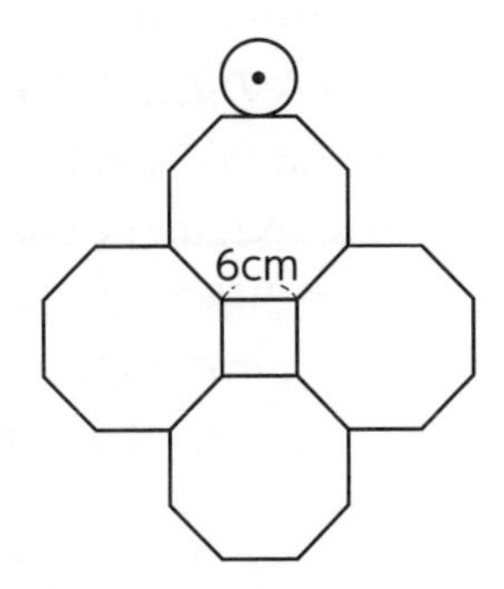

⑴ 円の中心が動いてできる線の長さを求めなさい。

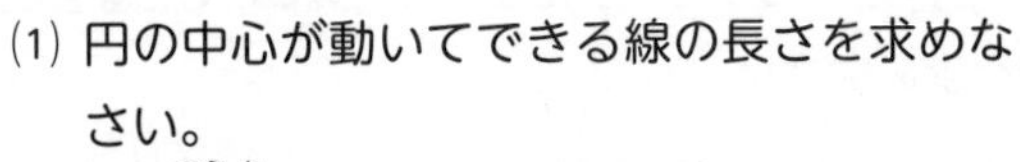

⑵ 円が通過した部分の面積を求めなさい。

別冊解答 p.148~151

34 次の図で，直線ℓを軸(じく)に１回転させたときにできる立体の体積を求めなさい。

(1)【西大和学園中一改】 (2)【駒場東邦中】

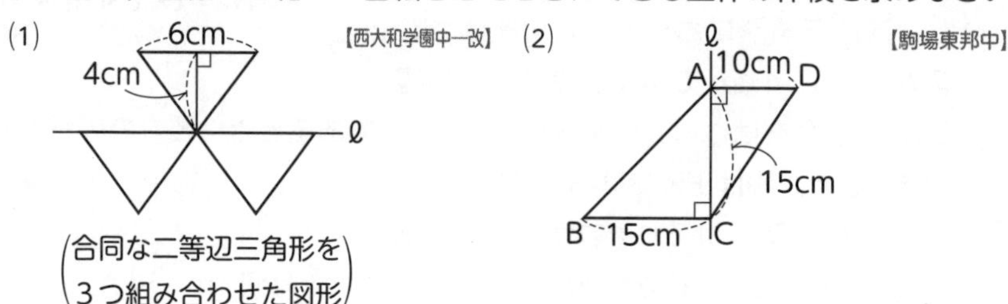

35 右の図は，１辺の長さが４cmの立方体の展開図(てんかいず)です。点M，Nは各辺の真ん中の点です。この立方体を組み立て，３点A，M，Nを通る平面で切って２つの立体に分けます。【清風南海中】

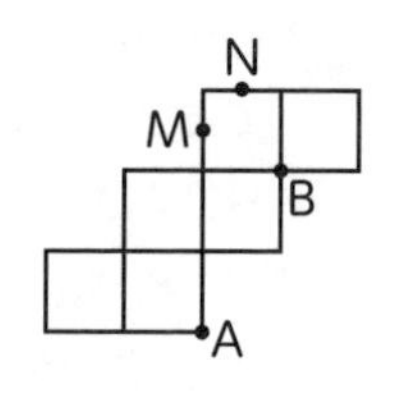

(1) 切り口の図形は何角形ですか。

(2) ２つの立体のうち，点Bをふくむほうの立体の体積を求めなさい。

36 右の図のように，高さ６mの電灯から何mかはなれたところに高さ２m，はば３mの長方形のかべを立てます。そのときにできる影(かげ)について，次の問いに答えなさい。ただし，電灯とかべは地面に対してまっすぐに立っており，電灯の大きさやかべの厚(あつ)さは考えないものとします。【奈良学園登美ヶ丘中】

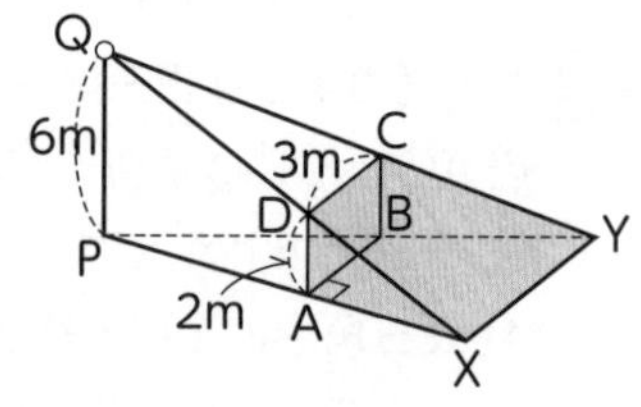

(1) 辺ADの部分の影の長さ（AXの長さ）が４mになるとき，PAの長さは何mですか。

(2) PAの長さが４mのとき，かべによって地面にできる影の面積（四角形ABYXの面積）を求めなさい。

(3) かべによって地面にできる影の面積（四角形ABYXの面積）が，(2)で求めた面積の４倍になるとき，PAの長さは何mですか。

(4) PAの長さが６mのとき，かべによって光がさえぎられてできる部分（色のついた部分）の体積を求めなさい。

37 立体㋐はそれぞれの面の対角線(例えばAB)が2 cmの立方体，立体㋑は4つの面がすべて1辺2 cmの正三角形である三角すい，立体㋒は底面が1辺2 cmの正方形で，4つの側面がすべて1辺2 cmの正三角形である四角すいです。立体㋑の体積，立体㋒の体積は，立体㋐の体積のそれぞれ何倍ですか。

【東大寺学園中】

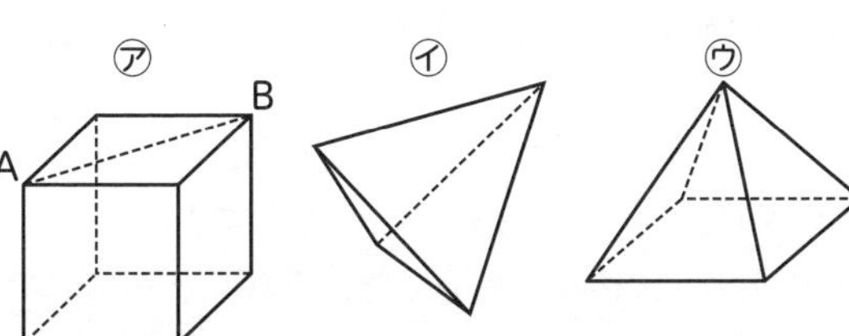

38 1辺12 cmの立方体において，図1のように，立方体の側面を面①，面②，面③，面④とします。この立方体を図2のように，面の左側の部分を反対側の面までまっすぐけずり取る作業をします。

【立教新座中】

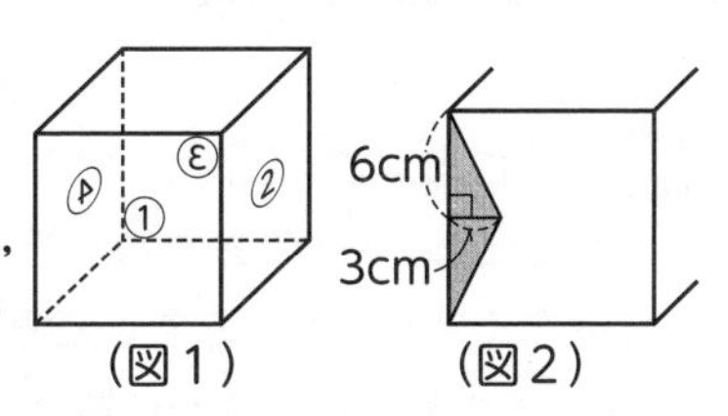

⑴ 面①だけをまっすぐけずり取るとき，けずり取る部分の体積を求めなさい。

⑵ 面①，面②，面③，面④を4つ同時にまっすぐけずり取るとき，けずり取られたあとに残った立体の体積を求めなさい。

⑶ 面①，面②を2つ同時にまっすぐけずり取るとき，けずり取られたあとに残った立体の体積を求めなさい。

39 (図1)のような直方体の形をしたガラスの水そうが，高さ15 cmの長方形の板Aと高さ25 cmの板Bによって垂直(すいちょく)にしきられています。Xの部分の真上のじゃ口から一定の割合(わりあい)で水を入れた時間と，Xの部分の水面の高さの関係を表したグラフが(図2)です。ただし，水そうのガラスの厚(あつ)さと板の厚さは考えないものとします。

【浅野中】

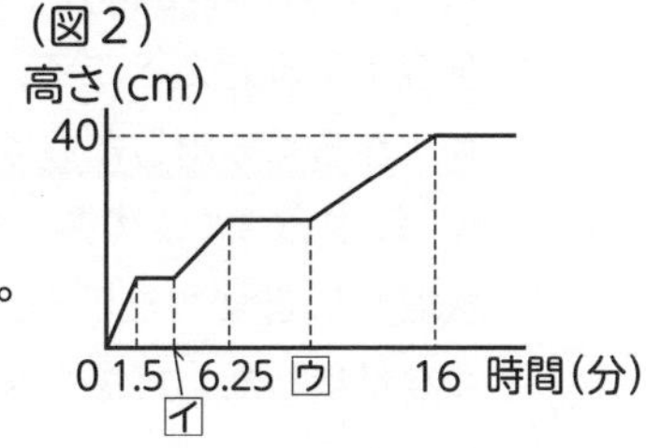

⑴ 水そうに毎分何Lの水を入れていますか。

⑵ (図1)の ア，(図2)の イ，ウ にあてはまる数をそれぞれ求めなさい。

別冊解答 p.151~154

40 ある店で，びん入りのジュースを売っています。この店では，飲んだあとの空きびんを６本持って行くと，新品のジュース１本と交換(こうかん)してくれます。

【女子学院中】

⑴ 160本のジュースを買うと，空きびんと交換したジュースもふくめて，全部で何本のジュースを飲むことができますか。

⑵ 160本のジュースを飲むためには，少なくとも何本のジュースを買う必要がありますか。

41 太郎さんはお年玉を8000円もらいました。この8000円で，240円のおかしと570円のおもちゃをどちらも１個(こ)以上買って，できるだけおつりを少なくするようにしたいと考えました。【大阪星光学院中】

⑴ おつりがないように買うことはできないことを説明しなさい。

⑵ 最も少ないおつりは ア 円で，それはおかしを イ 個，おもちゃを ウ 個買ったときです。ア，イ，ウ にあてはまる数を答えなさい。

42 容積(ようせき) ア Lの水そうに容積の20%の水が入っています。水そうの底には穴(あな)があいており，毎分 イ Lの水が流れ出ます。ここに，毎分16Lで水を入れると，20分で満水になります。また，毎分4Lで水を入れると，10分で空になります。ア，イ にあてはまる数を答えなさい。【洛南高附中】

43 ６%の食塩水Aが600g，５%の食塩水Bが800gあります。【洗足学園中】

⑴ A，Bに同じ量の水をまぜたところ，２つの食塩水の濃度(のうど)が等しくなりました。それぞれ何gずつの水をまぜましたか。

⑵ A，Bから１：２の重さの比(ひ)で食塩水をくみ出し，それぞれもう一方の食塩水にまぜたところ，２つの食塩水の濃度が等しくなりました。食塩水Aからくみ出した量は何gですか。

⑶ A，Bから１：２の重さの比で食塩水をくみ出し，それぞれもう一方の食塩水にまぜたところ，A，Bそれぞれにとけている食塩の重さが等しくなりました。食塩水Aからくみ出した量は何gですか。

44 3本のホースA，B，Cがあります。A，B，Cで1分間にそれぞれ14L，12L，9Lの水を入れることができます。A，B，Cを1本ずつ順番に使い，水そうに水を入れました。3本のホースを使った時間の合計は1時間で，水そうに入れた水の量は729Lです。また，Aで入れた水の量とBで入れた水の量の比(ひ)は7：8です。【桐朋中】

(1) Aを使った時間とBを使った時間の比を求めなさい。

(2) Aを使ったのは何分間ですか。

45 池のまわりにある1周420mの道をA，B，Cの3人がそれぞれ一定の速さで歩いてまわります。この道のある地点を3人が同時に同じ向きに出発しました。出発してから4分40秒後にはじめてAがCを追いこし，出発してから8分24秒後にはじめてAがBを追いこしました。【甲陽学院中】

(1) はじめてBがCを追いこすのは出発してから何分何秒後ですか。

(2) Bがこの道を歩いてちょうど6周まわる間に，Aに3回追いこされ，Cを2回追いこしました。Bの歩く速さは毎分何mと何mの間ですか。ただし，Bが6周まわったとき，AとCは出発した地点にいません。

46 ある川を下流から上流のA地点に向かって船が品物を運んでいます。この船がとちゅうのB地点で運ぱん中の品物を落としました。しばらくしてC地点で品物を落としたことに気づいて船が折り返し，川に流されていく品物を追いかけ，D地点で品物を拾って再(ふたた)び折り返し，A地点に向かいました。船の速さと川の流れの速さはそれぞれ一定で，船が川を下流から上流に進むときの速さは，川の流れの速さの6倍です。ただし，品物はとちゅうでしずまないものとし，品物を拾う時間と船が折り返すのにかかる時間は考えないものとします。【横浜共立学園中】

(1) この船が上流から下流に向かって進む速さは，川の流れの速さの何倍ですか。

(2) B地点からC地点までのきょりと，C地点からD地点までのきょりの和は，品物が流されたきょりの何倍ですか。

(3) 船がB地点からC地点まで進むのに20分かかったとすると，船がA地点に到着(とうちゃく)するまでにかかる時間は，品物を落とさずにA地点まで運ぶのにかかる時間よりも何分多くかかりますか。

要点のまとめ　第1編　数と計算

整数の計算　第1章

- 四則のまじった計算は，かけ算・わり算を先に計算してからたし算・ひき算を計算する。
- (　)のある式の計算は，(　)の中を先にする。
- 計算のくふう→分配法則
  ○×△＋□×△＝(○＋□)×△

約数と倍数　第2章

- ある整数をわり切ることができる整数をもとの数の**約数**という。
- **最大公約数の約数は公約数**になる。
- ある整数の整数倍になっている整数をその数の**倍数**という。
- **最小公倍数の倍数は公倍数**になる。
- 倍数の見分け方
  ア 2の倍数→下1けたが**0か2の倍数**
  イ 4の倍数→下2けたが**00か4の倍数**
  ウ 5の倍数→下1けたが**0か5**
  エ 3の倍数→各けたの数字の和が**3の倍数**
  オ 9の倍数→各けたの数字の和が**9の倍数**

小数の計算　第3章

- 積の小数点は，かけられる数とかける数の小数点の右にある**けた数の和**だけ，右から数えて打つ。
- 商の小数点は，**わられる数の右に移した小数点にそろえて**打つ。あまりの小数点は，わられる数の**もとの小数点**にそろえて打つ。

分数の計算　第4章

- 分数のたし算・ひき算は，分母を**通分**してから分子どうしを計算する。
- 分母のかけ算は分母は分母どうし，分子は分子どうしをかける。
- 分数のわり算はわる数の**逆数**をかける。
- 分数と小数がまじった計算では小数を分数になおして計算する。
- 分子が1の分数を**単位分数**という。
  $$\frac{1}{\square\times(\square+1)}=\frac{1}{\square}-\frac{1}{\square+1}$$

いろいろな計算　第5章

- 逆算は，**計算する順序の逆**から考える。
- 四捨五入は，必要な位のすぐ下の位の数が0～4なら切り捨て，5～9なら切り上げる。

数と規則性　第6章

- となりとの差が等しい数列を**等差数列**という。
- 等差数列の□番目の数は，
  初項＋公差×(□－1)
- 等差数列の和は，
  (初項＋末項)×項数÷2
- □×□ となっている数を**平方数**という。
  1，4，9，16，25，…
- 1からはじまる連続した整数の和となっている数を**三角数**という。
  1，3，6，10，15，…
- 1から□番目の奇数までの和は，
  1+3+5+7+…○=□×□
  （○：□番目）

要点のまとめ　第2編　変化と関係

割　合　第1章

►比べられる量がもとにする量の何倍かを表した数を割合という。

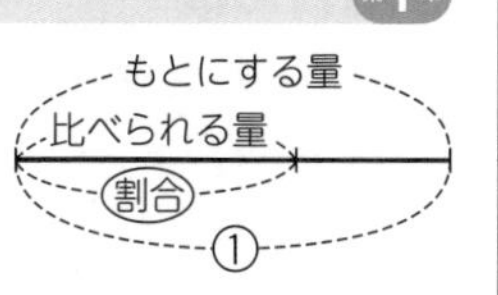

割合=比べられる量÷もとにする量
比べられる量=もとにする量×割合
もとにする量=比べられる量÷割合

►原価の□割増しで定価をつけた商品を○割引きで売ったとき，
定価=原価×(1+0.1×□)
売価=定価×(1−0.1×○)
利益=売価−原価

►食塩水の濃度とは，食塩水全体の重さに対する食塩の重さの割合である。

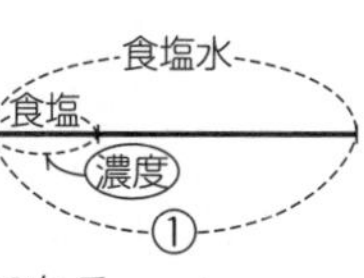

比　第2章

►A：Bの比の値は，$\frac{A}{B}$

►A：B=C：D のとき，内項の積と外項の積は等しい。（B, C が内項，A, D が外項）

►A：Bの逆数の比 $\frac{1}{A}:\frac{1}{B}$ をA：Bの逆比という。

►ある量を一定の比に分けることを比例配分という。ある数量を $a:b$ に分けるとき，

A=ある数量×$\frac{a}{a+b}$

B=ある数量×$\frac{b}{a+b}$

文字と式　第3章

►いろいろな数量をことばの式に表したものをもとにして，数や文字をあてはめてつくった式を文字式という。

2つの数量の関係　第4章

►比例の関係とグラフ
$y\div x$=決まった数
y=決まった数×x

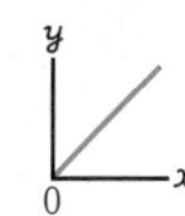

►反比例の関係とグラフ
$x\times y$=決まった数
y=決まった数÷x

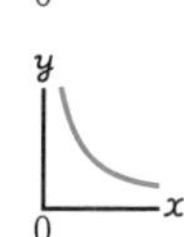

単位と量　第5章

►平均=合計÷個数
合計=平均×個数

►1 km² あたりの人口を人口密度という。

►メートル法

キロ	ヘクト	デカ		デシ	センチ	ミリ
k	h	d		d	c	m
1000倍	100倍	10倍	1	$\frac{1}{10}$倍	$\frac{1}{100}$倍	$\frac{1}{1000}$倍

速　さ　第6章

►速さ=道のり÷時間
道のり=速さ×時間
時間=道のり÷速さ

►速さが一定のとき，進んだ時間の比と道のりの比は等しい。

►時間が一定のとき，速さの比と進んだ道のりの比は等しい。

►道のりが一定のとき，速さの比とかかった時間の比は逆比になる。

要点のまとめ　第3編　データの活用

グラフと資料　第1章

► **円グラフ**…360°を100%として，おうぎ形に区切って，それぞれの割合(わりあい)を大きい順に真上から右回りにかく。

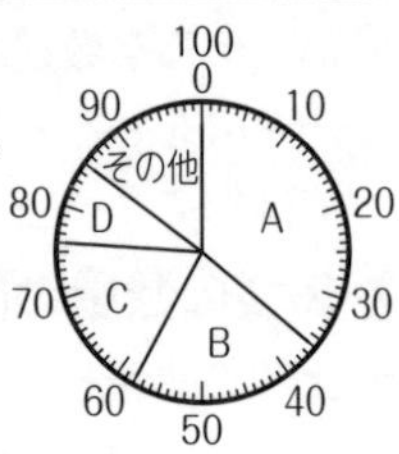

► **帯グラフ**…細長い長方形の横の長さを100%として，小さな長方形に区切って，それぞれの割合を大きい順に左からかく。

0　10　20　30　40　50　60　70　80　90　100

A	B	C	その他

► いくつかの資料(しりょう)を○を使って表し，ちらばりを調べたものを**ドットプロット**という。

回数	1	2	3	4	5	6	7
内容	A	B	A	C	D	B	B

A ○○　B ○○○　C ○　D ○

► 全体のちらばりを調べた表を**度数分布表**(どすうぶんぷひょう)といい，それをグラフに表したものを**柱状グラフ**(ちゅうじょう)という。

内容	人数
○以上□未満	A
□以上△未満	B
△以上×未満	C
×以上◎未満	D

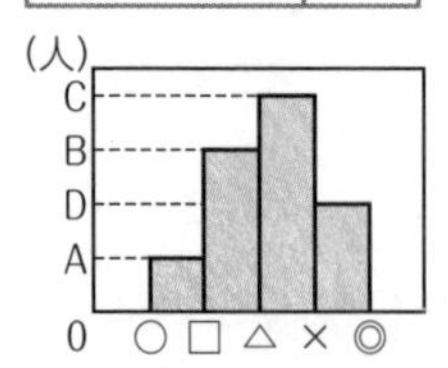

場合の数　第2章

► A，B，Cを並(なら)べるときの並べ方

A<B—C, C—B　　B<A—C, C—A　　C<A—B, B—A

► A，B，Cの中から2つを選ぶときの選び方

A<B, C　　B—C

► 大小2つのさいころをふったときの目の和の表

小＼大	1	2	3	4	5	6
1	2	3	4	5	6	7
2	3	4	5	6	7	8
3	4	5	6	7	8	9
4	5	6	7	8	9	10
5	6	7	8	9	10	11
6	7	8	9	10	11	12

► XからYまで最短きょりで行くとき

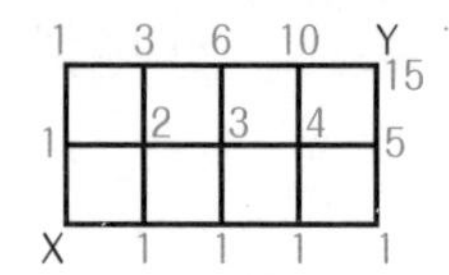

XからYまで行く行き方は15通り

► 1歩で1段(だん)か，2段のぼるとき

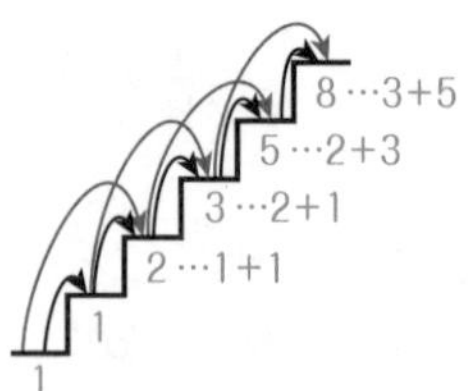

5段目までのぼるのぼり方は8通り

要点のまとめ　第4編　平面図形

平面図形の性質　第1章

► 三角形の合同条件(じょうけん)

㋐3組の辺がそれぞれ等しい。

㋑2組の辺とその間の角がそれぞれ等しい。

㋒1組の辺とその両はしの角がそれぞれ等しい。

► 相似な三角形

㋐ピラミッド型　㋑ちょうちょ型

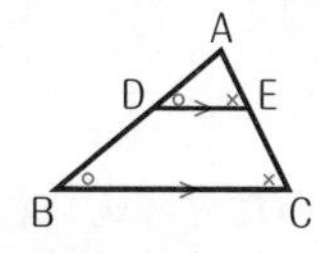

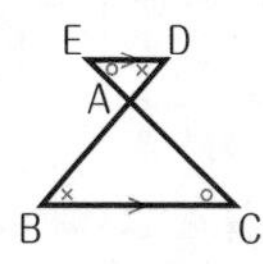

図形の角　第2章

► ℓとmが平行のとき，
同位角が等しい。…㋐=㋒
錯角(さっかく)が等しい。…㋑=㋒

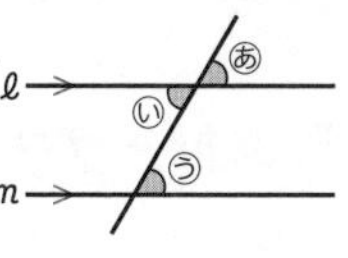

► 三角形の外角はそれととなり合わない2つの内角の和と等しい。

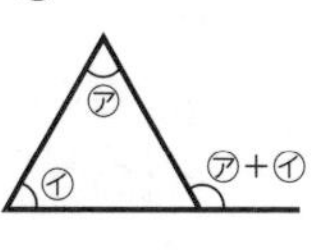

► □角形の内角の和は，180°×(□−2)

► □角形の外角の和は，360°

図形の面積　第3章

► 平行四辺形の面積=底辺×高さ

► 三角形の面積=底辺×高さ÷2

► 台形の面積=(上底+下底)×高さ÷2

► ひし形の面積=対角線×対角線÷2

► 等積変形…面積を変えずに形を変えること。

三角形 ABC，三角形 ABD，三角形 ABE はすべて面積が等しい。

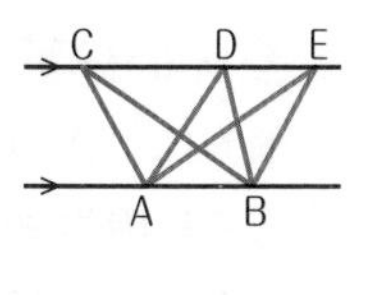

► 円周の長さ=直径×3.14

► おうぎ形の弧(こ)の長さ

$$=直径\times3.14\times\frac{中心角}{360}$$

► 円の面積=半径×半径×3.14

► おうぎ形の面積

$$=半径\times半径\times3.14\times\frac{中心角}{360}$$

► 底辺や高さが等しい三角形の面積比

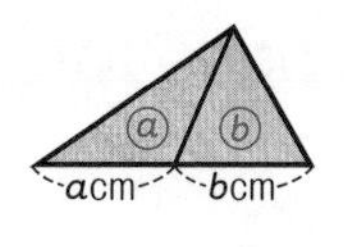

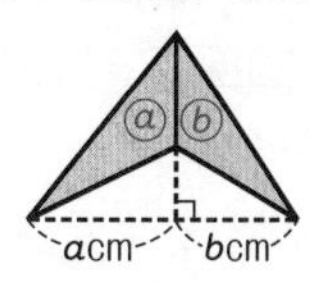

► 相似な図形では，相似比が $a:b$ のとき，面積比は $a\times a:b\times b$

図形の移動　第4章

► 長方形の転がり移動(いどう)

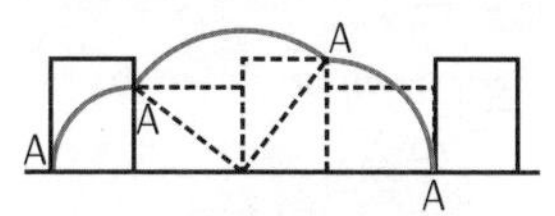

► おうぎ形の転がり移動

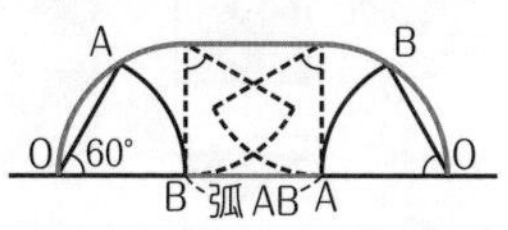

► 長方形の外側や内側を転がる円

㋐外側　㋑内側

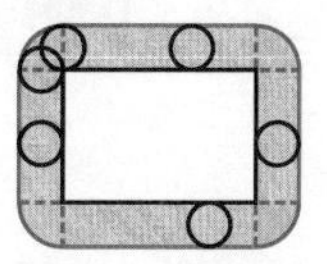

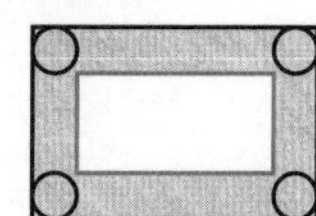

要点のまとめ　第5編　立体図形

立体の体積と表面積 

- 直方体の体積＝縦(たて)×横×高さ
- 直方体の表面積
  ＝(縦×横＋横×高さ＋高さ×縦)×2
- 立方体の体積＝1辺×1辺×1辺
- 立方体の表面積＝1辺×1辺×6

角柱と円柱

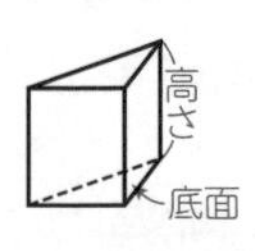

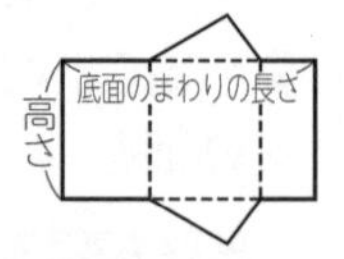

- 柱体の体積＝**底面積×高さ**
- 柱体の表面積
  ＝底面積×2＋高さ×底面のまわりの長さ
- 円すい

- すい体の体積＝**底面積×高さ×$\frac{1}{3}$**
- すい体の表面積＝**底面積＋側面積**
- 円すいの展開図では，
  $\frac{中心角}{360}=\frac{底面の半径}{母線}$
- 投影図(とうえいず)

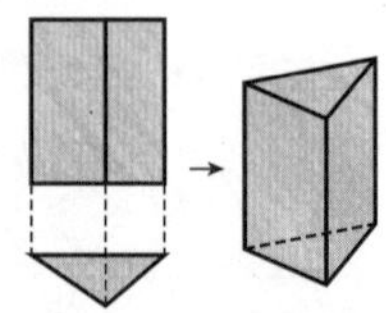

- 回転体
  直線ℓを中心に1回転させるとき

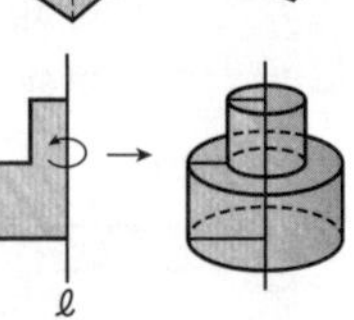

- 立方体の切り口

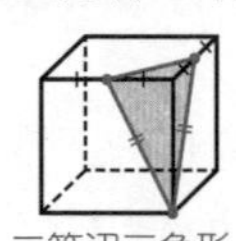
二等辺三角形

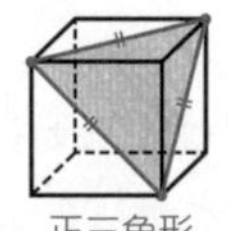
正三角形

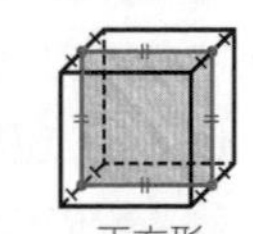
正方形

長方形

ひし形

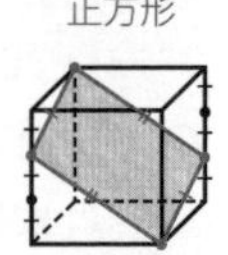
平行四辺形

等脚台形

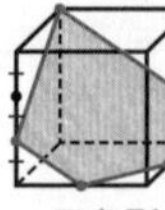
五角形

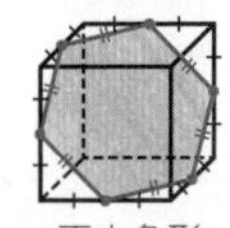
正六角形

- 柱体をななめに切った立体の体積
  底面積×高さの平均
  ↑ $(a+b)\div 2$

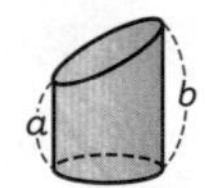

容積とグラフ　第2章

- 厚(あつ)さがある容器(ようき)の容積
  容積
  ＝(縦－a×2)
  ×(横－a×2)
  ×(高さ－a)

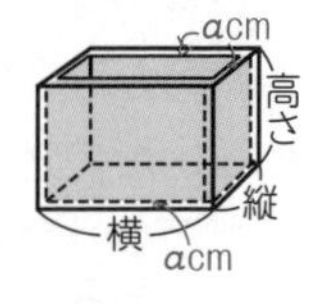

- 水が入った水そうに石や棒(ぼう)を入れたときの水面の高さ

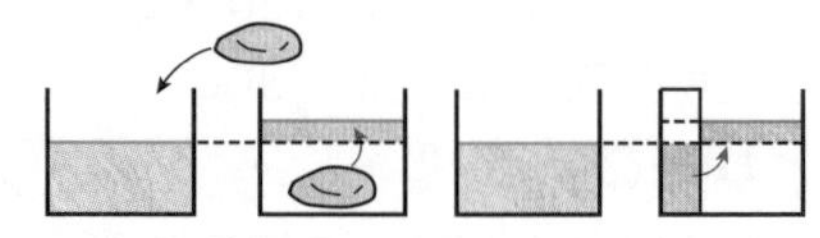

- しきりがある容器の水量とグラフ

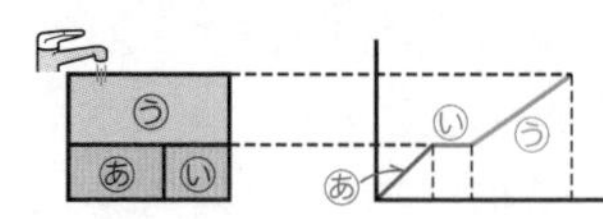

要点のまとめ 第6編 **文章題**

規則性や条件についての問題 第1章

► 植木算

㋐両はしに木を植えるとき，
間の数＋1＝木の数

㋑両はしに木を植えないとき，
間の数－1＝木の数

㋒池のまわりに木を植えるとき，
間の数＝木の数

► 集合算

D＝(A＋B)
－(全体－C)

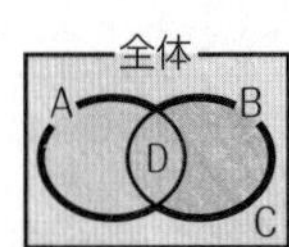

和と差についての問題 第2章

► 和差算

大＝(和＋差)÷2，小＝(和－差)÷2

► つるかめ算…表にして整理して解く。

つる	数／足	0／0	1／2	……
かめ	数／足	10／40	9／36	……
足の合計		40	38	……

► 過不足算

全体の人数＝あまりや不足による全体の差÷配る個数の差

► 平均算

2つの平均から全体の平均を求めるてんびん図

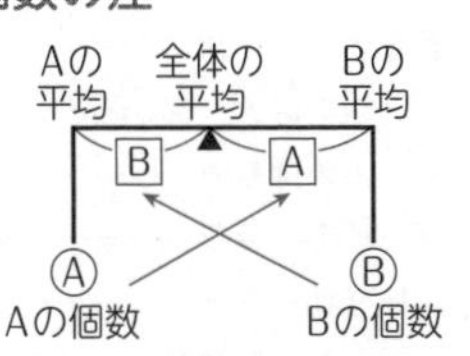

割合や比についての問題 第3章

► 分配算…線分図に整理する。

► 濃度算…右の図に整理する。

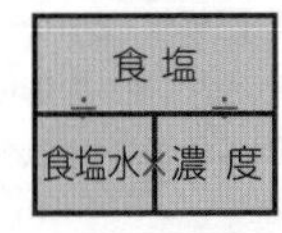

► 仕事算…仕事全体を①としたり，仕事にかかる日数の**最小公倍数**にしたりする。

► ニュートン算…線分図に整理して差に注目する。

はじめの量　増える量
減る量

速さについての問題 第4章

► 旅人算

㋐□mはなれた所から向かい合って進むとき，出会うまでにかかる時間＝□÷**(Aの速さ＋Bの速さ)**

㋑□m前を行くBをAが追いかけるとき，追いつくまでにかかる時間
＝□÷**(Aの速さ－Bの速さ)**

► 流水算

㋐静水での速さ
＝**(下りの速さ＋上りの速さ)÷2**

㋑流れの速さ
＝**(下りの速さ－上りの速さ)÷2**

► 通過算

㋐トンネルを通過するとき，
通過時間
＝**(トンネルの長さ＋電車の長さ)÷電車の速さ**

㋑トンネルに電車全体が入ってかくれているとき，かくれている時間
＝**(トンネルの長さ－電車の長さ)÷電車の速さ**

► 時計算

長針と短針は1分につき，
6°－0.5°＝**5.5°** ずつ追いついたり，はなれたりする。

さくいん

❶ 赤文字は ◎学習のポイント にある重要な用語です。
❷ 青文字は例題名のキーワードです。
❸ 数, 変, デ, 平, 立, 文, 思 はそれぞれの編の頭文字です。

あ

あまりについての問題 (1)……30 数
あまりについての問題 (2)……31 数
あまりのある小数のわり算……39 数

い

いくつかのものの取り出し方……192 デ
色のぬり方……191 デ

う

植木算……366 文
　木の本数と間の数 (1)……368 文
　木の本数と間の数 (2)……369 文
　テープなどをつなげる問題……370 文
　作業をするのにかかる時間……371 文
内のり……348 立

え

円……258 平
　円と角度……243 平
　いくつかの円のまわりの長さ……262 平
円グラフ……174 デ
　割合と円グラフ……175 デ
円周……258 平
　円周の長さ……259 平
円周角……243 平
円周率……258 平
円すい……323 立
　角すいと円すい……324 立
　円すいの体積と表面積……326 立
円すい台……323 立
　角すい台と円すい台の体積……327 立
　円すい台の表面積……328 立
角柱と円柱……320 立

お

おうぎ形……258 平
　おうぎ形の折り返しと角度……242 平
　おうぎ形のまわりの長さ……260 平
帯グラフ……174 デ
　割合と帯グラフ……176 デ
図形の折り返しと角度……239 平
おうぎ形の折り返しと角度……242 平

か

カードの並べ方……186 デ
同じカードが何枚かあるとき……190 デ
外角……228, 233 平
　三角形の内角と外角……231 平
　正多角形の内角と外角……235 平
　二等辺三角形と外角……240 平
階級……177 デ
階級値……177 デ
外項……106 変
商をがい数で求める……40 数
がい数の最大・最小……75 数
階段ののぼり方……197 デ
階段状のグラフ……135 変
回転移動……294 平
　半円の回転移動……297 平
　直角三角形の回転移動……298 平
回転体……329 立
　回転体 (1)……333 立
　回転体 (2)……334 立
90°や180°の利用……225 平
同じ印のついた角のあつかい……241 平
角すい……323 立

角(かく)すいと円(えん)すい……………………324 立
角(かく)すいの体積(たいせき)と表面積(ひょうめんせき)……………325 立
角(かく)すい台(だい)……………………………323 立
角(かく)すい台(だい)と円(えん)すい台(だい)の体積(たいせき)………327 立
角柱(かくちゅう)と円柱(えんちゅう)……………………………320 立
いくつかの角度(かくど)の和(わ)……………………237 平
図形(ずけい)の折(お)り返(かえ)しと角度(かくど)………………239 平
おうぎ形(がた)の折(お)り返(かえ)しと角度(かくど)…………242 平
円(えん)と角度(かくど)……………………………243 平
木(き)の影(かげ)から高(たか)さを求(もと)める………………491 思
( )のある式(しき)の計算(けいさん)……………………16 数
{ }のある式(しき)の計算(けいさん)……………………17 数
加比(かひ)の理(り)……………………………497 思
過不足算(かふそくざん)……………………………386 文
あまりとあまり，不足(ふそく)と不足(ふそく)…………397 文
あまりと不足(ふそく)……………………………398 文
いすに座(すわ)らせるとき…………………………399 文
人数(にんずう)が変(か)わるとき…………………………400 文
配(くば)る数(かず)が変(か)わるとき………………………401 文
個数(こすう)を逆(ぎゃく)にして買(か)うとき…………………402 文

き

奇数(きすう)……………………………………22 数
いろいろな規則(きそく)でならぶ数(かず)………………79 数
針(はり)が規則的(きそくてき)に動(うご)く装置(そうち)………………496 思
逆算(ぎゃくさん)……………………………………66 数
逆数(ぎゃくすう)……………………………………53 数
逆比(ぎゃくひ)……………………………106, 111 変
逆比(ぎゃくひ)……………………………………111 変
既約分数(きやくぶんすう)………………………………47 数
仰角(ぎょうかく)……………………………………221 平
共通(きょうつう)な部分(ぶぶん)をつけたす…………………257 平

く

偶数(ぐうすう)………………………………22, 28 数
小数(しょうすう)の計算(けいさん)のくふう…………………41 数
計算(けいさん)のくふう…………………………61 数
組(く)み合(あ)わせ……………………………184 デ
組(く)み合(あ)わせ方(かた)…………………………187 デ
グラフ………………………………………131 変
比例(ひれい)のグラフ……………………………124 変
反比例(はんぴれい)のグラフ…………………………129 変
差(さ)が一定(いってい)のグラフ………………………132 変
和(わ)が一定(いってい)のグラフ………………………133 変
いろいろなグラフ…………………………134 変
階段状(かいだんじょう)のグラフ………………………135 変
速(はや)さが変(か)わるグラフ………………………159 変
横軸(よこじく)に平行(へいこう)な直線(ちょくせん)があるグラフ…………160 変
2人(ふたり)の速(はや)さのグラフ……………………161 変
点(てん)の移動(いどう)とグラフ………………………292 平
段差(だんさ)がある容器(ようき)の水量(すいりょう)とグラフ…………356 立
しきりがある容器(ようき)の水量(すいりょう)とグラフ………357 立
給水管(きゅうすいかん)が2つある容器(ようき)の水量(すいりょう)とグラフ……358 立
排水管(はいすいかん)がある容器(ようき)の水量(すいりょう)とグラフ………359 立
速(はや)さとグラフ (1)…………………………466 文
速(はや)さとグラフ (2)…………………………467 文
グラフから比(ひ)を読(よ)みとる……………………500 思
2人(ふたり)のきょりの差(さ)を表(あらわ)したグラフ…………501 思
比(くら)べられる量(りょう)…………………………90 変
比(くら)べられる量(りょう)の求(もと)め方(かた)………………96 変
群数列(ぐんすうれつ)…………………………………78 数
整数(せいすう)の群数列(ぐんすうれつ) (1)……………………81 数
整数(せいすう)の群数列(ぐんすうれつ) (2)……………………82 数
分数(ぶんすう)の群数列(ぐんすうれつ)…………………………83 数

け

原価(げんか)…………………………………………98 変
原価(げんか)の求(もと)め方(かた)…………………………101 変
原価(げんか)がわかっているとき…………………434 文
原価(げんか)をもとにするとき……………………435 文

こ

弧(こ)…………………………………………258 平
コインの出方(でかた)…………………………188 デ
項(こう)…………………………………………78 数
合計(ごうけい)の求(もと)め方(かた)…………………………140 変
後項(こうこう)…………………………………………106 変
公差(こうさ)…………………………………………78 数
合同(ごうどう)…………………………………………212 平
合同(ごうどう)な図形(ずけい)…………………………213 平
三角形(さんかくけい)の合同条件(ごうどうじょうけん)…………………214 平
合同(ごうどう)な三角形(さんかくけい)のかき方(かた)………………215 平
公倍数(こうばいすう)…………………………………22 数
倍数(ばいすう)と公倍数(こうばいすう)の求(もと)め方(かた)………………24 数
公倍数(こうばいすう)を利用(りよう)する文章題(ぶんしょうだい)………………27 数
公約数(こうやくすう)…………………………………22 数
約数(やくすう)と公約数(こうやくすう)の求(もと)め方(かた)………………23 数
公約数(こうやくすう)を利用(りよう)する文章題(ぶんしょうだい)………………26 数
決(き)まった個数(こすう)を決(き)まった人数(にんずう)で分(わ)けるとき……489 思
正三角形(せいさんかくけい)の転(ころ)がり移動(いどう)……………………300 平

長方形の転がり移動……301 平
おうぎ形の転がり移動……302 平
長方形の外側を転がる円……304 平
三角形の外側を転がる円……305 平
長方形の内側を転がる円……306 平
円のまわりを転がる円……307 平

さ

差集め算……386 文
　数量のちがいに注目する……396 文
さいころの目の出方……193 デ
最小公倍数……22 数
　最大公約数と最小公倍数……25 数
最大公約数……22 数
　最大公約数と最小公倍数……25 数
立体図形上の最短距離……331 立
最ひん値……177 デ
錯角……224 平
　平行線と同位角・錯角……226 平
差分け算……386 文
　等しい数量にそろえる (1)……390 文
　等しい数量にそろえる (2)……391 文
三角形と三角定規……205 平
三角数……79 数　366 文

し

□の数を求める計算 (1)……67 数
□の数を求める計算 (2)……68 数
□の数を求める計算 (3)……69 数
四角数……366 文
四角形の性質 (1)……206 平
四角形の性質 (2)……207 平
時間……152 変
　時間の計算……149 変
　時間の求め方……155 変
　時間が一定のときの比……164 変
仕事の速さ……145 変
仕事算……417 文
　2人の仕事算……445 文
　水を入れる仕事算……446 文
　片方が休む仕事算……447 文
　3人の仕事算……448 文
切り捨て，切り上げ，四捨五入……73 数
四捨五入された数のもとの数のはんい……74 数
四則……14 数
　四則のまじった式の計算……15 数
　分数の四則計算……60 数
時速……152 変
決まった金額の支払い方……194 デ
所持金で支払える金額……195 デ
周期算……366 文
　一の位の周期……372 文
　日数を計算する問題……373 文
　曜日を求める問題……374 文
　規則的にならぶ数……375 文
　周期を見つける問題 (1)……376 文
　周期を見つける問題 (2)……377 文
　周期を見つける問題 (3)……378 文
集合算……367 文
　集合の考え方……379 文
　最大と最小……380 文
　3つの集合……381 文
縮尺……216 平
　縮図と縮尺……220 平
縮図の利用……221 平
樹形図……184 デ
順列……184 デ
不正確な2種類の定規……487 思
消去算……387 文
　片方にそろえる消去算……406 文
　片方におきかえる消去算……407 文
　3つの数量の消去算……408 文
　つり合いを考える……409 文
小数……34 数
　小数のしくみ……35 数
　分数と小数……48 数
小数の計算……34, 37 数
　小数のかけ算……36 数
　あまりのない小数のわり算……38 数
　あまりのある小数のわり算……39 数
　商をがい数で求める……40 数
　小数の計算のくふう……41 数
　分数と小数のたし算・ひき算……52 数
　分数と小数のかけ算・わり算……57 数
食塩水の濃度の求め方……102 変
食塩と食塩水の量の求め方……103 変
初項……78 数
人口密度……142 変
　人口密度……144 変

す

すい体 …… 323 立
水面の高さの変化 (1) …… 353 立
水面の高さの変化 (2) …… 354 立
推理の問題 …… 367 文
　大小関係を推理する問題 …… 382 文
　仮定して推理する問題 …… 383 文
一方の数量を求める問題 …… 113 変
数量の関係を表した式 …… 120 変
ともなって変わる２つの数量 …… 128 変
平均から求めることができる数量 …… 141 変
数列 …… 78 数
スタートの位置 …… 166 変
すだれ算 …… 25 数

せ

いくつかの整数の和 …… 19 数
正六角形を分けてできる多角形 …… 490 思
積の法則 …… 189 デ
立方体の切断と切り口 …… 336 立
立方体の切断と体積 (1) …… 337 立
立方体の切断と体積 (2) …… 338 立
立方体の切断と体積 (3) …… 339 立
柱体をななめに切断した立体 …… 340 立
切断される立方体の個数 …… 345 立
対角線による正方形の切断 …… 486 思
立方体を２回切断したときの体積 …… 494 思
前項 …… 106 変
線対称 …… 208 平
　線対称 …… 209 平
　針が線対称になるとき …… 478 文
線分図 …… 98 変

そ

相似 …… 216 平
　相似な図形 …… 217 平
　三角形の相似条件 …… 218 平
　相似な三角形の辺の長さ …… 219 平
　相似な三角形の面積比 …… 281 平
　相似な三角形の面積比の利用 …… 282 平
相似比 …… 216 平
相当算 …… 416 文
　割合でわる (1) …… 429 文
　割合でわる (2) …… 430 文
　男女の人数 …… 431 文
　残りの割合 …… 432 文
　一部分の割合がわかっているとき …… 433 文
側面 …… 319 立
側面積 …… 319 立
損益算 …… 417 文
　原価がわかっているとき …… 434 文
　原価をもとにするとき …… 435 文
　定価をもとにするとき …… 436 文
　複数個売るとき (1) …… 437 文
　複数個売るとき (2) …… 438 文

た

対角線 …… 204 平
　対角線による正方形の切断 …… 486 思
対称の軸 …… 208 平
対称の中心 …… 208 平
体積 …… 314 立
　体積の単位換算 …… 315 立
　直方体と立方体の体積と表面積 …… 316 立
　組み合わせた立体の体積 …… 317 立
　角柱と円柱の体積 …… 321 立
　角すいの体積と表面積 …… 325 立
　円すいの体積と表面積 …… 326 立
　角すい台と円すい台の体積 …… 327 立
　立方体の切断と体積 (1) …… 337 立
　立方体の切断と体積 (2) …… 338 立
　立方体の切断と体積 (3) …… 339 立
　立方体を２回切断したときの体積 …… 494 思
体積比 …… 327 立
対頂角 …… 225 平
代表値 …… 177 デ
　代表値 …… 178 デ
帯分数のたし算・ひき算 …… 51 数
帯分数のかけ算・わり算 …… 56 数
多角形と対称 …… 211 平
正多角形を組み合わせた図形 …… 236 平
旅人算 …… 456 文
　反対方向に進むとき …… 458 文
　同じ方向に進むとき …… 459 文
　池のまわりをまわるとき …… 460 文
　つるかめ算の利用 …… 461 文
　状況を整理する …… 462 文
　３人の旅人算 …… 463 文
　２回目に出会う (1) …… 464 文

2回目に出会う (2)……465 文
速さとグラフ (1)……466 文
速さとグラフ (2)……467 文
単位……146 変　246 平　314 立
単位換算の計算(長さ・重さ)……148 変
組み合わせた図形の面積，単位換算……247 平
体積の単位換算……315 立
単位時間……145 変
単位分数……59 数
単位分数の和……63 数
単位量あたりの大きさ……142 変
単位量あたりの大きさ……143 変

ち

中央値……177 デ
柱状グラフ……177 デ
柱状グラフ……181 デ
中心角……243 平
柱体……319 立
柱体をななめに切断した立体……340 立
中点……211 平
ちょうちょ型とブーメラン型……232 平
直角二等辺三角形……204 平

つ

通過算……457 文
電柱を通過するとき……472 文
鉄橋やトンネルを通過するとき……473 文
すれちがいと追いこし……474 文
いろいろなものを通過するとき……475 文
通分……44 数
約分と通分……45 数
つるかめ算……386 文
2つの量のつるかめ算……392 文
2つの量の損失のつるかめ算……393 文
3つの量のつるかめ算……394 文
3つの量の損失のつるかめ算……395 文
つるかめ算の利用……461 文

て

定価……98 変
定価，売価，利益の求め方……100 変
定価をもとにするとき……436 文
底面……319 立
底面積……319 立
鉄橋やトンネルを通過するとき……473 文
角柱と円柱の展開図と表面積……322 立
立方体の展開図……330 立
電車と人の出会いと追いこし……499 思
点対称……208 平
点対称……210 平
電柱を通過するとき……472 文
点の移動と面積……291 平
点の移動とグラフ……292 平
てんびん図……387 文
てんびん図で考える……443 文
2つのてんびん図を利用する……498 思

と

同位角……224 平
平行線と同位角・錯角……226 平
投影図……329 立
投影図……332 立
等差数列……78 数
等差数列とその和……80 数
等積移動……252 平
等積移動……256, 268 平
等積変形……252 平
等積変形……255 平
等比数列……78 数
動物が動けるはんい……293 平
時計算……457 文
長針と短針がつくる角……476 文
長針と短針がつくる角から時刻を求める……477 文
針が線対称になるとき……478 文
角速度の問題……479 文
度数……177 デ
度数折れ線……181 デ
度数分布表……177 デ
度数分布表……180 デ
ドットプロット……177 デ
ドットプロット……179 デ
鉄橋やトンネルを通過するとき……473 文

な

内角……228, 233 平
三角形の内角の和……229 平
三角形の内角と外角……231 平
多角形の内角の和……234 平
正多角形の内角と外角……235 平

内項……106 変
並べ方……185 デ

に

二等辺三角形……204 平
　二等辺三角形の角……230 平
　二等辺三角形と外角……240 平
ニュートン算……417 文
　数値があたえられているとき……451 文
　ちがいに注目する……452 文
　比だけでとくニュートン算……453 文

ね

年れい算……387 文
　差が一定のとき……410 文
　親の和と子どもの和の比……411 文
　何才年上を考えるとき……412 文
　生まれていない子どもがいるとき……413 文

の

濃度……98 変
　食塩水の濃度の求め方……102 変
濃度算……417 文
　食塩水のまぜ合わせ……439 文
　食塩水に水を加える……440 文
　食塩水を蒸発させる……441 文
　食塩水に食塩を加える……442 文
　てんびん図で考える……443 文
　食塩水の移しかえ……444 文
のべ算……417 文
　要素が２つののべ算……449 文
　要素が３つののべ算……450 文

は

小数の倍とかけ算・わり算……91 変
分数の倍とかけ算・わり算……92 変
売価……98 変
　定価，売価，利益の求め方……100 変
倍数……22, 28 数
　倍数と公倍数の求め方……24 数
　倍数の個数……29 数
倍数算……416 文
　片方が一定のとき……423 文
　和が一定のとき……424 文
　差が一定のとき……425 文
　３人の倍数算……426 文
　和も差も変化するとき (1)……427 文
　和も差も変化するとき (2)……428 文
はね返る回数……492 思
速さ……152 変
　仕事の速さ……145 変
　速さの求め方……153 変
　速さの表し方……154 変
　速さが変わるグラフ……159 変
　２人の速さのグラフ……161 変
　速さが一定のときの比……163 変
はんい……177 デ
半円……260 平
反比例……126 変
　反比例の式と性質……127 変
　反比例のグラフ……129 変
　反比例の利用……130 変

ひ

比……106 変
　比と比の値……107 変
　等しい比の性質……108 変
　比の差の利用……115 変
　速さが一定のときの比……163 変
　時間が一定のときの比……164 変
　道のりが一定のときの比……165 変
　歩幅と歩数の比……167 変
　加比の理……497 思
ヒストグラム……177 デ
比の値……106 変
　比と比の値……107 変
ヒポクラテスの三日月……267 平
百分率……90 変
　小数と百分率……94 変
秒速……152 変
表面積……314 立
　直方体と立方体の体積と表面積……316 立
　組み合わせた立体の表面積……318 立
　角柱と円柱の展開図と表面積……322 立
　角すいの体積と表面積……325 立
　円すいの体積と表面積……326 立
　円すい台の表面積……328 立
比例……122 変
　比例の式と性質……123 変
　比例のグラフ……124 変

比例の利用……125 変
比例式……106 変
比例式……109 変
比例配分……112 変
比例配分……114 変

ふ

歩合……90 変
小数と歩合……95 変
フィボナッチ数列……79 数 197 デ
ちょうちょ型とブーメラン型……232 平
分数……44 数
分数の大きさをくらべる……46 数
2つの分数の間にある分数……47 数
分数と小数……48 数
分数にかける最小の数……58 数
分数の群数列……83 数
分数の計算……49 数
分数のたし算・ひき算……50 数
分数と小数のたし算・ひき算……52 数
分数のかけ算……54 数
分数のわり算……55 数
分数と小数のかけ算・わり算……57 数
分数の四則計算……60 数
計算のくふう……61 数
特別な分数の計算……62 数
分速……152 変
分配算……416 文
2人の分配算……418 文
2段階の分配算……419 文
3人の分配算 (1)……420 文
3人の分配算 (2)……421 文
3人の分配算 (3)……422 文
分配法則……14 数
分配法則の利用……18 数

へ

平均……138 変
平均の求め方……139 変
平均から求めることができる数量……141 変
平均算……387 文
平均と合計……403 文
テストの回数……404 文
受験者の平均点……405 文
平均値……177 デ
平均の速さ……152 変
平均の速さ……157 変
平行移動……294 平
図形の平行移動 (1)……295 平
図形の平行移動 (2)……296 平
平行四辺形……204, 224 平
平行四辺形と角……227 平
平方数……23, 79 数 366 文
部屋のわりあて……488 思
ベン図……29 数 367 文

ほ

補助単位……146 変
歩幅と歩数の比……167 変

ま

末項……78 数
おうぎ形のまわりの長さ……260 平
組み合わせた図形のまわりの長さ……261 平
いくつかの円のまわりの長さ……262 平

み

水の移しかえ……350 立
道順の求め方……196 デ
未知数……119 変
道のり……152 変
道のりの求め方……156 変
道のりが一定のときの比……165 変
密度……144 変

む

いろいろな虫食い算……70 数

め

メートル法……147 変
面積……246 平
組み合わせた図形の面積，単位換算……247 平
平行四辺形の面積……248 平
三角形の面積……249 平
台形の面積……250 平
ひし形の面積……251 平
基本の図形に分ける……253 平
全体から一部をひく……254 平
円の面積……264 平
おうぎ形の面積……265 平

組み合わせた図形の面積 (1)……266 平
組み合わせた図形の面積 (2)……267 平
およその面積……270 平
30°を利用した三角形の面積……271 平
直角二等辺三角形の面積……272 平
半径がわからない円やおうぎ形の面積……273 平
等しい面積に分けた三角形……276 平
点の移動と面積……291 平
直角二等辺三角形の斜辺が通った部分の面積 493 思

面積比……274 平
高さが等しい三角形の面積比……275 平
底辺が等しい三角形の面積比……277 平
底辺が等しい三角形の面積比の利用……278 平
1つの角が共通な三角形の面積比……279 平
三角形内の面積比……280 平
相似な三角形の面積比……281 平
相似な三角形の面積比の利用……282 平
台形内の面積比……284 平
平行四辺形内の面積比 (1)……285 平
平行四辺形内の面積比 (2)……286 平
平行四辺形内の面積比 (3)……287 平

も

文字式……118 変
文字を使った式……119 変
もとにする量……90 変
もとにする量の求め方……97 変

や

約数……22 数
約数と公約数の求め方……23 数
約束記号のある計算……71 数
約分……44 数
約分と通分……45 数

よ

容器のおきかえ……351 立
かたむけた容器……352 立
段差がある容器の水量とグラフ……356 立
しきりがある容器の水量とグラフ……357 立
給水管が2つある容器の水量とグラフ……358 立
排水管がある容器の水量とグラフ……359 立
容積……348 立
容積……349 立

り

利益……98 変
定価，売価，利益の求め方……100 変
立方体……314, 329 立
直方体と立方体の体積と表面積……316 立
立方体の展開図……330 立
立方体の切断と切り口……336 立
立方体の切断と体積 (1)……337 立
立方体の切断と体積 (2)……338 立
立方体の切断と体積 (3)……339 立
積み重ねられた立方体 (1)……342 立
積み重ねられた立方体 (2)……343 立
くりぬかれた立方体……344 立
切断される立方体の個数……345 立
立方体を2回切断したときの体積……494 思
複雑にくりぬかれた立方体……495 思
流水算……456 文
上りと下りの速さ……468 文
流れの速さと静水での速さ……469 文
流水算と比……470 文
流れの速さが打ち消されるとき……471 文

れ

連除法……25 数
連比……106 変
連比……110 変

わ

和差算……386 文
和と差がわかっているとき……388 文
和と差を見つける……389 文
和の法則……189 デ
割合……90 変
割合の求め方……93 変
割合の利用……99 変
割合と円グラフ……175 デ
割合と帯グラフ……176 デ

著者紹介

大場 康弘(おおば やすひろ)

1966 年生まれ。学生時代より大手進学塾講師として，中学受験算数を指導。教材，テスト作成にも携わる。2000 年，プロ家庭教師派遣会社「さくら総合徳育システム」を設立し独立。現在，プロ家庭教師として小中高生の指導をするとともに，家庭教育コンサルタントとして，子育てセミナーの実施，塾・学校選びの進路相談，家庭学習法の指導等家庭教育全般に関わる相談に応えている。趣味は観劇と釣り。

伊藤 広基(いとう ひろき)

1982 年生まれ。さくら総合徳育システム副代表。プロ家庭教師。大学院卒業後，証券会社に就職するも，教育への想いを捨てきれず，一念発起し大手進学塾へ転職。副教室長として教室運営に精力的に携わり，最上位コースの算数も担当。生徒ひとりひとりとより深く関わりたいと思い，家庭教師の世界に飛び込む。趣味はロードバイク。

竹中 良紀(たけなか よしき)

1965 年生まれ。さくら総合徳育システム所属プロ家庭教師。15 年以上，大手進学塾で中学受験算数を指導。教材，テスト作成にも携わる。個々の生徒それぞれに合った指導の必要性を感じたため，家庭教師の道へと進む。現在，中学受験算数のプロ家庭教師として，多くの私立中学志望者を合格へと導いている。趣味はテニス。

※QRコードは㈱デンソーウェーブの登録商標です。

小学 高学年 自由自在 算数

昭和28年５月５日 第１刷発行
昭和34年３月１日 全訂第１刷発行
昭和41年10月10日 全訂第１刷発行
昭和46年２月１日 全訂第１刷発行
昭和49年１月10日 改訂第１刷発行
昭和52年２月１日 増訂第１刷発行
昭和55年２月１日 全訂第１刷発行
昭和60年２月１日 全訂第１刷発行
平成４年３月１日 全訂第１刷発行
平成14年２月１日 全訂第１刷発行
平成17年２月１日 増訂第１刷発行
平成22年２月１日 全訂第１刷発行
平成26年２月１日 改訂第１刷発行
令和２年２月１日 全訂第１刷発行

編著者 大場康弘 伊藤広基 竹中良紀

発行者 岡本明剛

発行所 受験研究社

©株式会社 増進堂・受験研究社

〒550-0013 大阪市西区新町 2—19—15
注文・不良品などについて：(06) 6532-1581(代表)／本の内容について：(06) 6532-1586(編集)

注意 本書の内容を無断で複写・複製(電子化を含む)されますと著作権法違反となります。

Printed in Japan 岩岡印刷・高廣製本
落丁・乱丁本はお取り替えします。

自由自在 小学高学年 算数

From Basic to Advanced

解答とくわしい解き方

受験研究社

第1編 数と計算

第1章 整数の計算

p.14～21

p.15

練習問題❶ (1) 67 (2) 7 (3) 33 (4) 14 (5) 718 (6) 7 (7) 18 (8) 28

(7) 30－15÷20×16
＝30－15×16÷20
＝30－240÷20＝30－12＝18

15÷20×16 は,
小数を使うと，15÷20×16＝0.75×16＝12
分数を使うと，15÷20×16＝$\frac{15}{20}$×16＝12
となる。

p.16

練習問題❷ (1) 11 (2) 31 (3) 15 (4) 48 (5) 30 (6) 40 (7) 1

解き方

(6) (9＋12÷6－3)×(42÷35×5－1)
＝(9＋2－3)×(42×5÷35－1)
＝8×(210÷35－1)
＝8×(6－1)＝8×5＝40
(7) 10－(9×8－7－6×5)÷(4＋3)×2＋1
＝10－(72－7－30)÷7×2＋1
＝10－35÷7×2＋1＝10－10＋1＝1

p.17

練習問題❸ (1) 164 (2) 43 (3) 55 (4) 4 (5) 112 (6) 33 (7) 6

解き方

(4) 32－{19－(12＋6)÷9－3}×2
＝32－(19－18÷9－3)×2
＝32－(19－2－3)×2
＝32－14×2＝32－28＝4
(7) 32－{39－(2＋3×4)＋(18－6×2)÷6}
＝32－{39－(2＋12)＋(18－12)÷6}
＝32－(39－14＋6÷6)
＝32－(39－14＋1)
＝32－26＝6

p.18

練習問題❹ (1) 7400 (2) 603 (3) 56000 (4) 2015 (5) 2016 (6) 2600 (7) 1000

解き方

(5) 31×15＋17×31＋32×32
＝31×(15＋17)＋32×32
＝31×32＋32×32
＝(31＋32)×32＝63×32＝2016
(6) 27×26＋26×25＋25×24＋24×27
＝26×(27＋25)＋24×(25＋27)
＝26×52＋24×52
＝(26＋24)×52＝50×52＝2600
(7) 17×32＋33×18－18×13＋3×32
＝17×32＋3×32＋33×18－18×13
＝(17＋3)×32＋(33－13)×18
＝20×32＋20×18
＝20×(32＋18)＝20×50＝1000

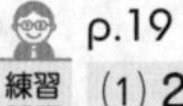

p.19

練習問題❺ (1) 250 (2) 90 (3) 45 (4) 16 (5) 1111104 (6) 2 (7) 27

解き方

(1) $16+18+20+22+24+26+28+30+32+34$
$=(16+34)+(18+32)+(20+30)+(22+28)+(24+26)$
$=50+50+50+50+50=250$

テクニック

このような差が一定の数をならべたものを等差数列(とうさすうれつ)といい，その和は
(最初の数＋最後の数)×個数(こすう)÷２ で求められる。くわしくは **p.80** を見てみよう。

(3) $81-72+63-54+45-36+27-18+9$
$=(81-72)+(63-54)+(45-36)+(27-18)+9$
$=9+9+9+9+9=45$

(4) $88+87+86+85-84-83-82-81$
$=(88-84)+(87-83)+(86-82)+(85-81)$
$=4+4+4+4=16$

(7) $(234+567+765+324+432+675)\div111$
$=\{(234+765)+(567+432)+(324+675)\}\div111$
$=(999+999+999)\div111$
$=9+9+9=27$

p.20 力をのばす問題

1 (1) 33　(2) 7　(3) 100　(4) 67　(5) 5

解き方

(5) $1\times2+3\times4\times56\div7\div8-9$
$=2+12-9=5$

2 (1) 156　(2) 14　(3) 129　(4) 61　(5) 348

解き方

(5) $360-240\div(12+16\div2)$
$=360-240\div(12+8)$
$=360-240\div20$
$=360-12=348$

3 (1) 5　(2) 3　(3) 8　(4) 49　(5) 52

解き方

(5) $360\div\{16-(32-7\times4)\}+18\times11\div9$
$=360\div\{16-(32-28)\}+18\div9\times11$
$=360\div(16-4)+2\times11$
$=360\div12+22$
$=30+22=52$

4 (1) 75　(2) 3990　(3) 942000　(4) 26　(5) 14800　(6) 1026　(7) 21

解き方

(5) $68\times83+68\times65+32\times148$
$=68\times(83+65)+32\times148$
$=68\times148+32\times148$
$=(68+32)\times148$
$=100\times148=14800$

(6) $20\times19\times18-19\times18\times17$
$=19\times18\times(20-17)$
$=19\times18\times3=1026$

(7) $(99+98+97+96+95+94+93+92+91+90)\div45$
$=\{(99+90)+(98+91)+(97+92)+(96+93)+(95+94)\}\div45$
$=(189+189+189+189+189)\div45$
$=189\times5\div45=21$

p.21 力をためす問題

5 (1) 5　(2) 83　(3) 29　(4) 40　(5) 2017

解き方

(5) $(23+7\times3)\times(6\times8-28\div7)+(2\times5-1)\times(6+9\div3)$
$=(23+21)\times(48-4)+(10-1)\times(6+3)$
$=44\times44+9\times9$
$=2017$

6 (1) 25　(2) 20　(3) 77　(4) 56　(5) 20

解き方

(5) $1615 \div \{80+(50-17)\times 5\div 11\}+\{99-(63-15)\times 2\}$
$=1615\div(80+33\div 11\times 5)+(99-48\times 2)$
$=1615\div(80+3\times 5)+(99-96)$
$=1615\div 95+3$
$=17+3=20$

7 (1) **2200** (2) **2016** (3) **30** (4) **40820** (5) **12100**

解き方

(1) $44\times 62=11\times 4\times 62=11\times 248$ だから，
$44\times 62-48\times(24-13)$
$=11\times 248-48\times 11$
$=11\times(248-48)$
$=11\times 200=2200$

(2) $\underline{3\times 5}\times\underline{7\times 9}+\underline{7\times 9}\times\underline{11}+\underline{5}\times\underline{7\times 9}+\underline{7\times 9}$
$=\underline{7\times 9}\times(\underline{3\times 5+11+5+1})$
$=63\times 32=2016$

ここに注意

式の最後の「7×9」を7×9でまとめたとき，7×9=7×9×1 であることから，＋1 が(　)の中に残る。忘れないようにすること。

(3) $(34\times 72+66\times 72)\div(24\times 25-24\times 15)$
$=\{72\times(34+66)\}\div\{24\times(25-15)\}$
$=(72\times 100)\div(24\times 10)$
$=7200\div 240=30$

(5) $121\times 122+143\times 22-88\times 66$
$=\underline{11\times 11}\times\underline{122}+\underline{11}\times\underline{13}\times\underline{11}\times\underline{2}-\underline{11}\times\underline{8}\times\underline{11}\times\underline{6}$
$=\underline{11\times 11}\times(\underline{122+26-48})$
$=11\times 11\times 100=12100$

8 (1) **381547** (2) **122** (3) **3630** (4) **2280** (5) **272** (6) **3456000** (7) **1000**

解き方

(1) $381\times 576+382\times 301+383\times 123$
$=(\underline{381}\times\underline{576})+(\underline{381}\times\underline{301}+\underline{301})+(\underline{381}\times\underline{123}+\underline{2\times 123})$
$=\underline{381}\times(\underline{576+301+123})+\underline{301+2\times 123}$
$=381\times 1000+301+246$
$=381000+547=381547$

(2) $(23\div 3-13\div 7)\times 21$
$=21\times 23\div 3-21\times 13\div 7$
$=21\div 3\times 23-21\div 7\times 13$
$=7\times 23-3\times 13=161-39=122$

別解

わり算を分数になおすと，簡単に計算できる。
$(23\div 3-13\div 7)\times 21$
$=\left(\frac{23}{3}-\frac{13}{7}\right)\times 21=161-39=122$

(3) $11\times 11+22\times 22+33\times 33+44\times 44$
$=11\times 11\times(1\times 1+2\times 2+3\times 3+4\times 4)$
$=121\times(1+4+9+16)=121\times 30=3630$

(4) $\underline{63\times 19}+\underline{62\times 54}-\underline{37\times 21}-\underline{16\times 93}$
$=\underline{21\times 3\times 19}-\underline{37\times 21}+\underline{31\times 2\times 54}-\underline{16\times 31\times 3}$
$=21\times(57-37)+31\times(108-48)$
$=21\times 20+31\times 60$
$=420+1860=2280$

(5) 縦，横の長さが 2016 cm，2017 cm の長方形と縦，横の長さが 2000 cm，2033 cm の長方形の面積の差と考えると，図において，$2016\times 2017-2000\times 2033$
$=(ア+イ)-(ア+ウ)=イ-ウ$
$=16\times 2017-16\times 2000$
$=16\times 17=272$

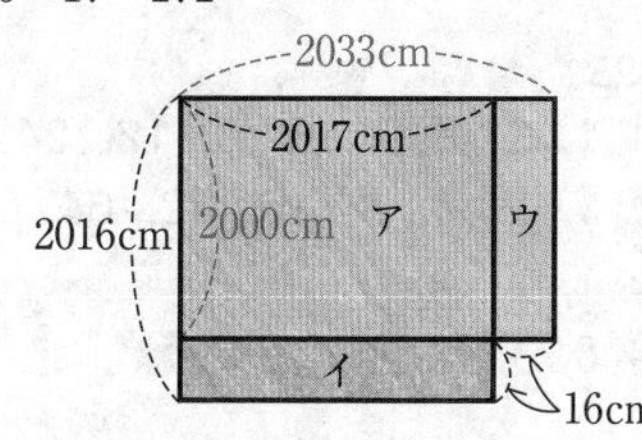

(6) 3456×789＋4565×234＋468－4567×23
　－1111×211
＝3456×789＋4565×234＋2×234
　－4567×23－1111×211
＝3456×789＋4567×234－4567×23
　－1111×211
＝3456×789＋4567×(234－23)－1111×211
＝3456×789＋4567×211－1111×211
＝3456×789＋(4567－1111)×211
＝3456×789＋3456×211
＝3456×(789＋211)
＝3456×1000
＝3456000

(7) 5けたの数に注目すると，すべての位で1から5までの数が1回ずつ使われていることがわかる。
そこで，1＋2＋3＋4＋5＝15 より，
5つの5けたの数の和は
15×10000＋15×1000＋15×100＋15×10
　＋15×1＝15×11111 と同じになる。
よって，(12345＋23451＋34512＋45123
　＋51234－1665)÷165
＝(11111×3×5－333×5)÷165
＝(33333－333)×5÷165
＝33000×5÷165
＝33000÷165×5
＝200×5＝1000

第2章 約数と倍数

p.22〜33

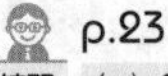

p.23

練習問題6

(1) 1，2，3，4，6，8，12，24
(2) 1，2，4，8，16，32，64
(3) 1，2，4，8
(4) 8

p.24

練習問題7

(1) 6，12，18，24，30
(2) 15，30，45，60，75
(3) 30，60，90
(4) 30

p.25

練習問題8

(1) 最大公約数…14，
　最小公倍数…140
(2) 最大公約数…24，
　最小公倍数…720
(3) 最大公約数…4，
　最小公倍数…48

解き方

(2)
```
2 ) 120  144
2 )  60   72
2 )  30   36
3 )  15   18
      5    6
```
最大公約数は，
2×2×2×3＝24
最小公倍数は，
2×2×2×3×5×6
＝720

(3)
```
2 ) 12  16  48
2 )  6   8  24
     3   4  12
```
最大公約数は，
2×2＝4

```
2 ) 12  16  48
2 )  6   8  24
3 )  3   4  12
4 )  1   4   4
     1   1   1
```
最小公倍数は，
2×2×3×4×1×1×1
＝48
(×1は省略してよい。)

p.26

練習問題9

12 cm，357 枚

解き方

正方形のタイルの1辺の長さは，252と204の最大公約数の12 cm
よって，縦にならぶのは 252÷12＝21(枚)，
横にならぶのは 204÷12＝17(枚)だから，
21×17＝357(枚)

p.27
練習問題⑩
(1) 午前7時36分
(2) 26回

解き方
(1) 9と12の最小公倍数は36だから，午前7時の36分後
(2) 午前7時から午後11時までは，
23－7＝16(時間)　60×16＝960(分)
最小公倍数の36分ごとに同時に出発するので，960÷36＝26 あまり 24
よって，26回

p.29
練習問題⑪
(1) 50個　(2) 37個　(3) 12個
(4) 225個

解き方

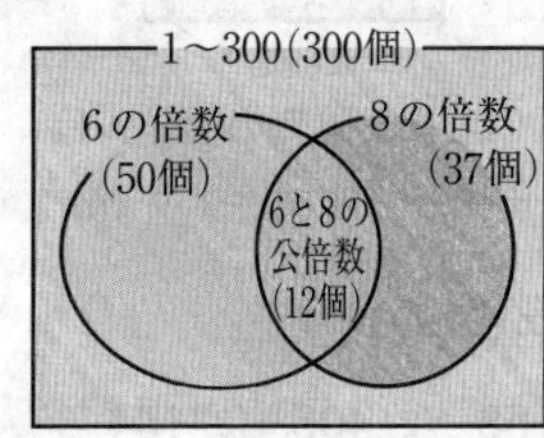

(3) 300÷24＝12 あまり 12 より，12個
(4) 300－(50＋37－12)＝225(個)

p.30
練習問題⑫
(1) 286　(2) 178

解き方
(1) 3でわっても5でわっても1あまる数なので，3と5の公倍数＋1
つまり，15の倍数＋1である。
300÷15＝20 より，
15×20＋1＝301，15×19＋1＝286
300以下なので，286

p.31
練習問題⑬
(1) 8個　(2) 19

解き方
(1) 50÷□＝○ あまり 2
50－2＝48 より，
□は2より大きい48の約数となる。
~~1~~，~~2~~，③，④，⑥，⑧，⑫，⑯，㉔，㊽
よって，8個
(2) 117÷□＝○ あまり 3
174÷□＝△ あまり 3
250÷□＝▲ あまり 3
117－3＝114，174－3＝171，
250－3＝247 より，□は3より大きい114と171と247の公約数となる。

19) 114　171　247
　　　6　　9　　13

より，最大公約数は19
公約数は19の約数なので，1，19のうち，3より大きいほうの19

テクニック
114，171，247がともに19でわり切れることに気づくのはむずかしい。このような数を見つけるには，まず，**となりどうしの2数の差を求める。**
171−114=57，247−171=76
その次に，この57と76の両方がわり切れる数を見つければよい。それでも気づかないときは，さらに差を求めて，76−57=19 とすれば，19でわり切れることがわかる。

p.32 力をのばす問題

9　(1) 9個　(2) 210　(3) 35

解き方
(3)
3) 210　735
5) 70　245
7) 14　49
　　2　　7

最大公約数は，
3×5×7＝105

公約数は最大公約数の約数なので，
1×105＝105，3×35＝105，

5×21=105，7×15=105
2番目に大きいのは35

テクニック

105の2番目に大きい約数35は，2番目に小さい約数3と組になっている。だから，ある数の○番目に大きい約数を見つけたいときは，○番目に小さい約数をまず求める。そして，ある数を求めた○番目に小さい約数でわればよい。

10 (1) **56枚**　(2) **216個**
(3) **午前9時24分**

解き方

(2) 立方体の1辺の長さは，
8と12と18の最小公倍数の72 cm
縦にならぶのは，72÷8=9(個)
横にならぶのは，72÷12=6(個)
上に積むのは，72÷18=4(個)
よって，9×6×4=216(個)
(3) 次に同時に出発するのは，
17と34と12の最小公倍数の204分後
204分=3時間24分より，
午前6時+3時間24分=午前9時24分

11 (1) **101**　(2) **67個**　(3) **13**　(4) **39**

解き方

(2) 6の倍数は　300÷6=50 より，50個
9の倍数は　300÷9=33 あまり3より，33個
6と9の最小公倍数は18なので18の倍数は，300÷18=16 あまり12より，16個
よって，50+33−16=67(個)
(3) 337÷□=○ あまり12
175÷□=△ あまり6
337−12=325，175−6=169 より，□にあてはまる数は，12より大きい325と169の公約数である。
最大公約数は13なので，公約数は1，13だから，13

12 **ア…12，イ…130**

解き方

正方形のタイルの1辺の長さは，480と324の最大公約数の12 cm…**ア**
縦には 480÷12=40(枚)，
横には 324÷12=27(枚) ならぶ。

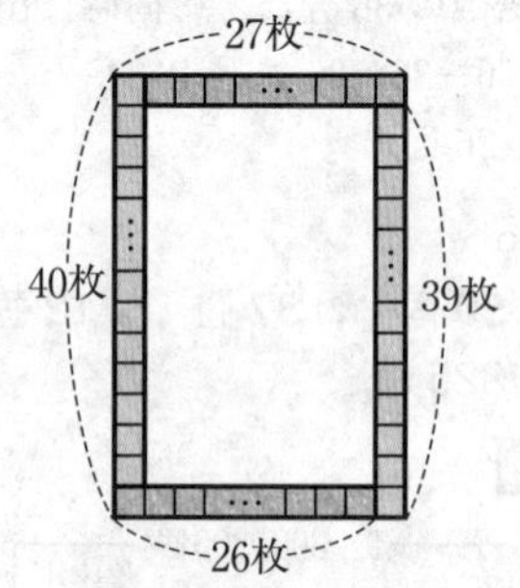

よって，いちばん外側のタイルは
{(40−1)+(27−1)}×2=130(枚) …**イ**

p.33 力をためす問題

13 (1) **168**　(2) **405**　(3) **144**

解き方

(1) 72と120の最大公約数は24なので，24と84の最小公倍数を求めて，168
(2)
3) 27　45　81
3) 9　15　27
3) 3　5　9
　　1　5　3
よって，3×3×3×5×3=405
(3) 1×432
2×216
3×144
4×108
⋮
大きいほうから3番目は，144

14 (1) **18 cm**　(2) **24個**

解き方

⑴ いちばん小さい正方形の1辺の長さは
2と3の最小公倍数の6 cm
3番目に小さい正方形なので,
6×3＝18(cm)
⑵ 立方体の1辺の長さは,
84と112と56の最大公約数の28 cm
縦は, 84÷28＝3(個)
横は, 112÷28＝4(個)
上に積むのは, 56÷28＝2(個)
よって, 3×4×2＝24(個)

15 (1) **28** (2) **24** (3) **393** (4) **2011** (5) **29**

解き方

⑴ 2014÷A＝○ あまり26
2014－26＝1988 より,
Aは26より大きい1988の約数である。
~~1~~, ~~2~~, ~~4~~, ~~7~~, ~~14~~, ㉘, ㉛71, (142), (284), (497), (994), (1988)
よって, 最も小さい整数は28
⑶ 6でわると3あまる数→6の倍数＋3
→6の倍数－3
7でわると1あまる数→7の倍数＋1
→7の倍数－6
＋や－で共通するところがない場合は, 実際に書き出して, 最小の数を求める。
6でわると3あまる数は3, 9, 15, 21, …
7でわると1あまる数は1, 8, 15, 22, …
よって, 求める数は15＋(6と7の公倍数)
つまり, 42の倍数＋15となる。
375÷42＝8 あまり39より,
42×8＋15＝351,
42×9＋15＝393,
375－351＝24,
393－375＝18 より, 375に最も近い数は,
393

(5)
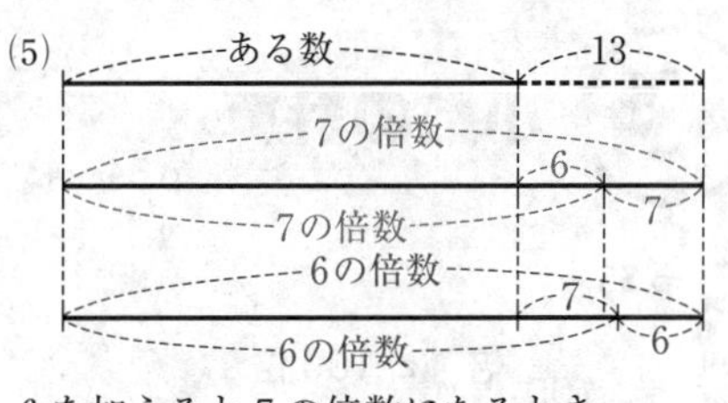

6を加えると7の倍数になるとき,
さらに7を加えても7の倍数になる。
また, 7を加えると6の倍数になるとき,
さらに6を加えても6の倍数になる。
つまり, 求める数に 6＋7＝7＋6＝13 を加えると7と6の公倍数になるから, 求める数は, 7と6の公倍数より13小さい数である。7と6の最小公倍数は42だから,
42－13＝29

16 (1) **4** (2) **432** (3) **4**

解き方

⑴ 20と56の最大公約数は4だから,
$g(20,\ 56)=4$
⑵ 108と144の最小公倍数は432だから,
$\ell(108,\ 144)=432$
⑶ 連除法で考える。

$$\begin{array}{r|cc} 5 & a & b \\ \hline & \square & \bigcirc \end{array}$$

5×□×○＝90 より,
□×○＝18

(□, ○)＝(1, 18)…○
(2, 9)…○
(3, 6)…×
(6, 3)…×
(9, 2)…○
(18, 1)…○

$$\begin{array}{r|cc} 5 & a & b \\ \hline 3 & 3 & 6 \\ \hline & 1 & 2 \end{array}$$

3と6はさらに3でわれる。

よって, ○のとき,
$(a,\ b)$＝(5, 90), (10, 45), (45, 10), (90, 5) の4組ある。

第3章 小数の計算

ρ.34〜43

ρ.35 練習問題⓮

(1) $\frac{1}{100}$ 倍　(2) 100 倍

(3) 42195 m　(4) 0.004 m

ρ.36 練習問題⓯

(1) ❶ 27.9　❷ 6.912　❸ 0.019

(2) ❶ 90.78　❷ 0.09078

❸ 907.8

解き方

(2) ❸ 0.0267×34000

＝267×0.0001×34×1000

＝267×34×0.1＝907.8

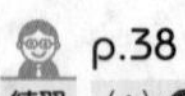

ρ.38 練習問題⓰

(1) ❶ 0.35　❷ 508　❸ 7.7

(2) ❶ 6.8　❷ 680　❸ 6.8

解き方

(1) ❶

```
        0.35
4.6 ) 1.6 1 0   ←0をつけたす
      1 3 8
        2 3 0
        2 3 0
            0
```

(2)

```
       68
27 ) 1836   を利用する
```

❷

```
             680
0.27 ) 183.60
```

❸

```
              6.8
0.027 ) 0.1836
```

ρ.39 練習問題⓱

(1) 2 あまり 0.6

(2) 47 あまり 0.16

(3) 11 個，0.04 L あまる　(4) 3.7

解き方

(3) コップの数は整数なので，1.8÷0.16 の商を整数で求めて，あまりを出す。

(4) 18.9÷□＝5.1 あまり 0.03

□×5.1＝18.9−0.03

□×5.1＝18.87

□＝18.87÷5.1＝3.7

ρ.40 練習問題⓲

(1) 29.8　(2) 2.31　(3) 1.3

(4) 0.065

解き方

(2)

```
          2.307
2.6 ) 6 0.0 0 0
      5 2
        8 0
        7 8
          2 0 0
          1 8 2
            1 8
```

(4)

```
           0.0645
9.5 ) 0.6 1 3 0 0
        5 7 0
          4 3 0
          3 8 0
            5 0 0
            4 7 5
              2 5
```

ρ.41 練習問題⓳

(1) 0.09　(2) 2.14　(3) 32.36

(4) 0.0614　(5) 12.5　(6) 5.1

(7) 56

解き方

(2) ×0.25 は ÷4 と同じなので，

8.56×0.25＝8.56÷4＝2.14

(7) ÷0.25 は ×4 と同じなので，

(7×3.5＋7×0.8−7×2.3)÷0.25

＝{7×(3.5＋0.8−2.3)}×4

＝7×2×4＝56

ρ.42 力をのばす問題

17 (1) 70.56　(2) 18.9　(3) 0.0999

(4) 3.1493　(5) 0.45　(6) 2.6

(7) 0.624　(8) 3000

18 (1) 11 あまり 0.15　(2) 2.7

(3) 7.6　(4) 0.14

解き方

(4)

```
         0.142
0.21 ) 0.03000
         21
          90
          84
           60
           42
           18
```

19 (1) **2.34 kg**　(2) **0.8 kg**
(3) **17人，0.1 mあまる。**
(4) **約0.6 kg**
(5) **0.01**　(6) **1.35**

解き方

(4) $2.4\div3.9=0.61\cdots$(kg)

20 (1) **34.5**　(2) **0.5**　(3) **3**　(4) **45.6**
(5) **5.4**

解き方

(3) $0.25\times0.125\times16\times6$
$=16\times6\times0.25\times0.125$
$=16\times6\div4\div8$
$=16\div8\times6\div4$
$=2\times1.5=3$

(5) $0.54\times1.2+0.54\times11.6-2.8\times0.54$
$=0.54\times(1.2+11.6-2.8)$
$=0.54\times10=5.4$

p.43 力をためす問題

21 (1) **0.625**　(2) **155**　(3) **17.87**
(4) **1.57**　(5) **10**

22 (1) **999**　(2) **5800**
(3) **0.678**　(4) **3.5**　(5) **11.7**
(6) **41.4**　(7) **100**　(8) **42**
(9) **13.8**　(10) **15**　(11) **301**
(12) **249.6**　(13) **4**　(14) **169**

解き方

(1) $99.9\times3.65+9.99\times54.2+0.999\times93$
$=99.9\times3.65+99.9\times5.42+99.9\times0.93$
$=99.9\times(3.65+5.42+0.93)$
$=999$

(4) $1.05\times0.7+1.15\times1.4+0.55\times2.1$
$=1.05\times0.7+1.15\times2\times0.7+0.55\times3\times0.7$
$=1.05\times0.7+2.3\times0.7+1.65\times0.7$
$=(1.05+2.3+1.65)\times0.7$
$=3.5$

(7) $183\div3.14+334\div6.28-108\div9.42$
$=183\div3.14+334\div(3.14\times2)$
$\quad-108\div(3.14\times3)$
$=183\div3.14+334\div2\div3.14$
$\quad-108\div3\div3.14$
$=183\div3.14+167\div3.14-36\div3.14$
$=(183+167-36)\div3.14=100$

(8) $\div0.005$ は $\times200$ なので，
$10.5\times2.35+1.05\times18.5-0.0105\div0.005$
$=10.5\times2.35+1.05\times18.5$
$\quad-0.0105\times200$
$=10.5\times2.35+10.5\times1.85$
$\quad-10.5\times0.2$
$=10.5\times(2.35+1.85-0.2)$
$=10.5\times4=42$

(9) $(2\times23-0.23\times128-3.6\times2.3)\div0.6$
$=(2\times23-23\times0.01\times128-3.6\times0.1\times23)\div0.6$
$=\{(2-1.28-0.36)\times23\}\div0.6$
$=0.36\times23\div0.6$
$=0.36\div0.6\times23$
$=0.6\times23=13.8$

(11) $40.9\times4.35-81.8\times0.67+19.7\times9.03$
$=40.9\times4.35-40.9\times2\times0.67+19.7\times9.03$
$=40.9\times(4.35-1.34)+19.7\times9.03$
$=40.9\times3.01+19.7\times9.03$
$=40.9\times3.01+19.7\times3\times3.01$
$=40.9\times3.01+59.1\times3.01$
$=(40.9+59.1)\times3.01=301$

⑿ $20.18\times12.3+0.18\times7.7$
$=(20+0.18)\times12.3+0.18\times7.7$
$=20\times12.3+0.18\times12.3+0.18\times7.7$
$=20\times12.3+0.18\times(12.3+7.7)$
$=20\times12.3+0.18\times20$
$=20\times(12.3+0.18)=249.6$

⒀ $2.017\times1.983+0.017\times0.017$
$=(2+0.017)\times1.983+0.017\times0.017$
$=2\times1.983+0.017\times1.983+0.017\times0.017$
$=2\times1.983+0.017\times(1.983+0.017)$
$=2\times1.983+0.017\times2$
$=2\times(1.983+0.017)$
$=2\times2=4$

⒁ $3.7\times3.7+2\times3.7\times9.3+9.3\times9.3$
$=3.7\times3.7+3.7\times9.3+3.7\times9.3+9.3\times9.3$
$=3.7\times(3.7+9.3)+9.3\times(3.7+9.3)$
$=(3.7+9.3)\times(3.7+9.3)$
$=13\times13=169$

23　(1) 12　(2) 7.5　(3) 2.5

解き方

このような□の数を求める計算を逆算（ぎゃくさん）という。くわしくは **p.66～69** を見てみよう。

(1) $9.8\times\square+98\times5-0.98\times70=539$
$9.8\times\square+9.8\times10\times5-9.8\times7=539$
$9.8\times(\square+50-7)=539$
$\square+43=539\div9.8$
$\square+43=55$
$\square=55-43$
$\square=12$

(2) $9.42\times4-6.28\times\square+3.14\times4=3.14$
$3.14\times3\times4-3.14\times2\times\square+3.14\times4=3.14$
$3.14\times(12-2\times\square+4)=3.14$
$16-2\times\square=3.14\div3.14$
$16-2\times\square=1$
$2\times\square=16-1$
$\square=15\div2$
$\square=7.5$

(3) $0.234\times43+2.34\times11-4.68\times\square-0.234\times3=23.4$
$0.234\times43+0.234\times10\times11-0.234\times20\times\square-0.234\times3=23.4$
$0.234\times(43+110-20\times\square-3)=23.4$
$150-20\times\square=23.4\div0.234$
$150-20\times\square=100$
$20\times\square=150-100$
$\square=50\div20$
$\square=2.5$

24　30.42

解き方

ある数を□とすると，$\square\div2.6=4.5$
$\square=4.5\times2.6=11.7$
よって，$11.7\times2.6=30.42$

第4章 分数の計算

p.44～65

練習問題 ⑳　p.45

(1) $\frac{3}{7}$　(2) $3\frac{3}{4}$　(3) $\frac{5}{3}$
(4) $\left(\frac{16}{36},\ \frac{15}{36}\right)$　(5) $\left(2\frac{9}{42},\ 3\frac{10}{42}\right)$
(6) $\left(\frac{25}{60},\ \frac{28}{60},\ \frac{33}{60}\right)$

練習問題 ㉑　p.46

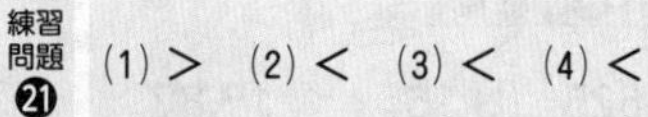

(1) ＞　(2) ＜　(3) ＜　(4) ＜

解き方

(3) 分子をそろえたほうが計算が簡単なので，
$\frac{5\times13}{8\times13}\ \square\ \frac{65}{99}$　$\frac{65}{104}<\frac{65}{99}$ より，$\frac{5}{8}<\frac{65}{99}$

(4) $\frac{44}{45}=1-\frac{1}{45}$，$\frac{46}{47}=1-\frac{1}{47}$
$\frac{1}{45}>\frac{1}{47}$ なので，$\frac{44}{45}<\frac{46}{47}$

p.47

練習問題22　(1) 4個　(2) $\frac{14}{17}$，$\frac{14}{19}$，$\frac{14}{23}$

解き方

(1) $\frac{2}{5}<\frac{\square}{30}<\frac{5}{6}$ となるので，

分母の最小公倍数の30で通分すると，

$\frac{12}{30}<\frac{\square}{30}<\frac{25}{30}$

分母の30は2でも3でも5でもわり切れるので，13から24のうち2の倍数，3の倍数，5の倍数を除く。

よって，$\frac{13}{30}$，$\frac{17}{30}$，$\frac{19}{30}$，$\frac{23}{30}$ の4個

(2) $\frac{7}{12}<\frac{14}{\square}<\frac{5}{6}$ となるので，分子を7と14と5の最小公倍数の70でそろえると，

$\frac{70}{120}<\frac{70}{\square\times5}<\frac{70}{84}$

□は $120\div5=24$ より小さく，

$84\div5=16.8$ より大きいから，

□$=17$，18，19，20，21，22，23

このうち，2の倍数と7の倍数は除くので，

□$=17$，19，23

よって，$\frac{14}{17}$，$\frac{14}{19}$，$\frac{14}{23}$

p.48

練習問題23　(1) 0.625　(2) 1.72　(3) 1.4375　(4) $\frac{4}{5}$　(5) $\frac{1}{20}$　(6) $5\frac{7}{8}$

p.50

練習問題24　$\frac{19}{36}$ L残っている。

Aさんのほうが $\frac{1}{36}$ L多く飲んだ。

解き方

$1-\left(\frac{1}{4}+\frac{2}{9}\right)=\frac{36}{36}-\left(\frac{9}{36}+\frac{8}{36}\right)=\frac{19}{36}$ (L)

$\frac{9}{36}>\frac{8}{36}$ より，Aさんのほうが多く飲んでいて，$\frac{9}{36}-\frac{8}{36}=\frac{1}{36}$ (L)

p.51

練習問題25　Aさんの家から学校までの道のりのほうが $\frac{13}{40}$ km近い。

解き方

$2\frac{1}{5}-1\frac{7}{8}=1\frac{6}{5}-1\frac{7}{8}=1\frac{48}{40}-1\frac{35}{40}$

$=\frac{13}{40}$ (km)

p.52

練習問題26　$4\frac{5}{6}$ L$\left(\frac{29}{6}\text{ L}\right)$

解き方

$3\frac{2}{5}-1\frac{1}{6}+2.6=3\frac{12}{30}-1\frac{5}{30}+2\frac{18}{30}$

$=4\frac{25^{5}}{30_{6}}=4\frac{5}{6}$ (L)

p.54

練習問題27　(1) $\frac{27}{20}$ kg$\left(1\frac{7}{20}\text{ kg}\right)$　(2) $\frac{7}{9}$ kg

解き方

(1) $\frac{9}{40}\times6=\frac{9\times6^{3}}{{}_{20}40\times1}=\frac{27}{20}$ (kg)

(2) $\frac{7}{8}\times\frac{8}{9}=\frac{7\times8^{1}}{{}_{1}8\times9}=\frac{7}{9}$ (kg)

p.55

練習問題28　(1) $\frac{3}{50}$ L　(2) $\frac{5}{4}$ kg$\left(1\frac{1}{4}\text{ kg}\right)$

解き方

(1) $\frac{24}{25}\div16=\frac{{}^{3}24\times1}{25\times16_{2}}=\frac{3}{50}$ (L)

(2) $\frac{5}{6}\div\frac{2}{3}=\frac{5\times3^{1}}{{}_{2}6\times2}=\frac{5}{4}$ (kg)

p.56

練習問題29　12 kg

解き方

1 m の重さは，$2\frac{25}{28}\div1\frac{2}{7}=\frac{{}^{9}81\times7^{1}}{{}_{4}28\times9_{1}}=\frac{9}{4}$ (kg)

$\frac{9}{4}\times5\frac{1}{3}=\frac{{}^{3}9\times16^{4}}{{}_{1}4\times3_{1}}=12$ (kg)

p.57

練習問題 30　$\frac{259}{6}\left(43\frac{1}{6}\right)$ g

解き方

1 L つくるのに必要なお茶の葉は，

$66\frac{3}{5}\div3.6=\frac{{}^{37}333\times10^{21}}{{}_{1}5\times36_{12}}=\frac{37}{2}$ (g)

$\frac{37}{2}\times2\frac{1}{3}=\frac{37}{2}\times\frac{7}{3}=\frac{259}{6}$ (g)

p.58

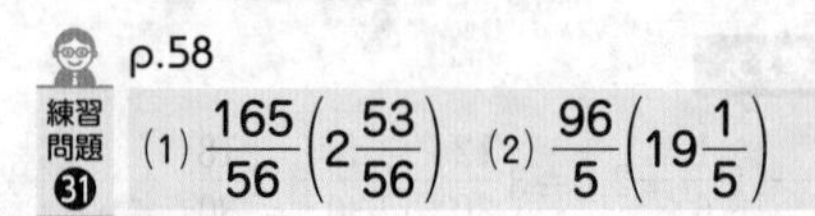

練習問題 31
(1) $\frac{165}{56}\left(2\frac{53}{56}\right)$　(2) $\frac{96}{5}\left(19\frac{1}{5}\right)$

解き方

(2) $\frac{□}{○}\times\frac{75^{25}}{36_{12}}=\frac{□\times25}{{}_{1}○\times12_{1}}$　（□→12 の倍数，○→25 の約数）

$\frac{□}{○}\div\frac{96^{32}}{135_{45}}=\frac{□\times45}{{}_{1}○\times32_{1}}$　（□→32 の倍数，○→45 の約数）

□は 12 と 32 の最小公倍数の 96

○は 25 と 45 の最大公約数の 5

よって，$\frac{96}{5}$

p.60

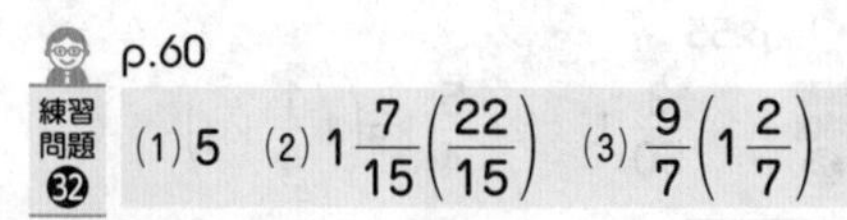

解き方

(3) $\left\{6\frac{1}{2}-\left(4\frac{2}{3}-1\frac{1}{2}\right)\times1\frac{5}{7}\right\}\div\frac{5}{6}$

$=\left\{6\frac{1}{2}-\left(4\frac{4}{6}-1\frac{3}{6}\right)\times\frac{12}{7}\right\}\times\frac{6}{5}$

$=\left(6\frac{1}{2}-\frac{19\times12^{2}}{{}_{1}6\times7}\right)\times\frac{6}{5}$

$=\left(6\frac{1}{2}-\frac{38}{7}\right)\times\frac{6}{5}=\left(6\frac{7}{14}-5\frac{6}{14}\right)\times\frac{6}{5}$

$=\frac{15^{3}}{14_{7}}\times\frac{6^{3}}{5_{1}}=\frac{9}{7}$

p.61

練習問題 33　(1) $\frac{1}{5}$　(2) $\frac{5}{8}$　(3) 1　(4) $206\frac{1}{7}$

解き方

(1) $24\div1\div2\div3\div4\div5$

$=\frac{{}^{1}24\times1\times1\times1\times1\times1}{1\times1\times2\times3\times4_{1}\times5}=\frac{1}{5}$

(2) $(0.75+0.4\times1.25)-0.375\div0.6$

$=\left(\frac{3}{4}+\frac{2\times5^{1}}{{}_{1}5\times4}\right)-\frac{3}{8}\div\frac{3}{5}$

$=\left(\frac{3}{4}+\frac{2}{4}\right)-\frac{{}^{1}3\times5}{8\times3_{1}}$

$=\frac{5}{4}-\frac{5}{8}=\frac{5}{8}$

(3) $\frac{2}{7}+\frac{3}{13}+\frac{3}{11}+\frac{1}{21}+\frac{2}{33}+\frac{4}{39}$

$=\left(\frac{2}{7}+\frac{1}{21}\right)+\left(\frac{3}{13}+\frac{4}{39}\right)+\left(\frac{3}{11}+\frac{2}{33}\right)$

$=\frac{6}{21}+\frac{1}{21}+\frac{9}{39}+\frac{4}{39}+\frac{9}{33}+\frac{2}{33}$

$=\frac{7^{1}}{21_{3}}+\frac{13^{1}}{39_{3}}+\frac{11^{1}}{33_{3}}=1$

(4) $\left(\frac{1}{2}+\frac{1}{3}+\frac{1}{4}+\frac{1}{5}+\frac{1}{6}+\frac{1}{7}+\frac{1}{8}\right)\times120$

$=\frac{1\times120^{60}}{{}_{1}2\times1}+\frac{1\times120^{40}}{{}_{1}3\times1}+\frac{1\times120^{30}}{{}_{1}4\times1}+\frac{1\times120^{24}}{{}_{1}5\times1}$

$+\frac{1\times120^{20}}{{}_{1}6\times1}+\frac{1\times120}{7\times1}+\frac{1\times120^{15}}{{}_{1}8\times1}$

$=60+40+30+24+20+\frac{120}{7}+15$

$=189\frac{120}{7}=206\frac{1}{7}$

p.62

練習問題 34　(1) $\frac{4}{5}$　(2) $\frac{1}{35}$

解き方

(1) $\frac{1}{2}+\frac{1}{6}+\frac{1}{12}+\frac{1}{20}$

$=\frac{1}{1\times2}+\frac{1}{2\times3}+\frac{1}{3\times4}+\frac{1}{4\times5}$

$=\frac{1}{1}-\cancel{\frac{1}{2}}+\cancel{\frac{1}{2}}-\cancel{\frac{1}{3}}+\cancel{\frac{1}{3}}-\cancel{\frac{1}{4}}+\cancel{\frac{1}{4}}-\frac{1}{5}$

$=1-\frac{1}{5}=\frac{4}{5}$

(2) $\frac{2}{10\times22}+\frac{3}{11\times36}+\frac{4}{12\times52}+\frac{5}{13\times70}$

$=\frac{\overset{1}{\cancel{2}}}{10\times11\times\underset{1}{\cancel{2}}}+\frac{\overset{1}{\cancel{3}}}{11\times12\times\underset{1}{\cancel{3}}}+\frac{\overset{1}{\cancel{4}}}{12\times13\times\underset{1}{\cancel{4}}}$

$+\frac{\overset{1}{\cancel{5}}}{13\times14\times\underset{1}{\cancel{5}}}$

$=\frac{1}{10\times11}+\frac{1}{11\times12}+\frac{1}{12\times13}+\frac{1}{13\times14}$

$=\frac{1}{10}-\cancel{\frac{1}{11}}+\cancel{\frac{1}{11}}-\cancel{\frac{1}{12}}+\cancel{\frac{1}{12}}-\cancel{\frac{1}{13}}+\cancel{\frac{1}{13}}-\frac{1}{14}$

$=\frac{1}{10}-\frac{1}{14}=\frac{1}{35}$

p.63

練習問題㉟

(1) (A, B)=(2, 14)
(2) (A, B, C)=(2, 3, 12), (2, 4, 6)

解き方

(1) $\frac{1}{A}>\frac{1}{B}$ なので，$\frac{1}{A}$ は $\frac{4}{7}\div2$

$=\frac{2}{7}\overset{\div2}{=}\frac{1}{3.5}$ より大きい。

よって，$\frac{1}{A}=\frac{1}{2}$，$\frac{1}{3}$ が考えられる。

㋐ $\frac{1}{A}=\frac{1}{2}$ のとき，$\frac{1}{B}=\frac{4}{7}-\frac{1}{2}=\frac{1}{14}$

㋑ $\frac{1}{A}=\frac{1}{3}$ のとき，$\frac{1}{B}=\frac{4}{7}-\frac{1}{3}=\frac{5}{21}$（単位分数ではない。）

以上から，(A, B)=(2, 14)

(2) $\frac{1}{A}>\frac{1}{B}>\frac{1}{C}$ なので，

$\frac{1}{A}$ は $\frac{11}{12}\div3=\frac{11}{36}\overset{\div11}{=}\frac{1}{3.2\cdots}$ より大きい。

よって，$\frac{1}{A}=\frac{1}{2}$，$\frac{1}{3}$ が考えられる。

㋐ $\frac{1}{A}=\frac{1}{2}$ のとき，

$\frac{1}{B}+\frac{1}{C}=\frac{11}{12}-\frac{1}{2}=\frac{5}{12}$

$\frac{1}{B}>\frac{1}{C}$ なので，$\frac{1}{B}$ は $\frac{5}{12}\div2$

$=\frac{5}{24}\overset{\div5}{=}\frac{1}{4.8}$ より大きい。

よって，$\frac{1}{B}=\frac{1}{3}$，$\frac{1}{4}$ が考えられる。

・$\frac{1}{B}=\frac{1}{3}$ のとき，$\frac{1}{C}=\frac{5}{12}-\frac{1}{3}=\frac{1}{12}$

・$\frac{1}{B}=\frac{1}{4}$ のとき，$\frac{1}{C}=\frac{5}{12}-\frac{1}{4}=\frac{1}{6}$

㋑ $\frac{1}{A}=\frac{1}{3}$ のとき，

$\frac{1}{B}+\frac{1}{C}=\frac{11}{12}-\frac{1}{3}=\frac{7}{12}$

$\frac{1}{B}>\frac{1}{C}$ なので，$\frac{1}{B}$ は $\frac{7}{12}\div2$

$=\frac{7}{24}\overset{\div7}{=}\frac{1}{3.4\cdots}$ より大きい。

$\frac{1}{B}=\frac{1}{3}$ が考えられるが，$\frac{1}{A}$ と同じになるので，この場合はあてはまらない。

以上から，(A, B, C)=(2, 3, 12), (2, 4, 6)

p.64 **力をのばす問題**

25 **(1) $\frac{9}{10}$　(2) $2\frac{1}{4}\left(\frac{9}{4}\right)$　(3) $2\frac{1}{2}\left(\frac{5}{2}\right)$**

解き方

(2) $3\frac{3}{4}+\frac{2}{3}-2\frac{1}{6}=3\frac{9}{12}+\frac{8}{12}-2\frac{2}{12}$

$=1\frac{\overset{5}{\cancel{15}}}{\underset{4}{\cancel{12}}}=2\frac{1}{4}$

26 **(1) 2　(2) $\frac{13}{28}$　(3) $\frac{7}{4}\left(1\frac{3}{4}\right)$**

解き方

(3) $\frac{3}{4}\div\frac{5}{12}\times\frac{7}{18}\div\frac{2}{5}$

$=\frac{\overset{1}{\cancel{3}}\times\overset{3\,1}{\cancel{12}}\times7\times\overset{1}{\cancel{5}}}{\underset{1}{\cancel{4}}\times\underset{1}{\cancel{5}}\times\underset{6\,2}{\cancel{18}}\times2}=\frac{7}{4}$

27 (1) $3\frac{8}{11}\left(\frac{41}{11}\right)$　(2) $1\frac{1}{9}\left(\frac{10}{9}\right)$

(3) $\frac{71}{105}$

解き方

(1) $4\frac{5}{7}\times1\frac{3}{11}-8\frac{1}{3}\div\left(2.75\div\frac{3}{4}\right)$

$=\frac{33}{7}\times\frac{14}{11}-\frac{25}{3}\div\left(\frac{11}{4}\times\frac{4}{3}\right)$

$=\frac{\overset{3}{\cancel{33}}\times\overset{2}{\cancel{14}}}{\underset{1}{\cancel{7}}\times\underset{1}{\cancel{11}}}-\frac{25\times\overset{1}{\cancel{3}}}{\underset{1}{\cancel{3}}\times11}=6-\frac{25}{11}=3\frac{8}{11}$

(2) $1-\left(0.25\div2\frac{1}{4}-0.2\times\frac{1}{3}\right)+1\frac{2}{5}\div9$

$=1-\left(\frac{1\times\overset{1}{\cancel{4}}}{\underset{1}{\cancel{4}}\times9}-\frac{1\times1}{5\times3}\right)+\frac{7}{5}\times\frac{1}{9}$

$=1-\left(\frac{1}{9}-\frac{1}{15}\right)+\frac{7}{45}$

$=1-\frac{2}{45}+\frac{7}{45}=1\frac{5}{45}=1\frac{1}{9}$

(3) $\frac{3}{13}+\frac{5}{19}+\frac{7}{17}-\frac{4}{51}-\frac{6}{95}-\frac{8}{91}$

$=\left(\frac{3}{13}-\frac{8}{91}\right)+\left(\frac{5}{19}-\frac{6}{95}\right)+\left(\frac{7}{17}-\frac{4}{51}\right)$

$=\frac{\overset{1}{\cancel{13}}}{\underset{7}{\cancel{91}}}+\frac{\overset{1}{\cancel{19}}}{\underset{5}{\cancel{95}}}+\frac{\overset{1}{\cancel{17}}}{\underset{3}{\cancel{51}}}=\frac{71}{105}$

28 $\frac{180}{199}$

解き方

$\frac{9}{10}<\frac{180}{\square}<\frac{10}{11}$

分子を 180 にそろえると，

$\frac{180}{200}<\frac{180}{\square}<\frac{180}{198}$

よって，$\square=199$ より，$\frac{180}{199}$

29 119

解き方

$A\div3\frac{2}{5}=\frac{A\times5}{17}$

$A\times2\frac{3}{7}=\frac{A\times17}{7}$

Aは 17 と 7 の最小公倍数の 119

30 (1) $\frac{4}{33}$　(2) ① (A, B)=(2, 8)

② (A, B)=(4, 44)

解き方

(1) $\frac{1}{3\times5}=\left(\frac{1}{3}-\frac{1}{5}\right)\times\frac{1}{2}$ なので，

$\frac{1}{3\times5}+\frac{1}{5\times7}+\frac{1}{7\times9}+\frac{1}{9\times11}$

$\left(\frac{1}{3}-\frac{1}{5}\right)\times\frac{1}{2}+\left(\frac{1}{5}-\frac{1}{7}\right)\times\frac{1}{2}$

$+\left(\frac{1}{7}-\frac{1}{9}\right)\times\frac{1}{2}+\left(\frac{1}{9}-\frac{1}{11}\right)\times\frac{1}{2}$

$=\left(\frac{1}{3}-\cancel{\frac{1}{5}}+\cancel{\frac{1}{5}}-\cancel{\frac{1}{7}}+\cancel{\frac{1}{7}}-\cancel{\frac{1}{9}}+\cancel{\frac{1}{9}}-\frac{1}{11}\right)\times\frac{1}{2}$

$=\left(\frac{1}{3}-\frac{1}{11}\right)\times\frac{1}{2}=\frac{4}{33}$

(2) ② $\frac{1}{A}$ は $\frac{3}{11}=\frac{1}{3.6\cdots}$ より小さく，

$\frac{3}{11}\div2=\frac{3}{22}\overset{\div3}{\underset{\div3}{=}}\frac{1}{7.3\cdots}$ より大きい。

よって，$\frac{1}{A}=\frac{1}{4}$，$\frac{1}{5}$，$\frac{1}{6}$，$\frac{1}{7}$ が考えられる。

㋐ $\frac{1}{A}=\frac{1}{4}$ のとき，$\frac{1}{B}=\frac{3}{11}-\frac{1}{4}=\frac{1}{44}$

㋑ $\frac{1}{A}=\frac{1}{5}$ のとき，$\frac{1}{B}=\frac{3}{11}-\frac{1}{5}=\frac{4}{55}$

㋒ $\frac{1}{A}=\frac{1}{6}$ のとき，$\frac{1}{B}=\frac{3}{11}-\frac{1}{6}=\frac{7}{66}$

㋓ $\frac{1}{A}=\frac{1}{7}$ のとき，$\frac{1}{B}=\frac{3}{11}-\frac{1}{7}=\frac{10}{77}$

㋑～㋓は単位分数でないので，

(A, B)=(4, 44)

p.65 力をためす問題

31 (1) 7　(2) 18　(3) $\frac{28}{3}\left(9\frac{1}{3}\right)$　(4) 3

(5) $\frac{1}{4}$

解き方

(1) $\left\{1\frac{2}{5}+0.64\times\frac{1}{4}-\left(2\frac{2}{5}-1\frac{3}{4}\right)\right\}\div0.13$

$=\{1.4+0.16-(2.4-1.75)\}\div0.13$

$=0.91\div0.13=7$

テクニック

このような問題のときは，分数を小数になおしたほうが簡単に計算できる。

(5) $4.375\times\frac{1}{7}-\left\{3.125-\frac{11}{24}\div\left(2\frac{11}{15}-1.4\div\frac{6}{11}\right)\right\}$

$=4\frac{3}{8}\times\frac{1}{7}-\left\{3\frac{1}{8}-\frac{11}{24}\div\left(2\frac{11}{15}-\frac{14\times11}{10\times6}\right)\right\}$

$=\frac{35\times1}{8\times7}-\left\{\frac{25}{8}-\frac{11\times30}{24\times5}\right\}$

$=\frac{5}{8}-\left(\frac{25}{8}-\frac{11}{4}\right)$

$=\frac{5}{8}-\frac{3}{8}=\frac{1}{4}$

32　(1) 123.45　(2) 0

解き方

(1) $1234.5\times\frac{1}{16}-123.45\times\frac{1}{8}+12.345\div\frac{1}{5}$

$=123.45\times10\times\frac{1}{16}-123.45\times\frac{1}{8}$

$\quad+123.45\times\frac{1}{10}\div\frac{1}{5}$

$=123.45\times\frac{5}{8}-123.45\times\frac{1}{8}+123.45\times\frac{1}{2}$

$=123.45\times\left(\frac{5}{8}-\frac{1}{8}+\frac{1}{2}\right)$

$=123.45\times1$

$=123.45$

(2) $1.23\times\frac{1}{6}+24.6\times\frac{1}{80}-369\times\frac{1}{900}$

$\quad-4920\times\frac{1}{48000}$

$=123\times\frac{1}{100}\times\frac{1}{6}+123\times\frac{2\times1}{10\times80}$

$\quad-123\times\frac{3\times1}{900}-123\times\frac{40\times1}{48000}$

$=123\times\left(\frac{1}{600}+\frac{1}{400}-\frac{1}{300}-\frac{1}{1200}\right)$

$=123\times\left(\frac{2}{1200}+\frac{3}{1200}-\frac{4}{1200}-\frac{1}{1200}\right)$

$=0$

33　(1) 80　(2) 996

解き方

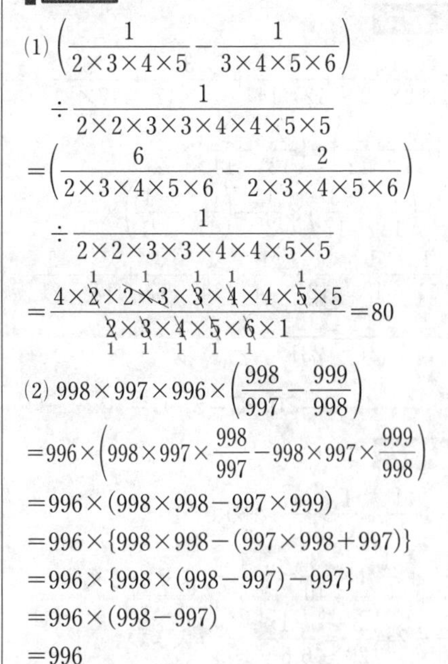

(1) $\left(\frac{1}{2\times3\times4\times5}-\frac{1}{3\times4\times5\times6}\right)$

$\quad\div\frac{1}{2\times2\times3\times3\times4\times4\times5\times5}$

$=\left(\frac{6}{2\times3\times4\times5\times6}-\frac{2}{2\times3\times4\times5\times6}\right)$

$\quad\div\frac{1}{2\times2\times3\times3\times4\times4\times5\times5}$

$=\frac{4\times2\times2\times3\times3\times4\times4\times5\times5}{2\times3\times4\times5\times6\times1}=80$

(2) $998\times997\times996\times\left(\frac{998}{997}-\frac{999}{998}\right)$

$=996\times\left(998\times997\times\frac{998}{997}-998\times997\times\frac{999}{998}\right)$

$=996\times(998\times998-997\times999)$

$=996\times\{998\times998-(997\times998+997)\}$

$=996\times\{998\times(998-997)-997\}$

$=996\times(998-997)$

$=996$

テクニック

998×998−999×997 は下のような図を使って計算できる。

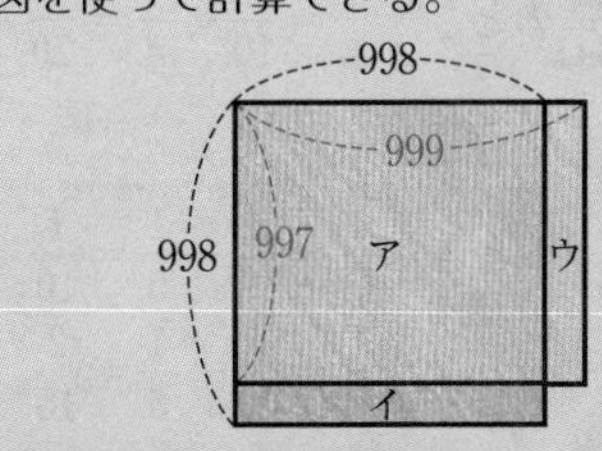

998×998−999×997

=(ア+イ)−(ア+ウ)

=イ−ウ

=1×998−1×997=1

34　(1) $\frac{3}{40}$　(2) $\frac{10}{231}$

解き方

(2) $\frac{1}{11\times12}+\frac{2}{12\times14}+\frac{3}{14\times17}+\frac{4}{17\times21}$

$=\left(\frac{1}{11}-\frac{1}{12}\right)+\left(\frac{2}{12}-\frac{2}{14}\right)\times\frac{1}{2}$

$\quad+\left(\frac{3}{14}-\frac{3}{17}\right)\times\frac{1}{3}+\left(\frac{4}{17}-\frac{4}{21}\right)\times\frac{1}{4}$

$=\frac{1}{11}-\cancel{\frac{1}{12}}+\cancel{\frac{1}{12}}-\cancel{\frac{1}{14}}+\cancel{\frac{1}{14}}-\cancel{\frac{1}{17}}+\cancel{\frac{1}{17}}-\frac{1}{21}$

$=\frac{1}{11}-\frac{1}{21}=\frac{10}{231}$

35　A=4, B=20, C=5, D=10

解き方

$\frac{1}{A}>\frac{1}{B}$, $\frac{1}{C}>\frac{1}{D}$ なので,

$\frac{1}{A}$ と $\frac{1}{C}$ は $\frac{3}{10}=\frac{1}{3.3\cdots}$ より小さく

$\frac{3}{10}\div2=\frac{3}{20}\overset{\div3}{\underset{\div3}{=}}\frac{1}{6.6\cdots}$ より大きい。

よって, $\frac{1}{A}$ と $\frac{1}{C}$ は $\frac{1}{4}$, $\frac{1}{5}$, $\frac{1}{6}$ が考えられる。

㋐ $\frac{1}{A}=\frac{1}{4}$ のとき, $\frac{1}{B}=\frac{3}{10}-\frac{1}{4}=\frac{1}{20}$

$\frac{1}{C}<\frac{1}{4}$ なので,

$\frac{1}{C}=\frac{1}{5}$ のとき, $\frac{1}{D}=\frac{3}{10}-\frac{1}{5}=\frac{1}{10}$

$\frac{1}{C}=\frac{1}{6}$ のとき, $\frac{1}{D}=\frac{3}{10}-\frac{1}{6}=\frac{2}{15}$

㋑ $\frac{1}{A}=\frac{1}{5}$ のとき, ㋐の計算から,

$\frac{1}{B}=\frac{1}{10}$

$\frac{1}{C}=\frac{1}{6}$ のとき, ㋐の計算から,

$\frac{1}{D}=\frac{2}{15}$

以上から, A=4, B=20, C=5, D=10

第5章 いろいろな計算

p.66〜77

p.67

練習問題 36　(1) 70　(2) 4　(3) 10

解き方

(1) $54+(200-\square)\div5=80$

$(200-\square)\div5=80-54=26$

$200-\square=26\times5=130$

$\square=200-130=70$

(2) $43-5\times(13+\square\times2)\div5=22$

$5\div5\times(13+\square\times2)=43-22=21$

$\square\times2=21-13=8$

$\square=8\div2=4$

(3) $(7+77+777)\div(7+77+7\times7-\square)=7$

$7+77+7\times7-\square=(7+77+777)\div7$

$133-\square=1+11+111$

$133-\square=123$

$\square=133-123=10$

p.68

練習問題 37　(1) 4　(2) $\frac{7}{15}$　(3) 0.5

解き方

(2) $4-2\div\left(\square+\frac{4}{45}\times1.5\right)=\frac{2}{3}$

$4-2\div\left(\square+\frac{2}{15}\right)=\frac{2}{3}$

$2\div\left(\square+\frac{2}{15}\right)=4-\frac{2}{3}=\frac{10}{3}$

$\square+\frac{2}{15}=2\div\frac{10}{3}=\frac{3}{5}$

$\square=\frac{3}{5}-\frac{2}{15}=\frac{7}{15}$

(3) $1\div(\square-0.3)\div\frac{5}{3}\times2\frac{1}{3}-6=1$

$1\div(\square-0.3)\div\frac{5}{3}\times\frac{7}{3}=1+6=7$

$$1\div(\square-0.3)\div\frac{5}{3}=7\div\frac{7}{3}=3$$

$$1\div(\square-0.3)=3\times\frac{5}{3}=5$$

$$\square-0.3=1\div5=0.2$$

$$\square=0.2+0.3=0.5$$

p.69 練習問題 38

(1) 2　(2) $\frac{1}{2}$　(3) $\frac{305}{12}\left(25\frac{5}{12}\right)$

解き方

(1) $2\times\{\underline{3-5\div2}+7\times(5-3\div\square)\}=50$

$$\underline{0.5}+7\times(5-3\div\square)=50\div2=25$$

$$7\times(5-3\div\square)=25-0.5=24.5$$

$$5-3\div\square=24.5\div7=3.5$$

$$3\div\square=5-3.5=1.5$$

$$\square=3\div1.5=2$$

(2) $\left\{\left(\frac{3}{5}+\square\right)\times2.5-\frac{5}{12}\right\}\times\frac{9}{11}=1\frac{10}{11}$

$$\left(\frac{3}{5}+\square\right)\times\frac{5}{2}-\frac{5}{12}=\frac{21}{11}\div\frac{9}{11}=\frac{7}{3}$$

$$\left(\frac{3}{5}+\square\right)\times\frac{5}{2}=\frac{7}{3}+\frac{5}{12}=\frac{11}{4}$$

$$\frac{3}{5}+\square=\frac{11}{4}\div\frac{5}{2}=\frac{11}{10}$$

$$\square=\frac{11}{10}-\frac{3}{5}=\frac{1}{2}$$

(3) $7\frac{1}{3}-0.6\times\left\{\frac{1}{4}+\left(\square+\frac{1}{2}\right)\div3\right\}=2$

$$\frac{3}{5}\times\left\{\frac{1}{4}+\left(\square+\frac{1}{2}\right)\div3\right\}=\frac{22}{3}-2=\frac{16}{3}$$

$$\frac{1}{4}+\left(\square+\frac{1}{2}\right)\div3=\frac{16}{3}\div\frac{3}{5}=\frac{80}{9}$$

$$\left(\square+\frac{1}{2}\right)\div3=\frac{80}{9}-\frac{1}{4}=\frac{311}{36}$$

$$\square+\frac{1}{2}=\frac{311}{36}\times3=\frac{311}{12}$$

$$\square=\frac{311}{12}-\frac{1}{2}=\frac{305}{12}$$

p.70 練習問題 39

(1)

```
    113
  ×  78
    904
   791
   8814
```

(2)

```
         125
  37 ) 4653
       37
        95
        74
        213
        185
         28
```

解き方

(1)

```
   アイウ
  ×  7エ
   オカ4
  キク1
  ケ8コ4
```

7×ウの一の位が1なので，ウ=3

エ×3の一の位が4なので，エ=8

アイ3×8がオカ4の3けたの数なので，ア=1と決まり，イ=0，1，2のどれかである。

㋐イ=0のとき，

```
   103
  × 78
   824
  721
  8034
```

㋑イ=1のとき，

```
   113
  × 78
   904
  791
  8814
```

㋒イ=2のとき，

```
   123
  × 78
   984
  861
  9594
```

よって，イ=1と決まり，残りの文字が㋑のように決まる。

(2)

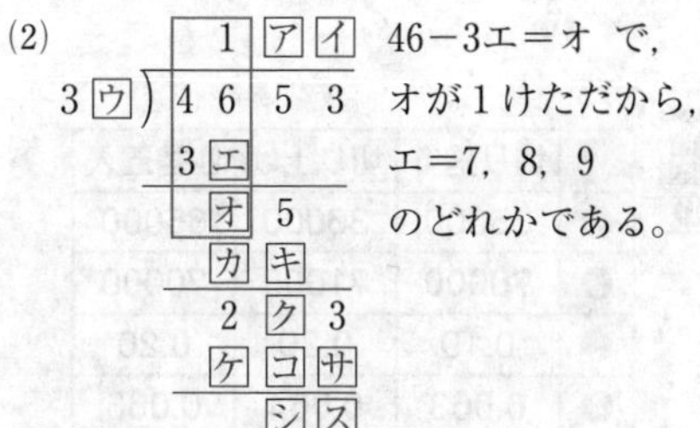

46−3エ=オ で，オが1けただから，エ=7，8，9のどれかである。

㋐エ＝7 のとき，　㋑エ＝8 のとき，　㋒エ＝9 のとき，

```
     125            12            11
37)4653       38)4653       39)4653
   37            38            39
    95            85            75
    74            76            39
    213            93           363
    185
     28
```

よって，エ＝7 と決まり，残りの文字が㋐のように決まる。

p.71

練習問題㊵　(1) 5　　(2) 6

解き方

(1) $\left[\frac{1}{3}\right]+\left[\frac{2}{3}\right]+\left[\frac{3}{3}\right]+\left[\frac{4}{3}\right]+\left[\frac{5}{3}\right]+\left[\frac{6}{3}\right]$

$=0+0+1+1+1+2=5$

(2) $[\square, 3]=\square\times3-\square\div3$

$=\square\times3-\square\times\frac{1}{3}$

$=\square\times\left(3-\frac{1}{3}\right)=\square\times\frac{8}{3}$ となるから，

$\square\times\frac{8}{3}=16$

$\square=16\div\frac{8}{3}=6$

p.73

練習問題㊶

	切り捨て	切り上げ	四捨五入
❶	35000	36000	35000
❷	70000	71000	70000
❸	0.19	0.20	0.20
❹	0.063	0.064	0.063

ここに注意

❸ 最小の位の0を消してはいけない。

切り捨て	切り上げ	四捨五入
0.19|6 → 0.19	0.19|6（20）→ 0.20	0.19|6（20）→ 0.20

❹ 上から2けたに，はじめの0はふくまない。

切り捨て	切り上げ	四捨五入
0.063|15 → 0.063	0.063|15（4）→ 0.064	0.063|15 → 0.063

p.74

練習問題㊷　(1) 66500 人以上 67500 人未満　(2) 32

解き方

(2) 整数÷7 の四捨五入した商が 5 なので，
もとの商は 4.5 以上 5.5 未満　）×7
整数は 31.5 以上 38.5 未満　……㋐
整数÷3 の切り捨てた商が 10 なので，もとの商は 10 以上 11 未満　）×3
整数は 30 以上 33 未満　……㋑
㋐，㋑より，このはんいが重なるところは下の図のように，31.5 以上 33 未満の整数なので，32

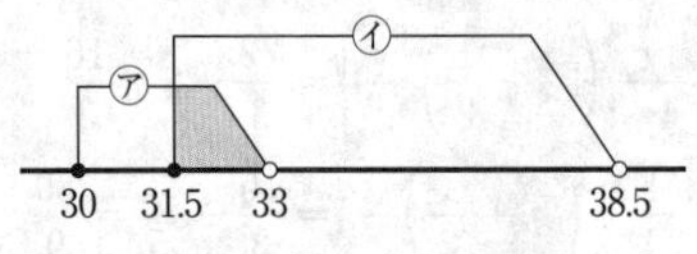

p.75

練習問題㊸　101 人以上 299 人以下

解き方

男子の生徒数は，950 人以上 1049 人以下
女子の生徒数は，750 人以上 849 人以下
差が最も少ないときは，
950－849＝101(人)

最も多いときは，1049－750＝299（人）

p.76 力をのばす問題

36 (1) 183　(2) 4　(3) $\frac{7}{4}\left(1\frac{3}{4}\right)$

(4) $\frac{1}{6}$　(5) $\frac{1}{3}$

解き方

(2) $2+3\times(10-\square)\div2=11$

$3\times(10-\square)\div2=11-2=9$

$3\times(10-\square)=9\times2=18$

$10-\square=18\div3=6$

$\square=10-6=4$

(4) $\frac{3}{4}+\frac{1}{3}\div(0.25+\square)-1\frac{1}{2}=\frac{1}{20}$

$\frac{3}{4}+\frac{1}{3}\div\left(\frac{1}{4}+\square\right)=\frac{1}{20}+1\frac{1}{2}=1\frac{11}{20}$

$\frac{1}{3}\div\left(\frac{1}{4}+\square\right)=1\frac{11}{20}-\frac{3}{4}=\frac{4}{5}$

$\frac{1}{4}+\square=\frac{1}{3}\div\frac{4}{5}=\frac{5}{12}$

$\square=\frac{5}{12}-\frac{1}{4}=\frac{1}{6}$

(5) $\left\{\frac{1}{2}\div(1+\square)+0.5\right\}\times4=\frac{7}{2}$

$\frac{1}{2}\div(1+\square)+\frac{1}{2}=\frac{7}{2}\div4=\frac{7}{8}$

$\frac{1}{2}\div(1+\square)=\frac{7}{8}-\frac{1}{2}=\frac{3}{8}$

$1+\square=\frac{1}{2}\div\frac{3}{8}=\frac{4}{3}$

$\square=\frac{4}{3}-1=\frac{1}{3}$

37 (1) ① 45000　② 45100　③ 45100

(2) ① 0.1　② 0.09　③ 0.093

38 (1) 6300，6400，6500　(2) 1449

解き方

(1) 315 以上 324 以下　）×20

6300 以上 6480 以下

よって，10 の位を四捨五入すると，

6300 以上 6500 以下の百の位までのがい数になるので，6300，6400，6500

(2) 百の位を四捨五入して 1000 になる整数は，500 以上 1499 以下

十の位を四捨五入して，100 になる整数は，50 以上 149 以下

よって，1499－50＝1449

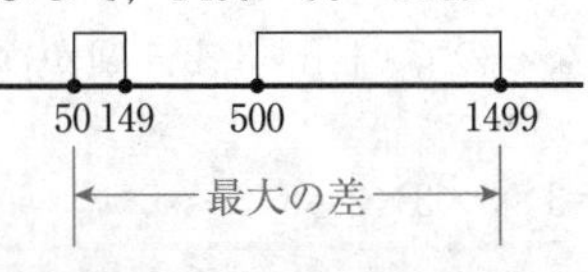

39 ア…7，イ…2，ウ…3

解き方

91÷アーイ×(3＋ウ)＝1

イ×(3＋ウ) は整数だから，91÷ア も整数になる。

2 から 7 の中で 91 をわり切ることができるのは 7 だけだから，ア＝7

91÷7－イ×(3＋ウ)＝1

イ×(3＋ウ)＝13－1＝12

イと 3 より大きい数の積が 12 になる組は，

・1×12…イ＝1，ウ＝9　×

・2×6　…イ＝2，ウ＝3　○

・3×4　…イ＝3，ウ＝1　×

よって，ア＝7，イ＝2，ウ＝3

40 (1) 4096　(2) 5　(3) 81

解き方

2△3＝2×2×2＝8，3△4＝3×3×3×3＝81

（3 回かける）　（4 回かける）

より，A△B はAをB回かけるという約束記号である。

2◎4＝2 → 2×2＝4，

3◎27＝3 → 3×3×3＝27

と考えると，C◎D は，C を何回かけるとDになるかという約束記号である。

(1) 8△4 は 8 を 4 回かけるので，

8△4＝8×8×8×8＝4096

(2) 4◎1024 は，4 を何回かけると 1024 になるか考えると，$4\times4\times4\times4\times4=1024$ より，4◎1024＝5

(3) 2△(3◎□)＝16 の (3◎□) を○とすると，2 を○回かけると 16 になるということなので，
$2\times2\times2\times2=16$ より，○は 4
3◎□＝4 となるので，□は 3 を 4 回かけた数になる。
よって，□＝$3\times3\times3\times3=81$

p.77 力をためす問題

41 (1) $\frac{13}{8}\left(1\frac{5}{8}\right)$　(2) $1\frac{9}{14}\left(\frac{23}{14}\right)$
(3) $\frac{43}{30}\left(1\frac{13}{30}\right)$　(4) $\frac{13}{55}$

解き方

(3) $3\frac{3}{4}\times\left(4.7-\square\times3\frac{2}{15}\right)-\left(1.13-\frac{1}{3}\div\frac{25}{51}\right)=\frac{1}{3}$

$$3\frac{3}{4}\times\left(4.7-\square\times3\frac{2}{15}\right)-\frac{9}{20}=\frac{1}{3}$$

$$3\frac{3}{4}\times\left(4.7-\square\times3\frac{2}{15}\right)=\frac{1}{3}+\frac{9}{20}=\frac{47}{60}$$

$$4.7-\square\times3\frac{2}{15}=\frac{47}{60}\div\frac{15}{4}=\frac{47}{225}$$

$$\square\times3\frac{2}{15}=4.7-\frac{47}{225}=\frac{2021}{450}$$

$$\square=\frac{2021}{450}\div\frac{47}{15}=\frac{43}{30}$$

(4) $\frac{1}{9}\times\left\{\left(\frac{1}{5}+\frac{3}{7}\right)\times\square-\left(\frac{3}{4}+0.24\right)\div9\right\}=\frac{3}{700}$

$$\frac{1}{9}\times\left(\frac{22}{35}\times\square-\frac{99}{100}\div9\right)=\frac{3}{700}$$

$$\frac{1}{9}\times\left(\frac{22}{35}\times\square-\frac{11}{100}\right)=\frac{3}{700}$$

$$\frac{22}{35}\times\square-\frac{11}{100}=\frac{3}{700}\div\frac{1}{9}=\frac{27}{700}$$

$$\frac{22}{35}\times\square=\frac{27}{700}+\frac{11}{100}=\frac{26}{175}$$

$$\square=\frac{26}{175}\div\frac{22}{35}=\frac{13}{55}$$

42 (1) 181，182，183
(2) 16，17，18
(3) A…2017，B…2049

解き方

(2) 四捨五入する前の商は 5.5 以上 6.5 未満だから，
商が 5.5 のとき，ある数は
$100\div5.5=18.1\cdots$
商が 6.5 のとき，ある数は
$100\div6.5=15.3\cdots$
よって，15.4 以上 18.1 以下の整数なので，
16，17，18

(3) 十の位を四捨五入すると 2000 になるので，ある数は 1950 以上 2049 以下のはんいにある。……㋐
また，
ある数 −67 も 1950 以上 2049 以下だから，
ある数は 2017 以上 2116 以下 ……㋑
㋐，㋑より，

よって，2017 以上 2049 以下となるから，
A＝2017，B＝2049

43 ア…4，イ…9，ウ…7

解き方

```
        A B
CD ) E F G 3
     H 8
     ───
       I 3
       J 4
       ───
         9
```

3 けた−2 けた＝1 けた になるには，E＝1，F＝0，H＝9 しかないので，

```
  1 0 G
  9 8
  ─────
      I
```
となる。

CD×A＝98 より，CD は 98 の 2 けたの約数の 98 か 49 か 14 だが，CD×B＝J4 となるのは，CD＝14，B＝1 のときと，CD＝14，B＝6 のとき。
このとき，A＝7，J＝1 または
A＝7，J＝8

14＋9＝23 より，I＝2 または 84＋9＝93 より，I＝9

98＋2＝100 より，G＝0 または

98＋9＝107 より，G＝7

よって，どちらの場合も　ア…4，イ…9，ウ…7

44　**9**

解き方

6◎(□◎2)＝29 の (□◎2) を○とすると，

6×○－(6＋○)＝29

6×○－6－○＝29

6×○－○＝29＋6＝35

(6－1)×○＝35

○＝35÷5＝7

よって，□×2－(□＋2)＝7

□×2－□－2＝7

□×2－□＝7＋2＝9

□×(2－1)＝9

□＝9

45　(1) **6**　(2) **47，53，97**

解き方

(1) 2017×□＝2000×□＋17×□ となるから，これを 100 でわったあまりは，17×□ を 100 でわったあまりと等しい。□を 2018 にすると，

17×2018＝17×2000＋17×18 より，

17×2018 を 100 でわったあまりは，17×18 を 100 でわったあまりに等しい。

よって，

[2017×2018]＝[17×18]＝[306]＝6

(2) [B×B] は，

[(B÷100のあまり)×(B÷100のあまり)]　（同じ数）

＝□09

同じ数の積の下 1 けたが 9 になるのは，

3×3＝9 と 7×7＝49 だから，

2 けたで積が□09 となる数をさがす。

㋐下 1 けたが 3×3 の場合

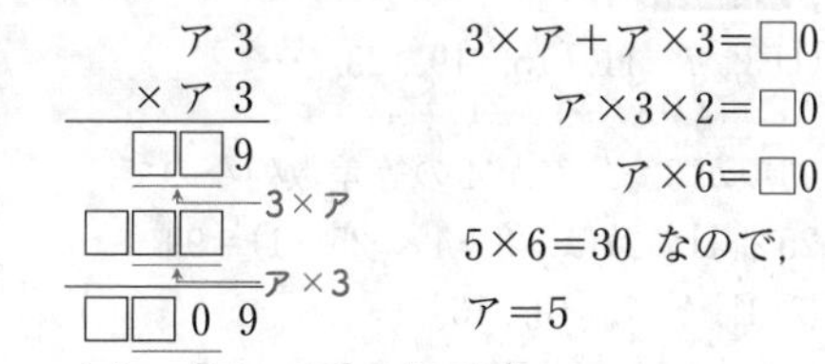

3×ア＋ア×3＝□0

ア×3×2＝□0

ア×6＝□0

5×6＝30 なので，

ア＝5

つまり，[53×53]＝[2809]＝9

㋑下 1 けたが 7×7 の場合

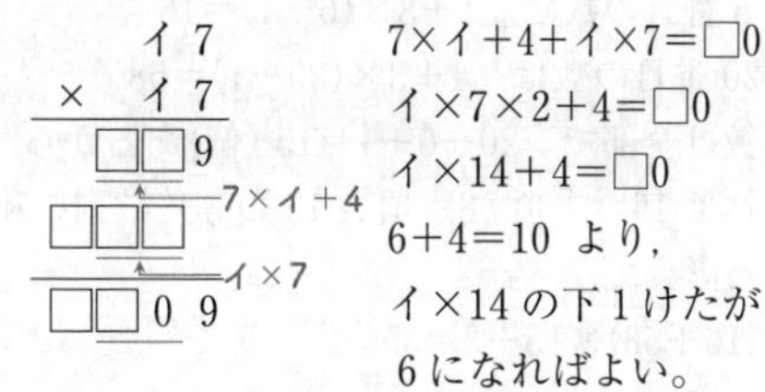

7×イ＋4＋イ×7＝□0

イ×7×2＋4＝□0

イ×14＋4＝□0

6＋4＝10 より，

イ×14 の下 1 けたが 6 になればよい。

4×14＝56, 9×14＝126 なので, イ＝4，9

つまり，[47×47]＝[2209]＝9

[97×97]＝[9409]＝9

以上より，53，47，97

第6章　数と規則性

ρ.78〜85

ρ.79

練習問題44　(1) **91**　(2) **33**　(3) **162**　(4) **42**

解き方

(1) 100，97，94，91，88，85，…（－3，－3，－3，－3，－3）

(2) 5，6，8，11，15，20，26，33，41，50，…（＋1，＋2，＋3，＋4，＋5，＋6，＋7，＋8，＋9）

(3) 2，6，18，54，162，486，…（×3，×3，×3，×3，×3，×3）

(4) 2，6，12，20，30，42，56，72，…（＋4，＋6，＋8，＋10，＋12，＋14，＋16）

ρ.80

練習問題45　(1) **99**　(2) **555**

解き方

(1) 3, 7, 11, 15, 19, 23, …
　　+4　+4　+4　+4　+4

初項が3, 公差が4の等差数列なので,
25番目の数は, $3+4\times(25-1)=99$

(2) 1, 4, 7, 10, 13, …
　　+3　+3　+3　+3

初項が1, 公差が3の等差数列なので,
6番目の数は, $1+3\times(6-1)=16$
20番目の数は, $1+3\times(20-1)=58$
数は全部で, $20-6+1=15$ (個) あるから,
初項16, 末項58, 項数15の等差数列の和と考えて,
$(16+58)\times15\div2=555$

p.81

練習問題46　(1) **76**　(2) **❶ 17**　**❷ 3467**

解き方

(1) $\frac{16}{333}=16\div333=0.|048|048|048|\cdots$

小数点以下は0, 4, 8の3つの数のくり返しなので小数第二十位は, $20\div3=6$ あまり2より, 6回くり返したあとの2番目。
よって, $(0+4+8)\times6+0+4=76$

(2) |2, 2, 3|4, 4, 5|6, 6, 7|…

❶ $24\div3=8$

1×2 →|②, 2, 3|
2×2 →|④, 4, 5|
3×2 →|⑥, 6, 7|　} 8段ちょうど
⋮
8×2 →|⑯, ○, □|
↑段数　　　　　　　└24番目

8段目の左はしは16なので, 8段目の数は16, 16, 17
　　　　　　　　　　　　　　└24番目

❷ $100\div3=33$ あまり1

1×2 →|②, 2, 3|　$2+2+3=7$
2×2 →|④, 4, 5|　$4+4+5=13$　(+6)
3×2 →|⑥, 6, 7|　$6+6+7=19$　(+6)　} 33段
⋮
33×2 →|66, 66, 67|　$66+66+67=199$
34×2 →|68,　|
　　　　　└あまり1

33段目までの和は, 初項7, 末項199で, 項数33の等差数列になる。
よって, $(7+199)\times33\div2+68=3467$

p.82

練習問題47　(1) **46番目**　(2) **210番目**

解き方

|1|2, 1|3, 2, 1|4, 3, 2, 1|5, 4, 3, 2, 1|…

(1) 1つ目の10は段の最初に現れる。

|①|→ 1番目
|2, ①|→ $1+2=3$ (番目)
|3, 2, ①|→ $1+2+3=6$ (番目)
|4, 3, 2, ①|→ $1+2+3+4=10$ (番目)
⋮
|9, 8, 7, ……, ①|
|⑩

各段の最後の数が
$1+2+\cdots\cdots+$(段数)＝□ (番目) だから,
9段目の最後の数は, $1+2+3+\cdots\cdots+9$
$=(1+9)\times9\div2=45$ (番目)
よって, 10は $45+1=46$ (番目)

(2) 20回目の1は, 20段目の最後に現れる。
よって, $1+2+3+\cdots\cdots+20$
$=(1+20)\times20\div2=210$ (番目)

p.83

練習問題48　(1) **31番目**　(2) $\frac{14}{14}$, $\frac{63}{2}\left(31\frac{1}{2}\right)$

解き方

(1) $\frac{1}{12}$ は $12\div2=6$ (段目) の最初に現れる。

$\left|\frac{1}{2},\ \boxed{\frac{2}{2}}\right| \rightarrow$ 2 番目

$\left|\frac{1}{4},\ \frac{2}{4},\ \frac{3}{4},\ \boxed{\frac{4}{4}}\right| \rightarrow 2+4=6$（番目）

⋮

$\left|\frac{1}{10},\ \frac{2}{10},\ \cdots\cdots,\ \boxed{\frac{10}{10}}\right|$

$\left|\boxed{\frac{1}{12}}\right.$

各段の最後の数が

$2+4+\cdots+$(分母)$=\square$（番目）だから，

5 段目の最後の数は，

$2+4+6+8+10=30$（番目）

よって，$\frac{1}{12}$ は $30+1=31$（番目）

(2) 各段の最後の数が偶数の和番目であることから，

6 段目の最後の数は，

$2+4+\cdots\cdots+12=42$（番目）

7 段目の最後の数は，

$2+4+\cdots\cdots+14=56$（番目）

よって，56 番目の分数は $\frac{14}{14}$

また，

1 段目の和は $\frac{1}{2}+\frac{2}{2}=1\frac{1}{2}$

2 段目の和は $\frac{1}{4}+\frac{2}{4}+\frac{3}{4}+\frac{4}{4}=2\frac{1}{2}$

3 段目の和は $\frac{1}{6}+\frac{2}{6}+\cdots+\frac{6}{6}=3\frac{1}{2}$

⋮

7 段目の和は $\frac{1}{14}+\frac{2}{14}+\cdots\cdots+\frac{14}{14}=7\frac{1}{2}$

つまり，初項 $1\frac{1}{2}$，末項 $7\frac{1}{2}$，項数 7 の等差数列の和となるので，

$\left(1\frac{1}{2}+7\frac{1}{2}\right)\times 7\div 2=\frac{63}{2}$

p.84 力をのばす問題

46　(1) **18**　(2) **78**　(3) $\frac{11}{6}$

解き方

(3) 分母が 2 と 6 なので，6 にそろえると，

$\frac{3}{6},\ \frac{5}{6},\ \frac{7}{6},\ \frac{9}{6},\ \frac{11}{6},\ \frac{13}{6},\ \cdots$

47　(1) $\frac{204}{613}$　(2) **780**

解き方

(1) 分母は 7，10，13，16，…より，（+3，+3，+3）

初項 7，公差 3 の等差数列。

203 番目の分母は $7+3\times(203-1)=613$

分子は 2，3，4，5，…より，

初項 2，公差 1 の等差数列。

203 番目の分子は $2+1\times(203-1)=204$

よって，$\frac{204}{613}$

(2) 3，10，17，24，31，…より，（+7，+7，+7，+7）

初項 3，公差 7 の等差数列。

15 番目の数は $3+7\times(15-1)=101$

初項 3，末項 101，項数 15 の等差数列の和だから，$(3+101)\times 15\div 2=780$

48　**392**

解き方

$99\div 6=16$ あまり 3

$(2+2+4+4+6+6)\times 16+(2+2+4)=392$

49　(1) **8**　(2) **156**

解き方

(1) |1|2，2|3，3，3|4，4，4，4|5，…

|①|⟶ 1 番目

|2，②|⟶ $1+2=3$（番目）

|3，3，③|⟶ $1+2+3=6$（番目）

|4，4，4，④|⟶ $1+2+3+4=10$（番目）

⋮

各段の最後の数が

$1+2+\cdots+$(段数)$=\square$（番目）だから，

7 段目の最後の数は，

第1編 数と計算　第1章 第2章 第3章 第4章 第5章 第6章

$1+2+\cdots+7=28$ (番目)

よって，30 番目の数は 8 段目の左から 2 番目だから，8

(2) 各段の数の和は(段数)×(段数)となっている。

よって，

$1+4+9+16+25+36+49+8+8=156$

50 (1) 33　(2) $\frac{17}{28}$　(3) $48\frac{11}{28}$

解き方

(1) $\left|\frac{1}{2}\right|$

$\left|\frac{1}{4},\ \frac{3}{4}\right|$

$\left|\frac{1}{6},\ \frac{3}{6},\ \frac{5}{6}\right|$

$\left|\frac{1}{8},\ \frac{3}{8},\ \frac{5}{8},\ \frac{7}{8}\right|$

⋮

分母は□段目×2,

分子は 1 からの連続した奇数だから，

分母の 16 は $16\div2=8$ (段目),

分子の 9 は 5 番目の奇数。

よって，$\frac{9}{16}$ は 8 段目の左から 5 番目の数だから，$1+2+3+4+5+6+7+5$

$=(1+7)\times7\div2+5=33$ (番目)

(2) 各段の最後の数が

$1+2+\cdots+$段数$=\square$ (番目)だから，

13 段目の最後の数は

$1+2+\cdots+13=91$ (番目)

100 番目の分数は 14 段目の左から 9 番目だから，

分母は $14\times2=28$,

分子は $1+2\times(9-1)=17$

よって，$\frac{17}{28}$

(3) (2)より，

1 段目の和は $\frac{1}{2}$

2 段目の和は $\frac{1}{4}+\frac{3}{4}=1$

3 段目の和は $\frac{1}{6}+\frac{3}{6}+\frac{5}{6}=1\frac{1}{2}$

⋮

13 段目の和は $\frac{1}{26}+\cdots\cdots+\frac{25}{26}$ より，

初項 $\frac{1}{26}$，末項 $\frac{25}{26}$，項数 13 の等差数列の和だから，$\left(\frac{1}{26}+\frac{25}{26}\right)\times13\div2=6\frac{1}{2}$

1 段目の和から 13 段目の和の合計は

初項 $\frac{1}{2}$，末項 $6\frac{1}{2}$，項数 13 の等差数列の和だから，$\left(\frac{1}{2}+6\frac{1}{2}\right)\times13\div2=45\frac{1}{2}$

よって，$45\frac{1}{2}+\left(\frac{1}{28}+\frac{3}{28}+\cdots+\frac{17}{28}\right)$

$=45\frac{1}{2}+\left(\frac{1}{28}+\frac{17}{28}\right)\times9\div2$

$=45\frac{1}{2}+2\frac{25}{28}=48\frac{11}{28}$

p.85 力をためす問題

51 (1) 135　(2) 3628　(3) $\frac{1}{8}$　(4) $\frac{1}{233}$

解き方

(1) 3, 18, 45, 84, 135, 198, ……

(差) +15, +27, +39, +51, +63

(差の差) +12, +12, +12, +12

(2) |0, 1, 3, 6, 8|9, 10, 12, 15, 17|18, 19, …

(差) +1 +2 +3 +2 +1 +1 +2 +3 +2 +1 +1

|0，1，3，6，⑧|

|9，10，12，15，⑰|

|18，19，…

⋮

|　◯|

(以上 403 段)

1 段に数が 5 個あるので，

$2017\div5=403$ あまり 2 より，2017 番目の数は 404 段目の 2 番目にある。

各段の最後の数は，初項 8，公差 9 の等差数列だから，403 段目の最後の数は，

$8+9\times(403-1)=3626$

404 段目の 2 番目の数は，
$3626+1+1=3628$

(3) $\frac{2}{3}$，$\frac{②}{3}$，$\frac{1}{2}$，$\frac{1}{3}$，$\frac{⑤}{24}$，□，$\frac{⑦}{96}$，$\frac{1}{24}$，…

分子に注目すると 2 番目が 2，5 番目が 5，7 番目が 7 であることから，分子を 1，2，3，…になおすと，

$\frac{1}{1.5}$，$\frac{2}{3}$，$\frac{3}{6}$，$\frac{4}{12}$，$\frac{5}{24}$，$\frac{6}{48}$，$\frac{7}{96}$，$\frac{8}{192}$，…
（分母は ×2 ずつ）

よって，$\frac{6}{48}=\frac{1}{8}$

(4) $\frac{1}{1}$，$\frac{1}{2}$，$\frac{2}{3}$，$\frac{3}{5}$，$\frac{5}{8}$，$\frac{8}{13}$，$\frac{13}{21}$…
（分子は +0，+1，+1，+2，+3，+5，分母は +1，+1，+2，+3，+5，+8）

より，分母・分子でもフィボナッチ数列になっていることがわかる。
よって，

$\frac{1}{1}\times\frac{1}{2}\times\frac{2}{3}\times\frac{3}{5}\times\frac{5}{8}\times\frac{8}{13}\times\frac{13}{21}\times\frac{21}{34}$
$\quad\times\frac{34}{55}\times\frac{55}{89}\times\frac{89}{144}\times\frac{144}{233}$
$=\frac{1}{233}$

52　(1) 6　(2) 162　(3) 447 番目

解き方

(1) 7×1 から 7×10 までの一の位，つまり 7，4，1，8，5，2，9，6，3，0 の 10 個のくり返しになる。
$28\div10=2$ あまり 8
よって，くり返しの 8 番目の数と同じだから，6

(2) $7+4+1+8+5+2+9+6+3+0$
$=1+2+3+4+\cdots+9=45$
$36\div10=3$ あまり 6
$45\times3+(7+4+1+8+5+2)=162$

(3) $2016\div45=44$ あまり 36
$7+4+1+8+5+2+9=36$ より，
44 回くり返して 7 番目までの和になる。
よって，$44\times10+7=447$(番目)

53　(1) 19　(2) 588

解き方

(1) |1，2，3|3，4，5，6，7|5，6，7，8，9，10，11|7，…

各段の最初の数は(段数)×2−1 となっている。

|1, 2, ③| ──→ 3 番目
|3, 4, 5, 6, ⑦| ──→ 3+5=8(番目)
|5, 6, 7, 8, 9, 10, ⑪| ──→ 3+5+7=15(番目)
|7, 8, 9,　…　|
　⋮
|17, 18, 19 …　○|
（○：9 段目の最後）

9 段目の最後の数は，
$3+5+\cdots+19=99$(番目)

よって，100 番目の数は，10 段目の最初の数で 19

(2) 各段の和が，(真ん中の数)×(個数)となっている。

|1, ②, 3|　　②×3=6
|3, 4, ⑤, 6, 7|　　⑤×5=25
|5, 6, 7, ⑧, 9, 10, 11|　　⑧×7=56
|7, 8, 9, 10, ⑪, 12, 13, 14, 15|　　⑪×9=99
　⋮　　⋮

1 段目から 6 段目までの個数の和は，
$3+5+7+9+11+13=48$(個)　（13：6 段）

$50-48=2$ より，50 番目の数は，7 段目で左から 2 個目の数になる。7 段目のはじめの 2 個の数は，
$7\times2-1=13$，$13+1=14$
よって，
$(2\times3)+(5\times5)+(8\times7)+(11\times9)$
$\quad+(14\times11)+(17\times13)+13+14=588$

54 (1) $\frac{25}{7}$　(2) $\frac{101}{2}$　(3) 6番目… $\frac{18}{6}$, 11番目… $\frac{66}{11}$　(4) 10100

解き方

(1) 分母だけをならべると,

|①|――→ 1番目
|2, ②|――→ $1+2=3$ (番目)
|3, 3, ③|――→ $1+2+3=6$ (番目)
|4, 4, 4, ④|→ $1+2+3+4=10$ (番目)
⋮

$1+2+3+4+5+6=21$ より，分母が6の最後の分数は21番目になる。

よって，25番目の分母は7だから，$\frac{25}{7}$

(2) 分母が9の最後の分数は,

$1+2+3+\cdots+9=45$ (番目)

よって，$\frac{46}{10}$, $\frac{47}{10}$, $\frac{48}{10}$, …, $\frac{55}{10}$ の和になる。

分子は初項46，末項55，項数10の等差数列の和だから,

$(46+55)\times10\div2=505$

よって，$\frac{505}{10}=\frac{101}{2}$

(3) 下のように，分母の数字だけ分数があり，各段に必ず1個整数となる分数がある。

$\left|\frac{1}{1}\right|$　　$\frac{1}{1}=1$

$\left|\frac{2}{2}, \frac{3}{2}\right|$　　$\frac{2}{2}=1$

$\left|\frac{4}{3}, \frac{5}{3}, \frac{6}{3}\right|$　　$\frac{6}{3}=2$

$\left|\frac{7}{4}, \frac{8}{4}, \frac{9}{4}, \frac{10}{4}\right|$　　$\frac{8}{4}=2$

$\left|\frac{11}{5}, \frac{12}{5}, \frac{13}{5}, \frac{14}{5}, \frac{15}{5}\right|$　　$\frac{15}{5}=3$

$\left|\frac{16}{6}, \frac{17}{6}, \frac{18}{6}, \frac{19}{6}, \frac{20}{6}, \frac{21}{6}\right|$　　$\frac{18}{6}=3$

⋮　　⋮

6番目は $\frac{18}{6}$

11番目の分数の分母は11

整数はそれぞれ2個ずつあるので,

$11\div2=5$ あまり1　$5+1=6$

よって，$6=\frac{66}{11}$

(4) (3)より，$200\div2=100$

よって，1から100までの和が2つあるから,

$\{(1+100)\times100\div2\}\times2=10100$

第2編

変化と関係

第1章 割　合

p.90〜105

p.91

練習問題❶　(1) 336 g　(2) 0.5 倍

解き方

(1) 120×2.8＝336(g)

(2) 168÷336＝0.5(倍)

p.92

練習問題❷　(1) $\frac{5}{8}$ 倍　(2) 900 円

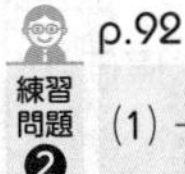

解き方

(1) $1\frac{3}{4}\div2\frac{4}{5}=\frac{5}{8}$(倍)

(2) $1200\div\frac{4}{3}=900$(円)

p.93

練習問題❸　(1) 0.6　(2) 1.12　(3) 0.9

解き方

(1) 30÷50＝0.6

(2) 5040÷4500＝1.12

(3) 810÷900＝0.9

p.94

練習問題❹　(1) ❶ 60%　❷ 100%　❸ 0.7%　❹ 2.03　❺ 0.1　❻ 0.025

(2) 34%　(3) 12%

解き方

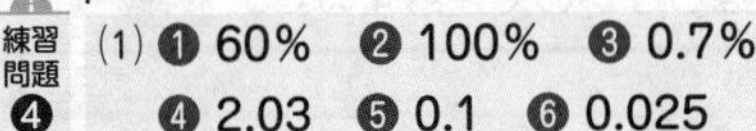

(1) ❷ 1.00.＝100%　❸ 0.00.7＝0.7%

❺ 0.10%＝0.1　❻ 0.02.5%＝0.025

(3)

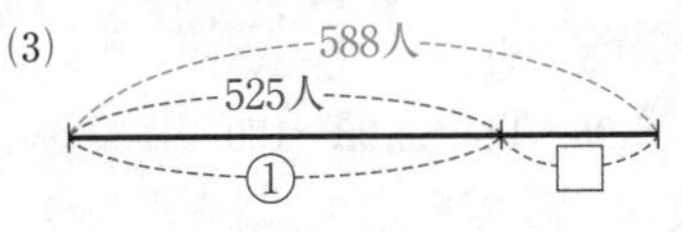

588÷525＝1.12

1.12−1＝0.12 → 12%

p.95

練習問題❺　(1) ❶ 4割　❷ 13割8分　❸ 5分　❹ 0.37　❺ 0.002　❻ 1.1

(2) 4割2分　(3) 6割5分

解き方

(1) ❷ 1.3|8 → 13割8分（割|分）

❸ 5%＝0.0|5 → 5分（割|分）

❺ 2厘 → 0.0|0|2（割|分|厘）

(3)

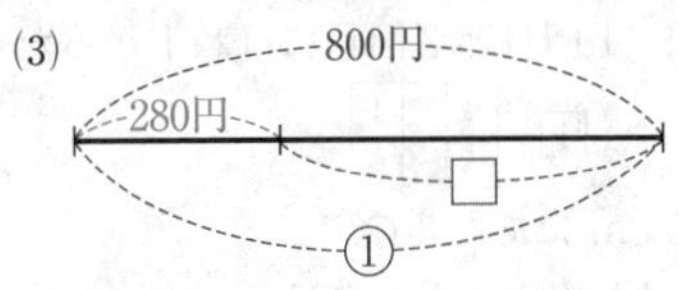

280÷800＝0.35

1−0.35＝0.65 → 6割5分

p.96

練習問題❻　(1) 35 人　(2) 663 人

解き方

(2)

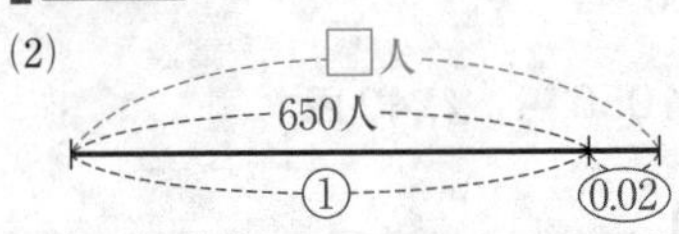

650×0.02＝13(人)　650＋13＝663(人)

p.97

練習問題❼　(1) 250 g　(2) 150 円

(2)

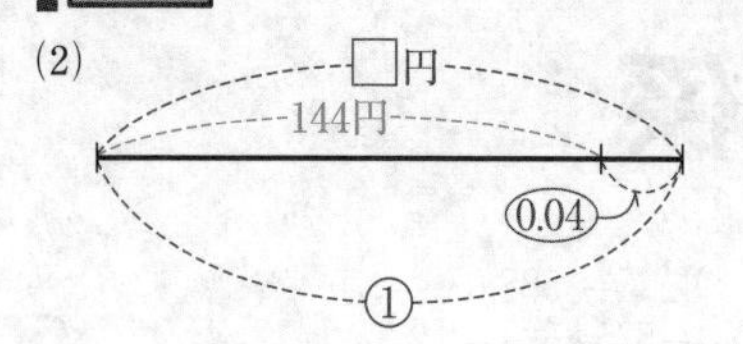

$1-0.04=0.96$　$144\div0.96=150$(円)

ρ.99

練習問題❽　225 cm

解き方

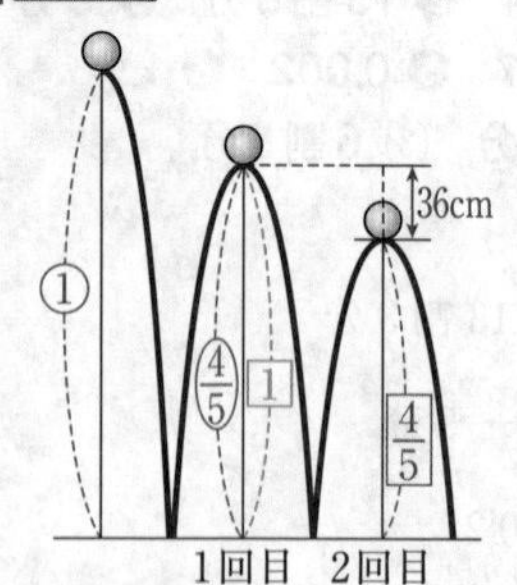

上の図で，１回目と２回目にはね上がった高さの差は，$\boxed{1}-\boxed{\frac{4}{5}}=\boxed{\frac{1}{5}}$

これが 36 cm にあたるので，

１回目にはね上がった高さは，

$\boxed{1}=36\div\frac{1}{5}=180$(cm)

$\left(\frac{4}{5}\right)=180$ cm　なので，

$①=180\div\frac{4}{5}=225$(cm)

ρ.100

練習問題❾　(1) 1056円　(2) 40円

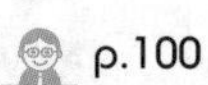

(1) $800\times(1+0.32)=1056$(円)

(2) 定価は，$300\times(1+0.2)=360$(円)

売価＝原価＋利益 なので，

売価は，$300+20=320$(円)

よって，$360-320=40$(円)

ρ.101

練習問題❿　(1) 3200円　(2) 400円

解き方

(1) 定価は，$3850+470=4320$(円)

原価は，$4320\div(1+0.35)=3200$(円)

(2)

	金額		割合
原価	□円	損失35円	
定価	500円		①
売価	□円		(0.73)

売価は，$500\times(1-0.27)=365$ (円)

原価は，$365+35=400$ (円)

ここに注意

35円の損をしていることから，原価は売価より高くないといけない。

よって，原価は $365+35=400$(円)

ρ.102

練習問題⓫　(1) 15%　(2) 5%

解き方

(1) 食塩水は全部で $340+45+15=400$ (g) できるので，　濃度は $60\div400=0.15\rightarrow15\%$

(2) $8\div160=0.05$ → 5%

ここに注意

コップの中の食塩水を半分こぼす前と後で，食塩水の濃度は変わらない。半分こぼしたからといって濃度も半分にはならないので注意する。

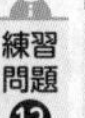

ρ.103

練習問題⓬　(1) 450 g　(2) 40 g

解き方

(1) $36\div0.08=450$(g)

(2) $(400+100)\times0.08=40$(g)

p.104 力をのばす問題

1　(1) **1.25**　(2) **100**　(3) $\frac{4}{15}$

解き方

(1) $1\div0.8=1.25$(L)

(2) $80\div\frac{4}{5}=100$(円)

(3) $4\div15=\frac{4}{15}$

2　(1) **7.5**　(2) **7(割)6(分)**　(3) **1050**

解き方

(1) $6\div80=0.075$ → 7.5%

(2) $42\div175=0.24$

$1-0.24=0.76$ → 7割6分

(3)

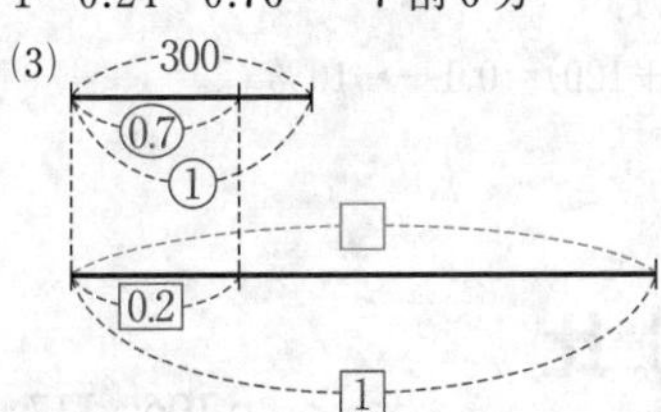

$300\times0.7=210$

$\boxed{0.2}=210$ より，$\boxed{1}=210\div0.2=1050$

3　**135 cm**

解き方

2回目は，$40\div\frac{2}{3}=60$(cm)

1回目は，$60\div\frac{2}{3}=90$(cm)

はじめは，$90\div\frac{2}{3}=135$(cm)

4　(1) **70円**　(2) **650円**

解き方

(1) 定価は，$500\times(1+0.2)=600$(円)

売価は，$600-30=570$(円)

よって，$570-500=70$(円)

(2)

	金額	割合
原価	□円	①
定価	800円	
売価	715円	(1.1)

1割増し →(1＋0.1)倍　85円引き

売価は，$800-85=715$(円)

原価は，$715\div(1+0.1)=650$(円)

5　(1) **5%**　(2) **11.2%**　(3) **16 g**　(4) **750 g**

解き方

(1) $24\div480=0.05$ → 5%

(2) $28\div(222+28)=0.112$ → 11.2%

(3) $200\times0.08=16$(g)

(4) $72\div0.096=750$(g)

p.105 力をためす問題

6　**83%**

解き方

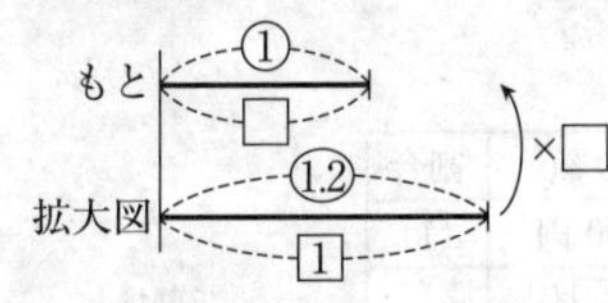

$1\div1.2=0.8333\cdots$ → $83.3\cdots$%

7　**880 kg**

解き方

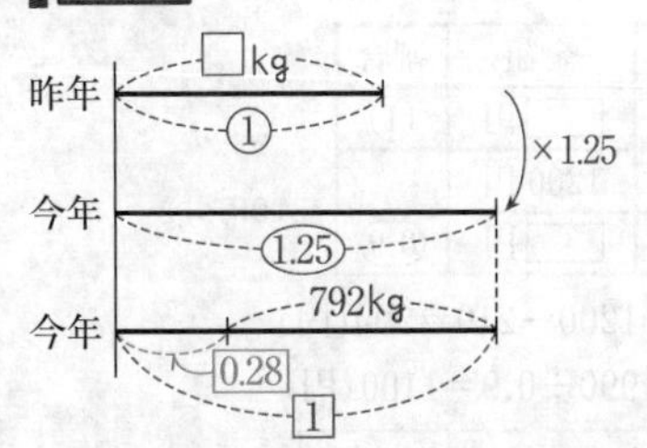

$\boxed{1}=792\div(1-0.28)=1100$(kg)＝(1.25)

①$=1100\div1.25=880$(kg)

8　**62.5 cm**

第2編 変化と関係
第1章
第2章
第3章
第4章
第5章
第6章

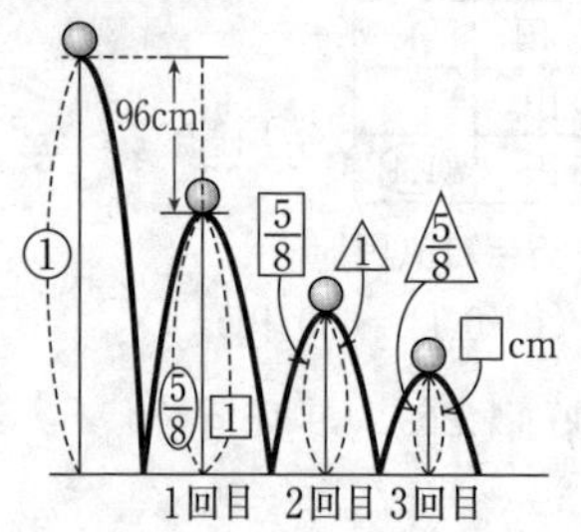

$1-\frac{5}{8}=\frac{3}{8}$

$\left(\frac{3}{8}\right)=96$ cm なので，① $=96\div\frac{3}{8}=256$(cm)

1 回目は，$\left(\frac{5}{8}\right)=256\times\frac{5}{8}=160(cm)=\boxed{1}$

2 回目は，$\boxed{\frac{5}{8}}=160\times\frac{5}{8}=100(cm)=\triangle 1$

3 回目は，$\triangle\frac{5}{8}=100\times\frac{5}{8}=62.5$(cm)

9 (1) 450円 (2) 1100円 (3) 16

解き方

(1)

	金額	割合
原価	300 円	①
定価	□円	
売価	□円	(1.2)

90円引き　2割増し

売価は，300×(1＋0.2)＝360(円)
定価は，360＋90＝450(円)

(2)

	金額	割合
原価	□円	①
定価	1200 円	
売価	□円	(0.9)

210円引き

売価は，1200－210＝990(円)
原価は，990÷0.9＝1100(円)

(3)

	金額	割合
原価	5500 円	①
定価	□円	1
売価	5104 円	0.8

×□　2割引き

定価は，5104÷(1－0.2)＝6380(円)
原価を①とすると，定価は，
6380÷5500＝(1.16)
1.16－1＝0.16 → 16(%)

10 (1) 230 g (2) 21 g (3) 10%

解き方

(1) 食塩水は，20÷0.08＝250(g)
水は，250－20＝230(g)
(2) 水の割合は，1－0.06＝0.94 つまり，
食塩水の 94%が水となるので，
食塩水は，329÷0.94＝350(g)
食塩は，350－329＝21(g)
(3) 120 g の食塩水を捨てても濃度は変わらない。
720－120＝600(g) の食塩水の中に食塩は，
600×0.12＝72(g)
そして，この食塩水に水 120 g を入れるので，濃度は，
72÷(600＋120)＝0.1 → 10%

比

p.106～117

p.107
練習問題 ⑬

(1) ❶ 53：23　❷ 16：31
(2) ❶ $\frac{7}{5}$　❷ 2　❸ $\frac{1}{4}$

解き方

(2) ❶ 42：30 → $42\div30=\frac{7}{5}$

p.108
練習問題 ⑭

(1) ❶ 2：3　❷ 3：8　❸ 20：21
❹ 20：1
(2) ❶ 5：3　❷ 7：2

解き方

(1) ❸ $\frac{5}{6}:\frac{7}{8}=\frac{5}{6_1}\times24^4:\frac{7}{8_1}\times24^3=20:21$

(2) ❷ Bが A の $\frac{2}{7}$ 倍ということは，A を 7 等分したものの 2 つ分が B となる。

よって　A：B=7：2

ρ.109

練習問題⑮　(1) **14**　(2) $\frac{25}{3}$　(3) $\frac{10}{9}$　(4) $\frac{7}{5}$

解き方

(4) $\frac{8}{3}:\frac{7}{6}=3.2:\square$

$\square\times\frac{8}{3}=\frac{7}{6}\times3.2$

$\square\times\frac{8}{3}=\frac{7}{6}\times\frac{16}{5}=\frac{56}{15}$

$\square=\frac{56}{15}\div\frac{8}{3}=\frac{7}{5}$

別解

先に $\frac{8}{3}:\frac{7}{6}$ を簡単にする。

$\frac{8}{3}:\frac{7}{6}=\frac{8}{3}\times6:\frac{7}{6}\times6=16:7$

$16:7=3.2:\square$　$\square=\frac{7}{5}$　（÷5）

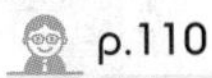

ρ.110

練習問題⑯　(1) **5：4：10**　(2) **28：30：45**　(3) **12：8：9**

解き方

(3) $a:b=3\frac{1}{2}:2\frac{1}{3}=\frac{7}{2}:\frac{7}{3}$

$=\frac{7}{2}\times6:\frac{7}{3}\times6$

$=21:14=3:2$

$a:c=3:2.25=300:225=4:3$

a	:	b	:	c
3×4	:	2×4		
4×3			:	3×3
12	:	8	:	9

↑ 3と4の最小公倍数

ρ.111

練習問題⑰　(1) ❶ **5：3**　❷ **6：5**　❸ **2：1**　❹ **28：21：12**　(2) **15：10：6**

解き方

(1) ❸ $\frac{3}{4}$ 時間：1 時間 30 分＝45 分：90 分

＝1：2 → 2：1

❹ 3：4：7 → $\frac{1}{3}:\frac{1}{4}:\frac{1}{7}$

$=\frac{1}{3}\times84:\frac{1}{4}\times84:\frac{1}{7}\times84$

＝28：21：12

(2) A×2＝B×3＝C×5＝1 とおく。

$A:B:C=\frac{1}{2}\times30:\frac{1}{3}\times30:\frac{1}{5}\times30$

＝15：10：6

別解

A×2＝B×3＝C×5＝30 とおく。

↑2と3と5の最小公倍数

A：B：C＝30÷2：30÷3：30÷5

＝ 15 ： 10 ： 6

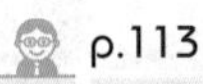

ρ.113

練習問題⑱　(1) ❶ **150 mL**　❷ **196 mL**　(2) **45才**

解き方

(2) (はるとさん)：(お父さん)　(はるとさん)：(お父さん)

4　：　15　＝　12 才　：　□才

□×4＝15×12

□＝15×12÷4＝45(才)

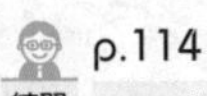

ρ.114

練習問題⑲

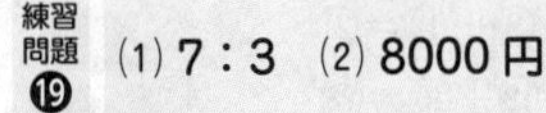

(1) **7：3**　(2) **8000 円**

解き方

(1) 50 円玉だけの金額は，

$2600\times\frac{7}{7+6}=1400$(円)

100 円玉だけの金額は，

$2600 \times \frac{6}{7+6} = 1200$(円)

50円玉は，1400÷50＝28(枚)

100円玉は，1200÷100＝12(枚)

よって，28：12＝7：3

(2) よしとさん　：　兄　：　弟

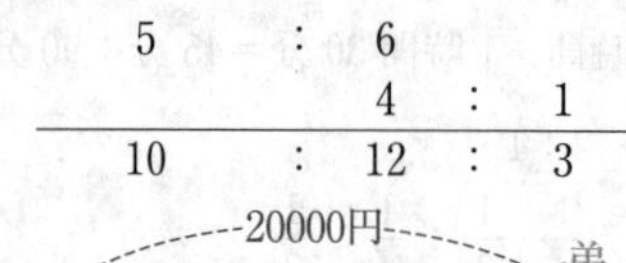

5　：　6

　　　4　：　1

10　：　12　：　3

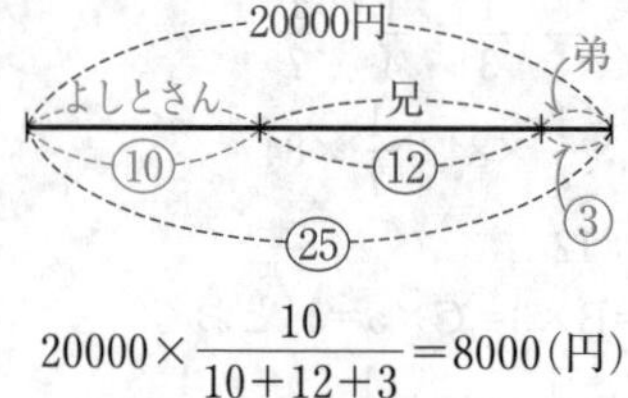

$20000 \times \frac{10}{10+12+3} = 8000$(円)

p.115 練習問題⑳

(1) 2660円

(2) A…900円，B…1200円，C…1600円

解き方

(1) ③＝420円より，①＝140円

図かんは ⑪＋⑧＝⑲ なので，

⑲＝140×19＝2660(円)

(2)　A　：　B　：　C

3×3　：　4×3

　　　3×4　：　4×4

9　：　12　：　16

Aを⑨，Bを⑫，Cを⑯とすると，

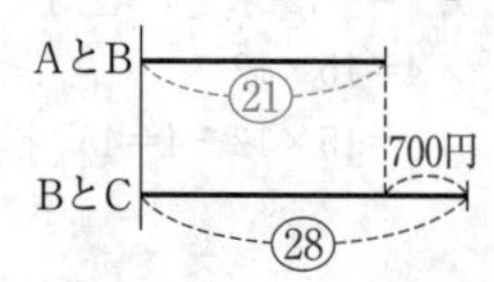

AとBの和は，⑨＋⑫＝㉑

BとCの和は，⑫＋⑯＝㉘

差の700円が ㉘－㉑＝⑦ となるので，

⑦＝700円 より，①＝100円

よって，Aは ⑨＝100×9＝900(円)

Bは ⑫＝100×12＝1200(円)

Cは ⑯＝100×16＝1600(円)

p.116 力をのばす問題

11 (1) ① $\frac{9}{7}$　② $\frac{3}{4}$

(2) ① 8：5　② 5：3　③ 40：27

④ 6：8：9

(3) 2：5　(4) ① 36　② $\frac{1}{6}$

解き方

(1) ② $3.5 \div 4\frac{2}{3} = \frac{7}{2} \div \frac{14}{3} = \frac{3}{4}$

(2) ③ 4 kg：2700 g＝4000 g：2700 g

＝40：27

④ $\frac{1}{2} : \frac{2}{3} : \frac{3}{4}$

$= \frac{1}{2} \times 12 : \frac{2}{3} \times 12 : \frac{3}{4} \times 12 = 6 : 8 : 9$

(4) ② $\frac{1}{18} : \frac{1}{15} = \square : 0.2$

$\square \times \frac{1}{15} = \frac{1}{18} \times 0.2$

$\square = \frac{1}{18} \times 0.2 \div \frac{1}{15} = \frac{1}{6}$

12 2：3

13 21人

解き方

男子の $\frac{4}{9}$ と女子の $\frac{4}{7}$ が同じなので，

男子×$\frac{4}{9}$＝女子×$\frac{4}{7}$

男子：女子＝$\frac{9}{4} : \frac{7}{4}$＝9：7

$48 \times \frac{7}{9+7} = 21$(人)

14 450本

解き方

赤い花：白い花：黄色い花

7×4　：　6×4

　　　8×3　：　5×3

28　：　24　：　15

㉘＝840本 より，①＝30本

⑮＝30×15＝450（本）

15 96枚

解き方

金額の比＝1枚あたりの値段の比×枚数の比

	シールA	:	シールB	
1枚あたりの値段の比	2	:	3	
枚数の比	3	:	5	
金額の比	6	:	15	＝2：5

シールAの金額は，$5040\times\frac{2}{2+5}=1440$（円）

シールBの金額は，$5040\times\frac{5}{2+5}=3600$（円）

シールAは，1440÷40＝36（枚）

シールBは，3600÷60＝60（枚）

よって，全部で，36＋60＝96（枚）

16 144人

解き方

男子を⑦，女子を⑨とすると，

差の18人が②となる。

②＝18人 より，①＝9人

よって，⑯＝9×16＝144（人）

p.117 力をためす問題

17 (1) $\frac{1}{4}$ (2) 75 (3) $\frac{9}{5}$

解き方

(1) 22時間13分20秒：8時間20分

$=1333\frac{1}{3}$分：500分＝8：3 より，

$8:3=\frac{2}{3}:\square$

$\square\times8=3\times\frac{2}{3}$

$\square=3\times\frac{2}{3}\div8=\frac{1}{4}$

(2) $3\frac{7}{11}:6\frac{4}{11}=\frac{40}{11}:\frac{70}{11}=4:7$ より，

(□−19)：98＝4：7

7×(□−19)＝98×4

□−19＝14×4

□−19＝56

□＝56＋19＝75

(3) (□＋3)：3＝(5−□)：2

(□＋3)×2＝3×(5−□)

2×□＋2×3＝3×5−3×□

2×□＋3×□＝15−6

5×□＝9

$\square=\frac{9}{5}$

18 $\frac{15}{8}$倍

解き方

$B\times\frac{2}{5}=C\times\frac{3}{5}$ より，

$B:C=\frac{5}{2}:\frac{5}{3}=3:2$

A	:	B	:	C
5	:	4		
		3	:	2
15	:	12	:	8

よって，A：C＝15：8 より，

$15\div8=\frac{15}{8}$（倍）

19 12：20：15

解き方

同じ品物を買って，Aの残金は$\frac{1}{3}$，Bの残金は$\frac{3}{5}$，Cの残金は$\frac{7}{15}$になったということは，Aの$\frac{2}{3}$とBの$\frac{2}{5}$とCの$\frac{8}{15}$が同じである。

$A\times\frac{2}{3}=B\times\frac{2}{5}=C\times\frac{8}{15}=1$ より，

$A:B:C=\frac{3}{2}:\frac{5}{2}:\frac{15}{8}=12:20:15$

20 4800円

解き方

$1600\times\frac{7+3+5}{5}=4800$(円)

21　82枚

解き方

	10円玉	:	50円玉	:	100円玉
1枚あたりの金額	1	:	5	:	10
枚数	10	:	2	:	1
金額	10	:	10	:	10
	=1	:	1	:	1

50円玉は全部で，

$12300\times\frac{1}{1+1+1}=4100$(円)あるから，

$4100\div50=82$(枚)

22　1600円

解き方

AさんとCさんの所持金の合計が2400円，
BさんとCさんの所持金の合計が1800円なので，
AさんとBさんの所持金の差は，
$2400-1800=600$(円)
よって，Aさんの所持金は，
$600\times\frac{8}{8-5}=1600$(円)

第3章　文字と式

ρ.118～121

ρ.119

練習問題㉑

(1) $x\times14.8$ (cm^2)　(2) 79.92 cm^2
(3) 12.5 cm

解き方

(3) $x\times14.8=185$
$x=185\div14.8=12.5$(cm)

ρ.120

練習問題㉒

(1) $x\times y=4320$
($4320\div x=y$，$4320\div y=x$)
(2) 24　(3) 67.5

解き方

(1) 1 mの重さ×長さ＝全体の重さ　なので，
$x \times y = 4320$

ρ.121　力をのばす問題

23　(1) $50-x\times5$(L)　(2) 43.6 L
(3) 2.04 L

解き方

(1) 50－(1回にくみ出す量)×5＝(残った水の量)　なので，$50-x\times5$(L)

24　(1) エ　(2) イ　(3) ア　(4) ウ

25　(1) $30+a\times5=100$
(2) $6.85-9.6\div x=y$
(3) $(17+x\times3)\div5=y\times0.3$

26　(1) ① $1850-45\times x=y$
② 1310　③ 22
(2) ① $x\times12+180=y$
($y-x\times12=180$)
② 1500　③ 160

解き方

(1) ① 所持金－45×えんぴつの本数＝残金なので，$1850-45\times x=y$
② $1850-45\times12=1310$
③ $1850-45\times x=860$
$45\times x=1850-860=990$
$x=990\div45=22$
(2) ① 1か月の貯金×12＋180＝おもちゃの代金　なので，$x\times12+180=y$
② $110\times12+180=1500$
③ $x\times12+180=2100$
$x\times12=2100-180=1920$
$x=1920\div12=160$

第4章 2つの数量の関係

p.122～137

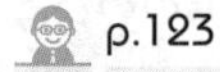

p.123

練習問題㉓

(1) $y \div x = 6$ $(6 \times x = y,\ y \div 6 = x)$
(2) 34.8 kg　(3) 7.5 m

解き方

(2) $y \div 5.8 = 6$　$y = 5.8 \times 6 = 34.8$(kg)
(3) $45 \div x = 6$　$x = 45 \div 6 = 7.5$(m)

p.124

練習問題㉔

(1) 700 g　(2) 560 g　(3) 480 g
(4) 4.5 m

解き方

(1) グラフより，4 m が 800 g なので，1 m の重さは，$800 \div 4 = 200$(g)
$200 \times 3.5 = 700$(g)
(2) グラフより，5 m が 400 g なので，1 m の重さは，$400 \div 5 = 80$(g)
$80 \times 7 = 560$(g)
(3) $200 \times 4 - 80 \times 4 = 480$(g)
(4) $600 \div 80 - 600 \div 200 = 4.5$(m)

p.125

練習問題㉕

(1) 72.5 kg　(2) 9.5 m

解き方

(1) 1 m の重さは $20.3 \div 3.5 = 5.8$ (kg) だから，$5.8 \times 12.5 = 72.5$(kg)
(2) $55\frac{1}{10} \div 5.8 = 9.5$(m)

p.127

練習問題㉖

(1) $x \times y = 60$
$(60 \div x = y,\ 60 \div y = x)$
(2) 24 cm　(3) 7.5 cm

解き方

(2) $2.5 \times y = 60$　$y = 60 \div 2.5 = 24$(cm)
(3) $x \times 8 = 60$　$x = 60 \div 8 = 7.5$(cm)

p.128

練習問題㉗

(1) $x + y = 10$ $(10 - x = y,\ 10 - y = x)$
(2) $36 \div x = y$ $(x \times y = 36,\ 36 \div y = x)$
(3) $x + 50 = y$ $(y - x = 50,\ y - 50 = x)$
(4) $4 \times x = y$ $(y \div x = 4,\ y \div 4 = x)$

解き方

(1) 長方形のまわりの長さは，縦の長さ 2 つと横の長さ 2 つをたしたものだから，

$$x \times 2 + y \times 2 = 20$$
$$(x + y) \times 2 = 20$$
$$x + y = 10$$

p.129

練習問題㉘

(1) 4分
(2) $x \times y = 48$ $(48 \div x = y,\ 48 \div y = x)$
(3) 3.2 L

解き方

(3) $15 \times y = 48$　$y = 48 \div 15 = 3.2$(L)

p.130

練習問題㉙

(1) $x \times y = 180$
$(180 \div x = y,\ 180 \div y = x)$

(2)

歯　数 x	10	15	20	25	50
回転数 y	18	12	9	7.2	3.6

解き方

(1) Aの歯数×Aの回転数＝Bの歯数×Bの回転数

$$36 \quad \times \quad 5 \quad = \quad x \quad \times \quad y$$
$$x \times y = 180$$

p.132

練習問題㉚

(1) ウ
(2) $x - y = 5$ $(x - 5 = y,\ y + 5 = x)$
(3) 14 才

解き方

(1) x よりも y のほうが小さいことに注意する。
(3) $x - 9 = 5$　$x = 5 + 9 = 14$(才)

p.133

練習問題 ㉛

(1) 450 cm
(2) ア…450，イ…240，ウ…300
(3) $x+y=450$
($x=450-y$，$y=450-x$)

解き方

(1) グラフは右下がりの直線なので，$x+y$ の和は一定である。
グラフより，$y=0$ のとき $x=450$
よって，リボンは全部で 450 cm

p.134

練習問題 ㉜

(1) 0.1 cm
(2) ア…5，イ…21，
ウ…$36\frac{2}{3}$

解き方

(1) 6 cm のろうそくが 60 分で燃えつきているので，$6\div60=0.1$(cm)
(2) ア…$0.1\times10=1$(cm)　$6-1=5$(cm)
イ…$6-3.9=2.1$(cm)　$2.1\div0.1=21$(分)
ウ…$6-2\frac{1}{3}=3\frac{2}{3}$(cm)
$3\frac{2}{3}\div0.1=36\frac{2}{3}$(分)

p.135

練習問題 ㉝

(1) 500円　(2) 700円
(3) 午後2時50分

解き方

(2) 午後2時－午前11時15分＝2時間45分
グラフより，700円
(3) 1000円あれば4時間30分まで駐車できるから，
午前10時20分＋4時間30分＝午後2時50分

p.136 力をのばす問題

27 (1) 1.5 mm　(2) $y=1.5\times x$　(3) 8 g

解き方

(1) 4 g のおもりで 6 mm のびているので，
$6\div4=1.5$(mm)
(2) ばねののび＝おもり 1 g あたりののび×おもりの重さより，
$y=1.5\times x$

ここに注意
「y を x の式で表しなさい。」とあるので，必ず $y=$～ の式で答える。

(3) $12=1.5\times x$　$x=12\div1.5=8$(g)

28 (1) 84 cm²　(2) ア…28，イ…8
(3) $y=84\div x$

解き方

(1) 縦が 6 cm のとき横は 14 cm なので，
$6\times14=84$(cm²)
(2) ア…$84\div3=28$(cm)
イ…$84\div10.5=8$(cm)

29 (1) イ　(2) エ　(3) ア　(4) ウ

解き方

(1) $x+y=a$ なので，和が一定。
(2) $y-x=a$ なので，差が一定。
(3) $x\times y=a$ なので，積が一定。
(4) $y\div x=a$ なので，商が一定。

30 (1) 8 cm　(2) 1.2 cm　(3) 18.8 cm
(4) 15分後

解き方

(2) 5 分間で水位は $14-8=6$(cm) あがったので，$6\div5=1.2$(cm)
(3) $8+1.2\times9=18.8$(cm)
(4) $26-8=18$(cm)　$18\div1.2=15$(分後)

p.137 力をためす問題

31 (1) C　(2) A　(3) B　(4) C　(5) C

ここに注意

(5) おもりの重さとばねの「のび」は比例するが，おもりの重さとばね全体の長さは比例も反比例もしない。

32 (1) 25　(2) 5：3

解き方

(1) ばねAは 12 g で 16－10＝6(cm)のびているので，1 g では 6÷12＝0.5(cm) のびる。
30×0.5＝15(cm)　10＋15＝25(cm)
(2) グラフと(1)より，30 g でばねAもばねBも 25 cm の長さになっている。
ばねAは 15 cm，ばねBは
25－16＝9(cm) のびているから，
15：9＝5：3

33 (1) $\frac{1}{8}$ cm (0.125 cm)
(2) $3\frac{1}{8}$ cm (3.125 cm)
(3) $6\frac{1}{4}$ cm (6.25 cm)

解き方

(1) 5 cm のろうそくが 40 分で燃えつきているので，$5\div40=\frac{1}{8}$(cm)
(2) $\frac{1}{8}\times15=1\frac{7}{8}$(cm)　$5-1\frac{7}{8}=3\frac{1}{8}$(cm)
(3) 15 分後にAとBのろうそくの長さが同じになっている。
その後 30－15＝15(分) でろうそくAは燃えつきているので，A は 1 分間に
$3\frac{1}{8}\div15=\frac{5}{24}$(cm) ずつ短くなっている。
よって，$\frac{5}{24}\times30=6\frac{1}{4}$(cm)

別解

ろうそくAは 30 分で燃えつきて，その半分の 15 分のときに $3\frac{1}{8}$ cm であることから，$3\frac{1}{8}\times2=6\frac{1}{4}$(cm)

34 (1) 900 円　(2) 午後 1 時 40 分以降，午後 2 時 00 分より前

解き方

(1) 午前 10 時 35 分－午前 8 時 20 分＝2 時間 15 分→ 135 分
135－30＝105(分)　105÷20＝5 あまり 5
150×(5＋1)＝900(円)
(2) 1350÷150＝9　20×9＋30＝210(分)より，最長 210 分駐車できる。
午後 5 時 10 分－210 分＝午後 1 時 40 分
午後 1 時 40 分＋20 分＝午後 2 時 00 分

第5章 単位と量

p.138〜151

p.139

練習問題 34　15 ページ

解き方

(21＋0＋17＋25＋12＋15)÷6＝15(ページ)

ここに注意

(21＋17＋25＋12＋15)÷5 としない。
0 もきちんとふくめること。

p.140

練習問題 35　(1) 2.7 kg　(2) 50 個

解き方

(1) 30×90＝2700(g)→ 2.7(kg)
(2) 4.5 kg＝4500 g　4500÷90＝50(個)

p.141

練習問題 36　(1) 84 点以上　(2) 72 点

解き方

(1) 77＋83＋75＋81＝316（点）
80×5＝400（点）
よって，400－316＝84（点）
(2) 71.8×5＝359（点）　74＋69＝143（点）
よって，(359－143)÷3＝72（点）

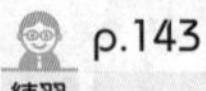
p.143

練習問題㊲　(1) B　(2) 10.4 L

解き方

(1) Aは，270÷20＝13.5（km/L）
Bは，90÷4.5＝20（km/L）
Cは，180÷12＝15（km/L）
よって，B
(2) Aは，432÷13.5＝32（L）
Bは，432÷20＝21.6（L）
よって，32－21.6＝10.4（L）

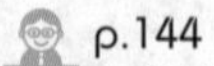
p.144

練習問題㊳　(1) 126人　(2) 9230人　(3) 約130人

解き方

(3) 9450＋9230＝18680（人）
75＋65＝140（km^2）
よって，18680÷140＝133.4…→ 130（人）

p.145

練習問題㊴　(1) B　(2) B

解き方

(2) それぞれ，1個つくる時間を求める。
Aは，25秒
Bは，60÷3＝20（秒/個）
Cは，1時間＝3600秒
3600÷150＝24（秒/個）
よって，B

p.147

練習問題㊵　(1) 3　(2) 250　(3) 1400　(4) 0.000905

解き方

(4) 1000000 mg＝1000 g＝1 kg なので，
905 mg＝0.905 g＝0.000905 kg

p.148

練習問題㊶　(1) 732.1　(2) 0.13　(3) 9　(4) 250.3　(5) 413　(6) 24

解き方

(2) (0.025 km＋0.001 km)×5
＝0.13（km）
(3) (65 cm＋7 cm)÷8 cm＝9
(5) 15 g×24＋53 g＝413（g）
(6) 600 kg×18÷(15 kg×30)＝24

ここに注意
(3)，(6)同じ種類の単位÷単位の問題の答えは，単位がいらない。

p.149

練習問題㊷
(1) 8日10時間5分
(2) 1時間51分28秒
(3) 1日3時間48分
(4) 1時間34分30秒
(5) 8

解き方

(1)

	1日	1時間	
	2日	10時間	37分
＋	5日	23時間	28分
	8日	34時間	65分
		－24時間	－60分
		10時間	5分

(4)
```
      1時間    34分    30秒
 6 ) 9時間    27分
     6時間   180分   180秒
     3時間   207分   180秒
             204分   180秒
               3分     0
```

p.150 力をのばす問題

35　(1) **488点**　(2) **63点**

36　**85点**

解き方

5人の合計点は，$70\times5=350$(点)

A，B，Cの合計点は，$65\times3=195$(点)

C，D，Eの合計点は，$80\times3=240$(点)

よって，$(195+240)-350=85$(点)

37　(1) **B**　(2) **28わ**

解き方

(2) $42\div60=0.7$　$0.7\times40=28$(わ)

38　**約570人**

39　(1) **A**　(2) **25分**

解き方

(2) $135\div(3+2.4)=25$(分)

40　(1) **109**　(2) **20**　(3) **0.29**
(4) **7，12**　(5) **2550**

解き方

(5) 5400秒＋870秒－3255秒－465秒
＝2550(秒)

p.151 力をためす問題

41　(1) **70.4点**　(2) **42点**

解き方

(2) $260+92=352$(点)　$77.5\times4=310$(点)

$352-310=42$(点)

42　**81点**

解き方

4科目の合計点数は，

$85\times2+79\times2=328$(点)

国語と算数の合計点数は，

$83\times2=166$(点)

よって，$(328-166)\div2=81$(点)

43　**236592円**

解き方

$5.3\times12.4=65.72$(m^2)

1 ha＝10000(m^2)，51 t＝51000 kg より，

$51000\div10000=5.1$(kg/m^2)

$5.1\times65.72=335.172$(kg)→335172(g)

$335172\div170\times120=236592$(円)

44　(1) **5秒後**　(2) **5分15秒**

解き方

(1) Aは $60\div24=\frac{5}{2}$(秒/枚)，

Bは $60\div36=\frac{5}{3}$(秒/枚)

Aは $\frac{5}{2}$ 秒で1枚，Bは $\frac{5}{3}$ 秒で1枚印刷するので，Aの2枚目とBの3枚目が使いはじめて5秒後に同時に出てくる。

(2) AとBが5秒間で印刷できる枚数は，

Aは $5\div\frac{5}{2}=2$(枚)，Bは $5\div\frac{5}{3}=3$(枚)

$315\div(2+3)\times5=315$(秒)→5分15秒

45　(1) **3770**　(2) **1，54，87，5**
(3) **32，38，24**　(4) **3**
(5) **7，30，57**

解き方

(3) 1.36日＝32.64時間

0.64時間＝38.4分

0.4分＝24秒

(5) 1日17時間11分5秒－4日5時間24秒÷3
＝1日17時間11分5秒－1日9時間40分8秒
＝7時間30分57秒

第6章 速さ

p.152〜169

p.153

練習問題㊸
(1) 秒速 25 m　(2) 時速 4 km
(3) 分速 750 m　(4) 秒速 275 m

解き方

(3) 3 分 36 秒$=3\frac{3}{5}$分

$2700\div3\frac{3}{5}=750$(m/分)

p.154

練習問題㊹
(1) 分速 870 m　(2) 時速 52.2 km
(3) 秒速 14.5 m

解き方

(2) 870 m$=$0.87 km

$0.87\times60=52.2$(km/時)

p.155

練習問題㊺
(1) 15 分　(2) 12.5 秒
(3) 2 時間 18 分　(4) 45 分

解き方

(4) 時速 90 km$=$分速 1.5 km

$67.5\div1.5=45$(分)

p.156

練習問題㊻
(1) 289 km　(2) 2100 m
(3) 1680 m　(4) 163.2 km

解き方

(4) 3 時間 24 分$=3\frac{2}{5}$時間$=$3.4 時間

$48\times3.4=163.2$(km)

p.157

練習問題㊼
分速 120 m

p.159

練習問題㊽
(1) 分速 80 m　(2) 1200 m
(3) 分速 240 m　(4) 3600 m

解き方

(3) $(2160-1200)\div(19-15)=240$(m/分)

(4) $240\times(25-15)=2400$(m)

$2400+1200=3600$(m)

p.160

練習問題㊾
(1) 40 分
(2) 11 時 10 分，13 時 40 分

解き方

(1) $12\div6=2$(時間)，$12\div5=2.4$(時間)

$2+2.4=4.4$(時間)$=$ 4 時間 24 分

15 時 04 分$-$10 時 $=$ 5 時間 4 分

よって，5 時間 4 分$-$ 4 時間 24 分$=$40 (分)

(2) $7\div6=1\frac{1}{6}$(時間)$=$ 1 時間 10 分

10 時$+$ 1 時間 10 分$=$11 時 10 分

$7\div5=1.4$(時間)$=$ 1 時間 24 分

15 時 04 分$-$ 1 時間 24 分$=$13 時 40 分

p.161

練習問題㊿
(1) 50 km　(2) 1 時間 15 分

解き方

(1) グラフより，AとBは 3 時間で $120-90=30$(km) はなれているから，5 時間では，$30\times\frac{5}{3}=50$(km) はなれている。

(2) グラフより，120 km 進むのにBはAより $4-3=1$(時間) 多くかかるから，150 km では，$1\times\frac{150}{120}=\frac{5}{4}$(時間)$=$ 1 時間 15 分多くかかる。

p.163

練習問題51
(1) 4 : 3　(2) 6 km

解き方

(1) A：B＝49.2 分：36.9 分＝4：3

テクニック

49.2：36.9＝492：369
どんな数でわれるかがわからないときは2数の差を求める。
492−369＝123
よって，492 と 369 はともに 123 の約数のどれかでわれる。
492÷123＝4　369÷123＝3

(2) AB：BC＝45 分：1 時間 30 分＝1：2
3×2＝6(km)

p.164

練習問題 52　(1) **24：25**　(2) **3.5 km**

解き方

(1) A：B＝86.4 km/時：90 km/時
＝24：25
(2) AC：CB＝52 m/分：130 m/分＝2：5
1.4÷2＝0.7　0.7×5＝3.5(km)

p.165

練習問題 53　(1) **8：9**　(2) **時速 7 km**

解き方

(1) 姉：妹＝54 m/分：48 m/分
＝9：8 ←逆比→ 8：9
(2) 兄：弟＝25 分：35 分＝5：7 ←逆比→ 7：5
9.8÷7＝1.4　1.4×5＝7(km/時)

p.166

練習問題 54　(1) **24 m**　(2) **20 m**

解き方

(1) かかった時間の比は，お母さん：みなみさん＝20 秒：24 秒＝5：6
同じ 120 m を進んでいるので，時間の比と速さの比は逆比になる。よって，速さの比は，お母さん：みなみさん＝6：5
速さの比ときょりの比は等しいので，きょりの比は，
お母さん：みなみさん＝⑥：⑤

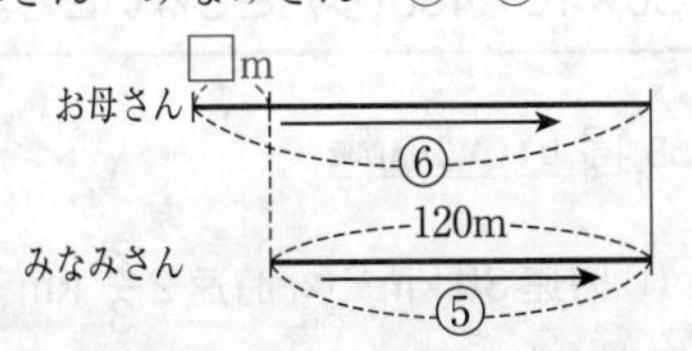

お母さんは ⑥−⑤＝① 後ろからスタートすることになる。
⑤＝120 m より，①＝24 m

(2)

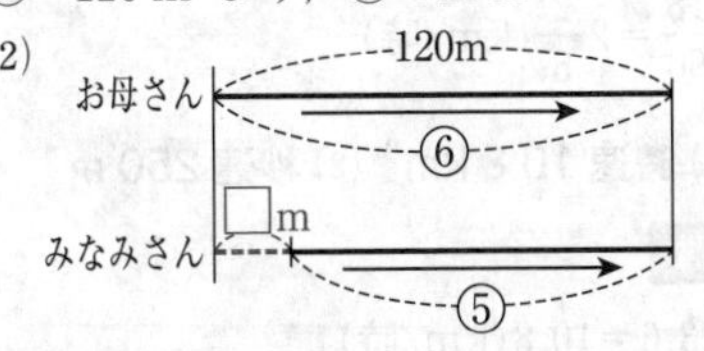

みなみさんは ⑥−⑤＝① 前からスタートすることになる。
⑥＝120 m より，①＝20 m

p.167

練習問題 55　(1) **16：15**　(2) **360 歩**

解き方

(1) 歩幅の比は，姉：妹＝8：6＝4：3
よって，速さの比は，
姉：妹＝4×4：3×5＝16：15
(2) 歩幅の比を 姉：妹＝④：③ とおくと，はじめに2人がはなれていたきょりは，
③×30＝⑨⓪

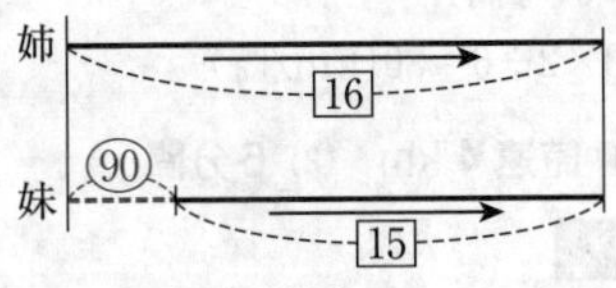

[1]＝⑨⓪ より，[16]＝(1440)
(1440)÷④＝360(歩)

ここに注意

(2) 問題文の「30 歩」は妹の 30 歩分のきょりであり，答えるのは姉が何歩歩いたかである。
30÷(16−15)=30
30×16=480(歩) としないこと。

p.168 **力をのばす問題**

46 (1) 時速 30 km　(2) 時速 $2\frac{2}{3}$ km

解き方

(2) 7 時 48 分−7 時 30 分=18 分

$0.8\div\frac{18}{60}=2\frac{2}{3}$(km/時)

47 (1) 時速 10.8 km　(2) 秒速 250 m

解き方

(1) 3×3.6=10.8(km/時)
(2) 900÷3.6=250(m/秒)

48 (1) 3 時間 24 分　(2) 2500 m　(3) $19\frac{1}{6}$ km　(4) 25 km

解き方

(4) $3\div\frac{12}{60}=15$(km/時)

$15\times1\frac{40}{60}=25$(km)

49 (1) 6 時間　(2) 時速 80 km

解き方

(1) 240÷120=2(時間)　240÷60=4(時間)
2+4=6(時間)
(2) 240×2÷6=80(km/時)

50 (1) 時速 4 km　(2) 6 分間

解き方

(2) 6 km/時=100 m/分，0.8 km=800 m
800÷100=8(分)
41−(27+8)=6(分間)

p.169 **力をためす問題**

51 20 分

解き方

2.8÷16=0.175(km/分)
3.5÷0.175=20(分)

別解

速さが一定のとき，道のりの比と時間の比は等しいので，
2.8 km：3.5 km=16 分：□分
□×2.8=16×3.5=56
□=56÷2.8=20

52 12 分

解き方

$4\times\frac{15}{60}=1$ (km)　$1\div5=\frac{1}{5}$ 時間 → 12 分

別解

道のりが一定のとき，速さの比と時間の比は逆比になる。
速さの比 4：5 ←逆比→ 時間の比 5：4
5：4=15 分：□分
□×5=15×4=60
□=60÷5=12

53 時速 15 km

解き方

ある山道の道のりを 12 と 20 の最小公倍数の 60 km とすると，
行きは，60÷12=5(時間)
帰りは，60÷20=3(時間)
よって，60×2÷(5+3)=15(km/時)

54 分速 46 m

解き方

時間が一定のとき，道のりの比と速さの比

は等しいので，

5：1＝230 m/分：□ m/分

□×5＝230×1

□＝230÷5＝46

55 (1) 1350 m (2) 8時17分

解き方

(1) 道のりが一定のとき，速さの比と時間の比は逆比になる。

90 m/分：75 m/分

＝6：5 ←逆比→ 時間の比5：6

時間の比を⑤：⑥とおくと，差の①は

2＋1＝3(分)

よって，⑤＝15分だから，

90×15＝1350(m)

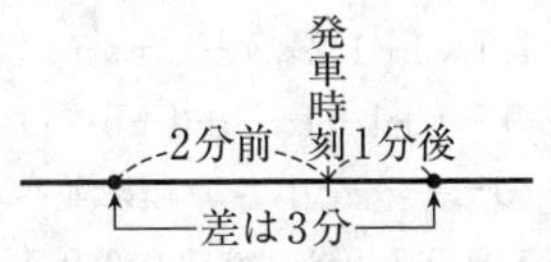

(2) 8時＋15分＋2分＝8時17分

ここに注意

発車時刻2分前に駅に着くということは，駅に着いてから2分後に発車するということである。8時＋15分−2分としないように。

別解

(1) ⑥＝18分 だから，75×18＝1350(m)

(2) 8時＋18分−1分＝8時17分

56 40 m

解き方

400−16＝384(m) より，

AとBの速さの比は，

A：B＝400：384＝25：24

400−25＝375(m) より，

BとCの速さの比は，

B：C＝400：375＝16：15

A	：	B	：	C
25×2	：	24×2		
		16×3	：	15×3
50	：	48	：	45 より，

A：C＝50：45＝10：9

A：C＝10：9＝400 m：□ m

□×10＝400×9＝3600

□＝3600÷10＝360

400−360＝40(m)

57 800歩

解き方

花子さんが3歩で進むきょりをお父さんは2歩で進むので，歩幅の比は，

花子さん：お父さん＝②：③

速さの比は，花子さん：お父さん

＝②×5：③×4＝10：12＝5：6

きょりの比は速さの比と等しいので，はじめに2人がはなれていたきょりは，

②×200÷(6−5)＝(400)

(400)×6＝(2400)　(2400)÷③＝800(歩)

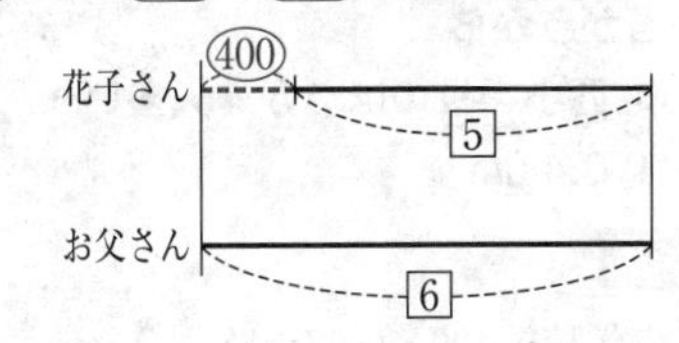

第3編

データの活用

第1章 グラフと資料

p.174〜183

p.175

練習問題❶

(1) **35%**　(2) $\frac{1}{4}$　(3) **3.5 倍**

(4) **21 件**　(5) **72°**

解き方

(2) $60-35=25(\%)$　$25\div100=\frac{1}{4}$

(4) $60\times0.35=21$(件)

(5) $360°\times0.2=72°$

p.176

練習問題❷

(1) **東小学校**　(2) **同じといえない。**

〈理由〉(例)けがをした全体の件数がちがうから。

(3) **西小学校のほうが4人多い**

(4) **0.4 cm**

解き方

(3) 東小学校…$400\times0.07=28$(人)

西小学校…$640\times0.05=32$(人)

$32-28=4$(人)

(4) 東小学校…$20\times0.43=8.6$(cm)

西小学校…$20\times0.45=9$(cm)

$9-8.6=0.4$(cm)

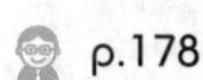

p.178

練習問題❸

(1) **75 点**　(2) **55 点**　(3) **70 点**

(4) **65 点**

解き方

(1) $(70+65\times3+95+80+100+90+45)\div9$
$=75$(点)

(2) $100-45=55$(点)

(3) 得点の低い順に並べる。

45, 65, 65, 65, 70, 80, 90, 95, 100

（70 ←中央値）

p.179

練習問題❹

(1) **1.1**　(2) **1.2**　(3) **1.5**　(4) **女子のほうが高いといえる。**

〈理由〉(例)女子のほうが男子より平均値や中央値が高いから。

解き方

(1) $(0.1\times1+0.4\times1+0.5\times1+0.7\times1+0.8\times1+1.0\times3+1.2\times4+1.5\times5+2.0\times1)$
$\div(1+1+1+1+1+3+4+5+1)=1.1$

(2) 18 個のデータを小さい順に並べると,

0.1, 0.4, 0.5, 0.7, 0.8, 1.0, 1.0, 1.0, 1.2（9 個）　←中央

1.2, 1.2, 1.2, 1.5, 1.5, 1.5, 1.5, 1.5, 2.0（9 個）

p.180

練習問題❺

(1) **31 点**

(2)

得点(点)	人数(人)
60 以上 70 未満	4
70〜80	5
80〜90	4
90〜100	2
合　計	15

(3) **70 点以上 80 点未満**

(4) **40%**

解き方

(4) $(4+2)\div15=0.4\rightarrow40\%$

p.181 練習問題 6

(1) 50m走の記録と人数

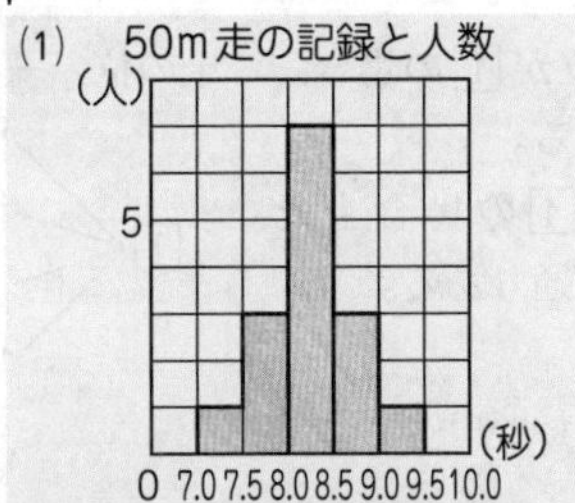

(2) 8.0 秒以上 8.5 秒未満

(3) およそ 8.25 秒

テクニック

(3) そのまま計算すると大変なので，仮の平均を使うとよい。

7.25+(0.5×3+1×7+1.5×3+2×1)÷15=7.25+1=8.25(秒)

p.182 力をのばす問題

1 (1) 400 人 (2) 52 人 (3) 54°

2 (1) 0.8 倍 (2) 60 km² (3) 11.7 cm

解き方

(2) 280÷0.14=2000(km²)

2000×0.03=60(km²)

3 (1) ㋕ (2) 40 人 (3) 6 (4) 35.5 分

解き方

(2) 8+7+3=18(人)　18÷0.45=40(人)

(4) (5×2+15×9+25×5+35×6+45×8+55×7+65×3)÷40=35.5(分)

4 (1) 20 人 (2) 70%

(3) 150 cm 以上 160 cm 未満

(4) 145.5 cm

p.183 力をためす問題

5 (1) 1473200 円 (2) 1.72 倍

解き方

(2) 冷凍食品の売上高は全体の

58×0.23=13.34(%)

23÷13.34=1.724… → 1.72 倍

6 (1) ㋐ 4　㋑ 2

(2) 中央値…55 分，最ひん値…30 分

解き方

(1) 57.5×20=1150(分)

20×1+30×5+50×2+90×3+100×1+120×1+150×1=910(分)

1150−910=240(分)

240÷60=4(人)…㋐

20−(1+5+2+4+3+1+1+1)=2(人)…㋑

7 (1) 6 年 1 組

(2) 6 年 2 組のほうが 0.2 冊多い。

(3) 6 年 2 組のほうが多く本を読んだといえる。

〈理由〉(例) 6 年 2 組のほうが 6 年 1 組より平均値や中央値が高いから。

解き方

(2) 6 年 1 組

(0×2+1×4+2×4+3×5+4×1+5×1+6×1+8×1+10×1)÷(2+4+4+5+1+1+1+1+1)=3(冊)

6 年 2 組

(1×1+2×6+3×5+4×5+5×2+6×1)÷(1+6+5+5+2+1)=3.2(冊)

(3) 6 年 1 組の中央値…2.5,

6 年 2 組の中央値…3

8 (1) 20% (2) ④，⑤

解き方

(2) $A+B=30-(2+4+10+1)=13$(人)

㋐Aが13のとき，20 m 未満の人が
　$2+4+13=19$(人)なので，20番目の人は④に入っている。

㋑Bが13のとき，25 m 未満の人が
　$2+4+0+10=16$(人)なので，20番目の人は⑤に入っている。

以上から，20番目の人は④か⑤に入っている。

第2章 場合の数

p.184～199

p.185

練習問題❼　**(1) 120通り　(2) 6通り　(3) 12通り**

解き方

(1) $5\times4\times3\times2\times1=120$(通り)

(2) パ①②③キ

①は，ゾウ，カバ，ライオンの3通り，②には，残り2頭のうち1頭がくるので，2通り，③は，残り1頭の1通りがあるので，
$3\times2\times1=6$(通り)

(3) ①ゾ・カ②③

①，②，③の並び方は，(2)と同じように6通りある。

ゾ・カ は カ・ゾ もあるので，2通りある。

よって，$6\times2=12$(通り)

p.186

練習問題❽　**(1) 16通り　(2) 10通り**

解き方

(1) 十の位が1の場合，4通りある。

2，3，4の場合もそれぞれ4通りある。

十の位	一の位
1	0
	2
	3
	4

よって，

$4\times4=16$(通り)

別解

十の位　一の位
□　　□

十の位は，1，2，3，4の4通りある。

一の位は，十の位で1枚使うが0が使えるので，4通りある。

よって，$4\times4=16$(通り)

(2) 一の位が偶数であれば，その数は偶数になる。

□0
　↑―1234の4通り

□2
　↑―134の3通り

□4
　↑―123の3通り

よって，$4+3+3=10$(通り)

ここに注意

この問題では，0のカードは十の位には使えない。

p.187

練習問題❾　**(1) 6通り　(2) 8通り**

解き方

(1) 4チームをそれぞれA, B, C, Dとする。

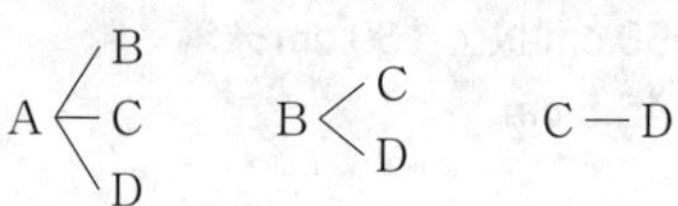

6通り

別解

計算で求めると，$\dfrac{4\times3}{2\times1}=6$(通り)

テクニック

このような試合方法を**総当たり戦**または**リーグ戦**という。総当たり戦の試合数は□チームあるとすると，
□×(□−1)÷2 で求められる。
これに対して，右のような勝ちぬき形式の試合方法を**トーナメント戦**という。トーナメント戦の試合数は**チーム数 −1** で求められる。これは，1試合ごとに1チームずつ減っていくので，優勝する1チームをのぞいたチーム数が試合数と同じになるからである。

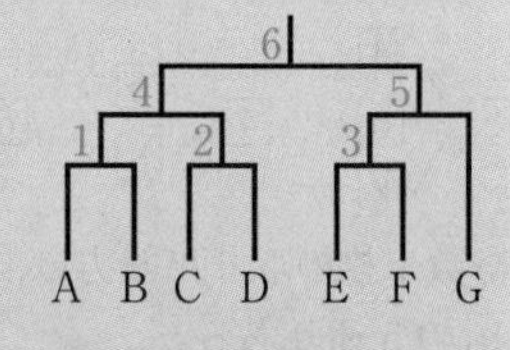

(2) 8枚のカードから7枚を選ぶということは，8枚のカードから選ばない1枚を選ぶことと同じなので，8通りある。

p.188

練習問題⑩　(1) **16通り**　(2) **4通り**

解き方

(1) $2\times2\times2\times2=16$(通り)
(2) 表が3回出る場合というのは，裏がどこかで1回出るのと同じなので，投げる回数と同じになる。よって，4通りある。

p.190

練習問題⑪　(1) **9通り**　(2) **18通り**

解き方

(1) 百の位が1のとき，百の位が2のとき，

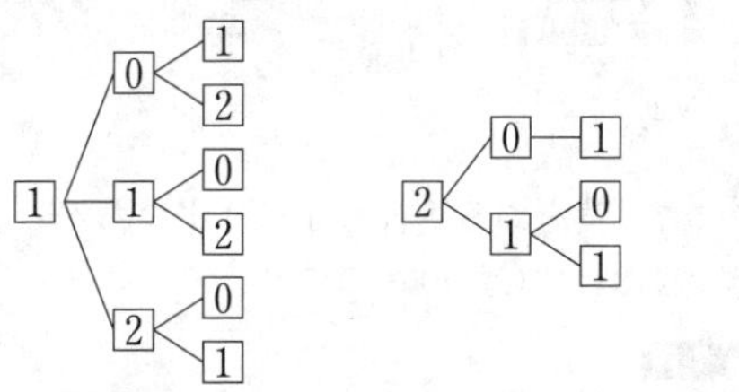

9通り

(2) 百の位が1のとき，

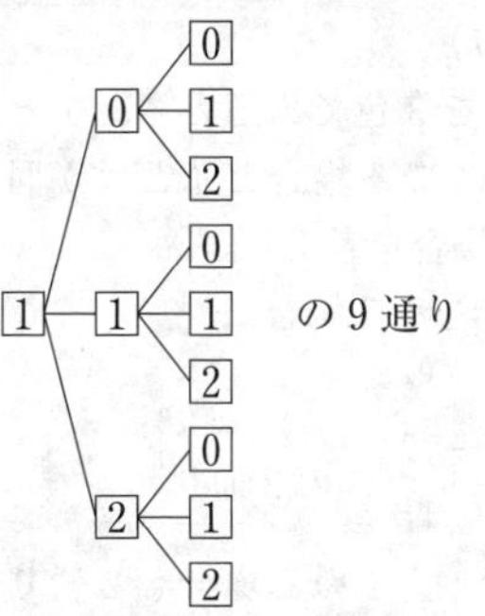

の9通り

百の位が2のときも同じなので，9通りある。よって，$9\times2=18$(通り)

別解

百の位は1，2の2通りある。
十の位は0，1，2の3通りある。
一の位は0，1，2の3通りある。
よって，$2\times3\times3=18$(通り)

ここに注意

カードの枚数がかぎられているのか，それぞれたくさんあるのかで，求め方がちがう。

p.191

練習問題⑫　(1) **12通り**　(2) **18通り**

解き方

(1) アに赤をぬる場合，

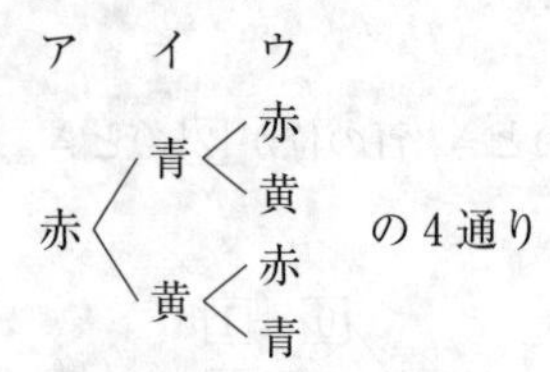

アに青，黄をぬる場合も4通りずつあるので，4×3=12(通り)

別解

アには3色，イにはア以外の2色，ウにはイ以外の2色をぬれるので，
3×2×2=12(通り)

(2) ㋐ 4つの部分を3色でぬるとき，アとエが同じ色になる場合とイとウが同じ色になる場合を考える。

(ア・エ)に赤をぬる場合，

(ア・エ) イ　ウ

赤＜ 青―黄 / 黄―青　の2通り

(ア・エ)に青，黄をぬる場合も2通りずつあるので，2×3=6(通り)

さらに(イ・ウ)を同じ色にする場合も6通りあるので，6×2=12(通り)

㋑ 4つの部分を2色でぬるとき，アとエが同じ色で，イとウが同じ色になる場合を考える。

(ア・エ)に赤をぬる場合，

(ア・エ)　(イ・ウ)

赤＜ 青 / 黄　の2通り

(ア・エ)に青，黄をぬる場合も2通りずつあるので，2×3=6(通り)

以上から，12+6=18(通り)

ここに注意

3色必ず使うのか，使わない色があってもよいのか，問題文をしっかり読もう。

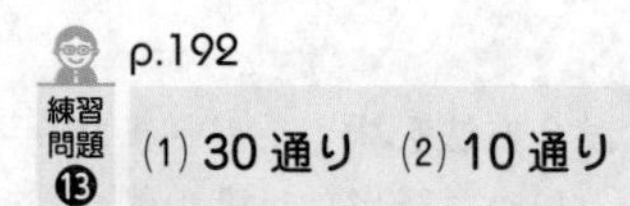

(1) 30通り　(2) 10通り

解き方

(1) 偶数2枚の取り出し方は，

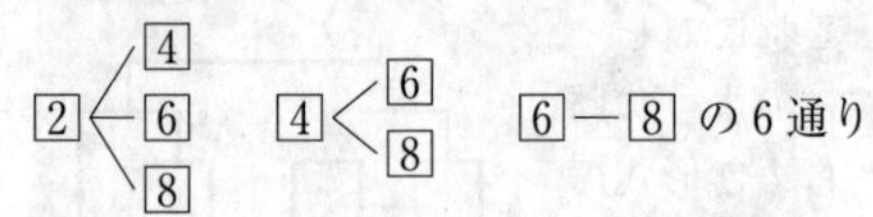

奇数1枚の取り出し方は，1，3，5，7，9の5通りある。

よって，6×5=30(通り)

(2) 奇数5枚のうち3枚を選ぶ方法は，奇数5枚のうち選ばない2枚を選ぶ方法で考える。

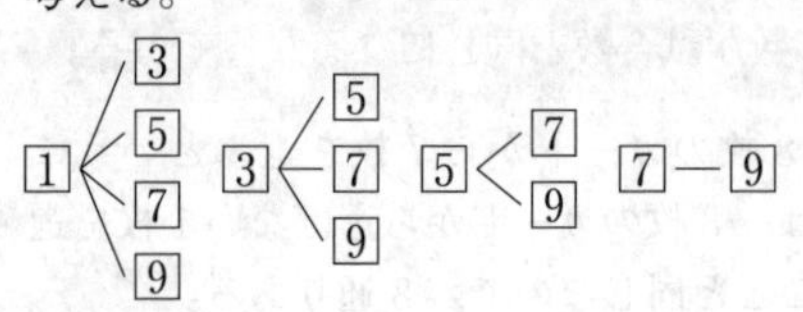

の10通り

別解

5枚のうち2枚を選ぶことと同じだから，

$\frac{5\times4}{2\times1}=10$(通り)

(1) 8通り　(2) 18通り　(3) 33通り

解き方

(1)

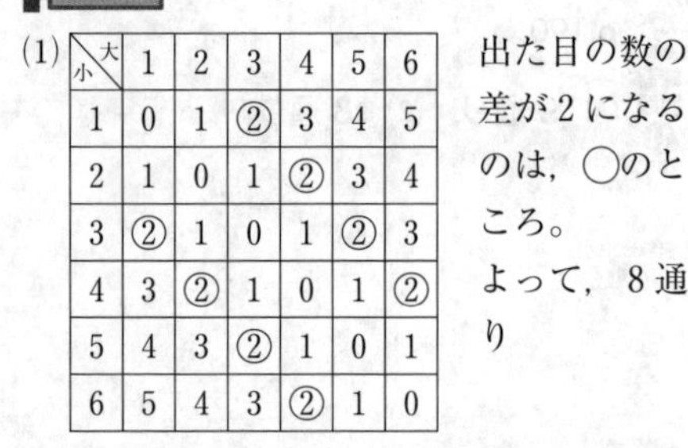

小＼大	1	2	3	4	5	6
1	0	1	②	3	4	5
2	1	0	1	②	3	4
3	②	1	0	1	②	3
4	3	②	1	0	1	②
5	4	3	②	1	0	1
6	5	4	3	②	1	0

出た目の数の差が2になるのは，○のところ。

よって，8通り

(2) (1)の表で考えてもよいが，出た目の数の差が奇数になるのは「大のさいころの目が奇数で小のさいころの目が偶数」と「大のさいころの目が偶数で小のさいころの目が奇数」のときである。
よって，3×3×2＝18(通り)
(3) すべての場合の数から出た目の数の和が3以下の場合の数をひく。3以下になるのは(1，1)，(1，2)，(2，1)の3通りある。すべての場合の数は，6×6＝36(通り)なので，36－3＝33(通り)

p.194

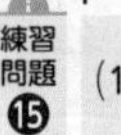

(1) 9通り　(2) 7通り

解き方

(1) 400－(100＋50＋10)＝240(円)

100円玉(枚)	2	1	1	1	0	0	0	0	0
50円玉(枚)	0	2	1	0	4	3	2	1	0
10円玉(枚)	4	4	9	14	4	9	14	19	24

よって，9通り

(2)

500円玉(枚)	2	1	1	1	1	0	0
100円玉(枚)	0	5	4	3	2	8	7
50円玉(枚)	0	0	2	4	6	4	6

よって，7通り

ここに注意

表をかくとき，(1，1，8)，…，(0，6，8)，…は，50円玉の枚数が6枚しかないので，あてはまらないことに注意しよう。最後にもう一度問題文をしっかり読んで，硬貨の枚数を確認するようにしよう。

p.195

(1) 31通り　(2) 27通り

解き方

(1)

100円玉が0枚(円)	~~0~~	10	20	30	50	60
100円玉が1枚(円)	100	110	120	130	150	160
100円玉が2枚(円)	200	210	220	230	250	260
100円玉が3枚(円)	300	310	320	330	350	360

70	80
170	180
270	280
370	380

8×4－1＝31(通り)

別解

100円玉の支払い方は0円，100円，200円，300円の4通りある。
同じように，50円玉の支払い方は2通り，10円玉の支払い方は4通りある。0円は考えないので，

4 × 2 × 4 － 1 ＝31(通り)
↑100円玉　↑50円玉　↑10円玉　↑0円

(2)

100円玉が0枚(円)	~~0~~	10	20	30
100円玉が1枚(円)	100	110	120	130
100円玉が2枚(円)	200	210	220	230
100円玉が2枚と50円玉が2枚(円)	300	310	320	330

50	60	70	80
150	160	170	180
250	260	270	280
×	×	×	×

8×4－1－4＝27(通り)

ここに注意

100円玉2枚と50円玉2枚のとき，50円玉はすでに2枚使っているので，350円，360円，370円，380円はつくることができない。

別解

100円玉2枚と50円玉2枚で，
0円，50円，100円，150円，200円，250円，300円の7通りの支払い方がつくれる。
それぞれに10円玉が0枚，1枚，2枚，3枚の4通りある。
よって，7×4−1=27(通り)

p.196

練習問題⑰　(1) **56通り**　(2) **44通り**

解き方

(2)

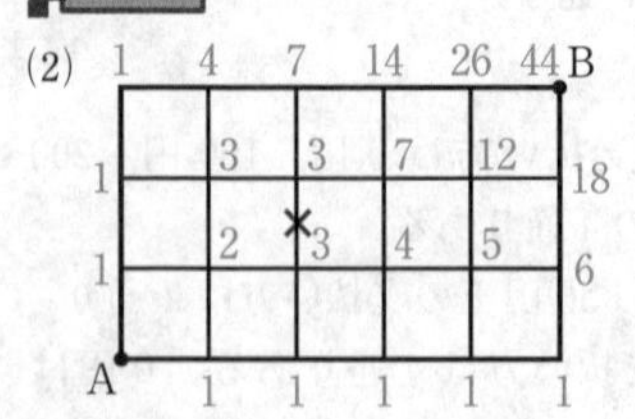

別解

(全部の行き方)−(×印を通る行き方)
で求めることもできる。

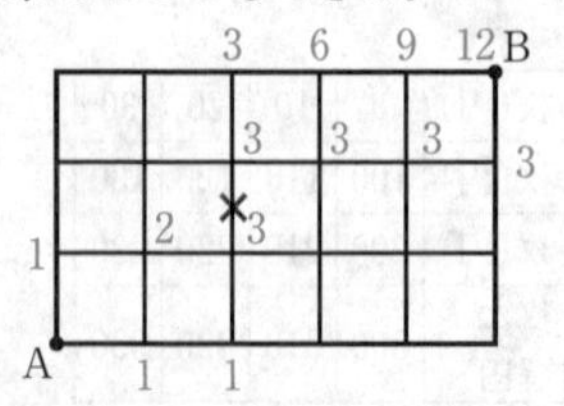

よって，56−12=44(通り)

p.197

練習問題⑱　(1) **21通り**　(2) **5通り**　(3) **16通り**

解き方

(1) フィボナッチ数列になっているので，

1, 1, 2, 3, 5, 8, 13, 21
↑
7段

(2)

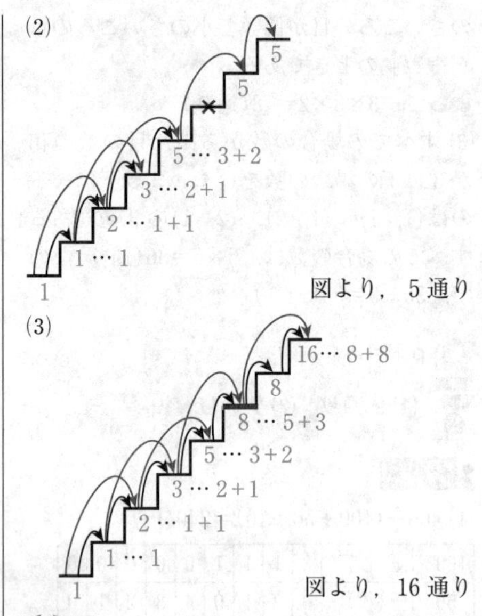

図より，5通り

(3)

図より，16通り

別解

5段目を必ずふむのぼり方は，(全部ののぼり方)−(5段目をふまないのぼり方)なので，21−5=16(通り)

p.198 力をのばす問題

9　(1) **12通り**　(2) **12通り**　(3) **10通り**

解き方

(1) 4×3=12(通り)
(2) ㊛，男，㊛，男，㊛のように，並ぶ。
男子2人の並び方は，2通りある。
女子3人の並び方は，3×2×1=6(通り)
よって，2×6=12(通り)
(3) 5教科から3教科を選ぶ方法は，5教科から選ばない2教科を選ぶ方法で考えられる。

$\frac{5\times4}{2\times1}$=10(通り)

10　(1) **100通り**　(2) **52通り**
(3) **40通り**

解き方

(1) 百の位は，1，2，3，4，5の5通りある。

十の位は，百の位の数以外の4通りと0で合わせて5通りある。
一の位は，百の位と十の位の数以外の4通りあるので，5×5×4＝100(通り)
(2) 偶数は一の位が0，2，4のときなので，
□□0 … 5×4＝20(通り)
□□2 … 4×4＝16(通り)
一の位が4のときも16通りある。
よって，20＋16×2＝52(通り)
(3) 各位の数の和が3の倍数ならば，その数も3の倍数になるので，
和が3…(0，1，2)→2×2×1＝4(通り)
和が6…(0，1，5)→2×2×1＝4(通り)
(0，2，4)→2×2×1＝4(通り)
(1，2，3)→3×2×1＝6(通り)
和が9…(0，4，5)→2×2×1＝4(通り)
(1，3，5)→3×2×1＝6(通り)
(2，3，4)→3×2×1＝6(通り)
和が12…(3，4，5)→3×2×1＝6(通り)
よって，4×4＋6×4＝40(通り)

11　213

解き方

大きい数から樹形図をかくと，

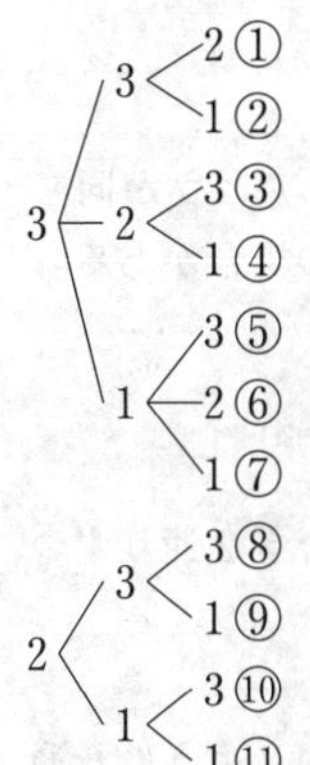

よって，10番目は213である。

12　15通り

解き方

(1) ア，イ，ウ，エ，オ，カ のうちの2か所に，黒いご石を置くと考える。すなわち6か所のうち2か所を選ぶ方法を考える。

$\frac{6\times5}{2\times1}$＝15(通り)

13　(1) 27通り　(2) 22通り

解き方

(1) 大のさいころと小のさいころがそれぞれ
㋐偶数×偶数＝偶数 より，3×3＝9(通り)
㋑偶数×奇数＝偶数 より，3×3＝9(通り)
㋒奇数×偶数＝偶数 より，3×3＝9(通り)
以上から，9×3＝27(通り)

別解

積が偶数になる場合の数は，
(すべての場合の数)－(積が奇数になる場合の数)で求められる。
6×6－3×3＝27(通り)

(2)

小＼大	1	2	3	4	5	6
1	○	○	○	○	○	○
2	○	○		○		○
3	○		○			○
4	○	○		○		
5	○				○	
6	○	○	○			○

一方の目が他方の目の約数になっているところに○をつける。
よって，22通り

14　(1) 70通り　(2) 20通り　(3) 50通り

解き方

(1)

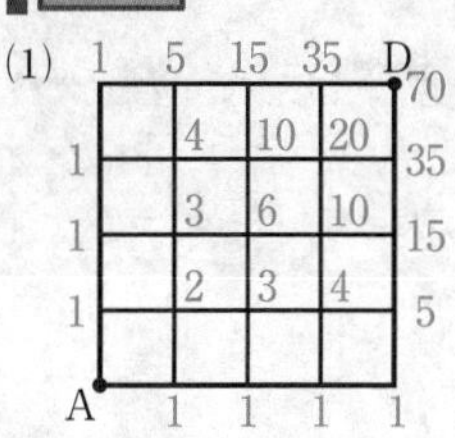

70通り

(2)

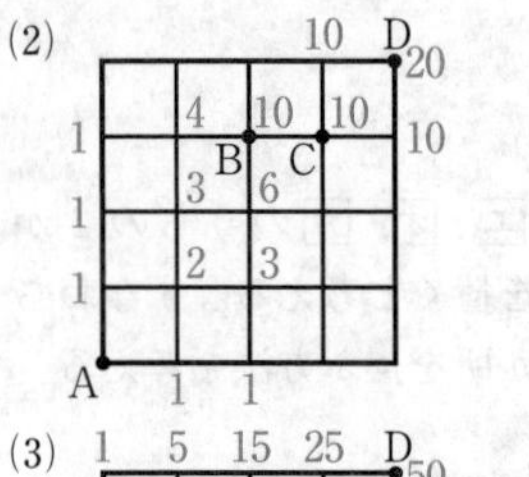

20通り

(3)

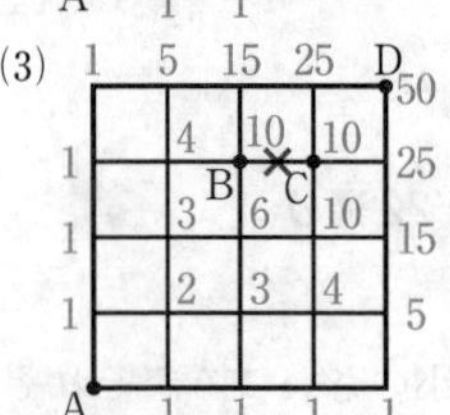

50通り

別解

70－20＝50(通り)

p.199 力をためす問題

15　**(1) 35通り　(2) 26通り**

解き方

(1) 7枚のカードから3枚をとり，この3枚のカードを数の大きい順に並べると1通りしかできない。

すなわち，7枚のカードのうち3枚を選ぶ場合の数で考える。

7枚のカードの並べ方は，

7×6×5＝210(通り)

3枚のカード(例えば[1][2][3])の並べ方は，

1＜2—3, 3—2　　2＜1—3, 3—1　　3＜1—2, 2—1

の6通りがあり，これらはすべて同じ組み合わせとして考える。

よって，210÷6＝35(通り)

テクニック

2枚を選ぶときは 並べ方÷2 だが，3枚を選ぶときは 並べ方÷3 ではなく **並べ方÷6** になる。

(2) 赤玉と白玉から5個選んで横一列に並べる並べ方は，

2×2×2×2×2＝32(通り)

このうち同じ色の玉が4個以上並ぶ並べ方は，

㋐○○○○×…○が赤玉，×が白玉と○が白玉，×が赤玉の2通りある。

㋑×○○○○…○が赤玉，×が白玉と○が白玉，×が赤玉の2通りある。

㋒○○○○○…すべて赤玉とすべて白玉の場合の2通りある。

以上から，2×3＝6(通り)

よって，32－6＝26(通り)

16　**(1) 6通り　(2) 12通り　(3) 48通り**

解き方

(1) 2色でぬり分けるので，アとウが同じ色，イとエが同じ色となるから，

(アとウ)　(イとエ)

赤＜青, 黄　の2通り

(アとウ)に青，黄をぬる場合も2通りずつあるので，

2×3＝6(通り)

(2) 3色でぬり分けるので，アとウが同じ色の場合とイとエが同じ色の場合がある。

(アとウ)　イ　エ

赤＜青——黄, 黄——青　の2通り

(アとウ)に青，黄をぬる場合も2通りずつあるので，

2×3＝6(通り)

(イとエ)が同じ色の場合も同じように6通りある。

よって，6＋6＝12(通り)

(3) 3色のぬり分け方は(2)より，12通り
4色のうち3色を使うということは，4色のうち使わない1色を選ぶことと同じなので，4通りある。
よって，12×4＝48(通り)

17 (1) 6枚 (2) 25枚

解き方

(1) 全体の枚数を最も少なくするには金額の大きい硬貨から考える。
365－100×3＝65(円)
65－50×1＝15(円)
15－10×1＝5(円)
5÷5＝1(枚)
よって，3＋1＋1＋1＝6(枚)
(2) 32枚の合計金額は，
100×3＋50×4＋10×10＋5×10＋1×5
＝655(円)
365円をつくるには，655－365＝290(円)とりのぞけばよい。
また，365円の枚数を最も多くするには，とりのぞく290円の枚数を最も少なくすればよい。
(1)と同じように考えて，
290－100×2＝90(円)
90－50×1＝40(円)
40÷10＝4(枚)
2＋1＋4＝7(枚)
よって，32－7＝25(枚)

18 (1) 14通り (2) 39通り

解き方

(1)

100円玉が0枚(円)	~~0~~	10	20	30	40
100円玉が1枚(円)	100	110	120	130	140
100円玉が2枚(円)	200	210	220	230	240

5×3－1＝14(通り)

別解

100円玉の支払い方は0円，100円，200円の3通りある。
10円玉の支払い方は0円，10円，20円，30円，40円の5通りある。
よって，3×5－1＝14(通り)

(2)

100円玉が0枚(円)	~~0~~	10	20	30	40	50	60	70	80	90
100円玉が1枚(円)	100	110	120	130	140	150	160	170	180	190
100円玉が2枚(円)	200	210	220	230	240	250	260	270	280	290
100円玉2枚と50円玉2枚(円)	300	310	320	330	340	350	360	370	380	390

10×4－1＝39(通り)

別解

10円玉が4枚あり，50円玉が1枚以上あることから，10円から硬貨全部を使って支払うときの合計金額390円まで，10円きざみでそれぞれの金額を支払うことができる。
390÷10＝39(通り)

19 (1) 5通り (2) 34通り (3) 19通り

解き方

(1)(2)

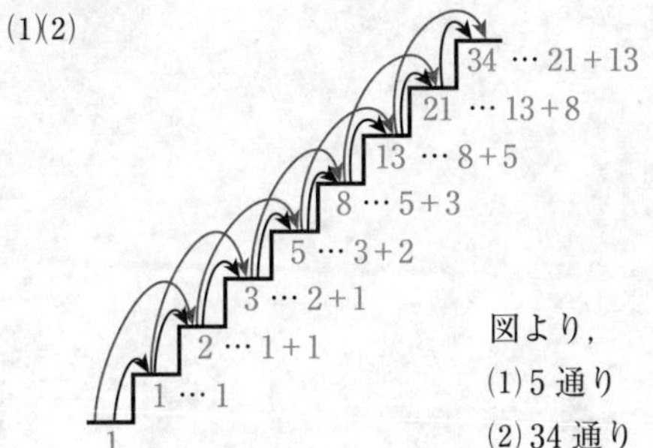

図より，
(1) 5通り
(2) 34通り

(3) 1歩で1段を①，2段を②として，和が8となるように①と②の並べ方で考える。

㋐①が8つ…1通り

㋑①が6つと②が1つ…7通り

㋒①が4つと②が2つ

あ，い，う，え，お，かの6か所のうち②を2か所に入れればよいので，6個のうち2個を選ぶ場合の数である。

$\frac{6\times5}{2\times1}=15$(通り)

このうち②がとなりどうしなのは(あ，い)，(い，う)，(う，え)，(え，お)，(お，か)の5通りある。

よって，②がとなりどうしにならないのは，15−5＝10(通り)

㋓①が2つと②が3つ…②①②①②だけなので，1通りである。

以上から，1＋7＋10＋1＝19(通り)

第4編

平面図形

第1章 平面図形の性質

p.204〜223

練習問題❶ p.205

(1) 30°　(2) $x=10$, $y=4$
(3) 正三角形，二等辺三角形
(4) 直角二等辺三角形

練習問題❷ p.206

(1) イ，ウ，エ，オ　(2) ウ，オ
(3) エ，オ

練習問題❸ p.207

正方形，長方形，ひし形，平行四辺形，(等脚(とうきゃく))台形

解き方

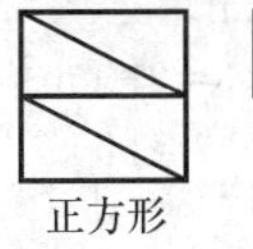

正方形

長方形

ひし形

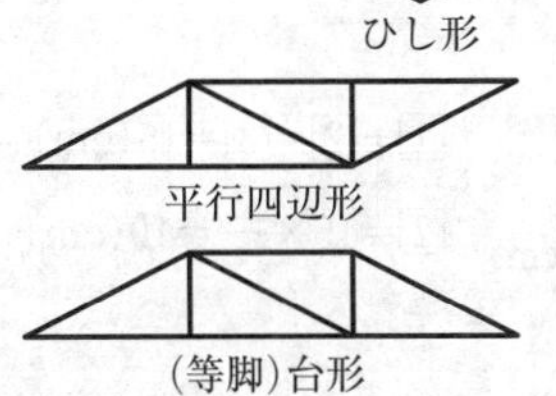

平行四辺形

(等脚)台形

練習問題❹ p.209

(1)

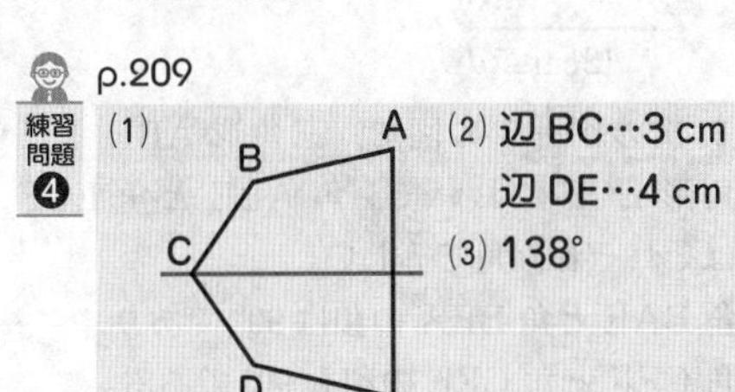

(2) 辺BC…3 cm
辺DE…4 cm
(3) 138°

練習問題❺ p.210

O

練習問題❻ p.211

(1)

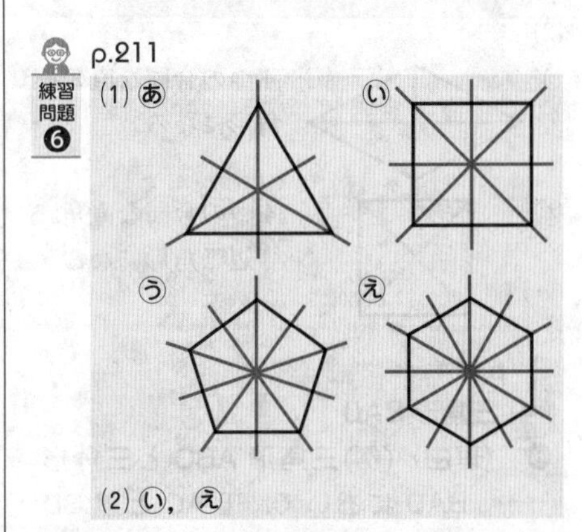

(2) い，え

練習問題❼ p.213

(1) い，う，え，お，か　(2) う，お

解き方

(1) い

A　D
B　C

三角形ABCと三角形CDAにおいて，四角形ABCDは平行四辺形なので，AB=CD，BC=DA であり，角ABC=角CDA なので，2組の辺の長さとその間の角の大きさが等しいことから，三角形ABCと三角形CDAは合同である。

㋓ 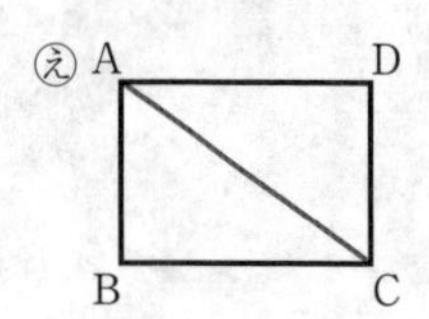

㋑と同じように三角形 ABC と三角形 CDA において，AB＝CD，BD＝DA，角 ABC＝角 CDA より，２組の辺の長さとその間の角の大きさが等しいことから，三角形 ABC と三角形 CDA は合同である。

㋒，㋔，㋕は線対称の図形であり，対角線が対称の軸なので，分けられたあとの２つの図形は合同である。

(2)

㋒ 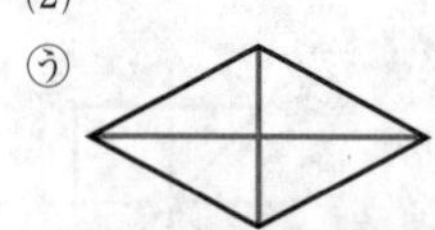

４つの合同な直角三角形になる。

㋔

４つの合同な直角二等辺三角形になる。

p.214

練習問題❽

三角形 BAD

〈理由〉(例)三角形 ABC と三角形 BAD において，辺 AC と辺 BD はそれぞれ 5 cm なので等しく，辺 AB と辺 BA は同じ辺なので等しい。角 CAB と角 DBA はそれぞれ 70° なので等しい。
よって，２組の辺とその間の角がそれぞれ等しいので，三角形 ABC と三角形 BAD は合同な三角形である。

p.215

練習問題❾

(1)，(2) 図は省略

p.217

練習問題❿

(1) 辺 FE，6 cm　(2) 角 B，140°
(3) 3 cm

p.218

練習問題⓫

(1) 三角形 EDC
(2) 三角形 DBA，三角形 DAC

解き方

(1) 三角形 ABC と三角形 EDC において，角 ABC と角 EDC はそれぞれ 40° で等しく，角 ACB と角 ECD は同じ角なので等しい。

(2) 三角形 ABC と三角形 DBA において，角 BAC と角 BDA はそれぞれ直角で等しく，角 ABC と角 DBA は同じ角なので等しい。また，三角形 ABC と三角形 DAC において，角 BAC と角 ADC はそれぞれ直角で等しく，角 ACB と角 DCA は同じ角なので等しい。

p.219

練習問題⓬

(1) 14　(2) 10　(3) $\frac{8}{3}$

解き方

(1)

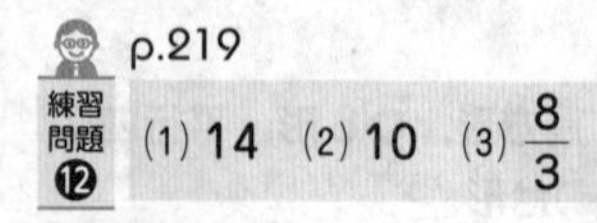

$\boxed{1}=7$ cm

$\boxed{3}=7\times3=21$(cm)

$\square=21-7=14$

(2)

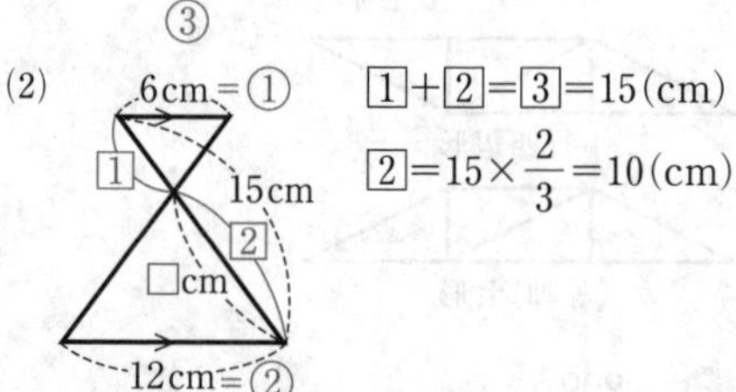

$\boxed{1}+\boxed{2}=\boxed{3}=15$(cm)

$\boxed{2}=15\times\frac{2}{3}=10$(cm)

(3) 次のページの図で，三角形 ABE と三角形 ECF において，角 ABE と角 ECF はそれぞれ直角で等しい。
角 BAE と角 BEA の和は 90° であり，
角 CEF と角 CFE の和も 90° である。
角 BEA と角 CEF の和も 90° であること

から，角 BAE と角 CEF の角の大きさは等しい。
よって，２組の角がそれぞれ等しいから，三角形 ABE と三角形 ECF は相似である。

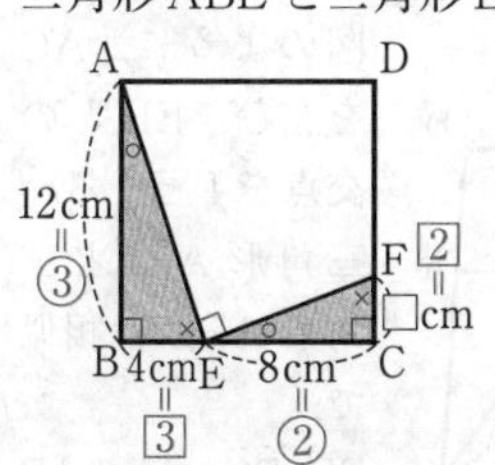

AB：EC
＝12：(12−4)
＝3：2
3＝4 cm
$\boxed{2}=4\times\frac{2}{3}$
$=\frac{8}{3}$(cm)

p.220

(1) $\frac{1}{1000}$，1：1000　(2) 4 cm
(3) 35 m

(1) 50 m＝5000 cm　5÷5000＝$\frac{1}{1000}$
5 cm：5000 cm＝1：1000
(3) 3.5×1000＝3500(cm)＝35 m

練習問題⑭ p.221

(1)

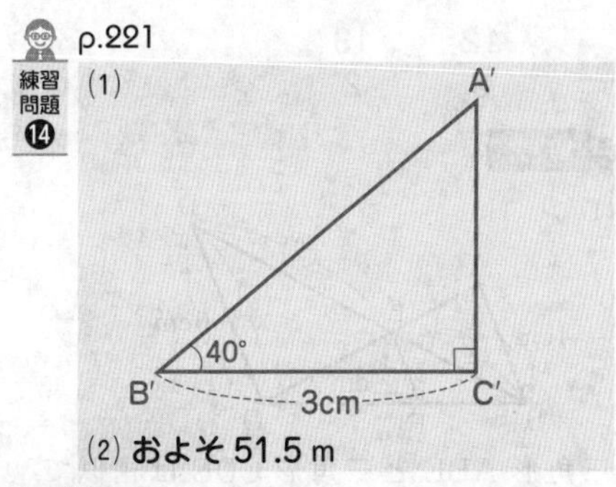

(2) およそ 51.5 m

解き方

(1) 60 m＝6000 cm,
6000×$\frac{1}{2000}$＝3(cm)
B′C′＝3 cm，角 A′B′C′＝40°,
角 A′C′B′＝90° の三角形をかく。
(2) A′C′ の長さは，(1)より約 2.5 cm となる。
AC は，およそ 2.5×2000＝5000(cm)
＝50 m
よって，50＋1.5＝51.5(m)

p.222 力をのばす問題

1

	向かい合う２組の辺が平行	４つの辺の長さが等しい	向かい合った角の大きさが等しい	４つの角がすべて等しい	２本の対角線の長さが等しい	２本の対角線が垂直に交わる
台形	×	×	×	×	×	×
平行四辺形	○	×	○	×	×	×
ひし形	○	○	○	×	×	○
長方形	○	×	○	○	○	×
正方形	○	○	○	○	○	○

2

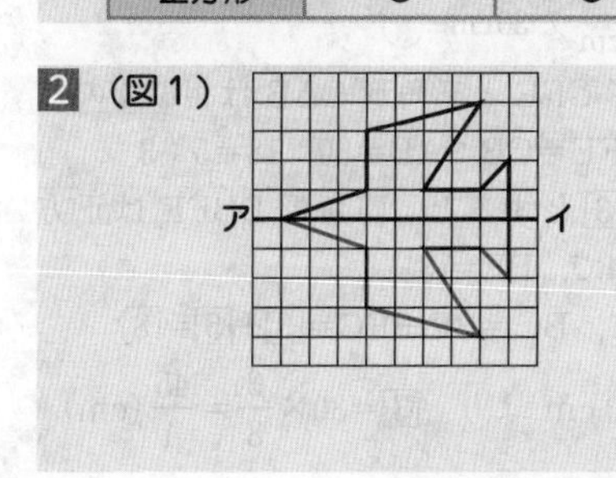

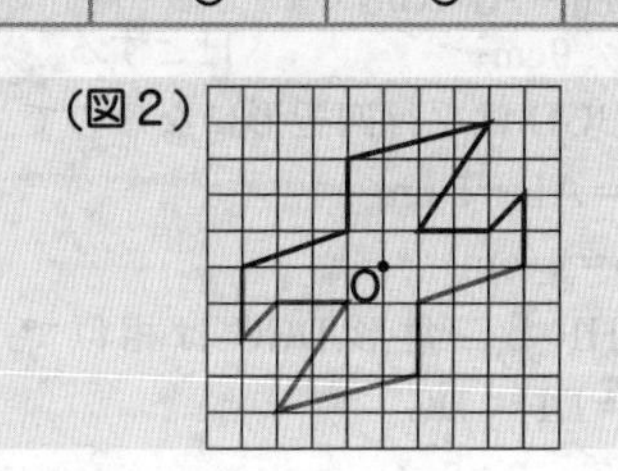

3　(1) $\dfrac{12}{5}$　(2) $\dfrac{13}{2}$

解き方

(1)

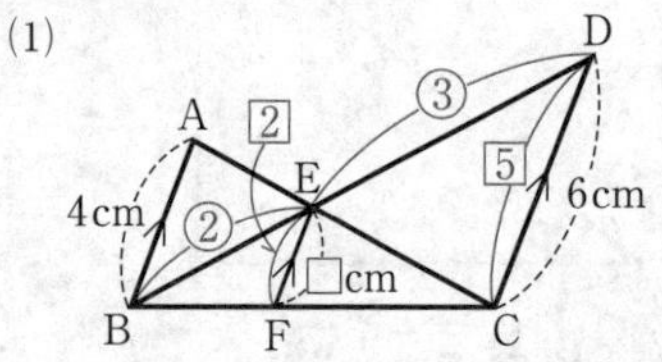

三角形 ABE と三角形 CDE は相似で,

BE：DE＝AB：CD＝4：6＝2：3

また，三角形 BEF と三角形 BDC は相似で,

BF：BC＝BE：BD＝2：(2＋3)＝2：5

よって，EF：DC＝2：5 より,

$\boxed{5}=6$ cm　$\boxed{2}=6\times\dfrac{2}{5}=\dfrac{12}{5}$ (cm)

テクニック

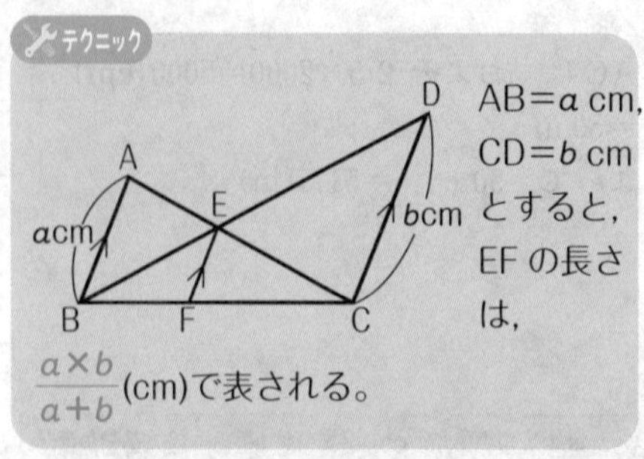

AB＝a cm, CD＝b cm とすると, EF の長さは, $\dfrac{a\times b}{a+b}$ (cm)で表される。

(2)

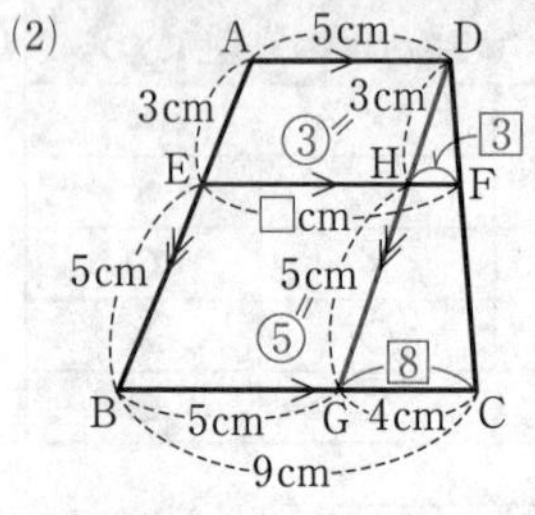

図のように，D を通り AB に平行な直線をひき，BC, EF との交点をそれぞれ G, H とする。

四角形 ABGD は平行四辺形になるので,

EH＝BG＝AD＝5 cm,

GC＝9−5＝4(cm)

三角形 DHF と三角形 DGC は相似で,

HF：GC＝DH：DG

＝3：(3＋5)＝3：8

よって，$\boxed{8}=4$ cm

$\boxed{3}=4\times\dfrac{3}{8}=\dfrac{3}{2}$ (cm) より,

EF＝EH＋HF＝$5+\dfrac{3}{2}=\dfrac{13}{2}$ (cm)

別解

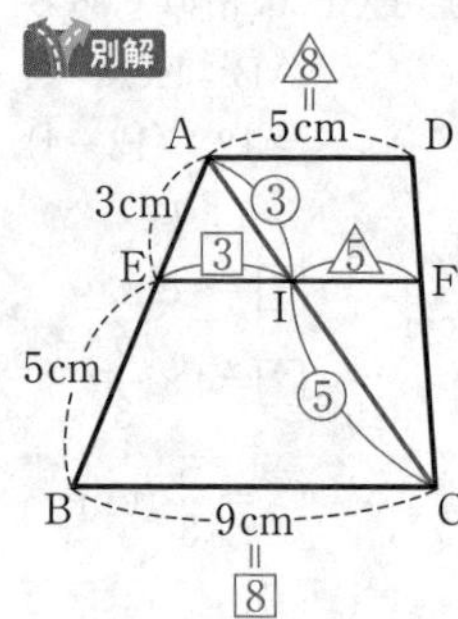

図のように，AC を結び，EF との交点を I とする。三角形 AEI と三角形 ABC は相似で,

EI：BC＝AE：AB

＝AI：AC

＝3：(3＋5)＝3：8

$\boxed{8}=9$ cm　$\boxed{3}=9\times\dfrac{3}{8}=\dfrac{27}{8}$ (cm)

同じようにして，AD＝△8＝5 cm

IF＝△5＝$5\times\dfrac{5}{8}=\dfrac{25}{8}$ (cm) より,

EF＝EI＋IF＝$\dfrac{27}{8}+\dfrac{25}{8}=\dfrac{13}{2}$ (cm)

ここに注意

台形 ABCD，台形 AEFD，台形 EBCF はそれぞれ相似な図形ではない。

4　$\dfrac{45}{4}$ cm

解き方

三角形 CFE と三角形 CAB は相似なので,

CE：FE＝CB：AB＝30：18＝5：3

FE＝$\boxed{3}$ とすると，四角形 DBEF は正方形なので，BE＝$\boxed{3}$

よって，BC＝BE＋EC＝$\boxed{3}+\boxed{5}=\boxed{8}$

$\boxed{8}=30$ cm より，$\boxed{3}=30\times\dfrac{3}{8}=\dfrac{45}{4}$ (cm)

5 92 m

解き方

4×500＝2000 (cm) → 20 m
5.2×500＝2600 (cm) → 26 m
(20＋26)×2＝92(m)

p.223 力をためす問題

6

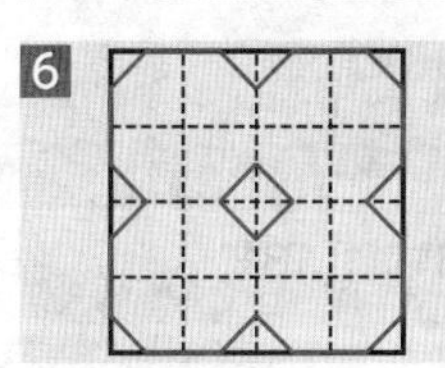

解き方

折った紙をもとにもどして，逆から考える。折り目が対称の軸になっていることに注目する。

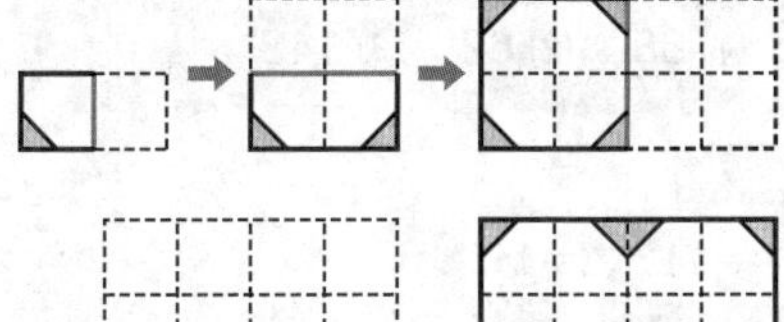

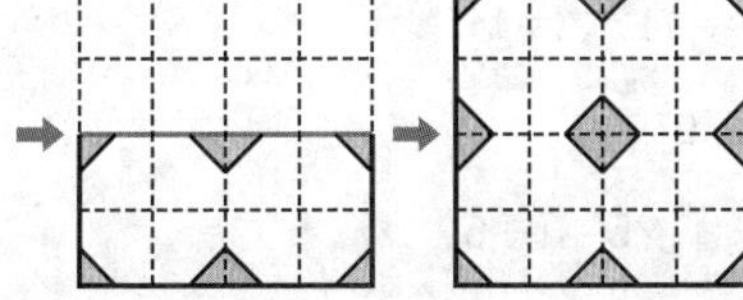

7

(1) ㋐ CN
㋑ FN(NF)
㋒ 90°(直角)
㋓ 2組の辺とその間の角がそれぞれ等しい

(2) 正三角形　(3) 30°

解き方

(2) 三角形 CBE と三角形 FBE は合同であることから，辺 BF＝辺 BC
(1)より，辺 BF＝辺 CF
3つの辺が等しいので，三角形 FBC は正三角形
(3) 60°÷2＝30°

8 5.2 m

解き方

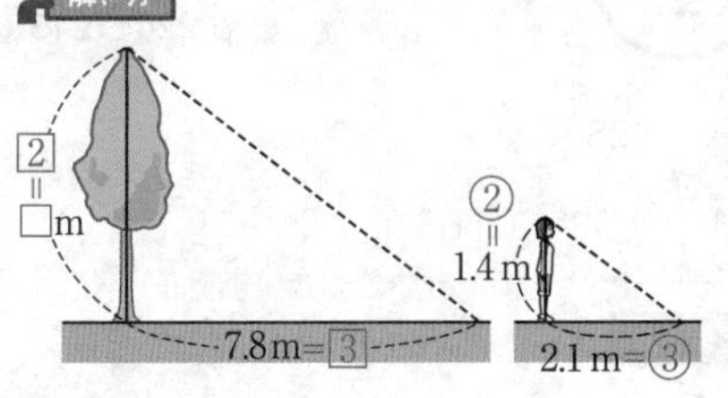

3＝7.8 m

2＝7.8×$\frac{2}{3}$＝5.2(m)

テクニック

影の問題は，相似な直角三角形を利用して求める。応用問題を p.491 で紹介している。見てみよう。

9

(1) 三角形 ECF
〈理由〉(例)角 DBE と角 ECF はそれぞれ 60° で等しい。
角 BDE と角 BED の和は 120° であり，角 BED と角 CEF の和も 120° であることから，角 BDE と角 CEF の大きさは等しい。
よって，2組の角がそれぞれ等しいので，三角形 DBE と三角形 ECF は相似である。

(2) 1：2

解き方

(2)

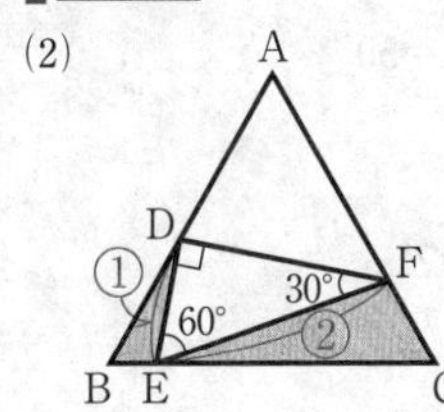

三角形 DBE と三角形 ECF は相似な図形であり，辺 DE に対応しているのが辺 EF である。

三角形 DEF は，30°，60°，90° の直角三角形なので，DE：EF＝1：2
よって，相似比は 1：2

第2章 図形の角

p.224〜245

p.225

練習問題⑮　(1) 92°　(2) 68°

解き方

(1) ㋐$=147°+125°-180°=92°$

(2) ㋐$=38°+210°-180°=68°$

p.226

練習問題⑯　(1) 47°　(2) 72°

解き方

(1) ㋐$=90°-43°=47°$

(2)

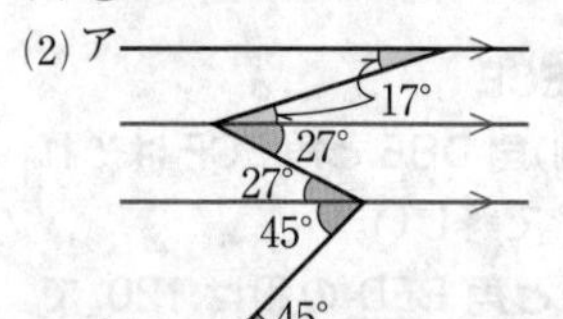

$44°-17°=27°$

㋐$=27°+45°$

$=72°$

p.227

練習問題⑰　(1) ㋐ 45°　㋑ 65°　(2) ㋐ 108°　㋑ 50°

解き方

(1) ㋑$=180°-(70°+45°)=65°$

(2) ㋐$=180°-72°=108°$

$180°-(108°+32°)=40°$

㋑$=180°-(90°+40°)=50°$

p.229

練習問題⑱　(1) 104°　(2) 107°

解き方

(1) $180°-(52°+74°)=54°$

$90°-54=36°$

㋐$=180°-(36°+40°)=104°$

別解

四角形の内角の和は 360°　だから,

㋐$=360°-(40°+52°+74°+90°)=104°$

(2)

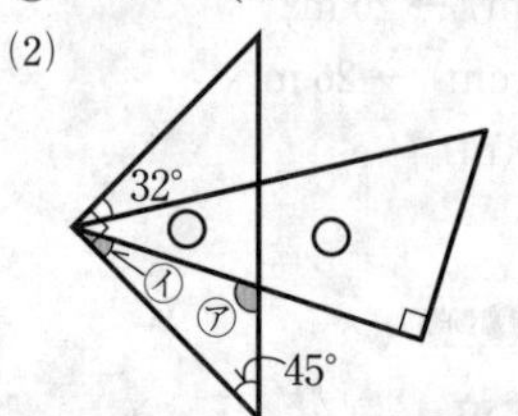

㋑$=90°-(32°+30°)$

$=28°$ より,

㋐$=180°-(28°+45°)$

$=107°$

p.230

練習問題⑲　(1) 108°　(2) 58°　(3) 131°

解き方

(3) $(180°-30°)\div 2=75°$

㋐$=75°+56°=131°$

p.231

練習問題⑳　(1) 85°　(2) 62°　(3) 142°

解き方

(3) ㋐$=71°\times 2=142°$

p.232

練習問題㉑　(1) 25°　(2) 62°

解き方

(1) $27°+44°=$㋐$+46°$

㋐$=27°+44°-46°=25°$

(2) ㋐$+60°+35°=157°$

㋐$=157°-60°-35°=62°$

p.234

練習問題㉒　(1) ❶ 132°　❷ 52°　(2) 2520°　(3) 十二角形

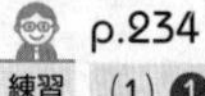

解き方

(1) ❶ $180°-112°=68°$

㋐$=360°-(68°+70°+90°)=132°$

❷ $360°-61°=299°$　$180°\times(5-2)=540°$

㋐＝540°－(299°＋59°＋65°＋65°)＝52°

ここに注意

へこみのある五角形も，３つの三角形に分けることができるので，内角の和は，180°×3＝540°になる。

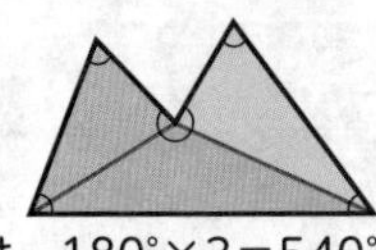

別解

図のように，三角形に分けて計算すると，

㋑＝180°－(65°＋65°)＝50°

㋒＝180°－(61°＋50°)＝69°

よって，㋐＝180°－(69°＋59°)＝52°

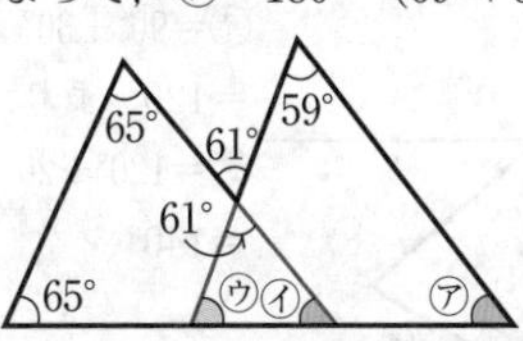

(3) 180°×(□－2)＝1800°

□－2＝1800°÷180°＝10

□＝10＋2＝12(角形)

ρ.235

練習問題㉓

(1) 内角…150°，外角…30°
(2) 正十八角形　(3) 45 m

解き方

(1) 180°×(12－2)＝1800°　1800°÷12＝150°

180°－150°＝30°

(2) 180°－160°＝20°　360°÷20°＝18(角形)

(3)

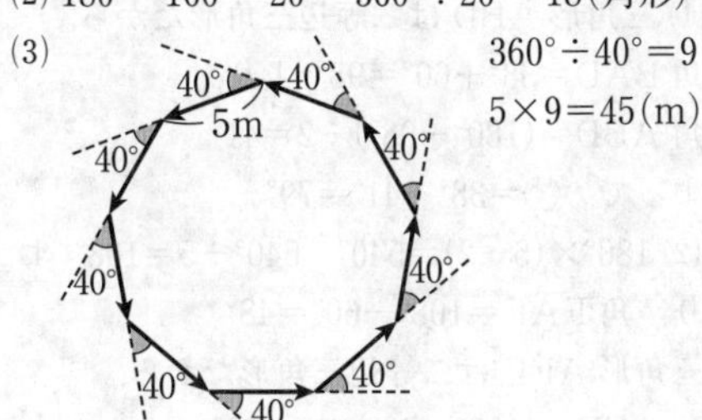

360°÷40°＝9

5×9＝45(m)

ρ.236

練習問題㉔

㋐ 66°　㋑ 84°

解き方

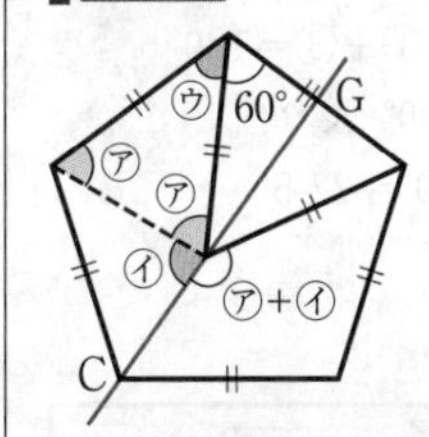

180°×(5－2)＝540°

540°÷5＝108°

㋒＝108°－60°＝48°

㋐＝(180°－48°)÷2

＝66°

ここで，直線CGは対称の軸になるので，

㋐＋㋑＝(360°－60°)÷2＝150°

よって，㋑＝150°－66°＝84°

ρ.237

練習問題㉕

360°

解き方

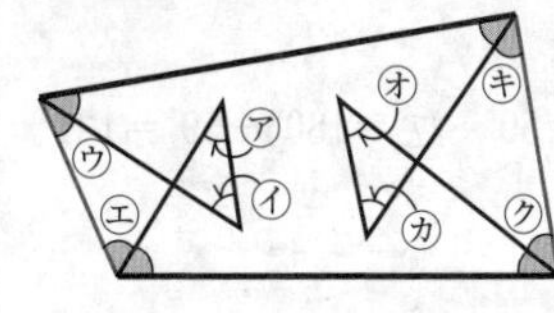

㋐＋㋑＝㋒＋㋓

㋔＋㋕＝㋖＋㋗

印をつけた８個の角の和は四角形の内角の和と等しいので，360°

ρ.239

練習問題㉖

76°

解き方

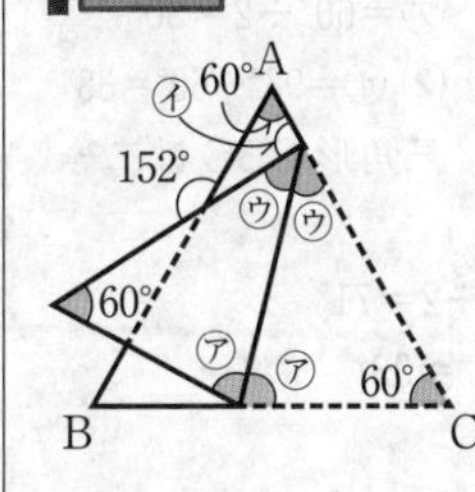

㋑＝152°－60°＝92°

㋒＝(180°－92°)÷2＝44°

㋐＝180°－(60°＋44°)＝76°

ρ.240

練習問題㉗

22.5°　$\left(\frac{45}{2}^{\circ},\ 22\frac{1}{2}^{\circ}\right)$

解き方

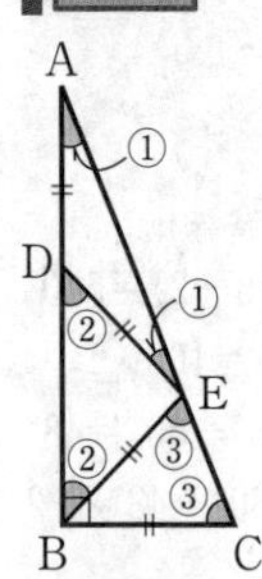

角 BAC を①とすると，
角 ACB＝③ となる。
三角形 ABC で，
90°＋①＋③＝180°
④＝90° より，
㋐＝①＝22.5°

ここに注意

角度は小数または分数になることもある。この問題の場合，$\dfrac{45^\circ}{2}$，$22\dfrac{1}{2}^\circ$ と表しても正解である。

p.241

練習問題 28　**121°**

解き方

(180°－62°)÷2＝59°　㋐＝180°－59°＝121°

p.242

練習問題 29　(1) **30°**　(2) **33°**

解き方

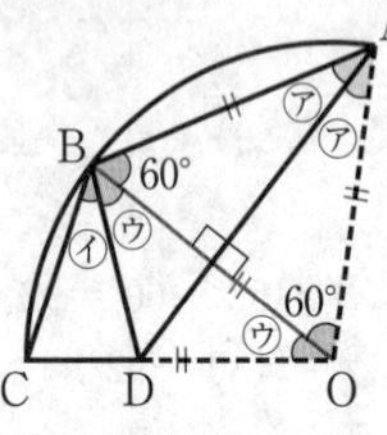

(1) 図のように，三角形 ABO は正三角形になるから，
㋐＝60°÷2＝30°
(2) ㋒＝98°－60°＝38°
三角形 OBC は二等辺三角形だから，
㋑＋㋒＝(180°－38°)÷2＝71°
よって，㋑＝71°－38°＝33°

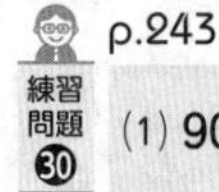
p.243

練習問題 30　(1) **90°**　(2) **115°**

解き方

(1) ㋐＝180°÷2＝90°

テクニック

直径を１辺とし，残りの頂点が円周上にある三角形は，必ず直角三角形になる。

(2) 360°－130°＝230°　㋐＝230°÷2＝115°

p.244 力をのばす問題

10　(1) **140°**　(2) **61°**

解き方

(1)

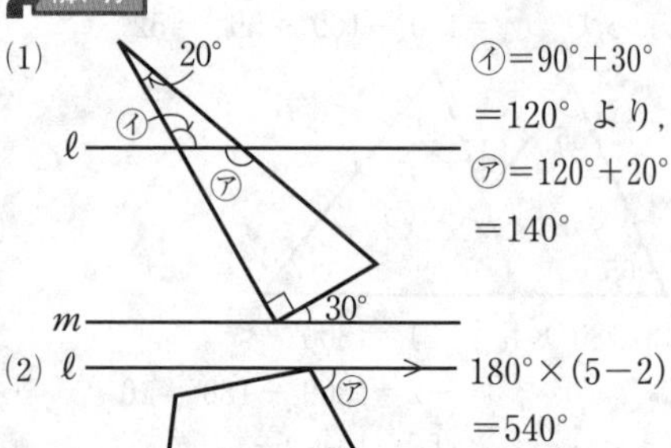

㋑＝90°＋30°
＝120° より，
㋐＝120°＋20°
＝140°

(2)

180°×(5－2)
＝540°
540°÷5
＝108°

180°－(25°＋108°)＝47°
㋐＝108°－47°＝61°

11　(1) **79°**　(2) **30°**

解き方

(1) 三角形 ABD は二等辺三角形だから，
角 BAD＝38°＋60°＝98° より，
角 ABD＝(180°－98°)÷2＝41°
よって，㋐＝38°＋41°＝79°
(2) 180°×(5－2)＝540°　540°÷5＝108° より，角 FAE＝108°－60°＝48°
三角形 AFE は二等辺三角形だから，
角 AEF＝(180°－48°)÷2＝66°
また，三角形 ABE は二等辺三角形だから，
角 AEB＝(180°－108°)÷2＝36°
よって，㋐＝66°－36°＝30°

12　(1) 48°　(2) 44°

解き方

(1) 30°＋㋐＝34°＋44°

㋐＝78°－30°＝48°

(2) ㋐＋29°＋20°＝93°

㋐＝93°－49°＝44°

13　(1) 74°　(2) 102°

解き方

(1)

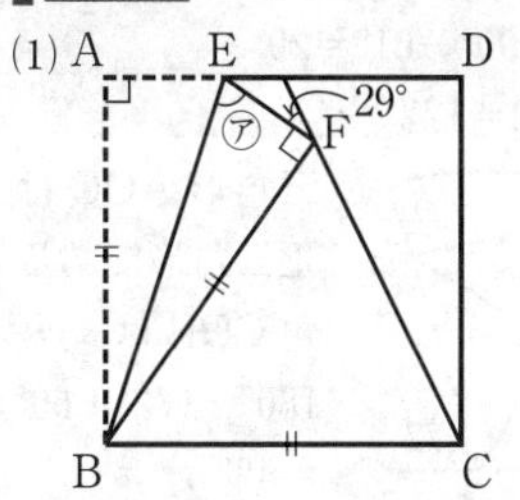

角 BFC＝180°－(29°＋90°)＝61°

三角形 BCF は二等辺三角形だから，

角 FBC＝180°－61°×2＝58°

角 EBF＝(90°－58°)÷2＝16°

よって，㋐＝90°－16°＝74°

(2)

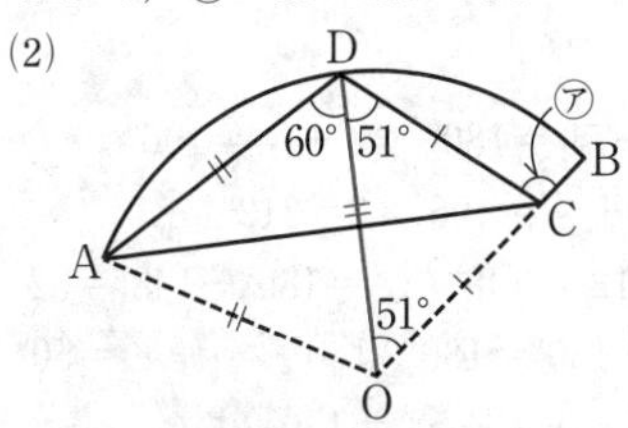

AO＝DO，AO＝AD より，

三角形 AOD は正三角形。

角 ODC＝111°－60°＝51°

三角形 OCD は二等辺三角形だから，

角 DOC＝51°

よって，㋐＝51°＋51°＝102°

テクニック

同じ長さの辺には「|」や「||」をつけて，二等辺三角形や正三角形を見つけよう。

14　(1) 125°　(2) 20°

解き方

(1) (180°－70°)÷2＝55°

㋐＝180°－55°＝125°

(2)

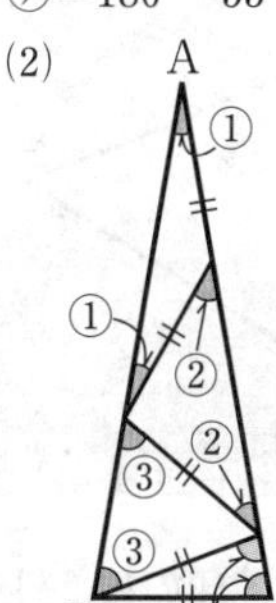

角 BAC を①とすると，

角 ACB＝④ となる。

三角形 ABC は二等辺三角形なので，

角 ABC＝④

よって，

①＋④＋④＝180°

⑨＝180°

㋐＝①＝180°÷9＝20°

p.245 力をためす問題

15　㋐ 34°　㋑ 17°

解き方

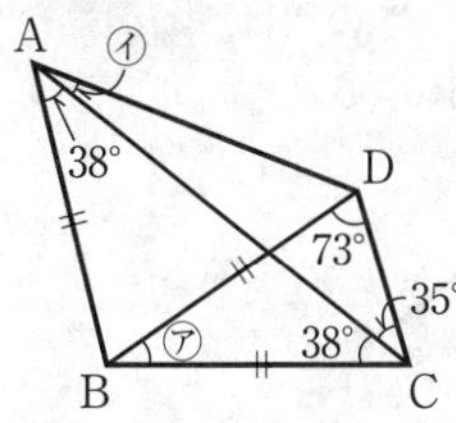

三角形 ABC は二等辺三角形だから，

角 ACB＝38°，角 BCD＝38°＋35°＝73° で，これは角 BDC と等しいから，三角形 BCD は二等辺三角形となる。

よって，㋐＝180°－73°×2＝34°

角 ABC＝180°－38°×2＝104°

AB＝BC＝BD より，三角形 ABD は二等辺三角形

角 ABD＝104°－34°＝70°

角 BAD＝(180°－70°)÷2＝55°

よって，㋑＝55°－38°＝17°

16　(1) 540°　(2) 720°

解き方

(1) 2つの図形アとイに分けると，アの色

をつけた角の大きさの和は四角形の内角の和と等しいので 360°，イの角の和は三角形の内角の和と等しいので 180°

よって，$360°+180°=540°$

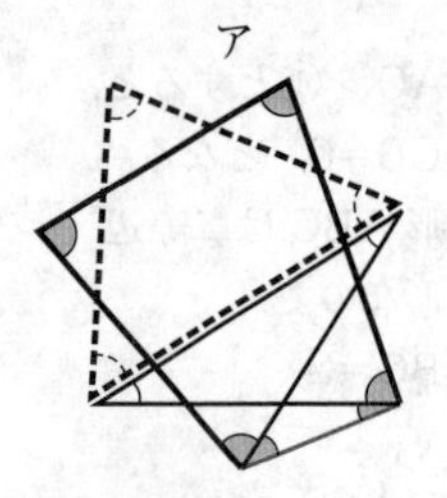

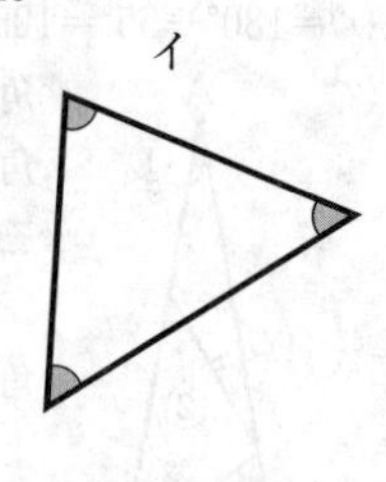

別解

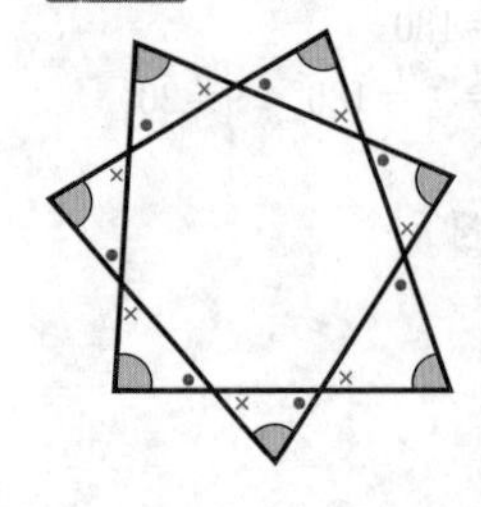

7つの・印の和は外角の和なので 360°，7つの×印の和も外角の和なので 360°

よって，

色をつけた角の大きさの和は，

$180°\times7-360°\times2=540°$

(2)

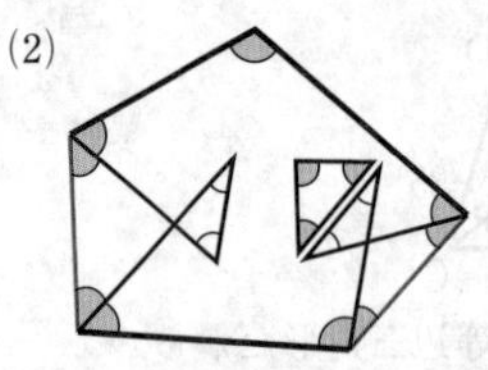

印をつけた角の大きさの和は，五角形の内角の和と三角形の内角の和の合計に等しい。

$180°\times(5-2)=540°$

$540°+180°=720°$

17　(1) 122°　(2) 96°

解き方

(1) 折り返した部分の図形どうしは合同だから，

$61°\times2-90°=32°$

㋐$=90°+32°=122°$

別解

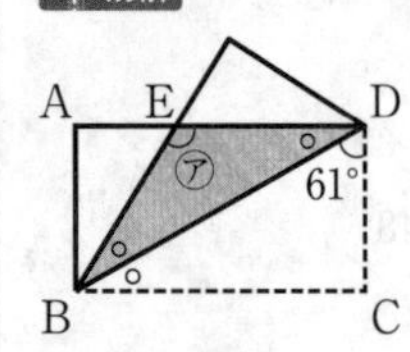

四角形 ABCD は長方形だから，錯角の性質より，

角 EDB＝角 CBD

折り返した部分の図形どうしは合同だから，角 EBD＝角 CBD

よって，角 EBD＝角 EDB

これより，三角形 BDE は二等辺三角形だから，角 EDB$=90°-61°=29°$

㋐$=180°-29°\times2=122°$

(2)

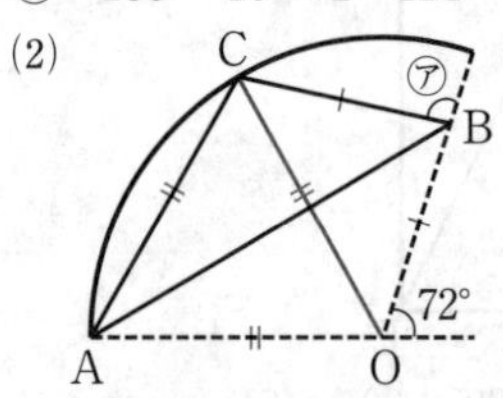

三角形 AOC は正三角形である。

角 COB は

$180°-(72°+60°)$

$=48°$

三角形 BOC は二等辺三角形だから，内角と外角の関係を利用すると，

㋐$=48°\times2=96°$

18　(1) 32°　(2) 23°

解き方

(1) $\bullet+\circ+74°=180°$　$\bullet+\circ=106°$

$\bullet+\bullet+\circ+\circ=106°\times2=212°$

$180°\times2-212°=148°$　㋐$=180°-148°=32°$

(2) $\circ+\bullet+130°=180°$ より，$\circ+\bullet=50°$

また，$\circ+\bullet+\bullet+53°=130°$ より，

$\circ+\bullet+\bullet=77°$

よって，$\bullet=77°-50°=27°$

$\circ=50°-27°=23°$

19　㋐ 126°　㋑ 89°

解き方

円周角は中心角の半分なので，

$360°-108°=252°$　㋐$=252°\div2=126°$

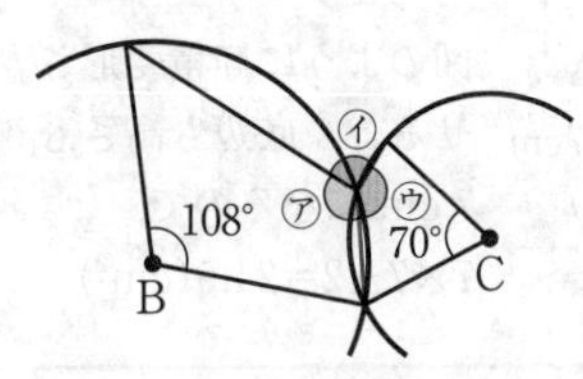

図１より，㋐＝126°

360°－70°＝290° より，㋒＝290°÷2＝145°

よって，㋑＝360°－(126°＋145°)＝89°

第3章 図形の面積

p.246〜289

p.247 練習問題㉛

(1) 15　(2) 6

解き方

(1) □＝270÷18＝15

(2) 12×20＝240(cm²)

270－240＝30(cm²)

□＝30÷5＝6

p.248 練習問題㉜

(1) 180 cm²　(2) 84 cm²

解き方

(2) 6×14＝84(cm²)

ここに注意

高さは底辺に対して垂直なので，17 cm は高さではない。

p.249 練習問題㉝

(1) 12 cm²　(2) 20 cm²　(3) 4.8

解き方

(2) 8×5÷2＝20(cm²)

(3) 6×8÷2＝24(cm²)

10×□÷2＝24　□＝4.8

p.250 練習問題㉞

(1) 96 cm²　(2) 9.6 cm

(3) 240 cm²

解き方

(1) 12×16÷2＝96(cm²)

(2) 台形 ABCD の高さは点Ｅから AD にひいた垂直な線の長さなので，

20×□÷2＝96　□＝9.6

(3) (20＋30)×9.6÷2＝240(cm²)

p.251 練習問題㉟

(1) 9　(2) 6　(3) 12

解き方

(1) (4×2)×(□×2)÷2＝72

8×(□×2)＝144

□×2＝18

□＝9

別解

72÷4＝18(cm²)　4×□÷2＝18

□＝9

(2) (4＋12)×(3＋□)÷2＝72

16×(3＋□)＝144

(3＋□)＝9

□＝6

(3) □×□÷2＝72

□×□＝144＝12×12

□＝12

p.253 練習問題㊱

(1) 45 cm²　(2) 44 cm²　(3) 35 cm²

解き方

(1) 5×9÷2×2＝45(cm²)

(2) 8×6÷2＋4×10÷2＝44(cm²)

(3) (2＋5)×2÷2＋7×4＝35(cm²)

ρ.254

練習問題 37　(1) 38 cm²　(2) 27 cm²　(3) 66.5 cm²

解き方

(1) $(5+3)\times(7+4)=88(\text{cm}^2)$
$5\times7\div2=17.5(\text{cm}^2)$
$3\times11\div2=16.5(\text{cm}^2)$
$4\times8\div2=16(\text{cm}^2)$
$88-(17.5+16.5+16)=38(\text{cm}^2)$
(2) $(6+12)\times7\div2=63(\text{cm}^2)$
$8\times9\div2=36(\text{cm}^2)$
$63-36=27(\text{cm}^2)$
(3) $13\times7-7\times7\div2=66.5(\text{cm}^2)$

ρ.255

練習問題 38　(1) 63 cm²　(2) 35 cm²　(3) 24.5 cm²

解き方

(1) 下の左の図のように下半分の色のついた部分を移動させて，下の右の図のように残った下半分を等積変形させる。
$(3+3)\times14-14\times3\div2=63(\text{cm}^2)$

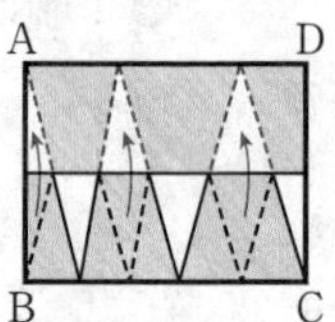

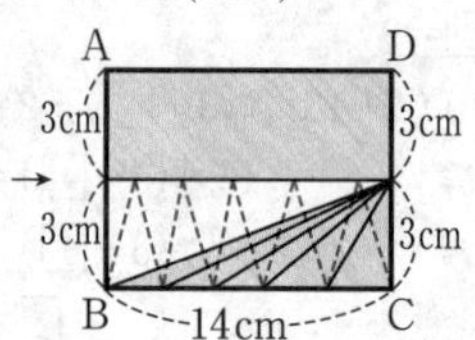

(2)

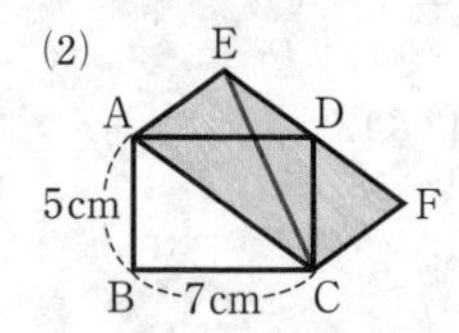

三角形 ADC は長方形 ABCD の半分で，等積変形すると，三角形 EAC となる。三角形 EAC は平行四辺形 EACF の面積の半分であるので，平行四辺形 EACF の面積と長方形 ABCD の面積は等しい。
よって，$5\times7=35(\text{cm}^2)$

(3)

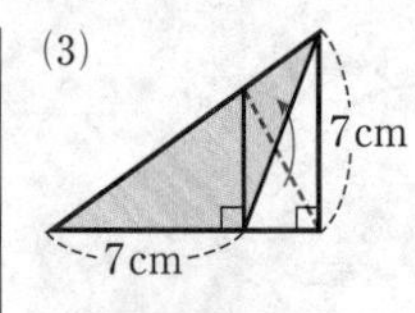

図のように等積変形させると，底辺も高さも 7 cm になるので，
$7\times7\div2=24.5(\text{cm}^2)$

ここに注意
平行線を見つけて等積変形してみよう。

ρ.256

練習問題 39　(1) 77 cm²　(2) 62.5 cm²　(3) 12 cm²

解き方

(1) $9-2=7(\text{cm})$　$14-3=11(\text{cm})$
$7\times11=77(\text{cm}^2)$
(2) 色のついた部分の合計の面積は，長方形の面積の半分となる。
よって，$5\times5\times5\div2=62.5(\text{cm}^2)$

(3)

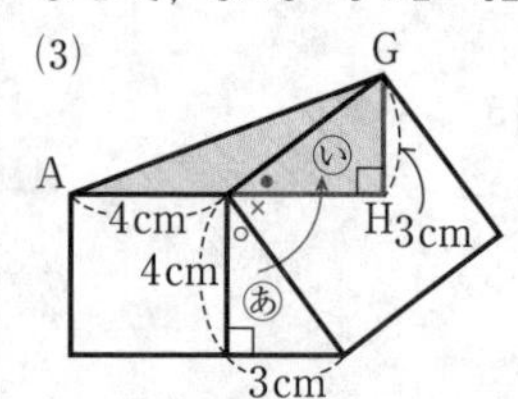

直角三角形あをいに移動する。
○＋×＝●＋×＝90° で，
○＝●となるので，AH は直線になり，△AGH は直角三角形になる。
よって，$(4+4)\times3\div2=12(\text{cm}^2)$

ρ.257

練習問題 40　(1) 18　(2) 4

解き方

(1)

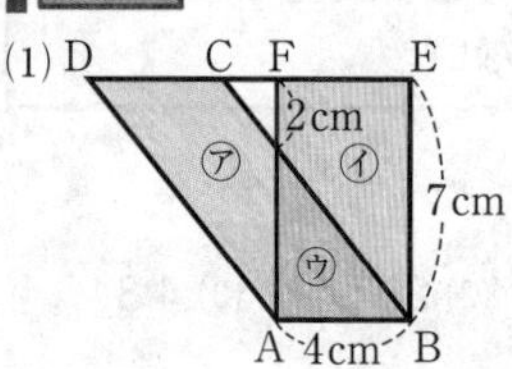

図のようにア，イ，ウとすると，四角形 ABCD（ア＋ウ）と四角形 ABEF（イ＋ウ）はどちらも底辺が 4 cm で高さが 7 cm なので面積は等しい。
よって，ア＋ウ＝イ＋ウ より，ア＝イ となるので，$(2+7)\times4\div2=18(\text{cm}^2)$

(2)

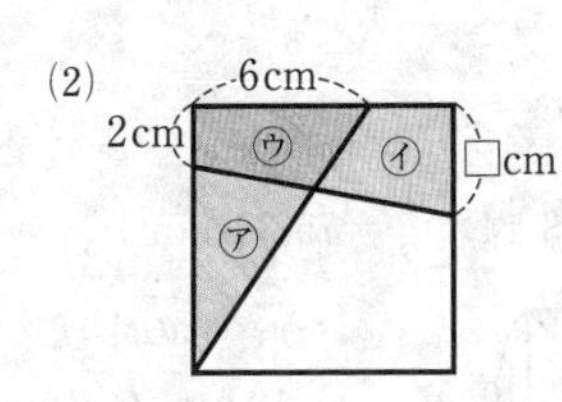

図のように㋒とすると，㋐と㋑の面積が等しいので，㋐＋㋒と㋑＋㋒の面積も等しい。正方形の1辺の長さを△cm とすると，

㋐＋㋒＝　6　×△÷2

㋑＋㋒＝(2＋□)×△÷2

よって，6＝2＋□　□＝6－2＝4

p.259

練習問題 ㊶　(1) 6 cm　(2) 6.28 cm 長い

解き方

(1) 円の半径を□cm とすると，

□×2×3.14＝37.68(cm)

□＝37.68÷6.28＝6

(2) 5×2×3.14－4×2×3.14

＝(10－8)×3.14＝6.28(cm)

テクニック

3.14 をふくんだたし算やひき算は，分配法則を使ってまとめて計算するとよい。

p.260

練習問題 ㊷　(1) 55.4 cm　(2) 24.84 cm　(3) 120

解き方

(1) $12\times2\times3.14\times\frac{150}{360}+12\times2=55.4$(cm)

(2) 3×2×3.14＋3×2＝24.84(cm)

(3) $18\times2\times3.14\times\frac{\square}{360}+18\times2=73.68$

$3.14\times\frac{\square}{10}=73.68-36$

$\frac{\square}{10}=37.68\div3.14$

$\square=12\times10=120$

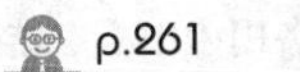

p.261

練習問題 ㊸　(1) 62.8 cm　(2) 23.7 cm　(3) 18.84 cm

解き方

(1) $4\times2\times3.14\times\frac{1}{2}+6\times2\times3.14\times\frac{1}{2}$

$+10\times2\times3.14\times\frac{1}{2}$

$=(8+12+20)\times3.14\times\frac{1}{2}=62.8$(cm)

別解

囲む円(半径 10 cm の円)の円周の長さに等しいから，10×2×3.14＝62.8(cm)

(2) 5×3.14＋4×2＝23.7(cm)

(3) $4\times3.14\times\frac{1}{2}+3\times3.14\times\frac{1}{2}+5\times3.14\times\frac{1}{2}$

$=(4+3+5)\times3.14\times\frac{1}{2}=18.84$(cm)

p.262

練習問題 ㊹　(1) 75.36 cm　(2) 47.1 cm　(3) 18.28 cm

解き方

(1)

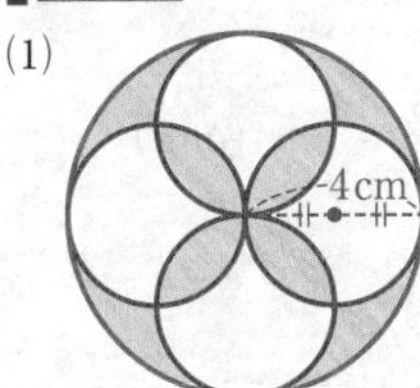

求める長さは，半径 2 cm の円 4 つ分の円周の長さと半径 4 cm の円 1 つの円周の長さの和だから，

2×2×3.14×4＋4×2×3.14＝75.36(cm)

(2)

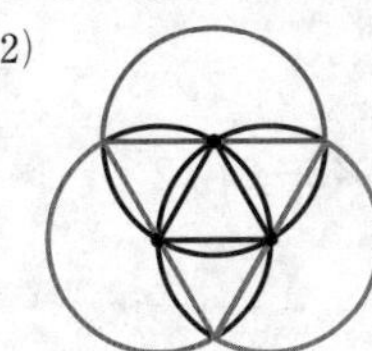

円周上の交点とそれぞれの円の中心を結ぶと，正三角形が 4 つできる。

よって，求める長さは，半円の円周の長さの 3 倍となるので，

$5\times2\times3.14\times\frac{1}{2}\times3=47.1$(cm)

(3)
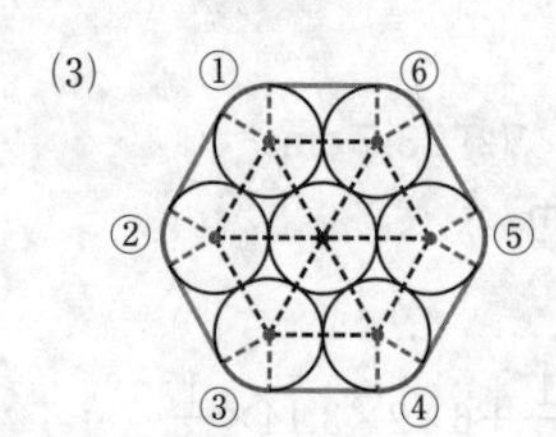

各円の中心を結ぶと，正六角形ができ，その1辺の長さは，
$1\times2=2$(cm)
また，①〜⑥のおうぎ形を合わせると1つの円になる。
よって，$1\times2\times3.14+2\times6=18.28$(cm)

p.264
練習問題㊺
(1) **153.86 cm²**　(2) **9 cm**
(3) **150.72 cm²**

解き方

(1) $7\times7\times3.14=153.86(\text{cm}^2)$
(2) $\square\times\square\times3.14=254.34$
$\square\times\square=81=9\times9$ より，9 cm
(3) $8\times8\times3.14-4\times4\times3.14$
$=(64-16)\times3.14=150.72(\text{cm}^2)$

p.265
練習問題㊻
(1) **188.4 cm²**　(2) **72 cm²**

解き方

(1) $10\times10\times3.14\times\dfrac{216}{360}=188.4(\text{cm}^2)$
(2) $18\times8\div2=72(\text{cm}^2)$

p.266
練習問題㊼
(1) **57 cm²**　(2) **75.36 cm²**
(3) **43 cm²**

解き方

(1) $\left(5\times5\times3.14\times\dfrac{1}{4}-5\times5\div2\right)\times2\times4$
$=57(\text{cm}^2)$

別解
$5\times5\times0.57\times4=57(\text{cm}^2)$
(2) 真ん中の大きさの半円の半径は，
$(6\times2-2\times2)\div2=4$(cm)
$6\times6\times3.14\times\dfrac{1}{2}+4\times4\times3.14\times\dfrac{1}{2}$
$-2\times2\times3.14\times\dfrac{1}{2}$
$=(36+16-4)\times3.14\times\dfrac{1}{2}=75.36(\text{cm}^2)$

(3)
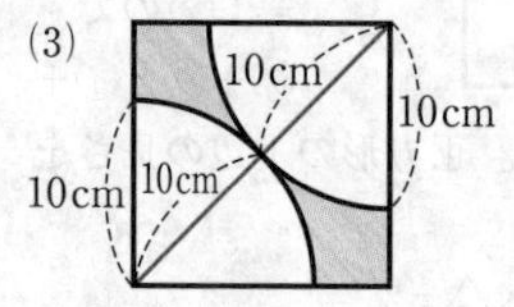

おうぎ形の半径が 10 cm なので，正方形の対角線は，
$10\times2=20$(cm)

正方形の面積は，
$20\times20\div2=200(\text{cm}^2)$
2つのおうぎ形の面積の和は，
$10\times10\times3.14\times\dfrac{1}{4}\times2=157(\text{cm}^2)$
よって，$200-157=43(\text{cm}^2)$

p.267
練習問題㊽
(1) **2.58 cm²**　(2) **15.4 cm²**

解き方

(1) 色のついた部分の面積は㋐−㋑より，

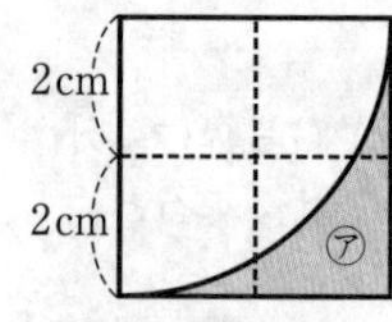

−
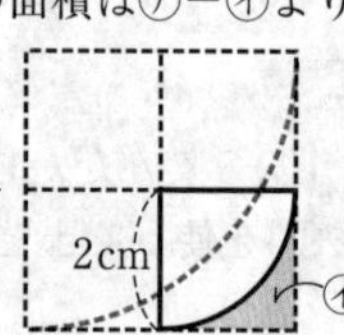

㋐の面積は，
$4\times4-4\times4\times3.14\times\dfrac{1}{4}=3.44(\text{cm}^2)$
㋑の面積は，
$2\times2-2\times2\times3.14\times\dfrac{1}{4}=0.86(\text{cm}^2)$
よって，$3.44-0.86=2.58(\text{cm}^2)$
(2) 色のついた部分の面積は，

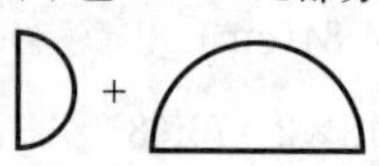
−
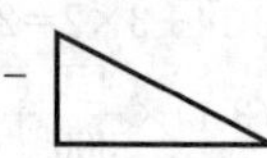

$2\times2\times3.14\times\dfrac{1}{2}+4\times4\times3.14\times\dfrac{1}{2}$
$-8\times4\div2$
$=(4+16)\times3.14\times\dfrac{1}{2}-16=15.4(\text{cm}^2)$

p.268

練習問題 49

(1) $\frac{25}{4}$ cm^2　(2) 120 cm^2

(3) 9.42 cm^2

解き方

(1)

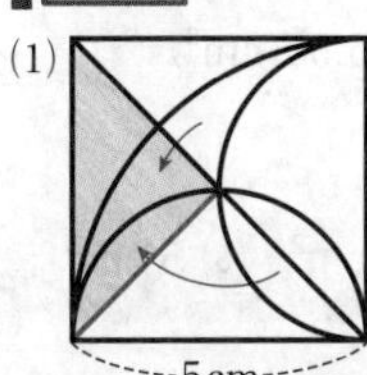

図のように移動させると，色のついた部分の面積は正方形の $\frac{1}{4}$ になるので，

$5\times5\times\frac{1}{4}=\frac{25}{4}$(cm^2)

(2)

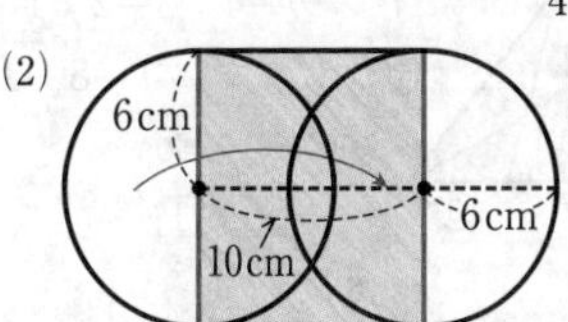

$6\times2=12$(cm)

$12\times10=120$(cm^2)

(3)

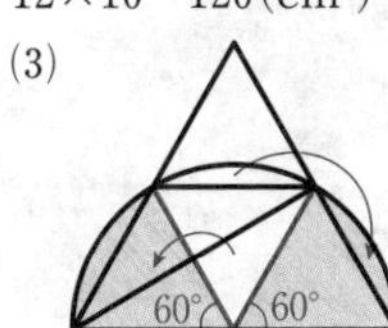

図のように移動させると，中心角 60° のおうぎ形が 2 つできる。

$3\times3\times3.14\times\frac{1}{6}\times2=9.42$(cm^2)

p.270

練習問題 50

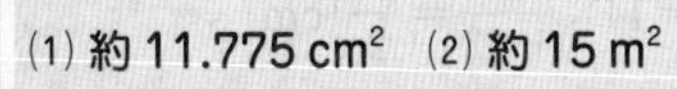

(1) 約 11.775 cm^2　(2) 約 15 m^2

解き方

(1) $3\times3\times3.14\times\frac{150}{360}=11.775$(cm^2)

(2) 対角線の長さがそれぞれ 6 m と 5 m で，垂直に交わっている四角形とみて，

$6\times5\div2=15$(m^2)

p.271

練習問題 51

(1) 16 cm^2　(2) 36 cm^2　(3) $\frac{25}{2}$cm^2

解き方

(1)

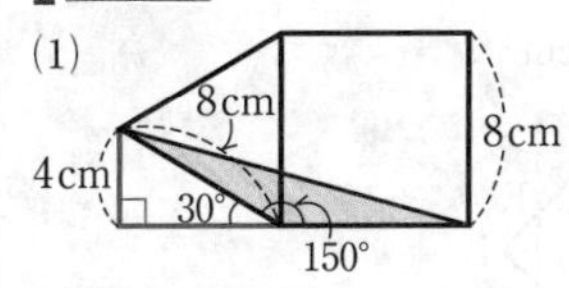

三角形の底辺を 8 cm とすると，高さは正三角形の 1 辺の長さの半分なので，

$8\times4\div2=16$(cm^2)

(2)

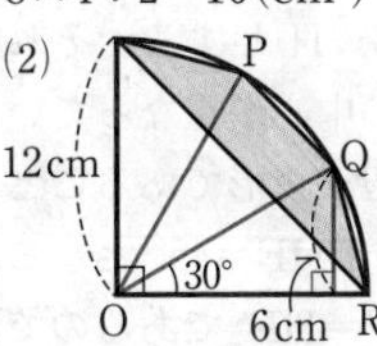

図のように，点 O，R とし，点 O から点 P，Q にそれぞれ補助線をひくと合同な 3 つの二等辺三角形ができる。

角 QOR$=90°\div3=30°$ なので，

三角形 QOR の面積は，

$12\times6\div2=36$(cm^2)

よって，色のついた部分の面積は，

$36\times3-12\times12\div2=36$(cm^2)

(3)

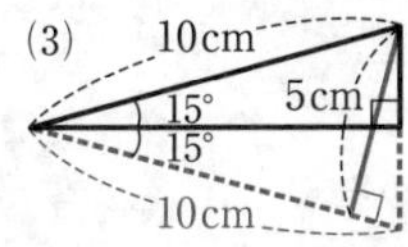

図のように，合同な三角形を組み合わせて頂角が 30° の二等辺三角形をつくる。

$10\div2=5$(cm)

$10\times5\div2\div2=\frac{25}{2}$(cm^2)

ここに注意

最後の ÷2 を忘れないように。

p.272

練習問題 52

196 cm^2

解き方

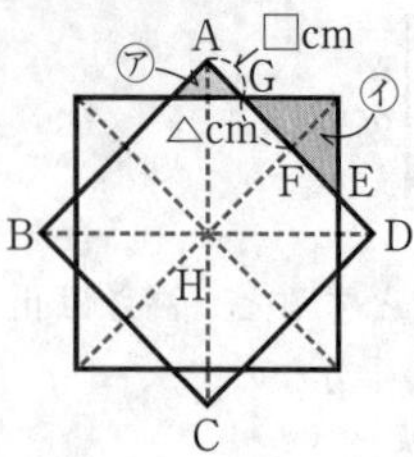

図のように点 E，F，G，H とする。それぞれの正方形の対角線の中心が重なっていて，㋐と㋑は直角二等辺三角形であることから，角 AHF＝45°，角 DHF＝45° となる。そして，AH＝DH，HF＝HF であるので，三角形 AHF と三角形 DHF は合同な図形である。よって，AF＝DF

AG＝□cm とすると，

□×□÷2＝4.5

□×□＝4.5×2＝9＝3×3

□＝3

GF＝△cm とすると，

△×△÷2×2＝16

△×△＝16＝4×4

△＝4

AF＝3＋4＝7(cm) だから，

AD＝7×2＝14(cm)

よって，正方形 ABCD の面積は，

14×14＝196(cm²)

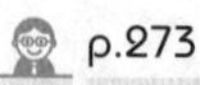

p.273 練習問題53

(1) 157 cm²　(2) 56.52 cm²

解き方

(1)

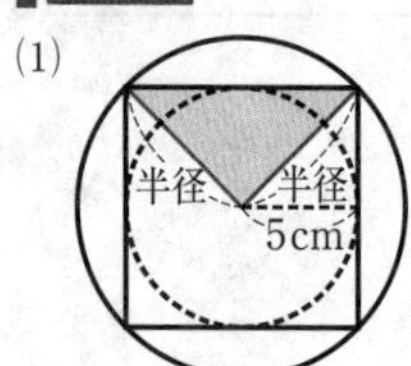

色のついた部分の面積は，

10×5÷2＝25(cm²)

半径×半径÷2＝25　半径×半径＝50

50×3.14＝157(cm²)

(2) 直角二等辺三角形の面積は，

12×6÷2＝36(cm²) より，

半径×半径＝36×2＝72

よって，72×3.14÷4＝56.52(cm²)

p.275 練習問題54

(1) 50 cm²　(2) 15 cm²　(3) 5 cm²

解き方

(3)

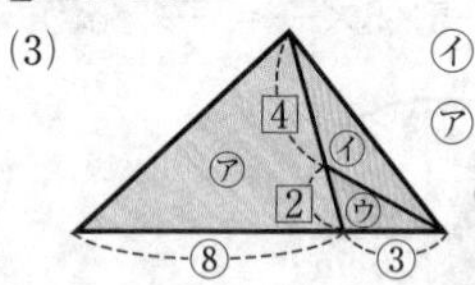

㋑：㋒＝4：2＝2：1

㋐：(㋑＋㋒)＝8：3

㋐：㋑：㋒

　　2：1

⑧：(③)

⑧：②：①

よって，$20\times\frac{2}{8}=5$(cm²)

p.276 練習問題55

(1) 4 cm　(2) $\frac{21}{4}$ cm

解き方

(2) BE：EC＝三角形 ABE：三角形 AEC より，BE：EC＝1：3

EC＝$14\times\frac{3}{1+3}=\frac{21}{2}$(cm)

EF：FC＝三角形 EFD：三角形 FDC より，EF：FC＝1：1

よって，EF＝$\frac{21}{2}\times\frac{1}{1+1}=\frac{21}{4}$(cm)

p.277 練習問題56

(1) 8 cm²　(2) 25 cm²

解き方

(1) 四角形 CADB：三角形 ABC

＝2：(2＋3) より，

$20\times\dfrac{2}{2+3}=8(\mathrm{cm}^2)$

(2) 三角形 ABC：三角形 ADC＝4：5

より，$20\times\dfrac{5}{4}=25(\mathrm{cm}^2)$

p.278

練習問題57　(1) 12 cm² (2) 20 cm² (3) 30 cm²
(4) 4：3

解き方

(1) $8\times\dfrac{3}{2}=12(\mathrm{cm}^2)$

(2) 三角形 ABF：三角形 BCF＝AE：EC
＝1：1 より，$12+8=20(\mathrm{cm}^2)$

(3) 三角形 ACF：三角形 BCF＝AD：DB
＝3：2 より，$20\times\dfrac{3}{2}=30(\mathrm{cm}^2)$

(4) BF：FE＝四角形 BCFA：三角形 FCA
より，(20＋20)：30＝4：3

p.279

練習問題58　(1) 75 cm² (2) 30 cm²

解き方

(1) 三角形 ADE：三角形 ABC
＝(1×4)：(2×5)＝2：5

$30\times\dfrac{5}{2}=75(\mathrm{cm}^2)$

(2) 三角形 ADE：三角形 ABC
＝(10×9)：(12×15)＝1：2

つまり，三角形 ADE と色のついた部分の面積は等しいので，30 cm²

p.280

練習問題59　(1) 14 cm² (2) 42 cm²

解き方

(1) $\dfrac{1}{3}\times\dfrac{1}{2}=\dfrac{1}{6}$，$\dfrac{2}{3}\times\dfrac{1}{4}=\dfrac{1}{6}$，

$\dfrac{3}{4}\times\dfrac{1}{2}=\dfrac{3}{8}$，$1-\left(\dfrac{1}{6}+\dfrac{1}{6}+\dfrac{3}{8}\right)=\dfrac{7}{24}$

$48\times\dfrac{7}{24}=14(\mathrm{cm}^2)$

(2) 3×2＝6，3×1＝3，2×2＝4

三角形 PQR：三角形 ABC

＝1：(6＋3＋4＋1)

＝1：14

$3\times14=42(\mathrm{cm}^2)$

ここに注意

三角形 ABC の面積を求めるとき，三角形 PQR の面積をたし忘れないように。

p.281

練習問題60　(1) 189 cm² (2) 100 cm²
(3) 9 cm²

解き方

(1) ㋐：(㋐＋㋑)の相似比は，4：10＝2：5

よって面積比は，(2×2)：(5×5)＝4：25

$36\times\dfrac{25}{4}=225(\mathrm{cm}^2)$　$225-36=189(\mathrm{cm}^2)$

p.282

練習問題61　(1) 16 cm² (2) 63 cm²

解き方

(1)

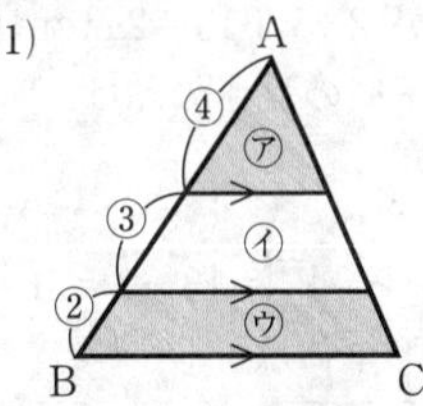

㋐：(㋐＋㋑)：(㋐＋㋑＋㋒)

相似比　4：　7　：　9

面積比 ⑯：　㊾　：　㉑

㋑＝㊾－⑯＝㉝ だから，

$27\times\dfrac{33}{81}=11(\mathrm{cm}^2)$　$27-11=16(\mathrm{cm}^2)$

(2) 三角形 ABC：三角形 AED
＝(2×2)：(3×3)＝4：9 より，

三角形 AED の面積は，

$20\times\frac{9}{4}=45(\mathrm{cm}^2)$

三角形 ABC：三角形ACE＝BA：AE
＝2：3 より，三角形 ACE の面積は

$20\times\frac{3}{2}=30(\mathrm{cm}^2)$

三角形 AFC：三角形 AEF＝CF：FE
＝2：3 より，三角形 AEF の面積は，

$30\times\frac{3}{2+3}=18(\mathrm{cm}^2)$

$45+18=63(\mathrm{cm}^2)$

p.284

練習問題 62　(1) 7.5　(2) 11　(3) $\frac{9}{64}$

解き方

(1) 5：3＝□：4.5　□×3＝4.5×5＝22.5
□＝22.5÷3＝7.5

(2) 1：3＝(2＋15－□)：(7＋□)
(17－□)×3＝(7＋□)×1
51－□×3＝7＋□
□×4＝44
□＝44÷4＝11

別解

㋐：㋑の面積比が 1：3 で，㋐と㋑の上底と下底の長さの和が 2＋7＋15＝24 (cm) なので，㋑の上底と下底の長さの和は，

$24\times\frac{3}{1+3}=18(\mathrm{cm})$

㋑の上底は 7 cm だから，□＝18－7＝11

(3)
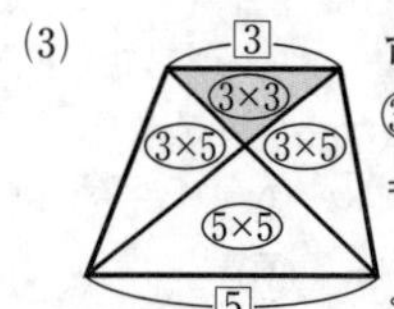

台形全体は，
(3×3)＋(3×5)＋(3×5)＋(5×5)
＝㊿64

よって，□＝⑨÷(64)＝$\frac{9}{64}$
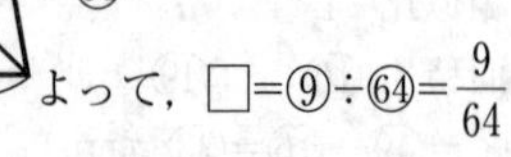

p.285

練習問題 63　(1) 3：1　(2) 19 cm²

解き方

(1) 三角形 ABC の面積は，56÷2＝28 (cm²) だから，三角形 AEC の面積は，
28－21＝7 (cm²)
よって，BE：EC＝21：7＝3：1

(2) 三角形 AFD：三角形 EFB
＝(4×4)：(3×3)＝⑯：⑨
三角形 ABF：三角形 AFD＝3：4 だから，
三角形 ABF の面積は ⑯×$\frac{3}{4}$＝⑫
四角形 FECD は，⑯＋⑫－⑨＝⑲，
全体は (⑯＋⑫)×2＝(56)
よって，$56\times\frac{19}{56}=19(\mathrm{cm}^2)$

p.286

練習問題 64　(1) 3：7：5　(2) 14 cm²

解き方

(1)
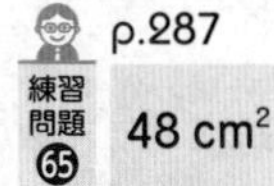

← 最小公倍数の 15 にそろえる。

BP：PQ：QD＝3：7：5

(2) $60\times\frac{1}{2}\times\frac{7}{3+7+5}=14(\mathrm{cm}^2)$

p.287

練習問題 65　48 cm²

解き方

三角形 ABC の面積は，$120\times\frac{1}{2}=60(\mathrm{cm}^2)$
三角形 APC の面積は，60－36＝24 (cm²)
BP：PC＝36：24＝3：2
三角形 ACQ の面積は，60－20＝40 (cm²)
DQ：QC＝20：40＝1：2
三角形 PCQ の面積は，

$60\times\frac{2}{3+2}\times\frac{2}{1+2}=16(\mathrm{cm}^2)$

よって，120－(36＋20＋16)＝48 (cm²)

p.288 力をのばす問題

20 (1) **22.88 cm²** (2) **6.28 cm²**

解き方

(1) $8\times8=64(\text{cm}^2)$

$4\times4=16(\text{cm}^2)$

$4\times4\times3.14\times\frac{1}{4}\times2=25.12(\text{cm}^2)$

$64-(16+25.12)=22.88(\text{cm}^2)$

(2) 上半分の色のついた部分をそれぞれ下半分の合同な部分にすべて移すと，半円になる。

よって，$2\times2\times3.14\times\frac{1}{2}=6.28(\text{cm}^2)$

21 (1) **面積…31.4 cm²，まわりの長さ…26.84 cm** (2) **1.68 cm²**

解き方

(1) 面積…

$5\times5\times3.14\times\frac{1}{4}+3\times3\times3.14\times\frac{1}{4}$

$+2\times2\times3.14\times\frac{1}{4}+1\times1\times3.14\times\frac{1}{2}$

$=(25+9+4)\times3.14\times\frac{1}{4}+1\times1\times3.14\times\frac{1}{2}$

$=31.4(\text{cm}^2)$

まわりの長さ…

$5\times2\times3.14\times\frac{1}{4}+3\times2\times3.14\times\frac{1}{4}$

$+2\times2\times3.14\times\frac{1}{4}+2\times3.14\times\frac{1}{2}$

$+1+2+5$

$=(10+6+4)\times3.14\times\frac{1}{4}+2\times3.14\times\frac{1}{2}+8$

$=26.84(\text{cm})$

(2) $12\times12\times3.14\times\frac{1}{12}=37.68(\text{cm}^2)$

$12\div2=6(\text{cm})$　$12\times6\div2=36(\text{cm}^2)$

$37.68-36=1.68(\text{cm}^2)$

22 (1) **13.76 cm²** (2) **25.12 cm²**

解き方

(1)

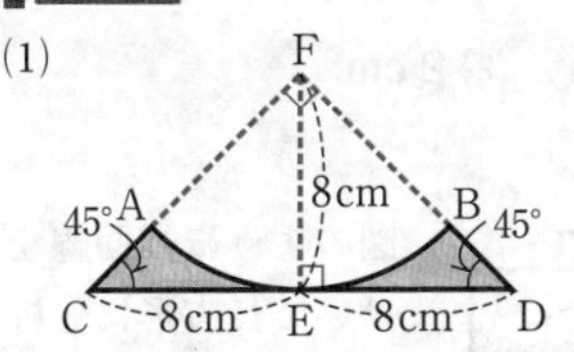

図のように辺CAをAのほうにのばした補助線と辺DBをBのほうにのばした補助線をひくと点Fで交わる。角ACEも角BDEも45°なので，三角形FCDは直角二等辺三角形である。三角形FCDの面積は，$16\times8\div2=64(\text{cm}^2)$

おうぎ形FABは半径8 cm，中心角90°なので，$8\times8\times3.14\times\frac{1}{4}=50.24(\text{cm}^2)$

よって，$64-50.24=13.76(\text{cm}^2)$

(2)

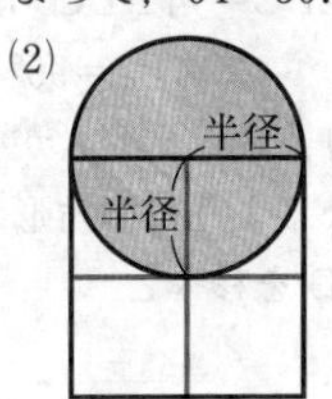

正方形の面積は

$8\times8\div2=32(\text{cm}^2)$

半径×半径は正方形の面積の $\frac{1}{4}$ なので，

$32\times\frac{1}{4}=8$

$8\times3.14=25.12(\text{cm}^2)$

23 (1) **16** (2) **31**

解き方

(1) $\text{DC}=35\times\frac{6}{1+6}=30(\text{cm})$

$\text{EC}=30\times\frac{4}{1+4}=24(\text{cm})$

$\text{CF}=24\times\frac{2}{1+2}=16(\text{cm})$

(2) $\frac{1}{3}\times\frac{3}{4}=\frac{1}{4}$　$\frac{2}{3}\times\frac{1}{5}=\frac{2}{15}$

$\frac{1}{4}\times\frac{2}{5}=\frac{1}{10}$

$1-\left(\frac{1}{4}+\frac{2}{15}+\frac{1}{10}\right)=\frac{31}{60}$

$60\times\frac{31}{60}=31(\text{cm}^2)$

p.289 力をためす問題

24　(1) 53 cm²　(2) 2 cm²

解き方

(1)

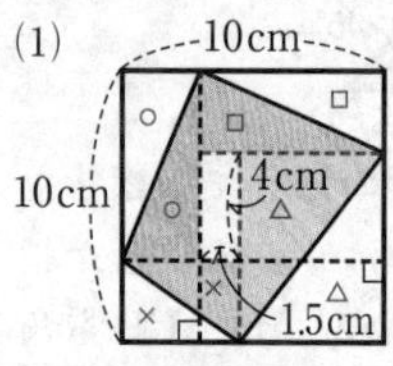

図のように補助線をひいて長方形に分ける。正方形から縦 4 cm，横 1.5 cm の長方形をのぞいた面積の半分が，図の色のついた部分の面積の合計になる。

よって，$10\times10-4\times1.5=94(\text{cm}^2)$

$94\div2=47(\text{cm}^2)$　$4\times1.5=6(\text{cm}^2)$

$47+6=53(\text{cm}^2)$

(2)

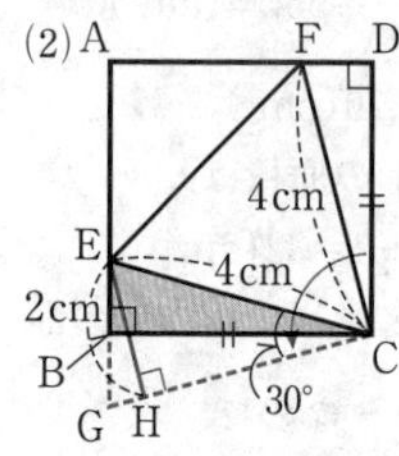

BC＝DC，角 EBC＝角 FDC ＝90° より，BC と DC が重なるように三角形 FCD を移すと，

角 $\text{ECG}=90°-60°=30°$

$\text{EH}=4\div2=2(\text{cm})$

三角形 EBC の面積は三角形 EGC の面積の半分なので，

$4\times2\div2\div2=2(\text{cm}^2)$

25　(1) $\frac{9}{4}$ cm²　(2) 17.12 cm²

解き方

(1)

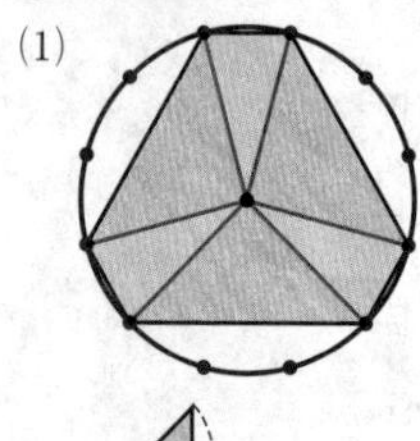

図のように，補助線をひくと，色のついた部分は［1cm，30°，1cm の三角形］が 3 つと，［1cm，1cm の直角三角形］が 3 つの和となる。

$1\times\frac{1}{2}\div2\times3+1\times1\div2\times3=\frac{9}{4}(\text{cm}^2)$

(2)

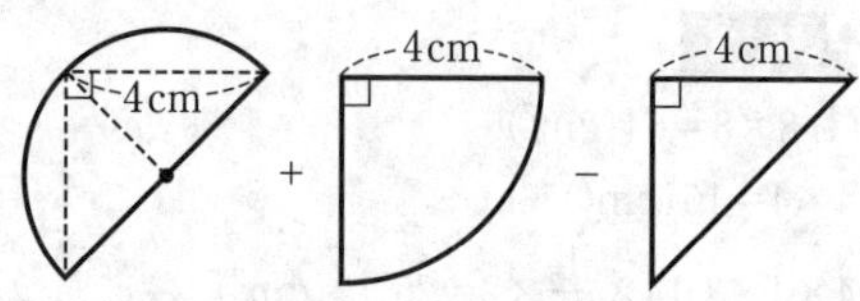

半円の半径×半径は，対角線が 4 cm の正方形の面積の $\frac{1}{2}$ と等しいので，色のついた部分の面積は，

$4\times4\div2\times3.14\times\frac{1}{2}+4\times4\times3.14\times\frac{1}{4}$
$-4\times4\div2=17.12(\text{cm}^2)$

26　(1) 117　(2) $\frac{15}{32}$

解き方

(1) 2 つの二等辺三角形は頂角が等しいので，相似な図形である。大きい二等辺三角形の高さを□cm とすると，

$2:6=6:\square$　$\square\times2=6\times6=36$

$\square=36\div2=18$

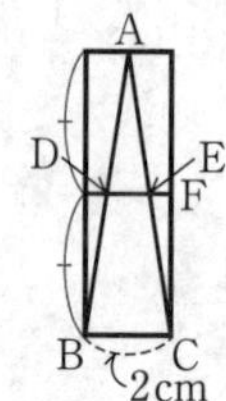

図のように，小さい二等辺三角形 ABC と二等辺三角形 ADE はピラミッド型の相似である。相似比は 2：1 なので，$\text{DE}=2\times\frac{1}{2}=1(\text{cm})$

$\text{EF}=(\text{BC}-\text{DE})\div2=1\div2=0.5(\text{cm})$

$\text{DF}=1+0.5=1.5(\text{cm})$ なので，長方形の横の長さは，$18+1.5=19.5(\text{cm})$

よって，$19.5\times6=117(\text{cm}^2)$

(2) 三角形 ABC と三角形 ADF は相似なので，AB：BC＝AD：DF＝18：30＝3：5

DF＝[5] とすると，四角形 DBEF は正方形なので，DB＝[5]

よって，AB＝AD＋DB＝[3]＋[5]＝[8]

[8]＝18 より，

[5]$=18\times\frac{5}{8}=\frac{45}{4}$ (cm)　正方形 DBEF の

面積は，$\frac{45}{4}\times\frac{45}{4}=\frac{2025}{16}(\mathrm{cm}^2)$

三角形 ABC の面積は，

$30\times18\div2=270(\mathrm{cm}^2)$

よって，$\frac{2025}{16}\div270=\frac{15}{32}$(倍)

27 (1) 22：45　(2) 30

解き方

(1) AE と DC の交点 F から B に補助線をひき㋐，㋑，㋒に分けると，

BE：EC＝2：1 より，㋐：㋒＝2：1

AD：DB＝2：3 より，㋒：㋑＝2：3

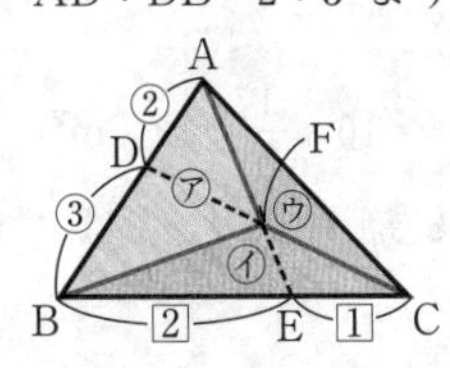

全体は，

㋐：㋑：㋒

2　　：1

　3：2

④：③：②

④＋③＋②＝⑨

三角形 DBF は，$④\times\frac{3}{2+3}=\left(\frac{12}{5}\right)$

三角形 FBE は，$③\times\frac{2}{2+1}=②$

よって，$\left(\left(\frac{12}{5}\right)+②\right)$：⑨＝22：45

(2)

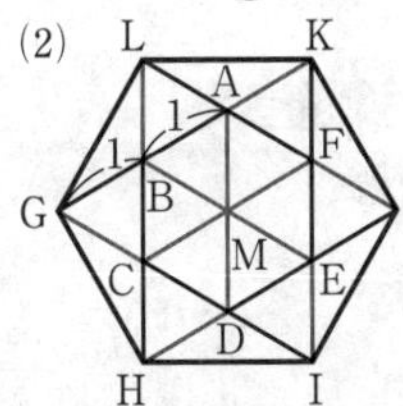

図のように補助線をひくと，三角形 ABM と三角形 ALB は合同な正三角形である。

また，三角形 ALB と三角形 GBL は底辺の長さと高さが等しいので，面積は等しい。

三角形 ABM の面積を①とすると，

正六角形 ABCDEF の面積は ⑥

六角形 GHIJKL の面積は ⑱

よって，$10\times\frac{18}{6}=30(\mathrm{cm}^2)$

第4章 図形の移動

p.290〜309

p.291

練習問題 66　(1) 12 cm²　(2) 36 cm²　(3) 10 秒後

解き方

(1) PB＝1.5×4＝6(cm)，QB＝1×4＝4(cm) より，$6\times4\div2=12(\mathrm{cm}^2)$

(2)

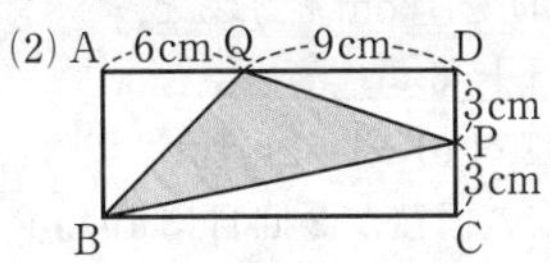

点 P は 1.5×12＝18(cm) 動くから，

PC＝18−15＝3(cm)

また，Q は 1×12＝12(cm) 動くから，

QA＝12−6＝6(cm)

よって，12 秒後の三角形 PQB は図のようになる。

台形 QBCD＝$(9+15)\times6\div2=72(\mathrm{cm}^2)$

三角形 QPD＝$3\times9\div2=13.5(\mathrm{cm}^2)$

三角形 PBC＝$3\times15\div2=22.5(\mathrm{cm}^2)$

よって，三角形 PQB＝72−(13.5＋22.5)

＝$36(\mathrm{cm}^2)$

(3) 点 Q が BA 上を動くとき，長方形の面積の $\frac{1}{2}$ になることはない。

点 P が BC 上を動き，点 Q が AD 上を動くとき，三角形 PQB の底辺を PB とすると，高さは 6 cm となり，PB＝15 cm となればよい。つまり，長方形の面積の $\frac{1}{2}$ になるのは点 P が C に着いたときである。

よって，15÷1.5＝10(秒後)

点 P が CD 上を動くとき，点 Q は AD 上を動き，長方形の面積の $\frac{1}{2}$ になることはない。

p.292

練習問題67　(1) ア…10　イ…21　(2) 17 秒後

解き方

(1) アは点PがCに着いたときである。CBを□cmとすると，

□×5÷2＝25　□＝10

よって，アは 10÷1＝10(秒)

15 秒後点PがDに着いたとき，面積は 15 cm^2 なので，ADを□cmとすると，

□×5÷2＝15　□＝6

よって，イは (15＋6)÷1＝21(秒)

(2) 三角形PABの面積が2回目に 10 cm^2 になるのはグラフより点PがDA上にあるときである。APを□cmとすると，

□×5÷2＝10　□＝4

よって，(21−4)÷1＝17(秒後)

p.293

練習問題68　62.8 m^2

解き方

犬が動けるはんいは下のようになる。

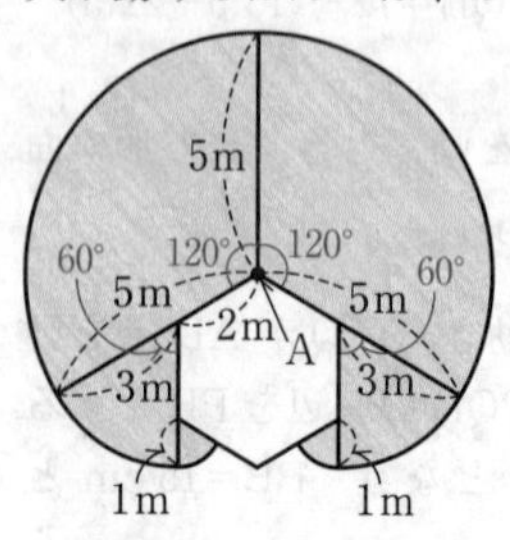

$$5\times5\times3.14\times\frac{240}{360}+3\times3\times3.14\times\frac{60}{360}\times2$$

$$+1\times1\times3.14\times\frac{60}{360}\times2$$

$$=\left(25\times\frac{2}{3}+3+\frac{1}{3}\right)\times3.14=20\times3.14$$

$$=62.8(m^2)$$

p.295

練習問題69　(1) 8 秒　(2) 3 秒後と 8 秒後

解き方

(1)

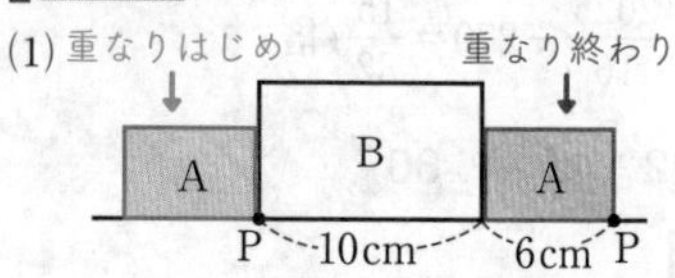

重なりはじめから重なり終わりまでについて，長方形Aの右下の点を点Pとすると，点Pの動いたきょりと等しいので，

10＋6＝16(cm)

よって，16÷2＝8(秒)

(2) Bの面積の $\frac{1}{5}$ は，$6\times10\times\frac{1}{5}=12(cm^2)$

重なっている部分の長方形の横の長さは，

12÷4＝3(cm)

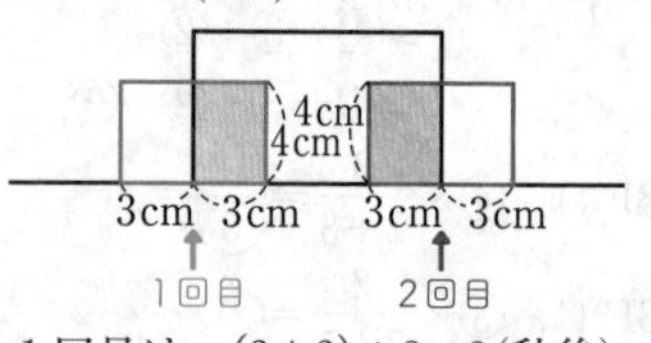

1回目は，(3＋3)÷2＝3(秒後)

2回目は，(3＋10＋3)÷2＝8(秒後)

p.296

練習問題70　(1) 20 秒後から 25 秒後まで　(2) 10 秒後と 35 秒後

解き方

(1)

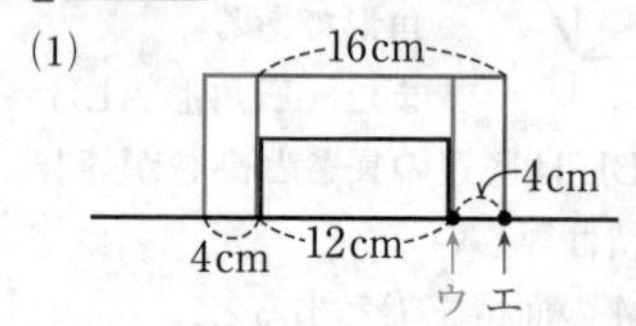

面積が変化しないのは，長方形あの先頭がウのときからエのときまでである。

ウ…(4＋12)÷0.8＝20(秒後)

エ…(4＋12＋4)÷0.8＝25(秒後)

よって，20 秒後から 25 秒後まで

(2) グラフよりEのときとFのとき，

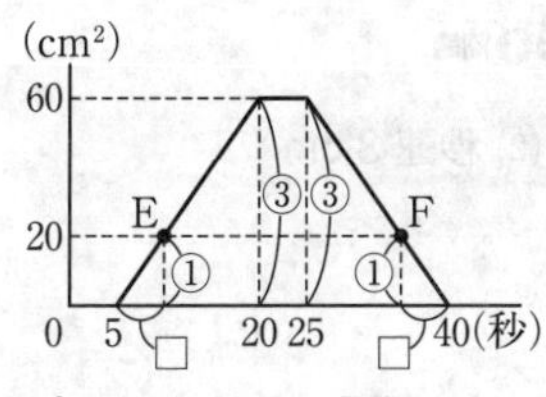

ピラミッド型の相似より，

1：3＝□：15

□＝1×15÷3＝5

よって，5＋5＝10(秒後)，40－5＝35(秒後)

ρ.297

練習問題71　**9.42 cm²**

解き方

3×2＝6(cm)

$6\times6\times3.14\times\frac{30}{360}=9.42(\text{cm}^2)$

ρ.298

練習問題72　**50.24 cm²**

解き方

大きいおうぎ形の半径×半径

＝8×8×2＝128

$128\times3.14\times\frac{1}{4}-8\times8\times3.14\times\frac{1}{4}$

$=(128-64)\times\frac{1}{4}\times3.14=50.24(\text{cm}^2)$

ρ.300

練習問題73

(1)

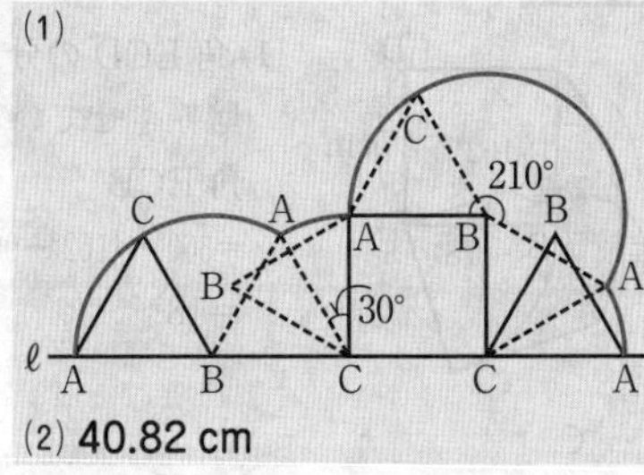

(2) **40.82 cm**

解き方

$(2)\ 6\times2\times3.14\times\frac{120+30+210+30}{360}$

＝40.82(cm)

ρ.301

練習問題74　(1) **37.68 cm**　(2) **205 cm²**

解き方

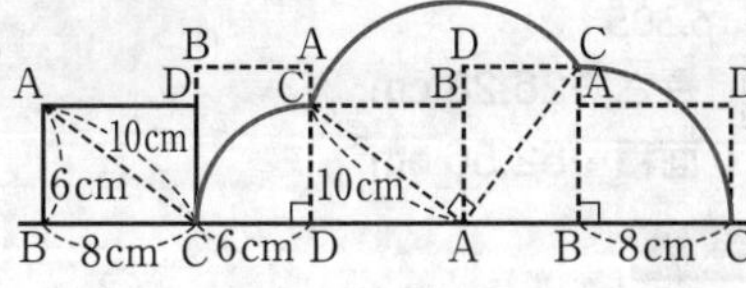

$(1)\ 6\times2\times3.14\times\frac{1}{4}+10\times2\times3.14\times\frac{1}{4}$

$+8\times2\times3.14\times\frac{1}{4}=(12+20+16)\times\frac{1}{4}$

×3.14

＝37.68(cm)

$(2)\ 6\times6\times3.14\times\frac{1}{4}+10\times10\times3.14\times\frac{1}{4}$

$+8\times8\times3.14\times\frac{1}{4}+6\times8\div2\times2$

$=(36+100+64)\times\frac{1}{4}\times3.14+48$

$=205(\text{cm}^2)$

ρ.302

練習問題75　(1) **31.4 cm**　(2) **150.72 cm²**

解き方

$(1)\ 8\times2\times3.14\times\frac{90}{360}+8\times2\times3.14\times\frac{45}{360}$

$+8\times2\times3.14\times\frac{90}{360}$

＝31.4(cm)

$(2)\ 8\times8\times3.14\times\frac{90}{360}\times2+8\times8\times2\times3.14$

$\times\frac{45}{360}$

$=150.72(\text{cm}^2)$

ρ.304

練習問題76　**長さ…62.56 cm，面積…250.24 cm^2**

解き方

長さは，$(10+15)\times2+2\times2\times3.14$
$=62.56$(cm)
面積は，$(10+15)\times2\times4+4\times4\times3.14$
$=250.24$(cm^2)

ρ.305

練習問題77　**長さ…26.28 cm，面積…52.56 cm^2**

解き方

長さは，$5+8+7+1\times2\times3.14=26.28$(cm)
面積は，$(5+8+7)\times2+2\times2\times3.14$
$=52.56$(cm^2)

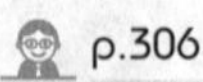
ρ.306

練習問題78　**長さ…34 cm，面積…132.56 cm^2**

解き方

長さは，$10-2\times2=6$(cm)，
$15-2\times2=11$(cm)
$(6+11)\times2=34$(cm)
円が通らなかった部分の面積は，
$(10-4\times2)\times(15-4\times2)=14$($cm^2$)
$4\times4-2\times2\times3.14=3.44$($cm^2$)
よって，円が通った部分の面積は，
$10\times15-(14+3.44)=132.56$($cm^2$)

ρ.307

練習問題79　**(1) 43.96 cm　(2) $\frac{7}{3}$ 回転**

解き方

(1) 円㋐の中心は半径 $3+4=7$(cm) の円をえがくから，$7\times2\times3.14=43.96$(cm)
(2) $43.96\div(3\times2\times3.14)=\frac{7}{3}$(回転)

ρ.308　力をのばす問題

28　**(1) 36 cm　(2) 秒速 3 cm　(3) $\frac{83}{3}$ 秒後**

解き方

(1) ABの長さを□ cmとすると，
$36\times□\div2=648$
$□=1296\div36=36$
(2) $(36+21)\div19=3$(cm/秒)
(3) 三角形ADPの面積が216 cm^2になるときの高さを□ cmとすると，
$36\times□\div2=216$　$36\times□=432$
$□=432\div36=12$

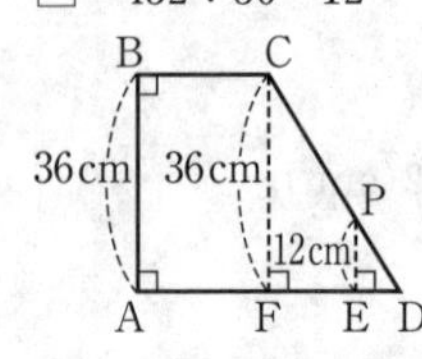

三角形ADPの面積が2回目に216 cm^2になるのは，グラフより点PがCD間にあるときである。
図のように，三角形CFDと三角形PEDは相似な図形であり，相似比は
36：12＝3：1 で，CD間を点Pは
$32-19=13$(秒) で移動しているので，PD間は $13\times\frac{1}{3}=\frac{13}{3}$(秒) かかる。

よって，$32-\frac{13}{3}=\frac{83}{3}$(秒後)

29　**(1) 72°　(2) 15.7 cm^2**

解き方

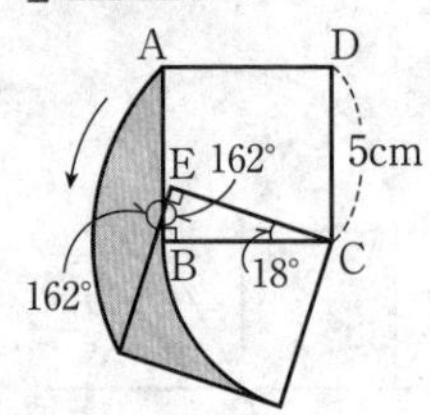

(1) 角ECDの分だけ回転させている。
角ECB
$=360°-(162°+90°\times2)$
$=18°$

よって，
$90°-18°=72°$

(2)

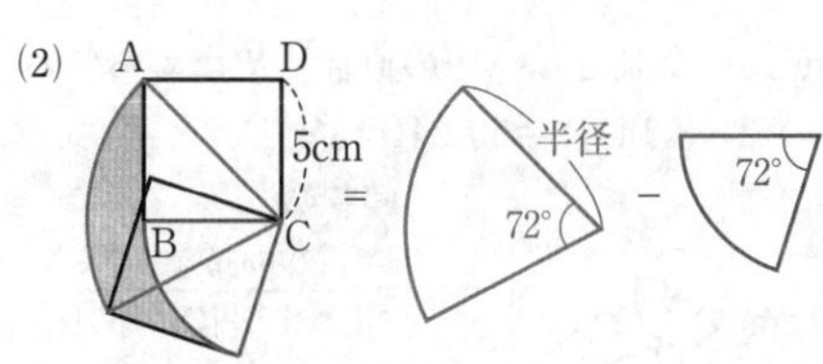

大きいおうぎ形の半径×半径は，
半径×半径÷2＝5×5＝25
半径×半径＝50
よって，

$$50\times3.14\times\frac{72}{360}-5\times5\times3.14\times\frac{72}{360}$$
$=15.7(\text{cm}^2)$

30　(1) **28.26 cm**　(2) **113.04 cm²**

解き方

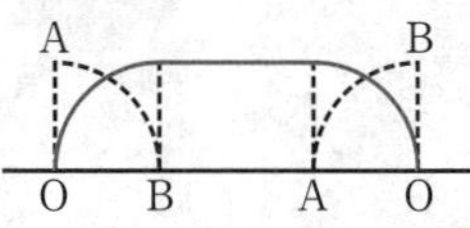

(1) $6\times2\times3.14\times\frac{90}{360}\times2+6\times2\times3.14\times\frac{90}{360}$
$=28.26(\text{cm})$

(2) $6\times6\times3.14\times\frac{90}{360}\times2$
$+6\times6\times2\times3.14\times\frac{90}{360}=113.04(\text{cm}^2)$

31　(1) **21.28 cm**　(2) **35.42 cm**
(3) **70.41 cm²**

解き方

(1) $5\times3+1\times2\times3.14=21.28(\text{cm})$

(2)

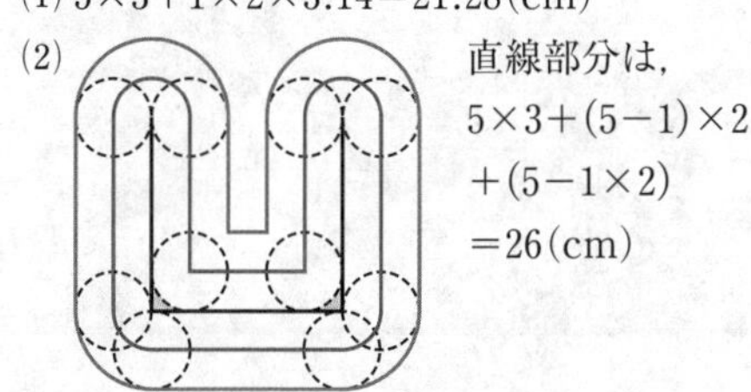

直線部分は，
$5\times3+(5-1)\times2$
$+(5-1\times2)$
$=26(\text{cm})$

曲線部分は，

$$1\times2\times3.14\times\frac{1}{2}\times2+1\times2\times3.14\times\frac{1}{4}\times2$$
$=9.42(\text{cm})$

よって，$26+9.42=35.42(\text{cm})$

(3) 色のついた部分もふくめて5つの長方形となる部分の面積は，
$(5\times5+1)\times2=52(\text{cm}^2)$
おうぎ形となる部分の面積は，

$$2\times2\times3.14\times\frac{1}{2}\times2+2\times2\times3.14\times\frac{1}{4}\times2$$
$=18.84(\text{cm}^2)$
色のついた部分の面積は，
$(2\times2-1\times1\times3.14)\div2=0.43(\text{cm}^2)$
よって，$52+18.84-0.43=70.41(\text{cm}^2)$

ここに注意
図の緑色の部分は，円が通らない部分である。

p.309 力をためす問題

32　(1) **4 cm**　(2) **48**
(3) $2\frac{3}{4}$ **秒後と** $6\frac{3}{4}$ **秒後**

解き方

(1) 毎秒2cmの速さで進み，2秒後に面積の変化のしかたが変わるから，
$2\times2=4(\text{cm})$

(2)

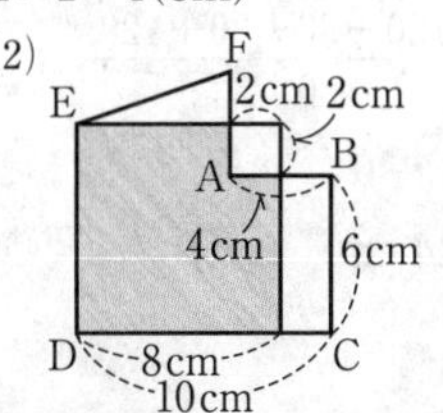

図形㋐の各頂点をA～Fとする。2秒後の面積が24 cm²であることからBCは，
$24\div4=6(\text{cm})$

5秒後に㋐と㋑の重なる面積が最大になるので，DCは $2\times5=10(\text{cm})$
㋐のときの図は下のようになる。

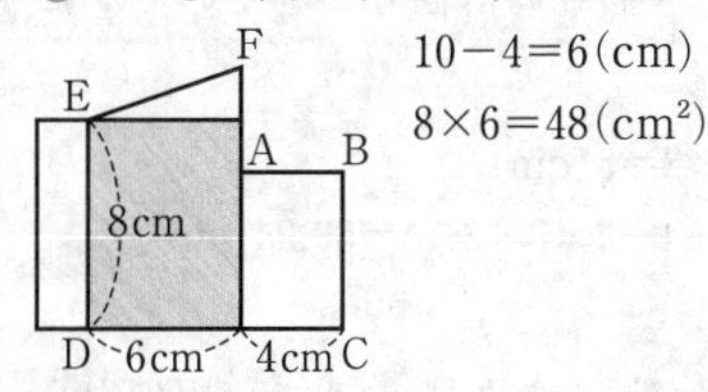

$10-4=6(\text{cm})$
$8\times6=48(\text{cm}^2)$

(3) 重なった部分の面積が $36\ \text{cm}^2$ になるのは，2秒後から5秒後(㋑)のときと，5秒後から9秒後(㋒)のときである。

㋑

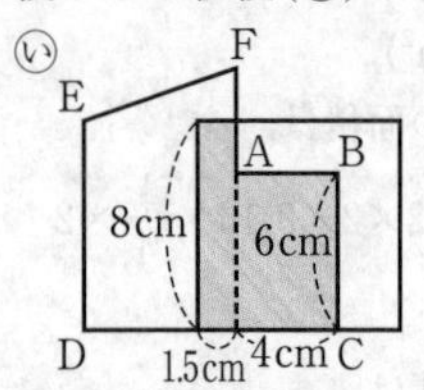

$36-6\times4=12(\text{cm}^2)$

$12\div8=1.5(\text{cm})$

$(1.5+4)\div2=2\frac{3}{4}$(秒後)

㋒

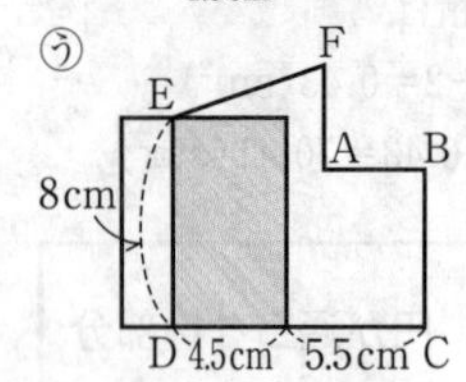

$36\div8=4.5(\text{cm})$

$10-4.5=5.5(\text{cm})$

$(8+5.5)\div2=6\frac{3}{4}$(秒後)

33　43.96 cm

解き方

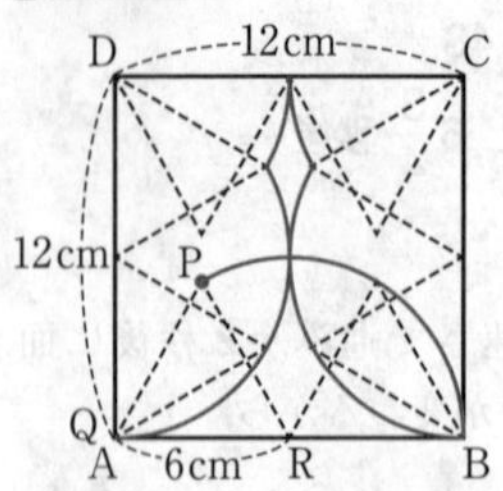

$6\times2\times3.14\times\frac{120+120+30+30+120}{360}$

$=43.96(\text{cm})$

34　(1) ③　(2) 50.24 cm²　(3) ①

解き方

(1) $1\times2\times3.14=6.28(\text{cm})$

$10.99\div6.28=1\frac{3}{4}$(回転)

矢印が $1\frac{3}{4}$ 回転時計回りに動くので③になる。

(2) $3+1\times2=5(\text{cm})$

$5\times5\times3.14-3\times3\times3.14=50.24(\text{cm}^2)$

別解

小さい円が通った面積＝(小さい円の中心が動いた長さ)×(円の直径) で求められる。

$4\times2\times3.14\times2=50.24(\text{cm}^2)$

(3)

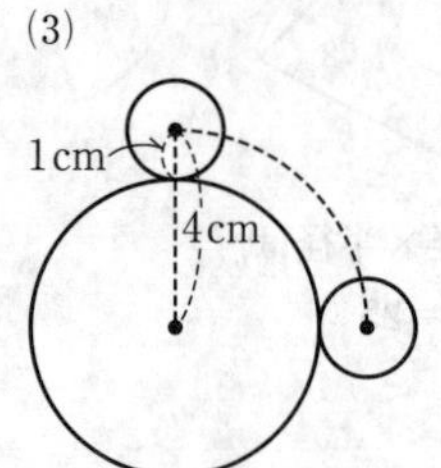

回転数

$=\frac{\text{円の中心が動いた長さ}}{\text{回転する円の円周の長さ}}$

であることから，円の中心が動いた長さは，

$4\times2\times3.14\times\frac{1}{4}=2\times3.14(\text{cm})$

円周の長さは，$1\times2\times3.14=2\times3.14(\text{cm})$

よって，回転数は

$\frac{2\times3.14}{2\times3.14}=1$(回転) となるので，矢印の向きは①である。

第5編

立体図形

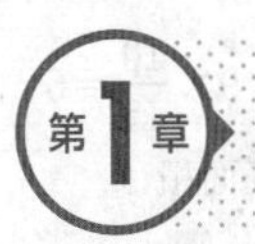

第1章 立体の体積と表面積

p.314～347

p.315

練習問題❶

(1) ❶ 9.3　❷ 3800000　❸ 5.67
　❹ 5.51
(2) ❶ 3.05　❷ 63876

解き方

(2) ❶ $0.467\ \text{m}^3+2.583\ \text{m}^3=3.05(\text{m}^3)$

❷ $60000\ \text{cm}^3+4000\ \text{cm}^3-250\ \text{cm}^3+126\ \text{cm}^3=63876(\text{cm}^3)$

p.316

練習問題❷

(1) ア…13，イ…542
(2) ア…6，イ…216

解き方

(1) $9\times$ア$\times 7=819$　ア$=819\div 63=13(\text{cm})$

イ$=(9\times 13+13\times 7+7\times 9)\times 2=542(\text{cm}^2)$

(2) $216=6\times 6\times 6$ より，ア$=6(\text{m})$

イ$=6\times 6\times 6=216(\text{m}^2)$

p.317

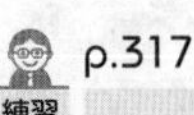

練習問題❸

(1) 354 cm³　(2) 211 cm³

解き方

(1) $6\times 5\times 4+6\times(12-5-4)\times(5+4)+6\times 4\times 3=354(\text{cm}^3)$

(2) $7\times 6\times 8-(7-2)\times(6-1)\times(8-3)=211(\text{cm}^3)$

p.318

練習問題❹

(1) 378 cm²　(2) 706 cm²

解き方

(1) $(7\times 10+7\times 10+7\times 7)\times 2=378(\text{cm}^2)$

(2) $(10\times 12+9\times 12+10\times 9+7\times 5)\times 2=706(\text{cm}^2)$

ここに注意

3方向から見えないへこんでいる部分をたすのを忘れないようにしよう。

p.320

練習問題❺

(1) 五角柱　(2) 辺 AF，辺 BG，辺 CH，辺 DI，辺 EJ
(3) 頂点…10，面…7，辺…15

p.321

練習問題❻

(1) 84 cm³　(2) 50 cm³
(3) 150.72 cm³

解き方

(1) $4\times 6\div 2\times 7=84(\text{cm}^3)$

(2) 底面積は，$3\times 4-2\times 2\div 2=10(\text{cm}^2)$

$10\times 5=50(\text{cm}^3)$

(3) $4\times 4\times 3.14\div 2\times 6=150.72(\text{cm}^3)$

p.322

練習問題❼

(1) 480 cm²　(2) 401.92 cm²
(3) 408.2 cm²

解き方

(1) $10\times 12\div 2\times 2=120(\text{cm}^2)$

$10\times 13\times 2=260(\text{cm}^2)$

$10\times 10=100(\text{cm}^2)$

$120+260+100=480(\text{cm}^2)$

(3) $5\times 5\times 3.14\times 2+8\times 10\times 3.14=(50+80)\times 3.14=408.2(\text{cm}^2)$

p.324

練習問題❽

ア 頂点　イ 面（ア，イは順不同）
ウ 6　エ 6　オ 10　カ 九

解き方

カ…□＋1＋□＋1＋□×2＝38

□×4＋2＝38　□×4＝36

□＝36÷4＝9

p.325

練習問題❾

体積…48 cm³，表面積…96 cm²

解き方

体積は，$6\times6\times4\times\frac{1}{3}=48(\mathrm{cm}^3)$

表面積は，$6\times6+6\times5\div2\times4=96(\mathrm{cm}^2)$

p.326

練習問題❿

(1) 65.94 cm³
(2) ❶ 4　❷ 200.96 cm²

解き方

(1) $3\times3\times3.14\times7\times\frac{1}{3}=65.94(\mathrm{cm}^3)$

(2) ❶ $\frac{120_1}{360_3}=\frac{ア}{12}$（×4）より，ア＝1×4＝4

❷ $4\times4\times3.14+12\times4\times3.14$

$=200.96(\mathrm{cm}^2)$

p.327

練習問題⓫

147 cm³

解き方

小さな角すいと全体の角すいは相似で，相似比は 3：6＝1：2 である。小さな角すいの高さは $14\times\frac{1}{2}=7(\mathrm{cm})$

よって，$6\times6\times14\times\frac{1}{3}-3\times3\times7\times\frac{1}{3}$

$=147(\mathrm{cm}^3)$

p.328

練習問題⓬

1：2

解き方

小さい円すいの底面の半径は，$9\times\frac{10}{15}=6$ (cm) より，小さい円すいの表面積は，

$6\times6\times3.14+10\times6\times3.14$

$=96\times3.14(\mathrm{cm}^2)$

円すい台の表面積は，

$6\times6\times3.14+9\times9\times3.14+(6+9)\times5\times3.14$

$=192\times3.14(\mathrm{cm}^2)$

よって，$(96\times3.14):(192\times3.14)=1:2$

テクニック

比を求められているので，×3.14 の計算はしなくてもよい。

p.330

練習問題⓭

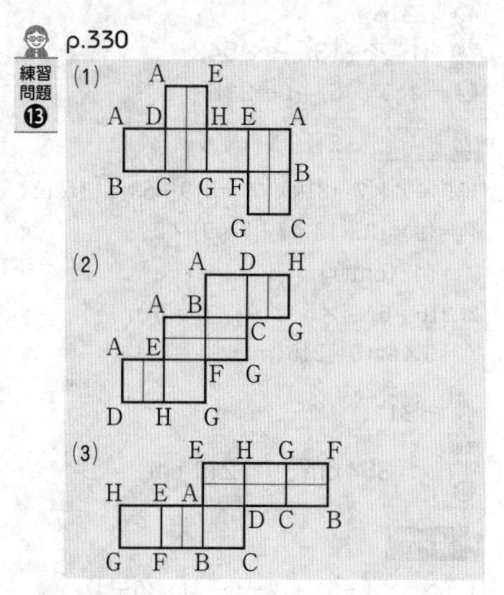

p.331

練習問題⓮

6.72 cm²

解き方

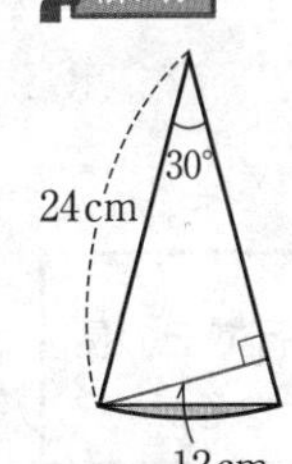

側面のおうぎ形の中心角を□°とすると,

$\frac{□}{360} = \frac{2}{24}$（×15）

□＝2×15＝30

よって，側面は左の図のようになり，三角形の面積は，

24÷2＝12(cm) より，

24×12÷2＝144(cm²)

側面積は　$24\times24\times3.14\times\frac{30}{360}$

＝150.72(cm²)

よって，150.72－144＝6.72(cm²)

p.332

練習問題⑮

(1) 体積…600 cm³，表面積…520 cm²

(2) 体積…37.68 cm³，
表面積…75.36 cm²

解き方

(1) 体積…8×15÷2×10＝600(cm³)

表面積…8×15÷2×2＝120(cm²)

(8＋15＋17)×10＝400(cm²)

120＋400＝520(cm²)

(2) 体積…$3\times3\times3.14\times4\times\frac{1}{3}$＝37.68(cm³)

表面積…3×3×3.14＋3×5×3.14

＝75.36(cm²)

p.333

練習問題⑯

(1) 体積…81.64 cm³，
表面積…119.32 cm²

(2) 体積…2009.6 cm³，
表面積…1004.8 cm²

(3) 体積…628 cm³，
表面積…659.4 cm²

解き方

(1) 体積…3×3×3.14×2＋2×2×3.14×2

＝81.64(cm³)

表面積…3×3×3.14×2＋2×2×3.14×2

＋3×2×3.14×2＝119.32(cm²)

(2)

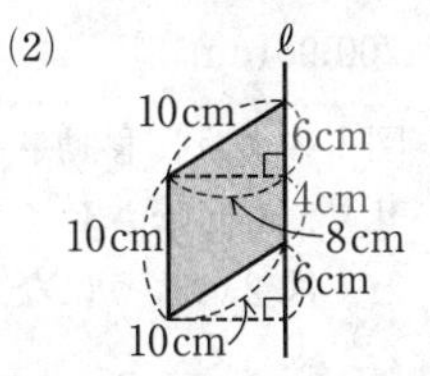

直角三角形の特別な辺の比である「3：4：5」を利用すると，軸の部分の長さは，左の図のようになる。

体積…8×8×3.14×10＋8×8

$\times3.14\times6\times\frac{1}{3}-8\times8\times3.14\times6\times\frac{1}{3}$

＝2009.6(cm³)

別解

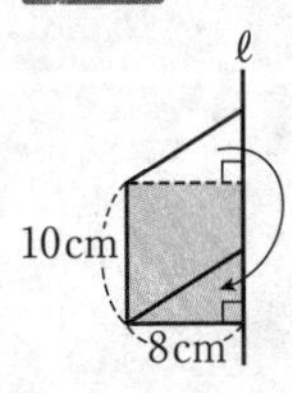

上の直角三角形を図のように移動させると，縦が10 cm，横が8 cmの長方形となるので，体積は

8×8×3.14×10

＝2009.6(cm³)

表面積…8×2×3.14×10＋10×8×3.14×2

＝1004.8(cm²)

(3) 体積…5×5×3.14×12－5×5×3.14

$\times12\times\frac{1}{3}$＝628(cm³)

表面積…5×5×3.14＋5×2×3.14×12

＋13×5×3.14＝659.4(cm²)

p.334

練習問題⑰

(1) 200.96 cm³　　(2) 65.94 cm³

解き方

(1)

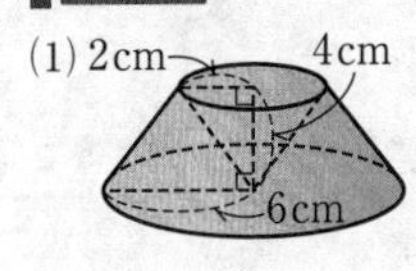

p.327の「公式」より，円すい台の体積は，

(2×2＋2×6＋6×6)

$\times3.14\times4\times\frac{1}{3}$

$=\frac{208}{3}\times3.14$(cm³)

円すいの体積は，$2\times2\times3.14\times4\times\frac{1}{3}$

$=\frac{16}{3}\times3.14$(cm³)

よって，$\frac{208}{3}\times3.14-\frac{16}{3}\times3.14$

$=\left(\frac{208}{3}-\frac{16}{3}\right)\times3.14=200.96(\text{cm}^3)$

(2)(図１)

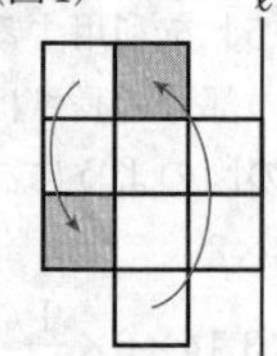

図１のように移動させて，１回転させると，図２のようになる。

(図２)

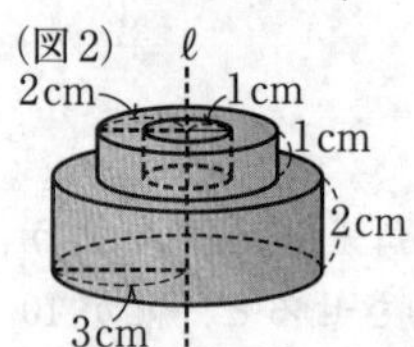

$(2\times2\times3.14-1\times1\times3.14)\times1$
$+3\times3\times3.14\times2$
$=65.94(\text{cm}^3)$

別解

円の相似の関係を利用すると，

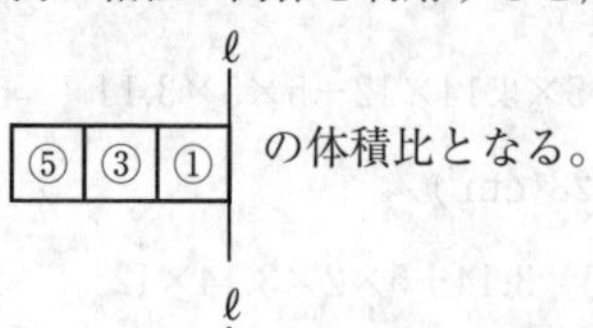

の体積比となる。

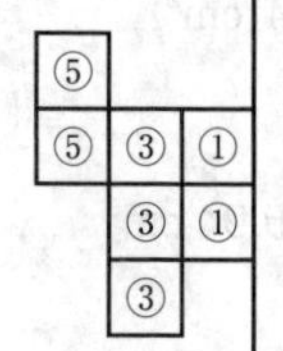

①×2＋③×3＋⑤×2＝㉑
$1\times1\times3.14\times1\times21$
$=65.94(\text{cm}^3)$

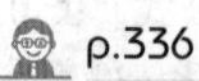

ρ.336

練習問題⑱　(1) 長方形　(2) 二等辺三角形
(3) 平行四辺形

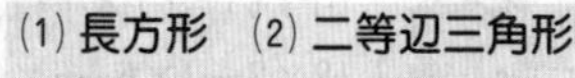

解き方

(1)

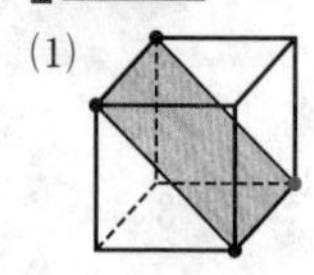

(2)

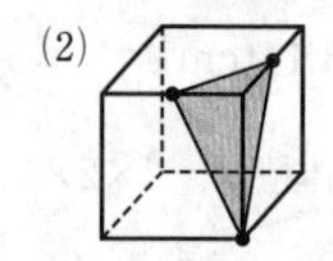

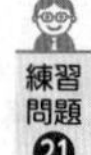

(3)

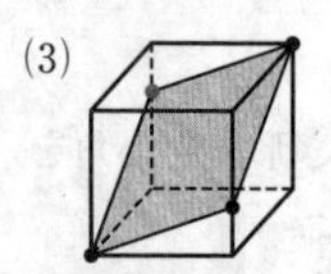

ここに注意

(3) 向かい合っている辺が平行でその長さが等しいので平行四辺形となる。

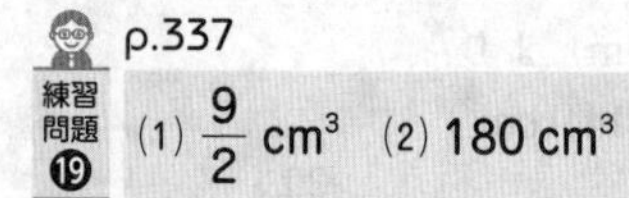

ρ.337

練習問題⑲　(1) $\frac{9}{2}$ cm³　(2) 180 cm³

解き方

(1) $6\div2=3(\text{cm})$

$3\times3\div2\times3\times\frac{1}{3}=\frac{9}{2}(\text{cm}^3)$

(2) 求める立体は右の図のようになる。

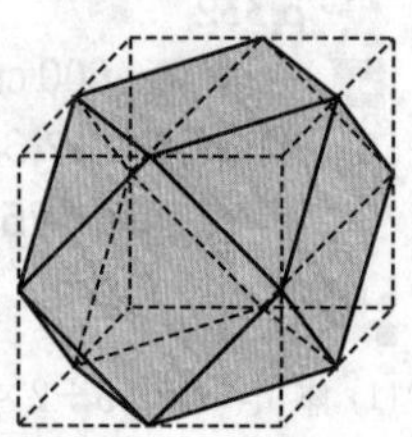

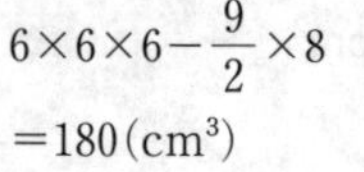

$6\times6\times6-\frac{9}{2}\times8$
$=180(\text{cm}^3)$

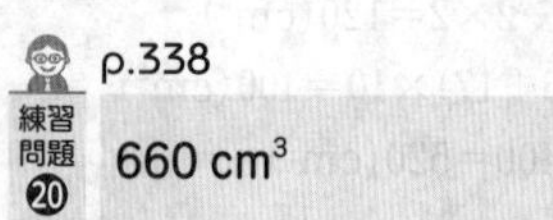

ρ.338

練習問題⑳　660 cm³

解き方

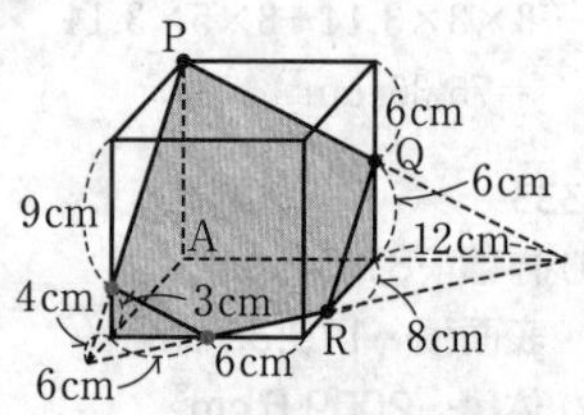

$24\times16\div2\times12\times\frac{1}{3}-4\times6\div2\times3\times\frac{1}{3}$

$-8\times12\div2\times6\times\frac{1}{3}=660(\text{cm}^3)$

ρ.339

練習問題㉑　360 cm²

解き方

三角形PQRの面積は１辺８cmの正方形の面積の $\frac{3}{8}$ だから，$8\times8\times\frac{3}{8}=24(\text{cm}^2)$

三角形PQOとPROとORQの面積の和は，
$8\times8-24=40(\text{cm}^2)$

直方体の表面積は，
$(6\times10+10\times8+6\times8)\times2=376(\text{cm}^2)$

よって，$376-40+24=360(\text{cm}^2)$

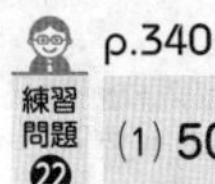

ρ.340 練習問題㉒

(1) 502.4 cm³　(2) 72 cm³

解き方

(1) $4\times4\times3.14\times(8+12)\div2=502.4(\text{cm}^3)$

(2) $3\times8\div2\times(3+7+8)\div3=72(\text{cm}^3)$

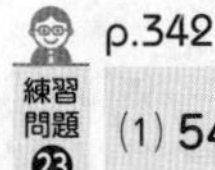

ρ.342 練習問題㉓

(1) 54 cm²　(2) 58 cm²　(3) 56 cm²

解き方

(1) $1\times1\times(9+9+9)\times2=54(\text{cm}^2)$

(2) $1\times1\times(9+9+9+2)\times2=58(\text{cm}^2)$

(3) $1\times1\times(9+9+9+1)\times2=56(\text{cm}^2)$

ここに注意

へこんで見えない部分があることに注意しよう。

ρ.343 練習問題㉔

(1) 22 個　(2) 6 個

解き方

3	2	2	2	3
2	1	1	1	2
3	2	2	2	3

１段目と４段目

2	1	1	1	2
1	0	0	0	1
2	1	1	1	2

２段目と３段目

(1) $3\times2+8\times2=22$(個)

(2) $3\times2=6$(個)

ρ.344 練習問題㉕

体積…44 cm³，表面積…168 cm²

解き方

くりぬいた立体の体積は図のようになる。

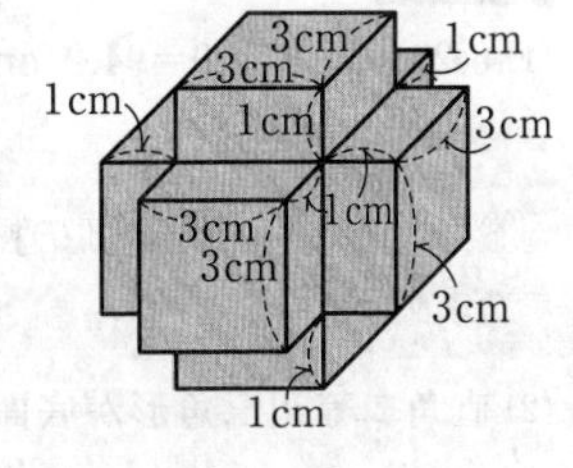

$3\times3\times3$
$+3\times3\times1\times6$
$=81(\text{cm}^3)$

よって，
$5\times5\times5-81=44(\text{cm}^3)$

穴の中の表面積は，
$1\times3\times4\times6=72(\text{cm}^2)$

表面の表面積は，
$(5\times5-3\times3)\times6=96(\text{cm}^2)$

よって，$96+72=168(\text{cm}^2)$

ρ.345 練習問題㉖

24 個

解き方

それぞれの段ごとに，上の切り口と下の切り口をかく。

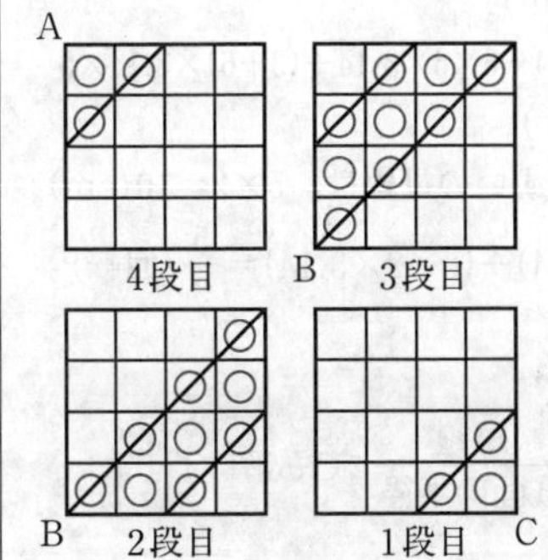

$3+9+9+3=24$(個)

p.346 力をのばす問題

1 (1) 94.2 cm³　(2) $\frac{32}{3}$ cm³

解き方

(1) $6.28\times3\div2\times10=94.2$(cm³)

テクニック

おうぎ形の面積を 弧の長さ×半径÷2 で求める。

(2) 直角二等辺三角形が底面の三角すいなので，$4\times4\div2\times4\times\frac{1}{3}=\frac{32}{3}$(cm³)

2 (1) 263.76 cm³　(2) 282.6 cm²　(3) $\frac{5}{3}$ 回転

解き方

(1)

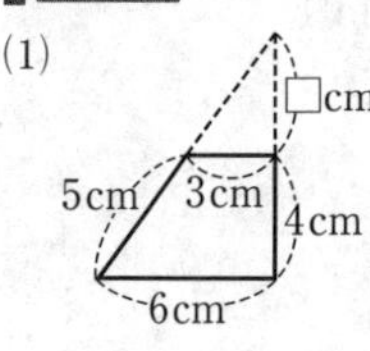

相似を利用して，
6：3＝②：①
②－①＝①
①＝4 cm
□＝4

$6\times6\times3.14\times8\times\frac{1}{3}-3\times3\times3.14\times4\times\frac{1}{3}$
$=263.76$(cm³)

(2) $3\times3\times3.14+6\times6\times3.14+(3+6)\times3.14\times5$
$=282.6$(cm²)

(3) もとの円すいの母線は，$5\times2=10$(cm)

$(10\times2\times3.14)\div(6\times2\times3.14)=\frac{5}{3}$(回転)

テクニック

回転数＝$\frac{母線}{底面の半径}$ でも解ける。

3 (1) 64 cm³　(2) 263.76 cm³

解き方

(1)

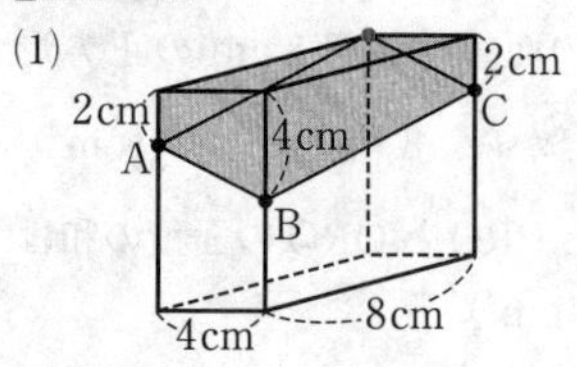

$4\times8\times(0+2+4+2)\div4$
$=64$(cm³)

(2)

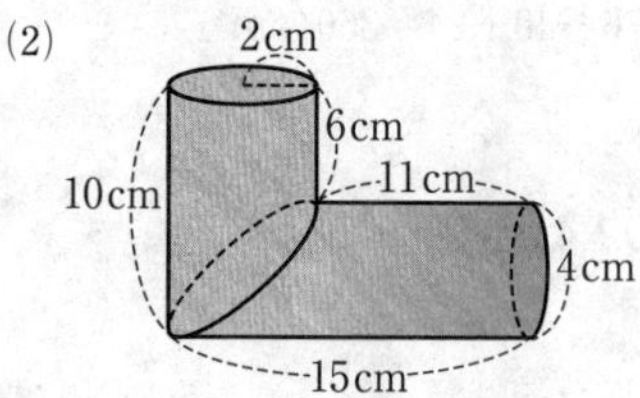

$2\times2=4$(cm)　$15-4=11$(cm)
$10-4=6$(cm)
$2\times2\times3.14\times(11+15)\div2$
$+2\times2\times3.14\times(6+10)\div2$
$=263.76$(cm³)

4 (1) 8 個　(2) 36 個　(3) 27 個　(4) 25 個

解き方

1段目と5段目

3	2	2	2	3
2	1	1	1	2
2	1	1	1	2
2	1	1	1	2
3	2	2	2	3

2段目と3段目と4段目

2	1	1	1	2
1	0	0	0	1
1	0	0	0	1
1	0	0	0	1
2	1	1	1	2

(1) $4\times2=8$(個)
(2) $12\times2+4\times3=36$(個)
(3) $9\times3=27$(個)

(4)

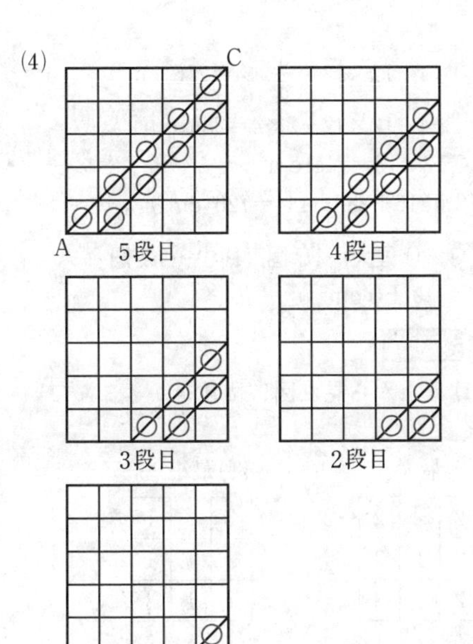

$9+7+5+3+1=25$(個)

ρ.347 力をためす問題

5　**21 cm²**

解き方

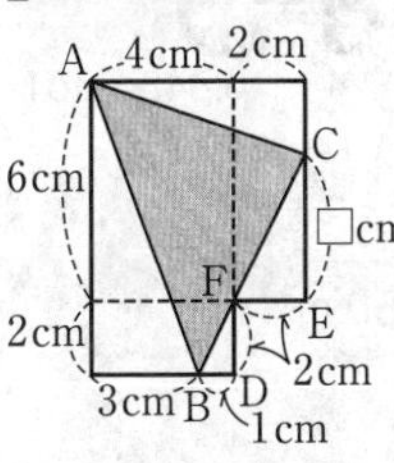

左の図のように点D，E，Fとして，CEの長さを□cmとすると，三角形BDFと三角形FECは相似なので，

1：2＝2：□　□＝4(cm)となる。

$6-4=2$(cm)

$(6+2)\times4+6\times2=44$(cm²)

$8\times3\div2=12$(cm²)　$1\times2\div2=1$(cm²)

$2\times4\div2=4$(cm²)　$6\times2\div2=6$(cm²)

よって，$44-(12+1+4+6)=21$(cm²)

6　(1) **816.4 cm³**　(2) **150.72 cm³**
(3) **91.06 cm³**

解き方

(1)

㋐と㋑に分けて考える。

㋐の立体　㋑の立体

$6\times6\times3.14\times10-4\times4\times3.14\times7$
$+2\times2\times3.14\times3=816.4(\text{cm}^3)$

(2)

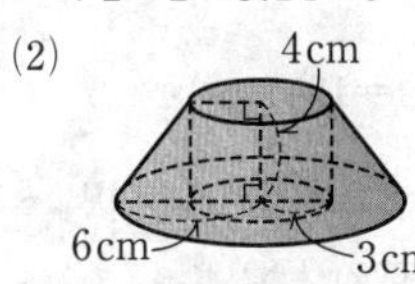

円すい台の体積から円柱の体積をひけばよいので，

$(3\times3+3\times6+6\times6)\times3.14\times4\times\frac{1}{3}$
$-3\times3\times3.14\times4=150.72(\text{cm}^3)$

(3)

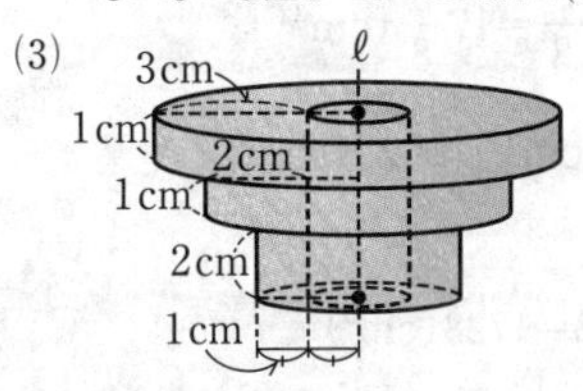

上段部分は，

$(4\times4-1\times1)\times3.14\times1=15\times3.14(\text{cm}^3)$

中段部分は，

$(3\times3-1\times1)\times3.14\times1=8\times3.14(\text{cm}^3)$

下段部分は，

$(2\times2-1\times1)\times3.14\times2=6\times3.14(\text{cm}^3)$

よって，この立体の体積は，

$15\times3.14+8\times3.14+6\times3.14=29\times3.14$
$=91.06(\text{cm}^3)$

7　(1) $\frac{3}{2}$ **cm**　(2) $17\frac{5}{8}$ **cm³**

解き方

(1)

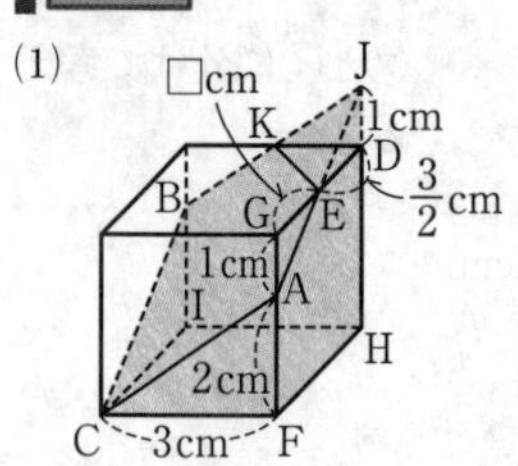

左の図のように，点F，G，H，I，J，Kとし，GE＝□cm とすると，三角形BCIまたは三角形ACFと三角形AEGは相似なので，

3：2＝□：1 より，$□=\frac{3}{2}$(cm)

よって，$DE=3-\frac{3}{2}=\frac{3}{2}$(cm)

(2) 色のついた部分から三角すいJ-EDKをひけばよい。色のついた部分の体積は底面積×高さの平均より，

$3\times3\times(0+2+4+2)\div4=18$(cm^3)

(1)の $DE=\frac{3}{2}$ cm より，$DK=\frac{3}{2}$ cm なので，三角すいJ-EDKの体積は，

$\frac{3}{2}\times\frac{3}{2}\div2\times1\times\frac{1}{3}=\frac{3}{8}$(cm^3)

よって，$18-\frac{3}{8}=17\frac{5}{8}$(cm^3)

8　(1) 1440 cm^3　(2) 720 cm^2

解き方

(1) $12\times12\times12=1728$(cm^3)

$6\times6\div2\times12\times\frac{1}{3}\times4=288$(cm^3)

$1728-288=1440$(cm^3)

(2)

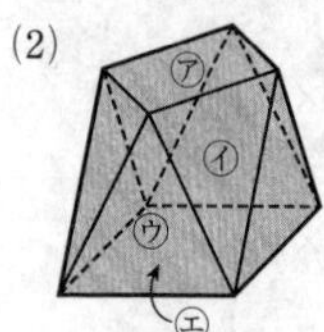

この立体は㋐と㋑×4と㋒×4と㋓からできている。

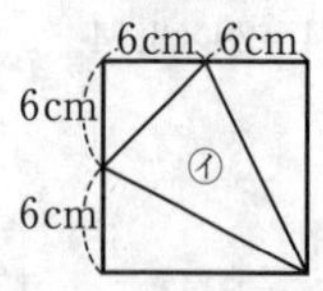

切り取った立体は三角すいであり，その展開図は，正方形になる。

㋐ $12\times12\div2=72$(cm^2)

㋑×4　$12\times12\times\frac{3}{8}\times4=216$(cm^2)

㋒×4　$12\times12\div2\times4=288$(cm^2)

㋓ $12\times12=144$(cm^2)

$72+216+288+144=720$(cm^2)

9　(1) 最大…15個，最小…12個　(2) 50 cm^2

解き方

(1) 真上から見た図に個数をかきこんでいく。

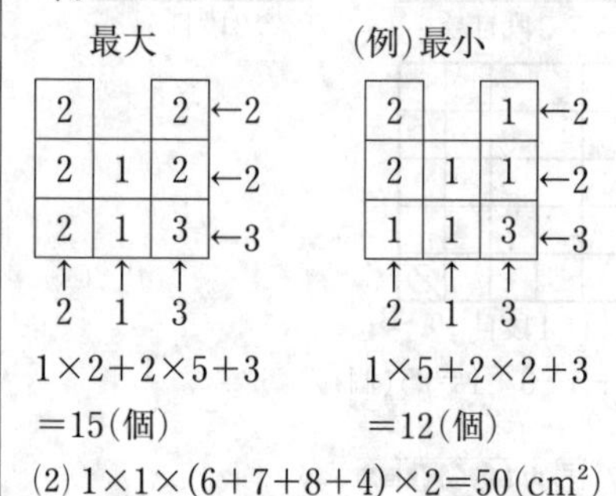

$1\times2+2\times5+3$
$=15$(個)

$1\times5+2\times2+3$
$=12$(個)

(2) $1\times1\times(6+7+8+4)\times2=50$(cm^2)

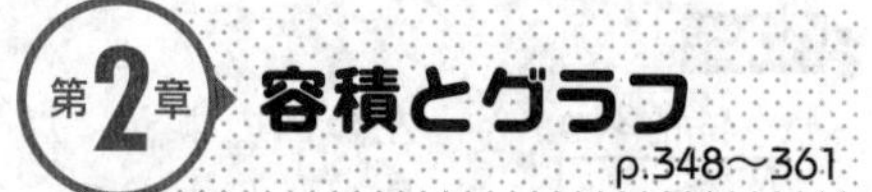

第2章 容積とグラフ

ρ.348～361

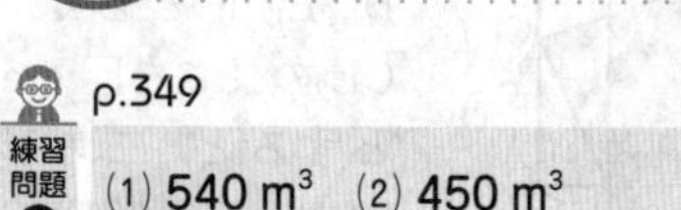

ρ.349

練習問題㉗　(1) 540 m^3　(2) 450 m^3

解き方

(1) $18\times25\times1.2=540$(m^3)

(2) $18\times25\times1=450$(m^3)

ρ.350

練習問題㉘　$\frac{90}{7}$ cm

解き方

A：B：Cの底面積の比は，

$3\times3：2\times2：1\times1=9：4：1$

$9\times20\div(9+4+1)=\frac{90}{7}$(cm)

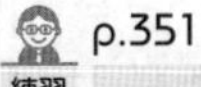

p.351

練習問題㉙ **48 cm²**

解き方

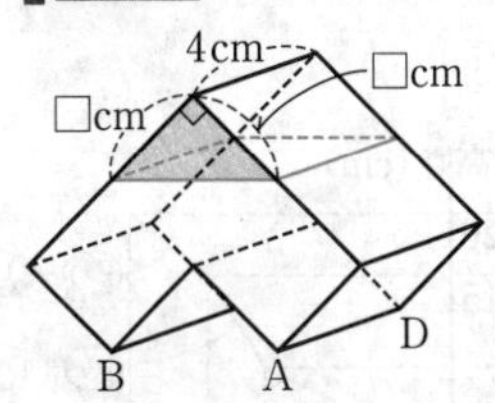

真正面から見たとき，水がふれていない部分は色のついた部分で，

$2\times4=8(\text{cm}^2)$

と等しいので，

$\square\times\square\div2=8$　$\square=4$

よって，$4\times4\times2+8\times2=48(\text{cm}^2)$

p.352

練習問題㉚ (1) **2200 cm³**　(2) **8 cm**

解き方

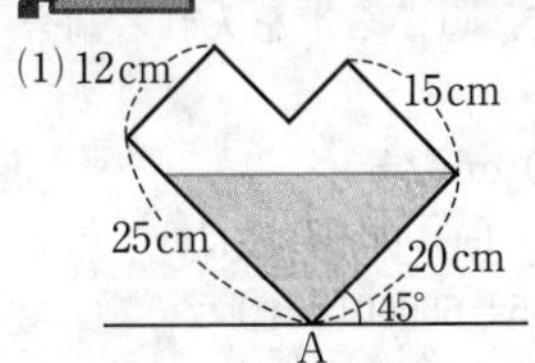

$20\times25-8\times10$

$=420(\text{cm}^2)$

420×10

$=4200(\text{cm}^3)$

色のついた部分の面積は，$20\times20\div2=200(\text{cm}^2)$

$200\times10=2000(\text{cm}^3)$

$4200-2000=2200(\text{cm}^3)$

(2) $200\div25=8(\text{cm})$

p.353

練習問題㉛ **24 cm**

解き方

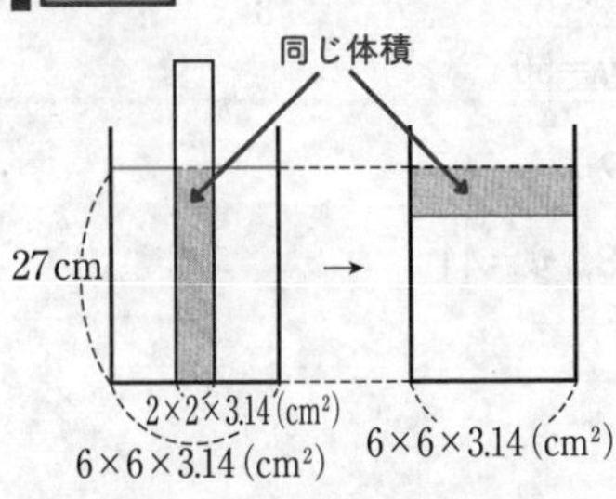

$2\times2\times3.14\times27=108\times3.14(\text{cm}^3)$

$108\times3.14\div(6\times6\times3.14)=3(\text{cm})$

$27-3=24(\text{cm})$

p.354

練習問題㉜ **13 cm**

解き方

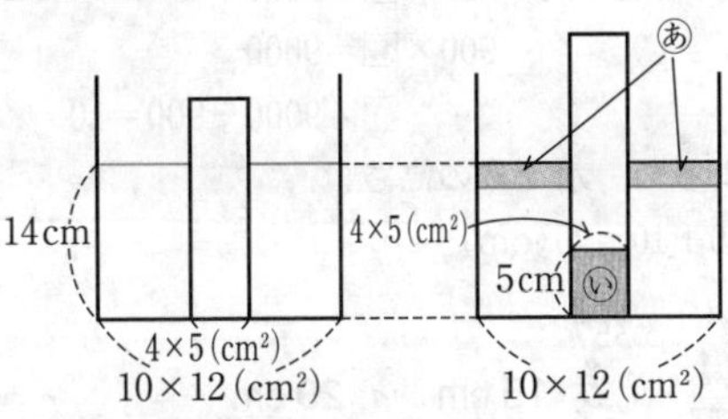

ⓐの体積とⓘの体積は等しい。

$5\times4\times5=100(\text{cm}^3)$

$10\times12-5\times4=100(\text{cm}^2)$

$100\div100=1(\text{cm})$　$14-1=13(\text{cm})$

p.356

練習問題㉝ (1) **500 cm³**　(2) **x=10，y=15**　(3) **20 cm**

解き方

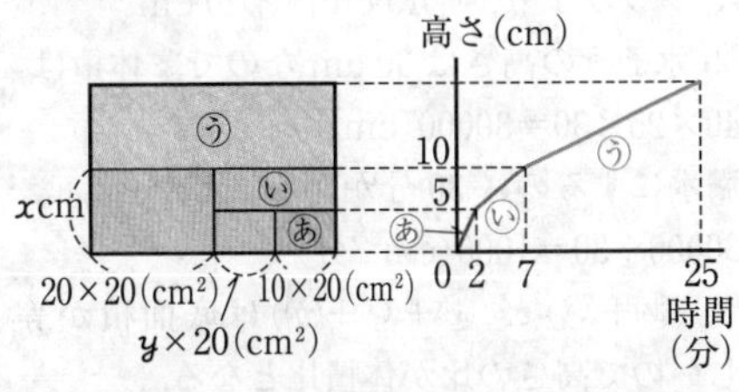

(1) ⓐに水を入れるのに2分かかり，5 cmの高さになることから，

ⓐの体積は，$10\times20\times5=1000(\text{cm}^3)$

よって，1分間に入れた水の量は，

$1000\div2=500(\text{cm}^3)$

(2) グラフより，$x=10$

ⓘに水を入れるのに $7-2=5$(分) かかっているので，ⓘの体積は，

$500\times5=2500(\text{cm}^3)$

よって，$(y+10)\times 20\times(10-5)=2500$

$y+10=2500\div 100=25$

$y=25-10=15$

(3) ㋒に水を入れるのに $25-7=18$(分)かかっているので，㋒の体積は，

$500\times 18=9000$(cm^3)

㋒の高さを□cmとすると，

$(20+15+10)\times 20\times$□$=9000$

$900\times$□$=9000$

□$=9000\div 900=10$

よって，水そうの高さは，

$10+10=20$(cm)

p.357

練習問題34

(1) ㋐ 15 cm　㋑ 20 cm
(2) 1000 cm³　(3) $x=9$，$y=20$

解き方

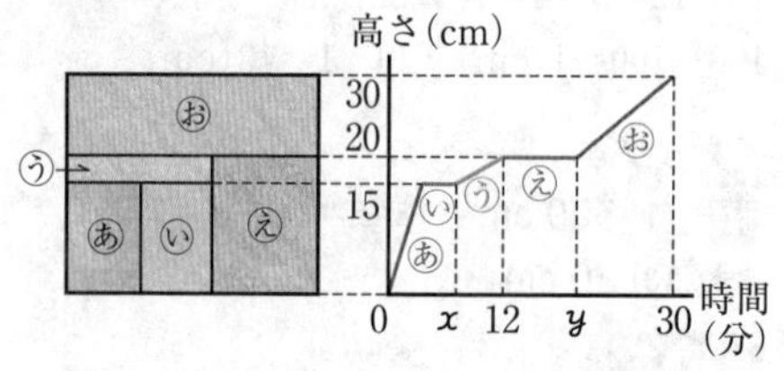

(1) グラフより，㋐15 cm，㋑20 cm

(2) 水そうの高さは 30 cm なので，体積は

$40\times 25\times 30=30000$(cm^3)

満水にするのに 30 分かかることから，

$30000\div 30=1000$(cm^3/分)

(3) (㋐+㋑)と(㋐+㋑+㋒)は底面積が等しいので高さの比が体積比となる。

高さの比が $15:20=$③：④

④の水を入れるのに 12 分かかるので，

④$=12$ より，③$=12\times\dfrac{3}{4}=9$

よって，$x=9$

同じように，(㋐+㋑+㋒+㋓)と(㋐+㋑+㋒+㋓+㋔)の高さの比が $20:30$

$=$[2]：[3]

[3]$=30$ より，[2]$=30\times\dfrac{2}{3}=20$

よって，$y=20$

p.358

練習問題35

$x=37.5$，$y=50$

解き方

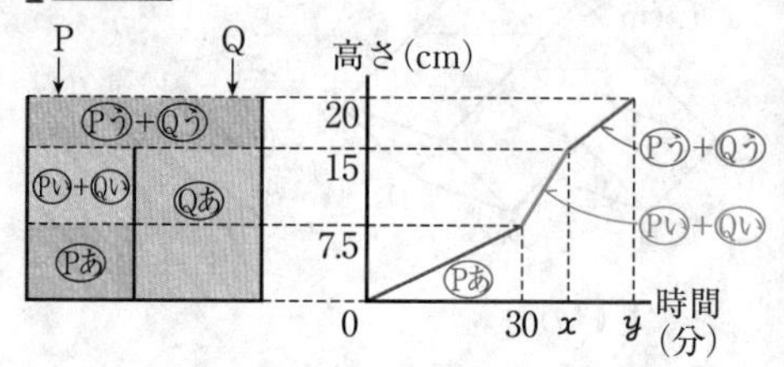

Pあに水を入れるのに 30 分かかるので，

体積は，$400\times 30=12000$(cm^3)

高さは 7.5 cm なのでAの底面積は，

$12000\div 7.5=1600$(cm^2)

Qあの高さは 15 cm なので体積は，

$2400\times 15=36000$(cm^3)

30 分かかるので，Qから水を入れる割合は

$36000\div 30=1200$(cm^3/分)

(Pあ+Qあ+Pい+Qい)の体積は，

$(1600+2400)\times 15=60000$(cm^3)

PとQの両方から水が入るので，

$60000\div(400+1200)=37.5$(分)

よって，$x=37.5$

(Pあ+Qあ+Pい+Qい)と(Pあ+Qあ+Pい+Qい+Pう+Qう)は底面積が等しいので，高さの比が体積比となる。

高さの比が $15:20=$③：④

③の水を入れるのに 37.5 分かかるので，

③$=37.5$ より，④$=37.5\times\dfrac{4}{3}=50$

よって，$y=50$

p.359

練習問題36

$x=3$，$y=41$

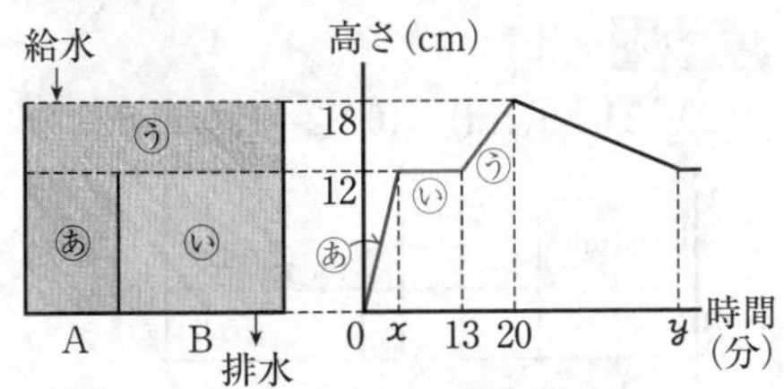

㋒の高さは 18−12=6(cm) であるから，
体積は 350×6=2100(cm³)
㋒に水をためるのに 20−13=7(分) かかっているので，
毎分 2100÷7=300(cm³) ずつたまっている。
よって，排水管からは，
毎分 400−300=100(cm³) ずつ水が排水されている。
㋒の体積分を排水するには，
2100÷100=21(分)
よって，$y=20+21=41$
400 cm³ ずつ x 分と 300 cm³ ずつ $(13-x)$ 分で 350×12=4200(cm³) 入ったので，
つるかめ算で考えて，
↑p.392 参照
$x=(4200-300\times13)\div(400-300)=3$

p.360 力をのばす問題

10 (1) **4396 cm³** (2) **15 cm**

解き方

(1)

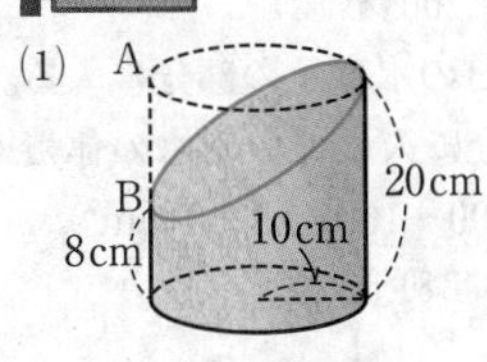

AB=12 cm なので，容器の中に残った水の最も低い部分の高さは，
20−12=8(cm)
このような水の体積は 底面積×高さの平均 で求められるので，
10×10×3.14×(20+8)÷2=4396(cm³)

(2)

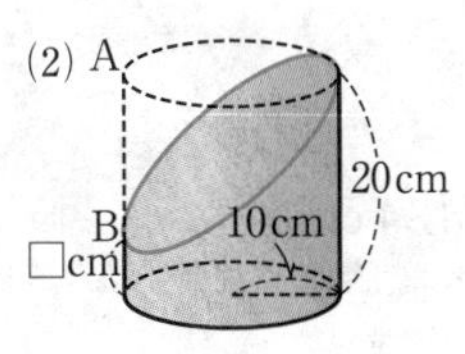

水の最も低い部分の高さを□cmとする。
容器の中に残った水の量が満水時の $\frac{5}{8}$ になることから，
$10\times10\times3.14\times(20+\square)\div2$
$=10\times10\times3.14\times20\times\frac{5}{8}$
$(20+\square)=20\times\frac{5}{8}\times2=25$
$\square=5$
よって，20−5=15(cm)

11 (1) $\frac{72}{25}\left(2\frac{22}{25}\right)$ **cm** (2) **72 cm³**

解き方

(1)

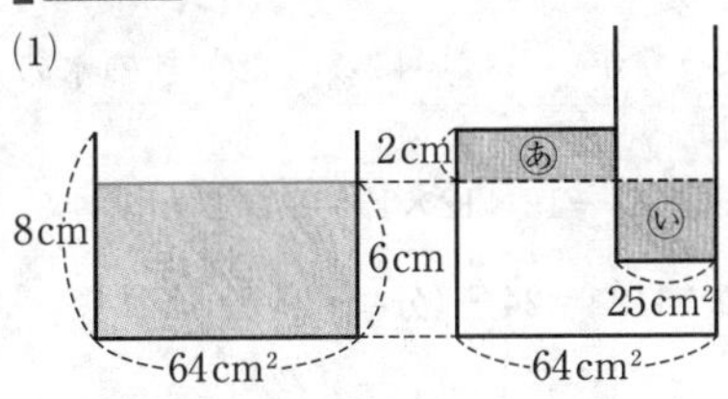

8×8=64(cm²)　5×5=25(cm²)
㋐の体積は，
64−25=39(cm²)　8−6=2(cm)
39×2=78(cm³)
㋐の体積と㋑の体積が等しいので，㋑の高さは，$78\div25=\frac{78}{25}=3\frac{3}{25}$(cm)
よって，$6-3\frac{3}{25}=2\frac{22}{25}=\frac{72}{25}$(cm)

(2)

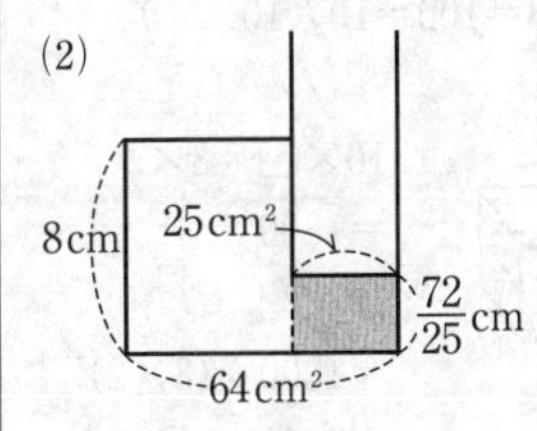

(1)の状態からおもりを容器の底まで入れると，色のついた部分の体積がおし出されて容器からこぼれるので，

$25\times\frac{72}{25}=72(\text{cm}^3)$

12　(1) 12 cm　(2) 1134 cm³　(3) 24分40秒後

解き方

(1) 水を入れてから8分後にグラフのかたむきが変わるので，8分後の水面の高さが立方体の1辺と等しいことになる。6分で高さが9 cmなので，

$9\div6=1.5(\text{cm/分})$　$1.5\times8=12(\text{cm})$

(2) 立方体をのぞいた部分の底面積は，

$30\times30-12\times12=756(\text{cm}^2)$

(1)より，8分後までは毎分 $\frac{3}{2}$ cm ずつ水面が上がっているので，

$756\times\frac{3}{2}=1134(\text{cm}^3)$

(3) 水そうがいっぱいになったときの水の体積は，

$30\times30\times33-12\times12\times12=27972(\text{cm}^3)$

$27972\div1134=24\frac{2}{3}(\text{分})\rightarrow$ 24分40秒後

p.361 力をためす問題

13　30

解き方

図1の底面の正方形の1辺の長さを △ cm とすると，

$1.8\ \text{L}=1800\ \text{cm}^3$

$\triangle\times\triangle\times18=1800$

$\triangle\times\triangle=1800\div18=100=10\times10$ より，

$\triangle=10$

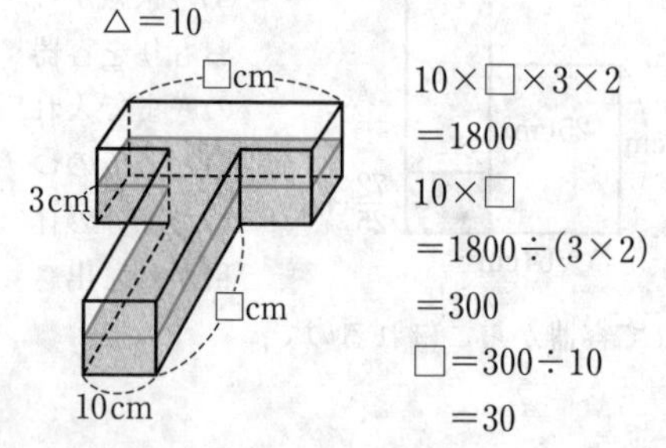

$10\times\square\times3\times2$
$=1800$
$10\times\square$
$=1800\div(3\times2)$
$=300$
$\square=300\div10$
$=30$

14　(1) 550 cm²　(2) 約 6.5 cm

解き方

(1) $20-11=9(\text{cm})$　$10+2=12(\text{cm})$

11cm　あ　9cm　150cm²　い　12cm

図2の直方体が水中にあることから，あの体積といの体積は等しい。

$10\times15\times11=1650(\text{cm}^3)$

$12-9=3(\text{cm})$　$1650\div3=550(\text{cm}^2)$

(2) 図1の水の体積は，

$(550-150)\times9=3600(\text{cm}^3)$

$3600\div550=6.54\cdots(\text{cm})$

15　(1) 7.5 cm　(2) 3分50秒後　(3) 7分10秒後

解き方

(1) 1分後のアの部分に入る水の体積は，

$100\times60=6000(\text{cm}^3)$

アの部分の底面積は $20\times40=800(\text{cm}^2)$

よって，水面の高さは，

$6000\div800=7.5(\text{cm})$

(2) アの部分の水面が20 cmになるのは，

$(20\times40\times20)\div100=160(\text{秒後})$

これ以降の給水管Aの水はイの部分に入る。

ウの部分の水面が20 cmになるのは，

$(20\times40\times20)\div80=200(\text{秒後})$

これ以降の給水管Bの水はイの部分に入る。

200秒後のイの部分に入っている水の体積は，$(100-20)\times(200-160)=3200(\text{cm}^3)$

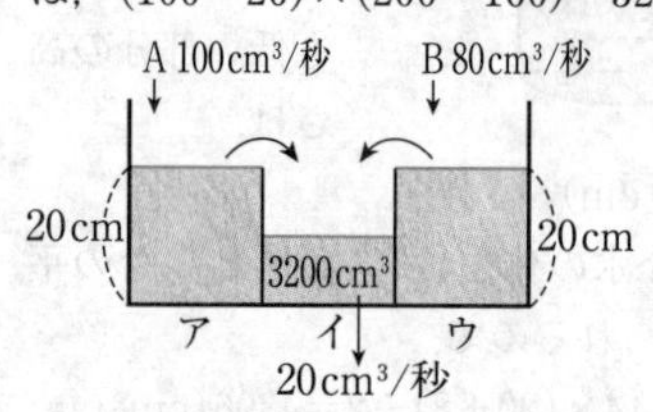

イの部分の水面の高さが10 cmになるのに必要な水の体積は，

$20 \times 40 \times 10 = 8000 (cm^3)$
200 秒後にイの部分に $3200\ cm^3$ の水が入っているので，残りの水の体積は，
$8000 - 3200 = 4800 (cm^3)$ となる。
200 秒後より後は，イの部分に入る水の量は，$100 + 80 - 20 = 160 (cm^3/秒)$ なので，
$4800 \div 160 = 30$(秒)
よって，イの部分の水面の高さが 10 cm になるのは，
$200 + 30 = 230$(秒後) → 3 分 50 秒後
(3) (2)以降，水そうが満水になるためには，下の図の色のついた部分に水が入ればよい。
色のついた部分の体積は，
$(20 \times 3) \times 40 \times 10 + 20 \times 40 \times 10$
$= 32000 (cm^3)$

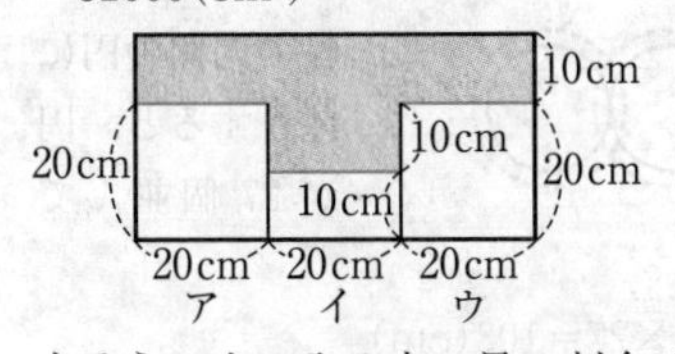

水そうの中に入る水の量の割合は，
$100 + 80 - 20 = 160 (cm^3/秒)$
よって，$32000 \div 160 = 200$(秒)
$230 + 200 = 430$(秒後) → 7 分 10 秒後

第6編

文章題

第1章 規則性や条件についての問題

p.366～385

p.368

練習問題❶ (1) 14 m　(2) 350 m

解き方

(1) 両はしに木を植えないので，
間の数$-1=$木の数 である。
間の数$-1=15$ より，間の数$=16$
よって，$224\div16=14$(m)
(2) 間の数$=$木の数 より，
$14\times25=350$(m)

p.369

練習問題❷ (1) 22 本　(2) 8 m

解き方

(1) $75+105+150=330$(m)
75 と 105 と 150 の最大公約数は 15 なので，
$330\div15=22$(本)
(2) 電柱と木の数は合わせて $4+46=50$(本)となることから，間の数も 50 個となるので，$(80+120)\times2=400$(m)
$400\div50=8$(m)
80 m も 120 m も 8 でわり切れるので，間かくは 8 m

p.370

練習問題❸ 109 cm

解き方

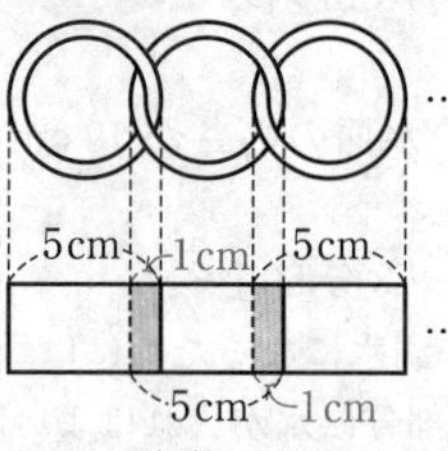

テープと同じように考えると，つなぎ目は
$(5-4)\div2\times2$
$=1$(cm) となる。

よって全体の長さは，
$5\times27-1\times(27-1)=109$(cm)

別解

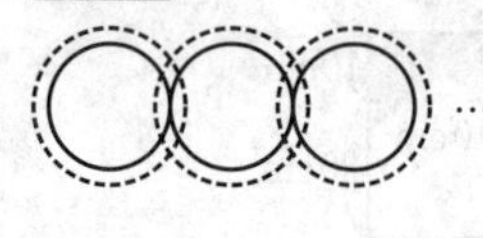

輪の内側の円に注目すると，円が 27 個並んでいる。
よって，$4\times27=108$(cm)
両はしの輪の太さを合わせると，
$(5-4)\div2\times2=1$
よって，全体の長さは，$108+1=109$(cm)

p.371

練習問題❹ 4時間 40 分

解き方

24 個つくるときの作業をする回数は，
$24\div6=4$(回) なので，
休けいの回数は，$4-1=3$(回)
1 回の作業時間は，$(60\times2-8\times3)\div4=24$(分) となる。
54 個つくるときの回数は $54\div6=9$(回)なので，休けいの回数は $9-1=8$(回)
よって，54 個つくるには，
$24\times9+8\times8=280$(分) より，4 時間 40 分

p.372

練習問題❺　(1) 8　(2) 8

解き方

(1) 8 をかけあわせてできる数の一の位の数字は「8, 4, 2, 6」のくり返しになるので，$25\div4=6$ あまり 1 より ⑧, 4, 2, 6

(2) $2\times3\times6\times7\times9$ のくり返しなので，
$127\div5=25$ あまり 2
よって 2 を 26 回，3 を 26 回，6 を 25 回，7 を 25 回, 9 を 25 回かけあわせた数になる。
2 は「2, 4, 8, 6」のくり返しなので，
$26\div4=6$ あまり 2 より，2, ④, 8, 6
3 は「3, 9, 7, 1」のくり返しなので，
$26\div4=6$ あまり 2 より，3, ⑨, 7, 1
6 は「6」のくり返しなので，6
7 は「7, 9, 3, 1」のくり返しなので，
$25\div4=6$ あまり 1 より，⑦, 9, 3, 1
9 は「9, 1」のくり返しなので，
$25\div2=12$ あまり 1 より，⑨, 1
よって，127 個かけあわせてできる数の一の位の数字は，$4\times9=3\underline{6}$　$\underline{6}\times6=3\underline{6}$
$\underline{6}\times7=4\underline{2}$　$\underline{2}\times9=1\underline{8}$ より，8

別解

$2\times3\times6\times7\times9$ を 1 組とすると，この組の積の一の位は $2\times3\times6\times7\times9=2268$ から 8 となる。
$127\div5=25$ あまり 2 より，8 を 25 回，2 を 1 回，3 を 1 回かけあわせた数になる。
8 は「8, 4, 2, 6」のくり返しなので，
$25\div4=6$ あまり 1 より，⑧, 4, 2, 6
$8\times2=1\underline{6}$　$\underline{6}\times3=1\underline{8}$ より，8

p.373

練習問題❻　(1) ❶ 3 月 14 日　❷ 55 日間
(2) ❶ 110 日後　❷ 11 月 22 日

解き方

(1) ❶ $22+20=\overset{(2月)}{42}\xrightarrow[-28]{}\overset{(3月)}{14}$

❷ $\overset{(4月)}{17}\xrightarrow[+31]{}\overset{(3月)}{48}\xrightarrow[+28]{}\overset{(2月)}{76}$
よって，$76-22+1=55$(日間)

(2) ❶ $\overset{(5月)}{1}\xrightarrow[+30]{}\overset{(4月)}{31}\xrightarrow[+31]{}\overset{(3月)}{62}\xrightarrow[+28]{}\overset{(2月)}{90}\xrightarrow[+31]{}\overset{(1月)}{121}$
よって，$121-11=110$(日後)

❷ $\overset{(1月)}{11}\xrightarrow[+31]{}\overset{(12月)}{42}\xrightarrow[+30]{}\overset{(11月)}{72}$
$72-50=22$ より，11 月 22 日

ここに注意
月をそろえるとき，どの月の日数をたすのかひくのかに注意しよう。

p.374

練習問題❼　(1) 火曜日　(2) 土曜日

解き方

(1) $\overset{(10月)}{24}\xrightarrow[+30]{}\overset{(9月)}{54}\xrightarrow[+31]{}\overset{(8月)}{85}\xrightarrow[+31]{}\overset{(7月)}{116}\xrightarrow[+30]{}\overset{(6月)}{146}$
$146-24=122$(日後)
$122\div7=17$ あまり 3
あまり…0　1　2　③　4　5　6
曜　日…土　日　月　(火)　水　木　金
よって，火曜日

(2) $\overset{(11月)}{4}\xrightarrow[+31]{}\overset{(10月)}{35}\xrightarrow[+30]{}\overset{(9月)}{65}\xrightarrow[+31]{}\overset{(8月)}{96}\xrightarrow[+31]{}\overset{(7月)}{127}$
$\xrightarrow[+30]{}\overset{(6月)}{157}\xrightarrow[+31]{}\overset{(5月)}{188}\xrightarrow[+30]{}\overset{(4月)}{218}\xrightarrow[+31]{}\overset{(3月)}{249}$
$\xrightarrow[+28]{}\overset{(2月)}{277}\xrightarrow[+31]{}\overset{(1月)}{308}$
$308-25=283$(日前)
$283\div7=40$ あまり 3
あまり…0，1，2，③，4，5，6
曜　日…火，月，日，(土)，金，木，水
よって，土曜日

p.375

練習問題❽　(1) 120　(2) 383
(3) (29, 4)

解き方

(1) 上から1行目の数は
1, 3(＝1＋2), 6(＝1＋2＋3),
10(＝1＋2＋3＋4), … の三角数が並んでいる。
よって，(1, 15) は，
1＋2＋…＋15＝(1＋15)×15÷2＝120

(2)

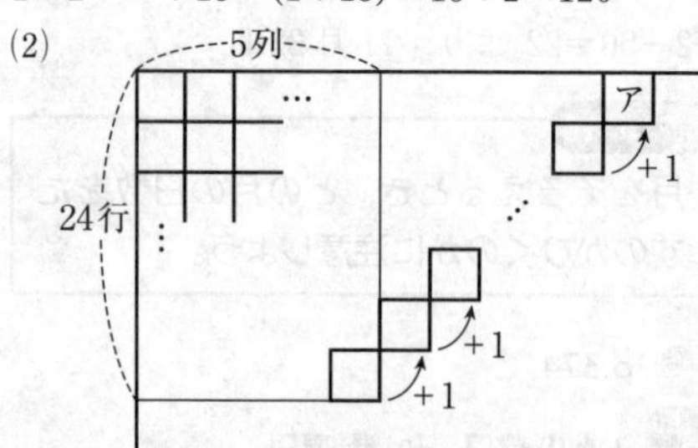

24行なので，＋1は23回ある。
よって，アは 5＋23＝28(列目) なので，
(1＋28)×28÷2＝406
(24, 5) の数字は23たすと406になるので，406−23＝383

(3) 500に最も近い三角数は，
1＋2＋…＋31＝496

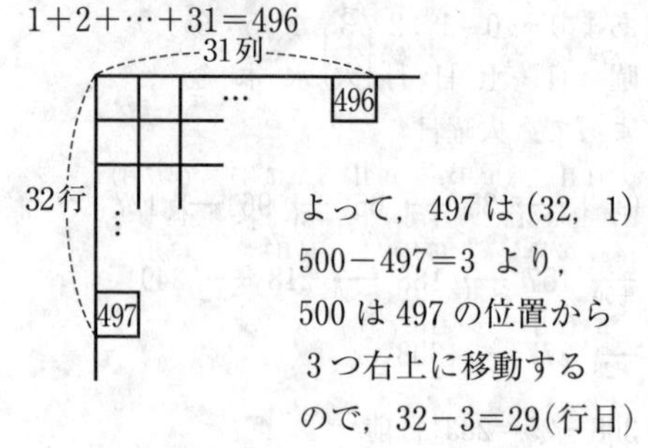

よって，497は (32, 1)
500−497＝3 より，
500は497の位置から3つ右上に移動するので，32−3＝29(行目)
1＋3＝4(列目)
よって，500は (29, 4)

テクニック

500に近い三角数を見つけるには
(□＋1)×□÷2＝500
(□＋1)×□＝1000
(□＋1)と□は1ちがいの数なので，2数は同じ数と考え，平方数を手がかりに見つけていくとよい。

p.376

練習問題 ❾

(1) **100個**
(2) **黒のご石のほうが10個多い**
(3) **白…45個，黒…55個**

解き方

番目	1	2	3	4	…
白	1	1	6	6	…
黒	0	3	3	10	…
和	1	4	9	16	…
差	白が1個多い	黒が2個多い	白が3個多い	黒が4個多い	…

(1) 表より，□番目の白と黒のご石の和は□×□(個) になっていることから，10番目のご石の和は，10×10＝100(個)
(2) 表より，奇数番目は白が多く，偶数番目は黒が多い。また，□番目の差が□個になっていることから，10番目は黒のほうが10個多い。
(3) 白は (100−10)÷2＝45(個)，
黒は 45＋10＝55(個)

p.377

練習問題 ❿

(1) **棒の本数…30本，**
ねん土玉の個数…15個
(2) **棒の本数…84本，**
ねん土玉の個数…36個

解き方

□番目	1	2	3	…
棒の本数	3	9 (+6)	18 (+9)	… (+12)
ねん土玉の個数	3	6 (+3)	10 (+4)	… (+5)
正三角形の個数	1	4	9	…

(1) 棒の本数は，18＋12＝30(本)
ねん土玉の個数は，10＋5＝15(個)
(2) □番目の正三角形の個数は □×□(個) なので，49＝7×7
よって，正三角形が49個できるのは7番目で，7番目の図形の棒の本数は，増える

数が３ずつ増えているので,

４番目　５番目　６番目　７番目

30 →(+15) 45 →(+18) 63 →(+21) 84(本)

ねん土玉の個数は，増える数が１ずつ増えているので,

４番目　５番目　６番目　７番目

15 →(+6) 21 →(+7) 28 →(+8) 36(個)

p.378

練習問題⑪　(1) 11個　(2) 56個

解き方

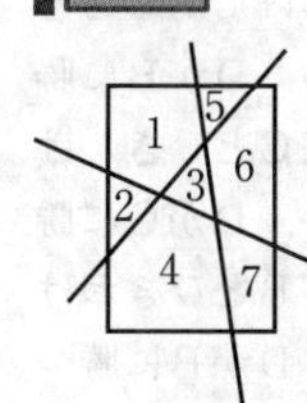

直線を３本ひくと７個の部分に分けられる。

□本の直線	1	2	3	…	□
分けられた部分	2	4	7	…	1+1+2+…+□

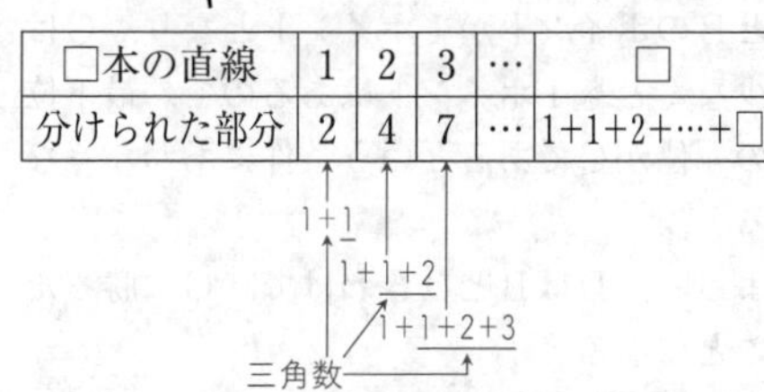

(1) $1+1+2+3+4=11$(個)

(2) $1+1+2+\cdots+10=1+(1+10)\times10\div2$
$=56$(個)

p.379

練習問題⑫　(1) ４人　(2) ３人

解き方

(1) $35-17=18$　$(12+10)-18=4$(人)

(2) クラス(35人)
姉がいる人(14人)　妹がいる人
㋐　①　㋑　④

妹がいない人は ㋐＋④ であり,

㋐＝14－① である。

よって，14－①＋④＝23

14　＋③　＝23

③　＝23－14＝9

①　＝9÷3＝3(人)

姉も妹も両方いる人は①なので，３人

p.380

練習問題⑬　６人以上24人以下

解き方

㋐重なりが最小の場合は両方不正解の人が少ない場合なので，不正解の人を７人と考える。

$60-7=53$(人)　$(35+24)-53=6$(人)

㋑重なりが最大の場合はＡを正解した人かＢを正解した人の少ないほうの人数なので,

24人

よって，ＡとＢ両方とも正解した人は６人以上24人以下

p.381

練習問題⑭　(1) 80個　(2) 40個

解き方

(1) 1～200の整数のうち

３の倍数は，$200\div3=66$ あまり２→66(個)

４の倍数は，$200\div4=50$(個)

５の倍数は，$200\div5=40$(個)

３と４の公倍数は,

$200\div12=16$ あまり８→16(個)

３と５の公倍数は,

$200\div15=13$ あまり５→13(個)

４と５の公倍数は，$200\div20=10$(個)

３と４と５の公倍数は,

$200\div60=3$ あまり20→3(個)

３の倍数か４の倍数か５の倍数のいずれかの倍数の数は，ベン図より,

66＋27＋7＋20＝120(個)

よって，200－120＝80(個)

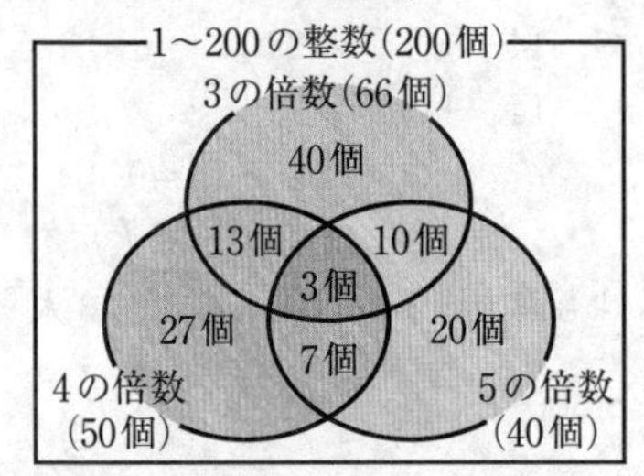

(2) ベン図より，40個

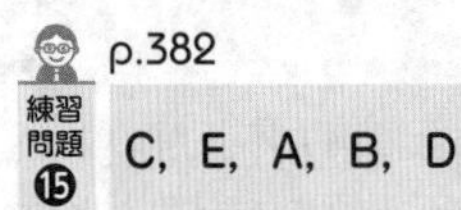

p.382

練習問題⑮

C，E，A，B，D

解き方

Aさんの話から，

高 ―B―A―C― 低

または

高 ―C―A―B― 低

となるが，Cさんの話からCとEが点数の高い2人だとわかるので，

高 ―C―A―B― 低

となる。

Bさんの話から，

高 ―C―A―B―D― 低

となる。

Dさんの話から，

高 ―C―A―B―D― 低
　　E

となる。

よって，C，E，A，B，D

p.383

練習問題⑯

(1) 2勝0敗1ひきわけ

(2) A…2位，6ポイント
B…3位，2ポイント
C…4位，1ポイント
D…1位，7ポイント

解き方

(1) 4チームで総当たり戦を行うことから，各チームは3試合ずつ戦うことになる。

1位のチームは7ポイントなので，

3×2＋1×1＝7 より，1位のチームは2勝0敗1ひきわけである。

(2) AはBに勝っていることから，Bは少なくとも1回負けていて，Cは勝ちがなく，DはAに勝っていることから，Aは少なくとも1回負けている。よって，(1)より，1位はDとわかる。整理すると，

	＼	A	B	C	D
	A	＼	○		×
	B	×	＼	△	
4位	C		△	＼	
1位	D	○			＼

(○：勝ち △：ひきわけ ×：負け)

Dは2勝0敗1ひきわけであることから，DがBに勝ってCとひきわけるか，DがCに勝ってBとひきわける。DがBに勝つとBのポイントが1ポイントとなり，Cは少なくとも1ポイントはあるので，最下位の4位がCであるという条件にあわなくなる。

よって，DはBとひきわけて，Cに勝ったことになる。

	＼	A	B	C	D
2位	A	＼	○	○	×
3位	B	×	＼	△	△
4位	C	×	△	＼	×
1位	D	○	△	○	＼

ポイントは，

A：3×2
＝6(ポイント)

B：1×2
＝2(ポイント)

C：1×1＝1(ポイント)

D：3×2＋1×1＝7(ポイント)

p.384 力をのばす問題

1 (1) **32本**　(2) **64本**

解き方

(1) 120 m はなれたA，B間に3 m おきに黄色の旗を立てるには

120÷3＋1＝41(本) 必要となるが，すでに

赤色の旗が立っている所には黄色の旗は立てない。すでに赤色の旗が立っている所は，3 と 5 の最小公倍数 15 より，
$120\div15+1=9$(か所)
よって，$41-9=32$(本) 必要となる。
(2) 120 m はなれた A，B 間に 1 m おきに青色の旗を立てるには
$120\div1+1=121$(本) 必要となるが，すでに赤色の旗と黄色の旗が立っている所には青色の旗は立てない。
赤色の旗は $120\div5+1=25$(本)，
黄色の旗は(1)より，32 本立てているので，
青色の旗は $121-(25+32)=64$(本) 必要となる。

2　138.16 cm

解き方

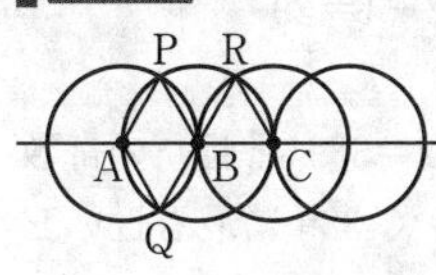

左の図のように円と円の交点をそれぞれ P，Q，R とすると，三角形 ABP はそれぞれ円の半径を 1 辺とする三角形なので，正三角形である。同じように三角形 ABQ も正三角形なので，$360°-60°\times2=240°$ より，弧 PQ のうち長いほうは，半径 3 cm，中心角 240° のおうぎ形の弧になる。そして，この弧が両側にあるので，
$3\times2\times3.14\times\dfrac{240}{360}\times2=25.12$(cm)
三角形 BCR も正三角形なので，角 PBR は，$180°-60°\times2=60°$
弧 PR は半径 3 cm，中心角 60° のおうぎ形の弧になる。
円は 20 個あることから，PR と同じ長さのものが上下合わせて，
$(20-2)\times2=36$(か所) あり，その合計は，
$3\times2\times3.14\times\dfrac{60}{360}\times36=113.04$(cm)
よって，$25.12+113.04=138.16$(cm)

3　(1) 土曜日　(2) 4月10日

解き方

(1) (9月)1 $\xrightarrow[+31]{}$ (8月)32 $\xrightarrow[+31]{}$ (7月)63 $\xrightarrow[+30]{}$ (6月)93 $\xrightarrow[+31]{}$ (5月)124 $\xrightarrow[+30]{}$ (4月)154 $\xrightarrow[+31]{}$ (3月)185 $\xrightarrow[+28]{}$ (2月)213 $\xrightarrow[+31]{}$ (1月)244
よって，$244-1=243$(日後)
$243\div7=34$ あまり 5

あまり…	0	1	2	3	4	(5)	6
曜　日…	月	火	水	木	金	(土)	日

よって，土曜日
(2) 1 月 2 日が 1 回目の火曜日なので，
15 回目の火曜日は，1 月 2 日の
$(15-1)\times7=98$(日後) になる。
$2+98=100$
(1月)100 $\xrightarrow[-31]{}$ (2月)69 $\xrightarrow[-28]{}$ (3月)41 $\xrightarrow[-31]{}$ (4月)10
よって，4 月 10 日

4　(1) 20 人　(2) 135 人

解き方

(1) 問題①の正解者は $120\times\dfrac{1}{1+1}=60$(人)
不正解者は $120-60=60$(人)
問題②の正解者は $120\times\dfrac{3}{3+1}=90$(人)
不正解者は $120-90=30$(人)
両方とも不正解者は $120\times\dfrac{1}{12}=10$(人)
表にまとめると，

<table>
<tr><td colspan="2" rowspan="2"></td><td colspan="2">問題②</td><td rowspan="2">合計</td></tr>
<tr><td>正解者</td><td>不正解者</td></tr>
<tr><td rowspan="2">問題①</td><td>正解者</td><td>ア</td><td>イ</td><td>60</td></tr>
<tr><td>不正解者</td><td>ウ</td><td>10</td><td>60</td></tr>
<tr><td colspan="2">合計</td><td>90</td><td>30</td><td>120</td></tr>
</table>

①だけ正解したのはイなので，
$30-10=20$(人)

(2) 問題①の正解者と不正解者の人数の比は △3 : △2 なので，全員は △5 とおける。問題②の正解者と不正解者の比は $\boxed{8}:\boxed{7}$ なので，全員は $\boxed{15}$ とおける。

よって ⚠5=15 なので全員を15とする。
⚠3：⚠2=9：6 となる。

両方とも不正解者は 15×$\frac{1}{15}$=1 となる。

		問題②		合計
		正解者	不正解者	
問題①	正解者	ア	イ	9
	不正解者	ウ	1	6
合計		8	7	15

①だけ正解した人はイなので，
7－1＝6
6＝54(人)
1＝54÷6
＝9(人)

よって，15＝9×15＝135(人)

p.385 力をためす問題

5 (1) 99 (2) 841 (3) 11行18列目

解き方

マス目の中の数字は1からはじまる奇数が並んでいる。このままでは求めにくいので1からはじまる整数に直して考える。

	1列	2列	3列	4列	
1行	1	2	4	7	…
2行	3	5	8	…	…
3行	6	9	…	…	…
4行	10	…	…	…	…

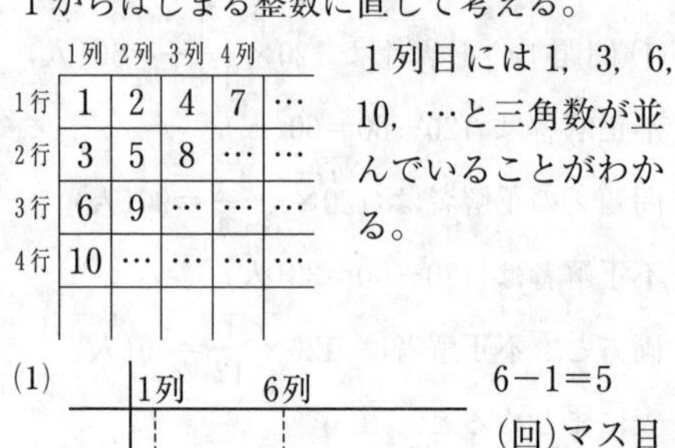

1列目には1，3，6，10，…と三角数が並んでいることがわかる。

(1)

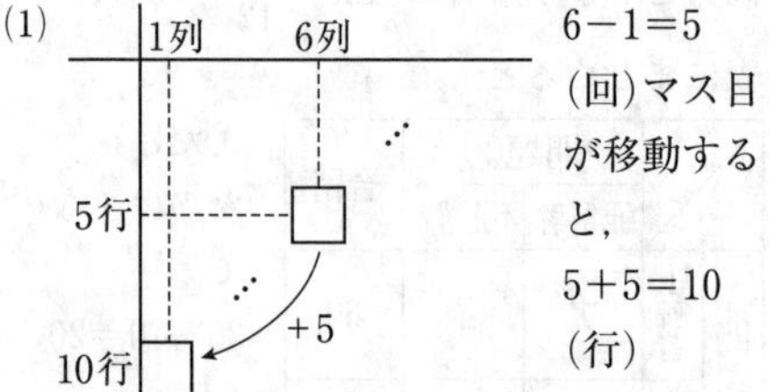

6－1＝5(回)マス目が移動すると，
5＋5＝10(行)

10行1列目は (1＋10)×10÷2＝55
5行6列目はそれより5小さいので，
55－5＝50
よって，5行6列目は50番目の奇数なので，50×2－1＝99

(2)

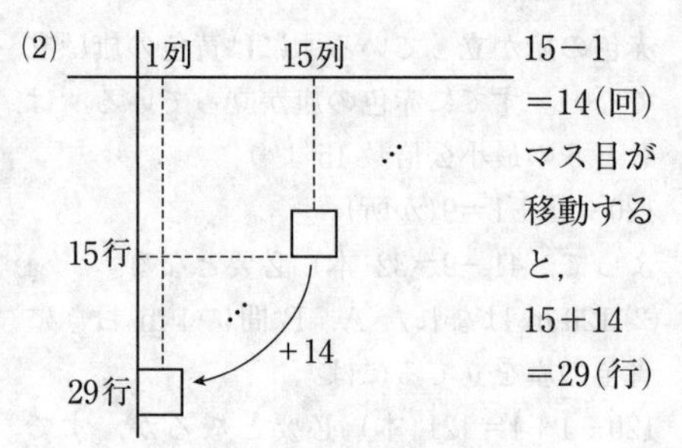

15－1
＝14(回)
マス目が移動すると，
15＋14
＝29(行)

29行1列目は (1＋29)×29÷2＝435
15行15列目はそれより14小さいので，
435－14＝421
よって，15行15列目は421番目の奇数なので，421×2－1＝841

別解

1行1列目は 1＝1×1，2行2列目は 9＝3×3，3行3列目は 25＝5×5 より，
15行15列目は 15×2－1＝29
29×29＝841 となる。

(3) 777は (777＋1)÷2＝389(番目) の奇数である。389より大きく389に最も近い三角数は
(1＋□)×□÷2＝389，29×28÷2＝406
28行1列目が406であるので，

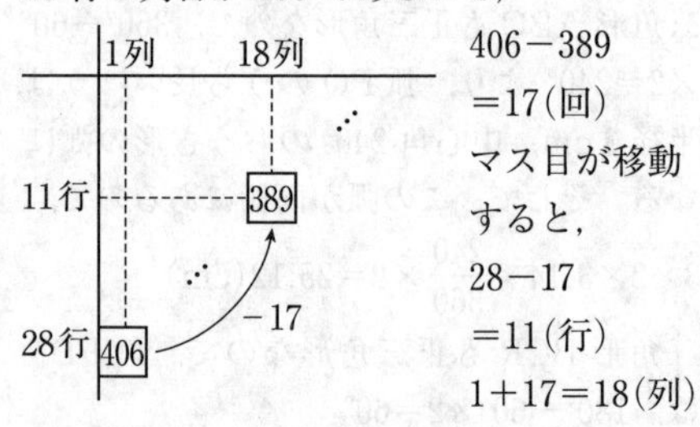

406－389
＝17(回)
マス目が移動すると，
28－17
＝11(行)
1＋17＝18(列)

よって，777は11行18列目となる。

6 15人以上65人以下

解き方

4つすべてをした人を最小にするには，4つのうち3つをした人を最大にすればよい。
もし100人の人が3つをしたとすると，
100×3＝300(人) となる。
実際は 98＋65＋72＋80＝315(人) である。

よって，４つすべてをした人の最小は

315－300＝15(人) となる。

４つすべてをした人の最大は，４つのうちの最小人数なので，65人となる。

7 (1) **10人** (2) **3人** (3) **6人**

解き方

(1) 第１問と第３問の少なくとも一方を正解した人が27人なので，両方正解した人は，17＋20－27＝10(人) となる。

(2) ベン図で表す。

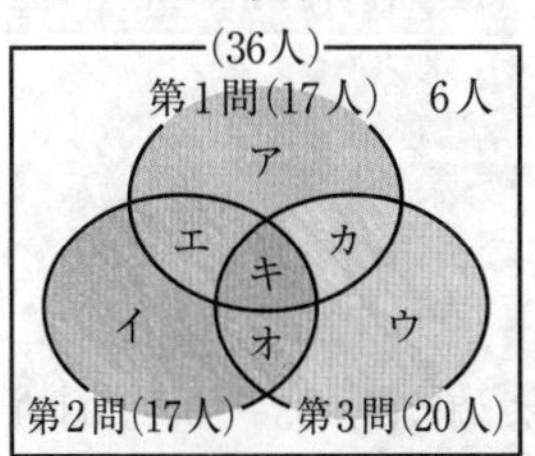

図のようにアからキとすると，

ア＋ウ＋エ＋オ＋カ＋キ＝27(人) となる。

ア＋イ＋ウ＋エ＋オ＋カ＋キ＝36－6

＝30(人) より，イは，30－27＝3(人)

(3) イ＋エ＋オ＋キ＝17(人) エ＋キ＝9(人) より，

3＋9＋オ＝17　オ＝17－12＝5(人)となる。

オ＋キ＝5＋キ＝11(人) より，

キ＝11－5＝6(人) となる。

8 A

解き方

少なくとも１勝したのは大会の結果から①よりAと，②よりFと，④よりDと，⑥よりGである。

よって，B，C，Eは初戦で負けたことがわかる。A，F，D，Gのうち，

Fは⑤より，優勝校ではない。

Dは④より，優勝校ではない。

Gは⑥より，１勝では優勝できない。

よって，優勝校はAとなる。

第2章 和と差についての問題

p.386～415

p.388

練習問題⑰ (1) **20 cm** (2) **12**

解き方

(1) 縦と横の長さの和は，96÷2＝48(cm)

よって，縦の長さは (48－8)÷2＝20(cm)

ここに注意

１本の針金を折り曲げて長方形をつくっているので，96 cmは長方形の縦の２本分と横の２本分の和となる。

(2) 1から20までの整数の和は，

(1＋20)×20÷2＝210

よって，(210－186)÷2＝12

p.389

練習問題⑱ **740円**

解き方

あやめさんの所持金を①とおくと，

①＝1720＋60－1260＝520(円) より，

1260－520＝740(円)

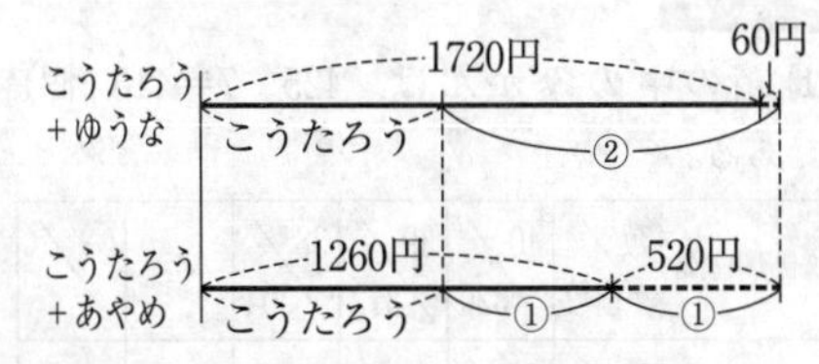

p.390

練習問題⑲ (1) **1850円** (2) **2760円**

解き方

(1)ももこさんがさきさんに350円わたすと２人の所持金は等しくなったので，

はじめは，350×2＝700(円)

ももこさんのほうが多いことになる。
よって，(3000＋700)÷2＝1850(円)
(2) 2人の出し合う金額の差は
360×2＝720(円)
1個の値段は，720÷12＝60(円)
兄は (80＋12)÷2＝46(個) 取ったので，
60×46＝2760(円)

p.391
練習問題⑳　(1) 2500円　(2) 1500円

解き方

(1)
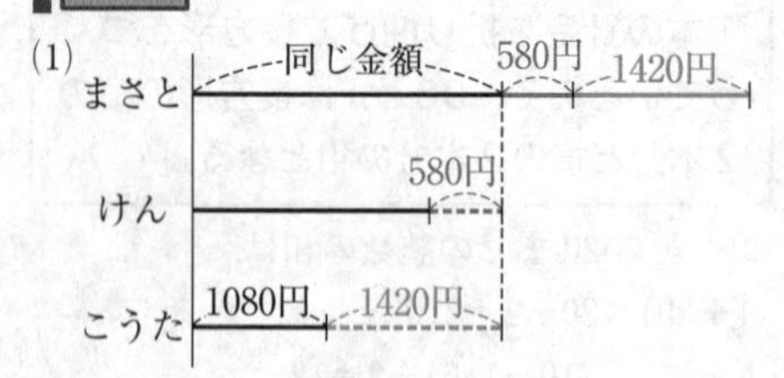

入場料と昼食代と電車代の1人分の合計は同じ金額に等しいので，
1080＋1420＝2500(円)となる。
(2) (2500＋580＋1420)÷3＝1500(円)

p.392
練習問題㉑　(1) 26箱　(2) 19冊

解き方

(1) 箱の中のみかんは，425−7＝418(個)である。

8個入りの箱	数／個数	40／320	39／312	38／304	…	㋑／
15個入りの箱	数／個数	0／0	1／15	2／30	…	㋐／
みかんの合計		320	327	334	…	418

+7　+7　+98

8×40＝320(個)　418−320＝98(個)
よって，㋐＝98÷7＝14(箱)
㋑＝40−14＝26(箱)

(2)
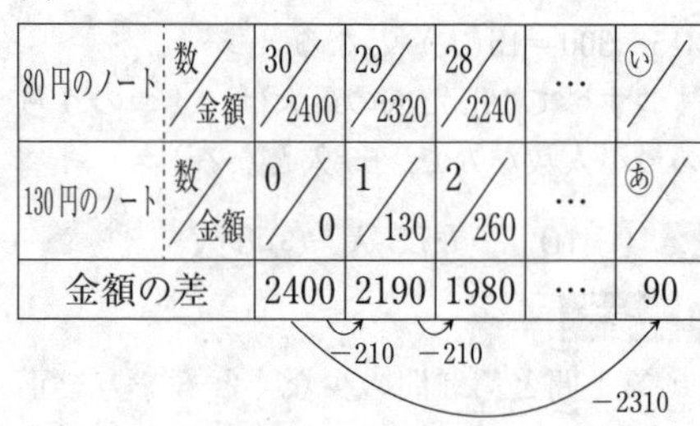

80円のノート	数／金額	30／2400	29／2320	28／2240	…	㋑／
130円のノート	数／金額	0／0	1／130	2／260	…	㋐／
金額の差		2400	2190	1980	…	90

−210　−210　−2310

80×30＝2400(円)　2400−90＝2310(円)
よって，㋐＝2310÷210＝11(冊)
㋑＝30−11＝19(冊)

p.393
練習問題㉒　9回

解き方

おはじきの増えた個数は，63−30＝33(個)である。

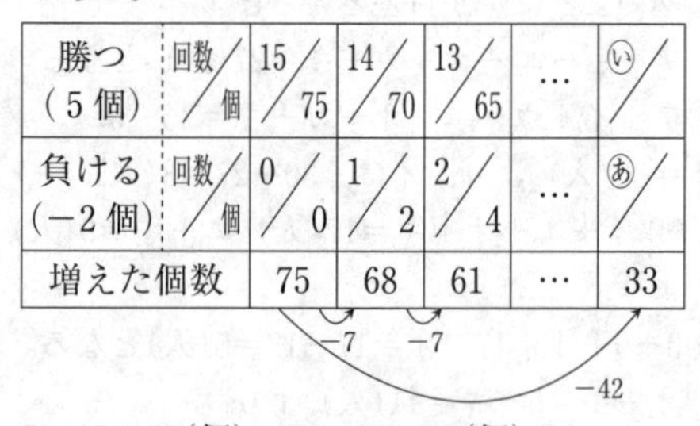

勝つ(5個)	回数／個	15／75	14／70	13／65	…	㋑／
負ける(−2個)	回数／個	0／0	1／2	2／4	…	㋐／
増えた個数		75	68	61	…	33

−7　−7　−42

5×15＝75(個)　75−33＝42(個)
よって，㋐＝42÷7＝6(回)
㋑＝15−6＝9(回)

p.394
練習問題㉓　7冊

解き方

70円のノートは80円のノートより5冊多いので，それぞれ5冊，0冊とすると，
90円のノートは，30−5＝25(冊) になる。
この場合から表をかく。

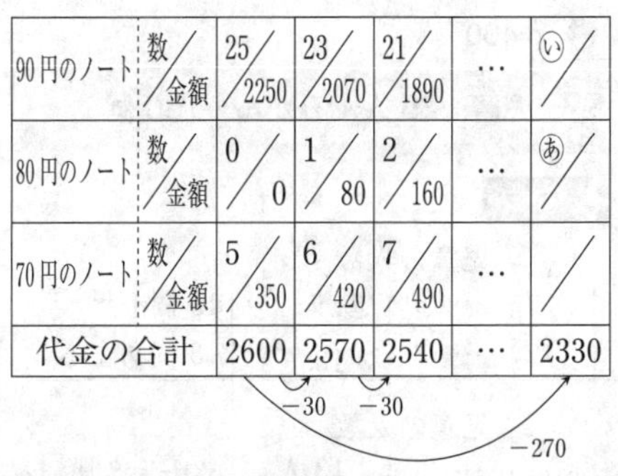

90円のノート	数／金額	25／2250	23／2070	21／1890	…	㋑／
80円のノート	数／金額	0／0	1／80	2／160	…	㋐／
70円のノート	数／金額	5／350	6／420	7／490	…	／
代金の合計		2600	2570	2540	…	2330

−30　−30　−270

90×25＋70×5＝2600(円)

2600−2330＝270(円)

よって，㋐＝270÷30＝9(冊)…80円のノート

9+5＝14(冊)…70円のノート

㋑＝30−(9+14)＝7(冊)…90円のノート

ここに注意

70円のノートが80円のノートより5冊多いことから，表のはじめは30冊，0冊，0冊ではじまらない。

p.395

練習問題24　**9本**

解き方

Aの部分にささった本数の最大は

(24−2)÷2＝11(本)である。

A(3点)	本数／得点	11／33	10／30	9／27		／
B(2点)	本数／得点	13／26	12／24	11／22		㋑／
AとBにささらない(−1点)	本数／得点	0／0	2／−2	4／−4		㋐／
得点		59	52	45		31

−7　−7　−28

3×11＋2×13＝59(点)

59−31＝28(点)

よって，㋐＝28÷7×2＝8(本)

Bの本数はAの本数より2本多いので，

24−8＝16(本)　(16＋2)÷2＝9(本)

p.396

練習問題25　**(1) 31人　(2) 160ページ**

解き方

(1)

クラスの人数

	⑱⓪	⑱⓪	…	⑱⓪
	⑳⓪	⑳⓪	…	⑳⓪
差	⑳	⑳	…	⑳

よって，620÷20＝31(人)

(2)

予定していた日数

	⑧	⑧	…	⑧	⑧	⑧	⑧	⑧
	⑩	⑩	…	⑩	⑩	⑩	⑩	⑩
差	②	②	…	②	②	②	②	②

予定していた日数は 40÷2＝20(日)

よって，この本のページ数は，

8×20＝160(ページ)

p.397

練習問題26

(1) 子ども…18人，えんぴつ…120本

(2) 子ども…13人，クッキー…45枚

解き方

(1)

子どもの人数

	④	④	…	④	48本あまる
	⑥	⑥	…	⑥	12本あまる
差	②	②	…	②	36本

よって，

子どもの人数は，36÷2＝18(人)

えんぴつの本数は，4×18＋48＝120(本)

(2)

子どもの人数

	⑤	⑤	…	⑤	20枚不足
	④	④	…	④	7枚不足
差	①	①	…	①	13枚

よって，

子どもの人数は，13÷1＝13(人)

クッキーの枚数は，5×13−20＝45(枚)

p.398

練習問題 27

(1) 子ども…29人，色紙…145枚
(2) 箱…35箱，玉…336個

解き方

(1)

子どもの人数

	⑦	⑦	…	⑦	58枚不足
	④	④	…	④	29枚あまる
差	③	③	…	③	87枚

よって，
子どもの人数は，$87 \div 3 = 29$(人)
色紙の枚数は，$7 \times 29 - 58 = 145$(枚)

(2) 最後の箱には6個入り，
使わない箱が4個できたので，
$11 - 6 + 11 \times 4 = 49$(個) 不足する。

箱の数

	⑪	⑪	…	⑪	49個不足
	⑨	⑨	…	⑨	21個あまる
差	②	②	…	②	70個

よって，
箱の数は，$70 \div 2 = 35$(箱)
玉の個数は，$11 \times 35 - 49 = 336$(個)

p.399

練習問題 28

長いす…12きゃく，児童…112人

解き方

最後の長いすに2人座り，長いすが1きゃくあまるので，
$11 - 2 + 11 \times 1 = 20$(人) 不足する。

長いすの数

	⑥	⑥	…	⑥	40人あまる
	⑪	⑪	…	⑪	20人不足
差	⑤	⑤	…	⑤	60人

よって，
長いすの数は，$60 \div 5 = 12$(きゃく)
児童の人数は，$6 \times 12 + 40 = 112$(人)

p.400

練習問題 29

児童…35人，みかん…160個

解き方

児童の人数

⑤	⑤	…	⑤	⑤ … ⑤		15個不足
⑦	⑦	…	⑦	13人		6個あまる

児童の人数

⑤	⑤	…	⑤	13人	5×13−15=50(個)あまる
⑦	⑦	…	⑦		6個あまる
②	②	…	②		44個

よって，
児童の人数は，$44 \div 2 = 22$　$22 + 13 = 35$(人)
みかんの個数は，$5 \times 35 - 15 = 160$(個)

p.401

練習問題 30

児童…28人，あめ…277個

解き方

児童の人数

⑩ ⑩ ……………… ⑩	3個不足
⑮…⑮ ⑫…⑫ ⑩…⑩ ⑦…⑦ 4人 5人 6人	6個あまる

下の段の配る個数がちがうので，
すべて7個の⑦にそろえると，
$(15 \times 4 + 12 \times 5 + 10 \times 6) - 7 \times (4 + 5 + 6)$
$= 75$(個) さらにあまるので，
全部で $75 + 6 = 81$(個)あまる

児童の人数

	⑩	⑩	………………	⑩	3個不足
	⑦	⑦	………………	⑦	81個あまる
差	③	③	………………	③	84個

よって，
児童の人数は，$84 \div 3 = 28$(人)
あめの個数は，$10 \times 28 - 3 = 277$(個)

ρ.402

練習問題㉛　**6本**

解き方

200円多くはらったということは，予定金額では200円不足したということになる。

よって，はじめは値段の安いシャープペンを，ボールペンより多く買う予定だったことがわかる。

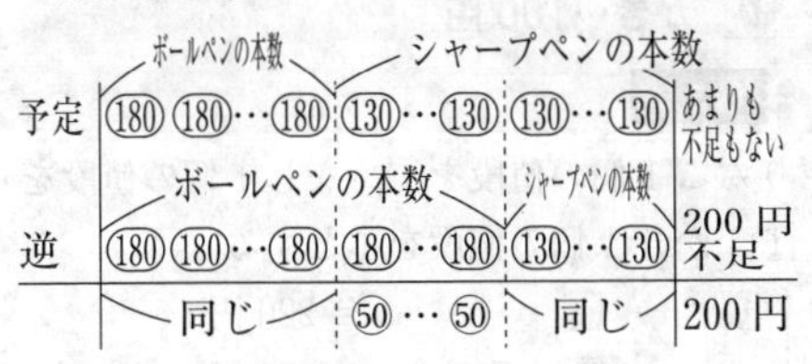

よって，

買う予定の本数の差は，200÷50＝4(本)

シャープペンを4本多く買う予定だったので，予定の金額からシャープペン4本の金額をひくと，

130×4＝520 (円)　2380－520＝1860(円)

ボールペンとシャープペンを同じ本数買うと1860(円)になるので，はじめのボールペンの本数は，

1860÷(180＋130)＝6(本)

ここに注意

買う予定にしていた個数のどちらが多いかに注意しよう。

ρ.403

練習問題㉜　**(1) 71点　(2) 32.4 kg**

解き方

(1) 4科目のテストの平均点が73点なので，

合計点は 73×4＝292(点)

国語は79点なので，残り3科目の合計点は，292－79＝213(点)

理科の点数は算数と社会の平均点と同じなので，この3科目の平均点と理科の点数が同じである。

よって，理科の点数は 213÷3＝71(点)

(2) クラス全体の体重の合計は，

34.6×40＝1384(kg)

男子全員の体重の合計は，

36.4×22＝800.8(kg)

よって，女子の平均体重は，

(1384－800.8)÷(40－22)＝32.4(kg)

ρ.404

練習問題㉝　**8回目**

解き方

今日のテストと明日のテストの平均点は，

(95＋87)÷2＝91(点)

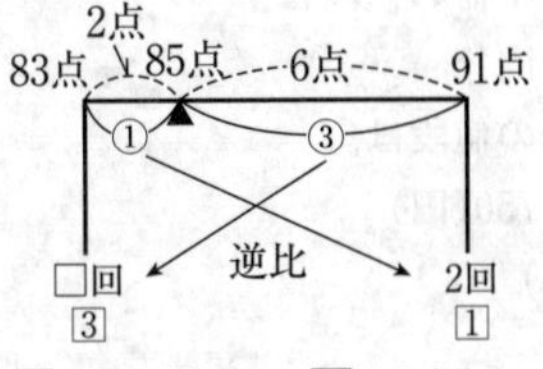

1＝2回より，3＝6回

よって，明日のテストは，

6＋2＝8(回目)

ρ.405

練習問題㉞　**70点**

解き方

合格者：不合格者＝40％：60％＝2：3

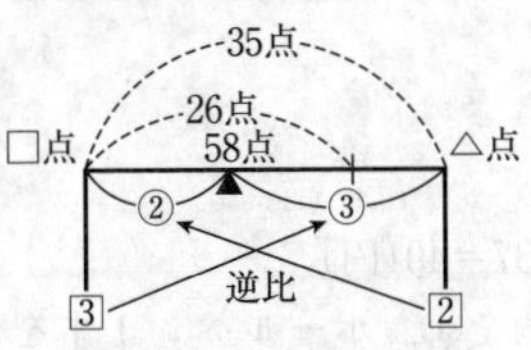

②＋③＝⑤＝35(点)

　①＝35÷5＝7(点)

　②＝7×2＝14(点)

不合格者の平均点□は，

□＝58－14＝44(点)

よって，合格最低点は，

44＋26＝70(点)

p.406

練習問題㉟　**ボールペン…250円，ノート…110円**

解き方

ボールペン1本の値段を①，ノート1冊の値段を[1]とする。

③　＋　[5]　＝　1300
⑤　＋　[3]　＝　1580

3本と5本の最小公倍数15本にそろえる。

⑮　＋　[25]　＝　6500
　　　　↕差は[16]　↕差は1760
⑮　＋　[9]　＝　4740

よって，ノート1冊の値段は，

1760÷16＝110(円)

ボールペン1本の値段は，

1300－110×5＝750(円)

750÷3＝250(円)

p.407

練習問題㊱　**(1) 40円　(2) 170円**

解き方

(1) ガム1個を①，チョコレート1個を[1]とする。

⑥＋[5]＝740　⑤＝[2]

[5]と[2]の最小公倍数[10]にそろえる。

⑫＋[10]＝1480
　　↓㉕＝[10]
⑫＋㉕＝1480

㊲＝1480円

よって，1480÷37＝40(円)

(2) 消しゴム1個を①，ボールペン1本を[1]とする。

③＋[2]＝490　[1]＝④－30

[2]と[1]の最小公倍数[2]にそろえる。

③＋[2]＝490
　　↓[2]＝⑧－60
③＋⑧－60＝490

⑪＝490＋60＝550

①＝550÷11＝50(円)

ボールペン1本の値段は，

50×4－30＝170(円)

p.408

練習問題㊲　**りんご…150円，なし…70円，かき…100円**

解き方

りんご1個の値段を①，なし1個の値段を[1]，かき1個の値段を△1とする。

①　＋　[1]　　　　　＝220円
　　　　[1]　＋　△1　＝170円
①　　　　　＋　△1　＝250円

上の3つの式をすべてたすと，

②＋[2]＋△2＝640円 より，

①＋[1]＋△1＝320円 となる。

よって，りんごは 320－170＝150(円)
　　　　なしは 320－250＝70(円)
　　　　かきは 320－220＝100(円)

p.409

練習問題㊳　**3個**

解き方

Ⓐ4個＋Ⓑ1個＝Ⓒ11個
Ⓐ2個＋Ⓒ5個＝Ⓑ3個

Ⓑ3個にそろえると，

Ⓐ12個＋Ⓑ3個＝Ⓒ33個

Ⓐ12個＋Ⓐ2個＋Ⓒ5個＝Ⓒ33個

Ⓐ14個＝Ⓒ28個，Ⓐ1個＝Ⓒ2個となる。

これを一番上の式におきかえると，

Ⓐ1個＝Ⓒ2個 より，Ⓐ4個 ＝ Ⓒ8個だから，

Ⓒ8個＋Ⓑ1個＝Ⓒ11個

Ⓑ１個＝Ⓒ３個 となる。

よって，Ⓑ１個の重さはⒸ３個の重さと同じである。

p.410

練習問題39　(1) **11 年後**　(2) **39 才**

解き方

(1)

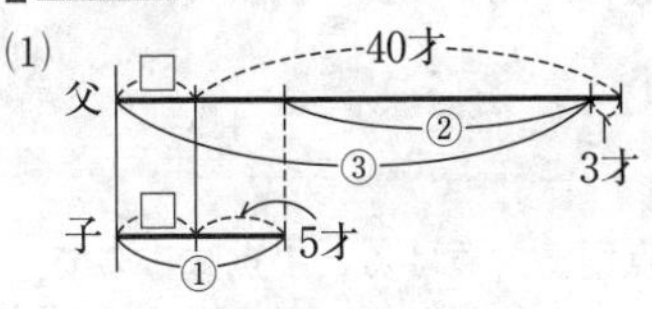

父と子の年れいの差が②＋3(才) なので，

40－5－3＝32(才)…②

よって，①＝32÷2＝16(才)

□＝16－5＝11(年後)

(2) 今から３年前の子どもの年れいを①として，表に整理する。

	母	子
3 年前	⑥	①
6 年後	⑥＋9	①＋9

（＋9 才）（3 倍）

⑥＋9＝(①＋9)×3

⑥＋9＝③＋27

⑥－③＝27－9

③＝18

①＝18÷3＝6(才)

よって，6×6＋3＝39(才)

p.411

練習問題40　**23 年後**

解き方

父と母の年れいの和と３人の子どもの年れいの和が７：５になるのを①年後とすると，

	父	母	子１	子２	子３
現在	38	35	8	6	2
①年後	38＋①	35＋①	8＋①	6＋①	2＋①

(38＋①＋35＋①)：(8＋①＋6＋①＋2＋①)

＝7：5

(73＋②)：(16＋③)＝7：5

(16＋③)×7＝(73＋②)×5

112＋㉑＝365＋⑩

㉑－⑩＝365－112

⑪＝253

①＝253÷11＝23(年後)

p.412

練習問題41　**43 才**

解き方

10 年後の父，母，子ども３人の５人家族の年れいの和は，

102＋10×5＝152(才)

このときの父と母の年れいの和は，

(152＋50)÷2＝101(才)

現在の父と母の年れいの和は，

101－10×2＝81(才)

よって，父の年れいは (81＋5)÷2＝43(才)

p.413

練習問題42　(1) **45 才**　(2) **8 才**

解き方

(1)

	父	母	姉	あきとさん	妹	合計
10年前	⑦	⑦－4	①（姉・あきとさん）			
現在						119
6年後	$\boxed{1}$	$\boxed{1}$－4	$\boxed{1}$（姉・あきとさん・妹）			149

（＋30）

6 年後の５人の年れいの和は，

119＋6×5＝149(才)

6 年後の父の年れいを$\boxed{1}$とすると，

$\boxed{1}$＋$\boxed{1}$－4＋$\boxed{1}$＝149

$\boxed{3}$＝149＋4＝153

$\boxed{1}$＝153÷3＝51(才)

よって，51－6＝45(才)

⑵ 10 年前の姉とあきとさんの年れいの和を①とすると，父の年れいは⑦となる。
10 年前の父の年れいは，45－10＝35(才)なので，
⑦＝35(才)　①＝5(才)
母の年れいは，35－4＝31(才)
10 年前の年れいの和は，
35＋31＋5＝71(才) なので，
現在の父と母と姉とあきとさんの年れいの和は，71＋10×4＝111(才)
よって，妹の年れいは 119－111＝8(才)

p.414 力をのばす問題

9　76.5 点

解き方

Aさんを除く残り 15 人の合計点数は，
75×15＝1125(点)
AさんとBさんを除く残り 14 人の合計点数は，74×14＝1036(点)
Bさんの点数は 1125－1036＝89(点) で，
Aさんの点数は 89＋10＝99(点)
よって，(1125＋99)÷16＝76.5(点)

10　⑴ 大人…500 円，子ども…300 円　⑵ 大人…350 人，子ども…630 人

解き方

⑴ ｛(大人)×5＋(子ども)×3＝3400…㋐
　　(大人)×3＋(子ども)×4＝2700…㋑

｛(大人)×20＋(子ども)×12＝13600 …㋐が 4 セット
　(大人)× 9＋(子ども)×12＝ 8100 …㋑が 3 セット

(大人)×11　＝ 5500(円)

よって，
大人 1 人は，5500÷11＝500(円)
子ども 1 人は，(3400－500×5)÷3＝300(円)
⑵ 子どもの人数を求めるには，まず 980 人全員が大人と考えると，
980×500＝490000(円) となり，
実際の入館料との差は，
490000－364000＝126000(円)
大人 1 人分と子ども 1 人分の入館料の差は，
500－300＝200(円)
よって，
子どもの人数は，126000÷200＝630(人)
大人の人数は，980－630＝350(人)

11　17 回

解き方

勝つと 2 点増え，負けると 1 点減るので，ゲームを 1 回するごとに 2 人の合計得点は，2－1＝1(点) ずつ増えることになる。
ゲームを 30 回した後の 2 人の合計得点は，
30×2＋30×1＝90(点) なので，
このときのAさんの得点は，
(90＋12)÷2＝51(点) である。
Aさんがすべて負けたとすると，
30－1×30＝0(点)
1 回勝ったとすると，
30＋2×1－1×29＝3(点)
1 回勝つごとに，3－0＝3(点)
ずつ点数が増える。
よって，勝った回数は
51÷3＝17(回)

別解

「Aさんの得点が 51 点である。」のところまで求めたあと，次のように解くこともできる。
Aさんは最初の持ち点より，
51－30＝21(点) 増えたことになる。
よって，(2×30－21)÷(2＋1)＝13(回)
30－13＝17(回)

ここに注意

勝つと 2 点増え，負けると 1 点減るのでその差は 2－1 ではなく 2＋1 となる。

12 562個

解き方

箱A	[44], [44] … [44] ┊ [44]	34個あまる
箱B	[49], [49] … [49] ┊	23個あまる
	⇩	
箱A	[44], [44] … [44] ┊	(34＋44)個あまる
箱B	[49], [49] … [49] ┊	23個あまる
差	[5]　[5] … [5] ┊	55個

よって，箱Bは 55÷5＝11(箱) あるので，
ボールは，49×11＋23＝562(個)

13 (1) 18才 (2) 6年後

解き方

(1) 3年後の祖父と母の年れいの和は，
66＋36＋3×2＝108(才) なので，
3年後の兄と妹の年れいの和は，
108÷4.5＝24(才)
よって，24－3×2＝18(才)
(2) ①年後に祖父の年れいと，母と兄と妹の年れいの和が等しくなるとすると，
66＋①＝36＋①＋18＋①×2
　12＝②
　①＝6
よって，6年後

p.415 力をためす問題

14 2100円

解き方

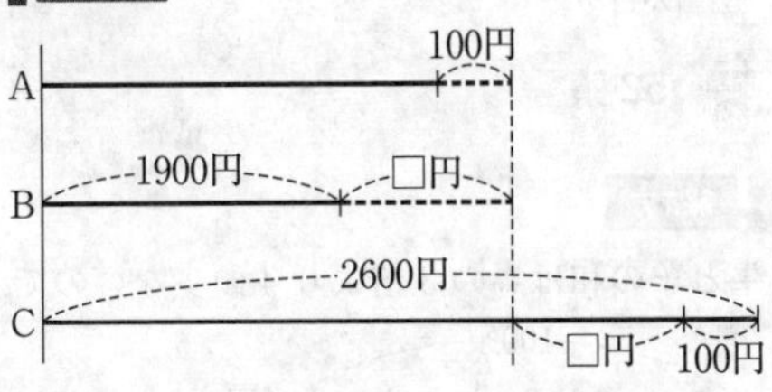

BさんがCさんにわたした金額を□円とする。AさんがCさんに100円わたしたあとのCさんのはらった金額は
2600－100＝2500(円) なので，BさんとCさんのはらった金額の差は，
2500－1900＝600(円)
この600円が□円×2 にあたるので，
□＝600÷2＝300(円)
よって，Aさんが買ったケーキの代金は，
1900＋300－100＝2100(円)

15 9回

解き方

1回のじゃんけんで2人合わせて 5+2=7(個) とるので，じゃんけんをした回数は
(57＋48)÷7＝15(回)
AさんとBさんのみかんの個数の差は
57−48＝9(個) で，1回のじゃんけんでのみかんの個数の差は 5−2＝3(個)なので，
9÷3＝3(回) 多くAさんのほうが勝っていることになる。
よって，(15＋3)÷2＝9(回)

16 8個

解き方

みかんをⓜ，りんごをⓡ，なしをⓝとする。

　ⓜ×5＋ⓡ×3　　　＝530
＋　　　ⓡ×3＋ⓝ×4＝1010
――――――――――――
　ⓜ×5＋ⓡ×6＋ⓝ×4＝1540
　ⓜ×5＋ⓝ×4＝ⓡ×8 なので，
　　　ⓡ×6＋ⓡ×8＝1540
　　　　　ⓡ×14＝1540

りんご1個は，1540÷14＝110(円)
みかん1個は，(530－110×3)÷5＝40(円)
なし1個は，(1010－110×3)÷4＝170(円)
りんごとなしの個数は同じなので，平均の
(110＋170)÷2＝140(円) と考えて，つるかめ算で解く。
よって，
(140×20－2000)÷(140－40)＝8(個)

17 133本

解き方

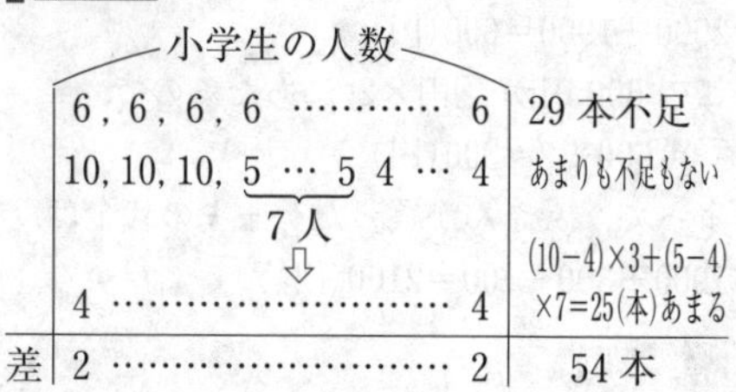

小学生は，54÷2＝27(人)

よって，6×27−29＝133(本)

18　A…17 個，B…11 個，C…20 個

解き方

AとBで考えると，予定より 120 円安くなることから，予定ではAのほうが多いことがわかる。

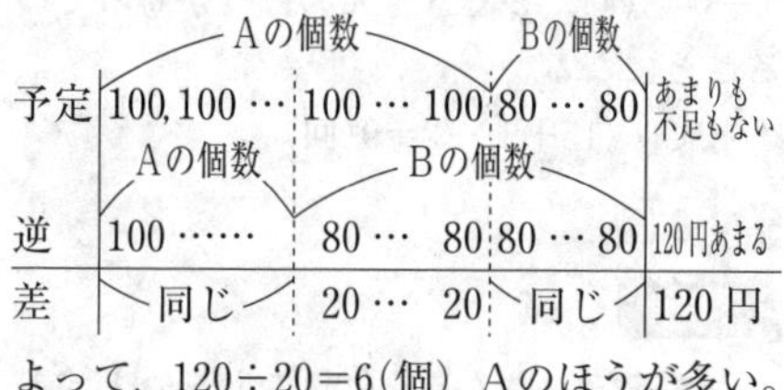

よって，120÷20＝6(個)　Aのほうが多い。

BとCで考えると，予定より 180 円高くなることから，予定ではCのほうが多いことがわかる。

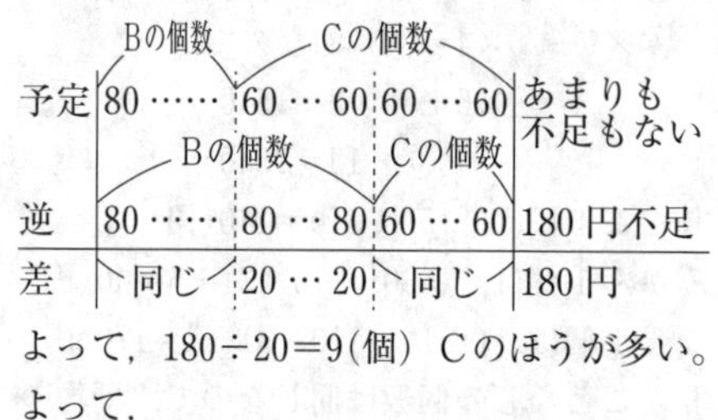

よって，180÷20＝9(個)　Cのほうが多い。

よって，

3780−(100×6＋60×9)＝2640(円)

Bは，2640÷(100＋80＋60)＝11(個)

Aは，11＋6＝17(個)

Cは，11＋9＝20(個)

第3章　割合や比についての問題

p.416～455

p.418

練習問題 43　(1) 84　(2) 410

解き方

(1) A÷B＝8 あまり 48 なので，

Bを①とすると，Aは ⑧＋48 となる。

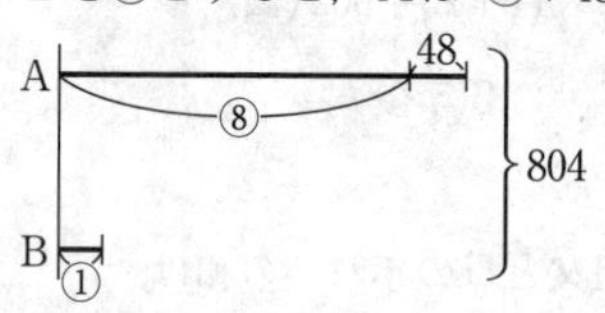

①＋⑧＋48＝804

⑨＝804−48＝756

よって，Bは ①＝756÷9＝84

(2) A÷B＝11 あまり 3 なので，

Bを①とすると，Aは ⑪+3 となる。

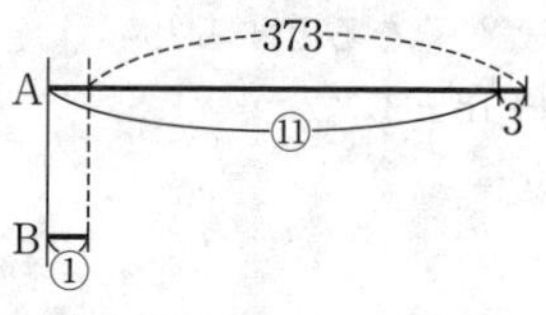

⑩＋3＝373

⑩＝373−3＝370

①＝370÷10＝37

よって，Aは 373＋37＝410

p.419

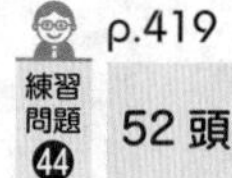

52 頭

解き方

牛と羊の和は馬の 3 倍より 4 頭少ないので，

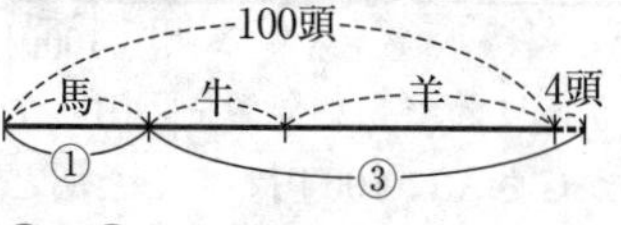

①＋③−4＝100

④＝100＋4＝104

①＝104÷4＝26(頭)

よって，牛と羊の合計は 100－26＝74(頭)

羊は牛の2倍よりも8頭多いので，

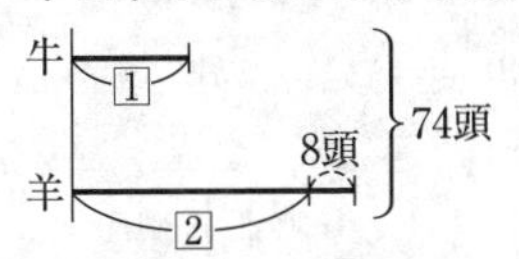

[1]＋[2]＋8＝74

[3]＝74－8＝66

[1]＝66÷3＝22(頭)

よって，羊は 22×2＋8＝52(頭)

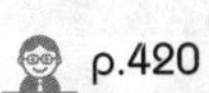

p.420 練習問題㊺

(1) **175 cm**

(2) **長女…600円，次女…400円，三女…300円**

解き方

(1)

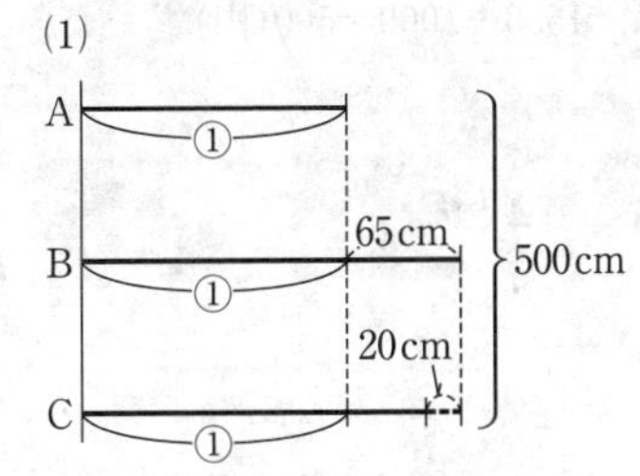

65－20＝45

③＝500－(65＋45)＝390

①＝390÷3＝130(cm)

よって，Cは 130＋45＝175 (cm)

(2) 長女の金額を①とすると，次女の金額は ①×$\frac{2}{3}$＝$\textcircled{\frac{2}{3}}$ となり，三女の金額は

$\textcircled{\frac{2}{3}}\times\frac{3}{4}=\textcircled{\frac{1}{2}}$

よって，3人の合計金額は

①＋$\textcircled{\frac{2}{3}}+\textcircled{\frac{1}{2}}=\textcircled{\frac{13}{6}}$ なので，$\textcircled{\frac{13}{6}}$＝1300円

①＝1300÷$\frac{13}{6}$＝600(円)…長女

次女は，600×$\frac{2}{3}$＝400(円)

三女は，600×$\frac{1}{2}$＝300(円)

p.421 練習問題㊻

A…432，B…234，C…111

解き方

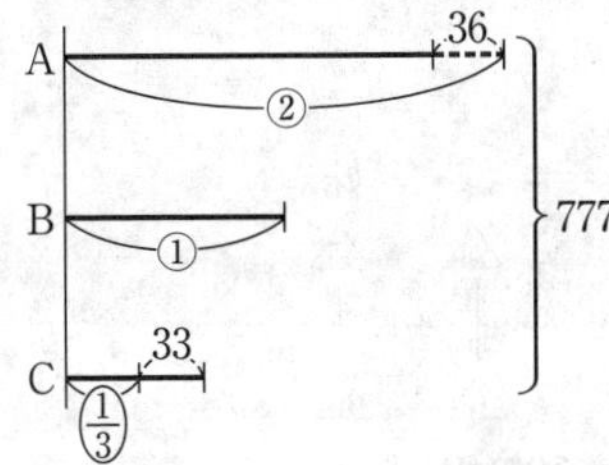

②－36＋①＋$\textcircled{\frac{1}{3}}$＋33＝777

$\textcircled{\frac{10}{3}}$－3＝777

$\textcircled{\frac{10}{3}}$＝777＋3＝780

①＝780÷$\frac{10}{3}$＝234…B

よって，Aは 234×2－36＝432

よって，Cは 234×$\frac{1}{3}$＋33＝111

ここに注意

A，B，Cの答えが出たら最後にA，B，Cの和が777になるかを確認しよう。

p.422 練習問題㊼

なおこさん…2400円，弟…1500円，妹…600円

解き方

妹の金額を①とすると，

弟の金額は ①×2＋300＝②＋300(円)

なおこさんの金額は

(②＋300)×2－600＝④＋600－600＝④

④＋②＋300＋①＝4500

⑦＋300＝4500

⑦＝4500－300＝4200

①＝4200÷7＝600(円)…妹

よって，なおこさんは，

④＝600×4＝2400(円)

弟は ②＋300＝600×2＋300＝1500(円)

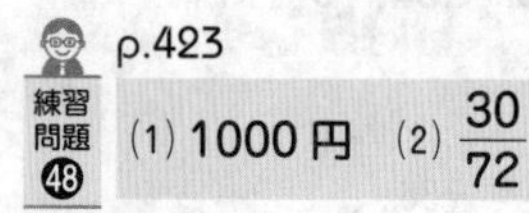

p.423

練習問題48　(1) 1000円　(2) $\frac{30}{72}$

解き方

(1) 姉　妹 ⟹ 姉　妹

④　③　△20　△15

↓−700円　‖　↓−700円　‖

[2]　[5]　△6　△15

△20−△6＝△14＝700(円)

△1＝700÷14＝50 (円)

よって，はじめの姉の所持金は，

△20＝50×20＝1000(円)

(2) A　B ⟹ A　B

⑤　⑫　△10　△24

↓+33　‖　↓+33　‖

[7]　[8]　△21　△24

△21−△10＝△11＝33

△1＝33÷11＝3

よって，Aは △10＝3×10＝30,

Bは △24＝3×24＝72 より，

$\frac{A}{B}=\frac{30}{72}$

ここに注意

答えの $\frac{30}{72}$ をさらに約分しないようにしよう。

p.424

練習問題49　(1) 600円　(2) 500円

解き方

(1) 兄　妹

⑤　②

↓−(本代)　‖　和 ⟹ 兄　妹

[5]　[3]　[8]　△10　△6

↓−300円　↓+300円　‖　↓−300円　↓+300円

△7　△9　△16　△7　△9

△10−△7＝△3＝300

△1＝300÷3＝100(円)

はじめの妹の所持金は，

△6＝100×6＝600(円)

(2) はじめの兄の所持金は，

600×$\frac{5}{2}$＝1500(円) であり，本を買った後の兄の所持金は，

△10＝100×10＝1000(円) であることから，

本の代金は，1500−1000＝500(円)

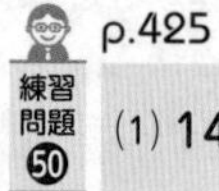

p.425

練習問題50　(1) 14　(2) 4：7

解き方

(1) 分子　分母　差

59　95　36

↓−□　↓−□　‖

⑤　⑨　④

④＝36

①＝36÷4＝9

⑤＝9×5＝45

よって，

59−45＝14

(2) A　B　差 ⟹ A　B

①　②　①　[5]　[10]

↓+30円　↓+30円　‖　↓+30円　↓+30円

[6]　[11]　[5]　[6]　[11]

よって，[6]−[5]＝[1]＝30 より，

Aは [6]＝30×6＝180(円)

Bは [11]＝30×11＝330(円)

さらにここから20円ずつ値上げするので，

A：B＝(180＋20)：(330＋20)＝4：7

p.426

練習問題51　**1750円**

解き方

ゆうすけさん：みゆさん：しほさん
　　7　：　3
　　　　　9　：　5
　21　：　9　：　5

ゆうすけさん　みゆさん　しほさん

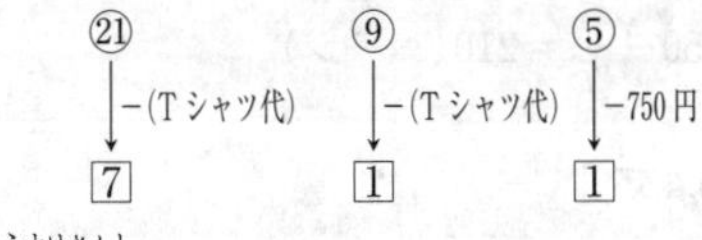

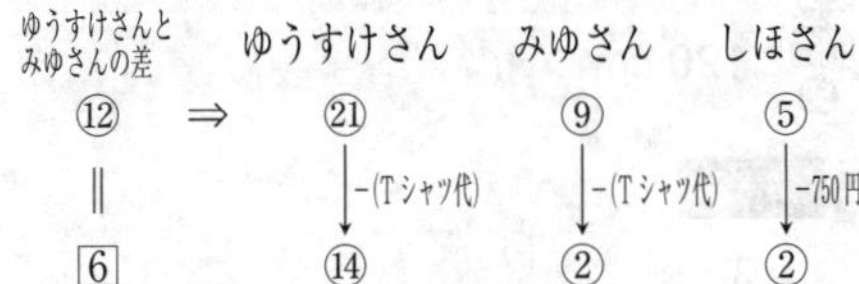

よって，⑤−②＝③＝750
　　　　①＝750÷3＝250(円)

Tシャツ1枚の値段は ㉑−⑭＝⑦ より，
⑦＝250×7＝1750(円)

p.427

練習問題52　**(1) 600円　(2) 1400円**

解き方

(1) (④−300)：(⑤−250)＝3：5
(⑤−250)×3＝(④−300)×5
　⑮−750＝⑳−1500
　⑳−⑮＝1500−750
　⑤＝750
　①＝750÷5＝150(円)

よって，はじめのひろあきさんの所持金は，
④＝150×4＝600(円)

(2) (2300−④)：(1200−③)＝5：2
(1200−③)×5＝(2300−④)×2
6000−⑮＝4600−⑧
⑮−⑧＝6000−4600
⑦＝1400
①＝1400÷7＝200(円)

プレゼントの代金は ④＋③＝⑦ なので，
⑦＝200×7＝1400(円)

p.428

練習問題53　**42才**

解き方

(⑧+8×2)：(①+8×3)
＝8：3
(①+24)×8＝(⑧+16)×3
⑧＋192＝㉔＋48

⑯＝144　①＝144÷16＝9(才)

3年前の父と母の年れいの和は，
⑧＝9×8＝72(才) なので，現在の父と母の年れいの和は，72＋3×2＝78(才)

よって，現在の父の年れいは，

$$78\times\frac{7}{7+6}=42(\text{才})$$

p.429

練習問題54　**12 km**

解き方

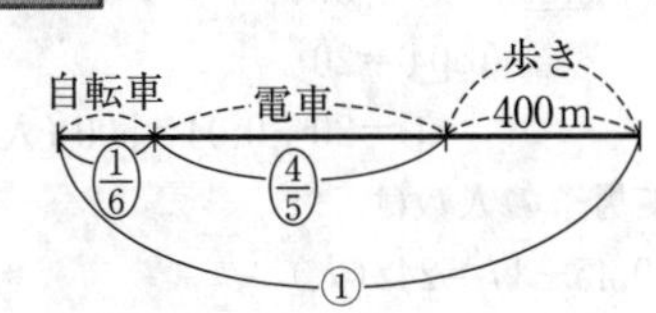

$$①-\left(\textcircled{\tfrac{1}{6}}+\textcircled{\tfrac{4}{5}}\right)=400$$

$$\textcircled{\tfrac{1}{30}}=400\ \text{m}$$

$$①=400\div\frac{1}{30}=12000(\text{m})=12\ \text{km}$$

p.430

練習問題55　**144 cm^3**

解き方

A，Bの満水時の容積を①とすると，

Aには$\left(\frac{1}{3}\right)$，Bには$\left(\frac{1}{4}\right)$の水が入っている。

よって，

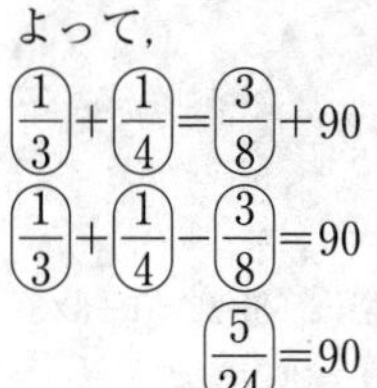

$$\left(\frac{1}{3}\right)+\left(\frac{1}{4}\right)=\left(\frac{3}{8}\right)+90$$

$$\left(\frac{1}{3}\right)+\left(\frac{1}{4}\right)-\left(\frac{3}{8}\right)=90$$

$$\left(\frac{5}{24}\right)=90$$

$①=90\div\frac{5}{24}=432(\text{cm}^3)$

よって，はじめにAに入っていた水の体積は，$\left(\frac{1}{3}\right)=432\times\frac{1}{3}=144(\text{cm}^3)$

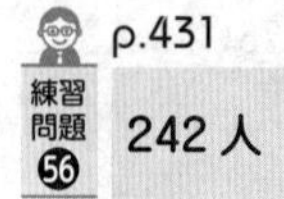

ρ.431

練習問題56　**242人**

解き方

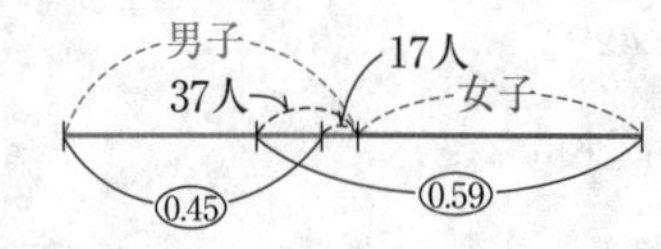

$(\text{⓪.45}+\text{⓪.59})-①=37-17$

$\text{⓪.04}=20$

$①=20\div0.04=500$（人）

よって男子の人数は，

$500\times0.45+17=242$(人)

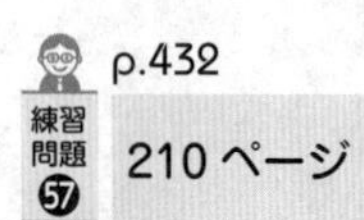

ρ.432

練習問題57　**210ページ**

解き方

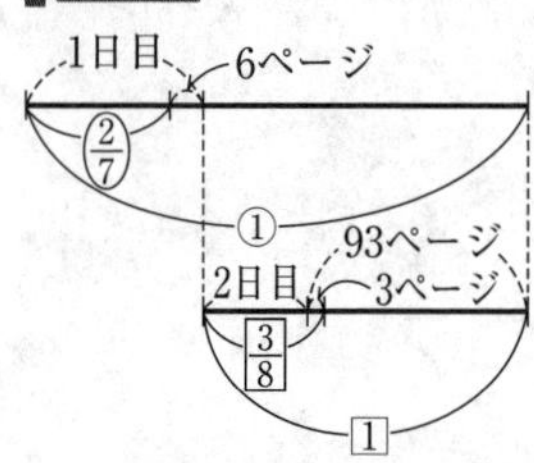

$\boxed{1}-\boxed{\frac{3}{8}}=93-3$

$\boxed{\frac{5}{8}}=90$

$\boxed{1}=90\div\frac{5}{8}=144$(ページ)

$①-\left(\frac{2}{7}\right)=144+6$

$\left(\frac{5}{7}\right)=150$

よって，この本は

$①=150\div\frac{5}{7}=210$(ページ)

ρ.433

練習問題58　**120 cm²**

解き方

$A\times\frac{3}{10}=B\times\frac{2}{3}$

$A:B=\frac{10}{3}:\frac{3}{2}=⑳:⑨$

色のついた部分の面積は，$⑳\times\frac{3}{10}=⑥$

なので，太線で囲まれた部分の面積は，

$⑳+⑨-⑥=㉓$　である。

$㉓=460$

$①=460\div23=20(\text{cm}^2)$

よって，色のついた部分の面積は，

$⑥=20\times6=120(\text{cm}^2)$

ρ.434

練習問題59　**(1) 20%　(2) 880円**

解き方

(1)

	割合	価格
原価	①	500円
定価	①.2	600円
売価		480円

×0.96　×1.2　×□

定価は原価の20%増しなので，

$500\times(1+0.2)=600$(円)

4%の損失が出たので，売価は

$500\times(1-0.04)=480$(円)

よって,

□＝480÷600＝0.8

1－0.8＝0.2 → 20%

> **ここに注意**
>
> 問題文の「どれだけ割引きましたか」は，定価に対する割合であり，原価に対するものではないので注意しよう。

(2)

	割合	価格
原価	①	720 円
定価		
売価	⦅1.1⦆	792 円

×1.1　×0.9

原価の 10% の利益があるので売価は,

720×(1＋0.1)＝792(円)

定価の 10%引きが売価なので，定価は,

792÷(1－0.1)＝880(円)

p.435

練習問題60　(1) 1300 円　(2) 1500 円

解き方

(1)

	割合	価格
原価	①	
定価	⦅1.25⦆	
売価	⦅0.8⦆	原価 －260 円

×1.25　×0.64

原価を①とすると，定価は,

①×(1＋0.25)＝⦅1.25⦆

売価は定価の 36%引きなので,

⦅1.25⦆×(1－0.36)＝⦅0.8⦆

損失の割合は，①－⦅0.8⦆＝⦅0.2⦆

よって，⦅0.2⦆が 260 円にあたるので，原価は，①＝260÷0.2＝1300(円)

(2)

	割合	価格
原価	①	
定価	⦅1.24⦆	
売価	⦅1.06⦆	定価 －270 円

×1.06　×1.24

原価を①とすると，定価は

①×(1＋0.24)＝⦅1.24⦆

6 %の利益があるので，売価の割合は

①×(1＋0.06)＝⦅1.06⦆

定価の 270 円引きが売価なので,

⦅1.24⦆－⦅1.06⦆＝⦅0.18⦆

⦅0.18⦆＝270 円

①＝270÷0.18＝1500(円)

> **ここに注意**
>
> 問題文の「6%の利益がありました」は，原価に対する割合であり，定価に対するものではないので注意しよう。

p.436

練習問題61　(1) 1 割 6 分引き　(2) 903 円

解き方

(1) A 店は定価の 8 % 引きの 690 円で売っているので，定価を①とすると,

①×(1－0.08)＝⦅0.92⦆

⦅0.92⦆＝690 円

①＝690÷0.92＝750(円)

B 店では定価 750 円の品物を 630 円で売っているので,

630÷750＝0.84

よって，1－0.84＝0.16 → 1 割 6 分

(2)

	割合	価格
原価		
定価	①	
売価 A	⦅0.88⦆	原価 ＋65 円
売価 B	⦅0.77⦆	原価 －56 円

×0.88　×0.77

定価を①とすると，①×(1－0.12)＝⦅0.88⦆

①×(1－0.23)＝⦅0.77⦆

⦅0.88⦆－⦅0.77⦆＝65＋56

⦅0.11⦆＝121

①＝121÷0.11＝1100(円)

原価は売価 A より,

1100×0.88－65＝903(円)

p.437

練習問題 62　(1) ア…2　(2) イ…26

解き方

(1)

	割合	価格	個数
原価	①	300円	80個
定価	（1.3）	390円	60個
売価			15個

総仕入れ値は，
300×80
＝24000(円)
総利益が4080円なので，
総売上は，24000＋4080＝28080(円)
定価は，300×(1＋0.3)＝390(円)
60個売れているので，
390×60＝23400(円)
売価で売った個数は，
80－(60＋5)＝15(個)
売価で売った合計は，
28080－23400＝4680(円)
売価1個の価格は，
4680÷15＝312(円)
よって，312÷390＝0.8
1－0.8＝0.2 → 2割

(2)

	割合	個数
原価	①	250個
定価	（1.4）	200個
売価	（0.7）	50個

原価を①とすると，
総仕入れ値は，
①×250＝（250）
定価は，
①×(1＋0.4)＝（1.4）
なので，定価で売った売上は，
（1.4）×200＝（280）
売価は，
（1.4）×$\frac{1}{2}$＝（0.7）
なので，売価で売った売上は，
（0.7）×50＝㉟
総売上は，（280）＋㉟＝（315）
よって，全体の利益は，
（315）－（250）＝（65）
（65）÷（250）＝0.26 → 26(％)

p.438

練習問題 63　225個

解き方

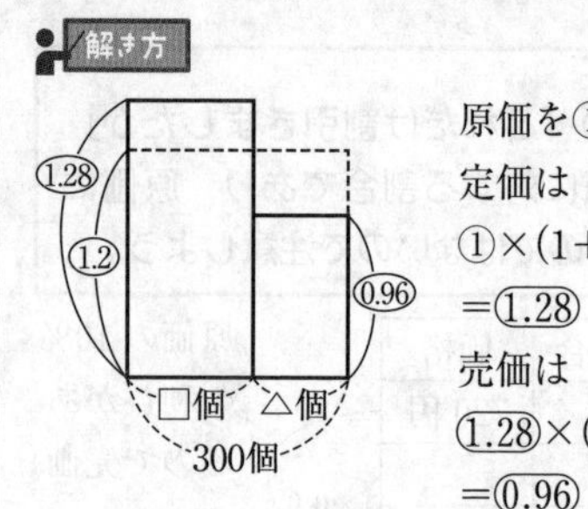

原価を①とすると，
定価は
①×(1＋0.28)
＝（1.28）
売価は
（1.28）×(1－0.25)
＝（0.96）
全体の面積は
（1.2）×300＝（360）
（0.96）×300＝（288）
（360）－（288）＝（72）
（1.28）－（0.96）＝（0.32）
よって，定価で売れた□個は，
（72）÷（0.32）＝225(個)

p.439

練習問題 64　(1) 10%　(2) 15%

解き方

(1)

12		＋	24		＝	36	
160	0.075		200	0.12		360	□

160×0.075＝12　200×0.12＝24
よって，□＝36÷360＝0.1→10％

(2)

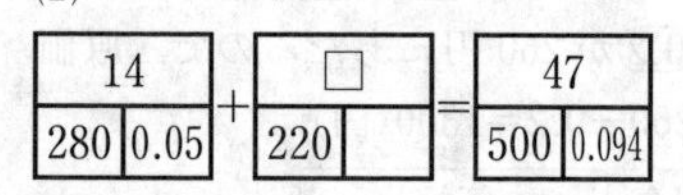

280×0.05＝14　500×0.094＝47
よって，□＝47－14＝33
33÷220＝0.15→15％

p.440

練習問題 65　(1) 5%　(2) 125g

(1)

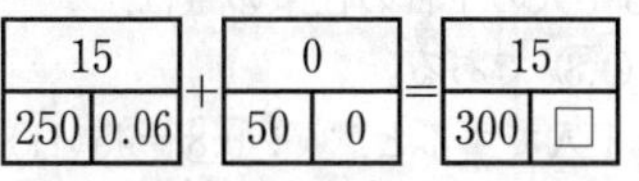

250×0.06=15

よって，□=15÷300=0.05→5%

(2)

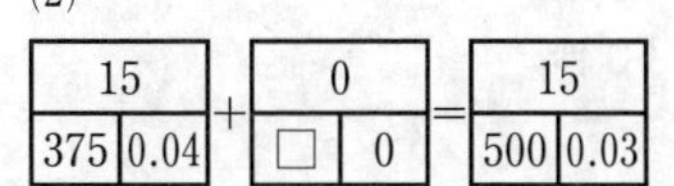

375×0.04=15　　15÷0.03=500

よって，□=500−375=125(g)

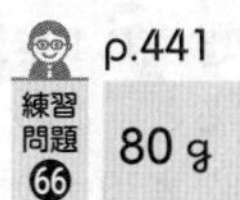

p.441

80 g

解き方

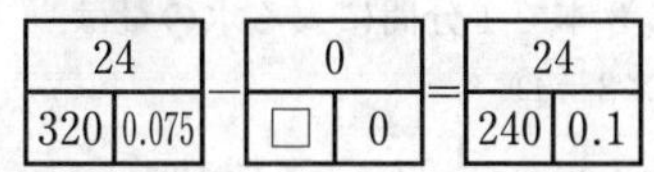

320×0.075=24　　24÷0.1=240

よって，□=320−240=80(g)

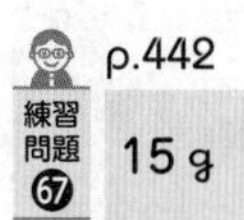

p.442

15 g

解き方

4%の食塩水→96%の水

13%の食塩水→87%の水

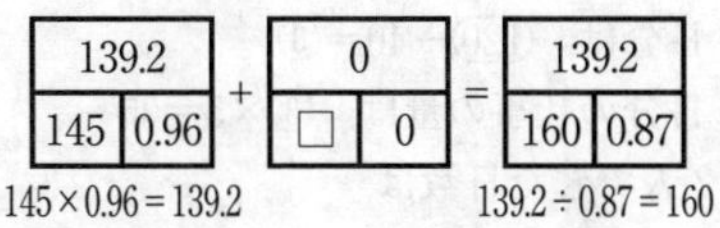

145×0.96=139.2　　139.2÷0.87=160

よって，□=160−145=15(g)

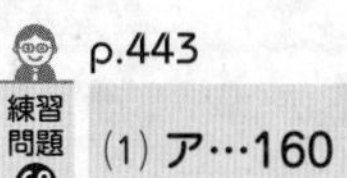

p.443

(1) ア…160　(2) イ…450

解き方

(1)

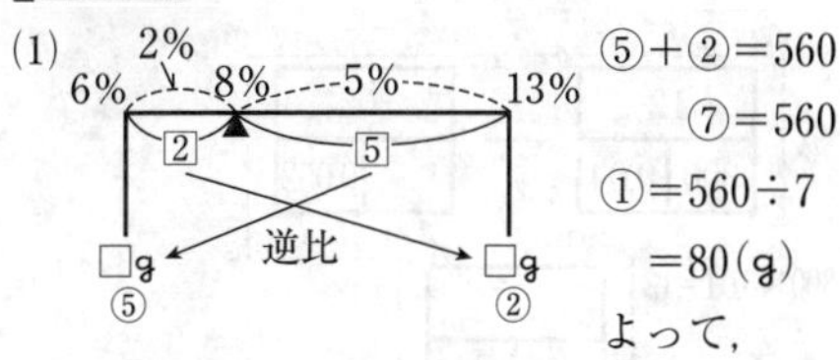

⑤+②=560

⑦=560

①=560÷7

=80(g)

よって，

②=80×2=160(g)

(2)

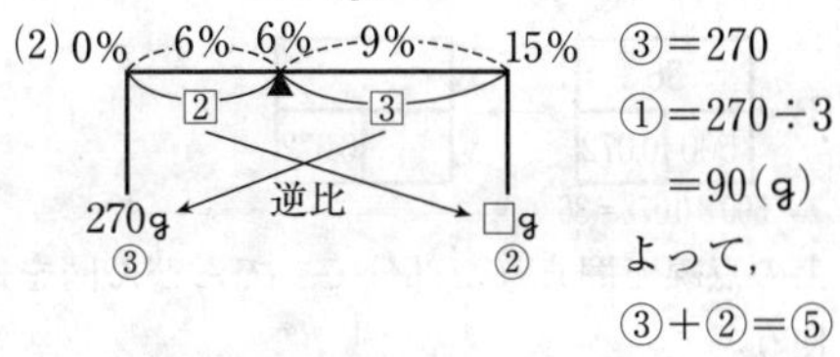

③=270

①=270÷3

=90(g)

よって，

③+②=⑤

⑤=90×5=450(g)

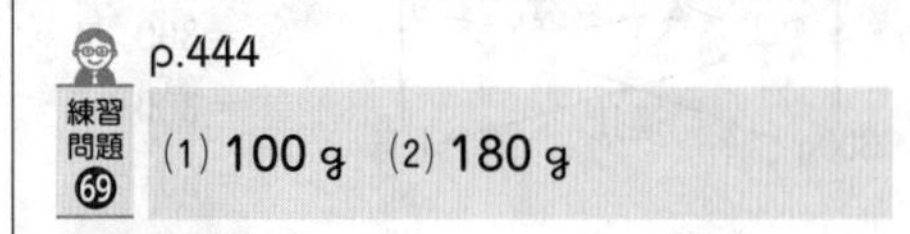

p.444

(1) 100 g　(2) 180 g

解き方

(1)

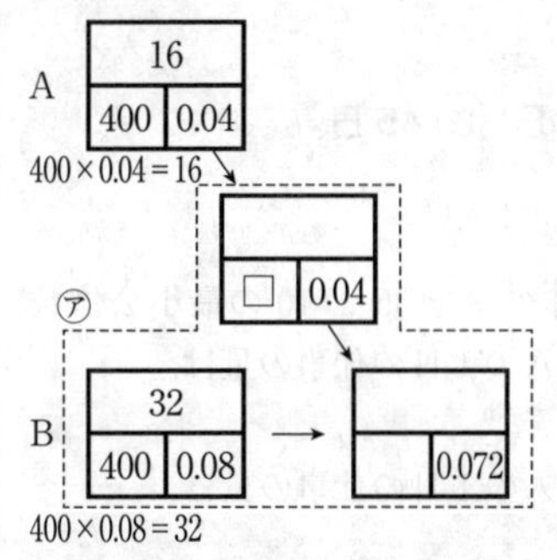

上の点線で囲まれた部分で，てんびん図を使う。

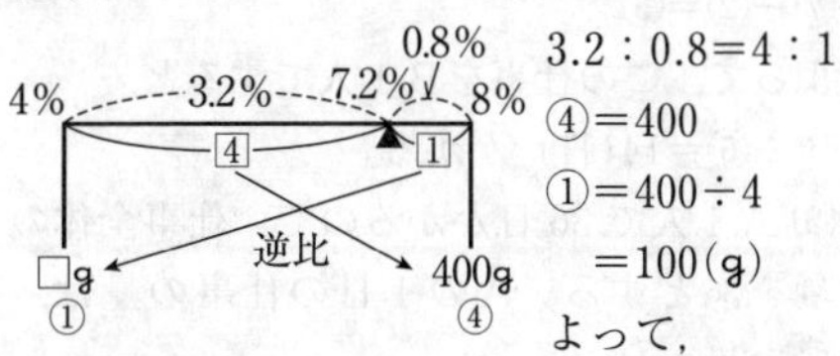

3.2：0.8=4：1

④=400

①=400÷4

=100(g)

よって，

□=100 g

(2) (1)より，Aから取り出した食塩水は100 gなので，取り出したあとのAの食塩水は 400−100=300(g) となり

Bの食塩水は　400＋100＝500(g)　となる。

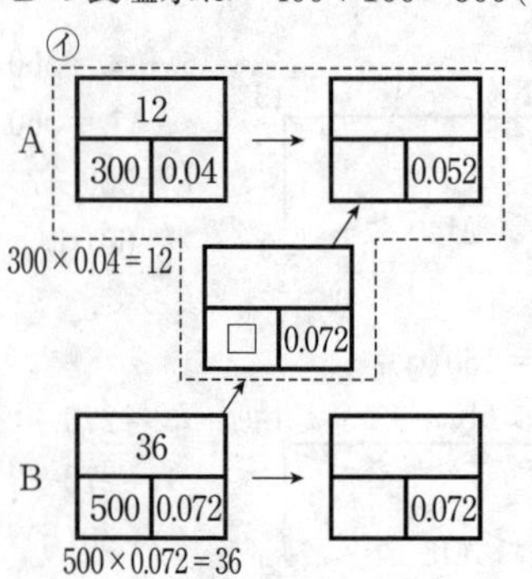

上の点線で囲まれた部分で，てんびん図を使う。

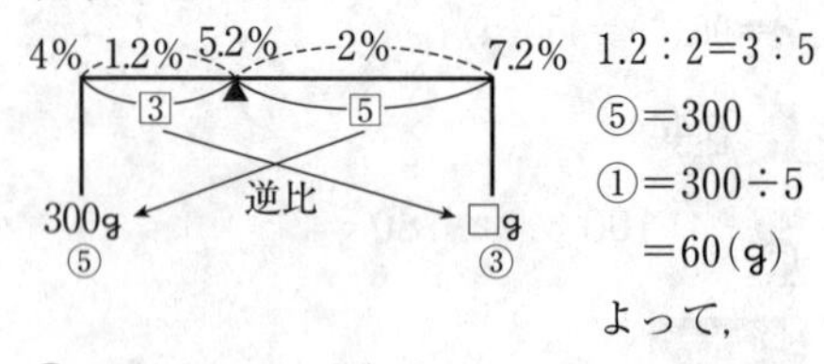

1.2：2＝3：5
⑤＝300
①＝300÷5
＝60(g)
よって，

③＝60×3＝180(g)

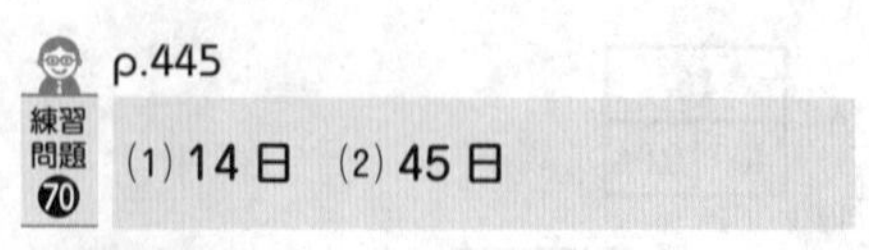

解き方

(1) 仕事全体の量を 35 と 10 の最小公倍数⑰とする。Aの 1 日の仕事の量は，
⑰÷35＝②
AとBの 2 人の 1 日の仕事の量は，
⑰÷10＝⑦
つまり，Bの 1 日の仕事の量は，
⑦－②＝⑤
よって，この仕事をB 1 人ですると，
⑰÷⑤＝14(日)　かかる。

(2) A 1 人で 36 日かかるので，仕事全体の量を㊱とする。Aの 1 日の仕事の量は，
㊱÷36＝①
A，B 2 人で $\frac{1}{2}$ をするのに 10 日かかるので，A，B 2 人の 1 日の仕事量は，
㊱×$\frac{1}{2}$÷10＝(1.8)
つまり，B 1 人の 1 日の仕事の量は，
(1.8)－①＝(0.8)　である。
よって，B 1 人ですると，㊱÷(0.8)＝45(日)かかる。

解き方

A 4 本の水の量とB 6 本の水の量が同じなので，A×4＝B×6　A：B＝6：4＝3：2
A 1 本で 1 分間に入る水の量を③，B 1 本で 1 分間に入る水の量を②とすると，この水そうの満水の量は，(②＋③)×10＝㊿となる。
A 2 本とB 3 本で 1 分間に入る水の量は，
③×2＋②×3＝⑫
よって，㊿÷⑫＝4$\frac{1}{6}$(分)＝4 分 10 秒

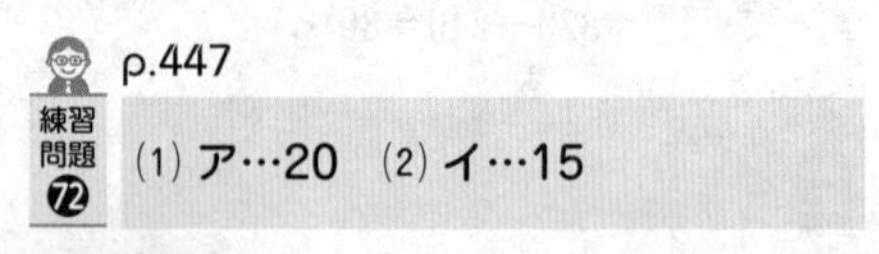

解き方

(1) 仕事全体を 30 と 40 の最小公倍数(120)とする。
Aの 1 日分は，(120)÷30＝④
Bの 1 日分は，(120)÷40＝③
Bの 5 日分の仕事の量は，③×5＝⑮
A，B 2 人でした日数は，
(120)－⑮＝(105)　より，
(105)÷(④＋③)＝15(日)
よって，5＋15＝20(日)

別解

Aが休んだ 5 日間を「もし休まずAが仕事をした」とすると，④×5＝⑳　だけ仕事の量が増え，全体の仕事の量は

$\textcircled{120}$＋⑳＝$\textcircled{140}$ となる。
この仕事の量をA，B2人でしたので，
$\textcircled{140}$÷(④＋③)＝20(日)
(2) 仕事全体を25と15の最小公倍数$\textcircled{75}$とする。
Aの1日分は，$\textcircled{75}$÷25＝③
Bの1日分は，$\textcircled{75}$÷15＝⑤

Bの仕事をした日数＝(Aの仕事をした日数)×$\frac{2}{5}$

より，
(Aの仕事をした日数)：(Bの仕事をした日数)＝1：$\frac{2}{5}$＝5：2
Aがした仕事の量は，

$\textcircled{75}\times\frac{③\times5}{③\times5+⑤\times2}$＝㊺

よって，㊺÷③＝15(日)

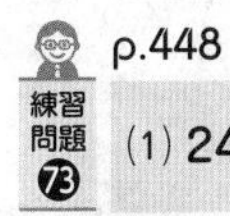
p.448
練習問題73
(1) 24日　(2) 6日

解き方

(1) 全体の仕事の量を10と15の最小公倍数㉚とする。A，B，C3人の1日分は，
㉚÷10＝③
A，C2人の1日分は，㉚÷15＝②
よって，B1人の1日分は，③－②＝①
B1人でこの仕事をすると，
㉚÷①＝30(日) かかるので，
A1人でこの仕事をすると，
30＋10＝40(日) かかる。

A1人の1日分は，㉚÷40＝$\textcircled{\frac{3}{4}}$

C1人の1日分は，②－$\textcircled{\frac{3}{4}}$＝$\textcircled{1\frac{1}{4}}$

よって，㉚÷$\textcircled{1\frac{1}{4}}$＝24(日)

(2) AとC2人の1日分は(1)より②，
BとC2人の1日分は(1)より，

①＋$\textcircled{1\frac{1}{4}}$＝$\textcircled{2\frac{1}{4}}$

このあとはつるかめ算で考える。

$\textcircled{2\frac{1}{4}}$×14＝$\textcircled{31\frac{1}{2}}$　$\textcircled{31\frac{1}{2}}$－㉚＝$\textcircled{1\frac{1}{2}}$

$\textcircled{1\frac{1}{2}}$÷$\left(\textcircled{2\frac{1}{4}}-②\right)$＝6(日)

p.449
練習問題74
(1) 13日　(2) 7日目

解き方

(1) 1人が1日にする仕事の量を①とする。
仕事全体は，①×12×10＝$\textcircled{120}$
はじめの5日間は，①×8×5＝㊵
そのあとは10人で働いていたので，
$\textcircled{120}$－㊵＝$\textcircled{80}$　$\textcircled{80}$÷(①×10)＝8(日)
よって，5＋8＝13(日)
(2) 1人が1日にする仕事の量を①とする。
仕事全体は，①×5×30＝$\textcircled{150}$
9人で14日間にする仕事の量は，
①×9×14＝$\textcircled{126}$
増やした3人がした仕事の量は，
$\textcircled{150}$－$\textcircled{126}$＝㉔ なので，
増やした3人が仕事をした日数は，
㉔÷(①×3)＝8(日)
よって，人数を増やしたのは，
14－8＋1＝7(日目)

別解

9人でした仕事と12人でした仕事とのつるかめ算で解くと，
①×12×14＝$\textcircled{168}$　$\textcircled{168}$－$\textcircled{150}$＝⑱
⑱÷(①×12－①×9)＝6(日)
9人でした仕事は6日なので，
6＋1＝7(日目)

ここに注意

「何日目」を問われているので，1日たすのを忘れないように注意しよう。

p.450

練習問題75　(1) 10時間　(2) 6日

解き方

(1) 1人が1日に1時間でする仕事の量を①とする。

仕事全体は ①×12×8×20=〔1920〕

はじめの6日間の仕事の量は，

①×16×7.5×6=〔720〕

残りの仕事の量は 〔1920〕−〔720〕=〔1200〕 なので，1日の仕事の量は，

〔1200〕÷(14−6)=〔150〕

よって，〔150〕÷(①×15)=10(時間)

(2) 1人が1日に1時間でする仕事の量を①とする。仕事全体は，

①×11×5×24=〔1320〕

12人が6時間働くと，①×12×6=〔72〕

16人が5.5時間働くと，①×16×5.5=〔88〕

このあとはつるかめ算で考える。

〔72〕×17=〔1224〕　〔1320〕−〔1224〕=〔96〕

〔96〕÷(〔88〕−〔72〕)=6(日)

p.451

練習問題76　(1) 12分　(2) 5つ

解き方

(1) 1つの入口から入場する人数を毎分①人とすると，

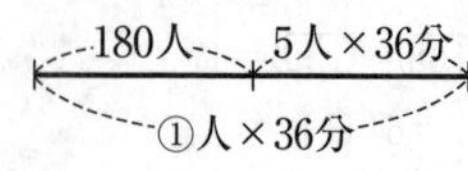

①×36
=180+5×36
㊱=360
①=360÷36
=10(人)

行列がなくなるまでの時間を[1]分とすると，

180人　5人×[1]分
10人×2×[1]分

10×2×[1]
=180+5×[1]
[20]=180+[5]
[15]=180

[1]=180÷15=12(分)

(2) 入口を△1つとすると，

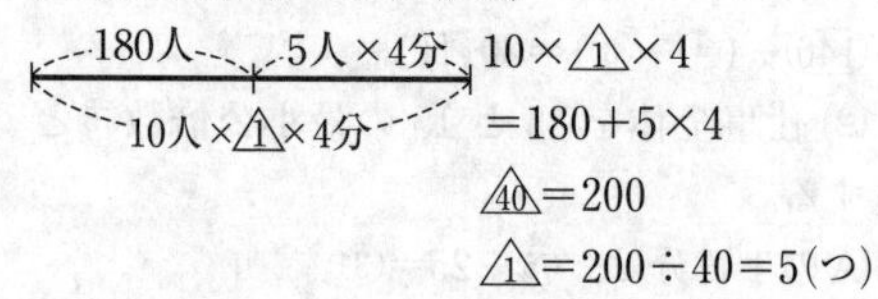

10×△1×4
=180+5×4
△40=200
△1=200÷40=5(つ)

p.452

練習問題77　(1) 15分　(2) 4分後

解き方

(1) 1分間にわき出る水の量を①L，ポンプ1台で1分間にくみ出す水の量を[1]Lとすると，

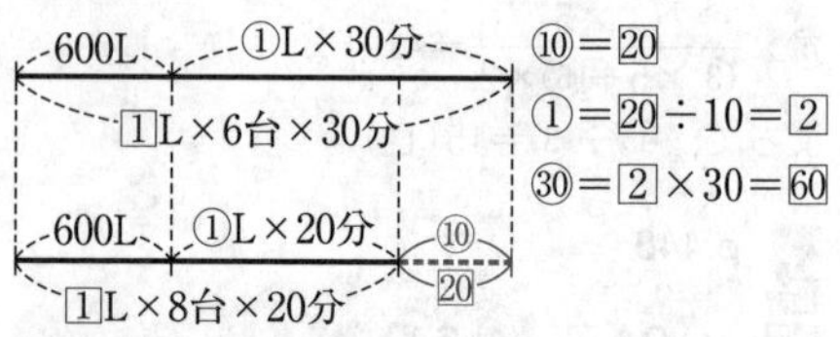

⑩=[20]
①=[20]÷10=[2]
㉚=[2]×30=[60]

[180]=600+㉚
[180]=600+[60]
[120]=600
[1]=600÷120=5(L)
①=5×2=10(L)

ポンプ10台なので，

600÷(5×10−10)=600÷40=15(分)

(2) 12分でくみ出した水の量は，

600+10×12=720(L)

この720Lの水をポンプ14台と11台でくみ出しているので，このあとはつるかめ算で考える。

5×14=70(L)　5×11=55(L)

55×12=660(L)　720−660=60(L)

60÷(70−55)=4(分後)

p.453

練習問題78　7日

解き方

1日に草がはえる量を①，1日に牛1頭が食べる草の量を$\boxed{1}$とすると，

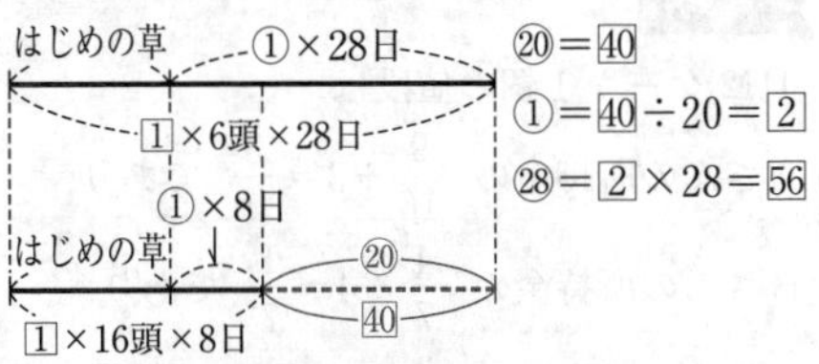

⑳＝$\boxed{40}$
①＝$\boxed{40}$÷20＝$\boxed{2}$
㉘＝$\boxed{2}$×28＝$\boxed{56}$

$\boxed{1}$×6×28＝(はじめの草)＋①×28
$\boxed{168}$＝(はじめの草)＋$\boxed{2}$×28
(はじめの草)＝$\boxed{168}$－$\boxed{56}$＝$\boxed{112}$

牛18頭で草がなくなる日数を△日とすると

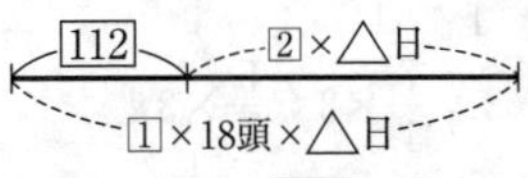

$\boxed{1}$×18×△＝$\boxed{112}$＋$\boxed{2}$×△
$\boxed{18}$×△＝$\boxed{112}$＋$\boxed{2}$×△
$\boxed{16}$×△＝$\boxed{112}$
△＝$\boxed{112}$÷$\boxed{16}$＝7(日)

p.454 力をのばす問題

19　910円

解き方

Aさんの所持金を①とすると，
Bさんの所持金は，①×3＋100＝③＋100
Cさんの所持金は，
(③＋100)×2－500＝⑥－300
3人の所持金の合計は，
①＋③＋100＋⑥－300＝2500
⑩－200＝2500
⑩＝2500＋200＝2700
①＝2700÷10
＝270(円)
よって，270×3＋100＝910(円)

20　9000円

解き方

お年玉の金額を兄は②，弟は①とすると，
兄と弟のお年玉をもらったあとの所持金の比は，
(5000＋②)：(3500＋①)＝7：4
(5000＋②)×4＝(3500＋①)×7
5000×4＋②×4＝3500×7＋①×7
20000＋⑧＝24500＋⑦
⑧－⑦＝24500－20000
①＝4500(円)
よって，4500×2＝9000(円)

21　1080円

解き方

1個の仕入れ値を①とすると，
定価は ①×(1＋0.25)＝(1.25)
定価で売れた個数は，200×0.9＝180(個)
売価は，(1.25)×(1－0.1)＝(1.125)
売価で売れた個数は，200－180＝20(個)
すべての売上げ金額は，
(1.25)×180＋(1.125)×20＝(247.5)
よって，267300÷247.5＝1080(円)

22　(1) 7%　(2) 180 g　(3) 6.4%

解き方

(1) 200×0.03＋400×0.09＝42(g)
42÷(200＋400)＝0.07 → 7%

別解

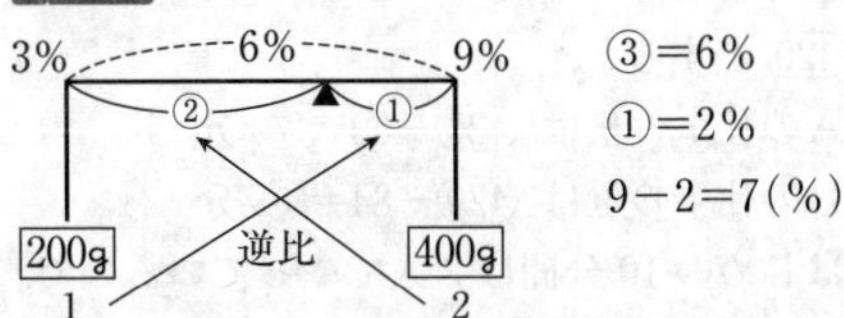

③＝6%
①＝2%
9－2＝7(%)

(2) 蒸発させても食塩の量は変わらないので，
(1)より，42÷0.1＝420(g)
200＋400－420＝180(g)

別解

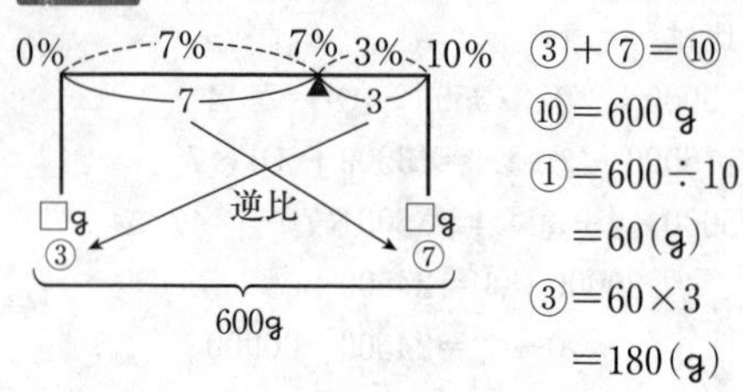

③＋⑦＝⑩

⑩＝600 g

①＝600÷10

＝60(g)

③＝60×3

＝180(g)

(3)

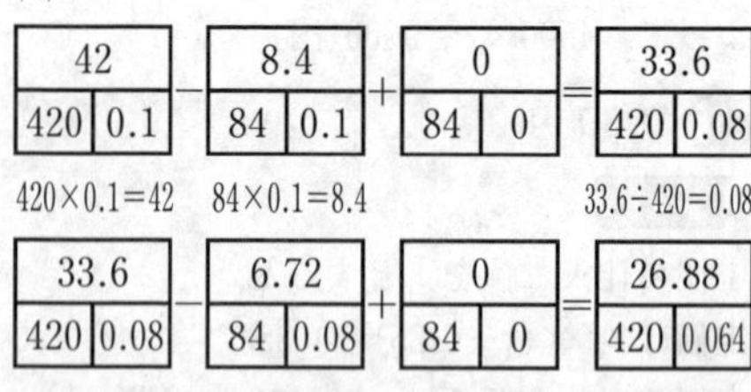

テクニック

水を入れたあとの濃度

$=$水を入れる前の濃度$\times\dfrac{\text{残った食塩水}}{\text{全体の食塩水}}$

より，$10\times\dfrac{(420-84)}{420}\times\dfrac{(420-84)}{420}$

$=6.4(\%)$

23　39分間

解き方

全体の仕事の量を 60 と 84 の最小公倍数 ⑷⑵⑳ とすると，

Aの仕事の量は ⑷⑵⑳÷60＝⑦/分

Bの仕事の量は ⑷⑵⑳÷84＝⑤/分

はじめの10分間は2人でやっているので，残りの仕事の量は

⑷⑵⑳－(⑦＋⑤)×10＝⑶⓪⓪ であり，この仕事を 64－10＝54(分) で終わらせている。

あとはつるかめ算で解く。

よって，(⑦×54－⑶⓪⓪)÷(⑦－⑤)＝39(分)

p.455 力をためす問題

24　(1) 105円　(2) 560円

解き方

(1)(2)ケーキ1個の値段は，

Aさんの所持金の $\dfrac{9}{16}\div3=\dfrac{3}{16}$ であり，

Bさんの所持金の $\dfrac{4}{7}\div4=\dfrac{1}{7}$ であり，

Cさんの所持金の $\dfrac{3}{5}\div3=\dfrac{1}{5}$ である。

はじめ3人が持っていたお金の比は，

$A\times\dfrac{3}{16}=B\times\dfrac{1}{7}=C\times\dfrac{1}{5}=1$ より，

$A:B:C=\dfrac{16}{3}:\dfrac{7}{1}:\dfrac{5}{1}$

$=\dfrac{16}{3}\times3:\dfrac{7}{1}\times3:\dfrac{5}{1}\times3$

$=16:21:15$

Aさんがはじめに持っていたお金は，

$1820\times\dfrac{16}{16+21+15}=560$(円)

よって，ケーキ1個の値段は，

$560\times\dfrac{3}{16}=105$(円)

25　12%

解き方

食塩水B 200 g と食塩水C 300 g にふくまれる食塩の量を④とおくと，食塩水B 150 g にふくまれる食塩の量は $④\times\dfrac{150}{200}=③$ であり，食塩水C 450 g にふくまれる食塩の量は

$④\times\dfrac{450}{300}=⑥$ となる。

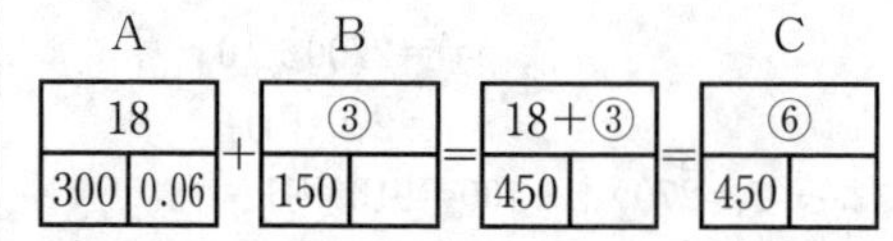

18＋③＝⑥　③＝18 g

よって，18÷150＝0.12 → 12%

別解

食塩水Ｂ200 g と食塩水Ｃ300 g にふくまれる食塩の量が同じことから，食塩水Ｂの濃度を③％，食塩水Ｃの濃度を②％とおくと，

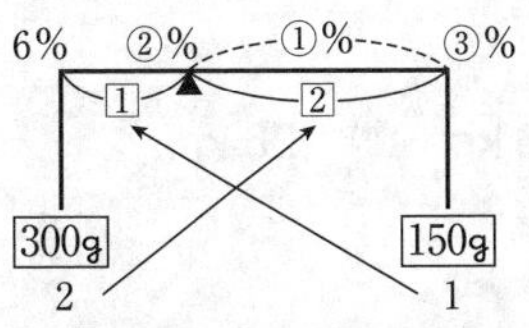

2＝①
1＝①÷2＝⓪.⑤
②－⓪.⑤＝①.⑤
①.⑤％＝6％　なので
　①＝6÷1.5＝4(％)
　③＝4×3＝12(％)

26　(1) 18分　(2) 32分

解き方

(1) 全体の作業量を 36 と 60 の最小公倍数 ⑱⓪ とすると，
太郎さんの作業量は ⑱⓪÷36＝⑤/分
次郎さんの作業量は ⑱⓪÷60＝③/分 となる。
２人いっしょにすると作業量は
(⑤＋③)×(1＋0.25)＝⑩/分
よって，⑱⓪÷⑩＝18(分)
(2) 太郎さんは 2＋1＝3(分)，次郎さんは 1＋1＝2(分) でくり返し作業をしているので，３と２の最小公倍数の６分を１組として考える。

分	1	2	3	4	5	6
太郎さん	○	○	休	○	○	休
次郎さん	○	休	○	休	○	休
作業量	⑩	⑤	③	⑤	⑩	⓪

１組で ⑩＋⑤＋③＋⑤＋⑩＋⓪＝㉝
⑱⓪÷㉝＝5 あまり ⑮
⑮＝⑩＋⑤ → 2分
よって，6×5＋2＝32(分)

27　5頭

解き方

何日たっても草を食べつくすことがないのは，牛が食べる量が草のはえる量以下の場合である。
１日に草がはえる量を①，牛１頭が１日に食べる量を1とすると，

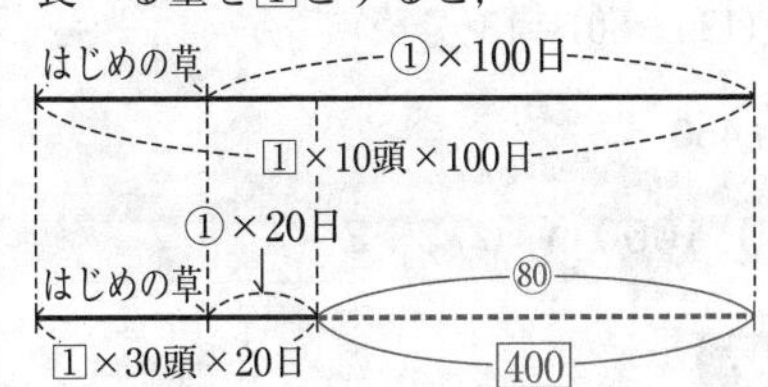

⑧⓪＝400
①＝400÷80＝5
１日に草がはえる量は牛５頭が１日に食べる草の量に等しい。
よって，最大で５頭のときである。

第4章 速さについての問題

p.456～481

p.458

練習問題 79　(1) ア…60　(2) イ…4.4

解き方

(1) 妹の速さを分速ア m とすると，
(80＋ア)×15＝2100
　(80＋ア)＝2100÷15＝140
　　ア＝140－80＝60
(2) りこさんの速さを時速イ km とすると，
$(イ+3.6)\times\frac{45}{60}=6$
　$(イ+3.6)=6\div\frac{45}{60}=8$
　　イ＝8－3.6＝4.4

p.459

練習問題80　(1) 600 m　(2) 18 分後

解き方

(1) $(5.6-3.2)\times\frac{15}{60}=0.6(\text{km})=600\text{ m}$

(2) $80\times9=720(\text{m})$

$720\div(120-80)=18$(分後)

p.460

練習問題81　(1) 1000 m　(2) 3：2

解き方

(1) $(9-7.5)\times\frac{40}{60}=1(\text{km})=1000\text{ m}$

(2) 池のまわりを□ m とすると，

2 人が反対方向にまわるときは，

□÷(速さの和)＝2

(速さの和)＝□÷2＝$\frac{□}{2}$

2 人が同じ方向にまわるときは，

□÷(速さの差)＝10

(速さの差)＝□÷10＝$\frac{□}{10}$

(速さの和)：(速さの差)＝$\frac{□}{2}$：$\frac{□}{10}$

＝$\frac{□\times5}{10}$：$\frac{□}{10}$＝□×5：□＝5：1

AがBを追いこしているのでAのほうが速い。

よって，

$(5+1)\div2=3$　$(5-1)\div2=2$

A：B＝3：2

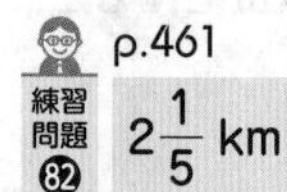

p.461

練習問題82　$2\frac{1}{5}$ km

解き方

$4\times\frac{23}{60}=1\frac{8}{15}(\text{km})$　$3-1\frac{8}{15}=1\frac{7}{15}(\text{km})$

$1\frac{7}{15}\div(12-4)=\frac{11}{60}$(時間)

よって，

$12\times\frac{11}{60}=2\frac{1}{5}(\text{km})$

p.462

練習問題83　(1) 時速 3.6 km　(2) 1.26 km

解き方

(1) お父さんがこうせいさんを追いこしたのは $5.4\times\frac{30}{60}=2.7(\text{km})$ 歩いた地点で，

そのきょりをこうせいさんは $15+30=45$(分) で歩いたので，

速さは $2.7\div\frac{45}{60}=3.6(\text{km/時})$

(2) (1)より

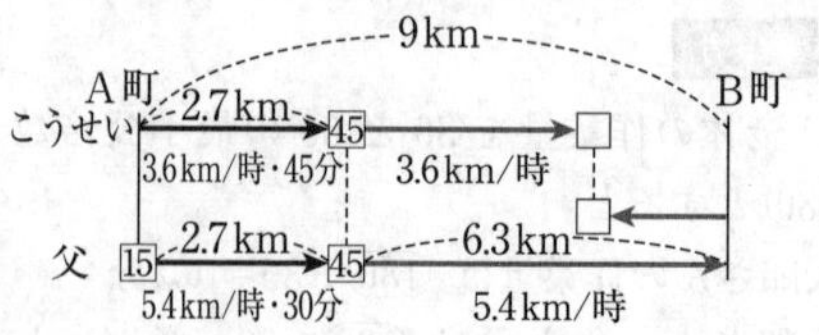

お父さんがこうせいさんに追いついた地点からB町までは，$9-2.7=6.3(\text{km})$

お父さんがこうせいさんを追いこしてから次に出会うまでに 2 人合わせて

$6.3\times2=12.6(\text{km})$ 歩くので，

2 人が出会うまでの時間は，

$12.6\div(3.6+5.4)=1.4$(時間)

こうせいさんは追いこされてから次に出会うまでに $3.6\times1.4=5.04(\text{km})$ 進むので，

B町まで $6.3-5.04=1.26(\text{km})$

別解

追いついてから出会うまで 2 人は同じ時間歩いているので，速さの比を利用すると，

お父さん：こうせいさん＝5.4：3.6＝3：2

よって，$12.6\times\frac{2}{3+2}=5.04(\text{km})$

$6.3-5.04=1.26(\text{km})$

p.463

練習問題84　(1) 12 分後　(2) 2520 m

解き方

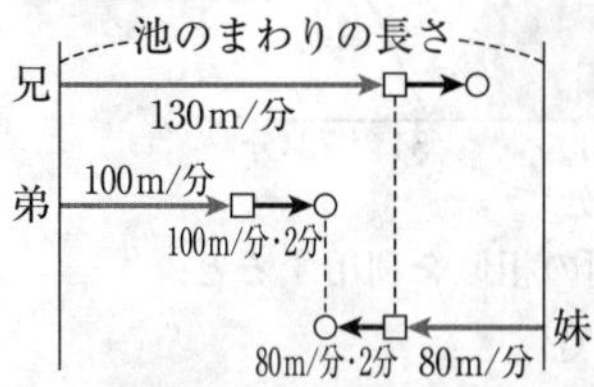

(1) 兄と妹が出会ったとき(□印の地点)の兄と弟のはなれているきょりは,

$(100+80)\times2=360$(m)

よって, $360\div(130-100)=12$(分後)

(2) 兄と妹が出会うのに 12 分かかっているので,

$(130+80)\times12=2520$(m)

p.464

練習問題85　(1) 分速 90 m　(2) 54 分後

解き方

(1) 1回目に出会うまでにかかる時間を①分後とすると, 2回目に出会うまでにかかる時間は ①×2=②(分後) となる。

②=36 分後　①=36÷2=18(分後)

弟の速さを分速□ m とすると,

1800×2÷(110+□)=18

(110+□)=3600÷18=200

□=200−110=90(m/分)

(2) 3回目に出会うまでにかかる時間は,

①×3=③ なので,

③=18×3=54(分後)

p.465

練習問題86　(1) 分速 80 m　(2) 200 m

解き方

(1)

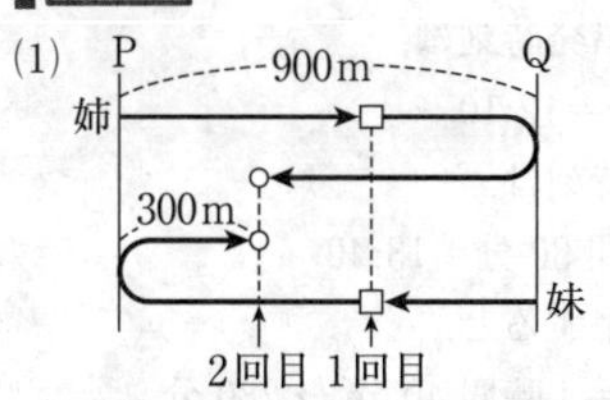

妹が2回目に出会うまでに歩いたきょりは,

$900+300=1200$(m)

よって, $1200\div15=80$(m/分)

(2) 1回目に出会うまでにかかる時間を①分後とすると, 2回目に出会うまでにかかる時間は ①+②=③(分後) であり, 3回目に出会うまでにかかる時間は,

③+②=⑤(分後) となる。

③=15 分後

①=5 分後

⑤=5×5=25(分後)

妹が3回目に出会うまでに歩くきょりは,

$80\times25=2000$(m)

よって,

2000÷900=2 あまり 200 より, 200 m

p.466

練習問題87　(1) 18 km　(2) 12 時 30 分

解き方

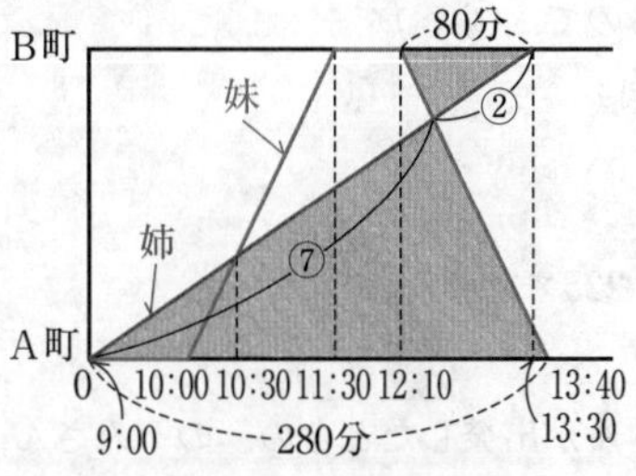

(1) 妹はA町からB町の間を

11:30−10:00=1 時間 30 分 で移動するので, $12\times1\frac{30}{60}=18$(km)

(2) 姉のB町の到着時刻は,

18÷4＝4.5(時間)　9:00＋4.5 時間＝13:30

妹のB町の出発時刻は,

11:30＋40 分＝12:10

A町の到着時刻は,

12:10＋1 時間 30 分＝13:40

相似形を利用すると,

13:40－9:00＝4 時間 40 分 → 280 分

13:30－12:10＝1 時間 20 分 → 80 分

280：80＝⑦：②　⑦＋②＝⑨

⑨＝4.5 時間　①＝4.5÷9＝0.5(時間)

⑦＝0.5×7＝3.5(時間)

よって,

9:00＋3.5 時間＝12:30

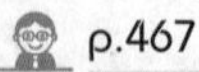

p.467

練習問題88

(1) 675 m　(2) 40.5 分後
(3) 1350 m

解き方

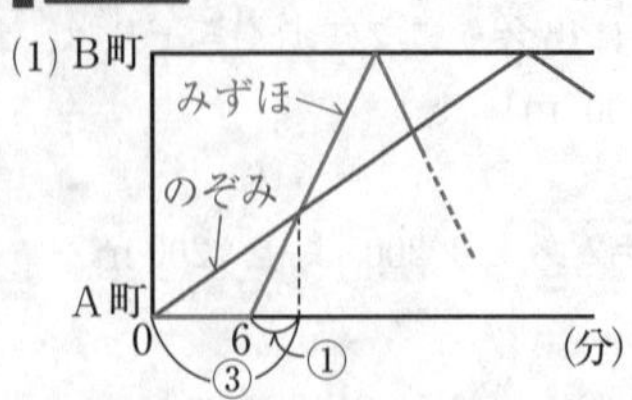

のぞみさんとみずほさんの速さの比は,

75：225＝1：3

同じきょりを行くのにかかる時間の比は逆比になるので, ③：①

③－①＝②

②＝6 分

①＝3 分

よって, 225×3＝675(m)

別解

みずほさんが出発したときの, のぞみさんとのはなれたきょりは, 75×6＝450(m)

450÷(225－75)＝3(分)

225×3＝675(m)

(2) 5400÷75＝72(分)

5400÷225＝24(分)

6＋24＝30(分)　30＋24＝54(分)

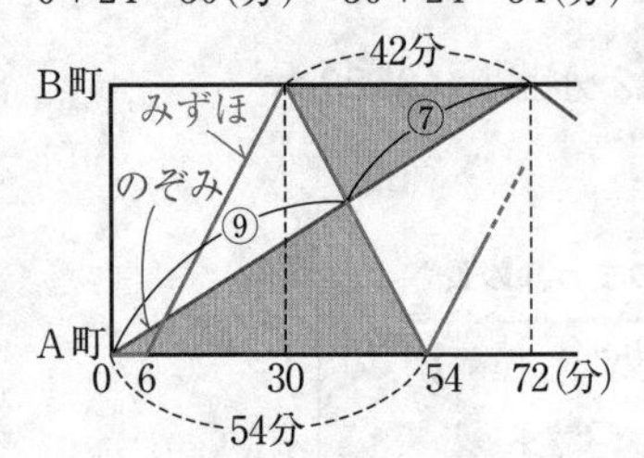

ちょうちょ型の相似を利用すると,

54：42＝⑨：⑦

⑨＋⑦＝⑯　⑯＝72 分

①＝72÷16＝4.5(分)

⑨＝4.5×9＝40.5(分)

(3) (2)より, のぞみさんは 72 分後にB町に着き, みずほさんは 54 分後に再びA町を出発しているので,

72－54＝18(分)

A町からのきょりは,

225×18＝4050(m) より,

5400－4050＝1350(m)

p.468

練習問題89

(1) 40 km　(2) 3時間 20 分

解き方

(1) 上りの速さは, 9－3＝6(km/時)

$6\times6\frac{40}{60}$＝40(km)

(2) 下りの速さは, 9＋3＝12(km/時)

$40\div12=3\frac{1}{3}$ 時間 → 3 時間 20 分

p.469

練習問題90

(1) 時速 2.5 km　(2) 6時間 40 分

解き方

(1) A船の上りの速さは, 20÷4＝5(km/時)

A船の下りの速さは, 20÷2＝10(km/時)

よって, (10－5)÷2＝2.5(km/時)

(2) B船の下りの速さは,

$20 \div 2\frac{30}{60} = 8$(km/時)

B船の上りの速さは，

$8 - 2.5 \times 2 = 3$(km/時)

よって，

$20 \div 3 = 6\frac{2}{3}$(時間) → 6時間40分

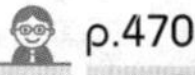

p.470

練習問題91　(1) ❶時速 8 km　❷時速 2 km
(2) 42 km

解き方

(1) ❶ 上りと下りの速さの比が 3：5 なので，上りと下りにかかる時間の比は ⑤：③

⑤－③＝②　②＝3(時間) より，

①＝3÷2＝1.5(時間)

⑤＝1.5×5＝7.5(時間)

③＝1.5×3＝4.5(時間)

上りの速さは，45÷7.5＝6(km/時)

下りの速さは，45÷4.5＝10(km/時)

よって，静水での速さは，

(6＋10)÷2＝8(km/時)

❷ 流れの速さは，(10－6)÷2＝2(km/時)

(2) 上りと下りにかかる時間の比は，7：4 なので，上りと下りの速さの比は，④：⑦

下り→静水での速さ＋1.5×2＝⑦

上り→静水での速さ－1.5　＝④

差　　　　　　　　4.5　＝③

③＝4.5 km/時 より，

①＝4.5÷3＝1.5(km/時)

④＝1.5×4＝6(km/時)

よって，6×7＝42(km)

p.471

練習問題92　(1) 4時間後　(2) 9時間20分後

解き方

(1) Bはエンジンを止めているので，静水での速さは 0 km/時 である。

よって，

24÷(6＋0)＝4(時間後)

(2)

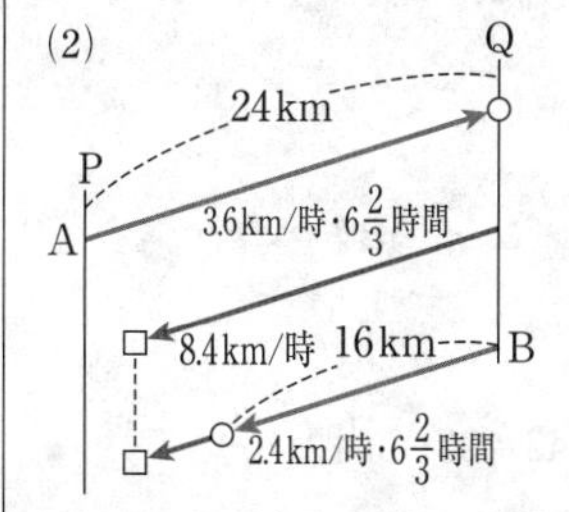

Aの上りの速さは 6－2.4＝3.6(km/時)

AがQ地に到着するのにかかる時間は，

24÷3.6

$= 6\frac{2}{3}$(時間)

そのとき，BはQ地から

$2.4 \times 6\frac{2}{3} = 16$(km) 進んでいる。

AがQ地を出発後にBに追いつくのにかかる時間は，$16 \div (8.4 - 2.4) = 2\frac{2}{3}$(時間)

よって，

$6\frac{2}{3} + 2\frac{2}{3} = 9\frac{1}{3}$(時間後) → 9時間20分後

p.472

練習問題93　(1) 時速 54 km　(2) 時速 99 km

解き方

(1) 150÷10＝15(m/秒)

15×3.6＝54(km/時)

(2) 45÷3.6＝12.5(m/秒)

電車Aの長さは，12.5×13.2＝165(m)

電車Bの長さも 165 m なので，電車Bの速さは，165÷6＝27.5(m/秒)

27.5×3.6＝99(km/時)

別解

電車Aも電車Bも長さが同じなので，速さと比を利用すると，

(電車Aが電柱の前を通過する時間)：(電車Bが電柱の前を通過する時間)＝13.2：6＝11：5

速さの比は逆比なので，

(電車Aの速さ)：(電車Bの速さ)＝5：11

よって，電車Bの速さは，

$45\times\frac{11}{5}=99$(km/時)

p.473

練習問題94　(1) ア…72　(2) イ…34

解き方

(1) (700＋140)÷42＝20(m/秒)
20×3.6＝72(km/時)
(2) 108÷3.6＝30(m/秒)
電車Aの長さは，
30×6＝180(m)
(1200－180)÷30＝34(秒)

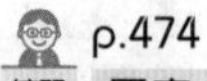
p.474

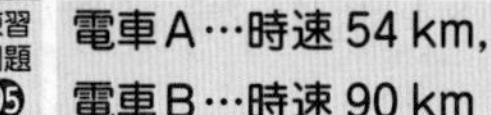

練習問題95　電車A…時速 54 km，
電車B…時速 90 km

解き方

電車Aと電車Bの速さの和は，
(175＋125)÷7.5＝40(m/秒)
電車Aと電車Bの速さの差は，
(175＋125)÷30＝10(m/秒)
よって，電車Aの速さは，
(40－10)÷2＝15(m/秒) より，
15×3.6＝54(km/時)
電車Bの速さは，
15＋10＝25(m/秒) より，
25×3.6＝90(km/時)

ここに注意
問題文から電車Aと電車Bのどちらが速いかを読みとろう。

p.475

練習問題96　(1) 120 m　(2) 110 m

解き方

(1)

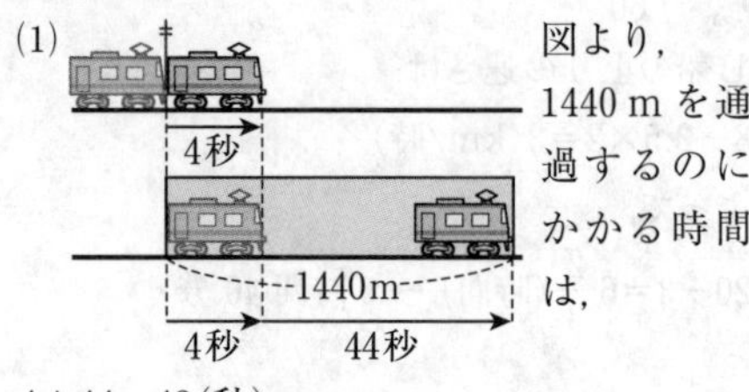

図より，1440 m を通過するのにかかる時間は，
4＋44＝48(秒)
特急電車の速さは，1440÷48＝30(m/秒)
よって，特急電車の長さは，30×4＝120(m)
(2) 鉄橋の長さと電車の長さの和は，
22×20＝440(m)
トンネルの長さが鉄橋の 3 倍なので，鉄橋を 3 回わたるとする。

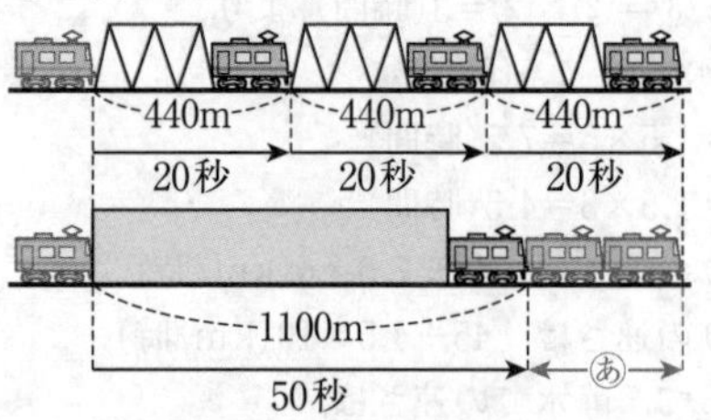

トンネルの長さと電車の長さの和は，
22×50＝1100(m)，440×3＝1320(m)
1320－1100＝220(m)
鉄橋 3 つ分の長さはトンネルの長さに等しいので，220 m は電車の長さの 2 つ分となる。よって，220÷2＝110(m)

別解
図より，あは電車 2 つ分の長さで，あを通過するのにかかる時間は，20×3－50＝10(秒)
よって，22×10÷2＝110(m)

p.476

練習問題97　(1) 64°　(2) 5°　(3) 167.5°

解き方

(1) 30°×8＝240°
240°－(6°－0.5°)×32＝64°
(2) 30°×9＝270°

$(6°-0.5°)\times50-270°=5°$

(3) $30°\times11=330°$

$330°-(6°-0.5°)\times25=192.5°$

$360°-192.5°=167.5°$

p.477

練習問題98

(1) 10時$5\frac{5}{11}$分

(2) 10時$54\frac{6}{11}$分

(3) 10時$21\frac{9}{11}$分

解き方

(1)

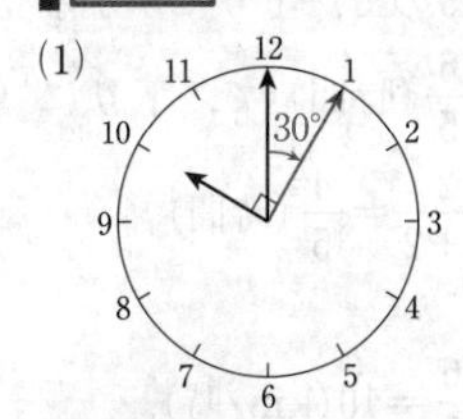

図より，30° 追いつけばよい。

$30°\div(6°-0.5°)$

$=5\frac{5}{11}$(分)

ここに注意

長針と短針のなす角が90°になる時刻は2回ある。

(2)

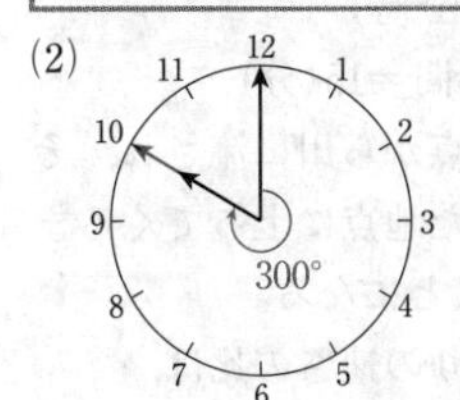

図より，300° 追いつけばよい。

$300°\div(6°-0.5°)$

$=54\frac{6}{11}$(分)

(3)

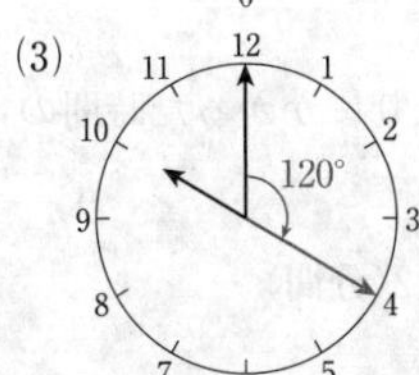

図より，120° 追いつけばよい。

$120°\div(6°-0.5°)$

$=21\frac{9}{11}$(分)

p.478

練習問題99

(1) 7時$23\frac{1}{13}$分　(2) 10時$36\frac{12}{13}$分

解き方

(1)

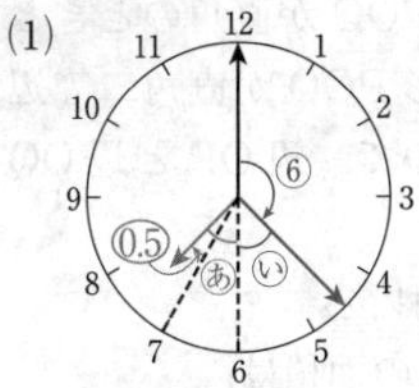

あ＝⓪.⑤＋30°

⑥＋い＝180°

あ＝い より，

い＝⓪.⑤＋30° なので，

⑥＋⓪.⑤＋30°＝180°

⑥.⑤＝180°－30°＝150°

$①=150°\div6.5=\frac{300°}{13}$

$⑥=\frac{300°}{13}\times6=\frac{1800°}{13}$

$\frac{1800°}{13}\div6°=23\frac{1}{13}$(分)

(2)

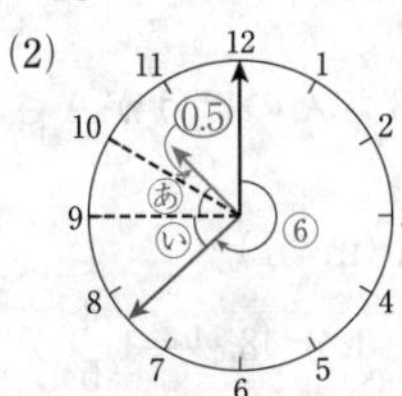

あ＝⓪.⑤＋30°

⑥＋い＝270°

あ＝い より，

い＝⓪.⑤＋30° なので，

⑥＋⓪.⑤＋30°＝270°

⑥.⑤＝270°－30°＝240°

$①=240°\div6.5=\frac{480°}{13}$

$⑥=\frac{480°}{13}\times6=\frac{2880°}{13}$

$\frac{2880°}{13}\div6°=36\frac{12}{13}$(分)

p.479

練習問題100

(1) 60秒後　(2) 30秒後

(3) 15秒後，18 cm^2

解き方

(1) Pの速さは $360°\div20=18$(°/秒)

Qの速さは $360°\div30=12$(°/秒)

P，Qとも同じ方向に進むので，PとQがはじめて重なるのは，

$360°\div(18°-12°)=60$(秒後)

(2) 180° はなれればよいので，

$180°\div(18°-12°)=30$(秒後)

(3) 三角形POQの底辺をPOとしたとき，

三角形POQの面積が最大になるのは，高さが最大，つまり角POQが直角のときとなる。よって，三角形POQが直角二等辺三角形になるときなので，辺OPと辺OQが90°はなれればよい。
$90° \div (18° - 12°) = 15$(秒後)
よって，三角形POQの面積は，
$6 \times 6 \div 2 = 18(\mathrm{cm}^2)$

p.480 力をのばす問題

28　(1) 分速 340 m　(2) 2分15秒ごと

解き方

(1) AさんはBさんに9分ごとに追いこされるのだから，
$900 \div 9 = 100$(m/分)　BさんのほうがAさんより速い。
よって，$240 + 100 = 340$(m/分)
(2) BさんとCさんは，1分48秒$=1\frac{4}{5}$分ごとにすれちがうので，BさんとCさんの速さの和は，
$900 \div 1\frac{4}{5} = 500$(m/分)
Cさんの速さは，$500 - 340 = 160$(m/分)である。
よってAさんとCさんは，
$900 \div (240 + 160) = 2\frac{1}{4}$(分)
⟶　2分15秒ごとにすれちがう。

29　(1) 23分　(2) 1200 m

解き方

(1) $3.6 \times 1000 \div 60 = 60$(m/分)
いつもは $1800 \div 60 = 30$(分) で行くところ，この日はいつもより7分はやく学校に着いたので，$30 - 7 = 23$(分) かかった。
(2) P地点から学校までのいつもの速さとこの日の速さの比は，$3.6 : 12 = 3 : 10$ なので，かかる時間の比は，⑩：③ となる。
⑩－③＝⑦＝7分 なので，①＝1分
いつもの速さでP地点から学校までは，
⑩＝10分 かかる。
よって，P地点はAさんの家から，
$30 - 10 = 20$(分)　$60 \times 20 = 1200$(m)
のところにある。

30　(1) 時速 2.5 km　(2) 12分間

解き方

(1) 上りと下りの速さの比は，$1 : 1.5 = 2 : 3$ なので，上りと下りにかかる時間の比は，$3 : 2$
2時間かけて往復するので，上りにかかる時間は，$2 \times \frac{3}{3+2} = \frac{6}{5}$(時間) で，下りにかかる時間は，$2 \times \frac{2}{3+2} = \frac{4}{5}$(時間)
よって，
上りの速さは，$12 \div \frac{6}{5} = 10$(km/時)，
下りの速さは，$12 \div \frac{4}{5} = 15$(km/時)
であるので，川の流れの速さは，
$(15 - 10) \div 2 = 2.5$(km/時)
(2) 2時間15分－2時間＝15(分)
エンジンを止めた地点から川に流され，その後エンジンを止めた地点に上ってくるまで15分間かかったことになる。
川の流れの速さと上りの速さの比は，
$2.5 : 10 = 1 : 4$ なので，
川に流された時間と上りにかかった時間の比は，$4 : 1$
よって，$15 \times \frac{4}{4+1} = 12$(分間)

ここに注意
エンジンを止めるとボートは川の流れの速さと同じ速さで下っていく

31　**3時49$\frac{1}{11}$分，9時16$\frac{4}{11}$分**

解き方

長針と短針に分けられた文字ばんの数の和は，(1＋12)×12÷2÷2＝39 ずつとなるので，下の図のようになる。

㋐

㋑

よって，㋐短針が3と4の間にあるとき，

270°÷(6°−0.5°)＝49$\frac{1}{11}$(分) より，

3時49$\frac{1}{11}$分

㋑ 短針が9と10の間にあるとき，

90°÷(6°−0.5°)＝16$\frac{4}{11}$(分) より，

9時16$\frac{4}{11}$分

p.481 力をためす問題

32　**(1) 240 m　(2) 940 m**

解き方

(1) Aさんが出発するとき，Bさんは
60×1＝60(m) 前方にいるので，Aさんが
Bさんに追いつくのは，
60÷(80−60)＝3(分後)
よって，80×3＝240(m)

別解

Aさんと Bさんの速さの比は，
80：60＝4：3 なので，同じ時間に進むきょりの比も，4：3

よって，60×$\frac{4}{4-3}$＝240(m)

(2)

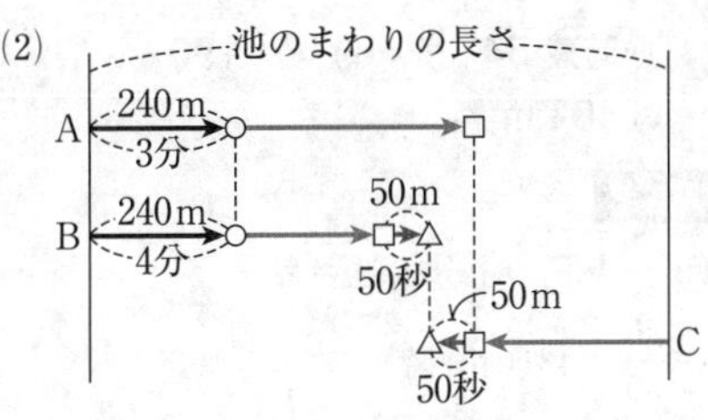

Aさんと Cさんがすれちがったとき，Aさんと Bさんの間は，60×$\frac{50}{60}$＋60×$\frac{50}{60}$
＝100(m) はなれていたことになる。
Aさんが Bさんに追いついてから Cさんとすれちがうまでの時間は，
100÷(80−60)＝5(分) で，そのきょりは
(80＋60)×5＝700(m)
よって，池のまわりの長さは，
700＋240＝940(m)

33　**(1) 20 m**
(2) 速さ…毎秒 23 m，長さ…95 m

解き方

(1) 90÷3.6＝25(m/秒)　25×24＝600(m)
72÷3.6＝20(m/秒)　20×29＝580(m)
よって，600−580＝20(m)
(2) 電車Bの速さを毎秒 △ m，長さを
□ m とすると，
(388＋□)÷△＝21　388＋□＝△×21…㋐
また，(55＋□)÷(△−17)＝25
55＋□＝(△−17)×25
55＋□＝△×25−425
480＋□＝△×25 …㋑
㋑−㋐ より，

　480＋□＝△×25
−) 388＋□＝△×21
　92　　＝△×4
　　　△＝92÷4＝23(m/秒)

㋐の式に △＝23 をあてはめて，
388＋□＝23×21＝483
　　□＝483−388＝95(m)

34 (1) 時速 54 km　(2) ア…190
(3) 40 km

解き方

(1) ボートPの上りの速さは,

$64\div\frac{80}{60}=48$(km/時)

ボートPの下りの速さは,

$280-235=45$(分) より,

$45\div\frac{45}{60}=60$(km/時)

よって, ボートPの静水での速さは,

$(48+60)\div2=54$(km/時)

(2) (1)より, 川の流れの速さは,

$(60-48)\div2=6$(km/時)

ボートQの上りの速さは,

$45\div\frac{150}{60}=18$(km/時) なので,

ボートQの下りの速さは,

$18+6\times2=30$(km/時)

ボートQがB町からA町に下るのにかかる時間は,

$45\div30=1.5$(時間)$=90$ 分

よって, ㋐$=280-90=190$(分)

(3) ㋐すなわち 190 分のとき,

A町からボートPまでのきょりは,

$190-150=40$(分) より, $48\times\frac{40}{60}=32$(km)

よって, ボートPとボートQの間のきょりは, $45-32=13$(km) である。

この地点からボートPとボートQが出会うには, $13\div(48+30)=\frac{1}{6}$(時間) かかる。

よって, ボートPとボートQが2回目に出会ったのは㋐から, ボートPが

$48\times\frac{1}{6}=8$(km) 上流に進んだところで,

A町から $32+8=40$(km) のところである。

第1編 数と計算

p.502～503

1 (1) 678897655 (2) 0 (3) $\frac{4}{5}$ (4) $\frac{5}{72}$

解き方

(1) $12345\times67890-2345\times67891$
$=(10000+2345)\times67890-2345\times(67890+1)$
$=10000\times67890+2345\times67890-(2345\times67890+2345\times1)$
$=10000\times67890-2345\times1$
$=678897655$

(2) $\left\{0.5\times0.5+\frac{1}{36}\div\left(\frac{1}{3}\times\frac{1}{3}\times\frac{1}{3}\right)\right\}\times\frac{2}{3}-\left(\frac{1}{3}\times\frac{1}{3}\right)\div2.5\times15$

$=\left(\frac{1}{4}+\frac{1}{36}\div\frac{1}{27}\right)\times\frac{2}{3}-\frac{1}{9}\times\frac{2}{5}\times15$

$=\left(\frac{1}{4}+\frac{3}{4}\right)\times\frac{2}{3}-\frac{2}{3}=0$

(3) $\frac{19}{20}-\frac{18}{19}=\frac{19\times19}{20\times19}-\frac{20\times18}{20\times19}=\frac{1}{20\times19}$

より，

$\left(\frac{19}{20}-\frac{18}{19}\right)\div\left(\frac{18}{19}-\frac{17}{18}\right)\times\left(\frac{17}{18}-\frac{16}{17}\right)\div\left(\frac{16}{17}-\frac{15}{16}\right)$

$=\left(\frac{1}{20\times19}\right)\div\left(\frac{1}{19\times18}\right)\times\left(\frac{1}{18\times17}\right)\div\left(\frac{1}{17\times16}\right)$

$=\left(\frac{1}{20\times19}\right)\times\left(\frac{19\times18}{1}\right)\times\left(\frac{1}{18\times17}\right)\times\left(\frac{17\times16}{1}\right)$

$=\frac{16}{20}=\frac{4}{5}$

(4) $\frac{2}{3\times4\times5}=\frac{5-3}{3\times4\times5}=\frac{\overset{1}{\cancel{5}}}{3\times4\times\underset{1}{\cancel{5}}}-\frac{\overset{1}{\cancel{3}}}{\underset{1}{\cancel{3}}\times4\times5}$

$=\frac{1}{3\times4}-\frac{1}{4\times5}$ より，

$\frac{2}{3\times4\times5}+\frac{2}{4\times5\times6}+\frac{2}{5\times6\times7}+\frac{2}{6\times7\times8}+\frac{2}{7\times8\times9}$

$=\frac{1}{3\times4}-\frac{1}{4\times5}+\frac{1}{4\times5}-\frac{1}{5\times6}+\frac{1}{5\times6}-\frac{1}{6\times7}+\frac{1}{6\times7}-\frac{1}{7\times8}+\frac{1}{7\times8}-\frac{1}{8\times9}$

$=\frac{1}{3\times4}-\frac{1}{8\times9}=\frac{5}{72}$

2 (1) 2017 (2) 6 (3) 8

解き方

(1) $0.75\times\left(\frac{1}{2}-\frac{1}{3}\right)\div\frac{23}{7+\square}=\frac{4}{7}\div\left\{\left(\frac{1}{7}+\frac{1}{11}\right)\div4.5\right\}$

$\frac{1}{8}\div\frac{23}{7+\square}=11$

$\frac{23}{7+\square}=\frac{1}{8}\div11=\frac{1}{88}$

$(7+\square)\times1=23\times88=2024$

$\square=2024-7=2017$

(2) $\frac{36}{5}\div\frac{\square}{5}=\frac{36}{5}\times\frac{5}{\square}=\frac{36}{\square}$ より，

$\frac{36}{\square}=\frac{36-\square}{5}$

よって，$\square\times(36-\square)=36\times5=180$

ここで，□をA，36－□ をBとすると，

A×B＝180，A＋B＝□＋36－□＝36

となり，

180＝1×180＝2×90＝3×60＝4×45
＝5×36＝6×30＝9×20＝10×18＝12×15

と表すことができるので，

(A，B)＝(6，30)，(30，6)で，□＝6 か 30 となる。

ただし，$\frac{□}{5}$ はそれ以上約分できない分数なので，□=6

(3) $\frac{3}{10}+\frac{2}{35}+\frac{4}{77}+\frac{2}{143}$

$=\frac{3}{2\times5}+\frac{2}{5\times7}+\frac{4}{7\times11}+\frac{2}{11\times13}$

$=\frac{1}{2}-\frac{1}{5}+\frac{1}{5}-\frac{1}{7}+\frac{1}{7}-\frac{1}{11}+\frac{1}{11}-\frac{1}{13}$

$=\frac{1}{2}-\frac{1}{13}=\frac{11}{26}$

$30\div\left(76-□\div1\frac{4}{7}\right)=\frac{11}{26}$

$76-□\div\frac{11}{7}=30\div\frac{11}{26}=\frac{780}{11}$

$□\div\frac{11}{7}=76-\frac{780}{11}=\frac{56}{11}$

$□=\frac{56}{11}\times\frac{11}{7}=8$

3 (1) **最大公約数…3,**
最小公倍数…210
(2) **4 組**

解き方

(1) 630=2×3×3×5×7

素数の積で表したとき，同じ素数は 3 だけである。よって，最大公約数は 3 となる。

A×B=(AとBの最大公約数)×(AとBの最小公倍数) なので，

630=3×(AとBの最小公倍数)

よってAとBの最小公倍数は，

630÷3=210

(2) AはBより大きいので，

(A, B)=(3×2×5×7，3)，(3×5×7，3×2)，(3×2×7，3×5)，(3×2×5，3×7)

の 4 組となる。

4 (1) **24 個** (2) **1170** (3) **96 個**
(4) **29 個**

解き方

(1) $\frac{360}{A}$ は整数であるので，Aは 360 の約数である。

かけて 360 になる 2 つの整数の組をつくる。

1×360，2×180，3×120，4×90，5×72，6×60，8×45，9×40，10×36，12×30，15×24，18×20 より，

360 の約数は，1，2，3，4，5，6，8，9，10，12，15，18，20，24，30，36，40，45，60，72，90，120，180，360

よって，24 個

(2) (1)より，

1+2+3+4+5+6+8+9+10+12+15+18
+20+24+30+36+40+45+60+72+90
+120+180+360=1170

テクニック

約数の個数とすべての約数の和を計算で求めることができる。

12 の約数を例に考えてみると，12 の約数は，

1，2，3，4，6，12 の 6 個で，

和は，1+2+3+4+6+12=28

12 を素数だけの積で表すと，

12=2×2×3 となり，

（2 が 2 個，3 が 1 個）

個数=(2+1)×(1+1)=3×2=6(個)

また，和=(1+2+2×2)×(1+3)

=7×4=28 となり，約数を調べた結果と計算で求めた結果が同じになる。

別解

(1)，(2)を計算で求めると，

(1) 360=2×2×2×3×3×5

（2 が 3 個，3 が 2 個，5 が 1 個）

360 の約数の個数は

(3+1)×(2+1)×(1+1)=24 (個)

(2) (1)より，360 の約数の和は，

(1+2+2×2+2×2×2)
×(1+3+3×3)×(1+5)=1170

(3) $\frac{B}{360}$ が既約分数であることから，Bは
└ p.47
2の倍数でも3の倍数でも5の倍数でもない整数である。
359÷2=179 あまり1　359÷3=119 あまり2
359÷5=71 あまり4　359÷6=59 あまり5
359÷10=35 あまり9　359÷15=23 あまり14
359÷30=11あまり29
179+119+71−(59+35+23)+11=263(個)
よって，
359−263=96(個)

(4) $0.7=\frac{252}{360}$　$\frac{B}{360}\geqq\frac{252}{360}$ より，
Bは252以上359以下のうち2の倍数でも3の倍数でも5の倍数でもない整数である。
251÷2=125 あまり1　251÷3=83 あまり2
251÷5=50 あまり1　251÷6=41 あまり5
251÷10=25 あまり1　251÷15=16 あまり11
251÷30=8 あまり11
125+83+50−(41+25+16)+8=184(個)
251−184=67(個)
よって，(3)より，
96−67=29(個)

5 (1) **2649** (2) **12，13，14**

解き方

(1) 10000 ←(百の位を四捨五入)― 9500以上 10500未満 ←(4倍)―
2375以上 2625未満 ←(百の位までのがい数)― 2400以上 2600以下
よって，もとの整数は十の位を四捨五入して2400以上2600以下になる整数のうち最も大きい数なので，2649になる。

(2) 《1.7》=2
《□÷3−2.3》=2 なので，
《□÷3−2.3》は1.5以上2.5未満となる。
□÷3−2.3=1.5 のとき，
□÷3=1.5+2.3=3.8
□=3.8×3=11.4
□÷3−2.3=2.5 のとき，
□÷3=2.5+2.3=4.8
□=4.8×3=14.4
よって，□は11.4以上14.4未満の整数であるので，□={12，13，14}

6 (1) **21** (2) **ア…16，イ…15**
(3) **(11，9)，(9，6)，(8，4)**

解き方

(1)【1，11】+【10，20】
=1+2+3+4+5+6+7+8+9+10+11
+10+11+12+13+14+15+16+17+18
+19+20
=1+2+…+19+20+10+11
=【1，20】+10+11 となる。
よって，
【1，11】+【10，20】−【1，20】
=【1，20】+10+11−【1，20】
=10+11=21

(2) 31を連続する整数の和で表す。
31=15+16
よって，(1)より，ア=16，イ=15

(3) 連続する整数の和が30になる場合を，連続する整数の個数で分けて考える。
㋐ 2個のとき，
30=15+15
└同じ数…×
㋑ 3個のとき，
30=9+10+11
㋒ 4個のとき，
30=6+7+8+9
㋓ 5個のとき，
30=4+5+6+7+8
㋔ 6個のとき
30=3+4+5+5+6+7
└同じ数…×
よって，(ウ，エ)=(11，9)，(9，6)，(8，4)

7 (1) **7** (2) **5** (3) **16個** (4) **365**

解き方

(1) 1けたの整数は1～9の9個の数字。
2けたの整数は1つの数に2個の数字があるので，$25-9=16$　$16\div2=8$，すなわち2けたの整数の小さいほうから8番目の一の位の数字となる。
$10+(8-1)=17$ より，
25番目の数字は7
(2) (1)と同じように，$100-9=91$
$91\div2=45$ あまり1　$45+1=46$
すなわち2けたの整数の小さいほうから46番目の十の位の数字となる。
$10+(46-1)=55$ より，
100番目の数字は5
(3) 1から55までに「1」は何個あるかと同じことなので，
十の位　一の位
1　　□
　　↑
　0～9の10個が入る。
十の位　一の位
□　　1
↑
0～5の6個が入る
よって，$10+6=16$(個)
(4) まず，1から49までに使われている数字の和を考える。
一の位は，
$(1+2+3+4+5+6+7+8+9)\times5=225$
十の位は，
$(1+2+3+4)\times10=100$
そして，残りの50から55の十の位までに使われている数字の和は，
$5+0+5+1+5+2+5+3+5+4+5=40$
よって，$225+100+40=365$

8 (1) $1\frac{5}{9}$　(2) 219番目

解き方

(1) ①，②，1，③，$1\frac{1}{2}$，1，④，2，$1\frac{1}{3}$，1，⑤，$2\frac{1}{2}$，$1\frac{2}{3}$，…
○印の中の数が1，2，3，4，5，…となっていることを手がかりにする。
(1)
(2，1)
$\left(3, 1\frac{1}{2}, 1\right)$
$\left(4, 2, 1\frac{1}{3}, 1\right)$
$\left(5, 2\frac{1}{2}, 1\frac{2}{3}, 1\frac{1}{4}, 1\right)$
$\left(6, 3, 2, 1\frac{1}{2}, 1\frac{1}{5}, 1\right)$
$\left(7, 3\frac{1}{2}, 2\frac{1}{3}, \cdots\right)$
⇩
$\left(\frac{1}{1}\right)$
$\left(\frac{2}{1}, \frac{2}{2}\right)$
$\left(\frac{3}{1}, \frac{3}{2}, \frac{3}{3}\right)$
$\left(\frac{4}{1}, \frac{4}{2}, \frac{4}{3}, \frac{4}{4}\right)$
$\left(\frac{5}{1}, \frac{5}{2}, \frac{5}{3}, \frac{5}{4}, \frac{5}{5}\right)$
$\left(\frac{6}{1}, \frac{6}{2}, \frac{6}{3}, \frac{6}{4}, \frac{6}{5}, \frac{6}{6}\right)$
$\left(\frac{7}{1}, \frac{7}{2}, \frac{7}{3}, \cdots\right)$
$1+2+\cdots+13=91$　$100-91=9$(番目)
よって，100番目の数は14グループの9番目であるので，$\frac{14}{9}=1\frac{5}{9}$ となる。

(2) $2\frac{1}{3}=\frac{7}{3}$ なので1回目は $\frac{7}{3}$
2回目は $\frac{7\times2}{3\times2}=\frac{14}{6}$，
3回目は $\frac{7\times3}{3\times3}=\frac{21}{9}$ である

$\frac{21}{9}$ は21グループの9番目の数なので,
$(1+2+\cdots+20)+9=(1+20)\times20\div2+9$
$=219$(番目)

第2編 変化と関係

p.504〜505

9 (1) 49：15 (2) 10：4：3

解き方

(1) (Aの商品の重さ)
$=$(Bの商品の重さ)$\times\frac{5}{7}$ より,
(Aの商品の重さ)：(Bの商品の重さ)
$=5:7$
(Aの商品の値段)
$=$(Bの商品の値段)$\times\frac{7}{3}$ より,
(Aの商品の値段)：(Bの商品の値段)
$=7:3$
よって，AとBの重さが等しいときの値段の比は,
$A:B=(7\div5):(3\div7)$
$=\frac{7}{5}:\frac{3}{7}=49:15$

(2)

	10円玉	：	50円玉	：	100円玉
単価の比	1	：	5	：	10
	×		×		×
枚数の比	$\boxed{1}$	：	$\boxed{\frac{2}{5}}$	：	$\boxed{\frac{3}{10}}$
‖	‖		‖		‖
金額の比	1	：	2	：	3

よって，$1:\frac{2}{5}:\frac{3}{10}=10:4:3$

10 32000円

解き方

全体の人数を⑽とすると，グループ全体の所持金の合計は $8000\times$⑽$=$(800000)
上位10％の所持金の合計は,
(800000)$\times0.4=$(320000)
上位10％の人数は ⑽$\times0.1=$⑩
よって，(320000)$\div$⑩$=32000$(円)

11 (1) 8 cm (2) 22 cm (3) 18分20秒後 (4) 16分15秒後

解き方

(1) $3:2=12:\square$ $\square\times3=2\times12=24$
$\square=24\div3=8$(cm)
(2) (1)より，Aが12 cm短くなる間にBは8 cm短くなり，その差は $12-8=4$(cm)
はじめAはBより4 cm長いことから,
Aのはじめの長さは $10+12=22$(cm)
(3) Aは10分間で12 cm短くなっているから，1分間に $12\div10=1.2$(cm) 短くなる。
よって,
$22\div1.2=18\frac{1}{3}$(分)→18分20秒後
(4) Bのはじめの長さは $10+8=18$(cm)であり，10分間で8 cm短くなっているから，1分間に $8\div10=0.8$(cm) 短くなる。
Aの長さがBの長さの半分になる時間を求めるには，Aのはじめの長さを2倍，また短くなる速さも2倍にして，AとBの長さが同じになる時間を求めればよい。
2倍にしたAの長さは，$22\times2=44$(cm)
1分間では，$1.2\times2=2.4$(cm) 短くなる。
よって，旅人算の追いつくまでにかかる時間の求め方から,
$(44-18)\div(2.4-0.8)=16\frac{1}{4}$(分)
→16分15秒後

12 146, 148

解き方

153 cmがだれになるかで場合分けをする。
㋐ Aを153 cmにすると,
Bは $153-9=144$(cm)となる。
このとき，Dを最も低い身長と考えてもCは $144-2=142$(cm)，Dは $142-5=137$(cm)となり，4人の平均身長は

(153＋144＋142＋137)÷4＝144(cm) なので，Bの身長より低いことにはならないから，Aは153 cm ではない。
㋑ Bを153 cm にすると，
Aは 153－9＝144(cm) となり，
Cは 153－2＝151(cm) となる。このとき，
D は 151＋5＝156 (cm) か 151－5＝146 (cm) だが，156 cm はいちばん高い人が153 cm なので，あてはまらない。
平均身長は (144＋153＋151＋146)÷4＝148.5(cm) で，Dの身長より高い。
よって，Dの身長は146 cm
㋒ Cを153 cm にすると，Bは
153－2＝151(cm) となり，Aは
151＋9＝160(cm)か 151－9＝142(cm) だが，160 cm はいちばん高い人が153 cm なので，あてはまらない。
Dは 153－5＝148(cm) となる。
平均身長は (142＋151＋153＋148)÷4＝148.5(cm) で，Dの身長より高い。
よって，Dの身長は148 cm
㋓ Dを153 cm とすると，平均身長がDより高くないので，あてはまらない。
以上から，Dの身長は146 cm または148 cm

別解

4人の平均身長はDの身長より高く，Bの身長より低いので，
Bの身長はDの身長より高い …ⓐ
BとCの差は2 cm …ⓘ
CとDの差は5 cm …ⓤ
いちばん身長が高い人は153 cm …ⓔ
ⓐ，ⓘ，ⓤより，場合分けをする。
㋐ D ＋5→ C ＋2→ B
このとき，AとBとの差は9 cm で，4人の平均身長はBの身長より低いことから，
A ＋2→ D ＋5→ C ＋2→ B となる。
ⓔより，B＝153 cm なので，
D＝153－7＝146(cm)
㋑ D　B ＋2→ C（D→C：＋5）
このとき㋐と同じように考えて，
A ＋6→ D ＋3→ B ＋2→ C となる。
ⓔより，C＝153 cm なので，
D＝153－5＝148(cm)
以上から，Dの身長は146 cm または148 cm

13 150

解き方

1から300までの整数のうち5の倍数以外の整数が書かれたカードは，
300÷5＝60(枚) 300－60＝240(枚) である。
3箱に分けているので，1箱には
240÷3＝80(枚) ずつ入っている。
それぞれの箱を4枚ずつのグループに分け，その1番目のグループの和は，
箱Aは 1＋7＋8＋14＝30
箱Bは 2＋6＋9＋13＝30
箱Cは 3＋4＋11＋12＝30
となり，箱A，B，Cの和は等しいので，2番目以降のグループの和も等しい。
それぞれの箱には 80÷4＝20(グループ)ずつ入っていることから，それぞれの箱に入っているカードの数の和は等しい。
1から300までの整数の和は，
(1＋300)×300÷2＝45150
1から300までの5の倍数の和は，
(5＋300)×60÷2＝9150
よって，箱A，B，Cに入っているすべてのカードの数の和は，
(45150－9150)÷3＝12000 となる。
よって，箱Bに入っているカードに書かれた整数の平均は，
12000÷80＝150

14 (1) 64分10秒 (2) 144分

解き方

(1) 同じ道を歩くのにかかる時間の比は，
A：B＝60：55＝12：11
B：C＝60：70＝6：7
AとBとCの時間の比は，

A	B	C
12	11	
	6	7
72	66	77

A：Cの速さの比が77：72なので，
A：Cの時間の比は72：77になる。
よって，$60\times\frac{77}{72}=64\frac{1}{6}$ 分→64分10秒
(2) (1)より，時間の比は
A：B：C＝72：66：77
Aの往復にかかる時間は，
72×2＝144
B，Cのペアが歩いたときにかかる時間は，
66＋77＝143
よって，144－143＝1 が1分にあたるので，1×144＝144(分)

15 (1) 上り坂(のほうが)500 m(長い) (2) 2700 m (3) 1400 m

解き方

(1) 往路と復路にかかった時間の差は，
37分40秒－34分20秒＝3分20秒
往路のほうが時間がかかっているので，上り坂のほうが長いことがわかる。

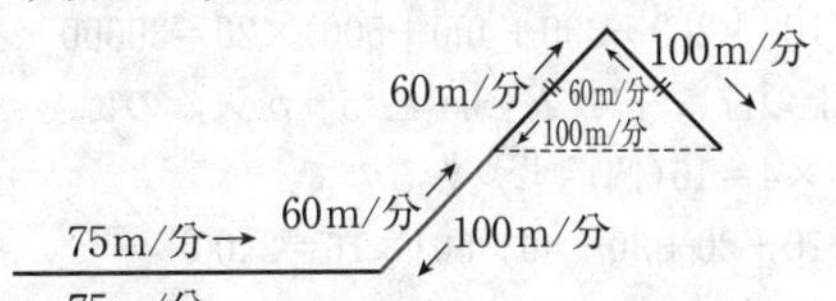

図の色のついた部分以外のところにかかる時間は往路と復路で変わらないので，往路と復路にかかった時間の差は色のついた部分の時間の差とわかる。
色のついた部分を考えると，同じ道のりを進むときの速さの比は，
(上り坂)：(下り坂)＝60：100＝3：5
なので，かかる時間の比は速さの比と逆比の関係であるから，
(上り坂)：(下り坂)＝5：3
この差が3分20秒にあたるので，色のついた部分の上り坂にかかる時間は，
3分20秒＝$3\frac{1}{3}$ 分より，
$3\frac{1}{3}\times\frac{5}{5-3}=\frac{25}{3}$(分)
よって，$60\times\frac{25}{3}=500$(m)
(2) 分速60 mと分速100 mの平均の速さは，道のりを60と100の最小公倍数300とすると，
300÷60＝5，300÷100＝3 より，
(300×2)÷(5＋3)＝75 (m/分)となる。
つまり，ある坂道を分速60 mで上がり，分速100 mで下る時間は，上りも下りも分速75 mで，進む時間と等しい。
よって，上り坂を分速60 m，下り坂を分速100 m，たいらな道を分速75 mで往復する時間と，すべての道を分速75 mで往復する時間は等しいということになるので，家からA地点までの道のりは，
37分40秒＋34分20秒＝72分より，
75×72÷2＝2700(m)
(3) 37分40秒－27分10秒＝10分30秒
の差は上り坂を分速60 mでかかった時間と分速200 mでかかった時間の差にあたる。分速60 m；分速200 m＝3：10 なので，かかる時間の比は 10：3 となる。
この差が 10分30秒＝$10\frac{1}{2}$ 分なので，
上り坂は $10\frac{1}{2}\times\frac{10}{10-3}=15$(分) より，
60×15＝900(m) である。
(1)より，上り坂のほうが下り坂より500 m

長いので，下り坂は $900-500=400$(m)
よってたいらな道は，
$2700-(900+400)=1400$(m)

16 月曜日の午後7時6分40秒

解き方

日曜日の午前8時から3日後の水曜日の午後5時20分までの時間は，
24時間×3＋(午後5時20分－午前8時)
＝72時間＋9時間20分＝81時間20分
＝4880(分)
1分19秒：1分44秒＝79：104

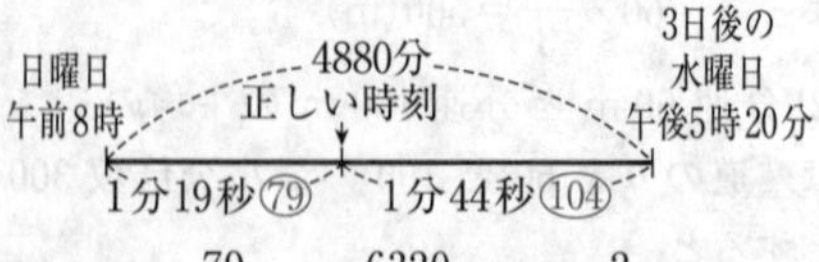

$4880\times\frac{79}{79+104}=\frac{6320}{3}=2106\frac{2}{3}$(分後)
$2106\div60=35$ あまり 6　$35\div24=1$ あまり 11
よって，日曜日の午前8時から1日11時間 $6\frac{2}{3}$ 分後なので，
月曜日の午前8時＋11時間 $6\frac{2}{3}$ 分
＝月曜日の午後7時6分40秒
よって，正しい時刻を示していたのは，
月曜日の午後7時6分40秒

第3編 データの活用

p.506～507

17 16ひき

解き方

Aの水そうの体積は $0.06\ m^3$ で，これが30％にあたることから，
Bの水そうの体積は $0.06\times\frac{50}{30}=0.1(m^3)$
であり，
Cの水そうの体積は $0.06\times\frac{20}{30}=0.04(m^3)$
である。
Aの水そうの中にいる熱帯魚は
$250\times0.06=15$(ひき) であり，これが20％にあたることから，
Bの水そうの中にいる熱帯魚は
$15\times\frac{44}{20}=33$(びき) であり，
Cの水そうの中にいる熱帯魚は
$15\times\frac{36}{20}=27$(ひき) である。
熱帯魚を5ひき増やすので，熱帯魚の合計は，$15+33+27+5=80$(ぴき) となる。
A，B，Cの水そうの体積の合計は，
$0.06+0.1+0.04=0.2(m^3)$ である。
よって，Cの水そうの中にいる熱帯魚は
$80\times\frac{0.04}{0.2}=80\times\frac{1}{5}=16$(ひき)

18 (1) 100個　(2) 49個　(3) 32640

解き方

(1) $5\times5\times4=100$(個)
(2) ㋐ 百の位に「1」が入るとき，
$5\times4=20$(個)
㋑ 百の位に「2」が入るとき，
$5\times4=20$(個)
㋒ 百の位に「3」が入り，321より小さい整数は　301，302，304，305，310，312，314，315，320 の9(個)
よって，$20\times2+9=49$(個)
(3) (2)より，百の位に「1，2，3，4，5」が入るときはそれぞれ20個ずつあるので，
$(100+200+300+400+500)\times20=30000$
十の位に「1，2，3，4，5」が入るのは，
$4\times4=16$(個) ずつあるので，
$(10+20+30+40+50)\times16=2400$
一の位に「1，2，3，4，5」が入るのは，
$4\times4=16$(個) ずつあるので，
$(1+2+3+4+5)\times16=240$
よって，$30000+2400+240=32640$

19 (1) 8通り (2) ① 5通り ② 11通り

解き方

(1) 遠回りしないで行く場合は下の4通りある。

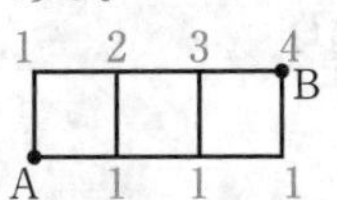

必ず遠回りをして行く場合は，次の図のアからイか，ウからエへ通ることが必要である。

㋐ アからイへ通るのは，

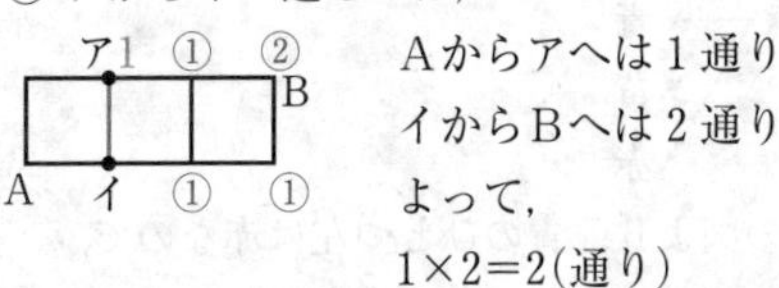

Aからアへは1通り
イからBへは2通り
よって，
$1\times2=2$(通り)

㋑ ウからエへ通るのは，

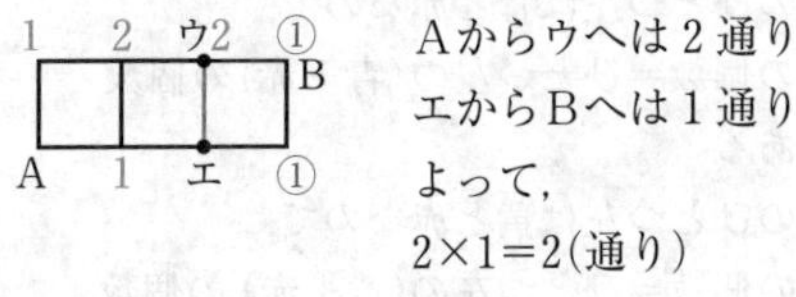

Aからウへは2通り
エからBへは1通り
よって，
$2\times1=2$(通り)

以上から，$4+2+2=8$(通り)

別解

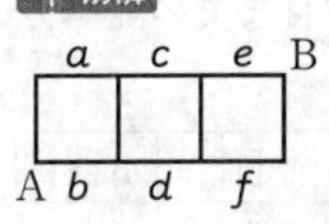

問題の条件より，左へ進む動きはできないので，右に3回動くことになる。

aとbのどちらを通るかで2通りあり，cとd，eとfもそれぞれ2通りずつある。

よって，$2\times2\times2=8$(通り)

(2)

①

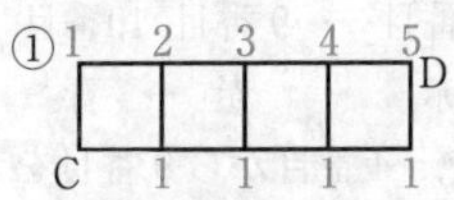

5通りである。

② (1)の別解を利用すると，

CからDまでは

$2\times2\times2\times2=16$(通り) ある。

遠回りをしない行き方が，①より5通りなので，$16-5=11$(通り)

20 (1) 2通り (2) 44通り

解き方

(1) A，B，Cの3人の場合で，分け方を樹形図で考える。Aの持ってきたプレゼントを[A]とする。

[A] [B] [C]

B―C―A

C―A―B

よって，2通り

(2) A，B，C，D，Eの5人の場合で，分け方を樹形図で考える。

まず，[A]のプレゼントをBが受けとるとすると，

[A] [B] [C] [D] [E]

```
B┬A┬D―E―C ┐
 │ └E―C―D │
 ├C┬A―E―D │
 │ ├D―E―A │
 │ └E―A―D │
 ├D┬A―E―C ├11通り
 │ └E┬A―C │
 │   └C―A │
 └E┬A―C―D │
   └D┬A―C │
     └C―A ┘
```

同じように，[A]のプレゼントをC，D，Eが受けとる場合もそれぞれ11通りある。

よって，$11\times4=44$(通り)

21 (1) 9通り (2) 18通り (3) 72通り

(1)

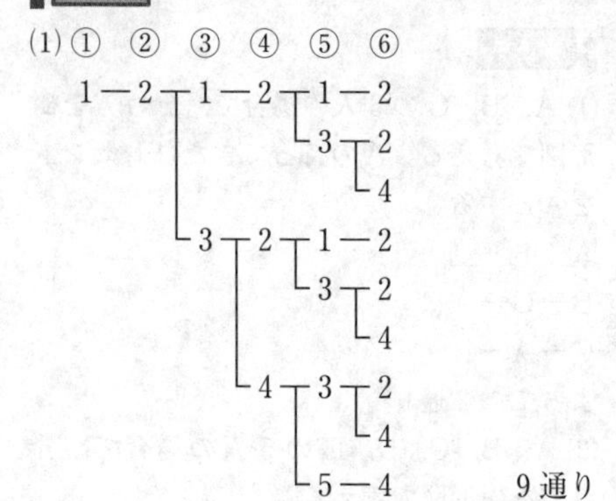

(2) ①　②

3 ┬ 2 ⇨ ③~⑥は(1)と同じなので，9通り
　└ 4 ⇨ (1)の樹形図の1を5に，2を4におきかえて考えると，②が「2」のときと「4」のときとは同じになるので，②が「4」のときも9通りある。

よって，9＋9＝18(通り)

(3) 最初が2になるような並べ方は，

```
①   ②   ③   ④   ⑤   ⑥
2 ┬ 1 ─ 2 ┬ 1 ─ 2 ┬ 1
  │       │       └ 3
  │       └ 3 ┬ 2 ┬ 1
  │           │   └ 3
  │           └ 4 ┬ 3
  │               └ 5
  └ 3 ┬ 2 ┬ 1 ─ 2 ┬ 1
      │   │       └ 3
      │   └ 3 ┬ 2 ┬ 1
      │       │   └ 3
      │       └ 4 ┬ 3
      │           └ 5
      └ 4 ┬ 3 ┬ 2 ┬ 1
          │   │   └ 3
          │   └ 4 ┬ 3
          │       └ 5
          └ 5 ─ 4 ┬ 3
                  └ 5
```

18通り

①が4のときは，①が2のときと同じで18通りあり，①が5のときは，①が1のときと同じで9通りある。

よって，9＋18＋18＋18＋9＝72(通り)

22 (1) 17通り　(2) 24通り

解き方

(1) ランプの並べ方を図にかくと，

(左)　(右)

青 ⟶ 黄

黄 ⟶ 赤

赤 ⟶ 青，黄，赤

この図より，青のひとつ左は赤なので，
青の個数＝ひとつ左の赤の個数である。
黄のひとつ左は青と赤なので，
黄の個数＝ひとつ左の(青＋赤)の個数である。
赤のひとつ左は黄と赤なので，
赤の個数＝ひとつ左の(黄＋赤)の個数である。
これらを表にまとめて4番目までの並べ方を求めると，

	1番目		2番目		3番目		4番目
青	1		1		2		4
黄	1		2		3		6
赤	1		2		4		7
計	3		5		9		17

よって，17通り

(2) 1番目　2番目　3番目……9番目　10番目
　　青　→　黄　→　赤　　　　赤　→　青

は決まっているので，4番目から9番目を調べるとよい。

(2)の4番目は(1)の1番目と同じなので，(2)の7番目の表は，(1)の4番目と同じである。

	7番目	8番目	9番目
青	4	7	13
黄	6	11	20
赤	7	13	24

表より，9番目が赤になるのは24通り
よって，10番目が青になるのは24通り

23 40個

解き方

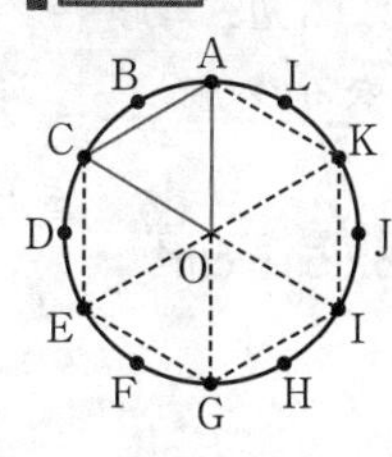

三角形OACは正三角形なので，円周を12とすると，3つの弧の長さがすべて3以上になるように3点を選べばよい。

そのような選び方は，
(3，3，6)，(3，4，5)，(4，4，4)となる。

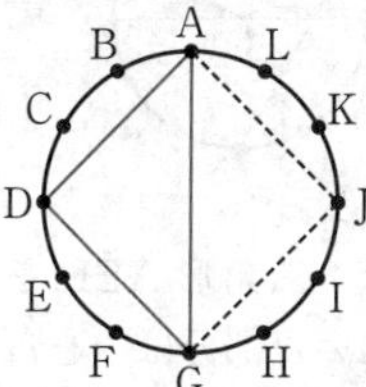

㋐ (3，3，6)のとき，1本の直径に対して2個の三角形ができる。直径は6本あるので，$2\times6=12$(個)

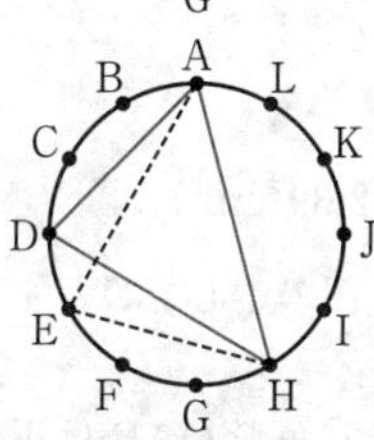

㋑ (3，4，5)のとき，AHを最も長い辺としたとき2個の三角形ができる。最も長い辺の選び方は12個あるので，$2\times12=24$(個)

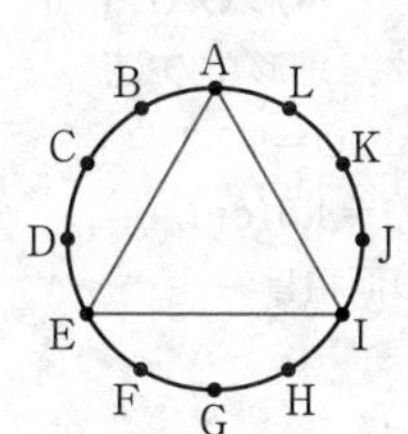

㋒ (4，4，4)のとき，正三角形は4個

よって，$12+24+4=40$(個)

24 (1) 2通り (2) 378通り (3) 28通り (4) 122通り

解き方

(1) 左から赤でぬりはじめるときと，黄でぬりはじめるときしかないので，2通り

(2) 左はしは3通り，その右はそれぞれ2通りなので，$3\times2\times2\times2\times2\times2\times2\times2$
$=384$(通り)
このうち2色だけでぬり分けるのは(1)より，2通りあり，2色の選び方は(赤，黄)，(赤，青)，(黄，青)の3通りなので，
$2\times3=6$(通り)
よって，$384-6=378$(通り)

(3) 左はしに赤をぬると，その右に青か黄をぬるかなので，2通りのぬり方ができ，右はしに赤をぬるときも，同じように2通りである。両はし以外に赤をぬるときは，赤の左と右をそれぞれ黄にするのか青にするのかで，$2\times2=4$(通り)で，赤をぬるところは両はし以外の6通りある。
よって，$2+2+4\times6=28$(通り)

(4) ㋐ 両はしに赤をぬると，2通りのぬり方ができる。

㋑ 左はしに赤をぬり，右はしをのぞくところに赤をぬるぬり方は5通りある。残りを黄と青でぬり分けるのは$2\times2=4$(通り)である。右はしに赤をぬり，左はしをのぞくところに赤をぬるぬり方も同じなので，$5\times4\times2=40$(通り)

㋒ 両はし以外に赤をぬるぬり方は，6か所のうち2か所に赤をぬるので，
$6\times5\div2=15$(通り)あるが，となりどうしが赤になる場合が5通りあるので
$15-5=10$(通り)
残り4か所を黄と青でぬり分けるのは，4か所のうち3か所がそれぞれ黄か青にするかなので，$2\times2\times2=8$(通り)
よって，$10\times8=80$(通り)である。

以上から，$2+40+80=122$(通り)

第4編 平面図形

p.508～509

25 70°

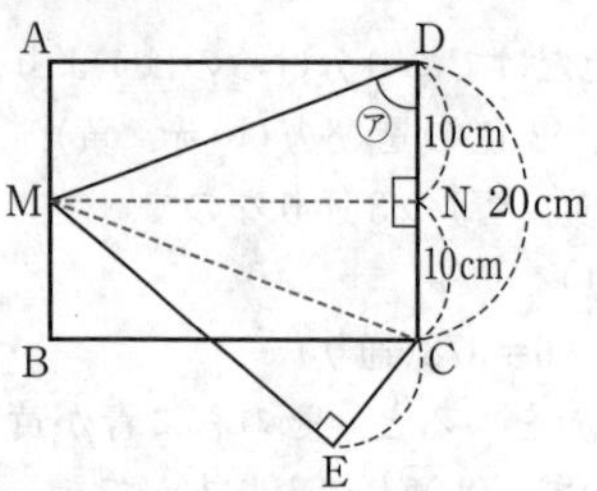

辺 CD の中点をNとして，MN と MC に補助線をひくと，三角形 MDN と三角形 MCN は二等辺三角形 MCD を 2 等分してできた三角形なので合同である。また，三角形 MCN と三角形 MCE は直角三角形であり，辺 CN と辺 CE が等しく，辺 MC が共通であるので，合同である。

よって，三角形 MDN と三角形 MCN と三角形 MCE は合同なので，角 DMN と角 CMN と角 CME は等しいので，

角 DMN＝60°÷3＝20°

よって，㋐＝180°－(90°＋20°)＝70°

テクニック

直角三角形の合同条件は下の２つがある。

㋐ 斜辺と１つの角がそれぞれ等しい。

㋑ 斜辺と他の１辺がそれぞれ等しい。

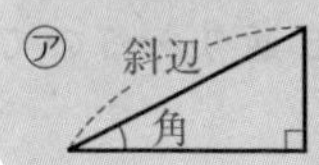

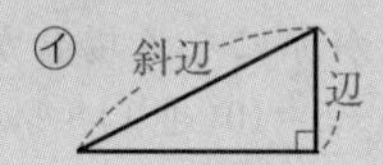

26 90°

解き方

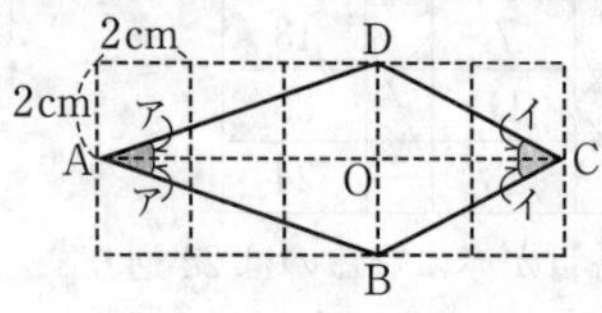

左の図のように角をアとイとして，三角形 CBO を左の図のように移動させると，三角形 AB′D は直角二等辺三角形。

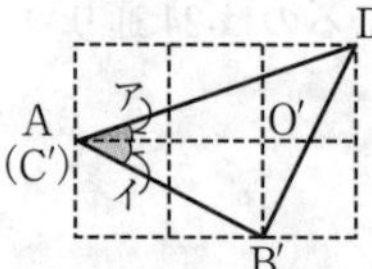

よって，ア＋イ＝45° となるので，

$x+y=45°\times2=90°$

27 (1) 42.39 cm² (2) 52.515 cm²

解き方

(1)

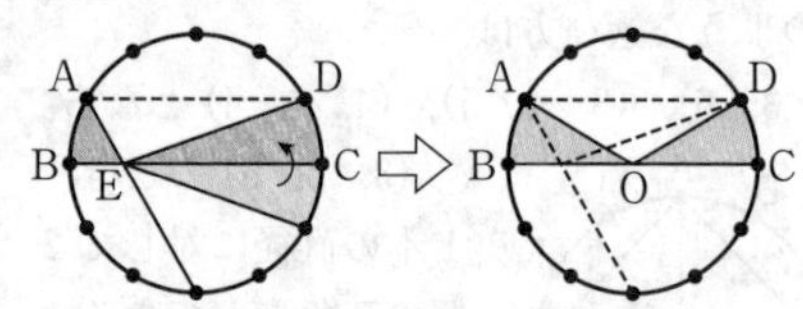

上の図のように，A～E とおく。

AD と BC は平行なので，三角形 AED を等積変形すると，色のついた部分は中心角 30° のおうぎ形 2 つになる。

よって，

$$9\times9\times3.14\times\frac{30}{360}\times2=42.39(\text{cm}^2)$$

(2)

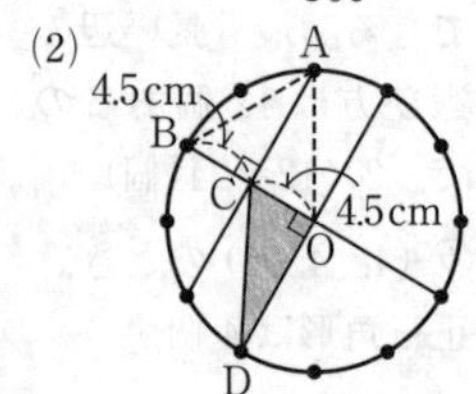

円の中心をOとすると，

三角形 OAB は正三角形なので，

CO＝9÷2
＝4.5(cm)

よって，三角形 OCD の面積は，

$4.5\times9\div2=20.25(\text{cm}^2)$

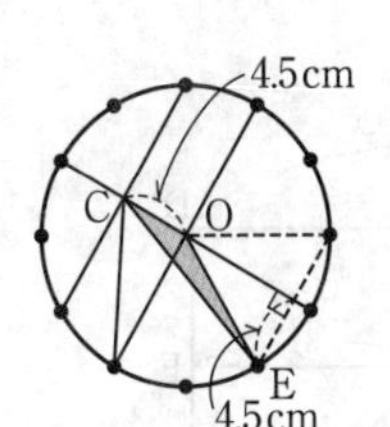

三角形 OCE の面積は

$4.5\times4.5\div2$

$=10.125(\text{cm}^2)$

よって，色のついた部分の面積は，下の図のようにして求められる。

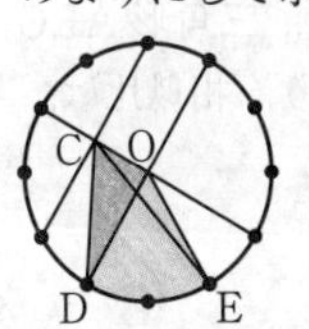

－

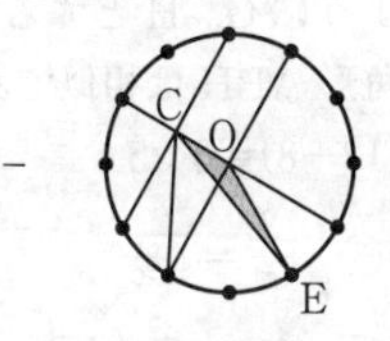

よって，

$9\times9\times3.14\times\dfrac{60}{360}+20.25-10.125$

$=52.515(\text{cm}^2)$

28　7.85 cm²

解き方

三角形 ALB は直角二等辺三角形なので，

LB＝2 cm

ここでおうぎ形の半径 LD を 1 辺とする正方形 LPOD をつくる。

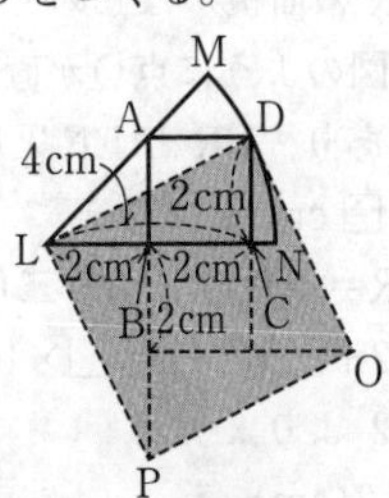

正方形 LPOD の面積は，

$4\times2\div2\times4+2\times2=20(\text{cm}^2)$ であり，

正方形の 1 辺とおうぎ形の半径は等しいので，半径×半径＝20 となる。

よって，$20\times3.14\times\dfrac{45}{360}=7.85(\text{cm}^2)$

29　12.1 cm²

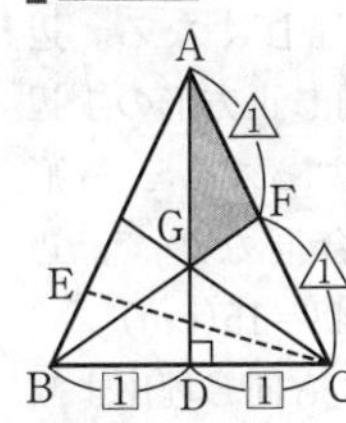

三角形：三角形：三角形
ABG　BCG　CAG

1　：　1

1　　　：　1

1　：　1　：　1

三角形 AFG の面積は

$42\times\dfrac{1}{1+1+1}\times\dfrac{1}{1+1}=7(\text{cm}^2)$

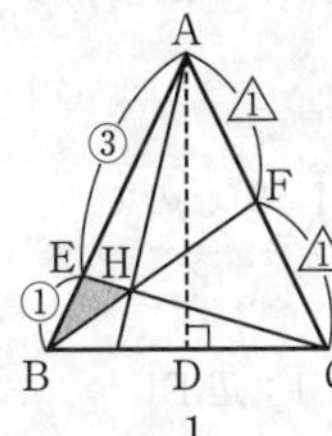

三角形：三角形：三角形
ABH　BCH　CAH

1　：　3

1　：　1

1　：　1　：　3

三角形 BEH の面積は

$42\times\dfrac{1}{1+1+3}\times\dfrac{1}{3+1}=2.1(\text{cm}^2)$

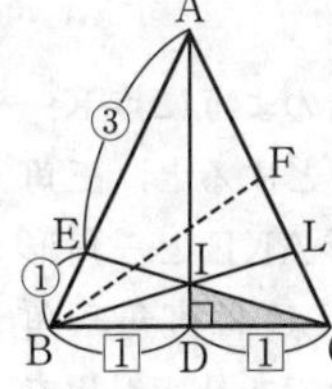

三角形：三角形：三角形
ABI　BCI　CAI

1　　　：　1

1　：　3

3　：　1　：　3

三角形 CDI の面積は，

$42\times\dfrac{1}{3+1+3}\times\dfrac{1}{1+1}=3(\text{cm}^2)$

よって，$7+2.1+3=12.1(\text{cm}^2)$

30　(1) 辺 HD…36 cm，辺 FI…15 cm
(2) 正方形 ABCD…60 cm，
正方形 AEFG…39 cm
(3) 1134 cm²

解き方

(1) 下の図のように，点 J，角ア，イとすると，

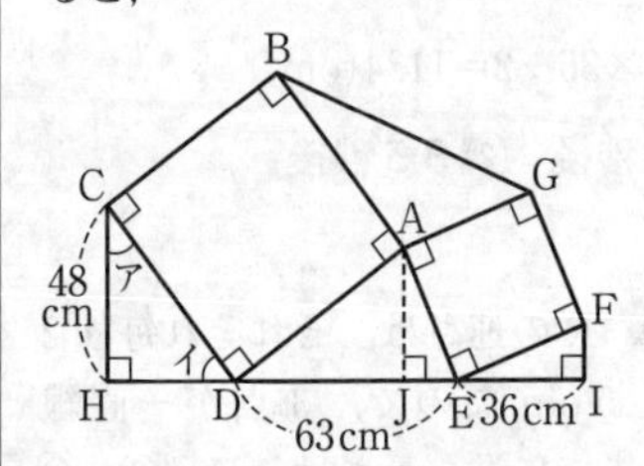

角ア＋角イ＝90° より角 ADJ は角アと等しく，角 JAD は角イと等しくなる。辺 CD と辺 DA はそれぞれ同じ正方形の 1 辺なので長さが等しい。よって，三角形 CHD と三角形 DJA は合同なので，辺 DJ＝48 cm，辺 JE＝63−48＝15(cm)
三角形 EIF と三角形 AJE も同じ理由より合同なので，辺 IF＝辺 JE＝15 cm，
辺 IE＝辺 JA＝36 cm，辺 HD＝辺 JA なので，辺 HD＝36 cm
⑵ 三角形 CHD において，
辺 CH：辺 HD＝48：36＝4：3 なので，
辺 CD＝$48\times\frac{5}{4}$＝60(cm)
三角形 EIF において，辺 FI：辺 EI
＝15：36＝5：12 なので，
辺 EF＝$15\times\frac{13}{5}$＝39(cm)
⑶

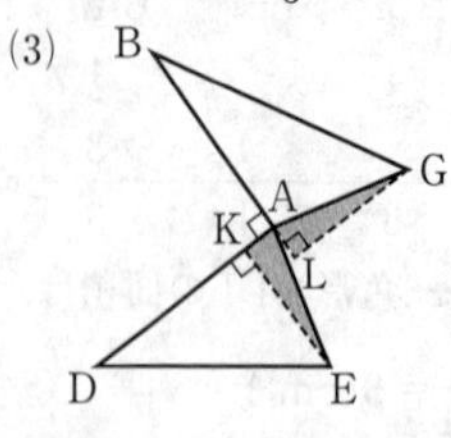

図のように点 K，L とすると，三角形 AKE と三角形 ALG は直角三角形であり，斜辺である AE と AG は等しく，辺 AB と辺 KE は平行である。
角 KAE＝90°−角 LAE，
角 EAG＝90° より，
角 LAG＝90°−角 LAE から，
角 KAE＝角 LAG なので，三角形 AKE と三角形 ALG は合同である。
三角形 ABG と三角形 ADE は底辺が AB＝AD，高さが LG＝KE なので，面積が等しい。
よって，63×36÷2＝1134(cm²)

31 ⑴ 7.5 秒後 ⑵ 3.5 秒後

解き方

⑴ 点 P，Q，R の速さは，それぞれ毎秒 2 cm，3 cm，5 cm なので，3 点が一直線に並ぶときまでに進む長さは，P は②，Q は③，R は⑤となる。

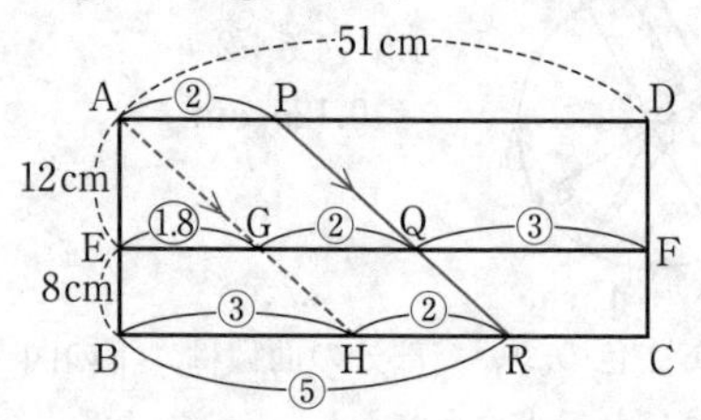

図のように G，H とすると，三角形 AEG と三角形 ABH は相似であり，相似比は，
12：(12＋8)＝3：5
EG＝③×$\frac{3}{5}$＝(1.8)
EF＝(1.8)＋②＋③＝(6.8)
(6.8)＝51
①＝51÷6.8＝7.5(cm)
②＝7.5×2＝15(cm)
よって，15÷2＝7.5(秒後)
⑵

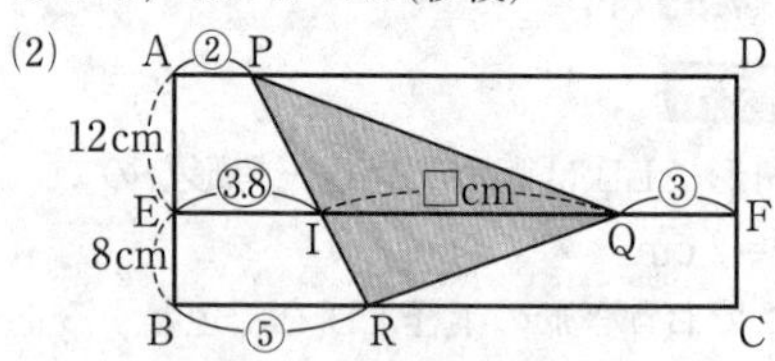

三角形 PQR の面積がはじめて 272 cm² になるのは，図のように点Qが直線 PR より右のときであり，PR と EF との交点を I とし，IQ＝□ cm とする。
三角形 PQR＝三角形 PIQ＋三角形 RIQ
＝□×12÷2＋□×8÷2＝□×10
□×10＝272 より，
□＝27.2(cm)
あとは⑴と同じように，P は②，Q は③，R は⑤進んでいるので，
EI＝(1.8)＋②＝(3.8)
(3.8)＋27.2＋③＝51
(6.8)＝51−27.2＝23.8
①＝23.8÷6.8＝3.5(cm)
②＝3.5×2＝7(cm)
よって，7÷2＝3.5(秒後)

32 (1) 10 cm (2) 12.56 cm²

解き方

(1)

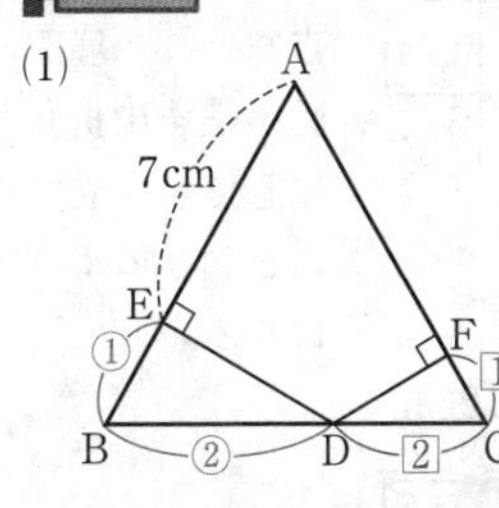

三角形 BDE と三角形 CDF は 30°，60°，90° の直角三角形なので，BE＝① とすると，BD＝②

FC＝$\boxed{1}$ とすると，DC＝$\boxed{2}$

正三角形の 1 辺の長さは等しいので，

7＋①＝②＋$\boxed{2}$ より，①＋$\boxed{2}$＝7

BD＋CF＝②＋$\boxed{1}$＝8

$\begin{cases} ②＋\boxed{1}＝8 \\ ①＋\boxed{2}＝7 \end{cases}$ ⇨

④＋$\boxed{2}$＝16
−)①＋$\boxed{2}$＝ 7
③ ＝ 9

①＝9÷3＝3(cm)

よって，7＋3＝10(cm)

(2) (1)より，3＋$\boxed{2}$＝7　$\boxed{2}$＝7−3＝4(cm)

$\boxed{1}$＝4÷2＝2(cm)

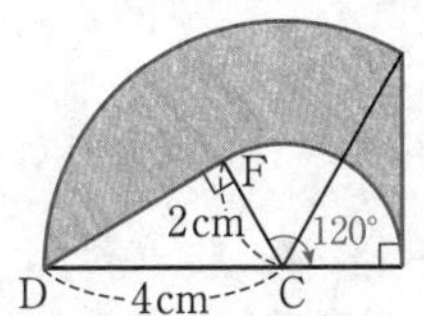

DF が通る部分の面積は色のついた部分である。その面積は，

＋　−　−

＝　−

よって，

$4\times4\times3.14\times\frac{120}{360}-2\times2\times3.14\times\frac{120}{360}$

＝12.56(cm²)

33 (1) 133.68 cm (2) 794.34 cm²

解き方

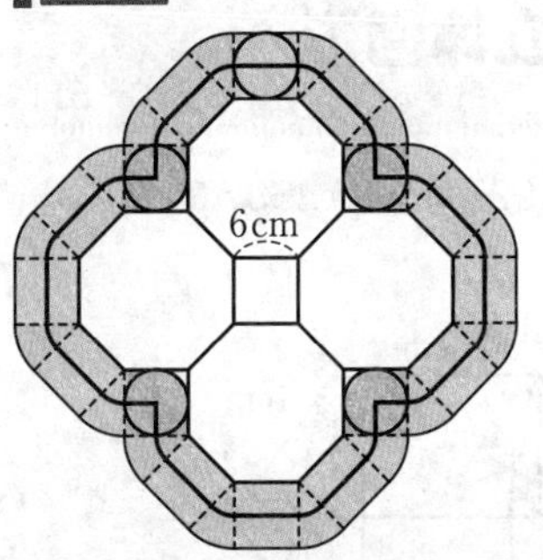

(1) 円の中心が動いてできる線は，図の太線である。6 cm の直線が 12 本，3 cm の直線が 8 本，正八角形の 1 つの内角が 135° なので，中心角が 180°−135°＝45° で半径 3 cm のおうぎ形の弧 16 個の長さである。

よって，$6\times12+3\times8+6\times3.14\times\frac{45}{360}\times16$

＝133.68(cm)

(2) 円が通過した部分の面積は，色のついた部分の面積である。1 辺 6 cm の正方形が 12 個，1 辺 3 cm の正方形が 3 個と半径 3 cm で中心角 90° のおうぎ形 1 個を合わせた図形が 4 個，半径 6 cm で中心角 45° のおうぎ形が 16 個である。

よって，

$6\times6\times12+\left(3\times3\times3+3\times3\times3.14\times\frac{90}{360}\right)$

$\times4+6\times6\times3.14\times\frac{45}{360}\times16$

＝794.34(cm²)

第5編 立体図形

p.510〜511

34 (1) 401.92 cm^3 (2) 4537.3 cm^3

解き方

(1)

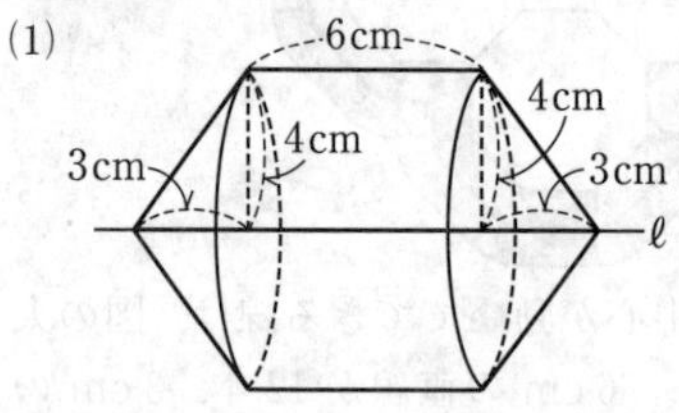

1回転させてできる立体は，1つの円柱と2つの円すいからできた立体なので，

$4\times4\times3.14\times6+4\times4\times3.14\times3\times\dfrac{1}{3}\times2$

$=401.92(\text{cm}^3)$

(2)

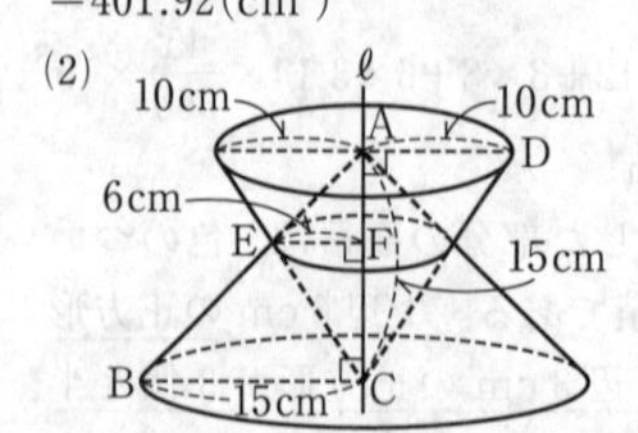

図のように点E，Fとすると，

$\text{EF}=\dfrac{10\times15}{10+15}=6(\text{cm})$

解答 p.58 テクニック参照

1回転させてできる立体の体積は，三角形ABCを1回転させてできる円すいと三角形ACDを1回転させてできる円すいの体積の合計から，重なった三角形AECを1回転させてできる立体の体積をひいて求めることができる。

よって，

$15\times15\times3.14\times15\times\dfrac{1}{3}+10\times10\times3.14\times15\times\dfrac{1}{3}$

$\quad-6\times6\times3.14\times15\times\dfrac{1}{3}=4537.3(\text{cm}^3)$

35 (1) 五角形 (2) $\dfrac{200}{9}\text{ cm}^3$

解き方

(1) (図1)

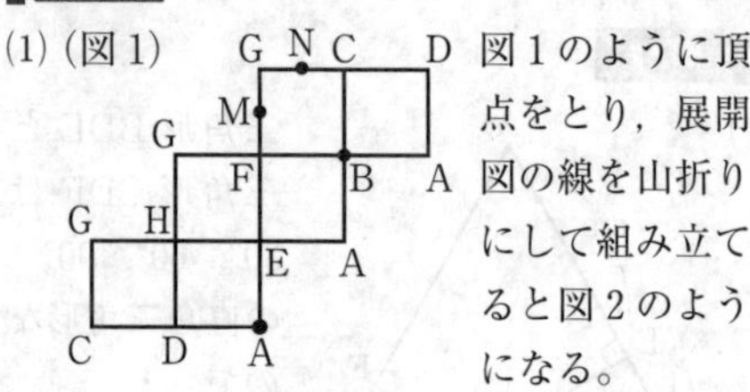

図1のように頂点をとり，展開図の線を山折りにして組み立てると図2のようになる。

(図2)

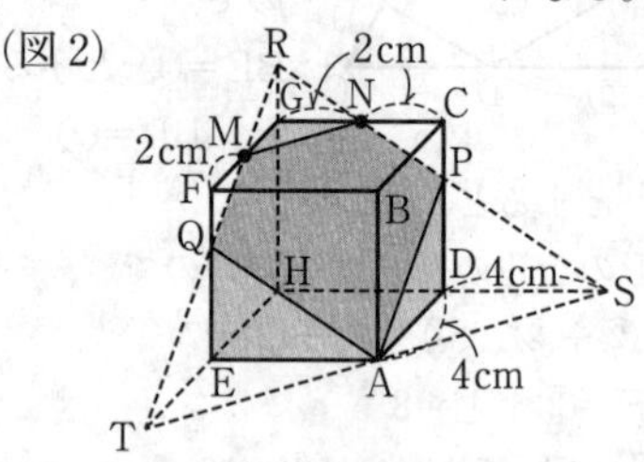

よって，切り口の図形は五角形。

(2) 三角形PCNと三角形PDSは相似であり，相似比は 2：4=1：2 なので，

$\text{CP}=4\times\dfrac{1}{1+2}=\dfrac{4}{3}(\text{cm})$，

$\text{PD}=4-\dfrac{4}{3}=\dfrac{8}{3}(\text{cm})$

同じように，$\text{QE}=\dfrac{8}{3}\text{ cm}$

三角形RGNと三角形PCNは合同なので，

$\text{RG}=\text{PC}=\dfrac{4}{3}\text{ cm}$，

$\text{RH}=4+\dfrac{4}{3}=\dfrac{16}{3}(\text{cm})$

$\text{DS}=\text{ET}=4\text{ cm}$，

$\text{HS}=\text{HT}=8\text{ cm}$ より，

三角すいR-HTSの体積は，

$8\times8\div2\times\dfrac{16}{3}\times\dfrac{1}{3}=\dfrac{512}{9}(\text{cm}^3)$

三角すいQ-ETA，P-DASの体積は，

$4\times4\div2\times\dfrac{8}{3}\times\dfrac{1}{3}=\dfrac{64}{9}(\text{cm}^3)$

三角すいR-GMNの体積は，

$2\times2\div2\times\dfrac{4}{3}\times\dfrac{1}{3}=\dfrac{8}{9}(\text{cm}^3)$

点Bをふくまない立体の体積は，

$\frac{512}{9}-\frac{64}{9}\times 2-\frac{8}{9}=\frac{376}{9}(\mathrm{cm}^3)$

よって，$4\times 4\times 4-\frac{376}{9}=\frac{200}{9}(\mathrm{cm}^3)$

別解

PD＝QE＝$\frac{8}{3}$ cm，RH＝$\frac{16}{3}$ cm，

RG＝$\frac{4}{3}$ cm より，

点Bをふくまない立体の体積を四角柱をななめに切った立体の性質を利用して求めると，

$4\times 4\times\left(0+\frac{8}{3}+\frac{8}{3}+\frac{16}{3}\right)\div 4-2\times 2\div 2\times\frac{4}{3}\times\frac{1}{3}$

$=\frac{376}{9}(\mathrm{cm}^3)$

よって，$4\times 4\times 4-\frac{376}{9}=\frac{200}{9}(\mathrm{cm}^3)$

36 (1) **8 m** (2) **7.5 m²** (3) **16 m** (4) **10.5 m³**

解き方

(1)

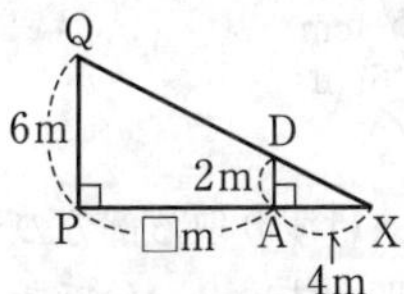

PA＝□ m とすると，

2：6＝4：(□＋4)

(□＋4)×2＝6×4

＝24

□＋4＝24÷2＝12

□＝12－4＝8(m)

(2)

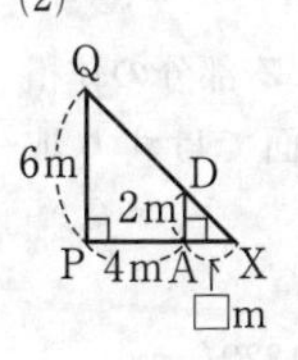

AX＝□ m とすると，

2：6＝□：(□＋4)

□×6＝(□＋4)×2

＝□×2＋8

□×4＝8

□＝8÷4＝2(m)

3m B Y △m P 4m A X 2m

XY＝△ m とすると，

4：6＝3：△

△×4＝18

△＝18÷4＝4.5(m)

よって，(3＋4.5)×2÷2＝7.5(m²)

(3)三角形PABと三角形PXYの相似比は2：3なので，XYの長さはPAの長さに関係なくつねに4.5 mである。

(2)で求めた面積の4倍にするには，AXの長さを4倍にすればよい。AXの長さを4倍にするにはPAも4倍しなければならない。

よって，4×4＝16(m)

(4)

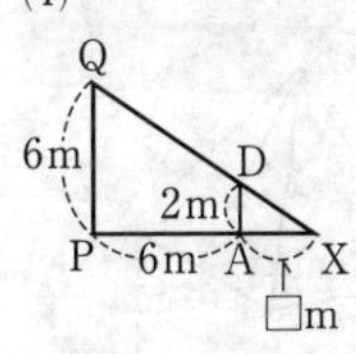

AX＝□ m とすると，

2：6＝□：(□＋6)

□×6＝(□＋6)×2

＝□×2＋12

□×4＝12

□＝12÷4＝3(m)

よって，三角形DAXを底面として，体積を高さの平均を利用して求めると，

$3\times 2\div 2\times\frac{3+3+4.5}{3}=10.5(\mathrm{m}^3)$

37 ㋑ $\frac{1}{3}$ **倍** ㋒ $\frac{2}{3}$ **倍**

解き方

㋑

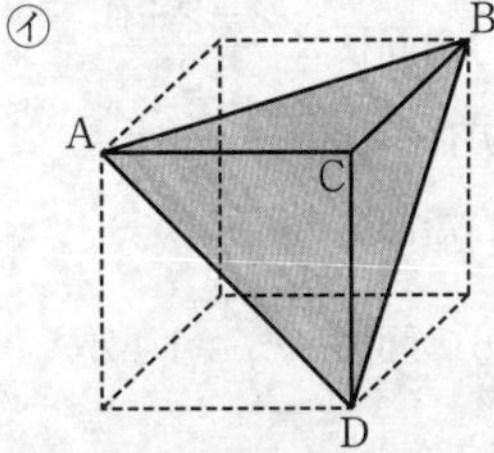

㋑の立体は㋐の立方体から図の三角すいD-ABCと同じ三角すいを4個のぞいた立体である。立方体の体積を1とすると，三角すいD-ABCの体積は，

$1\times 1\times\frac{1}{2}\times\frac{1}{3}=\frac{1}{6}$ になる。

よって，$1-\frac{1}{6}\times 4=\frac{1}{3}$(倍)

㋒

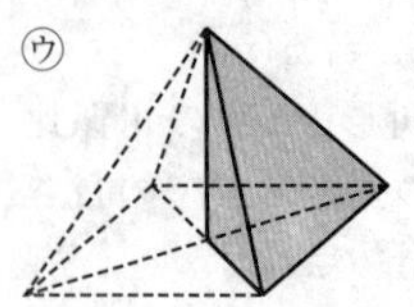

㋒の四角すいは㋑の三角すい D-ABC を4個組み合わせた立体である。

よって，$\frac{1}{6}\times 4=\frac{2}{3}$（倍）

テクニック

1辺の長さがすべて同じ三角すい㋑と四角すい㋒の体積の関係は1：2である。

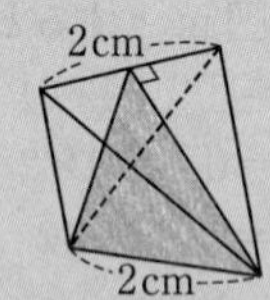

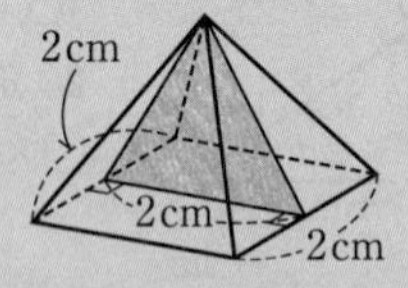

色のついた部分はどちらも1辺2cmの辺があり，残りの2辺は正三角形の高さに等しいので，合同である。
そこで 体積＝底面積×高さの平均 を利用すると，
㋑の体積
$=$色のついた部分の面積$\times\frac{2+0+0}{3}$
㋒の体積
$=$色のついた部分の面積$\times\frac{2+2+0}{3}$
よって，㋑と㋒の体積比は，
㋑：㋒＝色のついた部分の面積$\times\frac{2}{3}$
：色のついた部分の面積$\times\frac{4}{3}=1:2$
となる。

38 (1) **216 cm^3** (2) **1008 cm^3**
(3) **1332 cm^3**

解き方

(1) $12\times 3\div 2\times 12=216$（cm^3）

(2)

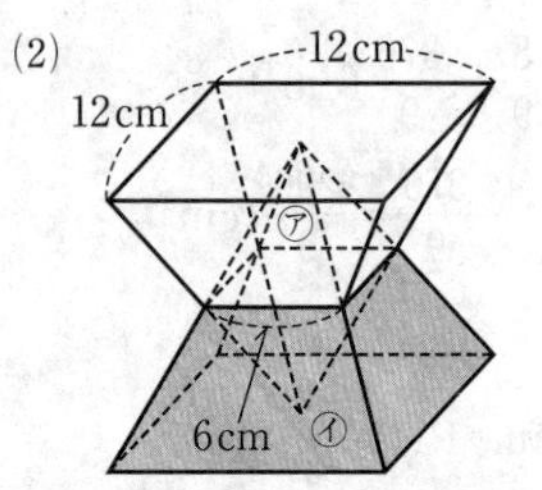

求める立体は，図のように四角すい台を上下に2つ組み合わせたものになる。

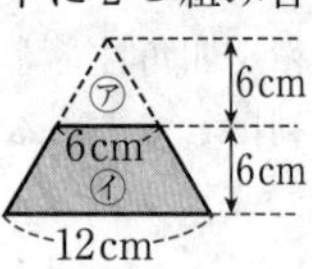

横から見た図で考えると，
6 cm：12 cm＝1：2 より，
$12\times\frac{1}{2}=6$（cm） が
㋐の四角すいの高さとなる。
㋑の四角すい台の体積は，

$12\times 12\times 12\times\frac{1}{3}-6\times 6\times 6\times\frac{1}{3}=504$（cm^3）
（└全体の四角すい　└㋐の四角すい）

よって，$504\times 2=1008$（cm^3）

(3)

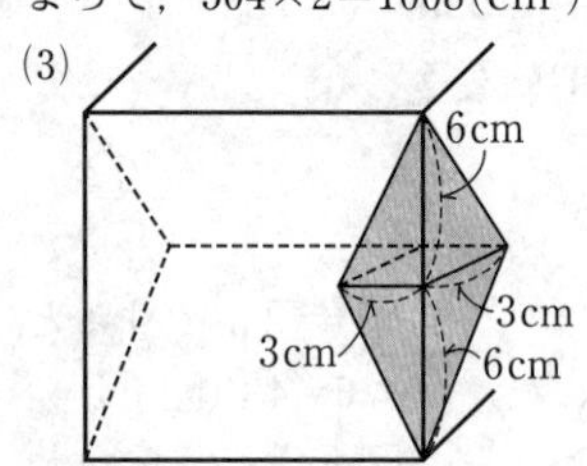

2つの面をけずるとき，けずり取る部分の重なったところは図の四角すい2つ分である。この重なっている立体の体積は，
$3\times 3\times 6\times\frac{1}{3}\times 2=36$（cm^3）
(1)より，1つの面でけずり取る部分の体積は 216 cm^3 なので，2つの面でけずり取る部分の体積は，
$216\times 2-36=396$（cm^3）
よって，$12\times 12\times 12-396=1332$（cm^3）

39 (1) **6 L**
(2) **ア…30，イ…3.75，ウ…10**

解き方

(1) グラフより，16 分で水そうが満水になっているので，

$30\times80\times40\div16=6000(\text{cm}^3)=6\text{ L}$

(2) 1.5 分後のとき，

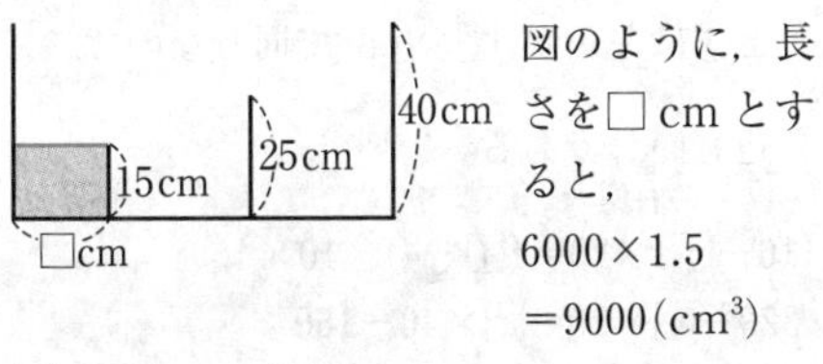

図のように，長さを□ cm とすると，

6000×1.5
$=9000(\text{cm}^3)$

$□\times30\times15=9000$

$□=9000\div450=20$

6.25 分後のとき，

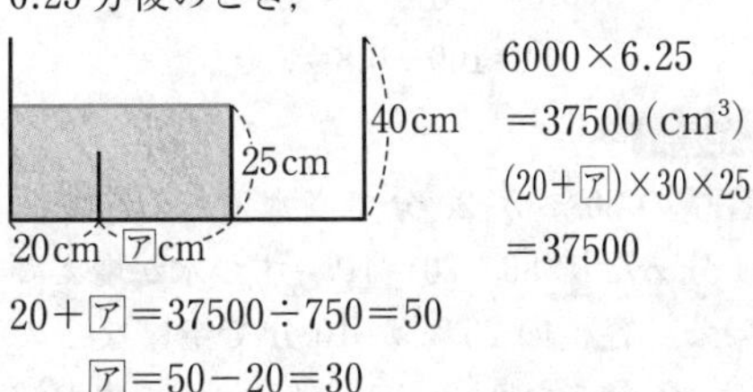

6000×6.25
$=37500(\text{cm}^3)$

(20＋ア)×30×25
＝37500

20＋ア＝37500÷750＝50

ア＝50－20＝30

イ分後のとき，

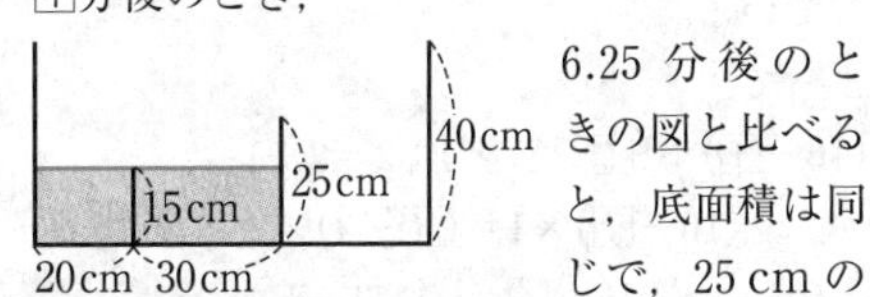

6.25 分後のときの図と比べると，底面積は同じで，25 cm の高さになるのに 6.25 分かかっている。

よって，$6.25\times\frac{15}{25}=3.75$

ウ分後のとき，

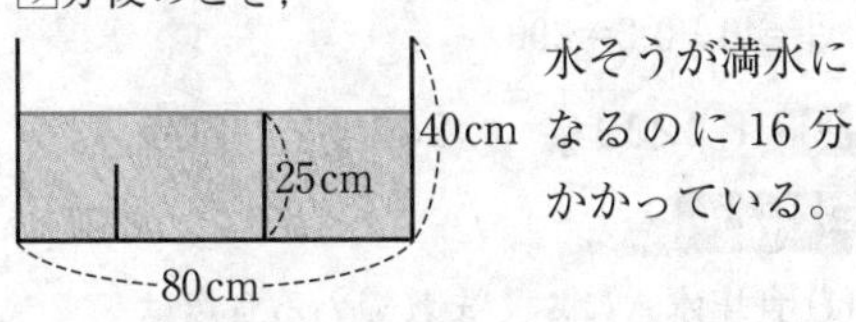

水そうが満水になるのに 16 分かかっている。

よって，$16\times\frac{25}{40}=10$

第6編 文章題

p.512～513

40 (1) **191 本** (2) **134 本**

解き方

(1) 買ったジュースを○，交換したジュースを×とすると，

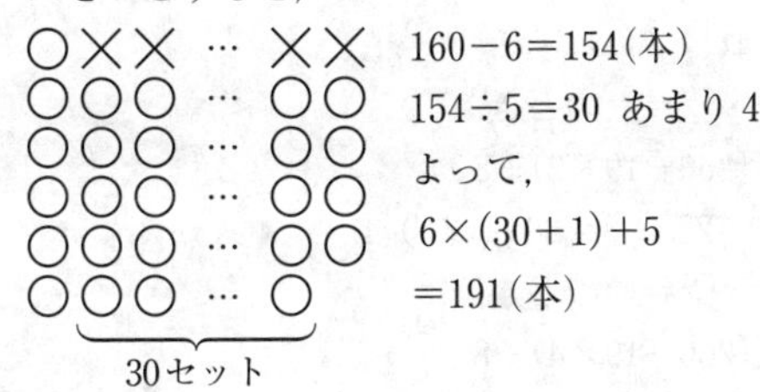

160－6＝154(本)

154÷5＝30 あまり 4

よって，

6×(30＋1)＋5

＝191(本)

(2)

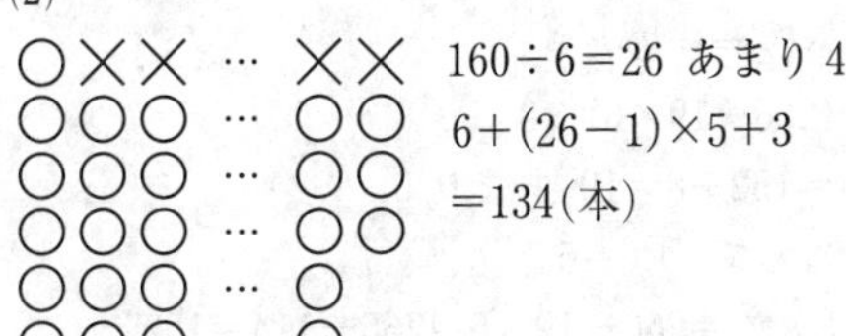

160÷6＝26 あまり 4

6＋(26－1)×5＋3

＝134(本)

別解

図より，交換したジュース×は

26－1＋1＝26(本) なので，

160－26＝134(本)

41 (1) **(例)240 と 570 はどちらも 30 の倍数なので，代金の合計も必ず 30 の倍数になる。しかし，8000 は 30 の倍数ではないため，おつりがないように買うことはできない。**

(2) **ア…20，イ…19，ウ…6**

解き方

(2) (1)より，代金の合計は 30 の倍数になるので，8000 に最も近い 30 の倍数を考えると，8000÷30＝266 あまり 20

30×266＝7980 になる。

240×イ＋570×ウ＝7980

両辺を 30 でわると,
8×[イ]+19×[ウ]=266
19×[ウ]=266−8×[イ]=2×(133−4×[イ])
より, [ウ]は 2 以上の偶数。
8×[イ]=266−19×[ウ] より,
(266−19×[ウ]) は 8 の倍数。
よって, [ウ]は, (266−19×[ウ]) を 8 でわるとあまりが 0 になる, 2 以上の偶数を求めればよい。
・[ウ]=2 のとき,
(266−19×2)÷8
=228÷8=28 あまり 4
・[ウ]=4 のとき,
(266−19×4)÷8
=190÷8=23 あまり 6
・[ウ]=6 のとき,
(266−19×6)÷8
=152÷8=19 あまり 0
よって, [ウ]=6
8×[イ]=266−19×6=266−114=152
[イ]=152÷8=19
[ア]=8000−7980=20

別解

問題の条件より,
8×[イ]+19×[ウ]=266
266÷19=14 より,
8×0+19×14=266
ただし, どちらも 1 個以上買っているので, 8 と 19 の最小公倍数の 152 ずつ増減させればよい。

8×0 + 19×14 =266
↓+152　↓−152
8×19 + 19×6 =266

より, 240×19+570×6=7980
よって, [イ]=19, [ウ]=6,
[ア]=8000−7980=20

42 ア…200, イ…8

解き方

[ア]×(1−0.2)=(16−[イ])×20…①
[ア]×0.2=([イ]−4)×10…②
②×4
[ア]×0.8=([イ]−4)×10×4…③
①と③は左辺が [ア]×0.8 で同じなので,
（左辺 └ =の左側）
右辺も同じである。
（右辺 └ =の右側）
(16−[イ])×20=([イ]−4)×10×4
320−[イ]×20=[イ]×40−160
[イ]×60=320+160=480
[イ]=480÷60=8
[ア]×0.8=(16−8)×20=160
[ア]=160÷0.8=200

別解

容積の 80 % が 20 分で満水になるので, 1 分あたり 80÷20=4(%)ずつ水が増えている。容積の 20 % が 10 分で空になるので, 1 分あたり 20÷10=2(%)ずつ水が減っている。
よって,
(16−[イ]):([イ]−4)=4:2=2:1
(16−[イ])×1=([イ]−4)×2
16−[イ]=[イ]×2−8
[イ]×3=16+8=24
[イ]=24÷3=8
[ア]×0.2=(8−4)×10 なので,
[ア]=40÷0.2=200

43 (1) 1200 g (2) 240 g (3) 50 g

解き方

(1) 食塩水Aにふくまれている食塩は 600×0.06=36(g) で, 食塩水Bにふくまれている食塩は 800×0.05=40(g)
2 つの食塩水の濃度を等しくするには, AとBの食塩の比と食塩水の比を等しくすればよい。
食塩の比は, A:B=36:40=9:10

よって，食塩水も 9：10 なので，
水をまぜた食塩水Aは

$(800-600)\times\dfrac{9}{10-9}=1800$(g)

よって，水は $1800-600=1200$(g)

(2) 2 つの食塩水の濃度が等しくなったということは，A：B＝600：800＝3：4 でまぜると，はじめのAとBを全部まぜたときの濃度と同じになる。
Aから取り出した食塩水の量を①とすると，Bから取り出した食塩水の量は②で，

(600－①)：②＝3：4
(600－①)×4＝②×3
2400－④＝⑥
⑩＝2400
①＝2400÷10＝240(g)

(3) AとBから 1：2 の重さの比でくみ出した食塩水の中にふくまれている食塩の比は，
A：B＝6％×1：5％×2＝③：⑤ である。
食塩の重さは，

A 36 g →(③) 36－③＋⑤＝36＋②
‖
B 40 g →(⑤) 40－⑤＋③＝40－②

36＋②＝40－②
④＝40－36＝4
①＝4÷4＝1
③＝1×3＝3(g)

よって，Aから 3 g の食塩をふくんだ食塩水をくみ出せばよいので，
3÷0.06＝50(g)

44 (1) 3：4 (2) 21分間

解き方

(1) 入れた水の量÷1 分間に入る量＝使った時間より，

A：B＝7÷14：8÷12＝$\dfrac{1}{2}$：$\dfrac{2}{3}$＝3：4

(2) すべてCを使ったと考えて，
A：B＝3：4 となるように増やしていく。

A 14 L/分	0	3	6	…	
B 12 L/分	0	4	8	…	
C 9 L/分	60	53	46	…	
合計	540	567	594	…	729

＋27 ＋27 ＋189

729－540＝189(L)
567－540＝27(L)
189÷27＝7
よって，3×7＝21(分間)

別解

AとBの使った時間の比は 3：4 より，AとBを合わせた 1 分間に水を入れる量の平均は，

$(14\times3+12\times4)\div(3+4)=\dfrac{90}{7}$(L/分)となる。

AとBを使った時間の合計は，

$(729-9\times60)\div\left(\dfrac{90}{7}-9\right)=49$(分間)

よって，$49\times\dfrac{3}{3+4}=21$(分間)

45 (1) 10 分 30 秒後
(2) 毎分 80 m と毎分 100 m の間

解き方

(1) AとCの速さの差は，

$420\div4\dfrac{40}{60}=90$(m/分)，

AとBの速さの差は，

$420\div8\dfrac{24}{60}=50$(m/分)

よって，BとCの速さの差は，
90－50＝40(m/分)なので，
420÷40＝10.5(分)→ 10 分 30 秒後

(2) 問題文より，AはBを 3 回追いこすが，4 回は追いこさない。1 回追いこすのに

$8\dfrac{24}{60}=8\dfrac{2}{5}$ 分 かかるので，AがBを 3 回

追いこすには $8\dfrac{2}{5}\times3=25\dfrac{1}{5}$ 分 かかる。

このときのBの速さは，6 周まわっている

ので，$420\times6\div25\frac{1}{5}=100$(m/分)

同じようにAがBを4回追いこすときは，

$420\times6\div\left(8\frac{2}{5}\times4\right)=75$(m/分)

よって，Aとの関係では，Bの速さは75 m/分から100 m/分までである。

次に，BはCを2回追いこすが，3回は追いこさない。BがCを1回追いこすのに(1)より，$10\frac{1}{2}$分かかるので，Bの速さは，

$420\times6\div\left(10\frac{1}{2}\times2\right)=120$(m/分)

$420\times6\div\left(10\frac{1}{2}\times3\right)=80$(m/分)

よって，Cとの関係では，80 m/分から120 m/分までである。

よって，Bの歩く速さは，80 m/分と100 m/分の間である。

46 (1) 8倍　(2) 7倍　(3) $46\frac{2}{3}$分

解き方

(1) 川の流れの速さを①とすると，上りの速さは ①×6=⑥ となり，下りの速さは ⑥+①×2=⑧ となる。

よって，⑧÷①=8(倍)

(2)

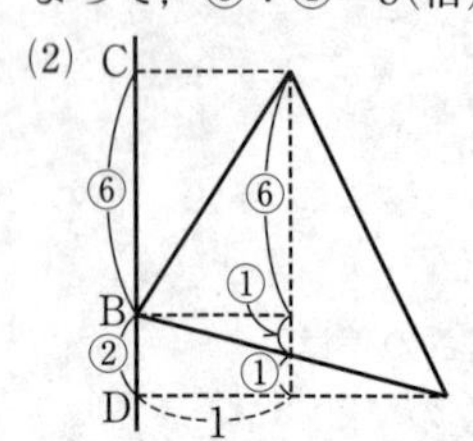

船がB地点からC地点まで進むのにかかった時間を1とすると，BC間は ⑥×1=⑥

船がC地点にきたとき，品物はB地点より ①×1=① 流されたことになる。

よって，船がC地点からD地点まで進むのにかかった時間は，

(⑥+①)÷(⑧−①)=1

CD間は ⑧×1=⑧ で，

品物は ⑧−⑥=② 流されているので，

(⑥+⑧)÷②=7(倍)

(3) (2)より，船がB地点からC地点まで進むのにかかる時間とC地点からD地点まで進むのにかかる時間は等しく，20分である。

船は⑥のきょりを上るのに20分かかるので，②のきょりを上るのに

$20\times\frac{2}{6}=6\frac{2}{3}$(分) かかる。

よって，$20+20+6\frac{2}{3}=46\frac{2}{3}$(分)

メモ